海洋学与生活

（第13版）

Essentials of Oceanography, Thirteenth Edition

[美]　Alan P. Trujillo　Harold V. Thurman　著

李玉龙　范秦军　吴林强　等译

电子工业出版社

Publishing House of Electronics Industry

北京 · BEIJING

内 容 简 介

本书是海洋学领域的畅销书籍之一，全书从各种科学领域（地质学、物理学、化学和生物学）的知识宝库中，提炼出了与海洋相关的一些基础科学知识，通过通俗易懂的语言和精美的图片，将海洋学带入人们的日常生活。全书共分 16 章，主要内容包括地球简介、板块构造和洋底、海洋地貌单元、海洋沉积物、水和海水、海气相互作用、海洋环流、海浪和水动力学、潮汐、海滩、海滨线过程、近岸海洋、海洋污染、海洋生命和海洋环境、生物生产力和能量传递、水层环境中的动物、底栖环境中的动物及海洋和气候变化等。

本书的设计编排独具一格，每章开始有主要学习内容，每节结束有课堂小测验，每章结束有主要内容回顾，中间穿插了大量插图、表格、常见问题、科学过程、深入学习、生物特征、简要回顾、思考题、讨论等特色内容。本书是面向各高校海洋学专业学生的导论性课程教材，同样适用于海洋学工作者和对海洋感兴趣的社会公众。

图书在版编目（CIP）数据

海洋学与生活：第 13 版/（美）阿兰·P. 特鲁希略（Alan P. Trujillo），（美）哈洛德·V. 瑟曼（Harold V. Thurman）著；李玉龙等译. —北京：电子工业出版社，2021.9

书名原文：Essentials of Oceanography, Thirteenth Edition

ISBN 978-7-121-41772-6

Ⅰ. ①海… Ⅱ. ①阿… ②哈… ③李… Ⅲ. ①海洋学—普及读物 Ⅳ. ①P7-49

中国版本图书馆 CIP 数据核字（2021）第 159957 号

审图号：GS（2022）2776 号（本书地图系原书插附地图）

责任编辑：谭海平
印　　刷：北京市大天乐投资管理有限公司
装　　订：北京市大天乐投资管理有限公司
出版发行：电子工业出版社
　　　　　北京市海淀区万寿路 173 信箱　　邮编：100036
开　　本：787×1092　1/16　印张：35.5　字数：954 千字
版　　次：2017 年 7 月第 1 版（原著第 11 版）
　　　　　2021 年 9 月第 2 版（原著第 13 版）
印　　次：2024 年 12 月第 4 次印刷
定　　价：159.00 元

译 者 序

沙贝作裳鸟作簪，清风朗月洗辽天。碣石望断千秋岁，潮汐始泛万樯帆。

——《望海潮》，李峻巍，2020 年

我与电子工业出版社的合作始于 1999 年，先后翻译出版了图形图像及 GIS 领域的若干书籍，后来由于工作繁忙等原因而搁置了许久。近年来，由于家庭和工作出现重大变故，时间相对较为充裕，在大量阅读各类书籍补充精神食粮之余，也思考着想要做些对社会有意义和价值的事情，这本书适时出现了。

一提到大海，脑海中就会浮现出中学课本里高尔基的《海燕》，至今仍能摇头晃脑地背上几句。大海始终是广阔无垠的代名词，心潮澎湃和心驰神往是人类对其永恒的依恋。大学暑假期间，曾经约上几位同学好友，踏上了从上海开往大连的海轮，首次真正体验到了漂泊无助的感觉。后来，去海边休闲度假的次数逐渐增多，越来越喜欢大海的波澜壮阔、博大宽广和神秘莫测，最刻骨铭心的记忆是在北戴河和三亚亚龙湾的海水中两次与死神擦肩而过，从此对大海增加了一份深深的敬畏。感谢电子工业出版社，让我的海洋梦想不再留下缺憾，在本书的翻译过程中，我不仅有机会从各种角度审视、了解及拥抱海洋，而且能非常荣幸地向广大读者推介海洋学知识。

本书是国外的经典海洋学教材，迄今发行了 13 个版本，曾经多次荣获各种教科书奖项。本书全面介绍了从地质学、物理学、化学和生物学等各种科学领域提炼出的与海洋相关的基础科学知识，通过简单易懂的语言描绘了深奥难懂的专业内容，辅之以大量常见问题、科学过程、深入学习、生物特征、课堂小测验、挑战性思考题和课堂小组讨论等"知识花絮"，读者不必具备这些学科的专业背景，只要按照指引熟悉海洋的运行模式及其原理，即可在"知识的海洋"中尽情遨游。在翻译过程中，我们主要秉承了两点原则：一是将原书的内容完整、准确、清晰地传递给读者，为读者奉上一顿原汁原味的"海鲜大餐"；二是尽可能符合业界标准（国标和行标）、约定和惯常用法。需要特别说明的是，对于 Shore（海滨）、Shoreline（海滨线）、Coast（海岸）、Coastline（海岸线）、Offshore（外滨/近海/离岸）、Nearshore（近滨）、Foreshore（前滨）和 Backshore（后滨）等专业词汇的具体含义，国内外专业人员的理解存在着一定的差异，本书遵照原书直译，读者可按需进行取舍。

本书的翻译人员包括李玉龙、范秦军、吴林强、闫卫东、何学洲、窦秀明、范湘涛和晋佩东，全书由李玉龙负责统稿。本书内容丰富，涉及面广，专业性强，译者的能力和水平有限，肯定会存在一些不当甚至错误之处，敬请广大读者批评指正。若有任何意见和建议，请直接联系电子工业出版社（tan02@phei.com.cn），或者发送电子邮件至 780954763@qq.com（李玉龙）。

感谢中国国家标准化管理委员会、百度公司及第 11 版的译者团队为本版书籍的顺利完成提供了极有价值的帮助。感谢家人的理解与支持。

最后，希望全球新冠肺炎疫情早日结束，人们尽快恢复正常的工作和生活，我非常想去南极看企鹅。

李玉龙
2021 年 3 月于北京通州

序　言

大海一旦发威，就会将人类永远吞噬。

——雅克-伊夫·库斯托，海洋学家、水下摄像师及探险家，约 1963 年

0.1　学生必读

　　本书内容经过了精心设计，从各种科学领域（如地质学、物理学、化学和生物学等）的巨型知识宝库中，提炼出了与海洋相关的一些基础科学知识。在阅读本书时，你不必具有这些学科的专业背景知识，也没必要死记硬背某些知识点，只要基本了解海洋的运行模式及其原理就可以了。

　　本书旨在帮助广大读者了解关于海洋的更多知识。作为一个整体，海洋的各组成部分（海底、化学成分、物理成分和生命形式）构成了地球上相互作用、相互关联和相互依赖的最大系统之一。因为人类活动对地球系统的影响非常重要，所以我们不仅要了解海洋的运行模式，还要了解海洋与其他地球系统（如大气圈、生物圈和水圈）之间的相互作用。因此，本书将系统采取适当的方式方法，重点介绍各种海洋学现象之间的跨学科关系，以及这些现象如何影响其他地球系统。

深入学习 0.1　如何阅读科学教科书

　　有些人为了消化吸收全部知识，可能会死记硬背各种材料和信息，也可能在睡觉时将书本放在枕头下面时刻备用，你认识这样的人吗？有研究表明，这些人并没有真正致力于长期记忆。对我们大多数人来讲，通过阅读获得知识需要集中精力。有趣的是，如果具有正确的动机和阅读技巧，通常就可以开发出优秀的阅读理解能力。当阅读包含许多陌生新术语的科学教科书时，最好的方法是什么呢？

　　一种常见的错误是将科学教科书当作报纸、杂志或小说来阅读。许多教师建议采用如下阅读技术，该技术为基于大脑如何学习的研究成果，包括以下几个步骤：

1. 浏览：阅读名称、简介、主标题、前几句话、概念表述、复习题、结论和学习辅助材料，提前熟悉整体内容。
2. 提问：在阅读时，心中默默提出各种问题。如果实在想不出什么好问题，就用该章已有问题作为指导。
3. 阅读：根据实际情况灵活阅读本章内容，利用较短时间每次完成每一节规定的任务（不是一次性完成全部任务）。
4. 复述：回答本章的问题。阅读每节之后记笔记，并在继续阅读之前复习笔记。
5. 书写：写出所读内容的总结和思考，以及第 2 步中问题的答案。
6. 复习：采用第 1 步中的策略进行复习，花点儿时间回顾自己的各节笔记和总结。

　　为了帮助读者最有效地学习本书，本书包含了许多应用以上技术的学习辅助工具。例如，每章均包含"主要学习内容"列表，与本章中的"重要内容"相关联；每节末均嵌入"小测验"；每章末都有"主要内容回顾"。

　　经过潜心研究，我们还发现了其他一些阅读技巧，虽然看似常识，但往往容易被忽视：

- 当疲倦、注意力分散或烦躁不安时，不要试图去阅读。
- 将阅读内容划分为可灵活管理的章节，随时进行优化调整。

- 如果注意力开始减退，那么休息一下，听听音乐，给朋友打电话，吃些零食，喝点儿水，然后再返回阅读。

记住，学习方法因人而异，要找出适合自己的方法需要不断尝试。此外，学生想要成功并非易事，不可能在业余时间就能够做到。在阅读技巧方面下一点儿功夫，你很快就会发现自己的阅读能力有所提高。

为了帮助广大读者充分利用学习时间，本书重点介绍如下三个基本组成部分：

1. 概念：由特定事例（或现象）获得或推断出基本思想，例如，可以采用"密度"这个概念来解释海洋为什么分层。
2. 过程：可导致出现某种结果的动作（或事件），例如，"海浪以某个角度冲击海滨"过程会导致"沉积物在海滨线沿线运移"。
3. 原理：与自然现象（或物理过程）相关的规则（或定律），例如，"海底扩张"原理认为各大陆的地理位置随时间而改变。

在这些概念、过程及原理之间，本书穿插了数百张照片、插图、真实案例及相关应用，素材具有一定的现实性、可访问性甚至娱乐性，将科学与生活紧密地结合在一起。

最后，希望读者通过学习海洋的运行原理，能够全面掌握海洋环境相关知识，并对其在地球系统中的作用有一个全新认知。

0.2　教师必读

本版书籍可以作为各所大学海洋学专业学生的入门教材，适用于无任何正规数学或科学背景的学生。如同以前的版本一样，本书的主要目标是采用别具一格的方式，充分展现科学原理与海洋现象之间的关系。此外，本书的内容经过精心设计，可以为海洋学知识的入门和进阶学习提供有效帮助。

本书获得了大量学生的关注，他们提出了许多修改意见与建议，这个版本从中获益匪浅。以前的学生们对这本书的评论包括："我真的很喜欢这学期的海洋学课本，它恰到好处地融合了图形、文字和用户友好性，对我来讲具有极大吸引力。""我真正喜欢这本书的地方在于它能愉悦身心，大量照片非常生动有趣，几乎可以将其作为睡前故事书来读。"

美国各高校的多个任课教师团队对本版教材进行了详细审阅，第12版教材审阅团队给出的结论如下："本书是向非理科专业学生介绍海洋学知识的优秀教材，为任课教师和学生们提供了大量非常不错的补充材料。""学生们觉得很容易理解，文字和图形都非常好，容易理解和记忆。""你的书真的很棒，文笔非常好，包含了大量词源词根，对学生能够起到真正的记忆帮助作用。我一直向学生们强调，科学也是一门语言，你的书正是如此。""一本优秀的海洋学入门教材，可用于2～4学时的课程。易读性强，各章之间非常连贯。对学生和教师都提供了许多帮助，让教师工作起来更轻松，让学生学习起来更愉悦，因为他们能够更好地掌握相关知识，从而获得更高的平均成绩。"

2012年，由于在内容、表现力、吸引力和可读性等方面表现卓越，本书第10版获得了文字与学术作者协会（TAA）颁发的优秀教科书奖。2017年，由于出版历史较长而且稳定，本书第12版还获得了该协会颁发的麦格菲长寿奖。

全书总共16章，为每学期15或16周的教学内容量身定做。若为10周学制课程，任课教师可能需要做出取舍，选择与其课程主题和概念相关的章节。各个章节自成体系，可以按照任何顺序排列组合。第1章为介绍性章节，简要说明海洋的地理特征，海洋学的历史观点，科学过程的方法原理，地球、大气、海洋和生命的起源。在其余各章中，重点介绍海洋学的四大学科知识：海洋地质学（第2～4章和第10章），海洋化学（第5章和第11章），物理海洋学（第6～9章），海洋生物学（第12～15章），跨学科海洋学——气候变化（第16章）。

笔者深信，当与其他科学方法紧密联系在一起时，海洋学就会处于最佳状态。因此，这种跨学科方法是每个章节的关键内容，特别是第 16 章。

0.3　本版的新内容

在增强可读性、关联性及吸引力方面，本版书籍做了大量的探索和努力，主要体现在如下方面：

- 强调科学过程。多数章节均包含"科学过程"新专栏，通过专门海洋领域的研究实践，解释说明特定科学方法，并明确指出如何在该特定情形下应用科学过程。此外，为了使学生能够掌握在实践中分析问题和解决问题的科学方法，通常还包含一个略微烧脑的挑战性思考题，例如"像科学家一样思考：下一步该怎么做？"
- 每章都新增了"探索数据"问题，针对数据内涵丰富的插图、图表、表格和地图，提出相关数据解释问题，指导学生建立数据思维并进行验证。

深入学习 0.2　海洋素养：人类需要了解哪些海洋知识

海洋是人类星球家园不可或缺的重要成员，人类对海洋知识历来兴趣浓厚，不仅希望了解海洋对人类的影响，而且希望知晓人类对海洋的影响。科学家和教育工作者一致认为，具有海洋素养的人应当具备如下特征：

- 了解与海洋相关的重要原理和基本概念。
- 能够以易于理解的方式沟通海洋相关话题。
- 能够就海洋及其资源做出有见地和负责任的判断。

为了实现这一目标，海洋教育工作者和海洋专家们制定了海洋素养的七项原则，每个人特别是研修过海洋学课程的大学生们都应当了解：

1. 地球拥有一个五彩斑斓的大海洋。
2. 海洋和海洋生物塑造了多彩地球。
3. 海洋是天气与气候的主要影响因素。
4. 海洋使地球适于人类生存。
5. 海洋支持生物及生态系统的多样性。
6. 海洋与人类密不可分。
7. 海洋大部分未经探测。

本书旨在帮助广大读者获得并提高海洋素养。

- 所有章节均新增了"生物特征"专栏，通过相关海洋生物的生动实例来强化主题。
- 在第 5 章中，扩大了对海洋中碳和氧的讨论范围，例如解释溶解气体和 pH 值的分布如何随深度而发生改变及其意义。
- 重新编写了第 16 章，新增了关于碳循环的讨论，描述了联合国政府间气候变化专门委员会的最新发现；强调了《2017 年气候科学专题报告：第四次国家气候评估》，该报告应美国国会的要求而编制，对美国气候变化及其物理影响的科学现状进行评估；新修订了大气中人类因素导致温室气体排放的解决方案；新增或修订了四个"常见问题"，聚焦学生们对气候变化的疑惑与关切。
- 强调了海洋在地球系统中的地位。
- 强化了学习路径设计，将每章开头的"主要学习内容"与每节结尾的"小测验"直接联系起来，允许并鼓励学生通读整章时暂停并测试学习效果。

- 采用了一种新的主动学习教学法，将全部章节材料划分成易于理解的若干大块，帮助学生更加容易地学习。认知科学研究表明，对于提高学习与记忆能力来讲，"块"信息非常重要。
- 增加了一个或多个"你学到了什么？"对每个"深入学习"专栏的学习效果进行评估。
- 删除了所有脚注，将以往脚注中的相关内容移至正文中。
- 为反映当前海洋学研究的最新进展，及时更新了全书的相关内容，如基于美国国家航空航天局地球观测卫星的天基海洋学和大气观测。
- 全书新增了一系列"常见问题"。
- 全面更新及增强了书中的插图，新增了部分照片、卫星影像和图件，使海洋学专业知识与时俱进，更易理解，更具吸引力。
- 修订或更新了超过半数的插图，并在关键插图中添加了注释和标注，以故事板的形式引导学生关注及理解相关信息。经研究表明，这项技术可以帮助学生聚焦最相关信息，解释精细复杂的画面，集成整合文字与可视化信息。
- 对于所有插图，统一采用标准化的配色方案和标注，目标是增强吸引力和一致性。
- 围绕以下四个主题，组织本书的其他"深入学习"专栏：①历史特征，侧重于与章节主题相关的海洋学历史发展；②海洋学研究方法，强调如何获得海洋学知识；③海洋与人类，说明人类与海洋环境的相互作用；④聚焦环境问题，强调"环境问题"是海洋研究日益重要的组成部分。

此外，本版书籍将继续提供前一版本最受欢迎的功能，主要包括：
- 科学、准确并全面地介绍海洋学各专业相关知识。
- "学生有时会问"的各种常见问题，即学生提出的实际问题和作者提供的答案。
- 采用国际公制单位。
- 当引入并解释新术语的含义时，通过显示其实际含义，揭开科学术语的神秘面纱。
- 在每章结尾处，重新组织"主要内容回顾"。

0.4 致谢

在本书的修订过程中，许多人提出了非常有价值的意见和建议，笔者对此深表感激。特别感谢培生教育的高级分析师 Barbara Price 博士，她为改进本书提供了鼓励、指导和不懈努力。在撰写这本书的漫长过程中，有机会与这么专业的伙伴并肩工作，我感到非常欣慰和荣幸。

本书从初稿到定稿期间，许多人发挥了重要作用。Cady Owens 是我在培生教育的首席联络人，作为课件策划经理，她提出了许多新想法，使之更适合学生们，并且对这个项目做了非常细致的指导。施博公司（SPi Global）的文字编辑出色地完成了手稿编辑工作，查找出大量英文及其他语法错误，包括前几个版本中一直存在的模糊性错误。Ginnie Jutson 是课件总监和内容开发主管，主要负责严格控制时间进度，协调各种版本手稿的分发，使本书始终走在正确的轨道上。Christine Hostetler 是媒体内容制作人，帮助制作了本书附带的补充电子资料，包括"精通海洋学"及其所有特色素材。在更新各种地图以及提出创造性解决方案等方面，国际地图艺术工作室（特别是 Kevin Lear）完成了大量非常出色的工作，改进了许多有助于通过图件讲述故事内容的人物。此外，Norine Strang 负责协调画师和排版师，主持完成了页面布局的设计与实现。图形编辑 Jay McElroy 的创意和技术都非常棒，为本版书籍绘制了新插图。文字设计师 Gary Hespenheide 与培生教育的设计经理 Mark Ong 通力合作，共同完成了本书文字材料的设计排版工作，包括配色方案、文字编排和章节结尾设计等。新照片由摄影师 Kristin Piljay 研究、挑选及管理。最后特别感谢内容制作人 Melanie Field，在把手稿变成今天读者所看到的成品书籍的漫长时间里，她始终坚持不懈地为大家加油鼓劲。

非常感谢我亲爱的学生们，他们的问题为各节的"常见问题"专栏提供了源源不断的素材，对于提升教材的整体水平而言非常重要。科学家和所有良师们总是在不断探索，感谢你们成为本书的倾听者、参与者和实践者。

特别感谢家人的耐心与理解，感谢他们在撰写本书的漫长时间里忍受了我的缺席。最后，感谢好时、西恩和吉拉德利等巧克力制造商所提供的灵感。衷心感谢你们！

其他许多人（包括数十位匿名测评人员）为本版书籍及以往版本提供了很有价值的技术测评，完整名单可以在《精通海洋学》的在线电子书版本中找到。

虽然本书受益于许多人的仔细审阅，但信息的准确性由作者负责。如果您发现存在任何瑕疵或有任何意见和建议，请与我联系。

Al Trujillo

Department of Earth, Space, and Environmental Sciences

Palomar College

1140 W. Mission Rd.

San Marcos, CA 92069

atrujillo@palomar.edu

https://www2.palomar.edu/pages/atrujillo

如果这个星球存在魔法，它一定藏在水中。

——洛伦·艾斯利，美国教育家和自然科学作家（1907—1977）

目录

CONTENTS

第1章　地球简介　1

1.1　地球上的海洋为何独一无二？　2
　　1.1.1　地球上的神奇海洋　3
　　1.1.2　地球上有多少海洋　4
　　1.1.3　四大洋及南大洋　4
　　1.1.4　海与洋　5
　　1.1.5　海洋与大陆　6

1.2　人类早期如何探测海洋？　8
　　1.2.1　早期历史　8
　　1.2.2　中世纪　10
　　1.2.3　欧洲的发现时代　11
　　1.2.4　海洋科考的萌芽　13
　　1.2.5　海洋学历史　14

1.3　海洋学包括哪些科学领域？　14

1.4　什么是科学过程？科学探究的本质
　　　是什么？　15
　　1.4.1　观察　16
　　1.4.2　假设　16
　　1.4.3　实验　17
　　1.4.4　理论　17
　　1.4.5　理论与真理　18

1.5　地球和太阳系是如何形成的？　19
　　1.5.1　星云假说　20
　　1.5.2　原始地球　21
　　1.5.3　密度与密度分层　21
　　1.5.4　地球内部结构　22

1.6　地球上的大气和海洋是如何形成的？　26
　　1.6.1　地球大气的起源　26
　　1.6.2　地球海洋的起源　26

1.7　海洋是地球生命的摇篮吗？　27
　　1.7.1　氧气对生命的重要性　28
　　1.7.2　斯坦利·米勒实验　28
　　1.7.3　生物进化和自然选择　30
　　1.7.4　植物和动物的进化　31

1.8　地球的年龄有多大？　34
　　1.8.1　放射性测年　34
　　1.8.2　地质年代表　34
　　主要内容回顾　35

第2章　板块构造和洋底　38

2.1　支持大陆漂移的证据有哪些？　39
　　2.1.1　检验观点：岩石序列与山脉序列的
　　　　　匹配　41
　　2.1.2　更多观察：冰期及其他气候证据　42
　　2.1.3　化石证据：生物分布　43
　　2.1.4　反对的声音　43

2.2　板块构造理论源自哪些观测研究？　44
　　2.2.1　地球磁场和古地磁　44
　　2.2.2　海底扩张和海盆地貌特征　49
　　2.2.3　其他海洋盆地证据　51
　　2.2.4　通过卫星探测板块运动　54
　　2.2.5　理论获得认可　54

2.3　板块边界存在哪些地貌特征？　55
　　2.3.1　离散型边界的地貌特征　56
　　2.3.2　汇聚型边界的地貌特征　60
　　2.3.3　转换型边界的地貌特征　64

2.4　测试模型：板块构造能够解释海洋和
　　　陆地的其他地貌特征吗？　65
　　2.4.1　热点和地幔柱　66
　　2.4.2　海山和海底平顶山　68
　　2.4.3　珊瑚礁分布　69

2.5　地球过去经历了哪些变化，未来又会
　　　怎样？　70
　　2.5.1　过去：古地理学　70
　　2.5.2　未来：大胆预测　71
　　2.5.3　预测模型：威尔逊旋回　72
　　主要内容回顾　73

第3章　海洋地貌单元　75

3.1　海洋测深技术有哪些？　76
　　3.1.1　探空测深　76
　　3.1.2　回声测深　77
　　3.1.3　利用卫星从空中描绘海洋特征　79
　　3.1.4　地震反射剖面　80

3.2　大陆边缘存在哪些地貌特征？　82
　　3.2.1　被动型大陆边缘和主动型
　　　　　大陆边缘　82

3.2.2　大陆架　83
3.2.3　大陆坡　84
3.2.4　海底峡谷和浊流　85
3.2.5　大陆隆　86
3.3　深海盆地存在哪些地貌特征？　87
3.3.1　深海平原　88
3.3.2　深海平原的火山峰　89
3.3.3　海沟和火山弧　90
3.4　洋中脊存在哪些地貌特征？　91
3.4.1　火山地貌特征　92
3.4.2　热液喷口　93
3.4.3　断裂带和转换断层　96
3.4.4　海洋岛屿　98
主要内容回顾　98

第4章　海洋沉积物　100
4.1　海洋沉积物如何采集？揭示了哪些
历史事件？　102
4.1.1　海洋沉积物的采集过程　102
4.1.2　海洋沉积物揭示的环境条件　104
4.1.3　古海洋学　105
4.2　成岩沉积物具有哪些特征？　105
4.2.1　成岩沉积物的成因　105
4.2.2　成岩沉积物的成分　107
4.2.3　成岩沉积物的结构　108
4.2.4　成岩沉积物的分布　109
4.3　生物沉积物具有哪些特征？　110
4.3.1　生物沉积物的成因　110
4.3.2　生物沉积物的成分　110
4.3.3　生物沉积物的分布　114
4.4　水生沉积物具有哪些特征？　118
4.4.1　水生沉积物的成因　119
4.4.2　水生沉积物的成分和分布　119
4.5　宇宙沉积物具有哪些特征？　121
4.5.1　宇宙沉积物的成因、成分和分布　121
4.6　远洋沉积及浅海沉积如何分布？　123
4.6.1　海洋沉积混合物　123
4.6.2　浅海沉积　124
4.6.3　远洋沉积　124
4.6.4　海底沉积物能否反映表层海水
状况？　125
4.6.5　全球海洋沉积物的厚度　126
4.7　海洋沉积物能够提供哪些资源？　127
4.7.1　能源资源　127
4.7.2　其他资源　129
主要内容回顾　131

第5章　水和海水　133
5.1　为什么水的化学性质如此独特？　134
5.1.1　原子结构　134
5.1.2　水分子　135
5.2　水有哪些重要物理性质？　137
5.2.1　热学性质　137
5.2.2　密度　143
5.3　海水为什么是咸的？　144
5.3.1　盐度　145
5.3.2　盐度测定　146
5.3.3　纯水与海水之比较　148
5.4　为什么海水盐度存在变化？　149
5.4.1　盐度变化　150
5.4.2　影响海水盐度的过程　150
5.4.3　海水中溶解组分的增减　153
5.5　海水盐度在表层如何变化？随深度
如何变化？　154
5.5.1　表层海水的盐度变化　154
5.5.2　盐度随深度而变化　155
5.5.3　盐度跃层　156
5.6　海水密度随深度如何变化？　157
5.6.1　影响海水密度的因素　157
5.6.2　温度和密度随深度而变化　157
5.6.3　温度跃层和密度跃层　159
5.7　海水是酸性的还是碱性的？　160
5.7.1　pH 标度　160
5.7.2　碳酸盐缓冲系统　161
5.8　海洋中碳和氧分布的控制因素有
哪些？　162
5.8.1　海洋中二氧化碳的溶解度及
分布　162
5.8.2　海洋中溶解氧的溶解度及分布　163
5.8.3　海洋中的溶解碳和溶解氧
如何影响气候？　164
主要内容回顾　165

第6章　海气相互作用　167
6.1　引发地球上的太阳辐射发生变化的原因
是什么？　168
6.1.1　地球为何存在季节变化？　169
6.1.2　纬度如何影响太阳辐射的分布　170
6.1.3　海洋热流　171
6.2　大气的物理性质有哪些？　172
6.2.1　大气的组成成分　173
6.2.2　大气的温度变化　173
6.2.3　大气的密度变化　173
6.2.4　大气中的水蒸气含量　174
6.2.5　大气压　174

6.2.6 大气运动 175
6.2.7 举例说明：不自转的地球 175
6.3 科里奥利效应如何影响运动物体？ 176
　　6.3.1 教学案例1：旋转木马的透视图和
　　　　　参照系 176
　　6.3.2 教学案例2：两枚导弹的故事 178
　　6.3.3 科里奥利效应随纬度而变化 179
6.4 全球大气环流模式有哪些？ 179
　　6.4.1 环流圈 180
　　6.4.2 气压 180
　　6.4.3 风带 181
　　6.4.4 边界 181
　　6.4.5 环流圈：理想或真实？ 182
6.5 海洋如何影响全球天气现象和气候
　　模式？ 184
　　6.5.1 天气与气候 184
　　6.5.2 风 185
　　6.5.3 风暴和锋面 186
　　6.5.4 热带气旋（飓风） 188
　　6.5.5 海洋气候模式 196
6.6 风能是否能够作为能源加以利用？ 198
　　主要内容回顾 199

第7章　海洋环流 201
7.1 如何测量海流？ 202
　　7.1.1 表层流的测量 202
　　7.1.2 深层流的测量 204
7.2 海洋表层流的成因及其组织方式
　　是什么？ 206
　　7.2.1 表层流的成因 206
　　7.2.2 海洋表层环流的主要组成 206
　　7.2.3 海洋表层环流的其他影响因素 209
　　7.2.4 海流与气候 213
7.3 上升流和下沉流是如何形成的？ 214
　　7.3.1 表层水辐散 214
　　7.3.2 表层水辐合 215
　　7.3.3 沿岸上升流与沿岸下沉流 215
　　7.3.4 上升流的其他成因 216
7.4 各海洋盆地存在哪些主要表层环流
　　模式？ 217
　　7.4.1 南极环流 217
　　7.4.2 大西洋环流 218
　　7.4.3 印度洋环流 222
　　7.4.4 太平洋环流 224
7.5 海冰和冰山是如何形成的？ 233
　　7.5.1 海冰的形成 233
　　7.5.2 冰山的形成 235
7.6 深海海流是如何形成的？ 236

7.6.1 温盐环流的成因 237
7.6.2 深层水的来源 237
7.6.3 全球深水环流 238
7.7 海流产生的能量是否能够作为能源？ 240
　　主要内容回顾 241

第8章　海浪和水动力学 243
8.1 海浪是如何生成及传播的？ 244
　　8.1.1 扰动生成海浪 244
　　8.1.2 波浪运动 245
8.2 海浪具有哪些特征？ 247
　　8.2.1 海浪术语 247
　　8.2.2 圆形轨道运动 248
　　8.2.3 深水波 249
　　8.2.4 浅水波 250
　　8.2.5 过渡波 250
8.3 风生浪是如何发育的？ 251
　　8.3.1 海浪的发育 251
　　8.3.2 干涉模式 256
　　8.3.3 疯狗浪 257
8.4 碎浪带中的海浪如何变化？ 259
　　8.4.1 海浪接近海滨时的物理变化 259
　　8.4.2 破碎波和冲浪运动 260
　　8.4.3 海浪折射 260
　　8.4.4 海浪反射 262
8.5 海啸是如何形成的？ 264
　　8.5.1 海岸的影响 266
　　8.5.2 海啸的历史及近期实例 266
　　8.5.3 海啸预警系统 270
8.6 海浪能量是否能够作为能源？ 273
　　8.6.1 海浪发电厂和海浪农场 273
　　8.6.2 全球海岸沿线的海浪能量资源 274
　　主要内容回顾 275

第9章　潮汐 277
9.1 海洋潮汐是如何形成的？ 278
　　9.1.1 引潮力 278
　　9.1.2 潮汐隆起：月球的影响 283
　　9.1.3 潮汐隆起：太阳的影响 284
　　9.1.4 地球自转与潮汐 284
9.2 潮汐在月潮周期内如何变化？ 285
　　9.2.1 月潮周期 285
　　9.2.2 复杂因素 287
　　9.2.3 理想潮汐预测 289
9.3 海洋中的潮汐是什么样的？ 290
　　9.3.1 无潮点和同潮线 291
　　9.3.2 大陆的影响 292
　　9.3.3 其他影响因素 292

9.4 潮汐形态有哪些类型？ 292
    9.4.1 全日潮形态 293
    9.4.2 半日潮形态 293
    9.4.3 混合潮形态 294
9.5 沿海地区存在哪些潮汐现象？ 295
    9.5.1 潮汐的极端案例：芬迪湾 295
    9.5.2 沿海潮流 296
    9.5.3 漩涡：是真实还是虚构？ 298
    9.5.4 银汉鱼：海滩上产卵 298
9.6 潮汐可以发电吗？ 300
    9.6.1 潮汐发电厂 300
    主要内容回顾 302

第10章 海滩、海滨线过程和近岸海洋 304
10.1 沿海区域是如何定义的？ 305
    10.1.1 海滩术语 306
    10.1.2 海滩的物质组成 307
10.2 海滩上的沙子是如何运移的？ 307
    10.2.1 垂直于海滨线的运移 307
    10.2.2 平行于海滨线的运移 309
10.3 侵蚀型海滨和堆积型海滨的典型地貌
    特征是什么？ 311
    10.3.1 侵蚀型海滨的地貌特征 311
    10.3.2 堆积型海滨的地貌特征 312
10.4 海平面变化如何形成新生海滨线和
    淹没海滨线？ 319
    10.4.1 新生海滨线的地貌特征 319
    10.4.2 淹没海滨线的地貌特征 319
    10.4.3 海平面的变化 319
10.5 硬稳定是如何影响海岸线的？ 322
    10.5.1 丁坝和丁坝群 322
    10.5.2 突堤 322
    10.5.3 防波堤 323
    10.5.4 海堤 325
    10.5.5 硬稳定的替代方案 326
10.6 近海具有哪些特征和类型？ 327
    10.6.1 近海的特征 328
    10.6.2 河口 330
    10.6.3 潟湖 334
    10.6.4 边缘海 335
10.7 滨海湿地面临的问题有哪些？ 337
    10.7.1 滨海湿地的类型 337
    10.7.2 滨海湿地的特征 338
    10.7.3 滨海湿地的消失 339
    主要内容回顾 341

第11章 海洋污染 343
11.1 什么是污染？ 344
    11.1.1 海洋污染的定义 344

11.1.2 环境生物监测 345
11.1.3 在海洋中处置废弃物 345
11.2 哪些海洋环境问题与石油污染有关？ 346
    11.2.1 埃克森·瓦尔迪兹号油轮溢油
    事件（1989年） 346
    11.2.2 其他石油泄漏 347
    11.2.3 海洋中石油污染物的危害性 350
    11.2.4 对海洋中石油的其他忧虑 351
    11.2.5 溢油的清理 352
    11.2.6 溢油的防范 353
11.3 哪些海洋环境问题与非石油化学污染
    有关？ 354
    11.3.1 污水污泥 354
    11.3.2 滴滴涕和多氯联苯 356
    11.3.3 汞与水俣病 357
    11.3.4 其他类型的化学污染物 360
11.4 哪些海洋环境问题与非点源污染
    有关？ 361
    11.4.1 非点源污染和垃圾 361
    11.4.2 海洋垃圾：塑料 362
11.5 个人能够为防止海洋污染做些什么
    事情？ 367
11.6 哪些海洋环境问题与生物污染有关？ 369
    11.6.1 杉叶蕨藻 369
    11.6.2 斑马贻贝 370
    11.6.3 海洋生物污染的其他案例 370
    主要内容回顾 370

第12章 海洋生命和海洋环境 372
12.1 什么是生物及其如何分类？ 373
    12.1.1 生命的工作定义 373
    12.1.2 生命的三域 374
    12.1.3 生物的六界 375
    12.1.4 林奈和生物分类 375
12.2 海洋生物是如何分类的？ 377
    12.2.1 浮游生物 377
    12.2.2 游泳生物 379
    12.2.3 底栖生物 379
12.3 海洋物种知多少？ 381
    12.3.1 为什么海洋物种的数量
    这么少？ 382
    12.3.2 水层环境和底栖环境中的
    物种 382
12.4 海洋生物如何适应海洋的物理条件？ 383
    12.4.1 物理支撑需求 383
    12.4.2 黏度 383
    12.4.3 温度 385
    12.4.4 盐度 386

　　　12.4.5　溶解气体　389
　　　12.4.6　水的高透明度　390
　　　12.4.7　压力　392
　12.5　海洋环境主要划分为哪些部分？　393
　　　12.5.1　水层/海水环境　393
　　　12.5.2　底栖（海底）环境　396
　　　主要内容回顾　397

第 13 章　生物生产力和能量传递　398
　13.1　什么是初级生产力？　399
　　　13.1.1　初级生产力的测量　400
　　　13.1.2　初级生产力的影响因素　401
　　　13.1.3　海水中的光传播　403
　　　13.1.4　为什么海洋边缘的生命如此
　　　　　　丰富？　406
　13.2　光合海洋生物有哪些类型？　407
　　　13.2.1　种子植物　407
　　　13.2.2　大型藻类　408
　　　13.2.3　微型藻类　409
　　　13.2.4　海洋富营养化和死区　413
　　　13.2.5　光合细菌　415
　13.3　不同区域的初级生产力有何差异？　416
　　　13.3.1　极地（高纬度）海洋的生产力：
　　　　　　北纬及南纬60°～90°　417
　　　13.3.2　热带（低纬度）海洋的生产力：
　　　　　　北纬及南纬0°～30°　418
　　　13.3.3　温带（中纬度）海洋的生产力：
　　　　　　北纬及南纬30°～60°　419
　　　13.3.4　不同区域的生产力对比　421
　13.4　能量和营养盐在海洋生态系统中如何
　　　　传递？　421
　　　13.4.1　海洋生态系统中的能量流动　421
　　　13.4.2　海洋生态系统中的营养盐
　　　　　　流动　422
　　　13.4.3　海洋摄食关系　423
　13.5　海洋渔业的影响因素有哪些？　427
　　　13.5.1　海洋生态系统和渔业　428
　　　13.5.2　过度捕捞　428
　　　13.5.3　附带渔获物　431
　　　13.5.4　渔业管理　433
　　　13.5.5　全球气候变化对海洋渔业的
　　　　　　影响　439
　　　13.5.6　海鲜选择　440
　　　主要内容回顾　441

第 14 章　水层环境中的动物　443
　14.1　海洋生物为什么能驻留在海底之上？　444
　　　14.1.1　气室的用途　444

　　　14.1.2　漂浮能力　445
　　　14.1.3　游泳能力　446
　　　14.1.4　浮游动物的多样性　446
　14.2　水层生物具有哪些觅食适应性？　450
　　　14.2.1　机动性：突袭者和巡游者　450
　　　14.2.2　游泳速度　451
　　　14.2.3　深水游泳生物的适应性　453
　14.3　水层生物具有哪些逃生适应性？　455
　　　14.3.1　集群　455
　　　14.3.2　共生　456
　　　14.3.3　其他适应性　457
　14.4　海洋哺乳动物有什么特征？　457
　　　14.4.1　哺乳动物的特征　458
　　　14.4.2　食肉目　459
　　　14.4.3　海牛目　460
　　　14.4.4　鲸目　461
　　　主要内容回顾　472

第 15 章　底栖环境中的动物　474
　15.1　岩质海滨沿线存在哪些生物群落？　476
　　　15.1.1　潮间带　476
　　　15.1.2　浪花带：生物及其适应性　478
　　　15.1.3　高潮带：生物及其适应性　478
　　　15.1.4　中潮带：生物及其适应性　479
　　　15.1.5　低潮带：生物及其适应性　481
　15.2　沉积物覆盖海滨沿线存在哪些生物
　　　　群落？　482
　　　15.2.1　沉积的物理环境　482
　　　15.2.2　潮间带　482
　　　15.2.3　沙滩：生物及其适应性　483
　　　15.2.4　泥滩：生物及其适应性　484
　15.3　外滨浅海海底存在哪些生物群落？　485
　　　15.3.1　岩质底部（潮下带）：生物及其
　　　　　　适应性　485
　　　15.3.2　珊瑚礁：生物及其适应性　488
　　　15.3.3　珊瑚礁的发育　490
　15.4　深海海底存在哪些生物群落？　497
　　　15.4.1　物理环境　497
　　　15.4.2　食物来源和物种多样性　497
　　　15.4.3　深海热液喷口生物群落：生物及其
　　　　　　适应性　499
　　　15.4.4　低温渗口生物群落：生物及其
　　　　　　适应性　504
　　　15.4.5　深海生物圈：新前沿　506
　　　主要内容回顾　507

第 16 章　海洋和气候变化　508
　16.1　地球气候系统由哪些部分组成？　509
　　　16.1.1　碳循环　511

16.2 地球近期气候变化：是自然事件还是人类
    活动影响？ 513
    16.2.1 科学界是否就人类活动引发气候
        变化达成共识 518
    16.2.2 联合国政府间气候变化专门委员
        会：记录人类引发的气候变化 519
16.3 大气温室效应由哪些因素引发？ 521
    16.3.1 地球的热量收支和波长变化 522
    16.3.2 引发温室效应的气体有哪些 523
    16.3.3 其他因素：气溶胶 529
    16.3.4 由于全球变暖而发生的气候变化
        记录有哪些 529
16.4 全球变暖引发了哪些海洋变化？ 531
    16.4.1 海洋温度上升 531
    16.4.2 深水环流改变 533

16.4.3 极地海冰融化 534
16.4.4 海洋酸化 536
16.4.5 海平面上升 538
16.4.6 预测和观测到的其他变化 541
16.5 如何减少温室气体数量？ 543
    16.5.1 方法 1：可再生清洁能源 544
    16.5.2 方法 2：减少温室气体排放的解决
        方案——改变行为 544
    16.5.3 方法 3：减少温室气体排放的全球
        工程解决方案 545
    16.5.4 像科学家一样思考：下一步该
        怎么做 548
    主要内容回顾 548

后记 550

第 1 章　地球简介

在这幅卫星数据合成影像中，地球上的大气、海洋、陆地与人类和谐共存，可以看到地表、海冰、海洋、云层、城市灯光及地球大气层朦胧边缘等大量信息。

主要学习内容

1.1 比较地球各海洋的特征

1.2 介绍海洋早期探测历史

1.3 解释为什么海洋学被称为跨学科科学

1.4 描述科学过程和科学探究的本质

1.5 解释地球和太阳系的成因

1.6 解释地球大气和地球海洋的成因

1.7 讨论为什么生命起源于海洋

1.8 如何测定地球的年龄

当每 90 分钟绕地球一圈时，我对"地球大部分由水构成"印象相当深刻，大陆看上去就像是漂浮在水面上的物体。

——洛伦·施里弗，美国宇航员，2008 年

海洋（Ocean）是地球最壮观且最明显的识别特征。从太空视角观察，地球是蓝色、白色和棕色相间的绚烂星球（参见本章的开篇照片）。地球表面的液态水非常丰富，这是地球的显著特征。海洋表面之下隐藏着神秘的海洋景观，完全可以与陆地上的任何事物相媲美。

地球表面约 70.8% 为海洋所覆盖，因而人类生存的星球被称为"地球"确实令人费解。在地中海附近的许多早期人类文明中，人们认为世界由大片陆地构成，周围环绕着些许海水，陆地（而非海洋）在地球表面占统治地位。可以想象，如果有机会冒险进入世界上的广阔海洋，他们一定会非常吃惊。由于人类生活在陆地上，所以将其称为"地球"完全可以理解。假设人类是海洋动物，那么为了表现海洋的重要性，这个星球很可能会被称为"海洋"或"水"甚至"海神"等。在学习海洋学知识时，首先要从一些独特的地理特征开始。

1.1 地球上的海洋为何独一无二？

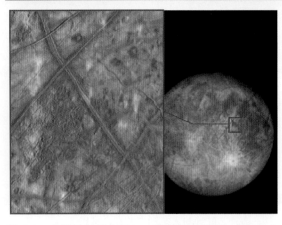

图 1.1 木星的卫星木卫二。据科学家推测，木卫二上之所以存在暗色裂纹网，应是其冰面下海洋潮汐力作用的结果。当木卫二的轨道接近木星时，冰下的海潮可能比正常情况下上升得更高。若确实如此，由于海潮不断上升和下降，可能会导致木卫二表面出现大量裂纹

在太阳系的所有行星及卫星中，地球是表面含有液态水的唯一星球。太阳系中的其他天体不存在已经确定的海洋，但最近通过对其他行星的卫星进行研究，科学家们揭示了一些令人振奋的可能性。例如，木星的卫星木卫二上存在由暗色裂纹构成的蜘蛛网（见图 1.1），几乎可以确定冰面下存在一片液态水的海洋。实际上，通过对木卫二表面覆盖冰块的最新分析，表明这些冰块正处于类似地球板块构造的重塑过程中。木卫三和木卫四是木星的另外两颗卫星，冰冷的外壳下可能存在液态海洋。此外，土星的小卫星土卫二上显示有水蒸气和冰的间歇泉，最新分析研究成果表明，这些水蒸气和冰出乎意料地含有盐。最近，通过对土卫二重力场的研究分析，人们发现巨厚表层冰下存在一个 10 千米深的咸水洋，间歇泉的冰溅物还含

有微小的矿物颗粒。2015 年，一艘飞过的航天器对这些颗粒进行了分析，表明当卫星岩石内部富含矿物质的热水向上流动并与冷水接触时，就可能形成尘埃大小的颗粒。这种地下热液活动证据让人联想到地球的深海热泉，这个地方可能是地球生命发展的关键所在。2016 年，有报道称在土星的另一颗卫星（迪翁）的冰面下，存在液态海洋的相关迹象。新证据不断出现，土星的巨大卫星土卫六上出现了容纳液态碳氢化合物的小海洋，这表明太阳系中除了地球，土卫六可能是唯一表面存在液体的天体。即使是矮行星冥土星也存在表面特征，这意味着其表面下也可能藏有海洋。因为这些行星体几乎肯定存在这样或那样的海洋，所以它们都成为人类在太空任务中寻找外星生命迹象的目标。虽然如此，地球表面存在着巨量的液态水，这在太阳系中仍然独一无二。

常见问题 1.1 为什么航天器飞过就能确定行星体表面下是否存在海洋呢？

以美国宇航局的卡西尼号太空船为例，它携带了一整套用于研究行星体的精密科学仪器，其中最为重要的仪器是可探测地下海洋的摄影机。卡西尼号太空船拍摄到了水蒸气和冰喷入太空的间歇喷泉图像，证明土星的冰冷卫星土卫二上存在地下液态水。摄影机还揭示出木星的卫星木卫二的冰壳上存在裂隙，这可能是由潮汐力引发地表下的液态海洋上升和下降导致的。另一艘宇宙飞船伽利略号飞过木星时，探测到了木卫二的磁场波动，表明存在类似咸海的地下导电流体，由此首次提出了木卫二上存在地下液态海洋的可能性。

1.1.1 地球上的神奇海洋

海洋已经并将持续对地球产生关键而深远的影响。海洋对所有生命形式都不可或缺，对地球上的生命孕育负有重大责任，提供可在数十亿年内生物进化的稳定环境。目前，海洋容纳了地球上数量最多的生物，从微小的细菌和藻类，到巨大的蓝鲸。有趣的是，水是地球上几乎每种生命形式的主要成分，人类自身的体液与海水的化学成分非常相似。

海洋的另一个独特特征是体积非常巨大，占地表和近地表总水量的 97.2%，成为地球上最大的生命生境，如图 1.2 所示。通过复杂的海流模式和加热/冷却机制（对于其中的一些模式与机制，科学家们现在才开始了解），海洋影响着全球的天气和气候，甚至在远离任何海洋的大陆地区也是如此。海洋也是地球的"肺"，它把二氧化碳从大气中带走，然后用氧气取而代之。据科学家估算，海洋提供人类呼吸的氧气数量约占 70%。

海洋决定了各个大陆的尽头在哪里，从而塑造了政治边界和人类历史。海洋隐藏了许多地貌特征，实际上，地球的大部分地理特征都藏于海底。出乎多数人意料，人类对月球表面的了解再次超越了对海底的了解！幸运的是，在过去几十年里，人类在这两方面的知识储备都有了显著增长。

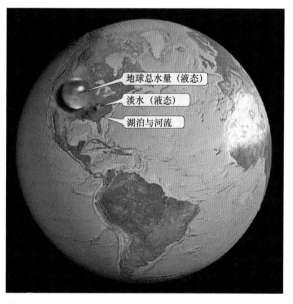

图 1.2 地球上不同类型的水体的对比。采用大小成比例的 3 个蓝色球体，标识地球上的各种液态水。最大的球体是地球上的全部液态水，其中 97% 是海水；中等大小的球体是最大球体的子集，显示了地表、湖泊、沼泽及河流中的淡水；最小的球体是最大球体的更小子集，只是湖泊和河流中的淡水

（图中标注：地球总水量（液态）、淡水（液态）、湖泊与河流）

海洋蕴藏着人类尚未发现的大量秘密，关于海洋的科学新发现几乎每天都有。海洋蕴藏着食品、矿产和能源，但这些物质大多尚未开发。全球超过半数的人口生活在沿海地区，享用着温和的气候、廉价的交通方式、近距离的粮食资源及舒适的休闲娱乐机会。令人遗憾的是，海洋也是

人类社会大量垃圾废物的倾倒场所。实际上，由于环境污染、过度捕捞、物种入侵及气候变化等原因，海洋目前正呈现出令人震惊的变化。本书探讨所有这些主题及其他相关内容。

1.1.2 地球上有多少海洋

海洋是广袤的象征，查看世界地图（见图 1.3）时，人们很容易惊叹于海洋的博大，承认海洋在地球表面的霸主地位。对于曾经乘船横渡（或乘飞机跨越）海洋的人们来说，最令他们难忘的事情绝对是海洋的浩瀚宽广。各个海洋之间相互连通，构成一个连续的海水整体，因此地球海洋初称"世界海洋"。例如，海船能够在不同海洋之间轻松穿行，但是在不同大陆之间，若不经过海洋的话，任何交通工具都很难通航。

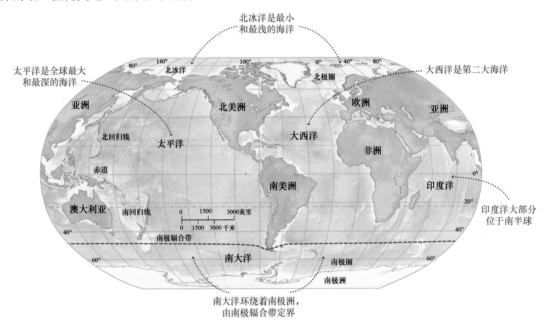

图 1.3 地球上的海洋。四大洋及南大洋（南冰洋/南极洋）

1.1.3 四大洋及南大洋

根据海洋盆地的形状及其与各大陆的位置，全球海洋可划分为五大洋，即四个主要的海洋加上一个南大洋（南冰洋/南极洋），如图 1.3 所示。

太平洋（Pacific）：全球最大的海洋，占全球海洋总面积的一半以上，如图 1.4b 所示。太平洋是地球上最大的单一地理单元，横跨地球整个表面的 1/3 以上。太平洋广阔无际，面积完全能够容纳地球上的所有大陆，甚至还能富余一些空间！太平洋也是全球最深的海洋（见图 1.4c），其间分布着许多热带岛屿。1520 年，当费迪南德·麦哲伦探险队进入这片海域时，为了庆祝他们遇到的好天气，将其命名为"太平洋"。

大西洋（Atlantic）：面积约为太平洋的一半，深度比太平洋浅（见图 1.4c）。大西洋隔开了旧大陆（欧洲、亚洲和非洲）与新大陆（北美洲和南美洲）。

印度洋（Indian Ocean）：面积略小于大西洋，平均深度与其大致相当（见图 1.4c），主要分布在南半球（赤道以南，或图 1.3 中 0°纬线下方区域）。因靠近印度次大陆，故而得名"印度洋"。

北冰洋（Arctic Ocean）：面积约为太平洋的 7%，深度约为其他大洋的 1/4，如图 1.4c 所示。虽然表面覆盖着永久性海冰，但冰层厚度仅为几米。由于位于大熊星座（北斗七星）下方的北极地区，因此被命名为北冰洋。

南大洋（Southern Ocean）或南冰洋/南极洋（Antarctic Ocean）：在南半球的南极洲大陆附近，海洋学家发现了另一个大洋，如图1.3所示。南大洋因其位于南半球而得名，实际位于南极洲与南极辐合带之间，是太平洋、大西洋和印度洋在南纬50°以南的海流汇合区域。

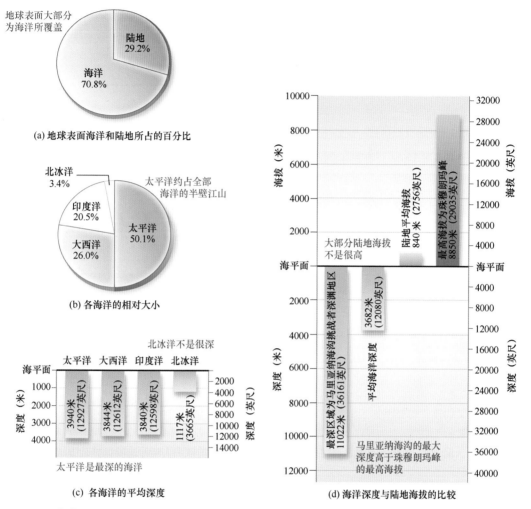

图1.4 海洋的大小与深度。(a)地球表面上陆地和海洋的相对比例；(b)四大洋的相对大小；(c)各海洋的平均深度；(d)海洋平均深度、海洋最大深度、陆地平均海拔和陆地最高海拔

探索数据

❶ 从最大到最小，从最深到最浅，分别对全球四大洋进行排序。
❷ 利用数据佐证支持北冰洋从技术层面应归类为"海"的论点。

简要回顾

四大洋是太平洋、大西洋、印度洋和北冰洋。业界还承认另一个大洋，即南大洋（或南冰洋/南极洋）。

1.1.4 海与洋

海与洋有什么不一样呢？在通常的用法中，海（Sea）与洋（Ocean）这两个术语经常交换使用，例如海星生活在大洋里，大洋里充满了海水，大洋中结了海冰，某人在海滨散步而在洋边居住。但是，从技术层面而言，"海"应该采用如下定义：

- 海比洋更小、更浅。因此，北冰洋的合适的名称似乎应是"海"。
- 由咸水组成。实际上，某些内陆"海"是含盐量相对较高的大型湖泊，如亚洲的里海。
- 或多或少为陆地环绕。但是，某些海由强大的海流而非陆地界定，如大西洋中的马尾藻海。
- 与世界上的大洋直接相连。

常见问题1.2 七海在哪里？

在许多文学作品和歌曲中，经常会出现"航行在七海"等类似词句，但其最初含义已无据可查。对古人来说，"七"这个数字通常意味着"许多"。在15世纪以前，欧洲人认为世界上的主要海洋如下（见图1.5）：

1. 红海
2. 地中海
3. 波斯湾
4. 黑海
5. 亚得里亚海
6. 里海
7. 印度洋（注意"海"与"洋"的互换使用）

目前，全世界共有100多个海和海湾，几乎都是全球庞大互通海洋的较小组成部分。

图1.5 古代七海图。这幅地图展示了15世纪以前欧洲人所知道的世界范围

1.1.5 海洋与大陆

从图1.4d中可以看出，全球海洋的平均深度为3682米。由于靠近海岸的浅海区域为数众多，意味着海洋中一定存在着非常深的某些区域。从图1.4d中还可看出，海洋的最大深度位于关岛附近的马里亚纳海沟的挑战者深渊区域，其深度达到了令人难以置信的海平面以下11022米。

若拿大陆与海洋相比，结果又会如何呢？从图1.4d中可以看出，大陆的平均海拔只有840米，说明陆地的平均海拔距离海平面并不远。全球海拔最高的山峰是亚洲喜马拉雅山脉的珠穆朗玛峰，其海拔约为8850米。即便如此，珠穆朗玛峰的海拔也比马里亚纳海沟的深度少2172米。从山脚下到山顶，总高度最高的山峰是美国夏威夷岛的莫纳克亚山，其地面海拔为4206米，海平面至海下山底的深度为5426米，总高度为9632米。莫纳克亚山的总高度比珠穆朗玛峰高782米，但仍然比马里亚纳海沟少1390米。因此，地球上没有任何一座山峰的高度能够超过马里亚纳海沟的深度。

常见问题1.3 人类是否曾经探索过最深的海沟？那里存在生命吗？

人类确实曾经造访过海洋的最深处！半个多世纪前，人类首次访问了那个区域，见识到了巨大的高压、完全的黑暗及接近冰点的水温。1960 年 1 月，美国海军中尉多纳·沃尔什和探险家雅克·皮卡德乘坐特里亚斯特号深海探测器，下潜至马里亚纳海沟底部的挑战者深渊区域，如图 1.6 所示。在 9906 米深处，他们听到了一次非常巨大的爆裂声，震动了整个船舱。但是，他们并未察觉到 7.6 厘米厚的树脂玻璃窗出现了裂纹，更未料到玻璃窗居然能够奇迹般地坚持到整个探测过程结束。下潜 5 个多小时后，他们终于到达了深度为 10912 米的海沟底部，创下了人类下潜深度的世界纪录。在那里，他们还观察了适应深海生活的一些小生物，如一条比目鱼、一只虾和一些水母。

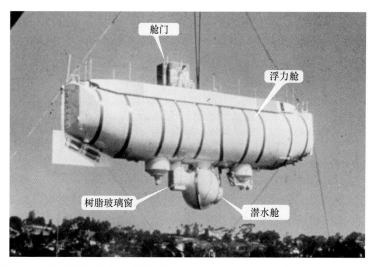

图 1.6　美国海军的特里亚斯特号深海探测器。在 1960 年创造人类下潜深度世界纪录以前，这是起重机对其进行吊装的照片。该探测器的潜水舱（浮力舱下方的球状装置）的直径为 1.8 米，可以容纳两人，舱壁为 7.6 厘米厚的钢板

2012 年，美国传奇导演詹姆斯·卡梅隆驾驶深海挑战者号潜水器，独自下潜至马里亚纳海沟，如图 1.7 所示。在共 7 小时的往返航程中，为开展科学研究拍摄照片和采集样品，卡梅隆在地球最深处待了约 3 小时。

生物特征 1.1　我照亮了深海！

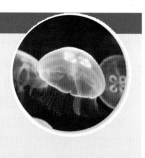

　　水母（常被误称为水母鱼）是一种凝胶状的海洋生物，广泛分布于各大海洋中。

　　水母是一种非常古老的海洋浮游生物，它利用刺细胞来捕捉食物，约半数能够发出生物荧光，因此成为深海巨大黑暗中的亮点。

简要回顾

　　海洋最深处位于太平洋中的马里亚纳海沟，深达 11022 米，人类只去过两次，第一次是 1960 年，最近一次是 2012 年。（译者注：自 2020 年 10 月 10 日起，中国奋斗者号全海深载人潜水器赴马里亚纳海沟开展万米海试，成功完成 13 次下潜，其中 8 次突破万米。11 月 10 日 8 时 12 分，奋斗者号创造了 10909 米的中国载人深潜新纪录。）

图 1.7　成功独自潜入马里亚纳海沟后，浮出水面的深海挑战者号潜水器。2012 年，著名电影导演詹姆斯·卡梅隆完成了一次打破纪录的单人潜水，即下潜至马里亚纳海沟底部，成为第三个造访地球最深处的人

❶ 古地中海文化的海洋观如何影响地球的命名？

❷ 虽然海与洋有时可以互换使用，但海与洋之间的技术差异是什么？

❸ 海洋最深处在哪里？具体有多深？与地球上的海拔最高的山峰相比如何？

1.2　人类早期如何探测海洋？

海洋广阔无垠且神秘莫测，与海洋为伴的风险非常大，但是人类一直极富冒险精神，总有人前赴后继地迈向海洋深处。随着时间的推移，航海技术不断推陈出新，人类已经完全能够安全穿越所有海洋（无论大小）。例如，当乘坐飞机横越太平洋时，所需时间甚至可以缩短至一天之内。即便如此，大部分深海区域仍然遥不可及，人类至今尚未对海洋开展全面的探测。实际上，月球表面地图的精度要高于大部分海底地图。虽然如此，人类正在不断探索应用各种新技术，通过远轨运行的地球观测卫星，以前所未有的速度来获取海洋相关知识。

1.2.1　早期历史

最初，人类可能只是向海洋索取食物。考古学研究表明，约 4 万年前船只刚刚诞生时，人们可能只是乘船在海洋中旅行。随后，当人类开始大量建造船只时，目标很可能是将渔民们运往海洋深处的新渔场。海洋还提供了运输大型和重型物品的廉价有效方式，促进贸易往来与文化交流。

1.2.1.1　太平洋航海者

太平洋岛屿（大洋洲）上的居民来自何方至今尚存争议，没有人类学证据表明他们是世代居住在这些岛屿上的土著（原住民）。换句话说，这些人一定来自某个大陆，乘坐当时的小型船只（双人独木舟、单人独木舟或巴尔萨木筏），穿越了数百（甚至数千）千米海域，且具备非同寻常的导航技能。太平洋上的岛屿分布很广且分散，因此可能只有少数幸运者成功登陆，大部分航海者则在航行途中遇难。图 1.8 中显示了太平洋上有人居住的三个主要群岛：密克罗尼西亚（Micronesia）、美拉尼西亚（Melanesia）和面积最大的波利尼西亚（Polynesia）。

在太平洋地区的人类历史研究领域，目前尚未发现欧洲人到来（16 世纪）之前的任何书面记录。不过，由于亚洲大陆与各岛屿之间的距离相对较近，亚洲人向密克罗尼西亚群岛和美拉尼西亚群岛迁移成为主流观点。但是，波利尼西亚群岛各岛屿之间的距离比较遥远，对陆地移民来讲无疑是巨大的挑战。例如，复活节岛位于波利尼西亚群岛三角形区域的东南角，距离最近的岛屿（皮特凯恩群岛）超过 1600 千米。同理，陆地移民的夏威夷群岛之旅一定困难重重，该群岛距离有人居住的最近岛屿（马克萨斯群岛）超过 3000 千米，如图 1.8 所示。

考古学证据表明，早在公元前 4000—5000 年，新几内亚人就占领了新爱尔兰岛。但是，在公元前 1100 年之前，尚无证据表明人类进一步探索了太平洋。那时，能够制作独特陶器的拉皮塔人作为早期定居者，迁徙至斐济、汤加和萨摩亚群岛，如图 1.8 中的黄色箭头所示。以此为基地，波利尼西亚人向前航行至马克萨斯群岛（约公元前 30 年），然后继续航行至太平洋遥远地区的其他岛屿（见图 1.8 中的绿色箭头），包括约公元 300 年到达夏威夷群岛，约公元 800 年到达新西兰。最近的基因、语言及考古证据综合研究表明，拉皮塔人和波利尼西亚人的祖先起源于中国沿海地区的台湾岛。但有一点令人惊讶，最新基因研究成果表明，波利尼西亚人在复活节岛的居住时间相对不长，大约始于公元 1200 年。

夏威夷人、新西兰毛利人和复活节岛居民均有明显的波利尼西亚背景，但一位生物学家及人类学家托尔·海尔达尔提出了不同的观点，认为来自南美洲的航海者可能在波利尼西亚人之前抵达了南太平洋岛屿。1947 年，为了验证自己的观点的正确性，他乘坐康提基号巴尔萨木筏（类似

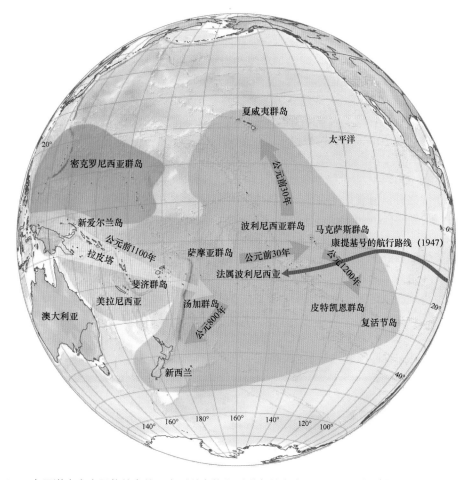

图 1.8 太平洋中有人居住的岛屿。太平洋中的主要群岛是密克罗尼西亚群岛（棕色底纹区）、美拉尼西亚群岛（桃红色底纹区）和波利尼西亚群岛（绿色底纹区）。公元前 1100 年住在斐济、汤加和萨摩亚（黄色箭头）等岛屿上的居民，可以追溯至公元前 4000—5000 年新爱尔兰岛上的拉皮塔人。绿色箭头显示了居民在波利尼西亚群岛的迁移，红色箭头为 1947 年托尔·海尔达尔乘坐康提基号巴尔萨木筏的航行路线

于发现欧洲时南美洲航海家所使用的木筏，见图 1.9），从南美洲一路航行到图阿莫图群岛，总行程超过 11300 千米，如图 1.8 中的红色箭头所示。康提基号木筏的非凡航程表明，早期南美人可以像亚洲人一样轻松前往波利尼西亚群岛，但人类学家们并没有找到相关迁徙的证据。此外，DNA 对比研究发现，复活节岛人与波利尼西亚人之间存在着非常密切的遗传关系，但是与北美洲或南美洲沿海的土著人并无瓜葛。

1.2.1.2 欧洲航海者

欧洲航海业的开拓者是当时居住于地中海东端（今埃及、叙利亚、黎巴嫩和以色列）的腓尼基人。早在公元前 2000 年，腓尼基人就开始对地中海、红海和印度洋进行探索，并于公元前 590 年完

图 1.9 康提基号巴尔萨木筏。1947 年，托尔·海尔达尔乘坐这个真正的木筏，从南美洲一路航行到波利尼西亚群岛，说明古代南美人存在完成类似行程的可能性

成了首次有记录的环绕非洲航行，向北最远曾到达过不列颠群岛。

公元前 325 年，古希腊天文学家皮西亚斯在向北航行期间，采用了一种简单但极高明的方法来确定北半球的纬度（南北方向），即测量观察者与北极星和北向地平线之间的视线夹角。虽然能够测量纬度，但这种方法无法准确测量经度（东西方向）。

公元前 3 世纪，亚历山大大帝建立了著名的埃及亚历山大图书馆。该图书馆是当时非常重要的科学知识宝库之一，收藏了内容丰富的大量书籍，吸引了许多科学家、诗人、哲学家、艺术家和作家慕名前往。亚历山大图书馆很快成了世界知识之都，并以收藏最为丰富的古代著作而闻名遐迩。

早在公元前 450 年，古希腊学者就认为地球是圆的，并且通过大量证据进行了证明，如船只会消失在地平线之外，月食期间会出现地球的影子。亚历山大图书馆的第二任馆长是古希腊天文学家厄拉多塞内斯（Eratosthenes，公元前 276—公元前 192），这个聪明人受到了前人的启发而顿悟，巧妙地利用地面上一口水井中木棍的影子，结合简单的初级几何知识，计算出了地球的周长。他得出的结果为 40000 千米，今天众所周知的实际数值是 40032 千米，二者大致相差无几。

约在公元 150 年，古埃及−古希腊地理学家克罗狄斯·托勒密（Claudius Ptolemy，85—165）绘制了一幅世界地图，这幅地图代表了古罗马时期的地理认知水平，如图 1.10 所示。就像早期的古希腊地图一样，这幅地图不仅包含欧洲、亚洲和非洲等大陆，还加入了亚历山大图书馆学者们发明的垂向经线和水平纬线。此外，托勒密还指出已知的海洋为陆地所包围，而大部分神秘陆地尚不为人所知，这对探险家来说是极大的诱惑。

图 1.10　托勒密绘制的世界地图。约在公元 150 年，古埃及−古希腊地理学家克罗狄斯·托勒密绘制了这幅世界地图，代表了古罗马时期的地理认知水平。注意观察陆地上的坐标系，类似于今天的经纬度

托勒密还对厄拉多塞内斯测量的地球周长进行了校正，但是不小心弄巧成拙，将原来非常精确的数值给改错了。托勒密采用存在缺陷的计算方法，高估了亚洲的面积，导致算出的地球周长为 29000 千米，比实际数值小了约 28%。近 1500 年后，由于受到托勒密的误导，当探险家克里斯托弗·哥伦布到达美洲新大陆时，他却认为自己到了亚洲的某个地区。

1.2.2　中世纪

公元 415 年，亚历山大图书馆被毁，所有藏书葬身火海。公元 476 年，西罗马帝国灭亡。至

此，腓尼基人、古希腊人和古罗马人的大多数文明成果灰飞烟灭，仅有部分文明被控制了北非和西班牙的阿拉伯人传承下来。这些阿拉伯人利用掌握的知识优势，很快成为地中海地区的海上霸主，并与东非、印度和东南亚等地区广泛开展贸易。阿拉伯人之所以能够穿越印度洋进行贸易，主要是因为他们学会了如何利用季风。夏季，当季风从西南方向吹来时，满载货物的船只离开阿拉伯港口，向东驶过印度洋；冬季，当季风从东北方向吹来时，船只刚好往西返航。要了解关于印度洋季风的更多信息，请参阅第 7 章。

与此同时，在南欧和东欧的其他地区，基督教方兴未艾。由于与基督教教义背道而驰，科学探索受到了严重压制，先前文明获得的知识逐渐消失或遭到漠视。因此，在这些黑暗时代，西方对世界地理学的认知严重倒退。例如，当时有一种观点，认为整个世界是一个圆盘，耶路撒冷则位于圆盘的中心位置。

斯堪的纳维亚半岛是维京人（北欧海盗）的大本营，他们拥有大量的坚船利炮和优秀的航海技术，并且对探索大西洋兴趣浓厚，如图 1.11 所示。公元 10 世纪末，在全球气候变暖的帮助下，维京人殖民了冰岛。公元 981 年左右，在从冰岛向西航行的过程中，红发海盗埃里克·托瓦尔森发现了格陵兰岛，而且可能还抵达过更西的巴芬岛。他于公元 985 年返回冰岛，然后率领第一批维京殖民者占领了格陵兰岛。比亚尼·埃尔霍尔松加入了从冰岛启航的殖民者行列，但他向西南方向航行得太远了，成为到达现在称为纽芬兰岛的维京第一人。但是，比亚尼却没有登陆纽芬兰岛，转身返回了新殖民地格陵兰岛。红发埃里克有一个儿子叫莱夫·埃里克森，对比亚尼曾经发现新岛屿的故事很感兴趣，于是在公元 995 年买下了比亚尼的船只，从格陵兰岛出发，前往比亚尼曾在西南方向看到的那片土地。莱夫在北美洲的某个地方度过寒冬，并以在该处发现的葡萄名称将其命名为文兰岛（即今天属于加拿大的纽芬兰岛）。后来，由于该地区的气候逐步转冷，而且维京人的农耕水平太差，致使格陵兰岛和文兰岛上的维京殖民者生活非常艰辛，并最终于 1450 年彻底消失。

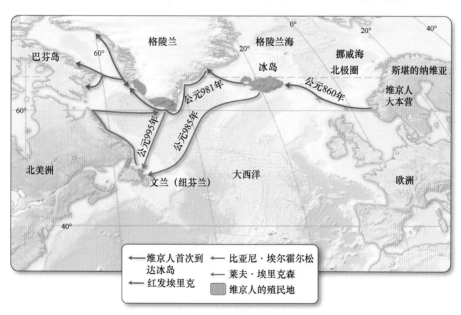

图 1.11　维京人（北欧海盗）在北大西洋的殖民地。本图描绘了维京人的探险路线、时间及建立殖民地的地点，包括冰岛、格陵兰岛和北美洲部分地区

1.2.3　欧洲的发现时代

1492—1522 年这 30 年称为欧洲的发现时代/探索时代/地理大发现（Age of Discovery）时代，

在这段时间，欧洲人不仅发现了北美洲和南美洲大陆，而且首次完成了环绕地球航行一周的人类壮举。至此，欧洲人掌握了全球海洋的真实范围，体验了新"发现"的其他大陆及岛屿上的人群与欧洲人的巨大文化差异。

在欧洲的发现时代，为什么海洋探险活动如此之多呢？这主要与奥斯曼土耳其帝国的苏丹（即君主）穆罕默德二世有关，他率大军于1453年攻陷了东派基督教（即东正教）世界的首都君士坦丁堡，随后将地中海各港口城市与印度、亚洲和东印度群岛（今天的印度尼西亚）等富庶地区彻底隔绝。为了与这些东方地区继续开展贸易活动，西方世界被逼无奈，试图通过海洋探索出一条新通道。

葡萄牙的亨利王子（1392—1460）亲自担任领航员，开启了为国家复兴而探索欧洲以外地区的新征程。为了提高葡萄牙人的航海技能，他在萨格里什（葡萄牙西南端的小渔村）建立了一个海事机构。绕过非洲最南端的航程极为凶险，这成为新贸易路线上的巨大障碍。非洲最南端是厄加勒斯角，巴尔托洛梅乌·迪亚士于1486年首次绕过该角，瓦斯科·达·伽马随后于1498年再次绕过它，并继续向印度方向航行，建立了一条通往亚洲的新贸易路线。

与此同时，在西班牙君主的鼎力资助下，意大利航海家及探险家克里斯托弗·哥伦布踏上行程，寻找能够横跨大西洋到达东印度群岛的新航线。在1492年的第一次航行中，哥伦布从西班牙向西出发，两个月后登上了陆地，如图1.12所示。由于地球的周长被大大低估，哥伦布认为自己抵达了东印度群岛靠近印度的某个地方，实际上那里只是加勒比某地。当他返回西班牙并宣告自己的发现后，西班牙又筹划了后续航海计划。在随后的十年中，哥伦布又先后三次横渡大西洋。

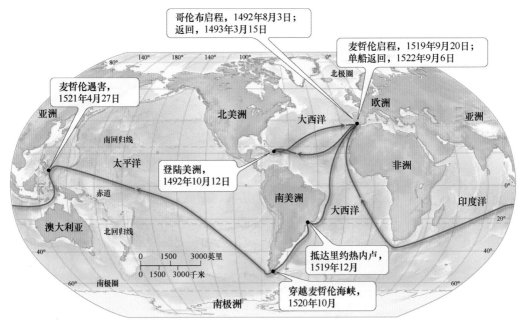

图1.12 哥伦布和麦哲伦的航行路线。哥伦布首次航行及麦哲伦团队首次环球航行的日期和路线

虽然哥伦布因发现北美洲而广受赞誉，但他却从未真正踏上北美洲大陆。要了解与哥伦布航行相关的更多内容，请参阅第6章中的深入学习6.1。他的探险行为激励了其他航海者前赴后继地探索"新世界"，例如，在1497年，当哥伦布首次航行5年后，意大利航海家及探险家乔瓦尼·卡博托即约翰·卡伯特登陆北美洲东北部的某处。1513年，在瓦斯科·努涅斯·巴尔博亚试图穿越巴拿马地峡的过程中，当他登上山顶向西远眺时，欧洲人终于第一次看到了浩瀚无际的太平洋。

接下来，费迪南德·麦哲伦发起了一次卓越的环球航行，标志着"发现时代"到达巅峰，如

图 1.12 所示。1519 年 9 月，麦哲伦率领 280 名水手和 5 艘船只，浩浩荡荡地离开了西班牙。他首先横渡了大西洋，然后沿南美洲东海岸向南航行，从南纬 52°的麦哲伦海峡（后人为纪念他而命名）向西驶入太平洋。1521 年 3 月，麦哲伦在菲律宾群岛登陆，约 1 个月后，在与当地土著人的一次战斗中被杀。1522 年，他的部下胡安·塞巴斯蒂安·埃尔卡诺乘坐最后一艘船维多利亚号，穿越印度洋并绕过非洲最南端，返回了西班牙大本营，圆满完成了此次环球航行壮举。前后历时 3 年，完整见证这段历史的只有 1 艘船和 18 名水手。

经过这些探险、远征和考察后，为了从墨西哥及南美洲的阿兹特克文明和印加文明地区获取黄金，西班牙人筹划了更多航行。与此同时，英国和荷兰异军突起，利用机动性更强的小型船只，从笨重的西班牙大帆船上抢夺黄金，由此引发了多次海上冲突。1588 年，英国击败了西班牙的无敌舰队，终结了其海上霸主地位。自此以后，英国人控制了海洋，成了世界霸主，并且一直持续到 20 世纪初。

1.2.4　海洋科考的萌芽

为巩固自己的海上霸主地位，英国人对海洋科学知识愈加重视。詹姆斯·库克（1728—1779）船长是一位经验丰富的英国航海家和探险家，在 1768—1779 年间，他分别乘坐奋进号、决心号和冒险号科学考察船，先后 3 次踏上了科学发现之旅，如图 1.13 所示。通过对未知南方大陆（即南极洲）的搜寻，他推断若其确实存在的话，就应位于南大洋广阔的冰盖之下（或更深处）。库克还绘制了欧洲人以前不知道的许多岛屿地图，包括南乔治亚岛、南桑威奇群岛和夏威夷群岛。在最后一次航行中，为了寻找传说中的"西北航道"（太平洋至大西洋），他途中顺访了夏威夷群岛，但在与当地土著人的一场小型冲突中不幸遇难。

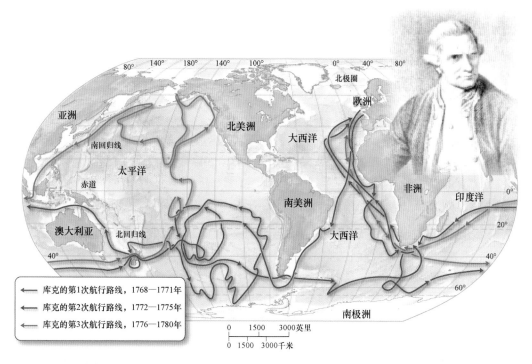

图 1.13　詹姆斯·库克船长及其探险之旅。本图显示了库克船长在 3 次科学航行中的具体路线，他开创了人类对海洋开展科学考察的先河。在 1779 年的第 3 次航行途中，不幸被夏威夷土著杀害

詹姆斯·库克的探险活动意义重大，极大地丰富了人类对海洋的科学认知。他不仅确定了太

平洋的整体轮廓，而且在寻找南极洲的过程中，成为目前已知的穿越南极圈的第一人。他首次对次表层海水的温度进行了系统取样，测量了风速、海流和水深（在长绳一端拴上重物，然后沉入海底），采集了珊瑚礁的相关数据。库克制定了防止船员感染坏血病的饮食方案，秘诀就是食用德国泡菜。坏血病的致病原因是人体缺乏维生素 C，而用于制作德国泡菜的卷心菜则富含大量维生素 C。在库克发明这种防治方案之前，与传染病、枪战和沉船等海难死亡人数相比，坏血病夺去的生命数量更多。此外，库克还证明了英国木匠约翰•哈里森发明的精密航海计时器（当时存在争议的用于测定经度的一种新科学仪器）的实用价值，首次使精确绘制地球表面地图成为可能。

1.2.5　海洋学历史

在早期研究海洋时，科学家们主要采用水桶、渔网及绳索等工具。今天，虽然情况发生了很大变化，但有些东西万变不离其宗，如"乘船出海"仍然是海洋科学的重要基础。此外，虽然人类监测海洋的努力越来越庞大和复杂，但绝大部分海洋世界仍然属于未知领域。

如今，在开展海洋探测研究时，海洋学家们应用了许多高科技工具，如最先进的调查船、可绘制海底地图的声呐、可远程操控的数据采集设备、漂流浮标、机器人、海底观测网、复杂的计算机模型及地球轨道卫星等。本书将介绍许多这样的工具。在部分章节的深入学习部分，我们将继续讲述海洋学历史上的其他事件，主要介绍与特定章节主题相关的重要历史事件。

简要回顾

海洋浩瀚无际，抱着发现、贸易或征服等不同目标，早期的探险家们冒险进入了海洋的各个角落。相对来说，科学考察之旅起步较晚，海洋的许多部分仍属未知。

小测验 1.2　讨论早期海洋探测是如何实现的

❶ 在中世纪时期，阿拉伯人统治着地中海地区，北欧发生的最重大的海洋相关事件是什么？
❷ 描述欧洲的发现时代发生的重要海洋事件。
❸ 列出詹姆斯•库克船长的几点主要成就。

常见问题 1.4　NOAA 是什么？它在海洋学研究中的作用是什么？

NOAA 是美国国家海洋和大气管理局的简称，是美国商务部负责海洋研究的分支机构，其主要内设机构包括美国国家海洋局、国家海洋数据中心、国家海洋渔业局和国家海洋补助金办公室，主要职责是确保海洋资源的合理利用。此外，部分其他美国政府机构也拥有海洋学数据，如美国海军海洋学办公室、美国海军研究办公室、美国海岸警卫队和美国地质调查局（海岸过程和海洋地质）。2013 年，联邦官员制定了《美国国家海洋政策实施计划》，提议将 NOAA 调整至美国内政部，以便能够在同一部门内协调处理自然资源问题。

1.3　海洋学包括哪些科学领域？

从字面意义上讲，海洋学（Oceanography）是指对海洋环境的描述，其中的 Ocean 意为海洋环境，graphy 意为描述。这一术语最早出现于 19 世纪 70 年代的海洋科考之初，但单词含义并没有完全描述海洋学包含的范围，海洋学描述的内容绝不仅限于海洋现象。准确地讲，海洋学是对海洋环境所有方面的科学研究，研究领域可以（或许应该）称为海洋学（Oceanology），其中 Ocean 意为海洋环境，ology 意为研究。但是从传统意义上讲，研究海洋的科学一直被称为 Oceanography，这只是约定俗成而已。海洋学也可称为海洋科学，主要研究海水、海洋生物及海底固体地球。

从史前时期开始，人类就将海洋作为运输工具和食物来源。另一方面，到了 20 世纪 30 年代，人们开始对海洋过程进行技术研究。首先是寻找近海石油，然后是在第二次世界大战期间，随着海洋国家对海战的兴趣不断增大，海洋研究领域获得了极大扩展。各国政府都认识到了海洋问题的重要性，愿意为海洋学研究提供资金。随着海洋科学家的数量逐步增多，海洋科研设备日益先进，海洋学研究的规模和复杂程度达到了前所未有的高度。

例如，假设有一群在海洋中捕鱼为生的渔民，需要在海洋过程研究的协助下前往渔业资源丰富的渔场进行捕捞作业（要了解与这一主题相关的更多信息，请参阅第 13 章）。此时，海洋地质学、海洋化学、物理海洋学及海洋生物学如何协同一致，为渔民们选择一个良好的渔场呢？多年以来，这始终是不大不小的一个难题。直到最近，这些学科领域的科学家们才开始采用新技术来研究海洋，并且从研究成果中获知了人类对海洋的巨大影响。因此，在当前科学家们的许多研究中，越来越多地关注并记录人类对海洋的影响。

海洋学划分为不同的研究学科（或子领域），本书重点介绍海洋学的四个主要学科。

- 海洋地质学：研究海底的结构、成因及演化过程，研究海底地貌特征的形成，研究海洋沉积物的沉积过程。
- 海洋化学：研究海水的化学成分及性质，研究如何从海水中提取某些化学物质，研究污染物的影响。
- 物理海洋学：研究海浪、潮汐和海流，研究影响天气和气候的海洋—大气关系，研究光和声音在海洋中的传播。
- 海洋生物学：研究各种海洋生物及其关系，研究海洋生物对海洋环境的适应性，研究如何开发可持续的海产品捕捞方法。

海洋学还包括其他某些学科，如海洋工程学、海洋考古学和海洋政策等。由于海洋学研究经常涉及所有的不同学科领域，因此常被描述为一门跨学科科学（Interdisciplinary Science），或一门涵盖所有学科的海洋应用科学，如图 1.14 所示。

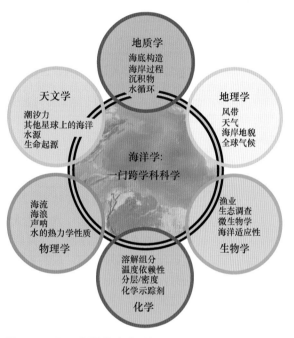

图 1.14 显示海洋学跨学科性质的维恩图。海洋学是一门交叉学科，它与许多其他学科存在知识交叠

简要回顾

海洋学属于跨学科科学，涉及地质学、化学、物理学和生物学的不同领域，以及海洋学研究的多个子领域。

小测验 1.3 解释为什么海洋学是一门跨学科科学

❶ 促使海洋科学获得巨大发展的海洋过程研究的动力是什么？
❷ 海洋学研究的四个主要学科（或子领域）是什么？还有哪些与海洋有关的学科？
❸ 当海洋学被称为一门跨学科科学时，意味着什么？

1.4 什么是科学过程？科学探究的本质是什么？

在现代社会中，为了满足日益增多的政治、社会群体或个人行为的需求，人们越来越多地需要科学研究的协助。但是，人们对于科学本身的运行机制往往了解不多，例如特定科学理论的确定性有多大？理论与实践有何不同？

科学的总体目标是找到自然界的运行规律，然后用其预测特定环境下某件事情是否会发生。

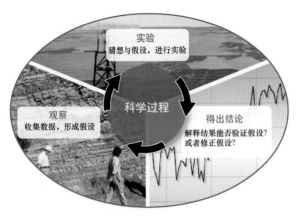

图 1.15 科学过程。科学过程具有重复迭代特征。分析实验结果后,科学家们经常会修改假设,确定是否需要进一步观察,与同事交流探讨,或者修改目标后再次进行实验。判断某项研究成果是否优秀时,并不在于其是否提供了某个问题的完美答案,而在于其是否打开了通向新问题和深入理解自然界的大门

科学家的职责是解释各种自然现象的发生原因及其影响,如地球为什么存在季节、某种物质的结构如何等。此项工作基于一种假设前提,即所有自然现象均由可理解的物理过程控制,且相同物理过程的运行模式始终如一。因此,科学具有一种非凡的力量,它可使科学家准确地描述自然界,查明自然现象发生的内在原因,从而更好地预测受控于自然过程的未来事件。

对于能够解释所观察自然现象的最佳答案,科学显然会予以支持。利用科学规律对自然现象进行研究时,可将其规范化为所谓的科学过程(Process of Science),即科学家提出问题、收集证据、评估证据和得出结论。如图 1.15 所示,实验是科学过程的核心,只有具备符合科学审查较高标准的证据,才能将科学与伪科学、事实与虚构区分开来。

1.4.1 观察

虽然科学过程实际具有循环或迭代特征,即可基于一次实验结果再次进行实验,但是仍然可以说科学过程始于观察(Observations)。观察是人们能够感知的事件或现象,属于可以操作、测量、查看、触摸、倾听、品尝或闻嗅的东西,通常能够采用直接的方式对其进行实验,或采用精密仪器(如显微镜或望远镜)来感知它们。观察可以发生在科学实验的受控环境中,也可能是偶发事件,如潜水员度假时,可能会注意到礁石上异常死亡的珊瑚。如果能够得到重复确证,观察结果就会成为自然界的数据信息,从而引导科学家们提出猜想和假设。

1.4.2 假设

当人们持续观察某种现象时,大脑会对观察结果进行梳理,希望能够从中揭示出某些潜在的规律。这个梳理过程主要由人类理解世界的强烈欲望驱使,而且通常会经历多次实验与失败,此即为假设/假说(Hypotheses)的诞生过程。假设不仅是基于文化知识与实践经验的推测,更重要的是,人类能够从观察自然现象中获得普遍性、可验证的规律。换言之,假设是人们对自然现象为何及如何发生的初步设想,如对于鲸跃身击浪(有时会完全跳出水面)这种常见现象,人们就给出了不同的假设,某些科学家通过系统研究取得了一定进展,详情见科学过程 1.1。

科学家们经常提出各种猜想与假设,然后收集数据进行实验。只有通过收集数据对假设进行实验,单一假设才具有一定意义,这就是为什么说实验是迭代过程的原因。此外,假设的定义性特征是具有做出预测的能力,例如当科学家对某个假设进行实验时,通常会发现如果假设正确,就应发生另一件事。注意,如果假设无法被证实,那么无论其多么吸引眼球,科学价值还是零。

科学过程 1.1 鲸为什么会跃身击浪?

背景知识

鲸大多具有跃出水面的能力,这种非常壮观的现象称为跃身击浪(Breaching),如图 1D 所示。鲸为什

么会跃身击浪呢？经研究发现，在水面下，鲸通过自身发声与同伴进行远距离交流，如划水、鸣叫甚至"开心歌唱"；在水面上，鲸用胸鳍（侧鳍）和尾鳍拍水，推测是为了与附近的其他鲸进行交流。

图1D 跃身击浪的座头鲸

形成假设

科学家们怀疑跃身击浪只是表面交流的一种附加形式，但其与鲸的其他交流方式有何关联呢？这始终是一个谜团，直到最近才有些研究进展。实际上，许多人对此现象充满了疑惑与不解，这样的庞然大物为什么要不惜耗费大量精力而跃身击浪呢？

设计实验

如果跃身击浪是鲸之间的一种交流形式，那么科学家们应该能够在目标可控的情况下，轻松预测鲸跃身击浪的相关细节。2010—2011年，通过观察94组不同座头鲸群在澳大利亚海岸的迁徙，某科学家团队对此观点进行了实际验证。鲸的迁徙路线靠近陆地，科学家们能够从岸边观察，确保不会干扰鲸的正常行为。科学家们一丝不苟地观察和记录了鲸的各种行为，并采用水下传声器聆听了它们的声音。观察目标不仅局限于单一鲸群内部，还拓展到了相邻的不同群体之间，监测它们之间的互动交流及环境背景因素的影响。持续开展几个星期的监测后，科学家们开始注意到了某些模式。

解释结果

研究结果表明，在预测鲸的跃身击浪行为时，不同鲸群之间的距离是主要影响因素。研究人员发现，当不同鲸群彼此靠近时，鲸拍击鳍（或翅）比跃身击浪更常见；当不同鲸群彼此远离或者海洋环境比较嘈杂时，鲸跃身击浪的频率更高。由此可知，如果跃身击浪是一种交流方式，那么与声音较小的拍击鳍（或翅）等行为相比，鲸身体撞击水面发出的声音比较响亮，更适合于远距离或嘈杂环境下的沟通交流。参与此项研究的科学家们认为，跃身击浪确实与鲸之间的交流有关，主要用于鲸群相距较远时的沟通互动。

下一步该怎么做？

除了交流互动说法，鲸的跃身击浪还存在不同的解释，如清除体外寄生虫、交配仪式、宣示领地或只是玩耍等。你还能想到其他的解释吗？从中选择一种，设计实验，验证假设。

1.4.3 实验

为了进一步研究和提炼某些情形，人们经常采用便于理解的假设。例如，如果要理解某些鲨鱼攻击人类的原因，一种假设是鲨鱼可能将漂浮在水面上的人误认为是食物（通常为海豹和海狮），另一种假设是鲨鱼在保卫自己的领地。为了确定到底哪种假设更合理，就要仔细研究鲨鱼攻击人类的类型和频率，然后通过数据分析等方法做出判断，或者重新考虑和修改假设条件。如果通过观察清楚地表明某个假设不正确（即被证伪），那么就放弃它，转而考虑其他假设。只有经过大量实验检验通过后，该假设才具有有效性（即被证真）。

1.4.4 理论

理论（Theory）基于假设，但存在差别，它可提供自然界某些特征的宽泛解释，主要包括事实、科学定律（关于物质世界的可量化概括，如牛顿万有引力定律）、逻辑推理及经过验证的假设。理论绝非猜测或预感，确切地说，它是人类对自然界历久弥坚的一种认识，源自广泛的观察、实验和创造性思考。成功的理论不包含大量特殊情况（或例外），具有高可信度的理论为大多数人所接受，如著名的生物进化论（本章稍后介绍）和地质学的板块构造理论（下一章介绍）。

在科学领域，只有经过长期的实验和验证，理论才能最终确立。因此，科学理论全部经历了非常严格的审核，大多数科学家都认为它们是对某些可观察事实的最佳解释。虽然如此，科学家们仍然认识到，没有任何一种理论是真正被"证实的"，因此要坚持孜孜不倦地追寻新观察、新问题和新技术，确保科学过程的良性循环。

常见问题 1.5　如果科学思想只是一种理论，让我如何接受啊？

当大多数人在日常生活中提到"理论"一词时，通常意味着一种想法或猜测（如特别常见的"阴谋论"）。但是在科学领域，"理论"具有截然不同的含义，绝非任何猜测或预感，而是建立在对自然界充分观察、充分记录、充分解释及反复验证的基础之上的。理论是非常强大的工具，能够将事物的所有相关事实关联在一起，然后提出符合所有观察结果的解释，并用其做出相关预测（如特定环境下会发生什么）。在科学领域，理论是对自然界如何运行的公认解释。某种科学理论若要存在，科学家们就必须对其非常确信才行。所以，不要因为"只是一种理论"而轻视任何科学思想，正如著名天体物理学家尼尔·德格拉斯·泰森对科学有效性所言，"科学的优势在于，无论你是否相信，它都真实存在"。

1.4.5　理论与真理

前面介绍了如何从科学过程中提炼出理论，但是科学所得是否就是毫无争议的"真理"呢？科学永远无法促生"绝对"真理，因为人们永远无法确定所有的观察结果，尤其是未来会利用新技术以各种不同的方式来研究这些现象。注意，这里描述的过程没有终点，新的观察总是存在可能性，所以科学真理的本质随时可能发生改变。因此，更确切地说，在现有观察结果的基础上，科学得出的结论正确无误的可能性非常大。

随着观察结果的不断丰富，科学思想通常会发生一定程度的改变，但这并不意味着科学的衰落或倒退。事实上，恰恰相反，科学是一个动态发展的过程，它依赖于在新观察中不断重新审视新思想。因此，当新观察结果产生新的假设和理论修正时，科学就会不断地向前发展与进步。所以说，科学之中存在着各种假设，随着对新观察结果的解读，旧假设不断被抛弃，新假设获得越来越多的支持。例如，人们曾认为地球是宇宙的中心，所有日月星辰全部围绕地球旋转运行，对仰望天空的任何人来说，这似乎都是非常合理的想法和显而易见的"真理"。

科学解释永远不会成为"终极真理"，但是随着时间的推移，各种解释通常会趋于更加准确。理论是科学的端点，无法通过证据的不断积累转变成事实。但是，数据可以变得令人信服，使得理论的准确性不再受到质疑。例如，在太阳系中，"日心说"指出地球围绕太阳旋转（而非相反），并且得到了大量观察及实验证据的支持，所以在科学上不再受到质疑，人们将其公认为科学事实。

科学过程是否如图 1.15 所示的那样规范呢？实际上，科学家们的工作不那么正规，也不总以一种清晰的逻辑和系统的方式来完成。科学过程是一个丰富而复杂的过程，不总是有条不紊的。就像侦探们分析犯罪现场一样，为了揭示自然界的奥秘，科学家们需要充分利用创新性思维，综合考虑各种观点，建立可视化模型，有时甚至还需要直觉与好运。

常见问题 1.6　如果经反复多次验证都正确无误，理论能够上升为科学定律吗？

不能，这里存在一个常见的误区。在科学过程中，人们首先收集事实或观察结果，然后运用自然规律（通常为数学方法）去描述它们，最后尝试通过理论去解释它们。自然规律（即科学定律）是经过多年反复科学实验和观察得出的典型结论，已经获得科学界的普遍认可和接受。例如，万有引力定律是对力的描述，万有引力理论则解释了力产生的原因。理论不会由于证据确凿而"提升"为科学定律，因此理论永远不会"成为"科学定律，二者真的是不相干的两码事。

最后，在理论和科学真理方面，同行评议是检验科学思想的重要环节。当科学家们有了新发现后，首先要将研究成果在科学界内部公开，公式方式通常是撰写和发表相关的论文。但是，在论文发表前，需要将论文原稿交给其他同行专家评议，检查工作成果的取得是否遵循了科学规律，判断取得的结论是否合法有效。在通常情况下，同行专家们会提出修改或更正建议，供作者在论文发表前修订时参考。同行评议是对一种科学思想的最终检验，有助于剔除错误或不完善的观点。如果某项研究的证据和结论符合科学界的严格标准，那么就具备在业界范围内分享的资质。

> **简要回顾**
> 　　科学支持对自然界所有观察结果的最佳解释，因为新观察结果会修正已有理论，所以科学思想总是不断地完善和更新的。

> **小测验 1.4　描述科学过程和科学探究的本质**
> ❶ 描述科学过程的各个步骤，从观察自然界开始。
> ❷ 假设与理论有何差别？
> ❸ 简要解释"科学确定性"一词的含义，是自相矛盾还是有望成为绝对真理的科学理论？
> ❹ 好理论是否能够成为真理？请解释。

1.5　地球和太阳系是如何形成的？

在围绕太阳公转的太阳系（Solar System）的八大行星中，地球距离太阳第三近，如图 1.16 所示。注意，冥王星以前曾被视为太阳系的第九大行星，2006 年国际天文学联合会将其重新归类为矮行星，其他部分天体也存在类似的遭遇。有证据表明，大约在 50 亿年前，由巨大的气云和太空尘埃构成的星云（Nebula）形成了太阳系中的大部分天体（包括太阳）。这种假设由早期的天文学家所提出，主要依据是太阳系的有序性和陨石（太阳系的早期碎片）年龄的一致性。在精密天文望远镜的助力下，天文学家们能够观测到银河系中距离遥远的其他星云和行星系统，从而领略处于不同形成时期的各类天体，如图 1.17 所示。此外，通过探测及研究遥远恒星的轨迹和发光变化（如行星经过时亮度降低）等微弱信号，人类在太阳系外先后发现了近 4000 颗行星，有几颗行星的体量与地球大致相当。

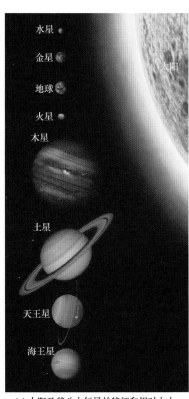

(a) 太阳及其八大行星的特征和相对大小

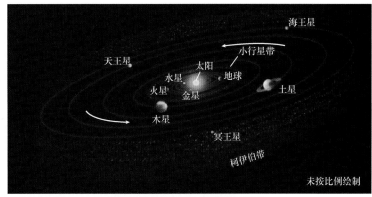

(b) 太阳系中不同天体的轨道及相对位置

图 1.16　太阳系。太阳系示意图，包括太阳及其八大行星

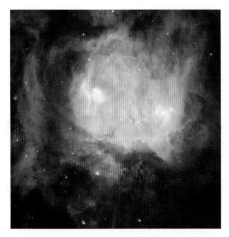

图 1.17 鬼头星云。美国航空航天局利用哈勃太空望远镜拍摄到的鬼头星云（NGC 2080）图像，这里是一个非常活跃的恒星诞生区域

1.5.1 星云假说

德国科学家康德提出了星云假说（Nebular Hypothesis），认为太阳系中的所有天体均形成于巨大的星云，如图 1.18 所示。星云主要由氢气和氦气组成，含有少量重元素。当大量气体与尘埃裹挟在一起并围绕中心自转时，各种物质在自身重力的作用下开始收缩，温度变得越来越高，密度变得越来越大，最终形成了太阳。

当形成太阳的星云物质不断收缩时，少量物质从星云大漩涡中脱离，形成了一些类似于溪流涡旋的小漩涡。这些小漩涡中的物质是原行星（Protoplanets）及其轨道卫星的雏形，最终合并为为现在的行星及其卫星。

图 1.18 太阳系形成的星云假说。该假说认为，星云由气体和太空尘埃构成，太阳系由尘埃（星云）形成。星际云团由于引力而逐渐收缩，最终形成了主体为气体和太空尘埃的星云

1.5.2 原始地球

与今天的地球相比，原始地球（Proto-Earth）大不相同，其体积更大，既没有海洋，又没有生命。此外，人们曾经认为原始地球的深部结构性质相同，组成物质均匀一致。但是，原始地球的结构的确发生过改变，较重物质向中心下沉，最终形成了密度较大的地核。

在地球形成的早期阶段，曾受到来自太空的大量陨石和彗星的撞击，如图1.19所示。实际上，某些前沿理论认为，在一颗火星大小的行星忒伊亚与原始地球发生了巨大碰撞后，月球应运而生。忒伊亚的大部分物质融入了撞击时产生的地球岩浆中，小部分物质则携部分熔融岩石被抛入天空轨道。随着时间的推移，这些碎片逐渐合并为一个球体，最终形成了地球的卫星——月球。

图1.19　原始地球。一位画家笔下的原始地球的早期演化

在原行星（即原始行星）及其卫星形成的早期阶段，太阳逐渐凝聚成一个巨大而炽热的浓缩天体，核内压力引发了热核聚变（Thermonuclear Fusion）过程。热核聚变的发生温度为数千万度，氢原子（Atoms）聚合形成氦原子，释放出极大的能量。各颗恒星中的热核聚变也会生成更大且更复杂的元素（如碳），世间万物（甚至人类身体的各种组成物质）均起源于很久以前的太空尘埃，这是一件多么有趣的事情啊。太阳不仅能够发光，而且释放出构成太阳风的电离微粒。在太阳系形成的早期阶段，太阳风吹走了行星及其卫星形成过程中残存的星云气体。

由于受到太阳电离辐射的持续轰击，距离太阳较近的原行星（包括地球）上的最初大气（主要是氢气和氦气）消失殆尽。与此同时，这些不稳定的原行星逐渐冷却，致使自身体积急剧收缩，当收缩到一定程度时，内核深处的原子就会解体，从而形成称为放射性的另一种热源。

1.5.3 密度与密度分层

密度（Density）是物质极为重要的一种物理性质，它定义为单位体积的质量。一般来说，密度的最简单表示法是用物体的质量除以体积。当体积不变时，密度小的物体相对较轻，如干海绵、泡沫或冲浪板。相反，当体积不变时，密度大的物体相对较重，如水泥、大多数金属或装满水的大型容器。注意，密度与物体的厚度无关，有些物体（如一堆泡沫）可能很厚，但密度很小。实际上，密度大小与分子的排列方式密切相关，在一定空间范围内堆积的分子数越多，其密度就越大。密度是非常重要的概念，本书其他章节中会进一步介绍相关内容，如地球各圈层的密度会显著影响它们在地球内的位置（第2章），气团的密度会影响它们在大气中的位置及属性（第6章），水团的密度会决定它们在海洋中的深度和移动方式（第7章）。

在地球形成的早期阶段，太空碎片撞击地球表面产生大量热能，放射性元素衰变在地球内部释放大量热能，二者合力将地球表面熔化。当地球变为由熔融岩浆构成的炽热球体时，各种元素就会在重力作用下经密度分层（Density Stratification）过程分离，密度最大的物质（主要是铁和镍）积聚在内核，密度逐渐降低的物质（主要是岩石物质）在内核外围形成同心球体。要了解密度分层过程是如何实现的，可以类比观察沙拉酱中油与醋的分层现象，通常，密度小的油位于顶层，密度大的醋位于底层。

1.5.4　地球内部结构

由于发生了密度分层现象,地球由此成为基于密度的分层球体,密度最大的物质分布在地心附近,密度最小的物质分布在地表附近。接下来,本书介绍地球的内部结构及各个圈层的特征。

在图1.20所示的地球横断面图中,主要依据化学成分(地球物质的化学组成)和物理性质(深部岩石如何随温度和压力的增大而变化),进一步划分地球的内部结构。

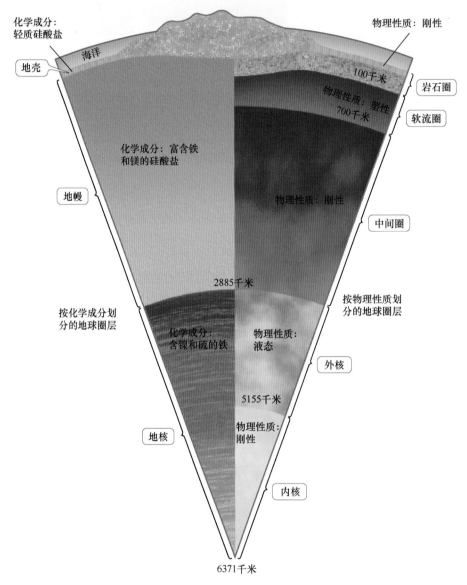

图1.20　地球的化学成分与物理性质的比较。在地球横断面图中,左侧为按化学成分划分的地球圈层,右侧为按物理性质划分的地球圈层。为清晰起见,本图放大了地表附近的各个圈层

探索数据
❶ 仔细观察,解释左右两侧的边界为何不总是对齐的。
❷ 除了地心和地表,真正匹配的那一条边界是什么?

1.5.4.1 化学成分

基于化学成分，可将地球划分为 3 个圈层，即地壳（Crust）、地幔（Mantle）和地核（Core），如图 1.20 所示。

若将地球缩小至苹果大小，则地壳仅相当于苹果皮，从地表向下平均延伸约 30 千米。地壳由密度相对较低的岩石构成，主要化学成分是各种硅酸盐矿物，这是含硅和氧的常见造岩矿物。地壳包括洋壳和陆壳两种类型，详见下一节的介绍。

地壳之下是地幔，它在 3 个圈层中体积最大，厚度约为 2885 千米，由密度相对较大的铁镁质硅酸盐岩石构成。

地幔之下是地核，它在 3 个圈层中质量最大，由 2885 千米深度一直延伸至 6371 千米深度的地心，由密度更大的金属（主要是铁和镍）构成。

1.5.4.2 物理性质

基于物理性质，可将地球划分为 5 个圈层，即内核（Inner Core）、外核（Outer Core）、中间圈（Mesosphere）、软流圈（Asthenosphere）和岩石圈（Lithosphere），如图 1.20 所示。

岩石圈是低温且坚硬的地球最外层，自地表向下延伸至约 100 千米的平均深度，包含了整个地壳和地幔最顶部。岩石圈脆性较大，受力时易发生破裂，参与地球的板块构造运动，具体参阅第 2 章。

岩石圈之下是软流圈，它呈塑性状态，受力时会流动。软流圈自地表以下约 100 千米延伸至 700 千米（上地幔底部），此处的大部分岩石受高温影响会发生部分熔融。

软流圈之下是中间圈，底部可达地下约 2885 千米，相当于中地幔和下地幔之和。虽然软流圈会发生塑性变形，但由于此深度位置的压力极大，中间圈仍然处于刚性状态。

中间圈之下是地核，由外核（液态，可流动）和内核（刚性，不可流动）构成。同理，因为地心压力极大，致使内核无法流动。

常见问题 1.7　人类如何知道地球的内部结构？

人类是通过直接取样来了解地球的内部结构的吗？虽然类似的尝试从未间断，但是非常遗憾，人类从未进入过地壳之下（即地幔）。为了探索地球的内部结构，科学家们主要采用地震分析方法。地震从地下深处发出振动（称为地震波），当穿越地球内部不同性质的区域时，地震波的速度和方向会发生改变，有时候还会发生反射。例如，在温度高的岩石区域，地震波传播得较慢；在温度低的岩石区域，地震波传播得较快。目前，人类已经建立全球性的地震监测网络，完全能够实时探测和记录这些变化，然后深入分析相关数据，继而进一步探索和确定地球深部的结构、属性及其动态变化。实际上，通过对地震波穿越地球内部数据的详尽分析，研究人员还能够构建较为翔实的地球内部的三维模型，类似于医学技术中的核磁共振成像，进而揭示地球内部结构的诸多细节，如图 1.21 所示。

1.5.4.3 近地表

图 1.22（上图）放大示意了距离地表最近的地球圈层，即地球表层的下部圈层。

1. 岩石圈

岩石圈是相对低温的固态硬壳，涵盖全部地壳和地幔顶部。实际上，地幔顶部紧密附着于地壳，二者整体厚约 100 千米。岩石圈的地壳部分可进一步分为洋壳和陆壳，见表 1.1。

2. 洋壳与陆壳

洋壳（Oceanic Crust）位于海洋盆地之下，由深色火成岩玄武岩（Basalt）构成，密度相对较大（约 3.0 克/立方厘米），为水的密度（1 克/立方厘米）的 3 倍。洋壳的平均厚度只有 8 千米，其源自地壳之下的熔融岩浆（通常来自地幔），海底喷发时到达地表。

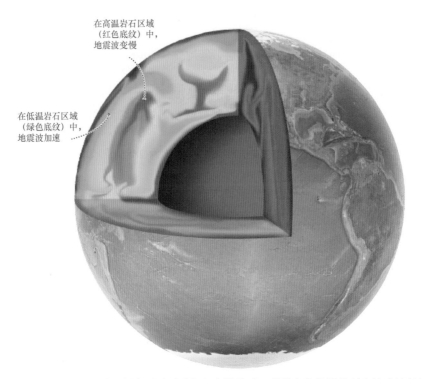

在高温岩石区域
（红色底纹）中，
地震波变慢

在低温岩石区域
（绿色底纹）中，
地震波加速

图 1.21　确定地球内部结构。通过分析各种地震波如何穿越地球，科学家们能够绘制出地球的复杂内部结构图

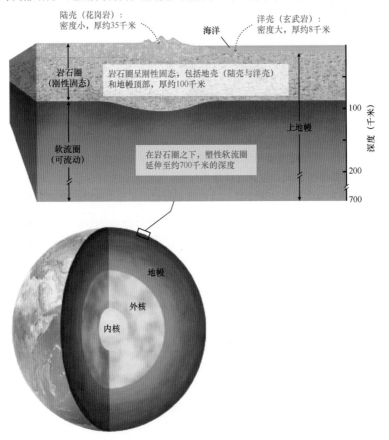

陆壳（花岗岩）：
密度小，厚约35千米

海洋

洋壳（玄武岩）：
密度大，厚约8千米

岩石圈
（刚性固态）

岩石圈呈刚性固态，包括地壳（陆壳与洋壳）
和地幔顶部，厚约100千米

上地幔

软流圈
（可流动）

在岩石圈之下，塑性软流圈
延伸至约700千米的深度

深度（千米）

100

200

700

地幔

外核

内核

图 1.22　地球的内部结构，放大示意了近地表各圈层

表 1.1　洋壳与陆壳

	洋　壳	陆　壳
主要岩石类型	玄武岩（深色火成岩）	花岗岩（浅色火成岩）
密度（克/立方厘米）	3.0	2.7
平均厚度（千米）	8	35

　　陆壳（Continental Crust）主要由密度较小的浅色火成岩花岗岩（Granite）构成，在地表经常为相对较薄的表层沉积物所覆盖。陆壳的密度约为 2.7 克/立方厘米，平均厚度约为 35 千米，高山地区的最大厚度可达 60 千米。大多数花岗岩由源自地表以下的熔融岩浆在地壳内部冷凝而成。

　　地表不管是洋壳还是陆壳，都是岩石圈的组成部分。

探索数据

　　表面上看，花岗岩与玄武岩之间的密度差别似乎很小，表 1.1 中所列的体积单位也非常不起眼。但是，对于体量比较大的岩石来说，这种密度差别的实际效果如何呢？假设有两个相同的标准泳池，容积均为 400 立方米，第一个泳池中充满了液态花岗岩，第二个泳池中充满了液态玄武岩。计算两个泳池中的液体分别有多重（以吨计）？相差有多大？

3. 软流圈

　　软流圈是岩石圈之下温度相对较高的塑性区域，从岩石圈底部向下延伸至约 700 千米的深度，完全包含在上地幔中。缓慢受力时，软流圈变形而不破裂，意味着能够流动但具有较高的黏度（Viscosity）。黏度是衡量物质抗流动性的指标，高黏度物质有牙膏、蜂蜜、焦油和橡皮泥，最常见的低黏度物质是水。通常，物质的黏度随温度变化。研究表明，高黏度的软流圈的流动速度非常缓慢，对解释岩石圈板块运动具有重要意义。

4. 均衡调整

　　岩石圈漂浮在密度更大的塑性软流圈之上。浮力作用导致地壳发生垂直运动，这种现象称为均衡调整（Isostatic Adjustment）。图 1.23 中显示了一艘漂浮在水面上的集装箱船，空船浮在水中较高的位置，载货后会进行均衡调整，浮在水中较低的位置（希望不会沉没）。卸下货物后，船只会再次自动进行均衡调整，重新浮在水中较高的位置。

图 1.23　集装箱船的均衡调整。船舶空载时，吃水较浅；装载货物时，吃水较深

　　陆壳与洋壳均漂浮在密度更大的地幔之上，但是洋壳比陆壳的密度更大，所以通过均衡调整，洋壳浮在地幔中的较低位置。同时，洋壳很薄，导致海洋处于较低的位置。在陆壳最厚的地区（如陆地上的高山），漂浮位置高于正常厚度的陆壳，这也是均衡调整在起作用。这些高山就好比是冰山的顶部，之所以能够漂浮在较高的位置，是因为下方存在深入软流圈的巨厚地壳根基。因此，地球上的高大山脉都存在根部，由巨厚地壳物质构成，为山脉提供基本浮力。

　　地表负荷增大（或减小）的区域会引发均衡调整。例如，在末次冰期（约 1 万年前至 180 万年前，更新世）的北部地区（如斯堪的纳维亚半岛和加拿大北部等），曾多次发生巨大冰盖的覆盖和消融，在厚达数千米冰盖庞大重量的压迫下，这些地区的地壳向地幔下方进行了均衡调整。自从末次冰期结束后，由于冰盖融化等原因，这些地区的重力负荷逐渐减小，均衡回弹（Isostatic Rebound）使得地壳明显抬升，至今仍在持续之中。通过研究地壳均衡回弹的速率，科学家们获得了与上地幔性质相关的一些重要信息。

　　此外，均衡调整为地球板块运动提供了更多证据。各大陆需要通过垂直移动来完成均衡调整，必定不会固守在地球的某个位置，包含这些大陆的各个板块肯定能够在地表沿水平方向移动。下一章中将探讨与此相关的更多内容。

简要回顾

由于化学成分和物理性质上存在差异，地球形成了脆性（刚性）岩石圈和塑性软流圈等诸多圈层，后者可在地球内部缓慢流动。

小测验 1.5　解释地球和太阳系是如何形成的

❶ 根据星云假说，探讨太阳系的起源。
❷ 原始地球与当前地球有何差异？
❸ 什么是密度分层？密度分层如何改变原始地球？
❹ 岩石圈和软流圈有何差异？

1.6　地球上的大气和海洋是如何形成的？

图 1.24　地球海洋的形成

地球大气与地球海洋的形成密切相关，二者均为密度分层的直接产物。

1.6.1　地球大气的起源

地球大气来自何方？如前所述，地球大气最初由星云的残余气体构成，后来被太阳风吹入太空。再后，很可能是通过地球内部的释气（Outgassing）过程，第二代地球大气由地球内部喷出。在密度分层过程中，地球内部的最低密度物质形成了各种气体，上升至地表并释放到空中，形成了地球的早期大气。

早期大气的化学成分是什么？据说与火山喷发、间歇性喷泉及温泉释放的气体相似，以水蒸气为主，含有少量二氧化碳、氢气及其他气体。但是，早期大气与当前大气的化学成分并不相同，随着时间的推移发生了改变，究其原因可能是受到了生命活动的影响（稍后将介绍），或者受到了地幔中的混合物质变化的影响。

1.6.2　地球海洋的起源

地球海洋来自何方？答案是与地球大气直接相关！地球释放的气体主要为水蒸气，这是地球上的主要水源，当然也是海水的主要来源。如图 1.24 所示，随着地球逐渐冷却，释放到大气中的水蒸气凝结并回落至地球表面，在低洼区域不断积聚。相关证据表明，至少在 40 亿年前，地球释放的大部分水蒸气逐渐积聚，形成了地球上的首个永久性海洋。

但是，最新研究发现，并非所有水都来自地球内部。彗星约半数物质为水，曾被广泛认为是地球海洋的来源。在地球演化的早期阶段，曾经遭到太阳系形成时遗留空间碎片的轰击，并且可能由此为地球带来了大量的水。但是，当 1986 年、1996 年和 1997 年三颗彗星（哈雷彗星、百武彗星及海尔－波普彗星）分别飞临地球附近时，科学家们对它们的化学成分进行了光谱分析，发现彗星冰与地球水中的氢存在重大化学差异。2014 年，欧洲航天局发射的罗塞塔号太空船抵达某颗彗星的轨道，成功收集到了该彗星上冰的相关数据。虽然释放至彗星表面的着陆器未能发回数据，但是太空船仍然有能力分析彗星上的冰，确定其化学成分与地球海洋中的水并不一致。假设与之类似的其他彗星曾经向地球提供了大量的水，那么地球上的大部分水中仍然存在这些彗星中相似类型的氢。

虽然彗星冰与地球水的化学特征不一致，但是太阳系中的许多小天体仍然存在向地球供水的可能性。例如，最近，科学家们对位于柯伊伯带（外太阳系中的冰屑盘带，包括冥王星）的一颗彗星进行了分析研究，证明其不仅确实含有水，而且水中的氢与地球水几乎相同。除了柯伊伯带天体，某些小行星（岩体中含有冰，在火星与木星之间，围绕太阳运行）也含有相似类型的氢，因此可能也为早期的地球贡献了水。这些研究成果说明太阳系早期的形成过程非常复杂，而且始终处于动态演化进程中。总之，即便大部分水似乎都来自地球内部的释气过程，但其他水源也可能对地球海洋做出了一定的贡献。

1.6.2.1　海水盐度的演化

雨水持续降落在地球表面，溶解了岩石中的许多元素及化合物，并将其带入新形成的海洋。海洋在地球演化早期就已存在，但其化学成分绝非一成不变。这是因为在早期大气层中，二氧化碳和二氧化硫的含量都非常高，形成的强酸雨具有比现在更强的地壳矿物溶解能力。此外，火山喷发释放的各种气体（如氯气）也会在大气中溶解。溶解后的各种化合物随雨水落下，然后奔流不息地流入海洋，并在新形成的海洋中不断积聚。由于海水与海底岩石之间发生化学作用，一部分溶解化合物灭失或改变。最后，终于在输入与输出之间达成平衡，形成了化学成分与当前相似的海洋。第 5 章中将进一步探讨与海水盐度相关的其他知识。

常见问题 1.8　海水一直是咸的吗？海水盐度是否随时间变化？

海水很可能一直以来就是咸的，无论流经何处都会溶解地壳岩石中的某些矿物。不论是地表径流溶解了岩石，还是海水直接溶解了海底岩石，这些矿物都是海水中盐分的来源。当前，海底新矿物的形成速率与旧矿物的溶解速率相同，因此海水含盐量处于稳定状态，没有增加或减少。

有趣的是，通过研究古老海相岩石中水蒸气与氯离子的比例，同样也能解答以上这些问题。氯离子非常重要，因为它是海洋中最常见盐类物质（如氯化钠、氯化钾及氯化镁）的组成部分。此外，与形成海洋的水蒸气一样，氯离子同样源于地球的释气过程。目前尚无迹象表明水蒸气与氯离子的比例在整个地质时期存在较大的波动，因此可以合理推断出海水盐度始终保持相对稳定。

简要回顾

地球上最初没有海洋，海洋与大气是地球内部释放气体所致，至少 40 亿年前即已存在。

小测验 1.6　解释地球大气和地球海洋是如何形成的

❶ 描述地球海洋的起源。
❷ 描述地球大气的起源，说明其与地球海洋起源的关联性。
❸ 海水总是咸的吗？为什么？

1.7　海洋是地球生命的摇篮吗？

自古以来，人类一直对"地球生命的起源"这个基本问题充满困惑，近年来就此做了大量科学研究。要了解地球生命出现前的环境状态，以及何种事件催生了首个生命系统，相关证据非常少且不容易解释。目前，关于地球生命起源的观点不少，虽各有千秋但无法调和。最近出现了一种假说，认为地球生命起源于宇宙，生命的有机组分可能来自流星、彗星或宇宙尘埃；另一种假说认为地球生命可能起源于深海海底的热液喷口（热泉）；还有一种观点认为生命起源于某些矿物，它们是地表深处岩石的化学催化剂。

通过研究地球上的各种化石，人们发现最早的生命形式出现在约 35 亿年前，即生活在海底岩石中的原始细菌。遗憾的是，地球演化早期的地质记录非常稀少，而且岩石因地质作用而发生变化，无法揭示出早期的生命形式。此外，在研究地球生命出现时的环境条件（如温度、海洋酸度或大气成分）方面，同样缺乏强有力的直接证据。虽然如此，对于地球生命诞生所需的基本组分，很明显能够从地球早期存在的物质中获得，海洋是其中最为重要的场所，最有可能让这些基本物质相互作用而孕育出生命。

1.7.1 氧气对生命的重要性

目前，氧气在地球大气中所占的比例约为 21%，对人类生命而言至关重要。首先，人体需要氧气来燃烧（氧化）食物并向细胞提供能量。其次，地球大气层中存在一种特殊类型的氧气——臭氧（因刺鼻气味而得名），可以有效阻挡来自太阳的大部分紫外线辐射，保护地球表面免受不必要的伤害。近年来，南极上空的大气层出现了臭氧空洞，人们纷纷表达的关注之情，就是对紫外线辐射的担忧。

相关证据表明，地球的早期大气（地球释气产物）既不同于最初大气（主要为氢气和氦气），又不同于当前大气（主要为氮气和氧气）。在地球的早期大气中，主要成分是水蒸气和二氧化碳，次要成分是氢气、甲烷和氨气，几乎不含游离氧（氧气不与其他原子化合）。为什么早期大气中的游离氧含量这么低呢？因为在早期的释气过程中，地球可能会释放出大量氧气，但氧气与铁元素之间具有较强的亲和力（如铁锈是地表常见的铁氧化合物），地壳中的铁元素与氧气会发生快速化学反应，导致最后扩散至大气中的氧气微乎其微。

由于地球的早期大气中没有氧气，当然就不会存在臭氧层，来自太阳的大部分紫外线辐射畅通无阻。实际上，在地球生命演化的几个重要阶段，臭氧层缺失可能发挥了至关重要的作用。

1.7.2 斯坦利·米勒实验

1952 年，年仅 22 岁的斯坦利·米勒（Stanley Miller）在芝加哥大学攻读硕士学位，他在导师哈罗德·尤里教授的指导下，完成了一项对地球生命演化具有深刻意义的实验。在这次实验中，他将二氧化碳、甲烷、氨气、氢气和水（早期地球大气及海洋的主要成分）混合在一起，然后暴露在紫外线（模拟太阳照射）和电火花（模拟闪电）下，如图 1.25a 所示。一天后，混合物变为粉红色，一周后变为深棕色，这说明形成了多种有机分子，包括氨基酸（生命基本成分）及其他重要有机化合物。

在这个非常著名的实验中，米勒利用一个烧瓶来模拟原始地球（见图 1.25b），后人曾多次复制了烧瓶并验证了实验结果，证明早期地球海洋（通常称为原始汤）可能是多种有机分子的诞生地。原始汤中可能存在彗星、陨石或星际尘埃等天外来客，并且由火山喷发物、海底岩石中的某些矿物和深海热液喷口等提供加热燃料。在地球演化的早期阶段，由于闪电、宇宙射线及地球内部热量的激发作用，原始汤中的复杂混合物在约 40 亿年前创造了生命有机分子。

原始汤中的生命有机分子只是简单的有机化合物，它们是如何进化成复杂的有机分子（如蛋白质和 DNA）并且进一步形成生命体的？到目前为止，这仍然是科学领域的未解之谜。科学研究表明，随着原始汤中有机化合物的大量出现，经过一系列各种各样的化学反应，最终形成了越来越复杂的分子结构。实际上，小而简单的分子可以充当模板或"分子助产士"，帮助生命遗传物质的组成部分形成长链，从而有助于形成更长链、更精细的分子复合物。在这些复合物中，有些复合物初步具备了与生命基本分子相关的特征。这些特征代代相传，使得更为复杂的分子或聚合物不断出现，并且可以在代际之间存储及传输。这些遗传聚合物最终被包裹在细胞样膜中，且出现在地球的原始汤中。由此产生的细胞样复合物容纳了能够自我复制、繁殖和进化遗传信息的分子，许多专家认为这种遗传复制的出现标志着生命的真正起源。此外，米勒的实验表明，只要条件适当，简单化学物质就可以转化为复杂化学物质，其他星球亦可产生类似的生命演化过程。

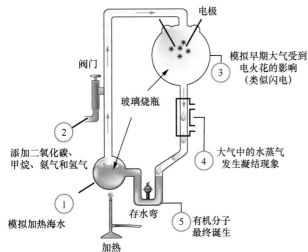

(a) 斯坦利·米勒模拟早期地球大气和海洋环境所用的实验装置。这项实验生成了多种有机分子，证明生命的基本成分诞生在原始汤中

(b) 斯坦利·米勒及其著名的实验装置（1999年）

图 1.25　有机分子的诞生

简要回顾

有机分子产生于早期地球大气和海洋的模拟过程中，说明生命最有可能起源于海洋。

深入学习 1.1　小猎犬号军舰的环球航行：如何塑造查尔斯·达尔文的进化论思想

除非按照进化论来理解，否则生物学毫无意义。

——西奥多塞斯·多布赞斯基，遗传学家，1973 年

为了解释地球生物多样性如何通过自然界的生物过程而实现，英国博物学家查尔斯·达尔文（Charles Darwin，1809—1882）提出了著名的进化论，认为自然选择导致了生物进化，并将其称为"具有共同祖先后代的变异"。在 1831—1836 年那次著名的环球探险航行中，达尔文搭乘英国皇家海军舰艇小猎犬号（贝格尔号）出海，大量的实地考察为这一理论的提出奠定了基础，如图 1E 所示。

为了成为一名牧师，达尔文来到剑桥大学攻读神学，其间对自然历史产生了浓厚兴趣。由于受到植物学教授约翰·亨斯洛的影响，他被选为英国皇家海军舰艇小猎犬（贝格尔）号的无薪博物学家。1831 年 12 月 27 日，在罗伯特·菲茨罗伊船长的指挥下，小猎犬号军舰从英国达文波特港启航，主要目标是完成对巴塔哥尼亚地区（阿根廷境内部分）和火地岛海岸的调查，并开展精确的计时测量。在这次航行期间，22 岁的达尔文经常晕船，因此获准可以在很多地方下船休息，从而有机会研究当地动植物。他在南美洲发现了大量化石，在加拉帕戈斯群岛发现了不同类型的海龟，并划分出了 15 种类型的加拉帕戈斯雀类近亲物种，这些发现对生物进化论的诞生具有非常重要的意义。这些雀类的喙形态存在较大差异（见图 1E，左），这是它们适应各自

不同觅食环境的结果。当达尔文返回英国后，继续考察研究不同生境中的雀类及其他生物的适应性，最后得出结论："所有生物都随环境变化而缓慢改变。"

图 1E 查尔斯·达尔文的宝贵遗产：加拉帕戈斯群岛的雀类、小猎犬号军舰的环球航行路线及其作品《物种起源》。本图展示了英国皇家海军舰艇小猎犬号的航行路线；对达尔文影响极大的加拉帕戈斯群岛雀喙的差异（左）；英国为纪念达尔文发行的 2 英镑硬币，以及他的杰作《物种起源》（右）

达尔文注意到鸟类与哺乳类动物具有相似性，由此推断它们应该都是从爬行动物进化而来的。经过多年细心观察，他还发现某些物种（如蝙蝠、马、长颈鹿、象、海豚和人类）的骨骼结构非常相似，从而建立了不同物种之间的关系。达尔文认为，不同物种之间之所以存在差异，主要是适应不同生存环境与生活方式的长期进化结果。

同一时期，万里之外的博物学家阿尔弗雷德·拉塞尔·华莱士也在开展类似的研究，对印度尼西亚地区的大量物种进行了编录，且独立持有与达尔文进化论大致相同的观点。1858 年，达尔文匆忙发表了一篇关于自然选择观点的摘要，一年后出版了自然选择学说的宏篇巨著《物种起源》（见图 1E，右）。在这本著作中，通过具有足够说服力的大量证据，他论证了所有生物（包括人类）都是从一个共同祖先进化而来的这一观点。达尔文的此种观点极具争议性，与当时关于人类起源的主流观点明显不一致。达尔文还出版了其他一些重要作品，内容覆盖了藤壶生物、食肉植物和珊瑚礁成因等多个学科。

150 多年后，在大量证据和反复实验的支持下，达尔文进化论终于获得了广泛认可，对于科学理解自然界对生物进化过程的潜在影响具有里程碑意义。在达尔文进化论的基础上，遗传学和 DNA 结构研究取得了突破性进展，进一步佐证了生物进化论的正确性。例如，在 2015 年，科学家们公布了全部 15 种达尔文雀类的基因组排序，证实了达尔文对该物种进化史的看法。

目前，达尔文的大部分观点已经被科学家们完全接受，业已成为现代生物学研究的基础，甚至"达尔文"也成了"进化论"的同义词。2009 年，为了纪念达尔文的诞辰和伟大成就，英格兰国教会甚至向达尔文正式道歉："英格兰国教会承认以前误解了你，并且误导他人也对你产生误解，在此向你诚恳致歉。"

你学到了什么？

查尔斯·达尔文乘坐小猎犬号军舰环球航行期间，发现了影响其进化论思想的 3 种不同类型物种，请分别予以描述。

1.7.3 生物进化和自然选择

地球上的所有生物都是自然选择（Natural Selection）过程的进化（Evolution）结果，亘古以来始终如此。为了适应不断改变或进化的新环境，生物种群个体的外观和生理特征与其祖先的差异逐渐显现。之所以发生这种状况，主要是因为生物体 DNA 中自然发生的基因突变有时会给生物个体带来生存优势，如果这种有益变化能够遗传给下一代，那么基因突变最终可能会变得非常普遍。久而久之，生物种群基因构成的这种变化由自然选择驱动，对具有最适合特定环境特征的生物体来讲，生存及繁衍后代的能力和速率会愈来愈高。在生物体中，因环境变化而产生的新特征称为适应性。当种群中累积的基因突变达到某个阈值时，就会形成新的物种/种（Species），更多相关内容请参阅深入学习 1.1。"在自然选择过程中进化"一直是地球生命演化的重要驱动力，它使得生物体能够适应地球上越来越复杂多变的环境。

对大多数生物体而言，在很长的一段时间内，进化过程非常缓慢。在适应地球各种环境的同时，各物种也能够改造生存环境，改造范围既可能是全球尺度的，又可能限定在局部区域。例如，当各种植物诞生于海洋，然后繁茂于陆地时，即改造了像月球一样贫瘠荒凉的早期地球，使其最终变成了生机勃勃充满活力的人类绿色家园。

常见问题 1.9　据说在太阳系外发现了其他行星，这些行星上是否存在生命？

在太阳系外，人类已经发现了约 4000 颗行星，它们围绕其他恒星系统运行。其中，有几颗行星的体量与地球大致相当，可能围绕着类似太阳的恒星运行，距离刚好能够让水保持液态，具有发现生命迹象的可能性。天文学家们通过分析光的特定频率，即可探测这些行星上是否有水。关于太阳系外行星的新发现越来越多，这意味着在浩瀚的银河系中，可能存在数千至数十亿个类地行星。以太阳系为例，含有生命成分的"咸海"液体很常见，或者位于地表，或者位于冰层深处。不过，这些行星大多距离地球极其遥远，人类可能永远不会真正知道其上是否存在生命。

1.7.4　植物和动物的进化

地球最早期的生命形式很可能是异养生物（Heterotrophs）。异养生物需要从外部获取食物，海洋中的大量非生物有机质恰好为其提供了丰富的食物来源。后来，自养生物（Autotrophs）逐渐出现，这种生物可以自己生产食物。最初形成的自养生物可能类似于现在的厌氧细菌（Anaerobic），存活于没有氧气的大气环境中，可能通过化能合成作用（Chemosynthesis）过程，从深海热液喷口的无机化合物中摄入能量。要了解与化能合成作用相关的更多信息，请参阅第 15 章。实际上，通过对洋壳中深部微生物的探测与研究，以及从深海海相岩石中发现的 32 亿年前细菌微体化石的确凿证据，均支持地球生命起源于无光深海海底这一观点。

1.7.4.1　光合作用和呼吸作用

最终，更为复杂的单细胞自养生物逐渐进化形成，发育了一种称为叶绿素（Chlorophyll）的绿色色素，可通过细胞的光合作用（Photosynthesis）捕捉来自太阳的能量。在光合作用过程中，植物和藻类细胞从太阳光中捕获能量，然后将其存储为糖，同时释放氧气作为副产品，如图 1.26 所示。在呼吸作用（Respiration）过程中，动物细胞消耗光合作用产生的糖，将其与氧气结合，释放糖存储的能量，执行生命过程中的各种重要任务。

从图 1.26 中可以看出，光合作用与呼吸作用是一对互补的过程，光合作用产生呼吸作用所需的物质（糖和氧气），呼吸作用产生光合作用所需的物质（二氧化碳和水）。实际上，图 1.26 所示的循环性质表明，自养生物（藻类和植物）和异养生物（大多数细菌和动物）逐渐形成了相互依赖关系。

最古老的古生物化石是海底岩石中发现的原始光合细菌，距今约 35 亿年。直到约 24.5 亿年前，含氧化铁（铁锈）的岩石才首次出现，氧化铁是富氧大气的标志物。这说明了一件事情，就是能够进行光合作用的生物大约需要 10 亿年的时间，才能发育成熟并向地球大气层释放足够数量的氧气。还有另一种可能出现的场景，即大量富氧铁（三价铁）沉入地幔底部，在那里被地核加热，随后上升为海底羽状物，进而在约25亿年前通过释气过程释放大量氧气。

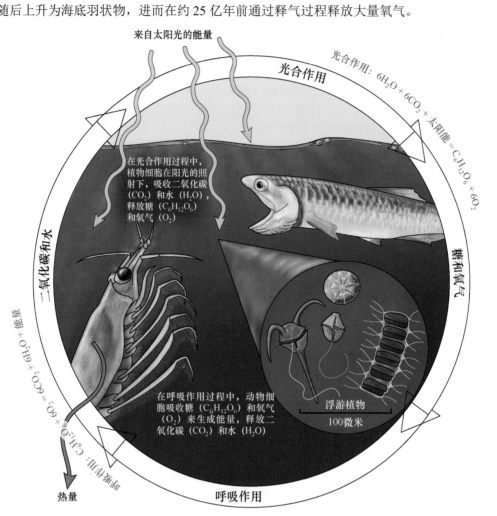

图 1.26　光合作用和呼吸作用是循环与互补的过程，它们都是地球生命的生存基础

1.7.4.2　大氧化事件/氧气危机

基于对特定岩石化学成分的分析，科学家们认为地球大气在 24.5 亿年前步入富氧期，称为大氧化事件（Great Oxidation Event），其从根本上改变了地球供养生命的能力。对于在无氧环境中如鱼得水的厌氧细菌来说，这么多氧气简直是一场巨大的灾难！因为随着大气中氧气数量的逐渐增加，上层大气中的臭氧浓度不断升高，阻挡了地球表面的紫外线照射量，有效地消除了厌氧细菌的有机分子食物供给（在斯坦利·米勒的实验中，有机分子的生成需要紫外线照射）。此外，氧气与有机质发生强烈反应，光线充足时尤为如此。当厌氧细菌暴露在氧气和光线下时，瞬间就会被杀死。直到 18 亿年前，地球大气中的氧气含量增加到非常高的浓度，才导致许多厌氧生物开始灭绝。即便如此，这些细菌的后代今天依然顽强存活于地球上若干黑暗无氧的孤立微环境中，如土壤或岩石深部、垃圾填埋场及其他生物体内部等。

虽然氧气与有机质发生的反应非常剧烈，甚至还有可能产生有毒物质，但该过程产生的能量也比无氧呼吸高出近 20 倍。这意味着某些生物会被充分利用，如蓝绿藻（也称蓝藻）逐步适应并在新富氧环境中茁壮成长。各种因素叠加在一起，使得地球大气的化学成分发生了改变。

1.7.4.3　地球大气层的演化

对于当今世界来说，"光合生物"的出现和成功进化极其重要，如图 1.27 所示。这种微生物群体不计其数，通过捕获太阳能来生产食物，并将氧气作为废物释放到大气层中，彻底改造了地球。通过光合作用过程，这些生物消耗了早期大气层中的大量二氧化碳，并逐渐以游离氧取而代之，形成了第三个（也是最后一个）地球大气层，即富氧大气层（氧气目前约占 21%）。这些微生物体逐渐将地球大气层转化为可供生物呼吸的富氧空气层，为随后的生物多样性奠定了坚实基础。

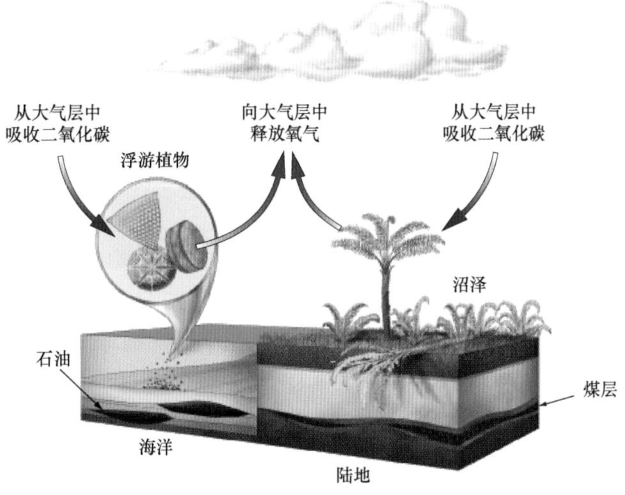

在图 1.28 所示的图表中，显示了最近 6 亿年以来大气层中的氧气浓度变化。

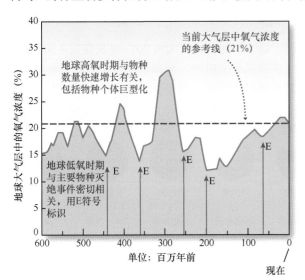

图 1.27　植物对地球环境的影响。随着海洋中能够进行光合作用的微生物的出现，地球大气层中的氧气逐渐增多，二氧化碳逐渐枯竭。生物死后堆积于海底，部分残骸转化为石油和天然气。同样的过程也发生在陆地之上，此时会形成煤

当氧气浓度较高时，生物群体就会生机勃勃，新物种层出不穷。在此期间，昆虫类生物的体型变大，爬行动物飞到了空中，哺乳动物的祖先发育了温血（恒温）代谢系统。同时，海洋中溶解了更多的氧气，海洋生物多样性明显增长。当大气层中的氧气浓度急剧下降时，生物多样性就会遭到破坏，地球上最严重的物种灭绝事件均与大气层中氧气含量的突然降低有关。

曾经埋藏在无氧环境中的古代动植物遗骸沉积，如今成了石油、天然气和煤炭等化石燃料，为人类提供了超过 90% 的能源消耗。其实，在人类赖以生存的植物能量中，不仅包含当前的植物食品，而且包含以往地质时期的植物遗骸（化石燃料形式）。

在工业化时代，由于家庭取暖、工业发展、发电及交通运输等需要，全球化石燃料的燃烧总量增长很快，大气层中的二氧化碳及其他温室气体的浓度随之升高。科学家们警告说，这些人为排放的温室气体正在加剧全球变暖，而且会在不久的将来造成严重的环境问题。这种现象称为大气层的"增强温室效应"，详见第 16 章。

图 1.28　地球大气层中的氧气浓度。最近 6 亿年来地球大气层中的氧气浓度变化，主要物种灭绝事件标为 E

探索数据

❶ 基于图 1.28，地球主要物种灭绝事件（标为 E）平均间隔了多少百万年？根据上次灭绝事件进行判断，目前地球是否到了下一次灭绝事件的关键期？解释理由。

❷ 大气层中的氧气浓度与物种灭绝事件之间的关系是什么？解释此种模式出现的原因。

简要回顾

地球生命在不断进化的同时，也会改变地球的环境，如丰富的光合生物催生了现代富氧大气层。

小测验 1.7　讨论人们为什么认为生命起源于海洋

❶ 为什么地球大气层中存在氧气就能降低地球表面受到的紫外线辐射量？

❷ 斯坦利·米勒做了什么样的实验？得出了什么样的结论？

❸ 地球先后出现了三个大气层，分别描述每个大气层的成分和成因。

1.8　地球的年龄有多大？

在地球演化和生物进化等研究领域，由于时间跨度实在太大，科学家们的观点严重依赖于古老地球的相关知识，"准确测定地球年龄（地球测年）"成为让科学界接受自己观点的基础。但是，地球科学家们怎么才能知道岩石的年龄呢？如果某块岩石的年龄长达几千年、几百万年甚至几十亿年，除非岩石中含有能够说明问题的化石，否则神仙也很难做出准确判断。幸运的是，通过岩石中的放射性物质，地球科学家们目前能够测定大多数岩石的年龄。实际上，此项技术需要读取岩石内部的"岩石时钟"。

1.8.1　放射性测年

在地球上以及来自外太空的岩石中，大多含有少量放射性物质（如铀、钍和钾）。这些放射性物质（称为母体）能够自行分裂或衰变成其他元素的原子（称为子体）。放射性物质均具有半衰期（Half-Life，即样品中半数母体衰变为子体所需的时间）特性。岩石越古老，母体衰变为子体的数量越多。在分析仪器的帮助下，科学家们能够准确测量出岩石中母体与子体的数量，然后对比分析这两个数字，即可确定该岩石的年龄。这种年龄测定方法称为放射性测年（Radiometric Age Dating）法，是确定岩石年龄的一种非常强大的工具。

图 1.29 中显示了放射性测年法的原理，展示了铀 235 如何衰变为铅 207，半衰期为 7.04 亿年。通过计算岩石样品中每种类型原子的数量，即可获知其衰变时间，前提是样品中的原子未新增或丢失。通过应用这种方法，科学家们利用铀及其他放射性元素，测定了世界各地数十万个岩石样品的年龄。

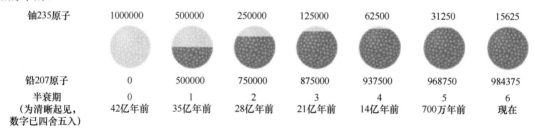

铀235原子	1000000	500000	250000	125000	62500	31250	15625
铅207原子	0	500000	750000	875000	937500	968750	984375
半衰期 （为清晰起见，数字已四舍五入）	0 42亿年前	1 35亿年前	2 28亿年前	3 21亿年前	4 14亿年前	5 700万年前	6 现在

图 1.29　放射性测年法。在一个半衰期内，具有放射性的铀 235 原子半数衰变为铅 207 原子。每经过一个半衰期，剩余铀原子的一半都将转化为铅原子。通过计算岩石样品中每种类型原子的数量，即可确定岩石的年龄

1.8.2　地质年代表

地球上的岩石年龄标识在地质年代表（Geologic Time Scale）上，如图 1.30 所示。这张表列出了各个地质时期的名称，以及当时地球生物演化的重要进展。最初，地质时期划分主要基于古生物化石中记录的重要物种灭绝事件，但是随着科学技术的进步，地质年代表同时采用了放射性测年法。例如，在地球上，已知最古老岩石的年龄约为 43 亿年，岩石中最古老晶体的年龄约为 44 亿年。这一古老晶体的发现意味着在地球形成早期，陆壳即已存在，大约在 45 亿年前。人类至今没有发现比这更古老的岩石，因为在地球早期被陨石剧烈撞击时，几乎没有岩石能够在熔化过程中幸存。但是，

对太阳系形成后遗留的太空岩石进行放射性测年结果表明，地球的年龄约为46亿年。

简要回顾

通过测试分析放射性元素，地球科学家们准确测定了大多数岩石的年龄，证明地球的年龄为46亿年。

小测验 1.8　描述对地球年龄的理解

❶ 描述如何通过放射性测年法，利用放射性物质的半衰期来确定岩石的年龄。

❷ 地球的年龄有多大？描述下列地质年代之间发生的主要事件：(a)前寒武纪/元古宙；(b)古生代/中生代；(c)中生代/新生代。

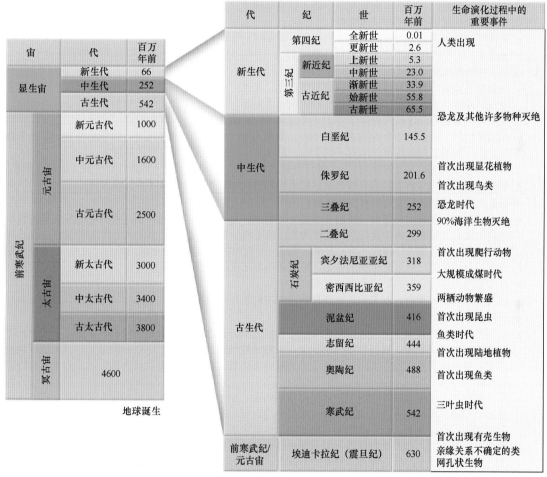

图 1.30　地质年代表。从地球诞生（底部）到现在（顶部）依次显示了各个地质时期的名称。右侧为最近 6.3 亿年的放大显示，时间标尺上的数字代表距今时间（以百万年计），同时标识了地球上动植物演化的重要进展

主要内容回顾

1.1　地球上的海洋为何独一无二？

- 地球表面约 70.8%为海洋覆盖。全球海洋是互联互通的整体，体积和面积都非常庞大，通常划分为四大洋与南大洋。虽然从技术角度讲存在差异，但海与洋在一般情况下可以互用。将海洋与陆地相比时，陆地的平均海拔明显不是很高，地球上任何山脉的海拔高度也不会超过海洋的最大深度。

- 假设美国航空航天局发现了一颗存在海洋的新行星，让你来负责此项研究。通过利用当今最先进的科学技术手段，你如何对海洋、海中万物及海底世界进行研究？各种预算上不封顶。

- 如果地球上的冰川全部融化，海平面将上升约 70 米。陆地的平均海拔高度只有 840 米，海平面上升将严重影响人类的各种活动，低洼地区尤为严重。根据自己掌握的世界地理知识，你认为全球哪些地区受到的影响最大？列举出可能会被淹没的主要人口密集区。

1.2 人类早期如何探测海洋？

- 在太平洋地区，各岛屿上的原住民可能是第一批伟大的航海家；在欧洲地区，腓尼基人开启了非凡的航海之旅，希腊人、罗马人和阿拉伯人紧随其后，对海洋探索做出了重大贡献，极大地推动了海洋学的快速发展；在中世纪时期，维京人殖民了冰岛和格陵兰岛，踏上了北美洲发现之旅。
- 在欧洲的发现时代，西方世界再次被激发了探索未知世界的浓厚兴趣，从 1492 年克里斯托弗·哥伦布启航开始，到 1522 年费迪南德·麦哲伦第一次环球航行结束，很多人为科学目标而探索海洋，詹姆斯·库克船长是其中当之无愧的先驱。
- 在中世纪时期，阿拉伯航海家在地中海占据主导地位，并在与东非、印度和东南亚的贸易活动中唱主角，说明他们具有哪些技术优势。
- 如果即将踏上为期一个月的远洋考察行程，请制作一张清单，列出需要随身携带的 10 件必需品，不包括衣服、个人用品和食品。假设穿越回 18 世纪初，你列出的 10 个基本项目会有哪些不同？

1.3 海洋学包括哪些科学领域？

- 海洋学是覆盖了海洋环境所有领域的科学研究。在第二次世界大战期间，重视海洋过程研究的国家获得了战术优势，促进了海洋学研究技术的极大发展，增强了人类更细致观察及研究海洋的能力。当前，大多数海洋学研究内容聚焦于人类对海洋的影响。
- 按传统惯例，海洋学划分为四类研究学科，分别为海洋地质学、海洋化学、物理海洋学和海洋生物学。由于覆盖了海洋应用的所有不同学科，海洋学经常被描述为一门跨学科科学。
- 海洋垃圾是目前最紧迫的问题之一，如何理解这个问题？至少从两个不同海洋学学科方面进行描述。
- 编制一份清单，列出需要具有海洋学学位资质的所有职业类型，如海洋学任课教师。

1.4 什么是科学过程？科学探究的本质是什么？

- 科学过程用于理解自然事件（或自然现象）的发生，可以说是科学对自然界各种可观察现象的解释支持。科学过程的具体步骤包括：观察现象，确定科学事实；形成一个或多个假设/假说；广泛开展实验研究，对假设进行修改完善；最后，形成一种理论。科学永远不会成为绝对"真理"，而会根据已有观察结果得出的可能正确的结论，随着新观察结果的出现不断发生变化。
- 真理和理论有什么区别？二者都可以被修改吗？
- 探讨自然界是否复杂，人类是否能够真正理解大自然？说明理由。

1.5 地球和太阳系是如何形成的？

- 太阳系由太阳和八大行星组成，可能形成于由巨大气云和太空尘埃构成的星云。根据星云假说，星云物质浓缩形成太阳，残留物质形成行星。太阳由氢气和氦气构成，质量和浓度非常大，足以从核聚变中释放出大量能量。太阳还会释放出大量电离微粒，驱散各行星及其卫星形成过程中残存的星云气体。
- 原始地球比当前地球的体积更大，呈同质熔融状态。原始大气层主要由氢气和氦气构成，后来由于强烈太阳辐射而消散于茫茫太空。经过密度分层过程的重塑，原始地球形成了基于密度大小的层状内部结构，进而发育了地壳、地幔和地核。对地球内部结构的研究发现，刚性岩石圈位于高黏度的塑性软流圈之上。在近地表位置，岩石圈由陆壳和洋壳构成，陆壳以花岗岩为主，洋壳以玄武岩为主。陆壳密度较小，颜色较浅，厚度大于洋壳。这两类地壳均衡地漂浮在密度更大的地幔之上。
- 描述地球内部的化学成分与物理性质的差异，并举例说明。
- 星云假说是关于太阳系演化的一种科学推论，根据你对科学过程的理解，描述科学家们对该假说的确信程度。

1.6 地球上的大气和海洋是如何形成的？

- 早期地球大气由释气过程形成，富含水蒸气和二氧化碳。地球表面充分冷却后，水蒸气凝结并积聚，最终形成地球上的海洋。降水会溶解地球表面的化合物，将其携带至海洋中，使海水具有一定盐度。
- 比较地球海洋形成过程中的两大供水方式，说明哪种方式是海水的主要来源？
- 探讨地球上的海洋是如何变咸的。

1.7 海洋是地球生命的摇篮吗？

- 人们普遍认为生命起源于海洋。在斯坦利·米勒的早期实验中，证明在来自太阳的紫外线、二氧化碳、甲烷、氨气及海洋中无机分子等的共同作用下，最终可能会生成有机分子（如氨基酸）。这些分子的某些组合最终会形成异养生物，它们无法自己生产食物，可能类似于今天的无氧细菌。最终，自养生物逐渐出现,它们完全通过化能合成作用过程自食其力。再后,一些细胞生成叶绿素,光合作用登上历史舞台,各种植物由此开始雄霸全球。

- 通过从大气中吸收二氧化碳并释放氧气,光合生物彻底改变了地球环境,创造了氧气丰富的当前大气层。植物和动物不断进化,最终成功登陆并安营扎寨。
- 某些宗教团体指责斯坦利·米勒的地球生命起源等众多科学理论具有与生俱来的缺陷。要证明没有人能够真正观察到的历史事件,你如何回复这一指责?给出详细理由。
- 下列说法中哪种说法更有说服力:(1)有史以来最大的环境危机发生在20亿年前,当时的地球大气中积聚了大量有毒的氧气;(2)人类制造了有史以来的最大环境危机。

1.8 地球的年龄有多大?

- 放射性测年法可用于测定大多数岩石的年龄。科学家们将生物灭绝及岩石测年等信息与地质年代表进行比较,推算出地球诞生自约46亿年前,且经历了非常漫长的演化历史。
- 解释放射性测年法的工作原理。为什么在多次半衰期后,母体物质不会完全消失?
- 利用适当数量的物质,构建地质年代表的一种表达,一定要包含地球自诞生以来发生的一些重大变化,如地球诞生、海洋诞生、出现已知最早的生命形式、出现最早的富氧大气、出现第一批有壳生物、恐龙灭绝和人类时代等。

第 2 章　板块构造和洋底

由构造抬升作用形成的高山。在阿拉斯加东南部的冰川湾国家公园，雄伟的海岸山脉由于板块构造作用而抬升，构成这些山脉的部分岩石来自非常遥远的地区，例如海拔数千米的高山上出现了一些海底珊瑚化石

主要学习内容

2.1 评价支持大陆漂移的证据

2.2 描述支持板块构造的证据

2.3 讨论板块边界的地貌成因及特征

2.4 介绍板块构造是如何论述其他理论无法解释的地貌成因的

2.5 描述地球的历史演化，预测地球的未来外观

当重新拼接已经撕成若干片的报纸时，需要检查各种线条及文字是否平滑衔接，如果拼接效果完美的话，就可以得出结论"这些碎片的位置原本如此"。

——《海陆的起源》，阿尔弗雷德·魏格纳，1915 年

全球每年都会发生数千次地震和数十次火山喷发，说明人类居住的地球家园目前仍然处于活跃期。这些事件贯穿整个地球演化史，不断改变着地球表面的各种特征。但是直到 50 多年前，大多数科学家仍然认为大陆在地球演化过程中保持静止。其实，早在 20 世纪初，一种石破天惊的新理论就已经横空出世，有效地解释了地球表面的各种地貌特征及现象，包括：

- 全球各地的火山、断裂、地震和造山带的位置
- 为什么地球上的山脉历经数十亿年风雨而未被全部夷平
- 大多数地形地貌和洋底地貌特征的成因
- 大陆和洋底的成因及其存在差异的原因
- 地球表面的持续演化
- 地球上的古生物分布和现代生物分布

这一革命性的新理论称为板块构造（Plate Tectonics）或"新全球地质学"。根据板块构造理论，地球最外层由相互水平错动的薄而坚硬的板块拼接而成，这些板块就像漂浮于水面的冰山。注意，如第 1 章所述，这些薄而坚硬的板块是岩石圈（地球最外层）的一部分，包含洋壳和陆壳。因此，在地球深部应力的控制下，各个大陆在地球表面发生漂移。

在这些板块漂移时的相互作用下，地球塑造了山脉、火山及海盆（海洋盆地）等地壳特征。例如，地球最高峰是喜马拉雅山脉，跨越了中国、印度、尼泊尔和不丹等多个国家。这条山脉包含沉积了数百万年之久的各种浅海相岩石，为板块构造持续活动提供了确凿证据。

板块构造理论受到了各种科学数据的广泛支持，包括地质学、化学、物理学和生物学等。板块构造理论的最初原型为"大陆漂移"，首次面世时曾遭到许多科学家的反对。实际上，板块构造理论的发展成熟是科学过程的经典案例：一种令人难以置信的想法，在大量证据的佐证支持下，发展成一种革命性理论的核心原则之一，最终成为人们理解地球基本过程的基础。

2.1 支持大陆漂移的证据有哪些？

阿尔弗雷德·魏格纳（见图 2.1）是德国天文学家、气象学家和地球物理学家，他在 1912 年首次提出了大陆漂移（Continental Drift）假说，认为各大陆

图 2.1 魏格纳摄于 1912—1913 年的工作照。在位于格陵兰岛的研究站，阿尔弗雷德·魏格纳（1880—1930）提出了大陆漂移假说。他是最早采用多种证据来证明"大陆在漂移"的科学家之一，1930 年在格陵兰冰原建立全年气象站时不幸遇难

一直在全球范围内缓慢移动。在 1915 年出版的《海陆的起源》一书中，魏格纳首次发表了这种观点，但是直到 1924 年被翻译成英语、法语、西班牙语和俄语后，这本书才逐渐引起了人们的更多关注。由于当时存在先天性的动力学机制缺陷，因此自那时起直至魏格纳 1930 年去世之前，大陆漂移假说受到了来自科学界的大量敌视与批评，有时候甚至还遭到公开嘲笑。在当时对地球内部结构缺乏了解的情况下，魏格纳认为各大陆之所以能够穿越海洋盆地的岩石而抵达当前位置，主要是由于两种作用力共同推动所致，其一是赤道隆起时的地球引力，其二是来自太阳和月球的潮汐力。此外，他还提出在海底阻力的作用下，大陆前缘变形为山脊。科学家们认为这种想法太离谱，严重违背了物理规律，因而大多拒绝接受此观点。虽然魏格纳对大陆漂移动力学机制的解释不正确，但实际上他提出的"大陆确实在漂移"这一观点却正确无误，他也是最早采用多种证据来证明这一观点的科学家之一。接下来，我们将介绍支持魏格纳大陆漂移假说的证据。

科学过程 2.1 为什么各大陆边缘的吻合度很高？

形成假设

将各大陆（特别是南美洲和非洲）拼合在一起（像拼图一样）的想法由来已久，最早源于高精度世界地

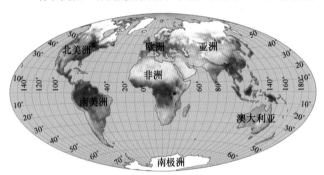

(a) 各大陆的当前位置

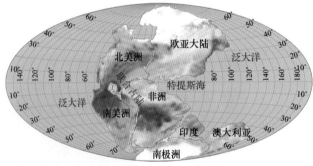

(b) 距今约2亿年前的各大陆位置，显示了超级大陆"联合古陆"和超级海洋"泛大洋"

图 2.2 联合古陆的重建

图的编绘。早在 1620 年，弗朗西斯·培根爵士（译者注：经典名言"知识就是力量"的提出者）就曾在文章中提到"各个大陆好像可以拼合在一起"的想法，然而直到 1912 年魏格纳采用"不同大陆的海岸线形状相互吻合"作为大陆漂移证据时，这一想法才被赋予实际意义。魏格纳认为在地质演化早期，多个大陆碰撞形成了一个超级大陆，称为联合古陆/泛大陆/盘古大陆（Pangaea），如图 2.2 所示。此外，联合古陆周围环绕着一个超级海洋——泛大洋/泛古洋/盘古大洋（Panthalassa）。泛大洋包含了几个规模较小的海洋，如特提斯海（Tethys Sea）。魏格纳提出的证据表明，随着联合古陆后来的分崩离析，各大陆块逐渐漂移至当前所在的位置。

设计实验

魏格纳在尝试匹配海滨线时，发现存在相当数量的陆地重叠和陆间间隙。通过河流物质沉积或海岸线侵蚀，可以解释某些但绝非全部差异性。魏格纳当时还不知道，靠近海滨的洋底浅部下方是类似于大陆深部的物质，那些

俯冲至洋壳中的被淹没区域代表了大陆的真正边缘。20 世纪 60 年代初，在计算机程序的辅助下，爱德华·布拉德爵士和两位同事共同测试了各大陆的吻合度，如图 2.3 所示。布拉德并没有像魏格纳那样采用大陆海滨线，而是绘制了海平面以下 2000 米深度的洋底轮廓图，最终实现了最佳匹配结果（重叠少，间隙小）。这一深度介于海滨线与深海盆地之间大约一半的位置，因此代表了真正的大陆边缘。当用这一深度进行匹配时，各大陆的吻合度非常好。

解释结果

在本章后续几节中，我们将介绍通过查看当时的可用数据，魏格纳寻找了各大陆曾经连接在一起的其他证据。例如在大西洋两岸，大陆漂移假说预测存在相互对应的化石和岩石序列。当发现预测成真时，魏格纳说"当重新拼接已经撕成若干片的报纸时，需要检查各种线条及文字是否平滑衔接，如果拼接效果完美的话，就可以得出结论'这些碎片的位置原本如此'。"但是，直到魏格纳去世数十年后，随着科学技术的不断进步，他的大陆漂移假说才获得证实，而且主要来自对"海底"的新观测，这确实有些令人匪夷所思。在那时以前，"对大陆漂移进行观测"一直是令人困惑的怪事。

下一步该怎么做？

假设你是 20 世纪 20 年代的科学家，而且是魏格纳大陆漂移假说的坚定支持者，你会寻找什么样的数据来证明大陆曾经连接在一起呢？记住，如果接受魏格纳的大陆漂移观点，请考虑完成一个非常确定、可观察且逻辑性强的实验，因为若不能通过可用数据来证明假设，那么这个假设就必须经得起检验。提示，阅读本节的几个标题，可能会有一定的启发。

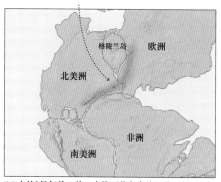

(a) 大约3亿年前，单一山脉（紫色底纹）位于整片相连的陆地上

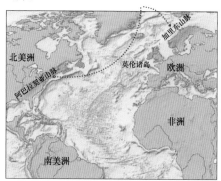

(b) 如今，这条曾经连续延伸的山脉散布于数块陆地上，并被海洋隔离开来

图 2.4　北大西洋两岸山脉之比较

图 2.3　各大陆吻合度的早期计算机模拟。20 世纪 60 年代，布拉德采用 2000 米深度（黑线）数据进行实验，这是海洋盆地的真正边界。模拟结果表明，该方法吻合度高，重叠少，间隙小。注意，大陆实际海滨线显示为蓝线

2.1.1　检验观点：岩石序列与山脉序列的匹配

如果像魏格纳假设的那样，各个大陆曾经连接在一起，那么应该能够在岩石序列中找到证据，最初连续的岩石序列现在可能远隔千山万水。为了验证大陆漂移假说，地质学家们开始比对不同大陆边缘对应位置上的岩石，查看其是否具有相似的类型、时代和结构特征（变形的类型及程度）。在各大陆分离后的数百万年间，某些地区时代较新的岩石不断沉积，最终覆盖了饱经沧桑的古老岩石；在另外一些地区，古老岩石已被侵蚀殆尽；在若干其他地区，关键性岩石则依然有迹可循。

此外，这些研究表明，虽然两个相邻大陆可能隔海相望，但许多岩石序列却惊人地一致。有的山脉在某个大陆边缘戛然而止，但是在海盆另一侧的大陆上却出现了具有相同序列、时代及结构特征的岩石。如图 2.4 所示，阿巴拉契亚山脉位于北美洲，英伦诸岛和加里东山脉位于欧洲，但是这些地方的岩石完全能够衔接在一起。

魏格纳特别关注到大西洋两岸岩石序列的相似性，并将这些信息用作支持大陆漂移假说的证据。他认为大西洋两岸山脉形成于联合古陆时期的碰撞造山过程，后来随着各个大陆的分崩离析，曾经绵延不绝的整体山脉从此天各一方。后来，科学家们发现南美洲山脉不仅向南极洲延伸，而且延伸至更远的澳大利亚，从而为大陆漂移假说进一步增添了新证据。

2.1.2 更多观察：冰期及其他气候证据

魏格纳还认真考察过现在的热带地区，认为这些地区历史上曾经发生过冰川活动，为大陆漂移假说提供了更多佐证。目前，全球巨厚大陆冰盖仅见于格陵兰岛和南极洲的极地区域，但是在南美洲、非洲、印度和澳大利亚等多个低纬度区域，科学家们发现了古代冰川作用的相关证据。

为什么3亿年前会出现冰川沉积呢？答案可能有两种：（1）当时为全球性冰期/冰川时期/冰河时代（ice age），即便热带地区也覆盖着厚厚的冰雪；（2）某些大陆虽然现在位于热带地区，但历史上曾经更靠近地球两极。"3亿年前的地球整体为冰雪所覆盖"显然不太可能，因为今天在北美洲及欧洲所发现煤炭的成煤时代与冰川沉积相同，而煤炭显然形成于大规模亚热带沼泽区。因此，最为合理的结论是"某些大陆当时更接近地球两极"。

另一种类型的冰川证据表明，在最近3亿年间，某些大陆已经远离极地地区。冰川流动时会磨蚀下伏岩石，并留下可标识流动方向的冰川划痕。在图2.5a中，箭头显示了3亿年前联合古陆上的冰川是如何从南极流出的，流动方向与当今许多大陆上发现的冰川划痕一致（见图2.5b），从而为大陆漂移假说提供了更多证据。

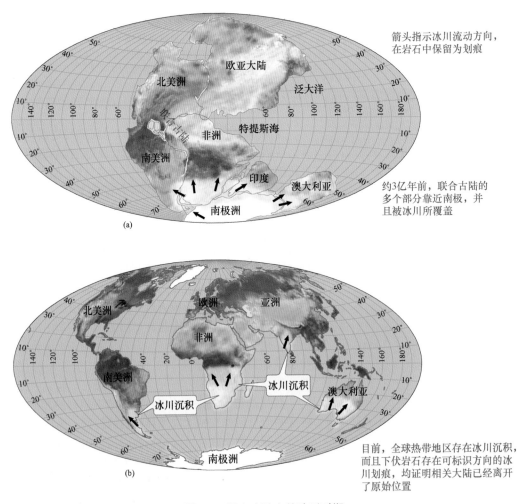

箭头指示冰川流动方向，在岩石中保留为划痕

约3亿年前，联合古陆的多个部分靠近南极，并且被冰川所覆盖

目前，全球热带地区存在冰川沉积，而且下伏岩石存在可标识方向的冰川划痕，均证明相关大陆已经离开了原始位置

图2.5 联合古陆上的冰川时期

目前发现的许多动植物化石证明了"古今气候差异很大"，典型案例一为北极斯匹次卑尔根岛的棕榈树化石，典型案例二为南极洲的煤炭沉积。地球的当时环境可以从这些岩石中找到答案，因为动植物生存需要特定的环境条件。例如，珊瑚通常生存于 18℃ 以上的海水中，若在寒冷地区发现珊瑚化石，以下两种解释似乎最为合理：（1）全球气候发生了巨大变化；（2）岩石已经离开了原来的位置。

如第 16 章所述，经历非常漫长的地质历史时期后，自然过程导致地球气候发生了非常剧烈的变化。地球气候剧变可能有助于解释似乎不合常理的动植物化石的出现（例如两极地区出现热带化石），但这些化石的分布特征也能用大陆漂移假说来解释。魏格纳并不清楚当今地球科学家所知道的地球气候变化过程，认为这些不合常理的化石及其他气候证据为大陆缓慢漂移提供了支持，并在越来越多的证据清单中增加了一项内容。

2.1.3 化石证据：生物分布

为了增大对存在争议的联合古陆（泛大陆/盘古大陆）的可信度，魏格纳引用了在不同大陆上发现的几个化石生物案例，这些化石生物不可能跨越目前分隔各大陆的浩瀚海洋，例如中龙（Mesosaurus）化石遗迹。中龙是生活在约 2.5 亿年前的已灭绝淡水爬行动物，目前仅发现于南美洲东部和非洲西部，如图 2.6 所示。如果中龙强大到能够游过海洋，那为什么其他地区没有发现其身影呢？

魏格纳的大陆漂移假说较好地回答了这个问题，指出南美洲和非洲在地质历史上曾经比较接近，所以即便并非"游泳健将"，中龙也完全能够穿梭于两个不同的大陆之间。中龙灭绝后，各大陆漂移至当前位置，浩瀚的海洋隔开了原本连

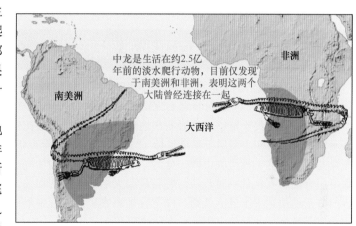

图 2.6　中龙化石

接在一起的两个大陆。类似案例还包括不同大陆出现相同种类的植物化石，植物绝不可能漂洋过海去另觅新家，只能说明其扎根的土地时分时合。

在大陆漂移假说问世之前，为了解释这些化石不寻常的模式，有人提出了几种不同观点，例如存在岛屿跳板或大陆桥，甚至推测至少有一对陆栖中龙借助于木筏而漂洋过海，成功抵达数千千米以外的另一个大陆。但是，岛屿跳板和大陆桥观点缺乏证据，漂洋过海观点貌似更不靠谱。

为了论证大陆漂移假说，魏格纳还引用了生物分布证据。例如在最近几百万年里，某些现代生物具有非常相似的祖先，但明显被迫孤立进化了很多年。最典型的例子是澳大利亚的有袋动物（如袋鼠、考拉和袋熊）与美洲发现的有袋动物"负鼠"具有明显的相似性。

2.1.4 反对的声音

即便在证据看上去非常具有说服力的今天，魏格纳的观点仍然无法获得所有地球科学家的普遍认可。虽然大陆漂移假说从理论上讲大体正确，但是仍然包含了若干错误细节，例如大陆运动的动力学机制，以及各大陆如何跨越海洋盆地而移动。根据材料强度计算显示，海洋岩石非常坚硬，大陆岩石注定无法推动它。此外，通过对重力和潮汐力进行分析，显示其力量非常小而不足以移动巨大陆块。虽然存在着这些分歧和反对声音，研究南美洲和非洲岩石的许多地质学家仍然

接受了大陆漂移假说，因为这与他们熟悉的岩石观测结果相一致。但是，对不熟悉南半球岩石序列的大多数北美洲地质学家来讲，他们仍然对该假说持高度怀疑态度。

为了让业界广泛接受自己的科学观点，就必须能够解释现有的全部观察结果，并提供来自各个科学领域的支持性证据。在魏格纳去世几十年后，人们逐步知晓了关于洋底性质的更多细节，支持大陆漂移假说的确凿证据才由此真正出现。随着新技术的不断应用，科学家们能够确定地球上岩石的原始位置，并得以重新检验魏格纳的假说并找到其缺陷。这是科学过程的典型案例，包括实验、采集更多数据和完善假设（假说）等过程。

简要回顾

魏格纳采用多种不同学科证据来论证大陆漂移假说，但始终没有找到合适的动力学机制，也不了解关于洋底的任何信息，遭遇了来自业界同行的大量批评。直到从不同科学分支中获得更多数据后，科学家们才找到了动力学机制的可能解释。

小测验 2.1　评估支持大陆漂移假说的证据

❶ 联合古陆（泛大陆/盘古大陆）存在于什么时代？环绕联合古陆的海洋叫什么？

❷ 关于冰期（冰川时期/冰河时代），为什么 3 亿年前整个世界不太可能为冰雪全覆盖？

❸ 列举魏格纳用于支持大陆漂移假说的证据。当时的科学家们为什么质疑大陆漂移假说？

2.2　板块构造理论源自哪些观测研究？

从 1930 年魏格纳去世到 20 世纪 50 年代初，大陆漂移假说几乎一直在原地踏步。新技术发展日新月异，当科学家们能够分析岩石保留地球磁场（Magnetic Field）特征的方式时，这种情况发生了巨大改变，人类终于能够确定岩石在地球表面形成时的最初位置。同时，科学家们利用声呐开展海底研究，声呐最初主要用于军事目标（"二战"期间），至今仍然广泛用于海洋探测。研究结果显示，海洋盆地（海盆）被巨大山脊一分为二，边缘由深海沟环绕。出乎大多数科学家意料的是，采集自水下山脊的岩石年代相对较新，并与最新火山活动密切相关。这些令人惊讶的观测结果表明，海底目前处于地质意义上的活跃期，洋中脊是海底扩张过程中形成新海底的源头。最终，科学家们利用同一过程解释了两种独立假说（大陆漂移和海底扩张），这一过程目前包含在板块构造理论中。

2.2.1　地球磁场和古地磁

在导航及保护地球生命免遭太阳风暴影响等方面，地球磁场发挥着至关重要的作用，如图 2.7 所示。磁力线是人类肉眼看不到的大量物质，源自地球内部，延伸至太空中，形成的磁场类似于条形磁铁产生的磁场。注意，通过简单利用条形磁铁和铁屑，即可轻松探索磁场的性质：把铁屑放在桌子上，附近放一块条形磁铁，就会得到类似图 2.7a 所示的效果（因磁铁强度不同而略有差异）。就像条形磁铁一样，地球磁场也有方向相反的两个磁极，磁北标识为 N，磁南标识为 S。如图 2.7b 所示，由于磁力线环绕在地球周围，与磁场平行的磁性物（即磁倾针）会不同程度地指向地球（依纬度而不同），磁倾针与水平方向之间的夹角称为磁倾角（Magnetic Dip）。注意，在图 2.7a 和图 2.7b 中，地球的地理北极（旋转轴）与磁北极（磁北）并不一致。

常见问题 2.1　地球磁场形成的原因是什么？

对地球磁场和磁动力学领域的研究表明，地球磁场之所以能够形成，根源在于地球富含铁镍成分的液态外核的流动，人们广泛接受的观点为"在地球外核中，当铁质液态物质发生对流时，产生的强电流形成了地球磁场"。地球磁场极其复杂，采用世界上最强大的计算机系统，科学家们最近才成功建立了相关模型。在太阳系中，太阳及其他大多数行星（甚至某些行星的卫星）也存在磁场。有趣的是，基于最近对南非古老岩石的研究，科学家们发现地球磁场早在 34.5 亿年前就已经存在。

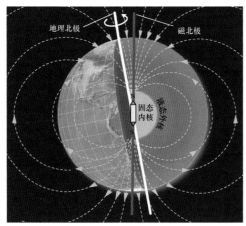

(a) 地球磁场会产生类似于条形磁铁磁场中的不可见磁力线。注意，地理北极和磁北极的位置并不完全重合

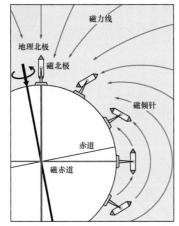

(b) 地球磁场使得磁倾针与磁力线平行排列，并随纬度增加而改变方向。因此，可根据磁倾角来确定纬度的近似值

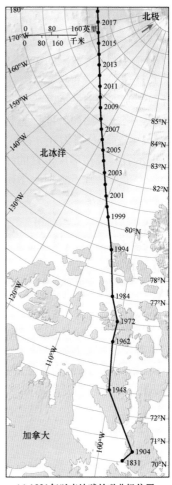

(c) 1831年以来地球的磁北极位置（黑色）及未来预测位置（绿色）

图 2.7　地球磁场

2.2.1.1　地球磁场对岩石的影响

火成岩（Igneous Rocks）由地下熔融岩浆（Magma）或火山喷发后的地表熔岩（Lava）固结而成，几乎全都含有一种天然磁性铁质矿物——磁铁矿（Magnetite）。因为岩浆和熔岩均为液态，所以岩浆中的磁铁矿颗粒与地球磁场平行排列。当熔融物质冷却到一定温度后，内部磁铁矿颗粒就会被固定到某些位置，从而记录下该地区当时的地球磁场角度。从本质上讲，磁铁矿颗粒就像微型指南针一样，记录着地球磁场的强度及方向。除非将岩石加热到磁铁矿颗粒再次移动的温度，否则无论岩石随后移动到哪里，这些磁铁矿颗粒始终包含着岩石形成地区的磁场信息。

磁铁矿也沉积在各种沉积物中，只要沉积物周围有水，磁铁矿颗粒就能自行与地球磁场平行排列。当沉积物被掩埋并固化成为沉积岩（Sedimentary Rock）后，即便岩石随后移动了位置及方向，这些颗粒仍将无法自行重新排列。因此，在沉积岩的磁铁矿颗粒中，人们也可以找到岩石形成地区的磁场信息。在揭示地球古代磁场信息方面，多种岩石类型虽然获得成功应用，但富含磁铁矿的火成岩仍然最为可靠，例如构成洋壳的玄武岩。

2.2.1.2 古地磁

研究地球古代磁场的科学称为古地磁学（Paleomagnetism）。通过分析岩石中的磁性颗粒，古地磁学家不仅可以确定古地磁的南北极方向，而且能够确定其相对于地球表面的磁倾角。

磁倾角与地球的纬度直接相关，这一点非常有趣。从图 2.7b 中可以看出，在地球的磁赤道位置，磁倾针根本就不倾斜，而是平行于地球表面。但是在地球的磁北极，磁倾针则垂直于地球表面；在地球的磁南极，磁倾针同样垂直于地球表面，但指向外侧而非内侧。因此，磁倾角随着纬度增加而增大，磁赤道位置为 0°，磁两极位置为 90°。由于磁倾角保留在磁性岩石中，因此测量磁倾角就可以揭示岩石最初形成位置的纬度。当经过科学仔细的研究后，古地磁成为解释岩石最初形成位置的强大工具。基于古地磁学研究，人们终于可以提出令人信服的论据，证明各大陆彼此之间发生了漂移，参见深入学习 2.1。

生物特征 2.1　你能帮我找到回家的路吗？

"绿海龟"的命名并非因为外表颜色，而是因为其体脂呈绿色。

在热带及亚热带海洋中生活了多年后，绿海龟依然能够准确无误地返回出生地的沙滩上产卵，它们究竟是如何准确地找到回家之路的呢？参见科学过程 2.2。

2.2.1.3 磁极倒转

当今，地球上的磁罗盘沿着磁力线指向磁北极。但是事实表明，在整个地质历史时期，极性（Polarity）即磁场的南北方向会发生周期性逆转，实际上就是磁北极与磁南极发生倒转而互换。从图 2.8 中可以看出，古代岩石记录着地球磁极随时间而发生的改变。

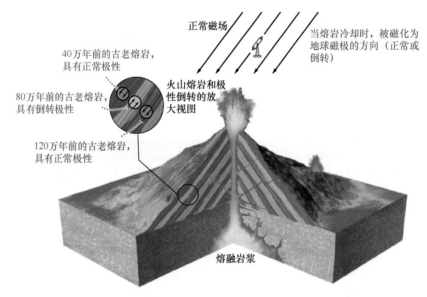

图 2.8　岩石中的古地磁。地球的磁极随着时间而改变，并被保存在某些岩石（如火山熔岩）中

为什么地球的磁场会改变极性呢？目前，研究地球磁场的地球物理学家们还没有完全理解磁极倒转过程，但他们一致认为由于地球自转的原因，导电、液态及铁质的地球外核会形成"自持磁场"。液态铁的流动经常受到局部扰动，并将磁场的一部分向相反方向扭曲并减弱。这些扰动的成因目前尚属未知，可能是由于湍流（即紊流）条件，也可能只是自然混沌系统的必然结果。有趣的是，通过对地核进行计算机模拟，科学家们揭示了地球磁场磁极的频繁倒转。

古地磁学研究表明，在最近 8300 万年中，地球磁场共发生了 184 次磁极倒转。地球磁场的磁极转换模式毫无规律可言，从 2.5 万年到 3000 多万年不等。这种模式具有随机性特征，平均每 45 万年左右就会发生一次。地球磁场的磁极倒转时间平均为 5000 年左右，既可能在 1000 年内迅速发生，也可能在 2 万年内缓慢发生。地球磁场的极性变化可以通过岩石序列进行识别，通常某个磁极的磁场强度逐渐减弱，同时反向磁极的磁场强度逐渐增强。有趣的是，目前已经出现了好几个错误案例，说明磁场强度的减弱并不完全会导致磁极倒转。

相关地质证据表明，地球磁场近 2000 年以来一直在减弱。根据最新的卫星影像分析结果，地球磁场目前每 10 年减弱约 5%，这一速度要快于以前的预想。对于地球磁场强度的减弱，地球物理学家们认为预示着地球磁场的当前"正常"极性可能会发生倒转。实际上，地球磁场磁极的最近一次倒转发生在 78 万年前，下一次倒转估计近在咫尺。

常见问题 2.2　当磁极倒转时，地球环境会发生什么变化？

在地球磁场磁极倒转过程中，磁罗盘可能会显示错误的方向，人们可能会遇到导航困难，迁徙过程中需要借助磁场辨别方向的那些鱼类、鸟类及哺乳动物也会受到影响（见科学过程 2.2）。随着强度的不断减弱，地球磁场为生物提供的应对来自宇宙射线和太阳粒子的防护能力也随之减弱，这可能会扰乱近地轨道卫星及一些通信和电网系统。此外，北极光和南极光是地球天空中的自然光，此时可能在纬度更低的地区就能见到。从积极方面讲，地球上的生命已经成功经受住了以往磁极倒转过程的考验，因此磁极倒转可能并不像有时描绘的那样耸人听闻（例如在 2003 年上映的科幻电影《地心毁灭》中，缺乏科学准确性的说法随处可见）。

科学过程 2.2　海龟是否利用地球磁场来辨别方向？

背景知识

长期以来，生物学家们一直对海龟具有的超常能力兴趣浓厚，惊诧于即便远隔千山万水并且交配及回家之前在海上生活了数十年之久，它们依然能够在产卵期返回自己出生地的相同海滩（见图 2A），这些原始筑巢地点通常都是孤立小岛。那么，在几乎没有任何重要地标的广阔海洋中，海龟是如何辨别方向的呢？科学家们对海龟进行了无线电追踪，获知它们在迁徙过程中，通常沿直线路径径直抵达目的地。有一种假说认为，海龟利用海浪方向来帮助掌控行进方向。但是，经过对其迁徙路线的持续研究，人们最终得知海龟并不受控于海浪方向，而是始终沿着直线路径行进。

图 2A　海龟

形成假设

科学家们猜测答案是否与海龟的磁感应能力有关，即海龟感知地球磁场的能力。大量研究结果表明，刚孵化出来的海龟即可区分不同的磁倾角，从而能够实际感知地理纬度。幼年海龟还能分辨出磁场强度，从而大致区分出地理经度。通过感知这两种磁场属性，海龟能够本能地确定其在海上的位置（类似于全球定位系统的工作原理），并准确无误地游至数千千米外的小岛。成年海龟可将此种能力发挥到极致，从而在汪洋大海中自由遨游，就好像随身携带着高精度磁罗盘一样，随时可以踏上回家之路。它们是这样做的吗？

设计实验

地球磁场就像一块大磁铁，如果海龟利用这块磁铁进行导航的话，磁性更强的另一块磁铁是否会影响其感知方向的能力呢？2007 年，科学家们开展了一项专门研究，主要考察海龟在人工磁场影响下的导航能力。

科学家们将正在筑巢的雌海龟从其家乡海滩收集起来，然后转运至 100～120 千米以外，最后放归自然海域。海龟被划分为三组：第一组海龟头部粘有一块强磁铁，运送到释放地点时去除，目标是"复位"海龟的"磁归航"能力；第二组海龟头部也粘一块强磁铁，并且始终贯穿于整个实验过程；第三组海龟用作对照组，不接触磁铁，但头部粘一个不具磁性的铜盘。当所有海龟均被附加 GPS 装置并释放入海后，科学家们开始密切追踪全部海龟的行踪，查看它们是否能够各自返回至原筑巢地点。

解释结果

实验结果表明，磁铁并没能阻止海龟们最终返回目的地。但是有一点值得注意，与对照组相比，携带磁铁的两组海龟返回筑巢地点的路径更加曲折。这说明磁铁无论何时介入，均会对海龟归航产生或多或少的不利影响。研究结果表明，当海龟在返回筑巢地点时，确实能够探测并积极利用地球磁场进行导航。同时，也不排除海龟具有利用非磁性过程进行导航的能力，就像任何优秀领航员一样，海龟也可以利用其他工具来寻找返乡之路，例如嗅觉线索（气味）、太阳高度角、当地地标及其他海洋学现象等。

下一步该怎么做？

其他种类的某些动物也能够感知地球磁场并用其来导航，包括鱼类、海洋哺乳动物、鸟类、奶牛、鹿甚至人类。以这些生物之一为例，设计一个实验，确定其是否具有与地球磁场相关的定位能力。

2.2.1.4　视极移

地球的磁北极与地理北极不一致，1831 年位于加拿大北极群岛的布西亚半岛附近，此后每年向西北方向迁移约 50 千米，如图 2.7c 所示。若以这种速度持续下去，2050 年磁北极将位于西伯利亚。

深入学习 2.1　地球曾经存在两个漂移的磁北极吗？

对于解决地球历史上的一些难题来讲，板块构造理论非常有用，典型案例：利用不同大陆岩石的磁倾角数据，即可确定地球古代磁北极的位置。通过分析这些数据，科学家们得出了结论，认为地球上的磁北极一定随时间而漂移（或移动）。此外，数据研究结果表明，不同大陆上的岩石指向两个不同位置的地球磁北极。

图 2B 左侧插图显示了北美洲和欧亚大陆的磁极漂移路径/视极移路径（Polar Wandering Paths），有时称为视极移曲线（Polar Wandering Curves）。这两条曲线的形状基本类似，但是对于所有超过 7000 万年的岩石来讲，由北美洲岩石确定的磁北极位于由欧亚大陆岩石确定的磁北极的西侧。若从这些数据进行推断，获得的结论为"与当前地球只有一个磁北极不同，地球历史上曾经存在两个独立的磁北极"。然而，实际上，地球物理数据研究表明，地球在任何特定时间都只存在一个磁北极，而且位置也不太可能随着时间而发生很大的改变，其必须时刻与地球旋转轴保持紧密排列。地球科学家们最初对这些现象感到困惑，后来意识到此种差异可以解释为"单一磁北极保持相对静止，北美洲和欧亚大陆相对于磁北极而漂移，并且彼此之间反向漂移"。地球磁场本身并不漂移，而是各个大陆在漂移，因此磁极路径被称为视极移路径。

从图 2B 右侧的插图可以看出，当各大陆移动至作为联合古陆一部分的位置时，两条视极移路径基本上重合，这也为"地球从未存在两个磁北极"观点提供了强有力的证据。根据板块构造理论，更为合理的结论是"在整个地质历史时期，各大陆不仅朝北极漂移，而且彼此之间相对漂移"。

你学到了什么？

科学家们为什么对地球古代磁场感到困惑？这种困惑是如何解决的？

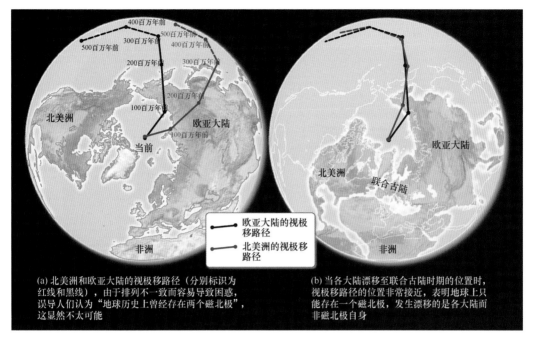

(a) 北美洲和欧亚大陆的视极移路径（分别标识为红线和黑线），由于排列不一致而容易导致困惑，误导人们认为"地球历史上曾经存在两个磁北极"，这显然不太可能

(b) 当各大陆漂移至联合古陆时期的位置时，视极移路径的位置非常接近，表明地球上只能存在一个磁北极，发生漂移的是各大陆而非磁北极自身

图 2B　视极移路径

2.2.1.5　古地磁与洋底

在 20 世纪 50 年代中期以前，古地磁学研究始终局限于大陆岩石领域，并且证实了其陆地适用性。那么，洋底也具有磁极性变化吗？为了验证这一想法，美国海岸和大地测量局与来自斯克里普斯海洋研究所的科学家们合作，于 1955 年在俄勒冈州和华盛顿州附近实施了一项大范围深水测绘项目。科学家们将称为磁力仪（Magnetometer）的精密仪器拖在考察船后面，按照设计好的规范间距往返航行测量达数周之久，主要是测量地球磁场及其如何受洋底岩石的磁性的影响。

在分析获得的测量数据时，科学家们发现整个调查区域呈现出非常规则的南北向条带磁性模式，而且高于平均值与低于平均值的磁性模式交替出现。更加令人惊讶的是，这种模式似乎对称出现在一条绵延很长的山脉两侧，而这条山脉只是偶然出现在调查区域中。

通过对这个调查区域及其他洋底区域进一步开展古地磁学研究，证实确实存在高于平均值和低于平均值的交替出现的条带磁性模式，这些条带称为磁异常（Magnetic Anomalies）。与陆地上的任何地方不同，洋底具有一种规则交替的条带磁性分布模式。

研究人员很难解释洋底存在具有如此规律性磁异常的原因，同样无法解释洋底山脉两侧磁性序列的相互对称性（实际上互为镜像）。若要掌握这种模式的具体成因，还需要了解关于洋底特征及其起源的更多信息。

2.2.2　海底扩张和海盆地貌特征

在第二次世界大战中担任美国海军舰长时，地质学家哈里·赫斯（Harry Hess，1906—1969）养成了这样的习惯：当船舶在海上航行时，一直打开深度记录仪。战争结束后，他对这些数据及其他许多深度记录进行了汇总分析，最后发现海洋盆地中心附近存在大面积的山岭，盆地边缘附近存在极深且狭窄的海沟。1962 年，赫斯出版了《海洋盆地史》一书，正式提出了海底扩张（Sea Floor Spreading）的思想，论述了作为驱动机制的地幔岩石物质的循环运动——对流圈（Convection Cells），如图 2.9 所示。他认为新洋壳形成于洋中脊位置，然后分裂并远离洋中脊，最后在海沟位置消失在地球深部。考虑到北美洲科学家对大陆漂移学说的抵制，赫斯将自己的研究工作称为地质诗歌（Geopoetry）。

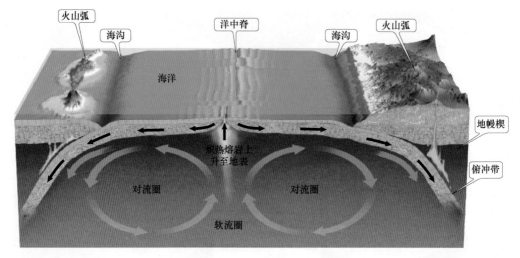

图2.9 板块构造过程及其结果特征

事实证明，赫斯关于海底扩张的最初观点已经获得广泛认可。洋中脊（Mid-Ocean Ridge）是一条连续海底山脉，就像棒球上的缝隙那样，蜿蜒曲折地穿过全球各个海洋盆地（海盆），如图2.9所示。洋中脊为百分百的火山成因，环绕了整个地球1.5圈，比周围深海海底要高出2.5千米，在冰岛等地甚至会上升到海平面以上。新海底形成于洋中脊的顶部或轴部。在海底扩张过程中，新海底分裂为两部分，从轴部向两侧分开，上升的火山物质随即填补海底移走后留下的条带状空白。海底扩张沿洋中脊轴部发生，后者称为扩张中心（Spreading Center）。洋中脊的工作原理可以类比为被拉开的"拉链"。

同时，洋底在深海沟（Deep-Ocean Trenches）位置消亡。海沟位于洋底的最深部位，类似于海底地图上的狭窄折痕或沟槽，如图2.9所示。世界上最大规模的地震均发生在这些海沟附近，由向下弯曲并缓慢俯冲至地球内部的板块所引发。这个过程称为俯冲（Subduction），下冲板块沿线的海沟倾斜区域称为俯冲带（Subduction Zone）。

常见问题2.3　图2.9显示地幔正以大圆圈形式移动，难道地幔处于熔融状态吗？

不是。因为地幔通常被描述为在对流运动中流动，一种常见的误解是地幔处于熔融状态。地震研究表明，虽然地幔确实具有随时间而"缓慢"流动的能力（见图中的箭头），但其中的固态物质含量明显大于99%。在地幔中，部分熔融物质主要位于：（1）洋中脊下部，压力的释放导致熔融物质的形成；（2）俯冲板块上方的地幔楔，下冲大洋板块释放的水导致熔融；（3）孤立的地幔柱，本章后面才会讨论。毫无疑问，地幔的绝大部分组成物质为炽热而坚硬的固态岩石，但是若施以足够压力也能流动。想象一下铁匠的工作场景：利用反复锤打的压力，促使炽热的铁块变形并最终定型。同理可证，地球内部的压力无比巨大，完全能够轻而易举地让炽热而坚硬的固态岩石变形和流动。

1963年，剑桥大学地质学家弗雷德里克·维恩和德拉蒙德·马修斯开展合作研究，将看似不相关的海底磁条带模式与海底扩张过程结合在一起，解释了海底复杂的交替和对称的磁条带模式，如图2.10所示。他们认为嵌入海底岩石中的高于平均值和低于平均值的磁极性事件模式，由地球磁场在"正常极性"（就像如今一样，磁北极在北部）和"倒转极性"（磁北极在南部）之间交替转换引起。当洋中脊中新形成的岩石被磁化时，无论其形成期间地球上存在哪种极性，都会形成这种磁条带模式。这些岩石后来会慢慢地远离洋中脊顶部，但是仍然保持形成时的极性，因此记录了地球磁极的周期性转换。经过漫长的地质演化后，以洋中脊为中心，交替且对称的磁极性条带模式最终成型。

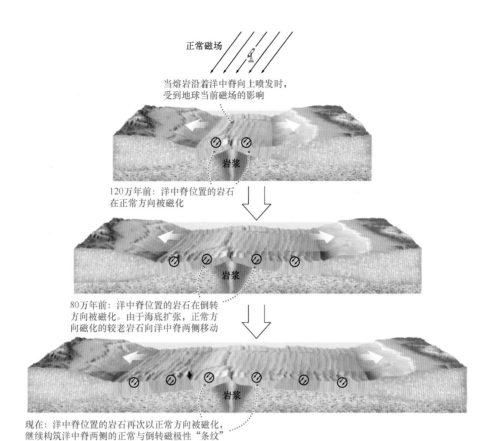

正常磁场

当熔岩沿着洋中脊向上喷发时，
受到地球当前磁场的影响

岩浆

120万年前：洋中脊位置的岩石
在正常方向被磁化

岩浆

80万年前：洋中脊位置的岩石在倒转
方向被磁化。由于海底扩张，正常方
向磁化的较老岩石向洋中脊两侧移动

岩浆

现在：洋中脊位置的岩石再次以正常方向被磁化，
继续构筑洋中脊两侧的正常与倒转磁极性"条纹"
状对称模式

图 2.10　海底扩张的磁性证据。添加至洋中脊洋底时，新玄武岩被当时的地球磁场磁化，
形成一种正常磁极性和倒转磁极性的"条纹"模式，且洋中脊两侧均相同（类似于镜像）

　　海底记录的地球磁场交替反转模式非常有用，成为支持海底扩张和大陆漂移观点的确凿证据。但是，大陆并没有像魏格纳设想的那样穿过海洋盆地，而是恰恰相反，洋底就像是一条传送带，不断地在洋中脊位置形成，然后在海沟位置消亡，大陆只是被动乘坐传送带前行而已。20 世纪 60 年代末，由于这一新证据的出现，大多数地质学家改变了对大陆漂移假说的看法，这是科学过程的一个典型案例。

简要回顾

　　在板块构造模型中，新海底在洋中脊位置形成，然后随着海底扩张过程向外移动，最后在海沟位置俯冲消亡。

2.2.3　其他海洋盆地证据

　　虽然科学界的主流观点确实转而支持"移动地球"，但来自洋底的更多证据则更加支持"大陆漂移"和"海底扩张"。

2.2.3.1　洋底的年龄

　　20 世纪 60 年代末，为了验证海底扩张是否存在，人类启动了一项雄心勃勃的深海钻探计划。该计划的主要任务之一是钻取和采集洋底岩石，然后开展放射性测年。如果海底扩张过程确曾发生，那么最轻的海底岩石应该位于洋中脊顶部，并且岩石年龄将在洋中脊两侧以对称模式增大。

　　在图 2.11 所示的磁条带模式地图中，基于数千个放射性测年岩石样品的检测结果，显示了深海沉积之下洋底岩石的年龄分布情况。研究结果表明，在新洋底不断推陈出新的洋中脊沿线地带，

洋底始终最为年轻。随着从洋中脊轴部向两侧距离的增加，岩石年龄随之相应地增大。因为洋底年龄存在这种对称模式，所以证实了海底扩张过程确实一直在发生。

探索数据

❶ 总体来讲，世界上最年轻的洋壳在哪里？与什么海底地貌特征密切相关？

❷ 指出三个世界上最古老洋壳的位置，解释为什么会出现在这里。

大西洋具有最简单和最对称的年龄分布模式，如图2.11所示。此种模式源自新形成的大西洋中脊，该洋中脊促使联合古陆发生分离。由于周围存在着大量俯冲带，太平洋的年龄分布模式最不对称。例如在东太平洋海隆以东，年龄超过4000万年的洋底已俯冲并消亡在北美洲之下，甚至部分东太平洋海隆也消失在北美洲之下。但是在太平洋西北部，约1.8亿年前的海底尚未俯冲。太平洋的年龄范围宽于大西洋和印度洋，说明太平洋海底的扩张速度最快。

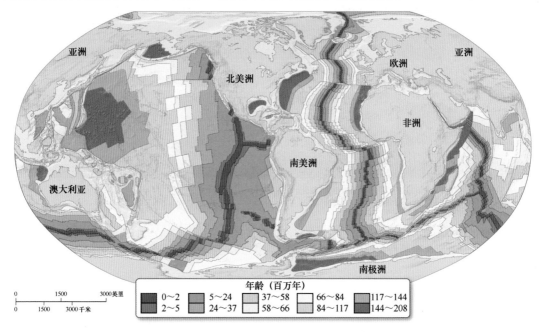

图 2.11 洋壳（深海沉积之下）的年龄。最年轻的岩石（鲜红色区域）位于洋中脊。在洋中脊两侧，岩石年龄随距离增加而逐步增大。年龄单位为"百万年前"

如第1章所述，海洋的年龄至少为40亿年。但是，最古老的洋底年龄也只有1.8亿年，大多数洋底甚至还不到这个数字的一半，如图2.11所示。为什么海洋非常古老而洋底却如此年轻呢？根据板块构造理论，在海底扩张过程中，新洋底形成于洋中脊位置，然后逐渐远离洋中脊，最终俯冲并重熔于地幔中。在此种方式作用下，洋底不断自我重生，当前洋底已经完全不同于40亿年前的洋底。

既然构成洋底的岩石如此年轻，为什么大陆岩石却非常古老呢？通过采用放射性测年，科学家们已经测定最古老的大陆岩石年龄约为40亿年，还有其他大量大陆岩石接近此年龄。这意味着对大陆来讲，海底的不断更新过程并未发生。恰恰相反，目前有证据表明，大陆岩石由于密度低而不会在海底扩张过程中循环重生，因此会在地球表面停留很长一段时间。

2.2.3.2 热流

地球内部的热量以热流（Heat Flow）形式释放至地表。当前模型表明，在对流运动中，地球内部热量随岩浆向地表运移，大部分输送至洋中脊扩张中心所在区域，如图2.9所示。地幔的冷却部分沿着俯冲带下降，完成每个对流圈的循环运动。

据热流测量结果显示，与流向地壳其他部位的平均热量相比，沿洋中脊流向地表的热量可能要高出 8 倍之多。此外，位于洋底俯冲带的深海沟的热流较低，只有平均值的 1/10。洋中脊的热流较高，俯冲带的热流较低，主要是由于洋中脊位置的地壳较薄，海沟位置的地壳厚度则为正常值的 2 倍，如图 2.9 所示。

2.2.3.3 全球性地震

地震是由断裂运动或火山喷发引发的突发性能量释放。从图 2.12a 中可以看出，大型地震大多数发生在海沟沿线区域，反映了俯冲过程中的能量释放；有些大型地震发生在洋中脊区域，反映了海底扩张过程中的能量释放；还有一些大型地震发生在海底和陆地上的主要断裂带，反映了不同板块移动接触时沿边界所释放的能量。当查看图 2.12 中的两幅地图时，就会发现大型地震带与板块边界位置的吻合度非常高。全球大多数地震均由各板块在边界附近相互作用而导致，实际上在确定板块边界的时候，科学家们倚重的主要依据正是地震发生位置。

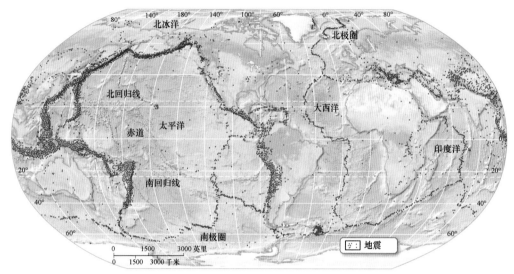

(a) 1980—1990年，震级大于或等于5.0级的地震分布图

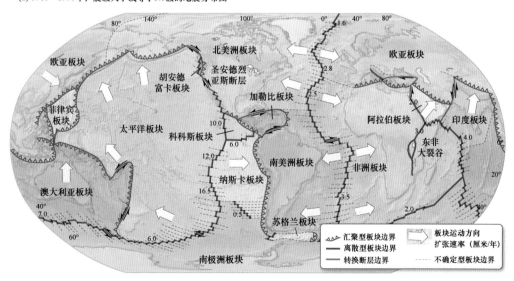

(b) 板块边界定义的主要构造板块（底纹），箭头表示运动方向，数字表示运动速率（厘米/年）

图 2.12　地震和构造板块边界。(a)全球地震分布图；(b)全球构造板块分布图。比较两幅地图发现大多数地震发生在板块边界

2.2.4　通过卫星探测板块运动

自 20 世纪 70 年代末以来，在轨卫星已经能够精确定位地球上的任何位置，卫星定位技术广泛用于海上舰船导航。板块构造理论曾做出预测，如果各个板块始终处于运动状态，那么卫星定位应该能够在一定时间周期内探测得到。图 2.13 显示了以此种方式测量的许多位置，确认地球上的各个区域确实在缓慢移动，并且符合板块构造理论预测的方向和速度。对于地球上不同位置彼此之间如何相对运动，能够预测成功是一件非常了不起的事情，极为有力地支撑了板块构造理论。

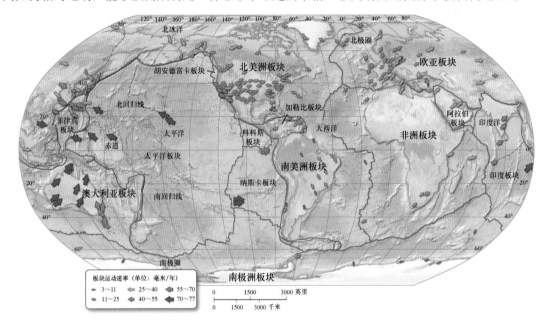

图 2.13　地球位置的卫星定位。基于卫星对地球位置的反复测量结果，板块运动方向用箭头标识；板块运动速率以"毫米/年"为单位，标识为不同颜色的箭头（见图例）；板块边界用蓝线表示，不确定边界用虚线表示

常见问题 2.4　板块运动的速度有多快，是否始终保持不变？

目前，板块运动的平均速率为 2～12 厘米/年，这与人类指甲的生长速率差不多。指甲生长与许多因素息息相关，例如遗传、性别、饮食和运动量等，但平均速率约为 8 厘米/年。听上去可能并不快，但不要忘记地球板块已经移动了数百万年，即便速度再慢，最终实际移动距离也会非常惊人。例如，指甲以 8 厘米/年的速度生长，100 万年后的总长度将达到 80 千米！

有证据显示，数百万年前的板块运动速率比今天要快。通过分析海底扩张形成的新洋壳的宽度，地质学家们能够确定板块运动的历史速率，因为海底扩张速度越快，形成的海底岩石就越多。应用这种理论，仔细观察图 2.11，就能够确定太平洋与大西洋哪个扩张速率更快。应用同样技术的最新研究表明，大约在 5000 万年前，印度板块的扩张速率为 19 厘米/年。其他研究表明，大约在 5.3 亿年以前，板块运动速率可能高达 30 厘米/年！究竟是什么原因导致板块快速运动呢？地质学家们并不确定为什么板块在过去运动得更快，但是地球内部释放出的热量更多可能是原因之一。

2.2.5　理论获得认可

除本节描述的这些证据外，一系列其他证据也支持大陆运动学说，科学家们最后终于相信了魏格纳大陆漂移假说的正确性。自 20 世纪 60 年代末后，"大陆漂移"与"海底扩张"两强合并，统一成为更全面的"板块构造"理论，描述了地球最外圈层的运动以及由此形成的大陆与海底特征。构造板块是岩石圈（Lithosphere）的一部分，漂浮在下面流动性更强的软流圈（Asthenosphere）上。要了解与岩石圈和软流圈相关的更多信息，请参阅第 1 章。

板块运动的驱动力是什么？虽然人们提出了多种驱动机制，但均无法全面解释板块运动的各个方面。最近，基于岩石圈与地幔相互作用的一个简单模型，科学家们认为两种主要构造力可能共同作用于俯冲板块：（1）岩板拉力，当俯冲板块下冲至上覆板块之下时，由板块自身重量的拉动产生，向下拉动俯冲板块后面的其余部分，类似于沉重的厚棉被经常会从床上滑落至地板；（2）岩板吸力，由于俯冲板块拖曳黏性地幔，致使地幔流向俯冲带，从而被吸入附近的板块，类似于拔出装满水浴缸的活塞后，浴缸内的漂浮物被吸入排水口。此外，通过开展高分辨率地震研究，科学家们在岩石圈底部发现了一个部分熔融的微弱圈层，这非常有利于板块滑动，而且还能减少板块俯冲所需的动力。科学家们还开展了其他建模研究（如上地幔的黏度变化），证明地幔流动差异既可以助推板块运动，又可以削弱板块运动。虽然研究人员至今仍在孜孜不倦地对板块运动的驱动力进行建模，但由于地幔的不可接近性和复杂性，这些研究面临着非常大的困难。

当板块构造理论获得了业界的广泛认可后，许多研究开始聚焦于解释与板块边界相关的各种海陆地貌特征。

简要回顾

许多独立证据（如通过卫星来探测板块运动）为板块构造理论提供了有力支持。

小测验 2.2　总结支持板块运动的证据

❶ 描述地球磁场及其如何随时间而改变。
❷ 描述海底扩张及其为什么是支持板块构造理论的重要证据。
❸ 为什么全球地震分布与全球板块边界高度吻合？

2.3　板块边界存在哪些地貌特征？

板块边界是各板块之间相互作用的地带，与频繁发生的构造事件（如造山运动、火山活动或地震）密切相关。实际上，要想知道板块边界的具体位置，首先要看是否发生过明显的构造事件，例如在全球地震与板块边界之间，就存在着极其密切的对应关系。如图 2.12b 所示，地球表面由七个主要板块和许多小板块构成，板块边界并不总是沿海岸线分布，几乎所有板块同时包含洋壳和陆壳。要了解洋壳（玄武岩）与陆壳（花岗岩）之间的差异，请参阅第 1 章。此外，板块边界约 90%位于海底。

板块边界包括三种类型（见图 2.14），离散型边界（Divergent Boundaries）位于洋中脊沿线，即新岩石圈的诞生位置；汇聚型边界（Convergent Boundaries）位于两个板块的交汇地带，通常其中一个板块俯冲至另一个板块之下；转换型边界（Transform Boundaries）位于两个岩石圈板块彼此摩擦并缓慢交错的地带。表 2.1 总结了这几种类型板块边界的属性特点、构造过程、地貌特征和地理实例。

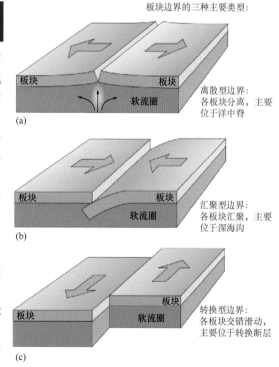

板块边界的三种主要类型：

(a) 离散型边界：各板块分离，主要位于洋中脊

(b) 汇聚型边界：各板块汇聚，主要位于深海沟

(c) 转换型边界：各板块交错滑动，主要位于转换断层

图 2.14　岩石圈板块边界的三种类型

表 2.1　板块边界的属性特点、构造过程、地貌特征和地理实例

板块边界	板块运动	地壳类型	海底形成或湮灭	构造过程	地貌特征	地理实例
离散型板块边界 分离 小插图	分离 小插图	洋壳－洋壳	新海底形成	海底扩张	洋中脊，火山，年轻熔岩流	大西洋中脊，东太平洋海隆
		陆壳－陆壳	旧大陆裂解，新海底形成	大陆裂解	裂谷，火山，年轻熔岩流	东非大裂谷，红海，加利福尼亚湾
汇聚型板块边界 汇聚 小插图	汇聚 小插图	洋壳－陆壳	旧海底湮灭	俯冲	海沟，陆地火山弧	秘鲁－智利海沟，安第斯山脉
		洋壳－洋壳	旧海底湮灭	俯冲	海沟，火山岛弧	马里亚纳海沟，阿留申群岛
		陆壳－陆壳	不适用	碰撞造山	高山	喜马拉雅山脉，阿尔卑斯山脉
转换型板块边界 彼此交错 小插图	彼此交错 小插图	洋壳	不适用	转换断层	断层	门多西诺断层，埃尔塔宁断层（位于洋中脊之间）
		陆壳	不适用	转换断层	断层	圣安德烈亚斯断层，阿尔卑斯断层（新西兰）

2.3.1　离散型边界的地貌特征

离散型板块边界出现在两个板块背向分离的位置，例如在洋中脊的顶部沿线位置，海底扩张形成新的海洋岩石圈，如图 2.15 所示。洋中脊顶部的常见地貌是裂谷（Rift Valley），这是中部下沉的一种线性凹陷，如图 2.16 所示。拉张断层沿中央裂谷带延伸，说明各板块持续拉张分离，并非被洋中脊下伏物质上升而推动分离。当洋中脊下伏岩浆上涌后，只是简单填补了各岩石圈板块分离后留下的空间。在这个过程中，全球海底扩张每年产生约 20 立方千米的新洋壳。

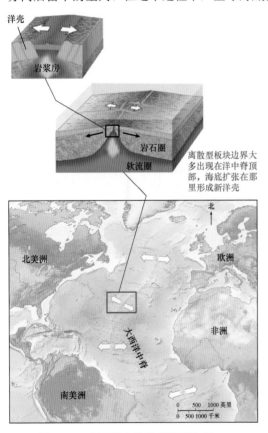

离散型板块边界大多出现在洋中脊顶部，海底扩张在那里形成新洋壳

图 2.15　大西洋中脊的离散型边界

图 2.16　冰岛的裂谷。冰岛的拉基火山坐落于大西洋中脊顶部，标识为地球插图中的红点，这是该火山面向西南方向的景观视图。该裂谷的标志物是呈线状排列的一串火山，从照片底部一直延伸至远方一分为二的地平线。注意，可将公共汽车（红色圆圈内）作为参照物

图 2.17 中显示了洋中脊形成海洋盆地的完整过程。最初，熔融物质上升至地表，推动地壳上升并变薄。随后，火山活动此起彼伏，形成大量高密度玄武岩。各板块开始分离时会形成线性裂谷，火山活动依然持续。陆地进一步分裂［称为裂谷作用（Rifting）］及扩张，裂谷区域下降至海平面以下，并被海水淹没，从而形成年轻的线状海。经过数百万年海底扩张后，最终形成完整的海洋盆地，洋中脊位于两块陆地之间。

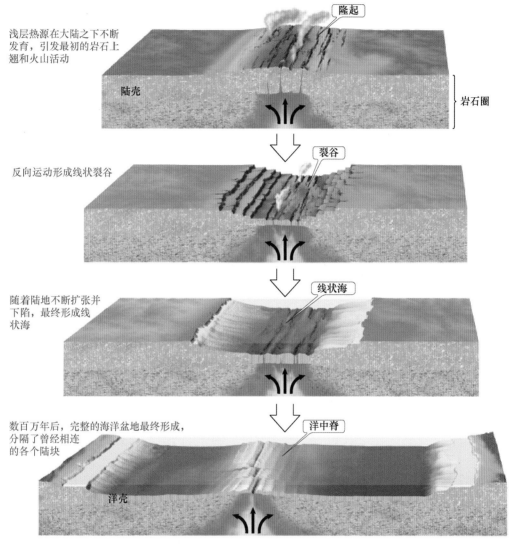

浅层热源在大陆之下不断发育，引发最初的岩石上翘和火山活动

陆壳

隆起

岩石圈

反向运动形成线状裂谷

裂谷

随着陆地不断扩张并下陷，最终形成线状海

线状海

数百万年后，完整的海洋盆地最终形成，分隔了曾经相连的各个陆块

洋中脊

洋壳

图 2.17　海底扩张形成海洋盆地的事件序列

东非大裂谷地图显示了海洋盆地发育的两个不同阶段，如图 2.18 所示。首先是"裂谷形成"阶段，裂谷被拉开；然后是"线状海"阶段（如红海和墨西哥加州湾），陆地远离并降至海平面以下。加州湾和红海是全球最年轻的两个海洋，诞生至今仅有数百万年，若板块运动继续分离这些地区的陆地，它们最终会成为更加广阔的大洋。

2.3.1.1　海隆和海岭

海底扩张速率沿洋中脊改变，并显著影响其外观。例如，"快速扩张"会形成全球洋中脊系统中更广阔且不太崎岖的地段，这是因为洋中脊快速扩张地段会产生大量岩石，且这些岩石以较快速度远离扩张中心。因此，若与洋中脊缓慢扩张地段的岩石相比，在经历沉降（Subsidence）过程中的冷却、收缩及下沉时，快速扩张地段的岩石所需时间更短，坡度也更加舒缓。另外还有一个区别，就是缓慢扩张地段的中央裂谷往往规模更大，发育速度也更快，如图2.19所示。

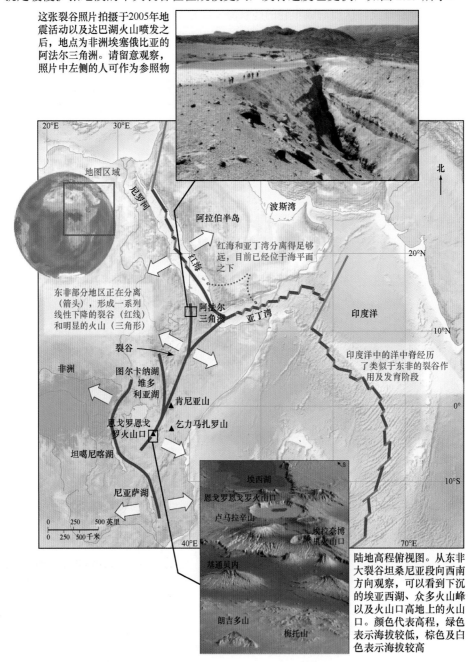

这张裂谷照片拍摄于2005年地震活动以及达巴湖火山喷发之后，地点为非洲埃塞俄比亚的阿法尔三角洲。请留意观察，照片中左侧的人可作为参照物

红海和亚丁湾分离得足够远，目前已经位于海平面之下

东非部分地区正在分离（箭头），形成一系列线性下降的裂谷（红线）和明显的火山（三角形）

印度洋中的洋中脊经历了类似于东非的裂谷作用及发育阶段

陆地高程俯视图。从东非大裂谷坦桑尼亚段向西南方向观察，可以看到下沉的埃亚西湖、众多火山峰以及火山口高地上的火山口。颜色代表高程，绿色表示海拔较低，棕色及白色表示海拔较高

图2.18　东非大裂谷及其相关地貌特征

探索数据

❶ 绘制一幅海底扩张中心剖面图，扩张速度介于海岭与海隆之间。采用与图2.19中剖面图相同的比例尺，并标记横轴和纵轴。

❷ 绘制一幅超慢速海底扩张中心剖面图，采用与图2.19中剖面图相同的比例尺，并标记横轴和纵轴。

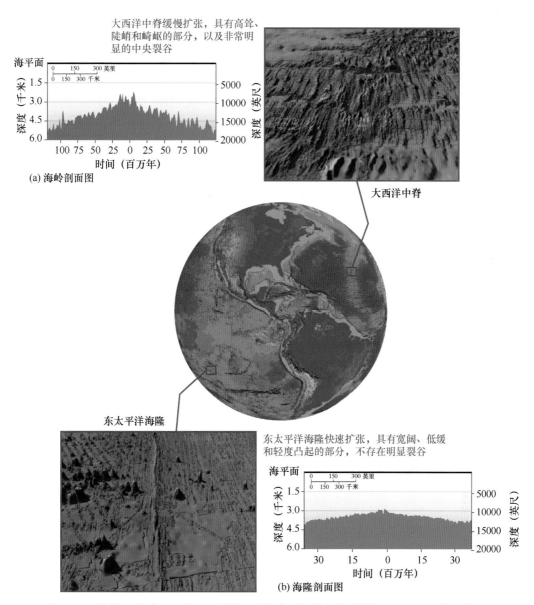

图 2.19　海隆和海岭。在基于卫星测深的洋底透视图和剖面图上，显示了海岭（上）与海隆（下）的差异。注意，两幅剖面图的比例尺相同

在洋中脊区域，坡度较缓及快速扩张的区域称为海隆（Oceanic Eises）。例如，东太平洋海隆（East Pacific Rise，见图 2.19b）位于太平洋板块与纳斯卡板块之间，具有宽阔、低缓和微凸等特征，中央裂谷规模小且不明显，扩张速率高达 16.5 厘米/年。注意，此扩张速率是由于两个板块远离扩张中心运动而形成海洋盆地的总扩张速率。在洋中脊区域，坡度较陡及低速扩张的区域称为海岭/海脊（Oceanic Ridges）。例如，大西洋中脊（Mid-Atlantic Ridge，见图 2.19a）位于南美洲板块与非洲板块之间，具有高大、陡峭和崎岖不平等特征，平均扩张速率为 2.5 厘米/年，比周围海底平均高出 3000 米，中央裂谷带宽达 32 千米，平均深约 2 千米。注意，图 2.19 中的海隆和海岭的剖面图具有完全相同的比例尺。此外，与大西洋中脊（见图 2.19a）沿线的慢速扩张相比，东太平洋海隆（见图 2.19b）沿线的快速扩张生成了更多的海底（5000 万年间）。

最近，在西南印度洋和北极地带的洋中脊区域，科学家们发现了称为"超慢扩张中心"的一

种新类型扩张中心，扩张速率小于 2 厘米/年，具有深大裂谷和较长周期才喷发的火山。实际上，这些超慢扩张海岭的扩张速率实在是太慢，因此地幔才有机会暴露在这些火山之间的巨大岩板洋底上，为科学家们提供了非常难得的研究机会。

2.3.1.2　与离散型边界相关的地震

沿离散型板块边界释放的地震能量与海底扩张速率密切相关，海底扩张速率越快，每次地震释放的能量就越少。地震强度通常用矩震级（Moment Magnitude，Mw）来量度，主要反映形成长周期地震波的能量释放。由于在表现较大地震震级方面成效明显，矩震级逐步取代了著名的里氏震级，成为目前描述地震最常用的震级。在缓慢扩张的大西洋中脊裂谷中，地震的最大矩震级约为 6.0；在快速扩张的东太平洋海隆轴线附近，地震的矩震级极少超过 4.5。注意，矩震级每增加 1 级，地震能量释放约增加 30 倍。

2.3.2　汇聚型边界的地貌特征

汇聚型边界出现在两个板块相向运动并碰撞时的位置。当某一板块俯冲至另一板块之下并重熔于地幔中时，一般会对洋壳造成毁灭性破坏。在大多数汇聚型板块边界，深海沟是最常见的一种地貌特征，这是一种狭窄而幽深的海底洼地地貌，标志着板块俯冲的初始位置。另一种常见地貌是一系列高度活跃的弧形火山，称为火山弧（Volcanic Arc），一般与海沟平行并位于俯冲带上方。当俯冲带中的下行俯冲板块升温并释放出高温气体（主要是水气）时，俯冲板块之上的地幔楔物质将发生部分熔融，进一步形成火山弧。熔融岩石的密度低于周围岩石，所以能够缓慢上升至地表，为活火山提供能量物质。

常见问题 2.5　"火山弧"因何而得名？

若地球为平面而非椭球，则俯冲带之上的众多火山将呈直线而非曲线（弧形）排列。但地球恰恰就是椭球体，因此这些火山命中注定呈弧形排列。假设用手指按压一个乒乓球，就会出现一定程度的弧形折痕，俯冲板块下冲至地幔时形成的地表几何形状与此大致相同。

图 2.20 显示了汇聚型边界的三种亚型，它们由两种不同类型的地壳（洋壳和陆壳）相互作用而形成。

2.3.2.1　大洋－大陆汇聚

当大洋板块与大陆板块汇聚时，密度更大的大洋板块向下俯冲，如图 2.20a 所示。当大洋板块俯冲至软流圈后，温度升高并释放出高温气体。然后，上覆地幔发生部分熔融，逐渐向上抬升，直至穿越上覆大陆板块而出露出地表。富含玄武岩的上升岩浆与陆壳中的花岗岩混合，形成了可在地表喷发的火山熔岩，化学成分介于玄武岩与花岗岩之间。安山岩就是这种火山岩之一，因常见于南美洲的安第斯山脉而得名。由于比玄武质岩浆的黏度更大，并且富含大量气体成分，安山质岩浆形成的火山喷发通常爆炸威力更大，曾经在历史上造成过巨大破坏。当俯冲带之上的大陆发生火山活动时，就会形成一种称为大陆弧（Continental Arc）的火山弧。大陆弧形成于安山质岩浆的火山喷发过程，与板块碰撞过程中的褶皱和抬升作用密切相关。

如果形成俯冲板块的扩张中心距离俯冲带足够远，那么大陆边缘沿线的海沟将发育良好，典型实例如"秘鲁－智利海沟"，安第斯山脉与俯冲板块之上部分熔融地幔形成的大陆弧密切相关。如果形成俯冲板块的扩张中心距离俯冲带比较近，那么海沟几乎不怎么发育，典型实例如胡安德富卡板块俯冲在北美洲板块（华盛顿州与俄勒冈州沿海地区）之下，形成了喀斯喀特山脉大陆弧，如图 2.21 所示。在此位置上，胡安德富卡海岭非常靠近北美洲板块，俯冲岩石圈的年龄尚不足

1000 万年，并没有足够的冷却时间来形成深海沟。此外，哥伦比亚河将大量陆源沉积物搬运入海，几乎填满了海沟的大部分区域。在最近 100 年里，这个大陆弧的许多喀斯喀特山脉火山非常活跃，1980 年 5 月喷发的圣海伦斯火山最令人瞩目，共造成 62 人死亡。

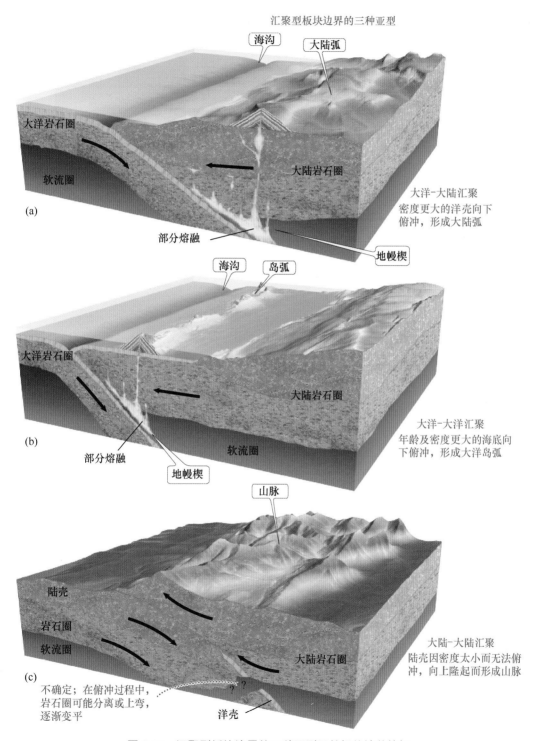

图 2.20　汇聚型板块边界的三种亚型及其相关地貌特征

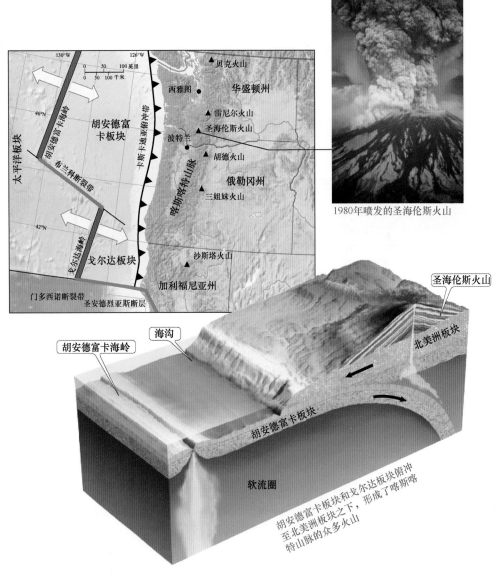

1980年喷发的圣海伦斯火山

图 2.21　汇聚构造活动形成喀斯喀特山脉

2.3.2.2　大洋-大洋汇聚

当两个大洋板块汇聚时，密度较大的板块向下俯冲，如图 2.20b 所示。一般而言，年代越老，密度越大，因为有更多的时间冷却和收缩。这种类型的汇聚形成了全球最深的那些海沟，例如位于西太平洋的马里亚纳海沟。与大洋-大陆汇聚类似，发生俯冲的大洋板块升温，释放高温气体，然后部分熔融上覆地幔。这种漂浮的熔融物质上升至地表，为活跃火山提供燃料供应。多座活火山呈弧形排列，最终形成称为岛弧（Island Arc）的火山弧。因为未与来自大陆的花岗岩相混合，熔融物质主要为玄武岩，喷发起来几乎没有什么破坏性。在"岛弧/海沟"体系中，典型实例如西印度群岛的向风群岛和背风群岛、加勒比海的波多黎各海沟及北太平洋的阿留申群岛/阿留申海沟。

2.3.2.3　大陆-大陆汇聚

当两个大陆板块汇聚时，哪个板块会向下俯冲呢？按照前面的经验，或许应是二者之中年龄更老的那个板块，因为其密度可能更大。但是，大陆岩石圈的成因不同于大洋岩石圈，密度并不因年龄大小而具有明显差异。实际上，哪个板块都不会俯冲，因为密度都太低，无法向下远距离拉动而插入地幔。当两个板块相互碰撞时，地壳隆升，形成高大山脉，如图2.20c所示。这些山脉由最初沉积在海底（曾经分离了两个大陆板块）的沉积岩（经历了褶皱与变形过程）构成，当两个大陆板块相互碰撞时，居于其间的洋壳就会俯冲到山脉之下。在大陆－大陆汇聚的典型实例中，印度板块与亚洲板块4500万年前开始碰撞，最终形成了目前地球的最高山脉（喜马拉雅山脉），如图2.22所示。

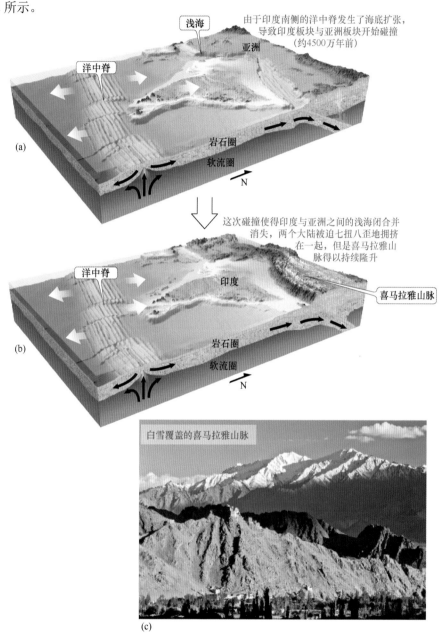

图2.22　印度板块与亚洲板块的碰撞

2.3.2.4　与汇聚型边界相关的地震

扩张中心和海沟体系均以地震为特征，但表现方式存在差异。扩张中心发生浅源地震，深度通常小于10千米；海沟发生深源地震，深度从接近地表到670千米不等，全球震源最深的地震都出现于此。这些地震集中在厚度约为 20 千米的带状区域，密切对应于俯冲带所在的位置。实际上，通过研究地震自海沟延伸出后的持续加深模式，即可追踪位于地表之下的汇聚型板块边界中的俯冲板块。

在许多因素的综合作用下，汇聚型边界区域经常发生大地震。汇聚型板块边界的碰撞威力极为惊人，巨型岩石圈板块之间无情地相互挤压，俯冲板块在向下俯冲至地表之下时必定会弯曲。此外，与离散型边界的薄地壳相比，汇聚型边界的厚地壳能够存储更多能量。还有，在地表深处高压作用下，岩石的矿物结构会发生一定的变化，促使岩石体积发生相应的变化，进一步导致发生世界上最强烈的一些地震。例如，自人类有记录以来，最大地震是 1960 年发生在"秘鲁－智利海沟"附近的智利地震，矩震级高达 9.5！

2.3.3 转换型边界的地貌特征

从全球海底地图可以看出，洋中脊被许多规模巨大、狭窄细长且垂直于（成直角）脊轴（峰部）的地貌特征错断。这些错断是如何形成的呢？当岩石圈板块移动离开扩张中心时，移动方向总是垂直于洋中脊轴部（即脊轴），而且板块所有部分必须整体移动。由于地球是一个椭球体，为适应洋中脊线性体系的扩张，就会出现垂直于洋中脊并且彼此平行的若干错断（偏移）。此外，正是由于存在这些错断，洋中脊的不同部位才能以不同的速率扩张。这些错断称为转换断层（Transform Faults），使得洋中脊呈现出锯齿状外观。转换断层数量众多，规模或大或小，成为全球洋中脊的切割机。在少数情况下，陆地上也会出现转换断层。

2.3.3.1 大洋转换断层与大陆转换断层

转换断层包括两种类型，大洋转换断层（Oceanic Transform Fault）最为常见，只出现在洋底区域；大陆转换断层（Continental Transform Fault）数量不多，偶尔出现在陆地区域。但是，不论属于哪种类型，转换断层总是发生在两段洋中脊之间，如图 2.23 所示。

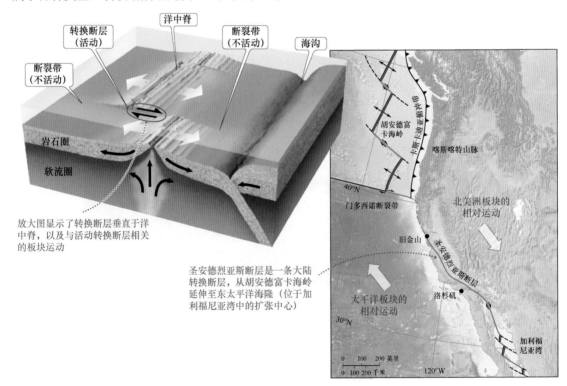

图 2.23　转换断层

常见问题 2.6　加利福尼亚什么时候沉入大海？

由于部分大众媒体的夸张宣传（如 2015 年上映的科幻灾难影片《圣安德烈亚斯断层大地震》），以及加利福尼亚正在经历周期性大地震的客观事实，使得许多人产生了不必要的担心，认为加利福尼亚会在某次圣安德烈亚斯断层大地震中"沉入大海"。目前，太平洋板块正以 5 厘米/年的速度向西北方向移动，距离北美洲板块愈来愈近，并由此诱发了一系列地震。以此速度计算，大约在 1200 万年后，洛杉矶（位于太平洋板块）将与旧金山（位于北美洲板块）为邻。在这段漫长的岁月里，人类差不多能够繁衍 50 万代。不过，虽然加利福尼亚永远不会沉入大海，但住在这条断层附近的人们应该时刻牢记，他们很可能会在有生之年经历一次大地震。

2.3.3.2　与转换型边界相关的地震

转换断层（Transform Faulting）是两个板块相互错动的过程，能够产生浅源而强烈的岩石圈地震。在某些大洋转换断层沿线区域，人类曾经记录到矩震级为 7.0 的强震。圣安德烈亚斯断层（San Andreas Fault）位于加利福尼亚州，这是世界上被研究得最为透彻的大陆转换断层，如图 2.24 所示。该断层从加利福尼亚湾出发，先后穿越加利福尼亚州南部和中部沿海区域，然后途经旧金山，再沿与海岸平行方向继续前行，直至抵达加利福尼亚州北部沿海区域。由于圣安德烈亚斯断层切穿了比洋壳厚得多的陆壳，因此地震震级远大于大洋转换断层产生的地震，有时甚至高达 8.5 级。

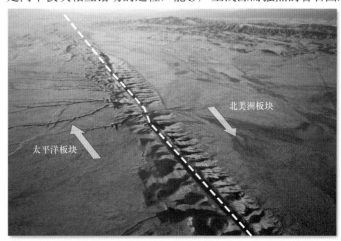

图 2.24　圣安德烈亚斯断层（位于加利福尼亚州）的航拍照片。圣安德烈亚斯断层穿过加利福尼亚州南部和中部沿海地区，并引发了许多地震。拍摄区域位于加利福尼亚州中部的卡里佐平原，断层表现为一条长长的线性疤痕，箭头显示了断层的相对运动方向

简要回顾

　　三种主要板块边界类型为离散型（板块移动分离，如在洋中脊处）、汇聚型（板块相向移动，如在海沟处）和转换型（板块相互错动，如在转换断层处）。

小测验 2.3　讨论板块边界位置的地貌特征及其成因

❶ 大多数岩石圈板块既包含洋壳，又包含陆壳，利用"板块边界"解释其正确性。

❷ 描述海岭与海隆的差异，并解释为什么会存在这些差异。

❸ 利用图 2.19a 所示的大西洋中脊剖面图，计算其最近 5000 万年的总扩张速率（总距离除以时间）。然后，对东太平洋海隆（见图 2.19b）执行类似的计算，并比较两者之异同。

❹ 基于两个碰撞板块的地壳类型，可将汇聚型边界划分为三种类型，比较这三种类型边界的异同。

❺ 描述三种板块边界类型之间发生的地震震级差异，解释为什么存在这些差异。

2.4　测试模型：板块构造能够解释海洋和陆地的其他地貌特征吗？

板块构造理论具有一种不同凡响的能力，可将许多看似独立的过程及地貌特征组装在一起，

最后形成一个统一的模型。下面通过几个具体实例，测试其是否能够解释之前很难解释的地貌成因问题。

2.4.1 热点和地幔柱

虽然板块构造理论有助于解释板块边界附近许多地貌特征的成因，但似乎无法解释远离任何板块边界的板块内部地貌特征（Intraplate Features）如位于板块中部附近的火山岛的成因。**热点**（Hotspots）是与板块边界不相关的火山活动强烈区域，在经历漫长的地质历史时期后，地理位置基本保持不变。例如，在黄石国家公园（位于北美洲板块内部）和夏威夷地区（位于太平洋板块中心），火山活动均由"热点"引发。注意，虽然都具有高强度火山活动特征，但是热点与火山弧或洋中脊不一样，后两者均与板块边界有关。

为什么热点地区存在这么多火山活动呢？基于板块构造模型推断，热点火山活动源自地幔柱（Mantle Plumes），即来自地幔深处的炽热熔岩形成的垂直柱状区域，如图 2.25 所示。因为地震波在炽热岩石中的传播速率比在低温岩石中要慢，所以通过测量地震波在地下的传播速率，研究人员完全能够识别出地幔柱。地震研究成果表明，地幔柱包括几种类型，有些来自"核－幔"边界，还有些来自较浅区域。地球物理研究成果表明，"核－幔"边界并不是简单平滑的分隔带，而是存在许多区域性变化，这些差别对地幔柱发育具有一定影响。此外，最新研究成果表明，在热点的发育过程中，软流圈可能比"核－幔"边界发挥了更为重要的作用。由于地幔柱本身无法直接取样，而且微弱的地幔柱管道很难用地震数据来解释，因此它们的存在一直难以证实。目前，关于地幔柱和热点火山活动，科学家们争论得非常激烈。实际上，最新研究成果表明，有些地幔柱既不是深部现象，又不像地幔柱标准模型中假设的那样"随着地质历史的推移而位置相对固定"。

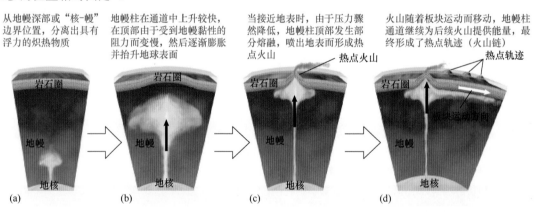

图 2.25 地幔柱和热点的形成及发育。基于地幔柱假说，地幔柱和热点发育的地球横断面示意图

在最近 1000 万年间，全球约有 100 多个热点处于活动状态，图 2.26 中显示了全球当前主要热点的分布情况。一般来说，热点与板块边界不一致，但岩石圈较薄的离散型边界附近的热点除外，如加拉帕戈斯群岛和冰岛。实际上，冰岛横跨大西洋中脊（离散型板块边界），且位于 150 千米宽的地幔柱正上方，因此火山活动的数量极多，使其成为全球为数不多的高出海平面的洋中脊。

在整个太平洋板块中，许多岛链呈"北西－南东"向延伸，人们最熟悉的是位于北太平洋的夏威夷群岛－天皇海山岛链（Hawaiian Islands-Emperor Seamount Chain），如图 2.27 所示。这条岛链由 100 多座板块内部火山构成，延伸总长度超过 5800 千米。那么这条岛链是如何形成的呢？又是何种因素造成岛链中部出现明显的整体弯曲现象呢?

为了帮助回答这些问题,让我们首先研究一下岛链中各座火山的年龄。除了夏威夷岛(位于岛链最东南部)上的基拉韦厄火山,这条岛链上的其他每座火山都静默已久。从夏威夷向西北方向延伸,火山的年龄依次递增,如图 2.27 所示。在西北部区域,火山年龄从 6500 万年前的苏伊科海山,增加至 8100 万年前的底特律海山(阿留申海沟附近)。

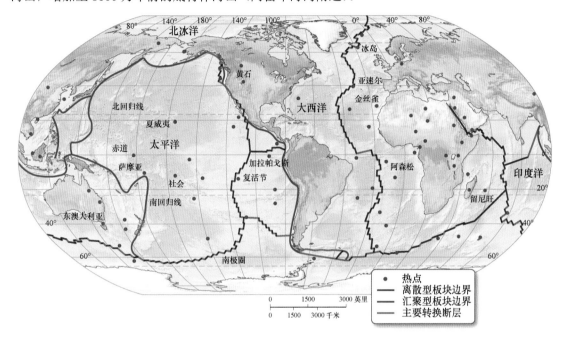

图 2.26　全球主要热点分布。地图显示了主要热点(红点)和板块边界的位置。全球大多数热点均与板块边界无关,只有少数热点位于岩石圈较薄的离散型板块边界沿线

这些火山年龄关系表明,太平洋板块向西北方向平稳移动,下伏地幔柱则保持相对静止,由此形成的夏威夷热点造就了岛链中的每座火山。板块移动时将活动火山带离热点,然后新火山开始形成,它比前一座火山更为年轻。当离开热点后,每座活火山就会变成死火山,多座死火山集合在一起称为火山链(Nematath)或热点轨迹(Hotspot Track),如图 2.25 所示。相关证据表明,大约在 4700 万年前,太平洋板块的漂移方向由偏北转为西北。板块运动的这种变化造成了岛链中部发生弯曲,从而将夏威夷群岛与天皇海山分隔开来,如图 2.27 所示。如果这个推断正确,那么对整个太平洋板块中的其他热点轨迹来讲,大致相同时间段内应该存在类似的弯曲,但实际上大多数都没有。

最新研究成果有望帮助我们来解释这一差异,即热点不是完全静止不动的。实际上,多项研究成果表明,大多数热点每年移动的距离均不到 1 厘米,但有些热点(如夏威夷热点)在地质历史时期可能移动得更快。不过,即使夏威夷热点曾经移动得非常快,也不至于形成夏威夷群岛—天皇海山岛链之间的急剧弯曲(见图 2.27)。在最新开展的板块重建研究中,科学家们获知夏威夷群岛—天皇海山岛链间的弯曲主要归因于三种因素的合力,一是太平洋板块运动发生改变(主要受澳大利亚和南极洲附近的板块运动变化影响);二是数百万年前西北太平洋中的一个板块俯冲至亚洲板块之下,一定程度上改变了地幔流动的方向;三是夏威夷地幔柱自身发生了缓慢移动。实际上,在许多其他热点轨迹中,似乎至少有一部分也源自地幔柱运动。值得注意的是,热点的移动方向与上覆板块似乎刚好相反,所以热点对于追踪板块运动可能仍然有用。

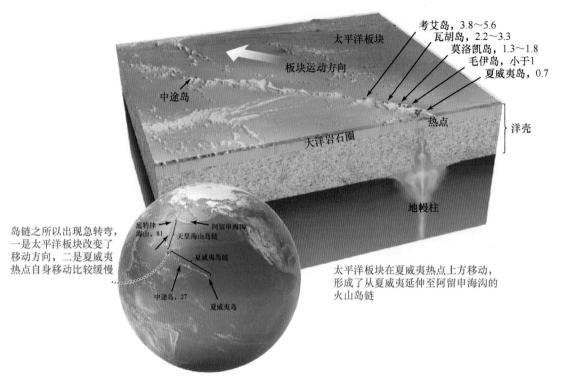

图 2.27　夏威夷群岛－天皇海山岛链。太平洋板块在夏威夷热点上方移动，形成了夏威夷群岛－天皇海山岛链，从夏威夷群岛一直延伸至阿留申海沟。图中的数字为放射性测年数据，单位为"百万年前"

　　当前位于热点之上的夏威夷岛未来会变成什么样子？基于热点模型推测，夏威夷岛将会向西北方向移动，成为逐渐远离热点的死火山，最终会像北部岛链上的其他火山那样，俯冲并消失在阿留申海沟中。与此同时，热点之上还会形成其他火山。实际上，在夏威夷东南 32 千米处，已经存在一座海拔 3500 米的罗希（Loihi）火山。罗希火山目前仍位于海平面以下 1 千米深处，按照其目前的活动速率，应会在 3～10 万年后的某个时候露出海面，将成为夏威夷热点形成的火山链中的最新岛屿。

2.4.2　海山和海底平顶山

　　许多海底区域（尤其是太平洋板块）存在高高耸立的火山峰，类似于陆地上的高大火山。如果这些海底火山的顶部呈锥形，像倒过来的冰激凌一样，就称为海山（Seamounts）。有些海底火山的顶部比较平坦，与陆地山峰形状迥异，称为海底平顶山（Tablemounts），或者以阿诺德·盖奥特（普林斯顿大学首位地质学教授）的名字命名，称为盖奥特（Guyots）。在板块构造理论诞生以前，人们一直不明白海山与海底平顶山之间的差异如何形成。板块构造理论解释了海底平顶山的顶部为什么平坦，也解释了为什么虽然位于深海中，但是某些海底平顶山的顶部竟然会出现浅水沉积的原因。

　　许多海山和海底平顶山的成因与热点位置的火山活动有关，另一些则与洋中脊位置发生的地质过程有关，如图 2.28 所示。当海底扩张时，活火山（海山）出现在洋中脊顶部沿线。有些海山可能堆积得太高，上升至海平面以上形成岛屿，海浪侵蚀此时变得尤为重要。当海山因海底扩张而远离岩浆源（洋中脊或热点）时，顶部可能会在几百万年内被海浪夷平，然后继续踏上远离岩浆源之旅，并于数百万年后淹没于深海之中，最终变成海底平顶山。在海底平顶山的顶部，经常存在浅水环境证据（如古珊瑚礁沉积），此时会随其一起沉入深海。

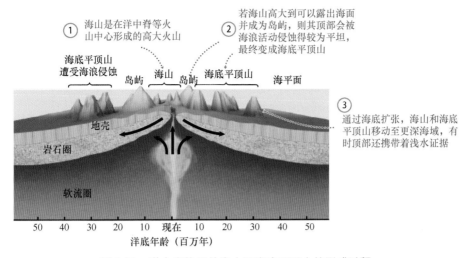

① 海山是在洋中脊等火山中心形成的高大火山

② 若海山高大到可以露出海面并成为岛屿，则其顶部会被海浪活动侵蚀得较为平坦，最终变成海底平顶山

③ 通过海底扩张，海山和海底平顶山移动至更深海域，有时顶部还携带着浅水证据

图 2.28　洋中脊位置的海山和海底平顶山的形成过程

2.4.3　珊瑚礁分布

全球最大的珊瑚礁系统是澳大利亚的大堡礁（Great Barrier Reef），那里存在数百种珊瑚物种和数千种礁栖生物。大堡礁距离近海 40 千米（或更远），平均宽度为 150 千米，沿澳大利亚东北部浅海海岸延伸超过 2000 千米，如图 2.29 所示。造礁珊瑚是生活在热带温暖浅海中的寄居生物，能够形成坚硬的石灰石骨架，并且持续逐层向上生长，每代新生珊瑚均附着在前一代的骨骼之上。经过数百万年后，如果条件仍然有利，就可能形成巨厚珊瑚礁沉积序列。

如图 2.29 所示，"印度－澳大利亚板块"从寒冷的南极水域向赤道北移，对大堡礁的年龄、厚度和结构的影响非常明显。大堡礁北端的年代最古老（约 2500 万年），厚度也最大，因为澳大利亚北部比南部较先达到满足珊瑚生长的温暖水域条件。要了解与珊瑚礁类型及其发育阶段相关的更多信息，请参阅第 15 章。

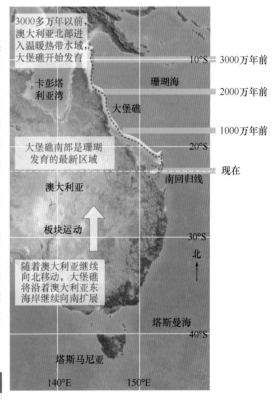

3000多万年以前，澳大利亚北部进入温暖热带水域，大堡礁开始发育

大堡礁南部是珊瑚发育的最新区域

随着澳大利亚继续向北移动，大堡礁将沿着澳大利亚东海岸继续向南扩展

图 2.29　澳大利亚大堡礁记录了板块运动

简要回顾

地幔柱首先在地球表面形成热点，继而形成可记录板块运动的火山链。

小测验 2.4　说明板块构造如何解释其他过程不易解释的地貌特征成因

❶ 夏威夷热点位置如何解释夏威夷群岛－天皇海山岛链的年龄分布模式？形成该岛链中明显弯曲的原因是什么？

❷ 洋中脊和热点有什么区别？

❸ 如何利用板块构造来解释海山与海底平顶山之间的差异？

❹ 解释板块运动如何影响澳大利亚大堡礁的年龄。

2.5 地球过去经历了哪些变化，未来又会怎样？

对于任何科学理论来讲，预测未来都是彰显其能力高低的一种强大特征。接下来，我们将利用板块构造理论来确定洋壳与陆壳的过去位置，并且预测海洋与大陆的未来模样。

2.5.1 过去：古地理学

研究大陆形状与位置历史演化的学科称为古地理学（Paleogeography）。当地球的古地理特征发生变化时，海洋盆地的大小及形状也会随之改变。

图 2.30 是重建了地球古地理特征的一系列世界地图，以 6000 万年为间隔。5.4 亿年以前，当前许多大陆几乎无法辨识，北美洲位于赤道并顺时针旋转了 90°，南极洲位于赤道并与其他许多大陆相连。

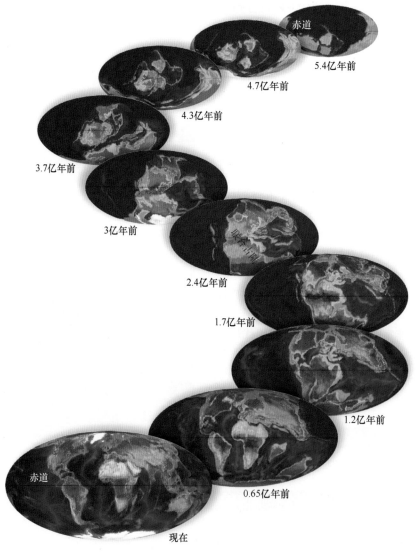

图 2.30　地球的古地理重建。各个大陆的位置，自 5.4 亿年前至今

距今 5.4～3 亿年前，各个大陆开始汇聚，联合古陆（泛大陆）逐渐形成。可以看到，阿拉斯加

此时尚未出现。在大陆增生（Continental Accretion）过程中，各个大陆均获得了物质增援，就像是滚雪球一样，大陆碎片、岛屿及火山等陆续增加至大陆边缘，最终形成了规模庞大的联合古陆。

从 1.8 亿年前至今，联合古陆分崩离析，各大陆移动至当前位置。"北美洲和南美洲"与"欧洲和非洲"分离，大西洋形成。在南半球，南美洲和由印度、澳大利亚及南极洲构成的大陆开始与非洲分离。

1.2 亿年前，南美洲与非洲明显分离。印度向北移动，远离了"澳大利亚－南极洲"大陆，后者开始向南极方向移动。当大西洋继续扩张时，印度向北移动速度加快，约 4500 万年前与亚洲板块相撞。自从与南极洲分离后，澳大利亚也开始向北快速移动。

最近 1.8 亿年以来，全球板块构造事件的主要结果之一是形成了大西洋，并且大西洋中脊沿线的海底一直在扩张。与此同时，由于在许多海沟及大陆板块（主要是东部及西部）沿线进行俯冲，太平洋持续不断地发生收缩。

常见问题 2.7　板块构造在地球上活动了多久？它会停止吗？

明确说出板块构造的活动时间是一件非常困难的事情，因为地球自诞生以来一直非常活跃，大部分地壳经常处于动态循环状态。但是，科学家们最近在格陵兰岛发现了古火山岩序列，揭示出某些早期构造活动特征，证明板块构造至少在 38 亿年地球历史中处于活动状态。

人们通常认为板块运动是一个活跃并连续的过程，在新海底不断形成的同时，旧海底逐渐消亡。但是最新研究表明，板块运动有时可能会突然加速，然后减速甚至停止，接下来再次启动。板块之所以出现这种间歇性运动，似乎与板块分布以及地球释放热量的变化有关。

展望未来，各个板块的驱动力可能会降低，最终将静止不动。究其原因，因为板块构造过程由地球内部释放的热量所驱动，然而此热量并不是无极限的。但是，水仍将继续侵蚀地球的地貌特征，那时将是一个完全不同的世界，地球上没有地震，没有火山，没有山脉，平坦将成为主旋律！

简要回顾

各个大陆和海洋盆地的时空地理位置并不固定，过去一直在变化，未来还会继续变化。

2.5.2　未来：大胆预测

在板块构造理论中，以"板块运动的速度与方向保持不变"为前提，我们可以对地球上的未来地貌位置进行预测。虽然这些前提可能不完全正确，但确实为未来大陆及其他地貌位置提供了预测框架。

图 2.31 预测了 5000 万年后的地球外观，与目前相比存在许多明显的差异。例如，若裂谷作用持续发生，东非大裂谷会扩大为一个新的线状海，红海的规模也会变得更大；印度板块向东滑动并进一步撞击亚洲板块，喜马拉雅山脉将持续隆升；澳大利亚板块向亚洲方向（北）移动，并像雪犁一样利用新几内亚板块来梳理各个岛屿；北美洲和南美洲继续向西移动，大西洋的面积不断扩大，太平洋的面积不断收缩；影响全球海洋环流模式的新内陆海洋形成，连接北美洲、中美洲、南美洲直至南极洲的新陆桥出现，改变了当今世界的海洋环流，影响了海洋混合和气候变化。

其他变化与地体运动有关。地体（Terranes）是从某个板块上剥离的地壳物质碎片，然后增生或缝合至另一个板块。每个地体都保存着有别于周围区域的独特地质历史印记，因此也称外来地体（Exotic Terranes）。实际上，阿拉斯加即由大量地体堆积而成，这些地体近 3 亿年间从遥远的赤道迁移至此，至今仍可找到源于热带的相关证据。因为在北移过程中积聚了大量地体，澳大利亚也在不断发展壮大。如图 2.31 所示，在圣安德烈亚斯断层西侧的一片狭长土地上，加利福尼亚地体未来将继续向北移动，预计将成为增生至阿拉斯加南部的下一个地体。

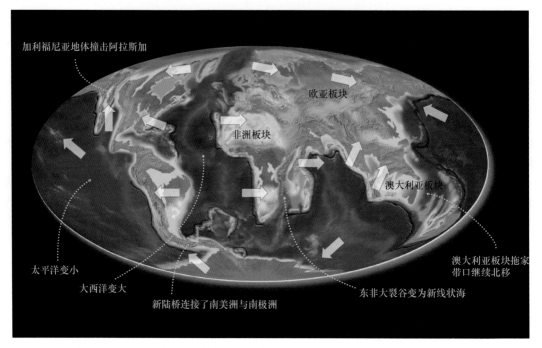

图 2.31 5000 万年后的地球外观。基于当前的板块运动理论，此图预测了 5000
万年后的地貌位置，箭头表示板块运动方向

常见问题 2.8 各大陆会很快重新形成一整块陆地吗？

各大陆分久必合，但不会很快。由于密度太低，大陆无法通过俯冲形式返回地球内部，往往只能驻留在地球表面。当超级大陆（即联合古陆）裂解后，在地球另一侧再次碰撞之前，大陆碎片只能穿越地球这么远（不明白？握拳试试看）。科学研究表明，每隔 5 亿年左右，各大陆可能会重新形成超级大陆。联合古陆的分裂发生在 2 亿年前，因此留给人类建立和平世界的时间不多了，只剩下大约 3 亿年！虽然未来之路非常遥远，但研究人员已为新超级大陆取名为阿美西亚。

2.5.3 预测模型：威尔逊旋回

板块构造理论自阿尔弗雷德·魏格纳近 100 年前创立以来，获得了大量科学证据的广泛支持，本章前面曾经介绍过部分证据。虽然某些细节尚待进一步研究确认（如动力学机制），但是因为有助于解释地球上观测到的许多地貌特征和过程，板块构造理论目前已为地球科学家们普遍接受。此外，科学家们基于该理论还构建了预测模型，并成功用于解释地球的某些行为。例如，在威尔逊旋回（Wilson Cycle，以地球物理学家约翰·图佐·威尔逊的名字命名，表彰其对板块构造早期思想做出的贡献）中，利用板块构造过程来显示海洋盆地的独特生命周期，包括海洋盆地在数百万年中的形成、生长和消亡过程，如图 2.32 所示。

在威尔逊旋回的萌芽阶段，岩石圈下部热源造成地壳隆升，开启了大陆的裂解周期；在初始阶段，海底进一步扩张并下陷，形成狭窄的线状海；在成熟阶段，海洋盆地完全发育成熟，中部出现洋中脊；在衰退阶段，海洋盆地开始收缩，大陆边缘出现俯冲带，各板块再次汇聚；在残余阶段，各板块重新汇聚，海洋越来越小；在消亡阶段，海洋消失，大陆碰撞，形成高山。此后，高山再度遭到侵蚀，开启下一个循环周期。

板块构造活动不仅是地貌形成的主要因素，对海底地貌发育同样发挥着重要作用，这是下一章的主要内容。掌握板块构造知识后，在探索不同海洋地貌单元的海底地貌特征的历史演化时，一定会倍感轻松。

阶段（横断面图）	运动	自然地理	实例
萌芽阶段 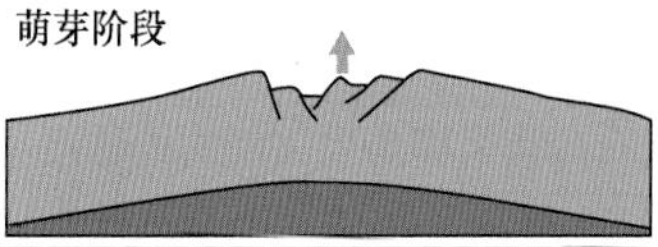	隆升	大陆线状裂谷的复杂系统	东非大裂谷
初始阶段 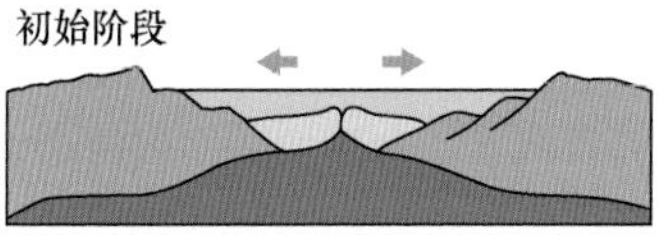	离散（扩张）	狭窄海洋及相匹配海岸	红海
成熟阶段 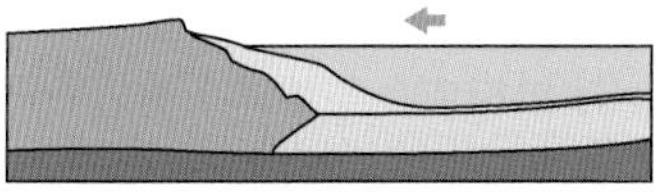	离散（扩张）	大洋盆地与大陆边缘	大西洋和北冰洋
衰退阶段 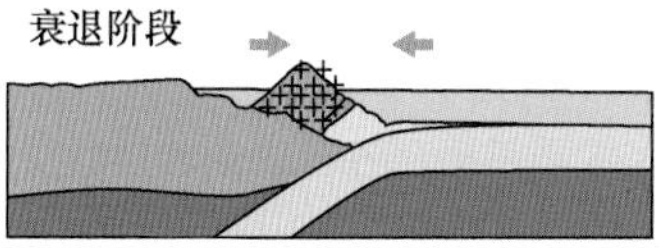	汇聚（俯冲）	盆地边缘环绕着岛弧和海沟	太平洋
残余阶段 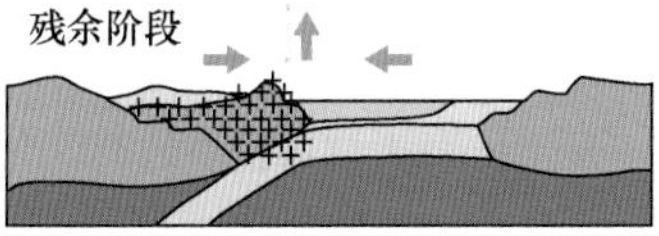	汇聚（碰撞）和抬升	狭窄且不规则的海洋和年轻的山脉	地中海
消亡阶段 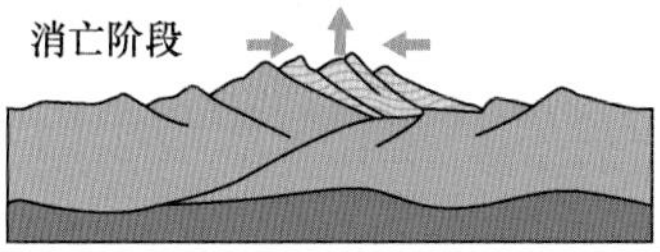	汇聚和抬升	从幼年到成年的山区	喜马拉雅山脉

图 2.32 海洋盆地演化的威尔逊旋回。威尔逊旋回描述了海洋盆地发育的各个阶段，从最初萌芽，到陆块碰撞及缝合，直至最终消亡

简要回顾

威尔逊旋回描述了数百万年以来，海洋盆地在形成、成长及消亡过程中的持续演化。

小测验 2.5　描述地球过去发生了哪些变化，并预测其未来的模样

❶ 利用图 2.30 所示的古地理重建，确定以下事件何时首次出现在地质记录中：a. 北美洲位于赤道；b. 各大陆组合成为联合古陆；c. 北大西洋张开；d. 印度与南极洲分离。

❷ 确定威尔逊旋回中下列各地点的所在阶段，注意支持答案的地貌特征及过程：a. 大西洋；b. 太平洋；c. 红海；d. 阿尔卑斯山脉；e. 东非大裂谷；f. 下加利福尼亚州
然后，以威尔逊旋回为预测模型，详细描述未来发生在上述地点的事件序列。

❸ 仔细查看图 2.30 和图 2.32，判断哪个海洋盆地能够找到最古老的海底？解释理由。

主要内容回顾

2.1　支持大陆漂移的证据有哪些？

- 根据板块构造理论，地球最外层由相互水平错动的薄而坚硬的板块拼接而成。这种观点始于 20 世纪初阿尔弗雷德·魏格纳提出的"大陆漂移"假说，他认为在大约 2 亿年前，所有大陆合并为一个大陆（联合古陆/泛大陆/盘古大陆），周围环绕着一个更大的海洋（泛大洋）。
- 支持大陆漂移假说的可用证据非常多，如附近大陆的相似形状、岩石序列匹配、山脉序列匹配、冰期及其他气候证据、化石分布以及生物分布等。虽然这些证据表明大陆已经漂移，但是由于无法说清动力学机制，20 世纪上半叶的许多地质学家和地球物理学家并不相信这个假说。
- 若能携带本章中的 3 幅插图穿越回到 20 世纪上半叶，并帮助魏格纳说服当时的科学家们相信大陆漂移假说，你准备选择哪 3 幅插图？说明理由。

- 成立两个讨论组，分别讨论支持与反对大陆漂移的证据，规则是只能采用 20 世纪 30 年代以前的地球过程知识。

2.2 板块构造理论源自哪些观测研究？

- 20 世纪 60 年代，由于研究地球古磁场的古地磁学的发展及应用，更令人信服的大陆漂移证据终于出现。经过对大陆岩石开展古地磁学研究，科学家们发现了称为"极移"的异常现象，它只能用各大陆在地质历史时期彼此之间的相互运动才能解释。
- 哈里·赫斯提出了海底扩张观点，认为新海底形成于洋中脊顶部，然后反向移动分开，最终俯冲进入海沟而消亡。板块构造的其他支持性证据包括海洋热流测量、全球地震分布模式及通过卫星精确定位地球位置来探测板块运动等，这些证据组合最终令地质学家们相信了地球的动力学性质，并帮助将大陆漂移假说上升成为更全面的板块构造理论。
- 如果海底未表现出任何磁极性反转，说明地球海洋盆地的年龄是什么情况？
- 最新研究发现，木卫二由经历板块构造过程的薄而脆的水冰板构成，与地球上的岩石圈板块非常类似。通过互联网查阅相关资料，描述木卫二上存在板块构造过程的证据。

2.3 板块边界存在哪些地貌特征？

- 当新地壳加入洋中脊位置的岩石圈时，板块的另一端俯冲至海沟之下的地幔中，或俯冲至喜马拉雅山脉等大陆山脉之下的地幔中。此外，海岭和海隆存在水平错动，各板块沿转换断层彼此滑动。
- 利用图 2.12，分析并描述形成下列自然灾害的构造环境：（1）1883 年，印度尼西亚喀拉喀托火山喷发；（2）2010 年，海地地震；（3）2011 年，日本东北部地震及海啸。
- 列举并描述三种类型的板块边界。在讨论中，涵盖与这些板块边界相关的任何海底地貌特征，提供各种地貌特征的真实案例。构建地图视图和横断面图，显示三种类型的板块边界，包含板块运动方向及相关地貌特征。

2.4 测试模型：板块构造能够解释海洋和陆地的其他地貌特征吗？

- 板块构造模型的测试结果表明，许多地貌特征和构造现象支持板块移动，包括地幔柱及其相关热点，记录了经过板块的运动、海底平顶山的成因及珊瑚礁的分布。
- 描述阿留申群岛（阿拉斯加）和夏威夷群岛的成因差异，并提供相关证据。
- 研究黄石国家公园的下伏地幔柱。通过对板块构造理论的理解，评估地幔柱对该地区未来的影响。

2.5 地球过去经历了哪些变化，未来又会怎样？

- 各种海底和大陆地貌特征的位置过去已经改变，现在仍在持续改变，未来也会大不相同。
- 板块构造的一种预测工作模型是威尔逊旋回，主要描述海洋盆地在数百万年中的形成、成长及消亡演化过程。
- 假设你以与快速移动大陆相同的速度（10 厘米/年）旅行，计算你从当前位置到邻近大城市需要花多长时间。
- 假设在一颗遥远恒星的可居住范围内，你和他人共同统治着围绕此恒星运行的一颗地球大小的行星，请为你们的星球家园选择以下场景之一：（1）具有非常活跃的构造；（2）具有类似地球的构造活动；（3）构造已经消亡。然后，基于所选择行星的构造活动水平，具体描述你们的星球家园外观，包括各种可见地貌的细节特征。

第3章 海洋地貌单元

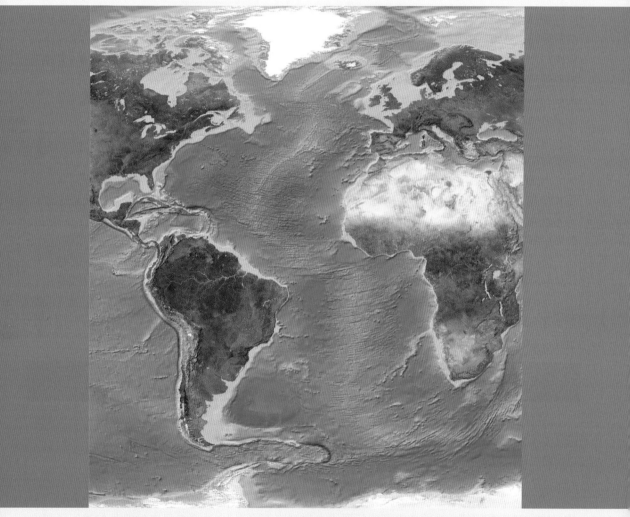

北大西洋和南大西洋的海底。海底存在大量有意思的地貌特征，部分地貌与陆地之上的完全不同。近年来，随着海底探测技术的不断进步，科学家们能够制作如图所示的高分辨率洋中脊图像

主要学习内容

3.1 讨论海洋测深技术
3.2 描述大陆边缘的海底地貌特征
3.3 描述深海盆地的海底地貌特征
3.4 描述洋中脊的海底地貌特征

如果有一天把大西洋中的海水抽干，使人们能够尽情欣赏这条"分隔东西大陆，连接南北两极"的巨大海沟，那将是一幅极其壮美和崎岖的景象。

——马修·方丹·莫里（海洋学之父）对大西洋中脊的评价，1854 年

海底究竟是什么形状的呢？在海洋科学研究的大部分时间里，深海海底基本上属于人类认知的空白区域。例如，在海洋发现早期，大多数科学家认为海底完全平坦，上面覆盖着厚厚一层泥质沉积物，几乎没有什么科学价值。除此之外，人们还相信最深处位于海洋盆地中央。但是，随着越来越多船只在海洋中走航绘制海底地图，科学家们发现海底地形变化很大，存在深海槽、古火山、海底峡谷和高大山脉等地貌特征。例如，海底有地球上最高大的山脉，有比大峡谷更壮观的峡谷，有比著名的约塞米蒂城墙高出 3 倍的垂直高崖，还有太阳系中的最大火山之一。实测证明，某些海洋与陆地大不相同，最深处实际距离陆地很近！即使是在科学技术日新月异的今天，约 80%海底仍未开展详细地形测量，这似乎令人感到惊讶。关于海底，人类还有太多东西需要探索。

开始分析海底地貌特征时，海洋地质学家和海洋学家们意识到，某些地貌特征对研究海底历史和地球历史都具有深远影响。这些海底地貌特征的成因是什么？科学家们研究获知，最近数百万年以来，在地球内部应力的作用下，当各大陆横穿地球表面时，海洋盆地的形状也发生了改变。海洋盆地的当前现状反映了板块构造过程（见第 2 章），这有助于解释海底地貌特征的成因。

基于人类肉眼所能看到的水深和位置属性，可将海洋划分为三种主要地貌单元。回翻至第 1 章中的开篇图片，我们可以看到如下三种地貌单元：（1）大陆边缘，较浅且靠近陆地（浅紫色）；（2）深海盆地，较深且远离陆地（深蓝色的大部分平坦区域）；（3）洋中脊，高大火山山脉（浅蓝色浅层地貌，蜿蜒穿过海洋盆地中心），详见第 2 章。本章首先讨论海洋测深技术，然后分别介绍上述三种主要地貌单元的特征。

3.1 海洋测深技术有哪些？

水深测量（Bathymetry）既包括海洋深度的量测，又包括海底形状或地形图的测绘，主要是指测量从海洋表面至海底山脉、山谷及平原的垂直距离。

3.1.1 探空测深

人类测量海洋深度的首次尝试发生在公元前 85 年，由希腊探险家波希多尼在地中海付诸实施，唯一目标是回答一个非常古老的问题"海洋到底有多深"。波希多尼率领船员们进行了探空（Soundings）操作，发觉绳索末端的重物触底时，共释放了近 2 千米长的绳索。"探空"是指对环境进行科学观察的一种探测方法，原本是一种大气科学名词，大气科学家们将释放至空中的探测器称为"探空"。令人哭笑不得的是，这个单词实际上并不是指声音，而利用声音来测量海洋深度是很久以后的事情。在接下来的 2000 年里，航海家们一直用测深绳来测量海洋深度。海洋深度的标准单位是英寻（Fathom），源自船上人工回收测深绳时采用的方法。工人们伸展双臂回收绳索，

随时计量伸出手臂的次数，然后乘以双臂之间的长度，即可获得测深绳的总长度。很久以后，人们将 1 英寻距离标准化为 6 英尺，相当于 1.8 米。

1872 年，在长达 3 年半的历史性航程中，英国皇家海军舰艇挑战者号首次开展了系统性海水测深。在这次测量工作中，船员们需要经常停下船只，测量海水深度及其他海洋属性。根据测量结果进行判断，深海海底并不平坦，就像陆地一样存在明显的地形起伏。但是，若只通过偶尔探测来确定水深，通常很难给出完整的海底轮廓。例如，假设在一个雾气蒙蒙的夜晚，为了探测陆地的表面特征，你驾驶一艘小型飞船在几千米高空飞行，准备利用足够长的重绳索来测量距离地面的高程，这与在船上采用的探空测深方法如出一辙。

3.1.2 回声测深

大洋中部海底山脉的存在早就为人所知，但是直到 20 世纪初人类发明并应用了回声探测仪（Echo Sounder）或测深仪后，才得以整体纳入互联互通的全球体系。回声探测仪从船底向下发射称为声脉冲信号（Ping）的声音信号，接收该信号遇到任何密度差异（如海洋生物或海底）所产生的反射信号，如图 3.1 所示。水是声音的良导体，虽然海水中的声速随盐度、压力和温度而略有不同，但是平均约为 1507 米/秒。知道这种变化原理后，通过计算声音回波返回需要的时间，即可确定海底深度。通过连续开展回声测深，就会大致描绘

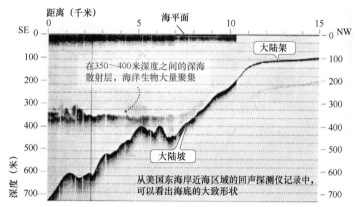

图 3.1　回声探测仪的记录。垂直放大（垂向放大比例尺）12 倍

出海底的相应形状。例如，在 1925 年，德国流星号测量船利用回声测深法，识别出了贯穿南大西洋中心地带的水下山脉。

探索数据

❶ 在图中左侧 350～400 米深度的深海散射层（DSL），存在强烈的声波反射特征。解释为什么海洋生物聚集会在回声探测仪记录上形成这样的特征。

❷ 利用图 3.7a 中的方程式，计算声音抵达 350 米深度并返回至水面需要的时间，声音在海水中的平均速度为 1507 米/秒。

回声测深的不足之处在于缺乏细节，经常形成海底地形的错误视图。例如，当从距离海底 4000 米的船上向下发射声波波束时，大致能够覆盖直径约为 4600 米的海底区域，但是从海底返回的首个回波通常来自距离船只最近、最高的那座山峰。虽然如此，目前人类的大部分海洋知识仍然来自回声探测仪。

遇到海洋中的任何密度异常时，回声探测仪发出的声波均会被反射，所以人们很快发现可以用其搜索及跟踪潜艇。在第二次世界大战期间，"反潜战"促进了大量利用声波"看海洋"技术的快速发展。

在第二次世界大战期间及以后，声呐技术有了重大改进。例如，在 20 世纪 50 年代，精密深度记录仪（Precision Depth Recorder，PDR）横空出世，它利用聚焦的高频声波波束来测量深度，分辨率约为 1 米。在整个 20 世纪 60 年代，精密深度记录仪得到了广泛应用，并且获得了相当不错的海底表现力。随着数千艘调查船的扬帆起航，科学家们制作了第一批可靠的全球海底测深图，

帮助人们验证了海底扩张和板块构造等观点。

利用声波绘制海底地图的现代声学仪器主要包括多波束回声测深仪（同时利用多个频率的声波）和侧扫声呐（Sonar）。多波束测深仪（Seabeam）是首个多波束回声探测仪，它可让调查船绘制 60 千米宽航带范围内的海底地貌特征。多波束系统需要利用声波发射器和接收器，发射器位于船体两侧，接收器永久安装于船体内部。多波束仪器首先发射多束声波，声波抵达海底后发生反射，计算机通过分析声波反射的强度和时间差异，即可判断海底的深度、形态及物质成分（岩石、砂石或泥浆），如图 3.2 所示。采用这种方式，多波束测量提供了令人难以置信的海床细节图像。由于声波波束随深度增大而发散，多波束系统在深水中的分辨率具有一定的局限性。

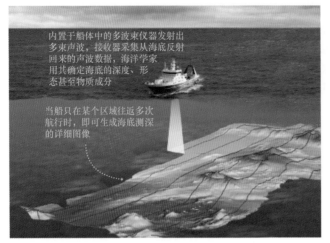

内置于船体中的多波束仪器发射出多束声波，接收器采集从海底反射回来的声波数据，海洋学家用其确定海底的深度、形态甚至物质成分

当船只在某个区域往返多次航行时，即可生成海底测深的详细图像

图 3.2　多波束声呐。在画家笔下，调查船利用多波束声呐来绘制海底地图，各种颜色代表海底的不同高程

在深水区域或者需要开展详细调查的区域，侧扫声呐（Side-Scan Sonar）能够提供增强的海底视野。侧扫声呐仪器拖在调查船后面，位置可以降低到刚好高于海底，从而生成海底深度的详细带状图，如图 3.3 所示。为了最大限度地提高分辨率，可以操控电缆放低侧扫仪器，令其紧贴海底"飞行"。在绘制海底地图时，还可采用可编程及可独立导航的水下机器人，但是需要配备侧扫声呐。

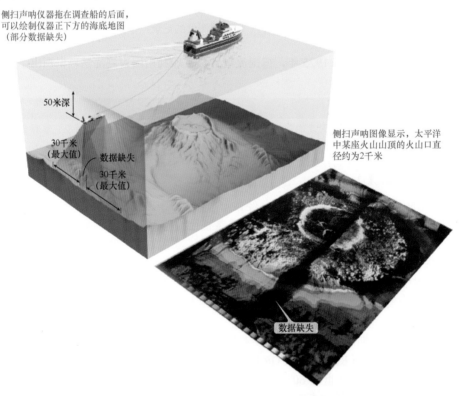

侧扫声呐仪器拖在调查船的后面，可以绘制仪器正下方的海底地图（部分数据缺失）

50米深

30千米（最大值）

数据缺失

30千米（最大值）

侧扫声呐图像显示，太平洋中某座火山山顶的火山口直径约为2千米

数据缺失

图 3.3　侧扫声呐。采用侧扫声呐来绘制海底地图，各种颜色代表海底的不同高程

3.1.3 利用卫星从空中描绘海洋特征

虽然利用多波束和侧扫声呐技术可以生成非常详细的水深图，但是通过船舶来绘制海底地图非常昂贵且耗时，首先必须要在某个区域来回穿梭（这一过程称为"修剪草坪"或"走航"），然后才能绘制出精确的水深图，如图3.2所示。遗憾的是，目前只有很少一部分海底采用此种方法绘制图件。

另一方面，地球轨道卫星可以同时观测到大范围海洋区域，因此越来越多地被用于海洋探测研究。令人略感意外的是，海洋表面的卫星测量已经广泛用于绘制海底地图。卫星的运行轨道距离地球非常遥远，通常只能看到海洋的表面，怎么可能获得海底图像呢？

答案是海底地貌特征直接影响了地球的引力场，海沟等深海区域对应较小的引力，海底大型地貌单元〔如海山（Seamounts）等海底高大火山，见第2章〕会产生附加引力。这些差异直接影响这些海底地貌上的海面高度，导致海面随着海底地形起伏而上升或下沉。例如，一座2000米高的海山对周围海水施加了很小但可测量的引力，在海面形成一个2米高的凸起。这些不规则变化很容易被卫星探测到，因为当卫星利用微波束测量海平面时，精度可达4厘米。修正海浪、潮汐、海流和大气等影响后，通过建立海洋表面的凹陷和隆起模式，即可间接测得海底的深度，如图3.4所示。例如，图3.5比较了同一区域的两幅不同地图，上图基于船舶的水深数据绘制，下图基于卫星观测数据绘制，下图中的海底地貌分辨率明显要高得多。

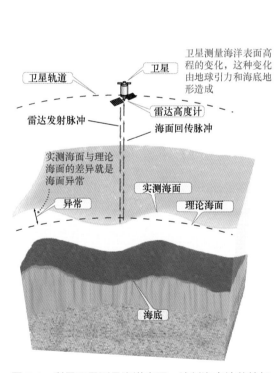

图3.4　利用卫星测量海洋表面，绘制海底地貌特征

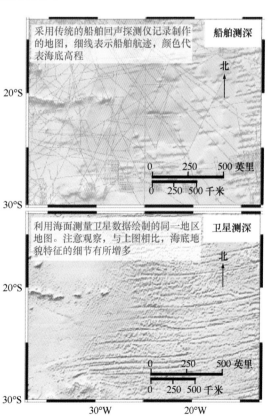

图3.5　在绘制海底水深图时，回声测深仪（船载）与卫星测深方法之比较。位于南大西洋巴西海盆的同一位置，各种颜色代表海底的不同高程

20 世纪 80 年代，地球轨道卫星（如美国海军的 Geosat 卫星）采集了大量数据。当这些数据获得解密后，美国国家海洋和大气管理局的沃尔特·史密斯和斯克里普斯海洋研究所的大卫·桑德韦尔精诚合作，基于海面形态绘制完成了全球海底地图。虽然海面形态并不完全等同于海底水深，但海面确实模拟了海底整体形态。此外，研究人员还利用水深探测来校准海面高度测量值。这些研究人员绘制的地图非常独特，让我们不必排干海水后直接观察海底，即可看到具有类似效果的地球视图。例如，在 2014 年最新发布的高分辨率海洋表面重力图（见图 3.6）中，他们主要利用了来自两颗卫星的数据，一颗是欧洲航天局的 CryoSat-2，另一颗是美国航空航天局和法国国家太空研究中心（隶属于法国航天局）的 Jason-1。Jason-1 于 2002 年取代了 TOPEX/Poseidon（1992—2005 年测量海面形态），然后于 2013 年退役，让位于仪器设备更先进的 Jason-2。在这幅新海底地图中，清晰地显示了海底地貌特征的诸多大比例尺细节，如洋中脊、海沟、海山和火山链（岛链）等。实际上，新地图不仅描绘了科考船从未开展过声呐调查的极深海区域，而且包含了许多新的海底地貌特征，如数千座水下山脉。

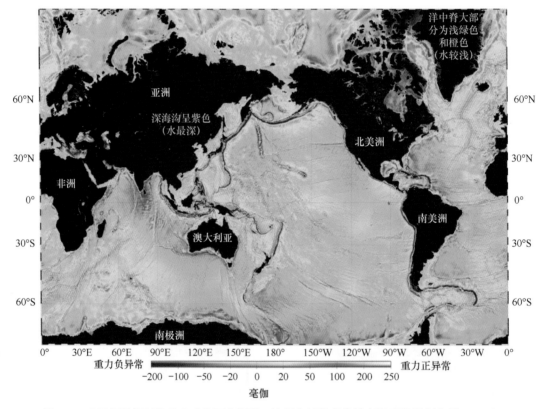

图 3.6　由卫星数据制作的全球海面高程图。这幅全新的高分辨率海底地图制作于 2014 年，采用了地球重力场卫星数据，并且通过测量深度进行调整校正，与海洋深度的吻合度非常高。地图上显示的重力异常以 mGal（毫伽）为单位

3.1.4　地震反射剖面

为了查清海底结构，海洋学家们尝试应用了各种办法，包括利用由爆破或"空气枪"生成的强低频声音，如图 3.7 所示。这些声音能够穿透海底，遇到不同岩层或沉积层之间的边界时会发生反射，最终生成地震反射剖面（Seismic Reflection Profiles）。目前，此项技术已广泛用于矿产和石油勘探领域。

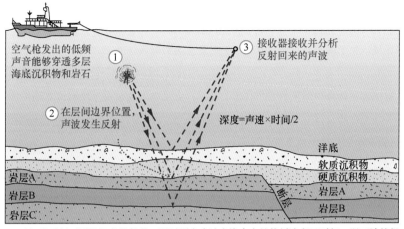

(a) 承担地震剖面测量任务的船舶。通过测定声波在海水中的传播速率及时间，即可计算得出海洋深度

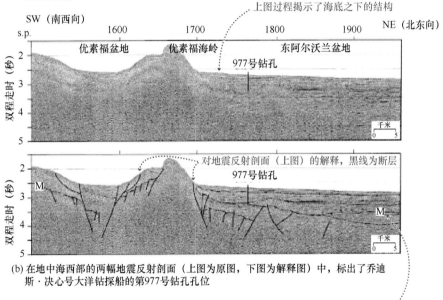

(b) 在地中海西部的两幅地震反射剖面（上图为原图，下图为解释图）中，标出了乔迪斯·决心号大洋钻探船的第977号钻孔孔位

M是指M反射层，即约550万年前地中海干涸过程中形成的一层蒸发矿物（盐）

图 3.7　地震剖面测量

常见问题 3.1　2014 年马航航班起飞后为何失踪？

这个问题至今仍然是不解之谜。2014 年 3 月 8 日，在从马来西亚吉隆坡飞往中国北京途中，马来西亚航空公司的 MH370 航班失踪。卫星通信显示，这架飞机曾经向南偏转，最后燃料耗尽，坠毁在澳大利亚西部的印度洋中。非常不幸的是，这次坠机的可疑目标区域不仅面积大、偏远和深邃，而且海底极为崎岖不平，特别不利于开展海底探测，从而极大地阻碍了营救工作的开展。在飞机失踪后的那段时间里，海中漂浮的一些大块垃圾曾被误认为是飞机残骸。该航班及其 239 名乘客到底出了什么事？人们至今仍然毫不知情。2014—2016 年，各国合作开展了大规模海底搜寻，但是结果一无所获，只好于 2017 年宣布放弃，这是迄今为止全球规模最大、成本最高（5600 万美元）的海上搜索行动。2015 年 7 月，在印度洋中的留尼汪岛附近，有人在岸边发现了一块机翼漂浮物，后来确认属于失踪飞机。2018 年，美国的一个私人组织再次开始行动，综合利用船载声呐、小型水下无人机编队及海洋学数据，对相关海底区域进行了全面搜索。虽然这种尝试和勇气值得肯定，但可能仍然无法找到飞机残骸。

3.2　大陆边缘存在哪些地貌特征？

如图 3.8 所示，海洋划分为三种主要地貌单元（Provinces）：（1）大陆边缘（Continental Margins），即靠近大陆的浅水区域；（2）深海盆地（Deep-Ocean Basins），即远离大陆的深水区域；（3）洋中脊/中央海岭（Mid-Ocean Ridge），即靠近大洋中部的较浅区域。板块构造过程（请参阅前面各章节的内容）与这些地貌单元的成因密切相关：洋中脊和深海盆地形成于海底扩张过程，新大陆边缘形成于大陆裂解。

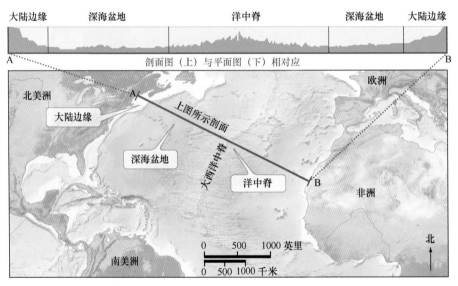

图 3.8　北大西洋洋底的主要区域。在平面图（下）和剖面图（上）中，海洋划分为三种主要地貌单元：大陆边缘、深海盆地和洋中脊

3.2.1　被动型大陆边缘和主动型大陆边缘

基于与板块边界的接近程度，大陆边缘可以划分为被动型或主动型。被动型大陆边缘/稳定型大陆边缘（Passive Margins，图 3.9 的左侧）内嵌在岩石圈板块中，不接近任何板块边界，通常缺乏主要构造活动（如大地震、火山喷发和造山运动）。

美国东海岸是被动型大陆边缘的典型实例，不存在任何板块边界。被动型大陆边缘一般形成于地质历史时期的大陆裂解和海底持续扩张，地貌特征主要包括大陆架、大陆坡和大陆隆（向深海盆地延伸），如图 3.9 和图 3.10 所示。

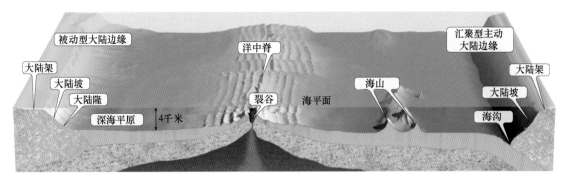

图 3.9　被动型大陆边缘和主动型大陆边缘示意图。跨海洋盆地的典型地貌特征包括被动型大陆边缘（左）和汇聚型主动大陆边缘（右），垂向放大了约 10 倍

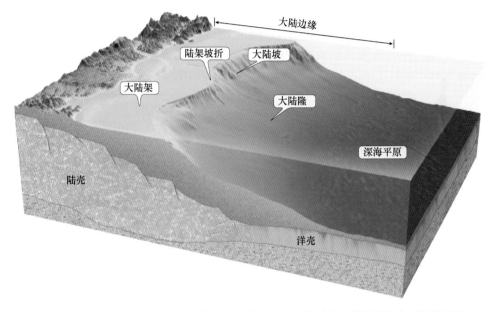

图 3.10　被动型大陆边缘的地貌特征。示意图显示了被动型大陆边缘的主要地貌特征

　　主动型大陆边缘/活动型大陆边缘（Active Margins，图 3.9 的右侧）与岩石圈板块边界相关联，具有高度的构造活动特征，主要包括汇聚型和转换型。汇聚型主动大陆边缘（Convergent Active Margins）与"大洋－大陆"汇聚型板块边界相关联，典型实例如纳斯卡板块俯冲至南美洲板块之下（位于南美洲西部），地貌特征主要包括弧形陆地活火山、狭窄大陆架、陡峭大陆坡及可划定板块边界的近海海沟（从陆地至海洋）。转换型主动大陆边缘（Transform Active Margins）不太常见，与转换型板块边界相关联，通常为平行于板块边界主转换断层的近海断层，形成线状岛屿、浅滩（浅水淹没区）和靠近海滨的深海盆地，典型实例如圣安德烈亚斯断层沿线的加州海岸。

简要回顾

　　被动型大陆边缘远离板块边界，主动型大陆边缘位于板块边界（汇聚型或转换型）附近，二者具有完全不同的地貌特征。

3.2.2　大陆架

　　大陆架（Continental Shelf）是海面以下的相对平坦地带，位于陆地海滨与坡度突然变陡的陆架坡折（Shelf Break）之间，如图 3.10 所示。由于沉积了大量海洋沉积物，大陆架通常比较平坦，地貌特征类型相对较少，主要包括一些沿海岛屿、珊瑚礁和凸起浅滩。由于下伏岩石为花岗质陆壳，因此从地质学意义上说，大陆架是大陆的组成部分。为了确定大陆架范围，精确海底测绘至关重要。

由于不同区域的地质和地形特征不同，大陆架也存在相应的变化。例如，大陆架的平均宽度约为 70 千米，变化范围从几十米到 1500 千米不等，最宽的大陆架位于北冰洋沿线（西伯利亚北部海岸和北美洲海岸之外）。在全球范围内，陆架坡折的平均深度约为 135 米，但是南极洲周围约为 350 米。大陆架的平均坡度只有约 0.1°，大致相当于大型停车场排水坡的坡度。

在漫长的地球发展历史中，海平面一直处于波动状态，海滨线随之在大陆架上来回移动。例如，在最近一次冰川时代（末次冰期），由于气候极其严寒，地球上的大量海水冻结形成陆地冰川，因此海平面比现在的要低。在这段时间里，大陆架的更多部位出露于海面。

大陆边缘的类型决定了大陆架的形状及相关的地貌特征。例如，在南美洲，东海岸大陆架明显宽于西海岸大陆架。东海岸属于被动型大陆边缘，具有较为典型的广阔大陆架。相比之下，西海岸属于汇聚型主动大陆边缘，大陆架比较狭窄，陆架坡折靠近海滨。在转换型主动大陆边缘（如加利福尼亚沿线）中，近海断层的存在导致大陆架呈崎岖不平状态，存在称为大陆边缘地（Continental Borderland）的高度地形起伏（如岛屿、浅滩和深海盆），如图 3.11 所示。

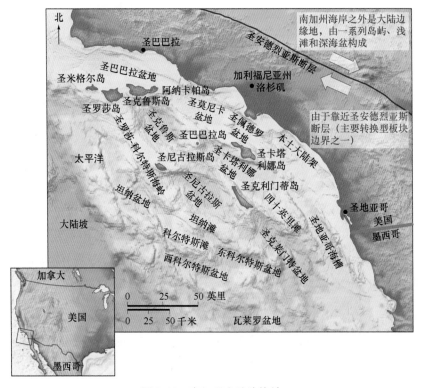

图 3.11　南加州大陆边缘地

3.2.3　大陆坡

大陆坡（Continental Slope）位于陆架坡折之外，也是深海盆地的起点，整体地形类似于陆地上的山脉，坡顶的坡折可能位于深海盆地之上 1～5 千米。在汇聚型主动大陆边缘沿线，从坡顶至海沟底部的垂直起伏更大，例如在南美洲西海岸的安第斯山脉顶部至秘鲁－智利海沟底部，地形垂直总落差约为 15 千米。

在全球范围内，大陆坡的平均坡度约为 4º，变化范围为 1°～25°。对比可知，非常陡峭的道路坡度不超过 5°（或 8%）。有人专门研究了美国各个大陆坡的坡度，平均坡度值略高于 2°。在太平洋边缘沿线，由于存在直接落入深海沟的汇聚型主动大陆边缘，大陆坡的坡度平均值超过了 5°。另一方面，大西洋和印度洋包含许多被动型大陆边缘（不存在板块边界），因此这些海域的大陆坡起伏较小，平均坡度约为 3°。

3.2.4 海底峡谷和浊流

海底峡谷（Submarine Canyons）存在于大陆坡和少数大陆架之上，通常狭长幽深，谷壁陡峭，剖面图呈 V 形，具有分支或次级分支，如图 3.12 所示。海底峡谷类似于由河流切割而成的陆地峡谷，规模可以达到相当大的程度。实际上，加州附近的蒙特雷海底峡谷与亚利桑那州大峡谷规模相当，如图 3.13 所示。

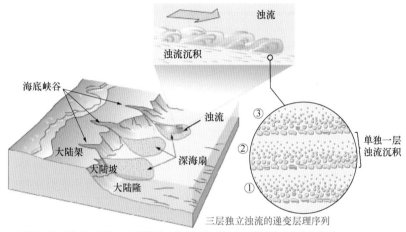

(a) 浊流向坡下移动，侵蚀了大陆边缘，扩大了海底峡谷。深海扇由浊流沉积构成，浊流沉积由递变层理序列（见插图）构成

(b) 在埃及达哈卜附近的红海中，一名潜水员潜入了海底峡谷

(c) 在加利福尼亚州出露至地表的斜层状浊积岩露头中，每个浅色层均为砂岩，标志着递变层理序列的粗糙底部

图 3.12　海底峡谷和浊流

海底峡谷是如何形成的？最初人们认为，海底峡谷是曾经出露海面的古河谷，在海平面较低且大陆架露出海面时，由河流侵蚀作用形成。虽然部分峡谷直接始于河流入海处，但大多数峡谷

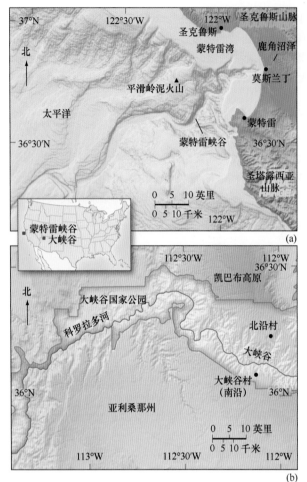

并非如此，许多海底峡谷的上限不超出大陆坡。此外，海底峡谷继续延伸至大陆坡底部，平均深度为 3500 米。如果是古老河流切断了这些峡谷，那么海平面当时必须比现在低 3500 米，目前尚无证据表明海平面曾经降低过这么多。

沿大西洋海岸，科学家们利用侧扫声呐开展了相关调查，最终获知海底峡谷在大陆坡上占据了举足轻重的地位，从纽约州附近的哈德逊峡谷，一直到马里兰州的巴尔的摩峡谷。与延伸至大陆架的海底峡谷相比，局限于大陆坡范围内的海底峡谷更直，谷底坡度更陡。这些发现表明，海底峡谷是由大陆坡上的某种海洋过程形成的，并且随着时间的推移而延伸至大陆架。

通过对浊流（Turbidity Currents）侵蚀力的间接与直接观察，科学家们认为浊流在塑造海底峡谷方面发挥了重要作用。浊流是混入岩石及其他碎屑物质的浑浊水流，浊流沉积物部分来自穿过大陆架、进入海底峡谷顶部并在那里堆积的海底物质，为浊流的形成奠定了物质基础。在浊流的触发机制方面，主要包括地震引起的震动、堆积在大陆架上的沉积物过多、飓风经过该地区及洪水快速输运沉积物等。当浊流开始运移后，海水与碎屑的高密度混合物就会像陆地洪水那样，在重力作用下迅速向大陆坡下滑动，并且在行进过程中切割出海底峡谷。浊流具有搬运巨石的强大力量，经年累月后，足以对海底峡谷造成严重侵蚀。

图 3.13 蒙特雷海底峡谷与亚利桑那大峡谷之比较。在这两幅相同比例尺的地图上，可以看出蒙特雷海底峡谷(a)与亚利桑那大峡谷(b)在长度、深度、宽度及陡峭程度等方面的差异

常见问题 3.2 是否有人受困于浊流并丧生？

答案是没有。主要是因为浊流一般出现在大陆坡上的海底峡谷中，那里通常很深，即使深海潜水员也不会冒险去那里。但是，人类放置在海底峡谷底部的海洋学设备经常被浊流的高度侵蚀力破坏或摧毁，或者只是简单地被冲走而消失。

3.2.5 大陆隆

大陆隆（Continental Rise）是大陆坡与深海海底之间的过渡地带，由巨型水下碎屑堆积物（含砾石、沙子、泥浆和小型碎屑）构成。这些碎屑堆积物来自何方？又是怎么搬运至此的呢？

海洋学家们目前认为，大陆隆形成的主要影响因素较为明确，就是浊流从大陆架以外搬运而来的物质。当浊流穿越并侵蚀海底峡谷时，峡谷口部是必经之路，由于坡度角减小，浊流速度相应变缓，悬浮颗粒物随之发生沉淀，最终形成称为递变层理（Graded Bedding）的一种独特类型的分层，颗粒粒度自下而上逐渐变细（见图 3.12a 中的插图）。当浊流的能量逐渐消散后，大颗粒物

质率先沉积，粒度逐渐变小的物质随后依次沉积，粒度最细的物质最后沉积，整个沉积过程可能会历时几周或几个月。

单次浊流沉积形成一个递变层理序列，下次浊流可能会部分侵蚀前一次浊流沉积，然后在其上继续沉积另一个递变层理序列。经过一段时间后，发育成一系列递变层理沉积序列，层层叠加而逐渐变厚。构成大陆隆的这些递变层理堆积称为浊流沉积（Turbidite Deposits），如图 3.12c 所示。

由上文可知，海底峡谷口部沉积呈扇状，类似于扇形围裙（见图 3.12a 和图 3.14 所示），因此称为深海扇（Deep-sea Fans）或海底扇（Submarine Fans）。沿大陆坡基底融合在一起时，深海扇就会形成大陆隆。但是，在汇聚型主动大陆边缘沿线，由于陡峭的大陆坡直接通入深海沟，浊流搬运的沉积物最终积聚在海沟中，因此不会形成大陆隆。

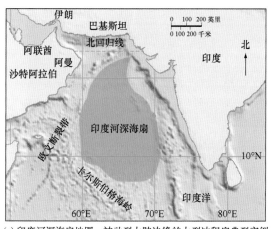

(a) 印度河深海扇地图，被动型大陆边缘的大型冲积扇典型实例

(b) 位于阿拉斯加东南部的查塔姆深海扇的声呐透视图，高出周围海底450米，垂向放大了20倍，视角朝向为东北

图 3.14 深海扇（海底扇）示例

印度河深海扇是全球最大的深海扇之一，位于被动型大陆边缘，由巴基斯坦向南延伸 1800 千米，如图 3.14a 所示。印度河从喜马拉雅山脉向海边搬运了大量沉积物，这些沉积物顺着海底峡谷向下运移，最终形成了深海冲积扇。在深海冲积扇中，沉积物的数量非常大，部分区域厚度甚至超过了10 千米！在印度河深海扇中，存在一条海底峡谷主通道，从河口延伸至深海扇后，很快又分成几个分流通道（类似于河口三角洲）。在冲积扇下方，由于表面坡度非常平缓，水流不再局限于在通道内流动，而是不断地向外扩展溢出，在扇体表面形成了多层细粒度沉积。实际上，印度河深海扇上的沉积物数量非常巨大，甚至部分掩埋了仍处于活动状态的洋中脊——卡尔斯伯格海岭！

简要回顾

浊流是下行沉积物与泥浆混合后形成的水下洪流，沿大陆坡向下运移，时刻冲刷及切割着海底峡谷。

小测验 3.2　描述大陆边缘的海底地貌特征

❶ 描述被动型大陆边缘的主要地貌特征：大陆架、大陆坡、大陆隆、海底峡谷和深海扇。
❷ 解释海底峡谷的成因。
❸ 解释递变层理的定义和成因。

3.3　深海盆地存在哪些地貌特征？

深海盆地位于大陆边缘地貌单元（大陆架、大陆坡和大陆隆）之外，包含了众多地貌特征。

3.3.1 深海平原

从大陆隆的基底部位延伸至深海盆地，全部都是非常平坦的沉积表面，坡度小于 0.1°，基本上覆盖了大部分深海盆地。这就是深海平原（Abyssal Plains），其平均深度为 4500～6000 米，具有平坦且一望无际的地貌特征，总体覆盖了约三分之一的地球面积，大致相当于陆地总面积。虽然并非字面意义上的"无底"，但深海平原确实是地球上最深（且平坦）的区域，如图 3.15 所示。

图 3.15　大西洋中的深海平原。大西洋海底地貌特征的模拟阴影透视图，垂向夸大了 10 倍

深海平原由缓慢飘落至深海海底上的精细沉积物颗粒构成。经过千百万年的日积月累后，通过悬浮沉降（Suspension Settling）过程，沉积物"厚毯"最终形成于海底上，颗粒非常精细（类似于海洋尘埃）。随着时间的推移，这些沉积物覆盖了深海的大部分不规则区域，如图 3.16 所示。此外，浊流从陆地上源源不断地搬来更多的沉积物，致使深海沉积物的总量与日俱增。

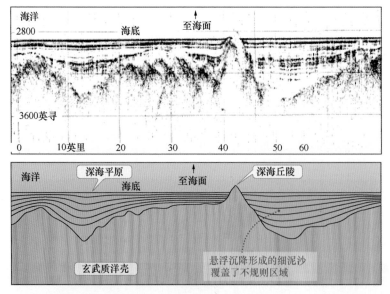

图 3.16　悬浮沉降形成的深海平原。在大西洋东部马德拉深海平原的部分区域，从地震剖面图（上）和对应素描图（下）中，可以看到不规则火山地形如何被沉积物填埋

大陆边缘的类型决定了深海沉积物的分布状况，因此深海平原大多数位于大西洋和印度洋，极少数位于太平洋。在太平洋中的汇聚型主动大陆边缘，深海沟拦截了运移在大陆坡上的沉积物。本质上讲，海沟就像排水沟一样，捕获并截留一切沉积物（含浊流裹挟的陆源碎屑）。但是，在大西洋和印度洋的被动型大陆边缘，浊流沿大陆边缘直接向下流动，然后在深海平原上对沉积物进行沉积。此外，在太平洋中，从大陆边缘到深海盆地基底的距离过于遥远，在抵达这些遥远区域之前，大部分悬浮沉积物就已发生沉降。大西洋和印度洋的情形刚好相反，由于面积相对较小，悬浮沉积物能够顺利抵达深海盆地。

3.3.2 深海平原的火山峰

在深海平原的沉积物覆盖中，穿插着延伸至海底以上不同高程的各种火山峰，它们或者出露于海平面之上形成岛屿，或者低于海平面。有些火山峰位于海平面之下，但高出深海底 1 千米以上，顶部为尖顶形状（类似于倒立的冰激凌筒），称为海山（Seamounts）。据科学家估算，全球至少存在 12.5 万座海山，而且大多数发源于火山中心（如热点或洋中脊）。另一方面，如果火山峰顶部为平顶形状，则称为海底平顶山/平顶海山（Tablemount）或盖奥特（Guyot）。要了解与海山和海底平顶山相关的更多信息，请参阅第 2 章中的图 2.27。

海山的最低高度为 1000 米，低于 1000 米的海底火山地貌称为深海丘陵（Abyssal Hills）或海丘（Seaknolls）。深海丘陵是地球上数量最多的地貌特征之一，目前已确认了几十万个，基本上覆盖了整个海盆底部的大部分区域。深海丘陵多呈舒缓的圆形（见图 3.17），平均高度约为 200 米，大多形成于洋中脊产生新海底时的地壳拉伸。有趣的是，最新研究表明，深海丘陵的形成与冰期具有较强的相关性。在地球的冰期中，随着海平面的不断下降，海水变得越来越少，洋中脊的上覆重量越来越轻。由于压力不断降低，洋中脊地下岩浆的熔融温度随之下降，使地幔岩石更易熔化

图 3.17　深海丘陵、海山和海底平顶山。深海丘陵（海丘）、海山和海底平顶山（盖奥特）的相对大小和形状示意图

并上升至地壳表面，最终导致深海丘陵数量明显增多。

在大西洋和印度洋中，许多深海丘陵埋藏于深海平原沉积物之下。在太平洋中，由于边缘发育的大量深海沟有助于捕获陆源沉积物，导致海底沉积物的数量和沉积速率均较低，因此海底大量出现以深海丘陵为主的广大区域，这些区域称为深海丘陵地貌单元（Abyssal Hill Provinces）。太平洋海底火山活动频繁，目前已知存在 2 万多座火山峰，包括最近发现的地球上的最大单体火山——大塔穆火山（Tamu Massif）。该火山位于太平洋西北部，大小相当于太阳系目前已知的最大火山——火星上的奥林匹斯山。

3.3.3 海沟和火山弧

在被动型大陆边缘，大陆隆通常位于大陆坡的基底部位，并且逐渐平滑过渡至深海平原。在汇聚型主动大陆边缘，大陆坡下切至狭长而陡峭的海沟（Ocean Trench）。海沟是位于海底的线状深陡崖，由两个板块沿汇聚型板块边缘碰撞形成（见第2章）。海沟向陆一侧以火山弧（volcanic arc）形式隆升，会形成岛屿［如日本群岛，一种岛弧（Island Arc）］，或者形成大陆边缘沿线的火山山脉［如安第斯山脉，一种大陆弧（Continental Arc）］。

地球海洋的最深部位就在这些海沟里，具体地说就是马里亚纳海沟的挑战者深渊区域，最深处达11022米。大部分海沟位于太平洋边缘（见图3.18），大西洋和印度洋所见不多。

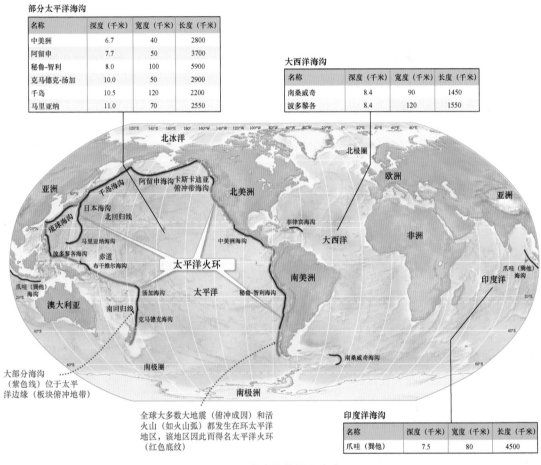

部分太平洋海沟

名称	深度（千米）	宽度（千米）	长度（千米）
中美洲	6.7	40	2800
阿留申	7.7	50	3700
秘鲁-智利	8.0	100	5900
克马德克-汤加	10.0	50	2900
千岛	10.5	120	2200
马里亚纳	11.0	70	2550

大西洋海沟

名称	深度（千米）	宽度（千米）	长度（千米）
南桑威奇	8.4	90	1450
波多黎各	8.4	120	1550

印度洋海沟

名称	深度（千米）	宽度（千米）	长度（千米）
爪哇（巽他）	7.5	80	4500

图3.18　海沟的位置和大小

探索数据

计算太平洋中各海沟的平均深度、平均宽度和平均长度，并将实际值与平均值进行比较。

3.3.3.1 太平洋火环

太平洋火环/环太平洋火山地震带（Pacific Ring of Fire）位于太平洋边缘。在环太平洋地区，普遍存在汇聚型板块边界，因此成为全球绝大多数活火山和大地震的发生地。南美洲西海岸是太平洋火环的一部分，包括安第斯山脉和秘鲁－智利海沟，在该区域的剖面图（见图3.19）中，可见汇聚型板块边界位置的巨大高差（深海沟和高火山弧）。

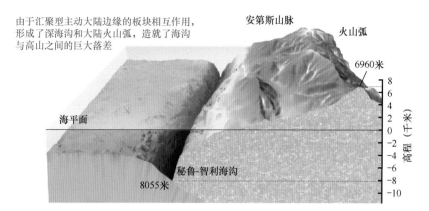

由于汇聚型主动大陆边缘的板块相互作用，形成了深海沟和大陆火山弧，造就了海沟与高山之间的巨大落差

安第斯山脉

火山弧

6960米

海平面

秘鲁-智利海沟

8055米

图 3.19　秘鲁－智利海沟和安第斯山脉透视图。秘鲁－智利海沟距安第斯山脉仅 200 千米，但最高山至最深海之间的落差超过 14900 米。垂向比例放大了约 15 倍

简要回顾

　　深海沟和火山弧主要位于太平洋边缘（太平洋火环），与汇聚型板块边界的两个板块碰撞密切相关。

小测验 3.3　描述深海盆地的海底地貌特征

❶ 描述深海平原的形成过程。

❷ 讨论深海平原上各种火山峰的成因，包括海山、海底平顶山和深海丘陵。

❸ 海底峡谷和海沟有什么区别？

3.4　洋中脊存在哪些地貌特征？

　　洋中脊具有全球属性，几乎穿越了地球上的所有海洋盆地，相当于一条遍布裂缝的连续山脉。如图 3.20 所示，北大西洋发现的洋中脊隶属于大西洋中脊（Mid-Atlantic Ridge），规模足以傲视所有陆地山脉。如第 2 章所述，洋中脊源自离散型板块边界的海底扩张过程，见第 2 章中的图 2.15。洋中脊规模巨大，形成了地球上最长的山脉，在深海盆地中延伸约 75000 千米，平均宽度约为 1000 千米，地势平均高出周围海底约 2.5 千米。洋中脊只包含少数几个高出海面的分散岛屿，如冰岛和亚速尔群岛。值得注意的是，洋中脊在地球表面的覆盖率约为 23%。

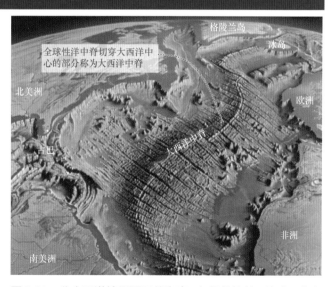

全球性洋中脊切穿大西洋中心的部分称为大西洋中脊

格陵兰岛

冰岛

北美洲

欧洲

古巴

大西洋中脊

非洲

南美洲

图 3.20　北大西洋崎岖不平的海底。如果能够抽干海水，北大西洋海底就是此般模样。垂向放大约了 20 倍

洋中脊全部为火山岩，由洋壳特有的玄武质熔岩构成，顶部沿线大部分为海底扩张（裂谷作用）形成的中央下沉裂谷（Rift Valley），两个板块在此分离（见图 2.14 和图 2.15）。例如，大西洋中脊存在一个中央裂谷，宽约 30 千米，深约 3 千米。在这里，熔融岩石上升至海底，引发地震，造成过热海水喷射，最终固化形成新洋壳。在中央裂谷中，可以见到许多裂缝（裂隙）和断层。由于岩浆不断注入海底，断层沿线也时常发生塌陷，中央裂谷带频繁发生大量小型地震。

海岭和海隆是洋中脊的两种不同地貌类型，海岭/海脊（Oceanic Ridges）具有突出的裂谷和陡峭、崎岖的斜坡，海隆（Oceanic Rises）的斜坡则平缓且不甚崎岖。如第 2 章所述，之所以出现这种整体形状差异，主要是由于海岭（如大西洋中脊）比海隆（如东太平洋海隆）的扩张速度慢，见第 2 章中的图 2.19。

3.4.1 火山地貌特征

在与洋中脊相关的火山地貌特征中，既包括近代水下熔岩流，又包括"海山"（见图 3.21a）等高大火山。在许多案例中，研究人员发现随着板块的扩张及分离，最初形成于洋中脊顶部沿线的海山一分为二。枕状熔岩（Pillow Lavas）或枕状玄武岩（Pillow Basalts）是与洋中脊相关的典型水下火山地貌特征，像居家所用的枕头一样光滑圆突，如图 3.21b 和图 3.21c 所示。在枕状玄武岩的形成过程中，炽热的玄武质熔岩溢出至海底并暴露于冰冷的海水中，海水随即迅速冷却并固化熔岩边缘，黏性熔岩流最终呈现出光滑圆突特征。

(a) 东太平洋海隆部分区域透视图，基于声呐进行绘制，显示了海底火山（即海山）。颜色代表海底水深，左缘色标为水深图例（单位为米），垂向夸大了 6 倍

(b) 东太平洋海隆沿线近期形成的枕状熔岩。在约 3 米见方的海底区域中，出现了标识深海海流成因的波痕

(c) 这里的枕状熔岩曾经位于海底，后来由于地壳抬升等原因，才出现在加利福尼亚州圣路易斯港的陆地之上。在这张照片中，单个枕状体的最大宽度为 1 米

图 3.21 洋中脊火山和枕状熔岩

洋中脊沿线的火山活动极为常见。实际上，全球约 85%的火山活动发生在海底，每年约有 12 立方千米的熔岩在水下喷发，仅洋中脊沿线喷发的熔岩数量，每 3 秒就能填满一个奥运会标准的泳池！例如，经过对华盛顿州和俄勒冈州附近的胡安德富卡海岭开展测深研究，科学家们发现在 1981—1987 年间，最新喷发的熔岩数量就高达 5000 万立方米。在对该地区开展的后续调查中，人们发现洋中脊发生了许多变化，包括新火山地貌、新熔岩流及高达 37 米的深度变化。由于对胡安德富卡海岭持续不断的火山活动非常感兴趣，科学家们在那里建立了一个永久性海底观测系统。洋中脊的其他部分（如东太平洋海隆）也经历了频繁的火山活动，详情见科学过程 3.1。

3.4.2 热液喷口

在中央裂谷带中，还有一种地貌特征称为热液喷口（Hydrothermal Vents）。洋壳中通常存在一些裂隙和断裂，当海水沿此向下渗透并接近岩浆房时，冰冷的海水就会变成海底热泉，如图 3.22 所示。吸收热量和各种溶解物质后，海水就会通过非常复杂的管道系统，穿越洋壳并从海底向上喷出。基于喷出海水的不同温度及外观，可将热液喷口划分为如下 3 种类型：

- 低温喷口（Warm-Water Vents）：水温低于 30℃，喷出的海水色彩清亮。
- 白烟囱（White Smokers）：水温为 30℃～350℃之间，由于存在各种浅色化合物（如硫化钡），喷出的海水呈白色。
- 黑烟囱（Black Smokers）：水温高于 350℃，由于存在深色金属硫化物（Metal Sulfides，如铁、镍、铜和锌），喷出的海水呈黑色。

许多黑烟囱从高达 60 米的烟囱状结构中喷出（见图 3.22b），并且因与工厂烟囱喷出的烟雾相似而得名。当热液与冷海水混合时，溶解金属颗粒经常从溶液中析出，或者沉淀（Precipitate）为固体，然后附着于附近的岩石，最终形成固体矿物沉积。经过对这些沉积进行化学分析发现，这些矿物主要是各种金属硫化物，有时还包括重要的贵金属矿物沉积（如银和金）。

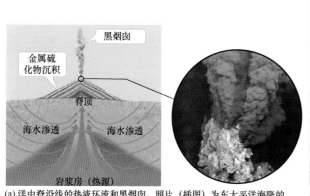

(a) 洋中脊沿线的热液环流和黑烟囱，照片（插图）为东太平洋海隆的某黑烟囱近景

(b) 西太平洋马努斯海盆北部活动区域的黑烟囱及裂缝，黑烟囱高约3米

图 3.22　热液喷口

此外，大多数热液喷口培育了不同寻常的深海生态系统，包括巨型管虫、大型蛤蜊、贻贝及其他许多生物。当人类首次面对这些生物时，几乎成为科学界的全新挑战。这些生物之所以能够在没有阳光的情况下生存，主要是因为细菌和古菌（最新发现的一种微生物）吸收了热液喷口释放的硫化氢气体，然后为各自群落中的其他生物提供食物来源。最新研究表明，深海热液喷口的生命周期非常短，通常只有几年到几十年，这对依赖热液喷口生存的生物具有重要意义。要了解与这些有趣生物群落相关的更多知识，请参阅第 15 章。

深入学习 3.1 地球的海陆起伏曲线：全球海洋和陆地一张图

地球的海陆起伏曲线（Hypsographic Curve）是另一种形式的等高（深）线，表现了陆地高度与海洋深度之间的关系，有助于说明很多问题。例如，在图 3A 中，条形图（左）给出了不同高度和深度范围的地表面积百分比，累积曲线（右）给出了从最高山峰到最深海洋的地表面积百分比。从左右两幅图中可以看出，地球表面约 70.8% 被海洋覆盖，海洋的平均深度为 3729 米，陆地的平均高度只有 840 米。这种差异可由第 1 章中介绍的均衡调整来解释，一定要记住"密度较小的陆壳在地幔中的漂浮位置要高于密度较大的洋壳（海洋之家）"，见第 1 章中的图 1.22。

在地球的海陆起伏曲线中，累积曲线（图 3A 右）包括 5 个不同的倾斜部分。在陆地上，第一条陡峭曲线代表高大山脉，接下来的缓坡代表低洼沿海平原（若继续延伸至近海，则为大陆边缘的浅水区）；在海平面以下，第一个斜坡代表大陆边缘的陡峭区域及多山的洋中脊，整条曲线中最长且最平坦的部分代表深海盆地，最后一条陡峭曲线代表海沟。

有趣的是，海陆起伏曲线的形状目前成了地球存在板块构造的证据。具体而言，在曲线的两个平滑部分和三个倾斜部分中，不同深度及高程位置的区域分布非常不均匀。如果地球不存在形成这些地貌特征的活动机制，那么各条形图的长度将大致相同，累积曲线也应是一条直线。事实则刚好相反，曲线变化说明板块构造与地表高（深）度的明显差异密切相关。例如，曲线的倾斜部分代表了山脉、大陆坡、洋中脊和深海海沟，所有这些地貌均形成于板块构造过程。有趣的是，有些科学家利用卫星数据来分析其他行星和卫星的海陆起伏曲线，以确定板块构造过程是否正在（或曾经）改变这些星球的表面。

你学到了什么？

1. 解释地球海陆起伏曲线的形状如何证明地球板块构造的存在。
2. 对于不存在板块构造的行星，海陆起伏曲线是什么样子？

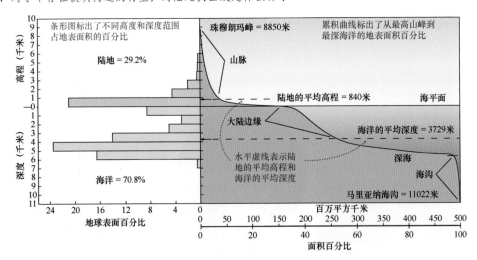

图 3A 地球的海陆起伏曲线

探索数据

对比陆地的平均高程（海平面上）与海洋的平均深度（海平面下），解释为何数值存在明显的差异？

科学过程 3.1 海底地震设备丢失的不寻常案例

背景知识

故事始于 2005 年，在加拉帕戈斯群岛以北的东太平洋海隆，沿仅有几平方千米的海底活跃区，科学家们安放了 12 台海底地震仪（OBS）。从体积和重量来讲，单台地震仪与小型冰箱相差无几。这些地震仪将在海底停留长达一年之久，目的是记录海底火山喷发形成的地震数据。一年后，研究人员返回原处，准备按计划回收这些仪器，然后安放其他仪器。考察船向这些地震仪发送了声呐信号，命令它们释放配重并利用浮球返回海面。但是，最后只有 4 台地震仪浮了上来，其他 8 台在哪里呢？

形成假设

海洋并非科学设备的理想家园，海中设备经常会因各种原因丢失，例如设计缺陷、内爆、电气故障甚至海洋生物的破坏等。但是这次不一样，当海洋学家们无法找回海底仪器时，他们提出了令人非常兴奋的一种大胆假设：丢失的那些仪器至少部分被最新水下熔岩流掩埋。如果确实如此，且能够在 2.5 千米深的海底找到被卡住的那些仪器，那么将是人类创纪录地首次实时记录到海底火山喷发过程。

设计实验

两个月后，科学家们携带一套配备摄像机的雪橇状设备，并将其拖在考察船后面调查海底，再次回到了这个地方。经过不懈努力，他们终于找到了 3 台地震仪，并且确认它们确实嵌入了最新形成的熔岩。但是，其余 5 台仪器踪迹全无，猜测可能被熔岩完全掩埋。他们尝试用雪橇状设备推松那 3 台地震仪，但始终无法成功。科学家们非常希望被卡住的地震仪能够记录海底熔岩流的相关数据，但也不得不等到一年后，才派出水下机器人"杰森"去解救这些仪器。通过在船上的指挥中心遥控杰森的摄像机和机械臂，人们最终希望能够撬开卡住地震仪的大块熔岩。在一顿猛拉之后，两台地震仪终于挣脱出来，在浮球设备的帮助下浮出水面。研究人员尝试解救第三台地震仪，但由于其卡在新熔岩中实在太紧，因此最终还是遗憾地选择放弃。

解释结果

回收的海底地震仪被炽热熔岩毁损得非常严重（见图 3B），不过这为研究人员提供了关于洋中脊火山作用的有用数据。研究这些数据及其他证据后，科学家们认为新鲜熔岩曾经连续喷发了 6 小时，使得其上的海水变热变黑，并沿洋中脊扩散了 16 千米。研究人员认为自己很幸运，偶然捕捉到了地壳撕裂的短暂瞬间，记录了大量海底地震、火山喷发以及地震仪卷入熔岩中的整个过程。

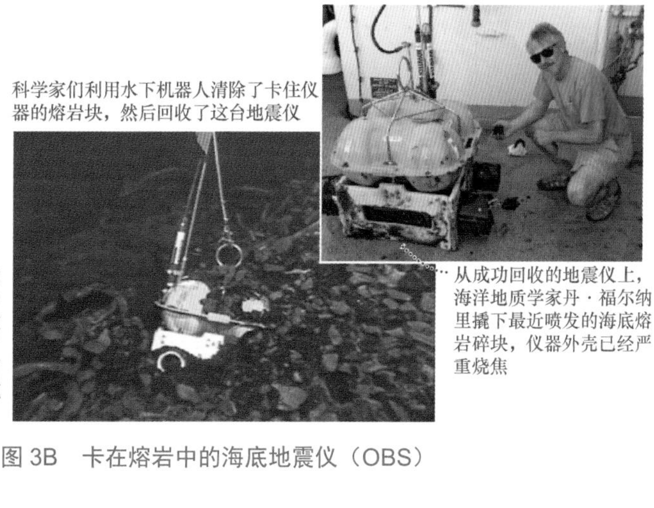

科学家们利用水下机器人清除了卡住仪器的熔岩块，然后回收了这台地震仪

2006年，在东太平洋海隆的海底区域，火山喷发将这台地震仪及其他几台仪器困在熔岩中。黄色塑料盖保护了通常用于使仪器上升到海面的玻璃钢浮球，并通过电缆连接到上面的其他浮球

从成功回收的地震仪上，海洋地质学家丹·福尔纳里撬下最近喷发的海底熔岩碎块，仪器外壳已经严重烧焦

图 3B　卡在熔岩中的海底地震仪（OBS）

下一步该怎么做？

为了采集水下火山喷发相关数据，除海底地震仪外，你还会配备哪些类型的海底仪器设备？

常见问题 3.3　洋中脊沿线的火山活动对海洋表面有什么影响？

有时候，水下火山喷发的规模非常大，足以形成所谓的高温"巨羽流"，由于密度低于周围海水而上升至海面。值得注意的是，当几艘考察船航行在海底火山喷发正上方海面时，受到了高温巨羽流的影响！据船上的研究人员描述，海面浮现出大量气泡和蒸汽，水温显著增高，海水由于充满火山物质而变得异常浑浊。此外，还有渔民报告说,他们见过漂浮在水面的一些热熔岩"气球",有些像冰箱那么大,然后冷却并下沉。仅就令海洋变暖而言,洋中脊释放到海洋中的热量可能不十分显著,主要是因为海洋非常善于吸收和重新分配热量。

简要回顾

洋中脊由板块分离而形成,通常包括中央裂谷、断层、裂缝、海山、枕状玄武岩、热液喷口和金属硫化物沉积等。

3.4.3 断裂带和转换断层

洋中脊被大量转换断层(Transform Faults)切割,使得扩张带发生错断。转换断层垂直于扩张带,洋中脊因此呈锯齿状,如图 3.20 所示。第 2 章介绍过,转换断层的成因有二:第一,调节线状海岭系统在地球椭球上的扩张;第二,洋中脊不同部位的分离速度各不相同。

在太平洋海底,沉积物覆盖凹凸地形的速度慢于其他海洋盆地,转换断层才有机会露出真身,如图 3.23 所示。在这里,它们沿洋中脊延伸了数千千米,宽度高达 200 千米。但是,这些扩展并非转换断层,它们只是断裂带(Fracture Zones)而已。

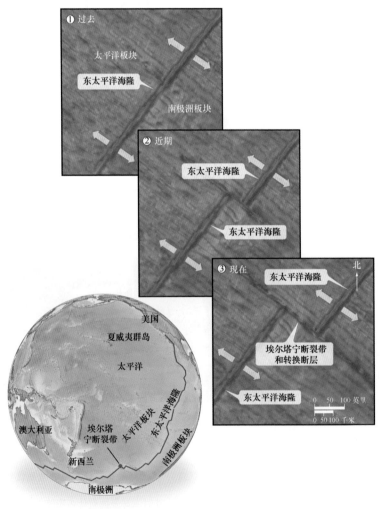

图 3.23 埃尔塔宁断裂带。在南太平洋埃尔塔宁断裂带的放大图中,显示了它与东太平洋海隆的关系及其时空演化特征。实际上,埃尔塔宁断裂带既是断裂带,又是转换断层,命名于人们理解现代板块构造过程之前

常见问题 3.4　有人见过枕状熔岩的形成过程吗？

非常神奇，真的有人见过！20 世纪 60 年代，在基拉韦厄火山喷发期间，某一水下电影摄制组前往夏威夷，冒险拍摄熔岩流入大海的奇观。他们勇敢地面对高温海水，冒着被炽热熔岩毁灭的风险，拍摄了一些令人难以置信的画面。在水下，熔融岩浆通过空心通道（熔岩管）喷出，融入海水而形成枕状熔岩。当炽热岩浆与冰冷海水接触时，就会形成边缘光滑圆润的枕状玄武岩。当潜水员用锤子敲击新形成的岩石薄壳时，破裂部位仍会有岩浆涌出。当前，夏威夷有几家商业潜水公司提供水下旅行服务，普通百姓也有机会观看熔岩流入大海的壮观景象。

转换断层和断裂带有什么区别呢？从图 3.24 中可以看出，二者均沿地壳中的相同长线状薄弱地带发育。实际上，在同一个薄弱地带的两端之间，断裂带变为转换断层，然后变回断裂带。转换断层是错开洋中脊轴部的地震活跃区域，断裂带是显示过去转换断层活跃证据的地震不活跃区域。在判断二者之间的差异时，最简单有效的方法是"转换断层发生在洋中脊错开的两段之间，断裂带出现在洋中脊错开的两段之外"。

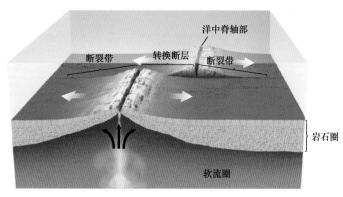

图 3.24　转换断层和断裂带。转换断层是洋中脊各段之间的转换型活动板块边界，断裂带是洋中脊各段之外的不活动板块内部地貌特征

通过判断与转换断层和断裂带相关各板块的相对运动方向，可以进一步区分这两种地貌特征的差异。在转换断层两侧，两个岩石圈板块反向运动；对于断裂带来讲，运动过程完全局限在一个板块内部，因为由断裂带切割的岩石圈板块各部分向同一方向移动，如图 3.24 所示。转换断层是实际板块边界，断裂带不是板块边界，而是嵌入板块内部的不活跃古老断层遗迹。

转换断层沿线的地震活动也与断裂带存在非常大的差异，两个板块反向运动通常会形成极浅层地震（深度小于 10 千米）。断裂带是在同向运动过程中撕扯单一板块，地震活动相对较少。表 3.1 总结了转换断层与断裂带之间的差异。

表 3.1　转换断层与断裂带之比较

	转换断层	断裂带
板块边界？	是，转换型板块边界	否，板块内部地貌特征
相对运动方向	反向运动	同向运动
地震？	大量	较少
与洋中脊的关系	位于洋中脊错开各段之间	位于洋中脊错开各段之外
地理实例	圣安德烈亚斯断层，阿尔卑斯断层，死海断层	门多西诺断裂带，莫洛凯断裂带

常见问题 3.5　既然黑烟囱温度这么高，为什么喷出的是热水而不是蒸汽？

实际上，黑烟囱喷出的水温可能是海水沸点的 4 倍，温度高到足以融化金属铅。但是，在发现黑烟囱的海洋深处，压力远高于海面，海水的沸点也要高得多。因此，热液喷口喷出的海水仍为液态，而不会变成水蒸气。

简要回顾

转换断层是洋中脊错开各段之间的板块边界，断裂带是洋中脊错开各段之外的板块内部地貌特征。

3.4.4 海洋岛屿

岛屿是海洋盆地中最有趣的地貌特征，从海底一直延伸至海平面以上的较高位置。海洋岛屿包括三种基本类型：（1）与洋中脊火山活动有关的岛屿，如大西洋中脊沿线的阿森松岛；（2）与热点有关的岛屿，如太平洋中的夏威夷群岛；（3）与汇聚型板块边界有关的岛屿，如太平洋中的日本群岛，如图 3.25 所示。注意，这三种类型的岛屿均为火山成因。此外，地球上还存在第四种岛屿，这些岛屿是大陆的组成部分，如欧洲以外的不列颠群岛。但是，这些岛屿靠近大陆海岸，并不是真正的海洋岛屿。

图 3.25　日本南部的西之岛是新近出现的火山岛屿。由连续性火山喷发及其他火山活动形成，最近一次喷发发生在 2017 年。该岛的面积为 2.7 平方千米，与汇聚型主动板块边界有关，目前仍在继续增长

简要回顾
> 板块构造过程是形成大多数海底地貌特征的主要原因。

小测验 3.4　描述洋中脊的海底地貌特征
❶ 描述洋中脊的属性特点和地貌特征，包括海岭与海隆的区别。
❷ 列出并描述不同类型的热液喷口。
❸ 与热液喷口相关的特殊生物有哪些？这些生物如何存活？
❹ 描述海洋岛屿的三种基本类型及其成因。
❺ 描述转换断层与断裂带的区别。

主要内容回顾

3.1　海洋测深技术有哪些？
- 水深测量不仅测量海洋深度，而且绘制海底地形图。在各种海底水深测量中，最先应用探空测深方法来测量水深。随着回声探测仪的快速发展，海洋科学家们对海底有了更为详细的了解。
- 目前，人类了解海底知识的主要途径为各种海洋测深技术，如多波束回声探测仪或侧扫声呐（绘制海底小面积区域的详细水深图）、海洋表面的卫星测量（制作全球海底地图）及地震反射剖面（调查地球海底结构）。
- 描述卫星为何仅对海洋表面进行测量，就能让海洋学家绘制出海底地图。
- 通过互联网查阅相关资料，描述现代大型渔船上的"探鱼器"的工作原理，说明这些技术与本章介绍的声呐技术相比如何。

3.2　大陆边缘存在哪些地貌特征？
- 被动型大陆边缘与任何板块边界不相关联，主要地貌特征包括大陆架、大陆坡和大陆隆。大陆架通常较浅，地势较低，坡度较缓，可能包含沿海岛屿、珊瑚礁和浅滩等地貌特征。陆架坡折处的

坡度陡然增大，标志着大陆坡与大陆架之间的边界。

- 海底峡谷深深切入大陆坡，类似于陆地峡谷，由浊流侵蚀而形成。浊流物质沉积在大陆坡底部，形成深海扇，最终合并成为缓缓倾斜的大陆隆。浊流沉积（浊积岩）具有典型的递变层理序列。
- 主动型大陆边缘具有与被动型大陆边缘相同的部分地貌特征，但是受到相关板块边界（汇聚型或转换型）的影响，与强构造活动密切相关，如地震、火山、高山甚至近岸深海沟。
- 凭借记忆绘制并描述被动型大陆边缘与主动型大陆边缘的差异，列举相应的真实案例、地貌特征及其与板块构造之间的关系。
- 在离岸 50 千米、水深 60 米的大陆架上，考古学家发现了人类史前聚居证据（如火堆遗迹和陶器碎片）。探讨为何具有这种可能性。

3.3 深海盆地存在哪些地貌特征？

- 大陆隆逐渐过渡为平坦、广阔的深海平原，形成于大量细粒沉积物的悬浮沉降过程。从深海平原的沉积物覆盖层中，许多火山峰拔地而起，包括火山岛、海山、海底平顶山和深海丘陵。在沉积速率较低的太平洋中，深海平原并没有得到广泛发育，海底区域主要为深海丘陵所覆盖。
- 许多大陆边缘存在称为海沟的深水线状裂痕，它们与汇聚型板块边界和火山弧有关。
- 哪个海洋盆地中发现的海沟最多？利用板块构造过程解释原因。
- 科尔特斯浅滩是著名的大型冲浪景点，距离南加州海岸约 170 千米。从图 3.11 中找到科尔特斯浅滩，讨论其是否是南加州大陆架的一部分。

3.4 洋中脊存在哪些地貌特征？

- 洋中脊是蜿蜒穿过所有海洋盆地的连续山脉，完全是火山成因。与洋中脊相关的地貌特征数量众多，主要包括中央裂谷、断层、裂缝、海山、枕状玄武岩、热液喷口、金属硫化物沉积和特殊生物等。在洋中脊的各个部分中，海岭陡峭崎岖，说明海底扩张缓慢；海隆倾斜平缓，地势起伏较小，说明海底扩张较快。
- 长线状薄弱带（断裂带和转换断层）切穿海底较长距离，并错动了洋中脊轴线。断裂带（板块内部地貌特征）沿同一方向运动，转换断层（转换型板块边界）则反向运动。
- 利用图片和文字描述，说明断裂带与转换断层之间的差异，指出哪种地貌特征更容易发生地震。
- 讨论陆地火山与洋中脊火山有何不同。

第 4 章　海洋沉积物

显微镜下的硅藻。硅藻体积微小，大量存活于海洋中。这张照片放大了数百倍，各种类型硅藻在显微镜下经过了精心排列

主要学习内容

4.1 了解海洋沉积物的采集过程及其揭示的历史事件

4.2 描述成岩沉积物的特征

4.3 描述生物沉积物的特征

4.4 描述水生沉积物的特征

4.5 描述宇宙沉积物的特征

4.6 介绍远洋沉积和浅海沉积的分布及其影响因素

4.7 列举海洋沉积物所蕴藏的各种资源

从海洋沉积物中，可以看到历史上的全部奇迹。

——《海洋：百年探索启示录》，沃尔夫·H·伯格，2009 年

为什么海洋学家对沉积物（Sediments）兴趣浓厚？表面看，海洋沉积物只是污泥、碎屑及其他残骸碎片，在悬浮沉降（Suspension Settling）过程中，从海水表层缓慢沉降并最终积聚在海底，如图 4.1 所示。但是，海洋沉积物蕴含了能够揭示地球发展历史的海量信息，例如在经历数百万年的岁月沧桑后，巨厚海底沉积物通常富含微生物化石，为研究海洋生物历史的地理分布提供了线索。在确定古代海洋环流模式、海底运动甚至全球生物灭绝事件的时间及严重程度等方面，海洋沉积物都非常有用。此外，海洋沉积物还揭示了地球以往气候的详细历史信息，为人们研究当今气候变化提供了重要参考。注意，与陆地上的任何物质都不相同，大量沉积物随着时间的推移而堆积在海底，构成了几乎连续（而不受干扰）的完美地球历史记录。本质上讲，海洋沉积物是地球上最大的历史博物馆，最起码能够呈现最近数百万年的地球历史。

图 4.1　海洋沉积物。在典型的深海海底视图中，可见厚层精细颗粒覆盖。在悬浮沉降过程中，这些颗粒缓慢沉降至海底。洼地、土丘和足迹来自海底生物，右下角的螃蟹体长约 10 厘米

随着时间的推移，这些沉积物会在成岩作用过程中转化为岩石，最终形成沉积岩。约半数以上的陆地出露岩石为沉积岩，它们在远古海洋环境中沉积，然后通过板块构造过程而抬升至陆地。有一点或许会令人感到惊讶，远离海洋的陆地最高山峰也含有海洋生物化石，说明这些岩石在地质历史时期起源于海底。例如，世界最高山峰（喜马拉雅山脉的珠穆朗玛峰）的顶峰主要由石灰岩构成，这是一种形成于海底沉积的岩石。

海洋沉积物颗粒来自岩石碎屑、生物残骸、溶解于海水中的矿物质甚至外太空，矿物组成成分和结构（Texture）即颗粒大小及形状是判断沉积物来源的重要线索。

本章首先简要介绍如何采集海洋沉积物，以及海洋沉积物揭示了哪些重要地球历史信息，然后逐项描述四种主要沉积物类型的特征、成因及分布（见表 4.1）。表 4.1 中涵盖了本章中的大部分内容，可用作专题导航图，帮助读者在了解海洋沉积物时组织信息。本章随后描述海洋沉积物的混合与分布，最后讨论海洋沉积物能够提供的资源。

对于四种主要沉积物类型（第 1 列），表格显示的重要内容包括组成成分（第 2 列）、来源/成因（第 3 列）和主要分布区域（第 4 列）等。

表 4.1　海洋沉积物的分类

类型	组成成分		来源/成因		主要分布区域
成岩沉积物	大陆边缘	岩屑，石英砂，石英粉砂，黏土	河流，海岸侵蚀，滑坡		大陆架
			冰川		高纬度地区的大陆架
			浊流		大陆坡，大陆隆，海洋盆地边缘
	远洋	石英粉砂，黏土	风沙，河流		深海平原及海洋盆地其他地区
		火山灰	火山喷发		
生物沉积物	碳酸钙/方解石（CaCO₃）	钙质软泥（极微小）	表层暖水	颗石藻（藻类） 有孔虫（原生生物）	低纬度地区，CCD（方解石补偿深度）以上海底，洋中脊沿线，海底火山峰顶部
		壳类及珊瑚碎屑（极微小）		肉眼可见的壳类生物	大陆架，海滨
				珊瑚礁	低纬度浅滩
	二氧化硅（SiO₂·nH₂O）	硅质软泥	表层冷水	硅藻（藻类） 放射虫（原生生物）	高纬度地区，CCD 以下海底，深部冷水上升至海面的上升区（尤其是赤道附近，由发散表面流所致）
水生沉积物	锰结核（锰、铁、铜、镍、钴）		化学反应直接从海水中沉淀溶解物质		深海平原
	海洋磷钙石（磷灰石矿物）				大陆架
	鲕粒（CaCO₃）				低纬度地区的浅滩
	金属硫化物（铁、镍、铜、锌、银）				洋中脊附近的热液喷口
	蒸发岩（石膏、岩盐及其他盐类）				低纬度地区蒸发量较高的较浅盆地
宇宙沉积物	铁－镍宇宙尘埃 玻璃陨石（石英玻璃）		宇宙尘埃		混合在所有类型的沉积物中，存在于所有海洋环境，但所占比例均很小
	铁－镍陨石		流星		流星撞击位置附近

4.1　海洋沉积物如何采集？揭示了哪些历史事件？

在研究海洋沉积物时，人类遇到的最大困难之一是很难从深海海底采集到充足的样品。截至目前，深海区域（特别是海底表面之下）海洋沉积物的采集难度依然不小。

4.1.1　海洋沉积物的采集过程

为了从深海采集适合分析的海洋沉积物，人们需要经历非常艰巨的工作过程。在海洋探测早期，人们通常采用称为"挖泥儿"的桶状装置，将待分析的沉积物从深海海底挖掘出来。但是，这种技术比较落后，存在许多局限性，例如经常无法正常工作，导致采集到空样；采样过程会扰动海底沉积物；只能采集海底表面样品。后来，人们将重力取芯器（顶部很重的空心钢管）推入海底，钻获了首批岩芯（Cores）。虽然重力取芯器可以钻取地表下的样品，但其穿透深度非常有限。现在，人们设计并制造了专用船只，通过旋挖钻井（Rotary Drilling）的方法来采集深海岩芯。

从 1963 年开始，美国国家科学基金会就资助了一项计划，旨在借助海洋石油工业领域的钻井技术，获取洋底表面之下较深部位的长岩芯。该计划联合 4 个主要海洋机构（加利福尼亚州的斯克里普斯海洋学研究所、佛罗里达州的迈阿密大学罗森斯蒂尔大气和海洋研究院、纽约州的哥伦比亚大学拉蒙特－多尔蒂地球观测站和马萨诸塞州的伍兹霍尔海洋学研究所），建立了地球深层取样联合海洋机构（Joint Oceanographic Institutions for Deep Earth Sampling，JOIDES），并且获得了几所著名大学海洋学系的加盟支持。

深海钻探计划（Deep Sea Drilling Project，DSDP）的第一阶段始于 1966 年，以格罗玛·挑战者号专用钻探船正式下水为标志。该钻探船配备了类似铁塔状的高大钻塔，可以钻入 6000 米深海底去采集岩芯。通过研究最初采集的岩芯，科学家们证实了海底扩张的存在，主要依据如下：（1）随着不断远离洋中脊，洋底年龄逐渐变老（见图 2.11）；（2）随着不断远离洋中脊，沉积物厚度逐渐增大（见图 4.24）；（3）在洋中脊两侧，洋底岩石记录的磁场极性倒转图案对称（见图 2.10）。

深海钻探计划最初由美国政府提供资助，1975 年成为国际化项目，联邦德国、法国、日本、英国和苏联也提供了财政和科学支持。1983 年，深海钻探计划更名为大洋钻探计划（Ocean Drilling Program，ODP），在得克萨斯农业与机械大学的组织实施下，20 个参与国共同开展了大陆边缘附近的巨厚沉积层钻探工作。

1985 年，格罗玛·挑战者号钻探船光荣退役，乔迪斯·决心号钻探船接过接力棒，如图 4.2 所示。这艘新船同样配备了能够开展旋挖钻井作业的高大金属钻塔，单根钻管的长度为 9.5 米，全部钻管拧在一起长达 8200 米。钻头安装于钻管末端，当被压实在海底并高速旋转时，可以钻进海底之下 2100 米深度。就像将快速旋转的吸管插入成层蛋糕一样，钻井作业过程会碾碎钻管外侧的岩石，同时将圆柱状岩石（岩芯样品）保留在空心钻管内。当岩芯随岩管提升至海面后，可将其切成两半，然后利用船载高精度实验设备进行分析。目前在全球范围内，人们利用这种方法钻取了 2000 多个海底钻孔，采集了如图 4.3 所示的大量岩芯样品，为科学家们提供了海底沉积物中记录的大量地球历史相关信息。

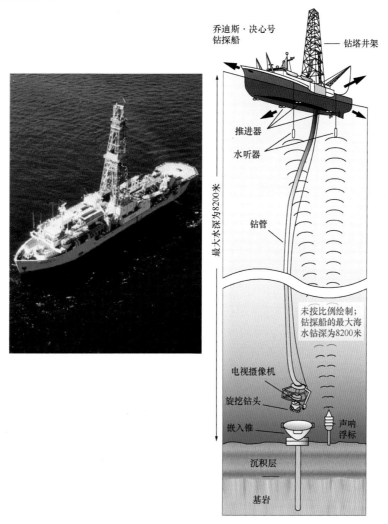

图 4.2　乔迪斯·决心号钻探船搭载的旋挖钻井装置。在推进器阵列的支撑下，当开展旋挖钻井作业时，乔迪斯·决心号钻探船（见照片）能够悬停在固定位置（见右图）

2003 年，大洋钻探计划被综合大洋钻探计划（Integrated Ocean Drilling Program，IODP）取代。2013 年，该计划的名称变更为国际大洋发现计划：探索海洋之下的地球（International Ocean Discovery Program: Exploring the Earth Under the Sea）。基于此项计划，各国科学家通力合作 50 余年，不断寻求恢复海底之下的地质数据和样品，以便进一步研究地球的历史和演化过程。此外，该项计划不再仅依靠一艘钻探船，而是同时利用多艘钻探船来开展海洋探测。例如，地球号新型钻探船于 2007 年正式下水，钻探能力远超其他任何科学钻探船，最深能够钻入海底 7000 米以上。科学家们不断升级搭载新钻井技术的钻探船，主要目标是能够钻得更深，最好能够钻穿地壳而抵达地幔。该计划的重要使命是收集岩芯，使科学家们能够更好地了解深部地壳的属性、深海海底的微生物学、地球气候变化模式和地震机制等。

4.1.2 海洋沉积物揭示的环境条件

海洋沉积物提供了关于地球历史状况的丰富信息。随着在海底不断地逐层堆积，沉积物保存了上覆海水中存在的物质及环境条件。仔细分析、解释采集自海底的沉积物柱状岩芯（见图 4.4），地球科学家们可以推断地球历史上的环境条件，如海表温度、营养盐供应、海洋生物丰度、大气风场、海流模式、火山喷发、生物灭绝事件、地球气候变化和构造板块运动等。实际上，在人类目前已掌握的关于地球历史的地质学、气候学和生物学等知识中，大多数是通过研究古代海洋沉积物获得的。

图 4.3　海洋沉积物岩芯。岩芯是从海底钻获的圆柱状沉积物和岩石样品，为便于开展后续的分析及测试工作，可将其从中间一分为二。最古老岩层位于岩芯底部，最年轻岩层位于岩芯顶部

图 4.4　检查深海沉积物岩芯。沉积物岩芯能够揭示地球演化过程中的有趣特征，如海洋生物的地理分布状况、海洋环流变化、重大生物灭绝事件和地球历史气候等

4.1.3 古海洋学

古海洋学（Paleoceanography）是海洋学的一门分支学科，主要基于海底沉积物来了解地球演化历史，研究地球历史上的海洋、大气和陆地如何相互作用，以及如何影响海洋化学、海洋环流、海洋生物和海洋气候等。例如，在近代古海洋学研究领域中，人们将深海环流改变与气候快速变化关联在一起。在北大西洋地区，含盐量较高的寒冷海水下沉，形成了北大西洋深层水。深层水在全球海洋中循环流动，推动着深海环流和全球热量输送，最终影响着全球气候变化。北大西洋海域是科学界公认的地球气候最敏感地区之一，从数百万年来的北大西洋海底沉积物可以看出，由于冰川融化引发海水注入量发生改变，该区域曾经发生过海洋－大气系统的突变。当今古海洋学面临的主要挑战之一，就是厘清气候突变的时间、机制和原因。

简要回顾

海洋沉积物积聚在海底，记录着地球的历史（包括环境条件）。

小测验 4.1　描述海洋沉积物的采集过程及其揭示的历史事件

❶ 参照表 4.1，列举并描述 4 种主要海洋沉积物的特征。

❷ 以乔迪斯·决心号钻探船为例，描述从深海海底获取岩芯样品的过程。

❸ 通过研究海洋沉积物岩芯，可以推断出哪些类型的历史环境条件？

4.2　成岩沉积物具有哪些特征？

成岩沉积物（Lithogenous Sediment）源自大陆或岛屿上已有的岩石物质，由风化侵蚀、火山喷发或扬尘等因素的影响形成。注意，成岩沉积物有时也称陆源沉积物（Terrigenous Sediment）或造岩沉积物。

4.2.1　成岩沉积物的成因

成岩沉积物的最初来源是大陆（或岛屿）上的岩石。随着时间的推移，风化（Weathering）营力（如水、极端温度或化学作用）将岩石撕碎成为更小碎块，如图 4.5 所示。岩石变成较小碎块后，更易在侵蚀（Erosion）过程中搬运。这种侵蚀物质是构成所有成岩沉积物的基本组成成分。

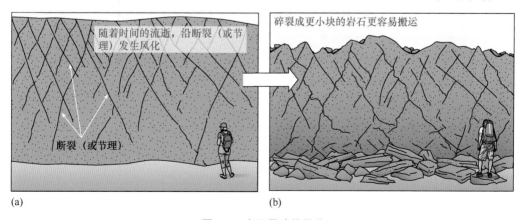

图 4.5　岩石露头的风化

通过河流、风、冰川和重力等营力的推波助澜，来自大陆的被侵蚀物质最终被搬运入海，如图 4.6 所示。每年仅河流就将约 200 亿吨沉积物搬运至地球的大陆边缘，其中亚洲约占 40%。

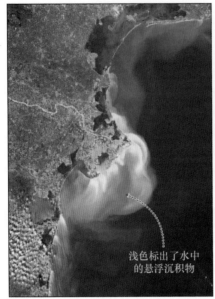

浅色标出了水中
的悬浮沉积物

(a) 河流：意大利的波河，发育有明显突出的
三角洲，水中可见沉积物羽流

(b) 风：沙尘暴逼近了澳大利亚的一个军事基地

暗色条带是岩石碎屑

(c) 冰川：位于阿拉斯加冰川湾国家公园的里格
斯冰川，暗色沉积物长条带称为中碛

(d) 重力：造成了山体滑坡，加利福尼亚州德
尔马

图 4.6　沉积物运移机制。照片显示了沉积物的各种搬运方式：(a)河流；(b)风；(c)冰川；(d)重力

　　在搬运过程中，沉积物能够在多种环境下沉积，如海洋附近的海湾（或潟湖）、河口三角洲、海滨沙滩或大陆边缘更远处。如第 3 章所述，在浊流的强力搬运下，沉积物还能从大陆边缘进入深海盆地。

　　大量成岩物质分布在大陆边缘，在海滨线沿线的高能海流（或深水浊流）的作用下，不断移动所在的位置。深水低能海流具有较好的分选性，精细颗粒充分沉淀于深海盆地中。对来自风吹尘（或火山喷发）的微小颗粒，甚至可被盛行风携带至开阔的大洋中，然后随着风速减弱而沉积入海，或者作为雨滴（或雪花）的核心而最终沉积在海底（以细小沉积层形式）。

4.2.2 成岩沉积物的成分

成岩沉积物的成分反映了物质来源。所有岩石均由矿物构成，矿物是具有不连续晶体结构的天然化合物。在地壳中，石英（Quartz）是数量最多、化学稳定性最强的一种矿物，由硅和氧两种元素构成，以二氧化硅的形式存在（与普通玻璃的成分相同）。石英是大多数岩石的主要成分，由于具有耐磨性，所以能够远距离搬运，并且可以沉积在远离源区之地。大多数成岩沉积（如海滩砂）主要由石英构成，如图 4.7 所示。

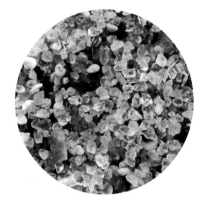

图 4.7　成岩海滩砂。在这张分选良好的显微照片中，成岩海滩砂主要由白色石英颗粒和少量其他矿物构成，产自新罕布什尔州的汉普顿北海滩，放大倍数约为 23 倍

在远离大陆的深海沉积物中，大多数成岩颗粒源于大陆亚热带沙漠地区，经盛行风作用席卷至此。在图 4.8 所示的地图中，海底表层沉积物中的成岩石英颗粒具体沉积在哪里，与非洲、亚洲和澳大利亚沙漠地区的强盛行风关系密切，且得到了沙尘暴卫星观测（图 4.8 中的插图）结果的证实。沉积物并非风力搬运的唯一物质，科学家们目前记录到了各种空气传播物质（包括病毒、污染物甚至活体昆虫），从非洲出发，一路穿越大西洋，最终抵达北美洲。

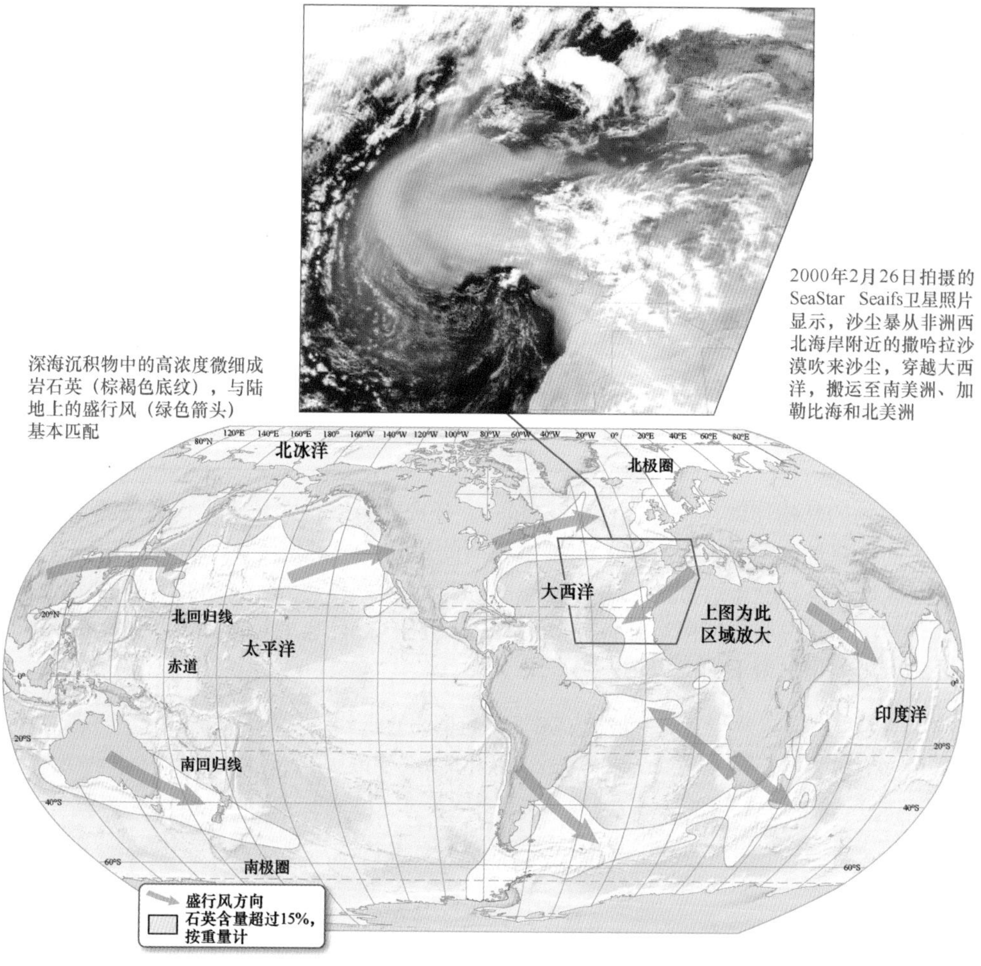

2000年2月26日拍摄的SeaStar Seaifs卫星照片显示，沙尘暴从非洲西北海岸附近的撒哈拉沙漠吹来沙尘，穿越大西洋，搬运至南美洲、加勒比海和北美洲
深海沉积物中的高浓度微细成岩石英（棕褐色底纹），与陆地上的盛行风（绿色箭头）基本匹配
北冰洋
北极圈
大西洋
上图为此区域放大
北回归线
太平洋
赤道
印度洋
南回归线
南极圈
盛行风方向
石英含量超过15%，按重量计

图 4.8　全球海洋表层沉积物中的成岩石英及风的搬运作用

4.2.3　成岩沉积物的结构

沉积物结构描述沉积颗粒的物理性质，但只是描述成岩沉积物的重要概念，并不适用于其他三种沉积物类型。沉积颗粒的粒度大小（Grain Size）是岩石沉积物结构的最重要组成部分之一。沉积颗粒也称颗粒、碎片或碎屑，按照温特沃兹粒度分级表/温氏粒度分级表（Wentworth Scale of Grain Size，见表4.2），颗粒粒度划分为巨砾（最大）、粗砾、中砾、细砾、砂、粉砂和黏土（最小）。沉积物搬运研究表明，沉积颗粒的粒度大小与沉积所需能量成正比。例如，在海浪作用强烈的地区（高能区域），沉积颗粒的粒度一般较大，主要包括巨砾、粗砾和中砾。反之，在低能区域及海流流速较慢的区域，沉积颗粒的粒度一般较小，主要为细砾、砂及粉砂。当黏土级颗粒（大多数扁平）发生沉积时，往往通过黏结力粘在一起，因此侵蚀和运移所需能量条件不仅与粒度大小有关，而且与高能条件密切相关。但是，在一般情况下，随着离岸距离的增加，成岩沉积物的粒度趋于变小，主要是因为近岸海域以高能搬运为主，深海盆地则存在低能条件。

在图4.6所示的实例中，不同搬运营力（或过程）会形成不同粒度大小的沉积颗粒。例如，在图4.6a中，河流将粗粒沉积物搬运至岸边附近，将细粒悬浮物质搬运并沉积至更远的海洋中；在图4.6b中，风沉积的物质通常为非常均匀的细粒砂，一般无法吹起较大颗粒物质，可谓是一种非常有选择性的搬运营力；在图4.6c和图4.6d中，搬运营力基本上不具有选择性，适用于各种尺寸的沉积颗粒，因此来自冰川和滑坡的沉积颗粒往往大小不一，从巨砾到黏土颗粒都有。

表 4.2　沉积物的温特沃兹粒度分级表

粒度范围（毫米）	颗粒名称	晶粒大小	示　　例	沉积环境能量
> 256	巨砾	粗粒	粗粒物质多分布于河流发源地附	高能
64～256	粗砾		近的河床以及某些沙滩	
4～64	中砾			
2～4	细砾			
1/16～2	砂		海滩砂	
1/256～1/16	粉砂		咀嚼时有砂粒感	
1/4096～1/256	黏土	细粒	微小，感觉有黏性	低能

（砾石）

```
0    10   20   30   40   50   60
|----|----|----|----|----|----|
             单位：毫米
```

成岩沉积物的结构还取决于分选性（Sorting）。分选性是衡量颗粒大小均匀性的量度，可以标识搬运过程的选择性。例如，对于由大小基本相同的颗粒组成的沉积物，分选性堪称优良，例如在海岸沙丘区域，风只能搬运特定大小的颗粒（见图4.6b）；另一方面，对含有各种不同大小颗粒的分选性较差沉积，说明能够搬运各种颗粒（从黏土到巨砾），典型示例如冰川搬运的沉积物（见图4.6c）和冰川融化时留下的沉积物。

常见问题4.1　风作为搬运营力的效率有多高？

进入大气的任何物质（包括沙尘暴产生的灰尘、森林火灾产生的烟尘、污染物微粒和火山喷发产生的火山灰）都会被风吹走，继而搬运并沉积至海底。风暴每年将大约30亿吨此种物质携至大气中，然后搬运至全球各地。这些颗粒物主要来自非洲的撒哈拉沙漠（数量多达3/4），一旦被卷入空中，就会穿越大西洋而继续飘扬（见图4.8）。这些灰尘大部分会落到大西洋中，因此当从撒哈拉沙漠顺风行驶的船只到达目的地时，船体上常常会落满厚厚的灰尘。还有一些灰尘落在加勒比海地区（那里含有的病原体与珊瑚礁的压力和疾病有关）、百慕大（多年的灰尘堆积形成了岛屿上的红壤）、亚马孙河（铁和磷令贫瘠土壤变得肥沃）及整个美国南部（一直可达新墨西哥州）。沙尘之中还含有细菌和农药，因为在强风暴的助力之下，非洲沙漠蝗虫也能穿越大西洋！

4.2.4 成岩沉积物的分布

海洋沉积类型包括浅海沉积和远洋沉积。浅海沉积（Neritic Deposits）分布于大陆架和岛屿附近的浅水区，通常粒度较粗；远洋沉积（Pelagic Deposits）分布于深海盆地，通常具有典型细粒结构。此外，海洋中的成岩沉积物分布广泛，至少有一小部分几乎遍布洋底。

4.2.4.1 浅海沉积

浅海沉积大多为成岩沉积物。成岩沉积物来自附近陆地上的岩石，主要由粗颗粒沉积构成，快速堆积在大陆架、大陆坡和大陆隆等位置。成岩浅海沉积包括海滩沉积、大陆架沉积、浊流沉积和冰川沉积等。

1. 海滩沉积

海滩沉积（Beach Deposits）由本地可用物质组成，主要成分是被河流冲刷并搬运至海岸的石英砂，同时包含各种大小和成分的其他物质，主要通过冲击海滨线的海浪进行搬运（风暴期间尤甚）。

2. 大陆架沉积

在末次冰期后期（约1万年前），冰川融化导致海平面上升，许多河流在淹没河口区域发生沉积，而非像以前那样将沉积物搬运至大陆架。因此在许多地区，覆盖大陆架的沉积物（称为残留沉积物）沉积于3000～7000年前，并没有被当前河流搬运的沉积物覆盖。目前，这些残留沉积物覆盖了全球约70%的大陆架。在其他地区的大陆架上，沙岭沉积的形成时代似乎要晚于末次冰期，而且形成于现有的水深条件下。

3. 浊流沉积

如第3章所述，浊流是水下"雪崩"，沿大陆坡周期性向下移动，不断切割海底峡谷。浊流也携带大量浅海物质，以深海扇形式散布，最终构成大陆隆，朝深海平原方向逐渐变薄。这些沉积称为浊流沉积（Turbidite Deposits），以递变层理为特征，如图3.12所示。

4. 冰川沉积

在高纬度地区，大陆架可能分布分选性不佳的沉积，粒度范围从巨砾到黏土不等。注意，高纬度地区是指远离赤道的地区（无论南北），低纬度地区是指靠近赤道的地区。这些冰川沉积（Glacial Deposits）形成于末次冰期，源自覆盖大陆架并最终融化的冰川。在南极大陆和格陵兰岛周围，现代冰川沉积正在通过冰筏作用（Ice Rafting）形成。在这一过程中，冰冻于冰川之中的岩石颗粒随冰山（从海岸冰川中分离）入海，当冰山逐渐融化后，各种大小的岩石颗粒被释放并沉入海底。

4.2.4.2 远洋沉积

大陆隆上浅海沉积物的浊流沉积还可能进一步外溢至深海盆地。但是，大多数远洋沉积由深海海底缓慢积聚的细粒物质构成，成岩沉积物颗粒主要来自火山喷发物质、风吹尘及深海海流搬运的细粒物质。

1. 深海黏土

深海黏土至少70%（按重量计）来自陆源黏土级颗粒。深海平原存在巨厚深海黏土沉积序列，主要成分为陆源沉积颗粒，由风或海流从遥远大陆搬运并沉积在深海海底。因为深海黏土含有氧化铁，通常呈红棕色或浅黄色，故有时称为红黏土（Red Clays）。在所有深海沉积物中，深海黏土的堆积速度最慢。深海黏土在深海平原中占据主导地位，不是因为沉积在海底的黏土数量多，而是由于其他物质太少，因此不会遭到稀释。

4.3 生物沉积物具有哪些特征？

生物沉积物（Biogenous Sediment）源自生物残骸。

4.3.1 生物沉积物的成因

生物沉积物的最初源头为生物体（如微小藻类、原生生物、鱼类及鲸）的硬体部分（如贝壳、骨骼及牙齿）。当具有硬体物质的生物死亡后，残骸沉积在海底并逐渐积聚成为生物沉积物。

生物沉积物可分为大型与小型两类。大型生物沉积物（Macroscopic Biogenous Sediment）的体型足够大，不用显微镜就能看到，包括贝壳、骨骼及大型生物的牙齿等。这种类型的沉积物在海洋环境中相对罕见，特别是在生物稀少的深水区，但是某些热带海滩除外（那里存在众多贝壳和珊瑚碎片）。相比较而言，小型生物沉积物/微生物沉积物（Microscopic Biogenous Sediment）数量更加丰富，包括只能通过显微镜才能看清的极小微粒。小型生物具有称为**甲壳/介壳**（Tests）的微小介壳，生物死亡后，甲壳开始下沉并降落至海底。当大量甲壳积聚在深海海底时，最终形成了一种称为软泥（Ooze）的沉积颗粒。软泥的黏稠度相当于掺了一半水的牙膏，就像赤脚漫步行走于深海海底时，脚趾之间会不时地挤出软滑的泥巴。顾名思义，软泥类似于非常细粒的糊状物质。从技术角度讲，生物软泥必须至少 30% 为甲壳物质（按重量计），那么其余 70% 是什么呢？通常是细粒成岩黏土，与深海中的生物甲壳共同沉积。单从体量来看，在海底沉积物中，小型生物沉积物比大型生物沉积物数量更多。

生物沉积物主要来源于藻类（Algae）和原生动物门（Protozoans）。藻类大多为水生、真核的光合生物，体积从微小单细胞到巨藻类大型生物不等（注意，真核细胞含有被核膜包围的真核）。原生生物是单细胞真核生物大家庭中的一员，通常是不进行光合作用的小型生物（即微生物）。

4.3.2 生物沉积物的成分

在生物沉积物中，两种化合物最为常见，即碳酸钙/方解石（$CaCO_3$）和二氧化硅（SiO_2）。当二氧化硅与水发生化学反应时，通常生成蛋白石（$SiO_2 \cdot nH_2O$）。

4.3.2.1 二氧化硅

在生物软泥中，大部分二氧化硅来自称为硅藻（Diatoms）的微型藻类和称为放射虫（Radiolarians）的原生生物。

硅藻需要进行光合作用，主要聚集在阳光充足的海水浅表层。大多数硅藻属于自由漂浮的浮游生物（Planktonic），表面具有二氧化硅保护层（相当于玻璃温室）。大多数物种都含有能够自由开合的甲壳，壳体的两部分严丝合缝，就像培养皿或药片盒一样，如图 4.9a 所示。在这些微小甲壳的表面布满了图案复杂的大量小孔，主要用于摄入营养盐和疏出排泄物。在海洋表面硅藻数量众多之地，下方海底通常积聚富含硅藻的巨厚软泥沉积。这些软泥固结后，就会形成硅藻土（Diatomaceous Earth），也称硅藻石或矽藻石，这是一种由硅藻甲壳和黏土构成的轻质白色岩石（见深入学习 4.1）。

放射虫是微小单细胞原生生物，大多数也是浮游生物。顾名思义，在放射虫的硅质外壳表面，通常具有长长的尖峰或硅质伪足，如图 4.9b 所示。放射虫不能进行光合作用，只能依赖外部食物来源，如细菌及其他浮游生物。放射虫的发育通常具有高度对称性，故经常被喻为"海中活雪花"。

当硅藻、放射虫及其他可分泌硅质的生物死亡后，大量硅质甲壳积聚在一起，最终形成**硅质软泥**（Siliceous Ooze），如图 4.9c 所示。

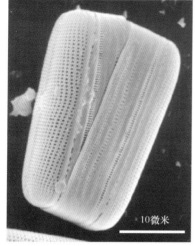 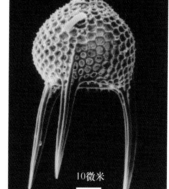 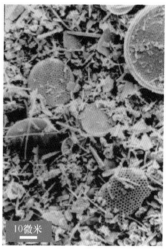

(a) 硅藻，硅藻甲壳的两个部分能够自由开合　(b) 放射虫　　　　　　(c) 硅质软泥，大部分碎屑为硅藻甲壳

图 4.9　显微镜下的硅质甲壳。各种硅质甲壳的扫描电镜照片

深入学习 4.1　硅藻：你可能从未听说的最重要物质

从高倍显微镜的观察与欣赏角度看，没有什么东西能比微型硅质外壳更漂亮。

——查尔斯·达尔文，1872 年

硅藻是微小的单细胞光合生物，单一个体均生活在保护性硅质甲壳中。硅质甲壳大多包含两部分，就像鞋盒及其盖子一样紧密结合在一起。1702 年，在显微镜的帮助下，人类首次详细地描述了硅藻，发现其甲壳样式精致，装饰有小孔、骨架及个别物种独有的放射状伪足。相关化石记录表明，地球上的硅藻最早出现在侏罗纪时期（1.8 亿年前），目前已鉴别出 7 万多种类型。

硅藻的寿命为几天至一周不等，繁殖方式为有性或无性，生活方式为独居或群居。硅藻不仅大量存活于海洋和某些淡水湖中，而且出现在许多不同的地点，如极地冰层下方、鲸的皮肤、土壤、温泉甚至砖墙上。

海洋硅藻死亡后，甲壳会像雨滴一样下沉并积聚在海底，最终形成硅质软泥。硅质软泥的硬化沉积称为硅藻土，厚度可达 900 米。硅藻土由数以亿计的微小硅质甲壳构成，具有许多不同寻常的特性，如重量轻、惰性化学成分、耐高温及过滤性能优异等。硅藻土可用于生产各种日常用品（见图 4A），主要用途包括：

- 过滤器（提纯糖类，滤除酒中的杂质，滤掉啤酒的泡沫，滤清泳池中的浑水）
- 软性研磨剂（生产牙膏、面部磨砂膏、火柴、家用清洁剂及抛光剂）
- 吸附剂（处理化学品泄漏，猫砂原材料，土壤改良剂）
- 化学载体（药品、油漆甚至炸药）

硅藻土还可作为许多其他产品的原材料，如光学玻璃（因为硅藻中的纯硅含量）、航天飞机隔热片（密度小且隔温效果好）、混凝土添加剂、轮胎填充物、防结块剂、天然杀虫剂甚至建筑材料等。

此外，有些人认为所有动物呼吸的绝大多数氧气均来自硅藻的光合作用过程。每个活体硅藻都含有少许油滴，硅藻死亡后，含有油滴的甲壳在海底不断积聚，孕育并逐渐形成石油沉积矿藏（加州近海石油即为此种类型）。

硅藻的实际应用非常之多，如果没有硅藻的话，很难想象人类生活将会变成什么样子！

图 4A 含有硅藻土或用硅藻土生产的产品

你学到了什么？

硅藻如此引人注目的几种原因是什么？列出含有硅藻土（或用硅藻土生产）的若干产品。

4.3.2.2 碳酸钙

碳酸钙生物软泥的两种重要来源是有孔虫（Foraminifers，放射虫的近亲）和颗石藻（Coccolithophores，一种微型藻类）。

颗石藻是单细胞藻类，多营浮游生活，具有碳酸钙质薄片或盾（20～30 个盾重叠，构成球形甲壳），如图 4.10a 所示。像硅藻一样，颗石藻也进行光合作用，因此需要阳光才能生存。颗石藻的体积极其微小，只相当于普通硅藻的 1/10～1/100（见图 4.10b），因此常称微型浮游生物（Nannoplankton）。

生物死亡后，各钙质薄片或盾（即颗石藻）发生分解，进而积聚在洋底而成为富颗石藻软泥。当这些软泥随着时间的推移而发生岩化时，就会形成一种称为白垩（Chalk）的白色沉积颗粒。白垩用途广泛，包括制作可在黑板上写字的粉笔。英格兰南部有一座白色悬崖，由富含颗石藻的坚硬钙质软泥构成，这些软泥原本沉积在海底，后来逐渐抬升并出露于陆地（见图 4.11）。与白色悬崖时代相同的白垩沉积极为常见，广泛分布于欧洲、北美洲、澳大利亚和中东等地，因此人们将形成这些沉积的地质年代称为白垩纪（Cretaceous）。

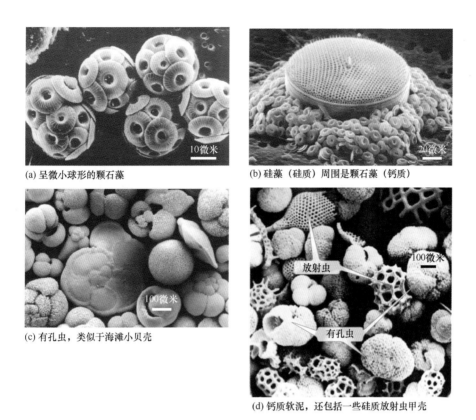

(a) 呈微小球形的颗石藻

(b) 硅藻（硅质）周围是颗石藻（钙质）

(c) 有孔虫，类似于海滩小贝壳

放射虫

有孔虫

(d) 钙质软泥，还包括一些硅质放射虫甲壳

图 4.10　显微镜下的钙质甲壳。各种钙质甲壳的扫描电镜照片（上）和显微照片（下图）

图 4.11　英格兰南部的白色悬崖。白色悬崖位于英格兰南部多佛附近，由富含颗石藻的坚硬钙质软泥（即白垩）构成。插图所示彩色图像为颗石藻，名为埃米利亚纳·赫胥黎（Emiliana huxleyi）

有孔虫为单细胞原生生物，多营浮游生活，体积大小不等（从小型到大型）。有孔虫不能进行光合作用，因此必须摄取其他生物。有孔虫具有保护性坚硬钙质甲壳，如图 4.10c 所示。大多数有孔虫均能生成分段或蜂窝状甲壳，所有甲壳末端都有一个明显的开口。虽然有孔虫的甲壳非常小，但与海滩常见的大贝壳无太大区别。

主要由有孔虫、颗石藻及其他可分泌钙质的生物甲壳构成的沉积称为钙质软泥（Calcareous Ooze），如图 4.10d 所示。

生物特征 4.1　从太空中能看到我和伙伴们！

埃米利亚纳·赫胥黎（Emiliana huxleyi）是全球著名的一种颗石藻类型，属于非常微小的光合藻类，具有方解石甲壳。在爆发性增长期间，颗石藻会向海水表层散发出非常明亮的蓝色，从太空俯视时令人赏心悦目。在条件合适的情况下，大量颗石藻甲壳会形成海底沉积。

4.3.3　生物沉积物的分布

生物沉积物是最常见的远洋沉积类型之一，海底分布状况受控于如下 3 个基本过程：（1）生产力；（2）破坏；（3）稀释。

生产力（Productivity）：指洋底以上表层海水中的生物数量。如果表层海水中存在大量生物，表明生物繁衍所支撑的生产力水平较高，形成生物沉积物的可能性就非常大；反之，如果表层海水中的生物数量稀少，表明其生产力水平较低，就不太可能在海底形成生物软泥。

破坏（Destruction）：指生物残骸（甲壳）在海水深处发生溶解。有时候，在下沉至海底之前，生物沉积物即已溶解；或者，在下沉至海底之后，溶解于成岩之前。

稀释（Dilution）：指由于其他沉积物的介入，生物沉积物在海洋沉积中所占的比例降低。例如，当其他类型沉积物介入后，生物甲壳物质被稀释至低于 30%，导致无法归类为软泥。稀释现象最常发生在浅海环境中，因为这些地带的粗粒成岩物质非常丰富，因此生物软泥在大陆边缘极为少见。

4.3.3.1　浅海沉积

在浅海沉积中，虽然成岩沉积物占据主导地位，但小型及大型生物物质也可能被纳入浅海成岩沉积。此外，在某些浅海区域，生物碳酸盐沉积也很常见。

1. 碳酸盐沉积

碳酸盐（Carbonate）矿物是指化学式中含有碳酸根（CO_3）的矿物，如碳酸钙（$CaCO_3$）。海洋环境中形成的主要成分为碳酸钙的岩石称为石灰岩（Limestones）。大多数石灰岩含有海洋贝壳化石，说明其为生物成因。还有一些含碳酸盐岩石直接从海水中形成，似乎没有任何海洋生物参与。从碳酸钙目前仍在沉积的现代环境（如巴哈马群岛、澳大利亚大堡礁和波斯湾）看，碳酸盐沉积主要形成于浅海暖水大陆架和热带岛屿周围的珊瑚礁及海滩。

海相碳酸盐沉积约占地壳总量的 2%，占地球上全部沉积岩的 25%。实际上，佛罗里达州及中西部各州（从肯塔基州到密歇根州，从宾夕法尼亚州到科罗拉多州）的下伏基岩均为海相石灰岩。当地下水流经这些沉积时，石灰岩在渗流作用下发生溶解，形成了很多落水洞，有时甚至形成非常壮观的溶洞。

2. 叠层石

叠层石（Stromatolites）具有层纹状构造，由碳酸盐薄层叠置而成，形成于特定的温暖浅水环境，如西澳大利亚鲨鱼湾的高盐潮池，如图 4.12 所示。蓝藻是一种简单、古老的生物，祖先可追溯至地球上最早的光合生物，通过表层黏液来捕获微细颗粒，最后形成叠层石沉积。其他类型的海藻可以形成长丝纤维，将碳酸盐颗粒缠绕结合在一起。就像树木生长时增加的年轮一样，这些海藻一层又一层地出现，最终形成一种球状构造。在过去的地质历史时期（特别是约 10～30 亿年前），条件非常适合叠层石的发育，因此该时期岩石中可见数百米厚的叠层石构造。

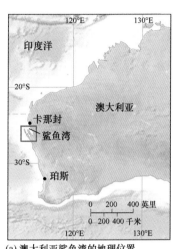

(a) 澳大利亚鲨鱼湾的地理位置

(b) 鲨鱼湾叠层石，形成于高盐潮池，最大厚度约1米

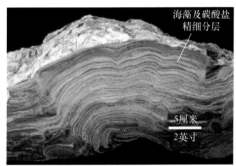

(c) 叠层石横断面示意图，内部发育有精细分层

图 4.12　叠层石。叠层石是一种球状藻垫，生长在温暖、高盐的浅水环境中，如澳大利亚的鲨鱼湾

4.3.3.2　远洋沉积

小型生物沉积物（软泥）常见于深海海底，由于距离大陆非常遥远，成岩沉积物较为稀少，难以对生物物质形成实质意义上的稀释。

1. 硅质软泥

在硅质软泥中，至少 30%为可分泌硅质的生物保留的甲壳物质。对于硅质软泥来讲，当主要成分为硅藻时，称为硅藻软泥；当主要成分为放射虫时，称为放射虫软泥；当主要成分为单细胞硅鞭藻（一种原生生物）时，称为硅鞭藻软泥。

在海洋中的任意深度，海水均为硅的不饱和溶液，意味着任何硅质固体颗粒遇海水都会缓慢溶解。实际上，如果活的硅藻、放射虫和硅鞭藻不努力创造硅质容器"甲壳"，它们自身也会发生溶解！因此，通过溶解在各种不同深度的海水中，硅质生物颗粒缓慢持续地"破坏"（即死亡生物甲壳缓慢沉降至海底）。不过，既然硅质软泥不断溶解，怎么可能又积聚在海底呢？较为合理的解释是"硅质甲壳的积聚速度快于海水的溶解速度"。例如，当许多甲壳同时下沉时，下方海底会出现硅质软泥沉积，如图 4.13 所示。下面进行一次模拟实验，尝试在一杯热咖啡的底部形成糖层。若将少许糖颗粒慢慢倒入咖啡杯，糖层基本上不会出现。但是，如果将一整碗糖颗粒倒入咖啡杯，杯底就会形成厚厚的糖层。同理，通过积聚比溶解更多的硅质甲壳，硅质软泥沉积就会在海底形成。当沉积埋藏在其他硅质甲壳之下时，由于不再暴露于海水的溶解作用中，因此得以保存下来。因此，在可分泌硅质生物高度发育（即生产力较高）地带，硅质软泥通常出现在表层海水之下的区域。

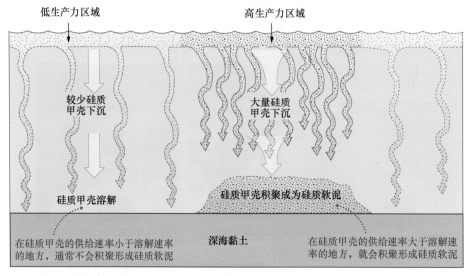

可分泌硅质的生物生活在阳光充足的表层海水中；
硅质软泥只积聚在高生产力区域之下

图 4.13 硅质软泥的积聚

2. 钙质软泥和方解石补偿深度

在钙质软泥中，至少 30% 为可分泌钙质的生物保留的甲壳物质。对于钙质软泥来讲，当主要

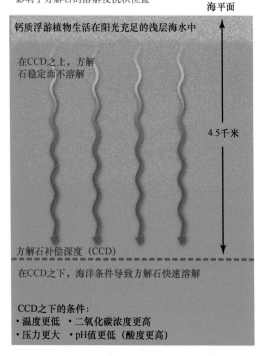

随着海水压力不断增大，CCD之下的海水性质发生改变，影响了方解石的溶解及沉积位置

海平面

钙质浮游植物生活在阳光充足的浅层海水中

在CCD之上，方解石稳定而不溶解

4.5千米

方解石补偿深度（CCD）

在CCD之下，海洋条件导致方解石快速溶解

CCD之下的条件：
· 温度更低　· 二氧化碳浓度更高
· 压力更大　· pH值更低（酸度更高）

图 4.14　CCD 之上和之下的海水特征

成分为颗石藻时，称为颗石藻软泥；当主要成分为有孔虫时，称为有孔虫软泥。抱球虫软泥是最常见的有孔虫软泥类型，广泛分布于大西洋和南太平洋；其他钙质软泥还包括翼足虫软泥和介形虫软泥，因其甲壳为沉积物主要成分的海洋生物而得名。

碳酸钙（方解石）的破坏（即溶解）随海水深度而改变。碳酸钙是一种与众不同的固体矿物，在冷水中能够更快溶解，在暖水中则刚好相反。此外，压力越大，溶解速度越快。因此，在相对温暖的海面和浅水区域，海水通常为碳酸钙的饱和溶液，因此方解石不会发生溶解。但是在深海区域，压力更大，海水更冷，二氧化碳含量更高，比较容易形成碳酸根，从而加速碳酸钙的溶解。

当海水到达某一深度时，若水压足够高，温度足够低，二氧化碳浓度足够高，刚好可以溶解碳酸钙，那么这一深度称为溶跃面（Lysocline）。在溶跃面之下，随着深度的不断加深，碳酸钙的溶解速率逐渐加快，最终抵达方解石补偿深度（Calcite Compensation Depth，CCD），如图 4.14 所示。由于方解石矿物由碳酸钙组成，因此方解石补偿深度也称碳酸盐补偿深度或碳酸钙补偿深度。在 CCD 及更

深处，由于方解石极易发生溶解，因此沉积物通常不含太多的方解石。即便是有孔虫的厚壳，也会在一或两天内溶解。从本质上讲，方解石只在从海底升起并延伸至 CCD 之上的海底山峰附近积聚，但在与山峰底部相关的较深位置处溶解。CCD 相当于海洋环境中的山峰之"雪线"，但山顶沉积是浅色方解石而非冰雪。

探索数据

假设某座水深为 8 千米的海山上升至距海面 3.5 千米内，请问方解石积聚在海山侧翼多深位置？

CCD 平均位于海平面以下 4500 米，具体取决于深海的化学成分。例如，在大西洋部分海域，CCD 可能深达 6000 米；在太平洋部分海域，CCD 可能仅为 3500 米。不同海洋的溶跃面深度也各不相同，平均值约为 4000 米。

在地质历史时期，由于大气中的二氧化碳浓度较高，海洋中溶解了更多的二氧化碳，使海洋变得酸性更强，同时导致 CCD 上升（见第 5 章）。目前，科学家经研究认为，由于人类活动释放了大量二氧化碳，海洋的酸度明显增加，对海洋生物产生了一定影响，详情请参阅第 16 章。

由于 CCD 的存在，现代钙质软泥一般很少出现在 5000 米深度以下。虽然如此，人们在 CCD 之下仍然发现了古代钙质软泥沉积。那么，钙质软泥为何会出现在 CCD 之下呢？必须满足一些必要条件，如图 4.15 所示。洋中脊是位于海底之上的正凸起地貌单元，虽然周围深海海底位于 CCD 之下，但洋中脊经常会上探 CCD 深度。因此，沉积在洋中脊顶部的钙质软泥不会溶解，但是由于海底不断扩张，导致新形成的海底及其顶部的钙质沉积物不断远离洋中脊，逐渐向更深的水域推进，最终被运移至 CCD 之下。这种钙质沉积物将在 CCD 之下溶解，除非被某些不受 CCD 影响的沉积（如硅质软泥或深海黏土）覆盖。

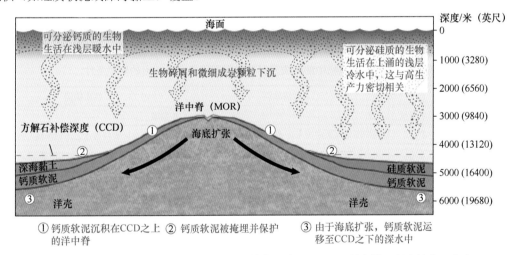

① 钙质软泥沉积在CCD之上的洋中脊　② 钙质软泥被掩埋并保护　③ 由于海底扩张，钙质软泥运移至CCD之下的深水中

图 4.15　海底扩张和沉积物积聚。当方解石补偿深度（CCD）、洋中脊、海底扩张、生产力和破坏之间满足一定条件时，钙质软泥即可现身于 CCD 之下

探索数据

在洋中脊两侧的海水表面，为什么一侧比另一侧的生产力更高？给出相关解释。提示：海水上涌过程发生在大陆边缘附近。

在现代海洋盆地的表层沉积物中，碳酸钙占比（按重量计）存在差异，如图 4.16 所示。在洋中脊沿线，钙质软泥的浓度非常高，有时甚至超过 80%；在 CCD 之下的深海盆地中，钙质软泥极为少见。例如，北太平洋是全球最深的海域之一，沉积物中的碳酸钙很少。在高纬度寒冷水域，由于可分泌钙质的生物相对不常见，沉积物中的碳酸钙也很少见。

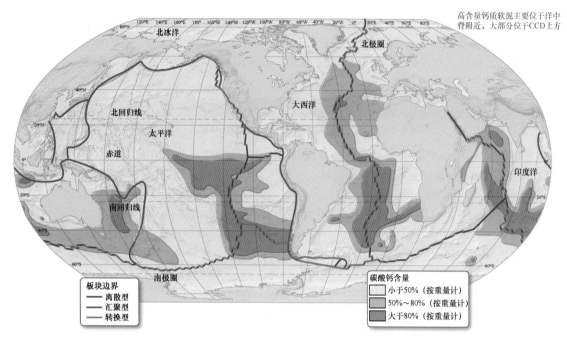

图 4.16　现代沉积物表层中的碳酸钙分布

通过研究硅质软泥和钙质软泥的发育情况，科学家们可以推断出环境条件，如表 4.3 所示。硅质软泥通常形成于表层冷水区域之下，包括深部海水上涌的某些区域，可为表层海水提供营养盐，刺激生物生产力的高速增长。另一方面，钙质软泥发育于表层暖水之下的海底较浅区域。

表 4.3　从表层沉积物中的硅质及钙质软泥沉积情况推断出的环境条件

	硅质软泥	钙质软泥
海底沉积之上的表层海水温度	寒冷	温暖
主要分布区域	高纬度地区表层冷水之下的海底	低纬度地区表层暖水之下的海底
其他因素	上升流将寒冷、营养丰富的深层海水运移至地表	钙质软泥在 CCD 之下发生溶解
其他分布区域	上升流区域之下的海底，包括赤道沿线区域	洋中脊沿线的低纬度区域，温暖表层海水之下的海底

简要回顾

生物沉积物源于古生物残骸。小型生物沉积物分布特别广泛，可形成海底软泥沉积。

小测验 4.3　描述生物沉积物的特征

❶ 描述生物沉积物的成因、组成成分和分布。

❷ 列出生物沉积物中最常见的两种化合物，分别列举小型生物成因的两个实例，描绘并标注这些生物。

❸ 从技术角度讲，生物软泥归类为软泥的必备条件是什么？所有软泥还含有其他哪些成分？

❹ 如果硅质软泥缓慢但持续地溶解在海水中，为什么硅质软泥沉积还能积聚在海底？

❺ 解释 CCD 之下钙质软泥的发育过程。

4.4　水生沉积物具有哪些特征？

水生沉积物（Hydrogenous Sediment）来自海水中溶解的物质。

4.4.1　水生沉积物的成因

海水中含有大量已溶解的物质，发生化学反应时，某些矿物就会析出或沉淀（Precipitate，从溶解状态变为固态）。沉淀现象的发生通常与条件改变密切相关，如海水的温度或压力发生变化，或者向海水中注入了化学反应性流体（如热液喷口附近）。此时，银和金等金属会从海水中析出，形成重要矿物沉积，就好比在制作冰糖时，首先要加热锅里的水，同时放入白糖。当白糖全部溶解后，将锅从火上移开，使糖水逐渐冷却，温度变化使白糖变得过饱和，最后形成沉淀物。当水完全冷却后，白糖可以沉淀在锅中的任何东西之上，如细绳或厨具等。

常见问题 4.2　夏威夷的黑色沙滩属于水生沉积物吗？

不属于。全球很多活火山都能形成黑色沙滩，主要由海浪冲击并撞碎黑色火山岩所致。由于主要组成物质来自大陆或岛屿，黑色沙滩应属于成岩沉积物。虽然熔岩有时会流入海洋，但由于熔岩不会在水中溶解，所以形成的黑色沙滩并不属于水生沉积物。

4.4.2　水生沉积物的成分和分布

虽然只占海洋沉积物总量的一小部分，但水生沉积物包含了许多不同成分，且分布在多种沉积环境中。

4.4.2.1　金属硫化物

金属硫化物（Metal Sulfides）沉积与洋中脊沿线的热液喷口和黑烟囱有关，含有不同比例的铁、镍、铜、锌、银及其他金属元素。在海底扩张过程中，这些沉积物不断远离洋中脊，逐渐散布于整个洋底，甚至被抬升至大陆之上。当前，陆地上发现的许多重要金属矿床沉积均源于深海热液喷口。

4.4.2.2　锰结核

锰结核（Manganese Nodules）是由锰、铁及其他金属构成的浑圆坚硬块体，直径一般为 5～20 厘米。将其切成两半时，通常可见化学沉积物绕核形成同心层状构造，如图 4.17a 和图 4.17b 所示。成核物质可能是其他物质的碎片，如成岩沉积物、珊瑚、火山岩、鱼骨或鲨鱼牙齿等。锰结核分布在广阔的深海平原沉积物之上，如在较为常见的 5 千米水深位置，锰结核可能覆盖约 60% 的海洋盆地。锰结核的密度有时高得惊人，每平方米经常出现约 100 个，极少数情况下可能更高（见图 4.17c），甚至能够盛满一个大型高尔夫球场。在锰结核的形成过程中，为了避免遭到掩埋，外部输入的成岩沉积物或生物沉积物的数量要相当低。

5厘米
2英寸

(a) 锰结核，有些被切成两半

(b) 棒球大小的锰结核切面特写，可以看到中心核与内部层状构造

(c) 南太平洋深海海底的某个区域，直径约4米，富含锰结核

图 4.17　锰结核

这些结核的主要成分是氢氧化锰（约占 30%，按重量计）和氢氧化铁（约占 20%）。锰是制造高强度钢合金的重要元素。锰结核中还存在其他次要金属元素，主要包括铜（制造电线、管道、黄铜及青铜）、镍（制造不锈钢）和钴（用作铁合金，制造强磁铁和钢制工具）等。虽然这些次要金属的含量（按重量计）通常低于 1%，但也可能会超过 2%，未来有望吸引人类更多的关注。

1872 年，英国皇家海军舰艇挑战者号在航行中首次发现了锰结核。自那时至今，锰结核的成因就一直困扰着海洋学家。如果锰结核确为水生沉积物且自海水中沉淀而形成，锰含量怎么可能如此之高？海水中的锰浓度极低，低到甚至无法准确测量！此外，为什么锰结核分布在海底沉积物的顶部，而没有被不断沉积的颗粒雨掩埋？

遗憾的是，没有人能明确回答这些问题。锰结核可能形成于一种目前已知的最慢化学反应，生长速率仅为 5 毫米/百万年。科学研究表明，锰结核的形成可能借助于细菌及一种至今尚未发现的海洋生物，这种生物可以间歇性地绕核升降及旋转。还有一些研究认为，锰结核并不是随着时间的推移而连续形成的，而是在特定条件（如低沉积速率的成岩黏土和强烈的深水海流）下快速形成的。注意，锰结核的体积越大，生长速度就越快。海洋化学界人士广泛认为，锰结核的成因是最令人感兴趣的悬而未决的难题。

4.4.2.3 磷酸盐

磷酸盐（Phosphates）是含磷化合物，主要富集在 1000 米以浅的大陆架和大陆坡，或者以薄层形式分布于岩石表面，或者以结核形式散布于海底。在这些沉积中，磷酸盐含量通常高达 30%（按重量计），说明在其积聚位置之上的表层海水中，必定存在非常丰富的生物活动。磷酸盐作为肥料很有价值，为了满足农业领域的需求，人们大量开采了远古海洋中的磷酸盐沉积。

4.4.2.4 碳酸盐

在海洋沉积物中，方解石和文石（Aragonite）是最重要的两种碳酸盐矿物，它们的主要成分均为碳酸钙（$CaCO_3$）。文石的晶体结构不太稳定，随着时间的推移，最终会转化为方解石。碳酸盐广泛应用于建筑领域，在水泥的生产过程中，常用作钙粉或抗酸剂。

如前所述，大多数碳酸盐沉积均为生物成因。但是，在热带气候下，水生碳酸盐沉积颗粒可直接从海水中沉淀而出，形成长度不足 2 毫米的文石晶体。此外，鲕粒（Oolites）是直径小于等于 2 毫米的方解石小球体，具有洋葱状分层结构，形成于碳酸钙含量较高的热带浅水区域。一般而言，鲕粒首先在"核"周围沉淀出来，继而在海浪作用下于海滩上来回滚动，体积逐渐变大。有些证据表明，某种藻类可能参与了鲕粒的形成过程。

图 4.18 蒸发盐覆盖在季节性池塘的底部。在加利福尼亚州死亡谷的季节性降雨后，高蒸发率导致盐类（白色物质）沉淀出来，形成了这片广袤的盐田

4.4.2.5 蒸发岩

蒸发岩矿物（Evaporite Minerals）通常形成于蒸发率较高（干旱气候）且海洋环流不畅的区域，如地中海海域。地中海海底发育有巨厚蒸发岩沉积，表明地中海在过去某个时期曾经完全干涸。在气候干旱地区，随着海水的不断蒸发，残余海水变为溶解矿物的过饱和溶液，开始沉淀出来（变为固态）。由于密度大于海水，这些矿物下沉至海底，或者环绕这些区域边缘形成白色外壳，如图 4.18 所示。这些蒸发岩矿物统称为盐，有些盐（如石盐即普通食用盐）味道较咸，还有些盐（如硫酸钙矿物硬石膏和石膏）则不咸。

4.5　宇宙沉积物具有哪些特征？

宇宙沉积物（Cosmogenous Sediment）源自外太空。

4.5.1　宇宙沉积物的成因、成分和分布

　　在海底沉积物中，宇宙沉积物所占比例极小，但非常重要，主要包括两类：小型宇宙尘埃（Spherules）和大型陨石/流星（Meteor）碎片。

　　宇宙尘埃是微小的球粒物质。一部分宇宙尘埃由硅酸盐岩构成，相关证据表明，当地球或其他行星遭到外部天体撞击时，熔融碎片物质喷射到太空中，最终形成宇宙尘埃。当这些熔融的玻璃陨石（Tektites）坠落至地球后，主要散布在若干玻璃陨石散落区。另一部分宇宙尘埃主要由铁和镍元素构成，形成于小行星之间的相互碰撞，主要分布在火星与木星轨道之间的小行星带中，如图 4.19 所示。在地球引力的作用下，这类物质不断穿越大气层而坠入地球，形成普通宇宙尘埃或微型玻璃陨石。当微型玻璃陨石进入大气层时，约 90%由于摩擦加热而消失；据美国航空航天局估算，降落至地球表面的宇宙尘埃多达 100 吨/天！富铁的宇宙尘埃降落到海洋中后，通常会被海水溶解。但是，玻璃陨石不易溶解，有时还会成为各种海洋沉积物的微小组成部分。

图 4.19　小型宇宙尘埃。富铁宇宙尘埃的扫描电镜照片。注意，50 微米约为人类头发直径的一半

50微米

　　地球上的大型陨石碎片并不多见，主要出现在流星撞击地面的相关位置。相关证据表明，从古至今，众多流星以极快的速度与地球相撞，某些较大流星撞击释放的能量相当于多颗大型核弹爆炸。迄今为止，人类已经在地球上发现了 200 多个陨石撞击构造，大多数位于陆地，洋底新近也有发现，参见科学过程 4.1。流星产生的碎片称为陨石（Meteorite）物质，它们在撞击地点周围沉淀，或者由硅酸盐岩物质构成（称为球粒陨石），或者由铁和镍元素（称为铁陨石）构成。

常见问题 4.3　科学家们如何辨别宇宙沉积物？

　　与其他类型的沉积物相比，宇宙沉积物不仅构造不同，而且组成成分也不一致。宇宙沉积物既可由硅酸盐岩组成，又可由富铁元素组成，两者均为成岩沉积物的常见组成成分。但是，标识熔融特征的玻璃陨石具有独特的宇宙成因，富铁球粒陨石也是如此，如图 4.19 所示。从组成成分上看，与其他来源的微粒相比，来自外太空的宇宙微粒通常含有更多的镍元素。在地球早期历史的密度分层过程中，地壳中的大多数镍元素已沉降至地表以下。

科学过程 4.1　恐龙灭绝：白垩纪－第三纪灭绝事件

背景知识

大约 6600 万年前，恐龙和地球上约 75% 的动植物物种（包括许多海洋物种）发生了大规模灭绝。由于发生在白垩纪（K）与第三纪（T）之间，因此称为白垩纪－第三纪灭绝事件（K-T 事件）。近期，由于地质年代表发生了一些变化，第三纪已遭弃用，这次事件可相应地改为白垩纪－古近纪灭绝事件（K-Pg 事件）。那么，究竟是漫长气候变化导致了生物灭绝，还是单纯发生了灾难性事件？物种灭绝与疾病、饮食、捕食或火山活动有关吗？地球科学家们一直在努力尝试解开这个谜团。

形成假设

1980 年，地质学家沃尔特·阿尔瓦雷斯、诺贝尔物理学奖获得者路易斯·阿尔瓦雷斯（前者之父）和两位核化学家（弗兰克·阿萨罗和海伦·米歇尔）共同发布报告称，在他们于意大利北部 K-T 边界收集的海洋沉积中，含有一层不同寻常的黏土，金属元素铱（Ir）的含量非常高。铱是一种稀土元素，主要富集在陨石中，说明黏土中的矿物可能来自外太空。此外，黏土层含有大量冲击石英颗粒，说明曾经发生足以令石英碎裂及部分熔融的某个事件。在 K-T 边界的其他沉积中同样发现了类似特征，支持了"在恐龙死亡的相同时期，地球曾经历了外部天体撞击"的假说。

但是，陨石撞击假说面临一个问题：地球火山喷发时，在喷出的尘埃中，同样可能形成富含铱元素和冲击石英颗粒的黏土沉积。实际上，在恐龙灭绝的大约同一时期，印度及其他地区的玄武质火山岩（称为德干暗色岩）曾经大量喷涌。另外，如果确曾发生过灾难性陨石撞击，那么陨石坑在哪里呢？

20 世纪 90 年代初，基于结构构造、时代和规模等因素的考虑，科学家们将位于墨西哥湾尤卡坦海岸附近的希克苏鲁伯陨石坑（190 千米宽）确定为可能的候选位置。据研究推测，一个由岩石和/或冰构成的天外来客（10 千米宽）不期而至，高速（72000 千米/小时）且猛烈地撞击了地球（见图 4B），形成了规模如此巨大的陨石坑。天体撞击引发的巨大海浪估计超过 900 米高，而且迅速波及整个海洋；大量尘埃及碎片飘扬至空中，遮天蔽日，限制了光合作用，使地球表面的温度明显降低，进而导致恐龙及其他许多物种灭绝；天体撞击还会形成酸雨和全球性火灾，进一步加剧了全球环境灾难。

设计实验

1997 年，通过研究从海底回收的沉积物岩芯，科学家们发现了可支持陨石撞击假说的证据。以前，当人们在撞击地点附近打钻时，并未揭示出任何 K-T 沉积。显然，在陨石撞击及由此产生巨浪的冲击下，撞击地点附近的海底沉积物被剥离。但是，在距离撞击地点 1600 千米远的地方，这次灾难的沉积物（如富含铱的黏土层）则保存在海底沉积物中。

解释结果

从这次 K-T 陨石撞击及 2016 年采集的其他岩芯等确凿证据中，可以判断地球在地质历史时期经历了许多次这样的天体撞击。统计数据显示，大约每隔 1 亿年，地球上就会发生一次类似规模的 K-T 事件，严重影响了地球上的生命物种（如恐龙）。这一频率与化石记录一致，化石记录表明在过去 5 亿年里，地球发生了 5 次大灭绝事件。

下一步该怎么做？

在陨石撞击产生巨浪期间所沉积的海岸岩石序列中，你希望找到什么样的证据？

图 4B　白垩纪-第三纪（K-T）陨石撞击事件

4.6　远洋沉积及浅海沉积如何分布？

海洋是海纳百川之地，成岩沉积物和生物沉积物极少为绝对纯净的沉积，或多或少地包含其他类型的沉积物。因此，海洋沉积物大多以混合物形式出现。

4.6.1　海洋沉积混合物

海洋沉积混合物在地球上极为常见，通常由各种类型的沉积物按不同的比例构成。基于下列特征及属性，海洋学家将海洋沉积物划分为多种类型：

- 全球存在大量黏土级成岩颗粒，容易被风和海流搬运，可参与每种类型的沉积物。
- 在大多数成岩沉积物中，均含有少量生物碎屑。
- 在生物软泥的组成成分中，细粒成岩黏土占比最高可达 70%。
- 大多数钙质软泥含有部分硅质物质，反之亦然，如图 4.10d 所示。
- 水生沉积物存在多种类型。
- 宇宙沉积物较为少见，但与其他各种类型沉积物均有混合。

虽然海底的沉积矿床是由不同类型沉积物构成的混合物，但通常会以某种沉积物为主体，据此可将该沉积划分为成岩沉积物、生物沉积物、水生沉积物或宇宙沉积物。图 4.20 中显示了被动大陆边缘的沉积物分布情况，图解说明了不同类型沉积物的变化规律（由浅水至深水），展现了海洋沉积混合物的形成过程。

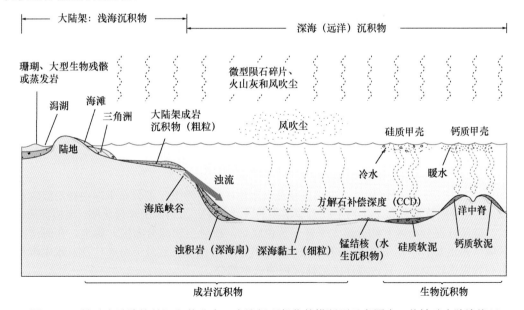

图 4.20　被动大陆边缘的沉积物分布。在这幅理想化的横断面示意图中，从被动大陆边缘延伸至洋中脊，展现了各种沉积物类型及其分布

虽然大多数海洋沉积物是多种类型沉积物的混合物，但通常以成岩、生物或水生物质为主。

4.6.2 浅海沉积

在整个洋底中，浅海（近滨）沉积覆盖了约 1/4，远洋（深海盆地）沉积覆盖了其余 3/4，具体分布情况如图 4.21 所示。粗粒成岩浅海沉积主要分布在大陆边缘地区（深棕色底纹），这不奇怪，因为成岩沉积物主要来自附近大陆。在浅海沉积中，通常含有生物、水生及宇宙沉积物颗粒，但这些颗粒只占沉积物总量的一小部分。

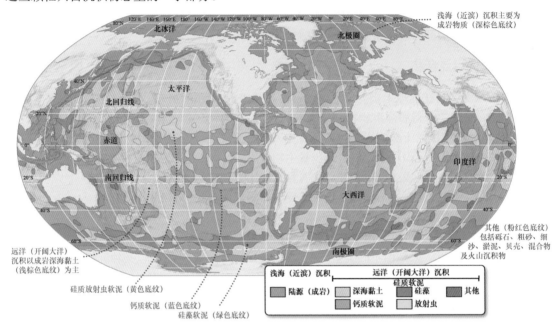

图 4.21　浅海（近滨）沉积物和远洋（深海）沉积物的分布

常见问题 4.4　海底是否存在未被沉积物覆盖的区域？

就像家中的灰尘时刻无处不在一样，各种类型的沉积物几乎积聚在海底的所有区域，因此海洋沉积物通常称为海洋尘埃。即便是在远离大陆的深海海底，通常也存在少量的风吹尘、微生物碎屑及宇宙尘埃。不过，在海洋中的某些地方，沉积物确实很少积聚，主要包括：（1）新西兰以东的南太平洋空阔带，各种因素限制了那里的沉积物积聚；（2）大陆坡沿线，浊流及其他深海海流侵蚀强烈；（3）洋中脊沿线，海底年龄非常年轻（因为海底扩张），而且沉积物积聚速度非常慢（因为远离大陆），所以没有足够的时间来积聚沉积物。

4.6.3 远洋沉积

如图 4.21 所示，远洋沉积以生物钙质软泥（蓝色底纹）为主，多分布于洋中脊沿线较浅的深海区域。生物硅质软泥分布于生物生产力非常高的区域之下，如北太平洋最北端、南极洲周边（绿色底纹，硅藻软泥分布区）和赤道太平洋（黄色底纹，放射虫软泥分布区）等地。在海洋盆地的较深区域（如北太平洋），深海黏土的细粒成岩远洋沉积（浅棕色底纹）分布广泛。水生沉积物和宇宙沉积物则比较少见，只占海洋中远洋沉积的一小部分。

图 4.22 中显示了各个洋底的远洋沉积覆盖比例，包括深海黏土、钙质软泥和硅质软泥。从全球海洋（全部海洋合并）饼状图可以看出，钙质软泥是全球最主要的远洋沉积物，共覆盖了约 45% 的深海海底；深海黏土约占全球洋底区域的 38%；硅质软泥约占全球洋底区域的 8%。如果查看单个饼状图，就会发现海洋盆地越深，钙质软泥覆盖海盆底部的数量越少，因为海盆底部逐步降至

方解石补偿深度（CCD）之下。在全球最深的北太平洋海盆中，海洋沉积物以深海黏土为主，如图 4.21 所示；在相对较浅的大西洋和印度洋中，海洋沉积物以钙质软泥为主；硅质软泥覆盖的洋底比例较小，因为形成硅质甲壳生物的高生产力区域通常仅限于赤道附近（放射虫），以及南极洲周边和北太平洋等高纬度区域（硅藻）。在浅海沉积和远洋沉积中，特定海洋沉积物的平均沉积速率如表 4.4 所示。

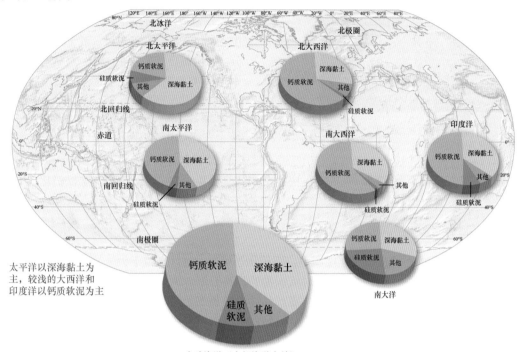

图 4.22　各大洋中的远洋沉积物类型。从全球地图及相关饼状图中，可知 3 种主要远洋沉积物类型（深海黏土、硅质软泥和钙质软泥）覆盖深海海底的相对数量。全球海洋饼状图（左下）显示了所有海洋合并后的数据

表 4.4　各种海洋沉积物的平均沉积速率

沉积物的沉积类型	平均沉积速率（每 1000 年）	1000 年后的沉积厚度
粗粒成岩沉积物，浅海沉积	1 米	1 根米尺的长度
生物软泥，远洋沉积	1 厘米	10 分硬币的直径
深海黏土，远洋沉积	1 毫米	10 分硬币的厚度
锰结核，远洋沉积	0.001 毫米	尘埃微粒

探索数据

利用表 4.4 中的沉积速率计算沉积 1 米厚的生物软泥的时间。沉积 1 米厚的深海黏土需要多长时间？

简要回顾

浅海沉积形成于近岸环境，以粗粒成岩物质为主；远洋沉积形成于深海区域，以生物软泥和细粒成岩黏土为主。

4.6.4　海底沉积物能否反映表层海水状况？

由于体积很小且距离海底较远，若要从生物生存的海洋表面下沉至生物软泥积聚的深海深处，

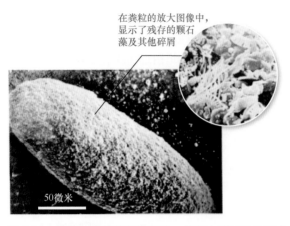

在粪粒的放大图像中，显示了残存的颗石藻及其他碎屑

50微米

图 4.23 粪粒。粪粒的显微照片，体积大到足以从海水表层迅速沉入海底

微生物甲壳通常需要 10～50 年。在此期间，即使受到 0.05 千米/小时的缓慢水平海流影响，在沉入深海海底前，甲壳也要运移远达 22000 千米。那么，为什么深海海底的生物甲壳能准确反映其正上方表层海水中的生物数量呢？值得注意的是，在沉降至海底的颗粒物中，约 99%成为粪粒（Fecal Pellets）的一部分。粪粒源自一些微小动物，这些动物以海水中的藻类和原生生物为食，消化吸收其软组织，排泄其坚硬部分。在这些粪粒中，富含来自表层海水的藻类和原生生物的残骸，如图 4.23 所示。虽然体积仍然很小，但对于下沉来讲已经足够，只需 10～15 天即可下沉至深海海底。粪粒沉降至海底后，有机质很快就会被细菌及其他微生物消耗掉，难以消化的无机硬质部分会被释放至沉积物中。

4.6.5　全球海洋沉积物的厚度

在图 4.24 所示的海洋沉积物厚度图中，沉积物厚度较大的区域位于大陆架和大陆隆，特别是主要河流的河口附近。由于距离主要成岩沉积物的源头较近，这些区域的沉积物才能非常之厚。相反，海洋沉积物最薄区域位于年轻的洋底，如洋中脊顶部沿线。由于海底沉积物在深海区域的积聚速度缓慢，而海底在持续不断地形成，因此没有给沉积物留下足够的积聚时间。但是，当远离洋中脊时，随着海底的年龄逐渐变老，沉积物变得越来越厚。

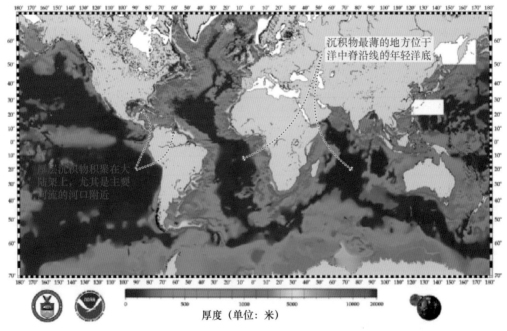

沉积物最薄的地方位于洋中脊沿线的年轻洋底

厚层沉积物积聚在大陆架上，尤其是主要河流的河口附近

厚度（单位：米）

图 4.24 海洋沉积物的厚度。此图显示了海洋及边缘海域的沉积物厚度，单位为米，深蓝色区域沉积物最薄，红色区域沉积物最厚，白色区域表示无可用数据

❶ 为什么单一类型的海洋沉积物非常稀少？列举若干海洋沉积混合物实例。

❷ 为什么成岩泥沉积物是最常见的浅海沉积？为什么生物软泥是最常见的远洋沉积？

❸ 粪粒如何帮助解释"表层海水中的颗粒会在其正下方沉积物颗粒的组成成分中得到密切反映"？为什么出乎意料？

4.7　海洋沉积物能够提供哪些资源？

海底蕴藏着丰富的潜在矿产资源和有机资源，但是许多资源并不容易获取，回收这些资源面临着一定技术挑战和较高的成本。此外，对于谁拥有开采海底资源的权利，目前也存在国际法方面的困扰。无论怎样，不妨先看一下海洋存在哪些诱人的勘探前景。

4.7.1　能源资源

石油和天然气水合物是与海洋沉积物相关的主要能源资源。

图 4.25　海洋石油钻井平台。钻井平台建在高高的桩腿之上，对于开采大陆架下方的石油储量非常重要

4.7.1.1　石油

石油（Petroleum）来自远古时代的微生物遗骸，分解之前就被埋在海洋沉积物中。在从海洋开采的非生物资源中，石油产品的经济价值超过 95%。

在全球石油总产量中，近海石油的开采比例呈大幅增长态势，20 世纪 30 年代只占很少一部分，目前已超过 30%。海洋石油产量之所以能够大幅增长，与海上钻井平台的持续技术进步密不可分，如图 4.25 所示。主要近海石油储量分布在波斯湾、墨西哥湾、加利福尼亚州南部、北海及东印度群岛等区域，潜在储量可能位于阿拉斯加州北海岸、加拿大北极区、亚洲海域、非洲海岸及巴西海岸等。由于几乎不可能在陆地上找到新的主要储量，未来海上（尤其在大陆边缘的较深水域）石油勘探将继续发酵。但是，海上石油勘探存在比较麻烦的事情：若钻井过程中发生意外泄漏或井喷，则出现石油泄漏事件不可避免。

常见问题 4.5　石油什么时候会耗尽？

这个时候不会很快到来。但是，从经济学角度考虑，石油是一种非常有限的资源，考虑何时开始缩减产量时，顾及全球石油完全枯竭的时间似乎不那么重要。当丰富而廉价的石油资源耗尽之际，所有工业化国家将难以正常运转。最新研究表明，在未来几十年后，超过一半的探明及潜在石油储量将耗尽。有些专家认为，石油产量目前已达到峰值。实际上，几个产油大国曾被认为过了产油峰值，如美国和加拿大均在1972 年达到了产油峰值。但是最近，备受争议的水力压裂法获得了突破性进展，扭转了美国石油产量的下降趋势，令其再次接近峰值。虽然如此，一旦石油产量开始下降，石油生产成本就会越来越高，石油价格也会随之水涨船高。除非需求能够按比例下降，或者替代能源（如煤炭、超重原油、油砂或天然气水合物）实现突破性进展。

4.7.1.2　天然气水合物

天然气水合物/可燃冰/笼形包合物（Gas Hydrates）是由水和天然气构成的一种极其致密的化合物，形成于高压和低温环境下，冷水分子与气体分子被挤压而结合，最终成为冰状固体。

天然气水合物含有多种气体（如二氧化碳、硫化氢、乙烷和丙烷），迄今为止最常见的是甲烷水合物（Methane Hydrates）。1976年，在北极大陆永久冻土层及海底下，人们发现了天然气水合物。

在高压及低温条件下，深海沉积物成了水与天然气结合的理想环境，天然气分子被压缩至笼形结构水分子中，并以此种方式彼此结合。当钻采船钻入天然气水合物所在沉积层后，通常会钻取并回收混有大块或多层可燃"冰"的泥浆岩芯，但是当暴露在相对温暖且低压的海洋表面时，可燃冰会迅速沸腾及分解。天然气水合物的外观类似于冰块，由于蒸发过程不断释放甲烷及其他可燃气体，所以遇火能够燃烧，如图4.26所示。

(a) 大陆边缘甲烷渗漏形成的冰状天然气水合物照片，深度为1055米，照片宽约1米

(b) 当暴露于海洋表面以后，天然气水合物发生分解，释放出能够燃烧的天然气

图4.26　天然气水合物。天然气水合物是在深海沉积物中形成的冰状物质，由天然气与冷水结合而成

对大多数海域天然气水合物来讲，在细菌分解海底沉积物中的有机质时，形成了大量甲烷气体及少量乙烷和丙烷气体，这些气体可在高压和低温条件下并入天然气水合物。水深超过525米的大多数海底区域均具备这些条件，但天然气水合物似乎仅分布于大陆边缘，因为这些区域表层海水的生产力较高，下方海底沉积物的有机物含量也相应地较高。

对深海海底的研究表明，全球至少存在50个大型天然气水合物沉积。有趣的是，在海底甲烷的渗出地附近，生物群落非常丰富，而且多为具有科学意义的新物种。

当甲烷从海底释放至大气中后，对全球气候会产生显著影响。科学研究表明，在不同地质历史时期，海平面变化或海底不稳定释放了大量甲烷，这是全球第三大温室气体（仅次于水蒸气和二氧化碳）。实际上，分析挪威附近的海底沉积物后，科学家们认为全球气温在约5500万年前之所以快速升高，直接原因就是海底天然气水合物的大规模释放。目前，人们非常关注气候变化，担心气候变暖可能会使海水升温，海底随之释放更多甲烷气体，从而进一步加剧全球气候变暖。甲烷水合物的突然释放也与水下斜坡的坍塌有关，这可能会导致地震海浪或海啸（见第8章）。

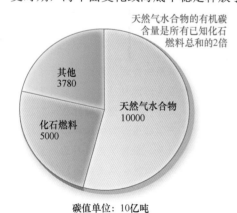

天然气水合物的有机碳含量是所有已知化石燃料总和的2倍

其他
3780

天然气水合物
10000

化石燃料
5000

碳值单位：10亿吨

图4.27　地球储层中的有机碳。显示各种有机碳分布的饼状图；"其他"包括土壤、泥炭和生物等

据估算，在海洋沉积物蕴藏的天然气水合物中，甲烷含量多达20万亿立方米，相当于全球煤炭、石油及常规天然气储量总和的2倍（见图4.27）。因此，天然气水合物可能是全球规模最大的可用能源。

虽然天然气水合物具有十分巨大的能源潜力，但也存在一些缺陷。首先，在储量开采过程中，当暴露于海水表层的温度与压力条件时，天然气水合物发生快速分解；

其次，天然气水合物在海底分布过于分散，不利于开展经济的工业化开采；最后，在商业开采过程中，甲烷气体（在深海沉积物中，由天然气与低温海水混合而成）可能意外释放至大气中，加剧由化石燃料驱动的气候变化。随着技术的不断进步，人类或许能够解决从天然气水合物沉积中安全提取甲烷气体时面对的诸多问题，但在实现天然气水合物的商业化开采及运营之前，尚需解决科学、工程和环境等其他方面的问题。最近，针对位于日本附近南开海槽中蕴藏的天然气水合物，某跨国研究团队对甲烷水合物开采开展了经济潜力评价。2017 年，在南海大陆边缘的沉积矿床中，中国成功试采了天然气水合物。

4.7.2 其他资源

与海洋沉积物相关的其他资源包括砂砾、蒸发岩（盐）、海洋磷钙石、锰结核、锰结壳及稀土元素等。

4.7.2.1 砂砾

砂砾（Sand and Gravel）包括经海水淘洗而褪色的岩石碎片和海洋生物甲壳，人们通常利用吸入式挖掘船在近海对其进行开采，主要用于混凝土中的骨料、级配工程中的填充材料及休闲海滩等。就经济价值而言，近海砂砾是仅次于石油的第二大海底资源。

在新英格兰、纽约和整个墨西哥湾，近海沉积是砂砾的主要来源。许多欧洲国家（如冰岛）及以色列和黎巴嫩等国也在开采类似的近海沉积。

某些近海砂砾沉积富含高价值矿物，例如在南非及澳大利亚近海大陆架的砂砾沉积中，存在大量可回收利用的宝石级钻石，此为海平面较低时海浪"重新加工"砂砾所致；在东南亚沿海地区，从泰国到印度尼西亚，人们均在开采富锡沉积物；在全球金矿开采区域的近海沉积中，大多发现存在铂和金等贵金属，佛罗里达州某些海滩砂则富含钛矿物；在南美洲西海岸沿线的近海砂沉积中，可能存在全球最大的金属矿产资源，因为众多河流从安第斯山脉向那里搬运了不计其数的金属矿产。

4.7.2.2 蒸发岩

当海水不断蒸发时，海盐的浓度逐渐增大，直至达到过饱和状态而不再溶解，从海水中析出并形成盐类沉积（Salt Deposits），如图 4.28 所示。海底广泛分布着大量盐类沉积，说明整个海洋（如地中海）在地质历史时期曾经完全干涸。

最具经济价值的蒸发岩（盐）是石膏和岩盐（石盐）。石膏是石膏板的主要成分，可用于制作填料和模具；岩盐俗称食用盐，广泛用于调味、腌制及保存食物，亦可用于道路除冰、水处理、农业生产及织物染色等领域。

此外，岩盐还可用于生产某些化学品，如氢氧化钠（制造肥皂）、次氯酸钠（制造消毒剂、漂白剂及 PVC 管）、氯酸钠（制造除草剂、火柴及烟花爆竹）和盐酸（制造化学药剂和疏通管道）。岩盐的生产及应用是最古老的化学工业之一，古罗马曾经用盐来支付士兵的部分军饷，这部分钱称为薪水

图 4.28　海盐开采。墨西哥下加州斯卡蒙潟湖的海盐开采现场。潟湖附近的低洼地带常被海水淹没，当海水在干旱气候下蒸发后，海盐在此不断沉积，最终可供开采

（Salarium，买盐的钱），工资（Salary）一词即由此而来。如果某个士兵没有挣到薪水，他就被认为"买不起盐"。

常见问题 4.6　喜马拉雅海盐来自何方，为什么呈粉色？

在巴基斯坦的盐岭地区，有一个远离任何海洋的古老蒸发岩沉积矿床，大量出产喜马拉雅海盐，非常之神奇。这种海盐非常纯净，氯化钠含量高达 98%，其余为总体呈淡粉色的微量矿物质（如铁、钾、镁及钙）。由于钠含量比普通食用盐略低，人们将其称为"更健康的盐"。

4.7.2.3　海洋磷钙石（磷酸盐矿物）

海洋磷钙石（Phosphorite）是由多种磷酸盐矿物构成的沉积岩，含有非常重要的植物营养元素——磷，可用于生产磷肥。据估算，海洋磷钙石的全球总储量超过 450 亿吨，目前尚未进行商业性开采。海洋磷钙石主要出产于 300 米以浅的大陆架和大陆坡，通常为具有高生产力的上升流海域。

在某些浅海泥沙沉积中，磷酸盐含量高达 18%。许多海洋磷钙石沉积以结核形式出现，核周围是坚硬的包壳。核可能像沙粒一样小，也可能大到 1 米直径，磷酸盐含量可能超过 25%。相比之下，对大部分陆源磷酸盐来讲，经过地下水淋滤作用后，磷酸盐含量通常超过 31%。例如，佛罗里达州蕴藏着储量丰富的海洋磷钙石沉积，磷酸盐供应量约占全球 1/4。

4.7.2.4　锰结核和锰结壳

图 4.29　锰结核开采。海底挖掘方式可轻松开采锰结核。图中展示了采掘船将锰结核卸到甲板上的情形

锰结核（Manganese Nodules）是一种浑圆状金属球，质地坚硬，体积在高尔夫球与网球之间，含有大量的锰和铁金属，以及少量的铜、镍和钴金属。20 世纪 60 年代，即有矿业公司对开采深海海底锰结核的可行性进行了评估，如图 4.29 所示。从图 4.30 可以看出，锰结核在全球海底分布广泛，太平洋尤为突出。

从技术角度讲，自深海海底开采锰结核具有可行性。但是，在远离大陆的国际海域，矿业权归属等政治问题阻碍了资源开发，海底开采相关环境问题也没有完整的解决方案。相关证据表明，锰结核的形成至少需要几百万年，需要一系列特定的物理及化学条件，而这些条件在任何地点都不可能持续太久。实质上，锰结核属于不可再生资源，一旦开采，永无替代。

在组成锰结核的 5 种常规金属中，钴被美国视为战略资源，对国家安全至关重要。钴与其他金属的合金非常致密坚固，可用于制造高速切削工具、强永磁体及喷气发动机零部件等。目前，美国所需钴金属全部来自南部非洲的大型矿床，但是逐步将深海锰结核和锰结壳（附着于其他岩石表面的硬壳）视为更可靠的来源。

20 世纪 80 年代，在美国及其领土管辖范围内相对靠近海岸的岛屿和海山的上坡处，人们发现了富钴锰结壳，钴金属含量约为非洲最富矿石的 1.5 倍，至少是深海锰结核的 2 倍。但是，由于来自陆地的钴金属价格较低，人们对开采海底矿床逐渐失去了兴趣。

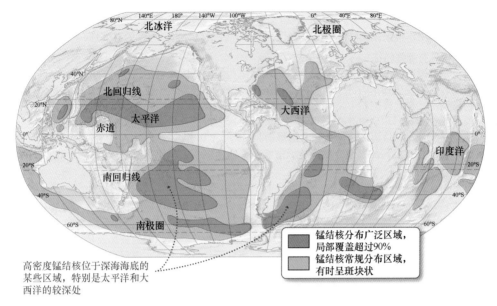

高密度锰结核位于深海海底的某些区域,特别是太平洋和大西洋的较深处

图 4.30 锰结核的海底分布

4.7.2.5 稀土元素

稀土元素(Rare-Earth Elements)是 17 种化学性质相似金属元素(如镧和钕)的统称,广泛应用于电子、光学、磁性及催化剂等领域,如大量高科技产品(如手机、显示器、荧光灯及电动车电池)。近年来,各国对稀土元素的需求快速增长,目前全球约 90% 的稀土供应来自中国。

数百万年来,与洋中脊相关的深海热泉将稀土元素从海水中提取出来,并在海底淤泥中富集。在最近开展的太平洋海底稀土元素研究中,人们发现部分区域的稀土元素含量非常高。例如,在夏威夷附近面积仅 1 平方千米的某海底区域,竟然含有多达 25000 吨稀土元素。总体而言,海底稀土元素的潜在资源量应该远超陆地已知全部探明储量。

简要回顾

海洋沉积物含有大量重要资源,如石油、天然气水合物、砂砾、蒸发岩、海洋磷钙石、锰结核、锰结壳及稀土元素。

小测验 4.7 判别海洋沉积物能够提供的各种资源

❶ 讨论石油、砂砾、海洋磷钙石、锰结核、锰结壳和稀土元素的重要性及其未来前景。
❷ 什么是天然气水合物?分布在哪里?为什么重要?

主要内容回顾

4.1 海洋沉积物如何采集?揭示了哪些历史事件?

- 按照来源,海洋沉积物分为以下几种类型:成岩沉积物、生物沉积物、水生沉积物和宇宙沉积物。
- 在深海钻探计划中,格罗玛·挑战者号钻探船启用,采集了海洋沉积物及其下伏基岩样品,证实了海底扩张的存在;随后,大洋钻探计划继续采样,乔迪斯·决心号钻探船承担重任;目前,综合大洋钻探计划仍在继续开展工作,重点任务还是采集深海海底沉积物样品。
- 通过对海洋沉积物进行分析和解译,科学家们揭示了地球有趣而复杂的历史,包括生物大灭绝事件、整个海洋的干涸、全球气候变化及构造板块运动等。
- 在阿留申群岛(阿拉斯加)以南约 1000 千米的北太平洋中部,有人在 5000 米深的海底采集到一段沉积物岩芯,其中含有只分布在热带浅海水域的珊瑚礁化石。为解释此现象,请首先建立一种假设,然后设计实验来解释假设。

- 据说在海洋学研究早期，人们曾用挖泥船来采集海洋沉积物，就好像夜间坐在距离地面几千米高的热气球上，利用水桶来采集陆地样品。与他人合作，评估这种采样方法的有效性。

4.2 成岩沉积物具有哪些特征？

- 成岩沉积物反映了其来源的岩石成分。沉积物结构的影响因素包括粒度、分选性和磨圆度等，这些因素较大程度受搬运方式及沉积时能量条件的影响。浅海沉积沿大陆边缘快速堆积，以粗粒成岩物质为主；在远洋沉积中，可见细粒深海黏土。
- 假设你正在参与一项研究工作，当浏览格陵兰海岸附近的一段海底视频时，发现沉积物上出现了一块巨石。分析这块巨石是怎么到达那里的。
- 讨论粗粒沉积物由高能搬运介质还是低能搬运介质所沉积，举出能够形成此种沉积的若干搬运介质类型。

4.3 生物沉积物具有哪些特征？

- 生物沉积物由生物体的坚硬残留物组成，主要成分为二氧化硅或碳酸钙。生物甲壳含量必须超过沉积总量30%，才能归类为生物软泥。
- 生物软泥是最常见的远洋沉积类型。生物的生产速率与生物沉积的破坏及稀释速率密切相关，决定最终形成的是深海黏土还是深海软泥。硅质软泥仅形成于海水表层可分泌硅质生物的生产力较高区域之下；钙质软泥仅形成于方解石补偿深度之上，但可以被掩埋并通过海底扩张而搬运至更深海底。
- 深海软泥与深海黏土有何差异？讨论生产力、破坏和稀释三种影响因素，如何决定海底形成的是深海软泥还是深海黏土。
- 绘制并标明生物软泥的形成过程，分别表现可分泌硅质生物和可分泌钙质生物两种类型，每种类型各举出两个示例。

4.4 水生沉积物具有哪些特征？

- 水生沉积物从海水中直接沉淀，或者由海水溶解物质与海底沉积物相互作用而形成，主要包括锰结核、磷酸盐、碳酸盐、金属硫化物和蒸发岩。在海洋沉积物中，水生沉积物所占比例相对较小，分布在许多不同的环境中。
- 绘制表格，列出各种水生沉积物的类型、成因及用途。
- 设计假设及相关实验，判断锰结核是随着时间推移而稳定形成，还是突然之间大量出现。

4.5 宇宙沉积物具有哪些特征？

- 宇宙沉积物包括大型陨石碎片和小型宇宙尘埃，形成于小行星碰撞或天体撞击。宇宙沉积物数量较少，但广泛混合在大多数其他类型海洋沉积物中。
- 描述地质历史时期的白垩纪－第三纪（K-T）边界发生了什么事件，如何证实这一事件确曾发生，对环境造成了哪些影响？
- 讨论为什么大量宇宙尘埃穿越大气层而倾泻至地球，但不会形成广泛分布的海底沉积？

4.6 远洋沉积及浅海沉积如何分布？

- 虽然海洋沉积物大多为各种类型沉积物的混合物，但通常以成岩、生物、水生或宇宙物质为主。
- 浅海沉积物和远洋沉积物的分布受多种因素影响，包括与成岩沉积物源区的距离、小型海洋生物的生产力、海底深度及各种海底地貌的分布。粪粒能够将生物碎屑快速沉降至深海海底，使海底沉积的成分与生活在其上方表层海水中的生物体相匹配。
- 参考图 4.22，太平洋、大西洋和印度洋的主要沉积物类型是什么？解释为什么不同海洋的主要沉积物类型存在差异。
- 对比分析浅海沉积与远洋沉积，如位置、成分、厚度和海底分布。

4.7 海洋沉积物能够提供何种资源？

- 在当今海洋中，最具价值的非生物资源是石油，这是分布于大陆架之下的能源资源。天然气水合物包含大量似冰状物质沉积，未来有望成为非常重要的能源资源。海洋中还存在其他重要资源，如砂砾、蒸发岩、海洋磷钙石、锰结核、锰结壳及稀土元素等。
- 假设某家公司想要开采海底矿床。请预测将会遇到哪些技术问题，并评估开采之前应该重点考虑哪些环境因素。
- 上网查阅相关资料，列出从下列海底沉积中能够提取的日常产品清单：（1）锰结核和锰结壳；（2）稀土元素。

第 5 章　水和海水

水分子和海洋。水分子放大了许多倍，地球表层水大多位于海洋。一滴水中所含的水
分子数量极多，甚至超过大型海滩上的全部沙粒

主要学习内容

5.1 描述水的独特化学性质

5.2 讨论水的重要物理性质

5.3 理解盐度及其测量方法

5.4 解释海水盐度存在变化的原因

5.5 描述海水盐度在表层如何变化及如何随深度而变化

5.6 描述海水密度如何随深度而变化

5.7 讨论海水的酸碱性质

5.8 描述海洋中碳和氧分布的控制因素

化学是内涵极为丰富的科学，若不考虑其他因素，万物皆为化学。

——《化学的两面性》，卢西亚诺·卡格里奥蒂，1985 年

为什么远离海洋的区域非常容易出现极端温度，毗邻海洋的区域却很少出现剧烈温度变化呢？沿海地区的气候之所以温和舒缓，主要缘于海水的特殊热学性质。由于具有较为独特的原子排列及分子结合方式，海水具有大量独具一格的性质，如可存储大量热能及溶解几乎所有物质。

水随处可见，人们早就对其见多不怪。其实，水是地球上最特殊的物质之一，例如几乎所有其他液体在接近凝固点时体积都会收缩，但水在凝固（结冰）时体积会发生膨胀。因此当开始凝固时，水会停留在海面，凝固而成的冰则漂浮在水面，其他物质极少具有此种稀有特性。假设水不具备此种特性，而是遵循类似化合物的模式，那么冰应会下沉，所有温带地区的水体（如湖泊、池塘、河流甚至海洋）将自下而上开始结冰，地球上的生命将全部消失。水是相当聪明的精灵，通过在水面建立一层可漂浮冰层来作为隔绝层，对生活在下面液态水中的各种生命提供安全防护。

对维持各种生命形态来讲，水的化学性质至关重要。实际上，水是所有生命体的主要成分，例如人体的含水量约为 65%，大多数植物的含水量约为 90%，水母的含水量则高达 95%。水是人类身体中的最理想成分，能够促进各种化学反应。人体中的血液非常重要，可以输送营养物质和清除体内垃圾，其中 83% 仍然是水。正是因为有了水，地球上才会出现生命，这个星球才会生机勃勃。

5.1 为什么水的化学性质如此独特？

要理解水为什么具有如此独特的性质，首先就要了解其化学结构。

5.1.1 原子结构

原子（Atoms）是构成所有物质的基本粒子，人们日常生活中接触的全部物质（如椅子、桌子、书本、人体及空气）均由原子构成。原子是极其微小的球状物质（见图 5.1），最初曾被视为构成物质的最小微粒。科学家们进一步研究发现，原子由称为亚原子的更小粒子构成。更进一步研究发现，亚原子由更小的各种粒子构成，如夸克、轻子和玻色子。如图 5.1 所示，原子核（Nucleus）由质子（Protons）和中子（Neutrons）构成，质子与中子由非常强大的力量绑缚在一起。质子带正电荷，中子不带电荷，质量差不多同样微小。电子（Electrons）是环绕在原子核周围的粒子，质量约为质子或中子的 1/2000。质子带正电荷，电子带负电荷，二者相互吸引，使电子环绕原子核而形成电子壳层。

由于包含相同数量的质子和电子，单个原子的正负电荷总量保持平衡。例如，1 个氧原子包含 8 个质子和 8 个电子，大部分还包含 8 个中子。因为中子不带电荷，所以不影响整体电荷。质子数量是区分 118 种已知化学元素原子的标志，例如，1 个氧原子（且只有 1 个氧原子）包含 8 个质子，1 个氢原子（且只有 1 个氢原子）包含 1 个质子，1 个氦原子包含 2 个质子，以此类推。在某些情况下，原子可能会失去或获得一个或多个电子，从而具有或正或负的整体电荷，这时的粒子称为离子（Ion）。

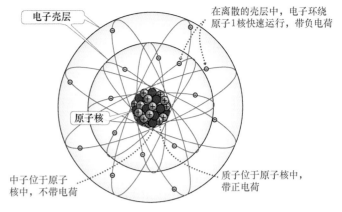

图 5.1 原子的简化模型。原子由原子核及其周围高速运转的电子构成，原子核由质子和中子构成

5.1.2 水分子

分子（Molecule）由 2 个或以上的原子（共用电子）相互连接构成，是物质能够保持原始性质的最小存在形式。当多个原子相互结合而形成分子时，通过共用或交换电子的方式建立化学键。例如，水分子的化学式为 H_2O，说明 1 个水分子由 2 个氢原子和 1 个氧原子通过化学键结合而成。

5.1.2.1 几何构形

原子可以用大小不一的各种球体来表示，通常包含的电子数量越多，原子的球体就越大，如氧原子（包含 8 个电子）约为氢原子（包含 1 个电子）体积的 2 倍。水分子由 1 个中心氧原子与 2 个氢原子通过共价键结合而成，2 个氢原子之间的角度约为 105°，如图 5.2a 所示。水分子中的共价键（Covalent Bonds）源自氧原子与各氢原子之间的共用电子，形成了相对较强的化学键，打破它们需要耗费大量能量。

图 5.2b 以更紧凑的方式显示了水分子，图 5.2c 用字母符号表示了水分子中的原子（O 代表氧原子，H 代表氢原子）。与其他大多数分子不同，水分子中的各个原子并不是呈直线排列的，而是 2 个氢原子位于氧原子的相同一侧。水之所以具有大多数独特的性质，根本原因在于水分子具有这种非常独特的弯曲形几何构形。

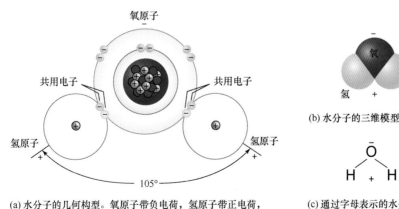

(a) 水分子的几何模型。氧原子带负电荷，氢原子带正电荷，氧原子与2个氢原子之间以共用电子的方式形成共价键

(b) 水分子的三维模型

(c) 通过字母表示的水分子，H代表氢原子，O代表氧原子

图 5.2 水分子的表达方式

5.1.2.2 极性

水分子的弯曲几何构形使得氧原子端带有整体弱负电荷,氢原子端带有整体弱正电荷,如图5.2a所示。这种弱电荷的分离使得整个水分子具有电极性(Polarity),因此水分子是偶极分子/偶极子/极性分子(Dipolar)。其他常见偶极物体是手电筒电池、汽车电池和条形磁铁等。实际上,为了更好地理解水分子,可将其视为具有微弱磁性的小条形磁铁。

5.1.2.3 分子间互连接

如果接触过条形磁铁,就会知道它们存在正负极性,且同性相斥、异性相吸。当把两块磁铁

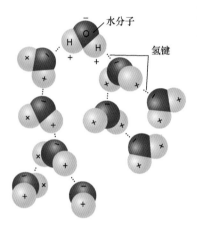

图 5.3 水中的氢键。虚线表示氢键所在位置,介于不同水分子之间

放在一起时,一块磁铁的正极与另一块磁铁的负极彼此相吸,导致两块磁铁自行调整方向。水分子同样具有极性,为了彼此相吸,各水分子也能自行调整方向。在水中的两个相邻水分子之间,一个水分子带正电荷的氢端与另一个水分子带负电荷的氧端相互作用,即可形成如图5.3所示的氢键(Hydrogen Bond)。与水分子中将氢原子和氧原子连接在一起的共价键相比,不同水分子之间的氢键要弱得多。从本质上讲,氢键较弱,形成于相邻水分子之间;共价键较强,形成于水分子内部。

虽然氢键比共价键弱,但其强度足以将各水分子结合在一起,从而展现出一种内聚力/黏聚力(Cohesion)。水的内聚性使其能够凝结在蜡质表面(如刚打过蜡的汽车),并且被赋予表面张力(Surface Tension)。水的表面存在薄薄一层"皮肤",使其能够充满玻璃杯并略超出杯口边缘而不溢出。表面张力来自最外层水分子与其下方水分子之间的氢键。由于具有形成氢键的能力,水的表面张力在所有液体中排名第二,仅次于汞元素。汞(水银)是常温下唯一的液态金属,通常用于旧式温度计,但由于具有一定的毒性,目前基本上被数字温度计取代。

5.1.2.4 水是万能溶剂

水分子不仅彼此之间相吸,而且能吸引其他极性化合物,从而降低其他物质中电荷相反的各离子之间的吸引力。例如,普通食用盐的化学名称为氯化钠(NaCl),由带正电荷的钠离子和带负电荷的氯离子交替排列而构成,如图5.4a所示。在带相反电荷的各离子之间,静电吸引力(Electrostatic Force of Attraction)产生离子键(Ionic Bond)。将固态氯化钠放入水中时,钠离子与氯离子之间的静电吸引力(离子键结合)降低80倍,促使钠离子与氯离子更容易分离。当钠离子与氯离子分离后,带正电荷的钠离子被水分子的负电荷端吸引,带负电荷的氯离子被水分子的正电荷端吸引,如图5.4b所示。食用盐最终全部溶解在水中,水分子完全包围离子的这个过程称为水合作用(Hydration)。

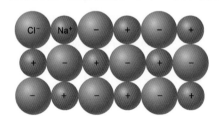

(a) 食盐的分子结构图,由多组氯化钠 (Na = 钠离子,Cl = 氯离子) 构成

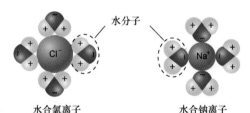

(b) 当氯化钠溶解于水时,水分子的正电荷端被带负电荷的氯离子吸引,负电荷端被带正电荷的钠离子吸引

图 5.4 水作为溶剂

由于水分子既能与其他水分子相互作用，又能与其他极性分子相互作用，因此水几乎能够溶解一切物质。如果水是这么好的溶剂，为什么油却不溶于水呢？你可能已经猜到，油的化学结构是非极性的，由于没有正负两端来吸引极性水分子，油不溶于水。但是，如果时间足够长的话，与其他任何溶剂相比，水可以溶解更多种类及数量的物质，因此被称为万能溶剂。

同样由于此种原因，海洋中含有非常丰富的溶解物质（简称溶质），含盐总量约为 50000 万亿（5×10^{16}）吨，从而使海水变得很咸。

常见问题 5.1　水分子为什么具有如此独特的形状？

基于简单的对称性和电荷分离考虑，水分子中的 2 个氢原子应该位于氧原子的两侧，从而形成像许多其他分子那样的 180° 线性形状。但是水的形状非常特殊，2 个氢原子之间的分隔角度只有 105°，因为氧原子周围与氢原子形成共价键的 2 个电子彼此以固定角度就位，这与氧分子的金字塔形（四面体）几何构形一致。总而言之，这就是水分子为什么具有独特弯曲的原因。

常见问题 5.2　一滴水中包含多少个原子？

不计其数，数不胜数！实际上，在了解一些化学知识的前提下，经过简单计算，即可获知正确答案。首先，假设用滴管滴出一滴水，体积约为 50 微升，质量约为 50 毫克(标准温度及压力下测定)。由于水的化学式为 H_2O，分子质量为 18.015 克/摩尔，50 毫克水含有 2.775 毫摩尔。根据阿伏伽德罗常量（化学中的标准常量），1 摩尔任何化合物均含有 6.022×10^{23} 个分子，因此 2.775 毫摩尔的水中含有 1.67×10^{21} 个 H_2O 分子，说明一滴水中有 1.67×10^{21} 个水分子。换算为原子，由于每个 H_2O 分子均由 3 个原子构成，所以一滴水里大约含有 5×10^{21} 个原子！

简要回顾

水分子的几何构形呈弯曲状，2 个氢原子位于氧原子的同一侧，为水赋予了极性和形成氢键的能力。

小测验 5.1　详细描述水的独特化学性质

❶ 绘制原子模型示意图，显示亚原子粒子（质子、中子和电子）的位置。

❷ 描述水分子中存在什么条件使其能够成为偶极分子。

❸ 绘制若干水分子示意图，显示全部共价键和氢键，一定要标出每个水分子的极性。

❹ 氢键如何形成水的表面张力现象？

❺ 水分子的极性特质如何使其成为离子化合物的有效溶剂？

5.2　水有哪些重要物理性质？

水的重要物理性质包括热学性质（如凝固点、沸点、热容及潜热）和密度（受热胀冷缩影响）。

5.2.1　热学性质

地球上的水具有 3 种相态（固态、液态和气态），能够存储和释放大量热能。水的热学性质影响着整个地球的热量收支，并且在一定程度上促进了热带气旋、全球风带及表层流的发育。

5.2.1.1　热量、温度及相态变化

一般而言，任何物质均表现为 3 种相态（也称物态或聚集态）之一，即固态、液态或气态。等离子态/电浆（Plasma）是业界普遍公认的第 4 种相态，与固态、液态及常规气态物质不同，这是原子发生电离（即剥离电子后）形成的一种特殊气态物质。在等离子电视显示屏制造领域，人们充分利用了"等离子体受电流影响明显"这一特性。若要改变一种化合物的相态（如从固态变为液态，或从液态变为气态），需要什么必备条件呢？正确答案是必须克服物质中各分子之间的吸引力，包括氢键和范德华力。范德华力（Van Der Waals Forces）又称范德瓦尔斯力，以荷兰物理学家约翰内斯·迪德里克·范德瓦尔斯（1837—1923）的名字命名。由于各分子中的电荷分布不

均匀，电中性分子之间存在相对较弱的相互作用，为使其快速移动以克服这些吸引力，就必须向分子传递能量。

那么，传递什么样的能量才能改变相态呢？答案非常简单，输入（增加）或输出（移除）热量即可。例如，冰块遇热会融化，水遇冷可成冰。在继续探讨之前，首先需要了解一下热量与温度之间的差异：

- 热量（Heat）：指由于温度差异而从一个物体转移至另一个物体的能量。热量与物体中各分子的平均动能（Kinetic Energy）成正比，施加不同数量的热量时，水的相态分别为固态、液态或气态。热量既可以通过燃烧（一种化学反应）生成，又可以通过化学反应、摩擦或辐射等其他方式生成，还可以通过传导、对流或辐射等方式进行传递。若要 1 克（约 10 滴）水的温度升高 1℃，所需热量称为 1 卡路里/卡（Calorie）。测算食物蕴含的能量时，人们熟知的单位也称卡路里，这实际上是指千卡，即 1000 卡路里。虽然热能的国际通用计量单位是焦耳，但卡路里与水的某些热学性质直接相关，下一节将介绍相关内容。
- 温度（Temperature）：指构成物质的全部分子平均动能的直接量度，温度越高，动能越大。向物质中添加热量或从物质中移除热量时，温度都发生改变。温度测量单位通常为摄氏度（℃）或华氏度（℉）。

图 5.5 中显示了水分子的 3 种相态，即固态、液态和气态。固态水称为冰，具有刚性结构，短时间范围内通常不流动。虽然分子间各键经常破裂及重组，但各分子仍然紧密地结合在一起。也就是说，虽然各分子随能量变化而动荡，但仍能保持相对固定的位置。因此，固体的形状不会随着容器形状的变化而变化。

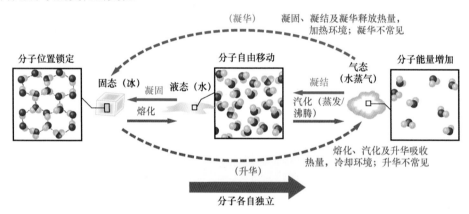

图 5.5 水的 3 种相态为固态、液态和气态。地球上水的 3 种相态及其相互转化过程

在液态水中，各分子之间仍然相互作用，但是具有能够自由流动的充足动能，完全可以适应所在容器的形状，分子间各键形成及断裂的速率要比固态冰中的快得多。

气态水称为蒸汽/水蒸气（Vapor），各水分子之间不再相互作用（随机碰撞除外），水蒸气分子可以非常自由地流动，完全能够充满任何体积的容器。

常见问题 5.3　水是常温液体，怎么可能由氢和氧两种气体结合而成？

千真万确，液态水确实由两份氢气和一份氧气组合而成。我们可以通过化学实验进行验证，但是由于化学反应过程会释放出大量的能量，所以切记要小心谨慎，且一定不要在家里尝试。一般而言，当两种元素相互结合时，合成物质的性质与纯物质存在较大差异。例如，钠（Na）元素是一种高活性金属，纯氯（Cl_2）是一种有害的神经毒气，二者结合形成的食盐（NaCl）则完全无害，这就是化学的神奇之处。

5.2.1.2　凝固点和沸点

向固体中添加足够的热能后，固体会熔化成液体，熔化时的温度即该物质的熔点（Melting Point）；

从液体中移除足够的热能后，液体会凝固成固体，凝固时的温度即该物质的凝固点（Freezing Point），如图 5.5 所示。凝固点与熔点的温度相同，如纯水的熔点和凝固点均为 0℃。注意，本章在讨论熔点、凝固点和沸点时，均假定标准海平面压力为 1 个大气压。

向液体中添加足够的热能后，液体转化成气体，沸腾时的温度即该物质的沸点（Boiling Point）；从气体中移除足够的热能后，气体在凝结（Condensation）过程中转化成液体，凝结时的最高温度即该物质的凝点/冷凝点（Condensation Point），如图 5.5 所示。凝点与沸点的温度相同，如纯水的沸点和凝点均为 100℃。

与其他类似的化学物质相比，水的凝固点和沸点都偏高。若比照分子量相近的其他化学物质，水的熔点应为-90℃，沸点应为-68℃，如图 5.6 所示。如果真是这样的话，那么地球上的所有水都会变成气态。事实恰恰相反，水在相对较高的 0℃时熔化，在 100℃时沸腾，因为需要更多的热能来克服氢键和范德华力。注意，摄氏度以其创始人的名字命名，它将纯水的熔点与沸点之间的范围划分为 100 等分。有趣的是，如果没有水分子的独特几何构形及其形成的极性，那么地球上的所有水都将沸腾，目前所知的全部生命将不复存在。

5.2.1.3 热容和比热

热容（Heat Capacity）是指物质温度升高 1℃所需的热能，热容较高的物质在吸收（或损耗）大量热量时，温度变化较小，热容较低的物质（如油或金属）在热量变化时，温度变化较大。

某种物质的单位质量热容称为比热容（Specific Heat Capacity）或比热（Specific Heat），可用于直接比较不同物质的热容。例如，如图 5.7 所示，纯水的比热高达 1 卡/克，而其他常见物质的比热要低得多。水的比热被用于定义热量单位（卡路里/卡），因此成为与其他物质的比热进行比较的标准。注意，对于加热时迅速升温的金属（如铁和铜），比热容值约比水低 10 倍。

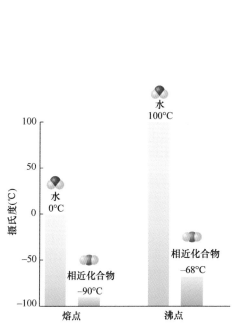

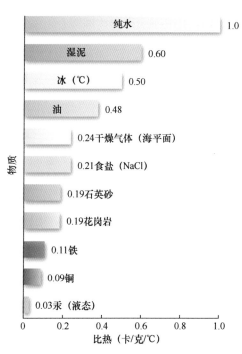

图 5.6　水与相近化合物的熔点和沸点的比较。柱状图中分别显示了水与相近化合物的熔点和沸点。如果水分子没有独特的几何构形及其形成的极性，水的性质将类似于相近化合物

图 5.7　常见物质的比热。图中显示了常见物质在 20℃下的比热，其中水的比热较高，意味着升温需要很多能量

为什么水具有如此高的热容呢？道理非常简单，与其他物质以较弱的范德华力为主要分子间的作用力相比，增加由氢键连接的水分子动能需要耗费更多的能量，因此在温度变化相同时，水比其他常见物质获得或失去的热量要多得多。此外，水对任何温度变化的承受力较强，例如当加热一大锅水时，由低热容制成的金属锅会迅速升温，但锅里面的水需要较长的时间才能变热。古语云"看着不开锅，不看才开锅"，其实就是这个道理。令水沸腾需要投入更多的热量，因为必须要打破全部氢键。水具有吸收大量热量的超高热容，广泛应用于家庭供暖、工业冷却系统、汽车冷却系统及家庭烹饪等领域。

5.2.1.4 潜热

发生相态变化（如冰融化、水结冰、水沸腾或水蒸气凝结）时，水会吸收或释放大量热量。吸收或释放的热量取决于水的潜热（Latent Heats）的高低，且与水的极高热容值密切相关。当从皮肤表面蒸发时，水分会吸走一定的热量，从而令身体感到凉爽，"出汗令身体降温"就是这个道理。相反，当水蒸气凝结为液体时，由于释放出大量潜热，因此身体可能会被烫伤。

1. 熔化潜热

在如图 5.8 所示的图表中显示了潜热如何影响为提高水温并改变水的相态所需的能量。从 1 克冰（左下角）开始，添加 20 卡路里热量会使冰的温度升高 40℃，即从-40℃上升至 0℃（见图中的 a 点）。此后，即使添加更多的热量，温度仍保持在 0℃，如图中 a 点与 b 点之间的平台所示。在添加 80 卡路里的热能之前，水的温度不会发生改变。为了打破将水分子牢牢固定在冰晶中的分子间的作用力，所需的能量称为熔化潜热（Latent Heat of Melting）。水的温度将始终保持不变，直到大部分键被打破，即冰水混合物完全转化成 1 克水。

当冰在 0℃变为液态水后，继续加热可令水温升高，如图 5.8 中 b 点与 c 点之间所示。此时，若要每克水的温度升高 1℃，需要

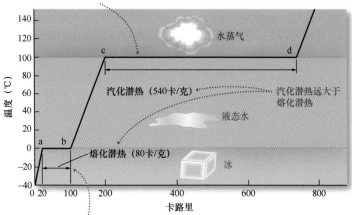

冰熔化时会到达一个平台，全部能量均用于打破冰中的分子间作用键，而不是提高其温度，这就是所谓的熔化潜热

水沸腾时会到达一个平台，全部能量均用于打破水中的分子间作用键，而不是提高其温度，这就是所谓的汽化潜热

图 5.8 水的潜热及相态变化。熔化潜热（80 卡/克）远低于汽化潜热（540 卡/克）。点 a、b、c 和 d 的描述参见正文

添加 1 卡路里的热量。因此，在水温升至 100℃的沸点前，必须再添加 100 卡路里的热量。到目前为止，为了到达 c 点，共添加了 200 卡路里的能量。

2. 汽化潜热

如图 5.8 所示，在 c 点与 d 点之间，曲线在 100℃时再次变平。在这个汽化潜热（Latent Heat of Vaporization）平台上，每克水需要 540 卡路里的能量才能转化，即为打破分子间的作用键并完成从液态到气态的相态变化，必须在沸点位置向 1 克物质添加 540 卡的热量。

图 5.9 中显示了不同相态（固态、液态及气态）的水分子结构，它们可以帮助解释为什么汽化潜热远高于熔化潜热。要从固态变成液态，仅需打破足够数量的部分氢键，水分子即可彼此滑动，如图 5.9b 所示；要从液态变成气态，必须完全打破全部氢键，才能实现单个水分子的自由移动，如图 5.9c 所示。

探索数据

对水的 3 种相态描述：（1）无氢键；（2）部分氢键；（3）全部氢键，分别说明共价键所在的位置。

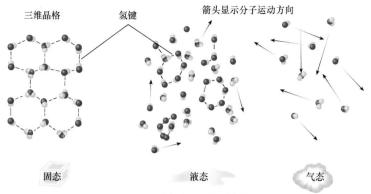

三维晶格	氢键	箭头显示分子运动方向

固态	液态	气态
(a) 固态时，水以冰的形式存在，所有水分子之间都有氢键	(b) 液态时，只有部分氢键	(c) 气态时，没有任何氢键，水分子独立快速运动

图 5.9　水分子中的氢键及其三种相态

3．蒸发潜热

既然海面的平均温度为20℃或更低，海面的液态水怎么才能转化成气态呢？液态水低于沸点温度转化成气态的过程称为蒸发（Evaporation）。与 100℃相比，在海洋表面温度下，从液态向气态转化的单一水分子所具有的能量不足。为了获取挣脱海洋并进入大气所需的更多能量，单一水分子必须从周围的水分子那里获取热能。换句话说，留下来的水分子必须将热能转让给蒸发出去的水分子，从而导致了蒸发过程的冷却效应。

低于100℃时，海洋表面每产生 1 克水蒸气，需要的热量超过 540 卡。例如，在 20℃时，每克水的蒸发潜热（Latent Heat of Evaporation）为585 卡。之所以需要更多的热量，是因为必须要打破更多的氢键。温度越高，液态水的氢键越少，因为水分子的振动与碰撞更加频繁。

4．凝结潜热

水蒸气充分冷却并凝结成液态水后，会向周围空气中释放凝结潜热（Latent Heat of Condensation）。凝结潜热作用非常大，从小的方面说，足以烹调食物，这也是蒸笼的工作原理；从大的方面说，足以为大型雷暴甚至飓风提供动力，详情请参阅第 6 章。

5．凝固潜热

水凝固时也会释放热量，数量等于冰融化时吸收的热量。因此，从数量方面来讲，凝固潜热（Latent Heat of Freezing）与熔化潜热相等，汽化潜热与凝结潜热相等。

5.2.1.5　全球恒温效应

人们大多熟悉如何通过家用恒温器来保持室内的温度，地球也拥有来自大自然的类似恒温器，它很大程度上受控于水的性质。正是因为有了这些恒温效应（Thermostatic Effects）及其他独特属性，水才能够调节全球的温度变化，进而影响地球气候。例如，在水的蒸发－凝结循环过程中，大量的热能交换使得地球生命能够存活。在太阳向地球辐射的能量中，部分能量作为热量存储在海洋中；蒸发将这部分热能从海洋带入大气；在温度较低的高层大气中，水蒸气凝结成云，成为降水（Precipitation，主要是雨和雪）的来源，并将凝结潜热释放回大气中。在如图 5.10 所示的地图中，可以看到蒸发和凝结循环如何从低纬度海洋中吸收大量热能，然后将其释放至缺乏热量的高纬度地区。此外，海水结冰时也会释放热量，因此进一步调和了地球两极附近高纬度地区的气候。

海洋与大气之间的潜热交换非常有效。对于在较冷高纬度地区凝结的每克水来讲，释放在这些区域的热量等于其最初蒸发时从热带海洋带走的热量。由于水的热学性质，最终使地球的温度不至于发生巨大变化，从而调和了地球的气候。由于环境的巨大变化常常导致许多生命形式消亡，因此相对温和平缓的气候是地球上生命存在的主要原因之一。

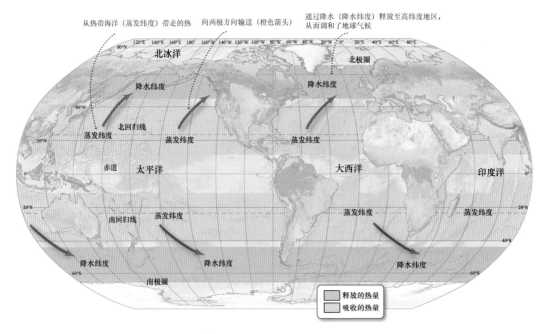

从热带海洋（蒸发纬度）带走的热　　　向两极方向输送（橙色箭头）　　　通过降水（降水纬度）释放至高纬度地区，从而调和了地球气候

图 5.10　通过大气传输，将低纬度地区的过剩热量输送至缺乏热量的高纬度地区

海洋的另一种恒温效应是昼夜温差，如图 5.11 所示。海洋的昼夜温差较小，陆地的昼夜温差较大。之所以出现此种差异，主要是由于与陆地上的泥土和岩石相比，海水的热容更高，具有在白天吸收热量的同时将夜间的热能损耗降至最低的能力。海洋对沿海地区及岛屿的温度变化调和能力称为海洋效应（Marine Effect），受海洋影响较小的温度变化（包括日温差和年温差）较大区域则存在大陆效应（Continental Effect）。

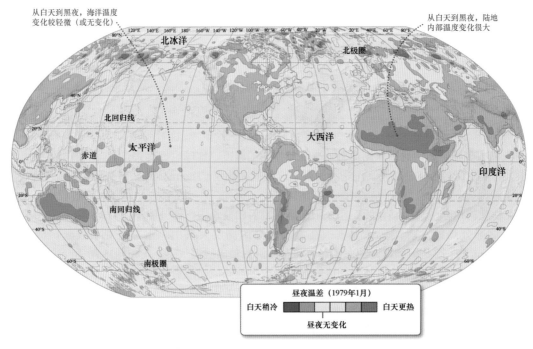

从白天到黑夜，海洋温度变化较轻微（或无变化）　　　从白天到黑夜，陆地内部温度变化很大

昼夜温差（1979年1月）
白天稍冷　　　　　白天更热
昼夜无变化

图 5.11　昼夜温差。地球表面温度的昼夜差异地图，时间为 1979 年 1 月下午 2:00 至凌晨 2:00，数据基于卫星测量的地表平均温差

5.2.2 密度

如第 1 章所述，密度是单位体积物质的质量，它可视为基于物体的体积来衡量其重量。本质上讲，密度与物质的分子或离子结合的紧密程度有关。常用的密度单位为克/立方厘米（g/cm³），例如纯水的密度为 1.0 克/立方厘米。注意，温度、盐度和压力都会影响水的密度。

大部分物质的密度随温度下降而变大，例如由于冷空气比暖空气的密度大，所以冷空气下沉而暖空气上升。密度之所以随温度下降而变大，主要是因为分子失去能量后运动减缓，相同数量的分子所占据的空间更小，这种由低温引起的收缩称为热收缩（Thermal Contraction）。水也会发生热收缩现象，但只适用于特定的温度范围。对于纯水而言，当冷却至 4℃时，密度增大；当从 4℃降至 0℃时，密度反而减小，即停止收缩并转为膨胀，完全有别于地球上的其他物质。最终，由于固态冰的密度小于液态水，所以冰漂浮在水面之上。对于大多数其他物质而言，固态要比液态的密度更大，所以固态物质会下沉。

当接近凝固点时，水分子排列的变化状况如图 5.12 所示。从 a 点到 c 点，温度从 20℃降至 4℃，密度从 0.9982 克/立方厘米增大至 1.0000 克/立方厘米。密度之所以增大，主要是由于热运动量降低，水分子占据的体积变小。因此，与 a 点或 b 点的窗口相比，c 点的窗口中含有更多的水分子。当温度降至 4℃以下时，由于水分子开始线性排列并形成冰晶，总体积会再次增大。冰晶具有大型、开放及六角形的晶体结构，各水分子之间的间距较大，六角形形状（见图 5.13）类似于由水分子间的氢键作用形成的六角形分子结构（见图 5.9a）。当水完全凝固（e 点）时，冰的密度远小于 4℃（最大密度点）时水的密度。

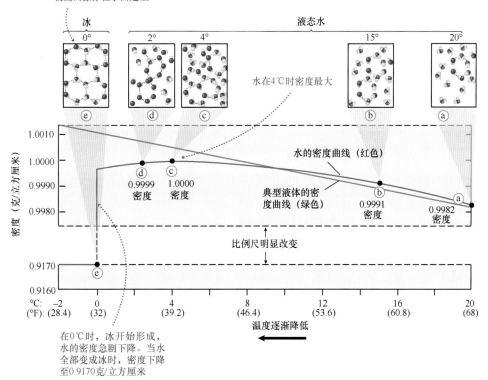

图 5.12 水的密度与温度和冰形成之间的函数关系。红色曲线表示淡水在凝固过程中发生的密度变化，绿色曲线表示其他典型液体发生的密度变化，上部水分子插图显示了不同阶段的密度，点 a、b、c、d 及 e 的具体说明见正文

当水结冰（凝固）时，体积增加约 9%。假设想要喝凉爽的冰镇饮料，并准备将其放在冰箱的冷冻室里面冻"几分钟"，但不小心忘记取出，而水结冰后体积膨胀，经常会撑破饮料瓶，如图 5.14 所示。当水结冰体积膨胀时，产生的力量非常之大，足以令岩石破碎、路面开裂及水管爆裂。

图 5.13　雪花。实际雪花的扫描电镜照片，放大了约 500 倍，六角形反映了由氢键结合在一起的水分子内部六边形结构

图 5.14　水结冰后撑裂的玻璃瓶。将玻璃瓶装满水，密封起来放进冰箱。当水结冰时，由于形成氢键并自行重组开放晶格结构，体积膨胀约 9%，增大了瓶内压力，最终导致玻璃瓶破裂

通过增大压力或者添加溶解物质，可以降低淡水出现最大密度时的温度，因为这两种方式都会抑制冰的形成。例如，压力增大时，单位体积内的水分子数量增多，大量水分子拥挤在一起，压缩了形成大块冰晶所需的空间；当添加溶解物质时，氢键的形成将受到抑制，而氢键是形成冰晶结构的必备条件。在这两种情况下，若要形成与常压下淡水凝固形成的相等数量冰晶，就必须移除更多的能量，从而降低水的凝固温度。

溶解的固体能够降低水的凝固点，这也是大多数海水很少结冰的原因之一，但是地球上的寒冷两极除外（即便如此，也仅限于表层）。同理，在气候寒冷的冬天，人们经常在道路上撒盐，通过降低水的凝固点，可令道路在低于凝固点几度的温度下仍然不结冰。

简要回顾

水的独特热学性质包括潜热和高热容，可在地球上重新分配热量，从而调和全球气候。

小测验 5.2　讨论水的重要物理性质

❶ 为什么水的凝固点和沸点高于水分子化合物的预期值？

❷ 水的比热与其他物质相比如何？描述其对气候的影响。

❸ 为什么汽化潜热远大于熔化潜热？

❹ 描述以下过程：从地球低纬度地区吸收过剩热能，利用水的蒸发潜热过程，将其转移至缺乏热量的高纬度地区。

❺ 当水冷却时，水分子发生两次明显的反向变化：（1）水分子运动减缓，水的密度增大；（2）形成大块冰晶，水的密度减小。描述这两次变化如何使纯水在 4℃ 时达到最大密度。

❻ 采用通俗易懂的语言，解释为什么固态冰比液态水的密度低？从化学视角观察，为何如此独特？

5.3　海水为什么是咸的？

海水与纯水的最明显区别是富含溶解物质（溶质/溶解质），因此具有非常明显的咸味。这些溶解物质不仅包括氯化钠（食盐），而且包括其他各种盐类、金属甚至溶解气。实际上，海洋中蕴含的

盐类足以覆盖整个地球，平均厚度可超过150米，高度相当于50层摩天大楼。遗憾的是，由于含盐量过高，海水既不适合人类饮用，也不适合灌溉大多数农作物，且对许多物质具有较高的腐蚀性。

5.3.1 盐度

盐度（Salinity）是溶解在水中的固态物质的总量，包含溶解气（因为气体在足够低温下会变成固态），但不包含溶解有机质。盐度不包含悬浮微粒（浊积物）或与水接触的固态物质，因为这些物质不会溶解。盐度是溶解物质质量与水样质量的比值。

海水的盐度一般为3.5%，约为淡水的220倍。既然盐度为3.5%，说明海水也含有96.5%的纯水，如图5.15所示。由于大部分为纯水，海水的物理性质与纯水非常接近，差异非常微小。

如图5.15和表5.1所示，在海水的固态溶解物质中，氯、钠、硫（硫酸根离子形式）、镁、钙和钾元素所占的比例超过99%，目前已发现的其他80余种化学元素大多含量极少，但地球上的所有自然元素或许都存在于海洋中。注意，某些痕量溶解组分（如碘）对人类生存至关重要。

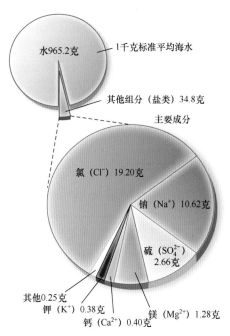

图5.15 海水中的主要溶解组分。1千克盐度为35‰的海水中的最丰富组分，组分含量的单位是克/千克，相当于千分比（‰）

表5.1 盐度为35‰的海水中的部分溶解物质

1. 主要组分（按重量计千分比，‰）

组 分	含量（‰）	组分占总盐比例（%）
氯（Cl^-）	19.2	55.04
钠（Na^+）	10.6	30.61
硫（SO_4^{2-}）	2.7	7.68
镁（Mg^{2+}）	1.3	3.69
钙（Ca^{2+}）	0.40	1.16
钾（K^+）	0.38	1.10
总计	34.58‰	99.28%

2. 微量组分（按重量计百万分比，ppm[a]）

气 体		营 养 盐		其 他	
组 分	含量（ppm）	组 分	含量（ppm）	组 分	含量（ppm）
二氧化碳（CO_2）	90	硅（Si）	3.0	溴（Br^-）	65.0
氮气（N_2）	14	氮（N）	0.5	碳（C）	28.0
氧气（O_2）	6	磷（P）	0.07	锶（Sr）	8.0
		铁（Fe）	0.002	硼（B）	4.6

3. 痕量组分（按重量计十亿分比，ppb[b]）

组 分	含量（ppb）	组 分	含量（ppb）	组 分	含量（ppb）
锂（Li）	185	锌（Zn）	10	铅（Pb）	0.03
铷（Rb）	120	铝（Al）	2	汞（Hg）	0.03
碘（I）	60	锰（Mn）	2	金（Au）	0.005

[a]1000ppm = 1‰；[b]1000ppb = 1ppm。

盐度通常以千分比/千分率（Parts Per Thousand，‰）表示，如 1% 表示百分之一，1‰ 表示千分之一。当从百分比（百分率）转换为千分比（千分率）时，只需将小数点右移 1 位，如 3.5% 的海水盐度相当于 35‰。以千分比表示盐度的优势比较明显，通常能够避免使用小数点，而且数值可以直接转换为每千克海水所含盐的克数，例如，对于盐度为 35‰ 的海水来说，每千克海水中含有 35 克盐。注意，千分比这一单位实际指重量的千分之几，但是盐度值缺乏单位，应为水样电导率与标准电导率之比。因此，盐度值有时用"实用盐度单位（PSU，实用盐标）"来表示，含义与千分比相同。

常见问题 5.4　制作意大利面时，向一锅水中加盐的诀窍是什么？这样能使水沸腾得更快吗？

加盐不会使水沸腾得更快，但会使其在略高一些的温度下沸腾，因为溶解物质提高了水的沸点（实际上，也降低了水的凝固点，见表 5.2）。因此，意大利面的烹调时间会稍短一些。此外，盐还是调味品，会令面条的味道更可口。不过，记得一定要在水烧开后再加盐，否则煮起来要花更长时间。这是化学原理的一种奇妙应用，可以帮助你提高厨艺！

5.3.2　盐度测定

人们在早期测定海水的盐度时，首先要蒸发一定重量的海水，然后对从中析出的盐分进行称重。但是，这种方法不仅耗时，而且精度有限，有些水分会与析出的盐分结合，还有些物质会随着水分一起蒸发。

另一种盐度测定方法是采用比例常数原理（Principle of Constant Proportions），这是化学家威廉姆·迪特迈（1859—1951）在分析挑战者号考察船采集的水样时确立的。比例常数原理指出，在任何海域中，构成海水盐度的主要溶解成分具有几乎完全相同的比例，而与盐度无关，证明海水的混合非常充分。这意味着当盐度变化时，并不是盐分离开（或进入）海洋，而是水分子加入或移除。由于海水成分恒定，因此通过测量单一主要成分的浓度，即可确定特定水样的总盐度。含量最丰富也最容易准确测量的成分是氯离子（Cl⁻），水中氯离子的重量称为氯度（Chlorinity）。

在世界各地的海水样品中，氯离子均占溶解固体总量的 55.04%，见图 5.15 和表 5.1。因此，通过仅测量氯离子浓度，即可根据下列关系式计算出海水样品的总盐度：

$$盐度（‰） = 1.80655 × 氯度（‰）\qquad(5.1)$$

在式 5.1 中，1.80655 这个数值来自 1 除以 0.5504（海水中氯离子所占的比例为 55.04%）。但是，1 除以 0.5504 的准确结果是 1.81686，与 1.80655 相差 0.57%。在实际应用中，海洋学家们发现海水成分的恒定比例是一个近似值，认为 1.80655 能够更准确地描述海水的总盐度。例如，海洋的平均氯度为 19.2‰，因此平均盐度为 1.80655×19.2‰，四舍五入后得到 34.7‰。换句话说，在 1000 份海水中，平均含有 34.7 份溶解物质。

通过盐度计（Salinometer）等现代海洋学仪器，我们可以非常精确地测定海水的盐度。大多数盐度计测量海水的导电性（物质传导电流的能力），导电性随水中溶解物质的增多而增强，如图 5.16 所示。盐度计测定盐度的分辨率可以超过 0.003%。

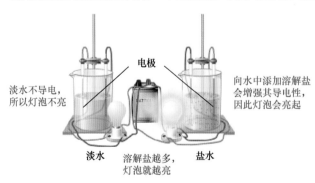

淡水不导电，所以灯泡不亮

电极

向水中添加溶解盐会增强其导电性，因此灯泡会亮起

淡水　　溶解盐越多，　　盐水
　　　　灯泡就越亮

图 5.16　盐度影响水的导电性

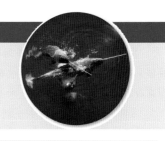

生物特征 5.1   我用牙齿测量海水盐度！

　　雄性独角鲸（Narwhal Whale）有一颗外露的细长牙齿，据说是独角兽传说的灵感来源。独角鲸生活在北极的浮动冰冠附近，雄性独角鲸拥有一颗细且呈螺旋状的獠牙，主要用于吸引雌性独角鲸，同时也充满了敏感的神经。因此，这颗牙就像传感器一样，可用于确定海水的性质，包括盐度在内。

深入学习 5.1   生活在水世界却永远干渴

　　全球目前面临着严重的水资源短缺危机，超过 1/3 的人口正在遭受可饮用淡水资源短缺带来的困扰，预计这一比例将于 2025 年上升至 50%。人类饮用水的消耗量不断增加，但是供应量却逐渐减少，因此某些国家被迫开始研究如何将海洋作为淡水水源地。脱盐（Desalination）也称海水淡化，指从海水中脱除盐分，为企业、家庭及农业用途提供淡水。

　　目前，全世界总共有 13000 多家海水脱盐工厂，其中大多数规模较小，主要位于中东、加勒比海和地中海的干旱地区，日产淡水总量超过 450 亿升。美国的脱盐水产量仅占全球 10%，主要集中在佛罗里达州。

　　在海水净化技术方面，全球超过半数的海水脱盐工厂采用蒸馏法，其余大多采用膜法。

蒸馏

　　蒸馏（Distillation）过程如图 5A 所示。在蒸馏过程中，首先将盐水煮沸，然后通过冷凝器冷却并收集水蒸气（即淡水）。这个生产工序虽然简单，但对净化海水非常有效。例如，盐度为 35‰ 的海水经蒸馏处理后，形成的淡水盐度仅为 0.03‰，甚至比瓶装纯净水还新鲜 10 倍左右。为了具有较为可口的味道，还需要将其与少量纯水相混合。但是，由于需要大量热能来煮沸盐水，使得蒸馏的成本较为昂贵。开展大规模海水蒸馏时，为了降低成本及提高效率，通常会考虑利用发电厂等产生的废热，或利用太阳能等可再生资源。太阳能蒸馏（Solar

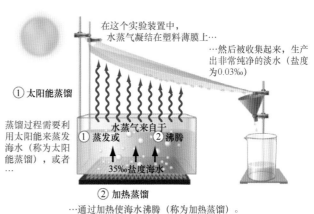

图 5A　蒸馏过程净化海水的方式

Distillation）也称太阳能增湿（Solar Humidification），不需要另行加热，在以色列、西非和秘鲁等干旱地区，目前已成功开展了小规模农业试验。

膜法

　　膜法（Membrane Processes）也称反渗透法（Reverse Osmosis），可能具有大规模海水脱盐应用潜力。在正常渗透过程中，水分子自然穿越一层薄而半渗透的膜，从淡水溶液渗透到盐水溶液中；在反渗透过程中，盐水一侧的水在高压作用下，水分子（不含盐及其他杂质）穿越膜而进入淡水一侧，如图 5B 所示。反渗透法存在一个重要问题，就是膜一般比较脆弱，容易堵塞，必须经常更换。为了解决这些麻烦，人们采用了先进的复合材料，这些材料不仅更为坚固耐用，而且能够提供更好的过滤效果，使用寿命最长可达 10 年。

其他脱盐方法

　　海水凝固时会选择性排除溶解物质，这一过程称为冷冻分离（Freeze Separation）。因此，海冰（熔化后）的盐度较低，通常比普通海水的低 70%。但是，为了使其成为一种较为有效的脱盐技术，需要多次对海水进行冷冻和解冻，且在每次解冻之间都要将盐从冰上清除掉。像蒸馏一样，冷冻分离同样需要大量的能量，所以仅限于小型应用，大规模应用可能不切实际。

另一种获取淡水的方法是融化自然形成的海冰。有些人具有非凡的想象力，提议将大型冰山拖至淡水短缺国家附近的沿海水域，然后收集冰川融化时产生的淡水，并通过相关设备泵送上岸。相关研究表明，将大型南极冰山拖运至干旱地区技术上可行，对某些南半球地区来说，经济上也可行。

目前，海水脱盐只提供不到 0.5%的人类用水需求，但是随着淡水需求的增长，这一比例也可能随之增长。要从海水中生产数量大且成本低的淡水，技术挑战相当巨大。但是，对于拥有庞大海水资源和稀少淡水资源的星球来讲，这是人类始终无法回避的挑战。

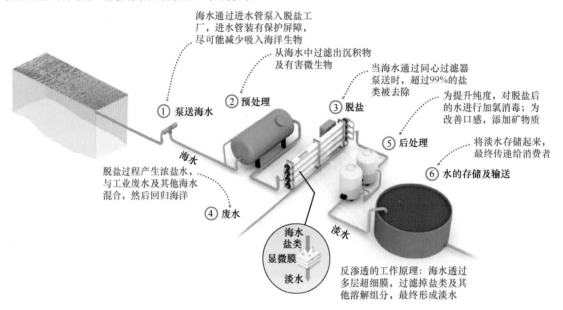

图 5B　反渗透过程净化海水的方式

你学到了什么？

1. 海水脱盐成本非常昂贵的根本原因是什么？
2. 描述两种主要的海水脱盐方法。

5.3.3　纯水与海水之比较

表 5.2 中对比了纯水和海水的各种性质。由于海水中的纯水含量为 96.5%，因此大部分物理性质与纯水的相似。例如，加入少许溶解盐不会改变水的透明度，因此纯水和海水的颜色一致。

表 5.2　纯水与海水部分性质之比较

性　　质		纯　　水	35‰盐度的海水
颜色（透光性）	少量水	清澈（高透明度）	与纯水相同
	大量水	蓝色-绿色，因为水分子对蓝色和绿色波长的散射效果最佳	与纯水相同
气味		无气味	明显海腥味
味道		无味道	明显咸味
pH 值		7.0（中性）	表层海水：pH 值范围为 8.0～8.3，平均值为 8.1（微碱性）
凝固点		0℃	−1.9℃
沸点		100℃	100.6℃
4℃时的密度		1.000 克/立方厘米	1.028 克/立方厘米

用一句话描述纯水与海水性质的主要区别。

但是，由于海水中含有部分溶解物质，使其具有与纯水略有差异但非常重要的物理性质。例如，本章前面提到过，溶解物质会干扰纯水的相态变化。从表 5.2 中可以看出，溶解物质可降低水的凝固点，提高水的沸点。因此，海水在-1.9℃时结冰，此温度低于纯水的凝固点（0℃）；海水在 100.6℃ 时沸腾，此温度高于纯水的沸点（100℃）。实际上，正是因为海水中存在盐类，水作为液体的温度范围才得以扩大。汽车散热器中的防冻剂也是同样的原理，不仅能够降低散热器中水的凝固点，而且能够提高其沸点，从而扩大了水保持液态的温度范围。因此，防冻剂可以保护散热器，确保冬天不结冰，夏天不开锅。

盐水密度较高，鸡蛋漂浮

淡水密度较低，鸡蛋沉底

盐水　　　　　　淡水

图 5.17　鸡蛋在盐水中漂浮，在淡水中下沉

在纯水与海水之间，密度是差异微小但非常重要的另一种特性。本章前面介绍过，密度是指单位体积物质的质量。当物质加入水中并溶解时，水的体积保持不变，但是密度增大，因为单位体积增加了更多的质量。虽然纯水与海水之间的密度差异似乎可以忽略不计（表 5.2 中显示仅增加了 0.028 克/立方厘米），但能够显著地影响漂浮物，这可通过一个简单的实验验证：在两杯不同的水中，各放入一个鸡蛋，如图 5.17 所示。

本章后面将讨论海水的其他重要特性，如 pH 值及其密度如何随深度而变化。

常见问题 5.5　警示性标签提醒大家不要在靠近水的地方使用电器，难道是因为水具有极性而导电吗？

是也不是。水分子具有极性，所以你或许认为水是电的良导体。但是，由于纯水的水分子总体上呈中性，在电极性体系中并不向正极或负极移动，因此纯水是导电能力较差的一种导体。如果电子产品掉入充满纯水的浴缸，水分子不会传导电能，而是简单地调整氢原子和氧原子的方向，使带正电荷的氢端朝向电子产品的负极，带负电荷的氧端朝向电子产品的正极，从而逐渐中和整个电场。有趣的是，水中的溶解物质能够通过水来传导电流，即使是少量的水（如自来水）也可以传导电能，如图 5.16 所示。因此，在浴室常用家用电器（如吹风机、电动剃须刀和加热器）的连接线上，大多贴有警示性标签。同理，在雷雨天气下，建议远离任何水（包括浴缸或淋浴）！

海水的盐度可用盐度计测定，平均值为 35‰。由于海水中存在溶解组分，使其具有与纯水不同但非常重要的物理性质。

❶ 海水的平均盐度是多少？通常采用哪些单位？为什么采用这些单位？
❷ 在什么样的盐度条件下，仅通过测定氯离子的浓度，即可确定海水的总盐度？
❸ 海水与纯水有何异同？

5.4　为什么海水盐度存在变化？

在利用盐度计及其他技术开展研究时，海洋学家们发现不同海域的盐度并不相同。那么，海水盐度的变化模式怎样？变化机理如何？

5.4.1 盐度变化

在远离陆地的开阔大洋中，盐度的变化范围为33‰～38‰；在近岸海域，盐度的变化范围波动较大。例如，波罗的海的海水平均盐度仅为10‰，由于自然条件特殊而形成了微咸水（Brackish Water），主要出现在淡水（来自河流和降水）与海水的混合区域。另一方面，红海的海水平均盐度为42‰，由于自然条件特殊而形成了高盐水（Hypersaline Water），属于典型的海洋及内陆水体，蒸发率较高，与外海之间的循环流动受限。

全球含盐量最高的盐水存在于内陆湖泊中，这些湖泊通常由于太咸而被称为"海洋"。例如，大盐湖（美国犹他州）的盐度为280‰；死海（以色列与约旦交界处）的盐度为330‰，溶解固体含量约为33%，盐度几乎是普通海水的10倍。高盐水的密度和浮力很大，人们很容易漂浮在水面上，甚至连四肢都可以伸出水面（见图5.18）！与普通海水相比，高盐水的味道也要咸得多。

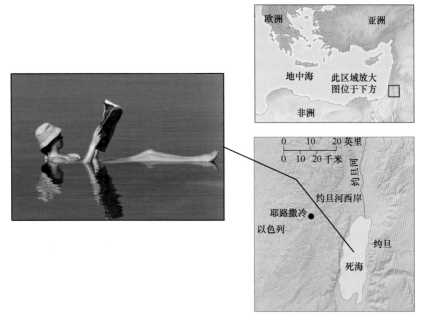

图 5.18 死海的高盐水使游泳者能够轻松漂浮。死海的盐度为330‰（几乎是普通海水盐度的10倍），密度及浮力都很大，游泳者能够轻松漂浮于水面之上

在近岸海域，海水盐度随季节变化。例如，在佛罗里达州的迈阿密海滩附近，10月的海水盐度为34.8‰，5～6月由于蒸发量大而上升至36.4‰；在俄勒冈州的阿斯托里亚近岸海域，由于从哥伦比亚河流入了大量淡水，因此海水盐度一直很低，4～5月（哥伦比亚河流量最大时）的表层海水盐度可低至0.3‰，10月（淡水输入减少的旱季）可低至2.6‰。

其他类型水的盐度要低得多。例如，自来水的盐度通常低于0.8‰，口感好的自来水的盐度则在0.6‰以下；优质瓶装水的盐度约为0.3‰，瓶身标签上通常会标出溶解固体总量（TDS），单位为ppm，1000ppm等同于1‰。

5.4.2 影响海水盐度的过程

影响海水盐度的过程会改变水（水分子）或水中溶解物质的数量。例如，通过添加更多的水，可以稀释溶解组分，降低水样的盐度；相反，去除水分会增大盐度。以这些方式改变盐度时，不会影响溶解组分的数量或成分，溶解组分仍然保持比例常数。在把注意力转向影响溶解组分的过程之前，我们首先关注一下影响海水中水含量的过程。

5.4.2.1 降低海水盐度的过程

表 5.3 中汇总了影响海水盐度的过程，降水、径流（Runoff）、冰山融化及海冰融化均会向海洋中输入淡水，从而降低海水的盐度。降水是大气中的水以雨、雪、雨夹雪或冰雹等形式返回地球的方式。在全球范围内，降水总量的约 3/4 直接落回海洋，其余 1/4 落到陆地。当降水直接落回海洋时，海洋中的淡水增加，盐度降低。

表 5.3　影响海水盐度的过程

过　程	实现途径	增加或移除	对海水中盐的影响	对海水中水的影响	盐度是升高还是降低？	是否为来自海洋的淡水来源？
降水	雨、雨夹雪、冰雹或雪直接落入海洋	增加纯度很高的淡水	无	水增多	降低	不适用
径流	河流将水输入海洋	增加纯度较高的淡水	增加的盐极少，可以忽略不计	水增多	降低	不适用
冰山融化	冰川崩裂，进入海洋并融化	增加纯度很高的淡水	无	水增多	降低	是。南极冰山可拖至南美洲
海冰融化	海冰融化在海洋中	增加纯度较高的淡水及部分盐类	增加少许盐	水增多	降低	是。海冰可以融化，比喝海水好
海冰形成	在寒冷海域，海水凝结成冰	移除大部分淡水	海水中 30% 的盐类驻留在海冰中	水减少	升高	是。经过多重凝固，称为冷冻分离
蒸发	在炎热气候下，海水蒸发	移除纯度很高的水	无（基本上所有盐类均留在海水中）	水减少	升高	是。通过海水蒸发和水蒸气凝结，称为蒸馏

落至陆地的大多数降水以河流径流形式间接返回海洋，虽然溶解了陆地上的矿物质，但这部分水相对还是较为纯净的，如表 5.4 所示。因此，径流主要向海洋中输入水，能够降低海水的盐度。

表 5.4　河流和海水中主要溶解组分的比较

组　　分	河流中的浓度（ppm，按重量计）	海水中的浓度（ppm，按重量计）
碳酸氢根离子（HCO_3^-）	58.4	90
钙离子（Ca^{2+}）	15.0	400
硅酸盐（SiO_2）	13.1	3
硫酸根离子（SO_4^{2-}）	11.2	2700
氯离子（Cl^-）	7.8	19200
钠离子（Na^+）	6.3	10600
镁离子（Mg^{2+}）	4.1	1300
钾离子（K^+）	2.3	380
合计（ppm）	119.2	34793
合计（‰）	0.1192	34.8

当冰川漂入海洋（或边缘海）并且融化时，从冰川中挣脱的大块冰称为冰山（Icebergs）。冰川冰发源于高山地区的降雪，因此由淡水构成。在海洋中融化时，冰山增加了海水中的淡水含量，这是降低海水盐度的另一种方式。

当高纬度地区的海水结冰时，即可形成主要由淡水构成的海冰（Sea Ice）；夏季气温回升时，海冰融化进入海水，向海水中添加了大量淡水和少量盐类，导致海水盐度降低。

常见问题 5.6　人喝了海水会怎样？

具体要看喝了多少。海水的盐度约是人体体液的 4 倍，海水通过渗透作用令人体内部组织失去水分，即把水分子从高浓度区域（人体内的正常体液）转移至低浓度区域（含有海水的消化道）。因此，人体内的体液转而进入消化道，最终被排出体外，从而导致脱水。

如果不小心吞下了一些海水，没有必要过于担心。海水其实也是一种营养饮料，能够提供 7 种重要营养成分，而且不含脂肪、胆固醇或卡路里，某些人甚至声称每天饮用少量海水有益于身体健康！但是，一定要小心海水中的微生物污染物，例如有时可能存在病毒和细菌。

常见问题 5.7　海水结冰时的盐度约为 10‰，这些冰融化后人类能否直接饮用？

早期的北极探险家们亲身体验了这个过程，当他们乘船在高纬度地区航行时，有些人无意或有意地为海冰所困。由于缺乏其他水源，探险家们不得不求助于融化的海冰。虽然新形成海冰的盐度较低，但仍然捕获了大量盐水。基于海水的凝固速率，新形成海冰的总盐度约为 4‰～15‰，凝固速率越快，捕获的盐水越多，盐度就越高。含盐量这么高的融化海冰味道当然不太好，而且会导致人体脱水，但脱水速率低于 35‰盐度的海水。但是随着时间的推移，盐水会沿海冰粗糙的结构孔隙流出，海冰的盐度随之降低。大约 1 年后，海冰通常会变得相对纯净，正是饮用了这样的融化海冰水，才让这些早期探险者们得以幸存。

5.4.2.2　提高海水盐度的过程

在海冰形成和海水蒸发过程中，由于海洋中的水被移出，因此提高了海水的盐度（见表 5.3）。海水凝固会形成海冰，基于海水的盐度和海冰的形成速率，海水中约 30%的溶解组分保留在海冰中，为意味着 35‰的海水会产生盐度为 10‰的海冰（35‰的 30%为 10‰）。因此，海冰的形成从海水中移走了大部分淡水，提高了剩余未凝固海水的盐度。高盐度海水的密度也较大，因此会下沉至表层海水之下。

本章前面介绍过，蒸发是在低于沸点的温度下，水分子从液态转化为气态的过程，从海水中移走水，留下溶解物质，会增大海水的盐度。在全球范围内，约 86%的蒸发过程发生在海洋中。

5.4.2.3　水循环

图 5.19 中显示了水循环（Hydrologic Cycle）过程，描述了水在地球表面、之上和之下的持续运移，说明了水在水循环的不同组成部分（或储水库）之间运移，涵盖了水在海洋、大气和大陆之间的循环过程。注意，许多水循环过程会影响海水盐度，如流入海洋的河流会改变该区域海水的盐度。从图中还可看出，在地球的储水库中，地球表面（或其附近）的绝大多数水均位于海洋中。

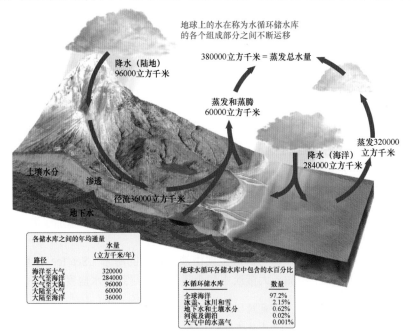

图 5.19　水循环。地球水循环示意图，数字代表地球的年均通量（在储水库之间运移的水量），单位为立方千米。左表显示了各储水库之间的年均通量，右表显示了地球上每个储水库中水的百分比

此外，图 5.19 中还显示了水在不同储水库之间的年均通量。

5.4.3 海水中溶解组分的增减

海水的盐度与溶解组分数量密切相关。有趣的是，溶解物质不会永远滞留在海洋中，而是通过循环过程反复流入和流出，如图 5.20 所示。这些过程包括河流径流（溶解了大陆岩石中 0.001%的大气水蒸气，并将其运移至海洋）、火山喷发（陆地和海底）及大气与生物相互作用。

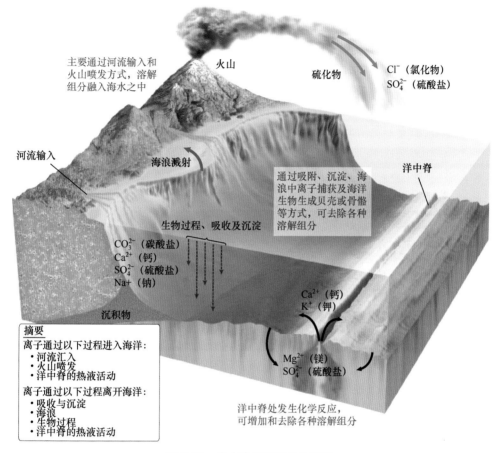

图 5.20　海水中溶解组分的循环

河流径流是溶解物质进入海洋的主要方式。表 4.5 中比较了河水与海水的主要溶解组分，可见河水盐度要比海水盐度低得多，溶解物质组分也存在巨大差异。例如，碳酸氢根离子（HCO_3^-）是河水中含量最丰富的溶解组分，但在海水中却含量甚微；氯离子（Cl^-）是海水中含量最丰富的溶解组分，但在河水中却浓度极低。

既然河水是海水中溶解物质的主要来源，为什么二者之间存在如此大的组分差异呢？原因之一是某些溶解物质驻留在海洋中，并且随着时间的推移而越积越多。驻留时间（Residence Time）是某种物质在海洋中的平均滞留时间。驻留时间较长时，会引起溶解物质的浓度升高。例如，钠离子（Na^+）的驻留时间为 2.6 亿年，因此在海洋中的浓度非常高；其他元素（如铝）的驻留时间只有 100 年，因此在海水中的浓度要低得多。

随着时间的推移，海洋会变得越来越咸吗？这种论断似乎比较合乎逻辑，因为新溶解组分不断输入海洋，而且大多数盐类的驻留时间均较长。但是，通过对海洋古生物和海底沉积物的分析，人们发现随着时间的推移，海洋的盐度并未增大，溶解组分的比例也未改变。之所以出现这种情形，一定是因为各种元素输入与输出海洋的速率相等，且各种元素的平均数量保持恒定不变，从而达到一种所谓的稳态条件。

物质输入至海洋后，会受到海水溶解物质循环过程的影响。例如，当海浪上下翻飞时，浪花会将微小的盐粒释放到大气中，然后可能被吹到陆地上空，最后降落至地面。最新研究表明，以此种方式离开海洋的物质数量非常巨大，每年最多达 33 亿吨。还有另一个例子，就是海水在洋中脊沿线的热液喷口附近渗透（见图 5.20），将镁离子和硫酸根离子纳入海底矿物沉积中。实际上，通过对海水进行化学研究，人们发现每隔约 300 万年，海水整体通过洋中脊的热液循环系统再生循环一次。因此，在海水与玄武质地壳之间，化学成分交换对海水成分具有重要影响。

溶解物质也可通过其他方式从海水中去除，如钙离子、碳酸盐、硫酸盐、钠离子和硅酸盐会沉积在海洋沉积物中，与死去的微生物和动物粪便相依为伴；当内陆海洋干涸时，大量溶解物质可能被清除，留下称为蒸发岩的盐类沉积（如地中海底的盐层）；对于溶解在海水中的大量离子，可将其吸附（物理附着）至黏土和生物颗粒表面，进而实现去除的目标。

简要回顾

各种表面过程要么降低海水盐度（降水、径流、冰山融化或海冰融化），要么提高海水盐度（海冰形成和蒸发）。

小测验 5.4　解释海水盐度为什么会发生变化

❶ 在什么样的自然条件下，波罗的海形成微咸水，红海形成高盐水？

❷ 描述从海水中添加和去除溶解组分的方法。

❸ 列举在地球上蓄水的水循环的各个组成部分（储水库），以及每个组成部分中地球水所占的百分比，描述水在这些储水库之间流动的过程。

5.5　海水盐度在表层如何变化？随深度如何变化？

从海面到海洋深处，海水的盐度、温度和密度都会发生改变，从而形成分层海洋。在海水混合、海流运动及海洋生物分布等方面，这种分层现象具有重要影响。本节和下一节分析研究海洋分层的成因，以及表层和不同深度海水的属性变化。

5.5.1　表层海水的盐度变化

虽然表层海水的平均盐度为 35‰，但具体盐度会因纬度而异，如图 5.21 所示。红色曲线代表温度，高纬度地区的温度较低，随着纬度降低而逐步升高，赤道地区的温度最高；绿色曲线代表盐度，高纬度地区的盐度最低，随着纬度降低而逐步升高，并在南、北回归线附近达到峰值，但是之后随着纬度降低而逐步走低，并在赤道附近降至次低值。

探索数据

高纬度地区的海水盐度是相对较高还是较低？低纬度地区的海水盐度是相对较高还是较低？解释理由。

为什么表层海水的盐度会以图 5.21 所示的模式变化？在高纬度地区，由于存在大量的降水、径流及融化的淡水冰山，降低海水盐度的因素非常多；低温限制了蒸发量，因此提高了盐度；海冰的形成和融化在一年内彼此平衡，不是盐度变化的影响因素。

在南、北回归线附近，由于地球存在大气环流模式（见第 6 章），温暖而干燥的空气在低纬度地区下降，蒸发率较高，盐度随之上升。同时，能够降低盐度的降水和径流较少，因此汇聚了全球很多大陆沙漠和海洋沙漠。

赤道附近温度较高，蒸发率非常高，足以提升海水的盐度。不过，由于降水量和径流的规模均较大，一定程度上稀释了较高的盐度。例如，赤道附近几乎每天都会有阵雨，在给海洋增加水分的同时，也降低了海水的盐度。

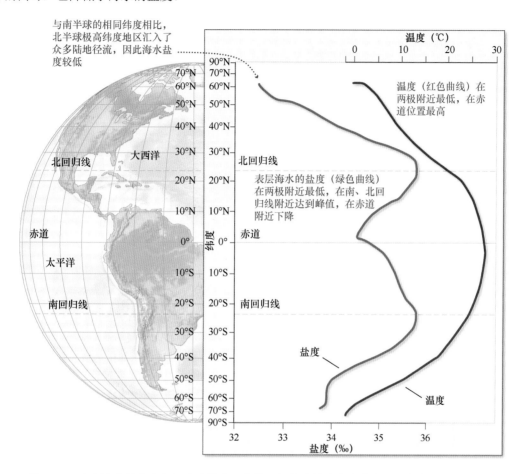

图 5.21　表层海水的盐度和温度随纬度而变化。绿色为盐度变化曲线，红色为温度变化曲线

图 5.22 是利用卫星采集数据制作的地图，展示了全球表层海水的盐度变化情况。注意观察卫星影像的整体图案，评估其与图 5.21 中曲线的匹配度。例如，在曲线和卫星影像中，均显示亚热带地区的盐度较高（见图 5.22，橙色），多雨极地和赤道附近区域的盐度较低（见图 5.22，蓝色）。另外，大西洋的盐度值总体上比太平洋的要高，主要是由于其靠近陆地且容易受到陆地的影响，导致狭窄大西洋（特别是热带地区）的蒸发率非常高。在卫星影像中，还可看到亚马孙河流出的一大片低盐度水（见图 5.22，紫色）。

5.5.2　盐度随深度而变化

图 5.23 中显示了海水盐度如何随深度而变化，包括远离陆地的开阔大洋数据及两条曲线，一条曲线代表高纬度地区，另一条曲线代表低纬度地区。

探索数据

从图 5.23 中可以看出，表层海水的盐度变化较大，但 1000 米以深海水的盐度变化较小。为什么会这样？请解释理由。

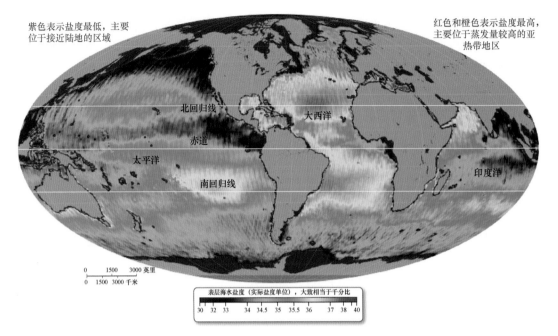

图 5.22　卫星测量的表层海水盐度。基于水瓶座（Aquarius）卫星于 2015 年 1 月采集的数据，绘制了全球表层海水盐度图。数值以实际盐度单位表示，大致相当于千分比（‰）；黑色区域表示"无数据"；南北向彩色条纹是卫星轨道路径上的伪影

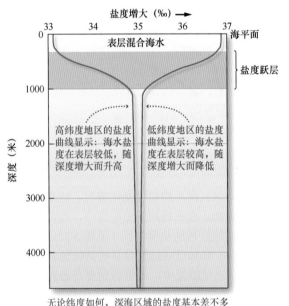

图 5.23　盐度随深度而变化。高纬度和低纬度地区的盐度随深度变化的垂直剖面图。水平比例尺以‰为单位；垂直比例尺为深度，单位为米；海平面在顶部；盐度剧烈变化的水层称为盐度跃层

图 5.23 右侧的曲线显示了低纬度地区（如热带）的盐度随深度变化的情况。上一节介绍过，表层海水的盐度较高，即使在赤道附近略有下降（见图 5.21），实际数值仍然相对较高。随着深度逐渐加大，曲线向中等盐度值方向移动。

图 5.23 左侧的曲线显示了高纬度地区（如南极洲附近或阿拉斯加湾）的盐度随深度变化的情况。上一节介绍过，表层海水的盐度较低，然后随着深度逐渐加大，曲线也朝中等盐度值方向移动。注意，从两条曲线可以判断，无论纬度如何，深海区域的盐度都有相似的中间值。

这两条曲线共同构成了类型于香槟酒杯的形状，说明海水盐度在表层变化较大，但在深海几乎保持不变。为什么出现这种现象？因为影响海水盐度的所有过程（如降水、径流、冰山融化、海冰融化、海冰形成和蒸发）都发生在表层海水中，对深层海水几无影响。

5.5.3　盐度跃层

在图 5.23 的两条曲线中，均显示了 300～1000 米深度之间海水盐度的剧烈变化。对于低纬度曲线，盐度变化呈下降趋势；对于高纬度曲线，盐度变化呈上升趋势。在这两种情况下，盐度随深度剧烈变化的海水层称为盐度跃层/盐跃层（Halocline），其将海洋中盐度不同的海水层分开。

5.6　海水密度随深度如何变化？

纯水在 4℃时的密度为 1.000 克/立方厘米，这也是测量其他所有物质的密度时采用的标准值。海水含有能够增大密度的各种溶解物质。在开阔大洋中，海水的平均密度为 1.022～1.030 克/立方厘米（取决于盐度），比纯水高 2%～3%。与淡水不同，在-1.9℃凝固之前，海水的密度不断增大。如前所述，当温度低于 4℃时，淡水的密度实际上是下降的，见图 5.12。但是，在凝固点位置，海水与淡水的性质相似，密度急剧下降，这也是海冰能够漂浮在海面上的原因。

密度是海水的一种重要性质，密度差异可以确定海水的垂直位置，导致水团漂浮或下沉，进而形成深海海流。例如，若将海水（密度为 1.030 克/立方厘米）加至淡水（密度为 1.000 克/立方厘米）中，密度更高的海水会下沉至淡水之下，形成深层流。

5.6.1　影响海水密度的因素

类似于地球的内部结构，海洋同样根据密度进行分层，低密度海水位于表层附近，高密度海水位于表层之下。除了某些内陆浅海因蒸发率较高而形成高盐水，密度最高的海水出现在海洋最深处。下面分析温度、盐度和压力如何影响海水密度，箭头符号表示各种关系（上箭头表示升高，下箭头表示降低）：

- 随着温度升高（↑），海水密度降低（↓），这是由于热膨胀。一个变量因另一个变量升高而降低的关系称为"负相关关系"，两个变量的值成反比。
- 随着盐度升高（↑），海水密度升高（↑），这是由于"溶解物质增多"。
- 随着压力增大（↑），海水密度升高（↑），这是由于"压力的压缩效应"。

在这三种因素中，只有温度和盐度影响表层海水的密度，压力只在特别大时才影响深层海水（如深海沟）的密度。深层海水比表层海水的密度高约 5%，说明虽然每平方厘米存在数吨海水的压力，但是海水几乎已经无法压缩。空气能够被压缩并存储在罐子中（用于潜水等），但是海水完全不同，液态水分子已经非常致密，继续压缩的空间微乎其微。因此，压力对表层海水密度的影响最小，几乎可以忽略不计。

另一方面，温度对表层海水密度的影响最大，因为表层海水的温度范围大于盐度范围。实际上，只在海洋极地区域，由于温度极低且相对恒定，盐度才会明显影响海水的密度，具有极高盐度的冰冷海水是世界上密度最高的海水之一。盐度和温度影响海水密度，海水密度则影响深海海流，高密度海水下沉至低密度海水之下。

5.6.2　温度和密度随深度而变化

图 5.24 所示的 4 个图表对比分析了不同纬度地区的温度和密度，下面分别予以介绍。

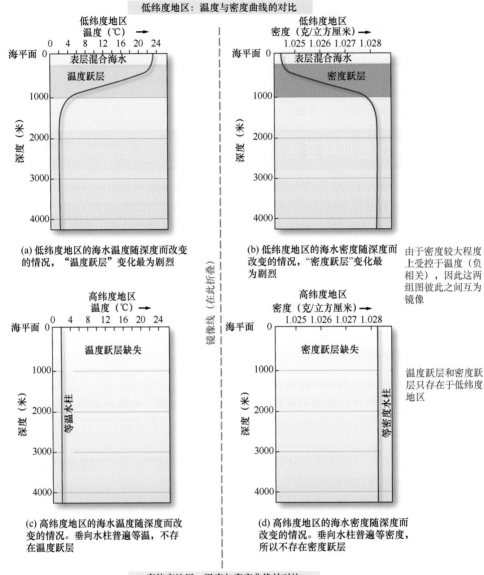

低纬度地区：温度与密度曲线的对比

(a) 低纬度地区的海水温度随深度而改变的情况，"温度跃层"变化最为剧烈

(b) 低纬度地区的海水密度随深度而改变的情况，"密度跃层"变化最为剧烈

由于密度较大程度上受控于温度（负相关），因此这两组图彼此之间互为镜像

(c) 高纬度地区的海水温度随深度而改变的情况。垂向水柱普遍等温，不存在温度跃层

(d) 高纬度地区的海水密度随深度而改变的情况。垂向水柱普遍等密度，所以不存在密度跃层

温度跃层和密度跃层只存在于低纬度地区

高纬度地区：温度与密度曲线的对比

图 5.24 低纬度与高纬度地区的温度和密度的典型垂直剖面曲线的对比。图(a)和(b)（上图）是低纬度地区的温度和密度曲线，图(c)和(d)（下图）是高纬度地区的温度和密度曲线，全部曲线数据均为年平均值

图 5.24a 中显示了低纬度地区的温度如何随深度变化。由于太阳高度角较高且日照时间较长，因此表层海水的温度较高，但是太阳能不能渗透至海洋深处。由于表层海水（如表层流、海浪及潮汐等）具有良好的混合机制，因此在 300 米深度以浅时，海水温度保持相对恒定；在约 300 米深度的位置，海水温度迅速下降；直到约 1000 米深时，海水的低温再次保持恒定，直至海底。

图 5.24b 中显示了低纬度地区的密度变化曲线，由于表层海水的温度较高，因此密度相对较低。记住，温度对密度的影响最大，二者之间成反比。同样，由于表层海水具有良好的混合机制，因此在 300 米深度以浅时，海水密度保持恒定；在约 300 米深度的位置，海水密度迅速升高；直到约 1000 米深时，海水的高密度再次保持恒定，直至海底。

图 5.24c 中显示了高纬度地区的温度如何随深度而变化，全年变化范围不大，表层及深层水温

大致相同。温度曲线为垂向直线，说明不同深度的海水环境基本相同。

图 5.24d 中显示了高纬度地区的密度曲线，它几乎不随深度而变化。由于表层海水的温度较低，因此密度相对较高。表层之下的水温依然较低，密度依然较高。因此，密度曲线为垂向直线，说明不同深度的海水状况基本相同，使得寒冷的高密度海水形成于表层，然后向下沉降，最终引发深海海流。

关于图 5.24，需要重点关注一件非常重要的事情，就是上部 2 个图形相互关联，下部 2 个图形也相互关联。如果想象沿垂直虚线折叠，然后叠加两组图形，就会发现它们是彼此完全相同的镜像。例如，低纬度地区的温度图（见图 5.24a）是其对应密度图（见图 5.24b）的镜像，高纬度地区的温度图（见图 5.24c）是其对应密度图（见图 5.24d）的镜像。为什么这些曲线互为镜像呢？如前所述，温度是影响海水密度的最重要的因素，二者之间成反比关系，这两组图形的镜像关系对此进行了形象描述。

5.6.3 温度跃层和密度跃层

与盐度跃层（图 5.23 中的剧烈变化盐层）类似，在图 5.24a 所示的低纬度地区温度图中，同样存在一条标识剧烈变化温度层的曲线，称为温度跃层/温跃层（Thermocline）；在图 5.24b 所示的低纬度地区密度图中，还存在一条标识剧烈变化密度层的曲线，称为密度跃层（Pycnocline）。在高纬度地区的温度图表（见图 5.24c）和密度图表（见图 5.24d）中，温度跃层和密度跃层都不存在，温度和密度均为不随深度而变化的恒定数值，相应曲线分别表现为垂向直线而非曲线。类似于盐度跃层，温度跃层和密度跃层通常出现在海平面以下 300～1000 米。在温度跃层之上和之下，海水存在的温度差异可用于发电。

当某个区域形成了密度跃层后，对于与低密度水（密度跃层之上）和高密度水（密度跃层之下）的混合，密度跃层形成了一种不可思议的屏障。密度跃层具有较高的重力稳定性，因此能够物理隔离相邻的海水层。这类似于大气中的逆温层，可将高密度的冷空气压制在低密度的热空气之下。由于温度和盐度影响密度，所以密度跃层是由温度跃层与盐度跃层共同作用的结果，这三种海水层的相互关系决定了上层水团与深层水团之间的分离程度。

根据密度，可将海洋划分为 3 种不同水团层。混合表层（Mixed Surface Layer）出现在永久性温度跃层和相应的密度跃层之上，如图 5.24 所示。由于表层流、海浪和潮汐较好地混合在一起，因此海水较为均匀。温度跃层和密度跃层位于称为上层水团（Upper Water）的低密度水层中，常见于中低纬度地区。深层水团（Deep Water）密度更大，温度更低，从温度跃层/密度跃层下方开始，一直延伸至深海海底。

温度跃层及相应的密度跃层也可能出现在其他位置，例如当潜水员潜入海洋时，经常遇到小型温度跃层。在游泳池、池塘和湖泊中，也可能会出现温度跃层。在春天和秋天，夜晚凉爽，白天相对温暖，太阳会加热表层水，表层之下的水则可能温度很低。如果池子里的水未被混合，温度跃层可将表层暖水与深层冷水隔离开来。对潜入池子的任何人来说，温度跃层之下的冷水都会令其惊诧不已！

在高纬度地区，表层海水的温度终年较低，与深层海水之间的温差较小，因此很少出现温度跃层及相应的密度跃层。唯一的例外可能出现在短暂的夏季，白天比较长，太阳才开始加热表层海水。即便如此，此时的海水温度也不会太高。因此，高纬度地区的水柱几乎全年表现为等温的（Isothermal）和等密度的（Isopycnal），使得表层水与深层水之间能够较好地垂直混合。

简要回顾

盐度跃层（盐跃层）是盐度剧烈变化的水层，温度跃层（温跃层）是温度剧烈变化的水层，密度跃层是密度剧烈变化的水层。

❶ 影响海水密度的三种因素是什么？各自如何影响海水密度？哪种因素最重要？

❷ 描述温度跃层及其在海洋中的位置。

❸ 描述密度跃层及其在海洋中的位置。

❹ 显示海水密度随深度变化的曲线(a)与显示海水温度随深度变化的曲线(b)之间为何存在密切的联系？

5.7　海水是酸性的还是碱性的？

酸（Acid）是一种化合物，它溶解于水时会释放氢离子（H^+），由此形成的溶液称为酸性溶液。当强酸溶于水时，容易完全释放氢离子。碱（Base）也是一种化合物，它溶解于水时会释放氢氧根离子（OH^-），由此形成的溶液称为碱性溶液。当强碱溶于水时，容易完全释放氢氧根离子。

在海水中，由于水分子持续不断地解离与重组，因此氢离子和氢氧根离子的数量都较少。从化学角度看，这个过程可以用以下方程式来表示：

$$\text{解离}$$
$$H_2O \rightleftharpoons H^+ + OH^- \qquad\qquad (5.2)$$
$$\text{重组}$$

注意，如果溶液中的氢离子和氢氧根离子仅由水分子解离形成，则其浓度总是相等，因此溶液为中性溶液。

当水中的物质发生解离时，溶液将呈酸性或碱性。例如，若将盐酸（HCl）加入水中，由于氯化氢（HCl）分子解离出大量额外的氢离子（H^+），因此生成的溶液将呈酸性。若将小苏打（碳酸氢钠，$NaHCO_3$）等碱性物质加入水中，由于 $NaHCO_3$ 分子解离出大量额外的氢氧根离子（OH^-），因此生成的溶液呈碱性。

5.7.1　pH 标度

图 5.25 中显示了 pH 标度（pH Scale），也称酸碱度（Power of Hydrogen），这是测量溶液中氢离子浓度的一种表示法。pH 值的范围是 0（强酸）～14（强碱），中性（Neutral）溶液（如纯水）的 pH 值为 7.0。pH 标度为非线性标度：pH 值每降低 1.0 个单位，氢离子浓度升高 10 倍，水更加呈酸性；pH 值每升高 1.0 个单位，氢离子浓度降低 10 倍，水更加呈碱性。

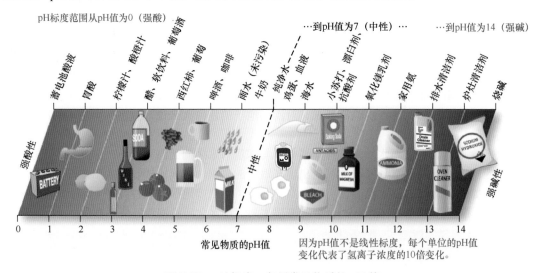

图 5.25　pH 标度，包括常见物质的 pH 值

由于存在溶解物质，表层海水呈微碱性，pH值平均为 8.1，值域为 8.0～8.3。深层海水的 pH 值通常低于表层海水（见图 5.26），因为在 100～1000 米深度区间，海洋动物的呼吸作用会产生二氧化碳，但是阳光无法照射到这里，这意味着植物和藻类没有利用二氧化碳进行光合作用。相反，溶解的二氧化碳与水结合，生成称为碳酸（H_2CO_3）的一种弱酸，可以解离并释放氢离子（H^+）：

$$H_2O + CO_2 \rightarrow H_2CO_3 \rightarrow H^+ + HCO_3^- \qquad (5.3)$$

这种化学反应似乎使海洋呈微酸性，但是碳酸在海洋的缓冲过程中被中和，因此一系列反应使海洋保持微碱性。

常见问题 5.8　为什么纯水的 pH 值是 7.0（中性）？

实际上，由于具有极强的溶解物质的能力，纯水的 pH 值为中性确实令人难以置信。从直觉上看，水应为酸性的，且 pH 值较低。但是，pH 值仅测量溶液中氢离子（H^+）的数量，而非某种物质（如水分子）通过形成氢键而溶解其他物质的能力。

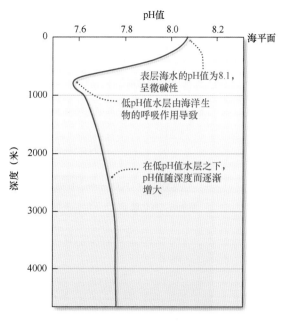

图 5.26　海水的 pH 值随海洋深度而变化

5.7.2　碳酸盐缓冲系统

从图 5.27 所示的化学反应中可以看出，首先是二氧化碳（CO_2）与水（H_2O）相结合，形成碳酸（H_2CO_3）。然后，碳酸失去 1 个氢离子（H^+），形成带有 1 个单位负电荷的碳酸氢根离子（HCO_3^-）。碳酸氢根离子也可能失去氢离子，但要比碳酸困难得多。碳酸氢根离子失去氢离子后，就会形成带有 2 个单位负电荷的碳酸根离子（CO_3^{2-}）。部分碳酸根离子与钙离子结合，可形成固态碳酸钙（$CaCO_3$）。虽然有些碳酸钙通过化学方式沉淀下来，但是海洋中发现的大量碳酸钙其实由小型海洋生物形成。这些海洋生物吸收了海水中溶解的钙离子和碳酸根离子，生成了坚硬的外壳，生物死亡后，这些外壳下沉并溶解，使碳酸盐循环返回至海洋中。要了解与此相关的更多信息，请参阅第 4 章。

在图 5.27 的下方，两个方程式反映了涉及碳酸盐的这些化学反应，以及其如何在缓冲（Buffering）过程中最小化海水的 pH 值变化，防止海洋变得过酸（或过碱）。实际上，生物体外壳起到了深海抗酸剂的作用，类似于商业抗酸剂中利用碳酸钙来中和过量胃酸的方式。例如，若海洋的 pH 值上升（变得过碱），外壳会促使碳酸（H_2CO_3）释放出氢离子（H^+），pH 值下降；若海洋的 pH 值下降（变得过酸），则碳酸氢根离子（HCO_3^-）与氢离子（H^+）结合，消除过多氢离子，pH 值上升。随着环境变得过酸，大量碳酸盐外壳发生溶解，因此碳酸氢根离子总是能够稳定供应。通过这种方式，缓冲可以防止海水的 pH 值发生大幅波动，并且始终保持在一定的范围内。但是，近年来，人类排放的二氧化碳越来越多地进入海洋，改变了海水的 pH 值，使其变得更加呈酸性。要了解与此相关的更多信息，请参阅第 16 章。

常见问题 5.9　为什么喝碳酸饮料会灼伤喉咙？

当二氧化碳气体（CO_2）溶于水（H_2O）时，其分子与水分子反应生成碳酸（H_2CO_3）。碳酸是一种弱酸，大多数分子任何时候均保持中性（非电离）。但是，有一小部分分子会自然解离成两种离子，即带负电荷的碳酸氢根离子（HCO_3^-）和带正电荷的氢离子（H^+）。氢离子为酸性的根源，溶液中的氢离子浓度越高，溶液的酸性就越强。碳酸饮料含有水和碳酸，整体上呈酸性，碳酸越多，酸性越强。因此当你喝碳酸饮料时，就会感觉到中等酸度在刺激喉咙。

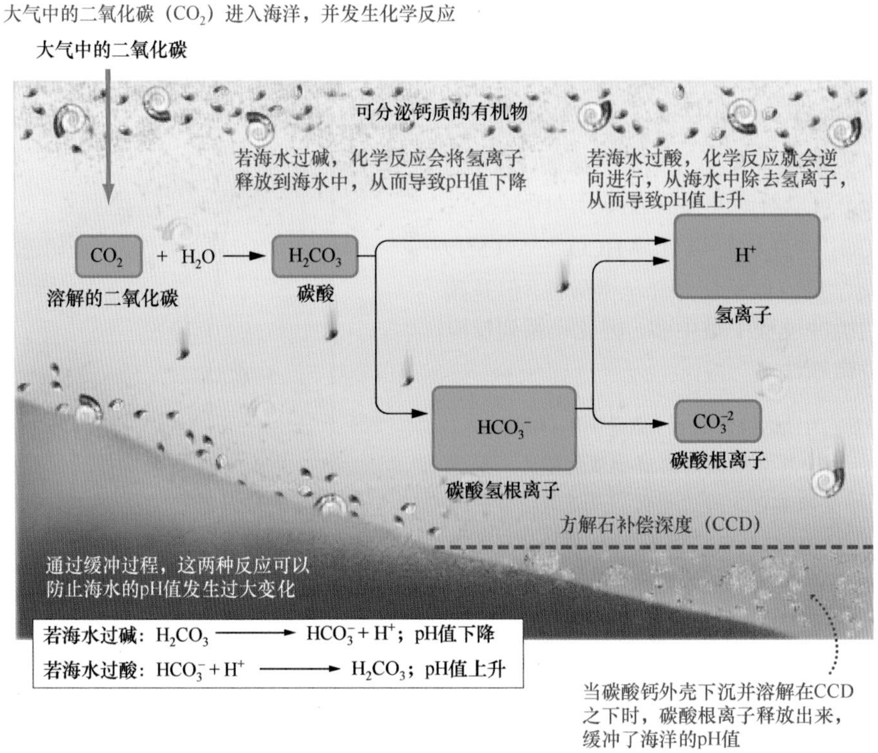

图 5.27　碳酸盐缓冲系统

简要回顾

　　涉及碳酸盐物质的化学反应起到一定的缓冲作用，帮助海洋维持其平均 pH 值 8.1（微碱性）。

小测验 5.7　讨论海水的酸碱性质

　❶　解释酸性物质与碱性物质之间的差异。

　❷　海洋的缓冲系统如何运转？

5.8　海洋中碳和氧分布的控制因素有哪些？

　　在海水蕴藏的全部物质中，碳和氧最有趣。氧能够满足人类的呼吸需求，碳化合物能够维持海洋的 pH 值，调节地球的温度，进而维持地球上的所有生命。或许有些令人诧异，地球上最大的碳储库（即碳库）不位于生物圈，而位于岩石圈（特别是碳酸盐岩和海洋沉积物）。据科学家们测算，从实际碳含量看，岩石约为全部陆生植物的 1 亿倍以上。海洋是地球第二大碳库，碳含量是陆生植物的 60 余倍。目前，为了研究碳的来源及运行机制，科学家们正在将目光投向海洋。要了解与碳循环相关的更多信息，请参阅第 16 章。

5.8.1　海洋中二氧化碳的溶解度及分布

　　为掌握碳在海洋中的运行机制，首先要知道碳包括两种类型：（1）无机碳，如二氧化碳及碳酸钙质海洋生物外壳中的碳；（2）有机碳，如生物软组织中的碳，常用分子式 $C_6H_{12}O_6$ 表示。

　　当大气中的二氧化碳溶解于海水时，碳以最直接的方式从海面进入海洋，然后与水发生反应形成碳酸，进入上一节介绍的碳酸盐缓冲系统，为形成海洋生物碳酸钙质外壳做出一定的贡献。在受到阳光照射的表层海水上部，海洋植物和藻类通过光合作用形成有机化合物，这些化合物也能吸收二氧化碳。在这两个过程的合力作用下，降低了表层海水中的溶解二氧化碳浓度。如图 5.28 所示，二氧化碳浓度在表层海水中较低，但随海水深度增大而升高。

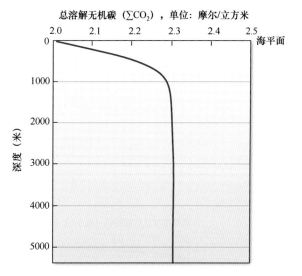

总溶解无机碳（$\sum CO_2$），单位：摩尔/立方米

探索数据

通过查看二氧化碳随深度的变化，查找对应于密度跃层底部的深度。提示：前文说过，密度跃层是海水垂向混合的强大屏障。

图 5.28　海水中的二氧化碳浓度随海洋深度而变化。二氧化碳与水发生反应，以不同的形式存在，统称为二氧化碳总量或总溶解无机碳。二氧化碳由游离溶解的二氧化碳气体、碳酸、碳酸氢盐和碳酸盐组成，碳酸氢盐是迄今为止海洋中最丰富的溶解无机碳

二氧化碳浓度之所以随深度增大而升高，原因之一是来自海洋生物的呼吸和死亡有机物的腐解，原因之二是与二氧化碳的溶解度（Solubility）密切相关。随着海水深度的增大，水温逐渐降低，压力逐渐加大，溶解的二氧化碳也越来越多。

在理解溶解度时，可将其简单地视为物质在液体中的溶解趋势。与大多数物质不同的是，液体受热时，二氧化碳等气体的溶解度会随水温升高而降低。因此，首次打开冰镇碳酸饮料时，由于周围环境升温，饮料中二氧化碳气体的溶解度降低，从而以气泡形式发生逃逸。碳酸化（二氧化碳气体溶解在饮料中）过程中溶解的二氧化碳以气体形式进入空气，在温度较高的液体中变得不那么容易溶解。这种模拟同样适用于解释气体溶解度与压力的关系，首次打开软饮料并释放压力时，最初会出现一定的泡沫，因为溶解在液体中的二氧化碳气体在较低大气压下不易溶解，所以快速冒出气泡。由此可知，溶解二氧化碳的最高浓度出现在寒冷且高压的海水中。

5.8.2　海洋中溶解氧的溶解度及分布

对于研究海洋中的另一种重要气体"氧"的分布状况，二氧化碳的温度－压力－溶解度关系描述具有一定的启示意义。在高纬度地区，由于寒冷海水中的氧气溶解度增大，表层海水中的溶解氧浓度要高于低纬度地区。例如，图 5.29 中比较了太平洋中的溶解氧在这两个不同位置的分布情况。然而，与二氧化碳不同的是，表层海水中的氧气主体不来自大气交换（虽然海洋发生风暴等湍流时，过量氧气可以通过大浪混入表层海水），而来自海洋光合生物释放的氧气，使得表层海水中的氧气浓度高于大气中的氧气浓度。这意味着海洋是大气中氧气的净来源，换句话说，就是海洋为大气提供氧气。实际上，据科学家们测算，全球约一半以上的大气氧气由海洋浮游植物生成。

表 5.5 中比较了大气、表层海水及整个海洋中的主要气体丰度。可以看到，与大气中的氧丰度相比，由于浮游植物在光合作用过程中生成大量氧气，因此表层海水中的氧丰度更高；与大气中的二氧化碳丰度相比，由于二氧化碳具有高可溶性，非常容易与水反应而形成其他无机化合物，因此表层海水中的二氧化碳丰度更高。

比较图 5.28 与图 5.29，可以看出海水中溶解氧和溶解二氧化碳浓度的另一种差异。在阳光照射下的表层海水中，海洋生物的呼吸过程消耗氧气并生成二氧化碳，因此 1000 米以浅的溶解二氧化碳和溶解氧的剖面形状刚好相反。但是 1000 米以深的二氧化碳与氧气的浓度相当稳定，说明由

于生活在深海中的海洋生物较少，呼吸作用的频度相对不高。氧浓度之所以在最低值以下深度发生小反弹，主要是因为这些致密且寒冷的深水水团发源于高纬度地区的表层海水，氧在该位置的溶解度更大，因此溶解氧的浓度也更高，详见第 7 章。

表 5.5 大气和海水中的主要气体丰度

气 体	在大气中的体积占比（%）	在表层海水溶解气体总量中的占比（%）[a]	海洋整体平均浓度占比（ppm）
氮气（N_2）	78.1	63	33
氧气（O_2）	20.9	34	6
二氧化碳（CO_2）	0.04	1.4	99[b]

[a] 数据基于这些气体在海水中达到平衡时的摩尔分数，引自米勒罗 2013 年编著的《海洋化学》第 4 版。
[b] 以总溶解无机碳（ΣCO_2）计量，引自布罗克 1974 年编著的《海洋化学》。

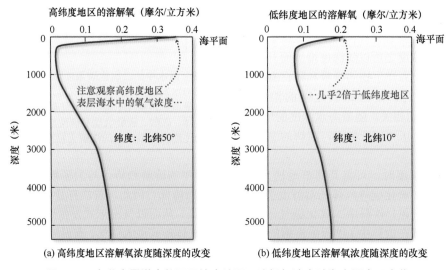

(a) 高纬度地区溶解氧浓度随深度的改变 　 (b) 低纬度地区溶解氧浓度随深度的改变

图 5.29 在北太平洋中的不同纬度地区，溶解氧浓度随海水深度而变化

常见问题 5.10 海洋植物和藻类的生长速度越快，能够产生更多的氧气供人类呼吸，是这样吗？

随着大气中二氧化碳的增多，海洋中的二氧化碳肯定随之增多，但不一定转化为由海洋生物生成的大量氧气。与二氧化碳相比，海水中其他成分（如铁等营养盐）的可用性更能限制浮游植物的生长。实际上，当大气中的二氧化碳大量溶解于海洋时，海水的酸度随之增大，对于大多数用碳酸钙建造微小外壳的微型光合生物而言，这显然存在负面影响。

5.8.3 海洋中的溶解碳和溶解氧如何影响气候？

20 世纪 30 年代，科学家们首次指出，"二氧化碳人为排放至大气"将导致全球温度显著升高。此后，研究人员一直在不懈地研究与探索，尝试摸清并预测二氧化碳如何在大气、海洋和陆地之间流动。现在，科学家们终于有了结论——燃烧化石燃料（Fossil Fuels）如石油、天然气和煤炭时，在释放至大气的大量二氧化碳中，约 1/4（或更多）最终将进入海洋，由于积累过量碳而被称为碳汇（Carbon Sink）。但是，随着全球气温上升和海洋变暖，二氧化碳由于在海水中的溶解度降低而发生饱和，这一比例可能会降低。如果发生这种情况，更多的二氧化碳将滞留在大气中，加大全球大气变暖的程度。要了解与此相关的更多信息，请参阅第 16 章。

此外，海洋变暖也会影响氧气在海水中的溶解度。实际上，若干详细研究表明，自 1960 年以来，海洋中的氧浓度逐步降低，预计未来会进一步下降。科学家们担心，如果这种趋势持续下去，海洋可能面临称为缺氧（hypoxia）的一种低氧状态，对诸多类型的海洋生物产生广泛而深远的影响，进而对渔业和沿海经济造成非常严重的损害。要了解与此相关的更多信息，请参阅第 13 章。

简要回顾

　　海洋中碳和氧的分布受到多种因素的控制，如在大气中的浓度、在海水中的溶解度、化学反应、生物活动及海水的压力和温度等。

小测验 5.8　描述海洋中碳和氧分布的控制因素

❶ 描述海水中气体的溶解度、温度、压力和浓度之间的关系。

❷ 解释有机碳和无机碳的区别，分别描述相关的化学反应。

❸ 为什么全球变暖会导致海洋吸收更少的二氧化碳？氧气是什么情形？

主要内容回顾

5.1　为什么水的化学性质如此独特？

- 水的非凡特性可以帮助人类了解地球上的生命，包括原子排列、分子结合、溶解任何物质及蓄热能力等。
- 水分子由 1 个氧原子和 2 个氢原子组成，2 个氢原子以共价键的形式与氧原子结合，并且分布在氧原子的同一侧，使水分子的几何形状发生弯曲。这种几何构形使水分子具有极性，允许其与其他水分子形成氢键，并赋予水分子以非凡的特性。
- 利用化学原理，解释为什么水被称为万能溶剂。
- 讨论极性的具体含义，列出具有极性的常见家居用品清单。

5.2　水有哪些重要物理性质？

- 水是地球上能够以 3 种相态（固态、液态和气态）自然存在的少数几种物质之一。氢键使水具有非常独特的热学性质，如高凝固点、高沸点、高热容、高比热、高熔化潜热和高汽化潜热。对于调节全球恒温效应来说，水的高热容和高潜热发挥着非常重要的作用。
- 与大多数其他化学物质一样，水的密度随温度的降低而升高，并在 4℃时达到最大值。但是，在 4℃以下时，由于大块冰晶的形成，水的密度反而随温度的降低而降低。当水凝固（结冰）时，体积膨胀约 9%，所以冰可以漂浮在水面之上。
- 利用水分子和氢键的排列方式，解释 3 种相态之间的差异。
- 解释为什么冰的密度低于液态水的密度，一定要利用热收缩、水分子和氢键等术语。

5.3　海水为什么是咸的？

- 溶解固体令海水变咸。盐度是海水中溶解的固体的数量，每千克海水中的溶解固体数量的平均值约为 35 克（35‰），盐度范围从微咸水至高盐水。在海水溶解固体总量中，6 种离子（氯离子、钠离子、硫酸根离子、镁离子、钙离子及钾离子）的含量总计超过 99%，且在任何海水样品中总以恒定比例出现，所以通过测量任何一种典型离子（通常为氯离子）的浓度即可确定海水的盐度。
- 海水和纯水的物理性质极为相似，但也存在几点明显差异，如海水具有较高的 pH 值、密度和沸点（但凝固点较低）。
- 虽然脱盐（海水淡化）成本高昂，但可为企业、家庭及农业用途提供淡水。
- 为什么仅通过测量一种溶解组分即可确定海水盐度？请予以说明（提示：比例常数原理）。

5.4　为什么海水盐度存在变化？

- 通过各种不同的过程，海水中的溶解组分实现输入及输出。在降水、径流、冰山融化和海冰融化过程中，更多的淡水输入海水，降低了海水的盐度；在海冰形成和蒸发过程中，淡水从海水中流失，提升了海水的盐度。
- 水循环包括地球上所有形式的储水库，海洋储存了地球总水量的 97%。通过分析各种元素在海洋中的驻留时间，能够判断其可在海洋中停留多长时间，意味着海水的盐度随时间推移而保持不变。
- 采用什么证据能够支持"海水盐度始终保持不变"的假设？
- 讨论海洋中的不同盐度级别。

5.5　海水盐度在表层如何变化？随深度如何变化？

- 在海面过程作用下，表层海水的盐度变化很大，最高值出现在南、北回归线附近，最低值出现在高纬度地区。盐度随深度变化而变化，直至约 1000 米以下深度时，深层海水的盐度非常一致。盐度跃层是盐度变化迅速的海水层。

- 利用影响海水盐度的过程，解释表层海水的盐度变化范围为何如此之大，深层海水的盐度变化范围为何非常之窄。
- 哪些过程可以提高海水盐度，哪些过程可以降低海水盐度？对于每个过程，描述其在分子尺度上的运行机制。

5.6 海水密度随深度如何变化？
- 随着温度下降和盐度上升，海水的密度逐渐增大。在对表层海水密度的影响力方面，温度比盐度更重要，压力则可忽略不计。在低纬度地区，温度与密度随深度变化相当大，形成温度跃层及相应的密度跃层；在高纬度地区，这两种跃层通常都不存在。
- 海水的密度与温度成反比，前者很大程度上受后者控制。简单解释这句话的含义。
- 讨论与高纬度地区和低纬度地区相关的如下问题：（1）这个地区有密度跃层吗？（2）这个地区有温度跃层吗？（3）这个地区有盐度跃层吗？

5.7 海水是酸性的还是碱性的？
- 表层海水的平均 pH 值为 8.1，呈微碱性。表层海水与深层海水的 pH 值有所不同。自然缓冲系统基于二氧化碳在海水中的化学反应，能够调节 pH 值的任何变化，维护稳定的海洋环境。
- 表层海水的 pH 值是多少？是属于强酸性、微酸性、中性、微碱性还是属于强碱性？pH 值如何随深度而变化？发生这些改变的原因是什么？
- 利用常见家居用品实例，描述 pH 标度。

5.8 海洋中碳和氧分布的控制因素有哪些？
- 海洋中碳分布的调节因素包括大气中的二氧化碳浓度和海水中的二氧化碳溶解度，以及表层海水与深层海水中的有机化学反应、无机化学反应、温度特征和压力特征等；海洋中氧的分布受类似自然过程的调节，同时受生成与消耗氧气的海洋生物活动的影响。
- 仔细观察图 5.29 中的两条溶解氧曲线，解释为什么表层海水中 b 部分的氧气浓度高于 a 部分，给出两种理由。
- 假设你认为海洋中的氧比碳更重要，你的同事持相反的观点。通过描述海水中氧和碳的变化进行讨论，比较二者在维持生命所需条件方面所起的作用。

第6章　海气相互作用

大气－海洋系统。大气和海洋分别由密度差异较大的物质构成，但却是密切相关的一套完整体系，大气中发生的事情往往会在海洋中反映出来，反之亦然。大气－海洋系统也调节着地球的气候，并且受到人类活动的影响

主要学习内容

6.1 解释地球上的太阳辐射变化，包括地球季节的成因

6.2 描述大气的物理性质

6.3 理解科里奥利效应

6.4 解释全球大气环流模式

6.5 描述海洋如何影响全球天气现象和气候模式

6.6 评估将风作为能源的优势与劣势

风全停了，帆也落了，四周的景象好不凄凉；只为打破海上的沉寂，我们才偶尔开口把话讲！

过了一天，又是一天，我们停滞在海上无法动弹；就像一艘画中的航船，停在一幅画中的海面。

——《古舟子咏》，塞缪尔·泰勒·柯勒律治讲述"船只被困马纬度"的故事，1798 年

大气和海洋是相互依存的一整套系统，是地球上最值得关注的事情之一。经过对大气－海洋系统的长期观测，人们发现大气之中发生的事情往往会导致海洋发生相应的变化，反之亦然。在这套系统中，二者由非常复杂的反馈回路连接在一起，某些反馈回路会强化某种变化，另一些反馈回路则会抵消初始变化。例如，海洋中的表层流就是地球大气风带直接作用的结果；另一方面，大气中的某些天气现象则是海洋作用的体现。要了解大气和海洋的运行机制，就要考虑二者之间的相互作用和相互关系。

当太阳能加热地球表面时，首先形成大气风，进而驱动海洋中的大部分表层流和海浪。因此，太阳辐射的能量是大气和海洋运动的驱动力。实际上，太阳辐射的变化是驱动全球海气（海洋－大气）系统的引擎，通过形成一定的压力与密度差异，在大气和海洋中激起气流和海流。第 5 章中介绍过大气和海洋的相关知识，二者利用水的高热容不断交换这种能量，并在这个过程中塑造全球气候模式。

大气中的周期性极端天气（如干旱和强降水）与海洋状况的周期性变化有关。例如，早在 20 世纪 20 年代，人们就认识到厄尔尼诺现象（一种海洋事件）与全球范围内的灾难性天气事件有关。海洋的变化应该会导致大气发生变化，但是目前尚不清楚是海洋的变化引发了厄尔尼诺现象，还是厄尔尼诺现象首先引发了大气变化，然后引发了海洋的变化。厄尔尼诺－南方涛动事件在将第 7 章中介绍。

海气相互作用对全球变暖也有重要影响。大量最新研究成果证实，由于人为排放的二氧化碳及其他气体吸收并捕获了大量热能，大气目前正在经历着前所未有的变暖。大气中的热量正在逐渐向海洋传递，可能会导致海洋生态系统发生改变。第 16 章中将讨论这个问题。

本章介绍大气对太阳热量的再分配及其对海洋状况的影响，首先介绍影响海气相互作用的大尺度现象，然后讨论小尺度现象。

6.1 引发地球上的太阳辐射发生变化的原因是什么？

地球接收的太阳辐射（太阳能）的总量并不是恒定不变的，各种因素可能会引发相应的变化。最突出的例子是昼夜循环，即地球面向太阳的一侧（白天）接收巨量太阳强辐射，背向太阳的一侧（夜间）则无法接收太阳辐射。另一个例子是季节变化，它属于长周期循环。

6.1.1 地球为何存在季节变化?

这个问题看似简单,但是一种常见误区的根源。虽然地球确实沿椭圆轨道(与完美圆形差别极小)围绕太阳公转(见图6.1),但是地球上的季节变化却与两个天体之间的距离变化无关,而是由地轴倾斜导致的。

连接地球轨道上所有点的平面称为黄道面(Plane of the Ecliptic),如图6.2所示。图6.2暗含了更为重要的信息,即地球自转轴(简称地轴)并不垂直于黄道面,而是存在23.5°的夹角。因此,当地球每年沿轨道围绕太阳公转时,不同的半球会更直接地朝向(或远离)太阳

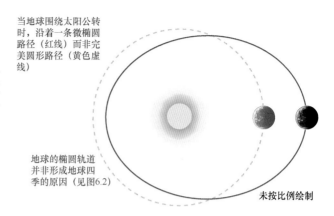

当地球围绕太阳公转时,沿着一条微椭圆路径(红线)而非完美圆形路径(黄色虚线)

地球的椭圆轨道并非形成地球四季的原因(见图6.2)

未按比例绘制

图 6.1 地球围绕太阳公转的轨道呈椭圆形,但不是地球上四季变化的原因。此图的视角位于地球黄道面的正上方,红色线条代表椭圆轨道,黄色虚线代表完美的圆形轨道。为清晰起见,放大了地球的椭圆轨道(未按比例绘制)。注意,地球的椭圆轨道并不是地球上四季变化的原因

倾斜,这才是引发地球季节变化的原因,而与地球的椭圆轨道无关。地球斜轴产生了一种颇有趣味的结果,就是在每年的循环周期中,地轴总是指向同一方向(北极星方向)。

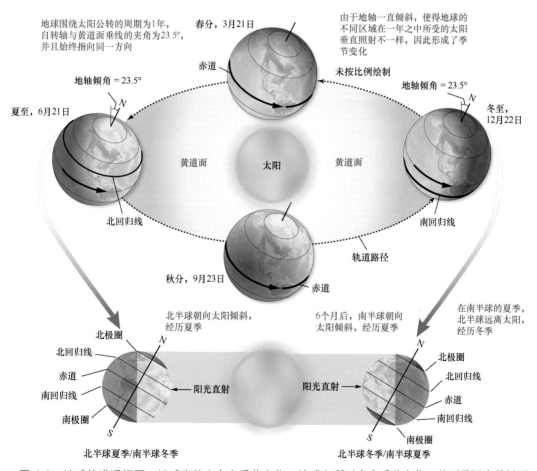

图 6.2 地球轨道透视图:地球为什么存在季节变化。地球之所以存在季节变化,并不是因为其椭圆轨道或者与太阳间的不同距离,而是因为存在倾斜的地轴

因此，地球自转轴的倾斜（而非椭圆轨道）才是地球存在季节变化的原因。下面，简要介绍每个年度的季节变化过程（春、夏、秋和冬）。

- 春分（Vernal Equinox）：出现在 3 月 21 日左右，阳光直射（垂直照射）赤道。在这段时间里，全球各地的昼夜长度相等。
- 夏至（Summer Solstice）：出现在 6 月 21 日左右，太阳抵达天空中的最北端，阳光直射北回归线（Tropic of Cancer），即北纬 23.5°（见图 6.2 中左下方的插图）。从地球观测者的视角看，在这一天的正午时刻，太阳抵达并暂停在天空中的最北（或南）端位置，然后开始下一次为期 6 个月的运转周期。
- 秋分（Autumnal Equinox）：出现在 9 月 23 日左右，阳光再次直射赤道。
- 冬至（Winter Solstice）：出现在 12 月 22 日左右，阳光直射南回归线（Tropic of Capricorn），即南纬 23.5°（见图 6.2 中右下方的插图）。在南半球，季节刚好相反，因此冬至是南半球最直接面对太阳的一天，说明南半球的夏季开始来临。

由于地轴的倾斜角度为 23.5°，因此太阳赤纬（Declination）即与赤道平面的角距离在赤道南北两侧 23.5° 之间变化。这两个纬度之间的区域称为热带（Tropics），每年接收的太阳辐射远高于极地区域。

太阳直射的角度和白昼长度的季节变化深刻影响着地球气候，例如北半球白昼最长的一天为夏至，最短的一天为冬至。

地球每天的日照情况也会影响大部分地区的气候，但是北极圈（Arctic Circle）即北纬 66.5° 以北区域和南极圈（Antarctic Circle）即南纬 66.5° 以南区域除外，这些地区一年中总会有段时间不分白昼与黑夜。例如，在北半球的冬季，北极圈以北的地区根本无法见到太阳，黑夜时间长达 6 个月之久；与此同时，南极圈以南的地区则日日阳光普照（午夜太阳），白昼时间也长达 6 个月之久。半年后，在北半球的夏季（南半球的冬季），情况正好相反。

简要回顾

地轴的倾斜角度为 23.5°，使得南、北半球每半年轮流朝向太阳倾斜，从而引发了季节变化。

6.1.2　纬度如何影响太阳辐射的分布

如果地球是太空之中的平面天体，那么当其平面直接面向太阳时，太阳的光辉将会均匀普照在地球的所有区域。但地球实际是椭球体，与低纬度地区相比，高纬度地区接收太阳辐射的数量和强度都要小得多，具体影响因素如下。

- 太阳的足迹（Solar Footprint）：在赤道地区的大部分时间，太阳直接位于头顶。因此在低纬度地区，阳光以高入射角照耀地球，太阳辐射集中在相对较小的区域（见图 6.3 中的 a 区）。在接近两极的位置，阳光以低入射角照耀地球，因此在高纬度地区，同样数量的太阳辐射会扩散至更大的区域（见图 6.3 中的 B 区）。
- 大气吸收（Atmospheric Absorption）：地球大气层吸收了一定数量的太阳辐射。由于高纬度地区需要穿越更多的大气，因此抵达地球表面的太阳辐射数量要少于低纬度地区。
- 反照率（Albedo）：各种地球物质均具有反照率，即反射回太空的辐射占入射辐射的百分比，具体数值因物质不同而存在差异。例如，被雪覆盖的厚层海冰具有较高的反照率，反射回太空的太阳辐射高达 90%。因此，与缺乏冰雪的低纬度地区相比，冰雪覆盖的高纬度地区将更大比例的太阳辐射反射回太空。其他地球物质（如海洋、土壤、植被、砂砾和岩石）的反照率要比冰低得多，地球表面的平均反照率约为 30%。
- 入射阳光的反射（Reflection of Incoming Sunlight）：阳光照射海洋表面的角度决定了太阳辐射的吸收量和反射量。当太阳从正上方垂直入射风平浪静的海面时，通常只反射约

2%的太阳辐射；当太阳与海平面的夹角仅为 5°时，反射回大气中的太阳辐射将达到
40%，如表 6.1 所示。因此，与低纬度地区相比，高纬度地区的海洋能够反射更多的太
阳辐射。

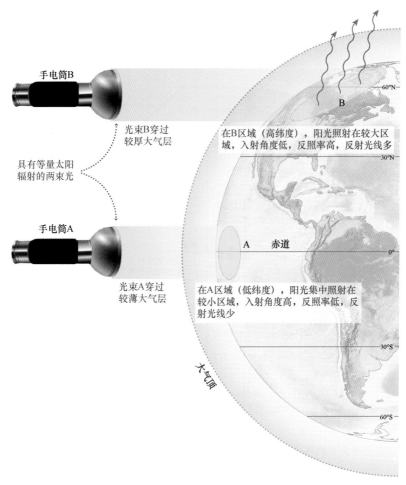

图 6.3　地球接收的太阳辐射随纬度而变化。两束完全相同的阳光（图中显示为手电筒）照向
地球，各种因素导致低纬度地区接收到大量太阳能，高纬度地区接收到少量太阳能

表 6.1　以不同角度入射至平静海面的太阳能的反射与吸收

太阳高度角	90°	60°	30°	15°	5°
反射辐射（%）	2	3	6	20	40
吸收辐射（%）	98	97	94	80	60

　　由于这些因素的影响，与赤道地区相比，高纬度地区的辐射强度大为降低。

　　还有一些因素会影响抵达地球的太阳能数量。例如，由于地球绕地轴自转，地球表面每天都
会经历白昼与黑夜，因此地表特定位置接收的辐射量每天都在变化。此外，前一节介绍过，由于
地球存在季节变化，因此太阳辐射量每年都发生改变。

6.1.3　海洋热流

　　在两极附近的区域，太阳辐射大多以低角度入射至地球表面，而且冰的反照率较高，因此反

射回太空的能量比吸收的能量要多。相比之下，在北纬35°与南纬40°之间，阳光以更高的角度入射至地球表面，吸收的能量比反射回太空的能量要多。注意，由于南半球中纬度位置的海洋面积比北半球的要大，所以这一纬度范围在南半球延伸得更远。在如图6.4所示的图表中，每天入射的太阳光和输出的热量达到平衡状态，低纬度地区的海洋获得热量（净增），高纬度地区的海洋失去热量（净减）。

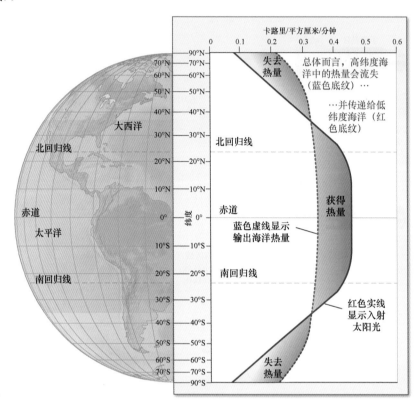

图6.4　海洋获得与失去的热量达到收支平衡。平均而言，海洋获得与失去的热量在全球范围内平衡，借助于海洋环流和大气环流，低纬度地区的多余热量可传递至失去热量的高纬度地区

基于图6.4，你可能会认为随着时间的推移，赤道地区逐渐变暖，两极地区逐渐变冷。两极地区总是比赤道地区冷得多，但是由于过剩热量从赤道转移到两极，所以温差基本保持不变。这是如何实现的？答案是海洋环流和大气环流都在传递热量。

简要回顾

低纬度地区比高纬度地区接收更多的太阳辐射，但是海洋环流和大气环流在全球范围内传递热量。

小测验6.1　解释地球上太阳辐射的各种变化及为何存在季节变化

❶ 绘制一张带有标注的图表，解释地球季节变化的原因。
❷ 在北极圈沿线，夏至期间的太阳如何出现？冬至期间呢？
❸ 既然高纬度地区存在年平均热量净损失，低纬度地区存在年平均热量净增加，为何这些地区之间的温差并未随着时间的推移而增大？

6.2　大气的物理性质有哪些？

在地球上的不同地点之间，热量和水蒸气主要通过大气进行传递。在组成成分、温度、密度、水蒸气含量和压力之间，大气内部存在着错综复杂的关系。在深入了解这些关系之前，首先介绍大气的组成成分和部分物理性质。

6.2.1 大气的组成成分

图 6.5 中列出了干洁空气的组成成分，说明大气几乎完全由氮气和氧气构成。此外，大气还含有少量氩气（惰性气体）、二氧化碳及其他痕量气体，虽然这些气体的浓度极低，但可在大气中捕获大量热能。要了解这些气体如何在大气中捕获热量，请参阅第 16 章。

6.2.2 大气的温度变化

在大气层中，距离太阳越近，温度应该越高，直觉上这似乎比较合乎逻辑。但是，事实恰恰相反，虽然看上去不可思议，不过大气确实自下而上进行加热。对于太阳辐射来说，地球大气层属于透明物质，这意味着能量可以透过大气层而不

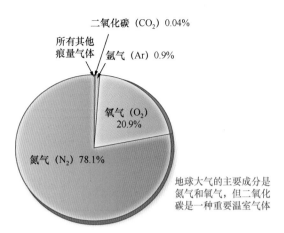

二氧化碳（CO_2）0.04%
所有其他痕量气体
氩气（Ar）0.9%
氧气（O_2）20.9%
氮气（N_2）78.1%

地球大气的主要成分是氮气和氧气，但二氧化碳是一种重要温室气体

图 6.5 干洁空气的组成成分。饼状图显示了干洁空气（不含任何水蒸气）的组成成分，氮气和氧气占地球大气总量的99%（按体积计量）

对其加热。当太阳辐射入射并温暖地球表面（包括陆地和水体）后，地球表面反过来又将这种辐射以热量的形式重新辐射回大气层。这一过程是温室效应的基础机制之一，详见第 16 章。

图 6.6 中显示了大气的温度变化曲线。大气层的最下部分（从地表向上延伸约 12 千米）称为对流层（Troposphere），所有天气现象均发生于此，在来自下方热量的加热之下，存在各种各样的气体混合。在对流层内，温度随海拔高度的升高而降低，高空区域的气温远低于冰点。例如，飞机在高空飞行时，机翼或窗口处的水会结冰。

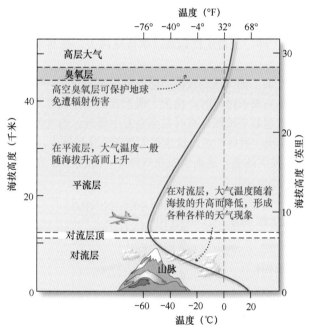

图 6.6 包含大气层名称在内的大气温度变化曲线

6.2.3 大气的密度变化

空气有密度似乎令人惊讶。然而，既然由分子构成，空气当然有密度。温度能够显著影响空气的密度，例如随着温度的上升，空气的分子运动加速，分子间距加大，由此导致体积增大及密度降低。在空气的密度与温度之间，一般存在如下关系：

● 暖空气的密度较低，因此会上升，通常表示为热上升。
● 冷空气的密度较高，因此会下沉。

如图 6.7 所示，散热器（暖气片/加热器）利用对流原理来加热房间。在散热器的加热作用下，空气的体积膨胀，密度降低，从而向上升起；在寒冷的窗口附近，空气遇冷收缩，变得更为稠密，从而向下沉降。上升空气与下沉空气以圆周运动的方式循环，形成了对流单体/对流圈（Convection Cell），类似于第 2 章介绍过的地幔对流圈。

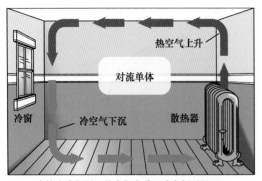

在这个房间里，热空气上升，冷空气下沉，
形成了圆周运动方式的空气循环（对流单体）

图 6.7　房间中的对流单体由散热器和冷窗形成

6.2.4　大气中的水蒸气含量

在一定程度上，空气中的水蒸气含量受温度影响。例如，与冷空气相比，暖空气含有更多的水蒸气，因为暖空气的分子运动速度更快，能够接触到更多的水蒸气。因此，暖空气通常较为潮湿，冷空气通常较为干燥。由此可知，在室外晾晒衣物时，最好选择炎热的天气，如果能有点微风来助力水分蒸发，那就更为理想了。

水蒸气会影响空气的密度。水蒸气的密度低于空气的密度，加入过量的水蒸气后，空气的密度会随之降低。因此，潮湿空气的密度要低于干燥空气的密度。

6.2.5　大气压

在标准条件下，海平面上的气压为 1.0 个大气压。随着海拔高度的增加，大气压逐渐降低。大气压是一种压力单位，1.0 个大气压是上覆大气在海平面上施加的平均压力，相当于 760 毫米汞柱、101300 帕斯卡或 1013 毫巴。大气压的大小取决于上覆空气柱的重量，例如高空气柱能够产生比低空气柱更高的大气压，就像游泳池中的水压一样，上覆水柱越高，水压就越大，最高水压位于池底。

同理，若海平面上覆垂直空气柱较高，则海平面上的气压也较高。随着海拔不断升高，气压逐步降低。当把密封包装的薯片（或椒盐卷饼）携至高海拔区域时，由于上覆垂直空气柱较短，外界空气压力远小于包装袋内的压力，因此可能会导致包装袋膨胀，有时甚至会发生爆裂。当飞机起降或在陡峭山路上驾车行驶时，人们的耳朵中经常出现"砰砰"声，这也是大气压变化的体现。

当空气分子密度发生变化时，大气压会随之发生改变，进而引发空气流动，如图 6.8 所示，一般规律如下：

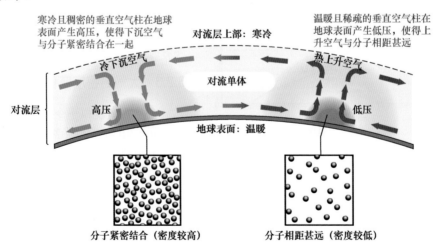

图 6.8　高压带和低压带的特征

- 当垂直空气柱寒冷且密度较高时，地表高压，空气下沉（向下运动并压缩）。
- 当垂直空气柱温暖且密度较低时，地表低压，空气上升（向上运动并膨胀）。

❶ 对于冷下沉空气,地球表面会形成何种大气压条件?利用分子堆积和空气密度进行解释。

❷ 对于热上升空气,地球表面会形成何种大气压条件?利用分子堆积和空气密度进行解释。

此外,下沉空气由于压缩而趋于变暖,上升空气由于膨胀而趋于变冷。注意,在空气的组成成分、温度、密度、水蒸气含量和压力之间,关系极为错综复杂。

生物特征 6.1　我可以飞!

有些称为"飞鱼"的鱼类能够"飞翔",它们完全依靠自身之力从水中高高跃起,然后利用像翅膀一样的鳍,在空中滑行相当远的一段距离。

飞鱼充分利用了空气密度小于海水密度的特性,能够轻而易举地穿越空气,有效地避开捕食者。遗憾的是,当其在水面之上挥鳍翱翔时,有时候也会撞上船只。

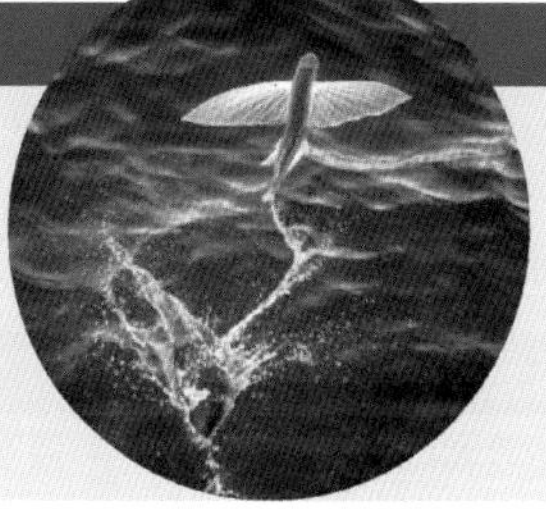

6.2.6　大气运动

空气总是从高压区流向低压区,这种流动的空气称为风(Wind)。对充满空气的气球放气时,气球内的空气如何变化呢?当然会迅速逃逸,从气球内部的高压区(由气球挤压内部空气而形成)移动至气球外部的低压区。

6.2.7　举例说明:不自转的地球

假设地球不围绕地轴自转,太阳围绕地球旋转,太阳始终位于地球赤道正上方,如图 6.9 所示。与两极地区相比,赤道地区接收了更多的太阳辐射,与地球表面接触的空气变暖。当这种温暖潮湿的空气上升时,地表就会形成低压区。当热上升的空气冷却(见图 6.6)后,将释放其水分形成降水,因此赤道附近多为低压多雨区。

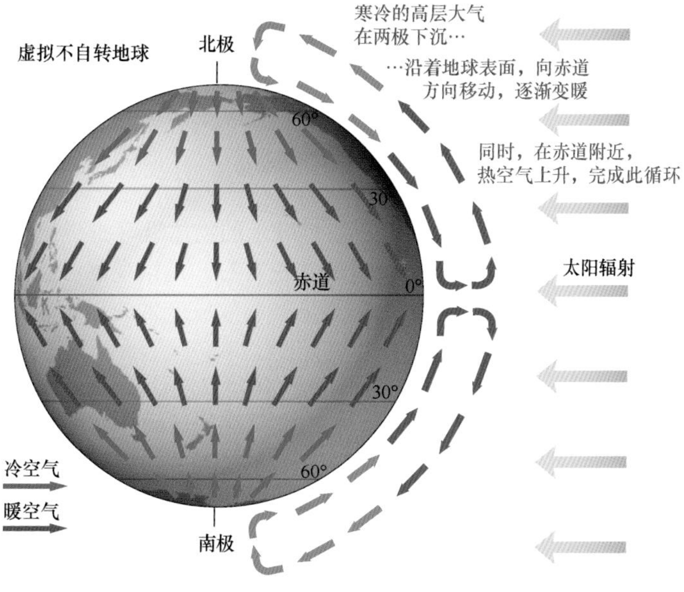

当赤道区域的空气上升时,在升至对流层顶部后,开始向两极方向移动。由于高海拔地区的温度非常低,所以空气冷却,密度增大。这种寒冷且稠密的空气在两极下沉,在地球表面形成高压。因为冷

图 6.9　虚构不自转地球上的假想大气环流。在虚构的不自转地球上,太阳位于地球赤道正上方,箭头表示由于太阳不均匀加热地球形成的不同模式的风,右侧箭头为风的剖面示意图。注意,从赤道到两极,每个半球都有一个大型大气环流圈

空气无法容纳太多的水蒸气,所以下沉的空气非常干燥。总而言之,两极地区多为晴朗干燥的高压天气。

在一个不自转的地球上,地球表面的风会朝哪个方向吹呢?空气总是从高压区流向低压区,所以在不自转的地球上,空气应该从两极(高压区)流向赤道(低压区)。因此,北半球存在较强的北风,南半球存在较强的南风(注意,风根据移动方向进行命名)。当空气返回赤道时,由冷变暖,完成此循环(称为对流单体或环流圈,参见图 6.7)。

通过这个虚构的不自转地球案例,是否能够类推地球上的真实状况呢?虽然说无论地球自转

与否，驱动空气运动的物理原理都一样，但实际情况并非如此简单。下面介绍地球自转如何影响大气环流。

常见问题 6.1 为什么大气中含有这么多氮气？

为了理解大气中的氮气丰度，可将其与氧气进行比较，后者是大气中第二丰富的气体。例如，从图 6.5 可以看出，大气之中氮气的浓度约为氧气的 4 倍。但是，如果从整个地球（包括地球内部和地球上方）的角度来看，氧元素含量约为氮元素的 10000 倍，反映了地球形成之初及演化过程中的物质组分。氧元素与硅、镁、钙和钠等元素一起，成为固体地球的主要组分。氮元素不容易与其他元素发生化学反应而形成固体，因此无法进入固体地球，主要富集在大气中。此外，与氧气不同，氮气在大气之中非常稳定，基本上不参与大气中发生的化学反应。因此，经过漫长的地质演化过程，氮气在大气中的积累程度远远超过氧气。

简要回顾

大气自下而上加热；温度、密度、水蒸气含量和压力的变化可能引起大气运动，形成风。

小测验 6.2 描述大气的物理性质

❶ 描述大气的物理性质，包括组成成分、温度、密度、水蒸气含量、压力和运动。
❷ 解释不均匀热量分布如何驱动对流单体的运动。

6.3 科里奥利效应如何影响运动物体？

科里奥利效应（Coriolis Effect）改变运动物体的预期路径，它以法国工程师科里奥利（1835 年首次计算了其影响）的名字命名，通常被误称为科里奥利力。科里奥利效应不会加速运动物体，不会影响物体的速度，只是一种效应，而非真正的力。实际上，科里奥利效应经常被称为虚拟力。

在科里奥利效应的作用下，地球上的物体沿弯曲路径运动。在北半球，物体沿预期路径右偏；在南半球，物体沿预期路径左偏，左（右）是指观察者查看物体运动方向的视角。例如，对于两个人之间抛球等小规模运动，科里奥利效应产生的影响非常轻微。在北半球，从抛球者的视角观察，球会稍微右偏。

科里奥利效应作用于所有运动物体，对于远距离运动物体的影响更明显，尤其是南北向运动的物体。因此，对于大气环流和海洋环流的运动，科里奥利效应的影响非常巨大。

科里奥利效应是地球自西向东自转的结果。具体地说，由于地球在不同纬度存在自转速度差异，因此导致了科里奥利效应。实际上，当物体沿直线路径运动时，地球在其下方旋转，使物体运动路径看起来像曲线。牛顿第一运动定律（惯性定律）认为：任何物体都要保持匀速直线运动或静止状态，直到外力迫使它改变运动状态为止。接下来，我们将通过两个教学案例来帮助阐明这一概念。

常见问题 6.2 科里奥利效应会造成南北两半球的水流方向刚好相反吗？

大多数情况下并非如此。理论上讲，如果水流速度太慢或者距离太短（如家里的洗脸盆），那么根本无法形成科里奥利效应引发的漩涡。但是，如果所有其他效应均失效，那么科里奥利效应就会发挥作用，使水流在赤道以北逆时针方向旋转，在南半球顺时针方向旋转（与飓风旋转方向相同）。但是，对于一盆水之类的小尺度系统来讲，科里奥利效应的影响极其微弱。在确定水流方向时，盆地的形状与不规则性、局地斜坡或任何外部运动，都会非常轻易地超过科里奥利效应的影响。

6.3.1 教学案例 1：旋转木马的透视图和参照系

旋转木马是一种非常有用的实验装置，可用于测试科里奥利效应的一些概念。旋转木马是围绕自身中心旋转的大圆轮，通常配备若干栏杆作为扶手，供人们在休闲娱乐时保持身体平稳，如图 6.10 所示。

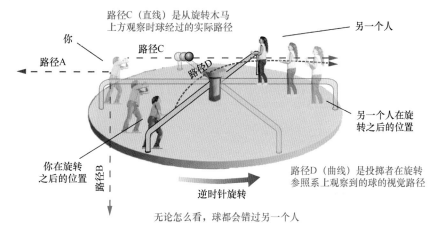

图 6.10　从上方观察逆时针运行的旋转木马，图解说明了科里奥利效应的一些概念。路径 A、B、C 和 D 的文字描述参见正文

假设你站在逆时针方向运行（从上方观察）的旋转木马上（见图 6.10），若在木马高速旋转时放开扶手，猜测一下会发生什么事情？如果认为会沿着垂直于木马的直线飞出（路径 A），只能说答案不太准确。在角动量的推动下，在放开扶手的那个位置，你将沿着相切于木马圆轮的直线路径飞出（路径 B）。惯性定律指出，任何运动物体都将保持直线运动状态，直到外力迫使它改变路径为止。因此，你将沿着一条直线路径（路径 B）飞出，直到最后与某些物体（如其他游乐设施或地面）相撞为止。从旋转木马上另一个人的视角来看，由于旋转因素的影响，当你飞出木马那一刻，路径 B 似乎右偏。

假设你再次回到旋转木马上，依旧逆时针方向旋转，但是这次加入了另一个人，他（她）在旋转木马另一侧面向你站立。如果你将一个皮球抛给那个人，皮球的运行轨迹是什么样子呢？即使直接将皮球抛向另一个人（路径 C），从你自己的视角看，皮球的飞行路径似乎向右弯曲（路径 D）。这是因为当皮球到达另一个人站立的位置时，参照系（此例中为旋转木马）一直在旋转。若从旋转木马正上方进行观察，就会发现皮球确实沿直线路径（路径 C）运动，就像松开旋转木马扶手时你的飞出路径那样笔直。同理，若从旋转地球透视图的视角观察，物体看上去像是沿着曲线路径运动，这就是科里奥利效应。逆时针旋转的旋转木马类似于地球的北半球，因为从北极正上方观察时，地球也是逆时针方向旋转的。因此在北半球，运动物体似乎沿预期方向偏右的曲线路径向前进行。

假设旋转木马上的另一个人向你抛出了另一个皮球，那么这个皮球似乎同样会沿曲线路径运动。从另一个人的视角看，皮球的运动路径似乎右偏了，就像你先前所抛皮球的运行轨迹右偏一样。但是从你的视角看，朝你抛来的皮球似乎向左偏了。考虑科里奥利效应时，一定要记住"观察视角应与物体运动方向相同"。

为了模拟地球的南半球，旋转木马需要顺时针方向旋转，这与从南极正上方观察地球类似。因此在南半球，运动物体似乎沿预期方向偏左的曲线路径向前进行。

常见问题 6.3　地球的旋转速度这么快，为什么我们感觉不到呢？

虽然地球在时刻不停地自转，但是人们仍会感觉地球静止不动，因为地球转动时非常平稳且安静，而且周围的大气也伴随着一起旋转。因此，虽然美国大部分地区都在以 800 千米/小时的速度不停地运动，但是人们的所有感觉都告诉自己：地球没有任何运动，地面舒适而静止！

6.3.2 教学案例 2：两枚导弹的故事

地球上某点的每日运动距离随纬度升高而降低。例如，对于两极附近的人来说，每天绕着很小的圆圈运动；对于赤道附近的人来说，每天绕着很大的圆圈运动。因为人们在这两个位置的每天运动距离不一样，所以两点的速度肯定不同。图 6.11a 表明，由于地球绕地轴自转，各点的运动速度随纬度升高而降低，赤道附近超过 1600 千米/小时，南北极点则为 0 千米/小时。"速度随纬度而改变"是产生科里奥利效应的真正原因。在下面的案例中，我们将说明速度如何随纬度而改变。

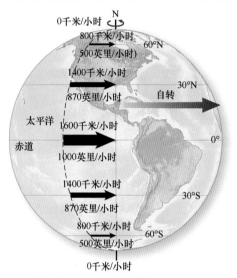
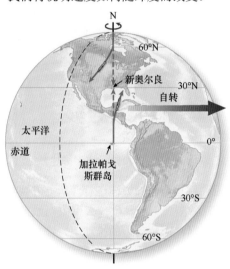

(a) 地球上任何一点的速度都随纬度而改变，从赤道的1600千米/小时到两极的0千米/小时不等

(b) 两枚导弹的飞行路径，发射点分别为北极和赤道附近的加拉帕戈斯群岛，打击目标为新奥尔良。虚线表示预期路径，实线表示地表看到的飞行路径

图 6.11 科里奥利效应与导弹路径

探索数据

利用图 6.11a，说出你当前所在纬度位置的地球自转速度约为多少。

假设两枚导弹分别沿直线路径飞向目标位置，为简单起见，暂不考虑飞行距离，只是假定每枚导弹都需要飞行 1 小时。第一枚导弹由北极点向路易斯安那州的新奥尔良（北纬 30°）发射，如图 6.11b 所示。那么，这枚导弹能否精准地落于新奥尔良呢？实际上不可能。地球以 1400 千米/小时的速度沿着 30°纬线自西向东旋转（见图 6.11a），导弹将落在得克萨斯州的埃尔帕索附近，距离目标位置西偏 1400 千米。若从北极点的视角看，导弹的飞行路径似乎偏向右侧，这与科里奥利效应保持一致。实际上，由于地球自转的原因，新奥尔良已经偏离了预期目标位置。

第二枚导弹从加拉帕戈斯群岛向新奥尔良发射，该群岛位于新奥尔良正南方的赤道附近，如图 6.11b 所示。从赤道位置观察，加拉帕戈斯群岛以 1600 千米/小时的速度向东运动，比新奥尔良的运动速度快 200 千米/小时，如图 6.11a 所示。因此，在发射时，导弹向东运动的速度比新奥尔良要快 200 千米/小时。当导弹飞行 1 小时后，需要在新奥尔良所在的纬度返回地球时，降落地点将位于新奥尔良以东 200 千米的亚拉巴马州近海。像前面一样，若从加拉帕戈斯群岛视角观察，导弹的飞行路径似乎偏向右侧。记住，在这两枚导弹的示例中，均忽略了摩擦力的影响（极大地减少了导弹偏离预期路径的距离）。

常见问题 6.4 为什么要在低纬度地区执行太空发射任务？

美国通常在佛罗里达州执行太空发射任务，主要目的是利用低纬度地区的较大地球自转速度（见图 6.11a

中的箭头），使得太空飞行器进入太空后能够获得更大的动力。实际上，距离赤道越近，火箭获得的动力就越大，因此有些国家（如法国）选择从热带岛屿上发射火箭。实际上，目前在夏威夷以南约1600千米的赤道附近，海上发射（Sea Launch）跨国公司正在运营一种浮动发射平台。

常见问题6.5　据说科里奥利效应是一种真实力，但通常被描述为虚拟力。什么是虚拟力？

在一辆正在行驶的汽车中，当驾驶员猛踩油门或急转弯时，乘客会有一种"被推回座椅"的感觉，这就是日常生活中的一种虚拟力。一般来说，这些影响之所以增强，主要是因为特定条件（如汽车）下的自然参照系本身在加速。

在这些类型的明显影响中，典型示例如科里奥利"力"与钟摆。假设将来回摆动的钟摆直接悬挂在北极点上空，那么对地球观测者来说，钟摆似乎每天都在作360°旋转，因此似乎会受到侧向力的作用（即垂直于摆动平面）。但是，如果从位于外太空的某个静止点进行观察，这个钟摆看上去就像是在一个固定的平面上摆动，而地球则在其下方转动。从外太空视角观察，并没有侧向力使钟摆的摆动发生偏转。因此，人们将这种力附加了有些贬义的术语"虚拟"，科里奥利并不是真正的"力"，称为"效应"更为恰当。同理，在行驶的汽车中，并没有真正的力量将乘客推回座椅，乘客感觉到的力量是汽车加速导致的参照系的运动。

6.3.3　科里奥利效应随纬度而变化

第一枚导弹（从北极点发射）偏离目标1600千米，第二枚导弹（从加拉帕戈斯群岛发射）偏离目标200千米，造成这种偏离差异的原因是什么？影响因素不仅包括地球上各点的自转速度（从两极的0千米/千米到赤道的1600多千米/小时），而且包括自转速度的纬度变化率（从两极到赤道，变化率增大）。

例如，在赤道（0°）与北纬30°之间，地球自转速度相差200千米/小时；在北纬30°与北纬60°之间，地球自转速度相差600千米/小时；在北纬60°与北极点（自转速度等于0）之间，地球自转速度相差800千米/小时以上。

因此，两极的科里奥利效应最强，赤道没有科里奥利效应。但是，在很大程度上，科里奥利效应的强弱取决于物体（如气团或海流）的运动时长，即便在科里奥利效应极小的低纬度地区，如果某个物体长时间运动，那么科里奥利偏转也可能较为明显。此外，由于科里奥利效应由地球上不同纬度的速度差异引起，所以沿赤道东西向运动的物体不存在科里奥利效应。

简要回顾

科里奥利效应造成运动物体在北半球右偏，在南半球左偏，在两极达到最大值，在赤道不存在。

小测验6.3　描述对科里奥利效应的理解

❶ 描述北半球与南半球的科里奥利效应。
❷ 发生科里奥利效应的根本原因是什么？
❸ 解释科里奥利效应的强度如何随纬度而变化。

6.4　全球大气环流模式有哪些？

图6.12中显示了旋转地球上的大气环流及相应的风带，呈现出比虚构不自转地球更为复杂的模式，如图6.9所示。

探索数据

描述你在图6.12中观察到的模式，依次查看：（1）地表大气压；（2）典型天气；（3）全球主要风带；（4）风带之间的边界。

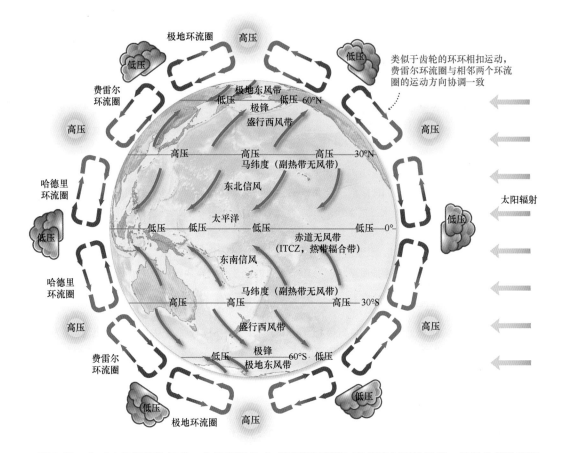

图 6.12　全球大气环流和风带。大气环流的"三圈环流模型"形成了主要的风带，以绿色箭头和绿色文字标识；大气环流圈剖面图由环绕地球边缘的红蓝箭头标识；图中还显示了风带之间的边界名称、地表大气压（高或低）及由此形成的典型天气（晴朗或多云）

6.4.1　环流圈

如图 6.12 描述的那样，赤道上空的大气受热较多，导致空气的体积膨胀、密度下降和高度上升。当空气上升时，由于气压较低，体积膨胀并冷却，所含水蒸气凝结成"雨"并落到赤道地区。由此形成的干气团向赤道两侧移动，抵达南、北纬30°附近时，空气冷却至密度大于周围其他空气，因此开始下降并完成整个循环。这些环流圈由英国著名气象学家乔治·哈德里（1685—1768）首次提出，因此以其名字命名为哈德里环流圈（Hadley cells）。

除了哈德里环流圈，南、北半球还各自存在介于纬度 30°～60°的费雷尔环流圈（Ferrel cell）和介于纬度 60°～90°的极地环流圈（Polar Cell）。费雷尔环流圈以美国气象学家威廉·费雷尔（1817—1891）的名字命名，他发现大气环流的"每半球三圈环流模型"并不仅由太阳加热的差异所驱动，否则其中的空气会朝相反方向循环。类似于齿轮的环环相扣运动，费雷尔环流圈与相邻两个环流圈的运动方向协调一致。

6.4.2　气压

温度低且密度高的空气柱朝向地表运动，即可形成高压。在北纬 30°和南纬 30°附近，下沉气流形成的高压带称为副热带高压（Subtropical Highs）；在两极附近，下沉气流形成的高压带称为极地高压（Polar Highs）。

这些高压区域存在什么样的天气呢？下沉的空气非常干燥，在自身重力作用下趋于变暖，通常会形成干燥、清澈及晴朗的天气。但是，天气不一定温暖，例如在两极地区，气温非常低，只有干燥伴随着晴空。

温度高且密度低的空气柱离开地表向上运动，即可形成低压。在赤道附近，上升气流形成的低压带称为赤道低压（Equatorial Low）；在北纬 60°和南纬 60°附近，上升气流形成的低压带称为副极地低压（Subpolar Low）。由于上升气流冷却且无法保存水蒸气，低压区域以多云天气为主，降水非常多。

6.4.3 风带

环流圈的最下部分（最接近地表）形成了全球最主要的风带。从副热带高压带开始，大量气流在低空掠过地球表面，吹向赤道低压带，形成了长期稳定的信风/贸易风（Trade Winds）。信风的英文名称源自 Blow Trade，具体含义是"按既定路线吹"。如果地球不自转的话，信风的风向将为纯南北向。但是，由于科里奥利效应的影响，北半球的**东北信风**（Northeast Trade Winds）右偏，从东北向西南方向吹；南半球的东南信风（Southeast Trade Winds）左偏，从东南向西北方向吹。

部分气流在副热带高压带下沉，然后沿地球表面向高纬度地区运动，形成盛行西风带（Prevailing Westerly Wind Belts）。由于科里奥利效应的影响，北半球的盛行西风由西南向东北方向吹，南半球的盛行西风由西北向东南方向吹。

空气也会远离两极的高压区域，形成极地东风带（Polar Easterly Wind Belts）。科里奥利效应在高纬度地区最强，因此这些风偏转强烈。在北半球，极地东风吹自东北方向；在南半球，极地东风吹自东南方向。在副极地低压带（北纬 60°和南纬 60°）附近，当极地东风与盛行西风迎头相撞时，盛行西风空气（温度较高、密度较低）攀升至极地东风空气（温度较低、密度较高）之上。

6.4.4 边界

在赤道沿线，两个信风带之间的边界称为赤道无风带（Doldrums）。在很久以前，这个地带的帆船由于根本没有风而无法前行，有时会滞留数天或数周，情况非常不幸但无生命危险，每日降雨会为水手们带来了足量的淡水。现在，气象学家将环绕地球的这个区域称为热带辐合带（Intertropical Convergence Zone，ITCZ），因为它是南、北半球之间信风交汇位置的热带区域，如图 6.12 所示。

信风与盛行西风带（以北纬或南纬 30°为中心）之间的边界称为马纬度/副热带无风带（Horse Latitudes），该区域的下沉空气形成高气压（与副热带高压相关），营造了一种清澈、干燥和晴朗的环境。由于空气下沉，马纬度区域以微风和多变风著称。

在北纬 60°和南纬 60°，盛行西风带与极地东风带之间的边界称为极锋（Polar Front）。不同气流在这里汇合，多云和降雨天气较为常见。

在两极地区，由于气压较高，天气较为清澈、干燥和晴朗，年降水量极少，通常被归类为寒冷沙漠。表 6.2 中小结了全球风带和边界的特征。

表 6.2　全球风带和边界的特征

区域（北纬或南纬）	风带或边界的名称	气　压	特　征
赤道区域 （0°～5°）	赤道无风带 （边界）	低	方向多变的微风；天气多云，多雨；飓风发源地
5°～30°	信风 （风带）	—	稳定的强风，通常为东风

区域（北纬或南纬）	风带或边界的名称	气　压	特　征
30°	马纬度 （边界）	高	方向多变的微风；天气干燥、清澈、晴朗、少雨；世界主要沙漠地带
30°～60°	盛行西风带 （风带）	—	通常为西风；影响美国天气的风暴发源地
60°	极锋 （边界）	低	方向多变的风；天气全年多云、多风暴
60°～90°	极地东风带 （风带）	—	寒冷干燥的风；通常为东风
两极点 （90°）	极地高压 （边界）	高	方向多变的风；天气清澈、干燥、晴朗、低温、少雨；寒冷的沙漠

常见问题 6.6　马纬度这个奇怪名称是怎么来的？

马纬度即副热带无风带，最早可追溯至欧洲的地理大发现时代。当西班牙帆船横跨大西洋向西印度群岛运送马匹时，由于这些纬度区域的风力非常小，帆船经常因缺乏动力而无法前行，从而严重拖延了整个航程。在食品及淡水资源短缺的情况下，船员们只好痛将马匹抛入大海，海面上漂浮的死马尸体越来越多，于是就将船队所在的纬度区域称为马纬度。在本章的开篇诗歌《古舟子咏》中，英国诗人柯勒律治讲述的正是"船只被困马纬度"的故事。另外还有一种说法，即在开启一段遥远的航程之前，船员们通常会拿到预先支付的薪水，英文词汇称为 Dead Horse（死马，预付的工资）。航行几个月后，"死马"正式"复活"并启用，此时刚好是帆船受困于无风海洋中的同一时期，因此船员们将此纬度区域称为"马纬度"。

6.4.5　环流圈：理想或真实？

大气环流的三圈模型由费雷尔首先提出，为地球大气环流模式提供了简化模型。这种环流模型是理想化模型，并不总是与自然界观察到的复杂情况相吻合，特别是费雷尔环流圈和极地环流圈的位置及运动方向。虽然如此，三圈模型与全球主要风带模式大致吻合，为理解其成因提供了基本框架。

此外，下列因素会明显改变理想化的风带、气压及大气环流模式（见图 6.12）。

1．地球自转轴的倾斜，形成季节变化。

2．与海水相比，陆地岩石的热容较低。因此，与相邻海洋空气相比，陆地空气冬季寒冷且夏季炎热。注意，当热容较低的物体受热后，温度会快速上升。从图 5.7 中可以看出，水是具有最高比热容的常见物质之一。

3．在地球表面，陆地和海洋分布不均匀，对北半球（陆地面积极大）的环流模式影响非常大。

因此，在冬季，大陆通常会以其上方的冷空气团为中心，逐步形成大气高压环流；在夏季，通常会形成大气低压环流，如图 6.13 所示。实际上，由于大气压的这种季节性变化，亚洲上空会生成季风（Monsoon Winds），对印度洋海流具有显著影响，详见第 7 章。总体而言，在图 6.13 和图 6.12 中，高压带与低压带类型的大气模式非常吻合。

全球风带不仅对海洋探索具有深远影响（见深入学习 6.1），而且与海洋表层流模式非常吻合（见第 7 章）。

简要回顾

每个半球的主要风带是信风、盛行西风带和极地东风带，风带之间的边界包括赤道无风带、马纬度、极锋和极地高压。

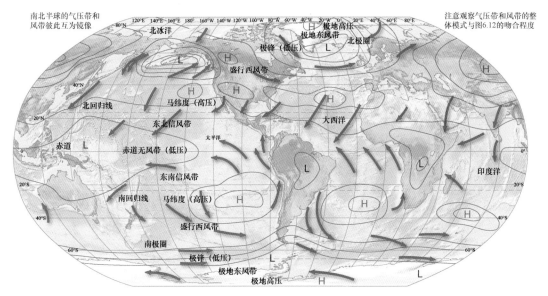

南北半球的气压带和风带彼此互为镜像

注意观察气压带和风带的整体模式与图6.12的吻合程度

图 6.13　海平面 1 月份的大气压和全球风场。1 月份的平均气压模式，高压区域（H）和低压区域（L）与图 6.12 所示的区域非常吻合，但会受到季节变化和大陆分布的影响。绿色箭头表示风向，从高压区域向低压区域移动，但基于科里奥利效应进行了调整

小测验 6.4　解释全球大气环流模式

❶ 草绘地球表面的风带模式，标出大气环流圈、高压带、低压带、风带名称及各风带间的边界名称。

❷ 为什么两极地区存在高压带而赤道地区存在低压带？

❸ 讨论图 6.12 和表 6.2 中的全球风带与边界的模式或趋势。

深入学习 6.1　哥伦布为何从未踏足北美洲？

1492 年，意大利航海家和探险家克里斯托弗·哥伦布发现了北美洲，并因此受到欧洲人的广泛赞誉。但是，北美洲很早之前就生活着大量土著人，维京人（北欧海盗）到达北美洲的时间比哥伦布还要早 500 年左右。实际上，哥伦布曾先后 4 次乘帆船出海远航，但是由于受到全球主要风带模式的阻碍，从未真正踏上过北美洲大陆。

为了通往东印度群岛（即印度尼西亚），哥伦布决定不再向东航行，而是向西横渡大西洋。托斯卡内利是来自意大利佛罗伦萨的天文学家，在写给葡萄牙国王的一封信中，他首次提出了这样一条路线。哥伦布后来联系了托斯卡内利，了解需要向西航行多远才能到达印度。现在，我们知道这段距离只能将其带到北美洲西部。

经过多年的艰辛筹备，哥伦布获得了西班牙国王（费迪南德五世和伊莎贝拉一世）提供的财政支持。1492 年 8 月 3 日，他率领 88 名船员和 3 艘帆船（尼雅号、平塔号和圣玛利亚号），从西班牙港口扬帆启航。在航行途中，船队在非洲加那利群岛附近短暂停留，补给相关物资（见图 6A）。加那利群岛位于北纬 28° 的东北信风带内，风稳定地从东北方向吹往西南方向。图 6A 中的地图显示，哥伦布并非向正西方向航行，而是稍向南偏，这将使哥伦布到达佛罗里达州中部。

1492 年 10 月 12 日上午，船员们终于看到了第一块陆地，据信为位于佛罗里达州东南部的巴哈马群岛中的沃特林岛。基于获得的不准确信息，哥伦布确信他们已经抵达东印度群岛，且位于印度附近的某个地方。因此，他将该岛的土著居民称为印第安人，该区域的当前名称是西印度群岛。在这次航程的后期，他考察了古巴和海地岛（由海地和多米尼加共和国共享的岛屿）的海岸。

在返航途中，哥伦布向东北方向航行，幸运地遇到了盛行西风，从而顺利地从北美洲返回西班牙。在返

回西班牙并宣布自己的发现后，他又开始计划再次出行。于是，哥伦布又先后3次成功横跨大西洋，且航线基本类似。因此，他率领的船队出海航行时受到了信风的影响，返航时则受到了盛行西风的影响。在1493年的一次航行中，哥伦布探索了波多黎各和背风群岛，并在海地岛建立了殖民地。1498年，他发现了委内瑞拉并成功登陆南美洲，但却没有意识到这对欧洲人来说是一个新大陆。在1502年的最后一次航行中，他到达了中美洲。

图 6A 哥伦布第一次航海的路线（地图）和尼雅号帆船的现代仿制品（照片）

虽然哥伦布至今仍被公认为著名航海家，但是直到1506年意外去世时，他仍然坚信自己曾经探索过印度附近的岛屿。尽管他从未踏上北美洲大陆，但却激发了西班牙和葡萄牙的其他航海家继续探索"新世界"，包括北美洲及南美洲沿岸。

你学到了什么？

哪些独特的大气条件阻止了哥伦布踏上北美洲大陆？

6.5 海洋如何影响全球天气现象和气候模式？

由于海洋在地球表面的覆盖面积极大，海水具有非常独特的热学性质，因此海洋对全球天气现象和气候模式的影响十分巨大。

6.5.1 天气与气候

天气（Weather）描述特定时间及地点的大气状况，气候（Climate）是天气的长期平均状况。如果长期观察某个地区的天气状况，就可以得出关于该地区的气候结论。例如，如果某个地区的"天气"多年来一直较为干燥，就可以说该地区的"气候"干旱。

6.5.2 风

如前所述，空气总是从高压区向低压区运动，这种空气运动称为风。但是，当空气从高压区向低压区运动时，科里奥利效应会调整其方向。例如，在北半球，从高压区向低压区运动的空气会向右偏，使得低压区周围的空气逆时针方向流动，形成气旋流（Cyclonic Flow）。注意，在南半球，方向刚好相反。同理，当空气离开高压区并右偏时，会在高压区周围形成顺时针方向的气流，称为反气旋流（Anticyclonic Flow）。图 6.14 通过螺丝刀的形象比喻，可以帮助读者记住空气在北半球的高压区和低压区如何流动：高压类似于一颗需要拧紧的（突出）螺丝钉，螺丝刀需要沿顺时针方向转动；低压类似于一颗需要拧松（提起）的螺丝钉，螺丝刀需要沿逆时针方向转动。此外，图 6.14 表明，高压通常与晴朗干燥的天气（太阳图标）相关，低压通常与阴雨天气（云彩图标）相关。

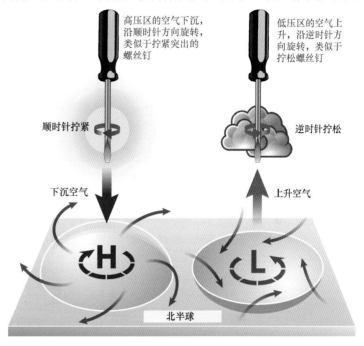

图 6.14　北半球的高压区、低压区及其形成的气流

探索数据

如果此图显示的区域位于南半球，请描述存在的差异。

"天气图"显示了风如何按照"高压区与低压区"流动的模式。图 6.15 是一幅美国天气简图，显示了大气压（单位为毫巴，图中线条称为等压线）及其相关的风（绿色箭头）。一般而言，对应于气压梯度（Pressure Gradient）即等压线所代表的气压差，风从高压区向低压区移动。但是，由于受到科里奥利效应的影响，风向最终将大致平行于等压线。比较图 6.15 与图 6.14 时，注意观察两幅图中的风模式如何相吻合。因为大陆上的冬季高压单体通常要被夏季低压单体取代，所以与大陆相关的风模式往往会发生季节性反转。

6.5.2.1　海风和陆风

影响局地风（特别是沿海地区）的其他因素是海风（Sea Breezes）和陆风（Land Breezes），如图 6.16 所示。当等量太阳能分别入射至陆地和海洋时，陆地由于热容较低，升温速度约为海洋的 5 倍。在下午时分，陆地加热其周围的空气，温度高而密度低的空气上升，在陆地上空形成低压区，将海洋上空的较冷空气"拉"向陆地，于是形成了所谓的"海风"。夜幕降临后，陆地表面的降温速度约为海洋的 5 倍，能够迅速冷却周围的空气，温度低而密度高的空气下沉，在陆地低空形成高压区，将较冷空气从陆地"推"向海洋，于是形成了所谓的"陆风"（深夜和凌晨时段最明显）。

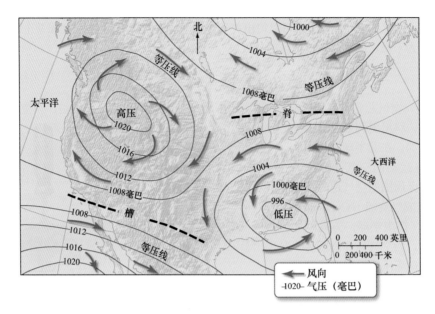

图 6.15　显示气压及相关风的美国天气图。在美国天气简图中，气压以毫巴为单位，气压相等的线条称为等压线，绿色箭头表示相关风。一般而言，风从高压区向低压区移动，但受到科里奥利效应的影响，风向大致平行于等压线。注意，"槽"出现在两个高压系统之间，"脊"出现在两个低压系统之间

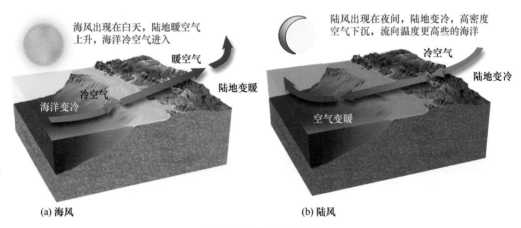

(a) 海风　　　　　　　　　　　　　　　　(b) 陆风

图 6.16　海风和陆风

6.5.3　风暴和锋面

在纬度极高和极低的区域，天气几乎没有日变化，季节变化也不明显。实际上，在印度尼西亚这个赤道国家中，印尼人的词汇表中并不包含"季节"一词。在赤道无风带，空气运动方向基本上垂直向上，因此天气通常温暖、潮湿且风平浪静。即使在所谓的"干旱"季节，午间降雨也很常见。在北纬（或南纬）30°~60°之间的中纬度地区，经常出现风暴。

风暴（Storms）是一种以强风、降水和雷电为特征的大气扰动。由于大陆气压系统的季节性变化，来自高纬度和低纬度地区的气团可能会进入中纬度地区，与中纬度地区的气团相遇，从而形成强风暴。气团（Air Masses）是具有明确发源地和可辨识特征的巨大空气团。在常见气团中，极地气团和热带气团对美国的影响最大，如图 6.17 所示。有些气团发源于大陆（c = continental，大陆气团），因此较为干燥；大多数气团发源于海洋（m = maritime，海洋气团），因此较为潮湿；有些气团的温

度较低（P = polar，极地气团；A = Arctic，北极气团）；有些气团的温度较高（T = tropical，热带气团）。通常情况下，美国冬季受极地气团的影响较大，夏季则更多地受到热带气团的影响。

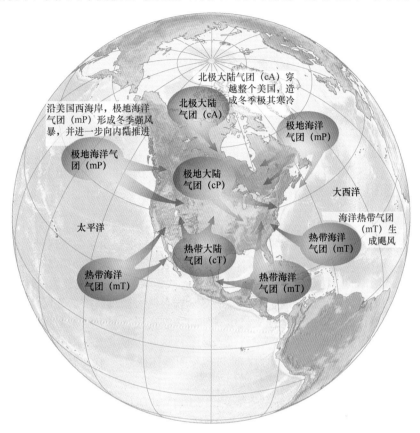

图 6.17　影响美国天气的气团。极地气团标识为蓝色，热带气团标识为红色。根据发源地，可将气团划分为大陆（c）或海洋（m），暗含含水量信息；同时可分类为极地（P）、北极（A）和热带（T），暗含温度条件

进入中纬度地区时，极地气团和热带气团也会逐渐向东移动。暖锋（Warm Front）是暖气团进入冷空气占据区域时二者之间的接触带，冷锋（Cold Front）是冷气团进入暖空气占据区域时二者之间的接触带，如图 6.18 所示。

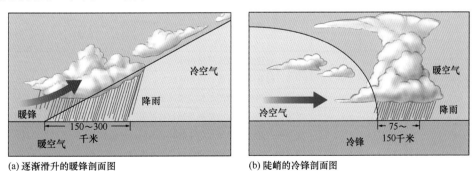

(a) 逐渐滑升的暖锋剖面图　　　　(b) 陡峭的冷锋剖面图

图 6.18　暖锋和冷锋。在剖面（侧视）图中，(a)逐渐滑升的暖锋；(b)陡峭的冷锋。无论是暖锋还是冷锋，暖空气均会上升，从而形成降水

这些冷暖交锋由急流（Jet Stream）运动导致。急流是向东快速移动的狭窄气团，位于中纬度

地区上空的对流层顶部之下，中心位置的海拔高度约为 10 千米。急流的行进路径通常呈波浪状，可能会引导极地气团向南远行，或者引导热带气团向北远行，从而形成异常天气。

不管是暖锋还是冷锋，暖空气（密度小）总是位于冷空气（密度大）之上。暖空气在上升时冷却，水蒸气凝结，最终形成降雨。冷锋通常较为陡峭，温差大于暖锋，因此与暖锋降雨相比，冷锋降雨通常短暂而猛烈。

6.5.4 热带气旋（飓风）

热带气旋（Tropical Cyclones）是巨大的低压涡旋气团，以强风和暴雨为主要特征，堪称地球上最大的风暴系统，但与任何锋面均无关系。因所在地域不同，热带气旋存在多个名称，例如在北美洲和南美洲称为飓风（Hurricanes），在北太平洋西部称为台风（Typhoons），在印度洋称为气旋（Cyclones）。无论叫什么名字，热带气旋都极具破坏性，例如单次飓风蕴含着非常惊人的实际能量，甚至超过美国近 20 年来所有能源产生的全部能量。

6.5.4.1 成因

显然，热带风暴的驱动力来自数量巨大的凝结潜热。这些潜热由水蒸气携带，在飓风发生时，水蒸气凝结成云，潜热获得释放。要了解与潜热相关的更多信息，请参阅第 5 章。热带气旋最初只是脱离了赤道低压带的一种低压单体，随后以如下方式积聚热能并发展壮大：地面风将湿气（以水蒸气形式）吹入风暴，水分蒸发时，以蒸发潜热形式存储大量热量；水蒸气凝结成液态（云和雨）时，其存储的凝结潜热释放至周围大气中，使得大气变暖，空气随即上升；由于空气上升，地表压力下降，可吸引更多地表的暖湿空气进入风暴；这些暖湿空气再次上升、冷却、凝结成云及释放更多潜热，为风暴提供更多的动力。此过程不断循环往复，风暴逐渐变得越来越强。

根据最大持续风速，可将热带风暴分类如下。

- 若风速小于 61 千米/小时，称为热带低压（Tropical Depression）。
- 若风速为 61～120 千米/小时，称为热带风暴（Tropical Storm）。
- 若风速大于 120 千米/小时，称为热带气旋（Tropical Cyclone）。

表 6.3 显示了飓风强度的萨菲尔－辛普森等级（Saffir-Simpson Scale），基于风速和破坏程度，将热带气旋进一步划分为不同的级别。实际上，在某些极端情况下，热带气旋的风速可高达 400 千米/小时！

表 6.3　萨菲尔－辛普森飓风强度等级表

等级	风速 千米/小时	典型风暴潮（海平面高度超出正常值） 米	破坏程度
1	120～153	1.2～1.5	最小：对建筑物造成轻微损坏
2	154～177	1.8～2.4	中等：部分房顶材质、门和窗受损；部分树木被吹倒
3	178～209	2.7～3.7	较大：某些建筑物的结构及墙体遭到破坏；树叶被吹光，大树被吹倒
4	210～249	4.0～5.5	极大：大量建筑物的结构及墙体被摧毁；大多数灌木、树木及标志牌被吹倒
5	>250	>5.8	灾难性：随处可见屋顶完全破坏和整栋建筑物倒塌；所有灌木、树木及标志牌被吹倒；沿海建筑物的较低楼层被水淹没

探索数据

在下列情况下，萨菲尔－辛普森飓风强度等级和典型风暴潮为多少？
❶ 部分建筑物的结构遭到毁坏，树叶被吹走。
❷ 建筑物普遍坍塌，所有灌木、树木及标志牌被吹倒，沿海建筑物的较低楼层被水淹没。

在全球范围内，每年约有 100 场风暴发展成为飓风。飓风形成所需的条件如下：

- 温度高于 25℃的海水：通过蒸发，向大气提供足量的水蒸气。
- 温暖潮湿的空气：当空气中的水蒸气凝结时，可提供大量潜热，并为风暴提供燃料。
- 科里奥利效应：使飓风在北半球逆时针方向旋转，在南半球顺时针方向旋转。一般来说，由于不存在科里奥利效应，赤道地区不会直接生成飓风。

在夏末秋初时，热带及亚热带海洋的海水温度最高，具备形成飓风的这些条件。虽然极少数飓风的形成时间或早或晚，大西洋盆地的官方认定飓风季节为每年的 6 月 1 日～11 月 30 日。

6.5.4.2 运动

在低纬度地区开始形成时，由于受到信风的影响，飓风通常会自东向西运动（跨越海盆）。飓风一般持续 5～10 天，有时会迁移至中纬度地区，如图 6.19 所示。在极少数情况下，飓风会对美国东北部造成相当大的破坏，甚至可能影响到加拿大新斯科舍省。从图 6.19 中还可看出，在科里奥利效应的影响下，飓风在北半球右偏，在南半球左偏，并且从热带转入中纬度地区，然后在那里由盛行西风向东引导，如图 6.20b 所示。在此期间，如果经过冷水海域或陆地区域，飓风的能量来源就会被切断，导致最终消亡。

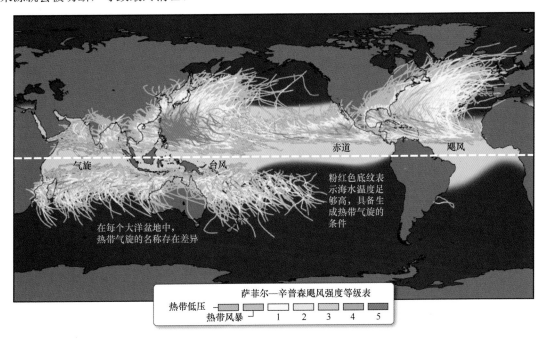

图 6.19 最近 150 年期间的热带气旋路径。彩色编码地图显示了历史上的热带气旋（根据不同地区，也称飓风或台风）的强度和路径。热带气旋发源于具有温暖海洋表面温度的低纬度地区（粉红色底纹），最初自东向西运动，后来由于受到科里奥利效应的影响，偏移至高纬度地区。注意，赤道附近不存在热带气旋

探索数据

仔细观察图 6.19，描述你见到的最近 150 年中的热带气旋路径模式。

常见问题 6.7 赤道历史上是否出现过热带气旋？

是的，确实出现过。2001 年，在位于东太平洋海域的赤道正上方，各种天气条件复杂地交织在一起，赤道附近出现了人类历史上有记录以来的第一个热带气旋。热带风暴画眉从北方飘来，在赤道地区短暂停留，逐渐停止自转（因为赤道地区不存在科里奥利效应）；随后从赤道向北移动，逐渐恢复自转。据相关统计模型表明，类似事件每隔 300～400 年才发生一次。

典型飓风的直径小于 200 千米（见图 6.20a），特大飓风的直径可能超过 800 千米。穿过海洋表面向低压中心移动的空气被席卷至飓风眼（Eye of the Hurricane）周围（见图 6.20c），飓风眼附近的空气呈螺旋式上升，水平风速可能低于 15 千米/小时，因此通常风平浪静。飓风由螺旋雨带构成，强雷暴可引起强降雨，降雨量甚至高达几十厘米每小时。

(a) 2007年发生在美国东海岸附近的飓风安德烈亚的卫星照片

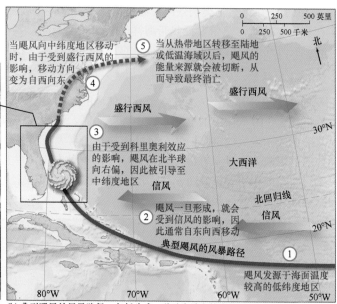

(b) 典型飓风的风暴路径，包括生成、移动和消亡等步骤

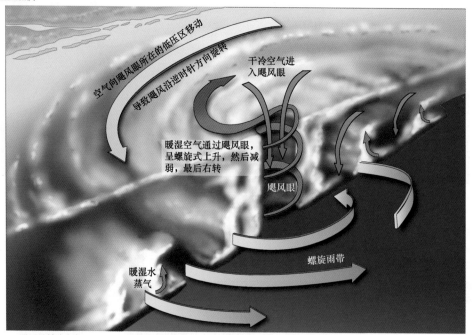

(c) 飓风的放大剖视图，显示了飓风的组成部分、内部结构和风

图 6.20　北大西洋典型飓风的风暴路径和内部结构

6.5.4.3　其他影响因素

影响飓风发育和强度的因素很多，例如海面温度较高有利于飓风的发育；高层大气中的较强

"风切变"可从正在发育的飓风中排出热量，从而干扰飓风的形成；大气的"对流不稳定"数量；空气湿度；旋转风的旋转程度；厄尔尼诺/拉尼娜现象（见第7章）。

最近，科学家们经过认真分析历史数据，发现在北大西洋和北太平洋东部，热带气旋的可变性之间存在反向关系，即当某个盆地的风暴发生率较高时，另一个盆地的风暴发生率则较低。通过加深对这种模式的认识，有助于进一步提高飓风预报水平。

研究证实，表层海水变暖与人类因素形成的气候变化有关，可能会助推飓风的形成。若干最新研究成果表明，飓风的强度等级预计还将增大。实际上，经过分析气候模型，人们发现虽然典型热带风暴的数量可能会减少，但第4类和第5类风暴的登陆风险反而可能增大，因为沿海水域变暖对于增强登陆飓风的强度具有重要助推作用。例如，自20世纪70年代末以来，西北太平洋海域每年形成的4级和5级（最强）台风数量增加了40%。要了解与气候变化及其对飓风影响相关的更多信息，请参阅第16章。

6.5.4.4　破坏类型

在飓风造成的破坏中，暴风和（强降雨引发的）洪水唱主角。但是，在飓风对海岸的破坏中，风暴潮才是真正的罪魁祸首。实际上，因风暴潮而丧生的人占因飓风而死亡总人数的90%。

当飓风在海洋上空发育时，低压中心会形成一个低矮的"水山"，如图6.21所示。当飓风跨洋移动时，水山也随之移动。当飓风逼近近滨浅水区域时，狂风卷集着水山袭向岸边，形成又高又猛的风暴潮。风暴潮有时高达12米，可令近岸海平面急剧上升，形成波涛汹涌的巨浪，对低洼沿海地区造成巨大破坏（涨潮时尤甚）。此外，飓风的"右前象限（第一象限）"不断击打海岸，"向岸风"在此区域进一步堆积海水，从而形成最严重的风暴潮，如图6.21所示。可以看到，随着风暴潮不断推动海水涌向海岸，必然会从周围海域抽离大量海水，有时会令某些浅海区域干涸。表6.3中显示了与萨菲尔－辛普森飓风强度相关的典型风暴潮高度。

6.5.4.5　历史上对美国内陆造成的破坏

在美国历史上，飓风的周期性破坏主要发生东海岸和墨西哥湾沿岸地区，最严重的自然灾害发生在1900年9月，由袭击得克萨斯州加尔维斯顿岛的飓风造成。加尔维斯顿岛是一片被称为障壁岛（堰洲岛）的狭长细沙带，位于得克萨斯州南部沿岸与墨西哥湾之间，如图6.22所示。1900年，该岛是颇受欢迎的海滩度假胜地，平均海拔高度只有1.5米。当飓风袭来之时，风暴潮高达6米，完全淹没了整个岛屿，同时伴有强降雨和时速达160千米的大风，造成加尔维斯顿及其周边地区6000余人丧生。

1900年的飓风加尔维斯顿只是4级强度，美国历史上还出现过3次5级登陆飓风：（1）1935年，一场无名飓风扫平了佛罗里达州南部礁岛群；（2）1969年，飓风卡米尔席卷了密西西比州；（3）1992年，飓风安德鲁在佛罗里达州南部登陆，风速高达258千米/小时，横穿沼泽地时刮倒了沿途所有树木，给佛罗里达州和墨西哥湾沿岸地区造成了265亿美元的经济损失。当飓风安德鲁结束后，超过25万人无家可归，虽然大多数人听从了撤离警告，但仍有54人丧生。在1950年以前，发源于大西洋的各飓风并未获得命名，但是1935年那场无名飓风通常被称为劳动节飓风，因为该次飓风恰好在劳动节那一天登陆。目前，在命名飓风时，预报员采用男性和女性名字（按字母顺序排列）。

1998年10月，飓风米奇是最具破坏性影响的西半球热带气旋之一，最高风速达到290千米/小时，属于5级超强飓风。该飓风以160千米/小时的速度袭击了中美洲地区，总降雨量高达130厘米。在洪都拉斯和尼加拉瓜，该飓风引发了大范围的洪水和泥石流，摧毁了多座城镇。该飓风共造成11000多人死亡，200多万人无家可归，经济损失超过100亿美元。

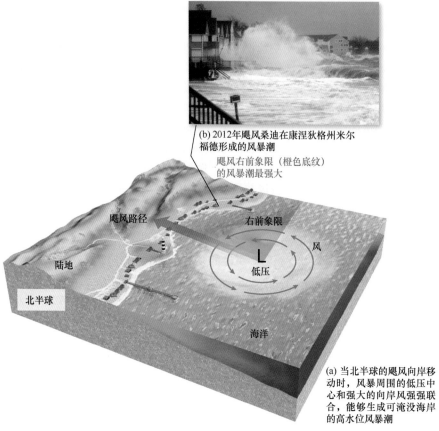

(b) 2012年飓风桑迪在康涅狄格州米尔福德形成的风暴潮

飓风右前象限（橙色底纹）的风暴潮最强大

飓风路径

右前象限

风

L

低压

陆地

北半球

海洋

(a) 当北半球的飓风向岸移动时，风暴周围的低压中心和强大的向岸风强强联合，能够生成可淹没海岸的高水位风暴潮

图 6.21　袭击海岸的飓风风暴潮

图 6.22　1900 年飓风加尔维斯顿造成的破坏。1900 年飓风加尔维斯顿造成的破坏（上）和加尔维斯顿在得克萨斯州的位置（右）。该飓风造成至少 6000 人死亡，完全淹没了加尔维斯顿岛，至今仍为美国最惨烈的自然灾害

　　2008 年 9 月，飓风艾克在墨西哥湾达到 4 级强度，并在得克萨斯州加尔维斯顿附近地势较低的吉尔克里斯特登陆（强度降为 2 级）。该飓风共造成 146 人死亡，经济损失达 240 亿美元，成为到那时为止造成美国经济损失排名第 3 位的飓风，仅次于卡特里娜（2005 年）和安德鲁（1992 年）。2011 年 8 月，飓风艾琳在加勒比海地区达到 3 级强度，并在沿佛罗里达州东海岸向新英格兰州进

发时，给沿途地区造成了极其严重的破坏。在艾琳引发的严重洪灾中，总计死亡 56 人，经济损失超过 100 亿美元。

2012 年 10 月，飓风桑迪登陆美国，主要影响了加勒比海地区，以及佛罗里达州至缅因州东海岸沿线。该飓风属于大型 1 级风暴，也是大西洋有记录以来的最强飓风，风力覆盖了 1800 千米宽的巨大区域。当飓风桑迪在美国登陆时，波高峰值、风暴潮与潮汐峰值同时出现，在巨浪和风暴潮的共同作用下，人口稠密的纽约州和新泽西州沿岸区域遭到摧毁。飓风桑迪造成了广泛的海浪破坏（见图 6.23）、严重的海岸侵蚀和极端的洪水泛滥，摧毁了大西洋中部各州数以千计的房

图 6.23　2012 年飓风桑迪对新泽西游乐码头的破坏。飓风桑迪是有史以来覆盖面最宽的大西洋飓风，从加勒比海到美国东海岸，从佛罗里达州到缅因州，特别是纽约州和新泽西州，造成的洪灾和破坏相当严重

屋，数百万人断电。这场风暴总计造成 233 人死亡，经济损失超过 680 亿美元，成为美国历史上经济损失第 2 大的飓风，仅次于飓风卡特里娜。

6.5.4.6　2005 年大西洋飓风季：卡特里娜、丽塔和威尔玛

大西洋的传统飓风季是从每年的 6 月 1 日到 11 月 30 日，但是 2005 年一直持续到 2006 年 1 月，成为有记录以来最活跃的飓风季，并且打破了许多纪录。例如，热带风暴数量达到创纪录的 27 个，其中 15 个成为飓风。在 15 个飓风中，7 个增强为主要飓风，并且追平了 4 级飓风纪录（5 个），创造了 5 级飓风纪录（4 个）。5 级是萨菲尔－辛普森飓风强度等级中的最高级别，详见表 6.3。同样是有史以来第一次，美国国家飓风中心（隶属于美国国家海洋和大气管理局）监管了大西洋飓风的命名，在用完常规风暴名称以后，采用希腊字母进行命名。

2005 年最著名的风暴是 5 个 4 级和 5 级飓风，即丹尼斯、艾米莉、卡特里娜、丽塔和威尔玛。作为主要飓风（3 级或更高强度），这些风暴共计 12 次登陆古巴、墨西哥及美国的墨西哥湾沿岸，总计造成经济损失 1800 亿美元，超过 2000 人丧生。

例如，卡特里娜是大西洋有史以来的第 6 强飓风，在美国历史上造成了最为严重的经济损失，死亡人数也名列前茅。2005 年 8 月 23 日，该飓风形成于巴哈马群岛上空，在穿越温暖环流以前，作为中等强度的 1 级飓风越过佛罗里达州南部，随后在墨西哥湾迅速发展壮大，成为墨西哥湾有记录以来的最强飓风之一。8 月 29 日上午，在路易斯安那州东南部第 2 次登陆之前，风暴已经大大减弱，如图 6.24a 所示。虽然如此，卡特里娜仍然是有史以来登陆美国的最强飓风，庞大规模造成的破坏半径长达 370 千米。该飓风形成了高达 9 米的风暴潮，创造了美国有史以来的最高纪录，给密西西比州、路易斯安那州和亚拉巴马州的沿海地区造成了严重破坏。

气象预报人员始终关注着飓风的发展进程，很快就预测到一场即将到来的灾难：飓风卡特里娜即将冲击新奥尔良市。专家们预警的这种状况是一次重大灾难，因为新奥尔良市区位于庞恰特雷恩湖畔，海拔高度几乎全部低于海平面，即使不会受到飓风卡特里娜的直接冲击，风暴潮预计也会超过新奥尔良市防洪堤的高度。这种毁灭性风险众所周知，以前曾有几项研究报告发出过警

告，预测飓风直接袭击新奥尔良可能会引发大规模洪水，从而造成数千人溺亡，大部分幸存者还要遭受疾病和脱水之苦。虽然飓风卡特里娜只是经过新奥尔良市区东部，但是飓风、风暴潮和暴雨合力冲破了庞恰特雷恩湖与新奥尔良市之间的防洪堤，最终淹没了约 80%的城区及大量邻近区域，如图 6.24b 所示。飓风卡特里娜造成的经济损失超过了 1000 亿美元，成为美国历史上经济损失最为严重的一场飓风。该飓风还令数十万人无家可归，约 1800 人死于非命，成为自 1928 年飓风奥基乔比（2500 人死亡）以来死亡人数最多的飓风。飓风过后，救援人员认为许多人属于溺水而亡，因为当水位快速上升时，大量居民被困在单层住宅的屋顶之上。

(a) 2005年8月29日，在飓风卡特里娜于墨西哥湾沿岸登陆的卫星影像中，可以看到飓风的逆时针旋转方向和突出的中心飓风眼。该飓风的直径约为670千米，成为有记录以来登陆美国的最强飓风

(b) 飓风卡特里娜冲破堤坝，淹没了路易斯安那州的新奥尔良市区，造成超过750亿美元的经济损失，至少1600人丧生

图 6.24　卡特里娜是美国历史上最具破坏性的飓风

常见问题 6.8　曾经登陆的最强热带气旋是什么？

2013 年 11 月 8 日，台风海燕以 305～314 千米/小时的持续风力猛烈袭击菲律宾，成为有记录以来登陆的最强 5 级热带气旋。在热带气旋前 3 强中，最早可追溯至 1958 年，从海洋出发时风速较高，但登陆前均有所减弱。台风海燕造成 6000 多人死亡，超过 600 万人无家可归。

6.5.4.7　2017 年大西洋飓风季：哈维、厄玛和玛利亚

2017 年大西洋飓风季是极度活跃、极为致命且极具破坏性的季节，共爆发了 17 次名称记录在案的大型风暴。自 1851 年有记录以来，在最活跃飓风季的排名中，本年度与 1936 年并列第 5 位。自 2005 年以来，本年度的飓风数量最多。在 2017 年飓风季中，10 次飓风相继出现，成为卫星时代连续飓风次数最多的季节，也是大西洋盆地连续飓风次数最多的季节（自 1851 年有记录以来）。此外，2017 年飓风季还是迄今为止经济损失最为严重的季节，经济损失总额约为 2811.4 亿美元，比创纪录的 2005 年高出约 1000 亿美元。基本上讲，本飓风季的全部损失都由最具破坏性的 3 次主要飓风造成，即哈维、厄玛和玛利亚。这三次飓风非常致命，玛利亚的破坏性尤其巨大，对波多黎各和加勒比海其他地区造成了极大影响。有历史记录以来，只有 6 个年份出现过多次 5 级飓风，2017 年有幸名列其中。继 2007 年之后，2017 年是第 2 个出现两次飓风以此种强度登陆的飓风季。

在 2017 年飓风季中，飓风厄玛是第 1 个 5 级飓风，也是有记录以来大西洋开阔地带出现的最强风暴。在漫长的生命周期中，厄玛造成了广泛及灾难性的破坏，特别是在加勒比海东北部和佛罗里达群岛。厄玛是自 2005 年卡特里娜以来袭击美国大陆的最强飓风，也是继威尔玛之后同一年登陆佛罗里达州的另一个大级别飓风。此外，厄玛形成了离岸强风，将海水从海岸吹向海面上的风暴潮隆起，致使佛罗里达州西海岸和巴哈马群岛沿海的海底大面积裸露，如图 6.25

所示。这种景象似乎类似于大型海啸即将来临之前发生的状况,海水有时候会从沿海地区后撤。要了解与海啸相关的更多信息,请参阅第8章。

6.5.4.8 历史上对其他地区造成的破坏

在全球范围内,大多数热带气旋形成于西太平洋的赤道以北海域,这些风暴(称为台风)对东南亚沿海地区和岛屿造成了巨大破坏,如图6.19所示。

在全球范围内,有些其他地区也经常遭遇热带气旋,例如与印度洋毗邻的孟加拉国。孟加拉国的人口稠密,

图6.25 2017年飓风厄玛爆发期间,海水从沿海地区后撤。当风暴潮形成的涌水在近海形成时,沿海地区的海水将被卷走,从而将海底暴露在外,例如图中的佛罗里达州西海岸沿线

地势极其低洼,大部分国土的海拔高度只有3米。1970年,热带气旋携12米高的风暴潮不期而至,造成约100万人死亡;1972年,另一个热带气旋袭击了该国,造成约50万人死亡;1991年,飓风高尔基以233千米/小时的风速和巨大风暴潮席卷而来,造成了大范围的破坏,超过20万人死亡。

即使是海洋盆地中心附近的岛屿,同样也会遭到飓风的袭击,例如在1959年8月和1982年11月,夏威夷群岛分别遭到飓风多特和伊娃的重创。伊娃在飓风季即将结束时来袭,风速高达130千米/小时,造成考艾岛和瓦胡岛的经济损失超过1亿美元。尼豪岛是只有几百名夏威夷土著人居住的小岛,刚好位于风暴的路径上,因此遭受了严重的财产损失,但未造成严重的人员伤亡。1992年9月,飓风伊尼基呼啸着横扫考艾岛和尼豪岛,风速高达210千米/小时,这是过去100年来袭击夏威夷群岛的最强飓风,造成了近10亿美元的财产损失。

6.5.4.9 未来对生命和财产的威胁

热带气旋和飓风的威力十分巨大,每年令全世界数以百万计的人们无家可归,仅在美国就造成平均每年超过1000亿美元的损失。在可以预见的未来,飓风将继续威胁人类的生命和财产安全。但是,由于预报越来越准确,疏散提示越来越及时,人员伤亡一直在减少。另一方面,由于沿海人口不断增多,房屋建筑也越来越多,因此财产损失也相应增加。对于生活在飓风影响力覆盖范围内的居民来讲,必须充分意识到各种危险,为未来出现的飓风灾害做好应对准备。目前,在热带气旋造成的不可避免的经济损失方面,人类因素引发的气候变化逐渐成为主要关注点。实际上,最新研究表明,在人类因素引发的气候变化的影响下,热带气旋和飓风造成的全球经济损失可能会加倍。

科学过程6.1 被飓风打断的海洋声景

背景知识

地球上的海洋并不是一望无际的静谧景观,浪花上下飞溅、海洋生物的叫声及人为因素引起的噪音等都为海洋增添了"声音"。科学家研究海洋声音(如鲸的叫声)已达数几十年,但是直到最近,由于技术获得长足进步,才可以对海洋声音进行长期研究。现在,通过应用被动式声学监测系统(也称水听器),可以在陆地和水下每次记录长达数月的声音,科学家研究海洋声音变得更加便捷。

珊瑚礁生态系统充满了生命气息,生活在珊瑚礁上的那些生物会发出大量噪音!珊瑚礁生物通过声音沟

图6B 加勒比鼓虾

通交流、寻找猎物并避免被捕食，例如科学家发现许多珊瑚礁上的鱼类通过"合唱"来彼此定位。在所有珊瑚礁生物中，最喧闹的是鼓虾（也称手枪虾），它们用爪子来威胁和震昏猎物（见图6B）。礁石的声音能告诉我们关于它们健康的更多信息吗？

形成假设

研究珊瑚礁的生物学、物理学和化学特征是一项特别具有挑战性的任务。某些珊瑚礁位于偏远区域，非常难于接近。要对珊瑚礁生态系统开展整体研究，科学家通常需要应用成本高昂的先进技术。最近，某科学家团队提出了一种假设，认为水听器能够提供关于珊瑚礁生态系统的健康与稳定性的整体数据，通过倾听并分析珊瑚礁的各种声音及其长短期变化，并建立珊瑚礁声音基准数据，即可监测各种干扰带来的影响。

设计实验

作为一项长期研究的一部分，在波多黎各西南海岸附近的珊瑚礁上，科学家们安装了多部水听器，持续记录声音随时间的变化。

2017年9月，飓风厄玛和玛利亚为这些科学家提供了一次非常难得的机会，他们开始研究声景如何随大环境干扰而发生改变。

科学家们发现，风暴对鱼类叫声和鼓虾活动具有短期影响。追随着飓风的脚步，连续好几个晚上，鱼类的夜间合唱强度明显增大，然后返回至基准水平。在飓风肆虐期间，鼓虾发出的声音明显减少；在风暴过后的几天里，也一直保持在较低水平。

解释结果

在飓风厄玛和玛利亚爆发期间和之后，为什么珊瑚礁的声音发生了改变？科学家们认为，海洋浊度是造成这一现象的原因。当风暴经过波多黎各附近海域时，巨浪和强大海流将沉积物搅动到海水中，陆地径流将沉积物沉积至珊瑚礁中。

在这片极为混浊的海水中，鱼类必须发出更大声音才能彼此定位，因此其"合唱"强度要明显高于正常水平。科学家们还认为，鼓虾可能需要大量时间来清理洞穴，因此没有更多时间去寻找猎物。另一种观点认为鼓虾在混浊的海水中看不到猎物，因此没有理由张牙舞爪。这项令人惊讶的声音研究激发了科学家们的浓厚兴趣，从而更加致力于研究珊瑚礁生态系统与重大环境干扰之间的关系。

下一步该怎么做？

在诸多研究领域中，声音传感器均具有适用性。设想一种由人类引发的可影响海洋生态系统的干扰，并判断是否能够利用水听器来了解这种干扰的影响？为开展此项研究，提出假设。

简要回顾

飓风是有时具有破坏性的强热带风暴，形成于水温较高且存在大量暖湿空气的海域，旋转方向受科里奥利效应的影响。

6.5.5 海洋气候模式

像陆地区域一样，海洋区域同样具有气候模式，开阔大洋可大致划分为东西走向（平行于纬线）的多个气候区域，并且具有受海洋表层流调节的相对稳定边界，如图6.26所示。

赤道（Equatorial）地区：横跨赤道，接收大量太阳辐射。空气受热后，主要向上流动。海面风较弱而多变，因此称为无风带。表层海水的温度较高，空气中充满了水蒸气，每天常见阵雨天气，表层海水的含盐量相对较低。赤道地区位于赤道南北两侧，也是热带气旋的滋生地。

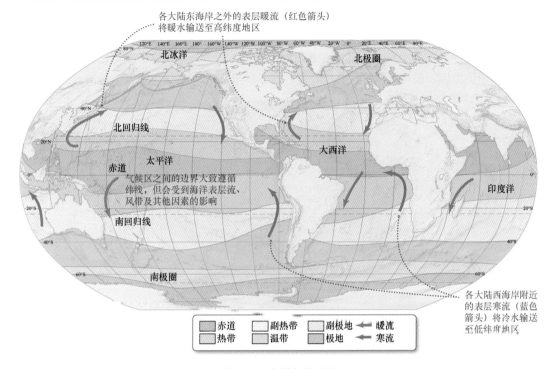

图 6.26 海洋气候区域

热带（Tropical）地区：从赤道地区开始，向北延伸至北回归线，向南延伸至南回归线。强烈的信风是其主要特征，北半球从东北方向吹，南半球从东南方向吹。信风推动赤道海流，形成波涛汹涌的中浪。在热带地区内，较高纬度区域的降水量相对较少，较低纬度区域的降水量相对较多。当热带气旋形成后，即可在此获得能量，随后将大量热量自海洋向大气中传递。

副热带（Subtropical）地区：位于热带地区外侧，属于高压带集中区域，下沉空气非常干燥，极少形成降水，蒸发率较高，表层海水的含盐量在开阔大洋中最高（见第 5 章中的图 5.22）。风很弱，水流缓慢，属于典型的马纬度特征。但是，强边界流（大陆边界沿线）呈南北向流动，特别是在副热带海洋的西侧边缘。

温带（Temperate）地区：也称中纬度地区，主要特征是强烈的西风（盛行西风），北半球从西南方向吹，南半球从西北方向吹（见图 6.12）。强风暴很常见，冬季尤其多发，降水量很大。实际上，北大西洋以强风暴而闻名，在最近几个世纪曾经吞没了许多船只和无数人的生命。

副极地（Subpolar）地区：由于存在低压带，降水量非常丰富。在冬季，海冰覆盖海洋；在夏季，大部分海冰融化。冰山很常见，即便在夏季的几个月里，海面温度也很少超过 5℃。

极地（Polar）地区：表面温度保持或接近冰点，全年大部分时间都被冰雪覆盖。受极地高压控制，包括北冰洋和南极洲附近的海洋。冬季不见阳光，夏季连续白昼。

小测验 6.5　描述海洋如何影响全球天气现象和气候模式

❶ 描述气旋与反气旋的差异，说明科里奥利效应对流动模式（顺时针和逆时针）的重要性。

❷ 海风和陆风是如何形成的？在炎热的夏季，哪种风最常见？为什么？

❸ 描述跨越大陆的气团运动模式及与冷锋和暖锋相关的降水模式。

❹ 热带气旋的形成条件有哪些？为什么大多数中纬度地区很少经历飓风？为什么赤道没有飓风？

❺ 描述飓风造成的破坏类型，指出哪种类型会造成大量人员伤亡和毁灭性破坏？

6.6　风能是否能够作为能源加以利用？

　　太阳对地球的热辐射分布不均，形成了规模或大或小的风。利用这些风中蕴含的能量，可以驱动风力发电机或涡轮发电机。在常年多风的大陆各地，人们建造了大量风力发电场，通常装备数百台安装在高塔之上的大型涡轮机，有效利用了这种可再生清洁能源。类似设施也可以建在近海区域，那里的海风一般比陆风更大、更稳定。图6.27中显示了建设风力发电场的近海潜力区。

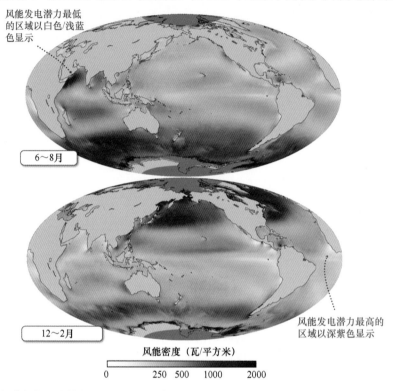

风能发电潜力最低的区域以白色/浅蓝色显示

6～8月

12～2月

风能发电潜力最高的区域以深紫色显示

风能密度（瓦/平方米）

0　　250　500　1000　　2000

图6.27　全球海洋风能潜力。2000—2007年，6～8月（上）和12～2月（下）的平均海风强度图

图6.28　近海风电场。在英国的苏格兰西海岸之外，风力涡轮机成为风电场的标志

　　目前，部分近海风电场/风力发电场（Wind Farms）已经建成，更多风电场正在紧锣密鼓地筹划或建设，如图6.28所示。例如，在靠近北欧的北海海域（狂风肆虐），有约100台海基涡轮机正在运行，还有数百台涡轮机正在计划中。2015年，近海风能发电占欧盟风能发电总装机容量的24%，比例高于前一年度的13%。自2011年以来，11个欧洲国家沿海地区的总装机容量增加了2倍。实际上，丹麦的风能发电量（占全部发电量的18%）超过其他任何国家，2030年这一比例将提高至50%。

　　风能发电的主要缺点之一是风力强度变化无常，有时候根本就不刮风。在电力需求量较大时，这种缺点显得特别突出。风能发电还存在一个棘手的问题，就是如何将电力输送至可行的市场（如人口中心）。理论上讲，风能和太阳能可以满足美国及其他部分国家的全部电力需求，但实际上，根据美国能源部的相关数据，这两种能源均不太稳定，无法供应一个地区所需总能量的20%（或更多）。目前，最重要的事情是尽快找到廉价而高效的方法，保管好已生成的电能，然后在需要时加以利用。电能存储问题的最佳解决方案包括：将海水泵至较高区域，然后通过水来驱动涡轮机；通过泵来存储高压地下空气；利用高级电池来存储电能。

> **简要回顾**
>
> 虽然风能不太稳定，但是作为可再生能源，风能发电仍然存在巨大潜力。

小测验 6.6 评估利用风能作为能源的优势与劣势

❶ 讨论建设近海风电场的优势与劣势。

❷ 描述美国首个近海风电场的位置、时间表及发电能力。

主要内容回顾

6.1 引发地球上的太阳辐射发生变化的原因是什么？

- 大气与海洋是相互依存的一套系统，由复杂的反馈回路连接在一起。在大多数大气现象与海洋现象之间，通常存在非常密切的联系。
- 由于季节变化和昼夜交替，太阳对地球表面加热不均匀。由于纬度存在差异，地球接收太阳辐射的数量也会发生变化。
- 地球自转轴与黄道面垂线的夹角为 23.5°。以两个半球的某个位置为例，指出地轴倾斜如何影响季节变化、昼夜长度和每年的日照角变化。
- 假设地球自转轴垂直（非倾斜），制作一份变化列表。例如，季节还会存在吗？

6.2 大气的物理性质有哪些？

- 地球上的太阳能分布不均匀影响大气的大部分物理性质（如温度、密度、水蒸气含量和压力差），进而影响大气运动。
- 假设地球不自转，描述应当存在的基本大气环流模式。

6.3 科里奥利效应如何影响运动物体？

- 科里奥利效应由地球自转引发，影响着地球上物体的运动路径。由于地球表面不同纬度地区的自转速度存在差异，物体的运动方向在北半球右偏，在南半球左偏。科里奥利效应在赤道位置不存在，但是随着纬度增加而增大，在两极位置达到最大值。
- 科里奥利效应如何影响物体的运动方向和运动速度？解释理由。
- 解释为什么科里奥利效应在两极最强？为什么在赤道不存在？

6.4 全球大气环流模式有哪些？

- 与高纬度地区相比，低纬度地区接收的太阳能比辐射回太空的更多。在旋转的地球上，每个半球都会形成三圈环流。在高压带，密度较大的空气下沉；在低压带，空气上升。
- 空气在环流圈内运动，形成了全球主要风带。从副热带高压带流向赤道时，地表空气形成信风；盛行西风向高纬度地区运动；空气沿地表从极地高压带流向副极地低压带时，形成极地东风。
- 全球主要风带间的边界地带平静无风。两个信风带间的边界称为赤道无风带，与热带辐合带重合；信风带与盛行西风带间的边界称为马纬度；盛行西风带与极地东风带间的边界称为极锋。
- 在理想化的三圈环流模型中，风和气压有 3 种主要影响因素，包括地球自转轴的倾斜、岩石材质的低热容及大陆的分布状况。但是，三圈环流模型与全球主要风带模式非常吻合。
- 为加深对大气环流模式的认识，凭记忆绘制地球表面的风带模式，标出大气层上下边界之间的大气环流圈、高压带、低压带、风带名称及各风带之间的边界名称。
- 根据真实地球的实际情况（见图 6.13），讨论如何修改图 6.12 所示的理想化风带。

6.5 海洋如何影响全球天气现象和气候模式？

- 天气描述特定时间及地点的大气状况，气候是天气的长期平均状况。大气运动（风）总是从高压区流向低压区，因此在北半球，低压区周围存在沿逆时针方向流动的气旋流，高压区周围存在沿顺时针方向流动的反气旋流。由于加热与冷却的日循环变化，沿海地区普遍存在海风和陆风。
- 许多风暴由气团运动形成。在中纬度地区，来自高纬度地区的冷气团与来自低纬度地区的暖气团相遇，形成自西向东穿过地球表面的冷锋和暖锋。热带气旋（飓风）是一种大型强风暴，主要影响全球热带地区。飓风的破坏性极强，主要由风暴潮、大风和强降雨造成。

- 海洋气候模式与太阳能和风带的全球分布密切相关。在一定程度上，海洋中的表层流能够调节海洋气候模式。
- 指出天气与气候之间的差异，然后回答下列问题：气候干旱地区下雨时，是否意味着该地区的气候已经从干旱变为湿润？解释理由。
- 查阅互联网，确定下列地点的纬度和当日海洋表层流的水温：加利福尼亚州的圣地亚哥和南卡罗来纳州的查尔斯顿。

6.6 风能是否能够作为能源加以利用？

- 风可以作为能源加以利用。这种可再生清洁资源具有巨大开发潜力，但在按需发电、向消费者供电及电能存储等方面，仍然存在一些尚未解决的问题。目前，多个近海风电场系统已投入运营。
- 指出可能会抑制大型近海风电场发展的某些负面环境因素。
- 参考图 6.27，选择地球上的某个特定位置，使得风力涡轮机能够全年以最大容量运转。

第7章　海洋环流

太空视角下的海流模式。在这幅南半球夏季海洋水色卫星（SeaWiFS/SeaStar）合成影像中，增强了海洋环流模式特征，深蓝色代表叶绿素（浮游植物）的浓度较低，橙色和红色代表叶绿素的浓度较高。注意观察非洲与南极洲之间的波状涡流模式，厄加勒斯海流与南极绕极流在该处汇合，并转向东方而形成厄加勒斯回流。在非洲西海岸附近，沿岸上升流显示为鲜红色

主要学习内容

7.1　了解海流测量方法
7.2　解释海洋表层流的成因及其全球环流模式的组织方式
7.3　描述上升流的形成条件
7.4　指出各海洋盆地的主要表层环流模式
7.5　描述海冰和冰山的成因
7.6　解释深海海流的成因及特征
7.7　评估利用海流作为能源的优势与劣势

海洋远非稳定环流，而是奇妙的旋涡夹杂着湍流，伴随着神秘莫测的复杂时空变化。

——詹妮弗·麦金农，物理海洋学家，2017 年

　　海流/洋流（Currents）是在两个不同海域之间流动的水团，水量可大可小，位置可深可浅，成因可简可繁。简而言之，海流就是处于运动状态的水团。

　　海流系统非常庞大，覆盖了全球大部分海域。就像全球主要风带一样，海流将热量从地球上的温暖区域输送至寒冷区域。在从热带转移至两极的总热量中，风带负责输送约 2/3，海洋表层流负责输送其余 1/3。从根本上讲，海洋表层流受太阳能驱动，并与全球主要风带模式密切相关。因此，海流既可以通过运动来帮助史前人类穿越海洋盆地，又可以通过调节微生物藻类（大部分海洋食物网的基础）的生长来影响表层海水中的生物数量。

　　从局部区域而言，海洋表层流会影响沿海大陆地区的气候。当寒流沿大陆西侧流向赤道时，容易形成寒冷干旱的气候条件；当暖流沿大陆东侧流向极地时，容易形成温暖潮湿的气候条件。例如，在海流影响下，北欧和冰岛气候温暖，但是位于相同纬度的北美洲大西洋沿岸（如加拿大拉布拉多）则较为寒冷。此外，海水在高纬度地区下沉，酝酿并形成深层流，帮助调节整个地球的气候。

7.1　如何测量海流？

　　海流由风或密度驱动。移动气团（尤其是全球主要风带）形成风生海流，引发海水沿水平方向运动，生成主要出现在海洋表层的表层流（Surface Currents）；密度流引发海水沿垂直方向运动，使得海洋深层水团充分混合。在低温或高盐等因素的影响下，有些表层水的密度变大，下沉至表层水之下。这种高密度水流逐渐下沉，在表层水下方缓慢扩散，形成深层流（Deep Currents）。

7.1.1　表层流的测量

　　由于表层流由风驱动，长期同向且同速流动的可能性不大，因此测量平均流速较为困难。但是，在全球范围内，表层流的整体模式存在某些共性。采用直接或间接方法，可以测量表层流。

7.1.1.1　直接方法

　　在测量表层流时，直接方法主要包括 2 种。第一种方法是将浮动装置释放至海流中，然后定期追踪其位置。通常采用可发射无线电波的浮筒或其他装置（见图 7.1a），偶然释放的部分其他物品也可作为较好的漂流计（见深入学习 7.1）。第二种方法是采用专业测流装置（如图 7.1b 所示的旋转式海流计），主要布放在固定位置（如码头或静止船舶），也可拖挂在船尾，减去船速即可获得海流的真实流速。

(a) 漂浮在海洋中的漂浮海流计   (b) 返回至调查船的旋转式海流计

图 7.1   直接方法中的测流装置

7.1.1.2   间接方法

在测量表层流时，间接方法主要包括 3 种。第一种方法与压力梯度有关，即由海面的大规模凸起和凹陷形成的坡度。注意，基于气压高低来确定风的运动时，压力梯度同样适用（见图 6.15 所示的天气图）。水流方向平行于压力梯度（即下坡），因此这种方法既可以确定水流密度的内部分布，又可以测定穿过海洋特定区域的相应压力梯度。第二种方法是利用雷达高度计（主要随地球观测卫星而发射），确定（由海底地形和海流引发的）海洋表面的凹凸度，详见第 3 章。基于这些数据，人们能够绘制出显示表层流的速度与方向的动态地形图，如图 7.2 所示。第三种方法是利用多普勒海流计，在海水中传输低频声音信号。多普勒海流计保持静止，测量声波入水与后向散射（因水中质点而引发）之间的频率位移，进而确定海水的流动状况。

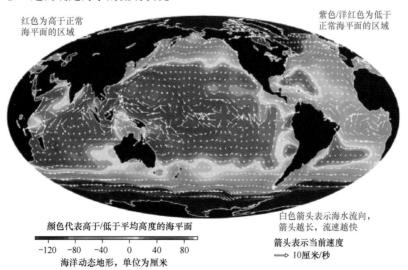

图 7.2   基于卫星数据绘制的海洋动态地形图。基于 TOPEX/Poseidon 雷达高度计数据绘制的地图，显示了 1992 年 9 月—1993 年 9 月间的海面高度变化，单位为厘米

7.1.2 深层流的测量

深层流的所在位置极深，测量难度大于表层流，一般利用深海水下浮标开展测量。2000 年，全球海洋观测计划（Argo）正式启动，在这个非常独特的海洋学项目中，人们在全球范围内布放了大量可自由漂移的剖面浮标，如图 7.3b 所示。这些浮标能够垂向移动，测量 2000 米以浅海水的温度、盐度及其他属性。布放完毕后，每个浮标均下沉至特定深度，漂浮并收集数据长达 10 天之久；然后浮出水面，传输所在位置及海洋变化等数据；在几小时内，这些数据将公之于众。接下来，每个浮标继续下沉至预定深度，再次漂移 10 天，收集更多的数据，然后重新浮出水面。如此循环往复，周而复始。2007 年，随着第 3000 个浮标的布放，Argo 计划的目标圆满实现。截至目前，全球近 4000 个浮标处于正常运行状态，为全球公众提供了大量可用数据，如图 7.3a 所示。通过实施这项观测计划，海洋学家们希望能够开发出一种类似于陆地天气预报系统的海洋预报系统，进而追踪由于人为导致气候变化引发的海洋属性变化。

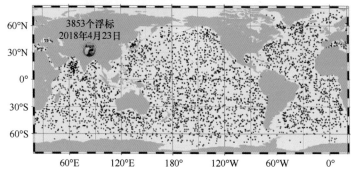

(a) 显示Argo浮标位置的地图。这些浮标可以下潜至2000米深度，采集与海洋属性相关的数据，然后重新浮出水面并传输数据

(b) Argo浮标可由调查船（或货船）进行布放

图 7.3　Argo 自由漂浮水下浮标系统

目前，Argo 观测网基本覆盖了上层海洋，但仅占海洋总体积的一半左右。2014 年，在全球深海观测计划（Deep Argo）中，首批 25 个深水浮标成功布放，主要收集 6000 米以深海水的温度和盐度数据，协助海洋学家们研究海洋环流及长期气候趋势。

在测量深层流的其他技术中，包括识别深层水团特有的温度与盐度特征，以及通过仪器设备来追踪化学示踪剂。在这些示踪剂中，有些在海水中天然存在，另一些属于人为有意添加，还有一些则为不经意之间添加，例如氚（20 世纪五六十年代早期，核试验产生的一种氢放射性同位素）和氯氟烃（消耗地球臭氧层的氟利昂及其他气体）。

深入学习 7.1　跑鞋成为漂流计

任何漂浮物都可以作为临时漂流计，只要知道其进出海洋的地点，即可推断出其移动路径，从而提供与表层流运动相关的各种信息。如果知道释放与回收时间，还可以计算出海流的速度。长期以来，为了追踪海流的运动，海洋学家们一直利用漂流瓶（漂浮在海洋中的"装有信息的瓶子"或无线发射装置）。

船舶上的货物落入海洋后，许多物体不经意间就会变成漂流计。实际上，全球每年平均多达 10000 个集装箱落入海洋（见图 7A 上部和中部的照片），例如大量耐克运动鞋和彩色浮动浴缸玩具（见图 7A 中的插图和下部照片）就曾经随波逐流，增进了人们对北太平洋海流运动的了解。

1990 年 5 月，汉撒船运号货轮从韩国驶往美国华盛顿州的西雅图，途中遭遇了一场非常严重的北太平洋风暴。船上装载了许多 12.2 米长的矩形金属集装箱，大多数固定在船只甲板上。在这次风暴中，甲板上的

21 个集装箱落入海中，其中 5 个集装箱装有耐克运动鞋。大量运动鞋从集装箱中甩出，漂浮在海面上，并随着北太平洋海流向东漂移。不到半年，在阿拉斯加州、加拿大、华盛顿州和俄勒冈州海滩沿线（见图 7A 中的地图），成千上万只鞋子被冲上岸，距离落水地点超过 2400 千米。在加利福尼亚州北部的海滩上，人们也发现了几双鞋。甚至在两年多后，夏威夷大岛北端也出现了部分鞋子。

虽然在海上漂流了相当长的时间，但这些鞋子的形状依然良好，而且能够正常穿用（除掉藤壶和油污后）。由于鞋子并没有成双地系在一起，所以很多海滩拾荒者只捡到了单只鞋子，或者无法配成一双鞋子。许多鞋子的零售价在 100 美元左右，有些人为寻找能够配对的鞋子，还在报纸上刊登广告，或者参加本地的旧货交易市场。

在海滩清理人员和灯塔操作人员的协助下，在坠海事件发生后的几个月里，人们将这些鞋子的发现位置及数量等信息收集在一起，然后通过鞋内的序列号追踪至原来的各个集装箱。经过分析相关数据，人们发现在 5 个集装箱中，只有 4 个集装箱中的鞋子坠海，另一个集装箱显然没有打开就整体沉没了。因此，在此次坠海事件中，最多有 30910 双鞋（61820 只鞋）散落至海中。数量如此之大的漂流物几乎瞬间释放，对海洋学家改进北太平洋环流的计算机模型而言，意义非常重大。在坠海事件发生前，海洋学家有目的地释放漂流瓶的单次数量最多约为 3 万个。虽然只找到约 2.6% 的鞋子，但与海洋学家为研究目标而释放的漂流瓶的回收率（2.4%）相比，这还算是一个非常不错的数字。

1992 年 1 月，在鞋子坠海位置北部不远处，另一艘货船遭遇了另一场风暴，并丢失了 12 个集装箱。其中，有一个集装箱装有 29000 个包裹，内含物为彩色可漂浮小型塑料浴缸玩具，包括蓝海龟、黄鸭、红海狸和绿青蛙等（见图 7A 下部的照片）。虽然装有这些玩具的塑料包装粘在硬纸板背衬上，但是研究表明，在海水中浸泡 24 小时后，胶水就会失效，由此导致 10 万多个玩具落入大海。

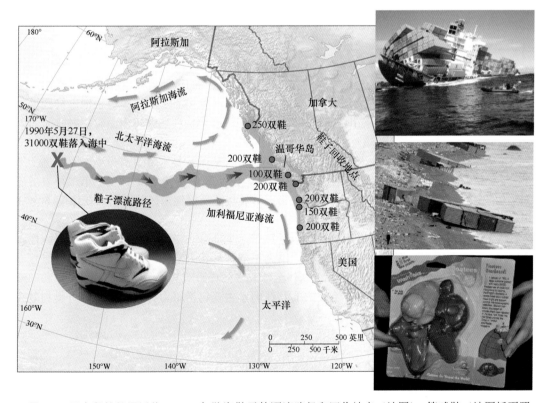

图 7A　无意释放的漂浮物。1990 年坠海鞋子的漂流路径和回收地点（地图）；篮球鞋（地图插页照片）；货轮上倾覆的集装箱（上部照片）；冲至海滩上的集装箱及其货品（中部照片）；1992 年集装箱坠海事故的同款浴缸玩具（下部照片）

10 个月后，这些漂浮的浴缸玩具开始在阿拉斯加东南部上岸，刚好验证了计算机模型的正确性。据计算机模型显示，只要还能继续漂浮，这些浴缸玩具就会被阿拉斯加海流裹挟，最终散布至整个北太平洋。例如，有些玩具已经漂向了南美洲，还有一些玩具甚至进入北冰洋，随后冻结在浮冰层中，并随浮冰层漂浮及散布于北大西洋。注意，在英国和北美洲东部的海滩上，这些浴缸玩具均有发现，从浮冰层释放地点（尚未确定）跨越了整个大西洋海盆。

追踪这些物品及从货船上散落至海里的其他漂浮物，海洋学家们继续坚持不懈地研究海流。

你学到了什么？

跑鞋和浴缸玩具如何偶然变成漂流计并帮助海洋学家追踪海流？

简要回顾

对于风生表层流，可通过漂浮物、卫星及其他技术进行测量；对于由密度差异形成的深层流，可采用沉水浮标、海水特性及化学示踪剂进行测量。

小测验 7.1　描述对海流测量的理解

❶ 比较海洋形成水平环流与深部垂直环流的直接驱动力，说明驱动这两种环流系统的最终能量来源。

❷ 描述测量海流的不同方法。

7.2　海洋表层流的成因及其组织方式是什么？

表层流出现在密度跃层（密度急速变化的海水层）的内部及上方，最大深度约为 1 千米，仅影响全球海水总量的 10%左右。在全球范围内，海洋表层流模式主要受全球主要风带的影响，但是也会受科里奥利效应、季节变化及各海盆几何形态等多种因素的影响。

7.2.1　表层流的成因

简而言之，表层流源自海水与风之间的摩擦。只有约 2%的风能可以转移至海洋表面，所以50 节速率的风会形成 1 节速率的海流。注意，1 节等于 1 海里/小时；1 海里等于地球椭圆子午线上纬度 1 分对应的弧长，相当于陆地上的 1.85 千米。轻轻吹拂一杯热咖啡表面时，咖啡表面的波动即相当于微型海洋表层流。

如果地球上没有大陆，那么表层流的流动方向通常与全球主要风带保持一致，因此每个半球存在 3 种类型的表层流：第一种表层流受信风的影响，在纬度 0°～30°之间流动；第二种表层流受盛行西风的影响，在纬度 30°～60°之间流动；第三种表层流受极地东风的影响，在纬度 60°～90°之间流动。

实际上，海洋表层流的驱动力不仅仅是全球风带，大陆分布是影响各海盆中的表层流性质及流向的另一种重要因素。例如，大西洋海盆周围为不规则形状大陆环绕，信风与盛行西风建立了规模巨大的海水环流系统，如图 7.4 所示。这些全球风带同样影响其他海洋盆地，太平洋和印度洋也存在类似的表层流模式。影响表层流模式的其他因素主要包括重力、摩擦力和科里奥利效应，本章将继续介绍相关内容。

7.2.2　海洋表层环流的主要组成

虽然海水不断地从一支海流流向（并汇入）另一支海流，但是在每个海洋盆地的内部，海洋表层流都存在一种可预测且可复制（反复出现）的模式。

7.2.2.1　副热带流涡

如图 7.4 所示，由全球主要风带驱动的大型闭合海水环流称为流涡（Gyres）。图 7.5 中显示了全球 5 大副热带流涡（Subtropical Gyres），即（1）北太平洋流涡；（2）南太平洋流涡；（3）北大西洋流涡；（4）南大西洋流涡；（5）印度洋流涡（主要位于南半球）。由于每个流涡的中心位置都与北纬（或南纬）30°的副热带（亚热带）相吻合，所以将其命名为副热带流涡。如图 7.4 和图 7.5 所示，副热带流涡在北半球顺时针方向旋转，在南半球逆时针方向旋转。通过研究海水中的漂浮物（见深入学习 7.1），科学家们发现小型副热带流涡（如北大西洋流涡）的平均漂移时间约为 3 年，大型副热带流涡（如北太平洋流涡）的平均漂移时间约为 6 年。

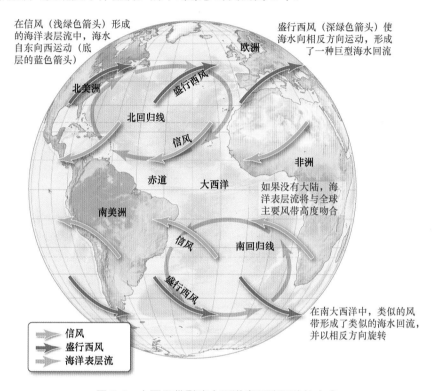

图 7.4　主要风带影响大西洋表层流运动的方式

一般而言，每个副热带流涡均由首尾相连的 4 个主要海流组成（见表 7.1），例如北大西洋流涡由北赤道流、墨西哥湾流、北大西洋海流和加那利海流组成，如图 7.5 所示。接下来，本章将逐一介绍构成副热带流涡的 4 种主要海流。

7.2.2.2　赤道流

在赤道南北两侧的热带区域，南半球吹东南信风，北半球吹东北信风，在这两种信风的共同作用下，热带水团运动形成的海流称为赤道流（Equatorial Currents）。赤道流沿赤道自东向西运动，形成副热带流涡中的赤道边界流，如图 7.5 所示。基于相对于赤道的位置，赤道流还可进一步划分为北赤道流和南赤道流。

7.2.2.3　西边界流

当赤道流抵达海洋盆地的西部边界时，由于无法穿越陆地而必须调整流向。在科里奥利效应的作用下，这些海流偏离赤道位置成为西边界流（Western Boundary Currents），同时也是所有副热带流涡的西部。由于沿各海洋盆地的西部边界流动，故命名为西边界流。注意，西边界流毗邻各大陆东海岸，从陆地视角观察容易产生困惑。但是，若从海洋视角进行观察，海洋盆地西侧刚好是西边界流所在的位置。例如，墨西哥湾流和巴西海流都是西边界流（见图 7.5），均来自赤道暖水海域，所以会将暖水输送至高纬度海域。可以看到，图7.5将暖流显示为红色箭头。

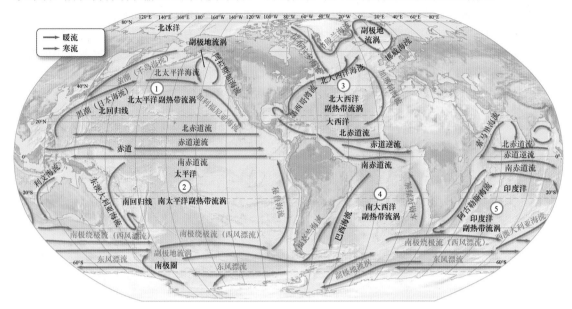

图 7.5　风生表层流。每年2～3月，全球海洋的主要风生表层流。5 个主要副热带流涡为：（1）北太平洋流涡；（2）南太平洋流涡；（3）北大西洋流涡；（4）南大西洋流涡；（5）印度洋流涡。小型副极地流涡存在于高纬度地区，旋转方向与邻近的副热带流涡相反

表 7.1　副热带流涡与表层流

	1. 北太平洋流涡		3. 北大西洋流涡		5. 印度洋流涡
	北太平洋海流		北大西洋海流		南赤道流
	加利福尼亚海流 [a]		加那利海流 [a]		厄加勒斯海流 [b]
	北赤道流		北赤道流		西风漂流
	日本海流（黑潮）[b]		墨西哥湾流 [b]		西澳大利亚海流 [a]
	2. 南太平洋流涡		**4. 南大西洋流涡**		**其他主要海流**
	南赤道流		南赤道流		赤道逆流
太平洋	东澳大利亚海流 [b]	大西洋	巴西海流 [b]	印度洋	北赤道流
	西风漂流		西风漂流		利文海流
	秘鲁（洪堡）海流 [a]		本格拉海流 [a]		索马里海流
	其他主要海流		**其他主要海流**		
	赤道逆流		赤道逆流		
	阿拉斯加海流		佛罗里达海流		
	千岛海流（亲潮）		东格陵兰海流		
			拉布拉多海流		
			福克兰海流		

[a] 流涡的东边界流，流速相对较慢、流幅宽、深度浅（亦为寒流）。[b] 流涡的西边界流，流速相对较快、流幅窄、深度深（亦为暖流）。

常见问题 7.1　电影《海底总动员》中提到的海流叫什么名字？

　　东澳大利亚海流。在 2003 年上映的迪斯尼动画片《海底总动员（寻找尼莫）》中，该海流被称为 EAC（East Australian Current），甚至地理含义也正确无误（希望所有电影都能做到这一点）。东澳大利亚海流属于西向强化海洋表层流，帮助尼莫的爸爸和多莉从大堡礁出发，沿澳大利亚东海岸顺利抵达悉尼港。当在东海岸被卷

走后，它们遇到了绿海龟柯路西。柯路西经常会问："什么风把你吹到了东海岸？"。在柯路西及其他海龟的帮助下，尼莫的爸爸和多莉沿东海岸前行，经过多次紧急呼叫，尼莫成功获救。实际上，在 2016 年上映的续集《海底总动员 2（寻找多莉）》中，尼莫、多莉和朋友们继续在大海中冒险。

7.2.2.4 南北边界流

在纬度 30°～60°，南半球的盛行西风从西北方向吹，北半球的盛行西风从西南方向吹。在盛行西风的吹拂下，海洋表层流自西向东穿越海洋盆地，见图 7.5 中的北大西洋海流和南极绕极流（西风漂流）。在北半球，这些海流成为副热带流涡的北部分支，称为北边界流（Northern Boundary Currents）；在南半球，这些海流成为副热带流涡的南部分支，称为南边界流（Southern Boundary Currents）。

7.2.2.5 东边界流

当海流穿越海洋盆地发生回流时，在科里奥利效应和大陆屏障的作用下，转而向赤道方向流动，从而在海洋盆地东部边界所在的位置形成了副热带流涡的东边界流（Eastern Boundary Currents）。加那利海流和本格拉海流是典型的东边界流，如图 7.5 所示。通常，海洋表层流以其流经之处附近的重要地理标志命名，如加那利海流流经加那利群岛，本格拉海流以非洲安哥拉的本格拉省命名。东边界流来自水温较低的高纬度海域，将冷水输送至低纬度海域。在图 7.5 中，寒流以蓝色箭头标识。

7.2.2.6 赤道逆流

大量海水被南北赤道流向西推进，并在海洋盆地西侧赤道位置附近堆积，造成该处的海平面升高，然后在重力作用下向东回流。这支海流称为赤道逆流（Equatorial Countercurrent），出现在相邻的南北赤道流之间，属于向东反向流动的狭窄海流。

如图 7.5 所示，赤道逆流在太平洋中特别明显，一是因为太平洋中的赤道区域面积极大，二是因为在澳大利亚与亚洲之间充满岛屿的港湾中，赤道海水的穿顶严重受限。源自赤道流的海水持续不断，形成水体穿顶后，汇流为一支向东流动的逆流，横跨太平洋并向南美洲延伸。在大西洋中，由于相邻大陆的边界形状限制了赤道区域，所以赤道逆流并不像定义的那样理想。在印度洋中，赤道逆流受季风的影响较大，本章后面将讨论相关内容。

7.2.2.7 副极地流涡

由盛行西风形成的南北边界流向东流动，最终进入副极地纬度带（北纬或南纬 60°附近）。在这里，由于受到极地东风的影响，转而向西流动，形成副极地流涡（Subpolar Gyres），旋转方向与相邻的副热带流涡刚好相反，规模和数量也小于后者。副极地流涡存在于高纬度海域，例如格陵兰岛与欧洲之间，以及南极洲附近的威德尔海，如图 7.5 所示。

简要回顾

　　地球上的主要海洋表层流模式由大型副热带流涡和小型副极地流涡组成，这两种流涡均为全球主要风带驱动的大型海水环流运动。

7.2.3 海洋表层环流的其他影响因素

影响副热带流涡环流模式的其他因素主要包括埃克曼螺旋、埃克曼输送、地转流及副热带流涡的西向强化等。

7.2.3.1 埃克曼螺旋和埃克曼输送

在前进号（FRAM）帆船的航行过程中，挪威探险家弗里德持乔夫·南森（1861—1930）观察到一种特殊现象：当风吹过表面时，北冰洋的冰层向右偏移 20°～40°，如图 7.6 所示。除了冰层，北半球的表层水随风向右偏移，南半球的表层水随风向左偏移。为什么表层水的运动方向与风向不同呢？1905 年，瑞典物理学家沃尔弗里德·埃克曼（1874—1954）开发了一种称为埃克曼螺旋（Ekman Spiral）的海洋环流模型（见图 7.7），将南森观测到的现象解释为"科里奥利效应与摩擦效应之间的平衡"，科里奥利效应使物体偏离预定路径，摩擦效应使水流速度随深度增大而降低。

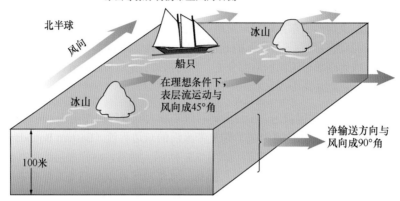

图 7.6　北半球漂浮物的输送朝风向的右侧偏

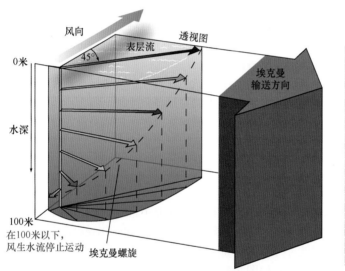

(a) 在北半球，风将表层水吹往风向偏右45°角。深层水继续向右偏转，随着水深逐渐加大，流速逐渐变慢，形成埃克曼螺旋

(b) 埃克曼输送是整个水柱的平均水流运动，与风向成直角（90°）

图 7.7　埃克曼螺旋产生埃克曼输送。北半球同一区域的(a)透视图与(b)俯视图，显示埃克曼螺旋如何产生埃克曼输送

探索数据

描述埃克曼螺旋与埃克曼输送如何相互关联。

　　埃克曼螺旋描述了不同深度表层水的流速与流向。在埃克曼模型中，假设存在一个均匀垂向水柱，风吹过水柱顶部（见图 7.7，绿色大箭头）。在北半球的理想条件下，科里奥利效应使与风接触的表层水向风向右侧的 45°方向移动（见图 7.7，紫色箭头）。在南半球，科里奥利曲率偏向左侧，表层水向风向左侧的 45°方向移动。在深层水的顶部，表层水以薄层形式运动。当表层水运动时，下面的其他水层也随之运动，将风能通过水柱向下传递。这类似于一副扑克牌，为了以扇形方式展开整副牌，只需按压并旋转最上面的一张牌即可。

但是，海流速度随深度增大而降低，科里奥利效应增大了右弯曲率（像螺旋一样）。因此，自上而下，每个连续水层的运动速度逐渐减慢，且偏向上一层的右侧。例如，在图7.7中，表层流（以紫色箭头标识）控制着其下层水流（以较短的粉红色箭头标识）的运动，使其向右弯曲更多，但是运动速度更慢。以此类推，粉红色箭头控制其下层水流（以更短的灰色箭头标识），使其向右弯曲得更厉害，但是运动速度更慢。如此循环往复，沿着水柱逐渐向下。当到达海洋深处的某一深度时，实际上存在运动方向与风向刚好相反的一个水层（见图7.7中的橙色小箭头）。如果海水足够深，摩擦力将耗尽风传递的能量，该深度以下将不会发生任何运动。虽然还取决于风速和纬度，但是通常在100米深度左右，这种静止状态就会发生。

从图7.7中可以看出，随着海水层的逐渐加深，展现出一种螺旋形运动特征。在图7.7中，每个彩色箭头的长度与每个单独的水层的运动速度成正比，箭头方向表示其运动方向。注意，埃克曼螺旋是指图7.7中连接各箭头尖端呈现的螺旋形状。因此，在理想条件下，海水表层应与风向成45°夹角（见图7.7中的紫色箭头）。但是，所有海水层结合在一起，就会形成与风向成90°角的净水体运动。这种平均运动称为埃克曼输送（Ekman Transport），在北半球向右偏移90°，在南半球向左偏移90°。

海洋中的理想条件极为罕见，因此表层流的实际运动与图7.7所示的角度略有偏差。正如南森最初观察到的那样，表层流的运动方向与风向的夹角通常小于45°，开阔大洋中的埃克曼输送与风向的夹角通常为70°左右，沿岸浅水海域中的埃克曼输送方向几乎与风向相同。

常见问题7.2 埃克曼螺旋的海面外观如何？是否影响船只的航行安全？

埃克曼螺旋可以形成多层表层水，各层以略有差异的速度向不同方向运动。由于强度太弱，埃克曼螺旋无法在海面上形成漩涡（或涡流），因此不会对过往船只造成威胁。实际上，埃克曼螺旋在海面上几乎看不到，但是能够通过从船上布放的海洋学仪器进行观测。在不同深度的海水层中，该仪器能够观测到埃克曼螺旋导致偏离风向的不同角度。

7.2.3.2 地转流

埃克曼输送使北半球的表层水向右偏移，致使海流在海盆内部顺时针方向旋转，并在流涡中央形成**副热带辐合带**（Subtropical Convergence），海水在副热带流涡中心不断汇集堆积。因此，在所有副热带流涡中，都存在一座高达2米的"水山"。

在重力作用下，副热带辐合带中的表层水趋于下沉。但是，科里奥利效应与重力作用相抗衡，使水流以曲线路径向右偏转（见图7.8a），重新流入"水山"。当这两种影响因素相互之间平衡时，净效果是形成沿"水山"周围环形路径运动的地转流（Geostrophic Current），地转流的理想运动路径如图7.8a所示。地球自转令海流具有如此表现形式，因此采用"地转"一词来描述这些海流恰如其分。但是，由于水分子之间存在摩擦力，当在"水山"周围流动时，水流会沿着"山坡"逐渐下行，即为图7.8a中标注的实际地转流路径。

重新查看图7.2中的海面高程卫星影像，发现大西洋副热带流涡中的"水山"清晰可见。北太平洋中的"水山"也较为明显，但是赤道太平洋的海面高度并不像预期的那么低，因为在卫星影像获取期间，该地区恰好发生了中度厄尔尼诺事件，赤道太平洋暖流非常发育，出现了超出正常预期值的海面高程。本章后面的"太平洋环流"一节中将详细介绍厄尔尼诺事件。从图7.2中还可以看出，北太平洋流涡与南太平洋流涡之间的差异较小。此外，南太平洋流涡中的"水山"没有其他流涡明显，因为其：（1）覆盖面积巨大；（2）西部边缘缺乏大陆屏障的限制；（3）受到许多岛屿（实际上是海底高山之顶部）的干扰。在该图中，南印度洋中的"水山"发育极佳，由于太平洋暖流通过东印度群岛涌入印度洋，因此其东北部边界的水流高度较高。

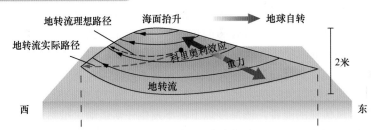

北半球副热带流涡

(a) 在副热带流涡的透视图中，显示了水流如何堆积在中心位置，形成一个高达2米的"水山"。在理想情况下，重力与科里奥利效应彼此平衡，即可形成围绕"水山"均衡流动的理想地转流。但是，由于摩擦力的存在，使得水流逐渐下行（地转流的实际路径）

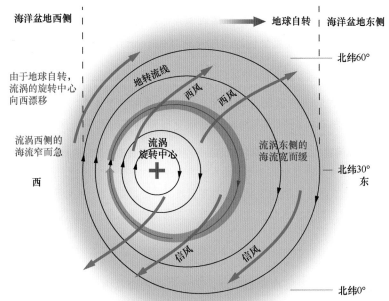

此外，在副热带流涡西侧沿线，大片陆地阻碍了海水流动，使其向上堆积，然后下滑，形成向极地方向流动的狭长水流

(b) 同一副热带流涡的相应地图视图，海水流动模式受限于流涡西侧（线条之间距离较近），形成西向强化现象

图 7.8　地转流与西向强化。副热带流涡的(a)透视图和(b)地图视图，地球自转导致流涡的旋转中心向西漂移，造成了海流的西向强化

生物特征 7.1　小心：我能蜇你！

狮鬃水母（Lion's Mane Jelly）是世界上体型最大的水母，拥有宽达 2.3 米的伞形身躯，触须更是长达 37 米。

水母的游泳技能不好，只能笨拙地脉动前行，所以经常被动地随波逐流。有时候，海流会将其推送至岸边，给人们带来安全隐患。研究人员发现，要治疗水母的刺痛，最好的方法是先用醋洗，然后热敷。

7.2.3.3　副热带流涡的西向强化

图 7.8a 表明，旋转流涡中形成的"水山"顶部更加靠近流涡的西侧边界而非其地理中心，使得西边界流比东边界流的流速更快、流幅更窄且深度更深。例如，北太平洋流涡中的黑潮（日本海流）就是西边界流，要比加利福尼亚海流（东边界流）快 15 倍、窄 20 倍及深 5 倍。这种现象

称为西向强化（Western Intensification），受到这种现象影响的海流称为"被西向强化"。可以看到，所有副热带流涡的西边界流均"被西向强化"，南半球也是如此。

西向强化的形成因素很多，科里奥利效应是其中之一。科里奥利效应向两极方向增强，因此与西向流动的赤道海水转向高纬度地区相比，东向流动的高纬度海水转向赤道地区更强烈。因此导致宽、慢、浅的水流纵贯每个副热带流涡而向赤道方向流动，在陆地与海洋盆地西缘之间，只留下一个狭窄地带供"极流"通过。如果一定体积的海水以图7.8b中"水山"的速度围绕顶部旋转，那么西部边缘的水流速度将远大于东侧边缘的水流速度。就像漏斗一样，窄端流速加快（如西向强化海流），宽端流速减缓（如东边界流）。在图7.8b中，西侧边缘的线条更紧凑，说明海水流速更快，最终形成沿更陡峭西边坡流动的快速西边界流；在较为平缓的东边界，海水缓慢地向赤道方向漂移。表7.2中小结了副热带流涡中的东边界流与西边界流之间的差异。

表7.2　副热带流涡的东、西边界流特征

海流类型	示　例	宽　度	深　度	速　度	通量（百万立方米/秒[a]）	解　释
西边界流	墨西哥湾流 巴西海流 黑潮（日本海流）	窄：通常小于100千米	深：最深可达2千米	快：数百千米/日	大：多达100Sv[a]	海水是来自低纬度海域的暖水，上升流极少或没有
东边界流	加那利海流 本格拉海流 加利福尼亚海流	宽：最宽可达1000千米	浅：最深仅为0.5千米	慢：数十千米/日	小：一般为10～15Sv[a]	海水是来自中纬度海域的冷水，通常为沿岸上升流

[a]1Sv（斯维德鲁普）等于100万立方米/秒的流速。

7.2.4　海流与气候

海洋表层流直接影响相邻大陆的气候，例如暖流会令附近的空气变暖。这种温暖的空气可以容纳大量水蒸气，从而使大气中的水分增加（湿度增大）。当这些暖湿气流光临大陆上空时，就会以降水形式释放出水汽。在存在近海海洋暖流（图7.9中的红色箭头）的大陆边缘，气候通常温暖湿润。例如，美国东海岸附近存在一支暖流，因此具有非常高的湿度（夏季尤甚）。

相反，海洋寒流会冷却附近的空气，使得水蒸气含量降低。当干冷空气抵达大陆上空时，降水通常较少。在存在近海海洋寒流的大陆边缘（见图7.9中的蓝色箭头），气候通常较为干燥。例如，在加利福尼亚州附近，由于存在一支寒流，因此气候非常干旱（只是部分原因）。

探索数据

解释图7.9中为何采用不同颜色来表示海洋温度，而不遵循惯例采用水平纬线？

简要回顾

西向强化是地球自转的结果，它使得所有副热带流涡的西边界流的流速快、流幅窄和深度深。

小测验7.2　解释海洋表层流的成因以及全球表层环流模式如何组织

❶ 全球存在多少副热带流涡？每个副热带流涡中存在多少主要海流？

❷ 在全球底图上，绘制并标注各海洋表层环流流涡包含的主要海流。通过颜色来标识暖流和寒流，指出哪些海流被西向强化。在分层地图中，将全球主要风带叠加在流涡上，描述风带与海流之间的关系。

❸ 在北半球，为什么副热带流涡顺时针方向运动，副极地流涡逆时针方向旋转？

❹ 绘制相关图表，采用风带作为图表的起始位置，讨论埃克曼输送如何在副热带流涡中生成"水山"，引起"地转流"。为何地转流"水山"的顶点会向海洋流涡系的中心西侧偏移？

❺ 描述"西向强化"，包括副热带流涡的西边界流与东边界流的特征。

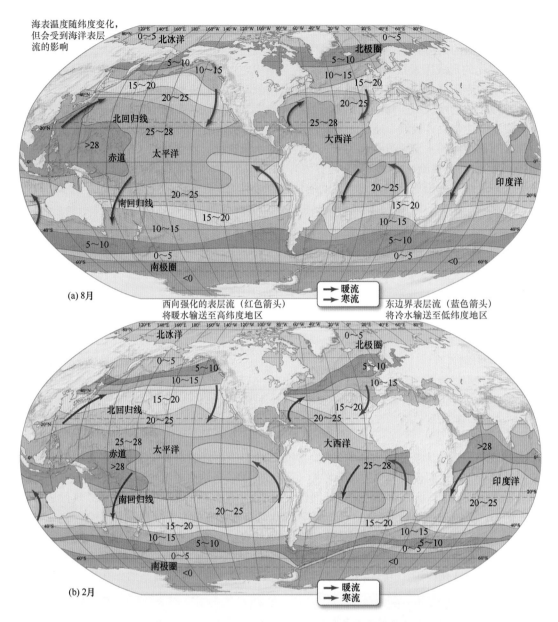

海表温度随纬度变化，但会受到海洋表层流的影响

西向强化的表层流（红色箭头）将暖水输送至高纬度地区

东边界表层流（蓝色箭头）将冷水输送至低纬度地区

(a) 8月

(b) 2月

暖流
寒流

图 7.9　全球海洋的海表温度。(a)8 月和(b)2 月的平均海表温度图，海表温度随季节变化而南北移动

7.3　上升流和下沉流是如何形成的？

上升流（Upwelling）是指营养盐丰富的深层冷水向上运动至海面，下沉流（Downwelling）是指表层水向下运动至海洋深部。上升流可将富含营养盐的冷水携带至表层，具有较高的生产力（Productivity），可为食物网奠定重要基础，支撑不计其数的鱼类和鲸等大型海洋生物。下沉流与表层水的较低生产力有关，但是会将必要的溶解氧携带给生活在深海底的那些生物。

在表层水与深层水之间，上升流和下沉流为其提供了重要的混合机制，可通过多种过程实现。

7.3.1　表层水辐散

当表层水从某个区域（如赤道）的海洋表面反向运动时，就会发生海流辐散（离散）现象。

例如，南赤道流占据了地理赤道沿线海域（太平洋最明显，见图 7.5），气象赤道（赤道槽所在的位置）通常出现在北纬几度的区域，如图 7.10 所示。当东南信风吹过该区域时，由于受到埃克曼输送的影响，赤道以北的表层水向右（北）偏转，赤道以南的表层水向左（南）偏转，最终结果是地理赤道沿线海域的表层流发生辐散，造成营养盐丰富的冷水上升。这种类型的上升流在赤道地区（特别是太平洋）较为常见，因此称为赤道上升流（Equatorial Upwelling）。赤道上升流创造了一些具有高生产力的海域，成为全球最富饶的渔场所在地。

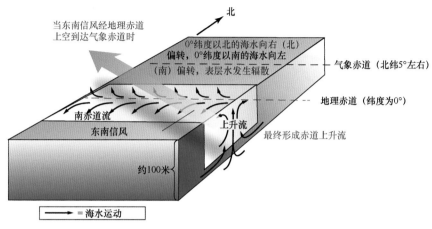

图 7.10 赤道上升流由东南信风驱动表层水辐散而形成

7.3.2 表层水辐合

当表层水彼此之间相向运动时，就会发生海流辐合（汇聚）现象。例如在北大西洋中，墨西哥湾流、拉布拉多海流及东格陵兰海流均向同一海域汇集。海流辐合时，海水越堆越多，最后只能向下运动。在海水堆积的重压下，表层水缓慢下沉的过程称为下沉流，如图 7.11 所示。与上升流不同，下沉流所在海域与海洋生物的数量没有直接关系，因为无法从营养盐丰富的深层冷水中持续补充必要养分，所以生产力较低。

7.3.3 沿岸上升流与沿岸下沉流

在埃克曼输送的作用下，沿岸风会引发上升流（或下沉流）。如图 7.12 所示，在北半球某大陆的西部沿海地区，风向与海岸大致平行。如果风来

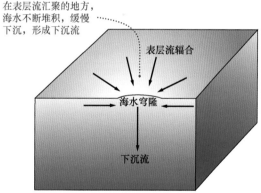

图 7.11 表层流辐合形成的下沉流

自北方（见图 7.12a），埃克曼输送会使沿岸海水朝风向右侧运动，导致海水从海滨线离开，底下的海水就会升上来补缺，这个过程称为沿岸上升流（Coastal Upwelling）。在沿岸上升流多发海域（如美国西海岸），营养盐浓度较高，具有高生产力并富集海洋生命；在沿岸上升流多发海域（如旧金山），海水温度通常较低，相当于为人类提供了夏季自然空调（以及凉爽的天气和雾）。

如果风来自南方（见图 7.12b），埃克曼输送仍然会使沿岸海水朝风向右侧运动，但此时的海

水会流向海岸，并沿海滨线越堆越多，导致无路可走而下沉，这个过程称为沿岸下沉流（Coastal Downwelling）。在沿岸下沉流多发区域，生产力较低，海洋生命匮乏。如果风向发生逆转，与沿岸下沉流有关的区域通常会出现上升流。

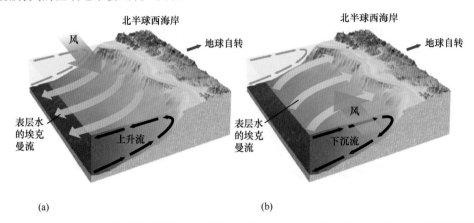

图 7.12 沿岸上升流和沿岸下沉流。在平行于海岸的风吹动之下，可以生成沿岸上升流和沿岸下沉流。在南半球，沿岸风和上升流/下沉流也存在类似情形，但埃克曼输送位于风向的左侧

在南半球，沿岸风和上升流/下沉流也存在类似情形，只不过埃克曼输送位于风向的左侧。

7.3.4 上升流的其他成因

如图 7.13 所示，离岸风、海底障碍物和海岸线急转弯也能形成上升流。上升流还发生在高纬度地区，那里没有密度跃层（密度迅速变化的水层）。由于密度跃层的缺失，在高密度表层冷水与高密度深层冷水之间，一般会发生强烈的垂向混合。因此，在高纬度地区，上升流和下沉流都很常见。

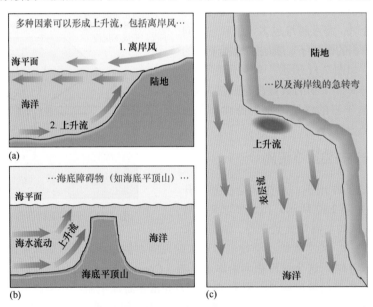

图 7.13 其他类型的上升流

简要回顾

　　上升流和下沉流可导致表层水与深层水发生垂向混合。上升流将营养盐丰富的深层冷水携带至表层，具有较高的生产力水平。

❶ 绘制并描述形成上升流的几种不同海洋条件。
❷ 解释为什么上升流区域存在丰富的海洋生命。

7.4　各海洋盆地存在哪些主要表层环流模式？

由于各个海洋盆地的几何形状、主要风带模式、季节因素及其他周期性变化等影响，各个大洋的表层流具体模式各不相同。

7.4.1　南极环流

南极环流主要受南纬 50°附近的南大西洋、印度洋和太平洋的水团运动控制。

7.4.1.1　南极绕极流

南极水域的主要海流是南极绕极流（Antarctic Circumpolar Current），也称西风漂流（West Wind Drift）。南极绕极流环绕在南极洲周围，在南纬约 50°处自西向东流动，但在南纬 40°～65°之间变化，最北部的边界位于南纬 40°附近（副热带辐合带），如图 7.14 所示。南极绕极流由强大的盛行西风驱动，形成的风非常强劲，以至于这些南半球纬度被称为"咆哮的 40°""狂暴的 50°"和"尖叫的 60°"。

南极绕极流是完整环绕地球的唯一海流，因为南半球高纬度地区不存在陆地屏障。在穿越德雷克海峡时，南极绕极流遇到了最大的限制。该海峡位于南极半岛与南美洲南部群岛之间，航道宽约 1000 千米，以英国著名船长及海洋探险家弗朗西斯·德雷克爵士（1540—1596）的名字命名。虽然海流的流速并不快，最大表面速率约为 2.75 千米/小时，但其平均传输速率约为 130 斯维德鲁普（1.3 亿立方米/秒），高于其他任何表层流。注意，斯维德鲁普（Sv）是描述海流流速的一种标准单位，它以挪威气象学家和物理海洋学家哈拉尔德·斯维德鲁普（1888—1957）的名字命名。

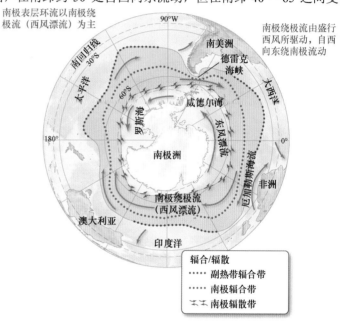

图 7.14　地球南极视角下的南极表层环流。东风漂流由极地东风驱动，从东侧绕极流动；南极绕极流（西风漂流）自西向东绕南极流动，但是距离大陆较远，是强大盛行西风的产物；南极辐合带与南极辐散带是这两种海流在边界处相互作用的结果

7.4.1.2　南极辐合带和南极辐散带

如图 7.14 所示，南极辐合带（Antarctic Convergence）也称南大洋极锋（Antarctic Polar Front），位于南纬约 50°区域，南极表层水（水温低、密度大）与副南极表层水（水温高、密度小）在此汇聚，然后急剧下沉。南极辐合带是南大洋的最北边界。

东风漂流（East Wind Drift）是由极地东风形成的表层流，自东向西围绕南极大陆边缘流动。在南极半岛东部的威德尔海和罗斯海区域，东风漂流最为发育，如图 7.14 所示。当东风漂流与南极绕极流（西风漂流）以相反方向绕南极流动时，就会造成表层水的辐散（离散）。本书前面介绍过，科里奥利效应会使南半球的运动水团向左偏转，因此东风漂流将向南极大陆一侧偏转，南极绕极流则向背离南极大陆一侧偏转，由此就形成一种沿边界流动的离散性海流，称为南极辐散带（Antarctic Divergence）。当这两种海流发生混合时，上升流向表层提供富含营养盐的深层水，因此在南半球的夏季，南极辐合带会出现极为丰富的海洋生命。

7.4.2 大西洋环流

如图 7.15 所示，大西洋表层环流由两大副热带流涡构成，即北大西洋流涡和南大西洋流涡。

7.4.2.1 北大西洋副热带流涡和南大西洋副热带流涡

在信风、盛行西风和科里奥利效应的共同作用下，北大西洋副热带流涡（North Atlantic Subtropical Gyre）顺时针方向旋转，南大西洋副热带流涡（South Atlantic Subtropical Gyre）逆时针方向旋转，均由向两极方向运动的暖流（红色）和向赤道方向运动的寒流（蓝色，回流）组成，如图 7.15 所示。由于受到周围各大陆形状及大西洋赤道逆流（Atlantic Equatorial Countercurrent）运动的影响，这两个流涡都发生了部分偏移。

在南大西洋流涡中，南赤道流（South Equatorial Current）在赤道附近达到最大强度，然后由于遇到巴西海岸而一分为二，一部分沿南美洲东北海岸流向加勒比海和北大西洋，另一部分则向南流动形成巴西海流（Brazil Current）。巴西海流最终与南极绕极流（西风漂流）汇合，然后向东横穿南大西洋。由于南赤道流发生分裂，因此与北半球的对应海流（墨西哥湾流）相比，巴西海流的规模要小得多。本格拉海流（Benguela Current）是流速缓慢的寒流，沿非洲西海岸流向赤道，闭合了南大西洋流涡。

在南大西洋流涡的外侧，福克兰海流（也称马尔维纳斯海流）沿阿根廷海岸向北运动，将大量冷水搬运至南纬 25°～30° 附近，并楔入南美洲大陆与南行的巴西海流之间，如图 7.15 所示。

7.4.2.2 墨西哥湾流

墨西哥湾流（Gulf Stream）是全球研究程度最高的海流，它沿美国东海岸向北移动，为沿海各州送去温暖，缓解了这些州及北欧地区的冬季严寒。

图 7.16 中显示了对墨西哥湾流有所贡献的北大西洋海流网络。北赤道流（North Equatorial Current）在北半球平行于赤道方向运动，并与部分南赤道流（沿南美洲海岸向北流动的分支）汇合。随后，北赤道流分裂为安的列斯海流（Antilles Current，沿西印度群岛的大西洋一侧）和加勒比海流（Caribbean Current，通过尤卡坦海峡进入墨西哥湾），最终重新汇合成为佛罗里达海流（Florida Current）。

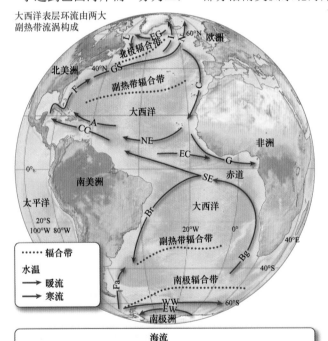

大西洋表层环流由两大副热带流涡构成

海流					
A	安的列斯	EG	东格陵兰	I	伊尔明格
Bg	本格拉	EW	东风漂流	L	拉布拉多
Br	巴西	F	佛罗里达	N	挪威
C	加那利	Fa	福克兰	NE	北赤道
CC	加勒比	G	几内亚	SE	南赤道
EC	赤道逆流	GS	墨西哥湾流	WW	西风漂流（南极绕极流）

图 7.15　大西洋表层环流

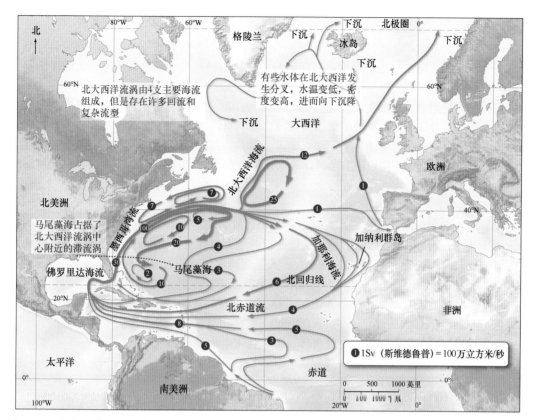

图 7.16　北大西洋环流。在北大西洋流涡主要海流图中，显示了各海流的平均流速，单位为斯维德鲁普。4支主要海流包括西向强化墨西哥湾流、北大西洋海流、加那利海流和北赤道流

探索数据

❶ 基于此图，以斯维德鲁普（Sv）为单位，说出墨西哥湾流的最大流速是多少？加那利海流的流速是多少？

❷ 基于此图，判断表层水到达冰岛附近时会发生什么现象？从水的物理性质方面进行解释。

佛罗里达海流是大陆架上的近岸海流，流速超过35斯维德鲁普。离开哈特拉斯角（北卡罗来纳州）并向东北方向流入深海后，则被称为墨西哥湾流或湾流。墨西哥湾流属于西边界流，因此受到西向强化。墨西哥湾流的宽度只有50～75千米，但深度达到1.5千米，流速为3～10千米/小时，成为世界上流速最快的海流。

墨西哥湾流的西侧边界一般较为陡峭，但会周期性地靠近和远离海岸；东侧边界很难识别，通常被位置不断变化的环流与蜿蜒水流掩盖。

常见问题7.3　墨西哥湾流是否富含海洋生物？

墨西哥湾流本身不富含海洋生物，但其边缘区域确实如此。一般而言，富含海洋生物的海域通常与冷水密切相关，主要位于高纬度地区或上升流发生地。这些地方不断获得富含氧气和营养盐的海水补充，因此生产力水平较高。暖水海域发育有明显的温度跃层，隔断了表层水与其下方富含营养盐的冷水，导致暖水中消耗的营养盐往往得不到补充。墨西哥湾流属于西向强化的暖流，与生产力低下和海洋生物缺乏有关。在新英格兰地区，渔民们对墨西哥湾流了如指掌（见深入学习7.2），他们通常沿海流两侧寻找鱼群，最佳位置为多支海流混合及出现上升流的区域。

实际上，所有西向强化海流均为暖流，且与低生产力息息相关。例如，北太平洋中的黑潮（日本海流）即因明显缺乏海洋生物而得名，黑潮指海洋生物稀少的清澈水域。

1. 马尾藻海

墨西哥湾流向东流动，逐渐与马尾藻海（Sargasso Sea）中的海水汇合。马尾藻海是环绕北大西洋流涡中心旋转的海水，由于受地球自转影响而向西偏转。马尾藻海可视为北大西洋流涡西侧的滞流涡，名称源自海面大量生长的浮游藻类"马尾藻"。

在切萨皮克湾附近，墨西哥湾流的传输速率约为 100 斯维德鲁普，表明马尾藻海的大量海水与佛罗里达海流汇合在一起，形成了墨西哥湾流。墨西哥湾流的流速为 100 斯维德鲁普，相当于每秒约有 100 个大联盟体育场馆体量的海水通过美国东南部海岸，是全球所有河流流量总和的 100 多倍！但是，当墨西哥湾流接近纽芬兰时，传输速率变成 40 斯维德鲁普，说明大量海水重新加入了由马尾藻海向南扩散的海流中。

2. 暖涡和冷涡

墨西哥湾流向北运动会造成海水大量流失，具体原因尚不明确，但是"曲流"可能具有较大影响。曲流（Menderes）源自土耳其境内蜿蜒曲折的"大门德雷斯河"，指海流中的蛇形弯曲，通常脱离墨西哥湾流形成称为涡旋（Vortices）的大型旋转水团，更常见名称为涡流（Eddies）或流环（Rings）。图 7.17 显示了几个流环，主要位于每幅图像的中部。从该图中还可看出，墨西哥湾流北部边界沿线的曲流戛然而止，陷入沿顺时针方向旋转涡流的马尾藻海暖流，形成被冷水（蓝色和绿色）环绕的暖涡（Warm-Core Rings，黄色）。这些暖涡包含较浅的碗状暖水团，深约 1 千米，直径约 100 千米。当从墨西哥湾流中脱离时，暖涡会带走大量海水。

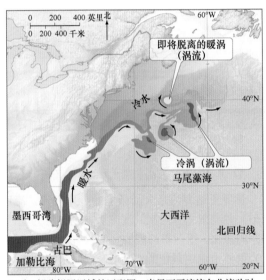

(a) 在这幅NOAA卫星海表温度假彩色影像中，墨西哥湾流沿美国东海岸流动（红色和橙色为暖水，绿色、蓝色、紫色和粉红

(b) 与a部分相同区域的匹配图。当墨西哥湾流向北流动时，某些曲流部分脱离并形成暖涡或冷涡

图 7.17　墨西哥湾流和海表温度。(a)NOAA 卫星海表温度假彩色影像；(b)显示暖涡与冷涡发育状况的同一区域地图

当近岸冷水被甩到墨西哥湾流的南侧后，即可形成由暖水（黄色和橘红色）环绕的逆时针旋转的冷涡（Cold-Core Rings，绿色），如图 7.17 所示。冷涡由旋出的圆锥形冷水团组成，水深可达 3.5 千米，海面直径可能超过 500 千米。圆锥形水体的直径随着深度加深而增大，有时会一直延伸至海底，从而对海底沉积物产生重大影响。冷涡以 3~7 千米/天的速度向西南方向运动，通常在哈特拉斯角重新汇入墨西哥湾流。

暖涡和冷涡分别保持着独特的温度特征，一般拥有不同的海洋生物种群。例如，通过对流环开展深入研究,人们发现其为零散分布的栖息地"孤岛",要么是冷水环绕的暖水生物栖息地,要么是暖水环绕的冷水生物栖息地。这些海洋生物的存活时间与流环保持一致,有时候能够持续 2 年。此外,冷涡通常与高营养盐水平和丰富海洋生物有关,暖涡则位于缺乏营养盐和海洋生物的下沉区域。

7.4.2.3　其他北大西洋海流

在纽芬兰东南部,墨西哥湾流继续向东穿过北大西洋,如图 7.16 所示。在这里,墨西哥湾流出现了许多分支,大多数变成密度较大的冷水而向下沉降。如图 7.15 所示,一个主要分支将拉布拉多海流(Labrador Current)的冷水与墨西哥湾流的暖水汇集在一起,从而在北大西洋形成了大量的雾。这一分支最终汇入沿冰岛西海岸流动的伊尔明格海流(Irminger Current)和沿挪威海岸向北流动的挪威海流(Norwegian Current)。另一个主要分支横穿北大西洋,称为北大西洋海流/北大西洋漂流(North Atlantic Current),然后向南转向成为温度较低的加那利海流(Canary Current)。加那利海流是流幅较宽的南向扩散水流,最终汇入北赤道流,从而闭合了整个流涡。

7.4.2.4　北大西洋海流的气候效应

墨西哥湾流的升温效应影响深远,不仅令美国东海岸沿线区域的气温升高,而且使北欧地区的气候变暖(与大气热传递共同作用)。因此,在墨西哥湾流向欧洲传递热量的影响下,不同纬度大西洋上空的欧洲气温要比北美洲高很多。例如,虽然与新英格兰地区(以严寒著称)位于同一纬度,但是西班牙和葡萄牙的气候非常温暖。在墨西哥湾流的助力下,北欧地区升温高达 9℃,足以使位于高纬度地区的波罗的海港口常年不结冰。

在如图 7.9b 所示的 2 月份平均海表温度图上,可以看出北大西洋西边界流的升温效应。在北美洲东海岸附近外侧,从北纬 20°(古巴所在纬度)到北纬 40°(费城所在纬度),海表温度相差 20℃。另一方面,在北大西洋东侧,同一纬度之间只存在 5℃的温差,充分说明了墨西哥湾流的升温效应。

在如图 7.9a 所示的 8 月份平均海表温度图上,可以看出北大西洋海流和挪威海流(墨西哥湾流的分支)如何令欧洲西北部地区升温(与北美洲海岸的相同纬度相比)。在北大西洋的西侧,向南流动的拉布拉多海流为寒流,经常包含来自格陵兰岛西部的冰山,因此使加拿大沿海的水温非常低。在北半球的冬季(见图 7.9b),向南流动的加那利海流令北非沿海水域降温,水温甚至远低于佛罗里达州和墨西哥湾附近。

常见问题 7.4　什么是回流?飓风如何受其影响?

回流(Loop Current)是位于墨西哥湾中的表层暖流,在古巴与尤卡坦半岛之间向北流入墨西哥湾,随后向东和向南回流,并通过佛罗里达海峡向东流出,最终与其他海水汇合,从而形成墨西哥湾流,如图 7.18 所示。在墨西哥湾中,水温最高的海水与回流及从回流中脱离出去的流环相关联,这些流环通常称为回流涡(Loop Current Eddies)。如第 6 章所述,暖水可为飓风提供能量和燃料,因此当经过回流(或其相关暖涡)所在的暖水海域时,飓风通常会加剧。

图 7.18　回流及其涡流

深入学习 7.2 本杰明·富兰克林：全球著名的物理海洋学家

本杰明·富兰克林（插图）是美国著名的科学家、发明家、经济学家、政治家、外交家、作家、诗人和开国元勋，甚至担任过殖民地的邮政部副部长（1753—1774）。他还是最早一批物理海洋学家之一，对理解北大西洋表层流做出了巨大贡献。为什么一位邮政部长会对海流感兴趣呢？

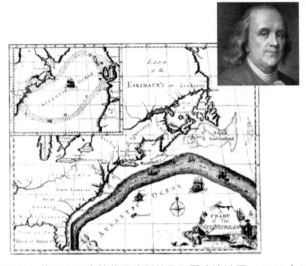

图 7B 基于富兰克林草图绘制的墨西哥湾流地图（1786 年）

富兰克林之所以对北大西洋环流模式感兴趣，始于他需要解释一个非常奇怪的问题：对于从欧洲驶往新英格兰地区的邮轮来讲，为什么走南线（绕远路线）要比走北线（直线航程）少耗时两周呢？大约在 1769 年或 1770 年，在与表弟蒂莫西·福尔杰聊天时，富兰克林提到了这个疑问。福尔杰是驻扎在楠塔基特岛上的一名海军上尉，认为走北线的邮轮遇到了一股未知的强海流，流向刚好与航向相反。捕鲸者经常沿此海流边界捕鲸，非常熟悉这股海流的情况。捕鲸者经常会在作业时遇到邮轮，曾经建议船员们为航行得更快而避开海流，但是邮轮的英国船长不相信美国渔民提出的厚道建议，依然选择在海流之中缓慢前行。如果风不是很大的话，邮轮实际上是在倒退！

福尔杰为富兰克林绘制了这条海流的草图，标出了为避开该海流而选择的欧洲至北美洲的南线路线建议。后来，富兰克林又咨询了其他船长，获得了北大西洋表层海水运动的大量相关信息。富兰克林推测存在一股明显的海流，首先沿美国东海岸向北运动，然后向东穿过北大西洋。他得出结论，认为这股海流有助于船只穿越北大西洋前往欧洲，但是会延缓反向航行时间。他将这股强海流命名为墨西哥湾流，因为其携带来自墨西哥湾的暖水，狭窄且易辨认，类似于海洋之中的"河流"。后来，富兰克林亲自测量了该海流的水温。

1777 年，基于采集到的相关数据，富兰克林出版了首幅墨西哥湾流海图，并将其分发给各邮轮的船长们。船长们最初不以为然，但是后来逐渐验证了富兰克林海图的准确性。1786 年，富兰克林对海图进行了修订（见图 7B），并提供了一张插图，标出了北大西洋鱼类的迁徙路径。

1969 年，6 位科学家乘坐一艘潜水艇，对墨西哥湾流开展了系统研究。这艘潜水艇在水下随波逐流，自由漂浮了 1 个月，航程长达 2640 千米。在此期间，科学家们观察并测量了墨西哥湾流的特征，编录了海洋生物相关信息。这艘船的名称是本·富兰克林号，非常恰如其分。

你学到了什么？

作为邮政部副部长，本杰明·富兰克林想要解决什么样的困境，才绘制了海洋表层流地图，从而成为全球最著名的物理海洋学家之一？

7.4.3 印度洋环流

印度洋主要存在于南半球。从每年 11 月至次年 3 月，印度洋中的赤道环流类似于大西洋，存在两支向西流动的赤道海流（北赤道流和南赤道流），中间被一支向东流动的赤道逆流隔开。但是，与大西洋中的环流相比，由于印度洋大部分位于南半球，所以印度洋中赤道逆流的位置更偏南。由于海盆形状及临近亚洲高山等特征，印度洋会经历非常强烈的季节变化。

7.4.3.1 季风

北印度洋的风具有季节性特征，因此称为季风（Monsoon）。在冬季，亚洲大陆上空的空气迅速冷却，形成高气压，将风从亚洲大陆西南部吹向海洋（见图 7.19a 中的绿色箭头），这些东北信风称为东北季风。由于陆地上空与高压有关的空气非常干燥，因此这个季节几乎没有降水。

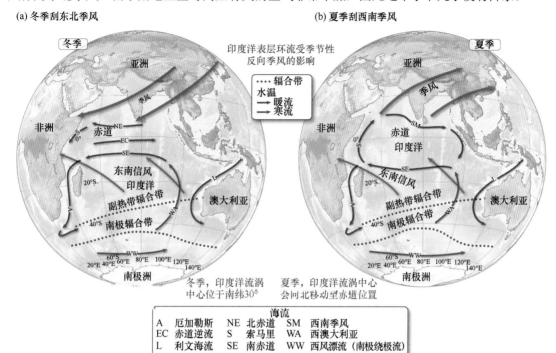

图 7.19　印度洋表层流受季节性季风的影响

探索数据

从风和表层流两方面，描述印度洋的冬季季风(a)与夏季季风(b)之间的差异。

夏季，风向发生逆转。由于岩石和土壤的热容低于水的热容，所以亚洲大陆的升温速度要快于相邻海洋，从而在大陆上空形成低气压。因此，强风从印度洋吹向亚洲大陆（见图 7.19b 中的绿色箭头），形成西南季风（相当于东南信风跨越赤道后的延续）。在这个季节，风从印度洋吹来的空气温暖而湿润，使得陆地之上的降水极为丰沛。

这种季节性循环不仅影响气候模式（直接关乎陆地上的数百万人），而且影响印度洋的表层环流。实际上，在逆转季节风引发主要海洋表层流发生转向方面，北印度洋属于全球唯一。在东北季风吹拂的冬季（见图 7.19a），离岸风导致北赤道流自东向西流动。索马里海流（Somali Current）作为北赤道流的延伸部分，主要沿非洲海岸向南流动，随后形成赤道逆流。在西南季风吹拂的夏季（见图 7.19b），风向发生逆转，北赤道流被流向相反的"西南季风流"取代。在这些风的吹动下，索马里海流也会发生逆转，并以近 4 千米/小时的速度迅速流向北方，然后汇入西南季风流。到了 10 月份，东北信风重振雄风，北赤道流亦卷土重来（见图 7.19a）。

在西南季风吹拂的夏季，风的运动也会影响海表水温。在阿拉伯半岛附近海域，由于表层暖水被吹离海岸，深层冷水形成上升流，海表水温会降低。这种冷水富含营养盐，大量浮游植物随即出现，如图 7.20 所示。对印度洋生产力的研究表明，近年来，由于欧亚大陆变暖形成强风，阿拉伯海中的上升流明显增加，使其夏季生产力水平高于正常值。

在东北季风（冬季）期间，由于缺乏上升流的形成条件，沙特阿拉伯海的浮游植物浓度较低

(a) 东北季风（冬季）

在西南季风（夏季）期间，由于强风形成的上升流富含营养盐，沙特阿拉伯沿海的浮游植物浓度增大

(b) 西南季风（夏季）

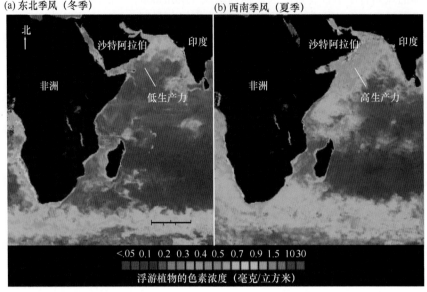

图 7.20　印度洋浮游植物浓度的季节性变化。在两个季风的卫星影像中，显示了海洋浮游植物的色素，单位为毫克/立方米。橙色及红色表示浮游植物的数量较多，生产力较高

7.4.3.2　印度洋副热带流涡

南印度洋的表层环流称为印度洋副热带流涡（Indian Ocean Subtropical Gyre），与其他大洋南部的副热带流涡相似。当东北信风吹起时，南赤道流为赤道逆流和厄加勒斯海流（Agulhas Current）提供水源。厄加勒斯海流沿非洲东海岸向南流动，并与南极绕极流（西风漂流）汇合。厄加勒斯海流一词即源自非洲最南端的厄加勒斯角。当厄加勒斯海流遇到强劲的南极绕极流时，突然发生转向，形成了厄加勒斯翻转（见本章开篇的卫星照片）。当海流向北转向并脱离南极绕极流后，称为西澳大利亚海流（West Australian Current）。西澳大利亚海流属于东边界流，与南赤道流汇合后，即闭合了整个流涡。

7.4.3.3　利文海流

在其他副热带流涡中，东边界流是流向赤道的冷水，会使沿海气候变得更加干旱，降水量低于 25 厘米/年。但是在南印度洋，利文海流（Leeuwin Current）取代了近海的西澳大利亚海流，在太平洋赤道流从东印度群岛堆积的暖水穹隆的推动下，沿澳大利亚海岸向南流动。

在利文海流的作用下，澳大利亚西南部气候温和，年降雨量约为 125 厘米。但是，在厄尔尼诺事件发生期间，利文海流明显减弱，西澳大利亚寒流反而会令气候变得干旱。

7.4.4　太平洋环流

太平洋环流模式由两大副热带流涡主导，表层水运动和气候效应与大西洋基本类似。但是单就赤道逆流来讲，太平洋要比大西洋完善得多（见图 7.21），因为太平洋海盆比大西洋海盆更大且通畅。

7.4.4.1　正常状态

对于太平洋来讲，由于常年经历大气和海洋等各种因素的扰动，正常状态极为少见。但是，为了准确测量各种扰动的程度，很有必要将"正常状态"作为参照物和基准。

1. 北太平洋副热带流涡

如图 7.21 所示，北太平洋副热带流涡（North Pacific Subtropical Gyre）涵盖了北赤道流。北赤道流向西流动，汇入亚洲附近西向强化的黑潮（Kuroshio Current）。由于距离日本较近，黑潮也称日本海流。在黑潮暖水的滋润之下，日本的气温要高于同纬度其他地区。黑潮向东汇入北太平洋海流，然后与加利福尼亚海流（California Current）的冷水汇合。加利福尼亚海流沿加利福尼亚海岸向南流动，从而闭合了整个流涡。部分北太平洋海流向北流动，然后在阿拉斯加湾处汇入阿拉斯加海流（Alaskan Current）。

2. 南太平洋副热带流涡

如图 7.21 所示，南太平洋副热带流涡（South Pacific Subtropical Gyre）涵盖了南赤道流。南赤道流向西流动，汇入西向强化的东澳大利亚海流（East Australian Current）。西向强化的东澳大利亚海流位于澳大利亚东海岸附近，但

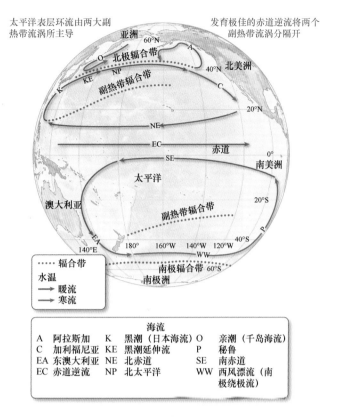

太平洋表层环流由两大副热带流涡所主导

发育极佳的赤道逆流将两个副热带流涡分隔开

海流					
A	阿拉斯加	K	黑潮（日本海流）	O	亲潮（千岛海流）
C	加利福尼亚	KE	黑潮延伸流	P	秘鲁
EA	东澳大利亚	NE	北赤道	SE	南赤道
EC	赤道逆流	NP	北太平洋	WW	西风漂流（南极绕极流）

图 7.21　太平洋表层流

是属于太平洋盆的西部边缘。东澳大利亚海流向南流动，汇入南极绕极流（西风漂流），最后形成闭合整个流涡的秘鲁海流（Peru Current）。为了纪念德国博物学家亚历山大·冯·洪堡（1769—1859），秘鲁海流也称洪堡海流（Humboldt Current）。

7.4.4.2　渔业与秘鲁海流

在秘鲁海流的冷水海域，诞生了全球最为富饶的渔场群之一。为什么这里存在如此之多的鱼类呢？如图 7.22a 所示，在南美洲西海岸沿线，沿岸风形成的埃克曼输送将海水从岸边吹离，产生了营养盐丰富的冷水上升流。这种上升流提高了生产力，营造了良好的海洋生物家园。在海洋鱼类中，凤尾鱼（一种银色小鱼）的数量尤其多，特别是在秘鲁和厄瓜多尔附近。凤尾鱼为许多大型海洋生物提供了食物来源，同时也支撑了秘鲁的商业捕捞业（20 世纪 50 年代建立）。在南美洲海域，凤尾鱼的数量极多，使得秘鲁在 1970 年成为全球最大的海洋鱼类生产国，最高产量为 1230 万吨，占全球海洋鱼类捕捞总量约 1/4。

探索数据

❶ 认真对比图 7.22 中的(a)正常状态与(b)厄尔尼诺状态，描述两张图间的至少 8 个不同之处。

❷ 认真对比图 7.22 中的(a)正常状态与(b)拉尼娜状态，描述两张图间的至少 8 个不同之处。

7.4.4.3　沃克环流圈

如图 7.22a 所示，南美洲沿海地区主要受高压和下沉空气控制，天气非常清澈、晴朗和干燥。在太平洋的另一侧，低压区和上升空气形成多云状态，为印度尼西亚、巴布亚新几内亚和澳大利亚北部带来了非常充沛的降水。由于存在这种气压差，造成较强东南信风吹过赤道南太平洋，形成了称为沃克环流圈（Walker Circulation Cell，绿色箭头）的赤道南太平洋大气环流圈。该环流圈

以英国气象学家吉尔伯特·沃克爵士（1868—1958）的名字命名，他在 20 世纪 20 年代首次描述了这种效应。

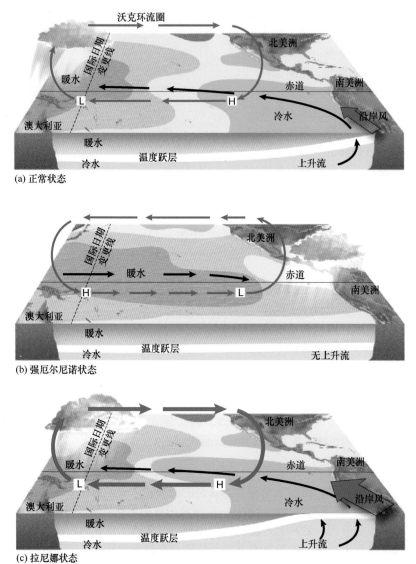

图 7.22　正常状态、厄尔尼诺状态和拉尼娜状态。赤道太平洋地区的海洋和大气状态，(a)正常状态；(b)强厄尔尼诺（恩索暖性相位）状态；(c)拉尼娜（恩索冷性相位）状态

7.4.4.4　太平洋暖池

在东南信风的吹动下，海水自东向西横穿太平洋。当在赤道地区流动时，海水的温度升高，随后在太平洋西侧形成一个楔形的太平洋暖池（Pacific Warm Pool，见图 7.9）。由于赤道海流向西流动，因此西侧的太平洋暖池要比东侧的厚。在赤道西太平洋暖池下方，温度跃层出现在 100 米以深的位置；在赤道东太平洋暖池下方，温度跃层距离海面仅有 30 米。温度跃层的深度差异较为明显，可以从表层暖水与深层冷水之间的倾斜分界线看出，如图 7.22a 所示。

7.4.4.5　厄尔尼诺－南方涛动（恩索）状态

秦鲁居民尽人皆知，暖流每隔几年就会光临附近海域，凤尾鱼数量随即减少。凤尾鱼的数量减少不仅明显影响海洋渔业，而且威胁到以凤尾鱼为食物的海洋生物（如海鸟、海狮和海豹）。暖流还会影响天气变化，通常伴随着强降雨，有时甚至带来一些有趣的东西（如赤道附近热带岛屿上的椰子）。最初，因为大量降雨能够明显促进平时干旱土地上的植物生长，这些事件被称为"丰收年"。但是，不久后，这件"大好事"就与生态灾难和经济灾难关联在一起。

早在 19 世纪 80 年代末，一位秘鲁海军上尉就描述了太平洋变暖现象，他发现在圣诞节前后，有时会出现一种水温异常升高的科林特·德尔尼诺（圣婴海流）。这支暖流被命名为厄尔尼诺（El Niño），西班牙语的含义是"小男孩"，实际上是指幼儿耶稣（圣婴）。20 世纪 20 年代，沃克首次认识到"暖流伴随着东西向大气压的跷跷板（负相关）效应"，并将这种现象称为南方涛动（Southern Oscillation）。现在，人们将海洋与大气的合并效应统称为厄尔尼诺－南方涛动（El Niño-Southern Oscillation，ENSO），冷性与暖性相位交替出现，可造成明显的环境变化。

1. 恩索暖性相位（厄尔尼诺）

图 7.22b 显示了恩索（ENSO）暖性相位的大气和海洋状态，称为厄尔尼诺。南美洲海岸沿线的高压减弱，沃克环流圈中的高压区与低压区之间的差异变小，然后使东南信风减弱。在超强厄尔尼诺事件中，信风实际上从相反方向吹来。

在没有信风的情况下，太平洋西侧堆积的太平洋暖池开始向南美洲海域回流，形成一条贯穿赤道太平洋的暖水条带，如图 7.23a 所示。该暖水通常在厄尔尼诺年度的 9 月份开始移动，12 月或次年 1 月抵达南美洲。在"强/超强"等级的厄尔尼诺期间，秘鲁附近海域的水温最多可比正常状态高出 10℃。此外，仅仅由于沿岸暖水出现热膨胀，平均海平面就会上升 20 厘米。

暖水使得赤道太平洋地区的海表温度升高，在塔希提岛、加拉帕戈斯群岛及其他热带太平洋岛屿上，对温度非常敏感的珊瑚大量死亡，许多其他生物也受到不同程度的影响（见科学过程 7.1）。当暖水抵达南美洲后，就沿南美洲西海岸向南（或向北）流动，提升东太平洋海域的平均海平面高度，形成更多数量的飓风。

当暖水横穿太平洋时，在表层暖水与深层冷水之间，具有一定斜度的温度跃层边界逐渐展平，变得更加水平（见图 7.22b）。在秘鲁海域附近，上升流并未将营养盐丰富的冷水携带至海水表层，取而代之的是营养盐缺乏的暖水。实际上，当暖水堆积在南美洲海岸沿线时，有时还会出现下沉流。随着生产力的下降，该区域大部分类型的海洋生物急剧减少。

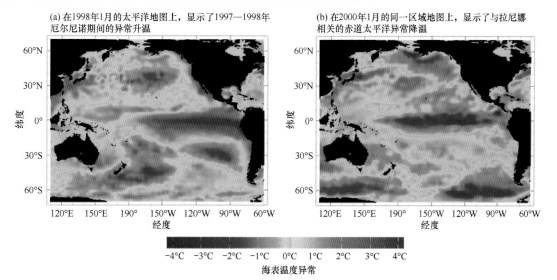

(a) 在1998年1月的太平洋地图上，显示了1997—1998年厄尔尼诺期间的异常升温

(b) 在2000年1月的同一区域地图上，显示了与拉尼娜相关的赤道太平洋异常降温

海表温度异常

图 7.23　厄尔尼诺和拉尼娜期间的海表温度异常图。地图显示了卫星获取的海表温度异常，以偏离正常状态进行表示，数值单位为℃；红色表示水温高于正常状态，蓝色表示水温低于正常状态

当暖水向东运动并穿越太平洋时，低压区也随之迁移。在"强/超强"等级的厄尔尼诺事件中，低压区穿过整个太平洋，并驻留在南美洲大陆上空，使得南美洲沿海地区的降水量大幅增长。相反，对于印度尼西亚和澳大利亚北部地区，在"强/超强"等级的厄尔尼诺事件中，由于高压取代了印尼低压，气候会变得干旱少雨。

科学过程 7.1　厄尔尼诺与加拉帕戈斯群岛上体型严重萎缩的海洋鬣蜥

背景知识

在厄瓜多尔的加拉帕戈斯群岛上，生活着全球唯一的海洋蜥蜴——海洋鬣蜥（见图 7C）。鬣蜥是只吃海藻的素食主义者，适应能力较强，能够长时间在海洋中觅食。由于居住的岛屿受到厄尔尼诺事件的严重影响，鬣蜥面临着周期性食物短缺的困扰。

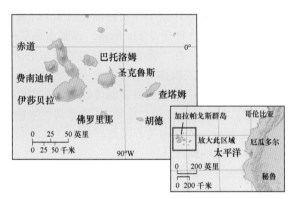

图 7C　海洋鬣蜥和加拉帕戈斯群岛位置图

当厄尔尼诺状态发生时，来自太平洋暖池的暖水沿赤道向东流动，东太平洋中的上升流减少，海洋表面温度可上升 10℃。在加拉帕戈斯群岛上，对于喜欢较低水温的藻类物种（如鬣蜥的首选食物绿藻和红藻）来讲，这些状态使其面临着严重的生存危机。由于活动范围受限于生活的岛屿，如果食物供应变得非常有限，这让鬣蜥如何生存下去呢？

形成假设

为了应对厄尔尼诺造成的食物短缺，鬣蜥可以取食一种新型食物，例如在暖水中生长旺盛的褐藻。但是，褐藻对鬣蜥来说更难消化，科学家们深知这一点。或者，鬣蜥可以采取类似"休眠"的生活方式，降低自身的新陈代谢过程，减少对食物的需求。这样做能行吗？

设计实验

在形势严峻的厄尔尼诺期间，死于饥饿的鬣蜥多达 90%。科学家们开展了两项专题研究，分别历时 8 年和 18 年，记录了鬣蜥的体型和体重。在具体实施时，首先在野外捕捉鬣蜥，然后将其释放。当厄尔尼诺事件发生时，两项研究出现了同一种结果。

解释结果

研究结果表明，对于食物短缺危机，鬣蜥的主要应对措施是"瘦身"，以便有效利用微薄的食物供应而存活。例如，在 1997—1998 年厄尔尼诺期间，加拉帕戈斯海洋鬣蜥的身体萎缩了 20%，体型越大，萎缩幅度越大。

体型相似时，雌性鬣蜥比雄性鬣蜥更易萎缩，这可能是因为雌性鬣蜥在前一年产卵时消耗了更多的能量。

研究人员最终得出结论，大约一半的萎缩要归因于软骨和结缔组织的减少，其他因素可能是骨吸收。此外，在厄尔尼诺事件中，鬣蜥不觅食而很少运动，这也可能会导致更多收缩。就好像宇航员长时间处于失重状态时，由于不活动而导致体重下降。

在厄尔尼诺状态结束后，上升流重新建立，海表温度降低，食物供应变得充足，鬣蜥还能再次长回正常大小。值得注意的是，在厄尔尼诺引发的环境变化中，加拉帕戈斯群岛的海洋鬣蜥能够反复萎缩和再生。

下一步该怎么做？

查阅互联网，研究生活在加拉帕戈斯群岛上的其他动物。根据对海洋鬣蜥的研究成果，预测其他动物可能受到厄尔尼诺状态的影响。

2. 恩索冷性相位（拉尼娜）

在某些情况下，赤道南太平洋盛行与厄尔尼诺相反的状态，这些事件称为恩索冷性相位或拉尼娜（La Niña），其西班牙语的含义为小女孩（圣女）。如图 7.22c 所示，拉尼娜状态与正常状态相似，但是由于横跨太平洋的大气压差较大，所以强度更大。这种较大压差形成了更强的沃克环流和信风，进而生成数量更多的上升流，东太平洋的温度跃层变浅，一条比正常温度更低的海水条带延伸穿越赤道南太平洋（见图 7.23b）。

拉尼娜状态通常发生在厄尔尼诺之后。例如，在 1997—1998 年的厄尔尼诺后，紧接着出现了持续长达数年之久的拉尼娜状态。通过多元恩索指数，可以展示出 1950 年以来厄尔尼诺与拉尼娜状态的交替模式，如图 7.24 所示。该指数采用大气和海洋因子（包括大气压、风和海表温度）的加权平均值进行计算，正值代表厄尔尼诺状态，负值代表拉尼娜状态，接近零值代表正常状态。指数值偏离零值的差值越大（正或负），相对应的状态就越强。

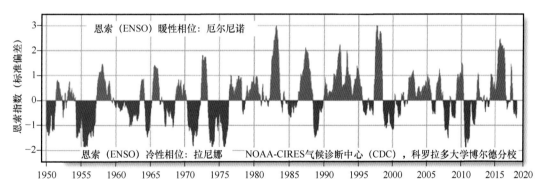

图 7.24 1950 年至今的多元恩索指数。多元恩索指数利用各种大气和海洋因子进行计算，大于 0（红色区域）表示厄尔尼诺状态，小于 0（蓝色区域）表示拉尼娜状态。从 0 开始的数值越大，对应的厄尔尼诺或拉尼娜现象就越强。在本版书籍即将出版之际，一次大型厄尔尼诺现象开始在太平洋地区崭露头角，强度极有可能赶超有历史记录以来的另外两个主要厄尔尼诺现象（1982—1983 年和 1997—1998 年）

探索数据

❶ 在图 7.24 中，若恩索指数在正负 0.5 之间，则表示正常状态；若恩索指数为较高的正值，则表示厄尔尼诺状态；若恩索指数为较低的负值，则表示拉尼娜状态。基于这些知识，描述 1950 年以来热带太平洋的各种状态。

❷ 平均来讲，厄尔尼诺状态通常持续多久？拉尼娜状态通常持续多久？

3. 厄尔尼诺事件多久发生一次？

近 100 年来的海表温度记录显示，在整个 20 世纪，厄尔尼诺状态平均每 2～10 年出现一次，但是发生模式极不规律。例如，在某段时间（约数十年）中，每隔几年就会发生一次厄尔尼诺事件；在另一段时间（同样约数十年）中，可能只出现一次厄尔尼诺事件。图 7.24 显示了 1950 年以来的分布模式，表明赤道太平洋在厄尔尼诺与拉尼娜状态之间波动，正常状态（以接近 0 值的恩索指数表示）仅为短短数年。厄尔尼诺事件通常持续 12～18 个月，随后紧接着出现拉尼娜状态，持续时间大致也差不多。但是，某些厄尔尼诺（或拉尼娜）状态可能会持续数年之久。

最近，从南美洲的某个湖泊回收的沉积物中，科学家们获得了连续 10000 年的厄尔尼诺事件频率记录。研究结果表明，在最近 10000～7000 年间，每 100 年最多发生 5 次强厄尔尼诺事件。随后，厄尔尼诺现象的发生频率逐渐增加，大约在 1200 年前（欧洲中世纪早期）达到峰值，当时每 3 年左右发生一次。研究人员预测，如果在湖泊沉积物中观察到的此种模式持续下去，那么在未来的 22 世纪初，厄尔尼诺现象的发生频率应该还会增大。

随着全球变暖加剧，厄尔尼诺事件（特别是严重事件）的发生频率可能更高。例如，20 世纪发生了 2 次极为严重的厄尔尼诺事件，分别出现在 1982—1983 年和 1997—1998 年。据推测，海洋温度升高可能会引发更频繁及更严重的厄尔尼诺现象，不过对太平洋珊瑚近 7000 年海洋温度数据的研究表明，厄尔尼诺事件与海洋变暖事件之间只存在弱相关性。但是，厄尔尼诺现象的最新模式也可能是长期自然气候循环的一部分。例如，海洋学家发现了称为太平洋年代际振荡/太平洋十年涛动（Pacific Decadal Oscillation，PDO）的一种现象，这种持续 20～30 年的现象似乎会影响太平洋海表温度。对卫星数据的分析表明，1977—1999 年，太平洋处于太平洋年代际振荡的暖性相位；目前，太平洋处于太平洋年代际振荡的冷性相位，可能会抑制厄尔尼诺事件在今后几十年内的发生。

常见问题 7.5　秘鲁出产的凤尾鱼数量惊人！除了作为披萨的配料，凤尾鱼还有哪些用途？

凤尾鱼是某些菜肴、开胃菜、调味汁和沙拉酱的一种配料，渔民们也将其用作诱饵。但是从历史上看，秘鲁海域捕捞的凤尾鱼大都作为出口鱼粉（由凤尾鱼组成），主要用作宠物食品和高蛋白鸡饲料。虽然看上去令人难以置信，但是厄尔尼诺现象确实影响了鸡蛋的价格！在秘鲁凤尾鱼捕捞产业于 1972—1973 年崩溃以前，厄尔尼诺事件造成凤尾鱼的供应数量大为减少，出口数量也随之锐减，使得美国农民只能选择更为昂贵的鸡饲料，鸡蛋价格当然也水涨船高。

1972—1973 年，秘鲁的凤尾鱼捕捞产业彻底崩溃，表面上看由厄尔尼诺事件引发，深层次原因却是前些年的过度捕捞。有趣的是，1972—1973 年后，鱼粉的短缺却增加了人们对豆粕（优质蛋白的替代品）的需求量。随着豆粕的需求量增加，大豆商品的价格高涨，美国农民更多选择种植大豆而非小麦。由于小麦减产，引发了一场严重的全球粮食危机，而这一切均由厄尔尼诺事件引发。

4. 厄尔尼诺与拉尼娜事件的影响

"弱/中等"等级的厄尔尼诺事件只影响赤道南太平洋，"强/超强"等级的厄尔尼诺事件则影响全球天气模式。一般而言，强厄尔尼诺可改变大气急流，并在全球大部分地区形成异常天气，使得气流变得异常干燥（或暖湿），造成天气变得更热（或更冷）。在准确预测特定厄尔尼诺如何影响任何区域的天气方面，目前仍然存在较大难度。

图 7.25 显示了超强厄尔尼诺事件的影响范围，包括洪水、侵蚀、干旱、火灾、热带风暴和部分海洋生物，还会影响玉米、棉花和咖啡的产量。如图 7.26 的卫星影像所示，在厄尔尼诺年期间，北美洲西部等局部区域的海表温度明显升高。

虽然强厄尔尼诺通常与大量破坏息息相关，但某些领域却受益匪浅。例如，因为上层大气中的风切变更大，大西洋热带飓风的形成通常会受到抑制；某些沙漠地区会收获更多雨水；太平洋中适应暖水条件的海洋生物得以茁壮成长。

与厄尔尼诺相比，拉尼娜事件伴随的海表温度和天气现象则刚好相反。例如，在厄尔尼诺年，印度洋季风通常比平常更干燥；在拉尼娜年，印度洋季风通常比平常更湿润。

5. 厄尔尼诺的近期实例

近期实例证明，厄尔尼诺事件的影响具有可变性。例如，1976 年冬季发生了一次中等强度的厄尔尼诺事件，北加州同时还发生了 20 世纪最为严重的旱灾，说明厄尔尼诺事件并不总是给美国西部带来狂风暴雨。同年冬季，美国东部也经历了创纪录的低温天气。

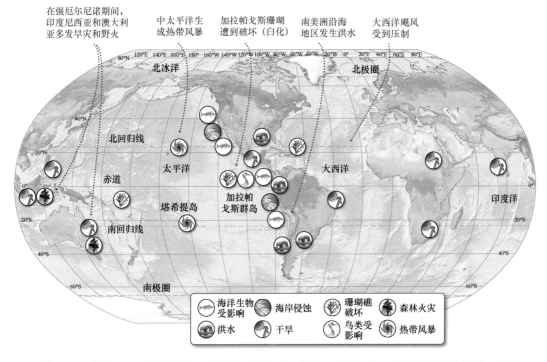

图 7.25　超强厄尔尼诺的影响。此图显示了洪水、侵蚀、干旱、火灾及热带风暴的位置，以及与超强厄尔尼诺事件相关的受影响海洋生物

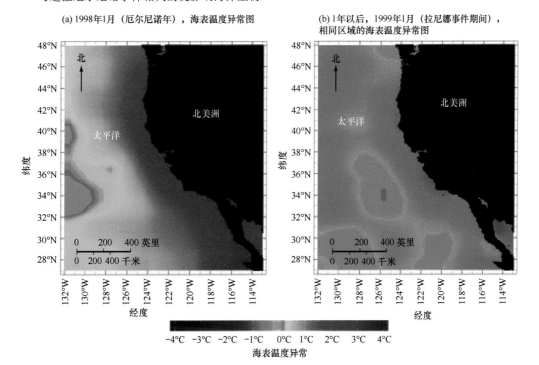

图 7.26　厄尔尼诺和拉尼娜期间的北美洲西部海表温度。卫星获取的北美洲西海岸卫星海表温度异常图（单位为℃），红色代表高于正常水温，蓝色代表低于正常水温

（1）1982—1983 年厄尔尼诺

1982—1983 年厄尔尼诺为有记录以来的最强等级，其影响覆盖了全球范围。热带太平洋异常增温；暖水沿北美洲西海岸扩散，影响了海表温度（最北至阿拉斯加）；海平面高于正常水平（由于水的热膨胀），巨浪破坏了大量沿海建筑物，严重侵蚀了海岸；美国上空的急流向南延伸得更多（与平时相比），形成了一连串强风暴，造成美国西南部地区的降水量剧增（为正常水平的 3 倍）；降雨量增加引发了严重的洪水和山体滑坡，落基山脉的降雪量也高于正常水平；阿拉斯加和加拿大西部的冬季相对温暖，美国东部经历了 25 年来最温暖的冬季。

南美洲西部经受了超强厄尔尼诺的考验。秘鲁通常较为干旱，在此期间的降水量却罕见地超过 3 米，造成极为严重的洪水和山体滑坡。海表温度持续高涨，赤道太平洋中对温度敏感的珊瑚礁遭遇灭顶之灾。在南美洲西海岸附近，海洋哺乳动物和海鸟通常以从高生产力海水中获得的食物为生，此时因为无法觅食而四处流浪或者干脆饿死。例如，在 1982—1983 年厄尔尼诺期间，加拉帕戈斯群岛超过半数以上的海豹和海狮死于饥饿。

法属波利尼西亚曾经连续 75 年未经历飓风，但是 1983 年一年就经历了 6 次；在夏威夷的考艾岛，在此期间经历了罕见的飓风；在欧洲，天气极为严寒；在世界其他地区，澳大利亚、印度尼西亚、中国、印度、非洲和中美洲的旱灾严重。在全球范围内，1982—1983 年厄尔尼诺事件造成总计 2000 多人死亡，财产损失超过了 100 亿美元。

（2）1997—1998 年厄尔尼诺

1997—1998 年厄尔尼诺事件比正常状态早发生几个月，于 1998 年 1 月达到峰值。在赤道太平洋中，南方涛动和海面变暖的最初情形与 1982—1983 年厄尔尼诺同样强烈，引起了人们的极大关注。但是，1997—1998 年厄尔尼诺在 1997 年的最后几个月减弱，然后在 1998 年年初再次加剧。1997—1998 年厄尔尼诺主要影响热带太平洋，东太平洋的表层水温比正常状态平均高出 4℃，某些海域甚至高出 9℃ 以上（见图 7.23a）。西太平洋高压带来了干旱，使得印度尼西亚的野火失去控制。此外，在中美洲和北美洲西海岸，海水温度高于正常水平，墨西哥附近的飓风数量明显增多。

在美国，1997—1998 年厄尔尼诺摧枯拉朽，引发了东南部地区的致命龙卷风、中西部上游地区的暴风雪以及俄亥俄河谷的洪水。在加利福尼亚州大部分地区，降水量是正常值的 2 倍，许多地区发生了洪水和山体滑坡。另一方面，在中西部下游地区、西北太平洋和东部沿海，天气相对温和。总体来讲，在全球范围内，1997—1998 年厄尔尼诺造成总计 2100 人死亡，财产损失高达 330 亿美元。

（3）2015—2016 年厄尔尼诺

2015—2016 年厄尔尼诺是一次超强事件，完全可与号称"20 世纪气候事件"的 1997—1998 年极端厄尔尼诺相提并论。本次事件非常迅猛，对全球天气造成了严重影响，如委内瑞拉、澳大利亚和某些太平洋岛屿发生严重干旱，其他部分地区发生严重洪涝灾害。人们本来希望这次厄尔尼诺能够令加州长达 5 年的旱情有所缓解，但结果是大范围降水没有出现，长期干旱也未终结。

本次事件之所以意义重大，另一个原因是科学家们只经历过 2 次现代极端厄尔尼诺事件，即 1982—1983 年厄尔尼诺和 1997—1998 年厄尔尼诺，且这两次事件具有非常相似的关键特征。此外，对于检验对极端厄尔尼诺状态的理解来讲，观察另一个极端事件非常有价值。事实证明，与以往的极端事件相比，2015—2016 年厄尔尼诺存在某些重要差异。例如，在 2015—2016 年厄尔尼诺期间，最高海表温度在赤道太平洋中部达到峰值，1982—1983 年和 1997—1998 年厄尔尼诺的峰值则更靠近南美洲海岸。因此，在 2015—2016 年厄尔尼诺中，中太平洋的降水量高于东太平洋，这与 1982—1983 年和 1997—1998 年厄尔尼诺的模式相反。自从 1997—1998 年极端厄尔尼诺发生以来，人们从中看到了海洋的总体变暖趋势愈加明显。

6. 厄尔尼诺事件的预测

1982—1983 年厄尔尼诺事件来得悄无声息，人们既没有预测到又没有感觉到，直到其接近峰值时才如梦方醒。由于厄尔尼诺影响了全球气候且破坏范围极广，热带海洋和全球大气（Tropical Ocean-Global Atmosphere，TOGA）计划于 1985 年正式启动，旨在研究厄尔尼诺事件如何发展变化。该项计划的目标是"在厄尔尼诺事件期间，监测赤道南太平洋；建立模型，预测未来将要发生的厄尔尼诺事件"。这项计划为期 10 年，主要是在科学考察船上研究海洋，分析无线传感器浮标采集的表层及次表层数据；通过卫星来监测海洋状况，开发计算机模型。

建立这些模型后，人类能够提前 1 年预测 1987 年后发生的厄尔尼诺事件。TOGA 计划结束后，在美国、加拿大、澳大利亚和日本等国的支持下，热带大气和海洋（Tropical Atmosphere and Ocean，TAO）计划开始实施，它继续采用一系列（约 70 个）固定浮标来监测赤道太平洋，并在互联网上发布热带太平洋状态的实时信息。虽然监测工作卓有成效，但厄尔尼诺事件的触发机制仍不完全清楚。

常见问题 7.6　其他海洋盆地是否也会发生厄尔尼诺事件？

是的，在大西洋和印度洋中，都出现过与太平洋厄尔尼诺类似的事件。但是，与赤道太平洋厄尔尼诺相比，这些事件的强度相对较弱，对全球天气现象的影响相对较小。赤道太平洋的宽度极大，这是造成厄尔尼诺事件更强的主要原因。

在大西洋中，这种现象与北大西洋涛动（NAO）有关。北大西洋涛动是冰岛与亚速尔群岛之间的周期性气压变化，气压差异决定了北大西洋中的盛行西风强度，盛行西风又会影响那里的海洋表层流。大西洋周期性地经历"北大西洋涛动"事件，有时会形成一些极端天气，例如美国东北部出现严寒，欧洲出现异常天气，平时干旱的非洲西南部沿海出现强降雨。

简要回顾

厄尔尼诺是一种海气耦合现象，周期性地发生在热带太平洋，它将暖水向东输运；拉尼娜状态与厄尔尼诺状态刚好相反。

小测验 7.4　指出各个海洋盆地的主要表层环流模式

❶ 在墨西哥湾流中，为何东北部涡流是顺时针旋转的暖涡，西南部涡流是逆时针旋转的冷涡？
❷ 描述印度洋两个季风季节中的大气压、降水、风和海洋表层流的变化。
❸ 在厄尔尼诺/拉尼娜事件期间，大气和海洋现象会发生哪些变化？
❹ 厄尔尼诺事件多久发生一次？参考图 7.24，确定 1950 年以来的厄尔尼诺年数量。
❺ 拉尼娜与厄尔尼诺有何差异？参考图 7.24，描述 1950 年以来的拉尼娜事件。
❻ 描述极端厄尔尼诺的全球影响。

7.5　海冰和冰山是如何形成的？

除了风场模式和大气压变化，海洋环流还受其他因素的影响，如高纬度地区的严寒会在海面上形成永久性（或近永久性）冰盖，冰盖又会影响深部环流和海面状况。为了与冰山（Icebergs）区分开来，人们将这种大量冰冻海水称为海冰（Sea Ice）。冰山也可在海上出现，但源自陆地上的冰川崩解。在南极洲边缘、北冰洋内和北大西洋的高纬度区域，海冰常年可见。

7.5.1　海冰的形成

如图 7.27 所示，海冰是由海水直接形成的冰，最初为六角形针状小晶体，最终聚合成数量众多的固态与液态并存的冰水混合物。当冰水混合物开始形成薄片时，在风应力和海浪的作用下，破碎成圆盘状碎片，称为饼状冰/莲叶冰（Pancake Ice），如图 7.27a 所示；随着冻结程度加深，大量饼状冰合并成较大的浮冰（Ice Floes），如图 7.27b 所示；随着时间的推移，大量浮冰合并成更大规模的大片海冰，海冰随风和海流而移动，边缘形成压力脊（Pressure Ridges），如图 7.27c 所示。

(a) 饼状冰是海冰形成的初始阶段，属于在风应力和海浪的作用下破碎形成的圆盘状冰水混合物

(b) 浮冰形成于冰冻程度的加深，由饼状冰合并而变厚

(c) 随着时间的推移，大片浮冰发生碰撞，形成具有厚压力脊的脊状冰

图 7.27　海冰的形成阶段。海冰由海水冻结形成，最初状态为饼状冰(a)，随后变厚成为浮冰(b)，最终形成包含压力脊(c)的大片冰块

　　海冰的形成速率与温度条件密切相关，当温度降到极低水平（如低于-30℃）时，大量海冰会在相对较短的时间内形成。由于冰的导热性较差，即便温度非常之低，海冰亦可有效地隔离底下的海水，所以海冰的形成速率会随着厚度增大而变慢。此外，风平浪静时，饼状冰更容易连接在一起，因而有助于海冰的形成。

　　海冰的形成是一种自我延续过程。当海冰形成于海面时，只有一小部分溶解物质（溶质）能够进入海冰的晶体结构，大部分溶解物质将滞留在周围的海水中，造成海水的盐度增大。如第 5 章所述，溶解物质的数量增多会降低水的凝固点，但这似乎不会促进海冰的形成。但是，随着盐度的增大，海水的密度随之增大，从而呈现出下沉趋势。当高盐水下沉至表层以下时，就会被下方低盐度（低密度）的海水取代。低盐水比高盐水更容易结冰，从而建立起一种促进海冰形成的循环模式。

　　通过对北冰洋海冰范围的卫星数据进行分析，科学家们发现在最近数十年里，海冰的数量急剧下降。海冰的加速融化趋势似乎与北半球大气环流模式的变化有关，这种变化造成该地区的气候异常变暖。要了解与这个主题相关的更多信息，请参阅第 16 章。

7.5.2 冰山的形成

如图 7.28a 所示,冰山是从冰川上脱落的浮冰体,因此与海冰截然不同。冰山源自陆地之上的巨大冰盖,这些冰盖由积雪不断堆积而成,然后缓慢地向外流向海洋。冰盖入海后,冰层要么破裂而在原地形成冰山,要么因密度小于海水而漂浮在海面上,通常会在海流、风和海浪作用的压力下,从海岸向外延伸较长一段距离,然后发生破裂。冰山破裂大多发生在夏季,特别是气温较高的时候。

(a) 冰山。这个小型冰山位于北大西洋,由向海洋延伸的冰川崩解而形成

(b) 北大西洋海流(蓝色箭头)、典型冰山分布(白色三角形)和1912年泰坦尼克号邮轮的沉没地点(黑x)

(c) 大型扁平南极冰山的部分航片视图,一直向外延伸出天际线

(d) 2017年7月,A-68号冰山(与特拉华州一样大)从南极洲的拉森C冰架上崩解

图 7.28 冰山。陆地上的淡水冰川崩解,冰层流入海洋形成冰山。全球最主要的两个冰山发源地是格陵兰岛(a 和 b)和南极洲(c 和 d)

在北极地区，冰山主要来自冰川的崩解。沿着格陵兰岛西海岸，这些冰川一直向海洋方向延伸，如图 7.28b 所示。沿着格陵兰岛、埃尔斯米尔岛及其他北极岛屿的东海岸，冰川也会形成冰山。总体而言，每年约有 1 万座冰山从这些冰川上崩解，冰山数量最近一直在增长。许多冰山由海流推动，环绕在拉布拉多海周围，然后进入北大西洋航道，使其成为航行危险区（见图 7.28b 中的蓝色箭头）。认识到这一事实后，人们将该海域称为"冰山巷"，泰坦尼克号豪华邮轮正是在这里撞上冰山而沉没的（见图 7.28b）。由于体积庞大，某些冰山需要数年时间才能融化，它们在这段时间里可能会漂到北纬 40°附近，即与宾夕法尼亚州的费城处于相同纬度。

7.5.2.1 冰架

在南极地区，冰川几乎覆盖了整个大陆。冰川边缘因崩解而脱离出大型板状冰山，形成巨厚状浮冰层，称为冰架（Shelf Ice），如图 7.28c 和 d 所示。例如，编号为 B-15 的冰山号称"哥斯拉"，规模相当于整个康涅狄格州（面积为 11000 平方千米），它于 2000 年 3 月从罗斯冰架中挣脱，随后进入罗斯海。自诞生以来，B-15 号冰山已崩解成大量小型冰山，但几个主体部分依然还在。2017 年 7 月，在南极洲的另一侧，规模相当于特拉华州的 A-68 号冰山从拉森冰架中挣脱，该冰山的面积约为 5200 平方千米，重量约为 1.1 万亿吨，如图 7.28d 所示。在南极水域，人们甚至还观察到了规模更大的冰山。例如，据说有史以来规模最大冰山的面积是令人难以置信的 32500 平方千米，几乎相当于 B-15 号冰山的 3 倍，或者康涅狄格州与马萨诸塞州的面积总和。注意，研究人员对此报道提出了质疑，认为美国海军冰川号破冰船于 1956 年测量的冰山数据不准确，实际数字要小得多。

各个冰山（源自冰架）的顶部平坦，可能高出海平面 200 米左右。但是，大多数冰山高出海平面不到 100 米，高达 90%的冰山主体位于海平面之下。冰山形成后，强风吹动着海流，海流背负着冰山，一路向北漂流，直至融化为止。因为此区域并非主要航运路线，所以冰山几乎不会造成严重航行危害（前往南极洲的补给船只除外）。当船员们见到这些巨大的冰山时，有时候会误认为是陆地！

最近，南极冰山（尤其是大型冰山）的形成速率有所加快，最可能的原因是海洋和大气不断升温的结果。实际上，气候变暖已成为南极半岛上其他冰架早期崩解的重要影响因素，例如拉森 A（1995 年）、拉森 B（2002 年）和松岛冰川（数十年前）等。此外，冰川基岩与海底交汇处新发现了一些水道，可能会将暖水注入冰川底部，加速冰川融化。要了解南极变暖及其与气候变化关系的更多信息，请参阅第 16 章。

简要回顾

海冰形成于海水结冰，冰山形成于冰块从沿海冰川脱落并流入海洋。

小测验 7.5　指出海冰和冰山是如何形成的

❶ 为什么海冰的形成是一个自我延续过程？

❷ 描述海冰、冰山和冰架之间的区别及形成过程。

7.6　深海海流是如何形成的？

"深层流"出现在密度跃层之下的深海区域，大约影响全部海水的 90%。深层流由密度差异形成，虽然密度差异通常很小，但却足以引发密度较大的海水下沉。与表层流相比，深层流输送的海水体量更大，但是流速要慢得多。深层流的典型流速为 10～20 千米/年，因此为了达到西方强化表层流在 1 小时内运动的相同距离，深层流需要花整整 1 年时间。

由于深海环流的密度变化取决于温度和盐度的差异，深海环流也称温盐环流（Thermohaline Circulation）。

7.6.1 温盐环流的成因

如第 5 章所述，海水的密度增大可能由温度降低（或盐度升高）引发，温度对密度的影响更大，盐度引发的密度变化只在极高纬度地区（水温持续较低且相对恒定）较为重要。

在深海海流（温盐环流）中，大部分海水源自高纬度地区的表层流。在这些地区中，当海冰形成后，表层水变冷，盐度增大。当密度足够大时，表层水就会下沉，形成深海海流的雏形。当这些表层水下沉后，最初令其密度增大的物理过程不再生效，因此在深海中驻留的时间里，温度和盐度基本保持不变。基于温度、盐度及其形成的密度特征，温盐图解（Temperature- Salinity Diagram，T-S）可用于辨别深层水团。图 7.29 为北大西洋的密度温盐图解。

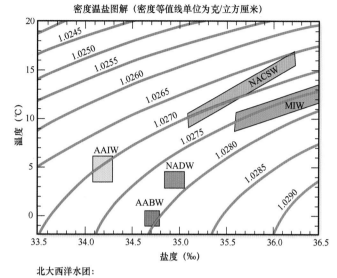

北大西洋水团：
- ▨ （AAIW）南极中层水
- ▨ （AABW）南极底层水
- ▨ （NADW）北大西洋深层水
- ▨ （NACSW）北大西洋中部表层水
- ▨ （MIW）地中海中层水

图 7.29　温盐图解。北大西洋的密度温盐图解，密度等值线单位为克/立方厘米。在各种深海水团下沉至水面以下并散开后，基于温度（纵轴）、盐度（横轴）及其形成的密度（蓝色曲线）特征，可在任何海盆中对其进行识别

探索数据

❶ 在一次海洋科考航行中，需要采集一个深海水样，温度为 4.5℃，盐度为 34.1‰。问此水样来自哪个水团？密度是多少？

❷ 在同一次海洋科考航行中，需要采集另一个深海水样，温度为 4℃，盐度为 35.0‰。问此水样来自哪个水团？密度是多少？

当表层水团的密度变大且在高纬度地区下沉时（下沉流），深层水团也会上升至表层（上升流）。在高纬度地区，各水层的水温相同，垂向水柱呈现等温状态，温度跃层及相关跃层不存在（见第 5 章），因此上升流与下沉流非常容易发生。

7.6.2 深层水的来源

在南半球的副极地区域，大量深层水团形成于南极大陆边缘的海冰下。在那里，冬季严寒，海水快速结冰，温度极低且密度极高的水团沿南极大陆斜坡下沉，成为南极底层水（Antarctic Bottom Water），这是开阔大洋中密度最大的海水，如图 7.30 所示。南极底层水缓慢下沉至表层水之下，然后扩散至全球各个海洋盆地，约 1000 年后重新返回海面。

在北半球的副极地区域，大量深层水团形成于挪威海。在那里，深层水以"次表层流"形式流入北大西洋，成为北大西洋深层水（North Atlantic Deep Water）的一部分。北大西洋深层水来源多样，还包括格陵兰岛东南部的伊尔明格海边缘、拉布拉多海以及地中海（密度大且盐度高）。像南极底层水一样，北大西洋深层水遍布全球各个海洋盆地。但是，由于北大西洋深层水的密度较低，所以在南极底层水之上呈层状分布，如图 7.30 所示。

表层水团汇聚在副热带流涡、北极辐合带和南极辐合带内。但是，由于表层暖水的密度太低而无法下沉，副热带辐合带并不会形成深层水。虽然如此，在北极辐合带（Arctic Convergence）和南极辐合带沿线，确实发生了重要下沉（见图 7.30 中的插图）。南极辐合带位置下沉形成的深层

水团称为南极中层水（Antarctic Intermediate Water，见图 7.30），至今仍然是世界上研究程度最低的水团之一。

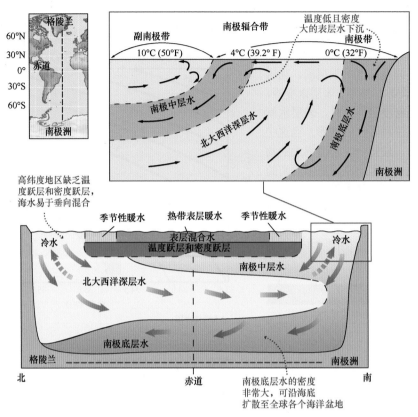

图 7.30　大西洋次表层水团。大西洋各水团示意图；太平洋和印度洋具有类似但不明显的分层；上升流和下沉流发生在北大西洋和南极洲附近（插图），形成了深层水团

探索数据

在几乎所有海洋盆地中，如果潜入足够深，最终都会遇到南极底层水。请解释其正确性。

如图 7.30 所示，密度最大的水出现在海底，密度较小的水在其上方。在低纬度地区的表层暖水与深层冷水之间，存在明显的温度跃层及相应的密度跃层，从而阻止了垂直方向上的海水混合。高纬度地区不存在密度跃层，垂向混合（上升流和下沉流）大量出现。

在太平洋和印度洋中，同样存在基于密度的分层模式，但由于缺乏北半球深层水源而罕见深层水团。在北太平洋中，表层水由于盐度低而无法沉入深海。在北印度洋中，表层水由于温度高而无法下沉。当南极底层水与北大西洋深层水混合时，形成的海洋共有水（Oceanic Common Water）排列在这些海洋盆地的底部。

7.6.3　全球深水环流

当 1 升海水从某个地方的海面沉入深海时，就必须有 1 升海水从深海返回另一个地方的海面。但是，若要确定深层水向上流动至海面的具体位置，难度则非常之大。一般而言，深层水流以渐进且均匀的上升流形式出现在整个海洋盆地中，在表层水温度较高的低纬度地区，这种可能性更大。另一方面，通过研究南大洋中的深层水与表层水之间的湍流混合速率，科学家们发现深层水跨越高低不平的海底地形是形成上升流的一种主要因素，正是这种上升流将深层水携带至海面。

7.6.3.1 传送带环流

图 7.31 中显示了深部温盐环流与表层流相结合的综合模型，由于整体环流模式类似于大型传送带，所以称为传送带环流（Conveyor-Belt Circulation）。表层水从北大西洋出发，借道墨西哥湾流，将热量输送至高纬度地区。在寒冷的冬季，这些热量再次传递到大气中，温暖了整个北欧。

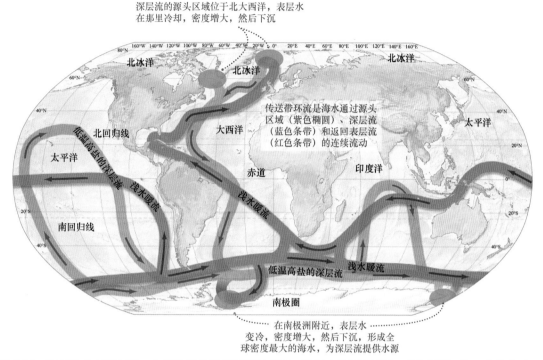

图 7.31 理想的传送带环流。全球海洋传送带环流示意图。深层水的源头区域（紫色椭圆）位于高纬度地区，表层水在那里冷却，密度增大，然后下沉。这些源头区域为深层水流提供高密度海水（蓝色条带），然后缓慢漂流至所有海洋中。在部分上升流区域，深层水回流至表层。在整个海洋盆地中，深层水也以渐进且均匀的上升流形式返回表层。表层流（红色条带）将海水回流至源头区域，完成整个输送过程

北大西洋的冷却增大了表层水的密度，使其下沉至海底并向南流动，从而启动了"传送带"的下部支流。在这里，海水以相当于 100 条亚马孙河的流量向下流动，开启了进入全球各海洋深水盆地的漫长旅程。此分支一直延伸至非洲南端附近，并在那里与环绕南极洲的深层水（包括沿南极大陆边缘下沉的深层水）汇合。这种深层水混合物向北流入太平洋和印度洋的深海盆地，并在那里浮出水面，然后向西再向北流入北大西洋，从而完成整个输送带环流。

这个简单的海洋环流输送带模型是否充分反映了表层流和深层流的运动呢？通过卫星观测和深海取样，科学家们证实了表层暖水（向极地）和深层冷水（向赤道）的基本传送带运动。但是，传送带模型忽略了海洋环流系统中某些非常重要的复杂组件，如影响气候变化的小尺度涡流和海洋锋面等，科学家们目前正在对此开展进一步的研究。

7.6.3.2 深水溶解氧

如第 5 章所述，由于浮游植物进行大量光合作用，表层水富含溶解氧。此外，冷水能够比暖水溶解更多的氧气，因此深水环流可将高纬度地区的富氧表层水（密度大且温度低）裹挟至深海中。这意味着在许多海域，深层水的溶解氧含量要高于距离表层水更近的海水（见图 5.29）。此外，"巡航"在深海中时，深层水中的营养盐变得极为丰富，这主要归功于海洋生物残骸的分解，还有就是缺乏海洋生物来消耗营养盐。

在不同的地质年代，暖水在深层海水中所占的比例可能更大。暖水无法容纳太多氧气，所以氧气浓度要低于当前海洋。此外，在整个地质历史时期，海洋的含氧量可能存在较大波动。

综上所述，假设高纬度地区的表层水没有下沉并最终从深海返回海面，那么海洋中的生物分布将会大不相同。届时，由于没有氧气可供呼吸，海洋生物将几乎与深海无缘；由于没有深层水形成的上升流将营养盐携带至海洋表层，表层水中的海洋生物可能会大大减少。

7.6.3.3　传送带环流与气候变化

传送带环流是全球海洋环流的重要组成部分，对全球气候的影响极大。例如，传送带环流的北大西洋部分（包括表层流和深层流）称为大西洋经向翻转环流（Atlantic Meridional Overturning Circulation，AMOC）。相关研究表明，大西洋经向翻转环流目前为近1000年来最弱，因为格陵兰岛的冰川融化，向北大西洋中释放了大量低密度淡水，封盖并阻挡了深层水的下沉。据研究该现象的科学家预测，由于全球变暖导致格陵兰岛更多冰川融化，北大西洋淡水楔的规模不断扩张，可能导致大西洋经向翻转环流在未来几十年内继续减弱。如果发生这种情况，深层水的形成将被阻止，全球环流格局将会重塑。例如，淡水楔可能导致北大西洋中的墨西哥湾流向赤道回流，而不是流向更高纬度地区。如果墨西哥湾流的暖水无法抵达高纬度地区，那么欧洲、北美洲及其他许多地方的气候都可能发生巨大变化。要了解海洋环流模式重塑如何改变地球气候的更多信息，请参阅第16章。

常见问题 7.7　冰冻超级风暴真的会发生吗？

虽然好莱坞电影素以戏剧化著称，但2004年上映的《后天》这部经典科幻电影很有意思，故事情节基本上符合科学事实，即"海洋深水环流有助于推动全球海流，对全球气候非常重要"。实际上，确凿证据表明，北大西洋深水环流已经减弱，21世纪可能会进一步减弱，从而对地球气候造成不良影响，但肯定没有电影中描述得那样迅猛或严重。计算机模型表明，若北大西洋深水环流持续减弱，某些地区（尤其是北欧）将会长期降温。

简要回顾

温盐环流描述了深层流的运动。在高纬度地区，当温度变低且密度变大时，表层水将会下沉，形成深层流的雏形。

小测验 7.6　解释深海海流的成因及特征

❶ 讨论温盐垂直环流的成因。深层流为什么只在高纬度地区形成？

❷ 在图7.29中，南极中层水和北大西洋中部表层水落在同一条密度等值线上。只采用哪种测量方法就能将其区分开？解释理由。

❸ 两个主要深层水团是什么？各自形成于哪个大洋表层？

❹ 为什么无论位于海洋中的任何位置，如果潜入得足够深，肯定会遇到海洋共有水？

❺ 如果深海海流中的溶解氧很少，海洋生物的分布状况将会有何不同？

7.7　海流产生的能量是否能够作为能源？

人们通常认为海流运动能够提供一种可再生清洁能源，与风力发电场（见第6章）有些类似，只不过位于水下而已。虽然海流速度比风速慢得多，但是由于海水密度约为空气的800倍，所以海流携带的能量也要大得多。因此，与风力发电厂相比，海流发电的潜力更大。理论上讲，海洋能够为整个地球提供能源，且不会对大气造成任何污染。由于海流昼夜不停地流动，海流的能量也可提供比风能或太阳能更为可靠的电力来源。

作为海流发电的候选地之一，佛罗里达—墨西哥湾流系统最受瞩目。本章前面介绍过，该海流属于西向强化的快速表层流，主要沿美国东海岸流动。实际上，研究人员已经确定，仅在佛罗里达州东南沿海的单一海流系统中，至少可以回收2000兆瓦的电力（1兆瓦电力完全能够满足

图 7.32 海流发电。位于爱尔兰斯特兰福德湾的海流发电系统原型,利用水下涡轮机(可提升并维护)发电。当海流流过塔架时,推动 16 米长的螺旋桨旋转其内部转子发电。螺旋桨可朝任何方向旋转,因此该系统可以利用双向潮汐流发电

800 个美国家庭的用电需求)。

人们开发了从海流中提取能量的各种装置,均涉及"将海水流动转化为电能"的某种机制。图 7.32 中显示了一种解决方案,在强海流的必经之路,将类似于风车的水下涡轮机锚定在海底。海流会在经过塔架时转动螺旋桨,通过旋转内部转子而发电。这套系统必须安装在出现"双向潮汐流"的位置,因此在某些情况下,螺旋桨可朝任一方向旋转;在其他情况下,整个涡轮装置可在其锚上旋转,以面对迎面而来的海流。这套系统由 6 个涡轮机组成,已在纽约附近的东河开展了测试并获得成功。当容量扩充至 300 个涡轮机时,这套系统将有能力发出约 10 兆瓦电量。

海流发电系统存在一些需要克服的重大障碍,例如价格昂贵、难以维护及可能会对船只航行造成潜在风险。此外,利用海流能量的移动装置可能会干扰、伤害或杀死海洋生物,但是环境深入研究表明,这些装置不会伤害海洋生物。有趣的是,同一项环境研究还表明,这些海底装置实际上可以充当临时海洋保护伞,因为这些地点没有捕鱼活动。要了解与海洋保护区相关的更多信息,请参阅本书后续章节中的相关内容。此外,当在水下部署复杂机器时,移动部件会长时间暴露在海水中,这会带来与腐蚀和生物污染相关的挑战,即藻类及其他海洋生物在机器上不断积累。还有,海流变化无常,造成发电不稳定,这也是个棘手的问题。虽然如此,爱尔兰的斯特兰福德湾正在使用通过海流驱动的类似涡轮机系统(见图 7.32),加拿大芬迪湾和韩国近海也计划应用类似系统。

简要回顾

虽然在海洋中放置机械装置存在各种问题,但作为一种可再生能源,海流发电仍然具有巨大潜力。

小测验 7.7 评估利用海流作为能源的优势与劣势

❶ 为什么海流的发电量可能高于更常见的风力发电厂?

❷ 讨论建立近海海流发电系统的优势与劣势。

主要内容回顾

7.1 如何测量海流?

- 海流是在两个不同海域之间流动的水团,可以划分为表层流和深层流。海流可以通过各种方法直接(或间接)测量。
- 对比分析表层流和深层流的特征及成因。
- 编制一份表层流和深层流的测量方法清单。

7.2 海洋表层流的成因及其组织方式是什么?

- 表层流出现在密度跃层内部及其上方,由称为流涡的旋转水体组成,由全球主要风带驱动,受到大陆位置、科里奥利效应、季节变化及其他因素的影响。全球存在 5 个主要副热带流涡,在北半球顺时针方向旋转,在南半球逆时针方向旋转。
- 埃克曼螺旋影响浅表层水,由风和科里奥利效应引发。埃克曼螺旋影响的海水平均净流量使水流与风向成 90°角。在流涡中心,科里奥利效应令海水偏转,使其逐渐流入"水山";在重力作用下,海水向"水山"之下移动。
- 由于地球自转,"水山"顶部位于流涡的地理中心西侧。副热带流涡的西边界流存在西向强化现象,比东边界流更快、更窄及更深。

- 凭记忆绘制一幅地图，标出全球 5 个副热带流涡及其附近大陆。说出各个流涡包含的主要海流，包括经历过西向强化的全部海流。
- 描述"如果地球上没有大陆，海洋表层流模式会是什么样子"。

7.3 上升流和下沉流是如何形成的？

- 上升流和下沉流有助于深层水与表层水的垂向混合。上升流是深层水向海洋表层的运动，能够提高生产力并支撑大量海洋生物。从实际角度出发，解释为什么上升流比下沉流的研究程度更高。
- 如果地球自转突然停止，上升流和下沉流的形成过程会受到哪些影响？

7.4 各海洋盆地存在哪些主要表层环流模式？

- 南极环流的主体为单一的大型海流南极绕极流（西风漂流），由南半球的盛行西风驱动，沿顺时针方向绕南极大陆流动。在南极绕极流与南极大陆之间，还存在由极地东风驱动的东风漂流。这两股海流的流向刚好相反，科里奥利效应使其相互偏离，形成南极辐散带，上升流与海流在此汇合，海洋生物极为丰富。
- 大西洋环流的主体包括北大西洋流涡和南大西洋流涡，这两个副热带流涡由未充分发育的赤道逆流分隔。墨西哥湾流是流速最快且研究程度最高的暖流，沿美国东南部的大西洋海岸流动。墨西哥湾流的曲流形成暖涡和冷涡。印度洋只存在一个印度洋流涡，主要位于南半球，由随季节而改变方向的季风主导。冬季，季风为东北风；夏季，季风为西南风。
- 太平洋环流由两个副热带流涡组成，即北太平洋流涡和南太平洋流涡。
- 在太平洋中，正常海面与大气环流模式的周期性扰动称为厄尔尼诺－南方涛动（恩索）。恩索暖性相位（厄尔尼诺）的对应特征包括：太平洋暖池东移、信风停止或逆转、赤道海平面上升、南美洲西海岸生产力下降及全球天气变化（超强厄尔尼诺发生时）。厄尔尼诺与恩索冷性相位（拉尼娜状态）交替出现，后者与热带东太平洋的海水变冷有关。
- 参考图 7.22，指出在正常状态与厄尔尼诺状态之间，大气与海洋发生了哪些变化。然后，再次对比正常状态与拉尼娜状态。
- 亚马孙河是世界上流量最大的河流，在洪水期间，每秒向大西洋排水约 20 万立方米。对比亚马孙河的流速与（1）西风漂流和（2）西向强化墨西哥湾流的输送水量，计算这两支海流分别比亚马孙河大多少倍。

7.5 海冰和冰山是如何形成的？

- 在高纬度地区，低温令海水凝固而形成海冰。海冰最初为冰水混合物，然后破裂成饼状冰，接下来成长为浮冰。随着时间的推移，最终形成带有压力脊的大块海冰。冰山形成于南极洲、格陵兰岛及北极岛屿上的冰川崩解。在南极洲附近，称为冰架的浮冰形成了最大冰山。
- 指出世界上形成冰山最多的地方。冰山有什么危害？解释理由。
- 利用互联网，查找最近 10 年中与海洋运输事故相关的 3 个冰山案例，指出事件发生地。

7.6 深海海流是如何形成的？

- 深层流出现在密度跃层之下。与表层流相比，深层流影响更多数量的海水，流动速度要慢得多。由于海面的温度与（或）盐度发生变化，造成表层水的密度略有增大，最终引发深层流的运动。因此，深层流又称温盐环流。
- 深海基于密度进行分层。南极底层水是海洋中密度最大的深海水团，形成于南极洲附近，沿大陆架沉入南大西洋。再往北，在南极辐合带附近，低盐度的南极中层水下沉至一个中间深度（由密度决定）。北大西洋深层水夹在这两个水团之间，沉入水下数百年，富含营养盐。太平洋和印度洋的分层与此类似，只不过北半球没有深层水源地。
- 全球环流模型包括表层流和深层流，与传送带非常类似。深层流将氧气带入深海，对地球生物来讲极为重要。
- 在南大西洋的大部分地区，基于温度、盐度和溶解氧含量，均可发现南极中层水。为什么南极中层水的温度与盐度都更低？与上方表层水团和下方北大西洋深层水相比，为什么含氧量更高？
- 在如图 7.29 所示的密度温盐图解中，南极中层水与北大西洋中部表层水的密度大致相同。讨论如何基于物理性质来区分这两个水团，解释为什么这两个不同水团的密度几乎相同。

7.7 海流产生的能量是否能够作为能源？

- 海流可作为能源加以利用。虽然开发这种清洁可再生资源具有巨大潜力，但首先要解决一些重大问题后，海流才能成为一种实用能源。
- 哪些环境因素会阻碍近海海流发电系统的发展？
- 讨论海流发电装置的优势。

第 8 章 海浪和水动力学

冲浪爱好者挑战葡萄牙纳扎雷的惊涛巨浪。极限冲浪爱好者都会对巨浪感兴趣，巴西人罗德里戈·科萨于 2017 年创造了一项新的世界纪录，在葡萄牙纳扎雷附近的北普拉亚海滩，成功征服了 24.4 米高的破碎波。此地巨浪受特殊海洋因素综合影响形成

主要学习内容

8.1 　了解海浪的生成及传播过程

8.2 　描述海浪的特征

8.3 　讨论风生浪的发育过程

8.4 　解释碎浪带中的海浪变化

8.5 　描述海啸的成因与特征

8.6 　评估将海浪作为能源的优势与劣势

你了解海洋吗？黑暗而深邃，波涛汹涌，波澜壮阔。

——范妮·克罗斯比（1820—1915），诗人

　　北普拉亚海滩位于葡萄牙中部沿海的纳扎雷小镇西侧，这里的海浪高度非常惊人，海洋学方面的主要影响因素包括如下三个：一是主冲浪区位于某陆地突出点（海岬）附近，由于海浪折射等原因，海浪的能量（波浪能）往往趋于集中，本章接下来将介绍相关内容；二是该冲浪区与北大西洋直接贯通，以冬季风暴和惊涛骇浪闻名于世；三是海岸附近存在海底峡谷，可将海浪的能量汇聚在岸边。一般来说，当波涛汹涌的海浪接近海岸线时，由于与浅海海底接触并发生摩擦，往往会损耗不少能量。纳扎雷海滩则与众不同，当海浪穿过深水海底峡谷后，刚好在海滨线位置变成巨浪。在这些因素的共同作用下，这个地点对于任何冲浪高手都具有极强的挑战性，吸引其来此体验全球最极端海浪带来的惊险与刺激。实际上，北普拉亚海滩巨浪已入选吉尼斯世界纪录，被列为有史以来最大的海浪。2011 年 11 月，美国冲浪运动员加勒特·麦克纳马拉征服了 23.8 米高的巨浪（据官方记录），创下了全球最大海浪世界纪录。2017 年 11 月，巴西极限冲浪运动员罗德里戈·科萨再展雄姿，征服了北普拉亚海滩的更高海浪，裁判员判定海浪最高值为 24.4 米。

　　海浪大多由风驱动，规模相对较小，释放能量较为温和。但是，海洋风暴会将海浪堆积到极致高度，当这些海浪涌向海岸时，通常会造成毁灭性影响，或者形成滔天巨浪景观（如北普拉亚海滩）。海浪是沿空气－海水（海气）界线传播的移动能量，一般可将海上风暴生成的能量传送至几千千米以外。因此，即便表面上看似风平浪静，但是由于海面上的海浪不断涌动，海洋实际上始终在不停地运动。

8.1 　海浪是如何生成及传播的？

　　所有海浪均从扰动开始，始作俑者是扰动力（Disturbing Force）。例如，把石块扔进平静的池塘水面时，会产生向各个方向辐射的波浪扰动。海浪与此类似，只不过是能量在海面传播而已。

8.1.1 　扰动生成海浪

　　海浪大多由风生成。就像把石块扔进池塘一样，海浪会向各个方向散开，只是规模要大得多。
　　波浪（Waves）由不同密度流体的运动形成，沿流体之间的界面（边界）传播。空气和海洋均为流体，所以界面（之间和内部）沿线会形成波浪，具体说明如下。

- 在空气－海水界面沿线，空气在海面上方运动生成海浪（Ocean Waves），简称波/波浪（Waves）。
- 在空气－空气界面沿线，各种不同气团的运动生成大气波/气浪（Atmospheric Waves），通常表现为天空中的波纹状云朵。当冷锋（高密度空气）进入某一区域时，大气波尤为常见。
- 在海水－海水界面沿线，各种不同密度海水的运动生成内波（Internal Waves），如图 8.1a

和图 8.1b 所示。由于内波沿不同密度海水之间的边界传播，因此与海洋中的密度跃层（密度快速变化的水层，参见第 5 章）密切相关。内波的规模远大于表面波，净高甚至超过100 米。潮汐运动、浊流、风应力及海面船只驶过等均会生成内波，有时候甚至可从太空中观察到内波（见图 8.1c）。当判断水下是否存在内波时，水面上的碎波线是否出现平行状水波纹是重要线索。

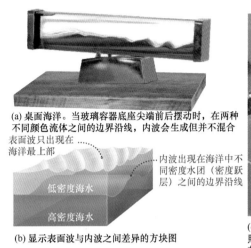

(a) 桌面海洋。当玻璃容器底座尖端前后摆动时，在两种不同颜色流体之间的边界沿线，内波会生成但并不混合

表面波只出现在海洋最上部

内波出现在海洋中不同密度水团（密度跃层）之间的边界沿线

低密度海水

高密度海水

(b) 显示表面波与内波之间差异的方块图

北

巴拉望岛　　苏禄海

图巴塔哈群礁

云

内波

(c) 在菲律宾与马来西亚之间的苏禄海中，日光照射区（明亮区域）内的内波非常明显。该影像获取于2003年4月8日，由Aqua（水）卫星上搭载的中分辨率成像光谱仪（MODIS）拍摄

图 8.1　内波

内波可能会对潜艇造成危害：潜艇在测试最大下潜深度时，如果遇到了内波，可能会被意外带入超过其设计压强的水深位置。此外，内波还与海洋混合和热量传递有关，因此对于开发精确的全球气候模型来讲，了解内波至关重要。

当某些大型物体（如沿岸滑坡或从沿岸冰川中崩解的大型冰山）运动并进入海洋时，可形成称为飞溅波（Splash Waves）的海浪。

巨浪形成的另一种原因是海底的大面积上升或下降，或者发生其他某些地质事件（如水下雪崩、浊流、火山喷发或断层滑动），将大量能量转移至整个垂向水柱（相比之下，风生浪只影响表层水），由此形成的海浪称为地震海浪（或海啸），本章后面将详细介绍此方面的内容。所幸的是，海啸不常发生，但是只要发生，就会淹没沿海地区并造成严重破坏。

潮汐也是一种海浪，主要由月球和太阳的引力导致，属于普遍存在及可预测的海浪类型（见第 9 章）。人类活动也会促发海浪的生成，例如船舶航行于海面时，留下的尾迹就是一种海浪。实际上，小型船只经常顺着大型船舶的尾迹向前行进，海洋哺乳动物有时也会在那里嬉戏。

总之，各种海浪均生成于某种类型的能量传递。图 8.2 中显示了海浪中的能量分布，表明大多数海浪由风生成。

常见问题 8.1　内波是否会破碎？

内波不会像碎浪带中的表面波那样破碎，因为水柱内部界面上的密度差远小于海水－空气（海气）界面之间的密度差。但是，当内波接近大陆边缘时，就会经历类似于碎浪带中海浪的物理变化，导致海浪逐渐堆积，并通过大量湍流运动来消耗能量，本质上属于"靠近大陆即破碎"。

8.1.2　波浪运动

研究海浪（波浪）时，可将其简单视为一种运动的能量。各种类型的波浪均通过物质的周期

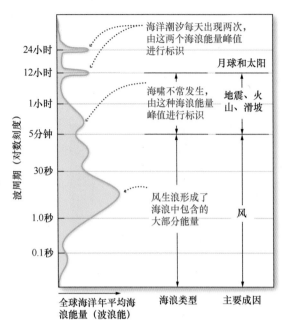

图 8.2 海浪能量全球分布。全球海浪的年平均能量、类型和主要成因，波周期是完整海浪（1 个波长）通过固定位置所需要的时间

性运动来传输（或传播）能量，传输介质本身（固态、液态或气态）并未沿波浪运动方向实际传播，所含质点（粒子）仅作简单振荡或转圈（前后或上下）运动，在不同质点之间实现能量传递。例如，假设用拳头击打一张桌子，能量就会像波浪一样沿桌面向前传播，坐在桌子另一侧的人就能感受到这种能量，但是桌子自身并未移动位置。另一个形象比喻是"麦浪"：在微风吹拂下，麦浪随着小麦的摇曳而向前运动，但是单株小麦却依然停留在原来的位置。

不同类型波浪的运动方式各不相同。如图 8.3 所示，简单的前进波/行波（Progressive Waves）均匀渐进式前行（或传播），其间不发生破碎，可进一步划分为纵波、横波和轨道波（纵波与横波的组合）。

纵波（Longitudinal Waves）也称推拉波（Push-Pull Waves），质点的"推拉"振动方向与波的传播方向相同，就像弹簧交替地压缩及伸展一样。通过压缩与伸展过程，波形（波的形状）在介质中移动。例如，声音的传播方式就是纵波，当拍手的声音穿过房间时，会对空气进行压缩和减压。通过质点的纵波运动，所有状态（气态、液态或固态）的物质均可传递能量。

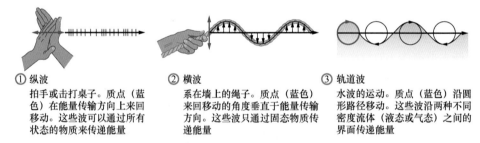

① 纵波
拍手或击打桌子。质点（蓝色）在能量传输方向上来回移动。这些波可以通过所有状态的物质来传递能量

② 横波
系在墙上的绳子。质点（蓝色）来回移动的角度垂直于能量传递方向。这些波只通过固态物质传递能量

③ 轨道波
水波的运动。质点（蓝色）沿圆形路径移动。这些波沿两种不同密度流体（液态或气态）之间的界面传递能量

图 8.3 前进波的类型。3 种类型前进波的示意图：①纵波；②横波；③轨道波

横波（Transverse Waves）也称侧向波（Side-to-Side Waves），其能量传播方向与质点振动方向成直角。例如，如果将绳子的一端系在门把手上，然后手持绳子的另一端上下（或侧向）摆动，那么波形就会沿着绳子向前传递，能量从手传递至门把手。波形随手上下（或侧向）移动，运动方向与能量传播方向（从手到门把手）成直角。一般来说，横波只能通过固态物质来传递能量，因为固态物质中各质点彼此之间的结合强度足以传输这种运动。

由于通过物体传递能量，纵波与横波均被称为体波（Body Waves）。海浪沿两种不同流体（空气和水）之间的界面进行传播，可归类为表面波/面波（Surface Waves）。由于质点运动同时包含纵波与横波，质点沿圆形轨道传播，因此海面上的波浪属于轨道波（Orbital Waves），也称界面波（Interface Waves）。

简要回顾

大多数海浪由风生成，其他类型的海浪（包括内波、飞溅波、海啸、潮汐和人造海浪）通过海洋中的能量转移而生成。

小测验 8.1　理解海浪的生成及传播

❶ 讨论海浪的几种不同生成方式。大多数海浪是如何生成的？
❷ 为什么内波可能在密度跃层内发育？
❸ 描述前进波的 3 种类型。海面上的波浪属于哪种类型？

8.2　海浪具有哪些特征？

图 8.4a 中显示了理想海浪的各种特征，运动波形简单而匀速，将某一来源的能量沿海洋—空气界面传播出去。由于形状非常均匀，类似于正弦曲线表现的振荡模式，所以这些海浪也称**正弦波**（Sine Waves）。虽然理想波形在自然界中不存在，但却能帮助人们了解海浪的特征。

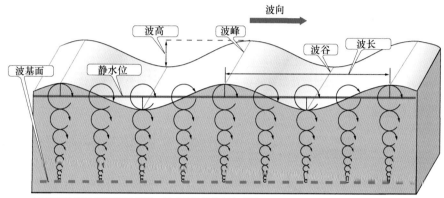

(a) 理想化渐进型海浪示意图，显示了海浪特征和术语

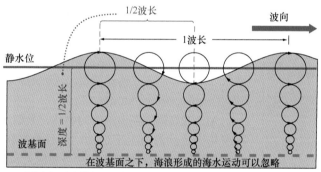

(b) 随着水深逐渐增大，海浪中水质点的轨道运动半径减小。可以看到，波基面（轨道运动的停止深度）与静水位之间的距离为1/2波长

图 8.4　典型前进波的特征和术语

探索数据

❶ 当海浪的波高增大时，波基面会发生什么变化？
❷ 当海浪的波长增大时，波基面会发生什么变化？

8.2.1　海浪术语

当理想化海浪通过永久性标志物（如码头桩）时，一系列较高部位称为波峰（Crests）；交替出现的较低部位称为波谷（Troughs）；波峰与波谷中间的等分部位称为静水位（Still Water Level），也称零能位（Zero Energy Level），即海浪不存在时的静止水位；波峰与波谷之间的垂直距离称为波高（Wave Height），通常用 H 表示。

波长（Wavelength，L）是连续波形上任意 2 个对应点之间（如波峰到波峰或波谷到波谷）的水平距离；波陡（Wave Steepness）是波高与波长的比值：

$$波陡 = H / L \qquad (8.1)$$

如果波陡超过 1/7，海浪就会因过陡而破碎（向前溢出），从而无法支撑自身。无论是在岸边还是海上，只要比值超过 1:7，海浪就会破碎。这个比值也决定了海浪的最大高度，例如对于波长为 7 米的海浪而言，波高最高只能达到 1 米，超出这个高度就会破碎。

完整海浪（1 个波长）通过固定位置（如码头桩）所需要的时间称为波周期（Wave Period），通常用 T 表示，其典型范围为 6～16 秒。频率（Frequency）是波周期的倒数，指单位时间内通过某个固定位置的波峰数量，通常用 f 表示：

$$f = 1 / T \qquad (8.2)$$

例如，波周期为 12 秒时，对应的频率为 1/12（或 0.083）个海浪/秒。

常见问题 8.2　既然海水实际围绕一个地方转圈，海浪运动究竟在传播什么呢？

答案就两个字：能量。众所周知，海浪的能量会对沿海建筑造成严重破坏，掀开重达数吨的水下障碍物，甚至改变整个海滩的形状。如果亲眼目睹过惊涛拍岸现象，就一定能感受到海浪传递的巨大能量。

8.2.2　圆形轨道运动

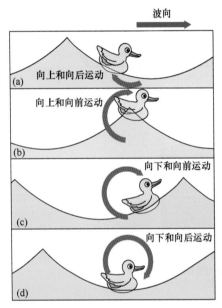

图 8.5　漂浮橡皮鸭的圆形轨道运动。当海浪从左向右传播时，漂浮橡皮鸭的运动轨迹类似于圆形，即所谓的圆形轨道运动

在海洋盆地中，海浪能够超远距离传输。1963 年，由斯克里普斯海洋学研究所沃尔特·芒克博士领衔的一个研究小组，开展了一项极具有代表性的研究，当南极洲附近形成的海浪穿越太平洋海盆时，在多个点位对其进行追踪。一周后，海浪长途跋涉 10000 多千米，最终抵达阿拉斯加州的阿留申群岛海滨线附近。从这项研究及其他许多研究成果中，人们发现海水本身并未传播这么远的距离，实际传播的只是波形（Waveform）。在海浪的传播过程中，海水以圆周运动方式传递能量，这种运动称为圆形轨道运动（Circular Orbital Motion）。

通过观察漂浮在海浪中的物体，人们发现物体不仅会随着每个连续海浪上下运动，而且会略微前后运动。如图 8.5 所示，当波峰接近时，漂浮物向上和向后运动；当波峰刚好通过时，向上和向前运动；当波峰通过后，向下和向前运动；当波谷接近时，向下和向后运动；当下一个波峰接近时，再次向上和向后运动，周而复始。以图 8.5 所示的橡皮鸭运动位置追踪为例，当海浪通过时，橡皮鸭沿着圆形轨道运动，最后返回至初始位置附近。实际上，圆形轨道并不能使漂浮物完全返回初始位置，因为与波峰相比，物体在波谷中"画完"半圆的速度稍慢，导致漂浮物略微向前运动（净质量输运），这被称为海浪漂移（Wave Drift）。虽然如此，这种圆形轨道运动允许波形（波的形状）在水中向前运动，但是传输波形的单个水质点在圆圈内运动，然后返回与初始位置大致相同的地方。"风吹过麦田"也会产生类似的现象：小麦本身不会穿过麦田，穿过麦田的只是麦浪波形。

水面漂浮物的圆形轨道直径等于波高，如图 8.4a 所示。在水面之下，圆形轨道运动快速消失，如图 8.4b 所示。在水面之下的某个深度，圆形轨道变得非常微小，运动甚至可以忽略不计。这个深度称为波基面（Wave Base），等于从静水位测得的波长的一半，即 $L/2$。波基面完全由波长控制，所以波长越长，波基面就越深。

"轨道运动随深度而减弱"存在许多实际应用。例如，潜艇只需下潜至波基面之下，就能够避开海浪的影响，通常只要下潜至 150 米深度，风浪再大也高枕无忧；在建造浮桥和浮式石油钻井平台时，为了不受海浪运动的影响，人们有意将其主体部分建在波基面之下。实际上，在近海浮动机场跑道的设计方面，人们就采用了类似的原理，如图 8.6 所示；当下潜至波基面之下的平静海水中

图 8.6　日本的海上浮动机场跑道。在东京湾的横须贺近海，日本建造了这条名为超级浮坞的浮动机场跑道。这条跑道是全球最长的浮动跑道，长约 1000 米。为了使浮动跑道和桥梁在海面上保持稳定，建造者利用水下浮筒（未显示）作为定海神针，将跑道重量的主体部分置于波基面以下

时，佩戴水肺（自携式水下呼吸装置）的潜水者会感到非常舒服；当从海滩走向海洋并面对海浪时，人们总会找到某个点，在水下潜水比在水面跳跃更容易。与其在海面上与巨浪搏斗，不如在海中游泳来得轻松。

简要回顾

　　海洋通过圆形轨道运动来传递海浪的能量，海水质点在圆形轨道上运动，并且返回大致相同的位置。

8.2.3　深水波

　　水深超过波基面的海浪称为深水波（Deep-Water Waves），如图 8.7a 所示。深水波对海底没有影响，开阔大洋中的所有风生浪（水深远超波基面）均为深水波。

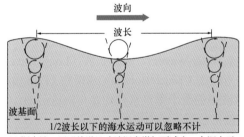

(a) 深水波：圆形轨道尺寸随深度增加而减小。水深大于 1/2 波长

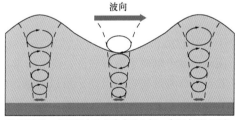

(b) 过渡波：介于深水波与浅水波之间，水深大于 1/20 波长，但小于 1/2 波长

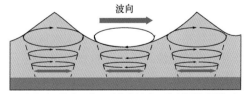

(c) 浅水波：海底干扰圆形轨道运动，造成轨道逐渐变平。水深小于 1/20 波长

图 8.7　深水波、过渡波和浅水波的特征。(a) 深水波；(b) 过渡波；(c) 浅水波，未按比例绘制

　　波速（Wave speed）指海浪的传播速率，一般用 S 表示。数值上，波速等于传播距离除以传播时间，计算公式如下：

$$S = L/T \tag{8.3}$$

基于控制前进波运动的各个公式，深水波的波速取决于（1）波长和（2）地球上的其他几个常量（如万有引力）。代入常量数值后，深水波的波速公式仅随波长而改变，单位变为米/秒：

$$S = 1.25\sqrt{L} \tag{8.4}$$

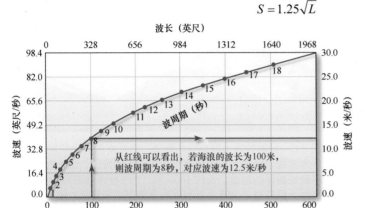

图 8.8 深水波波速的确定。深水波的波长（横轴）、波周期（蓝色曲线）与波速（纵轴）之间的关系

若只知道波周期（T），确定波速也毫无问题，因为式(8.3)中的波速（S）定义为 L/T，代入已知变量即可获得波速值：

$$S = 1.56T \tag{8.5}$$

基于上述公式，图 8.8 中的图表关联了深水波的波长、波周期和波速。在这三个变量中，波周期通常最容易测量。由于三个变量密切相关，因此可用图 8.8 来确定另外两个变量。例如，从图 8.8 中的垂直红线可以看出，若海浪的波周期为 8 秒，则波长为 100 米，因此波速可用水平红线表示为

$$S = L/T = 100/8 = 12.5 \text{米/秒} \tag{8.6}$$

探索数据

❶ 波长为 400 米的深水波的波周期和波速分别是多少？
❷ 波周期为 5 秒的深水波的波长和波速分别是多少？

总而言之，如式(8.3)至式(8.6)所示，深水波的一般关系是"波长越长，波速越快"。但是，波速快并不意味着波高一定高，因为波速只取决于波长。

8.2.4 浅水波

水深小于 1/20 波长的海浪称为浅水波（Shallow-Water Waves），也称长波（Long Waves），如图 8.7c 所示。由于触碰了海洋底部，浅水波常被称为触底（Touch Bottom）或摸底（Feel Bottom），这种现象会影响海浪的轨道运动。可以看到，浅水波中的整个垂直水柱均参与轨道运动，由于不能下潜至波基面之下，佩戴水肺的潜水者无法摆脱圆形轨道运动的影响。

浅水波的波速仅与重力加速度和水深有关。由于重力加速度为地球常量，因此波速公式变为

$$S = 3.13\sqrt{d} \tag{8.7}$$

上式表明，浅水波的波速仅与水深有关，海水越深，波速越快。

在浅水波的实际案例中，主要包括：已传播至较浅近滨水域的风生浪；海底地震形成的海啸（地震海浪）；由月球和太阳引力生成的潮汐。虽然海啸和潮汐穿越了最深的海洋盆地，但是由于波长远超海洋深度，所以仍被视为浅水波。

在浅水波中，质点运在一个非常扁平的椭圆轨道上运动，甚至接近于水平（前后）方向振荡。随着海平面以下的深度不断加大，质点的垂直运动逐渐减弱，使得运动轨道变得愈加扁平。

8.2.5 过渡波

某些海浪同时具备浅水波和深水波的部分特征，称为过渡波（Transitional Waves）。过渡波的

波长是水深的 2～20 倍，如图 8.7b 所示。浅水波的波速是水深的函数，深水波的波速是波长的函数，因此过渡波的波速与水深和波长均密切相关。

小测验 8.2　描述海浪的特征

❶ 波长为 14 米的海浪能超过 2 米高吗？解释理由。

❷ 海浪的哪种物理特征与波基面的深度有关？波基面与静水位有何差异？

❸ 计算具有以下特征的深水波的波速：$L = 351$ 米，$T = 15$ 秒；$T = 12$ 秒；$f = 0.125$ 波/秒。

❹ 对于以下深水波相关描述，判断正确与否并解释原因：波长越长，波基面越深；波高越高，波基面越深；波长越长，波速越快；波高越高，波速越快；波速越快，波高越高。

8.3　风生浪是如何发育的？

大多数海浪由风生成，故称**风生浪**（Wind-Generated Waves）。

8.3.1　海浪的发育

风生浪的生命周期包括 3 个阶段：生成于多风海域，传播于开阔水域（无风状态），终止于能量破碎及释放区域（开阔大洋或近海）。

8.3.1.1　毛细波、重力波和海区

风吹过海面时，平行于海面向下推动，海水堆积成为微型**毛细波**（Capillary Waves），通常称为**涟漪/细浪**（Ripples）。这些毛细波小而圆，具有 V 形谷，波长小于 1.74 厘米，如图 8.9（左）所示。毛细波的名称源自毛细作用（Capillarity），它是由海水表面张力形成的一种特性。要了解与海水表面张力相关的更多信息，请参阅第 5 章。

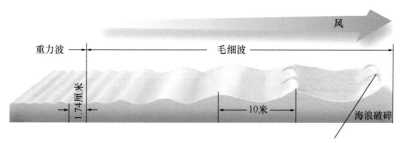

图 8.9　风速增大形成毛细波和重力波。随着风速的增大（从左到右），波高和波长也增大，最初为毛细波，然后发展为重力波。当波陡超过 1:7 时，海浪变得不稳定并破碎。此图为示意图，未按比例绘制

随着毛细波的进一步发育，海面呈现出更加起伏的外观。海水"捕获"了更多的海风，使得海风与海面能够更加有效地相互作用。当更多能量转移至海洋时，**重力波**（Gravity Waves）应运而生。重力波属于对称波，波长超过 1.74 厘米，如图 8.9（中）所示。

一般来说，重力波的波长为波高的 15～35 倍。额外能量介入后，波高比波长的增速更快。波峰变陡，波谷变缓，形成一种摆线状波形，如图 8.9（右）所示。

风赋予的能量会增大波高、波长和波速。波速等于风速时，由于没有净能量交换，波高和波长均不会改变，海浪达到最大尺寸。

风生浪的生成区域称为海区（Sea）或海域（Sea Area），主要特征是波涛汹涌，海浪向多个方向传播。由于风速和风向频繁发生改变，海浪存在各种波周期和波长（多数很短）。

8.3.1.2　海浪能量的影响因素

图 8.10 中显示了海浪能量大小的主要影响因素，包括：（1）风速（Wind Speed）；（2）风时（Duration），即风朝同一方向吹的持续时间；（3）风程（Fetch），即风朝同一方向吹的距离。

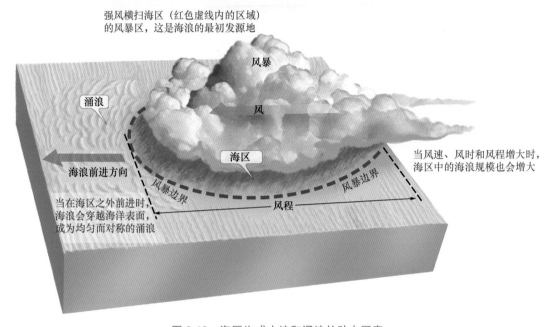

图 8.10　海区生成大浪和涌浪的助力因素

波高与海浪的能量直接相关，海区（海域）中的波高通常小于 2 米，但波周期为 12 秒的 10 米高海浪并不罕见。当海区中的海浪获得能量时，波陡增大，当波陡达到临界值 1/7 时，海浪破碎，形成白浪（Whitecaps）。英国海军上将弗朗西斯·蒲福爵士（1774—1857）最先设计了蒲福风级（Beaufort Wind Scale）和海况表，描述了从"无风"到"飓风"状态的海面外观，详见表 8.1。

表 8.1　蒲福风级和海况

蒲福风级	描述性术语	风速（千米/小时）	照　　片	海面外观
0	无风	<1		海面如镜
1	软风	1～5		海面有鳞状波纹，波峰无泡沫
2	轻风	6～11		微波明显，波峰光滑未破裂
3	微风	12～19		小波，波峰开始破裂，泡沫如珠，波峰偶泛白沫

蒲福风级	描述性术语	风速（千米/小时）	照　片	海面外观
4	和风	20～28		小波渐高，波峰白沫渐多
5	清风	29～38		中浪渐高，波峰泛白沫，偶起浪花
6	强风	39～49		大浪形成，白沫范围增大，渐起浪花
7	疾风	50～61		海面涌突，浪花白沫沿风成条吹起
8	大风	62～74		巨浪渐升，波峰破裂，浪花明显成条沿风吹起
9	烈风	75～88	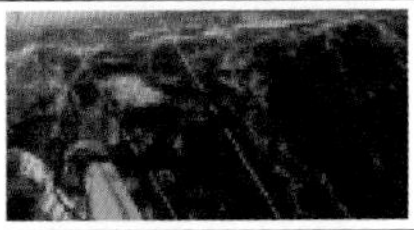	猛浪惊涛，海面渐呈汹涌，浪花白沫增浓，能见度减低
10	暴风	89～102		猛浪翻腾，波峰高耸，浪花白沫堆集，海面一片白浪，能见度减低
11	狂风	103～117	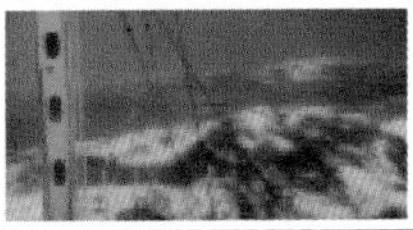	狂涛高可掩蔽中小海轮，海面全为白浪掩盖，能见度大减
12	飓风	>118		空中充满浪花白沫，能见度恶劣

探索数据

❶ 若中小型船舶可能会在海浪中消失一段时间，蒲福风级的级别和描述性术语是什么？

❷ 若海面浪花白沫增多，蒲福风级的级别和描述性术语是什么？

如图 8.11 所示，在基于卫星数据绘制的地图中，显示了 1992 年 10 月 3 日～12 日的平均波高。南半球的海浪特别大，盛行西风带（南纬 40°～60°）拥有全球最高的平均风速，形成了所谓的"咆哮的 40°""狂暴的 50°"和"尖叫的 60°"。

8.3.1.3　海浪可以有多高？

根据美国海军水文局 20 世纪初发表的一份通报，风生浪的最大理论高度不应超过 18.3 米（60 英尺），这就是所谓的"60 英尺定律"。虽然有些独立目击者宣称观测到了更大的海浪，但是美国海军认为超过 60 英尺海浪的任何说法均属夸大其词。当然，在提交极端海况报告时，"夸大波高"完全可以理解。多年来，60 英尺定律获得了人们的普遍认可。

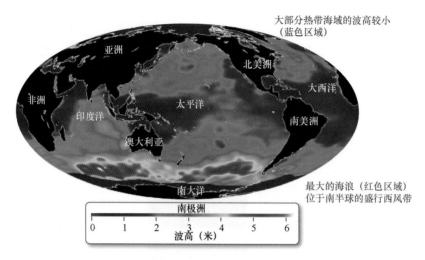

大部分热带海域的波高较小
（蓝色区域）

亚洲

北美洲

大西洋

非洲

印度洋

太平洋

南美洲

澳大利亚

南大洋

最大的海浪（红色区域）
位于南半球的盛行西风带

南极洲

| 0 | 1 | 2 | 3 | 4 | 5 | 6 |

波高（米）

图 8.11　基于卫星数据绘制的波高地图。TOPEX/Poseidon 卫星在运行过程中，从平静海面接收较强的雷达信号，从波涛汹涌海面接收较弱的雷达信号，然后基于这些数据绘制平均波高图。数据获取于 1992 年 10 月 3 日～12 日，单位为米

1933 年，在 152 米长的美国海军拉玛波号油轮上，经过认真仔细的观测，人们发现 60 英尺定律并不正确。在从菲律宾驶往圣地亚哥的途中，该油轮遭遇了西太平洋的强台风，时速高达 108 千米/小时。台风生成的海浪均匀且对称，波周期为 14.8 秒。因为拉玛波号油轮为顺浪航行，所以船员们能够准确地测量海浪。在测量过程中，船员们参照了油轮的尺寸及舰桥上观测仪的视高，如图 8.12 所示。几何关系显示，海浪最高达 34 米，甚至高于 11 层楼！这些海浪打破了"60 英尺定律"，成为迄今为止经证实的最大风生浪记录。虽然拉玛波号油轮基本上完好无损，但在波涛汹涌海面上航行的其他船舶不总是那么幸运，如图 8.13 所示。实际上，由于受到巨浪的影响，每年都有几艘大型船舶在海上消失。

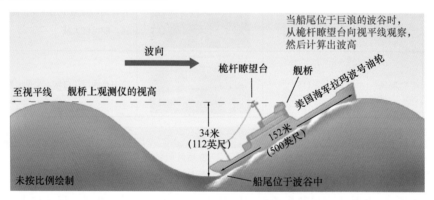

波向

当船尾位于巨浪的波谷时，从桅杆瞭望台向视平线观察，然后计算出波高

桅杆瞭望台

舰桥

美国海军拉玛波号油轮

至视平线　舰桥上观测仪的视高

34米
（112英尺）

152米
（500英尺）

未按比例绘制

船尾位于波谷中

图 8.12　美国海军拉玛波号油轮实际测量了最大海浪（1933 年）。基于巨浪中的船舶几何关系，计算出了创纪录的 34 米波高。从那时起，该纪录从未被超越

8.3.1.4　充分发育海区

对于给定的风速，表 8.2 中列出了最小风程和最小风时，若超出这些数值，海浪不再生长。海浪之所以不再生长，是因为称为充分发育海区/充分成长海区（Fully Developed Sea）的平衡条件已经实现。在充分发育海区中，因重力作用而消耗（破碎成白浪）的能量与从风中获取的能量相等，所以海浪不再生长。表 8.2 中还列出了由充分发育海区生成海浪的平均特征，包括排在前 10%的海浪高度。

图 8.13　本宁顿号航母遭到海浪重创。1945 年，本宁顿号航母在返航途中，在冲绳附近遭到台风和巨浪的重创，造成船头部分钢筋飞行甲板向下弯曲。飞行甲板高出静水位 16.5 米，罪魁祸首是巨浪

表 8.2　各种风速下形成"充分发育海区"所需条件及由此生成的海浪特征

条　件			生成海浪			
风速（千米/小时）	风程（千米）	风时（小时）	平均高度（米）	平均波长（米）	平均周期（秒）	前 10%海浪高度（米）
20	24	2.8	0.3	10.6	3.2	0.8
30	77	7.0	0.9	22.2	4.6	2.1
40	176	11.5	1.8	39.7	6.2	3.9
50	380	18.5	3.2	61.8	7.7	6.8
60	660	27.5	5.1	89.2	9.1	10.5
70	1093	37.5	7.4	121.4	10.8	15.3
80	1682	50.0	10.3	158.6	12.4	21.4
90	2446	65.2	13.9	201.6	13.9	28.4

8.3.1.5　涌浪

当某个海区（海域）生成的海浪向边缘运动时，随着风速逐渐变小，海浪的最终运动速度会超过风速。这种情况发生时，波陡降低，海浪变成均匀对称的长峰波，从发源地向外传播，称为涌浪（Swells）。在浩瀚无垠的海面运动时，涌浪几乎不消耗能量，反而能够将能量从一个海区输送到另一个海区。涌浪能够向遥远地区传播，因此即便是在无风状况下，海滨线位置也会出现海浪。

长波海浪因传播速度更快而率先离开海区（海域），随后才是波速稍慢且波长稍短的波列/波群（Wave Trains）。从长（快）波到短（慢）波的渐次传播过程中，可以看到海浪弥散（Wave Dispersion）现象，即根据波长对海浪进行分类排序。在发源地海区，各种波长的海浪共存。但是在深水区，波速取决于波长（见图 8.8），因此长波会领先于短波。当风区正孕育一场遥远的风暴时，哪些海浪首先抵达海滩具有重要意义。大多数冲浪爱好者都知道，在波涛汹涌的短波海浪出现之前，长波海浪会率先抵达。当（来自波涛汹涌的海区的）海浪发育成为涌浪（平静均匀）时，其经历的传播距离称为衰减距离（Decay Distance），这个数值可能高达数百千米。

当一组海浪离开某个海区并形成涌浪波列（Swell Wave Train）时，虽然前导波（首波）不断消失，但是海浪总量保持不变，因为当前导波消失后，新海浪就会在后面递补（见图 8.14）。例如，

如果生成了 4 个海浪，那么当波列行进时，虽然前导波不断消亡，但是后面随即会生成新海浪，所以整个波列始终保持 4 个海浪不变。由于旧海浪不断消亡，新海浪不断生成，海浪组在海面的整体运动变缓，速度只有单个海浪波速的一半。

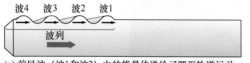

(a) 前导波（波1和波2）中的能量传递给了圆形轨道运动

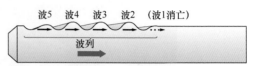

(b) 波1消亡，波2取而代之，新的波5形成于最后

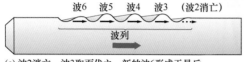

(c) 波2消亡，波3取而代之，新的波6形成于最后

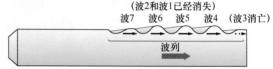

(d) 波3消亡，波4取而代之，新的波7形成于最后。虽然新波占据了主导地位，但波列长度和海浪总数保持不变，使得整体波速为单个海浪波速的一半

图 8.14　波列的运动。在波列运动的图解序列中，前导波消亡，新波在后面递补，波列长度和海浪总量保持不变

常见问题 8.3　涌浪最受冲浪者欢迎，涌浪总是很大吗？

不一定。涌浪是从发源地向外运动的海浪，这些海浪不一定需要具有特定波高才能归类为涌浪。不过，实事求是地讲，大多数涌浪具有均匀和对称的形状，这会取悦于冲浪者。

常见问题 8.4　底涌与风涌有何不同？

底涌（Groundswell）最初是水手专用词汇，目前成为冲浪者的常用术语，指的是深海涌浪，例如可能由遥远的风暴或地震生成的涌浪。底涌的最初含义是指海浪实在太大，以至于波谷露出了海底的"地面"。本质上讲，底涌与风涌（Wind Swell）是同一回事，但是底涌通常是指来自远方的巨浪，风涌则是指局部海域形成的较小海浪。

8.3.2　干涉模式

当不同风暴形成的涌浪汇聚时，海浪相互之间会碰撞或干扰，形成干涉模式（Interference Patterns）。当两个或更多海浪系统相互碰撞时，干涉模式是各海浪形成的扰动之和，最终形成的波谷或波峰可能更大或更小（取决于条件），如图 8.15 所示。

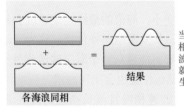

当波长相同的海浪以同相方式（波峰对波峰，波谷对波谷）汇聚时，就会发生相长干涉，可生成更高海浪

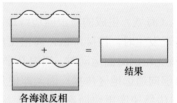

当具有相同特征的海浪以反相方式汇聚时，就会发生相消干涉，可引发抵消效应

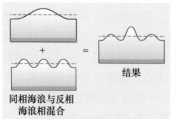

当具有不同波长和波高的海浪相互重叠时，就会发生混合干涉，可生成复杂模式海浪

图 8.15　相长干涉、相消干涉和混合干涉形成多种海浪模式

8.3.2.1 相长干涉

具有相同波长的波列以同相方式（波峰对波峰、波谷对波谷）汇聚时，发生相长干涉（Constructive Interference）。如果将各海浪的位移相加，则干涉模式生成的海浪波长与两个叠加海浪系统相同，但波高等于二者之和（见图 8.15，上左）。

8.3.2.2 相消干涉

具有相同波长的波列以反相方式汇聚时，发生相消干涉（Destructive Interference），意味着第一个波的波峰与第二个波的波谷重合。若两个波的波高相同，则第一个波的波峰和第二个波的波谷之和为零，因此二者的能量相互抵消（见图 8.15，上右）。

8.3.2.3 混合干涉

在大多数海域，更常见的情形是两个（或更多）具有不同波高和波长的涌浪汇聚在一起，发生相长干涉与相消干涉的混合，此时会形成更为复杂的混合干涉（Mixed Interference）模式（见图 8.15，下）。混合干涉模式解释了一些现象，例如大多数人在海滩上经常见到的称为碎波拍/拍岸浪（Surf Beat）的不同序列高低海浪；当两个或多个涌浪接近海滨时，出现其他不规则海浪模式；在开阔大洋中，多个涌浪系统经常相互作用，形成较为复杂的海浪模式（见图 8.16），有时还会生成可危及船舶的大浪。

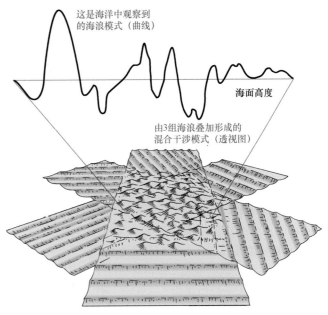

这是海洋中观察到的海浪模式（曲线）

海面高度

由3组海浪叠加形成的混合干涉模式（透视图）

图 8.16　由 3 组海浪叠加形成的混合干涉模式

8.3.3 疯狗浪

疯狗浪（Rogue Waves）是自发、孤立的超级巨浪，浪高非常惊人，经常在普通海浪之间出其不意地出现，例如 20 米高的巨浪可能会突然出现在 2 米高的海浪中。此时是指海浪"不寻常的巨大"。疯狗浪有时称为超级海浪、怪兽海浪、爆冷海浪或畸形海浪，指具有不寻常高度（或者不规则形状）的单个海浪，高度超过 1/3 最高海浪（已知海浪纪录）高度平均值的 2 倍以上。海员们经常将疯狗浪的波峰形容为"水山"，将其波谷形容为"海洞"，就像过山车一样惊险刺激，但可能造成极为严重的灾难性后果。

由于规模和破坏力极大，疯狗浪经常出现在文学和电影作品中，例如《完美风暴》和多次翻拍的灾难巨片《波塞冬历险》。有些疯狗浪威力巨大，对海上石油钻井平台和过往船只造成了极大的威胁。例如，在 1966 年的北大西洋风暴期间，意大利米开朗基罗号豪华邮轮遭遇了疯狗浪，船身破损极其严重，如图 8.17 所示。1995 年，同样是在这个区域附近，伊丽莎白女王二世大型豪华客轮载客 1500 人，艰难通过了飓风路易斯形成的 29 米高疯狗浪。

在开阔大洋中，1/23 的海浪超过平均波高的 2 倍，1/1175 的海浪超过平均波高的 3 倍，1/30 万的海浪超过平均波高的 4 倍，真正超级巨浪出现的概率只有几十亿分之一。虽然如此，疯狗浪确实会出现，例如在 2001 年，通过连续 3 周的卫星观测，科学家们发现疯狗浪的发生频率要高于

(a) 米开朗基罗号邮轮的船头毁于北大西洋风暴

(b) 当疯狗浪袭击了米开朗基罗号邮轮以后，从船舱内透过破损上层结构所见到的情形。可以看到，船头右侧部分缺失（红色椭圆形）

图 8.17　疯狗浪对米开朗基罗号邮轮造成的破坏（1966 年）。1966 年 4 月，在横渡北大西洋时，意大利米开朗基罗号豪华邮轮遭遇疯狗浪。疯狗浪冲上邮轮后，撕扯掉了船头的一部分，在上层结构上截开一个洞，击碎了水位线以上 24 米的舰桥窗户，总计造成 3 人死亡，数十人受伤

预期，该项研究记录了全球 10 余个波高超过 25 米的单独巨浪。即便利用卫星来监测海浪，通常也很难预测疯狗浪具体何时何地出现。例如，2000 年，在加利福尼亚附近的浅水海域，美国国家海洋和大气管理局（NOAA）的巴耶纳号调查船（船高 17 米）正在开展相关调查，突然之间就被一个疯狗浪（波高 4.6 米）掀翻并沉没，所幸船上 3 人幸免于难。

在全球范围内，每年约有 10 艘大型船舶（如超级油轮或集装箱货船）失踪，各种规模船舶的失踪总数约为 1000 艘，人们怀疑疯狗浪是造成这些沉船的主要原因。

虽然如此，科学家们仍然缺乏对疯狗浪的详细船上测量，因为其往往在没有任何预警的情况下出现，而且颠簸的船舶并非理想观测平台。

理论上讲，疯狗浪是一种特殊情况下的海浪相长干涉，多个海浪"同相"叠加，生成一个超级巨浪。疯狗浪更多地出现在"气候锋"附近，以及岛屿或浅滩的下风处。2008 年，一艘日本渔船倾覆在太平洋海域，科学家们最近对当时的海况进行了建模，发现当普通海浪的低频与高频分量相互作用时，如果能量集中汇入一个狭窄频带，就可能生成疯狗浪。

多个强海流相遇时，反向涌浪加强，同样能生成疯狗浪。非洲东南沿海的"狂野海岸"沿线就具备这样的条件，阿古拉斯海流与南极风暴大浪直接针锋相对，条件成熟即可生成疯狗浪，不仅能够冲击船头与船体结构，甚至会吞没结构良好的大型船舶（见图 8.18）。

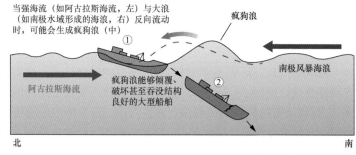

当强海流（如阿古拉斯海流，左）与大浪（如南极水域形成的海浪，右）反向流动时，可能会生成疯狗浪（中）

疯狗浪

南极风暴海浪

疯狗浪能够倾覆、破坏甚至吞没结构良好的大型船舶

阿古拉斯海流

北　　南

图 8.18　非洲"狂野海岸"沿线生成的疯狗浪

简要回顾

相长干涉源于海浪的同相叠加，可生成大浪；相消干涉源于海浪的反相叠加，可令波高降低；疯狗浪的高度非同寻常，可能由多重叠加的海浪相长干涉而成。

小测验 8.3　讨论风生浪的发育过程

❶ 定义涌浪。涌浪必然意味着不同寻常的海浪大小吗？为什么？

❷ 来自不同海域的海浪作为涌浪向外传播，汇合在一起时形成一种干涉模式。如果来自海域 A 的海浪波高为 1.5 米，来自海域 B 的海浪波高为 3.5 米，那么相长干涉和相消干涉分别形成什么样的波高？图解说明你的答案（参考图 8.15）。

8.4 碎浪带中的海浪如何变化？

海域（海区）中由风暴生成的大部分海浪，通常以涌浪形式穿越海洋传播，然后将能量释放到各大陆边缘的碎浪带/碎波带（Surf Zone）中。碎浪带是海浪发生破碎的区域，碎浪（碎波）体现了海浪的强势和持久性，有时甚至可以移动重达数吨的物体。在这样的机制下，来自遥远风暴的能量就能传递到数千千米之外，并最终在海滨线附近的几个狂暴瞬间释放完毕。

常见问题 8.5 3 米高海浪比 1 米高海浪的能量大多少？

有趣的是，海浪形成的能量与其波高的平方成正比。因此，3 米高海浪的威力是 1 米高海浪的 9 倍（而非 3 倍）。一般来说，当向岸碎浪的高度达到 1.52 米时，对游泳者即具有较高危险性，亲历者不会忘记其不可思议的能量。虽然经验丰富的冲浪者喜欢大浪，但较好的冲浪海滩一般不适合游泳。

8.4.1 海浪接近海滨时的物理变化

当深水涌浪经过逐渐变浅（Shoaling）的水域向大陆边缘运动时，最终会遇到小于 1/2 波长的水深（见图 8.19），从而变成过渡波。实际上，任何浅水障碍物（如珊瑚礁、沉船或沙洲）都会令海浪释放一些能量，海员们早就知道碎浪预示着危险的浅水。

探索数据
❶ 波陡超过临界值 1/7 时会发生什么现象？
❷ 假设图 8.19 左侧有一个浅水障碍物延伸至波基面之上，那里的海浪会如何？

传播至浅水海域时，海浪会发生许多物理变化，首先变成浅水波，最终变成破碎波。由于水深逐渐变浅，海浪底部的海水质点运动受到影响，因此波速降低。当波速变慢时，后续波形仍以原速度靠拢，造成波长减小。虽然摩擦会消耗一些海浪的能量，但其余海浪的能量必须有容身之地，因此波高必然增大。由于波高增大和波长减小，造成波陡增大。当波陡达到 1:7 时，海浪就会破碎，形成碎浪（拍岸浪），如图 8.19 所示。

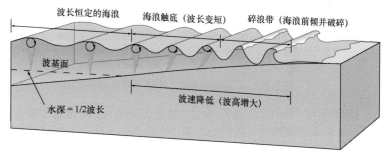

图 8.19 碎浪带中的海浪物理变化。接近海滨并遇到小于 1/2 波长的水深时，海浪触底。随后波速降低，在海滨附近越堆越多，造成波长减小，波高增大。波陡超过 1:7 时，海浪向前倾斜，最终破碎在碎浪带中

如果碎浪是源自遥远风暴的涌浪，破碎波将在相对接近海滨的浅水中发育。浅水波具有水平运动特征，海水以向岸和离岸形式交替振荡运动。碎浪的特征是"相对均匀的破碎波平行排列"。

如果碎浪由本地风生成的海浪构成，那么这种海浪可能不会归类为涌浪。碎浪大多为不稳定的深水高能海浪，陡度已经接近 1:7。在这种情况下，于海滨附近区域触底后，海浪很快破碎，由此形成的碎浪会变得粗犷、汹涌和不规则。

当水深约为波高的 1.3 倍时，波峰破碎，形成碎浪。这种关系提供了估算碎浪带中水深的一种简便方法，即海浪破碎处的水深是破碎波波高的 1.3 倍。当水深小于 1/20 波长时，碎浪带中的海浪开始表现得像浅水波（见图 8.7），水质点运动受到海底的极大阻碍，但是大量海水仍向海滨线方向涌入，如图 8.19 所示。

海浪之所以会在碎浪带中破碎，主要是因为海浪底部附近的质点运动严重受限，导致波形变缓。

但是在海面表层，由于没有接触到海底，绕轨道运行的单个水质点并未减速。此外，在浅水区中，海浪的波高增大。由于海浪的表层波速与底层波速存在差异，表层波速高于底层波速，最终造成海浪倾覆和破碎。破碎波类似于过度前倾的人，如果无法自控，就可能摔倒并"弄破"些什么。

8.4.2 破碎波和冲浪运动

破碎波主要包括 3 种类型。如图 8.20a 所示，崩碎波（Spilling Breaker）在海浪破碎时，湍流的气团和水团沿着浪前斜坡向下流动。崩碎波由平缓倾斜的海底所致，海底从长距离运动的海浪中不断提取能量，最终形成总能量较低的破碎波。因此，与其他破碎波相比，崩碎波的生命周期更长，可为冲浪者提供漫长但兴奋度稍低的冲浪条件。此外，狂风条件造成海浪在近海形成白浪时，崩碎波也是开放式海浪的标准参照物。

如图 8.20b 所示，卷碎波（Plunging Breaker）具有卷曲的波峰，可以在"气穴"上方移动。卷曲波峰之所以发生，主要是因为波峰中的水质点跑得比海浪快，但是下方却没有任何东西支撑其运动。卷碎波形成于坡度适中的海滩斜坡，最适合于冲浪运动，参见本章开篇的照片。

海底存在陡坡时，波浪会被压缩至较短的距离内，造成海浪急速前行而形成激碎波（Surging Breaker），如图 8.20c 所示。这种海浪恰好在海滨线位置形成和破碎，冲浪者应该尽量避开它们。对于冲浪运动员来说，这种海浪的挑战难度最大。

(a) 崩碎波，由平缓的海滩坡度所形成　(b) 卷碎波，由陡峭的海滩坡度所形成，最适于冲浪　(c) 激碎波，由突变的海滩坡度所形成

图 8.20　破碎波的类型。3 种类型破碎波的照片，形成于不同的海滩坡度

冲浪运动（Surfing）是指通过平衡重力与浮力，冲浪者驾驭由重力控制的水上滑板（冲浪板）。如图 8.4 所示，海浪的质点运动表明，水质点向上移动至波峰前方。在这种力和冲浪板浮力的帮助下，冲浪者可在破碎海浪前方纵横驰骋。若想在海浪能量的助推下前行，冲浪者还需要完美地平衡重力（向下）与浮力（垂直于海浪表面）。通过将冲浪板正确定位于海浪前方，熟练的冲浪者可以调节推进重力超过浮力的程度，沿着破碎波表面前行的同时，速度最高可达 40 千米/小时。当海浪经过的水域太浅而无法令水质点继续向上运动时，海浪就会耗尽全部能量，冲浪运动过程也将随之结束。

8.4.3 海浪折射

海浪极少以完美直角（90°）接近海滨，而是某些部分先行"触底"，并在其他部分到来之前减速。这种现象会使得海浪接近海滨时发生海浪折射（Wave Refraction），或者每个波峰（也称波前或波锋）发生弯曲。

图 8.21a 中显示了涌向直线形海滨线的海浪是如何折射的，以及它是如何自行调整至平行于海滨方向的，这就解释了几乎所有海浪都径直冲向海滩（无论最初方向是什么）的原因；图 8.21b 中显示了海浪是如何沿不规则海滨线发生折射的，最终几乎平行于海滨；图 8.21c 中显示了加利福尼亚州林肯点海滩附近的典型海浪折射。

基于对海浪能量的了解，描述海浪最终抵达陆地和灯塔时会发生什么情况。

当海浪沿不规则海滨线折射时，海浪能量（波浪能）将在海滨沿线不均匀分布。在图 8.21b 中，黑色长箭头称为正交线（Orthogonal Lines）或波射线（Wave Rays）。正交线总是垂直于波峰，所以标识了海浪的传播方向。还有一点更为重要，即正交线之间的间距可动态调整，使得任何时候的线间能量都相等，因此可用于标识海浪能量的变化。例如，在远离海滨的地方，正交线均匀分布（见图 8.21b），说明海浪的所有部分都具有相同数量的能量。但是，当海浪接近海滨并发生折射时，正交线在海岬位置向内收敛，在海湾位置向外发散。这说明海浪能量在海岬处集中，在海湾处分散，所以大浪才会出现在海岬处，那里最适合于冲浪，但也最容易遭到侵蚀。海员们早就知晓"突出地点吸引海浪"，冲浪者也清楚海浪折射如何形成较好的"冲浪点"。与此相反，小型海浪出现在海湾处，这里经常成为船只的避风港，也是泥沙沉积的主要区域。有趣的是，相同海浪在海岬和附近海湾处都会破碎，但各自的能量是不相同的，因为海浪折射会造成正交线的间距发生改变，因而能量随之改变。此外，当海浪接近海滨时，还会受到不同海底地貌特征（如浅滩或海底峡谷）的影响。

(a) 直线型海滨线沿线的海浪折射鸟瞰图

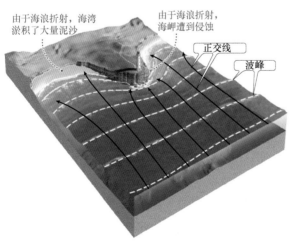

(b) 不规则海滨线沿线的海浪折射透视图

(c) 加利福尼亚州林肯点的海浪折射照片（向西看）

图 8.21　海浪折射。海浪折射是指海浪发生弯曲：(a)直线形海滨线的海浪弯曲；(b)和(c)不规则海滨线的海浪弯曲

科学过程 8.1 海浪揭示的"甜区"

背景知识

海浪中能够有效推动冲浪者的最强大部分称为甜区（Sweet Spot），寻找甜区是冲浪运动中最具有刺激性和挑战性的技能。冲浪者对海浪的甜区有直观感受，但是当他们真正在海浪中上下翻滚时，却很难通过研究真实、运动且破碎的海浪进行识别。以前，没有人能够确切了解海浪的甜区，但是当一位物理海洋学家（同时也是狂热的冲浪爱好者）接受这项挑战后，人们终于解开了这个千古之谜。

形成假设

在研究冲浪波的过程中，研究人员注意到两件事：首先，冲浪者要想真正与海浪浑然一体，在冲浪板上的划水速度必须接近海浪速度；其次，海浪不同部分的传播速度是不一致的，所以冲浪者在海浪上放置冲浪板的位置至关重要。冲浪是否能够成功，关键因素之一是能否调整好冲浪板的位置，充分利用海浪的水平加速度（这是推动冲浪者前进的动力）。所以，研究人员努力尝试回答如下问题：在破碎波上的哪个位置能够找到最大水平加速度？这对获得最快速度及最佳冲浪体验非常重要。

设计实验

通过比较破碎波的理论模型与真实海浪的复杂数学模型，科学家们研究了各种破碎波，确定了它们的最大水平加速度。这项分析的物理基础是空气与海水的相互作用，以及海浪能量是如何传递至接触其表面的质点（如固体冲浪板上的质点）的。

图 8A 海浪揭示的"甜区"

解释结果

研究表明，可提供最大水平加速度的海浪数学甜区是浪卷内部的陡峭部位，刚好位于海浪破碎波峰的正下方，如图 8A 所示。利用这些信息，冲浪者可获得最大加速度和更强冲浪技能。

此外，这项研究通过揭示破碎波混合的发生过程，对于人们了解天气和气候具有实际应用价值。海上的破碎波不像岸边那样常见，但是海浪破碎会在水中形成海流和以海雾形式喷射到大气中的水滴。通过研究这些微小事件的相互影响，人们能够更好地预测风暴、飓风及气候的长期变化。因此，这项研究好处多多，最终受益者可能远不止冲浪领域。

下一步该怎么做？

相对于滑板之下的海浪，如果冲浪者移动得太慢，此时会发生什么情况？如果冲浪者移动得过快，情况又会如何？在这两种情况下，冲浪者应该如何提高自己的冲浪技能？

8.4.4 海浪反射

冲向海滨时，海浪不会消耗掉全部能量，某些垂直障碍物（如海堤或岩壁）可将海浪反射回海洋，使得能量损耗极其微小，这一过程称为海浪反射（Wave Reflection），类似于光线的镜面反射（反弹）。例如，当入射海浪以垂直角度（90°）冲击障碍物时，海浪能量会平行于入射海浪反射回去，通常会干扰下一个入射海浪，形成波形异常。更为常见的情形是，海浪以某个角度冲向海滨，使得能量以相等的角度反射。

8.4.4.1 海楔：海浪反射和相长干涉实例研究

在加利福尼亚州纽波特港（新港）港口的突堤以西，有一个称为海楔（The Wedge）的区域，这是海浪反射和相长干涉相互关系的典型实例，如图8.22所示。突堤是非常坚固的人工建筑，它向海延伸了400米，其中一侧以近乎垂直角度面向入射海浪。当以某一角度冲击突堤的垂向侧面时，入射海浪会以相等的角度发生反射。由于原始海浪与反射海浪的波长相同，因此发生相长干涉，形成高度可能超过8米的卷碎波（见图8.22中的插图）。这些海浪严重威胁着冲浪者的生命安全，即便最有经验的冲浪者也面临着严峻挑战，海楔目前已令许多挑战者受伤甚至丧生。

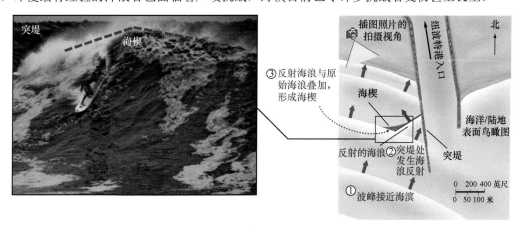

图8.22　加州纽波特港口附近海楔区域的海浪反射和相长干涉。海浪接近海滨时，①在港口的突堤位置，部分海浪能量发生反射；②反射海浪与原始海浪叠加，发生相长干涉；③生成楔形海浪（深蓝色三角形），高度可能超过8米。在照片（插图）中，冲浪者正在挑战海楔，背景中可见突堤

8.4.4.2 驻波、波节和波腹

当海浪垂直冲击障碍物并发生反射时，即可形成驻波（Standing Waves/Stationary Waves）。驻波是波长相同但波向相反的两个海浪之和，其净运动为零。虽然海水质点继续在垂直和水平方向上运动，但不具有前进波（行波）的圆周运动特征。

图8.23中显示了驻波波周期内的海水运动，没有垂直移动的长线条称为波节（Nodes）或波节线（Nodal Lines）。波腹（Antinodes）是波峰与波谷交替出现的地方，包括驻波中垂直运动最大的各点。

当海水在海洋盆地中来回振荡时，最大垂直位移出现在波腹位置。当海水在波腹处从波峰向波谷移动时，为了使相邻波腹的水位能够从波谷上升至波峰，移动水柱不得不沿水平方向运动。结果，波节没有垂直运动，只有水平运动；波腹的水质点运动则完全垂直。

在第9章中介绍潮汐现象时，我们将进一步讨论驻波。在某些情况下，驻波的发育会显著影响沿海地区的潮汐特征。

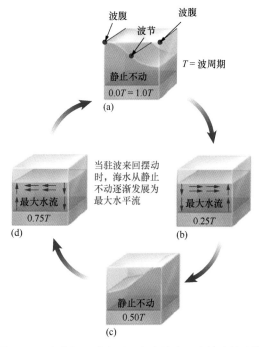

图8.23　驻波的运动序列。在驻波中，当波腹达到最大位移时，海水静止不动，见(a)和(c)；水位水平时，海水运动达到最大值（蓝色箭头），见(b)和(d)。垂直运动出现在波腹下方，最大水平运动出现在波节下方

常见问题 8.6　为什么美国西海岸比东海岸适合冲浪运动？

美国西海岸的冲浪条件更佳，主要原因如下。

1. 太平洋中的海浪通常更大。太平洋大于大西洋，所以风程更长，易于发育更大的海浪。

2. 西海岸沿线的海滩坡度较陡。东海岸沿线的海滩坡度较缓，通常形成不适合冲浪运动的崩碎波；西海岸沿线的海滩坡度较陡，通常形成更适合冲浪运动的卷碎波。

3. 风向更为有利。美国大部分地区受盛行西风的影响，风从海上吹向海滨，使得西海岸附近的海浪得到增强；在东海岸附近，风一般从海滨吹向海洋。

简要回顾

海浪折射是海浪在浅水中缓慢运动引发的海浪弯曲；海浪反射是海浪撞击坚硬障碍物引发的能量反弹。

小测验 8.4　解释碎浪带中的海浪变化

❶ 什么是比值 1:7？超过 1:7 时，海浪会出现什么状况？

❷ 海浪穿过逐渐变浅水域并在海滨破碎时，描述海浪的波速、波长、波高和波陡发生的物理变化。

❸ 描述 3 种不同类型的破碎波，指出其形成时的海滩坡度及各自在碎浪带内的不同海浪能量分布。

❹ 通过实例，描述海浪折射与海浪反射的差异。

❺ 利用正交线图解，描述海浪能量如何在海岬和海湾沿线分布，标出高能和低能的释放区域。

8.5　海啸是如何形成的？

海啸（Tsunami）指偶尔涌入港口且有时具有破坏性的大型海浪。海啸形成于海底地形的突然变化，如水下断层滑动、水下滑坡（如形成浊流或大型海洋火山崩塌）和水下火山喷发等事件。许多人称其为潮汐波或潮波，但海啸其实与潮汐并无关系，诱发机制通常为地震事件，更准确的称谓应该是地震海浪（Seismic Sea Waves）。

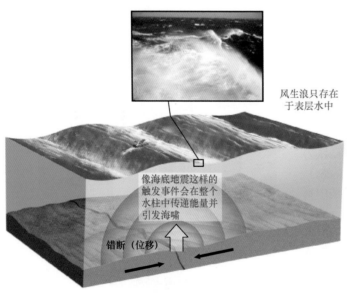

风生浪只存在于表层水中

像海底地震这样的触发事件会在整个水柱中传递能量并引发海啸

错断（位移）

图 8.24　海啸与风生浪的区别

大多数海啸由垂向断层运动引发。水下发生断层运动时，可能会令地壳发生错断（位移），进而引发地震。此时，若海底破裂，就会引发海面水位突变，如图 8.24 所示。当断层垂直位移（海底隆起或下降）时，海洋盆地的体积发生改变而影响整个水柱并形成海啸。相反，当断层水平位移（如与转换断层相关的侧向运动）时，由于不改变海洋盆地的体积，一般不会引发海啸。有些极为罕见的事件也会引发海啸，例如发生水下雪崩或水下火山喷发时，可能会形成超级巨浪，继而引发海啸。此外，当某些大型物体溅入海洋时，例如出现水上沿海滑坡或陨石撞击事件，形成的飞溅

波（Splash Waves）同样是一种海啸。

海啸一般来自传递给海洋盆地的能量，所以能够影响整个大洋水柱，影响范围涉及的平均水深为 4 千米，最深海沟的深度超过 11 千米。另一方面，海面风生浪只影响海洋的表层水域（见图 8.24），

所含能量远远不及海啸。当海啸进入浅水海域时，相当于把来自整个海洋水柱的能量压缩至该浅水海域，海啸将其巨大的能量疯狂地倾泻在海滨，形成一系列强烈的交替性海水涨潮和退潮，造成极其严重的破坏（见图 8.25）。

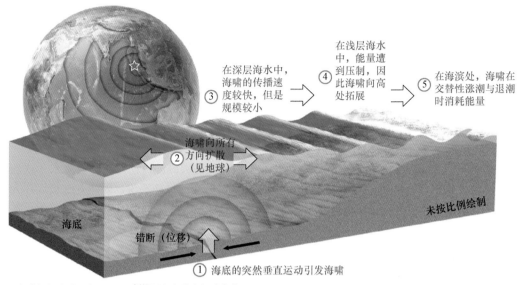

(a) 海啸如何生成、传播以及涨潮为海滨处的极端高度

(b) 2004年12月26日，印度洋海啸淹没了泰国普吉岛的切迪度假村

图 8.25　海啸的生成、传播及破坏

探索数据

　　如果近海断层存在水平（侧向）运动，是否会形成海啸？解释理由。

　　20 世纪中叶，全球总计发生了 498 次可测量海啸，其中 66 次海啸造成了人员死亡。在海啸的成因中，地震占 86%，火山活动占 5%，滑坡占 4%，这些事件的组合占 5%。陨石（或小行星）撞击地球形成的海啸极为罕见，几乎可以忽略不计。

　　典型海啸的波长超过 200 千米，因此是一种在海洋中无处不在的浅水波。如前所述，波基面的深度等于海浪的 1/2 波长，因此海啸的理论深度可达 100 千米深的海底，远深于世界上最深的海沟。由于是浅水波，海啸的传播速度只取决于水深。在开阔大洋中，海啸的传播速度远超 700 千米/小时（可以轻松超越喷气式飞机），但是高度只有 1 米（或更低）。海啸虽然速度很快，但在开阔海洋中的规模并不大，在深水中传播也很难被发觉。但是，当抵达海滨浅水区域后，海啸的传播速度变缓，经历了像风生浪一样的物理变化，造成波高极大上升。

常见问题 8.7　海啸高度的最高纪录是多少？

日本毗邻几个俯冲带，海啸数量为全球之最（智利和夏威夷紧随其后），保持着海啸高度的最高纪录。1971 年，日本南部的琉球群岛发生了有历史记录以来最高的海啸，当时的正常海平面上升了 85 米。在低洼的沿海地区，如此巨大的垂直上升将海水送入内陆数千米，造成了洪水的泛滥和广泛的破坏。

8.5.1　海岸的影响

与人们的普遍看法相反，海啸并不在海滨线形成巨大的破碎波，而是由巨量海水（或涨潮）造成海水急速前进（或后退）。实际上，海啸就像是突然增高的极高潮汐，因此有时被误称为潮汐波。海啸的波峰需要稍长时间才能到达海滨，在此期间，海平面可能会抬升 40 米（相对于正常值），而且这一高度之上还能继续叠加更多的海浪。当强烈的涨潮涌浪冲入低洼海域后，就会造成极为严重而广泛的破坏（见图 8.25b），包括人员伤亡。

当海啸的波谷逼近海滨时，海水迅速从陆地上排出。在沿海地区，这看上去像是突然变低的潮汐，海平面甚至比最低的低潮还要低。因为海啸通常是一系列海浪，所以会有多次交替出现的剧烈涨潮和退潮，而且时间相隔足够长。第一次涨潮的规模一般不是最大的，第二次、第三次甚至第七次涨潮才可能达到最大规模，且可能数小时后才会出现。

根据生成海啸的海底运动的几何形状，波谷有时会率先抵达海岸。例如，在海底断层的下降盘一侧，首先向外传播的海浪部分是波谷，随后才是波峰。相反，在海底断层的上升盘一侧，波峰在先，波谷在后。在波谷首先抵达的海岸，海水被排干，暴露出平时很少能够见到的最低海滨线。探索这些最新暴露的区域并捕捉搁浅生物，对海滨线附近的人们来说是一种极大的诱惑。但是，几分钟后，一股大浪（海啸的波峰）就会奔涌而来。

海啸可引发海水交替性涨潮与退潮，不仅会严重毁坏沿海建筑物，而且会造成人员伤亡。海啸的速度高达 4 米/秒，比任何人跑得都快，被海啸吞噬的人们往往会溺水身亡，或被漂浮物残骸二次伤害（见图 8.26）。

图 8.26　海啸对夏威夷希洛市造成的破坏。1946 年，海啸夷平了夏威夷希洛市的停车场，造成 159 人死亡，经济损失达 2500 多万美元

8.5.2　海啸的历史及近期实例

虽然每年都会发生许多次小型海啸，但是大多数都会被人们忽视。平均而言，全球每 10 年约发生 50 次明显的海啸，每 2～3 年发生 1 次大型海啸，每 15～20 年发生 1 次破坏性极强的特大型海啸。非常不幸的是，在刚刚过去的 10 年里，全球共发生了 2 次最大且最致命的海啸。

海啸主要发生在哪里呢？大约 86% 的巨浪形成于太平洋中，因为在环太平洋海盆的系列海沟沿线，大型地震频发，大洋板块向汇聚型板块边界下方俯冲。在太平洋火环/环太平洋火山地震带（Pacific Ring of Fire）沿线，火山活动较为常见，沿其边缘发生的大地震可诱发特大型海啸。图 8.27 中显示了 1990 年以来发生的重大海啸，大多数分布在太平洋火环沿线。

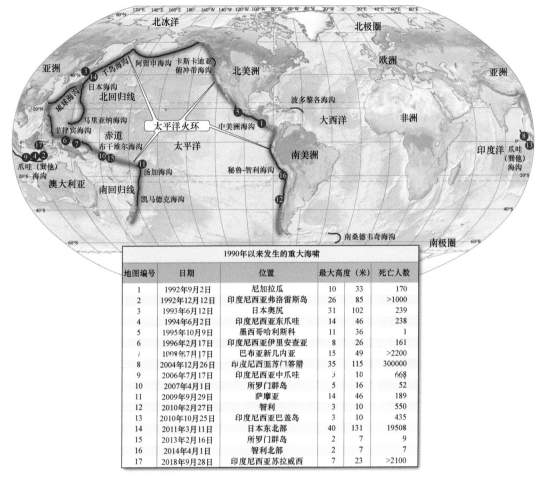

1990年以来发生的重大海啸				
地图编号	日期	位置	最大高度（米）	死亡人数
1	1992年9月2日	尼加拉瓜	10	33	170
2	1992年12月12日	印度尼西亚弗洛雷斯岛	26	85	>1000
3	1993年6月12日	日本奥尻	31	102	239
4	1994年6月2日	印度尼西亚东爪哇	14	46	238
5	1995年10月9日	墨西哥哈利斯科	11	36	1
6	1996年2月17日	印度尼西亚伊里安查亚	8	26	161
7	1998年7月17日	巴布亚新几内亚	15	49	>2200
8	2004年12月26日	印度尼西亚苏门答腊	35	115	300000
9	2006年7月17日	印度尼西亚中爪哇	3	10	668
10	2007年4月1日	所罗门群岛	5	16	52
11	2009年9月29日	萨摩亚	14	46	189
12	2010年2月27日	智利	3	10	550
13	2010年10月25日	印度尼西亚巴盖岛	3	10	435
14	2011年3月11日	日本东北部	40	131	19508
15	2013年2月16日	所罗门群岛	2	7	9
16	2014年4月1日	智利北部	2	7	7
17	2018年9月28日	印度尼西亚苏拉威西	7	23	>2100

图 8.27　1990 年以来发生的重大海啸。在全球位置图及对应表格中，显示了 1990 年以来发生的重大海啸（高度大和/或造成大量人员死亡）。自 1990 年以来，海啸夺去了全球 30 多万人的生命。虽然历史上最致命的海啸是 2004 年印度洋海啸（编号 8），但这些致命海浪通常由环太平洋构造板块碰撞沿线的地震形成。海沟的位置以深红色线条标识，太平洋火环以红色底纹标识

探索数据

利用这幅图中的信息，解释为什么大西洋很少发生海啸。

8.5.2.1　卡斯卡迪亚地震及海啸（1700 年）

1700 年 1 月 26 日，位于太平洋东北部的卡斯卡迪亚俯冲带发生了矩震级为 8.7～9.2 的一次大地震。该大型逆冲断层地震覆盖了整个胡安德富卡板块，从温哥华岛的中部一直延伸至加利福尼亚州的北部，断裂破碎带长约 1000 千米，平均滑距为 20 米。

这次地震塑造了人们现在所见的海底"幽灵森林"——太平洋东北部曾经非常繁茂的森林突然沉降至海平面以下，然后被大量海啸沉积掩埋。此外，基于与这次地震发生时间相吻合的详细历史记录（来自日本），海啸同样袭击了日本海岸，海浪高达 4.9 米，造成了巨大的损失。据地震学家称，从历史上看，卡斯卡迪亚俯冲带沿线属于破坏性大地震多发区域，平均每 300～500 年发生一次。

8.5.2.2　喀拉喀托火山喷发（1883 年）

1883 年 8 月 27 日，喀拉喀托火山岛发生火山喷发，形成了历史上最具破坏性的海啸之一。

喀拉喀托岛位于印度尼西亚，面积大致相当于现在的夏威夷小岛，喷发释放的地球内部能量是有历史记录以来最大的。这个海拔 450 米的岛屿几乎被夷为平地，爆炸声响彻整个印度洋，甚至传到了 4800 千米以外，至今仍为人类有记录以来的最大噪音。火山喷发产生的尘埃上升到大气层中，然后随高空风绕地球旋转，在全球范围内产生了近一年时间的火红夕阳。

由于岛上无人居住，因此并没有多少人因火山喷发而丧生。但是，喷发过程释放的能量引发的海水位移非常大，形成了超过 35 米（12 层楼）高的海啸，摧毁了苏门答腊岛与爪哇岛之间的巽他海峡沿海地区，淹没了 1000 多个村庄，夺走了 36000 多人的生命。海浪携带的能量传递到了全球的每个海盆，甚至被远在伦敦和旧金山的潮位站记录在案。

与印度尼西亚其他 130 座活火山一样，喀拉喀托火山形成于巽他火山弧沿线。巽他火山弧是一条 3000 千米长的弧形火山链，与澳大利亚板块向欧亚板块之下俯冲有关。在两部分地壳汇聚之处，地震和火山喷发活动特别常见。

常见问题 8.8　如果收到海啸预警，最好做些什么事情？

最明智的做法是远离沿海地区，但人们往往希望亲眼见到海啸的壮观景象。例如，2010 年 2 月，智利发生里氏 8.8 级地震后，53 个国家发布了海啸预警。在澳大利亚的太平洋沿岸，各种媒体不停地警告人们"危险迫在眉睫"，但是据电视直播显示，仍有数百人站在低洼海滩上等待海啸的到来。更糟糕的是，某些人全然不顾志愿救生员们的极力阻止，故意游入汹涌澎湃的海啸中。

如果一定要去海滩看海啸，千万要注意人群、道路等情况，最好一直待在海平面 30 米以上（至少）的位置。如果刚好位于较为偏僻的海滩上，一旦见到海水突然退潮，务必立即撤离至地势较高的地方（见图 8.28）。如果地震发生时恰好在海滩上，由于地面摇晃而站立不稳，那么一旦能够站起来，就必须立刻跑向地势较高的地带。

图 8.28　海啸警告标志。该海啸警告标志位于俄勒冈州沿海地区，建议居民在海啸期间撤离低洼地区

海啸第一次涨潮过后，请在数小时内远离低洼沿海区域，因为后续还会发生更多涨潮和退潮现象。据历史记录记载，曾有许多人因为好奇而丧生于第三次、第四次甚至第九次涨潮。

8.5.2.3　印度洋海啸（2004 年）

虽然大多数海啸发生在太平洋，但有时也会发生在其他海洋盆地。2004 年 12 月 26 日，印度尼西亚苏门答腊岛西岸（印度洋沿岸）的俯冲带发生了一次巨大的地震，称为苏门答腊－安达曼地震，这是最近一个世纪以来记录的第二大地震，也是现代地震仪器记录的最大地震。实际上，这次地震非常剧烈，不仅使得遥远的阿拉斯加发生了一些小型地震，而且改变了地球的自转，甚至可能改变了地球的重力场（经计算）。最初，人们认为该地震的矩震级为 9.0，后来调整为 9.2。本次地震发生在巽他海沟附近的海底 30 千米处，印度板块在此俯冲至欧亚板块之下。在这两个板块的交界处，海底破裂了 1200 千米左右，将海底向上推动，产生了约 10 米的垂直位移。正是由于海底的这种突然垂直运动，造成了人类历史上最为致命的海啸。

海啸一旦形成，就以相当于喷气式飞机的速度横扫整个印度洋。地震发生 15 分钟后，海啸袭击了苏门答腊海滨，一系列海水退潮和强大涨潮（高达 35 米）快速交替，许多沿海村庄被完全冲走（见图 8.29），造成数十万人死亡。在距离震源较远的地区，袭来的海浪虽然规模较小，但仍然致命。泰国受到的冲击最大（见图 8.25b），海啸于地震发生约 75 分钟后袭来；在地震发生约 3 小时后，斯里兰卡和印度遭到毁灭性海浪的袭击；地震发生约 7 小时后，海啸袭击了 5000 千米以外的非洲东海岸，能量虽属强弩之末，但是仍旧造成 10 多人死亡。虽然规模要小得多，但人们在大西洋、太平洋和北冰洋同样发现了本次海啸的踪迹。

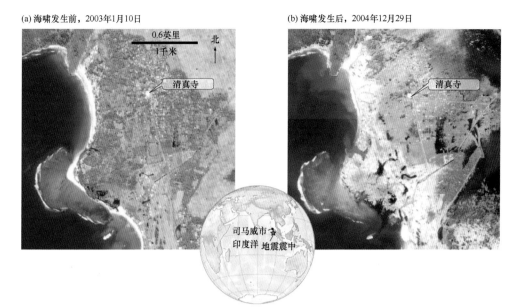

(a) 海啸发生前，2003年1月10日
(b) 海啸发生后，2004年12月29日

0.6英里
1千米
北
清真寺

清真寺

司马威市
印度洋 地震震中

图 8.29　印度尼西亚海啸破坏状况的卫星影像。印度尼西亚苏门答腊西海岸亚齐省司马威市的卫星影像对。
(a)海啸发生前，2003 年 1 月 10 日；(b)海啸发生 3 天后的同一地区，2004 年 12 月 29 日，淹没于 15 米高的海水。在这两幅影像中，清真寺是仍然屹立的为数不多的建筑之一

　　无巧不成书，海啸发生 2 小时后，Jason-1 卫星刚好经过印度洋上空（见图 8.30）。这颗卫星搭载了专门用于精确测量海表高程的雷达高度计（参阅深入学习 3.1），当其以约 500 千米的波长向整个印度洋发射信号时，完全能够探测出本次海啸的波峰与波谷。在第一波海浪袭击斯里兰卡和印度前 1 小时，卫星就发现了海啸迹象，但是来不及向人们发出海啸预警，因为科学家们需要几小时来分析卫星数据。虽然如此，这些卫星数据仍然特别有价值，可以帮助科学家们检验开阔大洋中的海啸传播模型（基于地震数据、测深信息和沿海验潮仪而建立）的精度。

　　在本次海啸中，全球 11 个国家共计 23～30 万人丧生，是有历史记录以来死亡人数最多的一次。海啸还造成了全球数百万人无家可归，经济损失高达数十亿美元。为什么海啸期间会有这么大的生命损失呢？首先，印度洋没有预警系统，缺乏像太平洋中监测地震及海浪活动的浮标网络和深海仪器；其次，缺乏应急响应系统，无法及时提醒人口密集的沿海社区和海

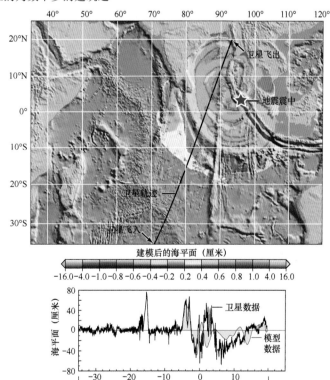

建模后的海平面（厘米）

-16.0 -4.0 -1.0 -0.8 -0.6 -0.4 -0.2 0.2 0.4 0.6 0.8 1.0 4.0 16.0

图 8.30　Jason-1 号卫星探测到了印度洋海啸。2004 年 12 月 26 日，印度洋海啸由苏门答腊近海的大地震（红星）引发。Jason-1 卫星恰好在海啸发生 2 小时后经过印度洋上空（黑线），雷达高度计探测到了海啸的波峰和波谷（彩色），其在开阔大洋中的波高约为 1 米。从卫星穿越期间的示意图表（下）中，可以看出卫星观测的海平面（黑线）与模拟波高（蓝色曲线）之间的差异

滩游客；第三，公众缺乏海啸相关知识，如海水的快速退潮归因于海啸波谷首先抵达，同等强度的海水涨潮随后就到。

科学家们研究了海啸对不同海岸线的影响，发现缺乏保护性珊瑚礁或红树林的地区受到的冲击更大。在许多情况下，海岸线和近海海底的几何形状非常重要，能够影响海啸的高度和沿海建筑的破坏程度。通过研究沉积物岩芯，科学家们发现在最近 1000 年里，该地区还发生过其他几次大海啸。

2006 年 7 月 17 日，印度尼西亚爪哇岛南部沿海的爪哇海沟发生断裂，引发了一次矩震级为 7.7 的强烈地震，随后发生的海啸高达 3 米，总计造成 668 人死亡，至少 600 人受伤，摧毁了大量沿海建筑。这一地区同样经历了 2004 年海啸，但是本次遭到的破坏更严重，说明该地区仍然缺乏全面的海啸预警系统。但是在 2010 年，印度洋海啸预警和减灾系统全面投入使用，部署了大量仪器设备，如深海压力传感器、浮标、陆地地震仪、验潮仪、数据中心和通信升级等。在未来几年中，该系统将继续升级，主要是增加探测浮标的数量。在加强对公众开展海啸应对教育的基础上，当新型海啸预警系统全面投入使用后，印度洋沿岸国家将会更好地应对未来海啸的破坏力。

8.5.2.4　日本海啸（2011 年）

2011 年 3 月 11 日，在日本东北部海域的日本海沟处，发生了人类历史上有记录以来的第四大烈度的地震，矩震级高达 9.0。在这场著名的东日本大地震中，海底向上抬升了数米，日本岛整体移位了 4 米，诱发的毁灭性海啸波及整个太平洋（见深入学习 8.1）。总体来讲，这场地震和海啸是世界历史上代价最为昂贵的自然灾害，经济损失高达 2350 亿美元。

8.5.3　海啸预警系统

1946 年的海啸袭击夏威夷后，美国建立了覆盖整个太平洋的海啸预警系统，并且逐步发展成为现在的太平洋海啸预警中心（Pacific Tsunami Warning Center，PTWC）。该中心协调着 25 个环太平洋国家提供的信息，总部设在夏威夷的伊娃海滩（火奴鲁鲁附近）。海啸预警系统利用地震波来预测破坏性海啸，因为有些地震波的波速要比海啸快 15 倍。此外，最近在太平洋深海海底，海洋学家们建立了高精度压力传感器网络。该项计划称为海啸深海评估和报告（Deep-ocean Assessment and Reporting of Tsunamis，DART），旨在利用海底传感器，从上方经过的海啸中获取微小但明显的压力脉冲。压力传感器将信息传送给位于海面的浮标，浮标再通过卫星来传输数据，海洋学家们据此追踪开阔大洋中的海啸传播路径，如图 8.31 所示。DART 浮标是海啸预警系统的重要组成部分，目前已在所有大洋中部署。

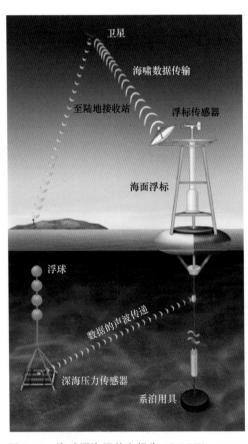

图 8.31　海啸深海评估和报告（DART）。DART 系统包含深海压力传感器，可以探测到从上方经过的海啸。压力传感器将信息传输至海面浮标，浮标通过卫星来传输数据，海洋学家们据此追踪开阔大洋中的海啸传播路径

深入学习 8.1　毁灭性海浪：2011 年日本海啸

2011 年 3 月 11 日，日本国民和全球地震学家们收到了一个令人震惊的噩耗：在日本东北部海域附近，发生了一次远超人们想象的超级大地震。这就是著名的 2011 年东日本大地震，矩震级高达 9.0，震源位于日本海沟沿线，太平洋板块在此向日本下方俯冲（见图 8B）。本次地震令日本海岸向东移动了 8 米，并使海底（面积相当于康涅狄格州）向上抬升了 5 米。海底的这种突发性垂直位移将能量传导至太平洋中，引发了历史上规模最大、研究程度最高的海啸之一。

虽然日本在备灾方面很有心得，但大量居民并未收到准确的海啸预警，许多人选择待在危险地点（部分原因是他们误解了风险程度）。基于对地震的初步评估，在地震发生后 3 分钟内，日本气象厅（JMA）发布了海啸预警。该机构预测海啸高度仅为 3～6 米，许多人没有立即采取行动，因为他们非常信任日本规模庞大的"海啸墙"网络。此外，由于之前存在错误

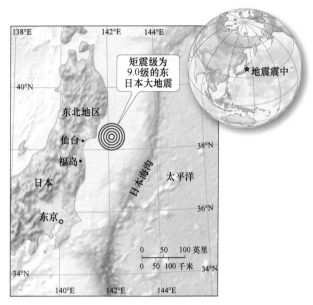

图 8B　2011 年东日本大地震。矩震级为 9.0 的东日本大地震的位置，这是有史以来日本发生的最强地震，震源位于日本海沟沿线，造成海底向上抬升，引发了一场毁灭性的特大型海啸

预警，造成有些居民忽视了正确预警。在接下来的几分钟内，日本气象厅重新发布了 10 米级海啸预警，但是由于供电系统遭到破坏等原因，许多人并未收到最新的预警信息。

地震发生约 20 分钟后，海啸席卷了日本东北部海岸沿线。在那里，大多数渔村和城镇位于狭长海湾的末端，因为这些海湾可为抵御风浪提供防护。但是，正是由于这些狭长海湾的存在，一定程度上放大了海啸的高度。海啸的最初涨潮高度约为 15 米，很容易越过保护港口的海啸墙和海岸边缘（见图 8C），继而渗透至

图 8C　在日本东北部的宫古岛，2011 年海啸漫过了防护性海堤

内陆 10 千米之远。在某个区域，由于近海地形存在放大作用，海啸达到创纪录的 40 米高度。

自 2004 年印度洋海啸以来，太平洋海啸预警中心扩大了浮标网络的覆盖范围，具备向整个太平洋地区发布海啸预警的能力，并且可以精确预测海啸的登陆时间，提醒沿海社区做好应对准备。在地震发生 7 小时后，海啸袭击了夏威夷；又过了 3 小时，海啸抵达加州海岸，伴随着高达 2 米的大浪，港口、码头和海滨度假村遭到严重破坏。地震发生 20～22 小时后，海啸袭击了秘鲁和智利海岸沿线，造成了轻微破坏。菲律宾、印度尼西亚和新几内亚等地也受到海啸不同程度的影响。

在日本，由于建筑规范严格、防震准备周密和预警系统先进，地震造成的死亡人数通常较少，经济损失一般不大。但是，这次海啸却摧毁了大量小城镇和村庄，共计造成 19508 人死亡，近 50 万人流离失所，数千人在 2 年后仍然住在临时庇护所（如高中体育馆）。海啸还破坏了福岛第一核电站的供电系统，使得核反应堆的水循环系统无法冷却，造成 3 个核反应堆发生爆炸，释放出的放射性物质持续困扰着日本中部地区。放射性物质还扩散到海洋中，科学家们目前正在开展相关研究，

评估这些物质对海洋生物产生的影响。

　　海啸的破坏力极大，裹挟了大量漂浮物残骸，包括船只、汽车、建筑材料、家居用品甚至整栋房屋。据日本官方估算，约500万吨漂浮物残骸随海浪涌入大海，其中约70%沉入海底，约150万吨漂浮在海面上。监测发现，在北太平洋流涡中各海流的输送下，这些漂浮物残骸缓慢扩散并跨太平洋移动。虽然有些漂浮物残骸最终会下沉、分散或生物降解，但夏威夷和整个太平洋地区均已发现相关残骸。例如，在美国西海岸沿线，日本渔船、木材、塑料、浮标、玩具和冰箱等漂浮物残骸数月后被冲上岸，更多漂浮物残骸甚至在几年后抵达。

　　你学到了什么？

　　1．为什么大量日本民众没有注意到2011年东日本大地震后立即发布的海啸预警？

　　2．海啸向太平洋释放了多少漂浮物残骸？这些碎片最后出现在哪里？

8.5.3.1　海啸监测和海啸预警

　　当海面以下发生的地震扰动足以引发（即形成）海啸时，海啸预警就会发布，此时的海啸或许已经在路上，或许尚未形成，但存在可能性。

　　在整个太平洋范围内，太平洋海啸预警中心（PTWC）部署了一系列海底压力传感器、海洋浮标和潮位观测站，距离地震最近的观测站能够密切监测海浪活动的任何异常迹象。如果海浪活动异常得到确认，海啸监测将升级为海啸预警。一般来说，矩震级小于6.5的地震不会形成严格意义上的海啸，因为缺乏引发海啸所需的持续地面震动时间。此外，转换断层通常不会引发海啸，因为转换断层的横向运动与垂向断层运动不同，无法令海底起伏并将能量传递给垂向水柱。

　　探测到海啸发生后，预警系统向可能遭受海浪破坏的所有沿海地区发出预警，同时发布海啸预计抵达时间。海啸预警通常在海啸抵达前几小时发布，为疏散低洼地区的人员和转移港口停泊的船只预留了时间。但是，地震震中距离较近时，就没有足够的时间来发布预警，因为海啸的传播速度实在是太快了。海啸与飓风不同，飓风的强风和巨浪威胁着海上的船舶，当飓风来临时，最好将船舶停靠在沿海港口；海啸则将船舶从海岸停泊处冲向大海，或者冲上海岸，因此在海啸预警期间，最好的办法是将船舶驶离沿海港口，驶入不受海啸影响的深水区。

8.5.3.2　海啸预警的有效性

　　自1948年成立以来，太平洋海啸预警中心（PTWC）有效降低了由海啸所造成的生命损失，人们越来越重视疏散预警信息。但是，随着越来越多建筑物建在海边，海啸造成的财产损失正在逐步增加。为了减轻海啸造成的破坏，在特别容易发生海啸的国家（如日本），政府部门投资建设了海岸隔离带、海堤及其他海岸防御工程。

　　为了降低海啸造成的财物破坏和人员伤亡，最好的办法之一是限制在海啸频发的低洼沿海地区建设工程项目。但是，大型海啸之间的时间间隔特别长（通常超过200年），人们往往会逐渐淡忘发生过的灾难，对潜在危险放松警惕。

　　　　　　常见问题8.9　下一次大海啸将在何时何地发生？
　　虽然大多数海啸发生在太平洋，但它能够影响全球任何沿海地区。海啸预测目前仍处于初级阶段，但是研究大地震历史的地震学家（古地震学家）经潜心研究，根据标识以往海啸规模和频率的沉积物记录等证据，可对未来海啸做出预测。应用这项技术，古地震学家预测以下两个地区会发生大规模破坏性海啸：（1）在2004年造成30万人死亡的印度洋相关海域，未来30年内可能还会发生类似的海啸；（2）在美国西北部太平洋海岸附近（存在俯冲带），1700年发生过一场大海啸，目前可能正在酝酿另一场大海啸。在这两个地点，海啸的发生只是时间问题。

简要回顾

　　大多数海啸与水下断层运动有关。水下断层运动可将能量传递给水柱，当这些又快又长的海浪涨潮并涌上海岸时，就会造成相当严重的破坏。

小测验 8.5　描述海啸的成因和特征

❶ 为什么海啸更可能形成于海底断层的垂直运动而非水平运动？

❷ 描述风生浪与海啸之间的差异。哪种海浪能够传递更多的能量？

❸ 当海啸的波谷首先抵达时，海滨线会是什么样子？迫在眉睫的危险是什么？

❹ 解释太平洋海啸预警系统的工作原理。为什么要在最近的潮位观测站确认海啸？

8.6　海浪能量是否能够作为能源？

　　流水具有巨大的能量，因此河流上的水电站非常多。海浪中存在的能量更大，但要有效利用这种能量，还必须解决一些重大的问题。例如，通过任何设备来利用海浪能量时，必须解决一个重大工程问题，即防止相关设备被海浪的强大力量破坏。此外，当把配备暴露运动部件的复杂机器部署到海洋环境中时，还面临与腐蚀和生物污染相关的挑战，即藻类及其他海洋生物在机器上越聚越多。

　　海浪能量（波浪能）还存在另一个主要缺点，就是只在大型风暴海浪袭击它时，系统才会生成大量电能。因此，该系统无法提供持续可靠的电力，只能作为电力补充之用。此外，在海滨沿线，还需要建造一系列（100 个或更多）此类工程，可能会对环境产生重大影响，对依靠海浪能量迁移、运输食品或清除废物的海洋生物产生负面影响。同时，海浪能量的利用可能会改变海岸沿线的泥沙输运，造成沉积物缺乏地区侵蚀严重。

　　虽然如此，海浪中蕴藏的巨大能量仍然可用于发电。近海海浪发电厂可以利用近海海域的较高海浪能量，但是非常容易在大浪中受损，维护起来也较困难。海浪发电的最有利位置是海浪折射（海湾）和汇聚（海岬）的位置，因为这些地方的海浪能量较为集中（见图 8.21b）。利用这一优势，系列海浪发电厂可在每千米海滨线上发出高达 10 兆瓦的电力，每兆瓦电力足以满足 250 个美国普通家庭的电力需求。

　　内波也是一种潜在能源，在具有能够集中海浪能量的海底形状的海滨沿线，内波可以通过海浪折射有效地集中，从而为发电厂的能量转换设备提供动力。

8.6.1　海浪发电厂和海浪农场

　　2000 年，全球首座商业规模的海浪能量发电厂开始发电。该发电厂坐落于苏格兰西海岸附近的艾莱依小岛，由福伊特水力发电公司（Voith Hydro Wavegen，以下简称 Wavegen 公司）负责建造，安装了陆装海洋能量转换器（Land Installed Marine Powered Energy Transformer，LIMPET 500），具有很高的海浪能量开发潜力。在向海侧，发电厂设计了半水下舱室，如图 8.32a 所示。海浪接近时，舱室内部的水位上升，顶部空气受到压缩而通过涡轮排出，涡轮旋转即可发电，如图 8.32b 所示。海浪后退时，舱室中的水位下降，涡轮重新吸回空气。为了在整个海浪循环周期中持续发电，该套装置可让双向气流都可通过涡轮。LIMPET 500 作为研究与试验设施而建造，最初配置的涡轮发电机容量仅有 500 千瓦（可满足约 125 个美国家庭的能源需求），后来升级为能够发出更多电力的高效涡轮机，目前仍在不断升级。

最近，Wavegen 公司的技术在穆特里库断流发电厂获得应用。该发电厂由 16 个单元的涡轮发电机组构成，位于西班牙北部的巴斯克地区，由巴斯克能源局负责开发，成为全球唯一实现商业化运营的海浪发电厂。在苏格兰西海岸附近路易斯岛的西尔达地区，将会安装应用海浪发电技术的另一座海浪发电厂，最高发电量达 30 兆瓦，有望成为全球最大规模的海浪能量发电厂。

2008 年，在葡萄牙北部海岸之外，佩拉米斯（海蛇）海浪电力公司（Pelamis Wave Power）建成了全球首座海浪农场（Wave Farm）。该项目采用 3 个 150 米长的装置，类似于庞大的分段海蛇，半淹没在海洋中，如图 8.33 所示。波峰来临时，各分段随之上下起伏，液压动力装置通过涡轮泵送可生物降解的液压流体，进而产生电能。这些海浪发电设备已投入使用，为葡萄牙电网提供了高达 2.25 兆瓦的电力，未来计划再增加 26 台套。

(a) 全球首座商用海浪发电厂LIMPET 500

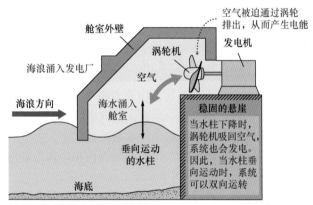
(b) 海浪发电厂的内部结构示意图，说明了海浪发电的工作原理

图 8.32　海浪发电厂的工作原理

图 8.33　利用海浪发电。这种海浪发电设备类似于一条分段漂浮的巨大海蛇，设计目标是可在海浪通过时灵活屈伸，产生电能。目前，在葡萄牙北部海域附近，由 3 个此类装置组成的海浪农场正在发电，未来计划再增加 26 台套

目前，全球各地正在开发约 50 个海浪发电项目，它们通过各种不同的方法来利用海浪能量：采用浮筒或水下活塞等装置（每次海浪经过时上下振荡）；采用系绳桨（前后振荡）；从沿岸建筑物顶部的破碎波中收集海水，然后利用海水的重量来驱动涡轮机，向下冲击并返回海洋。2013 年，彭博新能源金融公司（总部位于伦敦的一家咨询公司）预测，22 个潮汐项目和 17 个海浪项目将于 2020 年成功实施，总发电量将超过 1 兆瓦，足以为 250 个美国普通家庭供电。

8.6.2　全球海岸沿线的海浪能量资源

最新预测表明，全球海浪能量的资源总量约为 1～10 太瓦（万亿瓦）。相比之一，目前全球生

成的能源总量（所有来源）约为12太瓦。在建设更多的海浪发电厂和海浪农场时，最佳地点应该选择在哪里呢？图8.34中显示了全球沿海地区的平均波高，标出了海浪发电最有利的地点（红色区域）。该图显示，在北纬或南纬30°～60°，中纬度地区的风暴系统自西向东移动，造成各大陆西海岸受到的海浪冲击比东海岸的大。因此，在一般情况下，西海岸的海浪能量通常要多于东海岸。此外，某些特大海浪（及发电潜力）与南半球中纬度地区的盛行西风带有关。

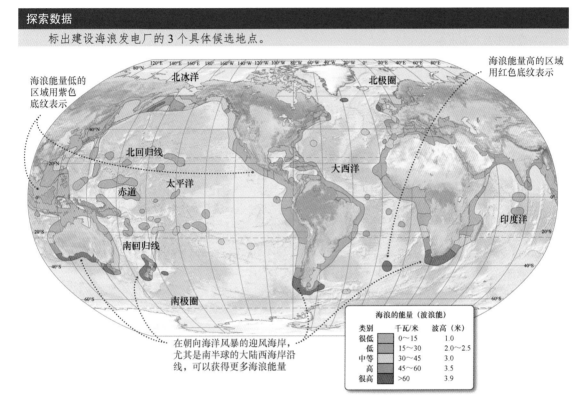

图 8.34　全球海岸沿线的海浪能量资源。在这幅海岸沿线的海浪能量地图中，海浪能量最高的区域用红色表示；"千瓦/米"为发电潜力（如每米"红色"海岸线具有60千瓦以上的发电潜力）；相应的平均海浪高度（波高）以米为单位

主要内容回顾

8.1　海浪是如何生成及传播的？

- 所有海浪均始于"扰动"向海洋释放的能量，能量来源包括风、不同密度流体的运动、滑坡与流星的撞击、水下海底运动、月球与太阳对地球的引力及人类的海洋活动等。
- 初始化后，通过在构成物质的质点中建立振荡运动模式，海浪即可对能量进行传输。根据质点振荡的不同模式，前进波可划分为纵波、横波和轨道波。海浪中的水质点主要沿轨道路径运动。

- 对比 3 种类型前进波的属性，即纵波、横波和轨道波。
- 对于每种波，用自己的语言解释其运动原理。

8.2 海浪具有哪些特征？

- 海浪的描述性特征包括波长、波高、波陡、波周期、频率和波速。海浪传播时，海水以圆周运动方式来传递能量，称为圆形轨道运动。这种运动令波形向前传播，海水质点本身不前行。随着深度不断加大，圆形轨道运动逐渐减弱，并在波基面处完全停止。
- 水深大于 1/2 波长时，前进波以深水波形式向前传播，波速与波长成正比；水深小于 1/20 波长时，海浪以浅水波形式向前传播，波速与水深成正比；过渡波的波长介于深水波与浅水波之间，波速取决于波长和水深。
- 为了强化对海浪术语的理解，凭记忆绘制简单的前进波图表，包含海浪的运动轨迹和运动方向，标出波峰、波谷、波长、波高、波基面和静水位。
- 利用图 8.8，考虑以下两种深水波：（1）波长为 200 米；（2）波长为 400 米。确定每种波对应的波周期和波速。然后，讨论确定答案的过程，说明波长、波周期与波速之间的一般关系。

8.3 风生浪是如何发育的？

- 风生浪在海区（海域）生成时，首先形成波峰呈圆形且波长小于 1.74 厘米的毛细波。随着海浪能量的逐渐增加，波速、波长和波高增大，形成重力波。风生浪规模的影响因素包括风速、风时和风程，达到特定风速、风时和风程的最大波高时，形成称为充分发育海区的平衡状态。
- 通过称为涌浪的均匀对称海浪，能量可从海区（海域）跨海传输。涌浪的不同波列可以形成相长干涉、相消干涉或混合干涉模式。相长干涉能够形成超级大浪，称为疯狗浪。
- 利用 1933 年美国海军拉玛波号油轮经历的破纪录海浪信息，确定海浪的波长和波速。
- 利用表 8.2，确定如下两种情况下生成的海浪特征，包括平均高度、平均波长、平均周期和排在前 10%的海浪高度：（1）风速为 40 千米/小时；（2）风速为 80 千米/小时。

8.4 碎浪带中的海浪如何变化？

- 接近海滨浅水时，海浪会出现许多物理变化。波陡超过 1:7 而破碎时，海浪会在碎浪带中释放能量。海浪在相对平坦的海面破碎时，形成崩碎波；海浪陡坡海面破碎时，形成最适合冲浪的卷碎波；海浪在突变的海滩斜坡破碎时，形成激碎波。
- 涌浪接近海岸时，遇到浅水的首波速度变缓，但深水中的其他海浪仍然以原速前行，造成每个海浪均发生折射或弯曲。海浪折射将能量聚集在海岬，海湾处以低能量碎浪为特征。
- 在海堤或其他障碍物处，海浪反射形成称为驻波的干涉模式。驻波的波峰不像前进波那样横向移动，波腹处交替出现波峰与波谷。波腹之间是波节，那里的海水不存在垂直移动。
- 进入浅水区时，海浪经历 5 种物理变化，造成海浪在岸边破碎。指出各种物理变化的名称，解释其为什么会发生。
- 查阅互联网，介绍冲浪运动的基本物理过程，包括海浪的重要特征及冲浪板的重要属性。

8.5 海啸是如何形成的？

- 海底高程的突然变化形成海啸或地震海浪。当这些海浪在开阔大洋中传播时，波长通常超过 200 千米，波高约为 0.5 米，波速超过 700 千米/小时。接近海滨时，海啸形成一系列快速的退潮和涨潮，可能会令海平面升高 40 米（或更多）。
- 大多数海啸发生在太平洋中，对沿海地区造成了严重破坏。在最近的实例中，最引人注目的是 2011 年"东日本大地震"及其引发的海啸。在 2004 年印度洋海啸中，总计 30 万人死亡，成为人类历史上最为致命的海啸。利用实时地震信息和深海压力传感器网络，太平洋海啸预警中心能够成功地预测海啸，从而大大减少死亡人数。在印度洋上，新的海啸预警系统已投入使用。
- 波长为 220 千米的海啸以深水波形式传播，海洋需要有多深？这样的海浪能在全球任意海域成为深水波吗？解释理由。
- 在冲浪用品店购物时，你无意之中听到有些冲浪爱好者希望一生中至少能征服一次潮汐波，因为这是高度极大的单次破碎波。你想对这些冲浪爱好者说些什么？

8.6 海浪能量是否能够作为能源？

- 海浪可用于发电，但先要解决一些重大问题。例如，在这种高能环境下，任何建筑都会发生倾斜；机械暴露在海水中，造成腐蚀和/或生物污染；在不同的时间范围内，自然海浪的能量变化很大。
- 哪些负面环境因素会阻碍海浪发电系统的发展？你认为应如何解决这些问题？
- 利用图 8.34，从地球上找到靠近人口中心的某个具有较高海浪发电潜力的位置。

第 9 章　潮　汐

潮汐变化。加拿大新斯科舍省布洛米顿省级公园附近，某小型港口中的高潮和低潮场景。芬迪湾存在全球最大的潮差（最高达 17 米），每天都出现如此极端的海平面变化

主要学习内容

9.1 理解引发海洋潮汐的各种力
9.2 解释月潮周期中的潮汐变化
9.3 描述海洋中的潮汐外观
9.4 对比三类潮汐形态的特征及海岸位置
9.5 描述沿海地区出现的潮汐现象
9.6 评估将潮汐作为能源的优势与劣势

我从天体现象中发现了万有引力，世间万物皆会受到太阳和若干行星的吸引。继而，以万有引力为基础，通过其他数学推导和论证，我推断出行星、彗星、月球和海洋的运动。

——《自然哲学的数学原理》，艾萨克·牛顿爵士，1686 年

潮汐（Tides）是指整个海洋中每天发生的周期性海平面上升和下降。随着海平面的每日升降，海洋边缘朝向陆地和海洋缓慢移动。海平面上升时，低潮时形成的沙堡通常会遭到毁坏。在许多沿海活动（如潮池赶海、贝壳收集、冲浪、捕鱼、导航和风暴防范）中，了解潮汐知识极为重要。人类对潮汐一直非常重视，几乎每个港口都保存有长达数个世纪的准确潮汐记录。

沿海地区的居民对潮汐肯定再熟悉不过，但是直到公元前约 450 年，潮汐的首份书面记录才姗姗来迟。即便是早期的水手，也知道月球与潮汐之间有关联，因为二者存在某些类似的形态。例如，高潮与满月（或新月）有关，低潮与弦月有关。但是，直到艾萨克·牛顿（Isaac Newton，1642—1727）发现万有引力定律后，潮汐现象才得到充分解释。

虽然研究起来可能比较复杂，但"潮汐是波长极长的规则浅水波"则无争议，波长可长达数千千米，波高可超过 15 米。

9.1 海洋潮汐是如何形成的？

简单而言，太阳和月球对地球的引力形成了海洋潮汐；全面而言，潮汐由地球、月球和太阳之间的引力和运动共同作用于地球而形成。

9.1.1 引潮力

牛顿量化了地球－月球－太阳系统中包含的各种力，使人类首次了解了各个天体相互环绕并在轨运行的基本支撑力。众所周知，引力将太阳、太阳的各颗行星及各颗行星的卫星连接在一起，并使它们分别保持在相对固定的轨道上。例如，大多数人都知道月球绕地球运行，但实际情况并非如此简单。实际上，地球和月球围绕一个共同的质量中心旋转，称之为重心（Barycenter）。重心是整个系统的平衡点，位于地球表面之下 1700 千米，如图 9.1a 所示。

为什么重心不在两个天体的中间位置呢？因为地球的质量要比月球的质量大得多。假设地球和月球分别是一个物体的两端，一端比另一端重得多，这时可对重心进行可视化描述。例如，如果这个物体是一把锤子，锤柄一端较轻，锤头一端较重，那么通过手指来平衡锤身时，就会发现平衡点位于锤头内部（见图 9.1b）。现在，假设将锤子抛向太空，它会围绕平衡点缓慢翻滚，刚好类似于地球－月球系统的运动状况。如图 9.1a 所示，紫色箭头显示了地球－月球的重心绕太阳旋转的近圆形平滑轨道。

既然月球与地球相互吸引，二者为何不会相撞呢？地球－月球系统具有相互稳定的运行轨道，

由向心力（引力）与惯性力（运动）之间的平衡维系，完全能够防止二者相撞或者各奔东西。通过建立运行轨道，各颗天体之间可保持或大或小的固定距离。

牛顿的发现可以帮助人们理解潮汐的成因。引力和运动不仅能够使各颗天体保持在相互稳定的轨道上，而且会对海洋中的每个水质点（粒子）产生影响，从而形成潮汐。

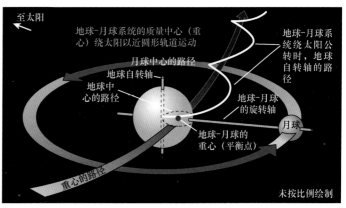

(a) 地球-月球系统的重心（平衡点）绕太阳运动

9.1.1.1　地球－月球系统中的引力和向心力

为了理解引潮力如何影响海洋，首先要了解引力和向心力如何影响地球－月球系统中的地球物体（暂时忽略太阳的影响）。

根据牛顿万有引力定律，宇宙中具有质量的所有物体均为其他物体吸引，两个物体之间的这种力称为引力（Gravitational Force）。物体

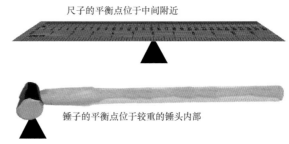

(b) 尺子（上）和锤子（下）的平衡

图 9.1　地球－月球系统的重心。地球－月球的重心类似于抛向太空的锤子，锤头代表地球，锤柄末端代表月球

可以很小（如亚原子粒子），也可以很大（如太阳），这种关系的基本公式如下：

$$F_g = \frac{Gm_1m_2}{r^2} \tag{9.1}$$

上式表明，引力（F_g）与两个物体的质量的乘积（m_1m_2）成正比，与二者之间的距离的平方（r^2）成反比。注意，G 是万有引力常数，恒定不变。

下面对牛顿万有引力定律进行简化，重点检查质量和距离对引力的影响，并且通过箭头（上箭头表示增大，下箭头表示减小）表示如下：

若质量增大（↑），则引力增大（↑）

常见实例如太阳，质量极大，形成的引力也极大，如图 9.2a 所示。距离如何影响引力呢？二者之间的关系如下：

若距离增大（↑），则引力大大减小（↓↓）

式(9.1)表明，引力与距离的平方成反比。因此，即便两个物体之间的距离稍有增加，二者之间的引力也会大大减小，所以上述关系表述中采用了双箭头。这意味着，当两个物体之间的距离增大至 2 倍时，引力只有原来的 1/4。在实际案例中，当宇航员距离地球足够远时，即可在太空中体验到零重力（失重）的感觉，如图 9.2b 所示。总之，物体的质量越大，距离越近（尤为重要），引力就越大。

基于与月球的距离远近，地球上由月球引发的各点的引力大小不一，如图 9.3 所示。最大引力（最长箭头）位于 Z 点，即天顶点（Zenith），这是距离月球最近的地球点。最小引力位于 N 点，

即**天底点**（Nadir），这是距离月球最远的地球点。相对于地心与月心之间的连线，地球上多数质点与月心间的引力方向存在某个角度（见图9.3），它使得各个质点与月球之间的引力略有差异。

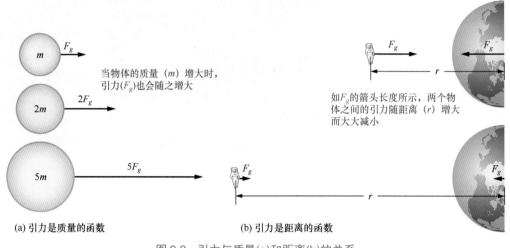

(a) 引力是质量的函数   (b) 引力是距离的函数

图 9.2　引力与质量(a)和距离(b)的关系

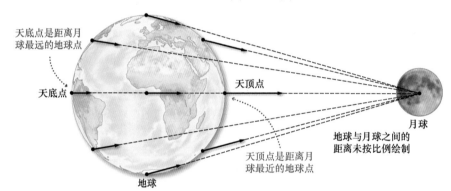

图 9.3　月球对地球的引力。黑色箭头表示月球对地球不同位置物体产生的引力，箭头长度表示引力大小，箭头方向表示引力方向。在地球上的不同位置点，箭头的长度和角度存在差异

向心力（Centripetal Force）是维系行星在轨正常运行的力，它由各颗行星的质心与太阳之间的引力提供。注意，不要将向心力与所谓的离心力（Centrifugal Force）相混淆，后者是一种向外的虚拟力。向心力将轨道运动物体的质心与其母体相连，并将物体向内拉向母体，不断地"寻找"运行轨道的中心。例如，将绳子系在皮球上，然后围绕头部甩动（见图9.4），绳子就会朝手的方向拉动皮球。绳子对皮球施加了向心力，迫使皮球寻找运行轨道的中心。绳子断开后，向心力就会消失，皮球将不再保持圆形轨道运动，而沿直线路径继续运动，最后沿运行轨道的切线方向飞出（见图 9.4）。这与牛顿第一运动定律（惯性定律）相符，即"任何物体都要保持匀速直线运动或静止状态，直到外力迫使它改变运动状态为止"。

地球与月球相互关联，但是通过引力而非绳子关联的。地球引力为月球提供向心力，使其始终在环绕地球的轨道上运行。如果太阳系中的所有引力归零，那么向心力就会立刻消失，各天体将由于惯性而沿与运行轨道相切的直线路径飞入太空。

常见问题 9.1　其他地方（如湖泊和游泳池）也存在潮汐吗？

月球和太阳的引力可作用于所有物体，所以能够流动的任何物体（如湖泊、水井和游泳池）都会出现可测量潮汐。实际上，甚至在一杯水中，都可能存在极其微小的潮汐隆起！但是，当水体规模较小时，潮汐效

应几乎可以忽略不计，且大多数情况下不可观测。另一方面，在大气和固体地球中，潮汐要大得多。大气中的潮汐称为大气潮（Atmospheric Tides），它可能高达数千米，并受太阳加热的影响。地球内部的潮汐称为固体潮（Solid-body Tides）或地球潮汐（Earth Tides），其最高仅为 50 厘米左右，推动着地球每天拉伸和收缩。科学研究表明，地球潮汐增大了断层沿线的应力，此时发生大地震的可能性更大。

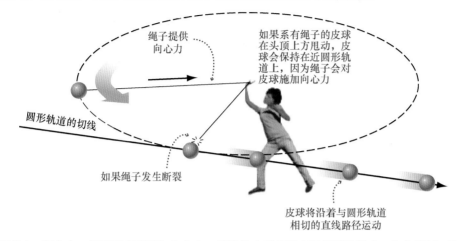

图 9.4　向心力。绳子对皮球施加向心力，使旋转皮球保持在近圆形轨道上。与此类似，地球引力对月球施加向心力，使月球保持在近圆形轨道上

9.1.1.2　合力

在地球－月球旋转系统中，质量相同的质点以相同大小的路径旋转，每个质点都需要相同的向心力来维持其圆周路径，如图 9.5 所示。质点与月球之间的引力提供了向心力，但是除了地心，"所提供"的力与"所需要"的力不同，因为引力随距离月球的远近改变。这种差异产生了微小的合力（Resultant Forces），即图 9.3 和图 9.5 所示的两组箭头之间的数学差异。

图 9.6 结合了图 9.3 与图 9.5，说明合力由所需要的向心力（C）与所提供的引力（G）之间的差异形成。但是，不要认为这两种力都作用在这些点上，因为向心力是使质点保持在完美圆形轨道上所需要的力，引力是为达此目标而由质点与月球之间的引力实际提供的力。

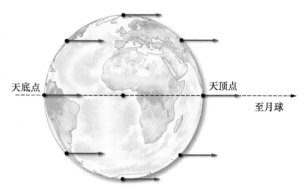

图 9.5　所需要的向心（寻找中心）力。红色箭头表示所需要的向心力，用于保证地球－月球系统绕其重心旋转，使大小相同的质点保持在相同大小的轨道上。注意，对于地球上的各个点，箭头的长度和方向都相同

合力（蓝色箭头）通过如下方式获得：从向心力（红色）箭头的尖端到引力（黑色）箭头的尖端，构建起点与二者相一致的另一个箭头。

简要回顾

作用于地球的"所需要"的向心力与"所提供"的引力的不平衡引发潮汐。这种差异产生了残余力（即合力），其水平分量在地球上相反的两侧形成了两个大小相等的潮汐隆起。

探索数据

描述向心力（红色箭头）与引力（黑色箭头）之间的两个主要区别。

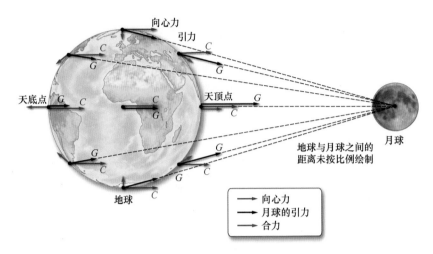

图 9.6 合力。红色箭头表示向心力（*C*），黑色箭头表示引力（*G*），二者不等。蓝色小箭头表示从向心力（红色）箭头尖端到引力（黑色）箭头尖端构建的合力，其起点与红色箭头和黑色箭头的相同

9.1.1.3 引潮力

合力很小，平均约为地球引力的百万分之一。此外，在合力向上直接指向天空（或向下直接指

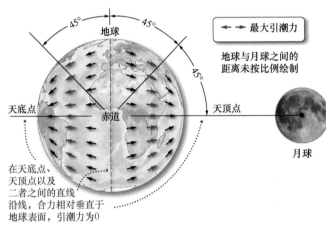

图 9.7 引潮力。月球在地球上产生的引潮力（箭头），最大引潮力（蓝色箭头）位于合力有明显水平分量的地方

向地球）的地方，不具备引发潮汐的力。在这些情况下，合力的方向垂直于地球表面（见图 9.7），不会发生任何潮汐。这些条件存在于地球上的 3 个地方：（1）天顶点；（2）天底点；（3）天顶点与天底点的连线上的各点的"赤道"沿线。然而，若合力有明显的水平分量（即与地球表面相切或平行），能够构建所谓的引潮力（Tide-Generating Forces），则会在地球上形成潮汐隆起。这些引潮力相当小，但在地球表面的某个点达到最大值，即相对于天顶点与天底点之间的"赤道"成 45°角，如图 9.7 所示。

如前所述，引力与两个物体之间距离的平方成反比。但是，引潮力与地球上每个点到引潮体（月球或太阳）中心距离的立方成反比。虽然引潮力源自引力，但其与引力不呈线性关系。因此，距离是引潮力的更高权重的变量。

引潮力同时形成两个隆起，一个位于地球上朝向月球的一侧（天顶点），另一个位于地球背向月球的一侧（天底点），如图 9.8 所示。在直接朝向月球的一侧，由于所提供的引力大于所需要的向心力，因此形成隆起；在背向月球的一侧，由于所需要的向心力大于所提供的引力，同样形成隆起。虽然地球两侧各力的方向相反，但合力大小相等，因此隆起大小也相等。

探索数据

为何地球的两侧存在相等的两个潮汐隆起，而不仅在朝向月球的一侧？

常见问题 9.2　为什么背向月球的一侧会形成第二个潮汐隆起？

在地球朝向月球的一侧，更容易看到潮汐隆起是如何形成的。毕竟，地球的这些部位与月球的物理距离

更近，而引力与距离关系很大。另一个潮汐隆起形成于地球和月球的运动。本质上讲，月球朝向地球加速，地球同时朝向月球加速，因此地球上的流体物质（如海洋）被抛在后面，第二个相同隆起出现在地球远端。理解起来确实有些难度，第二个隆起由地球—月球系统相互作用形成，引潮力的大小相等、方向相反。

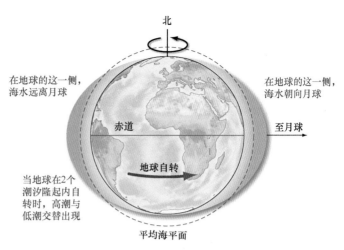

9.1.2 潮汐隆起：月球的影响

地球和海洋处于理想状态时，我们更容易理解地球上的潮汐成因。理想地球有两个潮汐隆起，一个朝向月球，一个背向月球，二者统称月球隆起（Lunar Bulges），如图 9.8 所示。理想海洋的深度均匀，海水与海底之间没有摩擦。首次解释地球的潮汐时，牛顿也做了同样的简化。

图 9.8　理想的潮汐隆起。理想情况下，月球在海洋表面形成两个隆起，一个向月球延伸，另一个背向月球延伸。地球自转时，不同位置分别进入或远离两个潮汐隆起，地球表面的所有点（两个极点除外）每天都经历两次高潮与两次低潮

如果月球静止且与理想地球的赤道对齐，那么最大隆起会出现在地球相反两侧的赤道上。如果站在赤道上，那么每天会经历两次高潮，间隔时间称为潮汐周期（Tidal Period），时间固定为 12 小时。如果移动到赤道以北（或以南）的任何纬度地区，潮汐周期不会改变，但是因位于隆起的低点，高潮不再那么高。

但是，在地球上的大多数地方，高潮每 12 小时 25 分钟发生一次，因为潮汐取决于太阴日而非太阳日。太阴日/月球日（Lunar Day）也称潮汐日（Tidal Day），指月球两次经过观察者所在子午线上（即正上方）所需要的时间，实际数值为 24 小时 50 分钟（精确时间为 24 小时 50 分钟 28 秒）。太阳日（Solar Day）指太阳两次经过观察者所在子午线上（即正上方）所需要的时间，实际数值为 24 小时。为什么太阴日要比太阳日多 50 分钟？地球自转一圈需要 24 小时，月球随后在轨道内绕地球继续向东移动 12.2°，如图 9.9 所示。因此，地球必须再自转 50 分钟才能"赶上"月球，以便月球再次位于观察者的子午线上（即正上方）。

太阳日与太阴日的区别可从与潮汐有关的某些自然现象中看到，如交替出现的高潮通常出现在第二天同一时间的 50 分钟后，月球第二天再次升起时也会晚 50 分钟。

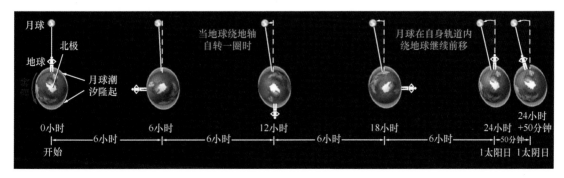

图 9.9　太阴日（月球日）。太阴日指月球两次经过观察者头顶正上方所需要的时间。在地球的完整自转周期（24 小时太阳日）内，月球向东移动 12.2°，地球须再旋转 50 分钟，月球才能位于头顶上的相同位置。因此，1 太阴日的时间长度为 24 小时 50 分钟

简要回顾

　　1 个太阳日（24 小时）短于 1 个太阴日（24 小时 50 分钟），50 分钟时间差形成的原因是月球沿自身轨道绕地球运行。

9.1.3 潮汐隆起：太阳的影响

　　太阳也会影响潮汐。像月球一样，太阳在地球的相反两侧形成潮汐隆起，一个朝向太阳，另一个背向太阳。但是，太阳隆起（Solar Bulges）的规模只有月球隆起的一半。虽然太阳的质量是月球的 2700 万倍，但其引潮力并不是月球的 2700 万倍，因为太阳－地球距离是月球－地球距离的 390 倍，如图 9.10 所示。此外，引潮力的变化与物体之间距离的立方成反比。太阳的引潮力按 390 倍的立方（或月球的 5900 万倍）缩小，相当于月球引潮力的 27/59（或 46%），因此太阳形成潮汐隆起的大小约为月球形成潮汐隆起大小的 46%。为简单起见，记住"月球对潮汐的引力是太阳对潮汐引力的 2 倍以上"即可。

　　月球对地球潮汐的引力是太阳引力的 2 倍以上，但是太阳对地球的引力不小于月球对地球的引力。实际上，太阳对地球

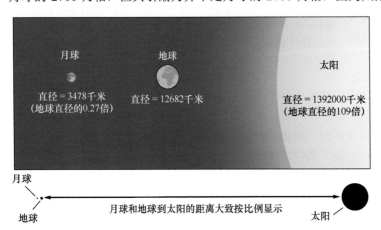

图 9.10 月球、地球和太阳的相对大小与距离。上图：月球、地球和太阳的相对大小（按比例显示），月球直径约为地球的 1/4，太阳直径约为地球的 109 倍。下图：月球、地球和太阳的相对距离（按比例显示）

上所有点的"拉力"总和远大于月球，但由于地球直径相对于到太阳的距离而言很小，所以这些力在整个地球上的差异较小。相比之下，地球直径相对于到月球中心的距离来说很大。总而言之，虽然月球的体积和质量远小于太阳，但是由于距离地球更近，因此其控制潮汐的能力远超太阳。

简要回顾

　　虽然月球比太阳小得多，但是由于距离地球更近，所以控制潮汐的能力远超太阳，月球潮汐隆起是太阳潮汐隆起的 2 倍。

9.1.4 地球自转与潮汐

　　潮汐既能让海水朝向海滨运动，称为涨潮（Flood Tide）；又能让海水远离海滨，称为落潮（Ebb Tide）。但是，根据前面介绍的理想潮汐的性质，由于地球的自转，地球上的不同位置不断进入和离开潮汐隆起，这些潮汐隆起与月球和太阳的位置相对固定。本质上讲，当地球在月球及太阳支撑的流体隆起内不断自转时，高潮与低潮就会交替出现。

简要回顾

　　理想情况下，潮汐的涨落由地球自转引发，使得地球上的不同位置进出潮汐隆起。

❶ 为什么地球两侧都存在潮汐隆起？

❷ 解释为什么太阳的质量比月球大得多，但对地球潮汐的影响只有月球的 46%。

❸ 为什么 1 个太阴日为 24 小时 50 分钟，1 个太阳日为 24 小时？

❹ 如果没有月球围绕运行，地球还会存在潮汐吗？解释理由。

9.2　潮汐在月潮周期内如何变化？

月潮周期（Monthly Tidal Cycle）为 29.5 天，这是月球绕地球轨道运行一周所需的时间。月潮周期也称太阴周期/月球周期（Lunar Cycle）、太阴月（Lunar Month）或合会月（Synodic Month）。在绕地球轨道运行期间，月球的位置变化会影响地球上的潮汐状态。

常见问题 9.3　如果月球不存在，地球会是什么样子？

首先，地球的自转速度会更快，每日的时长要短得多，因为像刹车油那样延缓地球运动的引潮力不存在。实际上，地质学家研究发现，在遥远的地质历史时期，地球曾经每天只有 5～6 小时，并且找到了相关证据。如果月球不存在，那么地球的每日时长可能会略长于那个时期。在海洋中，潮差要小得多，因为只有太阳产生相对较小的潮汐隆起；大潮将消失，海岸侵蚀将明显减少。由于没有月光，夜晚更加黑暗，几乎影响地球上的所有生命。甚至有人认为，如果没有月球的稳定作用，地球上根本不会存在生命，因为在地球的早期演化过程中，来自月球的引力稳定了地球的倾斜，继而稳定了地球的气候，地球生命因此才得以世代繁衍。

9.2.1　月潮周期

在月潮周期内，月相（月球的相位）会发生巨大的变化。位于地球与太阳之间时，月球在夜间不可见，此相位称为新月（New Moon）；位于地球背向太阳的一侧时，月球的整个圆盘均明亮可见，此相位称为满月（Full Moon）。垂直于地球与太阳的中心连线时，月球整体上半明半暗（地球视角），称为弦月（A Quarter Moon）。

在 29.5 天的太阴周期（月球周期）内，地球、月球和太阳的位置如图 9.11 所示。当三者连成一条直线时，无论月球是位于地球与太阳之间（新月，合/合日），还是位于远离太阳的地球背侧（满月，冲/冲日），太阳与月球的引潮力均会共同发挥作用（见图 9.11 上部）。此时，在月球与太阳各自形成的潮汐隆起之间，由于发生相长干涉，潮差（Tidal Range）即高潮与低潮之间的垂直差异非常大（高潮极高，低潮极低）。如第 8 章所述，当两支海浪（此时为潮汐隆起）的波峰与波峰叠加或波谷与波谷叠加时，发生相长干涉。最大潮差称为大潮（Spring Tide），此时的潮水喷薄汹涌。注意，大潮与春季（Spring）无关，在一年中的任何季节，每个月都会发生两次大潮。当地球－月球－太阳系统呈直线排列时，月球称为朔望（Syzygia）。

❶ 在一个月中，为什么某几周的潮汐高于其他几周？

❷ 在大潮期间，为什么每天出现两次高潮和两次低潮？

当月球处于上弦月或下弦月位置时，太阳引潮力与月球引潮力成直角排列，如图 9.11 中的下图所示。在月球与太阳的潮汐隆起之间，由于存在相消干涉，此时的潮差很小（高潮低，低潮高）。如第 8 章所述，当两支海浪（此时为潮汐隆起）的波峰与波谷叠加时，发生相消干涉，这称为小潮（Neap Tide），此时的月球称为方照（Quadrature）。为便于记忆，可将小潮想象为被扼杀在萌芽状态的潮汐，说明潮差非常小。

连续大潮（满月和新月）或连续小潮（上弦月和下弦月）之间的时长等于 1/2 太阴周期（月

球周期），约为 2 周；单一大潮与连续小潮之间的时长等于 1/4 太阴周期，约为 1 周。

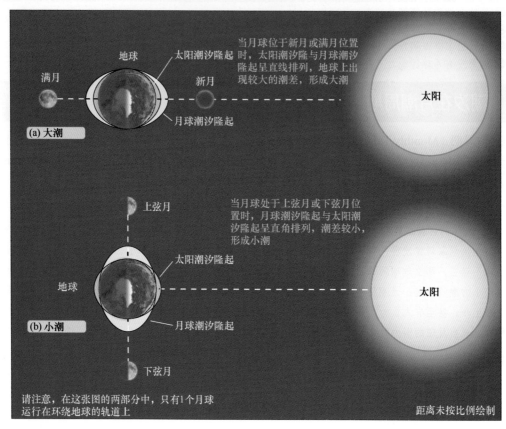

图 9.11　地球－月球－太阳的位置和潮汐。(a)大潮；(b)小潮。月相从地球视角观察

图 9.12 中显示了月球在太阴周期（月球周期）内运行时的外观。在新月与上弦月之间，月球称为上蛾眉月（Waxing Crescent）；在上弦月与满月之间，月球称为上凸月（Waxing Gibbous）；在满月与下弦月之间，月球称为下凸月（Waning Gibbous）；在下弦月与新月之间，月球称为下蛾眉月（Waning Crescent）。月球的自转周期与绕地球轨道的公转周期相同（称为同步旋转），意味着在早期的历史演化中，由于被地球引力的"牵引光束"牢牢锁定，月球始终以同一侧面朝向地球。

探索数据

在月球绕地球轨道完整运行一周的时间里，共出现多少次大潮？从地球视角描述当时的月球外观。

为什么月球会出现相位变化？答案很简单，与太阳及其他恒星不同，月球本身不发光，但是能够反射太阳光。如图 9.12 所示，月球的圆盘始终存在，但只有 1/2 的表面始终受到太阳照射。但是，由于月球与地球和太阳的相对位置变化，并不是所有的月球部分都能被太阳照亮。例如，当月球处于满月相位时，我们会看到整个"白昼"面，因为太阳和月球位于天空中地球的两侧（但不在同一平面，太阳光不会受到阻挡）。当月球处于新月相位时，月球和太阳几乎位于天空中的相同部分，月球被太阳光照亮的一面远离人类视线（见图 9.12）。

简要回顾

大潮发生在满月和新月两个相位，月球和太阳的潮汐隆起产生相长干涉，形成较大的潮差；小潮发生在弦月相位，月球和太阳的潮汐隆起产生相消干涉，形成较小的潮差。

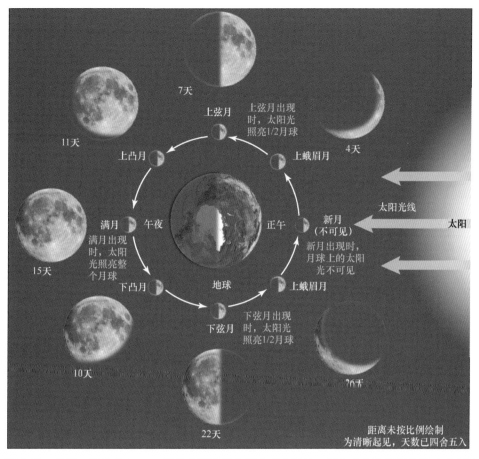

图 9.12　月相。当月球在 29.5 天的太阴周期中绕地球运行时，相位变化取决于其相对于太阳和地球的位置。内圈显示月相名称，外圈显示月球外观（地球视角）

9.2.2　复杂因素

除了地球自转及月球与太阳的相对位置，地球上的潮汐还受到许多其他因素的影响，最突出的两种因素是"月球和太阳的赤纬"及"地球和月球的椭圆形轨道"。

9.2.2.1　月球和太阳的赤纬

到目前为止，本书的各种论述均假设"月球和太阳始终保持在地球赤道正上方"，但在通常情况下并非如此。在一年中的大部分时间里，它们的实际位置主要位于赤道南北两侧。太阳或月球在地球赤道平面以上（或以下）的角距离称为赤纬（Declination）。

在太空中，地球沿椭圆形轨道绕太阳公转，包含这个椭圆的假想平面称为黄道（Ecliptic）。如第 6 章所述，地球自转轴与黄道的夹角为 23.5°，这种倾斜角度引发了地球的季节变化，同时也意味着太阳相对于地球赤道的最大赤纬为 23.5°。

考虑月球因素后，事情变得更加错综复杂。月球的轨道平面与黄道的夹角为 5°，因此与地球赤道之间的最大赤纬为 28.5°（5°加上地球的 23.5°倾角）。在每年的多个太阳（月球）周期中，赤纬由赤道以南 28.5°变为赤道以北 28.5°，然后变回赤道以南 28.5°。由此，潮汐隆起很少出现在地球赤道位置，而主要发生在赤道南北两侧。月球对地球潮汐的影响力超过太阳，因此潮汐隆起主要受月球控制，分布范围最北至北纬 28.5°，最南至南纬 28.5°，如图 9.13 所示。

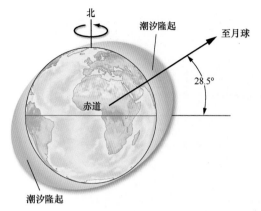

图 9.13 潮汐隆起与赤道之间的最大赤纬。潮汐隆起中心可能位于赤道南北两侧 28.5°范围内的任意纬度，具体取决于每年的地球季节变化（日照角）和月球位置

常见问题 9.4　月相会影响人类行为吗？

除了"狼人逢满月时变身"完全是传说，在解释"人逢满月时的奇怪行为明显增加"这种现象时，科学家们考虑了潮汐效应和引力效应。有些人认为，月相既然影响海洋潮汐，同样可能影响人体的体液，因为体液成分的 65%是水。为了弄清月球活动是否真的与人类行为有关，许多科学家开展了大量研究，计算了各种月相期间部分人类行为（如出生、犯罪及其他异常行为）的精确数量。调查研究发现，满月确实与意外中毒、旷工及犯罪之间存在一定的关联性，但是这些事实应属于偶发事件，在大多数情况下，太阳（月球）周期与人体生理或行为没有任何关系。还有一种观点认为，由于满月和新月期间的潮汐力非常相似，所以满月和新月期间似乎都会存在类似的异常行为。这可能只是某些人对满月情有独钟，所以更加关注并回应自己的内心感受或欲望。

9.2.2.2　椭圆形轨道的影响

地球沿椭圆形轨道绕太阳公转，如图 9.14 所示。在北半球的冬季，地球距离太阳 1.485 亿千米；在北半球的夏季，地球距离太阳 1.522 亿千米。因此，在地球与太阳之间，距离的年变化率为 2.5%。当地球位于**近日点**（Perihelion）附近时，潮差最大；当地球位于**远日点**（Aphelion）附近时，潮差最小。因此，最大潮差通常出现在每年的 1 月。

月球也沿椭圆形轨道绕地球运行，地球与月球之间的距离变化率为 8%（37.5～40.58 万千米）。如图 9.14 中的上图所示，当月球位于**近地点**（Perigee）附近时，潮差最大；当月球位于**远地点**（Apogee）附近时，潮差最小。从地球视角观察，月球在近地点似乎

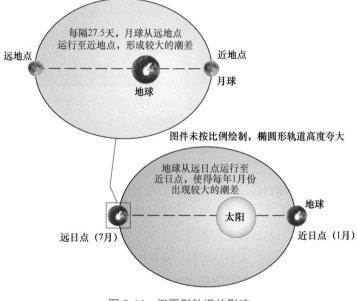

图 9.14　椭圆形轨道的影响

比远地点大 14%，如图 9.15 所示。当更大的月球恰好与满月相重合时，称为**超级月球**（Supermoons），亮度比正常值高出 30%。

可以看到，沿近地点－远地点－近地点轨道，月球每 27.5 天循环一次。这个 27.5 天的循环周期与 29.5 天的月潮周期不是一回事，二者同时发生并运行，但是各自独立。每隔 1.5 年左右，大潮恰好发生在近地点，形成**近地潮**（Proxigean），也称近月潮。在这段时间内，潮差特别大，经常造成低洼沿海地区洪水泛滥。风暴同时发生时，破坏可能更严重。例如，在 1962 年，冬季风暴与近地潮同时出现，对整个美国东海岸沿线造成了严重破坏。

地球（绕太阳运行）和月球（绕地球运行）的椭圆形轨道能够改变地球、月球和太阳之间的

距离，从而影响地球上的潮汐。最终，北半球冬季的大潮潮差比夏季的大，与近地点重合时的大潮潮差更大。

图 9.15　月球大小在远地点与近地点之间的对比（地球视角）

常见问题 9.5　我听说过蓝月球，月球真的是蓝色吗？

不是。蓝月球是任何日历月中的第二次满月，出现于 29.5 天的太阴（月球）周期完全落入 30（或 31）天的月份内的时候。因为各个日历月之间的划分比较随意，所以除了每 2.72 年（约 33 个月）出现 1 次，蓝月球并无特殊含义。照此速度，肯定比 1 个月的星期天（即 30 个星期天）还不常见。

蓝月球一词的由来尚不明确，但可能与颜色无关（虽然森林大火或火山喷发会向大气中释放大量烟尘和灰烬颗粒，导致月球呈现蓝色）。一种可能的解释是古英语单词 belewe，其意思是蓝色或背叛。由于"背叛"了每月发生 1 次满月的平常感觉，人们就将月球称为 belewe。在另一种解释中，人们将这个词汇与 1946 年出版的《天空与望远镜》杂志上的一篇文章联系在一起，该文章试图纠正人们对蓝月球一词的误解，但这篇文章本身被曲解为某个月内的第二次满月。显然，当错误解释重复多次后，终将无法自圆其说。

9.2.3　理想潮汐预测

月球的赤纬决定潮汐隆起的位置。如图 9.16 所示，当月球赤纬为赤道以北 28°时，月球位于北纬 28°正上方。假设自己站在北纬 28°，可以想象每天经历的潮汐变化，如图 9.16a 至 e 所示（按顺序排列）。

- 当月球位于头顶正上方时，潮汐状态为高潮（见图 9.16a）。
- 6 太阴时（相当于太阳时 6 小时 12.5 分钟）后，出现低潮（见图 9.16b）。
- 6 太阴时后，出现另一次高潮，但比首次高潮低得多（见图 9.16c）。
- 6 太阴时后，出现另一次低潮（见图 9.16d）。
- 6 太阴时后，即 24 太阴时周期（相当于太阳时 24 小时 50 分钟）结束时，一个完整的太阴日周期将出现两次高潮和两次低潮（见图 9.16e）。

图 9.16f 中的曲线显示了同一太阴日（月球日）内的潮汐高度，月球赤纬为赤道以北 28°，观测者位置分别为北纬 28°、赤道和南纬 28°。在北纬 28°和南纬 28°的潮汐曲线中，高潮与低潮的时间波形相同，但较高的高潮和较低的低潮延后 12 小时出现。出现 12 小时相差的主要原因是，两个半球上的隆起位于地球的相反两侧（相对于月球）。

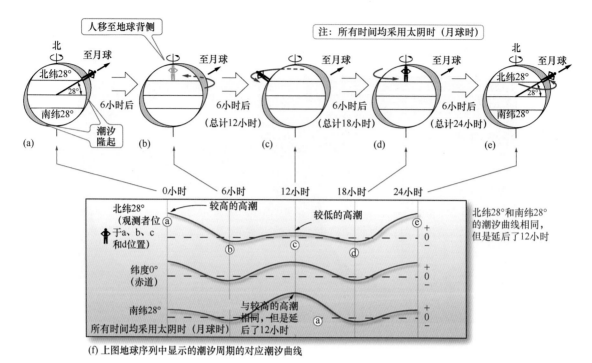

图 9.16 预测的理想潮汐。(a)~(e)显示了月球赤纬为 28°时，每 6 个太阴时（月球小时）经历的潮汐序列；(f)以上序列中，北纬 28°、赤道 0°和南纬 28°的太阴日（月球日）对应的潮汐曲线

常见问题 9.6　什么是回归潮？

在每个太阴日（月球日）的连续高潮及连续低潮之间，均会出现不等（差异）现象，如图 9.16f 所示。因为这些不等现象发生在同一天内，所以称为日不等（Diurnal Inequalities）。当月球位于最大赤纬（相对于赤道）时，日不等最大，此时的潮汐称为热带潮汐/回归潮（Tropical Tides），因为月球刚好位于地球的某个热带区域上方。当月球位于赤道（赤道潮汐）上方时，连续高潮和连续低潮之间的不等最小。

小测验 9.2　解释潮汐在月潮周期中如何变化

❶ 为了强化对潮汐运行机制的认识，凭记忆绘制地球—月球—太阳系统在一个完整月潮周期中的位置，指出地球经历的潮汐状态、月相、月相间隔时间、朔望和方照。

❷ 为什么最大潮差（大潮）出现在新月和满月期间，最小潮差（小潮）出现在上弦月和下弦月期间？

❸ 什么是赤纬？讨论月球和太阳的赤纬度数（相对于地球赤道）及其对潮汐的影响。

❹ 绘制地球—月球系统绕太阳运动的轨道示意图，标注月球和太阳距离地球最近及最远的轨道位置，描述相应的可识别术语，讨论月球—地球位置对地球潮汐的影响。

9.3　海洋中的潮汐是什么样的？

迄今为止，本书一直在讨论理想的潮汐隆起，我们可将其视为"能够自由流动的海浪"，波峰（潮汐隆起的峰值）由相当于 1/2 地球周长（约 20000 千米）的距离隔开。但是，潮汐隆起自身不断受到巨大天文力的牵引，实际上以强制波（Forced Waves）的形式存在于地球。这意味着它们受到某种驱动力的持续牵引，即主要由月球形成的潮汐力。因此，为了能够跟上月球潮汐力的步伐，潮汐隆起以 1600 千米/小时的速度跨越整个地球海洋。注意，海水本身不高速运动，运动主体为潮汐隆起的波形。

在理想的潮汐隆起模型中，还假设地球上不存在大陆、海洋无限深及没有摩擦损耗等。对于地球而言，这些假设显然不成立，所以在解释潮汐方面，此模型的作用非常有限。真实地球的实际状况多种多样，对于每个海洋盆地中的海洋潮汐，人们都将其划分为几个不同的大型环流单元——单体（Cells）。

常见问题 9.7　形成最大引潮力合适条件的周期有多长？

当地球离太阳最近（近日点）、月球离地球最近（近地点）且地球—月球—太阳系统与太阳和月球的零赤纬均呈直线排列（朔望）时，最大潮汐才会出现。这种情况（形成绝对最大大潮潮差）极为罕见，平均每1600 年才出现 1 次，下次预计发生在 3300 年。

但是，当条件适合的其他时候，仍然可能产生非常巨大的引潮力，并且形成一年中仅有的几次最高潮汐，称为特大潮（King Tide）。例如，1983 年年初，北太平洋发育了缓慢移动的大型低压单体，引发了西北方向的强风。1 月末，强风形成了几乎完全发育的 3 米高涌浪，影响了从俄勒冈州至下加利福尼亚州的美国西海岸地区。在正常情况下，大浪已经够麻烦了，然而此时的地球位于近日点附近，月球位于近地点附近，各种巧合导致高达 2.25 米的极高大潮也赶来添乱。此外，由于发生了强厄尔尼诺现象，海平面抬升了 20 厘米。当海浪在这些不寻常情况助推之下袭击海岸时，总计造成 1 亿多美元的经济损失，包括 25 栋房屋被毁、3500多座其他房屋受损、数座商业与市政码头倒塌及至少 12 人死亡。

9.3.1　无潮点和同潮线

在开阔大洋中，潮波的波峰和波谷围绕每个单体中心附近的无潮点（Amphidromic Point）旋转。无潮点位置基本上不存在潮差，从各点辐射出的同潮线/等潮线（Cotidal Lines）连接了同时出现高潮的所有附近位置。如图 9.17 所示，同潮线上标注了各种数字，显示了高潮环绕单体旋转的持续时间（以小时为单位）。

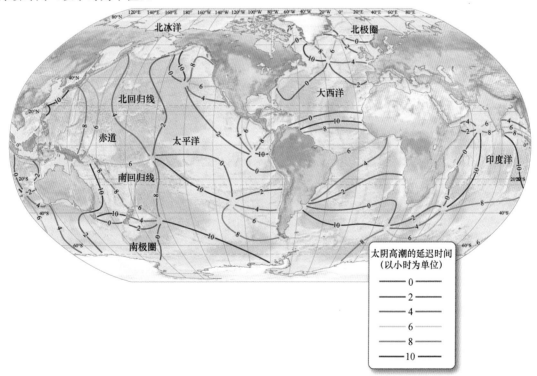

图 9.17　全球同潮图。同潮线表示月球通过格林尼治子午线（0°经线）后，主太阴日高潮的持续时间（单位为太阴时）。一般而言，随着同潮线不断远离无潮点（单体中心），潮差逐渐增大。当同潮线在无潮点两端终止时，最大潮差位于同潮线的中点附近

图 9.17 中标注的时间表明，对各个单体内的潮波而言，通常在北半球逆时针方向旋转，在南半球顺时针方向旋转。在潮汐周期（通常为 12 个太阴时）内，每个单体中的潮波必须旋转一周，因此限制了各个单体的大小。

无潮点单体中的高潮出现 6 小时后，低潮才会出现。例如，如果高潮发生在标记为 10 的同潮线上，那么低潮发生在标记为 4 的同潮线上。

9.3.2 大陆的影响

大陆也会影响潮汐，阻止潮汐隆起跨越海面自由运动。潮汐是各个海盆中的独立海浪，主要受环绕在海盆周围的各个大陆的位置与形状的影响。实际上，影响海岸沿线潮汐状况的最重要因素有两个，即海岸线形状和近海水深。

表面波进入浅水区后，通常会发生一些物理变化，如波速变慢和波高增大（见第 8 章）。潮汐进入大陆架浅水区后，同样会经历类似的物理变化，放大深海中不明显的潮差。在深海中，最大潮差只有 45 厘米左右。

此外，在海底地形较为起伏的区域，深水湍流的混合速率增大（见第 7 章），这与潮汐形成的内波（潮汐遇大陆坡而反弹，并且在起伏地形上方破碎）有关。最近，在夏威夷群岛岛链沿线，人们观察到了由潮汐生成的这些内波，波高最高可达 300 米，造成湍流和混合加剧，继而对潮汐产生极大影响。

9.3.3 其他影响因素

对影响任何特定海岸的各种潮汐的所有变量，人们进行了非常详尽的分析研究，共发现了近 400 种其他影响因素，远超本书所能覆盖的范围。当所有这些因素组合在一起时，即可建立基于"简单潮汐模型"无法模拟的状态。例如，当月球处于天空中的最高点时，高潮很少出现；当月球穿越子午线（经线）时，对应的高潮会从一个地方转移至另一个地方。

由于潮汐极其复杂，完整的潮汐数学模型超出了海洋科学范畴，要要结合数学分析和实际观测才能充分模拟。此外，要建立较为成功的模型，至少要考虑 37 种与潮汐相关的独立因素，月球引力和太阳引力是其中最重要的两种因素。建立潮汐模型时，若考虑了最主要的潮汐形成因素，则这些模型在预测未来潮汐方面应会相当成功。

简要回顾

潮汐的影响因素很多，与简单的月球和太阳潮汐隆起模型相比，潮汐预测实际上要复杂得多。

小测验 9.3　指出海洋中的潮汐是什么样的

❶ 潮汐在海洋中的任何位置都是深水波吗？解释理由。

❷ 什么是无潮点？什么是同潮线？

❸ 探讨潮汐不遵从简单潮汐隆起模型的原因。

9.4　潮汐形态有哪些类型？

理论上讲，在地球上的大多数沿海地区，每个太阴日（月球日）应会经历高度不等的两次高潮和两次低潮。但是，由于实际深度、大小及形状不同，各个海洋盆地会一定程度地改变潮汐，从而在全球不同地区呈现三种不同类型的潮汐形态。如图 9.18 所示，三种类型的潮汐形态分别为全日潮（Diurnal）、半日潮（Semidiurnal）和混合半日潮（Mixed Semidiurnal），混合半日潮通常简称混合潮（Mixed）。

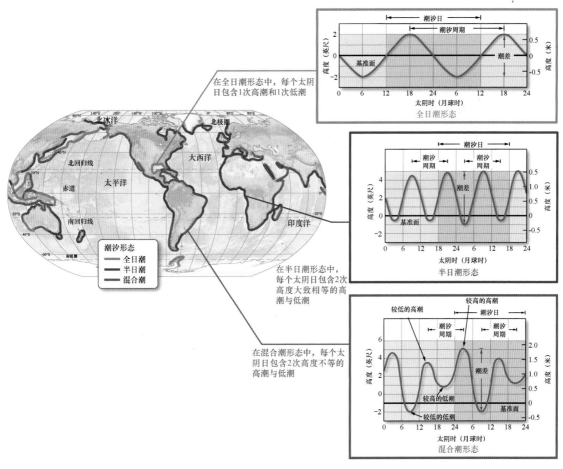

图 9.18 全球潮汐形态

常见问题 9.8 为什么不是全球所有地区都经历相同类型的潮汐形态?

如果地球是不存在大陆的完美球体,那么在每个太阴日(月球日)内,地球上的所有区域都将经历两次相同比例的高潮和低潮(半日潮形态)。但是,当地球自转时,各个大陆阻挡了潮汐隆起的西向通道。由于无法在全球范围内自由运动,潮汐就在各个海盆内部建立了复杂形态。与相邻海盆甚至同一海盆内的其他区域相比,这些潮汐形态往往存在较大的差异。

探索数据

描述三种主要类型潮汐形态的特征。

9.4.1 全日潮形态

在每个太阴日(月球日),全日潮形态(Diurnal Tidal Pattern)包含一次高潮和一次低潮。在较浅的内海(如墨西哥湾和东南亚沿海)中,全日潮较为常见。潮汐周期为 24 小时 50 分钟。

9.4.2 半日潮形态

在每个太阴日,半日潮形态(Semidiurnal Tidal Pattern)包含两次高潮和两次低潮,连续高潮和连续低潮的高度大致相等(由于受到大潮—小潮序列的影响,任何位置的潮汐总在上升或下降,因此任何位置的连续高潮和连续低潮不可能完全相同)。在美国的大西洋沿岸,半日潮较为常见。潮汐周期为 12 小时 25 分钟。

9.4.3 混合潮形态

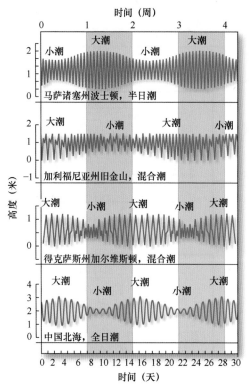

图 9.19　月潮曲线。从上至下：波士顿，半日潮形态；旧金山，混合潮形态；加尔维斯顿，混合潮形态，具有较强的全日潮趋势；中国北海，全日潮形态

混合潮形态（Mixed Tidal Pattern）可能兼具全日潮与半日潮的特征。连续高潮和/或连续低潮的高度明显不等，这种现象称为日不等。混合潮的潮汐周期通常为 12 小时 25 分钟，但也可能会出现全日周期。在北美洲的太平洋沿岸，混合潮形态较为常见。

图 9.19 中显示了不同海岸位置的月潮曲线实例。对于某个特定地点的潮汐而言，即便只有单一潮汐形态，仍然可以经历其他潮汐形态（1 种或 2 种）的阶段。但是在通常情况下，某个地点的潮汐形态全年保持不变。此外，在图 9.19 所示的潮汐曲线中，清晰显示了大潮－小潮周期的每周转换。

探索数据

基于图 9.19 显示的潮汐形态，判断大潮与下次小潮之间的时间间隔大致是多少。

常见问题 9.9　为何存在负潮汐？

负潮汐之所以出现，是因为基准面的存在。基准面是测量潮汐的起点（或参照点），也是多年来潮汐的平均值。例如，在美国西海岸沿线，基准面是较低低潮的平均值（MLLW，平均低低潮面），是混合潮形态中每日出现的两次低潮中的较低者的平均值。由于基准面是平均值，有些天的潮汐会低于平均值（类似于考试成绩的分布，有些分数低于平均值）。低于平均值的潮汐为负值，仅出现在大潮期间，通常是参观当地潮池区域的最佳时间。

生物特征 9.1　没有水？不要紧，我可以呼吸空气！

弹涂鱼/花跳鱼（Mudskippers）的部分种类属于两栖鱼类，主要栖息在非洲和亚洲的沿海区域。退潮时如果受困于小水池中，这种鱼有能力呼吸空气。

弹涂鱼生活在沿海区域，可通过鳍在陆地上行走，通过皮肤、口腔内壁和喉咙呼吸空气。当所在海水中的溶解氧耗尽时，它会利用扩大的鳃腔来保留气泡以供呼吸。

简要回顾

在每个太阴日（月球日），全日潮形态包含一次高潮和一次低潮；半日潮形态包含两次高潮和两次低潮，高度大致相等；混合潮形态包含两次高潮和两次低潮，每日的高度不等，但可能会表现出全日潮特征。

小测验 9.4　比较三类潮汐形态的特征和海岸位置

❶ 与潮汐形态相关的术语全日潮、半日潮和混合潮的含义是什么？

❷ 对于全日潮、半日潮和混合潮，描述 1 个太阴日内的高潮次数、低潮次数、周期及日不等现象。

❸ 上网查找你今年生日当天的沿海潮汐预报，显示的潮汐形态如何？

❹ 在三种潮汐形态中，哪种形态在全世界最常见？

9.5　沿海地区存在哪些潮汐现象？

从根本上讲，潮汐是波长特别长的海浪。当潮波进入沿海水域时，同样会经历类似于风生浪那样的反射与放大。在某些位置，反射的海浪能量（波浪能）会使得海湾中的海水晃来晃去，形成驻波。要了解与驻波（包括波节和波腹）相关的更多信息，请参阅第8章。因此，在沿海水域，有时候会遇到非常有趣的潮汐现象。

在大型湖泊和沿海河流中，有时也会出现潮汐现象。例如，在某些地势低洼的河流中，涌入的高潮会形成涌潮（见深入学习 9.1）。此外，潮汐还深刻地影响某些海洋鱼类种群的产卵行为，本节后面会进一步介绍相关内容。

9.5.1　潮汐的极端案例：芬迪湾

全球最大潮差出现在加拿大新斯科舍省的芬迪湾。芬迪湾全长 258 千米，南端存在面向大西洋的宽阔开口，北端分裂成两个狭窄的海盆（希格内克托湾和米纳斯海盆），如图 9.20 所示。海湾中的自由振荡周期非常接近于潮汐周期，由此产生相长干涉，加之海湾向北变窄和变浅，造成海湾北端积聚了大量潮能（潮汐能量）。此外，海湾向右弯曲，北半球的科里奥利效应进一步增强了极端潮差。

图 9.20　芬迪湾是全球最大潮差所在地

在最大大潮期间，湾口（面向大海）的潮差只有 2 米。但是，从湾口向北，潮差逐渐增大。在米纳斯海盆北端，最大大潮的潮差为 17 米，经常令船只在低潮时搁浅于高处（见图 9.20）。

9.5.2 沿海潮流

在北半球的海盆中，伴随着缓慢旋转的潮汐波峰，当海流逆时针方向旋转时，海盆的开放部位形成旋转流（Rotary Current）。在近滨浅水海域，摩擦力增大，旋转流变为往复流（Alternating Current/Reversing Current），在沿海受限水道中流入及流出。

在开阔大洋中，旋转流的流速通常远低于 1 千米/小时。但是，在受限水道（如沿海岛屿之间的狭长水道）中，往复流的流速可能高达 44 千米/小时。

由于潮汐每日流动，往复流也存在于湾口（及部分河口）位置。如图 9.21 所示，当水流冲入海湾（或河流）且高潮随后将至时，形成涨潮流（Flood Current）；当水流从海湾（或河流）中流出且低潮随后将至时，形成落潮流（Ebb Current）。在高平潮（High Slack Water，发生在各高潮的峰值）或低平潮（Low Slack Water，发生在各低潮的峰值）出现前后几分钟内，海流处于停滞状态。

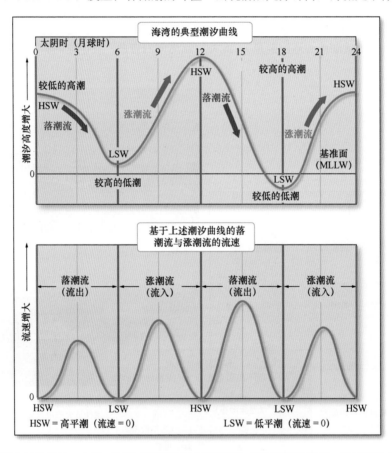

图 9.21　海湾中的往复流。上图：海湾（经历了混合潮形态）的典型潮汐曲线，显示了往复落潮流（接近低潮）和涨潮流（接近高潮）。在高平潮（HSW）或低平潮（LSW）期间，海流处于停滞状态。基准面（MLLW）代表较低潮的平均值（平均低低潮面），为混合潮形态中每日出现的两次低潮中的较低者的平均值。下图：基于潮汐曲线显示的落潮流和涨潮流的流速

探索数据

　　基于图 9.21 中的信息，驾驶船只驶入岩石较多的小型港口时，判断何时为最佳时机。需要起锚并离开港口时，何时为最佳时机？

有时，海湾中往复流的流速可能高达 40 千米/小时，从而危及来往船只的航行安全。另一方面，由于这些海流每天都在流动，可有效阻止沉积物淤积在海湾湾口，还能向海湾中补充海水和海洋营养盐。

即便在深水海域，潮流也可能非常明显。例如，1985 年，在纽芬兰大浅滩以南的大陆坡（3795 米深）上，人们发现了泰坦尼克号沉船的遗迹，但不久后就遇到了潮流。这些潮流非常强烈，研究人员被迫放弃了装有摄像头和拴绳的可遥控交通工具"小贾森"。

深入学习 9.1 涌潮不是烦人的海浪！

涌潮（Tidal Bore）是一堵水墙，涌入的潮水沿某些地势低洼的河流向上涌动。因为是由潮汐产生的海浪，涌潮是真正的潮波（潮汐海浪）。潮水涌入河流时，由于河水阻碍潮汐的前行，潮水形成陡峭的前倾斜坡（见图 9A），从而形成涌潮。涌潮的高度可达 5 米（或更高），速度可达 24 千米/小时。

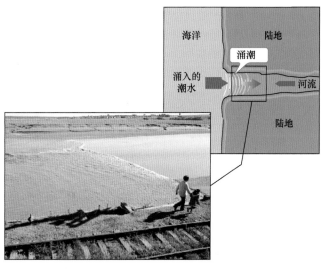

涌潮仅在沿海地区发育，且需要满足如下条件：（1）大潮的潮差至少为 6 米；（2）在一个潮汐周期内，涨潮阶段潮水迅猛突升，落潮阶段持续时间较长；（3）一条地势低洼的河流，在潮水开始涌入时，能够持续不断地流向海洋；（4）随着海盆向内陆延伸，海底逐渐变浅；（5）朝向河流上游，海盆逐渐变窄。由于这些特殊条件的限制，全球只有约 60 个地方会出现涌潮。

图 9A 涌潮的形成。在加拿大新不伦瑞克省的希格内克托湾附近，潮汐逆河流流向快速移动（照片）

涌潮通常达不到冲浪区中的海浪规模，但是仍然能够成为漂流、划艇甚至冲浪的候选地，如图 9B 所示。由于涌潮会沿河流向上行进数千米，因此可为冲浪者提供超长的驾驭时间。不过，如果错过了这支涌潮，就必须等半天时间才能赶上下一支涌潮，因为高潮每天只会出现两次。

图 9B 在亚马孙河的涌潮上冲浪。亚里克斯·皮库鲁塔·萨拉扎尔，巴西冲浪明星

亚马孙河可能拥有受海洋潮汐影响的最长河口，在距离河口 800 千米远的地方，依然能够观测到潮汐（但已经相当微弱）。亚马孙河口附近的涌潮高达 5 米，本地人称其为河口高潮，具体含义为"巨大的噪音"，因为在数千米之外都可听到涌潮的声音。拥有重要涌潮的全球其他河流，主要包括中国的钱塘江（拥有全球最大的涌潮，通常高达 8 米）、加拿大新不伦瑞克省的佩蒂科迪亚克河、法国的塞纳河、英国的特伦特河和塞文河，以及阿拉斯加州安克雷奇附近的库克湾（拥有美国最大的涌潮）。芬迪湾虽然拥有全球最大的潮差，但其涌潮很少高于 1 米，主要原因是海湾太宽。

你学到了什么？

将涌潮与海啸（见第 8 章）进行对比，说出哪个是真正的潮波。

9.5.3 漩涡：是真实还是虚构？

漩涡（Whirlpool）是一种快速旋转的水体，也称涡旋/涡流（Vortex），形成于某些因往复流而受限的沿海水道中。漩涡最常发生在连接两个大型水体（具有不同潮汐周期）的浅水通道中。由于两个水体的潮汐高度不同，使得海水声势浩大地通过浅水通道，不仅受到浅海海底地形的影响而形成湍流，而且受到反向潮流（往复流）的影响而旋转，进而形成漩涡。两个水体之间的潮差越大，通道规模越小，潮流形成的漩涡就越大。漩涡的流速可高达 16 千米/小时，因此会使得船只短时间内失控。

全球最著名的漩涡之一是大漩涡（Maelstrom），它位于挪威北极西海岸的一条水道中，如图 9.22 所示。另一个著名的漩涡位于墨西拿海峡中，该海峡分隔了西西里岛与意大利本土。在古代传说中，这两个著名旋涡可能是破坏性极大的巨大海水漏斗，足以摧毁船只并夺走船员的性命。传说有些夸张成分，这两个旋涡实际上不那么致命。在全球其他漩涡中，较为有名的旋涡主要位于苏格兰西海岸、芬迪湾及日本四国岛附近。

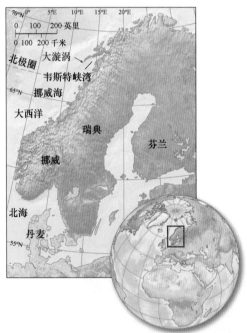

图 9.22 大漩涡。大漩涡是世界上最强大的漩涡之一，位于挪威西海岸附近，可令船只失去控制，形成于穿越韦斯特峡湾与挪威海之间窄浅水道的潮流

9.5.4 银汉鱼：海滩上产卵

每年的 3 月至 9 月，当最大大潮过后不久，大量银汉鱼/滑皮银汉鱼（Grunion）蜂拥至南加州和下加州的海滩上产卵。银汉鱼是一种细长（最长可达 15 厘米）的银色鱼类，也是全球唯一能够完全脱离海水而产卵的海洋鱼类。

混合潮形态出现在南加州和下加州沿线海滩，大多数太阴日（24 小时 50 分钟）存在两次高潮和两次低潮，而且每天出现的两次高潮存在明显的高度差异。夏季，较高的高潮出现在夜间。当最大大潮潮差临近时，每晚的夜间高潮会变得更高，肆意侵蚀着海滩上的沙子，如图9.23所示；当最大大潮过后，每晚的夜间高潮会减弱；当小潮来临时，沙子将重新沉积回海滩。

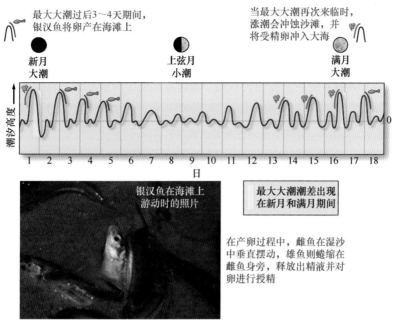

图 9.23　潮汐周期和银汉鱼产卵。夏季，当最高大潮过去 3～4 天后，银汉鱼就将卵产在海滩上。当小潮来临时，连续的较低高潮不会将卵从沙滩上冲走，因此为其提供了约 10 天的孵化准备时间。当下一波大潮来临之时，连续的较高高潮将卵从沙滩上冲入海中，允许它们开始孵化。几天后（即大潮峰值过后），产卵周期再次开始，连续较低高潮的下一周期紧随其后

探索数据

描述与潮汐相关的银汉鱼产卵模式。

在最高大潮的高潮之夜后的 3～4 天，只有当每晚的较高高潮达到峰值时，银汉鱼才会产卵。如此这般，方可确保在接下来的每个夜晚中，较高高潮退却时能够沉积足量的沙子将受精卵深埋。产卵后约 10 天，埋藏在沙中的受精卵开始孵化。此时，又一次大潮即将来临，每个夜间的高潮再次逐日升高，海滩沙再次遭到冲蚀，受精卵终于重现海滩，并在高潮时的海浪冲击下破裂。当释放入海水中约 3 分钟后，鱼卵孵化完毕。实验测试表明，在以模拟侵蚀海浪方式进行扰动以前，银汉鱼卵不会孵化。

随合适的高潮来到沙滩后，银汉鱼开始产卵，整个过程持续 1～3 小时。通常，产卵量在 1 小时左右达到峰值，然后继续产卵 30 分钟至 1 小时。在此期间，海滩上可能会有成千上万条银汉鱼，雌雄兼具。雌鱼（体形大于雄鱼）随海浪爬高，然后落至海滩，若未发现雄鱼，则可能返回水中（不产卵）；若有雄鱼出现，就将尾巴钻入半流动的海沙，只露出头部。然后，雌鱼不停地扭动身体，将卵产在沙面以下 5～7 厘米深处。

雄鱼蜷缩在雌鱼身旁，释放出精液，置于雌鱼身体之上（见图 9.23 中的照片）。精液沿雌鱼身体向下流动，对卵进行授精。产卵过程结束后，雌雄二鱼将随下一波海浪回归大海。

在每次产卵（周期约为 2 周，即两次大潮的间隔时间）期间，较大的雌鱼最多产出 3000 颗卵。旧卵产下后，新卵随即在雌鱼体内孕育，并在下一次大潮期间排出。季节之初，只有大龄雌鱼才能产卵，但是到了 5 月后，大多数雌鱼（即使只有 1 岁）都具备产卵能力。

银汉幼鱼的生长速度较快，1 岁时的体长即可达到 12 厘米，并且准备首次产卵。银汉鱼的寿命通常为 2～3 年，最长可达 4 年。银汉鱼的年龄可以通过大小判定。当第一年快速生长后，后续生长非常缓慢。实际上，在 6 个月的产卵期中，它们根本不生长。因此，在银汉鱼的每个生长阶段，都存在相应的标记，人们可以根据这些标记来判断其年龄。

目前，对于银汉鱼为什么能够根据潮汐来精确安排其产卵行为，人们还不是特别清楚。科学研究表明，在某种程度上，银汉鱼能够感知到海水压力的微小变化（潮汐变化引发海平面上升及下降，继而引发海水压力变化）。当然，由于产卵行为（与潮汐关系密切）关系到种族繁衍，银汉鱼必然掌握了一种非常可靠的探测机制，从而全面而准确地了解潮汐状态。

简要回顾

沿海潮汐现象包括大潮差、潮流、快速旋转的涡旋和银汉鱼。

小测验 9.5　描述沿海地区发生的潮汐现象

❶ 讨论芬迪湾形成全球最大潮差的各种有利因素。

❷ 描述旋转流与往复流之间的差异。

❸ 在涨潮流、落潮流、高平潮和低平潮中，何时为乘船进入海湾的最佳时机？在水浅石多的港湾中，何时是乘船进入的最佳时机？解释理由。

❹ 描述银汉鱼的产卵周期，指出潮汐现象、银汉鱼产卵地和海滩沙运动之间的关系。

9.6　潮汐可以发电吗？

纵观古今，人们一直将海洋潮汐作为能源使用。在高潮期间，海水受困于海盆中，在其随后回流至大海的过程中，即可加以利用。例如，在 12 世纪，人们利用潮汐来驱动水车，加工谷物与切割木材；17—18 世纪，潮汐驱动的磨坊加工了波士顿的大部分面粉。

目前，潮能被认为是一种极具潜力的可再生清洁资源。与常规的火力发电厂相比，潮汐发电厂的初期建设成本可能较高，但是由于不使用化石燃料或放射性物质，运营成本相对较低。

但是，潮汐发电有一个明显的缺点，即潮汐具有周期性，在每天的 24 小时内，只有部分时间能够发电。人类遵循太阳周期，潮汐遵循太阴（月球）周期，潮汐提供的可用能量只能在部分时段内满足人类需求。电力一旦发出，就必须立刻传输至所需之地，距离可能非常遥远，输送费用非常昂贵。当然，电力可以暂时存储起来，但这种替代方案同样面临着庞大而昂贵的技术问题。

要有效地利用潮汐发电，涡轮发电机就需要恒速运行。但是，由于潮流是双向流动的（涨潮和落潮），因此恒速很难维持。要解决潮汐发电时存在的问题，需要设计一种特殊的涡轮发电机，使得海水前进与后退时都能够转动涡轮机叶片。

潮汐发电还存在其他缺点（包括环境问题），例如改变野生动物的生境，对其造成伤害；大多数潮汐发电厂都会建造大坝，而这会改变所在河口的生态环境；潮汐发电厂还会干扰潮流的正常流动，对依赖这些海流生存（带来食物或协助迁徙）的海洋生物产生负面影响；潮汐发电设备的运转可能会困住或伤害海洋生物；水下涡轮机会制造噪音，干扰海洋生物或产生长期负面影响；潮汐发电厂还会干扰人类在河口区域的许多传统活动，如运输和捕鱼等。

9.6.1　潮汐发电厂

潮汐发电的主要方式包括：（1）在涨潮期间，通过拦潮坝蓄积涌入海湾和河口的潮水，适时释放以驱动涡轮发电机；（2）利用穿越狭窄水道的潮流，驱动水下涡轮发电机（见第 7 章）。虽然第一种方式更常用，但是为了充分利用沿海潮流的优势，部分国家（如挪威、英国和美国）最近安装了大量近海涡轮发电机，并且计划将这些装置推广至更多的潮汐发电厂。

法国圣马洛的朗斯潮汐发电厂是一个成功的案例，它位于朗斯河口，利用困在拦潮坝后面的海水发电，1966 年以来一直稳定运行（见图 9.24）。在朗斯河口，海水面积约为 23 平方千米，潮差为 13.4 米。潮汐发电的一般规律是：海盆面积越大，可用潮能越多；潮差越大，可用潮能越多。

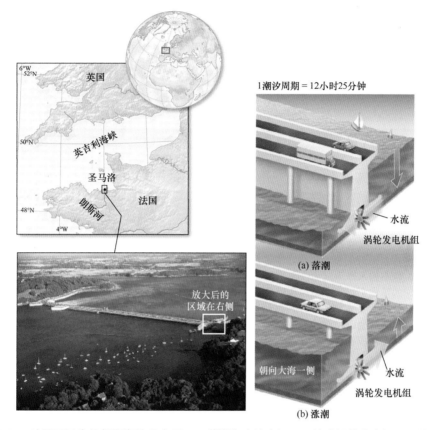

图 9.24　法国圣马洛的朗斯潮汐发电厂。(a)落潮海水流出河口，转动涡轮发电机；(b)涨潮海水进入河口，反向转动涡轮发电机

为了免遭风暴海浪的破坏，拦潮坝建在朗斯河口上游约 3 千米处，宽度为 760 米，支持双车道（见图 9.24）。当海水穿越拦潮坝时，可为发电厂下方运行的 24 台发电机组提供能量。当满负荷运行时，每台机组可发电 10 兆瓦，总计可发电 240 兆瓦。

对朗斯发电厂而言，为了能够顺利发电，河口与海洋之间需要有足够大的水位落差，但是每年只有约半数时间满足条件。于是，人们利用涡流发电机作为水泵，适时将海水泵入河口，将年发电量从约 5.4 亿千瓦时成功提升至 6.7 亿千瓦时。

在全球范围内，除了朗斯发电厂，潮汐发电厂只有 6 座，而且半数发电能力相对较弱（不足 2 兆瓦）。目前，人们正在考虑建设可高效运行的大型潮汐发电厂。例如，经常有人提议在美国与加拿大边境附近的帕萨马科迪湾（芬迪湾内）修建一座潮汐发电厂，主要原因是芬迪湾的潮差规模为世界之最，潮流流量超过朗斯发电厂 100 倍。虽然如此，由于工程难度、成本高昂和环境问题等原因，芬迪湾一直未修建潮汐发电厂。1984 年，加拿大新斯科舍省在附近建造了一座小型潮汐发电厂，装机容量为 20 兆瓦。该发电厂建在安纳波利斯河口，位于芬迪湾一侧的小港湾，最大潮差为 8.7 米（见图 9.20）。就潮汐发电潜力而言，加拿大的芬迪湾一直较为热门，几个新型涡轮发电系统（类似于风车，但固定在海底）计划于近期安装。

全球许多国家都认识到了潮汐发电的优势——不仅无碳（清洁），而且可再生。例如，韩国

2011 年在西化湖建造了一座潮汐发电厂，装机容量为 254 兆瓦。部分国家也提出了相关潮汐项目，包括俄罗斯、菲律宾、印度和英国等。2013 年，据彭博新能源金融（总部位于伦敦的咨询公司）预测，截至 2020 年，全球可能启动的潮汐发电项目多达 22 个，而且每个项目的装机容量都超过 1 兆瓦。

在英格兰与威尔士之间的塞文河口，英国计划建造拦潮坝，这是最引人注目的潮汐项目之一。塞文河的潮差规模号称全球第 2，这也是潮汐发电的重要基础。若能顺利建成，将成为全球最大的潮汐发电厂，拦潮坝长 12 千米，装机容量高达 8.6 吉瓦（千兆瓦），可满足英国用电总需求量的 5%。

简要回顾

海洋潮汐引发的每日水位变化可作为能源加以利用。目前，虽然存在明显短板，但位于沿海河口处的几座潮汐发电厂仍然成功提取到了潮能。

小测验 9.6　讨论利用潮汐作为能源的优势与劣势

❶ 讨论与潮汐发电相关的积极因素和消极因素。

❷ 以具有混合潮形态的河口为例，解释潮汐发电厂的工作原理。

主要内容回顾

9.1　海洋潮汐是如何形成的？

- 太阳和月球对地球的引力形成了海洋潮汐，潮汐本质上是波长极长的规则浅水波。根据简化的潮汐模型，微小的水平方向力（引潮力）推动海水在地球两侧形成两个隆起。
- 虽然月球的体积小得多，但由于距离地球非常近，对潮汐的影响约为太阳的 2 倍。由于月球引力形成的潮汐隆起占主导地位，所以月球运动控制着地球潮汐的周期。但是，太阳隆起相对于月球隆起的位置变化会改变潮汐。
- 指出形成海洋潮汐的各种力。
- 两人 A 和 B 正在讨论潮汐的成因，A 认为潮汐的涨落是由海平面高度的差异造成的，B 认为潮汐变化由地球自转及进入和离开潮汐隆起形成的。从技术角度讲，哪种解释更准确？

9.2　潮汐在月潮周期内如何变化？

- 如果地球是均匀的球体，海洋具有均匀的深度，那么潮汐很容易预测。对地球上的大多数地方来说，连续高潮之间的时间间隔应为 12 小时 25 分钟（1/2 太阳日）。在 29.5 天的月潮周期中，应包括最大潮差（大潮）和最小潮差（小潮）的潮汐。
- 在太阴月期间，月球的赤纬在赤道南北两侧 28.5° 之间变化，太阳的赤纬在赤道南北两侧 23.5° 之间变化。因此，在每个太阴日，潮汐隆起的位置通常产生高度不等的两次高潮和两次低潮。
- 在每晚的同一时间，在相同的参照位置观察月球，记录月球形状（相位）及其在空中的位置，持续观察两周。将观察结果与自己所在地区报告的潮汐进行比较。

9.3　海洋中的潮汐是什么样的？

- 考虑摩擦和海洋盆地的真实形状后，潮汐动力学变得更复杂。由于无法跟上地球的自转速度，地球相反两侧的两个隆起不可能存在。这些隆起被分解成几个潮汐单体，共同围绕无潮点（潮差为 0）旋转。其他因素也影响地球上的潮汐，如大陆的位置、海洋的深度变化及海岸线的形状等。
- 解释无潮点和同潮线。它们如何影响开阔大洋中的潮汐？
- 假设潮汐是自由波，受控于第 8 章中介绍的海浪相关条件和公式。将潮汐隆起视为波长为 1/2 地球周长的波峰，假设月球隆起的平均高度为 3 米。
- 利用第 8 章中学过的知识，判断潮汐是深水波还是浅水波。海洋的平均深度为 3.7 千米，最大深度为 11 千米。

9.4　潮汐形态有哪些类型？

- 地球上的可观测潮汐形态有三类，即全日潮、半日潮和混合潮。混合潮形态通常由半日潮周期组成，具有明显的日不等特征。混合潮形态是全球最常见的潮汐类型。
- 假设两颗卫星环绕地球运行，二者位于同一轨道平面内，但分别在地球的两侧，且每颗卫星的大小和质量都与月球的相同。这种情况对大潮和小潮期间的潮差有何影响？对观测到的潮汐形态有何影响？

- 绘制某个虚构地点的月潮曲线，水平轴为小时，垂直轴为潮汐高度，标注高潮与低潮。

9.5 沿海地区存在哪些潮汐现象？

- 沿海地区存在多种可观测的潮汐现象。涌潮是真正的潮波，由高潮涌入特定的河流和海湾而形成。受相长干涉的影响，加上海湾逐渐变浅和变窄，芬迪湾北端形成了全球最大的 17 米潮差。潮流在开阔海盆中遵循旋转模式，但在大陆边缘转换为往复流。当水流处于高平潮与低平潮之间时，往复流的最大速度出现在涨潮流和落潮流中。在某些受限的沿海水道中，往复潮流会形成漩涡。对许多海洋生物而言，潮汐也很重要。
- 查阅沿海位置的当前月潮日历。去潮池实地考察的最佳时间是什么？
- 上网查找芬迪湾的每月潮汐图。讨论找到的潮汐信息，包括大潮、小潮、月相和潮差。

9.6 潮汐可以发电吗？

- 潮汐可以发电，但是建设潮汐发电厂有一些明显的缺点。
- 哪些负面环境因素会阻碍海洋潮汐发电系统的发展？
- 描述两种不同潮汐发电方法的优劣。

第 10 章　海滩、海滨线过程和近岸海洋

全球各地的海滩。 由于海洋影响因素多样,各地海滩风格迥异。图中所示海滩位于多地,包括加利福尼亚州、俄勒冈州、夏威夷州、厄瓜多尔的加拉帕戈斯群岛及墨西哥的下加利福尼亚半岛

主要学习内容

10.1 运用合理的海滩术语，正确定义沿海区域

10.2 解释海滩上沙子的运移机制

10.3 描述侵蚀型海滨和堆积型海滨的地貌特征

10.4 讨论海平面变化如何形成新生海滨线和淹没海滨线

10.5 描述硬稳定的各种类型，评价相关替代方案

10.6 对比近海的各种类型

10.7 了解滨海湿地面临的问题

惊涛拍岸，虽一浪接一浪地粉身碎骨，但大海最终还是征服了一切，不仅无情地摧毁了阿曼达，还雕琢出了岩石的岁月悠痕。

——拜伦勋爵，英国诗人，1821 年

全球各沿海区域（Coastal Regions）非常繁忙，由于气候温和、海鲜丰富、交通便捷、生活悠闲及商业机会众多等原因，自古至今始终令人心驰神往。例如，人口学研究发现，全球约半数人口（超过 35 亿）生活在沿海区域，80% 以上的美国人住在海边或五大湖附近（车程不到 1 小时），预计这些数字未来会继续增长。例如，美国的 10 个大型城市中，8 个位于沿海环境中；每天约有 3600 人迁往沿海区域，通常是想在这些城市寻找工作机会。预计到 2025 年，全球总人口的 75% 将生活在沿海区域。虽然沿海区域适宜人类居住，但是对沿海环境而言，人口数量的快速增长会带来负面影响。

在近岸海洋/近海（Coastal Ocean）中，遍布着各种海洋生物。从海洋捕捞的各种鱼类中，约 95% 距海滨不到 320 千米；近海支撑了海洋生物总量的 95%；近海区域的河口和湿地环境是最具生物生产力的地球生态系统之一，成为栖息在开阔大洋中的大量海洋生物的重要繁殖地；滨海湿地是河流径流的重要自然净化剂，可在污染物抵达海洋之前将其清除。

沿海区域每时每刻都在发生着各种变化，海浪冲击大部分海滨线的频率约为 1 万次/日，不断释放着来自遥远大洋风暴的强大能量。海浪在侵蚀某些区域的同时，会在其他区域堆积侵蚀物，每时、每日、每周、每月、每季度和每年都在发生动态变化。

本章介绍海滩和海滨线的主要地貌特征及其演化过程，讨论人们干预这些过程的方式及其环境影响，最后探讨近海的特征和类型（包括人类活动的影响）。

10.1 沿海区域是如何定义的？

海滨（Shore）是跨越海洋和陆地的特殊地带，下边界位于海洋侧的最低潮位（低潮），上边界位于陆地侧受风浪影响的最高高程。从海滨朝内陆方向延伸，只要能够找到与海洋相关的地貌特征，无论多远都可称为海岸/沿海（Coast），如图 10.1 所示。海滨的宽度为几米至几百米，海岸的宽度可能不到 1 千米，也可能超过几十千米。海岸线（Coastline）是海滨与海岸的分界线，也是最高风浪所能影响的极限位置（向陆侧）。

探索数据

查看图 10.1，对照自己所在地区的海滩，找出异同之处。

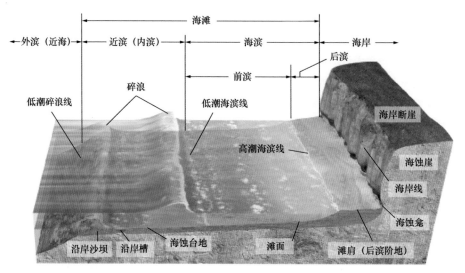

图 10.1　沿海区域简图，标识了海滩术语和地貌单元。海滩定义为"受海浪影响的海岸线的整个活动区域"，从外滨的低潮碎浪线（左），一直延伸至后滨阶地的远端（右）。这些海滩地貌特征中的大多数可在任何海滩找到，但并不是每个海滩都存在陡崖

10.1.1　海滩术语

在如图 10.1 所示的海滩剖面图中，标出了海滨线（存在陡崖）的各种地貌特征。海滨（Shore）划分为前滨（Foreshore）和后滨（Backshore），前滨一般称为潮间带（Intertidal Zone）或滨海带（Littoral Zone），低潮时露出水面，高潮时低于水面；后滨位于高潮海滨线之上，只在风暴期间被海水淹没。海滨线（Shoreline）是海水的边界，随潮起潮落而往复迁移。近滨/内滨（Nearshore）从低潮海滨线开始，向海洋方向延伸至低潮碎浪线，从不暴露在海面之上，但会受到触底海浪的影响；**外滨/近海**（Offshore）位于低潮碎浪线之外，由于深度较大，底部极少受到海浪的影响。

图 10.2　典型海滩。在这张照片中可以看到典型海滩的许多特征，如滩肩（后滨阶地，靠近陆地的干燥平坦区域）和滩面（左侧的湿润缓坡区域）

海滩（Beach）是海滨区域的一种沉积（见图 10.2），由沿海蚀台地（Wave-cut Bench，平缓的海浪侵蚀表面）运移的海浪作用沉积物构成。海滩从海岸线开始，穿过近滨水域，一直延伸至碎浪线。因此，海滩是海岸的整体活跃区域，因海浪破碎而发生各种变化。海滨线以上的海滩区域常称休闲海滩（Recreational Beach）。

滩肩/后滨阶地（Berm）位于海蚀崖或沙丘下方的海滩边缘，地面相对干燥，略高于海平面，坡度较缓。滩肩通常由干沙构成（见图 10.2），因此成为海滩游客最喜欢的活动场所（如日光浴、沙滩排球、烧烤和篝火晚会）。

滩面（Beach Face）是湿润的缓坡区域，从滩肩延伸至海滨线，低潮时可能完全出露于海面，也称低潮阶地（Low-tide Terrace）。由于沙子湿润且致密，滩面成为跑步者的最爱。在滩面的向海侧，存在一个或多个平行于海岸的沿岸沙坝（Longshore Bars）。沿岸沙坝并非全年都出现，但是一旦出现，就可能在极低潮时露出海面。海浪接近海滨时，沿岸沙坝可将其"绊倒"，使其破碎。在沿岸沙坝与滩面之间，沿岸槽（Longshore Trough）充当"隔离者"。

10.1.2　海滩的物质组成

海滩由本地可用的任何物质组成，如沙子、贝壳、砾石、鹅卵石和岩石等（见本章开篇的照片）。当这种物质（沉积物）来自海蚀崖或附近山脉的侵蚀作用时，海滩就由这些岩石中的矿物颗粒构成，质地可能相对粗糙；当这种物质主要由河流自远方搬运而来时，质地相对更加精细。一般来说，海滨沿线的泥质颗粒非常发育，因为黏土级和粉砂级微粒沉积物更容易搬运入海。例如，在南美洲的苏里南海岸和印度西南部的喀拉拉邦海岸，就存在这样的淤泥质海岸线。

还有一些海滩主要由生物碎屑物质构成，例如在地势较低的低纬度地区（如佛罗里达州南部），附近没有山脉或其他造岩矿物来源，海滩通常由贝壳碎片、破碎珊瑚及生活在近海的生物残骸构成。在开阔大洋中的许多火山岛上，海滩由构成岛屿主体的黑色（或绿色）玄武质熔岩碎片构成，或者由低纬度岛屿周围发育的粗粒珊瑚礁碎屑物构成。

无论具体组成成分如何，海滩物质都不会始终停留在固定的位置，而会在冲击海滨线的海浪作用下不断运移。因此，我们可将海滩视为"沿海滨线运移的物质"。

简要回顾

海滩是受破碎海浪影响的沿海区域，包括滩肩、滩面、沿岸槽和沿岸沙坝。

小测验 10.1　运用合理的海滩术语，正确定义沿海区域

❶ 解释海滨与海岸的差异。

❷ 典型海滩包括哪些具体地貌特征？

❸ 滩肩与滩面有何不同？

❹ 为什么海滩反映了本地可用物质成分？举例说明。

10.2　海滩上的沙子是如何运移的？

海滩上的沙子不仅垂直于（朝向或远离）海滨线运移，而且平行于海滨线（通常称为上行海岸和下行海岸）运移。

10.2.1　垂直于海滨线的运移

由于海浪发生破碎，海滩上的沙子垂直于海滨线运移。

10.2.1.1　机制

海浪破碎时，海水会冲上滩面，冲向滩肩。小部分海水以冲激浪（Swash）的形式浸没于海滩，但最终会返回海洋；大部分海水随回退浪（Backwash）回流入海，但是路径较为曲折，通常会被随后破碎的海浪推挤至前一海浪的回退浪之上。

站在海滨线的齐踝深的海水中时，可以看到在垂直于海滨线的方向，冲激浪和回退浪在滩面上来回搬运沙子。冲激浪更强时，滩肩上的沙子以堆积为主；回退浪更强时，滩肩上的沙子以侵蚀为主。

10.2.1.2　小浪活动和大浪活动

在小浪活动（Light Wave Activity，以低能海浪为特征）期间，大部分冲激浪浸没于海滩，回退浪减少。冲激浪主导着搬运系统，将沙子向滩面直至滩肩进行净输运，形成宽阔而发育良好的滩肩。

在大浪活动（Heavy Wave Activity，以高能海浪为特征）期间，海滩因被先前的海水浸透而饱和，只有较少的冲激浪能够浸没于海滩。回退浪主导着搬运系统，将沙子从滩面向海中净输运，对滩肩造成侵蚀。此外，海浪破碎时，后续冲激浪将爬升至前一海浪的回退浪之上，从而有效地保护了海滩免受冲激浪的影响，但同时会增大回退浪的侵蚀效应。

在大浪活动期间，滩肩上的沙子去哪儿了？海浪的轨道运动太浅，无法将沙子搬运至离岸较远的地方。因此，沙子就在海浪破碎位置附近就地积聚，形成一个或多个外滨沙坝（沿岸沙坝）。

生物特征 10.1　来抓我吧：我就住在滩面上！

鼠蝉蟹/浪花蟹（Sand Crabs）是生活在沙滩上的一种小型甲壳类动物，其外骨骼质地坚硬，可在不到 2 秒内藏身于饱和的沙子中。

鼠蝉蟹的身体呈桶状，通过靠近躯干的桨状蟹爪，它可在冲激浪带内自如翻滚。利用自己的羽状触须，鼠蝉蟹能够识别退潮海浪中的浮游生物及其他碎屑。虽然隐藏在沙子下面，但其触须通常出露，且在回退浪中呈 V 形。

10.2.1.3　夏季海滩和冬季海滩

对大多数海滩而言，小浪活动与大浪活动会季节性交替出现，形成的海滩特征也会发生变化（见表 10.1）。例如，小浪活动可形成宽阔的沙质滩肩和整体略陡的滩面——夏季海滩（Summertime Beach），但是会破坏沿岸沙坝，如图 10.3a 所示；大浪活动可形成狭窄的石质滩肩和整体平缓的滩面——冬季海滩（Wintertime Beach），但是会构建明显的沿岸沙坝，如图 10.3b 所示。宽阔的滩肩需要几个月时间才能构建完毕，但是在高能冬季风暴海浪的冲击下，只要几小时就会被摧毁。

表 10.1　小浪活动和大浪活动影响下的海滩特征

	小浪活动	大浪活动
滩肩/沿岸沙坝	滩肩形成，沿岸沙坝消失	沿岸沙坝形成，滩肩变窄
海浪能量	低能海浪（无风暴）	高能海浪（有风暴）
时间跨度	时间较长（几周或几个月）	时间较短（几小时或几天）
特征	形成夏季海滩：滩肩为沙质且宽阔，滩面整体略陡	形成冬季海滩：滩肩为石质且狭窄，滩面整体平缓

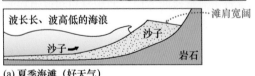

(a) 夏季海滩（好天气）

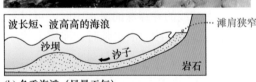

(b) 冬季海滩（风暴天气）

图 10.3　夏季海滩和冬季海滩。加利福尼亚州拉荷亚市的布默海滩。(a)夏季海滩；(b)冬季海滩

简要回顾

低能小浪向滩面直至滩肩搬运沙子，形成夏季海滩；高能大浪冲刷滩肩上的沙子，形成冬季海滩。

10.2.2 平行于海滨线的运移

在垂直于海滨线运移的同时，也会出现平行于海滨线的运移。

10.2.2.1 机制

如第8章所述，在碎浪带内，海浪发生折射（弯曲），然后几乎平行于海滨运动。伴随着破碎的每个海浪，冲激浪以小角度上冲至裸露海滩，然后在重力作用下，回退浪垂直于海滨沿滩面向下回流。结果，海水沿海滨呈"之"字形流动。

10.2.2.2 沿岸流

沿海滨呈"之"字形流动的海水称为沿岸流（Longshore Current），如图10.4所示。沿岸流的流速与很多影响因素（如海滩坡度、碎浪入射海滩的角度、波高及波频）成正比，最高可达4千米/小时。

游泳者常在不知不觉之间为沿岸流裹挟，漂移至距离最初下水位置很远的地方。沿岸流的力量强大，既然能够轻松裹挟人类身体，"搬运泥沙并沿海滨呈之字形运动"自然是小菜一碟。

(a) 在俄勒冈州海岸沿线，海浪以小角度接近海滩，形成向照片右侧流动的沿岸流

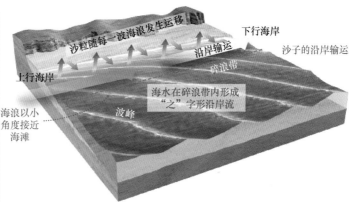

(b) 沿岸流由海浪折射所引发，海水沿海滨线呈"之"字形流动，导致沙粒从海滩的上行海岸向下行海岸净输运（沿岸漂沙）

图10.4　沿岸流和沿岸漂沙

探索数据

如果在碎浪带内的海水中嬉戏，你的位置（相对于海滩）会受到什么影响？

10.2.2.3 沿岸漂沙

沿岸漂沙（Longshore Drift）也称沿岸输运（Longshore Transport）、海滩漂移（Beach Drift）或滨海泥沙流（Littoral Drift），指由沿岸流引发的"之"字形沉积物运移，如图10.4b所示。沿岸流和沿岸输运均只出现在碎浪带内，不会发生在更远的外滨，因为那里的海水太深。如第8章所述，海浪的波基面深度等于1/2波长（从静水位开始测量），这一深度之下的海浪不会触底并折射，因此无法形成沿岸流。

常见问题10.1　沿岸漂沙能够输运多少海岸沿线的沙子？

数量非常惊人！例如，沿岸漂沙的速率通常为7.5～23万立方米/年。为了更直观地了解这个数字，可以拿装运垃圾的普通卡车进行对比，后者的装载量约为14立方米/辆。大体上讲，沿岸漂沙每年在沿海地区输运的沙子，完全能够装满成千上万辆垃圾卡车。在少数沿海区域，沿岸漂沙的速率高达76.5万立方米/年。

10.2.2.4 海滩：沙河

通过各种不同方式和过程，河流和沿海区域均对水及沉积物进行运移，从一个地区（上游或上行海岸）运移至另一个地区（下游或下行海岸），人们由此经常将海滩称为"沙河"。但是，在沙子的运移方式方面，海滩与河流存在一定差异。例如，沿岸流以"之"字形方式流动，河流多数以湍流（或漩涡）方式流动；沿岸流沿海滨线的流向可以改变，河流总是流向大致相同的方向（向下）。沿岸流之所以可以改变流向，主要是因为在不同的季节，抵达海滩的海浪一般来自不同的方向。不过，在美国的大西洋和太平洋海岸沿线，沿岸流通常向南流动，如图10.5所示。

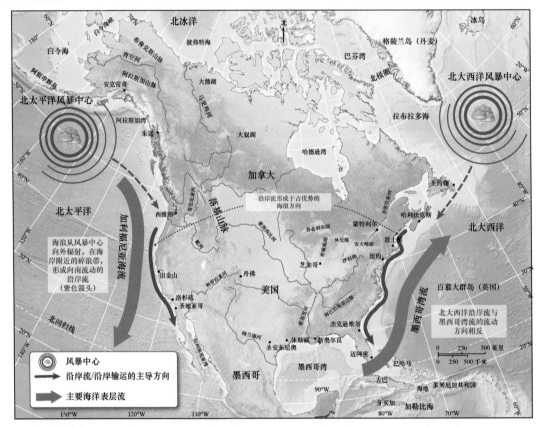

图 10.5　主要风暴中心和美国海岸沿线发育的沿岸流与沿岸输运。地图显示了北太平洋和北大西洋中的主要风暴中心。这些风暴中心生成的海浪向外辐射，在太平洋与大西洋海岸沿线均形成了主体向南流动的沿岸流和沿岸输运。为便于比较，还显示了主要的外滨表层流

探索数据

沿岸流/沿岸输运的主体流向为何与外滨的主要海洋表层流相反？这种情况发生在美国哪个海岸沿线？

　　常见问题 10.2　在美国东海岸，强大的墨西哥湾流向北流动，沿岸流怎么可能向南流动呢？

沿岸流和海洋表层流是不同类型的两种事物，彼此之间完全独立运行。沿岸流只出现在碎浪带内，海洋表层流的覆盖范围要广得多，出现在距离海滨较远的海域。沿岸流是海浪以一定角度入射海滨时形成的，可以反向流动；海洋表层流由全球主要风带形成，受科里奥利效应的影响，很少反向流动。切记，海浪的流向可与海洋表层的流向相反。

在美国东海岸沿线，由于形成海浪的主要风暴中心位于北大西洋北部，所以沿岸流会向南流动。当海浪从这些风暴中心向南辐射时，就会形成沿东海岸向南流动的沿岸流。北太平洋的情况与此类似，海浪形成沿西海岸向南流动的沿岸流，恰好与加利福尼亚海流的流向相同（见图10.5）。

沿岸流是海浪以一定角度入射海滩形成的，沿岸漂沙以"之"字形方式沿海岸运移沙子。

❶ 描述夏季海滩与冬季海滩的差异，解释为什么会出现这些差异。

❷ 哪些因素会影响沿岸流的流速？

❸ 什么是沿岸漂沙？其与沿岸流有什么关系？

❹ 为什么沿岸流有时反向流动？在太平洋沿岸，沿岸流的主要流向是什么？

10.3　侵蚀型海滨和堆积型海滨的典型地貌特征是什么？

沉积物从海滩上被侵蚀后，主要在海滨沿线运移，随后堆积在海浪能量较低的区域。虽然所有海滨都会经历某种程度的侵蚀和堆积，但通常会以某种类型为主。侵蚀型海滨（Erosional Shores）一般有发育良好的海蚀崖，常出现在海岸发生构造抬升的区域，如美国太平洋沿岸。

美国东南部的大西洋及墨西哥湾沿岸主要发育堆积型海滨。由于海滨逐渐下沉，经常见到沙质沉积和外滨障壁岛。对于堆积型海滨而言，侵蚀依然是主要问题，特别是人类建造的海岸建筑，较大程度地影响了自然海岸过程（相关内容见本章后面的介绍）。

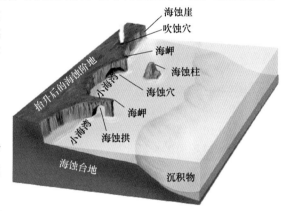

图 10.6　侵蚀型海滨（石质）的地貌特征

10.3.1　侵蚀型海滨的地貌特征

如第 8 章所述，由于海浪折射（海浪弯曲），海浪能量主要集中在从陆地向海中突出的海岬/岬角（Headlands），因此抵达海滨的能量相应减少（见图 8.21）。海岬被侵蚀的速度越来越快，最终使得海滨线后撤，通常留下遭受侵蚀后形成的独特地貌特征。图 10.6 中显示了部分侵蚀地貌特征。

海浪无情冲击海岬的基部，逐渐削弱其上部，海岬最终坍塌为海蚀崖（Wave-Cut Cliffs）。在海蚀崖底部，海浪可能塑造海蚀穴（Sea Caves）。

随着海浪持续冲击海岬，海蚀穴最终会蚀穿至另一侧，形成称为海蚀拱（Sea Arches）的开口，如图 10.7 所示。有些海蚀拱的规模大到船只可以安全地穿行。侵蚀持续不断，海蚀拱顶部最终崩塌，形成海蚀柱（Sea Stacks），如图 10.7 所示。海浪也会侵蚀海蚀台地的基岩，当海蚀台地抬升至海平面之上时，就会形成坡度平缓的海蚀阶地（Marine Terrace），如图 10.8 所示。经历了多期次抬升的部分区域（如加利福尼亚州南部近海岛屿），海面之上分布着完整系列的海蚀阶地，年龄自下而上逐渐变老，顶部最古老。

图 10.7　海蚀拱和海蚀柱。葡萄牙南部阿尔加维地区，阿尔马桑德佩拉小镇附近。海蚀拱（后）的顶部崩塌后，通常形成海蚀柱（中）

海岸侵蚀速率的影响因素较多，如暴露于海浪的程度、潮差大小及海岸基岩成分等。但是，无论侵蚀速率如何，所有海岸区域均遵循相同的发育路径。只要陆地高程（相对于海面）

不改变，海蚀崖就会持续遭受侵蚀并后撤，海滩变宽以适应海浪的冲击。受到侵蚀的物质从高能区域迁出，然后堆积在低能区域。

图 10.8　海蚀台地和海蚀阶地。在新西兰凯库拉附近，海蚀台地出露于低潮位置（右）；海蚀台地抬升后，即形成海蚀阶地（左）

图 10.9　海蚀阶地。俄勒冈州布兰科角附近的海蚀阶地（照片上部的缓坡表面），形成于海平面处的海浪活动，后因构造抬升至当前位置

10.3.2　堆积型海滨的地貌特征

　　海蚀崖的海岸侵蚀会产生大量沉积物，河流也会携带来自内陆岩石的大量侵蚀沉积物，海浪可将所有这些沉积物散布在大陆边缘沿线。

　　图 10.10 中显示了堆积型海滨的部分地貌特征，主要为沿岸漂沙输运的泥沙沉积物，有些还受其他海岸过程的影响。此外，有些沉积物（部分或全部）会从此远离海滨。

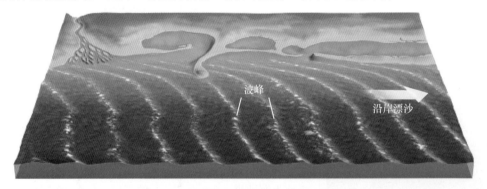

图 10.10　堆积型海滨的部分地貌特征

　　沙嘴（Spit）是一种线状沉积物沙脊，主要出现在海湾湾口附近，延伸方向与沿岸漂沙相同（从陆地至深水海域）。由于海流的运动，末端通常向海湾内部弯曲。

　　潮流（或河流径流）的能量足够强大时，湾口一般保持开放状态；反之，沙嘴最终贯穿整个海湾并与陆地连接，形成拦湾坝（Bay Barrier）或湾口坝（Bay-Mouth Bar），切断海湾与开阔大洋的直接联系，如图 10.11a 所示。虽然拦湾坝是一种沙质堆积物，且通常比平均海平面高出不到 1 米，但上面经常会建造永久性建筑物。

　　连岛沙洲（Tombolo）是连接岛屿（或海蚀柱）与陆地的沙脊（见图 10.11b），它还可连接两个相邻的岛屿。连岛沙洲形成于岛屿的海浪能量阴影中，因此通常垂直于入射海浪的平均方向。

北

连岛沙洲

(a) 马萨诸塞州玛莎葡萄园海岸沿线的拦湾坝和沙嘴　　(b) 加利福尼亚州山羊岩海滩的连岛沙洲，视角朝北

图 10.11　海岸的堆积地貌特征。海岸的各种堆积地貌特征，包括拦湾坝、沙嘴和连岛沙洲

常见问题 10.3　离岸流与退潮流有何区别？它们都是水下逆流吗？

就像潮波（海啸）一样，退潮流同样用词不当，它与潮汐毫无关系，更确切的名称应是离岸流。或许由于像落潮时的潮水一样迅猛，离岸流被人们误称为退潮流。深入学习 10.1 中将讨论离岸流的成因及其危险性。

与离岸流类似，水下逆流也从海滨向外流动。但是，水下逆流的流幅要宽得多，且通常在海底附近更集中。实际上，水下逆流是回退浪的延续，大浪活动期间强度最大。水下逆流非常强，足以将人冲倒，但其活动范围仅限于碎浪带内的海底。

深入学习 10.1　警告：遇到离岸流时应该怎么办？

海浪破碎形成的回退浪大多以流水形式从海底回流至开阔大洋，通常称为片流。但是，部分海水以强烈且狭窄的表层流形式返回海洋，称为离岸流。离岸流从海滨向外回流时，通常垂直于海滩方向。

离岸流的流幅约为 15～45 米，流速可达 7～8 千米/小时，快于大多数人的游泳速度。实际上，海流速度超过 2 千米/小时后，长时间逆流游泳是在做无用功。离岸流从海滨离开后，传播至数百米以外才会破裂。小型至中型涌浪破裂时，可能发育大小及速率中等的离岸流；大型涌浪破裂时，通常发育数量较少、密集度较高、强度较大的离岸流。通常，为了准确识别离岸流，可以综合考虑多种因素，如其干扰入射海浪的方式、悬浮沉积物引起的棕色特征或波涛汹涌的泡沫状外观等，如图 10A 所示。

图 10A　离岸流和警告标志。从海滨向外延伸并干扰入射海浪的离岸流（红色箭头）和警告标志（插图）

对海边的游泳者来说，大型涌浪期间出现的离岸流极为危险。实际上，美国每年有 70～100 人因陷入离岸流而溺水身亡，海滩营救行动中 80% 的救助对象受困于离岸流。陷入离岸流后，最正确的做法是什么呢？平行于海滨方向游一小段距离（只需游出狭窄的离岸流），然后游向岸边。注意，即便是非常优秀的游泳运动员，如果惊慌失措或者试图直接从离岸流中游向岸边，最终也会因体力不支而被大海吞没。虽然大多数海滩张贴了警告标志，且经常有救生员往返巡逻，但是每年仍有许多人因陷入离岸流而丧生。

你学到了什么？

1. 如果被困在离岸流中，为了确保不会溺水身亡，最好的方法是什么？
2. 离岸流如何改变海滩外滨部分的形状？

10.3.2.1 障壁岛

平行于海岸的超长外滨沙质沉积称为障壁岛/堰洲岛（Barrier Islands），如图10.12所示。障壁岛是抵御海平面上升和高能风暴海浪的第一道防线，可以缓解其对海滨的直接冲击。障壁岛的成因比较复杂，大多似乎出现在1.8万年前的全球海平面上升期间，与末次冰期结束时的冰川融化有关。

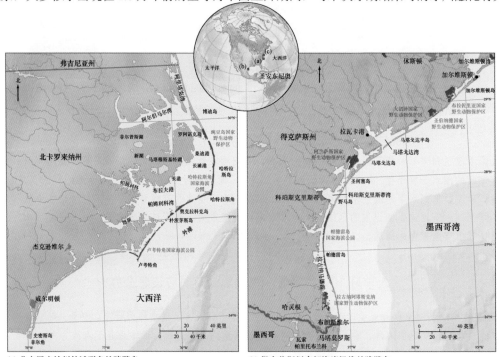

(a) 北卡罗来纳州外滩群岛的障壁岛　　(b) 得克萨斯州南部海岸沿线的障壁岛

(c) 新泽西州汤姆斯河附近，障壁岛高度发育的部分

图10.12　障壁岛实例。障壁岛的地图和航空照片，分别位于：(a)北卡罗来纳州；(b)得克萨斯州；(c)新泽西州

根据对全球卫星影像的最新研究，在全球各种气候与潮波的组合中，人们发现了 2149 个障壁岛。在美国大西洋及墨西哥湾沿线，环绕着近 300 个障壁岛，如图 10.13 所示。从马萨诸塞州到佛罗里达州东部，障壁岛呈连续线性分布；从佛罗里达州西部到墨西哥湾的墨西哥境内部分，障壁岛呈不连续状态分布。这些障壁岛的长度超过 100 千米，宽度可达数千米，通过潟湖与大陆隔开。部分障壁岛非常有名，如火岛（纽约海岸附近）、外滩群岛（北卡罗来纳州）和帕德雷岛（得克萨斯州海岸附近）等。

图 10.13　美国大西洋及墨西哥湾沿岸的障壁岛。从缅因州到佛罗里达州东部，障壁岛沿大西洋海岸分布；从佛罗里达州西部到墨西哥，障壁岛沿墨西哥湾海岸分布；太平洋沿岸未发现障壁岛

1．人类对障壁岛的影响

障壁岛存在与人类相关的环境问题，由于毗邻海洋，人们对在其上建造房屋非常感兴趣。例如，与非障壁岛海岸线附近的海滩相比，障壁岛的人口密度是后者的 3 倍。此外，1990—2000 年，居住在障壁岛上的总人口数量增长了 14%，且至今仍在持续增长。在狭窄且低洼的流沙带上，建造房屋似乎并不明智，但障壁岛上确实建造了许多大型建筑（见图 10.12c）。在这些建筑中，有些已经坠入海中，有些需要搬迁。

2．障壁岛的特征

如图 10.14 所示，典型的障壁岛具有如下自然地理特征（自海洋至陆地）：

- 海滩
- 沙丘
- 障壁沙坪
- 高位盐沼（盐碱滩）
- 低位盐沼（盐碱滩）
- 潟湖（障壁岛与陆地之间）

夏季，轻柔的海浪搬来沙子，海滩变得宽阔而陡峭；冬季，汹涌的海浪搬走沙子，海滩变得狭窄而平缓。

在干旱季节，风向内陆吹沙，形成海岸沙丘，并由沙丘草稳定下来。这些植物的生命力极强，可耐受高盐海浪的袭扰和泥沙的掩埋。在风暴驱动的高潮期间，沙丘可保护潟湖免遭过量洪水的侵袭。各沙丘之间存在许多通道（开口），大西洋东南海岸沿线特别明显，沙丘发育成熟度远逊于北部沿海。

当风暴穿越各个通道（开口）时，泥沙会在沙丘后形成障壁沙坪（Barrier Flat）。这里很快会长满各种杂草，且在风暴期间受到海水的冲刷。冲刷障壁沙坪的风暴不频繁时，这些植物会遵循自然规律演化，草丛会逐渐变成灌木丛、林地和森林。

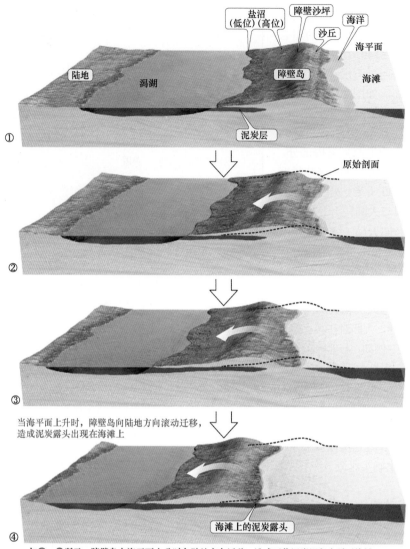

当海平面上升时，障壁岛向陆地方向滚动迁移，造成泥炭露头出现在海滩上

如①～④所示，障壁岛在海平面上升时向陆地方向迁移，造成下伏泥炭沉积出露于海滩

图 10.14　障壁岛的自然地理特征及其在海平面上升时的迁移

　　盐沼/盐碱滩（Salt Marshes）一般位于障壁沙坪的向陆侧，可分为低位盐沼（从平均海平面延伸至小潮高潮线）和高位盐沼（从平均海平面延伸至大潮最高线）两种类型。迄今为止，低位盐沼是盐沼中最具生物生产力的部分。

　　沉积物由于过度冲刷而进入潟湖，填充部分湖体形成新沼泽地，并随海水涨落间歇性出露于水面。在距离涨潮入口较远的岛屿部位，沼泽的发育程度较差。沼泽的发育较大程度上受控于障壁岛，为了防止过度冲刷和洪水泛滥，人们可能在障壁岛上建造人工沙丘，或者堵住潮水入口。

　　3．障壁岛的迁移

　　在北美洲东部海岸沿线，随着海平面逐渐上升，障壁岛不断向陆地方向迁移。如图 10.14 中的序列①～④所示，障壁岛的迁移类似于缓慢移动的拖拉机履带，岛屿自身整体翻滚，对其上建造的建筑产生重要影响。泥炭沉积（Peat Deposits）形成于沼泽环境中的有机质积聚，为障壁岛的迁移提供了进一步佐证。当障壁岛缓慢翻滚并向陆地迁移时，就会掩埋古泥炭沉积。这些泥炭沉积可在岛屿下方找到，甚至可能出露于海滩上（当障壁岛的迁移距离足够远时）。

10.3.2.2　三角洲

与沿岸流相比，部分河流向海洋输送更多的沉积物，并在河口形成三角洲（Delta）。密西西比河形成了全球最大的三角洲之一，最终流入墨西哥湾，如图 10.15a 所示。三角洲是肥沃且平坦的地势低洼区域，遭受洪水的周期性侵袭。

当沉积物充填在河流的河口时，三角洲开始形成。此后，随着各条支流的形成，三角洲不断成长壮大。支流是沉积物发生沉降的分支河道，呈手指状向外辐射延伸，如图 10.15a 所示。"手指"过长时，就会被沉积物堵塞。在这一位置，洪水很容易改变支流的河道，并将沉积物引入各"手指"之间的低洼区域。堆积过程超过海岸侵蚀和输运过程时，就会形成鸟足状分支三角洲，如密西西比河三角洲。

另一方面，当侵蚀和输运过程超过堆积过程时，三角洲海滨线就会变为平滑曲线，如埃及的尼罗河三角洲（见图 10.15b）。目前，因为沉积物被阿斯旺大坝拦截，尼罗河三角洲正在遭受侵蚀。在 1964 年大坝竣工前，尼罗河向地中海输送了大量沉积物。

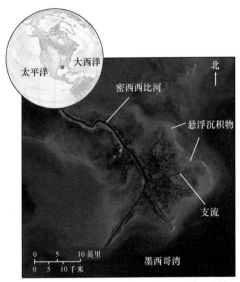

(a) 在卫星影像中，密西西比河三角洲具有鸟足状结构，最终流入墨西哥湾，附近海水含有悬浮沉积物

(b) 在宇宙飞船拍摄的这张照片中，当埃及的尼罗河三角洲延伸至地中海时，海滨线具有平滑而弯曲的特征

图 10.15　三角洲实例。航空照片。(a)密西西比河三角洲；(b)尼罗河三角洲

10.3.2.3　海滩段

海滩段（Beach Compartment）由三个主要部分组成：（1）一系列河流，向海滩供沙；（2）海滩本身，沙子因沿岸输运而移动；（3）近海海底峡谷，沙子离开海滩。在图 10.16 所示的地图中，加利福尼亚州南部海岸包含 4 个独立的海滩段。

> **探索数据**
> 在海滩段中，为什么上游端附近狭窄且为石质，下游端附近宽阔且为沙质？

在单个海滩段范围内，沙子主要由河流供给，如图 10.16 中的插图所示。然而，存在海蚀崖时，大量沙子也可能来自海蚀崖的侵蚀过程。沙子随沿岸流向南移动，因此在各海滩段的南端（下行海岸）附近，海滩变得更宽。虽然部分沙子可能沿特定路径直接入海，或者被吹向内陆而形成沿岸沙丘，但大多数沙子最终会运移至海底峡谷的头部入口附近。许多海底峡谷距离海滨很近，这一点非常令人惊讶。正因如此，沙子才能够轻易地离开海滩，随后沉积到海底，从海滩上永远消失。在海滩段的南部，各个海滩通常比较狭窄，岩石较多，没有太多的沙子。在下一海滩段的"上行海岸"端，重复这个过程，河流在上游搬来沉积物。在更远处的"下行海岸"处，海滩变宽，泥沙含量丰富，但最终消失在海底峡谷中。

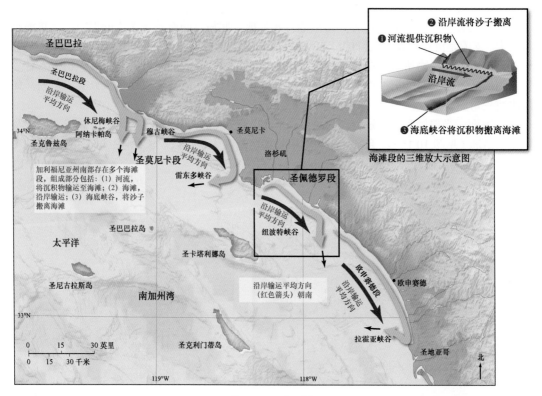

图 10.16 海滩段

1. 海滩亏损

人类活动改变了各海滩段的自然系统。例如，在向海滩段输送泥沙的河流沿线修筑大坝后，海滩的泥沙供应会遭到削弱；为了防洪的需要，用混凝土衬砌河流内坡时，也会减少向沿海地区输运的沉积物数量。但是，沿岸输运继续发挥作用，将海滨线附近的沙子扫入海底峡谷，因此各海滩会变得越来越窄，从而经历海滩亏损（Beach Starvation）。如果所有河流均被拦截，那么海滩最终可能会消失。

怎样才能防止海滩段出现海滩亏损呢？最明显的方法是拆除水坝，恢复河流向海滩供应泥沙的能力，维持海滩段的自然平衡。但是，大多数水坝是为防洪、蓄水或发电等修建的，不太可能全部拆除。本章的后续部将介绍另一种方法——海滩养护/填沙护滩（Beach Nourishment）。

常见问题 10.4 沉积物会填满海底峡谷吗？

会的。在许多海滩段中，海底峡谷会将海滩泥沙输运至近海的深海盆地。但是，由于每年均有数以吨计的沉积物从海底峡谷滑下，数百万年后，近海的各个海盆会被逐渐填满，最终出露于海面。实际上，在加利福尼亚州的洛杉矶盆地中，沉积物就是以之种方式从本地山脉中获取的（经历了漫长的地质历史时期）。

简要回顾

侵蚀型海滨以侵蚀型地貌为特征，如海蚀崖、海蚀拱、海蚀柱和海蚀阶地；堆积型海滨以堆积型地貌为特征，如沙嘴、连岛沙洲、障壁岛、三角洲和海滩段。

小测验 10.3　描述侵蚀型海滨和堆积型海滨的特征

❶ 讨论侵蚀型地貌的成因。

❷ 描述堆积型地貌的成因。

❸ 描述障壁岛对海平面上升的反应。为什么有些障壁岛发育泥炭沉积且从海滩一直延伸至盐沼？

❹ 讨论为何有些河流存在三角洲，有些河流不存在三角洲？

❺ 描述海滩段的三个组成部分。若在向海滩供沙的所有河流上建造水坝，最终会出现什么结果？

10.4　海平面变化如何形成新生海滨线和淹没海滨线？

对海滨线进行分类时，除了基本类型（侵蚀型或堆积型），还可基于其相对于海平面的位置来分类。海平面随时间流逝而动态变化，时而出露大面积的大陆架区域，时而没入海中。海平面之所以动态变化，原因是陆地的变化、海洋的变化或陆地和海洋的共同变化。上升至海平面之上的海滨线称为新生海滨线（Emerging Shorelines），沉降至海平面之下的海滨线称为淹没海滨线（Submerging Shorelines）。

10.4.1　新生海滨线的地貌特征

海蚀阶地（Marine Terraces）是新生海滨线的地貌特征之一，如图 10.17 所示，也可参见图 10.8

和图 10.9。海蚀阶地是紧靠海蚀崖的平缓台地，由海蚀台地出露于海平面之上形成。在当前海滨线之上的数米高处，可能存在搁浅的海滩沉积及其他海洋过程证据（如古海蚀崖），说明很久以前的海滨线现在上升到了海平面之上（见图 10.17）。

10.4.2　淹没海滨线的地貌特征

淹没海滨线的地貌特征包括海平面之下的海蚀台地，包含图 10.17中的淹没海滩（Drowned Beaches）。淹没海滨线还包括其他地貌特征，如位于当前海滨线沿线的淹没沙丘地形（Submerged Dune Topography）和淹没河谷（Drowned River Valleys）。

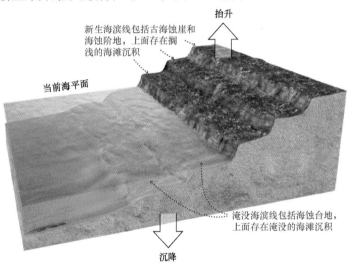

图 10.17　古代新生海滨线和淹没海滨线的地貌特征

10.4.3　海平面的变化

是什么引发了海平面的变化，形成了新生海滨线和淹没海滨线？一是地壳运动导致地表抬升或沉降（相对于海平面）；二是全球海平面的变化导致海平面自身发生改变。

10.4.3.1　地壳运动

地壳（相对于海平面）的高度可能受构造运动和均衡调整的影响。第 1 章介绍过地壳的均衡调整。由于发生改变的是陆地（而非海洋），因此称为"相对海平面变化"。

1．构造运动

在最近 3000 年间，构造运动影响了陆地的高度，导致海平面出现了剧烈的变化，包括各大陆或海盆的整体抬升或沉降，以及陆壳的局部褶皱、断裂或倾斜。

例如，美国太平洋海岸大多为新生海滨线，因为大陆边缘就是板块边界，构造活动相当活跃，形成了平行于海岸分布的地震、火山和山脉。相反，美国大西洋海岸大多为淹没海滨线。当某个大陆远离扩张中心（如大西洋中脊）时，由于温度降低及负重沉积物增加，陆地后缘发生沉降。由于被动大陆边缘经历的构造变形、地震及火山活动较少，因此大西洋海岸比太平洋海岸更加平静和稳定。

常见问题 10.5　大陆运动会影响海平面吗？

显然有影响。当板块运动将大片大陆地块搬运至极地区域时，可能会形成巨厚的大陆冰川（如南极洲）。冰川冰形成于大气中的水蒸气（以雪的形式），而水蒸气最终由海水蒸发而来。因此，若大陆由于板块运动而接近两极，则在为堆积大型陆地冰提供平台的同时，海洋中的海水相应减少，导致全球海平面降低。

2. 均衡调整

在地壳经历的均衡调整（Isostatic Adjustment）过程中，当上覆大型冰川、巨厚沉积物及喷涌熔岩时，地壳沉降；移除这些重载负荷后，地壳抬升，如图 10.18 所示。

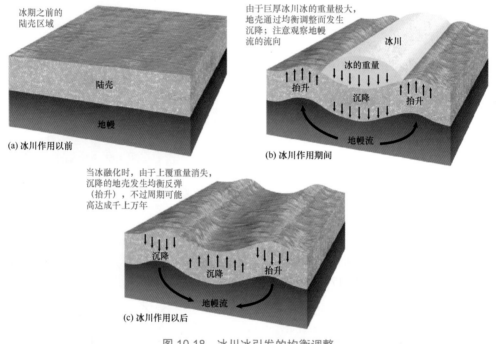

图 10.18　冰川冰引发的均衡调整

探索数据

在全球范围内，找到至少两个你认为可能存在均衡调整证据的地方。

例如，在最近 300 万年里，高纬度地区至少发生了 4 次大规模冰川冰堆积，以及数十次小规模冰川冰堆积。虽然南极洲至今仍然覆盖着大型巨厚冰盖，但是在亚洲、欧洲和北美洲的北部地区，曾经覆盖的大部分冰均已融化。

在 3 千米厚冰原的重压之下，下伏地壳发生沉降，如图 10.18 所示。1.8 万年前，冰川终于开始融化，这些地区一直缓慢回弹至今。例如，哈德逊湾的海底深度目前约为 150 米，当其地壳均衡回弹结束时，海底会接近甚至高于海平面。又如瑞典与芬兰之间的波的尼亚湾，在最近 1.8 万年里，地壳均衡回弹了 275 米。

一般来说，构造运动和均衡调整虽然能够改变海平面，但影响范围仅限于部分大陆海滨线。对于海平面的全球性变化来说，必然存在海水体积（或海盆容量）的改变。

10.4.3.2 海平面的全球性变化（升降）

海水体积或海盆容量变化引发的海平面变化称为海平面升降变化（Eustatic Sea Level Changes）。这是一种高度理想化的状态，假定所有大陆保持静止不动，只有海洋上升或下降。例如，大型内陆湖泊生成或消亡时，会引发较小幅度的海平面升降变化；湖泊生成时，截留从陆地流入海洋的河水，全球海平面降低；湖泊消亡时，湖水再次流向海洋，全球海平面上升。

海平面升降变化的另一个例子是"海底扩张速率发生改变"，这种变化能够改变海洋盆地的容量，进而影响全球海平面的升降。例如，与慢速扩张形成的海岭（如大西洋中脊）相比，快速扩张形成的海隆（如东太平洋海隆）会腾挪更多的海水，造成全球海平面上升（慢速扩张会令海平面下降）。在地质历史时期，因海底扩张速率改变引发海平面明显变化时，海平面要升降 1000 米或更多，一般需要数十万年甚至数百万年时间。

1. 冰期的海平面变化

冰期冰川时期/冰河时代（ice age）也会引发海平面的升降，"冰川的形成"将大量水体聚集在陆地之上，造成海平面被动下降。为了模拟这种效果，这里暂将水塘类比为海洋盆地，将冬天类比为冰期。当冬天来临时，水塘中的水被抽出一部分（结冰并置于水塘边），水塘中的水位明显下降。在冰期，全球海平面以类似的方式下降；在间冰期（如人类当前所处的时期），冰川融化，释放出大量水体并流入海洋，海平面上升。再次进行同样的类比，冬天过后，水塘边的冰开始融化，融水向水塘回流，水塘中的水位明显上升。

在更新世，中高纬度地区的陆地冰川多次进退，全球海平面大幅波动。在地质历史时期，更新世也称末次冰期（Ice Age），距今 260 万～1 万年（见第 1 章中的地质年代表）。由于海水温度降低或升高，海洋自身发生收缩或膨胀，进而影响海平面升降。就像水银温度计一样，水银受热时膨胀，水银柱升高；水银冷却时收缩，水银柱降低。同理，海水冷却时收缩，体积变小，造成海平面下降；海水受热时膨胀，体积变大，造成海平面上升。

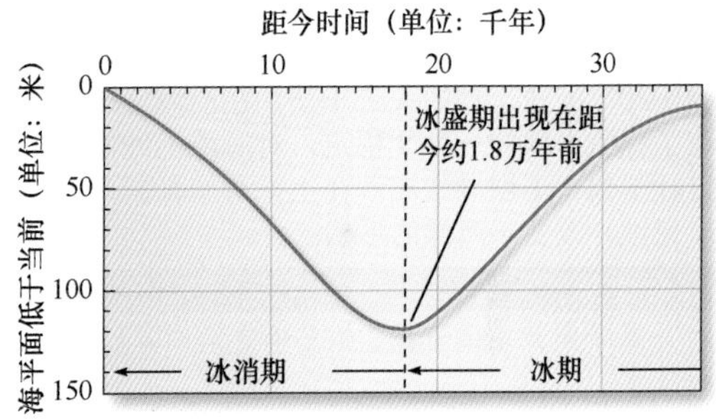

虽然很难确定更新世的海滨线升降范围，但是相关证据表明，至少要比当前海滨线低 120 米（见图 10.19）。据估算，若地球上的所有剩余冰川全部融化，海平面还将上升 70 米。因此，在更新世，最大的海平面变化范围约为 190 米，主要归因于陆地冰川和极地冰盖对海水的吸纳与释放。

图 10.19　更新世冰川最近进退的海平面变化。随着最后一次冰川的推进，海水从海洋转移至大陆冰川，全球海平面下降约 120 米。约在 1.8 万年前，由于冰川融化，海水向海洋回流，海平面开始上升

构造运动与海平面升降变化的关系非常复杂，因此很难将沿海区域简单地划分为纯粹的新生或淹没。实际上，在大多数沿海区域的最近历史中，人们既发现了新生证据，又发现了淹没证据。最新的证据表明，在最近 3000 年间，由于冰川融化，海平面只发生了微小的变化。

最新的记录表明，由于人类活动引发气候变化，海平面上升，详见第 16 章。

简要回顾

海平面的影响因素包括陆地运动、海水体积变化及海盆容量变化。地球气候变化使得海平面明显变化。

小测验 10.4　讨论海平面变化如何形成新生海滨线和淹没海滨线

❶ 分析构造运动对海平面升降变化的影响及原因。

❷ 列出海岸向海推进的两个基本过程，以及造成海岸后退的对应过程。

❸ 描述冰期如何影响海平面。

10.5 硬稳定是如何影响海岸线的？

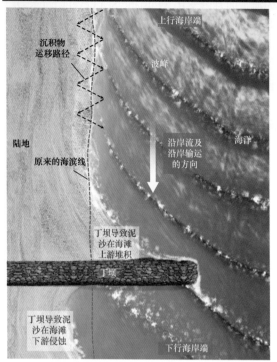

图 10.20 泥沙运动的人工干预。在沿海区域，人们建造了称为丁坝的一种硬稳定，对海滩沿线的泥沙运移进行干预。丁坝导致泥沙在上行海岸堆积，在下行海岸侵蚀，改变了海滩的形状

探索数据

基于照片中的证据，如何确定沿岸流的主体方向？

丁坝或丁坝群真能将更多沙子保留在海滩上吗？沙子终将会运移至丁坝末端，所以海滩上的沙子并未增多，只是分布状况发生了改变。采取适当的工程手段，综合考虑区域性泥沙运移收支及季节性海浪活动，人们希望能够寻找到一种平衡状态，在最后一个丁坝的下行海岸发生过度侵蚀之前，允许足量泥沙沿海岸运移。但是，为了将沙子稳定在自己地盘的海滩上，有些地区修建了大量丁坝，于是发生了严重的侵蚀问题。

10.5.2 突堤

为改善或保护自己的财产，沿海居民不断改造海岸沉积物的侵蚀/堆积。为保护海岸不受侵蚀或防止泥沙沿海滩运移而修建的建筑物称为硬稳定（Hard Stabilization）或海岸护甲。硬稳定的形式多种多样，常导致"可预测但不想要"的结果。

10.5.1 丁坝和丁坝群

丁坝（Groin）是硬稳定的一种类型，它垂直于海岸线建造，专用于拦截沿岸输运过程中沿海岸运移的泥沙，如图 10.20 所示。丁坝的建筑材料种类繁多，称为碎石的大块岩石最常见，有时甚至会采用结实的木桩（相当于在海洋中修建围栏）。

虽然丁坝在上行海岸侧拦截了泥沙，但是在下行海岸侧立刻会发生侵蚀现象，因为本应出现在丁坝下行海岸的泥沙被拦截在上行海岸侧。为减轻侵蚀程度，可在下行海岸建造另一个丁坝，但会造成下一个下行海岸发生侵蚀。为进一步减轻海滩侵蚀，需要不断地修建更多丁坝，于是很快就会建成丁坝群（Groin Field），如图 10.21 所示。

图 10.21 丁坝群。在英格兰南部海滨度假城市布莱顿附近，为了拦截海滩上的沙子并改变其分布状况，人们在海滨线沿线修建了一系列丁坝

突堤（Jetty）是硬稳定的另一种类型。与丁坝类似，突堤垂直于海滨修建，常用材料同样为碎石。但是，突堤的建设目标首先是保护港口入口不受海浪冲击，其次才是拦截泥沙，如图 10.22 所示。由于突堤通常近距离成对修建，且堤长相当可观，因此与丁坝相比会导致更明显的上行海岸堆积与下行海岸侵蚀，如图 10.23 所示。

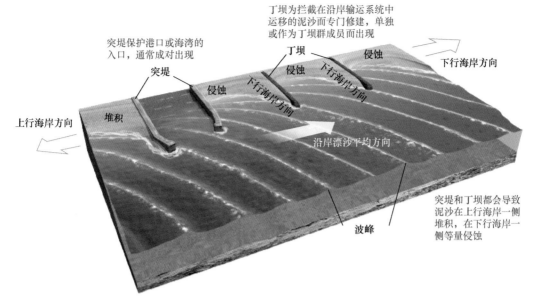

突堤保护港口或海湾的
入口,通常成对出现

丁坝为拦截在沿岸输运系统中
运移的泥沙而专门修建,单独
或作为丁坝群成员而出现

突堤

侵蚀

丁坝

侵蚀

侵蚀

下行海岸方向

下行海岸方向

下行海岸方向

上行海岸方向

堆积

沿岸漂沙平均方向

波峰

突堤和丁坝都会导致
泥沙在上行海岸一侧
堆积,在下行海岸一
侧等量侵蚀

图 10.22 突堤和丁坝的影响。图中的海滨线以前是直线形,突堤和丁坝导致泥沙发生堆积与侵蚀,由此改变了海滩上的泥沙分布

10.5.3 防波堤

防波堤(Breakwater)是平行于海滨线修筑的一种硬稳定形式,如图 10.24 所示。为建设加利福尼亚州的圣巴巴拉港,人们专门修建了防波堤,如图 10.25 所示。加利福尼亚州沿岸漂沙的主体方向朝南,所以防波堤(港口西侧)积聚了沿海岸向东运移的沙子。港口西侧的海滩持续增长,沙子最后绕过防波堤,开始向港口内部延伸(见图 10.25)。

北

突堤

图 10.23 加利福尼亚州圣克鲁斯港的突堤。这些突堤保护圣克鲁斯港的入口,拦截向右(南向)流动的泥沙。泥沙在突堤左侧(上行海岸)堆积,在突堤右侧(下行海岸)侵蚀

图 10.24 希腊北部诺亚福克的防波堤。防波堤平行于海岸,由石块等物质堆积而成,高出海平面约1 米。设计目标是削弱海浪的能量,在堤后形成静水保护区

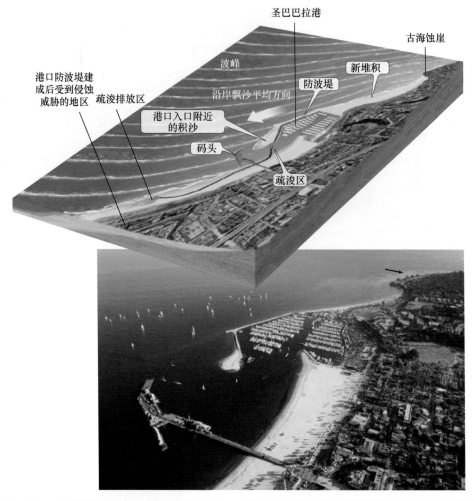

图 10.25　加利福尼亚州圣巴巴拉港的防波堤。(a)圣巴巴拉港及其与海滨相连的防波堤，对沿岸漂沙进行人工干预，形成了较为宽阔的海滩。当海滩绕防波堤向港口内部延伸时，港口存在被积沙封闭的危险。因此，人们开始进行疏浚，将沙子从港口下行海岸搬运至能够帮助减少海岸侵蚀的地方；(b)空中俯瞰的圣巴巴拉港

当海港西侧出现异常堆积时，海港东侧的侵蚀速度非常惊人。海港东侧的海浪没有以前大，但以往应沿海岸向下运移的沙子跑到了防波堤的后面。

加利福尼亚州的圣莫尼卡出现了类似的情况，人们为停泊船只修建了防波堤。在防波堤后面（近岸）的海滩之上很快形成了隆起，下行海岸发生了严重侵蚀，如图 10.26 所示。通过阻挡裹挟沙子的海浪运动，防波堤干扰了沙子的自然运移。如果不采取适当的措施将能量带回系统，防波堤很快就会附着连岛沙洲，下行海岸侵蚀可能会破坏海岸结构。

在圣巴巴拉和圣莫尼卡，人们采用疏浚方式来弥补防波堤下行海岸的侵蚀，防止港口或锚地淤积泥沙。首先从防波堤后面挖出沙子，然后将其泵入海岸，使其重新进入沿岸漂沙并填补被侵蚀的海滩。

疏浚工程暂时稳定了圣巴巴拉的危机，但是耗资相当巨大，且需要持续不断地投入工作量。1982—1983 年，冬季风暴基本上摧毁了整个防波堤。不久后，海浪的能量又能沿海岸搬运泥沙了，整个系统重新恢复为正常状态。人类活动干扰沿海区域的自然进程时，会改变海滨的自然环境，由此须付出其他的代价。

(a) 1931年9月，修建防波堤（1933年）之前的圣莫尼卡码头及海滨线。码头位于桥墩之上，不会影响沿岸输运

(b) 1949年的同一区域，当为停泊船只而建造防波堤以后，不仅扰乱了沙子的沿岸输运，而且在防波堤背后的海浪阴影中，海滩之上出现了沙子隆起

图 10.26　圣莫尼卡的防波堤。圣莫尼卡码头及海滨线的航空像对。(a)修建防波堤前；(b)修建防波堤后，海滩上隆起的沙子。1983 年防波堤被海浪摧毁，隆起消失，海滨线恢复为直线形

10.5.4　海堤

海堤/海墙（Seawall）是最具破坏性的硬稳定类型，它沿滩肩的向陆侧平行于海滨修建，如图 10.27 所示。海堤的修建目标是保护海岸线，阻止海浪向陆地方向侵袭。

但是，一旦海浪冲破海堤，海浪能量突遇释放就会形成湍流，迅速侵蚀海堤向海侧的沉积物，导致海堤崩塌入海浪（见图 10.27）。在许多情况下，人们利用海堤来保护障壁岛上的财产，使得岛滩向海侧的坡度变陡，侵蚀速率增大，进而破坏休闲海滩。

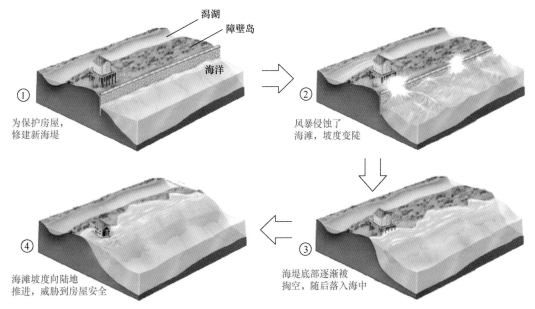

图 10.27　海堤和海滩。为了保护海滨财产，当在障壁岛海滩沿线修建海堤时，可能引发负面影响的顺序（①～④）

图 10.28 海堤的损坏。加利福尼亚州索拉纳海滩的海堤已遭到海浪破坏，需要修复。海堤看起来虽然很坚固，但可能被高能风暴海浪的持续冲击摧毁。此外，高能海浪有时携带浮木或原木，像"攻城锤"一样冲击海堤

设计良好的海堤可持续使用数十年，但最终会因海浪的不断冲击而遭到破坏，如图 10.28 所示。从长远来看，海堤的修缮（或重建）费用超过其自身价值，而且海洋必然会通过自然侵蚀过程来破坏更多的海岸。对于住在太靠近海岸的人们而言，房屋毁掉只是时间问题，许多人都在赌房屋能够在自己的有生之年不被摧毁。

10.5.5 硬稳定的替代方案

为保护少数人建在"海滨零距离"的房屋，不惜破坏休闲海滩来构筑硬稳定防护，这样的做法是否可取？当然，对于拥有类似沿海房产的人们来说，对这个问题的回应可能与普通公众不同。不管怎样，硬稳定对环境具有负面影响已成共识，人们一直在努力寻找替代方案。

10.5.5.1 限制建筑施工

最简单的硬稳定替代方案其实非常简单，就是在易受海岸侵蚀的区域限制建筑施工。遗憾的是，这一方案的实施难度越来越大，一是因为沿海地区人口数量增长迅猛，二是因为美国国家洪水保险计划（NFIP）等的实施，政府加大了对与"洪水"有关的人员及财产损失的保险力度。自 1968 年成立以来，为修复或重建高风险沿海建筑，该计划支付了数十亿美元的联邦补助金。因此，对在不安全位置进行建筑施工，NFIP 实际上持鼓励态度！为了遏制这种做法，作为该计划的监管机构，美国联邦应急管理局（FEMA）修订了相关法规。此外，为了保护财产免遭破坏，许多建筑的业主不惜花费大量资金进行重建（或加固）。

10.5.5.2 海滩修复

硬稳定的另一种替代方案是海滩修复（Beach Replenishment）或海滩养护（Beach Nourishment），即向海滩补充沙子来弥补沉积物的流失，如图 10.29 所示。河流为大多数海滩供应泥沙，但河流之上的水坝通常会限制海滩的泥沙供应量。建造内陆水坝时，人们一般很少考虑其对下游海滩的影响，直至海滩开始消失时，才将河流纳入更大沿海系统的一部分。

但是，由于必须向海滩持续大量供应沙子，使得海滩修复的成本非常昂贵，具体取决于沙子的类型、数量、运输距离及分布方式等。修复用沙大多来自近海区域，部分来自附近的河流、水库、港口和潟湖等。

海滩修复用沙的平均成本为 6.5～13.5 美元/立方米，典型顶装式垃圾车的容量为 2.3 立方米，典型自卸卡车的容量为 45 立方米。海滩修复工程的缺点是必须搬运大量沙子，且必须定期供应新沙，因此常造成费用超出合理的预算。例如，对小型（几百立方米）海滩修复工程来说，每年所需的费用约为 10000 美元；对大型（几千立方米）海滩修复工程来说，每年所需的费用可能高达数百万美元。

图 10.29 海滩修复。加利福尼亚州卡尔斯巴德以拓宽海滩为目标的海滩修复工程，从近海或沿岸区域挖掘沙子，通过管道泵送湿泥浆（右下角），将其摊铺在海滩上

常见问题 10.6　面对海岸侵蚀，海蚀崖边缘的房子是否安全？

肯定不安全！地质学家早就指出，海蚀崖天然不稳定，即使看上去非常稳定（或已稳定多年），也可能在某次重大风暴中遭到严重破坏。

海岸侵蚀的最常见原因是海浪的直接冲击，不仅会破坏海蚀崖根基，而且会造成海蚀崖坍塌。为了确定房子是否安全，或许应检查海蚀崖的基底部位，判断基岩是否能够承受强大风暴海浪的冲击（风暴海浪可撼动重达数吨的岩石）。影响房子安全的其他危险因素还有很多，如径流、基岩质地、崩塌、滑坡、渗漏、动物因素（穴居）。虽然各州均强制要求所有新建房屋从悬崖边缘后撤，但有时这样做仍然无法确保绝对安全，因为大面积的"稳定"悬崖可能会一次性坍塌。例如，近百年来，在南加州某些地区的几个城市街区，部分建筑因遭到侵蚀而从悬崖边缘消失。不过，即便这个道理浅显易懂，人们仍然会想方设法将房屋建在悬崖边缘！

10.5.5.3　重新选址

最近，美国的海岸政策发生了一些变化，即从保护高危区域的海岸财产，转为拆除各类建筑，逐渐恢复海滩的自然状态。这种方法称为重新选址（Relocation），包括将受到侵蚀威胁的建筑物搬至更安全的位置，成功案例如北卡罗来纳州哈特拉斯角灯塔的搬迁。如果明智地做好重新选址，那么在人类生存与海滩持续自然改造之间有望达成平衡状态。

常见问题 10.7　部分海滩几乎消失是否是海洋的正常自我调整？

据美国环保署估算，在美国的海岸沿线，80%～90%的沙滩都在遭受侵蚀，而且持续了数十年。在大多数情况下，单一海滩的年消亡量仅为几英寸，但是在某些情况下，问题非常严重。例如，在路易斯安那州外海岸（专家称其为美国侵蚀"热点"），海滩每年消失约 15 米。

海滩一旦消失，就极难自然重生，只能通过海滩修复工程弥补，所需的代价非常昂贵。还有一点特别令人关切，即海滩消失会影响气候变化，使得海平面上升，增大暴风雨的严重程度及频率，这反过来又会造成更多的海滩被侵蚀。海平面上升为海滨向陆地移动创造了条件，海岸风暴则为海滩沙向近海运移提供了能量。

简要回顾

硬稳定包括丁坝、突堤、防波堤和海堤，它们均会改变海岸环境和海滩形状。硬稳定的替代方案包括限制建筑施工、海滩修复和重新选址。

小测验 10.5　描述硬稳定的类型，评估各种替代方案

❶ 列出硬稳定的类型，分别描述建设目标。
❷ 总体而言，丁坝是否能够增加海滩上的沙子？解释理由。
❸ 为什么丁坝经常以丁坝群的形式存在？
❹ 在圣莫尼卡修建防波堤时，发生了什么意料之外的问题？
❺ 描述硬稳定的各种替代方案及它们的缺陷。

10.6　近海具有哪些特征和类型？

在沿海区域中，海滩之外的外滨（Offshore）海域称为近海/沿海水域（Coastal Waters），这是毗邻大陆或岛屿的相对较浅水域。大陆架宽而浅时，近海可能从陆地向海洋方向延伸数百千米；大陆架起伏明显或迅速下降至深海盆地时，近海范围仅能覆盖陆地边缘附近的相对较窄地带。近海之外是开阔大洋（Open Ocean）。

近海非常重要，具体原因很多。本节首先描述近海的独特特征，然后介绍近海的各种类型，包括河口、潟湖和边缘海。

10.6.1 近海的特征

近海毗邻陆地，直接受陆地及其附近活动的影响。例如，与开阔大洋相比，河流径流和潮流对近海的影响要大得多。

10.6.1.1 盐度

淡水的密度低于海水，所以河流径流不会与沿岸海水均匀混合，而在海水表层呈楔状分布，形成发育良好的盐度跃层/盐跃层（Halocline），如图 10.30a 所示。如第 5 章所述，盐度跃层是盐度快速变化的海水层。

在沿海区域，其他过程也能形成较强的盐度跃层。例如，盛行离岸风通过蒸发作用，可以增大沿海区域的盐度。当离岸风刮过大陆上空时，通常会损耗大多数水分。当这些干燥风抵达海洋时，通常会在经过海面时吸收大量的海水蒸气。由于蒸发率增大，造成海水表层盐度上升，最终形成盐度跃层，如图 10.30b 所示。但是，与淡水输入形成的盐度跃层（见图 10.30a）相比，此盐度跃层的梯度变化曲线刚好相反。

但是，一般来说，与开阔大洋相比，来自大陆的淡水径流会降低沿海区域的海水盐度。在陆地降水主要为雨水的地方，河流径流在雨季达到峰值；在河流径流主要来自冰雪融化的地方，河流径流总是在夏季达到峰值。海水深度足够浅时，在潮水混合过程的作用下，淡水与海水混合，海水水柱的盐度降低（见图 10.30c）。这时，盐度跃层不存在，水柱具有等盐（Isohaline）特征。

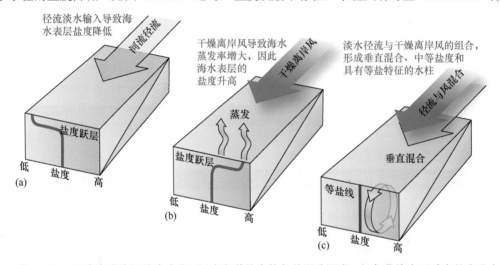

图 10.30 近岸海洋中的盐度变化。近岸海洋盐度的各种影响因素，红色曲线表示垂直盐度分布

10.6.1.2 温度

在低纬度沿海区域，由于开阔大洋的环流受到限制，表层海水无法充分混合，因此海表温度可能接近 45℃（见图 10.31a）；在很多高纬度沿海区域，由于形成了大量海冰，水温通常低于-2℃（见图 10.31b）。无论是低纬度近海还是高纬度近海，等温（Isothermal）状态普遍存在。

在中纬度沿海区域，表层水温冬季最冷，夏末最热。由于夏季受热（见图 10.31c），冬季受冷（见图 10.31d），表层海水可能会发育较强的温度跃层（Thermocline）。如第 5 章所述，温度跃层是温度迅速变化的海水层。夏季，极高温表层海水可能形成相对较薄的水层，垂直混合通过较大水柱来分配热量，降低了表层水温，导致温度跃层变得更深且不那么明显；冬季，降温会增大表层海水的密度，导致其向下沉降。

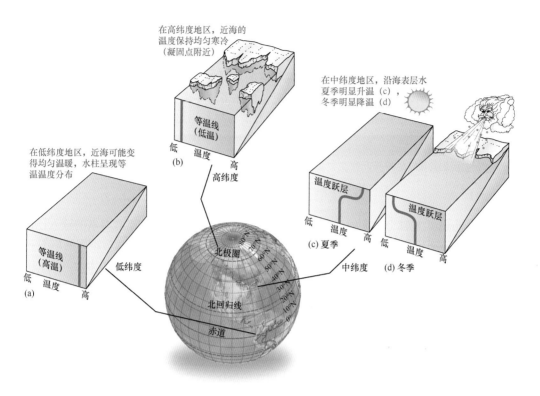

图 10.31 近岸海洋中的温度变化。图中显示了纬度如何影响近海的温度，红色曲线表示垂直温度分布

　　盛行离岸风会显著影响表层水温。夏季，离岸风相对较暖，增大海表温度和海水蒸发量；冬季，离岸风的温度远低于海洋表面，吸收热量并冷却海滨附近的表层海水。多股强风共同作用时，温度跃层（见图 10.31c 和图 10.31d）变得更深，甚至引发整个水柱发生混合，形成等温状态。在浅海水域，潮流也能引发相当大规模的垂直混合。

10.6.1.3　沿海地转流

　　如第 7 章所述，地转流（Geostrophic）围绕海流的流涡中心以环形路径运动。风和河流径流也可在近海形成地转流，称为沿海地转流（Coastal Geostrophic Currents）。

　　平行于海岸线吹时，风会将海水向海岸方向搬运，并在海滨沿线堆积。最后，重力发挥作用，将这些海水朝开阔大洋方向拉动。海水离开海滨时，由于受科里奥利效应的影响，在北半球向右偏，在南半球向左偏。因此，在北半球，沿海地转流在大陆西海岸向北偏转，在大陆东海岸向南偏转。在南半球，这些海流的情形刚好相反。

　　大量淡水径流会生成楔状淡水表层，距离海滨越远，厚度越薄（见图 10.32），最终形成流向开阔大洋的低盐表层流。由于受科里奥利效应的影响，海水在北半球向右偏，在南半球向左偏。

　　由于强度取决于风和径流量，因此沿海

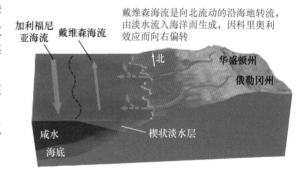

图 10.32　戴维森沿海地转流。在太平洋西北海岸，来自俄勒冈州和华盛顿州的河流径流生成楔状淡水层（浅蓝色），距离海滨越远，厚度越薄，最终形成流向开阔大洋的低盐表层流。由于受科里奥利效应的影响，海水向右偏转，形成戴维森海流。存在大量河流径流时，冬季雨季期间的戴维森海流更强

地转流具有可变性。风力强劲且径流量较大时，水流相对较强。在更稳定的副热带流涡的东（或西）边界流的制约下，沿海地转流被限定在海洋侧。

戴维森海流（Davidson Current）是沿海地转流的典型实例，它沿华盛顿州和俄勒冈州海岸沿线发育，如图 10.32 所示。虽然该海流全年可见，但在多雨冬季更强，因为大流量径流与强劲西南风强强联合，形成相对更强的北向海流，位于海滨与加利福尼亚海流（向南流动）之间。

简要回顾

较浅的近岸海洋与陆地相邻，盐度和温度的变化比开阔大洋中更明显，还可能发育沿海地转流。

10.6.2　河口

河口（Estuary）是部分封闭的沿海水体，河流的淡水径流在此稀释高盐海水的输入。河口属于海洋环境，基于河流（淡水供给端）与海洋（咸水供给端）之间的混合程度，不同河口的 pH 值、盐度、温度和水位均不相同。最常见的河口实例是"河流入海口"，河流在那里奔流入海。其他部分沿海水体也被认为是河口，如海湾、小水湾、港湾和海峡等。

大型河流的入海口多数为经济意义重大的河口，通常成为重要的海港、海洋商业中心和渔业集散地，如巴尔的摩、纽约、旧金山、布宜诺斯艾利斯、伦敦和东京等。

10.6.2.1　河口的成因

大约在 18000 年前，地球上的主要大陆冰川开始融化，海平面至今上升了 120 米左右，形成了目前可见的大量河口。如前所述，在更新世（末次冰期），这些冰川覆盖了北美洲、欧洲及亚洲的部分地区。

基于地质成因考虑，可将河口划分为 4 种主要类型，如图 10.33 所示。

1. 海岸平原型河口/沿海平原型河口（Coastal Plain Estuary）：由海平面上升并淹没已有河谷形成，如位于马里兰州和弗吉尼亚州的切萨皮克湾，也称溺谷（Drowned River Valleys），如图 10.33a 所示。

2. 峡湾型河口（Fjord）：由海平面上升并淹没冰川峡谷形成。水蚀河谷一般呈 V 形，峡湾是两侧存在陡壁的 U 形山谷。在入海口附近，通常存在埋深较浅的冰川碎屑沉积（称为冰碛物），标志着冰川所能到达的最远范围。在阿拉斯加、加拿大、新西兰、智利和挪威等地的海岸沿线，峡湾较为常见，如图 10.33b 所示。

3. 沙坝型河口（Bar-Built Estuary）：一般较浅，通过沙坝（海浪作用下形成的平行于海岸的沉积）与开阔大洋隔开。潟湖（Lagoons）是一种沙坝型河口，它将障壁岛与陆地隔开。常见于美国墨西哥湾和东海岸沿线（见图 10.13），如马德雷湖（得克萨斯州）和帕姆利科湾（北卡罗来纳州），如图 10.33c 所示。

4. 构造型河口（Tectonic Estuary）：在断裂或褶皱作用过程中，由于岩石局部下陷并被海水淹没形成。在一定程度上，加利福尼亚州的旧金山湾（见图 10.33d）属于构造型河口，它形成于各个断层（包括圣安德烈亚斯断层）沿线的构造运动。

10.6.2.2　河口的水流混合

由于（来自河流的）淡水的密度低于海水，河口位置的基本水流模式表现为：密度较低的淡水通过表层流流向海洋，密度较高的高盐海水在表层流之下流向河口，这两种水团在相互接触位置发生混合。

(a) 方块图显示了海岸平原型河口
（插图），假彩色卫星影像显示了
美国东海岸沿线的海岸平原型河口，
包括切萨皮克湾和特拉华湾

(b) 方块图显示了冰川刻蚀的峡湾型
河口（插图），航空照片显示了阿拉
斯加峡湾型河口（上部存在活动冰
川）。峡湾是两侧陡峭、深度较大、
冰川成因并被海水淹没的河口

(c) 方块图显示了沙坝型河口（插
图），航空照片显示了新泽西州海
岸沿线的沙坝型河口

(d) 方块图显示了构造型河口（插图），
航空照片显示了加利福尼亚州的旧金
山湾，由两个断层（红线）之间的地块下陷而形成

图 10.33 基于地质背景划分的河口分类。基于地质背景划分，4 种类型的河口的方块图及照片

　　基于河口的物理性质及其引发的水流（淡水与海水）混合，可将海洋河口划分为 4 种主要类型，如图 10.34 所示。

1. 垂直混合型河口（Vertically Mixed Estuary）：也称均匀混合型河口（Well-Mixed Estuary），深度较浅，流量较小，净流量总是从头部流向口部。由于河水在所有深度都与海水均匀混合，因此河口任何位置（自上至下）的盐度都均匀一致。从头部至口部，盐度逐渐升高，如图 10.34a 所示。由于科里奥利效应影响海水流入，因此河口边缘位置的等盐线发生偏转。

2. 微分层型河口（Slightly Stratified Estuary）：也称部分混合型河口（Partially Mixed Estuary），略深于垂直混合型河口，盐度分布与后者相同，从头部至口部逐步升高（任何深度）。但是可以区分出两个水层，一为来自河流的低盐、低密度的表层水，二为来自海洋的高盐、高密度的深层水，二者之间通过混合带分隔。在微分层型河口发育的环流中，流向海洋的低盐水为"净表层流"，流向河口头部的海水为"净次表层流"，称为河口环流模式（Estuarine Circulation Pattern），如图10.34b所示。

3. 高分层型河口（Highly Stratified Estuary）：也称峡湾环流河口（Fjord Circulation Estuary），深度较深，浅水层的盐度从头部至口部逐渐升高，直至接近开阔大洋水域的盐度值。在整个河口中的任何深度，深水层的盐度都非常均匀，大致相当于开阔大洋水域的盐度。在这类河口中，河口环流模式发育良好，如图10.34c所示。上层水与下层水在交界处混合，形成了从深层水团向上层水的净输运。低盐表层水从河口的头部流向口部，然后从与其混合的深层水团中获取更多盐分。在上下水团之间的接触区域，发育有相对较强的盐度跃层。

4. 盐水楔型河口（Salt Wedge Estuary）：盐水楔由海洋侵入河水之下，通常口部较深且河水径流量大。由于整个河口段（甚至河口外）的表层水基本上都是淡水，因此表层水不存在水平盐度梯度，如图10.34d所示。但是，在整个河口范围内，不同深度仍然存在水平盐度梯度，而且任何位置都有非常明显的垂直盐度梯度（盐度跃层）。在河口的口部附近，这种盐度跃层较浅，发育程度较高。

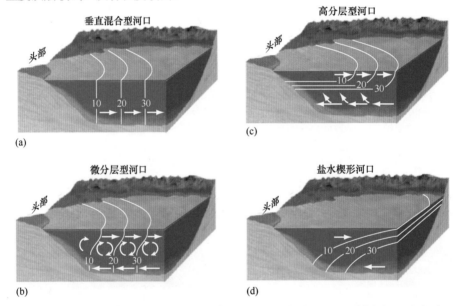

图10.34 基于混合情况划分的河口类型。基于混合情况，河口划分为4种类型。数字表示盐度（单位为‰），箭头表示流向

此外，海洋学家们有时还会提到另一种海洋河口，称为反向型河口（Reversing Estuary）或可变盐度型河口（Variable-Salinity Estuary），如得克萨斯州的马德雷湖的河口类型，主要特征是盐度随季节而改变。在所有河口范围内，主要混合模式可能随位置、季节或潮汐状态而改变。此外，与这里介绍的模型相比，真实河口的混合模式要复杂得多。

简要回顾

河口形成于末次冰期后的海平面上升。基于地质成因，可划分为海岸平原型、峡湾型、沙坝型或构造型；基于混合情况，可划分为垂直混合型、微分层型、高分层型或盐水楔型。

10.6.2.3 河口与人类活动

河口是许多海洋动物的重要繁殖地和保护性场所，对全球渔业和海岸环境而言，河口的健康生态至关重要。但是，由于支撑了大量活动（如航运、伐木、制造、废物处理及其他），可能会对河口环境造成破坏。

在人口数量众多且不断增长的地区，河口受到的威胁最大。但是，即便在人口不算太多的地区，河口同样面临遭到严重破坏的可能。例如，在哥伦比亚河的河口区域，虽然人口较为稀少，但是由于人们进行了过度开发，还是对河口造成了一定程度的破坏。

10.6.2.4 哥伦比亚河河口

在华盛顿州与俄勒冈州之间，哥伦比亚河为主要边界。在太平洋入海口，哥伦比亚河存在较长的盐水楔型河口，如图 10.35 所示。在河水与潮汐的强力推动下，盐水楔可延伸至河流上游 42 千米处，并将河水水位提升 3.5 米；潮汐落潮时，巨大淡水流量（最高可达 28000 立方米/秒）将形成淡水楔，可向太平洋延伸数百千米。

大多数河流会在下游沿线形成洪泛平原，土壤肥沃，适合种植农作物。19 世纪末，农民们迁移至洪泛平原，在哥伦比亚河沿线开展农业建设，最后修建了防护性堤坝，以防止洪水每年对农业造成的损害。但是，农民们不知道洪水也会带来新的养分，堤坝剥夺了洪泛平原维持农业生产所需的养分。

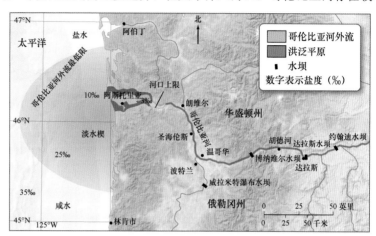

图 10.35　哥伦比亚河河口。哥伦比亚河的河口较长，受到了人类活动（如洪泛平原开发、木材采伐特别是修建水电站大坝）的严重影响。哥伦比亚河河水大量外流，形成了非常巨大的低密度淡水楔，甚至在遥远的海上仍然可以追踪到

在现代历史的大部分时间里，木材采伐业主导了该地区的经济发展，哥伦比亚河始终是木材采伐业的主要通道。幸运的是，河流生态系统很大程度上挽救了木材采伐业清理造成的附加沉积物。另一方面，人们在这条河流及其支流上修建了 250 多座水坝，永久性地改变了河流的生态系统。例如，大量水坝未设置"鲑鱼梯"，无法帮助鱼类在水坝周围的台阶（短而垂直上）"攀爬"，返回至故乡溪流源头的产卵地。

虽然水坝引发了许多问题，但确实提供了防洪、发电和可靠水源等区域经济发展所需的重要保障。为了促进航运业务发展，河流需要定期疏浚，这也会增加污染风险。在哥伦比亚河河口这样人口稀少的地区，这类问题存在一定的隐患，在人口稠密的河口地区（如切萨皮克湾），必然会产生更大的环境影响。

10.6.2.5 切萨皮克湾河口

切萨皮克湾是美国最大、研究程度最高的河口，全长约 320 千米，最宽处达 56 千米，如图 10.36 所示。该海湾的流域面积约为 16.6 万平方千米，流域范围覆盖 6 个州，覆盖人口总量超过 1500 万。海滨线长达 17700 千米，共计汇入 19 条主要河流、400 条小型河流及支流。该海湾形成于末次冰期后，由于海平面上升，海水淹没了萨斯奎汉纳河的较低部位。

切萨皮克湾属于微分层型河口，盐度、温度和溶解氧的季节性变化较大。如图 10.36a 所示，河口的平均表面盐度向海洋方向增大。受科里奥利效应的影响，海湾中部的等盐线几乎呈南北走

向。前面介绍过，科里奥利效应会造成北半球的水流右偏，进入海湾的海水倾向于靠近海湾东侧，经海湾流向海洋的淡水则倾向于靠近海湾西侧。

当河流流量在春季达到最大值时，水体中会发育较强的盐度跃层（和密度跃层），阻止表层淡水与深层咸水之间的混合。如第 5 章所述，密度跃层是密度迅速变化的水层，由温度和/或盐度随深度的变化而成。每年 5 月至 8 月，在最浅可达 5 米的密度跃层下，由于死亡有机物在深水中腐烂，水体可能会缺氧（见图 10.36b）。在这段时间里，某些重要海洋经济生物（如蓝蟹、牡蛎及其他底栖生物）大量死亡。

自 20 世纪 50 年代初以来，河口的分层程度和底栖动物的死亡率有所增长。在这段时间里，海湾也输入了来自污水及农业肥料中的营养盐，提高了微型藻类的生产力（藻华）。当这些微生物死亡后，遗骸作为有机质积聚在海湾底部，促进了缺氧状态的发育。但是，在河流径流量较小的枯水年份，营养盐供应较少，缺氧状态在底层水中并不普遍（或严重），如图 10.36c 所示。

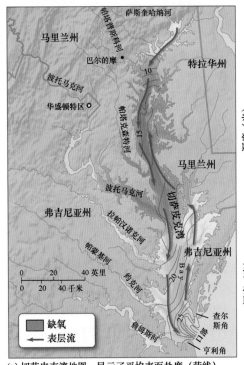

(a) 切萨皮克湾地图，显示了平均表面盐度（蓝线），单位为‰；海湾中部的红色区域表示缺氧（氧气贫乏）水域

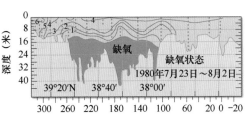

(b) 切萨皮克湾沿岸剖面图，显示了1980年7～8月间的溶解氧浓度（单位：ppm），标出了深度缺氧水域（深红色）

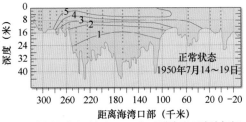

(c) 对比剖面图，显示了1950年7月期间的正常溶解氧浓度（单位：ppm）

图 10.36　切萨皮克湾的盐度和溶解氧

10.6.3　潟湖

潟湖（Lagoons）是位于障壁岛与陆地之间的浅水水体，形成于沙坝型河口，如图 10.33c 所示。由于与海洋之间的环流受到限制，潟湖内部通常划分为 3 个不同的区域（见图 10.37）：（1）淡水区，位于河流进入潟湖的头部附近；（2）半咸水过渡区，盐度介于淡水与海水之间，位于潟湖中部附近；（3）咸水区，位于潟湖的口部附近。

潟湖的盐度在入口附近最高，在头部附近最低，如图 10.37b 所示。在温度和降水随季节变化的纬度区域，海水在温暖干燥的夏季经入口流入，补偿了蒸发作用过程损耗的水量，增大了潟湖中的含盐量。在蒸发率极高的干旱地区，潟湖实际上可能会变成超级咸水湖。即便从开阔大洋流入潟湖的水取代了蒸发作用过程损耗的水，因水中的溶解组分不会蒸发，有时候甚至还会积聚到极高的浓度。雨季，随着淡水径流的增加，潟湖的盐分会减少很多。

潮汐效应在潟湖入口附近最大，从咸水区向内陆逐渐减弱，最终在淡水区消失，如图 10.37c 所示。

10.6.3.1 马德雷湖

马德雷湖毗邻得克萨斯州海岸，位于科珀斯克里斯蒂与格兰德河河口之间，如图 10.38 所示。这是一片狭长的水体，帕德雷岛（160 千米长的障壁岛）将其与开阔大洋隔开。此潟湖大约形成于 6000 年前，当时的海平面接近目前高度。

墨西哥湾在该区域的潮差约为 0.5 米。帕德雷岛两端的入水口非常狭窄（见图 10.38），因此潟湖与开阔大洋之间的潮汐交换较少。

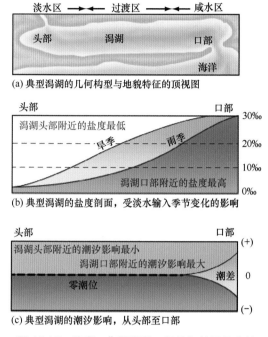

(a) 典型潟湖的几何构型与地貌特征的顶视图

(b) 典型潟湖的盐度剖面，受淡水输入季节变化的影响

(c) 典型潟湖的潮汐影响，从头部至口部

图 10.37　潟湖。典型潟湖一般特征的图示表达

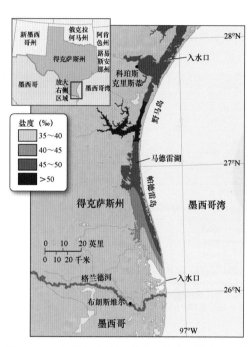

图 10.38　马德雷湖的夏季表层盐度。显示了马德雷湖的几何结构和典型夏季表层盐度（单位为‰）

马德雷湖属于超级咸水潟湖，平均深度不足 1 米，温度和盐度具有明显的季节性变化。夏季，湖水温度可达 32℃；冬季，湖水温度可低于 5℃。盐度范围从 2‰（局地发生罕见暴风雨时）到 100‰（旱季时）。由于蒸发率较高，盐度一般保持在 50‰以上。如前所述，开阔大洋中的正常平均盐度值为 35‰，可以与此进行比较。

湖水盐度如此之高，即便是耐盐性强的沼泽草也无法存活，因此帕德雷岛上的沼泽地逐渐被开阔沙滩取代。在两个入水口，海水以"表层盐水楔"形式流入高密度潟湖水之上，潟湖水则以"次表层流"形式流入开阔大洋，与典型河口环流模式完全相反。

10.6.4　边缘海

海洋边缘相对较大的半封闭水体称为边缘海（Marginal Seas），大多形成于构造事件造成较低洋壳隔离在不同大陆之间（如地中海），或者形成于火山岛弧出现后（如加勒比海）。这些水域比开阔大洋要浅，二者之间存在不同程度的海水交换（基于气候与地理条件），盐度和温度差异较大。

10.6.4.1　案例研究：地中海

实际上，地中海是由狭窄水道连接若干"小海"形成的"大海"，属于古特提斯海（存在于约2亿年前所有大陆相连时）的残余。地中海的水深超过4300米，也是全球为数不多的下伏洋壳的陆间海之一。基于海底发现的巨厚盐类沉积及其他证据，可以判定地中海在约600万前几乎完全干涸，只是后来重新灌入了巨大的"咸水瀑布"。

地中海的北部及东部与欧洲和小亚细亚相连，南部与非洲相连，如图10.39a所示。地中海周围被陆地环绕，只能通过窄而浅的通道与外海相连，如经直布罗陀海峡（宽约14千米）通往大西洋，经博斯普鲁斯海峡（宽约1.6千米）通往黑海。此外，地中海还修建了一条人工通道，经苏伊士运河（1869年建成，长约160千米）通往红海。地中海的海岸线非常不规则，可划分为较小的次级海（如爱琴海和亚得里亚海等），拥有各自独立的环流模式。

地中海水下400米深处存在一条水下海岭（Sill），从西西里岛延伸至突尼斯海岸，将地中海切分为东西两个主要海盆。水下海岭限制了两个海盆之间的水体流动，造成墨西拿海峡（西西里岛与意大利本土之间）中的水流非常汹涌，如图10.39a所示。

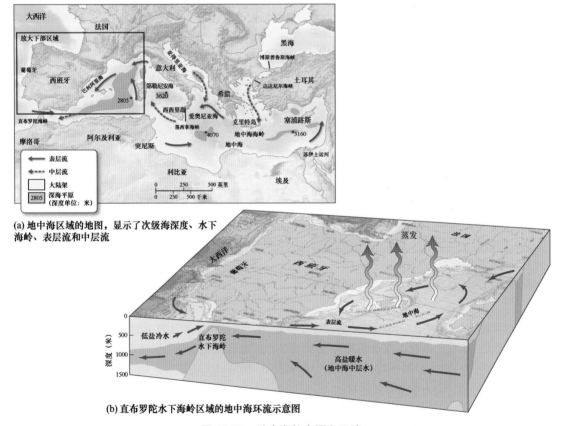

(a) 地中海区域的地图，显示了次级海深度、水下海岭、表层流和中层流

(b) 直布罗陀水下海岭区域的地中海环流示意图

图 10.39　地中海的水深和环流

10.6.4.2　地中海环流

地中海具有非常独特的环流模式，形成于中东地区的特殊气候条件（炎热而干燥）。地中海东部海水受热后大量蒸发，大西洋海水随后乘虚而入，通过直布罗陀海峡大量流入地中海。实际上，与直布罗陀海峡相比，地中海东部的水位通常要低15厘米。沿非洲北部海岸，表层流流过整个地中海，然后向北穿越海洋（见图10.39a）。

部分大西洋海水继续向东流向塞浦路斯。冬季，这些海水下沉并形成所谓的地中海中层水，温度为15℃，盐度为39.1‰。中层水在一定深度（200～600米）向西流动，最终以"次表层流"的形式经直布罗陀海峡返回北大西洋，如图10.39b所示。在第二次世界大战期间，德国潜艇在穿越直布罗陀海峡时，为了避免被敌人探测到行踪，通常会关闭引擎，利用地中海的流入及流出海流行进。舰长们通过调整浮力舱的高低，即可操纵潜艇悄无声息地在表层流中潜入地中海，或者在中层水中潜出地中海。

流出直布罗陀海峡后，地中海中层水的温度下降至13℃，盐度下降至37.3‰，密度甚至高于南极底层水，这当然要比相同深度大西洋海水的密度更大，因此沿大陆坡向下运移。在下降过程中，由于与大西洋海水混合，密度逐渐变小，最后在约1000米深度（见图10.39b）与大西洋海水密度趋于一致。此时，这股海水会向各个方向散开，有时会形成能够持续2年以上的深海涡旋，最北可以抵达冰岛（经卫星探测证实）。

这种环流模式称为地中海环流（Mediterranean Circulation），与大多数河口处的河口环流形态刚好相反。在河口环流形态下，淡水以表层流形式流入开阔大洋，咸水在表层流之下流入河口。在河口区域，淡水输入超过蒸发掉的水分损耗；在地中海区域，水分的蒸发量超过输入量。

虽然暖水的密度确实较低，但是盐度与温度都会影响海水的密度。对于地中海中层水而言，虽然温度较高，但盐度高到足以增大密度。密度足够大时，就会下沉至表层水之下，并在经直布罗陀海峡流入北大西洋时，始终保持温度与盐度特征不变。

对于蒸发量超过降水量的封闭受限海盆而言，地中海与大西洋之间的环流非常典型。低纬度受限海盆（如地中海）总是因快速蒸发而损失水分，所以必须要有来自开阔大洋中的表层流取而代之。从开阔大洋中流入的海水蒸发后，盐度会变得非常高。密度更大的海水最终下沉，并以次表层流形式返回开阔大洋。

简要回顾

地中海海水的蒸发率较高，使得开阔大洋海水在浅表层流入，高盐海水在次表层流出，这种环流模式与大多数河口的刚好相反。

小测验10.6　比较近海的各种类型

❶ 对于没有发生深层混合的近海，描述离岸风和淡水径流对盐度分布的影响。
❷ 描述低盐海水的海岸径流如何形成沿海地转流，指出可能出现沿海地转流的具体位置。
❸ 描述基于地质成因划分的4种主要河口类型。
❹ 比较垂直混合型河口与盐水楔型河口，描述它们在盐度分布、深度及径流量等方面的差异。
❺ 讨论造成切萨皮克湾东侧沿线表层盐度升高的因素。
❻ 造成马德雷湖的盐度随季节发生较大变化的因素有哪些？
❼ 描述大西洋与地中海之间的环流，解释其与典型河口环流有何差异及其原因。

10.7　滨海湿地面临的问题有哪些？

湿地（Wetlands）是潜水位（潜水面/地下水位）接近地表的生态系统，通常大部分时间处于饱和状态，既可位于淡水环境边缘，又可位于近海环境边缘。滨海湿地（Coastal Wetlands）位于近海边缘（如河口、潟湖及边缘海），主要地貌类型包括沼泽、潮坪、海岸沼泽及河口湾等。

10.7.1　滨海湿地的类型

盐沼/盐碱滩（Salt Marshes）和红树林沼泽（Mangrove Swamps）是两种最重要的滨海湿地类

型，由于常被海水间歇性淹没，因此含有耐盐植物和缺氧淤泥，并积聚了大量有机质（称为泥炭沉积）。

盐沼一般位于南北纬 30°～65°（见图 10.40a 和图 10.40b），生长着多种耐盐草及其他低矮植物，称为盐生植物（Halophytic）。草本盐生植物包括灯芯草和盐草，二者均属于米草属，它们可将多余的盐分在体外结晶，进而将其清除。其他盐生植物（如盐角草）在体内组织中积累盐分，达到高盐状态后，通过分解组织来处理多余的盐分。在美国大陆沿岸（大部分）及欧洲、日本和南美洲东部海岸，均分布有发育良好的盐沼湿地。

红树林沼泽仅见于热带地区（即南北纬 30°范围内，见图 10.40a 和图 10.40c），这些地区生长着多种耐盐红树林、灌木和棕榈树。为了能在高盐环境中生存，有些红树林长出了三脚架状的高大根系（保持在咸水之上），还有些红树林在树叶上结晶多余的盐分。红树林沼泽广泛分布于加勒比海和佛罗里达州，全球面积最大的红树林位于东南亚地区。

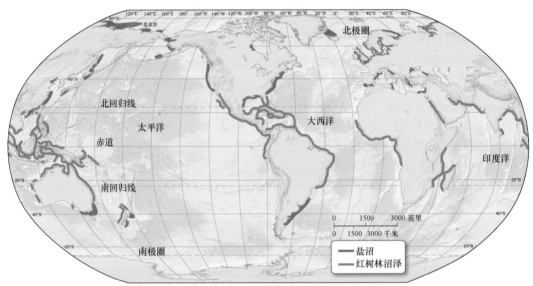

(a) 从地图中可以看出，盐沼主要分布在高纬度地区，红树林沼泽主要分布在低纬度地区

(b) 加利福尼亚州莫罗湾的典型盐沼　　　(c) 佛罗里达群岛的茂密红树林沼泽，位于航道边缘

图 10.40　盐沼和红树林沼泽。全球盐沼和红树林沼泽分布图及相关照片

10.7.2　滨海湿地的特征

湿地是各种动植物的家园，也是地球上生产力最高的生态系统之一。未遭到破坏时，湿地能

够产生巨大的经济效益。例如，在美国东南部，半数以上的重要经济鱼类在盐沼中繁衍及生长，如图 10.41 所示；盐沼可作为其他鱼类（如比目鱼和蓝鳍金枪鱼）的冬季觅食和防护场所；对于具有重要经济价值的虾类、贝类和鱼类来说，红树林生态系统是非常重要的生长及庇护场所；盐沼和红树林还是多种水鸟和候鸟的重要中转基地。

图 10.41　海洋湿地为许多鱼类提供了栖息地和庇护所。盐沼和红树林沼泽均为海洋湿地，是许多鱼类的重要栖息地和庇护所，如大西洋银汉鱼常躲在红树林的根部区域

湿地也会吸收农田及河流排出的营养盐，若任其抵达近海，可能会滋生大量有害藻类，形成海洋中的无氧死区。总体而言，在净化污染水体方面，湿地的效率惊人，常被称为"大自然之肾"。例如，0.4 公顷湿地每年可过滤 276 万升污水，清除农业污染、毒素及其他污染物，使它们无法轻易流入海洋。湿地能够清除污水和肥料中的无机氮化合物，以及陆源污染地下水中的金属，并将它们吸附在湿地淤泥的黏土级颗粒上。当沉积物中的部分氮化合物被细菌分解后，就会以氮气形式释放到大气中；其余大量氮化合物则可作为植物的氮肥，进一步提高湿地的生产力。当沼泽中的植物死亡后，残骸会堆积为泥炭沉积，或者分解为细菌、真菌及鱼类的食物。

滨海湿地还有另一种重要属性，即可在土壤中捕获碳（即固碳），使其成为大气碳的重要"碳汇"。实际上，科学研究表明，仅已有红树林生态系统就能在土壤中固碳高达 200 亿吨，相当于全球两年多的碳排放量。如果红树林遭到破坏的话，这些碳大部分将存留在大气中，加剧全球变暖。

此外，湿地还可保护海滨线免遭侵蚀，并通过耗散海浪能量和吸收多余水分（更像天然海绵），成为抵御飓风和海啸的第一道防线。例如，2004 年印度洋海啸摧毁了一些沿海区域，但是在拥有保护性近海珊瑚礁或沿海红树林的区域，破坏则要小得多；在密西西比河三角洲，由于缺乏保护性滨海湿地，2005 年飓风卡特里娜形成的风暴潮引发了大面积洪灾（见第 6 章）；在 2012 年飓风桑迪期间，纽约城市周围无任何保护性湿地，因此与保留残余湿地的邻近区域相比，遭遇的洪灾要严重得多。

10.7.3　滨海湿地的消失

虽然湿地好处多多，但美国半数以上的湿地已经消失。美国本土曾经拥有 8700 万公顷湿地，目前只剩下约 4300 万公顷，如图 10.42 所示。通过填充及开发，湿地可广泛应用于多个领域，主要包括农业（如稻田和棕榈种植园）、工业（如鱼虾养殖场）、旅游业和房地产开发等。虽然湿地的用途如此之多，但许多人认为湿地是没有利用价值的土地，而且会阻碍港口的建设与开发。在许多地区，由于缺乏经常性河流洪水带来的新沉积物，湿地的消失现象更加严重。在人类的直接参

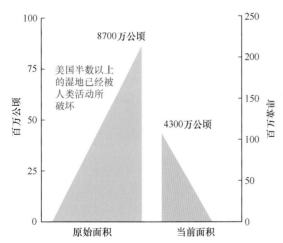

图 10.42　美国本土湿地的消失。美国本土（不含阿拉斯加州和夏威夷州）湿地的原始面积（绿色三角）和当前面积（橙色三角）

与下，许多流量较大河流及其沉积物被疏解至其他区域。

例如，路易斯安那州的滨海湿地正在逐渐消失。随着时间的不断推移，湿地中的土壤在自身重量的作用下自然压实，这个过程称为沉降（Subsidence）。在正常情况下，植物的生长和河水注入的新沉积物可以抵消沉降，但是当这些因素减弱或消失时，许多湿地的沉降速度（至海洋中）要快于再生速度。例如，据科学家们估算，随着密西西比河三角洲的沉降与海平面的上升，路易斯安那州约10%的区域将于21世纪末沉入海底。

其他部分国家也经历了类似的湿地消失问题，据科学家们估算，近百年来，全球约50%的湿地遭到破坏。例如，在拥有红树林的全球120个国家中，26个国家的红树林濒临灭绝。在最近30年里，印度尼西亚失去了50%的红树林，菲律宾也称失去了70%的原始红树林。自1980年以来，全球已失去了360万公顷红树林。在目前的已有红树林沼泽中，许多受到严重破坏或濒临消失。人们越来越感到担忧，若红树林以当前速度不断消失，那么只需要100年，全球所有红树林生态系统都将遭到破坏。

为了防止现有湿地继续消失，美国环保署于1986年设立了湿地保护办公室（OWP），当时的湿地以12.1万公顷/年的速度消失！1997年，滨海湿地的消失速度已放缓至约8100公顷/年。湿地保护办公室的目标非常明确，就是通过积极执行针对湿地污染的法规，保护或恢复具有重要价值的湿地，致力于将美国湿地的消失数量减少到零。

最新文献记录表明，虽然全球湿地长期趋于消失，但美国21世纪的湿地总量仍然有所增长。实际上，1998—2004年的一项研究显示，美国每年新增湿地约13000公顷。这个增量（虽然很小）主要来自淡水湿地的增加，滨海湿地数量始终在减少，只是速度比以往缓慢。虽然美国湿地总量存在净增长趋势，但滨海湿地数量仍然逐年减少。为此，有必要深入研究这些趋势的影响因素（自然因素及人为因素），不断采取措施来保护湿地（尤其是滨海湿地）。

随着海平面不断上升，预计湿地将加速消失。即使按照最保守的估算，若未来100年海平面上升50厘米，美国现有滨海湿地将消失61%。人类活动引发全球变暖，导致海平面上升，进而造成更多湿地消失。新增湿地（之前的高地区域）能够部分弥补消失的湿地，但是即使是在最理想的情况下，消失的湿地也不可能得到全部弥补。

科学过程 10.1　回收圣诞树，拯救路易斯安那州正在消失的海岸

背景知识

近几十年以来，在路易斯安那州的海岸沿线，滨海湿地侵蚀问题日益严重。但是目前，一种与众不同的新方法有望帮助解决这个问题。自1930年以来，由于修建防洪设施及开展石油天然气勘查，路易斯安那州约3900平方千米的宝贵滨海湿地资源遭到侵蚀，每年还会消失65平方千米。为了防止滨海湿地不再持续消失，人们需要做些什么呢？

形成假设

路易斯安那州立大学的研究人员带着这些疑问，研究了其他国家如何保护低洼滨海湿地免受海浪侵蚀。在荷兰考察期间，他们目睹了当地政府将柳树及其他灌木捆束在一起，沿北部海岸修建了数千公顷湿地。返回美国后，他们重点关注了圣诞节后剩余的可回收圣诞树。在每年1月，成千上万棵圣诞树被运送到垃圾场。若能重新利用废旧圣诞树来辅助开展海岸恢复工程，将会获得社会公众的普遍认可与支持，而且只需耗用政府资助疏浚或引水工程资金的一小部分。此外，圣诞树内部还存在一些天然树脂，有助于防止其在海水中过快分解。

综合考虑所有这些因素，研究人员提出了一项低成本计划。在最近20年里，这项计划逐渐发展壮大，目前已全面覆盖该州的16个沿海社区。

设计实验

　　每年，各种机构都会收集废弃的圣诞树，然后放入近海木栏（称为"摇篮"）中，平行于海岸延伸约数千米，如图 10B 所示。木栏中汇集的圣诞树成千上万，既可保护脆弱海滨线免受海浪冲击，又能截留重建湿地需要的重要沉积物。从效果上看，这些树枝的作用类似于水下沙坝，可以稳定大量沉积物，防止其被冲入开阔大洋。此外，由于安静祥和环境的保护作用，本地水生植物能够更快地生根和生长。为了减少海岸侵蚀，人们不断地对湿地进行加固，每年都将新圣诞树堆在前几年的旧树之上，持续不断地更新维护"摇篮"。

图 10B　路易斯安那州的回收圣诞树。为减少海岸侵蚀，堆放在离岸木栏中

解释结果

　　圣诞树"摇篮"似乎减缓了滨海湿地的侵蚀速度，某些情况下甚至扭转了滨海湿地的破坏趋势。例如，在杰斐逊教区的鹅湾河口，部分区域遭受侵蚀的速率曾经高达 100 米/年。但在建立保护性圣诞树摇篮后，第一年只消失了 1.2 公顷土地。相比之下，在没有建立圣诞树摇篮的附近区域则消失了 9.3 公顷土地。过去 16 年间，杰斐逊教区项目成功修复了 100 公顷滨海湿地，而该地区之前消失的湿地面积则为 6500 公顷。圣诞树屏障有助于滨海湿地的植物再生，还为本地鱼类和野生动物营造了新生境。

　　下一步该怎么做？

　　为了防止滨海湿地遭到侵蚀，除了圣诞树以外，还可将其他何种材料堆放在近海木栏中？

简要回顾

　　滨海湿地（如盐沼和红树林沼泽）属于高生产力区域，不仅是许多海洋生物的重要庇护所，而且能够充当污染径流的过滤器，将大气中的碳截留在土壤中，进而帮助人们有效地应对海岸侵蚀。

小测验 10.7　指出滨海湿地面临的各种问题

❶ 指出两种滨海湿地环境的类型及其可能出现的纬度范围。
❷ 湿地如何改善海洋生态和净化受污染河水？
❸ 基于图 10.42 所示的信息，指出美国本土消失了多大面积的湿地？

主要内容回顾

10.1　沿海区域是如何定义的？

- 沿海区域的变化持续不断。海滨是海洋与大陆之间的接触区域，下边界位于海洋侧的最低潮位，上边界位于陆地侧受风浪影响的最高高程。从海滨向内陆方向延伸，只要能找到与海洋相关的地貌特征，无论多远都可称为海岸。海岸线是海滨与海岸的分界线。海滨划分为前滨和后滨。近滨从低潮海滨线开始，向海洋方向延伸至低潮碎浪线，以及更远的外滨区域。
- 海滩是位于海滨区域的沉积，由沿海蚀台地运移的海浪作用沉积物构成。海滩的组成部分包括休闲海滩、滩肩、滩面、低潮阶地、沿岸槽和沿岸沙坝。海滩由本地可用的任何物质构成。
- 为巩固对海滩术语的理解，凭记忆绘制并标记相关图表（类似于图 10.1）。
- 说出日光浴和烧烤所在海滩区域的专业术语。

10.2　海滩上的沙子是如何运移的？

- 海浪破碎时，海滩上的沙子垂直于（朝向或远离）海滨线运移。在小浪活动期间，冲激浪主导着搬运系统，将沙子向滩面直至滩肩进行净输运；在大浪活动期间，回退浪主导着搬运系统，将沙子从滩面向海中净输运。在自然系统中，小浪活动与大浪活动维持平衡，沙子相应地堆积在滩肩之上（夏季海滩），或者从滩肩之上剥离（冬季海滩）。

- 沙子也可平行于海滨线迁移。与海滨呈一定角度的海浪破碎会形成沿岸流，由沿岸流引发的"之"字形沉积物运移称为沿岸漂沙或沿岸输运。从海滩的上行海岸端向下行海岸端，每年运移的沉积物数量高达数百万吨。在一年的大部分时间，沿岸漂沙沿美国太平洋和大西洋沿岸向南运移。
- 假设自己漂浮在海滩的碎浪带内，观察到在一天内，沿岸流及其形成的沿岸输运改变了方向（如自北向南）。根据自己对海滨线过程的了解，解释为什么会出现这种情况。
- 讨论河水与沿岸流的异同。

10.3 侵蚀型海滨和堆积型海滨的典型地貌特征是什么？

- 侵蚀型海滨的典型地貌特征是海岬、海蚀崖、海蚀穴、海蚀拱、海蚀柱和海蚀阶地。当大部分海滨暴露于开阔大洋、潮差减小或基岩变弱时，海浪侵蚀相应加剧。
- 沉积型海滨的典型地貌特征是海滩、沙嘴、拦湾坝、连岛沙洲、障壁岛、三角洲和海滩段。从海洋侧至潟湖侧，障壁岛通常包括海滩、沙丘、障壁沙坪和盐沼。三角洲形成于河口，所搬运的沉积物多于沿岸流。海滩亏损发生在各海滩段及其他沙子供应中断的区域。
- 区分侵蚀型海滨与堆积型海滨的特征及海岸地貌。
- 列出海滨类型划分的 4 种影响因素。

10.4 海平面变化如何形成新生海滨线和淹没海滨线？

- 基于相对于海平面的位置，可将海滨线划分为新生海滨线和淹没海滨线。古海蚀崖和搁浅海滩出现在当前海滨线之上，或许说明海平面相对于陆地发生了下降；古海没海滩、淹没沙丘、海蚀崖或淹没河谷等地貌特征，或许说明海平面相对于陆地发生了上升。海平面变化可能由构造过程引发，也可能因为海平面升降过程改变了海洋水量。
- 区分新生海滨线和淹没海滨线的特征及海岸地貌。
- 列出海滨线类型划分的 4 种影响因素。

10.5 硬稳定是如何影响海岸线的？

- 硬稳定通常用于加固海滨线。丁坝和突堤通过在上行海岸侧拦截沉积物来扩大海滩，但下行海岸侧经常出现侵蚀问题；防波堤可将沙子拦截在建筑物后面，但会导致下行海岸发生不必要的侵蚀；海堤经常造成休闲海滩的消失。
- 硬稳定的替代方案包括限制在易受海岸侵蚀的区域施工、海滩修复/海滩养护和重新选址。
- 绘制海滨线鸟瞰图，显示在海岸环境建造丁坝、突堤、防波堤及海堤对海滨侵蚀和堆积的影响。
- 评估硬稳定的各种替代方案。

10.6 近海具有哪些特征和类型？

- 与开阔大洋相比，近海的温度和盐度的变化范围更大，因为近海较浅，且存在河流径流、潮流及太阳辐射的季节性变化。沿海地转流由淡水径流和海岸风形成。
- 河口是部分封闭的水体，来自陆地的淡水径流与海水在此混合。按照地质成因，可将河口划分为海岸平原型、峡湾型、沙坝型或构造型；按照淡水与咸水的混合模式，可将河口划分为垂直混合型、微分层型、高分层型和盐水楔型。
- 河口是许多海洋动物的重要繁殖地和保护性场所，但往往受到人口压力的影响。障壁岛是超长近海沙质沉积体，可以保护沼泽和潟湖。有些潟湖与海洋之间的环流受到限制，因此水温和盐度可能随季节变化较大。
- 地中海环流的特征是水体受限于某个区域，蒸发量远超降水量，与河口环流刚好相反。
- 基于地质成因，绘制并描述 4 种主要的河口类型，举例说明每种类型的所在位置。
- 描述不同纬度近海的温度变化。

10.7 滨海湿地面临的问题有哪些？

- 湿地是地球上生物生产力最高的地区之一，盐沼和红树林沼泽是两种非常重要的滨海湿地类型。湿地具有非常重要的生态意义，为许多海生物种提供了重要生境；在陆地污染物到达海洋之前，将其从水中清除；将大气中的碳截留在土壤中；帮助防止海岸侵蚀。
- 虽然湿地益处多多，但仍在全球范围内遭到破坏。
- 讨论为了恢复已经消失的滨海湿地，应该采取哪些措施及步骤。

第11章　海洋污染

污水中前行：海马抓牢塑料棉签。为了在海水中前行，海马抓住漂浮的海草或其他残骸。在印度尼西亚森巴瓦岛附近的污染水域，这只海马牢牢地抓住塑料棉签。这是一幅获奖摄影作品，由野生动物摄影师贾斯汀·霍夫曼拍摄，但他说"我真心希望这张照片不存在！"

主要学习内容

11.1 解释污染的定义
11.2 介绍与石油污染相关的海洋环境问题
11.3 介绍与非石油化学污染相关的海洋环境问题
11.4 介绍与非点源污染相关的海洋环境问题
11.5 描述个人能够为防止海洋污染做些什么事情
11.6 介绍与生物污染相关的环境问题。

大多数人认为海洋浩瀚无垠，人类活动应该不会对其产生重大影响。但是现在，人类已经开始对自己的影响力刮目相看。

——简·卢布琴科，海洋生态学家，2002 年

当极力远眺浩瀚无垠的广阔海洋时，人们很难相信海洋会因人类活动而陷入严重困境。在人类历史长河中，海洋具有吸纳废弃物质的巨大能力，但其所能容纳的废物总量并不是无限的。随着地球上人口数量的快速增长，海洋污染的程度日益加深，海洋环境面临的压力越来越大。目前，海洋环境的负面影响引起了全世界人们的关注，特别是在水体流动与垂直混合受限的近海和闭合水域。这些负面影响再加上对土地的冲击，迫使人们不得不重新审视人类在地球生态系统（全球尺度）中的位置。例如，美国海洋政策委员会（COP）和皮尤海洋委员会（POC）提交了一份综合研究报告，认为当前出现了因海洋遭到破坏而引发的新国家危机，呼吁制定一项行动计划来修复重要的海洋生境。

海洋污染的来源多种多样，主要包括海上运输（见深入学习 7.1）、海洋采矿、渔业活动、海上污泥处置、受污染的陆地河水大量流入及人类为获取某种利益（如将海水用作沿海发电厂的冷却剂）而加大海水利用量等。海洋污染还可能来自石油、工业废弃物或有毒化学品（如滴滴涕、多氯联苯和汞）的意外泄漏，以及几乎与每个人都息息相关的生活垃圾。这些污染物无论单枪匹马还是组团亮相，都经常对生物个体造成严重伤害，甚至影响整个海洋生态系统。此外，人们逐渐认识到，注入海洋中的热量和二氧化碳也属于海洋污染，不仅会对海洋生态系统产生不利影响，而且对海洋物理过程的影响极为深远。要了解与这一主题相关的更多信息，请参阅第 16 章。

本章首先介绍海洋污染的定义，然后探讨海洋污染的各种类型（包括如何减少或消除海洋污染物），最后研究海洋生物污染的环境问题。

11.1 什么是污染？

海洋为人类提供了大量极具价值的有用事物，如休闲娱乐、水源、廉价交通工具、大量生物资源及巨大海底地质资源等。此外，海洋也是人类社会垃圾的主要倾倒场所。随着人们对海洋的利用程度逐渐加大，海洋污染日益严峻，如图 11.1 所示。那么，海洋污染的准确定义是什么呢？

图 11.1 冲上海滩的污染物

11.1.1 海洋污染的定义

污染（Pollution）的广义定义是任何有害物质。那么科学家们如何界定哪些物质有害呢？例如，某种物质可能不美观，但是对环境无害；某些类型的污染不易察觉，但是对环境有害；某种物质

暂时无害，但可能会在一段时间（数年、数十年甚至数个世纪）后造成危害。此外，谁是受害者？例如，接触同一种特定化合物时，有些海洋物种生机勃发，有些物种则深受毒害。有趣的是，有些人认为沿海水域的自然状态（如海滩上的死亡海藻）也是一种污染。其实，人们应该时刻牢记"虽然可能出现不招人类喜欢的状态，但是大自然绝对不会污染环境"。污染物的数量也非常重要，引发污染的物质数量极其微小时，还能将其定性为污染物吗？这些问题都很难回答。

世界卫生组织将海洋环境污染定义如下：

> 人类直接或间接地将物质或能量引入海洋环境（包括河口），造成或可能造成有害影响，例如损害海洋生物资源、危害人类健康、妨害海洋活动（包括渔业及其他合法海洋利用）、损害海水质量以及减损便利设施等。

一般来说，确定污染物对海洋环境的影响程度较为困难。在受到污染前，大多数区域的研究程度不高，因此在研究污染物如何改变海洋环境时，科学家们缺乏足够的基础数据。海洋环境的影响变化周期较长（以 10 年或 100 年计量），很难确定某种变化是由自然生态周期引起的，还是由引入一定数量的污染物（许多污染物会组合成新化合物）引起的。

常见问题 11.1　稀释是海洋污染的有效解决方案吗？

稀释是海洋污染的有效解决方案吗？这个问题的具体含义存在争议。这种观点的支持者认为，只要将废弃物稀释到不再威胁海洋生物的程度（其实很难），海洋就可作为人类废弃物的存储库。由于海洋广袤辽阔，而且主要成分是一种良好的溶剂（水），因此这种处理策略似乎非常恰当。此外，海洋具有良好的混合机制（海流、海浪和潮汐），可以稀释多种形式的污染物。

空气污染也曾被人们以类似的方式看待，人们曾经认为将污染物排放到大气中是可以接受的，只要扩散范围足够广且排放高度足够高即可，因此建造了许多非常高大的烟囱。但是，随着时间的推移，当大气中的污染物（如硝酸盐和硫酸盐）含量增大到一定程度时，就会出现棘手的"酸雨"问题。海洋与大气一样，对污染物的容纳能力有限（虽然专家们对这一能力的大小意见不一致）。

随着陆地上的垃圾处理场不断填满，海洋越来越成为人类处理垃圾的重要场所。我们每个人都应该尽可能地减少产生的垃圾数量，从而部分缓解垃圾堆放场所问题。但是，在可以预见的未来，海洋极有可能继续充当垃圾倾倒场所。虽然许多新处理技术不断出笼，但海洋污染的终极解决方案至今尚未出现。

11.1.2　环境生物监测

确定可能对海洋生物资源产生不利影响的污染物浓度时，应用最广的一项技术是"通过严格控制的实验来评估特定污染物如何影响海洋生物"，这种实验称为环境生物监测（Environmental Bioassay）。例如，有些监管机构（如美国环保署）通过环境生物监测来确定某种污染物的半致死浓度（规定时间内造成特定测试生物群组 50%死亡率的污染物浓度），如果某种污染物造成的死亡率超过 50%，即可将其确定为排放到沿海水域中的污染物浓度上限。

当通过特定环境生物监测来取得污染结论时，一般存在如下缺点：一是无法预测污染物对海洋生物的长期影响；二是未考虑污染物可能会与其他物质结合形成新污染物；三是监测过程一般耗时、费力且只适用于特定的物种，取得的数据可能不适用于其他物种。

11.1.3　在海洋中处置废弃物

在陆地上，废弃物处理设施（如垃圾填埋场）的处理能力有限，超载运行的情况屡见不鲜。那么，人类是否应将多余废弃物排放至开阔大洋呢？与沿海区域不同，开阔大洋具有混合机制（海浪、潮汐和海流），可将污染物传播至非常广的区域（包括整个海洋盆地）。一般来说，稀释会降低污染物的危害性，但是在不知道污染物是否具有长期影响的情况下，人类真的想要将其散布到整个海洋中吗？

有些专家认为，人类不应向海洋中倾倒任何物质；有些专家则认为，只要开展适当的监测监管，海洋就可以继续成为人类社会废弃物的存储场所。遗憾的是，没有明确的答案，问题依然复杂。显然，为了确定各种类型污染物如何影响海洋及其"居民"，人类还需开展更多科学研究。

简要回顾

海洋已成为人类产生的大部分废弃物的全球存储库。海洋污染的定义较为困难，但是包括人类引入的对海洋环境有害的任何物质。

小测验 11.1　解释如何定义污染

❶ 研究世界卫生组织对污染的定义。为什么规定得这么具体？

❷ 什么是环境生物监测？确定某种物质是否应归类为污染物时，环境生物监测存在哪些缺点？

❸ 凭记忆说出污染的定义。

11.2　哪些海洋环境问题与石油污染有关？

石油（Petroleum）是由烃类（碳氢化合物）及其他有机化合物混合而成的天然液态物质。由于所含能量极为可观，地下石油沉积的价值十分巨大，主要应用钻探技术进行开采。石油开采出来后，一般通过管道、油罐车或油轮送往炼油厂。在现代社会中，石油是全球经济的重要驱动力，因此石油向海洋中泄漏终归无法避免。在石油泄漏事件的罪魁祸首中，部分由于石油开采，部分由于装卸事故或油轮碰撞，部分由于油轮搁浅。本节简要介绍相关案例。

11.2.1　埃克森·瓦尔迪兹号油轮溢油事件（1989 年）

泄漏并进入海洋的石油，大多数发生在油轮的运输过程中，最广为人知的溢油事件发生在阿拉斯加州的威廉王子湾（1989 年），主角是埃克森·瓦尔迪兹号超级油轮。

阿拉斯加北坡盛产原油，采出后通过管道输送到阿拉斯加南部的瓦尔迪兹港，然后由最大载油量达 2 亿升的超级油轮运往炼油厂。1989 年 3 月 24 日，满载原油的埃克森·瓦尔迪兹号油轮离开瓦尔迪兹港，驶往位于加利福尼亚州的炼油厂。刚驶出港口 40 千米，船长就发现哥伦比亚冰川附近的多座冰山漂入航道。为躲避这些冰山，油轮不断调整航向，但是最终不幸撞上浅海暗礁"布莱礁"（见图 11.2），造成油轮上的 8 个（共 11 个）储油罐破裂，约 22% 的石油（近 4400 万升）泄漏到威廉王子湾的水域，随后扩散到阿拉斯加湾，总计污染了 1775 千米的海滨线。

根据从海滩上和海水中收集的沾满油污的动物尸体数量推算，在本次溢油事件中，至少有1000 只海獭和 10～70 万只海鸟死亡。该地区的地理位置偏僻，受影响区域面积较大，造成海洋动物的死亡数量统计结果不是非常精确。

溢油事故发生后，埃克森美孚公司立即投入 20 多亿美元进行清理，随后几年又投入 9 亿美元进行修复。为了清除海水中的油污，采用了吸附性材料和撇油装置；为了清除石质海滩上的油污，通过高压软管喷洒了温度高达 60℃ 的热水（热水除去了油污，但也杀死了大多数海滨线生物）。通过对清理工作成果进行分析，并与未清理区域（自然生物降解）进行比较，发现未清理海滩恢复得更快、更彻底。

在埃克森·瓦尔迪兹号油轮溢油事件中，泄漏的石油驻留在活动海滨线上，受到海浪作用或微生物分解后，很快就消失了。但是 30 多年后，人们仍然能够在表面水坑处发现泄漏的原油，某些海滩表层之下及滨海湿地中仍然存在未降解的原油。据专家声称，海洋生物不会遭遇残留的有毒石油，且这些残留物质还会继续自然生物降解。

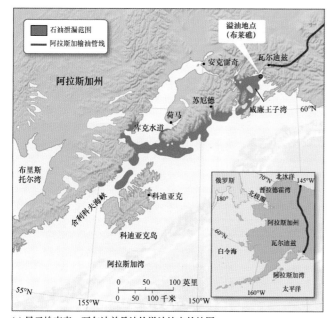

(b) 埃克森·瓦尔迪兹号超级油轮搁浅于布莱礁的航拍图

(a) 显示埃克森·瓦尔迪兹号油轮溢油地点的地图

(c) 埃克森·瓦尔迪兹号泄漏的石油覆盖了阿拉斯加州的海滩

图 11.2　埃克森·瓦尔迪兹号油轮溢油事件（1989 年）。阿拉斯加州，威廉王子湾

11.2.2　其他石油泄漏

　　埃克森·瓦尔迪兹号油轮溢油事件的规模及破坏性都非常巨大，是美国水域历史上第二大溢油事件，但是在全球范围内仅能排在第 54 位（见图 11.3）。全球最大的石油泄漏事件发生在 1991 年的海湾战争期间，当时，伊拉克军队入侵科威特时故意倾倒了大量石油（见图 11.4）。当伊拉克人被赶出科威特后，发生泄漏的油井和遭到破坏的生产设施才得到控制，但此时已有 9.08 亿升石油泄漏到波斯湾，这个数字是埃克森·瓦尔迪兹号溢油数量的 20 多倍。全球最大的意外石油泄漏事故发生在 2010 年，位于墨西哥湾的深水地平线石油钻井平台发生爆炸，造成正在作业的钻井发生大规模石油泄漏，3 个月后才得到控制（见深入学习 11.1）。在此期间，油井溢油 4 天损失的石油数量就与埃克森·瓦尔迪兹号油轮溢油事件损失的石油数量大致相当。

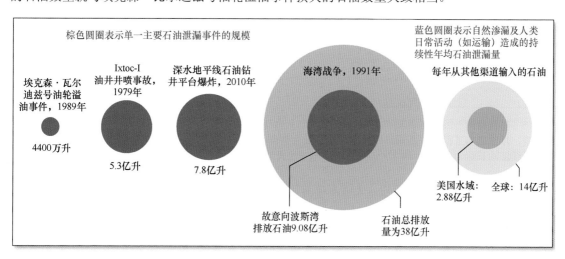

图 11.3　主要石油泄漏之比较

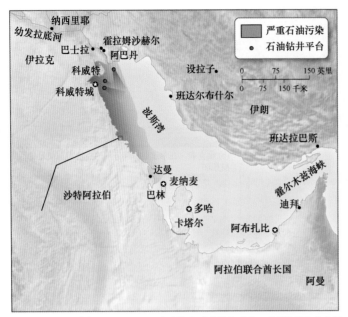

(a) 显示波斯湾溢油地点的地图，红点为海上石油钻井平台。受到海流和东南风的限制，大部分泄漏石油积聚在波斯湾西北海岸

(b) 在波斯湾海滩沿线，沙特政府官员检查溢油造成的损害

图 11.4　1991 年海湾战争造成的石油污染

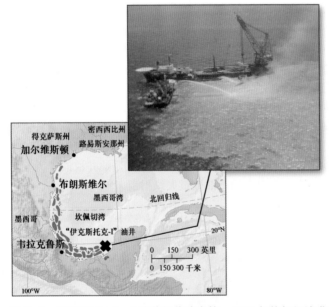

图 11.5　墨西哥湾 Ixtoc I 油井的井喷事故。1979 年坎佩切湾发生井喷，浮油影响了得克萨斯州海岸沿线。油井发生爆炸并起火后，持续溢油长达 10 个月，约 5.3 亿升原油注入墨西哥湾

有些石油泄漏事件发生在钻井（或采油）期间，由海底石油出现井喷造成，其中以 1979 年墨西哥湾溢油事件最为典型。在墨西哥尤卡坦半岛附近的坎佩切湾，墨西哥石油公司（PEMEX）的 Ixtoc I 号石油钻井平台发生爆炸并起火，造成了当时世界上最大的溢油事件，如图 11.3 所示。后来，坎佩切湾溢油事件（1979 年）的规模又被海湾战争石油泄漏（1991 年）和深水地平线石油钻井平台爆炸超越。在事故发生近 10 个月并成功封盖之前，该钻井平台向墨西哥湾注入了 5.3 亿升原油，其中部分原油沿得克萨斯海岸向前延伸，如图 11.5 所示。

油轮事故（或油井井喷）造成的大规模泄漏事件较为少见，但是小规模的石油泄漏事件时有发生，且更加令人忧虑。实际上，据相关报道，美国水域每年发生近 100 起有记录的较大规模（超过 3800 升）溢油事件，以及 10000 多起较小规模的溢油事故。这些数字只是发生在美国附近水域的溢油事件，美国以外水域的溢油事件更是难以计数。例如，在 2018 年的中国东海海域，伊朗桑吉号油轮与另一艘船舶相撞，造成 57 万升凝析油泄漏而形成大片浮油，油轮后来起火燃烧并沉入海底，如图 11.6 所示。

图 11.6　2018 年，中国东海，消防船试图扑灭伊朗桑吉号油轮的大火。该油轮在中国东部海域与另一艘船舶相撞，造成 57 万升凝析油发生泄漏，起火燃烧并最终沉没

深入学习 11.1　2010 年墨西哥湾深水地平线溢油事件

2010 年 4 月 20 日，在墨西哥湾英国石油公司（BP）深水地平线（Deepwater Horizon）近海钻井平台上，马孔多深水油井正处于最后攻坚阶段。这个浮式钻井平台距离路易斯安那州海岸约 80 千米，位于大陆架边缘外约 1500 米深的海域。在海底之下 4 千米深处，意外事故突如其来，井底遭到巨大天然气气泡的高压"蹬踏"，造成海底防喷装置失灵，气泡上冲至海面钻井平台并爆炸起火（见图 11A），致使 11 名工作人员死亡。2 天后，深水地平线钻井平台沉没，海底油井中的原油大量溢出，速率约为 900 万升/天。3 个月后，水下机器人终于封盖了油井。从泄漏的石油总量来看，这是全球第二大溢油事件，也是全球最大的意外溢油事件，还是迄今为止美国海域的最大溢油事件。

图 11A　2010 年墨西哥湾石油泄漏

最终，油井中泄漏的石油总量接近 7.95 亿升。事故发生后，英国石油公司向海水（表层及深层）中投放了大量化学清洗剂，主要目的是分解已泄漏的石油，但这些清洗剂被认为比石油本身更具毒性（对海洋生物来说）。据科学家们初步估算，英国石油公司只清除了全部溢油总量的 1/4 左右（通过油井直接回收、海上燃烧或船只撇油等方式）；第二个 1/4 的溢油溶解入零散的分子中；第三个 1/4 的溢油在物理或化学作用下，以小液滴形式分散到了海水中，仍可能对某些生物造成毒害；最后 1/4 的溢油为埃克森·瓦尔迪兹号油轮溢油量的 5 倍左右，具体情况目前尚未完全查清，称为残余油。有些科学家认为，大部分残余油形成了海面上的浮油或油膜（见图 11A），冲刷至本地海滩和盐沼，最终以焦油球的形式积聚在海底。还有些科学家认为，有些残余油从未浮至海面，而是在海面以下超过 1000 米深处形成扩散羽流，并且极可能扩散到了海洋中，然后被微生物降解，或作为焦油席沉入海底。即使到了今天，这部分失踪溢油的去向及变化仍是一个谜。

幸运的是，大部分溢油均位于近海，在海浪能量、氧气和阳光的协助下，海湾中大量存在的嗜油菌（食油细菌）能够对溢油进行自然生物降解。但是，部分溢油仍被冲至当地的海滩和盐沼，不仅污染了海滨，而且杀死了海洋动物。对沉入海底或低氧沉积物（如海底或盐沼）裹挟的溢油来说，滞留时间可能长达数十年，可能会对周围环境造成巨大危害。在溢油清理费用（包括人员安置、诉讼处理和环境修复）方面，英国石油公司及其合作伙伴已支出了超过 620 亿美元。

在遭到溢油事件波及的海洋生物中，鸟类、海龟、海洋哺乳动物、鱼类和贝类受到的影响尤为严重，当地渔场在溢油事件发生后被迫关闭（此后又重新开放）。大量溢油及投放的化学分散剂会如何影响海洋生物和海湾生态系统呢？随着时间的推移，未来的影响会逐步显现吗？目前尚无法获知准确答案。例如，2010—2012 年，墨西哥湾中的 1300 余只宽吻海豚死亡，肺部和肾上腺发生了病变，符合暴露于石油化合物情况下的致病情形。相关研究将会长期持续下去，未来必定会揭示溢油事件对海湾中的海洋生物造成的危害程度。

你学到了什么？

请描述 2010 年墨西哥湾深水地平线溢油事故发生时的情形。为什么说石油泄漏发生在近海是幸运的？

11.2.3　海洋中石油污染物的危害性

石油是各种烃类/碳氢化合物/碳氢（Hydrocarbons）的混合物，由大量氢元素和碳元素构成。烃类属于有机质，可被微生物分解（或生物降解）。由于烃类很大程度上可生物降解，因此许多海洋污染专家认为石油是破坏性最小的海洋污染物之一！当然，当石油覆盖了海水、海滨及无助的海洋生物（包括海鸟）时，溢油看起来非常可怕，造成的短期危害极其严重。但是，石油终究会消散及分解，并为各种微生物提供食物。例如，在第二次世界大战期间，巨量石油曾泄漏到太平洋和大西洋中。实际上，在美国东海岸的部分海滩上，曾经覆盖了厚达数厘米的油层，但是目前没有留下任何溢油痕迹。从更广的视角来看，某些海底天然石油已渗漏了数百万年，但是海洋生态系统似乎并未受到影响，甚至获得了增强（因为石油是一种能源）。事实证明，与石油泄漏相比，其他类型污染物的持续时间更长，危害程度更大。

例如，在埃克森·瓦尔迪兹号油轮溢油事件中，释放至阿拉斯加某片原始荒野区域的石油数量接近 4400 万升，受影响水域的恢复过程预计非常漫长，但是 1989 年关闭的渔场 1990 年就神奇地恢复了生产。溢油事件发生 10 年后的某项研究显示，部分主要物种甚至比溢油事件发生前的数量更多，如图 11.7 所示。但是，科学研究表明，溢油事件具有长期且持续的影响，大量"顽固不化"的石油渗入了潮间带沉积物，并且将长期滞留在地表之下。

探索数据

在阿拉斯加州发生的埃克森·瓦尔迪兹号油轮溢油事件中，图 11.7 中所示的 4 种主要生物均受到影响。在溢油事件发生后的几年里，各个种群的数量如何？

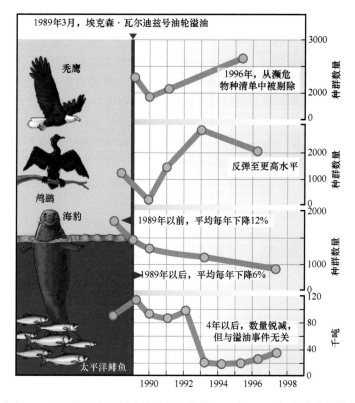

图 11.7　埃克森·瓦尔迪兹号油轮溢油事件的生物恢复。自 1989 年溢油事件发生以来，阿拉斯加州的威廉王子湾的几种主要生物的数量逐渐回升，秃鹰的数量上升最快。溢油事件发生 4 年后，太平洋鲱鱼的数量急剧减少，但与溢油事件无关，应为疾病或其他因素所致

11.2.4　对海洋中石油的其他忧虑

石油是各种烃类与其他物质的复杂混合物，其中包含氧元素、氮元素、硫元素及多种痕量金属元素。当这种复杂化合物与海水（同样包含有机质的另一种复杂化合物）结合时，产生的结果通常会威胁到海洋生物的生存。例如，科学研究表明，当海水中的原油浓度达到 0.7ppb 时，就可能危害或杀死某些鱼卵。此外，大量海洋生物依靠羽毛（或毛皮）来保温，当羽毛被石油覆盖后，保温作用将完全丧失，因此会被彻底杀死（见图 11.8）。

有毒化合物（Toxic Compound）是指具有损伤性（或致死性）的有毒物质，特别是通过化学方法获取的有毒物质。原油中的有毒化合物种类繁多，多环芳烃的毒性最大，如萘、苯、甲苯和二甲苯等。即使剂量较小，这些化合物也会对人类和动植物造成伤害。此外，动物不小心摄入这种有毒物质后，危险性非常巨大，因为有毒物质会转化为剧毒物质，造成动物的脱氧核糖核酸（DNA）发生突变。

人们还担忧海洋中石油泄漏产生的长期（慢性、延迟或间接）影响，由于滞后的时间相当长，这些影响往往很难记

图 11.8　在墨西哥湾深水地平线溢油事件中，全身为石油覆盖的海鸟。被泄漏的石油覆盖时，海洋生物的羽毛（或毛皮）会失去隔热性能，生还希望渺茫。人们拯救了部分海洋生物（如这只鹈鹕），为其清除了身体上的油污

录并与石油泄漏联系起来。例如，石油中存在少量剧毒物质，即便浓度极低，也会造成极为有害的生物效应，但这些效应通常容易遭到忽视。科学研究表明，鱼类接触原油中的多环芳烃后，基因可能会发生突变，导致畸形生长、胚胎存活率降低及繁殖成功率降低，这些后果数年后才能被发现。2001年，某油轮在加拉帕戈斯群岛搁浅，泄漏了约300万升柴油和燃料油。在强劲海流的驱动下，石油向西扩散并逐渐消散，当时只有少数海洋动物死亡。但是，在该事故发生后的1年里，由于海洋中存在少量残余石油污染，附近一个岛屿上62%的海洋鬣蜥大面积死亡。

此外，油轮发生溢油事件时，泄漏的不仅是原油，还可能包含各种石油产品。每种石油产品都有不同程度的毒性，对周围环境的影响不尽相同。例如，成品油（如燃料油）含有多种化合物，对环境的毒性影响远大于原油。

虽然引起了媒体的广泛关注，但油轮泄漏并不是海洋中石油的主要来源。在因人类活动而进入海洋的石油中，绝大多数都与石油消费活动有关，虽然单次石油消费的数量较少，但是频度高且范围广。图11.9表明，在流入海洋的全球石油中，47%由水下石油天然渗漏（美国水域多发）导致。在其余53%的石油泄漏中，72%来自石油消费，包括非油轮船只、日益增多的流经城市的径流及个人交通工具（如汽车、船只和游艇）；22%来自石油运输，包括炼油和分销活动；仅6%来自石油开采（与油气勘探和生产相关）。

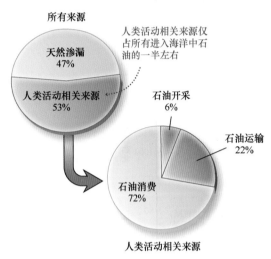

图11.9　海洋中石油的来源。在流入海洋的全球石油中，47%来自天然渗漏，53%来自人类活动。在与人类活动相关的海洋石油中，72%来自石油消费活动，如个人交通工具、非油轮船只及日益增多的流经城市的径流，石油运输和石油开采仅占28%

探索数据
在人类向海洋输入石油的三类来源中，描述每种类型造成海洋污染的各种相关活动，说明哪种类型是海洋中石油的最主要来源？

11.2.5　溢油的清理

石油进入海洋后，由于密度低于海水，最初漂浮在海面上，形成一层浮油，然后开始自然分解（见图11.10）。在流入海洋后的最初几天内，原油中的易挥发轻质成分挥发至大气中，剩下一种更加黏稠的物质，积聚成焦油球并最终下沉。这些焦油还会包裹部分悬浮颗粒，最终共同沉入海底。

如果浮油尚未消散，可以用专门设计的撇油器（或吸收材料）收集，然后在其他地方处理收集到的石油（或油质材料）。在海浪、海风和海流的共同作用下，剩余浮油将进一步消散，与海水混合形成泡沫状乳液，称为慕斯（Mousse）。此外，在细菌与光氧化过程（来自阳光）的共同作用下，石油可降解并融入可溶解于海水的化合物中。

微生物（如细菌和真菌）能够对石油进行自然生物降解，因此可以利用其帮助清理溢油，这种方法称为生物修复（Bioremediation）。在所有海洋生态系统港湾中，几乎都存在能够降解烃类的天然细菌。虽然某些细菌和真菌能够分解特定种类的烃类，但无法有效应对全部烃类。但是，在1980年，微生物学家发现了一种微生物，它能够分解大多数原油泄漏中几乎2/3的烃类。

向海洋环境中直接释放细菌是生物修复的方式之一。例如，在1990年发生的一次爆炸事故中，梅加博格号油轮失去控制，向墨西哥湾中泄漏了1500万升原油。为了检测细菌对原油清理的有效性，人们向墨西哥湾中释放了一种石油降解菌株。结果表明，该菌株不仅减少了石油的数量，而且未对该区域的生态环境产生负面影响。

生物修复方式之二是，为石油降解细菌提供模拟自然生长条件。例如，埃克森·瓦尔迪兹号油轮溢油事件发生后，为促进本土嗜油菌（食油细菌）的快速生长，埃克森美孚石油公司曾经耗资1000万美元，沿阿拉斯加海滨线大量抛撒富含磷和氮的肥料。结果表明，与自然条件相比，此种方式的清除效率要高2倍多。

常见问题 11.2 清洁油污动物的最佳方法是什么？

为了清洁被油污污染动物的皮毛和羽毛，救援人员曾经使用过清洁剂、分散剂和去油剂。专家们认为朵黎明（Dawn）洗碗液的效果最好，因为其含有化学表面活性剂，不但可以减少油脂，而且不会伤害动物皮肤。虽然确切配方属于商业秘密，但是该品牌的洗碗液确实含有石油产品，能够明显提升清洁能力。

在清洗动物身上的油污时，程序相当复杂。例如，清洗一只鹈鹕身上的油污时，可能需要3人忙碌1小时。首先，采用食用油摩擦鹈鹕，使黏稠的石油变得松散；然后，向鹈鹕喷洒洗碗液，接着擦洗羽毛，使肥皂沫进入羽毛；最后，彻底冲洗鹈鹕，洗掉油污与肥皂的混合物。

清洗后，鸟类的存活率为50%～80%，甚至可以更高，具体取决于鸟的种类、油污的毒性、清洗速度及鸟的健康状况等。

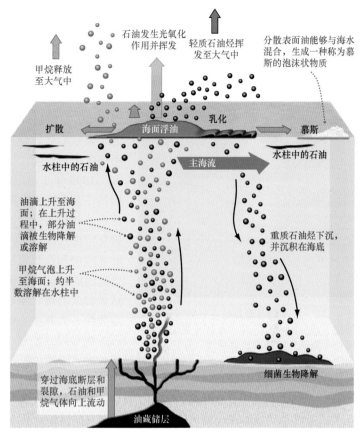

图11.10　溢油的处理过程。石油进入海洋后，在各种自然过程作用下发生分解。轻质成分挥发至大气中；重质成分形成焦油球，或者包裹悬浮颗粒后沉入海底；剩余的分散油发生光氧化作用，或者与海水混合，生成称为慕斯的泡沫状物质

11.2.6　溢油的防范

为了有效保护各地区不受石油泄漏事件的影响，最佳方法之一是"防止首发地发生溢油"。但是，由于人类社会发展严重依赖于石油产品，特别是全球大陆架下石油储量的开采量与日俱增，石油泄漏事件的未来发生不可避免（见图11.11）。

埃克森·瓦尔迪兹号油轮溢油事件（1989年）发生后，美国国会颁布了《1990年石油污染法案》，明确了财物损失和油污清理的相关责任。该法案还规定，逐步淘汰

图11.11　谁之过？

在美国水域中航行的单壳油轮，要求 2015 年前全部改用双壳油轮。目前，美国各港口均禁止单壳油轮驶入，欧洲国家（如法国和西班牙）禁止单壳油轮在距离海岸 320 千米范围内行驶。双壳油轮的船体包含两层壳体，外壳因意外而发生破损后，内壳可以有效防止石油泄漏。对搁浅和碰撞

图 11.12　纽卡蕾莎号货轮在俄勒冈州海岸外被点燃。1999 年，纽卡蕾莎号货轮在俄勒冈州库斯湾外的浅水近海搁浅，开始溢油。为防止更多石油泄漏到海中，政府授意点燃了这艘货轮

期间船体设计的研究表明，双壳设计在减少溢油方面更有效。但是，对埃克森·瓦尔迪兹号油轮溢油事件的分析表明，即使是双壳油轮也无法阻止灾难的发生。目前，为了限制船体破裂事件中的溢油量，油轮设计方案正在不断优化与完善。

　　1999 年 2 月，日本籍纽卡蕾莎号货轮（内燃机船）搁浅在俄勒冈州库斯湾近海海域，船上载有的近 150 万升焦油状燃料油开始从船体裂缝中不断向外渗漏。当这艘货轮冲入碎浪带时，面临着一场即将来临的风暴威胁，联邦政府和州政府决定点燃船只及其燃料，以避免发生更危险的石油泄漏事件（见图 11.12）。在美国海域中，这是首次为防止溢油而故意焚烧船上的石油。最终，这艘货轮断为两截，燃烧掉约半数的石油后，溢入海中的石油数量得到控制。1 个月后，美国海军用军舰将失事货轮拖离海岸，然后用鱼雷将其击沉入水下 3 千米深处，大部分剩余石油与失事船只一起沉入海底。

　　除了构成石油的化学物质，其他化合物（包括污水污泥）也被排放到海洋中。这些物质数量巨大，通常是造成海洋污染事件的罪魁祸首。下面讨论这些物质。

简要回顾

　　虽然交通事故及其他石油泄漏事件确实属于严重问题，但是自然渗漏和人类日常活动（如划船和开车）是石油进入海洋环境的更大来源。细菌等微生物能够自然生物降解海洋中的石油。

小测验 11.2　指出与石油污染有关的海洋环境问题

❶ 为什么许多海洋污染专家认为石油是海洋中危害最小的污染物之一？
❷ 讨论清理溢油采用的技术。为什么立刻开始清理非常重要？
❸ 描述全球最大的意外溢油事件和故意溢油事件。

11.3　哪些海洋环境问题与非石油化学污染有关？

　　除了石油，海洋化学污染还包括其他类型，如污水污泥、滴滴涕、多氯联苯、汞及药品（处方药和非处方药）所含的化学物质。本节具体介绍这些化学污染物，包括它们进入海洋的途径。

11.3.1　污水污泥

　　污水污泥（Sewage Sludge）是海洋化学污染的主要类型之一。在污水处理厂中，污水通常需要经过两级处理，一级处理分离固态物质和液态物质，二级处理加氯杀菌消毒。污水污泥是经过两级处理后残留的半固态有毒混合物，包含人类排泄物、石油、锌、铜、铅、银、汞、农药及其他化学物质。自 20 世纪 60 年代以来，至少 50 万吨污水污泥倾倒在南加州沿海水域（近海），超过 800 万吨污水污泥倾倒在纽约湾（长岛与新泽西海岸之间）。

　　虽然《1972 年清洁水法案》规定"从 1981 年开始，禁止向海洋中倾倒污水"，但是由于在陆

地上处置和降解污水污泥的费用高昂，许多城市都获得了延期豁免。但是，1988 年夏天，大量不可生物降解垃圾（包括医疗垃圾）可能受到暴雨影响，通过排水沟冲刷到大西洋沿岸海滩，严重威胁了当地的旅游业。这起事件与海上污水处理完全无关，但引发了社会公众对海洋污染的关注，促进了相关法案的顺利通过。

11.3.1.1 纽约污水污泥的海上处置

一直以来，纽约和费城的污水污泥都通过驳船运至近海，然后倾倒在纽约湾污泥处理场和费城污泥处理场的海洋中，处理场总面积约为 150 平方千米，如图 11.13 所示。

纽约湾污泥处理场的水深约为 29 米，费城污泥处理场的水深约为 40 米。在这种浅海水域，垂向水柱相对均匀，最小的污泥颗粒也会畅通无阻地下沉至海底，不会发生太多的水平运移，因此严重影响了污泥处理场的生态。有机物和无机物的浓度非常高，至少会严重干扰营养盐的化学循环。在某些海域，物种多样性大大降低，藻类泛滥成灾，溶解氧降至极低水平。在溶解氧浓度极低的海水中，容易形成缺氧环境，海洋生物很难存活，详见第 13 章。

图 11.13 大西洋污水污泥处理场。1986 年以前，每年超过 800 万吨污水污泥通过驳船运至近海，倾倒在纽约湾污泥处理场（1 和 2）和费城污泥处理场（3）；1986 年后，倾倒地点转移至 171 千米处理场（4），其面积更大，水深更深

1986 年，浅海水域的污泥处理场被废弃，污水污泥随后被运往距岸 171 千米远的深海水域，如图 11.13 所示。深水处理场位于大陆架断裂带外，通常存在发育良好的密度梯度（密度跃层），将低密度表层暖水与高密度深层冷水分隔开来。在沿此密度梯度移动的“内波”的裹挟下，污泥颗粒的水平运移速度要比垂直下沉速度快 100 倍。

深水处理场刚启用不久，当地渔民就反映捕捞活动受到了不利影响。另外，还有人关心在墨西哥湾流的涡流助推下（见第 7 章），污水污泥很可能运移至非常遥远的地方，最远甚至可能抵达英国海岸。这项计划于 1993 年终止，市政当局现在必须在陆地上处理污水污泥。

11.3.1.2 波士顿港污水处理项目

20 世纪 80 年代以前，在美国的大波士顿地区，48 个不同社区使用陈旧的污水处理系统，在波士顿港的入海口处，大量倾倒污泥和污水（部分经过处理）。潮汐海流常将污水冲回海湾，当污水处理系统超负荷运转时，未经处理的污水还会直接排入海湾，使得波士顿港成为美国污染最严重的海湾之一。

20 世纪 80 年代，法院强制要求对波士顿港进行清理，当地政府于是在鹿岛建造了新的污水处理厂，并于 1998 年正式投入使用。新污水处理厂采用杀菌氯来处理所有污水，然后通过一条 15.3 千米长的排污管，将消毒后的污水排放至深水海域（见图 11.14a），成功阻止了污水向海湾回流。波士顿港的清理工作卓有成效，海滩重新向公众开放，蚌蛤捕拾者又开始采挖，海洋生物（如斑海豹、海豚甚至鲸）重返港湾。不过，为了偿付建造污水处理系统花费的 38 亿美元，波士顿地区每户家庭的年均排污费增至 1200 美元左右（比以前高 5 倍）。

这个项目虽然好处不少，但是遭到了部分人士的强烈反对，他们担心其会影响科德角湾和斯泰尔瓦根浅滩的环境，这两个海域是鲸的重要栖息地（见图11.14b）。1992年，即新污水处理系统投入使用6年前，该区域被划定为美国国家海洋保护区，污水的倾倒数量受到严格限制。

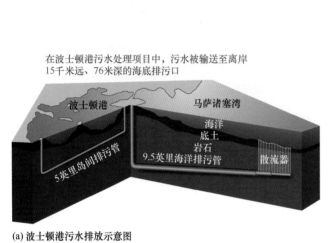

(a) 波士顿港污水排放示意图

(b) 波士顿-科德角区域近海海水深图，显示了新排污口（红×）与斯泰尔瓦根浅滩国家海洋保护区之间的距离

图 11.14　波士顿港污水处理项目。(a)波士顿港污水处理项目管网示意图；(b)排污口区域地图

11.3.2　滴滴涕和多氯联苯

目前，在整个海洋环境中，广泛分布着滴滴涕（DDT）和多氯联苯（PCB）。这两种化学物质完全由人类活动而进入海洋，具有生物活性且能长期驻留在环境中。由于具有毒性、持久性和食物链富集性等特征，容易引发癌症、先天性缺陷及其他严重危害，人们将这些化学物质（与其他化学物质一起）归类为持久性有机污染物（POP）。

20世纪50年代，DDT曾经广泛应用于全球农业领域，数十年来，为大量发展中国家的农作物增产做出了一定的贡献。但是，由于具有高效杀虫性和环境毒素持久性等特征，最终引发了许多环境问题，包括对海洋食物链产生了灾难性影响。1962年，在生物学家蕾切尔·卡逊出版的著作《寂静的春天》中，讲述了滴滴涕及其他化学物质带来的环境危害。在环境保护运动中，这本书发挥了重要作用，美国随后于1972年全面禁用了滴滴涕。

多氯联苯是一种工业化学物质，曾广泛用作工业设备（如电力变压器）中的液体冷却剂和隔热材料，并通过这条途径进入周围环境。多氯联苯广泛用于各种工业产品的制造过程，如电线、油漆、填缝料、液压油、无碳复写纸及其他产品。实际检验证实，多氯联苯不仅会导致人类患上肝癌，而且会诱发动物体内发生有害基因突变，还会影响动物的繁殖活动（如造成佛罗里达州埃斯坎比亚湾的海狮流产和海虾死亡）。

11.3.2.1　滴滴涕和蛋壳

自1972年以来，美国环保署（EPA）禁止任何人在美国境内使用滴滴涕。在全球范围内，这种杀虫剂禁用于农业领域，但限量用于公共卫生目标，因此有些美国公司仍在生产并供应给其他国家。

过量使用滴滴涕及类似杀虫剂时，对海洋环境产生的危害首先体现为"影响海鸟数量"。

20 世纪 60 年代，在南加州的阿纳卡帕岛上，褐鹈鹕数量严重下降，如图 11.15 所示。由于这些海鸟捕食的鱼类中含有高浓度滴滴涕，钙质很难融入鸟蛋的蛋壳，所以蛋壳非常薄。

鱼鹰是一种猛禽，类似于大型老鹰，常见于沿海水域（近海）。从 20 世纪 50 年代末至 60 年代，由于受到滴滴涕的影响而导致蛋壳变薄，长岛湾的鱼鹰数量明显减少。滴滴涕遭到禁用后，鱼鹰、褐鹈鹕及其他许多受影响物种的数量明显回升。

11.3.2.2 残留在环境中的滴滴涕和多氯联苯

滴滴涕 1972 年遭到禁用，多氯联苯 1977 年遭到禁用，这两种化学物质一般通过大气和河流径流进入海洋，最初富集在海洋表面的薄层有机化学物质中，然后附着在下沉颗粒物上并逐渐沉入海底。科学研究发现，在苏格兰近海海域，滴滴涕的浓度为开阔大洋的 10 倍，多氯联苯的浓度为开阔大洋的 12 倍。长期研究表明，在美国海岸沿线的软体动物体内，滴滴涕的残留量在 1968 年达到峰值。

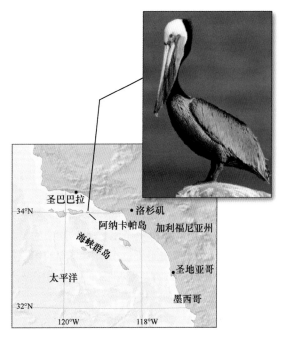

图 11.15 褐鹈鹕的生存受到滴滴涕的威胁。在南加州的阿纳卡帕岛附近，褐鹈鹕体内含有高浓度滴滴涕，导致蛋壳变薄。滴滴涕遭到禁用后，健康鹈鹕又回到了这些水域

虽然大多数国家都禁用了滴滴涕和多氯联苯，但是这两种物质在海洋环境中非常普遍，甚至南极海洋生物体内也含有可测定的数量。南极洲不存在农业（或工业）等直接输入途径，它们一定是由海风及海流从远方搬运而来的。

常见问题 11.3　为什么有些组织要取消滴滴涕禁令？

滴滴涕是能够杀死蚊子（可传播疟疾）的最有效及最容易获得的杀虫剂，因此当 1972 年滴滴涕遭到禁用后，全球疟疾的爆发率急剧增加。根据世界卫生组织的相关数据，全球每年感染疟疾的人数高达 2 亿人（主要位于热带地区），致死人数高达 45 万人（每 2 分钟至少 1 名儿童死亡）。此外，在全球范围内，抗药性疟疾菌株开始出现。虽然有充分证据证明滴滴涕对环境具有负面影响，但是由于可怕的疟疾死灰复燃，许多健康机构不断呼吁放宽滴滴涕禁令，以便可以选择性地将其喷洒在疟疾高发地区（如热带非洲和印度尼西亚）的房顶上。在雄心勃勃的全球疟疾行动计划中，人们想要通过研制疫苗、使用蚊帐、服用药物（治疗疟疾）及喷洒滴滴涕等方法，实现疟疾感染人员零死亡。

11.3.3 汞与水俣病

金属元素汞（Mercury）是一种银色金属，常温下呈液态（较为罕见的金属属性），具有许多工业用途，如工业化学品制造、电气与电子应用及荧光照明等，是一种非常有用的物质。

海洋中的汞来自哪里？小部分来自自然界（如火山喷发和富汞岩石浸出），大部分（约 2/3）来自人类活动，最大来源是燃烧化石燃料（特别是煤）。燃烧化石燃料时，汞首先释放到大气中，然后通过降水和河流径流进入海洋。人们有时会将含汞工业废水直接排入河流或海洋，汞电池也存在不当处置问题。实际上，科学研究证实，自工业革命以来，海洋中的汞含量增加了 6 倍。

即便汞排放的数量非常大，通常也不会对人类健康构成重大威胁。但是，如果汞在低氧环境

中被细菌转化为甲基汞（一种神经毒素），然后向浮游植物扩散，最终越积越多并进入海洋食物链，那么当人们接触或误服甲基汞时，就会对身体健康造成极大的危害。

11.3.3.1 水俣病

1938 年，日本在水俣湾建造了一家生产乙醛的化工厂，生产过程中需要添加汞。含有甲基汞的工业废水排入水俣湾，这种有毒化学物质随后被摄入并富集在海洋生物（如鱼类和贝类）体内。1950 年，人们首次发现并报告了水俣湾的生态变化；1953 年，汞对附近居民身体健康的影响引发了公众的关注；1956 年，在化工厂建成的第 18 个年头，水俣病（Minamata Disease）开始流行。

水俣病是一种神经退行性疾病，主要影响人类神经系统，引发人体感觉障碍，包括失明、眼球震颤、脑损伤、先天性缺陷、瘫痪甚至死亡。这次汞中毒是由海洋污染引发的首次人类重大灾难，但是日本政府直到 1968 年才宣布这种疾病的致病原因是汞中毒，化工厂随后立即关闭。1969 年，超过 100 人患上了水俣病，其中约半数死亡（见图 11.16）。

1965 年，日本关闭了位于新泻北部的第二家乙醛工厂，证据显示，该工厂向海湾排放了类似的甲基汞，且同样毒害了那里的居民。由于从水俣湾事件中吸取了许多教训，对新泻水俣病的病因调查更加顺畅。

截至 2001 年，日本官方正式确认了 2265 名水俣病受害者，其中 1784 人死亡。如今，水俣湾的甲基汞含量不是非常高，说明在经历了足够长的时间后，汞已在海洋环境中充分扩散。

11.3.3.2 生物累积和生物放大

20 世纪六七十年代，海产品中的甲基汞污染受到极大关注。某些海洋生物会摄取海水中的较低含量物质，并在体内不断富集，这个过程称为生物累积（Bioaccumulation）。在动物的食物链中，某些物质（包括有毒化学物质）沿食物链向上移动，最后集中在较大的动物体内，这个过程称为生物放大（Biomagnification），如图 11.17 所示。由于海洋中的汞含量一直增加，有些海产品（如金枪鱼和剑鱼）体内的汞含量非常高。

图 11.16　一位母亲怀抱着水俣病受害儿童。摄入或接触有毒金属汞时，可能会诱发水俣病

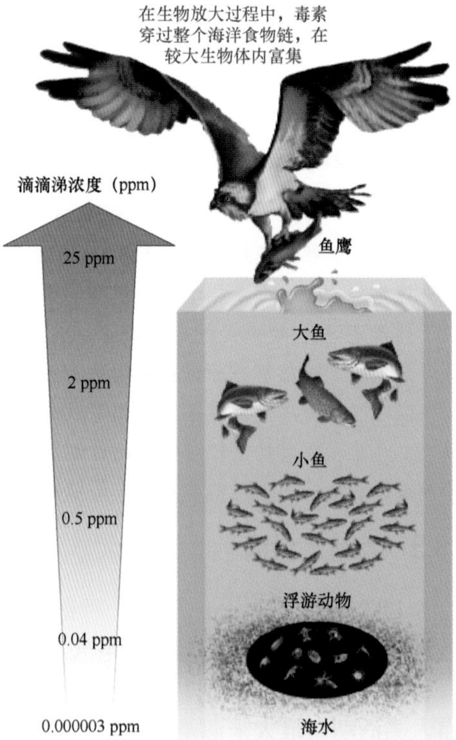

图 11.17　生物放大如何将毒素集中在高层级生物中

在生物放大链的每一步中，滴滴涕的浓度放大多少倍？

11.3.3.3 最高含汞量为多少的海鲜可以安全食用？

通过研究各种人群的海鲜消费数量，目前已经确定了可上市销售鱼类体内甲基汞含量的安全上限。注意，大多数动物能够快速消除汞元素，因此不会造成甲基汞那样的威胁。为了确定这些安全上限，人们需要考虑三个可变因素：

1. 各组人群食用鱼类的速率（每日食用量）。
2. 各组人群所食用鱼类的甲基汞含量。
3. 甲基汞诱发疾病症状的最低摄入速率。

综合考虑这三种可变因素，即可确定甲基汞的最大允许含量。只要确保各项指标不超过建议值，就可免遭汞中毒的侵扰。

图 11.18 以美国、瑞典和日本为例（包括水俣湾渔业区），显示了人们罹患水俣病的相对风险。从图中可以看出，随着鱼类消费量的增多，风险不断增大，且鱼体内的甲基汞含量越高，风险就越大。

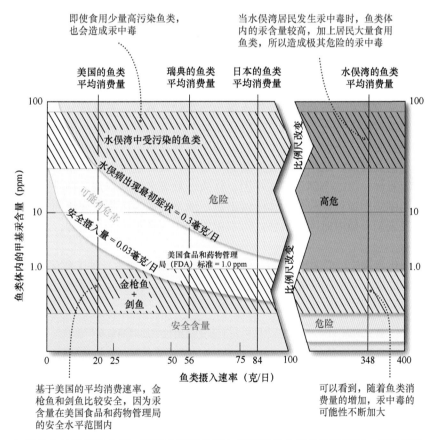

图 11.18　鱼类体内的甲基汞含量、不同人群的鱼摄入速率及汞中毒的危险级别。基于美国、瑞典和日本人食用鱼类的数量和鱼类体内含有的有毒甲基汞含量，显示了罹患水俣病的相对风险。如图所示，大量食用含有高含量汞的鱼类时，可能会极大地增加汞中毒风险（右上）；在美国的平均消费速率下，金枪鱼和大多数剑鱼比较安全（左下）。美国人平均每天食用鱼类 17 克，远低于鱼类的典型食用量（170 克）

❶ 每天要吃多少克金枪鱼和/或剑鱼，才能摄入可能有害含量的汞？假设这两种鱼都符合美国食品和
药物管理局的汞含量标准（1.0ppm）。

❷ 上题的答案大致相当于每天吃多少份金枪鱼和/或剑鱼？

图 11.18 是非常复杂的图表，显示了鱼类体内的甲基汞含量、各种人群的鱼类摄入速率及汞中
毒的危险级别。科学家们已经证实，可能造成甲基汞中毒的最低摄入量为 0.3 毫克/天。为稳妥起
见，采用了 10 倍安全系数，将甲基汞的安全摄入水平确定为 0.03 毫克/天。如图所示，鱼类（尤
其是受到汞污染的鱼类）的摄入量越高，出现汞中毒症状的可能性就越大。例如，若大量食用体内
汞含量极高的鱼类（如水俣湾中的鱼），就会面临极大的汞中毒风险。美国人平均每天吃鱼 17 克，
按照这种速率，当鱼类体内的甲基汞含量超过 20ppm 时，才会首次出现汞中毒症状，而摄入鱼类
的安全甲基汞含量为 2.0ppm。

基于鱼类体内甲基汞含量的美国安全摄入量（2.0ppm），美国食品和药物管理局（FDA）将安全
系数提高了 1 倍，将鱼类的甲基汞含量上限确定为 1.0ppm。基于消费速率，这种限制充分保护了美
国公民的身体健康，因为基本上所有金枪鱼和大多数剑鱼体内的甲基汞含量都低于这个数值。虽然
如此，美国食品和药物管理局仍在 2001 年发布了一份公告，建议相关人员（如孕妇、育龄妇女、哺
乳期母亲及幼儿）避免食用甲基汞含量可能较高的某些鱼类（如剑鱼、鲨鱼、鲭鱼和方头鱼）。

如图 11.18 所示，对于瑞典人和日本人来说，由于吃鱼较多，鱼体内甲基汞含量的安全上限相
应较低。对于水俣湾居民来说，大量食用来自水俣湾中的高污染鱼类时，极易发生汞中毒。

11.3.4 其他类型的化学污染物

非处方药、处方药和非法药物都会进入城市污水处理系统，系统可分离固态物质，但无法
去除处理后水中溶解的全部化学物质。这些化学物质随液态废物流进入海洋，但是通常浓度很
低。第一个例子是激素，不仅人类使用的处方药中包含激素，人类自身也能自然产生激素，经
过污水处理系统的处理后，这些激素会排放到环境中，最终进入海洋。畜牧业经常使用激素，
最终也可能冲入海洋。第二个例子是咖啡因，作为一种著名的兴奋剂，咖啡因广泛存在于各种
流行饮料中。当咖啡因通过尿液从人体中排出后，通常会成为废物处理流的一部分，最终进入
海洋。科学研究表明，随着时间的推移，污水中的咖啡因含量一直在增加，对海洋生物存在着
程度未知的影响。

此外，工业化学物质可能通过陆地径流进入海洋。例如，作为一种工业化学物质，化肥可播
撒在草坪上以促进草的生长。当这些化肥被冲出陆地并进入近海后，通常会造成藻类过剩，形成
有害藻华（HAB），详见第 13 章。

常见问题 11.4 日本福岛核电站泄漏的放射性物质对海鱼有何影响？

2011 年，在一场毁灭性海啸的影响下，由于冷却系统出现严重故障，日本福岛第一核电站发生了爆炸事
故，向周围的大气、地下水及海洋中泄漏了大量放射性物质。虽然海洋广阔无垠，并且还有很好的混合机制
来稀释放射性物质，但来自福岛的部分放射性物质（铯和碘）已经随海流扩散开来，随后甚至在北美洲西海
岸水域中检测到踪迹。但是，放射性物质的含量非常小，不至于对人类健康造成较大的危害。总体来说，对
于在日本陆地污染区域生活及工作的人来说，仍然面临着更大的人体辐射问题。

在福岛附近的海洋中，海洋生物遭到了最高剂量的放射性物质污染，因此这些区域的商业捕鱼被关闭。
但是，当大型远洋鱼类食用被污染生物后，可能会生物放大放射性物质，并将这些物质携带至整个海洋中。
例如，在加州圣迭戈附近海域与日本附近海域之间，太平洋蓝鳍金枪鱼往复迁徙，体内发现了来自福岛的微
量放射性物质铯（见生物特征 11.1）。即便如此，这些鱼也被视为安全可食用的。通过概率统计研究，海洋化

学家们认为，如果每人每天大量吃鱼（为美国人平均食用量的 5 倍），并且只吃受到污染的鱼，最终受到辐射并致癌的人数只会增加千万分之二。因此，食用受污染鱼类对人体健康的危害性极小，这种风险甚至比摄入钋-210 还要低数百倍。钋-210 是自然界中存在的一种放射性元素，广泛存在于海产品中，但是含量极微，所以大多数人并不担心。

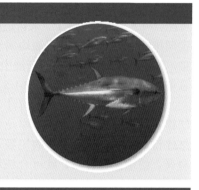
11.4　哪些海洋环境问题与非点源污染有关？

　　通过有意或无意的各种行为，人类还将大量垃圾及其他不需要的物质排放到海洋中。本节介绍这些物质有哪些、如何进入海洋及其引发的各种环境问题。

11.4.1　非点源污染和垃圾

　　非点源污染（Non-Point Source Pollution）也称有毒径流（Poison Runoff），指从多种来源进入海洋的任何类型污染，而非从单一来源、点或地点进入海洋的污染。在大多数城市中，非点源污染从排水沟经河流径流进入海洋，目前通往海洋的许多排水沟以标签进行标识，如图 11.19 所示。按照美国国家科学院的估算，每年约有 580 万吨杂物进入全球海洋。

图 11.19　标记通往海洋的排水沟。许多人认为排水沟中的水应由污水处理厂负责处理，但是进入排水沟的任何物质最终都会直接流入河流或海洋

　　与人们的普遍预期相反，在进入河流或者直接排入海洋前，排水沟中的污水（及其他任何物质）目前未经任何处理。污水处理厂需要处理大量垃圾，但不包括来自排水沟中的污水，所以排水沟倾废监管非常重要。例如，有些人会将废机油排入排水沟，认为污水处理厂会对其进行处理。根据经验来看，对于不希望直接排入海洋的东西，千万不要放入排水沟。

由于非点源污染来自许多不同地点，所以虽然污染原因可能非常明显，但是精确找到具体来源仍然相当困难。例如，垃圾通过排水沟流入海洋，然后回流至海滩上，如图 11.20 所示。此外，下雨时，农药、化肥和机动车燃油可能会流入海洋。实际上，来自道路的燃油和定期排放但处置不当的石油均属于非点源污染，在每年流入美国海域的石油中，这些石油总量为深水地平线溢油数量的 1.5 倍。

垃圾还会因倾废而进入海洋。根据现行法律，只要倾废地点距离海岸足够远，或者磨碎得足够小，某些类型的垃圾（如玻璃、金属、纺织品和食品）就可合法地倒入海洋（见图 11.21）。在大多数情况下，这种物质会下沉或生物降解，不会堆积在海洋表面。但是，塑料除外。

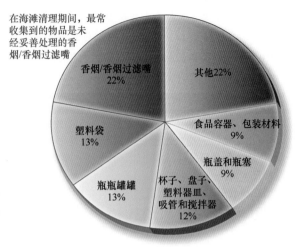

在海滩清理期间，最常收集到的物品是未经妥善处理的香烟/香烟过滤嘴

图 11.20　海滩清理期间收集的常见物品。在每天清理海滩收集的垃圾中，多数是人们随意丢弃的一次性用品

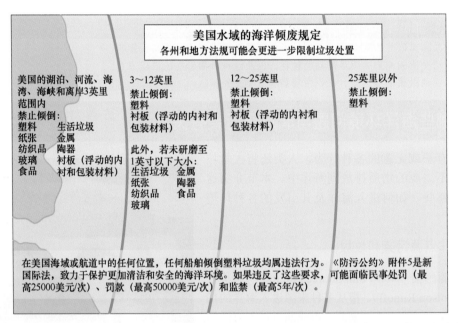

图 11.21　国际法制约美国水域的海洋倾废。只要是磨碎得足够小的非塑料垃圾，均可合法地倒入海洋。实际上，塑料是不能在海洋中任何位置倾废的唯一物质

探索数据

在离岸 40 千米外，不能合法倾倒在海上的物质是什么？为什么对这种物质的监管如此严格？

11.4.2　海洋垃圾：塑料

在全球范围内，海洋垃圾绝大多数是塑料。在海洋垃圾中，约 80% 来自陆地，大部分是塑料。塑料进入海洋后，不易发生生物降解，通常只能漂浮在海面上，如图 11.22 所示。因此，塑料几乎能够永久驻留在海洋环境中，通过各种方式（如缠绕和吞食）影响海洋生物。实际上，目前有记

录的塑料垃圾案例比比皆是，例如在六罐塑料环或打包带等塑料垃圾的困扰下，大量鱼类、海洋哺乳动物和海鸟死亡或严重受困（见图11.23a和b）。许多海鸟吞食了太多漂浮的塑料垃圾，这些垃圾填满了鸟胃却无法消化，造成海鸟饥饿至死（见图11.23c）。许多海洋动物因误食塑料垃圾而死亡，海龟是最常见的悲剧主角。海龟一般以水母及其他浮游生物为主要食物来源，显然将漂浮在海面的塑料袋误判为水母或透明度较高的其他浮游生物，从而误食并死亡。相关报告称，曾经缠绕或吞食塑料垃圾的海洋动物高达700余种，其中部分为濒危动物。塑料垃圾还有一个事关人

图11.22 漂浮的塑料垃圾。塑料垃圾进入海洋后，通常漂浮在海面上，不容易生物降解

类健康的重大问题：食用鱼类等海洋生物时，海洋生物摄入的塑料会影响人类的身体健康吗？目前，研究人员正在研究各种海洋生物摄入塑料产生的影响，以了解海洋解塑料垃圾传回人类体内的途径。

但是，海洋中的塑料污染无处不在，缠绕和吞食不是最严重的问题。研究人员最近发现，漂浮的塑料碎片对非水溶性有毒化合物有较高的亲和力，特别是滴滴涕、多氯联苯及其他油性污染物。结果，部分塑料碎片积聚的毒素含量极高，相当于该毒素在海水中含量的100万倍。海洋生物吞食有毒塑料碎片后，体内就会积聚大量有毒物质。

虽然塑料是禁止在海洋中任何位置倾倒的少数物质之一（见图11.21），但是由于其特性和用途广泛，其在海洋环境中的数量日益增多。

11.4.2.1 塑料简史

1862年，人造塑料制品首次亮相于伦敦国际展览会。第二次世界大战开始后，由于橡胶及其他材料极度短缺，人们对替代产品产生

(a) 在雌性北象海豹的颈部，紧紧缠绕着塑料打包带

(b) 被六罐塑料环缠住的银鸥

(c) 来自夏威夷岛链西北部中途岛的一只黑背信天翁幼鸟，由于胃里充满了漂浮的塑料垃圾（右）而死亡，这些垃圾包括打火机、瓶盖、电连接器以及父母无意之中喂食的其他东西

图11.23 漂浮塑料垃圾危害海洋生物的具体案例

了巨大需求，塑料的商业化发展开始突飞猛进。由于重量轻、坚固耐用且价格低廉，因此与由其他材料制成的产品相比，塑料制品在很多方面具有非常明显的优势。20世纪70年代，塑料制品进入人类生活中的各个领域，大到飞机零部件，小到衣物拉链，如图11.24所示。例如，人们穿戴塑料衣物和饰品，采用塑料用具烹饪和饮食，驾驶或乘坐塑料车辆，甚至体内还可能安装人造塑料器官。此外，通过使用安全气囊、保温箱以及安全设备（如头盔）等，塑料每天都在拯救人类的生命；塑料瓶能够向有需求者提供清洁饮用水，这是塑料最有用的应用之一；一次性塑料制品方便高效，因此十分流行。

图 11.24 塑料制品示例。塑料可制造各种日用品，大到飞机零部件，小到衣物拉链。许多塑料制品为一次性用品，很快会被当作垃圾丢弃

人们曾经认为塑料是一种非常神奇的物质，但是现在发现这种物质还存在若干缺点。由于塑料垃圾的数量极大，陆基固体废物处理系统的处理能力面临着巨大的挑战。目前，在海洋的漂浮垃圾（陆源或海源）中，塑料制品日益增多。遗憾的是，塑料的优点恰好也成为其缺点，在释放到海洋环境中后，一般具有较长时间的持续破坏性：

- 重量轻，可漂浮并集中在海洋表面。
- 强度大，可缠绕海洋生物。
- 持久性强，不容易生物降解，几乎能够永远存续。
- 价格低廉，可大批量生产，用途极为广泛。

常见问题 11.6 生物降解塑料的效果如何？

遗憾的是，生物降解塑料不起作用，至少目前毫无效果。理论上讲，含有可生物降解添加剂（如植物纤维素）的塑料应该更易降解，但材料科学专家称事实并非如此。研究人员将塑料袋与最先进的添加剂（声称能分解塑料）相混合，然后对这些材料执行三种最常见的生物降解过程，即堆肥、填埋和掩埋。三年后，经回收并分析全部样品，发现无论是否添加可生物降解添加剂，生物降解效果无明显差异。该项研究成果认为，对于添加了可生物降解添加剂的塑料来说，至少要几十年后才能生物降解。虽然如此，研究人员仍在继续寻找塑料袋处理问题的解决方案。

11.4.2.2 海洋环境中的塑料胶粒

当前，几乎所有塑料制品均由称为胶粒/塑料球（Nurdles）的预生产塑料小颗粒制成，这种胶粒的大小不等（从黑豆到豌豆大小），如图 11.25 所示。胶粒通过商业船只散装运输，可能在装卸货码头发生泄漏，在整个海洋中均有发现。

由于海洋表层流将塑料向岸冲刷，因此在大多数海滩甚至偏远区域，均会发现塑料胶粒及其他垃圾。例如，通过研究保存完好的海滩垃圾相关文献，针对加利福尼亚州奥兰治县的某些航道沿线，研究人员仔细计算了尺寸大于大头针平头的所有垃圾碎片。基于 6 周采样期间收集的数据，研究人员预测奥兰治县各海滩平均每年输入惊人的 1.069 亿块碎片，其中 98%（1.052 亿）为塑料胶粒。其他研究显示，在百慕大地区的某些海滩上，每平方米可容纳 10000 颗塑料胶粒；在马萨诸塞州玛莎葡萄园的某些海滩上，每平方米可容纳 16000 颗塑料胶粒。

图 11.25 海滩上发现的塑料颗粒（胶粒）。在南加州的海滩上，人们发现了这些预生产塑料胶粒。在所有海洋、海滩甚至偏远区域，漂浮的胶粒均有发现

11.4.2.3 微塑料

在人类的医疗保健品及其他应用中，生成的微小塑料碎片不断输入海洋，这种现象越来越受

到人们的关注。这些微塑料（Microplastics）或塑料微粒（Microbeads）是直径为 1～5 毫米的微小塑料颗粒，如图 11.26 所示。这些塑料微粒可用作清洁剂和洗涤剂，主要用于生产手部清洁剂、去角质面部磨砂膏和牙膏等产品，亦可用于工业过程（如鼓风技术）中。在某些化妆品中，与直接放入容器中的塑料数量相比，合并在一起的微塑料中含有更多塑料！由于尺寸微小，微塑料可以通过陆地径流进入海洋，或者冲入下水道，然后通过废水处理厂原封不动地运输。实际上，科学研究表明，自 20 世纪 70 年代以来，海洋中的微塑料数量增加了 100 多倍。微塑料能够输送污染物并被鱼类吃掉，因此环保组织现在提倡全面禁用含有微塑料的产品。

图 11.26 微塑料。塑料微粒可用作清洁剂和洗涤剂，主要用于生产个人卫生用品（如手部清洁剂、面部磨砂膏）

随着时间的推移，微塑料也会生成尺寸较大的塑料碎片。科学研究表明，在漂浮塑料的光降解过程中，阳光将其分解为逐渐变小的碎片，从而促进所有类型海洋生物（特别是构成海洋食物网中较低层级的微生物）对塑料的摄取。

目前，海洋中的微塑料数量研究尚处于起步阶段。2014 年，科学家们开展了一项研究，通过拖曳在研究船后面的细网，捕捞粒径小于 5 毫米的塑料颗粒。基于研究结果，研究人员估算太平洋中至少含有 21000 吨漂浮的微塑料碎片。此外，人们在北极海冰中也发现了微塑料。

常见问题 11.7 最近是否真的发现了能够生物降解某些类型塑料的微生物？

确实如此，具体发现地点是日本某塑料瓶回收设施外侧！2016 年，研究人员分析了土壤、废水和回收工厂污泥中的细菌样本，这些样本都被聚对苯二甲酸乙二醇酯（PET）污染。这是一种坚硬且非常稳定的塑料纤维，也是涤纶服装和一次性塑料瓶的主要成分。研究人员预感可能会在垃圾中找到具备消化 PET 能力的微生物，随后成功发现了一种细菌（包含能够分解 PET 的一种酶），并将其命名为 Ideonella Sakaiensis（佐井德昂菌）。在研究这种新的酶时，科学家们改变了它的结构，结果令人非常惊喜，不经意间使这种酶的降解塑料能力更加出色。或许在未来的某一天，生物工程酶可以帮助人类分解和回收 PET 塑料，但这并不能成为每年丢弃大量塑料瓶的理由，尽量避免使用一次性塑料容器仍然值得提倡。

11.4.2.4 海洋中的塑料问题

最近，在开阔大洋中（特别是五大副热带流涡的中心部位），海洋学家们观测并记录了大量漂浮塑料垃圾，发现积聚的数量规模前所未有。这些流涡远离人口中心区域，旋转缓慢，造成漂浮垃圾在平静中心周围积聚。从北极的海冰到南极附近的遥远水域，从表层海水到海底沉积物，从曾经纯净的珊瑚礁到偏远的无人居住岛屿，在观察过的所有海洋环境中，科学家们都发现了塑料。实际上，在太平洋海沟中生活的微小海洋生物的胃中，科学家们同样发现了塑料。在实际生活中，对于科学考察船和渔船来说，部署的各种设备常被各种塑料垃圾缠住。显然，外部输入的塑料垃圾对海洋环境的影响非常大。

目前，漂浮塑料垃圾的数量规模巨大，部分海洋生物群体甚至将其作为开阔大洋中的家园。例如，微生物利用这些垃圾作为漂浮平台，鱼类利用漂浮垃圾作为保护伞。从严格意义上讲，塑料正在开始改变海洋生态系统的构成。例如，海龟（Halobates Sericeus）在开阔大洋中的漂浮物上产卵，随着漂浮垃圾数量的增加，海龟卵也越来越多，但是可能会被螃蟹、鱼和海鸟吃掉。

现在，塑料的相关事实和数字都非常惊人，甚至达到了人们很难理解的程度。例如，半数塑料制品生产于最近 15 年；塑料袋的全球年均用量高达 1 万亿个，但是平均使用时间仅为 15 分钟；每年约有 820 万吨塑料流入海洋；塑料在环境中的寿命较长；科学研究表明，海洋塑料颗粒比 40 年前增加了 100 倍；2014 年，据研究人员报告称，重达 27 万吨左右的大量塑料碎片漂浮在海洋中，总量超过 5.25 万亿个。令人惊掉下巴的是，这个数字还不到全球塑料年产量的 1%。因此，实事求是地讲，若非以某种方式被清除，海洋中的漂浮塑料垃圾应该更多。

这些漂浮塑料垃圾都去哪儿了？海洋污染专家们一致认为，部分由海洋表层流运动冲上各个海滩，部分被海洋动物吞食，部分由海洋生物结成硬壳而沉入海底。实际上，最新研究表明，塑料垃圾遍布整个海底，甚至可见于马里亚纳海沟。但是，漂浮塑料垃圾大多只是简单地驻留在海面，然后不断地分解成更小的碎片。通过对这些漂浮塑料碎片进行显微镜检查，科学家们发现它们是众多海洋细菌的宿主，这些细菌会将塑料进一步分解成为更小的碎片。

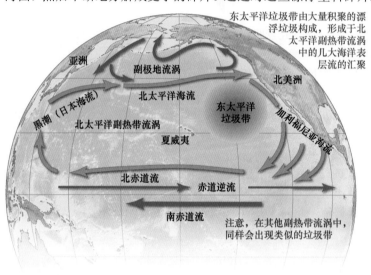

东太平洋垃圾带由大量积聚的漂浮垃圾构成，形成于北太平洋副热带流涡中的几大海洋表层流的汇聚

注意，在其他副热带流涡中，同样会出现类似的垃圾带

图 11.27　位于夏威夷与北美洲西海岸之间的东太平洋垃圾带

此外，在全球所有海洋中，海洋学家们均发现了大量垃圾漂浮区域。科学研究表明，在这些区域的表层海水中，塑料碎片的数量至少为海洋浮游生物的 6 倍。这些区域位于全球五大副热带流涡（见第 7 章）的中心附近，垃圾受困于面积较大但相对平静的区域（由若干主要海洋表层流汇聚而成）中。在这些区域中，**东太平洋垃圾带**（Eastern Pacific Garbage Patch）的研究程度最高，如图 11.27 所示。相关报告称，该垃圾带的面积约为得克萨斯州的 2 倍；2018 年的一份报告称，该垃圾带至少包含 7.9 万吨垃圾和约 1.8 万亿块漂浮海洋塑料碎片，大部分为粒度极小的颗粒。

常见问题 11.8　垃圾带是什么样的？从太空中是否能够看到？应当如何清理？

界定垃圾带的规模时，主要问题之一是缺少确定性边界，因此无法准确估算其大小。与许多人想象的相反，垃圾带并不是漂浮的垃圾岛屿。由于大部分塑料碎片只有指甲盖大小或更小，所以从船上很难看到垃圾带，更不用说在太空中。实际上，为了确定垃圾带是否存在，海洋学家们通常采用细网进行拖网。在可视化垃圾带时，还有一种更好的方式：在一碗假想的稀薄肉汤中，漂浮着一些散开的塑料碎片。

清除漂浮垃圾并不像听起来那么容易，一是因为垃圾的分布非常不均匀，二是因为需要收集分散在大片区域内的大量小碎片，收集全部垃圾需要整个垃圾船队（由多艘船只组成）连续工作多年。即使收集了大量漂浮垃圾，对于全部垃圾尤其是无法回收的部分，上岸后应该如何处理呢？当然，还有一个更大的问题不容忽视，即细网在撒去海面漂浮垃圾的同时，也会清除海洋食物网中非常重要的浮游生物。目前，最好的办法似乎还是不要将垃圾排入海洋，尤其需要控制住首个入海区域。

11.4.2.5　减少海洋中的塑料数量

如何限制海洋环境中的塑料数量呢？首先应减少使用一次性塑料制品、回收塑料材质及妥善处理塑料垃圾（包括不向海洋中倾倒任何塑料）等。目前，美国的塑料瓶回收利用率低于 10%，其他许多国家甚至更低。最近，美国近 200 个市或县发布了禁令，禁止使用一次性塑料袋和聚苯乙烯（泡沫塑料）外卖包装盒，并在各自管辖范围内加大了监管力度。2014 年，加利福尼亚州成为美国首个立法禁止使用塑料购物袋的州，其他许多州随后纷纷效仿。目前，在全球范围内，30 多个国家明令禁止使用一次性塑料购物袋，包括中国、澳大利亚、法国、英国、意大利、南非、坦桑尼亚、肯尼亚、卢旺达和孟加拉国等。此外，"海滩清理"计划负责清除海滩上数量惊人的垃圾，参见图 11.1、图 11.20 和图 11B。2017 年，193 个国家（包括美国）签署了一项名为《清洁海洋》的联合国决议。这项法规不具有强制性，但签署国誓言消除海洋中的塑料污染，并且确立了解决塑料污染问题的优先级。在减少海洋环境中的塑料数量方面，所有这些措施都将发挥相应的作用。

20 世纪 80 年代，人们越来越关注漂浮垃圾，特别是纽约附近的部分海滩被迫关闭（出现注射器及其他医疗垃圾）后，促使全球各国加强协作来解决这个问题。1988 年，《国际防止船舶造成污染公约》规定：禁止向海洋中倾倒所有塑料，严格控制向海洋中倾倒大多数其他垃圾，如图 11.21 所示。截至 2005 年，全球共计 122 个国家批准了该公约。相关研究表明，该公约的应用成效显著，不仅降低了海洋中的垃圾数量，而且减少了某些海域的废弃渔网缠绕，阿拉斯加和加利福尼亚附近海域最明显。但是，在诸如南大洋、南大西洋和夏威夷群岛等地，塑料污染状况并未得到改善。与其他许多国际条约类似，该公约的实施远远落后于计划。在公约的一个附件中，明确要求已签署条约的国家提供岸上设施，方便相关船只处理垃圾。但是，许多发展中国家未能提供这些设施，因此即便船长和货主们愿意遵守该公约，实际操作的难度也相当大。

简要回顾

虽然有些塑料会被冲到海滩上，但绝大多数塑料不会离开海洋，而是逐渐分解成更小的碎片，以渐进方式从较低层级位置进入海洋食物网。

小测验 11.4　指出与非点源污染有关的海洋环境问题

❶ 什么是非点源污染？它是如何进入海洋的？垃圾还有哪些入海途径？

❷ 塑料因具有哪些属性才被视为一种神奇物质？

11.5　个人能够为防止海洋污染做些什么事情？

如本章前面所述，纵贯古今，海洋一直是人类社会倾倒垃圾的场所，很大程度上是因为海洋广阔无垠且能吸收许多物质。即使是在今天，人类仍在以惊人的速度向海洋倾倒污染物。为了防止海洋污染，每个人需要做些什么？下面列举一些个人保护环境的建议方式。

- 尽量减少对环境的影响。制定明智的消费选择，减少自己产生的垃圾数量。避免使用一次性塑料制品和泡沫塑料容器；远离过度包装的产品，支持环境记录良好的公司；在住宅周边使用无毒或危害性较低的产品；节约资源；再利用和回收利用相关物品，购买回收材料制成的商品；做一些对环境有积极影响的简单事情（见深入学习 11.2）。

- 寻找并支持创造性解决方案。在解决海洋污染问题方面，许多创造性解决方案获得成功应用。例如，用可换头的牙刷替换一次性塑料牙刷；用可重复使用的金属吸管替换塑料吸管；用蜂蜡和棉花制成的可重复使用的食品包装材料替换塑料食品包装材料；用啤酒废料制成的可堆肥六罐环替换六罐塑料环。

- 提高政治意识。摆在社会公众面前的许多提案与海洋有关，只有获得多数选民的赞同，提案才有机会上升为法律。例如，对于是否要花费大量金钱向海洋中添加细铁粉，以减少大气中的二氧化碳含量（见第 16 章），我们有生之年很可能会投票进行表决。

- 努力了解海洋的运行机理。最近的一项民意调查显示，超过 90%的美国公众认为自己是科学文盲。随着社会不断发展进步，人们需要了解更多的科学原理。科学不应仅掌握在少数精英手中。

常见问题 11.9　所有这些污染都令人痛心，我能为之做些什么？

　　是的，你可以为保护海洋做很多事情（部分建议见深入学习 11.2），主要是要做出明智的选择，尽量减少对环境的影响。例如，非点源污染归因于社会公众，所以最好的预防办法之一或许是培训公众。当社会公众了解了自己的选择对环境可能造成的影响后，就会意识到解决方案取决于每个人（包括自己）。

深入学习 11.2　做 12 件简单的事情，帮助防止海洋污染

如果因为只能做一点点而什么都不做，那么没有人会犯更大的错误。

——埃德蒙·伯克，约 1790 年

为了帮助防止海洋污染，你每天可以做很多简单的事情，列举如下。

1. 尽量不用塑料瓶和塑料吸管。购置可重复充装的水杯，若担心水质，选择配有过滤器的水杯。全球每分钟售出近 100 万个塑料饮料瓶，但回收率仅为 18%。对于塑料吸管，考虑用纸质吸管替换。

2. 尽量回避塑料包装过多的产品。首先少用塑料包装产品，其次少用独立塑料包装产品；购买纸盒包装的香皂，不要购买塑料容器包装的液体香皂；尽可能散装批量购买；少用塑料护套包装的产品；进餐时不使用一次性塑料和聚苯乙烯材质的盘子、杯子和容器。

3. 剪断六罐塑料环或不让其独立存在。六罐塑料环可缠绕许多海洋生物，所以在将其丢入垃圾桶前，一定要用剪刀将其剪断，或者将其与连接的罐子（或瓶子）一起回收。如果在海滩上发现了六罐塑料环，一定要捡起来，剪断，然后扔进垃圾桶。

4. 减少草坪肥料、庭院化学药品和洗涤剂的用量。草坪肥料中含有硝酸盐和磷酸盐，随陆地径流通过排水沟进入海洋后，会生成有害藻华；洗涤剂含有磷酸盐，因此建议使用不含磷酸盐或含量低于推荐值的产品；只在绝对必要时才使用庭院化学药品（如杀虫剂和除草剂）。

5. 清洁宠物。狗和猫的粪便中含有大量细菌，冲入河流或排水沟并最终流入海洋后，同样会向海洋中输入硝酸盐和磷酸盐，从而生成有害的藻华。

6. 确保车辆不漏油。汽车泄漏的石油是入海石油的主要原因。每年从公路通过排水沟流入海洋的石油数量非常多，超过了主要溢油事件。自己换机油时，一定要在适当的回收中心回收废油。

7. 少开车，多拼车。降低汽油的用量，减少通过海洋运输的石油数量，将漏油的可能性降到最低。

8. 自带可回收购物袋去杂货店。布袋是最佳选择，可生物降解的纸袋也不错，坚决弃用塑料袋。

9. 不放气球。即便是在远离海洋区域释放的气球，也可能被风吹入海中，然后放气并褪色。由于类似漂浮的水母，海洋动物可能将其吞食。

10. 不乱丢垃圾。对于随意丢弃在陆地上的任何物质，冲入排水沟、流入河流乃至最终流入海洋后，可能成为非点源污染。

11. 在海滩上捡垃圾，成为海滩清理相关组织的志愿者（见图 11B）。清除冲到海滩上的垃圾非常重要，这样就不会危及海洋生物。在船舶、休闲划船者、海滩游客及其他来源，大量垃圾不断涌向海滩。

12. 告知和教育他人。许多人不知道自己的行为对环境存在负面影响。

图 11B　志愿者在海滩清理活动中捡拾垃圾

你学到了什么？

在这份清单中，第几项最令人惊讶和/或最重要？

11.6 哪些海洋环境问题与生物污染有关？

随着人类活动在全球范围内不断增多，生物污染物（非本土物种）的迁移随之增多。非本土物种（Non-native Species）也称异地物种（Exotic Species）、外来物种（Alien Species）或入侵物种（Invasive Species），指发源于特定区域但因人类行为（故意或意外）而被引入新环境的物种，因此被归类为生物污染物。非本土物种居住在新的区域，可能缺乏捕食者或其他自然控制，可能通过竞争来超越并控制本地种群，从而对当地生态造成破坏。非本土物种还会引入新的寄生虫和/或疾病，某些情况下甚至完全改变本地的生态系统。目前，仅美国就存在 7000 余种记录在案的引进物种（不包括微生物），其中约 15%造成了本地的生态和经济损失。实际上，入侵物种每年给美国造成约 1370 亿美元的经济损失和损害。本节介绍在全球范围内引发问题的非本土海洋物种。

11.6.1 杉叶蕨藻

杉叶蕨藻（Caulerpa taxifolia）是原产于热带水域的一种海藻，属于外来入侵的非本土海洋物种，由于耐寒、生长期短且大多数鱼类无法食用，因此成为各个海洋水族馆的理想装饰性藻类。但是，在被引入合适的新栖息地（可能源自家庭海水水族箱的倾废）后，它可能取代本土海藻及其他海洋生物，成为一种持久性优势物种。1984 年，为水族箱产业量身定做的耐寒型杉叶蕨藻首次进入地中海，严重冲击了那里的水生生态系统，且入侵范围快速蔓延开来。2000 年，在澳大利亚新南威尔士州海岸沿线和南加州的两个潟湖中，人们也发现了这一入侵物种。其中，在加利福尼亚州卡尔斯巴德的赫迪奥达潟湖中，杉叶蕨藻在较短时间内泛滥成灾，很可能是因为某水族箱的主人非法将其倒入排水沟中，最终进入潟湖并快速爆发。此后，加利福尼亚州通过了一项法律，禁止在该州境内拥有、售卖或运输杉叶蕨藻，发起了一场旨在提高公众意识的运动，最终成功阻止了这一非本土物种的传播（见图 11.28）。

在赫迪奥达潟湖中，杉叶蕨藻的分布范围有限，发展态势基本可控。潜水员用大型防水帆布盖住这些杉叶蕨藻，然后用沙袋压实帆布边缘，再向帆布之下注入氯气，杀死里面的所有生物。南加州的海藻清除工作似乎取得了成功，但是这种海藻还能由微小碎片再生，所以为了将其彻底清除，人们在这些潟湖中开展了多次清除工作。

图 11.28 杉叶蕨藻的入侵。由于某水族箱的主人将杉叶蕨藻非法倒入排水沟，造成这种海藻流入南加州沿岸的潟湖。由于当地公众的良好意识和政府的快速反应，这种海藻被彻底清除

11.6.2 斑马贻贝

非本土水生物种的另一个例子是欧洲的斑马贻贝（Zebra Mussel），它 1988 年首次出现在美国五大湖地区。斑马贻贝可能藏在一艘欧洲货船的压载水（增强船舱的稳定性，不需要时释放到港口水域）中进入北美洲，随后在加拿大东部和美国相关水域迅速繁殖。此后，远道而来的斑马贻贝反客为主，不仅排挤了本地物种，改变了淡水湖泊和河流的生态，而且堵塞了发电厂及其他大量工业设施的输水管道。斑马贻贝是极其顽强的生物，为了消灭斑马贻贝而不伤害本地物种，研究人员正在努力寻找其天敌、寄生虫及感染性微生物。

11.6.3 海洋生物污染的其他案例

具有一定危害性的非本土水生物种的其他案例较多，如大西洋栉水母由压载水运至黑海，全面冲击了该地区的渔业和旅游业；大西洋互花米草侵扰了加利福尼亚州、华盛顿州及中国的软底海岸；水葫芦滋生于热带河口及其他水体中；欧洲青蟹侵扰了太平洋海岸，正在改变沿海食物网；魔鬼蓑鲉在部分区域（如美国东南部和加勒比海近岸）疯狂繁殖。

2011 年，在东日本大地震及其引发的海啸（见第 8 章）期间，500 万吨物质残骸被冲入海中，不仅为外来物种提供了栖息地，而且令其"搭乘便车"穿越了整个海洋盆地。最近，北美洲海岸沿线出现了近 300 种来自日本的物种，它们乘坐塑料及其他漂浮物构成的浮筏，跨越了整个太平洋（见生物特征 8.1）。

简要回顾

在全球范围内，人们越来越关注非本土物种的引入。这些物种是迁移至没有自然天敌区域的生物，随后在那里大量繁殖并失去控制，并排挤本土物种。

小测验 11.6　指出与生物污染有关的环境问题

❶ 什么是非本土物种？它们为什么会对生态系统造成巨大破坏？

❷ 杉叶蕨藻和斑马贻贝两种入侵物种是如何进入新环境的？

主要内容回顾

11.1　什么是污染？

- 海洋污染似乎很容易界定，但要定义得较为全面，就需要包含大量内容。通常，污染对特定海域的影响程度很难量化。为了评价海洋污染的影响程度，人们常用环境生物监测技术测定造成受试生物的死亡率达到 50% 时的污染物浓度。
- 为什么有些专家认为海洋可以成为大量生活垃圾的存储库？
- 确定 5 种常见污染特征，写出各种类型海洋污染。

11.2　哪些海洋环境问题与石油污染有关？

- 石油是多种烃类及其他物质的复杂混合物，大部分能够自然生物降解。因此，许多海洋污染专家认为，在进入海洋环境的所有物质中，石油的危害最小。石油泄漏可能覆盖大片区域，造成大量动物死亡。当阿拉斯加州发生了著名的埃克森·瓦尔迪兹号油轮溢油事件后，清除溢油的各种新方法相继问世，如投放嗜油菌进行生物修复。
- 指出与石油污染有关的海洋环境问题。
- 利用图 11.3 中的蓝色圆圈，计算自 1991 年海湾战争以来泄漏到海洋中的石油总量。

11.3　哪些海洋环境问题与非石油化学污染有关？

- 数百万吨污水污泥被倾倒在近海。在 1972 年颁布的相关法律中，虽然规定 1981 年是向近岸海洋排放污水的最后期限，但是违规排放事件依然时有发生。由于社会公众的关注度不断提高，禁止向海洋中排放污水的新法律最终出台。

- 滴滴涕和多氯联苯是对生物有害的持久性化学物质，由人类活动引入海洋。由于发生滴滴涕污染，20世纪50年代，长岛湾的鱼鹰数量明显减少；20世纪60年代，加利福尼亚州海岸的褐鹈鹕数量严重下降。1972年，滴滴涕在北半球实际停止使用。
- 汞中毒是海洋污染造成的首个重大人类灾难，1953年首次出现在日本的水俣湾。汞的有毒形式是甲基汞，它会在许多大型鱼类体内积累，通过生物放大过程向食物网中扩散。
- 指出与非石油化学污染有关的海洋环境问题。
- 不能将污泥向海里倾倒时，应怎么处理呢？最有效的方案是什么？

11.4 哪些海洋环境问题与非点源污染有关？

- 非点源污染包括道路燃油和垃圾。在现代社会中，由于重量轻、坚固耐用且价格低廉，塑料十分常见。正是由于具有这些属性，塑料成了海洋中漂浮垃圾的顽固来源。目前，海洋中积聚的塑料数量急剧增多，某些类型塑料会对海洋哺乳动物、鸟类和海龟造成致命伤害。
- 列举并描述漂浮塑料垃圾对海洋生物产生的三个主要问题，哪个问题可能是最严重威胁？
- 描述微塑料的两种主要来源，讨论微塑料在海洋中产生的问题。

11.5 个人能够为防止海洋污染做些什么事情？

- 自古至今，海洋一直是人们倾倒垃圾的场所，但是每个人都可采取明智行动来帮助防止海洋污染。例如，尽量减少对环境的影响；寻求和支持创造性解决方案；提高政治意识；了解海洋运行机理。
- 在防止海洋污染方面，首先要防止海洋污染物进入海洋环境。
- 深入了解所有不同类型的海洋污染，思考如何才能最好地实现这一目标。
- 复习深入学习11.2中提出的12项建议，帮助防止海洋污染。

11.6 哪些海洋环境问题与生物污染有关？

- 将生物污染引入新环境，很可能造成严重的生态及经济危害。
- 指出与生物污染有关的海洋环境问题。
- 上网搜索一种入侵物种，指出其是如何到达新位置的，目前造成了什么损害及防止其扩散的过程。

第 12 章　海洋生命和海洋环境

海洋生命的神奇适应性。鮟鱇鱼（琵琶鱼/鞭冠鱼）具有极为独特的适应性，如通过羽状附肢伪装和装饰性背鳍来引诱猎物。这种鱼通常长有一张大嘴，嘴边竖立着尾状钓竿，几乎能够吞下与自身同样大小的猎物。鮟鱇鱼生活在 800 米深海底，分布在大西洋沿岸

主要学习内容

12.1　讨论生命的特征以及生物如何分类

12.2　如何理解海洋生物的分类

12.3　了解现存海洋物种的数量

12.4　解释海洋生物如何适应海洋的物理条件

12.5　比较海洋环境的主要部分

物种是生物进化的杰作，历经 100 万年风风雨雨，由 50 亿个基因字母编码而成实体，巧妙适应了所居住的生态环境。

——爱德华·威尔森，生物学家和地球保护倡导者，2001 年

在全球海洋中，海洋生物的种类及数量非常惊人，大多数人可能不清楚这一点。海洋生物的体型大小不等，如微生物、海藻和蓝鲸（体长相当于 3 辆公交车首尾相连）。目前，海洋生物学家共鉴定出了 22.8 万余种海洋物种，而且随着新物种的不断发现，这个数字仍在持续增长。

海洋生物大多生活在阳光直射的海洋表面，充足的光照条件支撑了海洋藻类的光合作用，为绝大多数海洋生物（直接或间接）提供了食物。为了吸收阳光进行光合作用，所有海洋藻类必须生活在海面附近；为了方便获取食物，大多数海洋动物也生活在海面附近。在毗邻陆地的浅水海域，阳光能够直射海底，因此整个垂向水柱中的海洋生物丰度较大。

生活在海洋环境中既有优势又有劣势，优势是维持所有类型生命存活的必需品"水"能够无限量供应，劣势是高密度海水会妨碍海洋生物的运动。某个物种是否能够适应海洋生活，取决于其个体是否具备多种能力，如寻找食物、躲避捕食者、繁衍后代和适应环境等。本章介绍海洋生命的某些独特适应性。

12.1　什么是生物及其如何分类？

对生物进行分类时，主要考虑其物理特征与共享相同特征的其他生物之间的关系密切程度。最近，研究人员测定了许多类型生物的脱氧核糖核酸（DNA）基因体定序，如人类、老鼠、狗、猫、牛、大象、蜜蜂、鸭嘴兽、硅藻、红藻、海胆、栉水母、海豚及数百种细菌和病毒等。通过开展基因层面的分析，比对基因结构及其他特征（标识某些特殊关系）之间的异同，就能够对生物进行分类。

12.1.1　生命的工作定义

区分有生命和无生命似乎非常简单，但是由于某些生命形式存在某些特殊性质，使得定义生命成为一项挑战性任务。有生命物质和无生命物质的基本成分相同，均由原子构成，这些原子在有生命与无生命系统之间持续反复进出。正是生命与非生命之间相同成分的这种自由交换，使得正式定义生命的尝试变得极为复杂。

生命的最简单定义之一是环境能量的消费者。采用这种定义，汽车引擎可归类为活着的物质。但是，汽车引擎无法实现自我复制，这是生命的另一种关键特征。

在定义生命的过程中，还需要考虑其他几种关键特征。水可能是有生命有机体最不可或缺的物质，因为生物需要一种溶剂来进行生化反应（虽然氨或硫酸也可用作溶剂）。为了与周围环境分隔开来，生物可能必须具备某种膜状物。此外，大多数生物都会对外部刺激做出反应，或者对周围环境产生适应性。最后，众所周知，生命的基本构成元素是碳，碳在形成化合物方面用途极广。

美国航空航天局在定义生命时，考虑到可能存在外星生命，采用了一种简单的工作定义：生命是遵从达尔文进化论的可自我维持的一种化学系统。要了解与达尔文进化论相关的更多信息，请参阅深入学习 1.1。但是，这种定义存在一定问题，即为了验证生命进化是否符合达尔文进化论，可能需要在相当长时间内连续观察几代生物。

因此，在生命的理想工作定义中，应包含下列大部分特征：能够捕获、存储及转换能量；能够繁殖后代；能够适应周边环境；能够随时间进化。

12.1.2　生命的三域

所有生物均属于生命的三域（Domains）或总界（Superkingdoms）之一，即细菌域、古菌域和真核生物域，如图 12.1a 所示。细菌域/真细菌域（Bacteria）包括一些简单的生命形式（细胞通常没有细胞核），如紫色细菌、绿色非硫细菌和蓝细菌（蓝藻）；古菌域/古生菌域（Archaea）是一组简单且微小的类细菌生物，如栖息在深海喷口和渗口（各种不同液体从海底向外流淌的区域）的甲烷生产者和硫氧化剂，以及嗜高温和/或高压等极端环境的其他生物；真核生物域（Eukarya）是一系列不适合划分到任何其他类别的微生物总称，包含一些非常复杂的生物体，如多细胞植物、多细胞动物、真菌和原生生物。真核生物的主要组成部分（即 DNA）位于各自独立的细胞核中，细胞内还含有可为细胞生长和功能维持提供能量的结构。

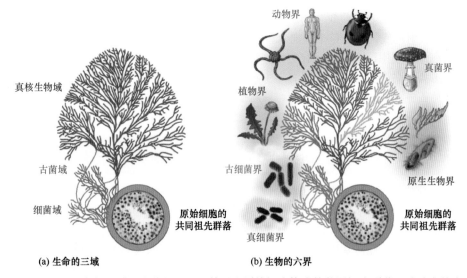

图 12.1　生命的三域和生物的六界。始于由原始细胞构成的共同祖先群落，地球上的生命分支划分为：(a)生命的三域；(b)生物的六界（显示了各界中的代表性生物）

生命的三域的祖先有哪些？根据现代生物进化理论（达尔文于 150 多年前首次提出），地球上的所有生物均包含共同的遗传基因，都是远古时期某个原始物种的谱系后代。这一观点称为万物同祖，通过对各种生物体内共有的保守蛋白质的严谨统计分析，目前其正确性已获得证实。这意味着，生命三域的祖先是由原始细胞构成的同一个群落，部分个体通过吞噬微生物邻体（包括遗传密码）获得了新遗传物质。通过共生，这些生物群体实现了互利、互助及共存，基因不断相互融合，最终形成了全新的生物。要了解与各种共生类型生物相关的更多信息，请参阅第 14 章。现在，吸纳外来遗传物质在单细胞细菌及其他微生物中比较普遍，也存在于某些真菌、植物、昆虫、蠕虫及其他动物中。例如，对有毒水母的某项科学研究发现，蜇刺上的某个关键基因与细菌中的某个基因完全相同，说明水母的祖先从该种细菌融合了这种基因。这一过程称为侧向基因转移/基因水平转移（Lateral Gene Transfer），在早期复杂细胞的进化过程中可能相当重要。

常见问题 12.1　什么是共同进化?

共同进化是指物种在进化过程中相互适应的方式。生物之间的实际相互作用非常复杂,但我们更倾向于研究两两之间相互作用的物种,如捕食者与猎物之间的进化竞赛。这是一种军备竞赛,猎物需要不断增强自己的防御能力(如更好的盔甲或伪装),捕食者为迎接这些挑战被迫做出更强的适应性改变(如更强壮的下颚或更敏锐的眼睛),反之亦然。这是一种相互适应的进化过程,很难说是先有鸡还是先有蛋。

12.1.3　生物的六界

1969 年,在生命的三域范围内,罗伯特·惠特克(生态学家及生物学家)首次提出了生物的**五界**(Kingdoms)分类体系。1977 年,卡尔·沃斯(微生物学家及生物物理学家)及其同事根据生物化学差异,将其进一步扩大为生物的六界。生物学家们对这种分类体系的有效性存在一些争议,目前普遍接受的生物六界包括:真细菌界、古细菌界、植物界、动物界、真菌界和原生生物界,如图 12.1b 所示。最近,有些生物学家将真细菌界和古细菌界统一归类为细菌界,并在原生生物界中划分了其他细分分支(原生动物界和假菌界)。

真细菌界(Eubacteria):包括一些最简单的单细胞微生物,缺少独立细胞核和内部细胞器(普遍存在于所有其他生物体内),如异养细菌和蓝藻(以前称为蓝绿藻并被视为植物)。最新研究发现,与以往的认识程度相比,细菌在海洋生态中的地位重要得多,遍布于海洋中的各个角落。

古细菌界(Archaebacteria):一种简单且微小的类细菌生物类群,如栖息在深海喷口和渗口的甲烷生产者和硫氧化剂,以及嗜高温和/或高压等极端环境的其他生物。基因分析结果表明,这些生物是地球上最古老的生命形式之一。

植物界(Plantae):由各种多细胞植物构成,均可进行光合作用,但只有少数几种真正植物位于浅海海岸环境中,如冲浪草(虾海藻属)和鳗草(大叶藻属)。在海洋中,光合藻类的生态地位相当于陆地上的植物。但是,某些植物仍是沿海生态系统的重要组成部分,如红树林沼泽和盐沼。

动物界(Animalia):由各种多细胞动物构成,种类复杂多样,从简单的海绵动物到复杂的脊椎动物(包含脊柱),其中包括人类。

真菌界(Fungi):包括 10 万余种霉菌和地衣,但只有不到 0.5%为海洋生物。真菌存在于整个海洋环境中的特定场所,更多地出现在潮间带中,与蓝藻(或绿藻)共生形成地衣。还有一些真菌能够重新矿化为有机质,在海洋生态系统中主要担当分解者。

原生生物界(Protista):既包括单细胞生物(有细胞核),又包括多细胞生物(有细胞核),如各种类型的海洋藻类(水生光合生物,既可是单细胞微型藻类,又可是多细胞大型藻类)和称为原生动物门(Protozoa)的单细胞生物。

12.1.4　林奈和生物分类

1758 年,为了确立地球上各种生物之间的关系,瑞典植物学家卡尔·冯·林奈(1707—1778,见图 12.2)建立了一套命名体系,它奠定了现代生物科学分类体系的基础,并一直沿用至今。林奈建立的分类体系类似于当时的社会层级体系,包括王国、国家、省份、教区和村庄。他是一位天才的观察家和不知疲倦的收藏家,在

图 12.2　卡尔·冯·林奈。瑞典植物学家,现代分类学之父。在创作于 1805 年的雕版印刷图中,林奈身穿拉普兰传统服饰

物种的命名和分类方面花费了大量的时间和精力，一生共计命名了约 1.2 万种生物的原始名称，成了所有生物分类学的开山鼻祖。林奈分类体系的组织架构类似于一系列套盒，如图 12.3 所示。现在，生物的系统分类研究称为**分类学**（Taxonomy），包括利用物理特征和遗传信息来识别生物之间的相似性，并按照以下递进阶元进行具体归类：

- 界（Kingdom）　　　　　（粗略分组）
  - 门（Phylum①）
    - 纲（Class）
      - 目（Order）
        - 科（Family）
          - 属（Genus）
            - 种（Species）　　（细致分组）

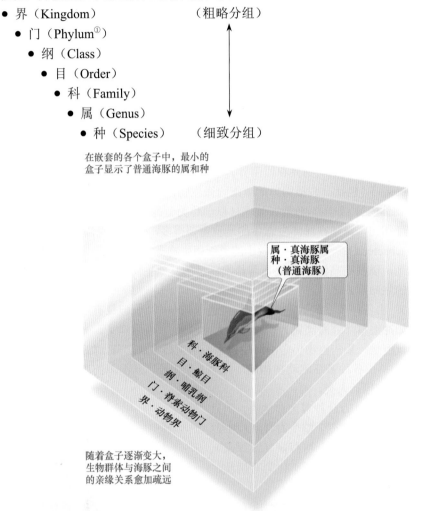

在嵌套的各个盒子中，最小的盒子显示了普通海豚的属和种

属·真海豚属
种·真海豚
（普通海豚）

科·海豚科
目·鲸目
纲·哺乳纲
门·脊索动物门
界·动物界

随着盒子逐渐变大，生物群体与海豚之间的亲缘关系愈加疏远

图 12.3　林奈分类方案的示意图。林奈分类体系类似于一系列套盒，"属"和"种"是最细致的分组（最小的盒子）。盒子越大，谱系联系越远，仅依据较少的共同特征及进化相似性对生物进行粗略分组

　　对于共享同一分类阶元（以"科"为例，如猫科或海豚科）的所有生物而言，应该具有某种共同特征或者进化相似性。在某些情况下，部分分类阶元之下还要设立细分阶元（如亚门），如表 12.1 所示。分配给单一物种的各个阶元，须经国际专家组的同意。

　　生物分类的最基本单元是种/物种（Species），组成部分包括基因相似的种群和可相互交配繁殖（或具备交配繁殖能力）的个体（共享独特遗传特征组合）。有时，人们也采用其他方式来定义"种"，例如"外观相似种群中的共生个体集合"。需要对现代生物和历史生物（如化石代表的生物）进行分类时，"种"是非常有用的概念，但生物学家们对其具体定义仍然存在争议。

---

*在植物分类学中，"门"的英文术语用 Division 代替 Phylum，现行《国际植物命名法规》允许二者共存。

表 12.1 部分生物的分类

阶　元	人	普通海豚	逆戟鲸	蝙蝠海星	巨　藻
界（Kingdom）	动物界	动物界	动物界	动物界	原生生物界
门（Phylum）	脊索动物门	脊索动物门	脊索动物门	棘皮动物门	褐藻门
亚门（Subphylum）	脊椎动物亚门	脊椎动物亚门	脊椎动物亚门		
纲（Class）	哺乳纲	哺乳纲	哺乳纲	海星纲	褐藻纲
目（Order）	灵长目	鲸目	鲸目	瓣棘海星目	海带目
科（Family）	人科	海豚科	海豚科	瘤海星科	巨藻科
属（Genus）	人属	真海豚属	虎鲸属	海燕属	巨藻属
种（Species）	人	真海豚	虎鲸	海燕	藻

作为分类方案的分支，林奈还发明了双名命名法/二名法（Binomial Nomenclature），即每个物种仅用两个拉丁名称表示。在此之前，生物名称通常是多达十几个拉丁名称的组合。采用此种方式，每种生物拥有双名组合（属名+种名）的唯一学名，如真海豚（Delphinus delphis）。大部分生物物种还有一个或多个俗名，如真海豚的俗名是普通海豚，虎鲸的俗名是杀人鲸或逆戟鲸。一篇文献中反复提到学名时，通常会将其属名简写为首字母，因此 Delphinus delphis 会变成 D. delphis。

即使不断获得改进及完善，林奈分类体系仍远非完美。由于新的证据不断出现，分类学家需要将某些物种从一个属迁移至另一个属，甚至迁移至完全不同的目。即便如此，在建立单一、灵活及普适性的科学分类语言方面，林奈仍然做出了不可磨灭的贡献，250 多年后仍在发挥作用。

常见问题 12.2　为什么所有生物都存在学名？每种生物只有一个共同名称不是更简单吗？

每个物种都有一个双单词（拉丁语法化）的独特学名，与俗名相比，学名能够更准确地区分出特定物种。俗名一般用于指代多种相似且容易混淆的生物物种，如人们常用"海豚"来描述真海豚、鼠海豚甚至海豚鱼！大部分人都强烈反对餐馆里供应海豚，但海豚鱼却是菜谱中人们的热门选择。

俗名还可能会令人混淆，因为同一物种在不同语言中的名称可能会存在差异。学名以拉丁字母为基础，在所有语言中保持一致，因此中国科学家能与希腊科学家就某种特定生物进行有效交流。由此可见，学名非常有用，不仅描述性强，而且清晰无歧义。

简要回顾

各种生物都在利用能量、自我繁殖、适应环境及动态改变。生物划分为生命的三域和生物的六界，并且能够进一步划分为门、纲、目、科、属和种。

小测验 12.1　讨论生命的特征以及生物如何分类

❶ 在较好的生命工作定义中，应当包含哪些特征？

❷ 列出生命的三域和生物的六界，描述生物分类的基本标准。

❸ 生命的三域的共同祖先具有哪些特征？

12.2　海洋生物是如何分类的？

海洋生物分类主要基于栖息地（生境）和移动能力（活动性），生活在水柱中的生物可划分为浮游生物（漂流生物）或游泳生物（自游生物），所有其他生物则为底栖生物（海底生物）。

12.2.1　浮游生物

浮游生物/漂流生物（Plankton）指随海流漂动的所有生物（如海藻、动物和细菌），单一浮游生物称为浮游生物个体（Plankter）。浮游生物个体以漂流为主，但不意味着不能游泳，只不过游泳能力较弱而已，或者只能垂直上下移动，无法确定自己在海洋中的水平位置。

在海洋环境中，浮游生物的数量极其丰富，发挥着非常重要的作用。实际上，地球上的大部分生物量/生物的数量（Biomass）均由漂浮在海洋中的浮游生物构成。虽然98%的海洋物种生活在海底，但绝大部分海洋生物量来自浮游生物。

12.2.1.1 浮游生物的种类

浮游生物可依据食性分类。若能进行光合作用且自行制造食物，称为**自养**（Autotrophic）。自养浮游生物称为浮游植物（Phytoplankton），体型小如微藻，大如巨藻。若不能自己制造食物，而依赖其他生物制造的食物，则称为**异养**（Heterotrophic）。异养浮游生物称为浮游动物（Zooplankton），包括随波逐流的各种海洋动物。浮游植物和浮游动物的代表性物种如图12.4所示。浮游生物还包括细菌，科学研究发现，与以往的印象相比，自由生活的浮游细菌（Bacterioplankton）数量更多且分布更广。由于平均直径只有0.5微米，个体实在是太小了，所以人们在早期研究过程中忽略了这些细菌。最近，微生物学家开始研究海洋浮游细菌，甚至发现了一种体积非常微小但含量极其丰富的细菌（原绿球藻），至少占全部海洋光合生物量的半壁江山，极有可能是地球上含量最为丰富的光合生物。

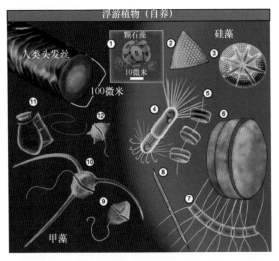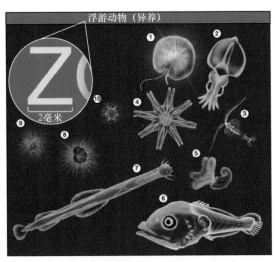

图12.4　浮游植物和浮游动物（漂浮生物）。各种浮游植物（上）和浮游动物（下）示意图。浮游植物：①颗石藻；②～⑧硅藻；⑨～⑫甲藻。人类头发丝的宽度约为100微米。浮游动物：①夜光虫，一种捕食性鞭毛虫；②乌贼幼体；③桡足类；④水母幼体；⑤海螺幼体；⑥鱼类幼体；⑦箭虫；⑧～⑨有孔虫；⑩放射虫。比例尺为2毫米

浮游生物还包括病毒，称为浮游病毒（Virioplankton）。浮游病毒比浮游细菌小一个数量级，同样鲜为人知。直到不久前，通过采用先进方法进行取样，人们才更好地理解了病毒在海洋浮游生物群落中的地位。例如，通过研究海洋微生物群落，人们发现病毒在海洋生态系统中的数量极其惊人，甚至是某些海域中丰度最高的生物群落。严格来说，通过运行感染机制，病毒能够限制其他类型浮游生物的丰度，极大地影响海洋微生物群落的结构。实际上，通过详细研究微生物活动，人们发现病毒还会影响大气与海洋表面之间的气体交换。因此，在海洋对人类影响气候变化的反应中，病毒可能发挥着关键作用，详见第16章。

虽然浮游生物可划分为浮游植物、浮游动物、浮游细菌和浮游病毒，但同样可以根据生命周期中的浮游阶段进行划分。终生营浮游生活的生物称为终生浮游生物（Holoplankton）。许多生物在成体阶段为游泳生物或底栖生物，在幼体阶段为浮游生物，称为暂时性浮游生物（Meroplankton），

如图 12.5 所示。最后，浮游生物还可根据大小进行分类，如大型浮游动物（如水母）和海藻（如马尾藻，漂浮在海面的棕色大型海洋藻类，在马尾藻海中数量特别丰富）称为大型浮游生物（Macroplankton），体长通常为 2～20 厘米。浮游生物还包括体积非常微小的浮游细菌，只有利用特殊的微型过滤器才能从水中去除，称为微微型浮游生物（Picoplankton），体长为 0.2～2 微米。

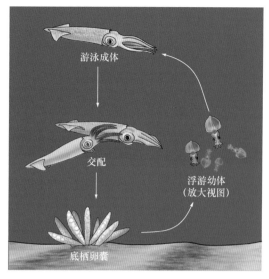

图 12.5　乌贼的典型生命周期。乌贼是暂时性浮游生物，幼体阶段营浮游生活，成体阶段营游泳生活，卵囊阶段营底栖生活

12.2.2　游泳生物

　　游泳生物/自游生物（Nekton）是指能够不依赖海流而独立移动（游泳或其他推进方式）的所有动物。游泳生物不仅可以确定自己在海洋中的位置，多数情况下还能够长时间迁徙，包括大多数成体鱼类、海洋哺乳动物、海洋爬行动物及部分海洋无脊椎动物（如乌贼），如图 12.6 所示。在海洋中游泳时，人类也是游泳生物。虽然游泳生物能够自由移动，但多数无法在整个海洋范围内随意穿行，许多可变因素（如温度、盐度、黏度及营养盐可供性）限制了其侧向移动范围。例如，海洋中水团的暂时性水平移动可能造成大量鱼类死亡，水压变化一般会限制游泳生物的垂直移动范围。

　　鱼类在海洋中似乎无处不在，但只在大陆和岛屿附近及较冷水域，鱼类资源才最为丰富。有些鱼类（如鲑鱼）需要洄游至淡水河流中产卵，许多鳗鱼则刚好相反，在淡水中发育成熟，然后顺流而下至海洋深处交配繁殖。

虽然游泳生物的形态和大小各异，但都是非常优秀的游泳健将，大多数经历过长途迁徙的磨炼

大青鲨

沙漏斑纹海豚

蓝鳍金枪鱼

磷虾

乌贼

锯头平鲉

未按比例绘制

图 12.6　游泳生物（自游生物）。各种游泳生物示意图，图中生物大小不一，从小磷虾（5 厘米）到大青鲨（4 米）

12.2.3　底栖生物

　　底栖生物/海底生物（Benthos）是生活在海底表面或沉积物中的生物。底上动物（Epifauna）生活在海底表面，或者固着在岩石上，或者沿海底表面自由移动。底内动物（Infauna）生活在海底的砂质沉积物、丢弃贝壳或松散淤泥中。游泳底栖生物（Nektobenthos）生活在海底表面，但也能在海底之上的水柱中自由移动或爬行（如比目鱼、章鱼、螃蟹和海胆）。图 12.7 显示了若干底栖生物示例。在浅水近岸海洋的海底环境中，蕴藏着极为丰富的自然条件和营养盐，许多动物物种得以发育及繁盛。从海滨底部进入深水海域时，单位面积的底栖物种数量

可能保持相对不变，但底栖生物的生物量明显降低。因为浅海的海底区域能够接收到充足的阳光，可以支撑固着在海底的许多大型海洋藻类（通常称为海藻）。

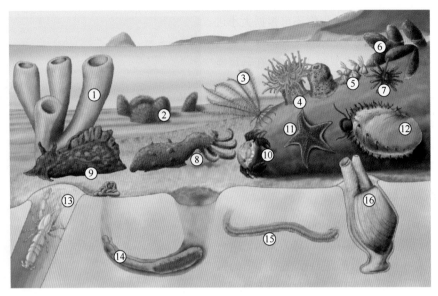

图 12.7　底栖生物（海底生物）：潮间带和浅水潮下带的典型生物。各种底栖生物的示意图，主要包括：①海绵；②沙钱；③海百合；④海葵；⑤藤壶；⑥贻贝；⑦海胆；⑧海参；⑨海兔；⑩滨蟹；⑪海星；⑫鲍鱼；⑬蝼蛄虾；⑭海蚯蚓；⑮环节虫；⑯蛤蜊

在海底较深的大部分区域，底栖动物永远生活在黑暗中，不存在任何光合作用生产量。这些动物以彼此为食，或以外部输入的营养盐为食，如太阳照射的高生产力海洋表层沉降的物质。

深海海底是一种寒冷、寂静和黑暗的环境，生命的成长过程特别缓慢。由于自然条件变化不大（即便距离非常遥远），深海生物的分布范围通常极为广阔。

12.2.3.1　热液喷口生物群落

发现深海热液喷口生物群落前，海洋科学家们认为深海海底只存在极少量的小型生物。1977 年，在南美洲加拉帕戈斯裂谷 2500 米深的海底，科学家们发现了第一个热液喷口生物群落，首次证实了大型深海底栖生物大规模聚居的可能性。在深海海底，食物供应是生命受限的主要因素，为了弄清热液喷口生物如何获得足够食物而生存，科学家们始终在不遗余力地探索。

科学研究发现，细菌（类似于古菌）并不是依赖光合作用制造食物的（因为没有阳光），而是依靠海底的化学物质苗壮成长，这些化学物质才是海洋食物网的基础。因此，在热液喷口生物群落中，个体大小和总生物量远超人们以前对深海底栖生物的认知。要了解与这些生物群落相关的更多信息，请参阅第 15 章。

常见问题 12.3　海藻、海草和海洋藻类有什么区别？

在惯常用法中，这些术语均指具有分支且能进行光合作用的大型海洋生物，它们因含有不同色素而显现出各种各样的颜色。但是，这些术语之间确实存在一定的差异。

海草可能是海员们很久以前杜撰的词汇，因为他们认为这些海洋生物非常令人讨厌。杂草可能会堵塞港口，缠住船只，并在风暴过后大量残留在海滩上。虽然海草可以吃，但也不能大量食用。历史上，人们认为所有海洋藻类（微小物种除外）都与陆地上的杂草相差无几，所以干脆将其一股脑称为海草。

但是，事实证明，这些生物对沿海生态系统至关重要，所以海洋生物学家更喜欢称其为海洋藻类。为了区别于微小的浮游藻类，原生生物界的大型海洋藻类通常被称为海洋大型藻类。褐藻（褐藻门）的分支类型称为海藻，巨藻是世界上最大的原生生物。

如今，海洋大型藻类的用途很广，例如在许多产品（如牙膏）和食品（如冰激凌）中，用作增稠剂和乳化剂；在制作菜肴时，有时需要少量海菜，紫菜（一种红藻）也可用来包寿司；海洋藻类可用作肥料，产出的部分产品最近被冠以健康食品称号。要了解与海洋藻类相关的更多信息，请参阅第 13 章。

简要回顾

基于栖息地和活动特征，海洋生物划分为浮游生物、游泳生物或底栖生物。

小测验 12.2　理解海洋生物如何分类

❶ 描述浮游生物、游泳生物和底栖生物的生活方式。

❷ 列出浮游生物和底栖生物的亚类，描述将单一物种划分至各亚类中的标准。

❸ 判断下列海洋生物是浮游生物、游泳生物还是底栖生物：鲨鱼、章鱼、蛤蜊、硅藻、珊瑚。

12.3　海洋物种知多少？

目前，在地球的海域和陆域环境中，已编目物种（种）的总数约为 180 万种。随着新物种的不断发现，这一数字仍在不断增长。专家们认为，尚未发现的海洋物种可能高达数百万种，主要是因为深海探测的难度极大且成本极高。总体而言，在海洋和陆地范围内，新发现物种多达 2000 种/年。因此，地球上（已知和未知）的物种总数估计在 300 万至 1 亿之间，最可能为 600～1200 万（不包括地质历史时期曾经出现但已灭绝的数百万个物种）。最近，通过采用进化形成生物多样性的自然数学模式，人们开展了一项非常复杂的分析，最终估算出地球上必定存在 870 万种真核生物（误差约为 100 万种）。注意，新发现物种并不都是微生物或小型无脊椎动物，人们最近在全球偏远地区发现了一些新物种，如青蛙、蜥蜴、鸟类、鱼类、哺乳动物、海豚甚至灵长类动物。

描述海洋生物栖息环境的难度极大，不仅因为海洋生境范围无比巨大，而且因为大量海域难以接近。此外，许多海洋生物的研究程度极低，不同物种之间的关系尚不明确，有些种群的数量每个季节都存在较大的波动。为了解决这些问题，人们实施了国际海洋生物普查计划（CoML），总耗资约 6.5 亿美元，计划周期为 10 年，2010 年已经结束。该计划的参与者包括 80 多个国家的数千名研究人员，开展了全球海洋调查，评估了海洋生物的多样性、分布及丰度。调查对象并不限于鱼类，还包括海鸟、海洋哺乳动物、海洋无脊椎动物和海洋微生物。这次普查形成了数以千计的科学出版物，建立了海洋生物地理信息系统数据库，保存了调查工作形成的数百万条记录。至少发现了 1200 种新海洋物种（如雪蟹，见图 12.8），随着调查分析工作的全面完成，新发现物种的数量应该还会增多。

2015 年，基于国际海洋生物普查计划及其他研究人员的工作成果，分类学家通过《世界海洋物种登记册》发布了一份最新名单，对已知的海洋物种（228445 种）进行了编目。由于重复登记等原

2.5厘米
1英寸

图 12.8　雪蟹。2005 年，在考察南太平洋深海海底的航行途中，国际海洋生物普查计划（CoML）的研究人员发现了一种长着毛茸茸手臂的白色螃蟹，并将其命名为雪蟹。通过毛发中滋生的细菌，雪蟹可分解栖息地附近热液喷口排出的有毒矿物质

因，删除了 190400 种先前列出的物种。海洋物种总数（228445 种）看似很多，但只占全球已知物种总数（180 万种）的 13%，如图 12.9 所示。该研究团队承认，大量海洋物种尚待发现。实际上，据相关专家估算，全球海洋可能含有 70～100 万种真核生物。

12.3.1　为什么海洋物种的数量这么少？

既然海洋是生命的发源地和摇篮，为什么海洋物种的数量这么少呢？很可能是由于海洋环境比陆地环境更稳定。环境可变性是不同物种形成的主要因素，环境变化越大，新生物种就越多。陆地环境的可变性较高，为自然选择提供了大量机会，容易产生新物种来占据各种新生态位。例如，热带雨林中的生物多样性较高，物种数量较为丰富。在开阔大洋中，环境相对稳定，海洋生物适应环境的压力较小，物种数量较少。例如，在几乎未改变的地球海洋中，鲨鱼已存在 4 亿多年。此外，海洋中的水温不仅稳定，而且相对较低（光照表层水之下），造成化学反应速度缓慢，可能进一步降低新物种生成的趋势。

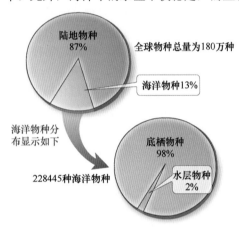

图 12.9　地球上的生物物种分布。在 180 万种已知地球物种中，87%生活在陆地环境，13%生活在海洋环境。在 228445 种已知海洋生物中，98%栖息于底栖环境，只有 2%生活在水柱内

12.3.2　水层环境和底栖环境中的物种

在已知的海洋物种（228445 种）中，仅 2%（约 5000 种）栖息于水层环境（Pelagic Environment），活动范围为垂向水柱；98%栖息于底栖环境（Benthic Environment），活动范围为海底（底内或底上），如图 12.9 所示。但是，这些数字是最低限值，最新的研究成果表明，底栖环境中的物种数量可能更多。

为什么海洋物种大多栖息于底栖环境中？主要是因为底栖环境类型（如岩石、沙子、泥土、平坦、斜坡、不规则及混合类）多种多样，为海洋生物提供了丰富多彩的可适应生境。在大部分水层环境中（特别是光照表层水之下），各个区域的海水环境相当均匀稳定，极端环境变化非常罕见，海洋生物不需要适应这些变化就能够生存。

常见问题 12.4　地球上哪类生物的物种最多？

人们一般认为细菌（或其他微生物）的物种数量为全球之最，但是实际上，昆虫的物种数量约占地球物种总数（已鉴定物种超过 100 万种）的 56%。甲虫约占已知昆虫物种的半壁江山（即地球物种总数的 1/4），如瓢虫、萤火虫、犀金龟科、花萤、金花虫、隐翅虫、叩头虫、粪金龟、小蠹虫、圣甲虫和象鼻虫等。陆地上的昆虫种类极其丰富，海洋中的昆虫种类却只有 1400 种（不到昆虫物种总数的 1%）。其中，生活在开阔大洋中的昆虫只有 5 种（海黾属），其余分布在近海环境。显然，由于开阔大洋中缺乏固体表面，昆虫们只好选择待在海湾中。

小测验 12.3　指出现存海洋物种的数量

❶ 地球上的已编目物种共有多少？海洋物种有多少？在海洋物种中，底栖物种有多少？

❷ 为什么科学家认为地球上尚存大量未发现物种？

❸ 在哪些因素的影响下，大多数海洋物种栖息在底栖环境中？

12.4 海洋生物如何适应海洋的物理条件？

为了生存，生物必须适应周围环境。对任何海洋生物而言，海洋的物理条件机遇与挑战并存。例如，海洋环境（特别是温度）远比陆地环境稳定，由于不必适应可能发生的环境突变，海洋生物没有必要发育高度特化的调节系统。因此，只要温度、盐度、浊度、压力或其他环境条件略有变动，海洋生物就可能受到明显影响。

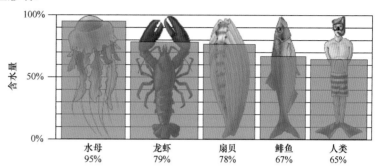

水在**原生质**（Protoplasm，细胞内生命物质的总称）中所占的比例超过 80%，人类体重的 65% 以上和水母体重的 95% 以上都是水，如图 12.10 所示。水不仅含有生物生存所必需的溶解气和矿物质，也是海洋浮游植物进行光合作用需要摄食的原料。为了在体内保有和循环水分，陆生动植物发育了非常复杂的"管道系统"。

图 12.10　部分生物体内的含水量（百分比）。柱状图显示了部分生物体内的含水量，水母为 95%，人类为 65%

但是，由于生活在水资源非常丰富的环境中，海洋生物不会面临大气干燥风险。

12.4.1　物理支撑需求

所有动植物都存在一种基本需求，就是简单的物理支撑。例如，陆生植物拥有非常庞大的根系，可以牢牢地固定在地面；陆生动物拥有骨骼及相关附属器官（如腿、手臂、手指和脚趾），可以支撑身体的全部重量。

在海洋中，海水是海洋动植物的物理支撑。需要进行光合作用的浮游植物，必须生活在表层海水的上部，主要依靠浮力和摩擦阻力来避免下沉。虽然如此，由于维持在固定位置非常困难，某些生物发育了能够提高效率的特化能力，本章及后续章节将进一步介绍相关内容。

12.4.2　黏度

黏度（Viscosity）是物质流动的内部阻力。如第 1 章所述，具有高流动阻力（高黏度）的物质（如牙膏）不易流动，具有低流动阻力（低黏度）的物质（如海水）较易流动。黏度受温度的影响很大，例如在将沥青铺到屋顶（或道路）上以前，必须先对其加热以降低黏度。

(a) 桡足类长腹剑水蚤属　**(b) 桡足类大腹水蚤属**

图 12.11　水温与附属物。相似物种对不同水温的适应能力：(a) 桡足类长腹剑水蚤属有华丽的羽状特征，属于暖水种；(b) 桡足类大腹水蚤属没有华丽的附属物，属于温带冷水种

随着盐度的升高和温度的降低，海水的黏度逐渐增大。因此，对于漂浮在高黏度冷水中的单细胞生物而言，不需要太多附属物即可保持在水面附近位置。如图 12.11 所示，漂浮在暖水中的甲壳类浮游动物拥有非常华丽的羽状附属物，冷水种类则完全没有。

12.4.2.1　生物大小的重要性

浮游植物的基本要求为：（1）位于阳光能够照射到的海水上层；（2）存在可获取的必要营养盐；（3）可从周围水域有效吸收这些营养盐；（4）能够排出废物。由于体型小巧，单细胞浮游植物可以满足这些要求，不需要特化为多细胞植物。

浮游植物不能自行推进，为了维持在水面附近的正常位置，只能借助于摩擦力。随着生物表面积与体积（重量）之比的增大，抗下沉的摩擦力随之增大。例如，图 12.12 中显示了 3 个不同立方体的比表面积（表面积与体积之比），这个比率随生物变小而增大。就单位体积的表面积而言，立方体 a 是立方体 b 的 2 倍，是立方 c 的 4 倍。若立方体是浮游生物，则立方体 a 的抗下沉能力（单位质量）是立方体 c 的 4 倍，因此消耗较少的能量即可保持漂浮。作为光合海洋生物的主要组成部分，单细胞生物显然受益于微小的体积。实际上，由于实在太小，人们需要借助显微镜才能发现它们！

探索数据

对于边长为 8 的更大生物，比表面积是多少？氧气扩散至皮肤的效果如何？

较小体型也能满足浮游植物的其他基本要求。光合细胞从周围的海水中吸收营养盐，并通过细胞膜排出废物，随着比表面积的增大，这两个过程的效率都会提高。因此，假设图 12.12 中的立方体 a 和立方体 c 是浮游藻类，那么立方体 a 吸收营养盐和处理废物的效率是立方 c 的 4 倍。因此，无论整体多么庞大，所有动植物的细胞都非常微小。

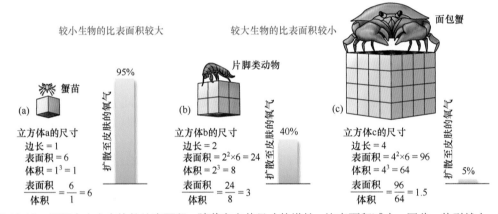

图 12.12　不同大小立方体的比表面积。随着立方体尺寸的增长，比表面积减小。因此，体型越小，比表面积就越大，越容易漂浮、交换营养和废物，更有效地将氧气扩散至皮肤

硅藻（Diatoms）是最重要的浮游植物类群之一，它通常拥有不常见的附属物和扩展物（针状甚至环状），于是能够增大身体的表面积，阻止自身从阳光充足的表层水位置下沉，如图 12.13 所示。其他浮游海洋生物（特别是暖水物种）也采用类似的策略来保持漂浮状态，例如部分小型生物会生成极其微小的油滴，帮助降低自身的整体密度并增大浮力。有趣的是，随着这些生物在海底沉积物中大量积聚，还可能形成海洋石油沉积。大量油滴汇聚在一起，深埋在海底之下，暴露于地球内部的高温及高压环境中，数百万年后就可能形成石油。石油发生化学变化时，即可迁移并汇聚至石油储层中。

虽然有驻留在海洋上层的适应能力，但是这些生物的密度仍然高于海水，因此依然存在下沉

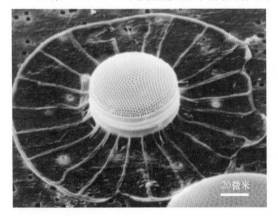

图 12.13　暖水硅藻。暖水硅藻"太阳漂流藻"的扫描电镜照片，它有突出的环状边缘和放射状辐条，增大了表面积，可防止下沉

趋势，只是速度较慢而已。不过，这个问题不会产生严重后果，因为海风会在海面附近形成强烈的海水混合和湍流。海水混合会令浮游植物重返表层海水，并在太阳照射下进行光合作用，进而生成海洋群落。

12.4.2.2 黏度和流线型

随着生物体型逐渐变大，黏度不再提高生存率，反而成为生存障碍。对于在开阔大洋中自由游泳的大型生物而言，影响更加明显。为了生存，大型生物必须追逐猎物或逃避捕食者，但是它们的游动速度越快，海水黏度对其的阻碍就越大。海水不仅要从游泳生物的前侧移开，而且要向后移动，填补腾出的空间。

图 12.14 显示了流线型的优势，这种形状对液体流动的阻力最小，可以帮助海洋生物克服海水的黏度，从而轻松在水中游动。在流线型的组成部分中，通常包括扁平的身体、横截面小的前端及逐渐变窄的后端（减少涡流形成的尾迹），常见于自由游泳鱼类及海洋哺乳动物（如鲸和海豚）。

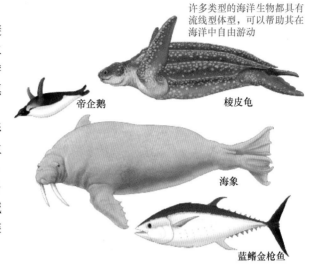

许多类型的海洋生物都具有流线型体型，可以帮助其在海洋中自由游动

帝企鹅 棱皮龟 海象 蓝鳍金枪鱼

图 12.14 流线型。流线型海洋生物，它们能以最小的阻力移开和置换海水，形成较小的尾迹

12.4.2.3 繁殖

海洋生物也利用海水的高黏度来增加繁殖机会，并不断地开拓新栖息地。例如，许多海洋生物采用称为撒播产卵（Broadcast Spawning）的繁殖策略，即将卵子和精子直接注入海水，类似于陆生植物的花粉随风飘散。在某些情况下，撒播产卵发生在大量生物集聚期间（异性生物彼此靠近）；在其他情况下，海洋生物简单地将大量繁殖物质注入海水，只要存在至少几个类型正确的细胞，就可能彼此相交而成功繁衍后代。此外，海洋生物有时会将大量幼体释放入海，任其随波逐流而到达新栖息地。

12.4.3 温度

图 12.15 中对比了陆地和海洋的表面温度极值，可以看到海洋温差（温度区间）远小于陆地温差。在开阔大洋中，最低海表温度很少低于-2℃，最高海表温度很少超过 32℃，部分浅水海域除外（水温高达 40℃）。但是在陆地上，温度的极值范围是-88℃～58℃，这意味着陆地温差要比海洋温差高 4 倍多。第 5 章讨论了大陆效应，本节进一步介绍相关内容。与陆地温差相比，海洋温差（昼夜、季节和年度）较小，为海洋生物提供了非常稳定的环境，具体原因如下。

1. 如第 5 章所述，水的热容远高于陆地，使得陆地的变温区间和速度均远超海洋。
2. 海洋之所以升温缓慢，主要是由于海水蒸发。蒸发是一种冷却过程，可将海洋中的多余热量转移至大气中（作为蒸发潜热）。
3. 海洋表面吸收太阳辐射后，这些能量能够穿透数十米深的海水，分散至规模非常庞大的水团中；陆地表面吸收太阳辐射后，只有非常薄的表层能够吸收这些能量。
4. 与固体陆地表面不同，海水具有良好的混合机制，如海流、海浪和潮汐可在不同区域之间传递热量。

此外，即便是微小的昼夜温差和季节性温差，也只出现在海洋表层水域，随着水深逐渐加大，温差还会降低，直至在某个深层位置变得可以忽略。例如，在超过 1.5 千米深的海洋深处，无论纬度如何变化，水温均常年保持在 3℃ 左右。

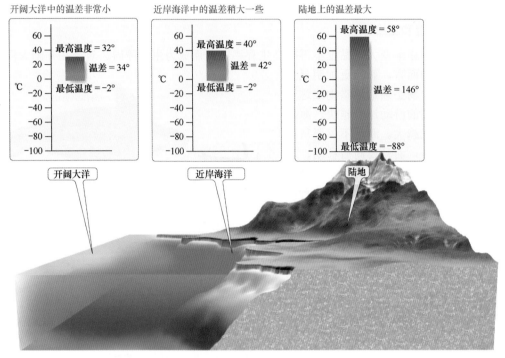

图 12.15 海洋与陆地的表面温度极值对比。开阔大洋中的最大温差仅为 34℃，近岸海洋中的最大温差升高至 42℃，陆地上的最大温差为 146℃（4 倍于开阔大洋）

12.4.3.1 冷水物种和暖水物种

与暖水相比，冷水的密度和黏度更大，这些因素对海洋生物影响极大，导致海洋环境中的暖水物种与冷水物种形成如下差异。

- 就体型而言，暖水漂浮生物小于冷水漂浮生物。小型生物可暴露出更多的比表面积，有助于在黏度及密度较低的暖水中保持位置。
- 暖水物种通常具有可增大表面积的华丽羽状附属物，较大的冷水物种明显缺乏此类结构（见图 12.11 和图 12.13）。
- 温度上升能够明显提高生物的活动频率，温度每上升 10℃，生物的活动频率可能增加 1 倍多。与冷水生物相比，热带生物明显生长更快、预期寿命更短、繁殖活动更早且更频繁。
- 暖水海域的物种虽然更多，但是在高纬度地区的冷水海域，浮游生物的总生物量远超热带暖水海域。注意，高纬度地区的浮游生物具有较高的生物量，但不由温度和黏度直接导致，只是这两种因素与营养盐上升流（浮游植物高生物量的直接支撑）有关。

有些动物只能生活在冷水中，还有些动物只能生活在暖水中。这些生物大多只能承受非常小的温度变化，称为狭温性生物（Stenothermal），主要分布在开阔大洋中温差不大的深度。其他物种受不同温度变化的影响较小，可承受较大甚至较快的温度变化，称为广温性生物（Eurythermal），主要分布在温差变化最大的浅水近海和开阔大洋的表层水中。

12.4.4 盐度

各种海洋动物对环境变化的敏感度存在差异。例如，栖息在河口的海洋动物（如牡蛎）必须能够承受相当大的盐度波动。随着潮汐的每日涨落，含盐海水反复流入河口，随后逐波回退入海，造成河口位置的盐度变化相当大。在陆地洪水期间，河口的盐度水平极低。可承受盐度大幅变化的沿海生物称为广盐性生物（Euryhaline）。

另一方面，开阔大洋中的海洋生物极少经历盐度的大幅变化，由于适应了恒定的盐度范围，只能忍受很小的盐度变化，故此称为狭盐性生物（Stenohaline）。

12.4.4.1　盐分的吸收

为了构建身体的坚硬部分（作为保护层），有些生物能够从海水中吸收矿物质，特别是二氧化硅（SiO_2）和碳酸钙（$CaCO_3$），海水中溶解物质的数量因而随之减少。例如，浮游植物（如硅藻）和微型原生动物（如放射虫和硅鞭毛虫）可从海水中提取二氧化硅，颗石藻、有孔虫、大多数软体动物、珊瑚及分泌碳酸钙骨骼结构的部分藻类可从海水中提取碳酸钙。

12.4.4.2　扩散

在水中，可溶性物质（如营养盐）的分子从高浓度区域向低浓度区域移动，直到该物质全部均匀分布为止（见图 12.16a）。这个过程称为扩散（Diffusion），它由分子的随机运动引发。活细胞的外膜可以渗入许多分子，通过营养盐穿越细胞膜的扩散，海洋生物能够从周围海水中吸收营养盐。海水中的营养盐通常非常丰富，这些营养盐能够穿透细胞膜，进入营养盐含量较低的细胞内部（见图 12.16b）。除了被动扩散，海洋生物还能通过主动输运方式，将营养盐输入细胞内部。

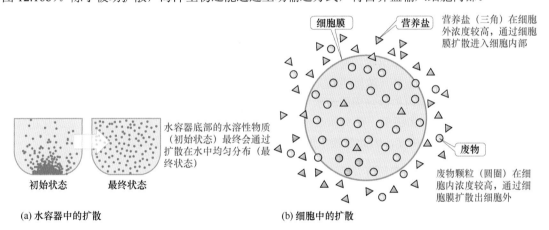

图 12.16　扩散。在扩散过程中，物质从高浓度区域流向低浓度区域，直至分布得更加均匀

营养盐中存储的能量耗尽后，细胞必须对剩余废物进行处理，同样通过扩散方式将其排出细胞。当细胞内的废物浓度高于周围海水时，废物就从细胞进入周围液体（生物体液或海水），随后通过循环体液（高等动物细胞）或周围海水（简单的单细胞生物）向外排出。

12.4.4.3　渗透

当不同盐度的水溶液被半透膜（如活细胞周围的细胞膜）隔开时，水分子（非溶解盐）可穿越半透膜而自由移动。但是，当半透膜两侧溶解盐颗粒的浓度不均衡时，可能造成更多水从低盐侧进入高盐侧。这个过程称为渗透（Osmosis），无须借助任何外力作用，即可持续推动水穿过半透膜，直至两侧溶解盐颗粒的浓度相等为止（见图 12.17a）。渗透压（Osmotic Pressure）是为防止水分子进入而向浓度较高溶液施加的压力。渗透使水穿过生物的组织，对海洋生物和淡水生物都存在影响。生物体液盐度与海洋盐度相等时，称为等渗（Isotonic），此时渗透压相等，水不会通过半透膜向任何方向净移动（见图 12.17b）。

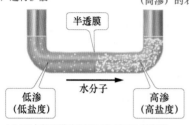

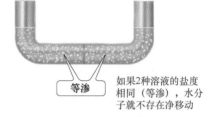

在渗透过程中,水分子(非溶解物质)通过半透膜(分隔开2种不同盐度液体)进行扩散

在渗透过程中,水分子从浓度较低(低渗)的左侧溶液中,移动进入浓度较高(高渗)的右侧溶液中

半透膜

水分子

低渗(低盐度)

高渗(高盐度)

等渗

如果2种溶液的盐度相同(等渗),水分子就不存在净移动

(a) 通过半透膜分隔的2种不同盐度溶液   (b) 通过半透膜分隔的2种相同盐度溶液

图 12.17 渗透。水分子通过半透膜,从含有较低浓度溶解盐(低盐度)的溶液进入含有较高浓度溶解盐(高盐度)的溶液,这个过程称为渗透

当海水的盐度低于生物细胞内液的盐度时,海水通过细胞膜进入细胞(朝向高浓度溶液)。这种生物具有高渗(Hypertonic)特征,意味着盐度高于周围海水。

当生物细胞内液的盐度低于周围海水的盐度时,细胞中的水通过细胞膜进入海水(同样朝向高浓度溶液)。相对于自身以外的海水而言,这种生物具有低渗(Hypotonic)特征。本质上讲,在渗透过程中,水分子通过半透膜,从含有较低浓度溶解颗粒(低盐度)一侧净输运至含有较高浓度溶解颗粒(高盐度)一侧。

总之,在渗透和扩散过程的协同作用下,溶解物质和水可以穿过细胞膜。下列三件事情可以同时发生。

1. 水分子在渗透过程作用下,通过半透膜向溶解颗粒浓度较高一侧(细胞内或外)移动。
2. 营养盐分子从细胞外(浓度更高)扩散到细胞内,为细胞的正常运转提供支撑。
3. 废物分子从细胞内扩散到周围海水中。

海洋无脊椎动物(如蠕虫、贻贝和章鱼)的体液与周围海水几乎等渗,因此不必进化出特殊机制来维持体液的适当浓度,因此与淡水远亲(体液高渗)相比具有一定的优势。

常见问题 12.5   为什么手指在水中长时间浸泡会起皱?

人们通常认为,皮肤之所以起皱,主要是因为"水分通过渗透作用进入皮肤外层并使其膨胀"。但是早在20 世纪 30 年代,研究人员就知道,当手指出现神经损伤时,这种效应不会发生。由此,这种变化是人体自主神经系统的一种无意识反应,该系统还控制着呼吸、心率和排汗等活动。实际上,科学研究发现,这种独特的"起皱"现象由皮下组织中的血管收缩引起,且只是一种暂时性状态,离开水后就会恢复正常。科学研究还发现,起皱皮肤可能具有一种进化优势:起皱的手指和脚趾更易抓住光滑表面。

12.4.4.4 渗透实例:咸水鱼和淡水鱼

咸水鱼体液中的盐分仅为海水的 1/3 强,原因可能是其进化区域位于低盐度的沿海水域(近海)。因此,与周围海水相比,咸水鱼具有低渗(低盐度)特征。

由于存在这种盐度差异,咸水鱼没有某种调节手段时,体液中的水分就会流失到周围海洋中,最终导致脱水。但是,这种损失被抵消了,因为咸水鱼不仅饮用海水,而且能够通过鳃部的特殊氯化物释放细胞滤除盐分。通过排出极少量高浓度尿液,咸水鱼也能帮助维持体内水分,如图 12.18b所示。与周围的淡水环境相比,淡水鱼具有高渗(体内含盐量较高)特征。淡水鱼体液的渗透压可能是周围淡水的 20~30 倍,如果通过渗透作用吸收了过量淡水,就会造成细胞壁破裂。为了防止发生这种情况,淡水鱼不喝水,且细胞具有吸收盐分的能力,还能排出大量非常稀的尿液,以减少细胞中的水分(见图 12.18a)。

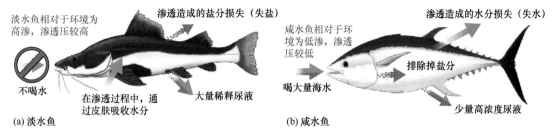

图 12.18　淡水鱼和咸水鱼的盐度适应性。渗透过程导致淡水鱼和咸水鱼对环境的适应性不同，淡水鱼相对于环境为高渗，咸水鱼相对于环境为低渗

探索数据

对于具有高渗和低渗特征的鱼类来说，渗透适应性有何差异？

简要回顾

渗透能够形成通过半透膜的水分子的净输运，从溶解颗粒的低浓度侧转移至高浓度侧。

12.4.5　溶解气体

当海水的温度降低时，溶解气体的数量逐渐增多，因此与暖水相比，冷水能够溶解更多的气体。这是一种反比关系，类似于海水的温度和密度，见第 5 章。此外，如第 5 章所述，高纬度地区的表层冷水含有丰富的溶解气体，特别是二氧化碳（浮游植物进行光合作用所需）和氧气（所有生物进行新陈代谢所需）。因此，在整个夏季，当太阳能可用于光合作用时，高纬度地区就会发育大量浮游植物群落。此外，高纬度地区的富氧冷水向下沉降，然后沿海底流动，为深海生物提供了充足的溶解氧供应。

除了海洋哺乳动物及某些鱼类呼吸空气，大多数海洋动物必须从海水中获取溶解氧，它们是如何做到这一点的？海洋动物大多拥有称为鳃（Gills）的纤维状呼吸器官，可直接与海水交换氧气和二氧化碳。例如，大多数鱼类用嘴吞入水（看上去像是在水下呼吸），然后在水经过鳃时提取氧气，最后通过身体两侧的鳃裂将水排出体外（见图 12.19）。对大多数鱼类而言，要在海水中长时间存活，至少需要浓度为 4.0ppm（按重量计）的溶解氧；要运动及快速生长，还需要更多的溶解氧。因此，水族箱需要安装充气管，不断向水中补充氧气。在低氧环境中，大多数有鳃海洋动物无法简单地呼吸海面空气，适应性只允许它们利用水中的溶解氧。当溶解氧含量低到一定程度（如藻华的分解需要消耗溶解氧）时，大量海洋生物就会窒息死亡（除非转移至其他富氧区域）。

在不同动物种群中，鳃的结构及位置各不相同。例如，鱼类的鳃位于鱼嘴后部，包含毛细血管；高级水生无脊椎动

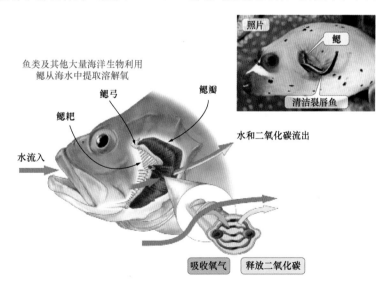

图 12.19　鱼鳃。水通过鱼嘴进入鳃，鳃提取溶解氧，水和二氧化碳通过鳃裂排出。如照片（插图）所示，蓝色条纹清洁裂唇鱼正在清理黑斑叉鼻鲀的鳃

物的鳃突出体表，包含延伸的血管系统；软体动物的鳃位于外套腔内；高级脊椎动物（包括人类）在胎儿发育过程中具有无功能的基本鳃裂，且随着胎儿成熟而消失。

12.4.6 水的高透明度

与许多其他物质相比，水（包括海水）的透明度相对较高。在开阔大洋中，阳光能够照射到水下约 1000 米深处，具体取决于海水中的浊积物（悬浮沉积物）和浮游生物数量，以及地理纬度、当日时刻和季节变化等。在开阔大洋中，海洋生物几乎没有藏身之处，但是仍然能够运用许多巧妙的藏身机制。

12.4.6.1 透明度

由于海水的透明度较高，为了在微弱光线下定位及捕捉猎物，许多海洋生物长出了大眼睛。

为了躲避目光锐利的捕食者，许多海洋生物（如水母）的身体几乎透明，以帮助自己融入周围环境（见图 12.20）。实际上，对于开阔大洋中的所有海洋生物而言，若非拥有利齿、毒素或高速，体型几乎都比较小，从而具有某种程度的隐形能力。只有在阳光照射不到的大洋深处，透明生物才较为罕见。为了提升透明度，海洋生物还经常运用另一种策略，就是发育出类似于镜面的银色体表，从而对微弱光线进行反射。透明度不仅能够帮助生物逃避捕食者，而且可以帮助透明生物跟踪猎物。

图 12.20　海月水母。大多数水母几乎全透明，捕食者很难发现。为了增强外观效果，拍照时从上方打了强白光

12.4.6.2 伪装和反荫蔽

有些海洋生物利用色彩图案伪装来隐藏自己（见图 12.21a），还有些海洋生物利用反荫蔽/反向遮蔽（Countershading）保护色（体色上深下浅）来融入周围环境（见图 12.21b）。许多鱼类（特别是比目鱼）具有反荫蔽保护色，自上而下观察时，可以融入深水（或海底）的深色背景；自下而上观察时，可以融入阳光的浅色背景。对于捕食者而言，反荫蔽还有助于偷袭猎物。

(a) 石鱼的头部和眼睛，伪装得非常巧妙

(b) 阿拉斯加码头上的大比目鱼，具有反荫蔽保护色

图 12.21　伪装和反荫蔽

12.4.6.3 昼夜垂直迁移：深海散射层

为躲避捕食者，许多海洋生物每天都会向海洋的更深及更暗区域垂直迁移，于是形成了一种称为深海散射层（Deep Scattering Layer，DSL）的有趣特征。深海散射层首次发现于"二战"初期，在为探测敌方潜艇而测试声呐设备时，美国海军发现大量声呐记录中出现了一个神秘的声音

反射面，但又太浅而不可能是海底，通常将其称为假底（False Bottom，见图 3.1）。令人惊讶的是，在一天内，深海散射层的深度还会发生动态改变，夜间深度为 100～200 米，白天深度为 900 米。

在海洋生物学家的帮助下，声呐专家们最终确认，声呐信号反射自密集分布的海洋生物。经过细致调查浮游生物网络、潜水器及详细声呐记录，人们发现深海散射层中存在大量不同类型的海洋生物，包括桡足类（浮游动物的主体）、磷虾（小型甲壳类动物）和灯笼鱼（见图 12.22 中的放大图）。深海散射层的昼夜迁移由海洋生物的垂直迁移造成，为了能够在具有高生产力的表层海水中觅食，同时保护自己不被捕食者发现，这些海洋生物只好选择"昼伏夜出"。捕食者包括昼食性、黄昏食性和夜食性三类，如图 12.22 所示。深海散射层中的海洋生物只在夜间上浮至海面觅食，白天则下潜至光线较暗的深海中藏身。

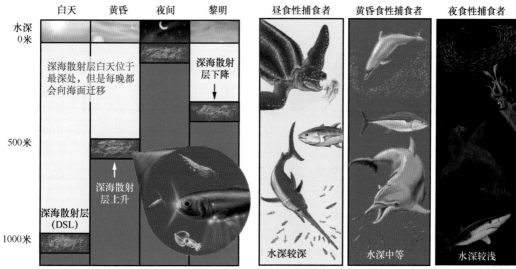

图 12.22 深海散射层中的海洋生物及其昼夜迁移。(a)深海散射层中的海洋生物白天下潜至深海中躲避捕食者，夜间上浮至海面觅食；(b)部分捕食者以深海散射层中的海洋生物为食，包括昼食性、黄昏食性和夜食性三类

探索数据

构建水深—时间图表，显示栖息在深海散射层中的海洋生物的昼夜迁移。

科学研究发现，深海散射层的昼夜迁移造成了海水的垂向混合程度增强。实际上，最新科学研究表明，小型海洋动物（如深海散射层中的生物）产生的能量非常可观，是全部游泳生物向海洋贡献总能量的主体，大致相当于海风和潮汐产生的能量。

12.4.6.4 混隐色

与想要融入周围环境的物种不同，许多热带鱼物种呈现出较为鲜艳的颜色，如图 12.23 所示。为什么这些物种具有能让捕食者很容易发现的鲜艳颜色？热带鱼身上的鲜艳斑纹是一种混隐色（Disruptive Coloration），在同样多变且对比鲜明的背景（如热带珊瑚礁）下观察时，色彩对比粗线条的较大图案能够令其轻松地融入背景。这种原理应

图 12.23 热带鱼的色彩运用。许多热带鱼（如花斑连鳍）具有鲜艳的色彩和粗线条的图案，能够利用混隐色融入周围环境，或者通过鲜艳的色彩来宣示身份、求偶等

用广泛，如斑马用其躲避捕食者，老虎用其隐藏自己而不让猎物看到，军人服装用其作为伪装而不让敌人发现。即便利用了混隐色，许多热带鱼似乎仍然没有融入周围环境。或许，通过这些鲜艳的色彩和独特的颜色，热带鱼的目标是吸引异性或展示武器（如体刺或毒物）。对于热带鱼为何拥有如此鲜艳的颜色，科学家们目前尚未达成一致意见，但必定存在某些生物学优势，否则其颜色应不会这么鲜艳。

12.4.7　压力

水深每增加 10 米，水压约增加 1 个大气压。人类无法较好地适应表层水之下的高压（见深入学习 12.1），即使潜入游泳池的底部，也能感觉到耳部压力明显增大。

深海中的水压约为几百个大气压，人类注定无法生存，但是为何深海海洋生物能够承受呢？

许多鱼类体内存在鱼鳔（内含气体或油脂），允许其通过调整浮力来改变自己在水柱中的位置

图 12.24　鱼鳔

大多数海洋生物体内缺乏较大的可压缩气囊，且没有像人类一样的肺、耳道及其他通道，所以感觉不到高压在体内的推进。水几乎不可压缩，充满水的身体具有等量的向外推力，因此不受深海环境的高压影响。但是，许多鱼类拥有内含气体（或油脂）的鱼鳔（Swim Bladder），如图 12.24 所示，允许其通过调整浮力来改变自己在水柱中的位置。

少数物种对压力变化的适应力极强，例如在数千米深的海底也可发现近滨（内滨）海域的某些海洋物种。

常见问题 12.6　为什么抹香鲸能够潜入海底？

所有海洋哺乳动物都有肺并且呼吸空气，其中某些动物拥有特殊的适应性，使其能够潜入极深的位置。例如，抹香鲸可下潜至 2800 多米深处，且能在水下持续觅食超过 2 小时！它们能够非常有效地利用少量氧气，且拥有可折叠的胸腔，能够迫使空气排出并压缩"肺"，关闭体内的空气腔。第 14 章中将进一步介绍海洋哺乳动物及其适应性。

深入学习 12.1　潜入海洋环境

纵观历史，为了实现科学探索、获利或探险等目标，人类成功潜入并直接观察了海洋环境，如图 12A 所示。早在公元前 4500 年，为了采集红珊瑚和珍珠贝，勇敢而技术高超的潜水者就能一口气下潜 30 米深。后来，人们将潜水钟（充满空气的钟状物）放入海里，为乘客或潜水者提供空气。在亚里士多德于公元前 360 年编著的《问题集》一书中，记录了"在采集海绵时，希腊潜水者将水壶装满空气，然后放入海里"。但是，人类的水下畅游（自由呼吸和随意行动）梦想进展缓慢，直到 1943 年古斯塔和加南发明了能够全自动压缩空气的水下呼吸器。这套装置后来被命名为水肺（Scuba），如今已被成百上千万潜水爱好者所用。使用水肺，潜水者可以亲身感受海洋，充分地欣赏海洋环境的奇妙与美丽。

对于喜欢水下探险的人来说，必须克服海洋潜水的众多挑战，如低温、黑暗及压力剧增的影响。为了抵御低温，可以穿上特制潜水衣；为了照明，可以配备高亮度防水型潜水灯；为了避免水压伤害，必须限制下潜水深和滞留时间。因此，大多数水肺潜水者很少

图 12A　穿戴着早期潜水装备的海洋学家和探险家威拉德·巴斯科姆

下潜至 30 米（该处水压为水面的 3 倍）以下，而且滞留时间不超过 30 分钟。

因为身体适应了在较低气压下生活，人类进入海洋环境相对比较危险。水压随水深增大很快，到过游泳池最深处的人们应都有体会。在海洋深处，水压增大会给潜水者带来大麻烦。例如，水压越大，溶解在潜水者体内的氮气就越多，可能造成称为氮麻醉或深海眩晕的昏迷症状。此外，如果潜水者过快地浮出水面，体内气体膨胀会导致细胞膜严重破裂，这种症状称为气压伤。

此外，返回水面时，潜水者可能会出现潜水病/减压病，也称沉箱病或弯曲症。潜水病发生在快速上升至低压水面的潜水者身上，造成血液及其他组织中形成氮气气泡（类似于打开碳酸饮料瓶时形成的气泡）。潜水病的症状有多种，如流鼻血、关节疼痛（造成潜水员弯腰，故称弯曲症）、永久性神经损伤甚至致命性瘫痪。为避免出现这种情况，潜水者必须缓慢上升，预留出足够长的时间，使血液中的过量"溶解氮"能够通过肺部排出体外。

虽然面临着这些风险，潜水者们仍然冒险前往越来越深的海洋。1962 年，在潜水钟的帮助下，汉斯·凯勒和彼得·斯摩尔下潜至开阔大洋中的 304 米深度，创下了当时的世界纪录。虽然使用了一种特殊的气体混合物，斯摩尔仍在刚返回水面时身亡。目前，海洋潜水的最深纪录为 534 米。深海潜水生理学研究人员经过长期研究，通过利用充满氧气、氢气和氦气特殊混合物的压力舱，成功模拟了下潜至 701 米深的场景。研究人员相信，在 600 米水深以下，人类最终能够长时间停留。

你学到了什么？

潜水病的病因是什么？潜水者怎样才能避免产生这种症状？

简要回顾

海洋的物理条件包括物理支撑、黏度、温度、盐度、光照表层水、溶解气体、高透明度和压力等，为海洋生物造就了极好的适应条件。

小测验 12.4　解释海洋生物如何适应海洋的物理条件

❶ 讨论生物用于增强其抗下沉能力的某些适应性（体型大小除外）。

❷ 列出海洋环境中冷水物种与暖水物种之间的差异。

❸ 描述渗透过程，其与扩散有何不同？细胞膜上会同时发生哪三种情况？

❹ 海洋中的低渗鱼类面临的渗透机制问题是什么？这些动物通过何种适应性来克服此问题？

❺ 水温如何影响水持有气体的能力？海洋生物如何从海水中吸收溶解氧？

❻ 什么是深海散射层？为什么存在昼夜垂直迁移？

12.5　海洋环境主要划分为哪些部分？

海洋环境划分为两种主要类型：海水本身是水层（海水）环境，生活着浮游生物和游泳生物（食物网非常复杂）；海底是底栖（海底）环境，生活着海洋藻类和底栖生物（不能漂浮、不能游泳或者至少不擅长）。

12.5.1　水层/海水环境

水层环境/海水环境（Pelagic Environment）划分为不同的生命区域，各自具有独特的物理特征，称为生物带（Biozones），如图 12.25 所示。水层环境包括浅海区和大洋区，浅海区（Neritic Province）从海滨向海延伸，包括水深浅于 200 米的所有海域；大洋区（Oceanic Province）位于浅海区的向海侧，水深超过 200 米。基于实际水深，大洋区还可细分为 4 个生物带。

1. 上层带/光合作用带（Epipelagic Zone）：水深为 0～200 米。

2. 中层带（Mesopelagic Zone）：水深为 200～1000 米。

3. 深层带（Bathypelagic Zone）：水深为 1000～4000 米。

4. 深渊带（Abyssopelagic Zone）：水深大于 4000 米。

在大洋区中，海洋生物分布的唯一最重要决定因素是"光照可用性"。因此，除 4 个生物带外，基于光照可用性，还可将海洋生物分布划分为 3 个带：

1. 透光带（Euphotic Zone）：从海面向下延伸至某个深度（很少超过 100 米），仍然存在足够光照来支撑光合作用。透光带通常称为光照表面薄层，虽然只占海洋环境的 2.5%，但是是大多数海洋生物的栖息家园，详见本书最后几章。

2. 弱光带（Disphotic Zone）：光线虽然微弱，但仍然可见。上接透光带，下接无光带，水深一般为 100～1000 米。

3. 无光带（Aphotic Zone）：不存在任何光线，水深上限为 1000 米左右。

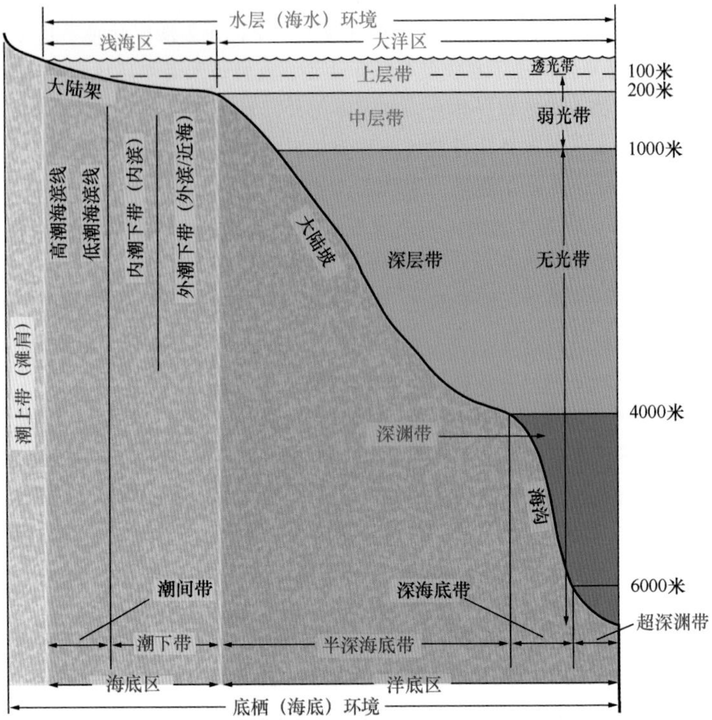

图 12.25　水层环境和底栖环境中的海洋生物带。水层环境以蓝色表示，底栖环境以棕色表示，二者均以水深为基础，与离岸距离不一定完全相关。海底特征和光照区域以黑色字体表示

12.5.1.1　上层带

上层带/光合作用带（Epipelagic Zone）的上半部分是透光带，这是海洋中唯一拥有足够光线来支持光合作用的区域。在上层带与中层带之间的边界位置（水深约为 200 米），溶解氧水平开始显著降低（见图 12.26 中的红色曲线）。这个深度的氧气之所以减少，主要是因为 150 米水深以下没有进行光合作用的藻类存活，而且当死亡生物组织从上层水域（具有生物生产力）中下沉至此时，细菌可对其进行氧化分解，消耗溶解氧并释放营养盐。因此，在水深约 200 米以下区域，营养盐急剧增多（见图 12.26 中的绿色曲线）。上层带与中层带之间的边界大致是混合层、季节性温度跃层和表层水团的底部。

探索数据

图 12.25 中的两条曲线存在一定的关系，解释这是什么样的关系。

12.5.1.2　中层带

如图 12.26 所示，氧气含量最低层/氧最小层（Oxygen Minimum Layer，OML）是水深为 500～1000 米的水层，水平移动的中层水团经常携带海洋中含量最高的营养盐。

在中层带（Mesopelagic Zone）及更深的海域中，生物发光（Bioluminescence）的海洋生物较为常见，这些生物自身能够产生光线，具备在黑暗中照明的能力。由于位于阳光照射不到的表层海水之下，具备发光能力具有极大的优势，所以此位置的绝大多数生物都能发光，如某些种类的虾和乌贼，特别是深海鱼类（见图 12.27）。第 14 章中将全面地探讨海洋生物的发光机制。

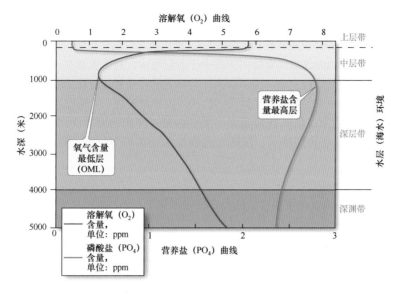

图 12.26　溶解氧和营养盐随水深的丰度变化。在表层海水中，由于与大气的混合和植物的光合作用，氧气非常丰富；由于藻类的吸收，营养盐（磷酸盐）的含量较低。随着水深逐渐加大，氧气含量逐渐降低，形成氧气含量最低层，与营养盐含量最高层大致相当。在这个层位以下，营养盐含量持续保持高位波动，氧气含量逐渐增多（由来自极地区域的高氧冷水补充）

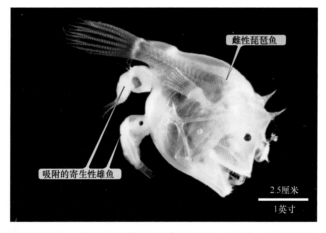

图 12.27　深海琵琶鱼的适应性。雌性深海琵琶鱼的身体透明，眼睛小，牙齿尖利。头部前突的羽状结构是一种生物发光诱饵，主要用于吸引猎物。在雌鱼的身体下方，吸附着两条体型小得多的寄生性雄鱼

生物特征 12.1　透明圆顶让我更容易发现猎物！

　　巴雷利鱼（后肛鱼科）也称桶眼鱼、管眼鱼或幽灵鱼，因其灵敏、桶形及管状的眼睛得名，眼睛被充满液体的透明圆顶覆盖，长达 20 厘米。巴雷利鱼生活在热带及温带水域的中层带（水深 600～800 米）中，通常几乎一动不动。在弱光环境中，这种鱼利用自己的良好视力，仅凭微弱轮廓即可探测到猎物（如小鱼和水母）。发现猎物时，眼睛就会像双筒望远镜一样旋转，直至垂直锁定住猎物后，才目不转睛地冲上去捕食。

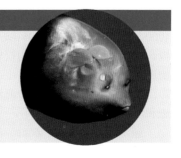

12.5.1.3　深层带和深渊带

　　深层带（Bathypelagic Zone）和深渊带（Abyssopelagic Zone）不存在任何光线，约占大洋区75%以上的生存空间。在漆黑的海域，生活着大量毫无视觉功能的鱼类，普遍体型不大、长相怪异

且为食肉性。

通常来说，许多种类的虾以生物碎屑（Detritus，死亡或腐烂的有机物，包括排泄物）为食，但是在此深度却成了捕食者，因为这里的食物供应远少于表层海水。对于生活在这些较深地带的海洋动物而言，大多需要相互捕食来维持生命，为了成为非常高效的捕食者，进化出了令人印象深刻的警告装置和特征独特的器官（见图12.27）。许多种类动物的牙齿非常尖利，大嘴巴也与体型极不成比例。

在氧气含量最低层之下，氧气含量随深度增大而增多，因为海洋深层流补充了大量氧气，而深层流来自极地区域的富氧表层冷水。深渊带是底层水团的势力范围，移动方向常与深层带中的深层水团相反。

12.5.2 底栖（海底）环境

采用与将水柱划分为不同物理条件区域的类似方式，基于为海洋生物提供栖息地等具体情况，人们将海底环境划分为多种区域。陆地与海底（大潮高潮线以上）之间的过渡区域称为潮上带/滨上带/滩肩（Supralittoral Zone），如图12.25所示。只有在最高高潮期间，或当海啸（或大型风暴海浪）侵袭海岸时，潮上带（常称潮溅带）才被海水覆盖。

其余底栖（海底）环境可划分为两个主要单元，分别对应于水层（海水）环境中的浅海区和大洋区（见图12.25）：

1. 海底区（Subneritic Province）：从最高高潮海滨线开始，向海延伸至200米深度，大致覆盖整个大陆架范围。
2. 洋底区（Suboceanic Province）：200米以深的底栖环境。

12.5.2.1 海底区

海底区（Subneritic Province）可进一步划分为潮间带和潮下带，潮间带（Littoral Zone）位于高潮海滨线与低潮海滨线之间，潮下带（Sublittoral Zone）从低潮海滨线向海延伸至200米深处。

潮下带由内、外两部分组成，内潮下带（Inner Sublittoral Zone）相当于内滨（近滨），延伸至海藻不再附着在海底生长的深度（约50米），向海边界具有可变性。在内潮下带范围内，所有向海光合作用均由浮游微藻完成。外潮下带（Outer Sublittoral Zone）从内潮下带向外延伸至200米深处，或者陆架坡折（大陆架向海外缘）的位置。

12.5.2.2 洋底区

洋底区（Suboceanic Province）可进一步划分为半深海底带、深海底带和超深渊带。半深海底带（Bathyal Zone）的深度为200～4000米，通常与大陆坡相对应。

深海底带（Abyssal Zone）的深度为4000～6000米，包含80%以上的底栖环境。在深海底带中，海底为松软海洋沉积物覆盖，主要成分是深海黏土。在这些海洋沉积物中，可以发现部分海洋动物的足迹和洞穴，如图12.28所示。

超深渊带（Hadal Zone）的深度大于6000米，属于不适合生物生存的高压环境，仅由大陆边缘沿线的深海沟组成。在这里存活的动物群落较为有限，彼此之间的关联性不大，通常具有独特的适应性。

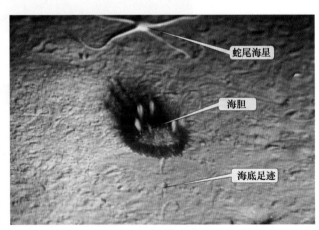

蛇尾海星

海胆

海底足迹

图12.28　底栖生物在海底留下的痕迹。当底栖生物在海底移动或挖洞时，通常会在海底沉积物中留下痕迹。视野宽度约为0.6米

水层（海水）环境覆盖垂向水柱，底栖（海底）环境覆盖海底，二者皆可基于水深（影响光照数量）进一步细分。

❶ 编制表格，列出水层环境和底栖环境的细分部分，以及用于划定各部分边界的物理因素。

❷ 基于光照可用性，分别描述三个地带，哪个地带的海洋生物最多？

主要内容回顾

12.1　什么是生物及其如何分类？

- 海洋中生活着各种各样的生物，体型大小不一，如微细菌、藻类和蓝鲸。所有生物都属于生命的三域（分支）之一，即古菌域、细菌域和真核生物域。
- 生物可进一步划分为六界，即真细菌界、古细菌界、植物界、动物界、真菌界和原生生物界。通过生物分类，可进一步划分各个"界"范围内的各个单体，按照门、纲、目、科、属和种等递进阶元进行归类。其中，"属"和"种"标识生物的学名，许多生物还存在一个或多个俗名。
- 讨论为什么一般很难区分生物与非生物。
- 构建类似于图 12.3 所示的嵌套方框图，显示人类的分类。

12.2　海洋生物是如何分类的？

- 基于栖息地（生境）和移动能力（活动性），可将海洋生物划分为三类。浮游生物是几乎没有运动能力的自由漂浮形式，游泳生物是游泳者，底栖生物栖息在海底。
- 解释为什么大部分海洋生物量来自浮游生物。
- 针对三种海洋生物类型（浮游生物、游泳生物和底栖生物），分别列出 8 种不同的海洋生物。

12.3　海洋物种知多少？

- 在全部已知物种中，只有约 13% 栖息于海洋。在全部海洋生物中，98% 以上为底栖生物。与陆地环境相比，海洋环境（特别是水层环境）要稳定得多，因此海洋生物多样化的压力较小。
- 解释环境变化如何影响现存物种的数量。
- 查找并列举出 5 种新物种。

12.4　海洋生物如何适应海洋的物理条件？

- 海洋生物对海洋生活具有适应性。为获取和保存水分，陆地生物必须发育非常复杂的支撑系统。
- 藻类和以藻类为食的小动物都缺乏有效的运动方式，为了避免下沉到光照水面以下，只好依靠自身的较小体型及其他适应性，尽可能增大比表面积。由于体型较小，它们还能有效地吸收营养及排泄废物。许多游泳生物发育有流线型身体，可以克服海水的黏性，更容易在海水中穿行。
- 与陆地相比，海洋表面温度的昼夜变化、季节性变化或年度变化不那么剧烈。与生活在冷水中的生物相比，生活在暖水中的生物个体较小，拥有华丽的羽状附属物，物种数量众多，总生物量更小。与冷水生物相比，暖水生物的寿命更短，繁殖年龄更早且更频繁。
- 渗透是水分子通过半透膜从低浓度溶液进入高浓度溶液的过程。在生物体的细胞与海水之间，如果起分隔作用的细胞膜允许水分子通过，那么水分就从细胞向海水中转移，生物体可能会因渗透作用而严重脱水。许多海洋无脊椎动物本质上具有等渗特征；大多数海洋脊椎动物具有低渗特征；淡水生物基本上具有高渗特征。
- 大多数海洋动物通过鳃来获取氧气。由于海水具有高透明度，许多海洋生物的视力都很发达。为避免被捕食者发现和吃掉，许多海洋生物具有透明、伪装、反荫蔽或混隐色等特征。与人类不同，由于体内不存在较大的可压缩气囊，大多数海洋生物不受深海高压的影响。
- 对于平均线性尺寸为 1 厘米、3 厘米和 5 厘米的生物，分别确定其比表面积。
- 描述深海散射层的深度在一天内如何变化。

12.5　海洋环境主要划分为哪些部分？

- 海洋环境划分为水层（海水）环境和底栖（海底）环境。这些区域可根据水深进一步划分，各自拥有不同的物理条件和海洋生物。透光带是水层环境中最重要的一层，包含了阳光能够照射到的表层海水，含有可以支撑光合作用的足够阳光。
- 为了增强对海洋生物带的了解，凭记忆构建并标注类似于图 12.25 的个性化图表。
- 解释图 12.26 所示的两条曲线为何具有该形状，如为什么存在氧气含量最低层？

第13章　生物生产力和能量传递

阳光照耀下的鱼群。为避免捕食者的攻击，这些六带鲹（杰克鱼）通常营群居生活。阳光几乎为整个海洋食物网提供了全部能量，通过不同海洋生物之间的相互捕食，营养盐在食物网中传递能量

主要学习内容

13.1　了解海洋初级生产力的制约机制

13.2　描述各种类型的光合海洋生物

13.3　解释海洋初级生产力的区域性变化

13.4　介绍能量和营养盐在海洋生态系统中如何传递

13.5　评价海洋渔业的影响因素

授人以鱼，不如授人以渔。

——古代谚语

生产者（Producers）是利用二氧化碳、水和阳光来合成自食食物的生物体。通过光合作用，生产者捕获太阳能并生成糖，这是海洋生物群落中所有其他生物赖以生存的重要食物，但海底热液喷口附近的生物除外（化能合成作用是其主要食物的能量来源，见第 15 章）。在海洋中，光合作用生产者主要是植物、藻类和细菌。从严格意义上讲，海洋生产者是海洋食物网的重要根基。

在海洋中，真正的海洋植物数量不多，大型海藻起到的作用较小，微型光合作用生产者（称为浮游植物）承担了太阳能转化的主要职责。这些微型生产者主要包括藻类、部分原生生物和细菌，大多散布在海洋的光照表层水域，成了海洋环境中的最大生物群落。

本章重点介绍初级生产力及其变化影响因素（纬度和水深），描述各种类型的光合海洋生物，讨论海洋中不同海域的生产力，介绍各种海洋生物之间的摄食关系（如食物链和食物网），探讨与海洋渔业相关的环境问题。

13.1　什么是初级生产力？

初级生产力（Primary Productivity）是指生物体利用无机碳（二氧化碳）生成有机质（碳基化合物）来存储能量的速率（能力）。这个过程称为碳固定/固碳作用（Carbon Fixation），所用能量来自光合作用（Photosynthesis）期间的太阳辐射，或化能合成作用（Chemosynthesis）期间的化学反应。要了解与化能合成作用相关的更多信息，请参阅第 15 章。之后，其他生物就可以该有机质为食。虽然化能合成作用支撑着大洋扩张中心沿线分布的热液喷口生物群落，但其在全球海洋初级生产量中的重要性远逊于光合作用。实际上，海洋中 99.9%的生物量（Biomass）的食物来源依赖于（直接或间接）光合作用初级生产力提供的有机质，仅 0.1%依赖于化能合成作用。因此，在讨论初级生产力时，我们将重点放在光合生产力上。

从化学角度讲，光合作用是将太阳能存储在有机分子中的化学反应。在光合作用过程中，植物、细菌及藻类细胞首先捕获太阳能，然后将其存储为糖，释放出氧气，如图 13.1 所示；在细胞的呼吸作用（Respiration）过程中，动物能够消耗光合作用生成的糖，将其与氧气结合，释放出其中存储的能量，进而执行各种生命过程中的重要细胞任务，如图 13.1 所示。注意，图 13.1 与图 1.26 完全相同，第 1 章中还简要介绍了光合作用和呼吸作用（作为循环与互补过程）。

简要回顾

初级生产力是微生物、藻类及植物生成碳（有机质）的速率（能力），主要通过光合作用实现，也包括化能合成作用（微生物）。

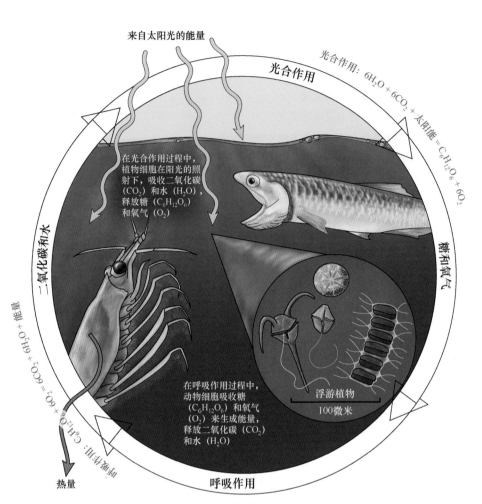

图 13.1 光合作用和呼吸作用是循环与互补的过程，它们都是地球生命的生存基础。注意，本图与第 1 章中的图 1.26 相同

13.1.1 初级生产力的测量

通过测量海洋的各种属性，可以大致算出初级生产力的数量。最直接的一种海上测量方法是利用尼龙材质的锥形浮游生物网（Plankton Nets），定量地捕捉浮游生物，如图 13.2 所示。这些浮游生物网的网目（网孔）很细，类似于机场的风向袋，当由测量船在一定水深位置拖动时，即可过滤并采集所经水域的海洋浮游生物。通过分析捕获生物的数量及类型，可揭示出与该区域生产力相关的更多信息。

在测量海洋的初级生产力时，其他传统方法包括将专门设计的瓶子放入海中、采集表层海水样本，以及测量样本中浮游植物对放射性碳的吸收。通过记录每日融入浮游植物样本中的碳数量，即可估算出特定海域的光合作用总量。

另一方面，测量全球初级生产力时，太空是极为有利的观测位置。通过由地球轨道卫星监测海洋的颜色（水色），科学家们可以测量表层海水中的叶绿素浓度，然后用其估算浮游植物的丰度，最后计算得到初级生产力结果。现在，Terra 和 Aqua 卫星上搭载了中分辨率成像光谱仪（MODIS），每两天采集一次全球海洋水色数据。MODIS 可测量光的 36 个光谱频率，包括海洋荧光，能够提供海洋浮游植物的生产力、健康状况和效率等大量信息。

在这张浮游生物样本的显微照片中，同时可见浮游植物和浮游动物

100微米

为了采集浮游生物样本，人们将这些网目很细的大型圆锥形浮游生物网放入水中，并拖在测量船后方

在这个浮游生物样本中，每个斑点都是一个海洋生物，可以在显微镜下进一步分析

当浮游生物聚集在浮游生物网的封闭末端以后，即可将其转移至广口瓶中

图 13.2　利用浮游生物网采集浮游生物样本

13.1.2　初级生产力的影响因素

在海洋中，光合作用初级生产力的数量（初级生产量）主要受限于两种因素，即太阳辐射的可用性（太阳辐射量）和营养盐的可用性（营养盐供给）；有时，若在海水中较为稀缺，其他某些因素（如二氧化碳浓度）也会限制初级生产力；人类因素引发的气候变化也会影响海洋生产力。

13.1.2.1　营养盐的可用性

无论是深度还是广度，海洋中的生命具体如何分布，主要取决于浮游植物需要的营养盐（如氮、磷、铁和硅）的可用性。在物理条件能够提供大量营养盐的区域，海洋种群的密集程度非常高。要知道这些区域的具体位置，就要考虑营养盐的来源。

水以径流形式侵蚀陆地，不断搬运陆源物质入海，并沉积在大陆边缘位置。径流还会溶解并输运各种化合物，如硝酸盐和磷酸盐，这是浮游植物需要的主要营养盐，也是所有花园和农场肥料的基本成分。当这些化学物质到达沿海区域时，就会造成富营养化（Eutrophication）现象，即生态系统中化学营养盐的富集。下一节中将进一步讨论富营养化及其相关问题。

各大陆是营养盐的主要来源地，所以在大陆边缘沿线，海洋生物最集中。从大陆边缘向开阔大洋方向，随着距离的不断增加，海洋生物的集中度逐步降低。同时，随着海洋的深度不断加大，海洋生物也会逐渐减少，因为阳光不会照进海洋太深（即便在最清澈的水域）。之所以存在这些差异，一是全球海洋的深度极大，二是开阔大洋远离营养盐富集的沿海地区。

在一般情况下，当缺乏某些营养盐时，特别是氮（硝酸盐）和磷（磷酸盐），生产力就会受到限制。因此，在海洋化学中，这些化合物的研究程度最高。

作为所有有机化合物（包括碳水化合物、蛋白质和脂肪）的基础组分，碳也是生产力中的重要元素。但是在海洋中，各种形式的碳相当丰富，光合生产量所需的碳并不缺乏，因此碳并不限制生产力。

当营养盐不限制生产力时，藻类组织中碳、氮及磷的比例为 106:16:1，称为雷德菲尔德化学计量比（Redfield Ratio），由美国海洋学家阿尔弗莱德·雷德菲尔德在 1963 年首次描述。在以硅藻为食的浮游动物及从全球各地采集的大多数海水样本中，人们均发现存在这一比例。此外，浮游植物吸收营养盐的比例与其在海水中的比例相同，并以同样的比例传递给浮游动物。当这些浮游植物和浮游动物死亡后，碳、氮和磷会以相同的比例被海水回收。

科学研究发现，在南极洲和加拉帕戈斯群岛附近水域，虽然所有营养盐（铁除外）的浓度都非常高，但光合生产量仍然较低。为了刺激生产力和增加海洋吸收二氧化碳气体的数量，有人提出了向海洋中施铁肥的想法，见第 16 章。只有在岛屿或陆地附近的下游浅水海域，由于水中溶解了岩石和沉积物中的大量铁元素，生产量才相对较高。因此，缺铁也会严重限制初级生产力。

13.1.2.2　太阳辐射的可用性

若不存在可供利用的光能（太阳辐射），光合作用就无法进行。虽然大气层的厚度超过 80 千米，但高透明度使其能够轻易被阳光穿透，因此陆地上的植物几乎总是可以获得充足的太阳辐射来进行光合作用。

但是，即便在最清澈的海水中，太阳能的最大照射深度仍然可能只有 1 千米，而且照射到此深度的能量并不足以满足光合作用的需求。因此，海洋中的光合作用范围非常有限，通常仅限于最顶部的表层水域，以及水深较浅且足以令光线穿透的海底区域。由于透光量有限而导致净光合作用为零的水深称为光合作用的补偿深度（Compensation Depth for Photosynthesis）。

透光带（Euphotic Zone）从海面向下延伸至光合作用的补偿深度（开阔大洋中约为 100 米），见第 12 章中的图 12.25。在近岸海域，由于水中含有更多悬浮无机物（浊流）或可抑制光线穿透力的微生物，透光带可能会浅于 20 米。真光层/真光带（Photic zone）是可以探测到太阳辐射的上层海洋，包括透光带（Euphotic zone）和弱光带（Disphotic zone）。

在近岸海洋与开阔大洋之间，光合作用的两种必需因素（营养盐和太阳辐射）存在何种差异呢？在远离大陆边缘的开阔大洋中，阳光可沿垂向水柱向下延伸较深，但是营养盐的浓度很低；在近岸海洋中，光线的穿透能力要弱得多，但是营养盐的浓度要高得多。由于海岸带的生产力更高，营养盐的可用性一定是影响海洋生物分布的最重要因素。

常见问题 13.1　气候变化如何影响海洋初级生产力？

对于整个海洋生态系统的初级生产力，人类引发的全球气候变化预计会产生重大的负面影响，且已经影响了许多地区的海洋初级生产量。例如，由于海风形态或海水温度发生改变，在以往季节性浮游植物极为繁盛（出现水华）的海域，浮游植物现在大量萎缩甚至逐渐消亡。据预测，人类引发的气候变化还将导致海洋表层流的强度下降，改变鱼类幼体和浮游生物的迁移范围，从而最终对初级生产量产生负面影响。

气候变化还会产生另一种重要的负面影响，就是改变海洋生长季节的持续时长（或起止时间）。捕食性物种的生长（及生存）依赖于其主要食物来源的同步生产量。本质上讲，如果浮游植物水华出现得太早（或太迟），就会改变以浮游植物为食的生物体获得食物的时间。极端情况下，浮游植物的缺乏会造成大多数浮游动物死于饥饿，反过来又会极大地影响海洋食物网。

13.1.3 海水中的光传播

如图 13.3 中的曲线所示，大部分太阳能位于可见光波长范围。对于海洋的下列三个主要组成部分，太阳的辐射能量会产生强烈影响。

1. 海风。海流和风生浪形成于全球主要风带的直接驱动，但其最终驱动力全部来自太阳辐射。对于全球气候而言，风带和海流具有重要影响。
2. 海洋分层。在太阳能的加温作用下，海洋薄表层暖水的温度略高，下伏充满大多数海洋盆地的巨量低温冷水。在大多数区域中，这会造成海洋的水柱包含若干分层。
3. 初级生产力。光合作用只能发生在阳光穿透海水之地，对浮游植物以浮游植物为食的大多数动物而言，必须生活在光照充足的表层海水（厚度相对较薄）中，这里是大多数海洋生物安身立命的生命层。

13.1.3.1 电磁波谱

太阳能够辐射出较宽范围波长的电磁辐射，合在一起就构成了电磁波谱，如图 13.3（上）所示。在电磁波谱中，人眼只能看到范围很窄的一小部分，即可见光。由于人类的电磁传感器（眼睛）只能探测到可见光区域的波长，因此称之为可见光。本质上讲，就像收音机只能调频到特定频率范围的无线电波一样，人类的眼睛也只能调频到可见光波长范围。

基于波长，可见光进一步划分为与颜色相关的多个量级，如红色、橙色、黄色、绿色、蓝色和紫色。当这些不同波长的光融合时，就产生白光。可见光左侧的光（如红外线、微波和无线电波）能量较低且波长较长，主要用于导热和通信；可见光右侧的光（如 X 射线和伽马射线）能量较高且波长较短，剂量较高时可能会伤害生物组织。

13.1.3.2 物体的颜色

如图 13.3 所示，太阳光包含人眼可见的所有颜色，我们看到的大部分光线是从各个物体反射而来的。所有物体都吸收和反射不同波长的光，每个波长代表可见光谱中的一种颜色。例如，植被反射绿光和黄光，吸收其他大部分波长的光，所以大多数植物具有绿色外观。同理，红色外套反射红光，吸收其他所有波长的颜色。

如图 13.3（下）所示，海洋选择性地吸收可见光中波长较长的颜色（红色、橙色和黄色）。只有在自然光线照射下的表层海水中，可见光谱的全部波长集聚一堂，物体的真实颜色才能显露出来。在海面之下 10 米深度范围内，红光被吸收；在 100 米深度范围内，黄光被完全吸收。因此，在可见光谱中，只有波长较短的部分才能传播至海洋中的更深位置（主要是蓝光，还有部分紫光和绿光），而且光线的强度非常低。在开阔大洋中，只有在 100 米以浅的透光带内，才存在可支撑光合作用的充足阳光；在 1000 米以深的海水中，太阳光无法穿透。

人们通常采用西奇盘/塞克板/透明度板（Secchi Disk）来测量海水的透明度，并以此为基础来估算光线的穿透深度，如图 13.4 所示。西奇盘以发明者安吉洛·西奇（1818－1878）的名字命名，西奇是一位意大利天文学家，1865 年首次利用这种仪器测量了湖水的清澈度。西奇盘是直径为 20～40 厘米的圆盘，附带有一根标记了固定间距的绳子。将圆盘缓慢放入海水中时，人眼最后看清圆盘的最大水深即为海水的清澈度。随着浊度逐渐增大（主要由微生物及悬浮沉积物导致），海水对光的吸收程度不断加大，因此会降低可见光穿透的海水深度。

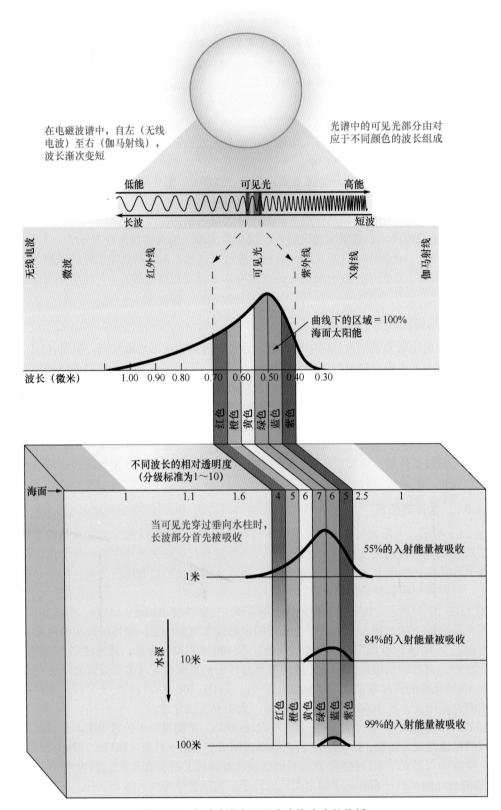

在电磁波谱中，自左（无线电波）至右（伽马射线），波长渐次变短

光谱中的可见光部分由对应于不同颜色的波长组成

图 13.3　电磁波谱和可见光在海水中的传播

13.1.3.3　海水的颜色和海洋生命

海洋的颜色范围是从深靛蓝色（蓝色）到黄绿色。为什么不同海域的海水分别呈蓝色和绿色呢？海水的颜色受两种因素的影响，一为径流导致的浊度，二为光合色素的数量，这两种因素的数值均随初级生产力的增长而增大。

在沿海水域（近海）和上升流区域，生物的生产力非常高，由于含有大量黄绿色的微藻和悬浮颗粒物，海水几乎总是呈黄绿色。位于表层海水中时，这些物质会散射绿光或黄光。

在开阔大洋（特别是热带地区）中，生物的生产力较低，海水的浊度也较低，因此通常呈清澈的靛蓝色。在这里，水分子对光的散射贡献最大，而且主要散射蓝色波长的光。大气也能散射蓝光，因此蓝天意味着晴空万里。

图 13.4　学生们正在使用西奇盘。在船上，将西奇盘放入水中，通过一根绳子来测量阳光的穿透深度，即海水的清澈度

虽然光合海藻和光合细菌的体型较小，但是数量极为庞大，足以改变海洋的颜色，甚至在轨卫星能够从太空中观测到这种变化。例如，图 13.5 是利用卫星数据制作的全球海洋叶绿素分布图，大致相当于生产力的分布状态。浅绿色表示叶绿素浓度较高（高生产力区域），称为**富营养**（Eutrophic），通常天然存在于近岸浅水海域、上升流区域及高纬度地区；深蓝色表示叶绿素浓度较低（低生产力区域），称为**贫营养**（Oligotrophic），主要分布在热带开阔大洋中。

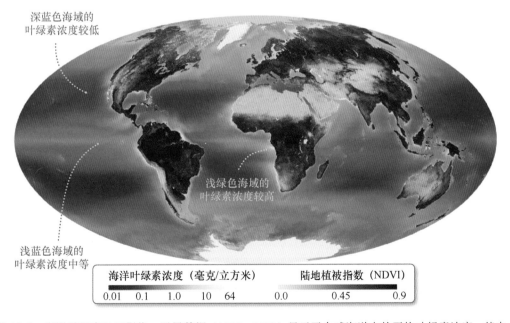

图 13.5　海洋叶绿素卫星影像。卫星数据（1998－2010）显示了全球海洋中的平均叶绿素浓度，基本上相当于生产力的近似值。数据获自 SeaStar（海洋水色）卫星上搭载的 SeaWiFS（海洋观测宽视场）传感器，时间跨度长达 13 年。该传感器能够探测出因叶绿素浓度改变（随光合生产力而变化）而引发的海水颜色变化，叶绿素浓度的单位为毫克/立方米。在陆地上，人们采用归一化差异植被指数（NDVI）来描述此种数据，主要是想展现绿色植被的密度

13.1.4 为什么海洋边缘的生命如此丰富?

如果海洋环境的稳定是维持生命的理想条件,为什么在条件最不稳定的海洋最边缘区域,海洋生物最为富集呢?例如,近岸海洋包括如下特征:

- 水深较浅,温度和盐度的季节性变化非常大(与开阔大洋相比)。
- 在大陆边缘沿线,由于潮汐规律地冲刷(覆盖及暴露)小部分狭长陆地地带,近滨水域中的水柱厚度会相应地发生改变。
- 海浪在碎浪带中破碎,释放出大量能量,可跨越开阔大洋而传播至远方。

这几种情况都会给生物生存带来压力。但是,虽然生存环境非常艰难,经过数十亿年漫长地质历史时期的自然选择过程,新物种逐渐进化并占据适合自身的每个生态位。要了解与生物进化和自然选择相关的更多信息,请参阅深入学习1.1。实际上,只要营养盐的供给能够跟得上,许多生物就会适应在不利条件(如海岸环境)下生活。

在大陆边缘沿线的某些海域,海洋生命比其他海域更为丰富,造成这种不均匀分布的原因是什么呢?同样,只要考虑食物生产量的基本需求即可。例如,水温最低区域的生物量最大,因为与暖水相比,冷水中含有更多的营养盐和溶解气体(如氧和二氧化碳)。这些营养盐和气体能够促进浮游植物的生长,从而对海洋中所有其他生命的分布产生深远影响。

13.1.4.1 上升流和营养盐供给

如第7章所述,上升流是朝海面方向流动的深层海水,从透光带之下上涌。这种深层水富含营养盐和溶解气体,因为此深度没有浮游植物来消耗这些化合物。当冰冷的海水自表层之下上涌时,会将大量营养盐从海洋深处携带至浮游植物繁盛的表层,成为较大生物(如桡足类和鱼类)以及大型生物(如鲨鱼和鲸)的食物。但是,由于表层水变暖及由此产生的海洋水柱分层,上升流会受到一定程度的限制,从而抑制初级生产力,后面将进一步介绍相关内容。

海洋中的上升流出现在哪里?在各大陆的西部边缘沿线,人们经常发现沿岸上升流的高生产力区域,该区域的表层流朝赤道方向流动(见图13.6)。由于受到埃克曼输送(见第7章)的影响,表层海水不断远离海岸,富含营养盐的深层水(200~1000米)随即不断上升并补位。另一个地点是经常出现赤道上升流的赤道沿线。

简要回顾

在海洋环境中,光合生产力受限于日照数量和营养盐供给。通过将营养盐丰富的深层冷水提升至光照充足的表层海水中,上升流极大地改善了海洋生物的生存环境。

小测验13.1　了解海洋初级生产力的制约机制

❶ 讨论作为初级生产力方法之一的化能合成作用,说明其与光合作用有何差异。

❷ 下列影响因素如何相互关联:靠近大陆、营养盐的可用性和海洋生物的密度?

❸ 在阳光穿透能力最强的热带开阔大洋中,为什么生物生产力相对较低?

❹ 讨论可发现异常高浓度海洋生物的近岸海洋的一般特征。

❺ 在最浅的表层海水之下的深海中,为什么所有物体均呈蓝绿色?

(a) 沿岸风（绿色箭头）导致埃克曼输送，将表层海水从各大陆西部沿岸吹离（蓝色箭头）

① 风将表层水吹离海岸（向左移动）

风

沿岸上升流

深层冷水上升流取代了表层水 ②

南半球

浮游植物

浮游动物

(c) 沿岸风形成南半球沿岸上升流的过程。在沿岸风的吹动下，表层水因埃克曼输送而远离海岸，营养盐丰富的深层冷水因而上升至表层

(b) 2000年2月21日，非洲西南海岸沿线叶绿素浓度的SeaWiFS影像。由于存在沿岸上升流，造成叶绿素浓度较高，说明浮游植物的生物量较高。浓度单位：单位体积海水中的叶绿素a数量（毫克/立方米）

图 13.6　沿岸上升流

13.2　光合海洋生物有哪些类型？

　　许多类型的海洋生物能够进行光合作用，以微细菌和藻类为主，但也包括大型藻类及部分种子植物。如第 12 章所述，海洋藻类并不是植物，二者之间的差异主要体现在复杂性方面。藻类是简单有机物，部分类型属于单细胞生物，即使是体积最大的类型，结构也相对简单；真正的植物相当复杂，具有藻类缺乏的许多特有结构，如根、茎、叶和花等。

13.2.1　种子植物

　　在海洋环境中，植物界的唯一成员是种子植物/结实植物（Seed-Bearing Plants/Spermatophyta），

图 13.7 冲浪草。加州潮池中的绿色冲浪草（虾海藻属）及各种褐藻，极低潮时暴露在外，涨潮时漂浮但仍稳固，为许多潮池生物提供了保护性藏身之处

隶属于显花植物门/有花植物门/被子植物门（Anthophyta），仅分布于沿岸浅水海域。例如，鳗草（大叶藻属）是与陆地草类似的一种有根植物，主要分布在静水海域（海湾及河口附近）的低潮带至 6 米水深之间；冲浪草（虾海藻属，见图 13.7）也是一种有根的种子植物，主要分布在高能环境（裸露礁石海岸）的潮间带至 15 米水深之间。

在其他种子植物中，网茅（多数为大米草属）主要分布在盐沼中，红树（红树属、海榄雌属和拉贡木属）主要分布在红树林沼泽中。如第 10 章所述，对生活在海岸环境中的海洋动物而言，所有这些植物都是重要的食物来源和保护伞。

13.2.2 大型藻类

海洋大型藻类/海藻（Macro Algae/Seaweeds）包括多种不同的类型，通常分布在海洋边缘沿线的浅水海域。海藻一般固着在海底，但也有一些种类漂浮在海面上。基于所含色素的颜色，人们对海藻进行了分类，如图 13.8 所示。虽然现代分类学中的藻类分类指标并非如此简单，但基于颜色划分仍然是描述不同类型藻类的有用手段。

(a) 刺松藻（绿藻），又称海绵草

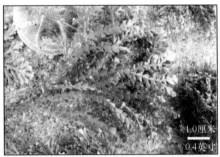

(b) 两种不同类型的红藻：加利福尼亚扁节藻（左，中）和珊瑚藻（右），均具有显示内部钙质骨骼部分的尖锐末端（白色）

(c) 马尾藻（褐藻）。类似于马尾巴，既相对固定，又能自由漂浮，典型分布区位于马尾藻海

(d) 巨褐藻（褐藻）的一小段，海藻床的主要组成部分

图 13.8 大型藻类

13.2.2.1 绿藻

绿藻（Green Algae）属于绿藻门（Chlorophyta），常见于淡水环境，在海洋中不具有代表性。

海洋物种大多生长在潮间带或浅水海湾中，体内因含有叶绿素而呈绿色，体型中等（最大尺寸很少超过 30 厘米），形态范围从细枝状到薄片状。

各种海白菜（石莼属）呈薄膜片状，厚度仅相当于 2 层细胞，广泛散布在冷水海域；海绵草（刺松藻属）呈两叉分支状，最长可超过 6 米，最常分布于暖水海域（见图 13.8a）。

13.2.2.2　红藻

红藻（Red Algae）属于红藻门（Rhodophyta），在海洋大型藻类中，数量最多，分布最广。从潮间带的最上缘至内潮下带的最外缘，分布着 4000 余种红藻。许多红藻固着在海底，呈分叉状（见图 13.8b）或表面结壳状。在淡水中，红藻极为罕见。红藻的体型跨度范围较大，小到肉眼勉强可见，大到长约 3 米。红藻在暖水和冷水中均有分布，但暖水种类的变化相对较小。

红藻的颜色变化范围非常大，具体取决于所在位置（潮间带或内潮下带）的深度。在光线充足的浅水海域，呈绿色到黑色（或紫色）；在光照较少的深水海域，呈褐色到粉红色。

海洋光合生产力绝大部分产生在海洋表层，具体而言就是海面与 100 米水深之间，与透光带的深度相对应。在 100 米水深位置，光照数量仅为海面的 1%。但是，即便透光带之下的光照强度极其微弱，某些深水物种仍然能够顽强存活。例如，在巴哈马群岛圣萨尔瓦多附近的一座海山上，人们发现了生活在 268 米深度的一种红藻，那里的透光量仅为海面的 0.0005%。

13.2.2.3　褐藻

褐藻（Brown Algae）属于褐藻门（Phaeophyta），包括固着型（非自由漂浮）海藻物种中的最大成员，颜色从浅褐色到黑色，主要分布在中纬度冷水海域。

褐藻的体型变化范围较大。褐壳藻（Ralfsia）是体型最小的类群之一，呈深褐色包壳斑块状，主要分布在潮间带的中上部；巨藻（Bull Kelp）是体型最大的类群之一，可以从 30 米深处一直向上延伸至海面；其他类型的褐藻还包括马尾藻（Sargassum，见图 13.8c）和巨褐藻（Macrocystis，见图 13.8d）。

常见问题 13.2　在 2008 年北京奥运会帆船赛之前大规模清理了哪种藻类？

近年来，在中国青岛海岸沿线，每年都会出现大量浒苔（一种漂浮的绿藻）。按照赛程安排，2008 年奥运会帆船赛将在那里举行，但是海藻覆盖了整个相关海域。浒苔水华由过量氮导致，主要来自化肥、化粪池及污水处理系统的过量氮排放。这些系统为浒苔提供了大量营养盐，使其能够疯长至厚度超过 0.3 米。为了保证帆船赛能够顺利如期进行，中国政府启动了全球最大规模的海藻清理行动（见图 13.9），投入了数以万计的人员、数千艘渔船和数百辆自卸卡车。通过开展大规模清理工作，人们收集了足够多的浒苔，最终令奥运会帆船赛按原计划成功举办。从沿海水域清理浒苔耗资共计 8730 万美元。据相关新闻报道，大部分海藻被运到农场，作为肥料或牲畜饲料。

图 13.9　2008 年奥运会帆船赛前中国青岛的浒苔清理。为了举办 2008 年奥运会帆船比赛，中国政府对浒苔（漂浮绿藻）进行了大规模清理，投入了数万人员，总计花费 8730 万美元

13.2.3　微型藻类

微型藻类/微藻（Microscopic Algae）是 99%以上海洋动物的食物来源，大多数为浮游植物，即生活在浅表层水域且只能随波逐流的光合生物。但是，还有部分种类微藻生活在近滨环境中的海底，阳光能够直接照射到那里。

13.2.3.1　金藻

金藻（Golden Algae）属于金藻门（Chrysophyta），含有橙黄色色素胡萝卜素，由硅藻和颗石藻组成，以碳水化合物和油脂的形式存储食物，详见第 4 章。

1. 硅藻

硅藻（Diatoms）包含在称为甲壳（Test）的微小介壳内。硅藻甲壳由蛋白石硅酸盐构成，可以积聚在海底并形成硅藻土/硅藻石/矽藻石（Diatomaceous Earth），具有非常重要的地质意义。在构造应力的作用下，有些硅藻土沉积已抬升至海平面之上，开采后可用作过滤装置及其他众多用途（见深入学习 4.1）。硅藻是海洋藻类中生产力最高的类群。

硅藻的甲壳形态各异，但都具有能够完美契合的上下两部分，如图 13.10a 所示。单个细胞包含在这个甲壳中，通过上面的小孔与周围海水交换营养盐和排泄物。

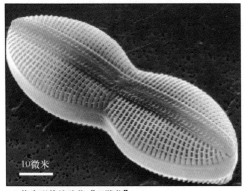

(a) 花生形状的硅藻"双壁藻"

(b) 颗石藻"埃米利亚纳·赫胥黎"，生物体表面覆盖着圆盘状碳酸钙质盖板，称为"球石粒"

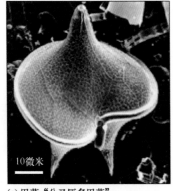

(c) 甲藻"分叉原多甲藻"

(d) 叶片状热带甲藻"坚硬异甲藻"

图 13.10　微型藻类

2. 颗石藻

颗石藻/球石藻（Coccolithophores）外覆若干称为球石粒的钙质（碳酸钙）小圆盘，如图 13.10b 所示。每个小圆盘的尺寸相当于 1 个细菌（约 1 微米），整个颗石藻的尺寸非常小，无法利用浮游生物网进行捕捞。颗石藻生活在表层温水和暖水中，对钙质海底沉积具有重要贡献。

13.2.3.2　甲藻

甲藻/鞭毛藻（Dinoflagellates）属于甲藻门（Pyrrophyta），如图 13.10c 和图 13.10d 所示。甲藻存在鞭毛（Flagella），具有微弱的运动能力，因此能够进入光合生产力的有利区域。甲藻的地质意义不大，因为甲壳由可降解纤维素构成，不能作为沉积物在海底长期保存。

1. 赤潮

当含有红色色素的甲藻大量出现时，可能会将海水染成红色，形成称为**赤潮**（Red Tide）的一种特殊现象，如图 13.11 所示。其实，赤潮与潮汐现象没有任何关系。当条件适合时，浮游植物种群会呈指数级增长，产生一种水华现象，在卫星影像中清晰可辨。赤潮及相关藻华并不会使海水真的变红，但对海洋动物、人类及环境有害，称为有害藻华（HAB）似乎更为准确。这些有毒水华会使海洋生物（如海牛及其他海洋哺乳动物）生病或死亡，对食用受污染海鲜的人类也会产生同样的影响（详见下文）。除了产生毒素，在 1100 种甲藻中，因环境变化而发生奇怪结构变化的甲藻不在少数。

赤潮是由什么引起的呢？有时候，自然海洋条件会刺激某些甲藻的生产力，1 升水中的甲藻可能多达 200 万个，从而使海水呈现出红色（见图 13.11）。在其他情况下，赤潮似乎与富含营养盐的陆地径流有关。

图 13.11　海洋中的赤潮。当条件适合时，甲藻在表层海水中大量繁殖，可将海水染成红色。这种现象称为赤潮，但与潮汐无关

常见问题 13.3　为什么赤潮夜间会发出蓝绿色的光？

在可形成赤潮的甲藻种类中，许多甲藻（膝沟藻属最有名）同时具备生物发光能力，即能够通过有机方式发光。当生物体受到干扰时，就会发出微弱的蓝绿色光。在赤潮发生期间，当海浪在夜间破碎时，经常会被数以百万计甲藻的生物发光照亮，场面非常壮观。在这段时间里，当海洋动物的身体与可生物发光的甲藻相接触时，甲藻发出的荧光会勾勒出动物的清晰轮廓，所以人们能够轻而易举地看到水中游动的海洋动物。

2. 甲藻毒素

虽然许多赤潮对海洋动物和人类无害，但是仍然可能造成海洋生物大量死亡。大量甲藻死亡后，降解过程会消耗海水中的溶解氧，造成很多类型的海洋生物窒息而死。在另外一些情况下，形成许多赤潮的甲藻能够产生神经毒素，且可以传播至许多不同类型的生物（包括人类），如图 13.12 所示。例如，在赤潮期间能够产生水溶性毒素的甲藻中，凯伦藻属（Karenia）和膝沟藻属（Gonyaulax）最常见。某些双壳类滤食性贝类（如各种蛤蜊、贻贝和牡蛎）能够从海水中过滤出甲藻，然后将其作为食物。凯伦藻属的毒素能够杀死鱼类和贝类。膝沟藻属的毒素对贝类没有毒性，但可在其组织中富集，然后对食用贝类的人类产生毒害（即使将贝类煮熟），从而引发称为麻痹性贝类中毒（Paralytic Shellfish Poisoning，PSP）的病症。

若摄入受污染贝类或者在藻华水域游泳超过 30 分钟，人类就可能产生麻痹性贝类中毒，其主要症状与醉酒类似，如语无伦次、动作不协调、头晕及恶心呕吐等。这种毒素攻击人类的中枢神经系统，目前尚无有效解毒药剂，救治临界期一般仅为 24 小时。在全球范围内，目前至少记录了300 例死亡病例和 1750 例非死亡病例。

甲藻也与各种海鲜食物中毒密切相关，典型案例如雪卡毒素中毒/西加毒素中毒（Ciguatera），由食用某些热带珊瑚礁鱼类（特别是大型捕食性鱼类，如梭鱼、红鲷鱼和石斑鱼）导致。通过生物放大（见第 11 章）过程，珊瑚礁鱼类体内积聚了大量天然甲藻毒素，这些毒素不会影响鱼类，但确实能够影响人类。当人类发生雪卡毒素中毒后，通常会出现胃肠疾病、神经性疾病和心血管

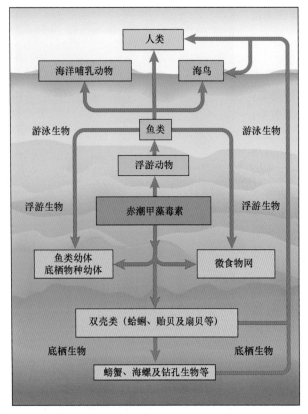

图 13.12 甲藻毒素至海洋生物及人类的传播途径。在藻华爆发期间，某些甲藻物种及其他浮游植物会产生剧毒毒素，然后在整个海洋食物网中传播。这些有毒水华能够杀死海洋生命，甚至危及食用受污染海鲜的人类

性贝类中毒。

1961 年夏天，在加利福尼亚州的蒙特雷湾，大量海鸟出现了行为异常，据说也与软骨藻酸中毒有关。据当地报纸报道，数千只海鸟到处乱飞，疯狂乱撞，不仅撞向建筑物和汽车，而且啄伤了 8 人。通过分析当时采集并留存的浮游动物样品的肠道内物质，研究人员发现 79% 的浮游动物体内都存在产毒藻类。据研究人员推测，软骨藻酸主要富集在以浮游生物为食的鱼类体内，而这些鱼类随后又被号称迁徙之王的灰鹱捕食，最后导致其不幸患病。据报道，阿尔弗雷德·希区柯克（传奇电影制作人）在此地拥有一栋房屋，这一事件激发了他的创作灵感，在 2 年后上映的经典悬疑片《群鸟》中，成功再现了类似事件（见图 13.13）。

蒙特雷湾还曾经发生过其他几起与有毒硅藻相关的事件，例如在 1991 年，褐鹈鹕和勃兰特鸬鹚出现了怪异行为，像喝醉酒一样东倒西歪地转圈飞行，同时发出非常凄厉的尖叫声，100 多只海鸟最终被冲到岸边并死亡。科学研究发现，罪魁祸首就是有毒硅藻——澳洲拟菱形藻。

疾病等症状，但是基本上不会出现生命危险，症状一般会在 1～4 周内消失。在全球范围内，与任何其他形式的海鲜中毒相比，雪卡毒素中毒引发了更多的人类疾病病例，甚至英国著名探险家詹姆斯·库克船长（1728－1779）也曾险遭厄运。在某次探险航行中，他和船员们食用了亚速尔群岛的鱼类，随后惨遭雪卡毒素中毒折磨了 3 个月。

在北半球，最危险的赤潮时间为 4～9 月。在这段时间里，许多地方设立了禁渔期，禁止捕捞以有毒微生物为食的贝类。

常见问题 13.4　还有哪些奇怪现象与摄入藻类毒素有关？

在全球范围内，大量奇怪现象和神秘中毒事件都可追溯到海洋微生物产生的各种毒素，这些毒素已经扩散至整个海洋食物网，甚至传播到人类身上。例如，在 1987 年，人类首次见识了软骨藻酸（由拟菱形藻属中的某种硅藻产生的一种生物毒素）的致命威力，当食用了来自加拿大爱德华王子岛的受污染贻贝后，100 多人不幸患病。软骨藻酸中毒的症状较为严重，如精神错乱、定位障碍、癫痫、昏迷甚至死亡。在爱德华王子岛事件中，4 名受害者死亡，10 名受害者终生间歇性失忆，因此研究人员将软骨藻酸中毒称为健忘

图 13.13　在希区柯克于 1963 年制作的经典悬疑片《群鸟》中，女演员蒂比·海德莉与来势汹汹的海鸥在搏斗。该影片的创作灵感来源于 1961 年发生在蒙特雷湾的真实事件：鱼类体内富集了硅藻产生的生物毒素"软骨藻酸"，海鸟捕食这种鱼以后发生了行为错乱

在全球的许多地方（如墨西哥湾北部），赤潮形式的藻华很早之前就有文字记载。但是，对于人类因素和自然因素在其发育过程中发挥了多大作用，人们目前尚不十分清楚。例如，当藻华在不同区域出现时，某些区域似乎完全属于自然现象，另一些区域则可能是由于来自陆源径流的营养盐（如硝酸盐和磷酸盐）浓度增大所致，最近记录到的海水表面温度升高可能也是一种促成因素。目前，在全球范围内，藻华的发生频率和严重程度均明显增大，对于其是否为实际增长或者仅为统计数字增长（由于观测和报告网络得到加强），科学界正在争论不休。

13.2.4　海洋富营养化和死区

有些营养盐会引发藻类（如有害藻华）的数量爆发式增长，海洋富营养化（Ocean Eutrophication）是指这种营养盐在海水中原本缺乏但某段时间内急剧增多。实践证明，海洋富营养化与人类活动密切相关，如大量营养盐会以肥料、污水及动物排泄物等形式进入沿海水域。虽然富营养化可以自然发生，但是向水域系统中添加磷酸盐（通过洗涤剂）、化肥或污水等化学物质则被视为人为富营养化（Cultural Eutrophication），即通过人类活动来加速自然富营养化。

大面积海洋富营养化与溶解氧缺乏的大范围缺氧死区/死亡地带（Dead Zones）有关，当春季径流大量入海后，主要河流的河口附近经常出现死区（见图 13.14）。当河流将富含肥料的径流输送入海时，就会造成藻华大量繁殖、死亡及分解，从而掠夺性地消耗水中的氧气。在这些死区范围内，溶解氧浓度从高于 5.0ppm 下降到低于 2.0ppm，比大多数海洋动物的耐受极限还要低。某些游泳能力较强的海洋生物可以逃

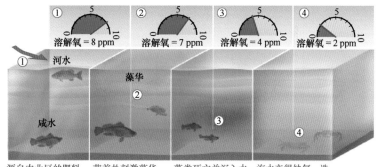

图 13.14　死区的形成。死区是与农业径流中的过量营养盐有关的低氧区域，这些营养盐会刺激藻华大量繁殖。当藻类死亡以后，分解过程会消耗大量氧气，形成缺氧死区，从而杀死海洋生物。在各个面板的仪表盘上，显示了溶解氧的浓度，单位为 ppm

离这个区域，但许多海底生物（如螃蟹、海星和海蜗牛）会窒息并死亡。经研究发现，低含氧量也会限制海洋生物的生长和繁殖。

从 20 世纪 60 年代到 21 世纪，海洋死区的数量每 10 年翻一番。迄今为止，在全球范围内，科学家们共发现了 500 多个死区（见图 13.15）。在未来一段时间内，由于人类活动（径流的污染和滨海湿地的生境破坏）的持续影响，死区的规模及数量预计还将进一步增加。

全球最大的死区位于波罗的海中，在农业径流、氮沉积（形成于化石燃料燃烧）和人类排泄物的共同作用下，那里的海水肥力极为过剩。2007 年，波罗的海周边国家成立了一个委员会，为了保护海洋的环境健康，通过实施政策和措施来降低海洋的营养盐输入量。

全球第二大死区位于路易斯安那州外侧的墨西哥湾中，接近密西西比河河口位置，每年夏季出现，如图 13.16 所示。实际上，2017 年，该死区的面积达到了创纪录的 22729 平方千米，大约相当于整个新泽西州。数十年以来，每当夏季来临，该区域都会出现面积较小的死区。但是，在 1993 年和 2011 年，当中西部地区发生了罕见洪水后，死区的面积明显增大。最近几年，在墨西哥湾北部，死区的平均面积约为 17000 平方千米，与安大略湖的面积大致相当。

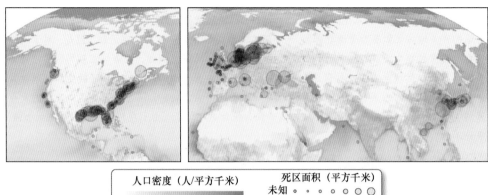

人口密度（人/平方千米）　死区面积（平方千米）
　　　　　　　　　　　　　未知 ∘ ∘ ∘ ∘ ○ ○ ◯
1　10　100 1000 10k 100k　　0.1　1　10 100 1k 10k

图 13.15　北半球的海洋死区。北半球的人口密度图（棕色）和死区分布图（红色圆圈，基于大小）。黑色小圆圈表示存在死区报告，但面积大小未知。可以看到，许多死区出现在大型河流的入海位置。在未显示的南半球中，死区数量极少，可能因为大陆较少，而且人口不多

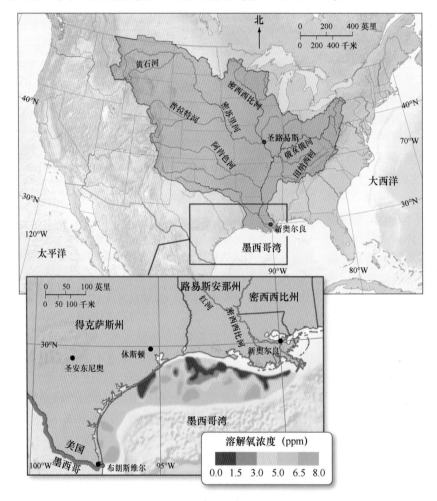

图 13.16　墨西哥湾中的死区。地图（上）显示了密西西比河流域（金色），放大图（下图）显示了 2011 年墨西哥湾死区的范围，颜色表示溶解氧浓度（单位为 ppm）。墨西哥湾北部死区是全球第二大死区，仅次于波罗的海

墨西哥湾中的死区似乎与营养盐径流有关，特别是硝酸盐（源自农业活动）沿着密西西比河一路下行，最终抵达墨西哥湾，在那里引发了藻华（见图 13.14）。当这些藻类死亡并沉降至海底后，细菌就会分解它们及其他排泄物，耗尽海底区域的溶解氧。其他因素也会影响死区的形成，如水柱的明显分层会抑制海水的混合，形成可持续数月之久的死区，直到飓风（或其他风暴）使得海水强烈混合为止。

为了防止海湾中的死区向外蔓延，提出如下建议：控制来自农业的营养盐径流；保护和利用好湿地，在径流进入海湾之前对其进行过滤；在农田与溪流之间，种植林草缓冲带；改变施肥次数；改进农作物轮作；严格执行现有清洁水法规。科学家、土地规划者和政策制定者正致力于制定一项行动计划，通过采取各种防治措施，尽力抑制每年都会出现的墨西哥湾死区。但是，世界上存在一些自然形成的低氧区（如孟加拉湾和南非西部的大西洋沿岸），海洋生物已经适应了本地低氧条件。

13.2.5 光合细菌

直到不久前，海洋细菌在光合作用中的作用还一直被人们忽视。由于细菌的体积极小，人们在早期采集海洋生物样本时，完全没有考虑到它们。最近，随着微型（细菌大小）生物体取样方法和基因组测序研究技术的快速发展，人类逐步揭示出了细菌在海洋中的惊人丰度和重要性。

例如，聚球蓝细菌/聚球藻（Synechococcus）是首批获得认可的海洋光合细菌之一，它们大量分布在近海和开阔大洋环境中，密度有时高达 10 万个细胞/毫升海水。在某些时段和地点，这些细胞占海洋中初级生产量（作为食物）的半数左右。最近，微生物学家发现了一种体型极小但丰度极高的细菌，称为原绿球藻（Prochlorococcus），丰度为聚球蓝细菌的多倍，如图 13.17 所示。实际上，原绿球藻至少占全球海洋中光合作用总生物量的一半，意味着其可能为地球上数量最多的光合生物。

此外，通过对马尾藻海中的微生物开展大规模基因测序，人们最近发现了许多新型细菌，说明海洋微生物的多样性相当可观，但之前尚未得到完全认知。显然，

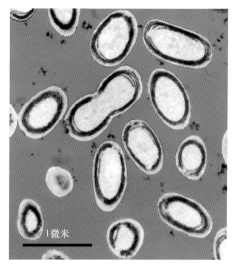

图 13.17 光合细菌"原绿球藻"。在海洋浮游植物中，原绿球藻的数量最多，体型最小，直径仅为 0.6 微米

微生物对海洋生态系统至关重要，严重影响着可持续发展、全球气候变化、海洋系统循环及人类健康。

简要回顾

海洋光合生物包括种子植物、大型藻类、微型藻类和细菌。若甲藻过多，则可能会引发赤潮。

小测验 13.2 描述各种光合海洋生物

❶ 从成分、颜色、水深和大小等方面，对比绿藻、红藻和褐藻的异同。
❷ 金藻包括浮游植物的两类重要的纲：硅藻和颗石藻，对比它们的成分和结构。
❸ 什么是赤潮？它由哪些条件导致？
❹ 麻痹性贝类中毒与健忘性贝类中毒有何不同？分别由哪些类型的微生物引发？
❺ 海洋富营养化（死区）的形成条件有哪些？如何限制其进一步扩散？

13.3　不同区域的初级生产力有何差异？

在不同的海洋区域中，初级光合生产量的差异十分明显，如图 13.5 所示。光合生产量的常用单位是单位时间（年）内单位面积（平方米）的碳产量（克），简称克碳/平方米/年。在开阔大洋中的某些区域，低至 1 克碳/平方米/年；在沿海河口中的某些区域，高达 4000 克碳/平方米/年（见表 13.1）。不同海域之所以存在这种差异，一是营养盐的分布不均匀；二是在整个海洋的光合浅表层中，太阳能的可用性存在季节性变化（关于地球的季节描述，见第 6 章）。

表 13.1　各种生态系统的净初级生产力值

生态系统	初级生产力	
	数值范围（克碳/平方米/年）	平均值（克碳/平方米/年）
海洋		
海藻床和珊瑚礁	1000～3000	2000
河口	500～4000	1800
上升流区域	400～1000	500
大陆架	300～600	360
开阔大洋	1～400	125
陆地		
淡水沼泽和盐沼	800～4000	2500
热带雨林	1000～5000	2000
中纬度森林	600～2500	1300
耕地	100～4000	650

平均而言，在开阔大洋的透光带形成的有机生物量中，约 90%在进一步下沉（离开透光带）以前就会分解，其余 10%会沉入深水海域。在沉入深水海域的生物量中，约 9%会进一步分解，仅剩下 1%最终抵达并积聚在深海海底。这种方式（将有机生物量从透光带移至海底）称为**生物泵**（Biological Pump），因其能够泵出上层海洋中的二氧化碳和营养盐，将其集中在深水海域及海底沉积物中。关于海洋生物泵在碳循环和气候变化中的作用，请参阅第 16 章。

海洋表面变暖及由此形成的海洋水柱分层也会影响初级生产力。例如，在亚热带海洋中，大多存在一个永久性温度跃层，以及由此形成的密度跃层。如第 5 章所述，温度跃层是水温快速变化的海水层，密度跃层是密度快速变化的海水层。温度跃层形成了阻止海水垂向混合的一道屏障，致使深层营养盐无法向光照表层海水重新供应。本质上讲，温度跃层就像密不透风的盖子，能够阻止富含营养盐的深层海水向表层移动，从而抑制初级生产力。在中纬度海域，温度跃层只在夏季出现；在极地海域，由于缺乏足够的海表变暖，通常不会出现温度跃层。在不同纬度的海域，海水出现温度跃层的程度不一样，初级生产力模式因而受到极大影响，本节重点介绍此方面内容。

下面介绍三种开阔大洋区域的年度生产力模式：（1）极地或高纬度海洋；（2）热带或低纬度海洋；（3）温带或中纬度海洋（见图 13.18）。注意，下面的讨论只考虑远离陆地的开阔大洋区域，确保不会受到来自大陆径流的影响。大陆通常含有较高浓度的营养盐，可能会干扰如下所述的季节性模式。

简要回顾

温度跃层像密不透风的盖子，阻止富含营养盐的深层海水向表层移动，从而抑制初级生产力。

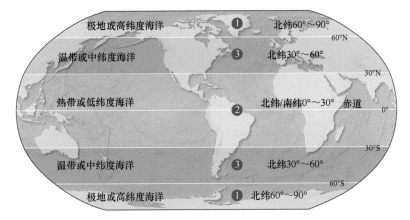

图 13.18　3 种海洋生产力区域的位置。在显示 3 种开阔大洋区域位置的地图中，可以查看这些海域的年度海洋生产力模式：（1）极地或高纬度海洋（北纬及南纬60°~90°）；（2）热带或低纬度海洋（北纬及南纬 0~30°）；（3）温带或中纬度海洋（北纬及南纬 30°~60°）。关于各个生产力区域的完整条件描述，请参阅后续正文

13.3.1　极地（高纬度）海洋的生产力：北纬及南纬 60°~90°

在极地海洋（如北冰洋的巴伦支海，位于欧洲北部海岸以外），冬季会经历约 3 个月的连续黑夜，夏季会经历约 3 个月的连续白昼。在巴伦支海中，硅藻生产力的峰值出现在 5 月（见图 13.19a），太阳会爬升至天空中足够高的位置，光照因此能够穿透较深的海水。硅藻一旦出现，浮游动物（主要是小型甲壳类动物，如桡足类，见图 13.19b）就开始以其为食。浮游动物的生物量在 6 月达到峰值，直到 10 月冬季开始连续黑夜以前，一直保持在相对较高的水平。

南极地区（特别是大西洋南端）的生产力稍高，这得益于北大西洋深层水的上升流，该上升流形成于大西洋海盆的北端一侧，水团在那里下沉并在海面下向南移动。时隔数百年后，这部分水团在南极洲附近上升至表层水域，同时带来高浓度营养盐（见图 13.19c）。夏季，当太阳辐射较强时，生物生产力就会激增。但是，对南极水域的最新研究发现，由于人类大量使用氯氟烃，南极上空出现了臭氧空洞，紫外线辐射随之增加，导致浮游植物生产力下降了 12%。要了解与大气臭氧空洞和氯氟烃相关的更多信息，请参阅第 16 章。

蓝鲸是世界上最大的鲸类（见图 14.20），主要摄食各种浮游动物。通常，为了最大限度地与浮游动物生产力保持步调一致，蓝鲸在中纬度海洋与极地海洋之间来回迁徙，不断地发育成长并哺育幼崽（出生时的体长超过 7 米）。母鲸利用自己富含脂肪的乳汁，喂养幼崽长达 6 个月之久。待到断奶时，幼崽的体长会超过 16 米，2 年后可长到 23 米，约 3 年后体重高达 55 吨！这一增长率非常惊人，因此从侧面说明了小型桡足类和磷虾（这些大型哺乳动物的主要食物）蕴含的巨大生物量。

在极地海洋中，海水的密度和温度随深度的变化较小，如图 13.19d 所示。因此，这些水体具有等温特征，在表层海水与深层海水（营养盐丰富）之间，水体混合不存在任何障碍。但是，在夏季，融冰能够形成厚度较薄的低盐水层，该水层不易与深层水相混合。对夏季初级生产量而言，这种分层至关重要，因为有助于防止浮游植物沉入暗淡无光的深层水域，从而能够集中在光照充足的表层水域，并在那里不断繁衍生息。

在高纬度地区的表层水域中，营养盐（主要是硝酸盐和磷酸盐）的含量通常非常充足。因此，在这些地区中，光合生产力的限制性因素只会是太阳能的可用性，而不可能是营养盐的可用性。

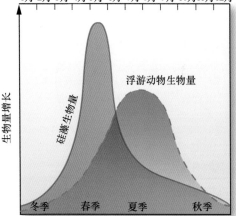

(a) 在巴伦支海的生产力曲线图中，硅藻生物量春季增长明显，浮游动物的数量随之增多

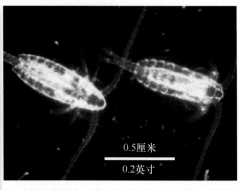

(b) 在极地海洋中，桡足类（哲水蚤属）是一种重要浮游动物

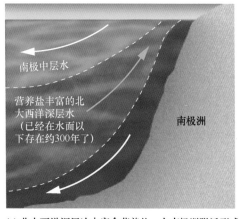

(c) 北大西洋深层冷水富含营养盐，在南极洲附近形成上升流，向南极水域持续提供营养盐

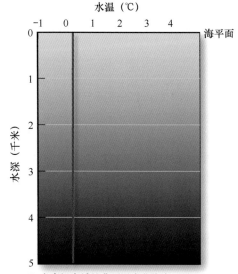

(d) 在南极水域的典型温度曲线中，显示了随深度变化的近均匀水温（等温水柱）

图 13.19　极地海洋的生产力

13.3.2　热带（低纬度）海洋的生产力：北纬及南纬 0°～30°

令人感到惊讶的是，热带海洋的生产力其实较低。由于太阳直射头顶且全年可用，因此与中纬度和极地海洋相比，阳光在热带海洋中能够穿透海水更深。但是，热带海洋的生产力反而较低，因为永久性的温度跃层导致水团发生分层，阻止了表层海水与深层海水（富含营养盐）之间的混合，进而彻底消除了来自深层海水的任何营养盐供应（见图 13.20）。

在北纬及南纬 20° 附近，磷酸盐和硝酸盐的浓度较低，通常不到中纬度海洋冬季浓度的 1%。实际上，在热带海洋中，营养盐丰富的海水深度超过 150 米，最高浓度位于 500 米和 1000 米之间。因此，与极地海洋（生产力受限于缺乏光照）不同，热带海洋的生产力受限于缺乏营养盐。

一般来说，热带海洋的初级生产量较为稳定，但是生产率相当低，全年总产量约为中纬度海洋的一半。

热带海洋的生产力通常较低，但也存在一些例外情况。

1. 赤道上升流（Equatorial Upwelling）。在信风驱动赤道两侧的西向赤道流位置，埃克曼输送导致表层海水向高纬度地区分流（见图7.10），使得200米深处的海水（富含营养盐）上升至表层。在东太平洋海域，赤道上升流最为发育。

2. 沿岸上升流（Coastal Upwelling）。在盛行风吹向赤道及各大陆西部边缘沿线等位置，表层海水被带离海岸，200～900米深处的海水（富含营养盐）上升至表层。由于存在这种上升流，各大陆西海岸沿线具有较高的初级生产量（见图13.6），能有效地支撑大型渔业发展。

3. 珊瑚礁（Coral Reefs）。与某些陆地生物适应沙漠生活方式相似，构成并生活在珊瑚礁中的各生物能够较好地适应低营养盐条件。在珊瑚的组织中，共生了一些微藻及其他物种，使得珊瑚礁成为高生产力生态系统。珊瑚礁还能留存及循环利用为数不多的营养盐。第15章中将进一步介绍珊瑚礁生态系统。

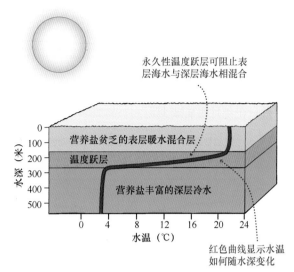

图 13.20　热带海洋的生产力。虽然热带地区全年光照充足，但永久性温度跃层阻止了表层海水与深层海水的混合。由于浮游植物需要消耗表层海水中的营养盐，但温度跃层却阻止了源自于深层海水的营养盐供应，因此表层海水的生产力受到限制，始终保持在一种相对稳定的较低水平

常见问题 13.6　热带陆地物种的数量及种类多得惊人，为什么热带海洋的生产力这么低？

陆地生命与海洋生命不一定存在对应关系。在热带陆地上，热带雨林支撑了令人吃惊的物种多样性和巨大生物量。但是，在热带海洋中，由于存在强大的永久性温度跃层，限制了浮游植物生长必需的营养盐供应。在没有丰富浮游植物的情况下，海洋中自然不会存在多少其他生物。实际上，这些地区通常被认为是生物的沙漠。具有讽刺意味的是，观光手册上一般会突出展示热带地区的清澈湛蓝海水，同时也在说明海水的生态相当贫瘠！

13.3.3　温带（中纬度）海洋的生产力：北纬及南纬 30°～60°

如前所述，在极地海洋，生产力受限于太阳辐射的可用性；在热带海洋，生产力受限于营养盐的供给；在温带（或中纬度）海洋，生产力受这两种因素的共同控制，图 13.21a 中显示了北半球温带海洋的季节模式，南半球则刚好相反。

探索数据
❶ 描述浮游植物春季水华的各种限制因素
❷ 描述浮游植物秋季水华的各种限制因素

13.3.3.1　冬季

冬季，中纬度海洋的营养盐浓度最高，但是生产力仍然非常低，如图 13.21a 所示。像极地海洋一样，水柱也是等温的，营养盐在整个水柱中均匀分布。如图 13.21b（冬季）所示，冬季的太阳位于地平线之上的最低位置，所以大部分可用太阳能被反射回天空，表层海水只能吸收一小部分。结果，光合作用的补偿深度（净光合作用变为零的深度）太浅，造成浮游植物无法大量生长。此外，由于不存在温度跃层，在与冬季海浪相关的湍流作用下，藻类细胞可能从透光带区域向下沉降。

13.3.3.2　春季

春季，太阳升得比冬季高，光合作用的补偿深度加深，如图 13.21b（春季）所示。浮游植物

会出现春季水华（见图 13.21a），不仅因为太阳能和营养盐均充足可用，而且由于太阳能的加温作用增强，可以形成一种季节性的温度跃层，从而将大量藻类困在透光带（见图 13.21b）中。因此，透光带存在对营养盐的巨大需求，但是营养盐的供给变得捉襟见肘，最终导致生产力急剧下降。虽然白昼在变长，太阳光也在增强，但春季水华期间的生产力仍然受限于营养盐的贫乏。结果，在北半球的大部分海域中，由于营养盐供应不足及浮游动物（草食动物）消耗等原因，浮游植物的数量在 4 月明显减少。

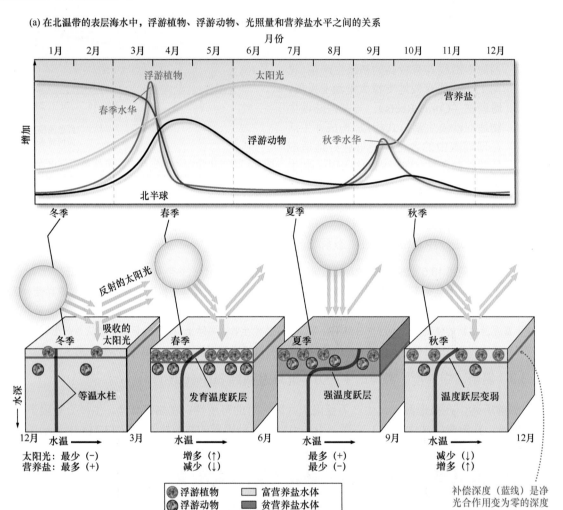

(a) 在北温带的表层海水中，浮游植物、浮游动物、光照量和营养盐水平之间的关系

(b) 太阳光的季节循环不仅影响着温度跃层的位置和深度，还会影响营养盐的可用性，并进一步影响浮游植物及依赖浮游植物为食的其他生物（如浮游动物）的丰度

图 13.21　北半球温带（中纬度）海洋的生产力

13.3.3.3　夏季

夏季，太阳升得比春季还要高，中纬度海域的表层海水继续变暖，如图 13.21b（夏季）所示。在水深约为 15 米的位置，形成了强烈的季节性温度跃层，继而阻止了海水的垂直混合。因此，一方面表层海水中的营养盐不断消耗，另一方面却无法获得深层海水中的丰富营养盐。整个夏季，浮游植物的数量均相对较少，如图 13.21a 所示。虽然光合作用的补偿深度达到最大值，但浮游植物实际会在夏末变得非常稀少。

13.3.3.4 秋季

秋季，太阳在天空中逐渐走低，太阳辐射相应减少，如图 13.21b（秋季）所示。因此，海表温度下降，夏季形成的温度跃层逐渐消亡。随着风力增强，表层水与深层水不断混合，营养盐最终返回海洋表层。这些条件造就了浮游植物的秋季水华，但是远没有春季水华强烈（见图 13.21a）。随着冬季临近并重复下一季节循环，太阳光（而非春季水华的营养盐供给）成了限制因素，造成秋季水华的周期非常短暂。

13.3.4 不同区域的生产力对比

如图 13.22 所示，在热带、北极和中纬度海洋北部等不同区域，浮游植物生物量的季节变化存在一定的差异，各曲线下的总面积代表光合生产力。由曲线可以看出，极地海洋夏季出现生产力的极端峰值；热带海洋的生产力全年稳定但较低；中纬度海洋呈现季节性变化模式，整体生产力水平最高。

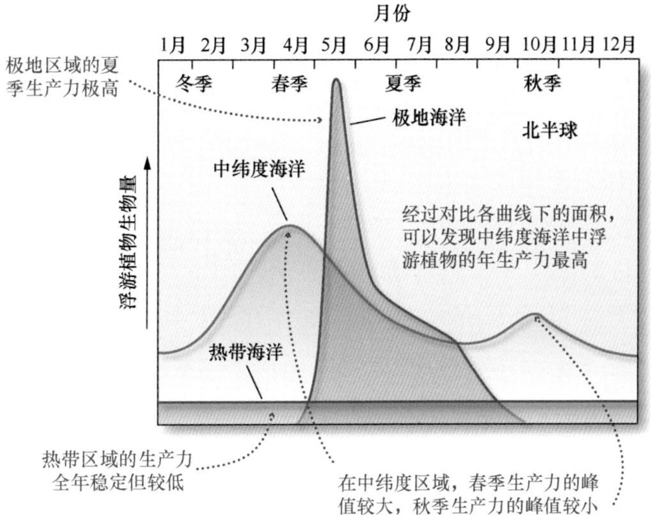

图 13.22　热带、中纬度和极地（北半球）海洋中浮游植物的生产力对比。曲线图对比了不同海域中浮游植物生物量的季节性变化

探索数据

与极地和中纬度区域相比，为什么热带海洋的年生产力稳定但较低？

简要回顾

在极地海洋，生产力在夏季达到峰值，其余时间则受限于阳光；在热带海洋，生产力全年较低，受限于营养盐；在中纬度海洋，生产力在春季及秋季达到两个峰值，冬季受限于太阳辐射的缺乏，夏季受限于营养盐的缺乏。虽然如此，在这三个区域中，中纬度海洋的生产力水平整体最高。

小测验 13.3　解释不同区域海洋的初级生产力变化

❶ 用自己的语言描述生物泵的工作原理。在透光带有机质中，多大比例能够堆积在海底？
❷ 描述极地海洋的年生产力模式，包括极地海洋生产力的主要限制因素。
❸ 为什么热带海洋的生产力全年都很低？哪三种环境属于例外情形？哪些因素有助于提高生产力？
❹ 描述中纬度海洋的年生产力模式。描述浮游植物的春季水华和秋季水华的限制因素。

13.4　能量和营养盐在海洋生态系统中如何传递？

生物群落（Biotic Community）是共同生活在某些特定区域（或生境）的各种生物种群的集合。生物群落加上可与生物交换能量和化学物质的非生物（Abiotic）环境，称为生态系统（Ecosystem）。例如，海藻森林生物群落是指生活在海藻内部（或附近）并从中受益的所有生物，海藻森林生态系统则涵盖了所有这些生物、周边海水、海藻固着的基底及交换空气的大气等。

在海洋生态系统中，能量和营养盐是需要传递的两种最重要物质。

13.4.1　海洋生态系统中的能量流动

在海洋生态系统中，光合作用的能量流动并不是闭环，而是基于连续太阳能供给的单向流动。

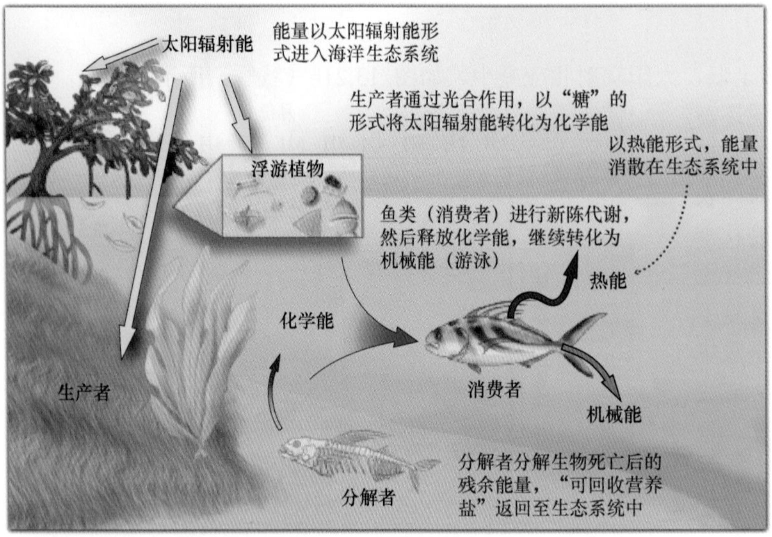
太阳辐射能
能量以太阳辐射能形式进入海洋生态系统
生产者通过光合作用，以“糖”的形式将太阳辐射能转化为化学能
以热能形式，能量消散在生态系统中
浮游植物
鱼类（消费者）进行新陈代谢，然后释放化学能，继续转化为机械能（游泳）
热能
化学能
生产者
消费者
机械能
分解者分解生物死亡后的残余能量，“可回收营养盐”返回至生态系统中
分解者

图 13.23　光合海洋生态系统中的能量流动

例如，在一个以藻类为主的生物群落中，能量进入系统，藻类吸收太阳辐射，如图 13.23 所示。光合作用将太阳能转化为化学能（碳水化合物），用以满足藻类的呼吸需求；为自身生长及其他生命功能需求，各类动物消耗这些藻类，化学能从藻类传递给动物；动物活动消耗机械能和热能，使其可回收形式能量逐渐减少，直至剩余能量以热量形式从生态系统中消失，从而增大熵（Entropy，无序状态）。本质上讲，生态系统依赖于以太阳光形式持续输入的能量。

13.4.1.1　生产者、消费者和分解者

一般来说，生态系统中存在三种基本生物类型：生产者（Producers）、消费者（Consumers）和分解者（Decomposers），如图 13.23 所示。

生产者能够通过光合作用（或化能合成作用）来养活自己，如藻类、植物、古菌和光合细菌，称为自养（Autotrophic）生物；消费者和分解者所需能量则依赖于（直接或间接）自养生物产生的有机化合物，称为异养（Heterotrophic）生物。

消费者以其他生物为食，主要划分为 4 种类型：草食动物（Herbivores），直接以植物或藻类为食；肉食动物（Carnivores），仅以其他动物为食；杂食动物（Omnivores），以其他动植物为食；菌食动物（Bacteriovores），仅以细菌为食。

为了满足自身的能量需求，分解者（如细菌）能够分解有机化合物，包括碎屑（Detritus），即死亡和腐烂的生物残留）和生物排泄物。在分解过程中，化合物再次释放，重新返回能量循环过程，再次成为自养生物的可用营养盐。

生物特征 13.1　我是混合生物：既是动物，又是藻类！

蝘蜓中缢虫（Mesodinium Chamaeleon）是一种单细胞原生动物，可以利用毛发状附属物在海洋中快速移动。由于能够猎食其他生物，因此属于动物。

奇怪的是，这种微小生物竟然能够进行光合作用。当吞食并消化某些藻类时，它会保留藻类的绿色光合组织，然后利用这些组织来生产食物。既能像动物一样猎食，又能像藻类一样进行光合作用，这种混合策略使其成为混合营养生物/兼养生物（Mixotroph），从而模糊了动物与藻类之间的界限。

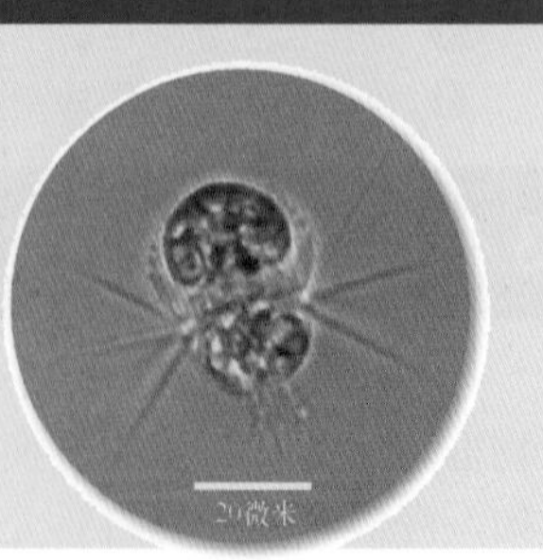
20微米

13.4.2　海洋生态系统中的营养盐流动

在生物群落中，与非循环及单向能量流动不同，营养盐流动依赖于生物地球化学循环（Biogeochemical Cycles），涵盖了生物学、地质学（地球过程）和化学等领域。此外，营养盐并不会像能量那样消失，而是通过生物群落中的不同成员，从一种化学形式转化为另一种化学形式。

13.4.2.1　生物地球化学循环

图 13.24 中显示了物质在海洋环境中的生物地球化学循环过程。通过光合作用（或热液喷口的化能合成作用，但不常见），有机物质的化学成分进入生物系统；通过摄食过程，这些化学成分从生产者传递至各个动物种群（消费者）；当生物死亡后，有些物质能够在透光带内重复利用，还有些物质则会以碎屑形式向下沉降；有些碎屑成为深水（或海底）生物的食物，还有些碎屑则经过细菌（或其他）分解过程，从残余有机物转化为可用营养盐（硝酸盐和磷酸盐）；当上升流将这些营养盐向上重新输运至表层海水后，藻类和植物即可利用它们，从而开始下一次循环过程。

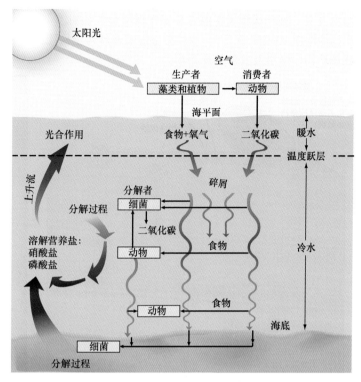

图 13.24　物质的生物地球化学循环过程。有机物质的化学成分通过光合作用进入生物系统，并通过摄食过程传递给消费者。碎屑下沉，为水中生物所摄食，或者经过分解作用而转化为营养盐，然后随上升流返回至表层海水

13.4.3　海洋摄食关系

在海洋中，当生产者向动物提供可用食物（有机物质）时，食物会在不同捕食种群之间传递。在任何层级中，由于存在能量消耗及丢失（主要形式为热量），只有小部分能量（平均约为 10%）能够传递至下一层级。因此，与海洋中的顶级消费者（如鲨鱼或鲸类）相比，生产者的生物量要高出许多倍。

13.4.3.1　摄食策略

对大多数海洋动物而言，一生的大部分时间都在努力获取食物。有些动物具有流线体型、移动迅速及动作灵活等特征，采用主动捕食方式获取食物；有些动物则动作迟缓或根本不动，只能通过被动捕食方式来获取食物，例如从海水中过滤食物，或者寻找沉积在海底的食物。在沉积物覆盖的海滨沿线，各种生物存在若干种摄食模式，如图 13.25 所示。

悬浮性摄食（Suspension Feeding）：也称滤食性摄食（Filter Feeding），指生物利用特殊结构来过滤海水中的浮游生物。例如，藤壶（Barnacles）是固着在硬质基底表面的甲壳类动物，它利用自己独特的大量特殊附肢（腿）在海水流过时过滤出食物颗粒，如图 13.26 所示；鸟蛤埋藏在沉积物中，将自己独特的虹吸管向上伸出水面，然后吸入上覆的海水，最终过滤出悬浮浮游生物及其他有机物质（见图 13.25）。

沉积性摄食（Deposit Feeding）：指生物摄取沉积物中的物质，包括碎屑（死亡及腐烂的有机物质和相关排泄物）和沉积物本身（外覆有机物质）。例如，端足类沙蜀（海蚯蚓属）以沉积物表面沉积的高浓度有机物质（碎屑）为食，节虫类沙蜀（海蚯蚓属）吞食沉积物并从中提取有机物质，如图 13.25 所示。

肉食性摄食（Carnivorous Feeding）：指生物直接捕获并吃掉其他动物，包括被动和主动两种

捕食方式。被动捕食者在固定位置守株待兔，如海葵；主动捕食者主动出击去寻找猎物，如鲨鱼和滤沙海星（见图 13.25）。滤沙海星能够在沙滩上快速挖洞并潜入，然后贪婪地捕食甲壳类动物、软体动物、蠕虫及其他棘皮动物。

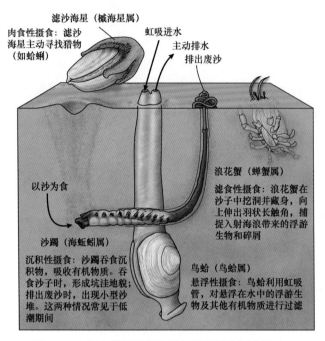

滤沙海星（槭海星属）

肉食性摄食：滤沙海星主动寻找猎物（如蛤蜊）

虹吸进水

主动排水
排出废沙

以沙为食

浪花蟹（蝉蟹属）
滤食性摄食：浪花蟹在沙子中挖洞并藏身，向上伸出羽状长触角，捕捉入射海浪带来的浮游生物和碎屑

沙蠋（海蚯蚓属）
沉积性摄食：沙蠋吞食沉积物，吸收有机物质。吞食沙子时，形成坑洼地貌；排出废沙时，出现小型沙堆。这两种情况常见于低潮期间

鸟蛤（鸟蛤属）
悬浮性摄食：鸟蛤利用虹吸管，对悬浮在水中的浮游生物及其他有机物质进行过滤

图 13.25 沉积物覆盖的海滨沿线区域的摄食模式

1.0 厘米
0.4 英寸

图 13.26 藤壶的滤食性摄食。藤壶是固着在硬质基底表面的甲壳类动物，它利用羽状附肢来过滤海水中的微小食物颗粒

13.4.3.2 营养级

海洋藻类（海草）中存储着大量化学能量，主要通过摄食过程传递给动物群落。大多数浮游动物均为草食动物（像牛一样），只摄食硅藻及其他微型海藻。实际上，浮游动物相当于在海上漂流的微型奶牛。大型草食动物以大型藻类和海洋植物（固着在海滨附近的海底）为食。

之后，草食动物会被更大的肉食动物吃掉，后者将被更大的其他肉食动物吃掉，以此类推。这个渐进式过程可能包含 4～5 个层级，每个摄食层级均可称为一个营养级。

一般来说，与被摄食生物相比，摄食生物种群的个体体型更大，但也不会大得太多。但是，凡事总有例外，例如蓝鲸虽然身体长达 30 米（可能是地球上有史以来的最大动物），但却以体型较小的磷虾（最长仅为 6 厘米的小型甲壳类动物）为食。

不同种群之间的能量传递属于一种持续性能量流动，小规模的回收及存储过程会中断这种流动，减缓势能（化学能）—动能—热能的转换。最后，能量以热量形式消失殆尽，无法再用。

常见问题 13.7 在赏鲸旅行中，看到鲸的可能性有多大？

这与具体海域和年度的时间段有关，一般来说机会很小，因为大型海洋生物只占海洋生物的一小部分。实际上，据科学家们估算，大型游泳生物（如鲸）只占海洋总生物量 1%中的 1/10！基于对食物金字塔的了解，你不应该感到惊讶，因为海洋生物量大部分由浮游植物构成。商业游艇运营商或许应该组织浮游生物观光之旅！这样一来，只需借助于一张浮游生物网和一台显微镜，每个人都能够看到数十种不同物种。

13.4.3.3 传递效率

在不同营养级（特别是最低营养级）之间，能量传递的效率极低。不同藻类物种的传递效率各不相同，但平均值仅为 2% 左右。由此可知，在太阳照射表层海水提供的可用光能中，仅 2%由藻类合成进入食物，然后提供给草食动物。

对任何营养级而言，总生态效率是"传递至下一高营养级的能量"与"获取自前一低营养级的能量"之比。例如，草食性凤尾鱼的总生态效率是"肉食性金枪鱼（以凤尾鱼为食）"消耗的能量除以"浮游植物（为凤尾鱼食用）"包含的能量。

如图 13.27 所示，在草食动物从食物中吸收的化学能中，一部分以粪粒形式排出，

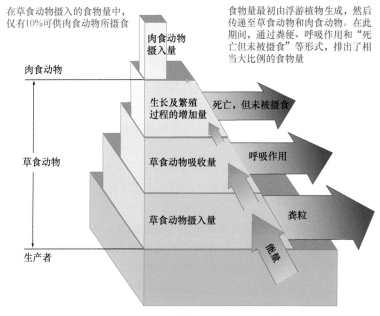

图 13.27　各营养级之间的能量通道

剩余部分则被消化吸收。在被消化吸收的这些化学能中，大部分通过呼吸作用转化为动能（以维持生命）。因此，在草食动物消耗的食物量中，只剩下约 10%可提供给下一营养级。

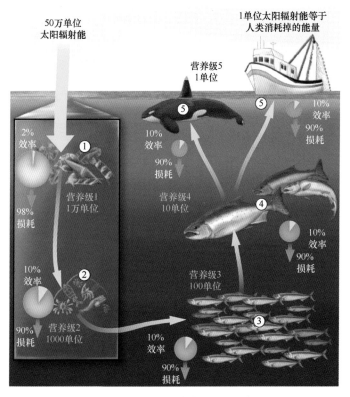

图 13.28　生态系统的能量流动和效率。对于营养级 1 的生产者（浮游植物）来说，每输入 50 万单位可用太阳辐射能，仅 1 单位等量物质能够传递至营养级 5。营养级 1 的平均传递效率为 2%（损耗 98%），所有其他营养级的平均传递效率为 10%（损耗 90%）

图 13.28 中显示了一个完整生态系统中各营养级之间的能量通道，从浮游植物吸收太阳能开始，跨越所有营养级，以肉食动物人类结束。每个营养级都会损失一定的能量，所以一条鱼的成长代价是数千个小型海洋生物，但是人类一餐就能够将其轻松吃掉！

探索数据

一条 10 千克的三文鱼（营养级 4）需要多少千克浮游植物（营养级 1）支撑？采用图中各步骤所示的相对效率。

在各个营养级之间，能量的传递效率受到许多因素的影响。例如，低龄动物比高龄动物的生长效率更高；当食物充足（与匮乏相比）时，在消化和吸收方面，动物需要消耗更多能量。

在自然生态系统中，生态效率大多为 6%～15%，平均值约为 10%。但有证据表明，某些重要渔业种群的生态效率可能高达 20%。这个效

率的真实值具有非常重要的现实意义，可以帮助人们确定从海洋中安全捕捞鱼类的数量（在不破坏生态系统的情况下）。

13.4.3.4 食物链、食物网和生物量金字塔

各个摄食种群之间的能量损耗限制了一个生态系统中的摄食种群数量。如果营养级的数量过多，那么营养级的级别越高，生物获得的支撑能量就越少。此外，每个摄食种群的生物量必须要低于被摄食种群。因此，与自己的目标猎物相比，单一摄食种群通常体型更大，数量更少。

1. 食物链

食物链（Food Chain）是传递能量的一系列不同类型生物，首先是作为初级生产者的生物，然后是草食动物，接下来是肉食动物（一或多个），最后是顶级肉食动物（一般不会被任何其他生物捕食）。

由于各营养级之间的能量传递效率非常低，因此对于渔民们来说，为了增加食物的可用生物量和可捕获个体的数量，最有利可图的选择是将目标锁定在尽可能接近初级生产者的鱼群，如初级消费者（草食动物）或次级消费者（肉食动物）。例如，纽芬兰鲱鱼是一种重要渔业资源，一般作为食物链中的营养级 3，主要以小型甲壳类动物（桡足类）为食，而后者的食物来源是硅藻，如图 13.29 所示。

> **简要回顾**
>
> 不同营养级之间的能量传递效率较低，海洋藻类的平均值仅为 2%，消费者层级大多仅为 10%。

2. 食物网

摄食关系极少像纽芬兰鲱鱼那样简单，更常见的情形是：食物链中的顶级肉食动物以多种不同动物为食，而且这些动物都有自己的摄食关系或食物链（简单或复杂），从而形成由多个相互关联的食物链构成的食物网（Food Web），如图 13.29b 所示（北海鲱鱼）。

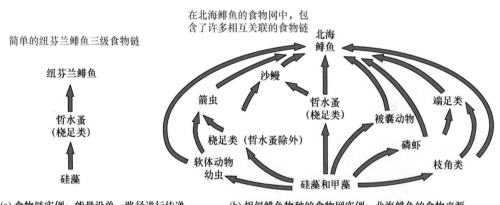

(a) 食物链实例：能量沿单一路径进行传递，例如起点是硅藻，中点是桡足类，终点是纽芬兰鲱鱼，总计 3 个营养级

(b) 相似鲱鱼物种的食物网实例：北海鲱鱼的食物来源存在多条路径，可能处于营养级 3 或营养级 4

图 13.29 食物链和食物网

与通过单一食物链摄食的动物相比，通过食物网摄食的动物具有更强的生存能力，因为当某种食物来源数量减少甚至完全消失时，它们还可以选择其他食物来源。纽芬兰鲱鱼仅存在一条食物链，只能摄食桡足类，因此桡足类的消失会对鲱鱼种群造成灾难性影响。但是，由于距离生产者只有两个层级，因此存在更高的可食用生物量。同时，在整个食物网的某些食物链中，北海鲱鱼距离生产者可能存在三个层级。

常见问题13.8 据说磷虾捕捞可能会成为下一个大型渔业,是真的吗?

可能吧。由于磷虾的生物量丰富,在较低营养级捕鱼当然说得通。实际上,在南极水域中,磷虾资源非常丰富。1982年,美国、英国、澳大利亚、南非、新西兰、智利、德国和日本共同组建了一个联合体,称为南极海洋生物资源保护委员会(CCAMLR)。按照该联合体的规定,每年最多允许捕捞62万吨磷虾。磷虾主要用作养鱼场的鱼食、牛饲料、狗食、欧米茄3、医用酶及化妆品添加剂,甚至部分用于生产人类食品。

遗憾的是,像全球许多捕鱼产业一样,磷虾资源如果遭到过度捕捞,其他海洋物种的食物供应量肯定会受到影响。例如,在短暂的南极夏季,对于多种南极物种(如海鸟、企鹅、海豹和蓝鲸)的成功繁衍,磷虾供应至关重要。虽然如此,最近在南极水域,磷虾的工业捕捞量却一直在增加,船只经常利用觅食企鹅及其他捕食者来寻找磷虾群。

3. 生物量金字塔

在海洋的生物量金字塔中,可以看到各营养级之间能量传递的最终效果,如图13.30所示。

可以看到,每种大型海洋生物若要生存,必须存在许多层级的渐进式变大的小型生物种群作为支撑。在金字塔中,低层级生物支撑高层级生物。本质上讲,由于可用能量逐渐减少,连续营养级上的个体数量和总生物量必定降低。从图中还能看出,在金字塔的连续营养级上,营养级越高,生物体积越大。

在某些海洋环境中,生物量金字塔会出现倒置现象。例如,在某些区域中,浮游动物的种群规模较大,作为下一级支撑的浮游植物的种群规模较小,但是流率(周转率)较高,此时会形成生物量金字塔的倒置。因此,基于不同营养级的流动率,海洋生物量金字塔存在多种形状。

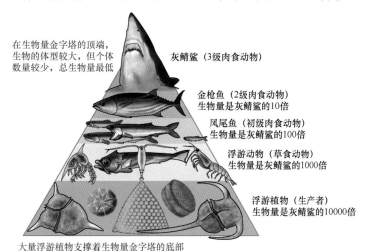

图13.30 海洋的生物量金字塔

简要回顾

食物链是生产者与消费者之间的线性摄食关系;食物网是许多不同生物之间摄食关系的相互关联食物链网络;海洋的生物量金字塔显示了各营养级之间的能量传递。

小测验13.4 讨论能量和营养盐在海洋生态系统中如何传递

❶ 描述生物群落内的能量流动,包括太阳辐射的转化形式。
❷ 描述海洋生物采用的三种摄食策略。
❸ 与单一食物链相比,顶级肉食动物能够从食物网中获得何种优势?
❹ 沿生物量金字塔向上,在各连续营养级之间,生物的个体数量、总生物量及体型大小的趋势如何?

13.5 海洋渔业的影响因素有哪些?

在有历史记录以前,人类就已从海洋中获取食物。在最近几十年间,渔业(Fisheries,职业渔民从海洋中捕鱼)为全球几十亿人口提供了约20%的蛋白质摄入量。在以渔业为主的某些发展中国家,海洋鱼类在膳食蛋白质摄入量中所占比例高达27%。

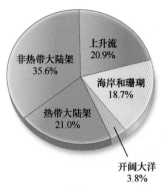

图 13.31 海洋渔业生态系统。不同生态系统对全球海洋渔业的相对贡献

13.5.1 海洋生态系统和渔业

如图 13.31 所示，全球海洋渔业来自 5 大生态系统，产量由高至低依次为：（1）非热带大陆架；（2）热带大陆架；（3）上升流区域；（4）海岸和珊瑚系统；（5）开阔大洋。在海洋渔业总量中，高生产力的浅海大陆架和沿海水域（近海）占比最高，低生产力的开阔大洋仅占 3.8%。生产力非常高的上升流区域虽然仅占全球海洋表层区域的 0.1%，但却产出了近 21% 的全球总渔获量。

13.5.2 过度捕捞

渔业的捕捞对象是某个种群的现存资源量，即某个生态系统中特定时间范围内的种群生物量。对于成功的渔业而言，完成捕捞作业后，通常会从现存资源量中留下足够多的个体，使其能够重新繁殖并恢复原有生态系统。

过度捕捞（Overfishing）指过于频繁地大量捕捞鱼类的现存资源量，造成鱼类种群中剩余的大部分个体性发育未成熟，因此无法实现自然繁殖。在任何大小的水体（如池塘、河流、湖泊或海洋）中，当鱼类（或贝类）的捕捞数量超过其可持续水平时，都会发生过度捕捞现象。可以预见，过度捕捞不仅会造成海洋鱼类种群的数量减少，而且会使鱼类种群中的个体的体型变小。为了确定某个渔场的可持续水平，渔业生物学家需要计算最大持续渔获量（MSY），即每年可以从现存资源量中排除掉的最大鱼类生物量，同时保证该鱼类种群能够永续生存。对于每种鱼类的现存资源量，必须每年测定最大持续渔获量。最大持续渔获量受到多种因素的影响，除了人类捕捞作业，还包括捕食者数量、食物可供性、鱼类繁殖成功率及水温（受人类引发气候变化的影响，详见下文）等。一定要精确估算鱼类现存资源量的最大持续渔获量，确保在捕捞期间不要超过这个数值，牢记这一点非常重要。

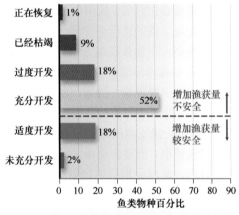

图 13.32 全球海洋渔业开发现状。条形图显示了全球渔业现存资源量的当前现状，可以安全增加的惟一渔获量应为适度开发和未充分开发（绿色）

根据联合国粮农组织（FAO）的相关报告，在 523 个有评估资料的全球海洋鱼类种群中，80% 被划分为充分开发、过度开发、已经枯竭或正在恢复（从枯竭中）等类型，如图 13.32 所示。虽然数字看起来令人沮丧，但趋势完全可以逆转。例如，1997—2012 年，由于采取了正确的管理措施，在曾被宣称为过度捕捞（或接近过度捕捞）的 85 种美国水域鱼类资源量中，41 种鱼类资源量不再属于过度捕捞。

常见问题 13.9　缅因州的龙虾业真能供应数量充足的龙虾吗？

是的，但可能不会持续太久。例如，在 2014 年，缅因州的捕龙虾者捕捞了约 5600 万千克龙虾，6 倍于 1984 年的捕捞量。但是，对于龙虾种群数量为何意外增长如此之多，科学家们并未达成一致意见，可能的原因包括：一是气候变化，造成海水温度升高，加速了龙虾生长，且为幼虾开辟了新的沿海栖息地；二是渔民们大量捕捞缅因湾的鳕鱼及其他大型鱼类，消灭了长期控制龙虾数量的很多捕食者；三是龙虾产业长期遵守保护性法规的趋势及成果，例如保护重返海洋的幼虾和产卵的雌虾，人们越来越倾向于赞同此观点。但是，在关于龙虾生存水域的最佳支撑条件的最新研究中，科学家们预测，由于海洋温度的进一步升高，缅因湾中的龙虾数量将在未来 30 年内减少 62%。

13.5.2.1 过度捕捞大型捕食者的生态系统效应

科学研究表明，大型捕食性鱼类（称为关键种或顶级捕食者）是健康海洋生态系统的重要组成部分。例如，它们可以防止小型鱼类泛滥，避免出现对海洋生态系统的潜在破坏；可以捕杀生病及高龄的海洋草食动物，提升生态系统的健康水平。但是，由于人类采用了现代化捕鱼方法，全球海洋中约90%的大型捕食性鱼类已经灭绝，详见深入学习13.1。

当把大型捕食者从海洋环境中赶走后，往往会出现意料不到的后果。例如，最近在北大西洋中，美洲龙虾（缅因龙虾/美洲海螯虾）的数量激增。20世纪90年代中期，美洲龙虾的主要捕食者鳕鱼（Cod）遭到过度捕捞，鳕鱼的数量大量减少，龙虾的数量则空前增长。人们最初认为这是件好事，但是很快就发现由于食腐龙虾过多，扰乱了海洋的生态平衡。在另一个例子中，当大型肉食性鲨鱼（如公牛真鲨、大白鲨、灰鲨和锤头鲨）遭到过度捕捞后，造成其猎物物种（鳐鱼、溜冰鲨和小鲨鱼）的数量激增。2004年，由于某些地区的鳐鱼数量过多，吞食了大量扇贝和甲壳类动物，造成这些物种的数量锐减，导致拥有百年历史的北卡罗来纳州的海湾扇贝业永久关闭。

当大型捕食者消失后，珊瑚礁生态系统也会受到影响。例如，当栖息于珊瑚礁环境中的大型鱼类（如鲨鱼）消失后，由于捕食者和竞争者减少，小型鱼类的数量激增。当大型鱼类（如鹦嘴鱼和刺尾鱼，这两种草食动物皆以礁间藻类为食）消失后，小型非草食动物鱼类的数量激增。结果，藻类疯狂生长，直至覆盖大片珊瑚礁，阻挡了阳光，隔离了珊瑚的营养盐，最终抑制了珊瑚的生长。

随着大型鱼类的数量不断减少，渔业更加关注营养级较低的小型鱼类。实际上，低营养级物种目前占全球渔获量的30%以上。这里存在一定风险：从较低营养级中去除掉大量个体后，海洋生态系统中的其他部分可能产生某些无法预料的连锁反应，特别是捕食这些小型鱼类的大型鱼类、海鸟和海洋哺乳动物。

13.5.2.2 鱼类的末日？

很难想象没有鱼类的海洋是什么样子，目前科学家们正在对这种情形进行精准预测。总体而言，为了实现商业及休闲娱乐等目标，人们选择性地清除了一些大型鱼类，使得鱼类种群的个体数量越来越少，体型越来越小。当体型较小的种群个体繁衍生息时，子孙后代的遗传变异性较小，导致发生基因变化，平均生长率、成熟时间及体型大小等特征逐代削减。对于渔业的健康及可持续性，这种现象影响深远。实际上，科学家们目前已经确定，由于受到污染、生境丧失及过度捕捞等负面因素的影响，海洋渔业资源将在2048年之前枯竭。科学家们预测，如果人类无法解决这些问题，鱼类几十年后会从海洋中消失，人类的食物清单中将不再有海鲜，整个海洋生态系统也将遭到严重损害。

前景非常严峻，为了改变这种境况，人类正在采取行动。例如，日本精井国家渔业研究所和美国马里兰大学已经开展合作，在大型鱼缸中饲养蓝鳍金枪鱼，主要目标是减轻野生金枪鱼种群的捕捞压力，同时为寿司制作供应金枪鱼；在墨西哥沿海水域，人们在封闭型海洋围栏（类似于陆地上的畜栏）内养殖金枪鱼；在加利福尼亚州的卡尔斯巴德，人们在孵化场内养殖白鲈鱼，并且已将数百万条白鲈鱼放归大海，力图恢复本地水域的原有生态。

13.5.2.3 休闲渔业

人们普遍认为休闲渔业对大多数鱼类物种的影响很小，但其确实对某些鱼类种群存在影响。经过详尽分析多份美国渔业记录，科学家们发现，对于某些受到威胁的运动钓鱼物种（如红鼓鱼、菖鲉岩鱼和红鲷鱼）而言，由于目标鱼类存在大小及数量差异，休闲渔业实际上比商业捕鱼造成的威胁更大。现有捕鱼条例仅对商业捕鱼者做出了相关限制，目前很有必要制定新的捕鱼条例，新增休闲捕鱼者为适用对象。有趣的是，商业捕鱼者与休闲捕鱼者互相指责，都认为鱼类物种的减少是对方的责任。但是，许多休闲捕鱼者积极参与捕捉并放生活动，即钓鱼时采用圆形钩，然后将钓到的鱼放归大海，从而帮助维持鱼类的种群生态。

13.5.2.4　全球鱼类产量

自 1950 年以来，主要基于参与国提交的数字，联合国粮农组织（FAO）一直在监测全球已捕捞的野生海洋鱼类数量。2016 年，渔业研究人员指出，联合国粮农组织最近几十年公布的数据低估了全球渔获量。研究人员采用了一种非常复杂的分析模型，包含了已报告渔获量的实际值和未报告渔获量的估算值，重新构建了他们认为更准确的全球渔获量模型。他们基于这项研究得出结论，认为 1950 年全球海洋渔获量约为 2500 万吨，然后逐年快速上升，1996 年达到 1.3 亿吨峰值（见图 13.33）。之后，全球渔获量一直在稳步下降，2010 年约为 1.08 亿吨。如本章前文所述，全球渔获量之所以下降，主要原因之一是许多海洋鱼类资源因过度

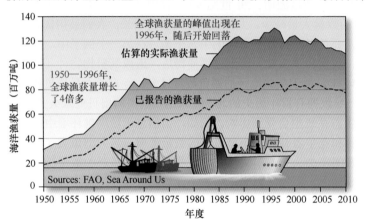

图 13.33　1950－2010 年全球海洋鱼类总产量。联合国粮农组织发布的全球海洋渔获量（已报告渔获量），用虚线表示；利用模型计算出的全球海洋渔获量，包含了未报告渔获量估算值，用实线表示

捕捞而严重枯竭。作为对鱼类数量减少的部分抵消，自 20 世纪 80 年代以来，全球海洋水产养殖数量增长了 5 倍，目前已经达到 2500 万吨（鱼类）。

探索数据

解释为什么这张图上的两条曲线之间存在如此大的差异。

常见问题 13.10　随着过度捕捞及退化加剧，全球海洋是否会被水母统治？

实际上，人们担心的疯狂的水母现象目前已经出现。作为捕食者，水母似乎行动缓慢且被动。由于无法看到或追逐猎物，水母大多随波逐流，通过制造微小涡旋来引导食物颗粒向其触手方向移动。但是，在海洋中的许多区域，水母比其竞争对手更加繁盛，因为后者由于人类的过度捕捞及其他活动而被淘汰出局，从而创造了有利于水母生存的环境条件。在全球范围内，水母正在制造一场生态灾难，不仅繁殖出了非常惊人的数量，而且聚集在以前很少出现的地方。例如，水母会令以海水作为冷却剂的核电站被迫关闭，堵塞取水系统而使军用航空母舰失去动力，堵塞疏浚装置而迫使海底采矿作业停工，缠绕住渔网而倾覆整条渔船，危及游泳者的人身安全，甚至蜇伤或杀死大批养殖鱼类。某些研究表明，最近数十年间，在全球的沿海水域（近海）和河口区域，水母爆发的规模及频率明显加大。有人认为这是自然循环的一部分，但是水母对海洋食物网产生的未来影响仍可能加大，使得人们开始猜测"黏液的崛起"可能会形成"胶状海洋"。

深入学习 13.1　沿食物网下行捕鱼：眼见为实

通过测量鱼类的原始丰度、多样性和大小，海洋科学家能够判定一个生态系统的健康状况。但是，在全面开展实地科学调查之前，如何有效地评估这些变量呢？最近，为了评估这些参数，科学家们一直在尝试利用各种与众不同的新方法。一种新研究领域就此诞生，称为历史海洋生态学，即通过研究老照片、报纸新闻、

航海日志、罐头厂记录甚至餐厅旧菜单等多种途径，估算海洋中曾经存在的鱼类类型和数量。

从老照片中，可以找到以往鱼类丰度及大小的惊人证据。毋庸置疑，人们总是喜欢与其捕获的鱼类合影留念。洛伦是斯克里普斯海洋研究所（隶属于美国加州大学圣地亚哥分校）的研究生，在佛罗里达州基韦斯特的门罗县公共图书馆，曾经发现了一组老照片历史档案。从这些档案中，她发现自过去 50 年以来，湾流和灰狗号游艇一直在基韦斯特经营--日游项目，只要通过研究游客在珊瑚礁遗址拍摄的相关照片，即可对当时的渔获量进行评估。

通过对比在同一地区捕鱼的新老照片（见图 13A），可以明显看出这些年来，鱼类的数量和大小都明显下降。科学研究表明，之所以出现这种下降，商业捕鱼者和休闲捕鱼者可能要承担主要责任。实际上，随着时间的不断推移，某些物种完全消失，包括珊瑚礁环境中的最大鱼类。例如，20 世纪 50 年代，渔民曾捕获到巨大的石斑鱼和鲨鱼；20 世纪 70 年代，他们只捕到少量石斑鱼，更多的是杰克鱼（六带鲹）；现在，连石斑鱼都不多见，渔获物主要是小鲷鱼，这种鱼以前甚至没有拍照价值，通常只是堆在晒鱼架下方。在全球其他地区的历史记录中，同样揭示了大多数鱼类资源量的惊人下降。科学家们喜欢用沿食物网下行捕鱼这样的语言，描述在健康运行的生态系统中，大型关键物种如何被食物网中的低营养级物种（体型小且经济价值低）取代。

图 13A　渔获物变小。从特许经营渔船上拍摄的历史照片中，可以看到 1958 年（上）、1980 年代（中）和 2007 年（下）时的渔获量，鱼类的大小和数量持续下降

在全球范围内，渔民们通常首先捕捞最大的动物，无论是海龟、鲸、鳕鱼或石斑鱼。然后，他们会捕捞剩下的任何东西，包括那些不具备繁殖能力的幼小动物，直至其灭绝为止（在某些情况下）。为了改变人们的这些习惯，获得已失去东西的清晰照片非常重要。在佛罗里达群岛，历史照片提供了这样一个窗口，使人们能够看到半个世纪前的更原始珊瑚礁生态系统。

你学到了什么？

随着时间的推移，在佛罗里达州基韦斯特附近海域的捕鱼压力下，鱼类种群发生了哪些变化？

13.5.3　附带渔获物

附带渔获物（Incidental Catch）也称副渔获物（Bycatch），包括渔民在寻找商业物种时偶然捕获的任何海洋生物。平均而言，近 1/4 的渔获物遭到丢弃。对于某些渔业活动（如捕虾）来说，附带渔获物的数量可能为捕获目标物种的 8 倍。附带渔获物的种类较多，如海鸟、海龟、鲨鱼、海豚及大量非商业鱼类，如图 13.34 所示。虽然其中有些物种受到美国及国际法律的保护，但是在大多数情况下，这些动物在被扔回大海之前就已死亡。最新研究发现，副渔获物在 1989 年达到峰值 1900 万吨，然后下降至约 1000 万吨/年，但仍占全球海洋总渔获量的 10% 左右。

图 13.34　副渔获物。北大西洋中的落网之鱼。在商业捕捞活动中，约 1/4 渔获物被当作副渔获物而丢弃，包括海鸟、海龟、鲨鱼、海豚以及大量非商业鱼类

图 13.35 斑点海豚与黄鳍金枪鱼关系密切。在东太平洋中，斑点海豚经常在黄鳍金枪鱼上方游动。由于海豚与金枪鱼存在食物交集（鱿鱼和小鱼），前者需要借助于后者来寻找猎物群，所以存在这种密切关系完全说得通

13.5.3.1 金枪鱼和海豚

在东太平洋中，黄鳍金枪鱼（Yellowfin Tuna）经常成群游弋在斑点海豚（Spotted Dolphins）和飞旋海豚（Spinner Dolphins）之下，如图 13.35 所示。渔民们常用这些海豚来定位金枪鱼，并且预先在整个鱼群周围设下围网。通过拉紧水下的一条线绳，水下金枪鱼和水面海豚会被一网打尽。遗憾的是，海豚是海洋哺乳动物，当被困在水面之下的围网中时，由于无法到达水面去呼吸空气，经常会溺亡。图 13.36 中展示了围网的工作原理，以及现代商业捕捞作业中采用的各种方法和渔具。

1988 年，生物学家塞缪尔·拉巴德拍摄并公开了"海豚在渔网中挣扎"的视频记录，提出了"因捕捞金枪鱼而造成海豚死亡"的问题。1990 年，迫于社会公众的抗议及对金枪鱼的抵制，美国金枪鱼罐头行业协会宣布，整个行业不再买卖以杀死（或伤害）海豚的方式捕获的金枪鱼。1992 年，在《海洋哺乳动物保护法》中，新增了一项"进一步保护海豚"的特殊条款。当这些措施落实到位后，渔民们优化了围网的作业方式，确保海豚能够顺利解脱。虽然海豚（作为副渔获物）的死亡率降低了，但是种群数量并未出现相应的反弹。科学研究表明，金枪鱼捕捞作业仍会对海豚种群产生负面影响，如降低其存活率和出生率。

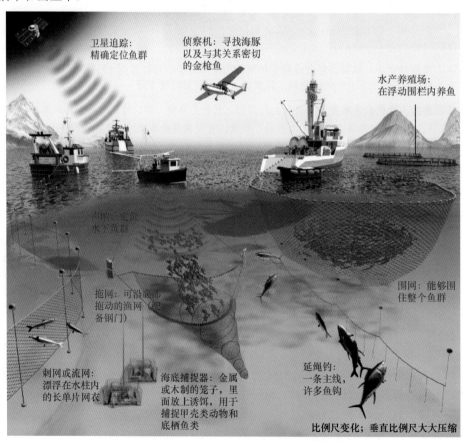

图 13.36 商业捕捞作业中采用的各种方法和渔具

13.5.3.2　流网

在捕捞金枪鱼及其他物种时，另一种方法是采用流网（Driftnets）或刺网/鳃网（Gill Nets），即通过卡住鱼鳃来捕捉鱼类（见图 13.36）。流网由纵横交错的单片网线制成，对大多数海洋动物而言，即便游入网内也无法察觉。根据网目（网孔）的大小，流网能够非常有效地捕获超过这一尺寸的任何东西。由此，流网经常会捕捉到大量副渔获物。

一直到 1993 年，日本、韩国和中国台湾曾经拥有最庞大的流网船队，在北太平洋海域投入作业的渔船多达 1500 艘，每天布放的流网超过 48000 千米。流网捕鱼本来应限定于特殊渔业领域，但某些渔民虽然声称捕捞鱿鱼，却非法捕捞了大量鲑鱼（三文鱼）和虹鳟鱼。在南太平洋海域，流网渔船更将捕捞目标直指尚未发育成熟的金枪鱼，这可能造成南太平洋中的金枪鱼丰度降低。此外，每年均有数以万计的海洋动物作为副渔获物而遭到流网的捕杀，如鸟类、海龟、海豚及其他物种。

1989 年，为了减少流网捕鱼的浪费做法，美国签署了一项国际条约，禁止在南太平洋海域使用超过 2.5 千米长的流网，而且禁止进口通过流网捕捞的任何鱼类。目前，虽然国际水域禁止使用长流网，但是美国允许在部分河流、湖泊及海湾使用短流网。此外，在国际水域中，某些渔民仍在非法使用长流网。

13.5.3.3　幽灵渔捞

另一个值得关注的渔业领域称为幽灵渔捞（Ghost Fishing），即任何渔具（如延绳钓、刺网、缠网、三刺网、捕捉器，甚至盛装螃蟹和龙虾的容器）在丢失或遭到遗弃后，还能够继续捕捞鱼类、海洋哺乳动物或其他生物。幽灵渔捞对环境危害较大，捕获的任何东西都会被杀死和浪费掉。幽灵渔捞非常致命，废弃渔具只要完好无损，就会持续威胁并杀死海洋生物。为了解决这个问题，最好采用可生物降解材料来制造渔具（特别是盛装螃蟹和龙虾的容器），使其能够在遭到遗弃后几个月内自然降解，从而不至于对海洋生物造成较大的威胁。

常见问题 13.11　电视纪录片《致命捕捞》描述了何种致命之处？

《致命捕捞》是探索频道的一档纪录片连续剧，描绘了商业捕鱼者在阿拉斯加白令海进行作业时发生的真实事件。在每年的帝王蟹和雪蟹捕捞季（8～11 月），该节目在外景地实景拍摄。

商业捕鱼一直被认为是美国最危险的工作之一。根据美国劳工统计局发布的数据（2013 年），商业捕鱼是死亡率最高的职业之一，遭遇致命伤亡事故的渔民比例高达 22.2/10 万，比第二危险职业（飞行员、飞行工程师和屋顶工）高出约 75%。因此，该节目名称并不是指渔获物本身危险（虽然体积巨大，貌似吓人），而是指与捕捞（帝王蟹和雪蟹）作业相关的极高伤害（或死亡）内在风险。

与普通商业捕鱼作业相比，在阿拉斯加捕蟹的危险性更大，因为白令海捕鱼季节存在各种极端条件，如温度低于 0℃、气旋风速、雪盲、巨浪、滚动甲板及各种结冰（如海水、渔船和渔具）等。在阿拉斯加的死亡捕蟹者中，80%由溺水或体温过低引发。有意思的是，如果有一只螃蟹死在船舱里，它就会开始分解并向水中释放毒素，从而毒死其他螃蟹。因此，船舱里的最致命的物质很可能就是一只死螃蟹！

13.5.4　渔业管理

渔业管理（Fisheries Management）指对各种渔业活动实施管理，旨在保护和合理利用渔业资源，维护渔业的可持续发展，具体做法包括评估生态系统的健康状况、确定鱼类现存资源量、分析捕捞方法（包括优化渔具建议）、设立禁渔区及设定与执行捕捞限制等。但是非常遗憾，渔业管理历来更关心如何维持人们的就业，而非维护可自我持续发展的海洋生态系统。例如，对于部分鱼类（如凤尾鱼、鳕鱼、比目鱼、黑线鳕、鲱鱼和沙丁鱼等）的捕捞作业而言，虽然纳入了渔业管理，但仍在遭受过度捕捞困扰。

渔业管理面临着众多棘手问题，首当其冲就是有些渔业活动区域跨越了多个不同国家的水域，以及涵盖了各种不同类型的生态系统。例如，许多商业鱼类物种在全球各地的沿海河口区域繁殖，然后跨越国际水域，长途迁徙至理想的栖息环境中。在国际范围内，捕鱼限制的实施具有一定难度。在鱼类繁殖或迁徙的任何地点，如果发生了人为干扰，那么这些物种的数量可能会大大降低。但是，在某些地方（如意大利和阿拉斯加），渔民们认为自己有权管理近海水域的鱼类资源，为了增加渔获量和经济收益，与政府就鱼类资源相关问题讨价还价。

　　另一个问题是大量生态系统发生退化，而这些系统维持了渔业的可持续发展。例如，美国正致力于增加海湾鲟/尖吻鲟（Gulf Sturgeon）的数量，这种鲟鱼生活在墨西哥湾，但经常迁徙至淡水溪流中去繁殖。当前，在鲟鱼经常出现的 7 条主要河流中，4 条（甚至更多）河流的栖息地已趋于饱和，无法满足鲟鱼正常繁殖所需。在这种情况下，必须要通过实施恢复计划来增加可用栖息地，而且很可能需要采取一些严厉行动，如拆除妨碍鱼类迁徙的水坝等。

　　为了实现既定目标，渔业管理还要考虑各种各样的不同因素。例如，通过回顾历史上的渔获量，我们可以发现许多物种的恢复计划并不现实，因为这些计划是基于当前的渔获量数据编制的，但是这些数据出现在鱼类种群数量已经低至危险程度后。因此，当前的最大持续渔获量（每年清除后仍能维持渔业生态系统的鱼类生物量）水平被严重高估，因为其依据的鱼类种群数量只是商业捕鱼开始前的一小部分。

　　渔业管理的其他影响因素非常多：科学分析不足；法规执行力度不够（特别是对非法、私人和国际渔民）；偷猎；渔获量和副渔获物的误报；海产品的欺诈和标签错误；政治障碍；对新增渔业活动的规范性监管和指导不够。

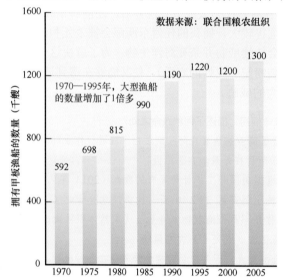

图 13.37　全球拥有甲板的渔船数量（千艘）。如柱状图所示，自 1970 年以来，全球从事商业捕鱼的机械化渔船（以发动机为动力，具有甲板）的数量增加了 1 倍多。最近，虽然渔船数量已经趋于平稳，但由于存在如此之多的装备精良渔船，人类的捕鱼能力大大提升，因此经常会造成过度捕捞。可以看到，联合国粮农组织不再保留"拥有甲板渔船数量"的相关记录

13.5.4.1　渔船管理

　　对渔船数量没有任何限制，这是监管失败的重要原因之一。2004 年，根据联合国粮农组织的相关数据，全球渔船总量约为 400 万艘，其中约 130 万艘是大型多层甲板机械化渔船，采用发动机作为动力，船身长度大多超过 24 米。如图 13.37 所示，1970—1995 年，全球拥有甲板的渔船数量增加了 1 倍多，而且数量还在持续增加。这些大型渔船大量采用巨型渔网，每次捕鱼的重量可高达 2.7 吨。此外，还有超过 210 万艘小型无甲板渔船，由自给自足的渔民们拥有和经营，主要分布在亚洲、非洲和中东地区。

　　随着渔船数量逐渐增多，渔获量虽然快速增长，但却经常造成过度捕捞。此外，为了精准定位鱼群，商业捕捞者大量应用先进技术装备，如全球定位系统（GPS）、测深仪和侦察机等，如图 13.36 所示。在某些海域，鱼类变得极为稀少，捕捞成本甚至超过了渔获物的价值！

例如在 2003 年，全球捕捞业耗资 1200 亿美元，捕捞了价值 800 多亿美元的渔获物。为了弥补亏空，许多政府以现金（或其他福利）形式向渔民们发放补贴，总额超过 250 亿美元/年。政府补贴令问题变得愈加复杂，为不可持续的渔船数量提供了支持。更糟糕的是，某些新渔民为了获得补贴资格，还会想方设法地扩大捕鱼船队规模。

常见问题 13.12　贴有"海豚安全"标签的金枪鱼真能保证海豚的安全吗？

这要看金枪鱼来自何方，但答案可能是肯定的。对于从热带东太平洋中捕捞的金枪鱼及相关产品，只有在美国才能贴上海豚安全标签，前提是在捕捞过程中没有故意对海豚设置渔网，并且没有海豚在捕捞过程中死亡或重伤。为了确保只给符合"海豚安全"定义的金枪鱼及相关产品贴上标签，美国国家海洋渔业署推出了覆盖范围极广的监测、跟踪和验证计划。在这项计划及消费者保护意识的保驾护航下，海豚的死亡率终于明显下降。20 世纪 80 年代，海豚的死亡数量曾经高达每年数十万头。但是最近，为了解决国际贸易问题，允许从国际来源（特别是墨西哥）进口更多金枪鱼，国家海洋渔业署修订了"海豚安全"的定义。对于与海豚一起捕获的国际来源金枪鱼，只要渔船上的观察员能够证明"没有海豚在捕捞过程中死亡或重伤"，就可以在美国贴上"海豚安全"标签。在这种情况下，观察员的诚信度非常重要。

13.5.4.2　案例研究：西北大西洋的渔业

从西北大西洋的渔业历史中，我们可以看到渔业管理不力产生的影响。1966—1976 年，在西北大西洋国际渔业委员会的管理下，国际船队的捕捞能力增长了 500%，但是总渔获量只提高了 15%。这表明每单位成本取得的渔获量显著降低，同时明确显示出纽芬兰—大浅滩区域的渔业资源开发过度。负责制定这个区域主要物种捕捞总配额的生物学家颇感无奈，由于缺乏执行能力，以及国际政治游戏中的各国配额交换，造成该委员会规定的总渔获量形同虚设。

由于国际委员会缺乏执行力，加拿大单方面做出决定，从 1977 年 1 月 1 日起，将其对鱼类种群的控制权范围扩大至距离海岸 370 千米。两个月后，美国跟进采取了类似的行动。

但是，对沿海水域（近海）的主权声明效力有限，当所有沿海国家都对其沿海水域实行管控后，形势继续不断恶化，过度捕捞成为一个更大问题。1992 年，加拿大政府被迫关闭了纽芬兰外侧大浅滩的渔业，损失了约 4 万个工作岗位，政府后续多支出了 30 亿美元的福利补贴。这一成本远超渔业自身的价值，即便是在最好的年景，渔业创造的经济效益也不超过 1.25 亿美元。

类似情形也出现在乔治浅滩（位于加拿大及美国水域），但是在严格国际管制和适当执法措施的保障下，成功恢复了黑线鳕和黄尾比目鱼的正常渔业活动。

在北大西洋中，某些鱼类虽然受到保护，但其资源量并未如预期那般反弹。例如，虽然每年的渔获量急剧减少，但是大西洋鳕鱼的数量仍在继续降低。2003 年，为了阻止鳕鱼数量进一步下滑，加拿大政府宣布彻底禁止捕捞鳕鱼。在欧洲水域，鳕鱼资源量也出现了类似的下降情形，但是到目前为止，官方仍然拒绝发布鳕鱼捕捞禁令。

13.5.4.3　深水渔业

当某些鱼类资源枯竭或者禁止捕捞后，本地渔业开始更多向限制较少的深海扩展。与表层水域物种相比，大多数深水物种的新陈代谢和繁殖率都比较低，更易受到捕捞活动的严重影响。例如，当大西洋鳕鱼种群枯竭后，渔民们开始捕捞深水海域中的格陵兰大比目鱼。可以预见，目前在整个大西洋中，该物种正面临着过度捕捞的风险。

在澳大利亚附近，深水罗非鱼渔业面临着同样的窘境。为了满足中美洲市场对清淡白鱼的需求，渔民们开发出了这种罗非鱼，甚至连取名都经历了大量超市调研（最初名为燧鲷，听上去不那么吸引人）。当这种渔业开始不可避免地衰落时，渔民们转向了另一种深水物种——巴塔哥尼亚牙鱼，并将其更名为智利海鲈鱼，但是这种鱼类既不是鲈鱼，又不完全来自智利。目前，这些深水鱼类的数量急剧减少，已经成为濒危物种。

目前，深海生态系统也开始感受到这种捕捞活动的影响。例如，海山从深海海底高高耸起，为许多鱼类和深海珊瑚提供了独特生境。为了提高此处的捕鱼效率，渔民们频繁采用大型底拖网（足球场大小），配备了重达数吨的两扇大型钢制门。沿着海底拖动这些大型渔网时，对于生长缓慢但却非常重要的生态系统而言，就会造成长期的持续性破坏。

常见问题 13.13　鱼类养殖能够缓解人们对野生鱼类的需求吗？

鱼类养殖也称水产养殖，指在封闭海洋围栏（或受限沿海水域）内饲养鱼类，类似于在陆地上饲养牲畜（如牛或羊）。目前，全球存在近 250 种人工养殖的鱼类及贝类。实际上，在最近 30 年间，全球人工养殖的海鱼和淡水鱼的产量翻了两番，目前提供了人类直接消费全部海鲜数量的近半数。鱼类养殖有助于缓解人们对野生鱼类的需求似乎合乎逻辑，但有些类型的水产养殖实际上增加了人们对野生鱼类的需求，因为某些肉食性养殖鱼类（如三文鱼、金枪鱼和海鲈鱼）需要野生鱼类作为饲料。例如，为了养殖 1 千克三文鱼或虾，大致需要 3 千克野生鲭鱼或凤尾鱼。

有些水产养殖系统改变了野生鱼类的生境（如将红树林和滨海湿地改造为鱼虾塘，见第 10 章），或者收集野生鱼类作为养殖过程的初始资源量，从而进一步减少了野生鱼类的供应。水产养殖还存在其他负面影响，例如在自然环境中处理垃圾、引进非本土物种、野生种群与驯养物种（意外释放）杂交，以及疾病在近距离生活的生物种群中快速传播，所有这些均可能导致全球范围内某些"野生"鱼类种群发生崩溃。若要维持对全球鱼类供应量的贡献，水产养殖业必须降低将野生鱼类作为饲料的做法，并采取更加健全完善的生态管理措施。

13.5.4.4　基于生态系统的渔业管理

在渔业管理的历史记录中，试图通过只考虑单一物种来调节鱼类资源量的情况非常多，但是基本上都没有获得成功。为了确保美国水域的可持续渔业和健康海洋环境，渔业管理最近转而以生态系统为基础，采用更全面的方法来掌控鱼类资源量，包括分析各种变量（如鱼类生境、迁徙路线以及捕食者－猎物之间的相互作用等）。以生态系统为基础后，渔业管理的优先级顺序发生了根本颠倒，从生态系统（而非目标物种）开始。此外，"在全球范围内重建渔业"是渔业管理的主要目标。

科学研究表明，要实现渔业可持续发展，需要采取更加优化的管理策略，例如取消补贴，以及从总渔获量中向渔民个人划拨一定比例的所有权。当竞争消失后，全体渔民将会受到鼓舞并主动维护整体渔业，因为随着共有鱼类资源量的增加，单一个体的配额会随之增加。通过采用此种方式，渔民们会发自内心地帮助管理可持续的鱼类资源量，从而避免过度捕捞和渔业的最终崩溃。

简要回顾

为了使渔业可持续发展，渔业管理必须基于生态系统，整体考虑海洋生态系统中的各种变量。此外，政治因素的影响不可避免，但仍需坚持各种捕捞限制、缩减非必要的副渔获物及保护重要的鱼类生境。

13.5.4.5　渔业管理效能

2010 年，针对当前渔业管理实践的效率，科学家们开展了科学研究并发布了相关报告。他们重点分析了 6 个关键参数，包括管理建议的科学性、建议转化为政策的透明性、政策的可执行性、政府补贴的影响、捕捞成本及外资参与程度。研究结果表明，虽然各国政府广泛接受并承诺采取改进措施，但渔业管理效能依然极不乐观，如图 13.38 所示。不过，在全球 68% 的野生海洋鱼类中，捕捞者仅分布在 9 个国家及欧盟各国，因此渔业管理者非常乐观，认为基于生态系统的渔业管理一定能够实现。

探索数据

基于地图进行判断，渔业管理效能最高的区域在哪里？最低的区域在哪里？

如何挽救面临崩溃危机的渔业？渔业专家们认为，必须立即采取如下 3 项关键措施：（1）科学设定捕捞数量配额或限制，加大执行与监管力度；（2）有效缩减用途不大及不必要的副渔获物；（3）保护鱼类繁殖及生长区域的重要生境（见深入学习 13.2）。为了实现这些目标，人类需要理解渔业生态系统，并且具备相关技术手段。但是，只有这 3 项措施全部落实到位，全球渔业才有望复苏。

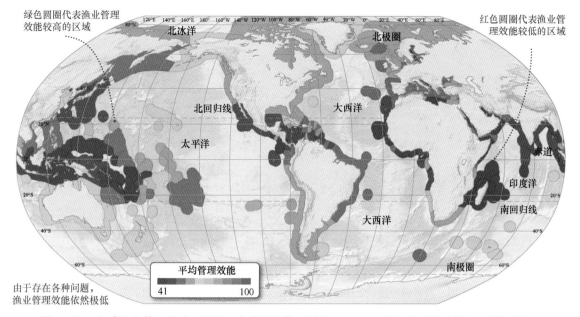

绿色圆圈代表渔业管理效能较高的区域

红色圆圈代表渔业管理效能较低的区域

由于存在各种问题，渔业管理效能依然极低

平均管理效能
41   100

图 13.38 全球渔业管理效能。基于 6 个关键参数（详见正文），显示了全球渔业管理计划的效能

常见问题 13.14 我曾经听说过"抵制鱼翅汤"运动，何谓鱼翅汤？

鱼翅汤是一道亚洲美食，最早可以追溯到公元 960 年左右，由鸡肉、火腿、蔬菜及鱼翅（鲨鱼鳍）制成，可能还含有一些味精。有趣的是，鱼翅汤的味道其实并非来自鱼翅，所以加入鱼翅只具有象征性意义。类似于传统文化中的许多菜肴，鱼翅汤象征着地位与财富，可为主人赢得根深蒂固传统观念中的地位、面子和尊重。因此，在大型庆祝活动（尤其是婚礼）中，这道菜就成为众望所归。遗憾的是，获取鱼翅属于一种不经济行为。为了获取鱼翅，人们每年要捕杀 7300 万条鲨鱼，随后会丢弃其流血的身躯。在开阔大洋中，1/3 左右的鲨鱼面临着灭绝风险。为了应对这一环境问题，海洋生物学家牵头成立了大量草根（民间）组织，呼吁人们保护鲨鱼，鼓励新婚夫妇停止供应鱼翅汤。最近，在这些（及类似）举措的影响下，人们对鱼翅汤的需求下降了 70%。

深入学习 13.2 保护海洋：什么是海洋保护区？

人类引发的海洋环境变化广泛而深远。据 2008 年的某项研究成果显示，整个海洋约 1/3 受到多种因素的负面影响，受影响最大的生态系统是大陆架、岩礁、珊瑚礁、海藻床和深海海山。在全球范围内，人们越来越关注海洋的持久健康，建立了若干海洋保护区（MPA），如图 13B 所示。海洋保护区包括多种类型，如海洋庇护所、海洋储备区（海洋保留区/海洋自然保护区）、特别保护区、海洋公园、禁捕避难所和特殊用途保护区，均存在与其类型相关的特定限制。在建立这些不同类型的海洋保护区时，人们的主要目标各不相同，如保护某些特定物种、便于渔业管理、保护整体生态系统、维护生物多样性、保护稀有生境、营造鱼类栖息场所、保护历史遗迹（如沉船）及重要文化遗址（如土著渔场）等。海洋保护区可能非常大（如澳大利亚大堡礁绵延伸展长达 2000 千米），也可能非常小（如意大利卡波里祖托码头沿海的面积仅为 13500 公顷）。

1972 年，为了保护重要海域不受进一步退化的影响，美国国会开始建立一种海洋保护区，称为国家海洋庇护所。现在，14 个国家海洋庇护所的总面积超过 47000 平方千米，覆盖地区包括佛罗里达群岛、马萨诸塞州的斯泰尔瓦根浅滩、加州中部外的蒙特雷湾（美国最大的国家海洋庇护所）、南加州的海峡群岛、墨西哥湾中的花园浅滩及夏威夷群岛等（见图 13C）。在某些海洋庇护所中，仍然允许进行捕鱼、休闲划船甚至采矿等活动。

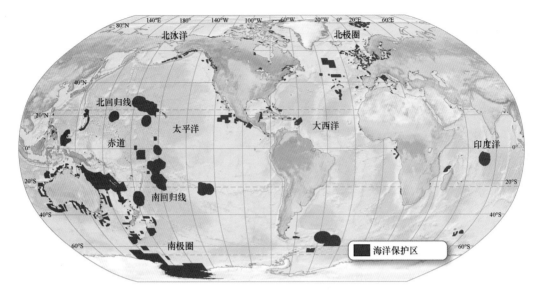

图 13B　海洋保护区。全球总共建立了 5000 多个海洋保护区，覆盖了海洋总面积约 3.7%，为生物、非生物、文化及历史资源提供了不同程度的保护

图 13C　美国国家海洋庇护所。为了保护自然资源或文化资源，美国建立了 14 个国家海洋庇护所。图中还显示了美国 200 海里（370 千米）专属经济区的边界（黄线）

　　许多科学家认识到保护重要海洋生境的重要性，呼吁各国政府建立海洋储备区（海洋保留区/海洋自然保护区），即禁止进行捕捞及其他相关活动的大型避难所，以便更加充分地保护海洋区域。这将有助于恢复严重过度捕捞的鱼类资源量，保护因采用海底拖网捕鱼而遭到破坏的海底生物群落。2006 年，美国建立了占地 36 万平方千米的帕帕瑙莫库基亚海洋国家纪念碑，覆盖了夏威夷附近太平洋海域 362073 平方千米的面积，

这是全球最大的海洋储备区，比美国当时所有国家公园的面积总和还要大。

其他各国也开始意识到充分保护海洋资源的经济效益，例如健康珊瑚礁对于游客具有一定吸引力，可能比其作为海鲜来源的价值更大。例如在 2008 年，基里巴斯共和国（太平洋中部岛国，大致位于澳大利亚与夏威夷之间）建立了菲尼克斯群岛保护区，面积与加利福尼亚州差不多，这是太平洋中的最大海洋保护区。

目前，全球共有 5000 多个海洋储备区，但仅能覆盖全球海洋总面积的 3.7%，其中约半数（或 2.0%）禁止进行任何渔业活动。虽然商业和休闲渔业历来反对建立海洋储备区，但科学研究表明，海洋储备区的好处能够外溢至周边区域，因为在其庇护下无忧成长的幼鱼后来随海流大量游向周边区域。实际上，DNA 分析结果显示，在海洋储备区边界之外的幼鱼中，约有一半来自海洋储备区内。墨西哥的卡波普尔莫是非常成功的典型案例，这是一个位于下加利福尼亚半岛南端的海洋储备区，在禁止捕鱼的 20 年间，海洋生物总量增长了 5 倍，显示出了保护生境的巨大潜力。在全球范围内，大量新的海洋保护区已经提上议事日程。实际上，《联合国生物多样性公约》及其他保护性组织已经批准了一个雄心勃勃的目标，争取 2020 年将海洋保护区的海洋覆盖率提升至 10%。

你学到了什么？

查看图 13B 中的地图，你认为哪个区域（目前不在保护区内）应划入海洋保护区？解释理由。

13.5.5 全球气候变化对海洋渔业的影响

据渔业科学家称，人类引发的全球气候变化已经影响了许多地区的渔业。为了评估海洋变暖对海洋物种的影响，研究人员利用鱼类及其他海洋物种的温度偏好作为生物温度计。海洋鱼类通常出现在海洋中的特定区域，这与它们适应的特定水温有关。现在，在正常分布区域以外的海域中，如果发现了相同鱼类物种，则可说明该海域的水温已经发生了改变。例如，研究人员发现，在 1970—2006 年的大多数生态系统中，海洋变暖改变了商业渔民们的渔获量构成，从冷水物种逐渐变成暖水物种（见图 13.39）。

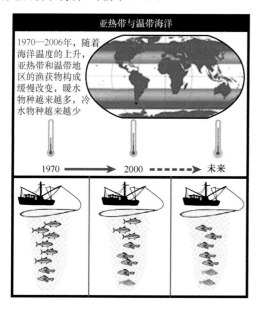
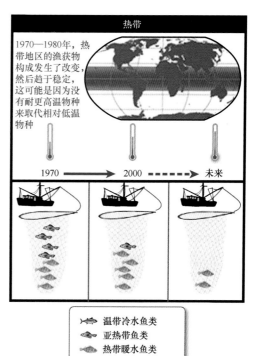

图 13.39 海洋变暖正在重塑渔业格局。随着全球海表温度的升高，冷水物种正被暖水物种取代。科学研究表明，这种模式与人类引发的气候变化有关

全球气候变化也会对过度开发的渔业造成严重影响。实际上，联合国粮农组织（FAO）曾经发布一份报告，认为全球气候变化很可能会导致一些近乎枯竭的鱼类种群发生崩溃，但是某些健康渔业同样会受到影响。在鱼类种群依赖上升流的各大陆西海岸区域，若海洋变暖及相应上升流减少，则健康渔业（如三文鱼、金枪鱼和鲭鱼）可能会遭到破坏。2018年，某项研究得出结论，气候变化可能导致海洋中的营养盐在全球范围内再分配，从表层水向深层水净输运。该研究报告称，2300年的全球渔获量降幅将会超过20%，北大西洋的渔获量降幅近60%（缘于大量捕捞）。

此外，由于海洋变暖和冰盖融化，海平面上升将会淹没低洼沿海区域（如红树林和沼泽），这些区域是许多商业鱼类的重要繁育地。

简要回顾

海洋温度升高时，就会驱使各物种离开其平常栖息地，转而进入更冷的水域、更深的海洋或高纬度地区。对于暖水物种而言，则会在冷水物种腾出的区域内大量繁殖。

13.5.6 海鲜选择

消费者的需求已将某些鱼类种群推向了灭绝边缘，但是消费者可以明智地选择自己消费的鱼类，例如只从健康、繁荣及合规的渔业市场中购买。当然，由于丰度、捕捞方式及渔业管理模式等方面存在一定差异，某些种类的海鲜对环境的影响较小（与其他种类相比）。图13.40显示了一些海鲜选择（包括鱼类和贝类）的提示性建议，主要划分为三种类型：最佳选择（绿色）、较好备选（黄色）和避免选择（红色）。

图 13.40　海鲜选择建议。在蒙特雷湾水族馆海鲜观察的建议清单中，将各类海鲜划分为三种类型：最佳选择（绿色）、较好备选（黄色）和避免选择（红色）

探索数据

在查阅避免选择（红色）列表时，列出你或亲朋曾经消费过的三项。

为了对渔业的可持续性进行科学认证，由美国海洋管理委员会和海洋之友两家机构负责，向合格海鲜渔业颁发"可持续"资格认证标签，美国消费者可选择购买贴有此类标签的海鲜。这些措施的实施初衷是帮助消费者和零售商支持可持续渔业，远离过度捕捞渔业。但是，最新研究表明，在标有"可持续"标签的海鲜中，约1/4不符合可持续标准。

主要内容回顾

13.1　什么是初级生产力？

- 海洋生物量大部分来自具有光合作用能力的微型浮游细菌和藻类，它们是海洋的初级生产者。在深海热液喷口附近，化能合成作用可以产生有机生物量。
- 营养盐的可用性和太阳辐射的数量限制了海洋的光合生产力。在沿海区域，由于存在径流和上升流，营养盐的丰度最高。净光合作用为零的水深称为光合作用的补偿深度。一般来说，藻类在此深度以下无法存活。
- 在大陆边缘沿线，海洋生物最丰富，营养盐和太阳光最理想。距离大陆越远，或者水深越深，营养盐和太阳光就越少。此外，由于可以溶解生命所需的更多气体（氧和二氧化碳），冷水通常能够支持更多生物（与暖水相比）。上升流区域的生产力水平最高，可将营养盐丰富的冷水携带至表层。
- 海水可选择性吸收可见光谱中的各种颜色，相对较浅的水深位置吸收红光和黄光，最后吸收蓝光和绿光。当海水的生物生产力水平较低时，主要散射短波可见光，呈蓝色外观；当生物生产力水平较高时，浊度和光合海藻能够散射更多绿色光波长，呈绿色外观。
- 在海上乘船一日游时，你会看到码头附近的海水呈绿色，深层海水呈蓝色。从浅层海水与深层海水的颜色差异中，你对海洋中的生命能够做出什么样的推断？
- 分析海洋生物利用颜色在水柱中消失的能力如何受水深影响。

13.2　光合海洋生物有哪些类型？

- 光合海洋生物存在许多不同类型。种子植物以少数近滨植物属为代表，如鳗草、冲浪草、网茅和红树。大型藻类包括绿藻、红藻和褐藻，微型藻类包括硅藻、颗石藻和甲藻。
- 甲藻有时丰度极高，可将表层海水染成红色，从而形成赤潮，更准确的称谓是有害藻华。甲藻也能产生毒性极强的生物毒素，造成各种不同生物中毒身亡。海洋富营养化是指某种营养盐在海水中原本缺乏但某段时间内急剧增多。
- 比较下列现象的异同：赤潮、有害藻华、海洋富营养化和死区。
- 编制一份减少沿海区域有害藻华爆发的方法清单。

13.3　不同区域的初级生产力有何差异？

- 深海是营养盐的储存库，由于缺乏阳光，光合生物吸收这些物质受到限制。当营养盐丰富的深层冷水上升至阳光照耀的海面时，就具备了创造高生产力和丰富海洋生物的所有适宜条件。
- 在高纬度（极地）海洋中，通常不存在温度跃层，因此很容易形成上升流。限制极地海洋生产力的是太阳辐射的可用性，而非营养盐的可用性。
- 在低纬度（热带）海洋中，通常全年均存在较强的温度跃层，因此上升流严重缺失，使得表层海水中的营养盐含量较低，从而限制了生产力。
- 在中纬度（温带）海洋中，生产力在春季和秋季达到峰值，冬季（缺乏太阳辐射）和夏季（缺乏营养盐）的生产力水平较低。
- 通过各种因素（如太阳辐射的季节变化、温度跃层的发育和营养盐的可用性），对比极地海洋、中纬度海洋和热带海洋的生物生产力。
- 讨论海洋中"营养盐的空间分布"和"生产力峰值的时间分布"如何影响海洋哺乳动物的迁徙，例如蓝鲸从其位于下加州的繁殖地，迁徙至位于北太平洋中的觅食地。

13.4　能量和营养盐在海洋生态系统中如何传递？

- 藻类捕获太阳辐射能，并将其转化为化学能，在生物群落的不同营养级之间传递。这种能量以机械能和热能的形式消耗，最终在生物学意义上无法利用。生物体死亡后会分解成无机物，可供藻类再次利用并获取营养盐。

- 海洋生态系统由生产者、消费者和分解者等生物种群构成。动物可分类为草食动物、肉食动物、杂食动物和菌食动物。通过生物地球化学循环，在生物群落中各种生物的作用下，营养盐及其他化学物质可从一种形式循环至另一种形式。
- 摄食策略包括悬浮性或滤食性摄食、沉积性摄食和肉食性摄食。平均而言，在某个营养级摄入的生物量中，只有10%左右能够传递至下一营养级。但是，在食物链（或食物网）的各个营养级中，营养级越高，个体的数量越少，体型越大。总之，在生物量金字塔中的位置越高，生物种群的总生物量就越低。
- 在不同营养级之间，能量传递的平均效率为10%。利用这一效率值，确定杀死一头虎鲸（营养级3或顶级肉食动物）后，若要新增1克虎鲸生物量，需要添加多少克浮游植物生物量。
- 评估当人类对次级消费者（如金枪鱼）的渔获量增加后，顶级肉食动物（如鲨鱼和虎鲸）会面临着什么样的命运。

13.5 海洋渔业的影响因素有哪些？

- 海洋渔业从各种生态系统中捕捞现存资源量，特别是浅海大陆架、沿海水域及上升流区域。
- 当鱼类成体的捕捞速度超过繁殖速度时，会出现过度捕捞现象，造成鱼类种群数量下降，最大持续渔获量降低。
- 在许多实际捕捞过程中，渔民们均曾捕获过自己不需要的副渔获物。幽灵渔捞是指任何渔具在丢失或遭到遗弃后，还能够继续捕捞鱼类、海洋哺乳动物或其他生物。
- 虽然渔业管理日趋规范，但全球许多鱼类的资源量仍在下降。通过明智的海鲜选择，有助于扭转鱼类种群的下降趋势。
- 列出当前渔业管理实践中的几个重大问题。为了提高鱼类现存资源量的可持续性，应当如何改进渔业管理？为了减少不需要的副渔获物对生态系统的破坏，需要对渔具做出哪些改变？
- 为了帮助全球海洋中大型鱼类的多样性和丰度能够重新恢复，描述自己能够尽力去做的三件事情。

第 14 章　水层环境中的动物

极具流线型的鲨鱼在海洋中巡游。平滑白眼鲛（镰状真鲨）具有非常独特的适应性，因此成为海洋中的高效捕食者

主要学习内容

14.1　对比海洋生物在水柱中避免下沉的各种方法
14.2　描述水层生物在寻找猎物方面的适应性
14.3　描述水层生物在避免成为猎物方面的适应性
14.4　基于身体特征来区分海洋哺乳动物的主要类群

这头灰鲸离我越来越近，淡褐色的眼睛直视着我，端详着我的头发，打量着我的胡须，目光掠过我的鼻梁，幽怨地盯着我的双眼。在我毕生所学过的生物学课程以及研究过的鲸类文献中，这个精灵超越了我记忆之中的成千上万头灰鲸，深深地铭刻在我的灵魂深处。

——罗伯特·皮特·佩德森（林布拉德探险队的博物学家）描述与灰鲸的一次亲密接触，1999 年

水层生物（Pelagic Organisms，海水生物/水体生物）悬浮在海水中（非海底），构成了海洋中的绝大部分生物量（Biomass，即生物体的质量）。浮游植物及其他光合微生物生活在光照充足的表层海水中，几乎成为所有其他海洋生物的食物来源。为了尽可能地接近自己的食物来源，许多海洋动物生活在表层海水中，它们面临的最重要挑战之一是"如何保持漂浮状态"，避免沉入表层海水之下的海洋深处。

浮游植物及其他光合微生物主要依靠自己的极小体型，通过较强的摩擦力来避免下沉。但是，大多数动物的密度大于海水，单位体积的表面积较小，因此比浮游植物更容易下沉。

为了驻留在食物供应最为充足的表层海水中，水层海洋动物必须增大浮力，或者持续不断地游泳。每种动物都会运用其中一种（或两种）策略，并且通过各种神奇的适应性（Adaptations）方式来实现。

14.1　海洋生物为什么能驻留在海底之上？

为了持续驻留在近表层海水中，有些动物会增大自身的浮力。这些动物体内可能含有气体，因而明显降低了平均密度；或者身体由柔软物质构成，缺少硬质高密度成分。体型较大的动物通常具有游泳能力，但若其身体比海水的密度更大，则要施加更多能量来推动自己在海水中前行。

14.1.1　气室的用途

在海平面位置，海水密度几乎为空气密度的 800 倍。因此，生物体内的空气数量即便不多，也能显著增大身体浮力。一般来说，动物利用体内的硬质气室（Gas Container）或鱼鳔（Swim Bladder）来获得中性浮力（Neutral Buoyancy），通过改变体内的空气数量来调节身体密度，进而不消耗额外能量而驻留在特定的深度。

14.1.1.1　硬质气室

有些动物（如头足类）身上长有硬质气室，如鹦鹉螺属（Nautilus）具有多室外壳，乌贼属（Sepia）和深水旋壳乌贼属（Spirula）具有单室内部结构，如图 14.1 所示。注意，许多种类的头足类动物都存在喷墨反应，在替代品出现前，人们一直将乌贼属的体液作为墨汁使用，品牌名称就是乌贼（Sepia）。

由于气室中的压力始终为 1 千克/平方厘米（1 个大气压），为了避免气室外壳被压碎，鹦鹉螺属必须驻留在约 500 米以浅的水深位置。因此，鹦鹉螺属很少在 250 米水深以下冒险。

1. 鱼鳔

某些行动迟缓的鱼类体内没有硬质气室，但是存在一种称为鱼鳔（Swim Bladder）的内部器

官，它帮助鱼类获得中性浮力并决定其在水柱中的位置（见图14.2）。但是，非常活跃的游泳者（如金枪鱼）或生活在海底的鱼类通常没有鱼鳔，因为它们在水柱中驻留没有任何问题。

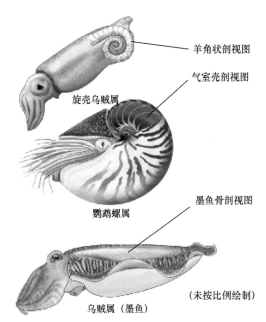

图 14.1　头足类动物的硬质气室。鹦鹉螺属具有多室外壳，乌贼属和旋壳乌贼属具有硬质气室内部结构，可以通过充气来提供浮力

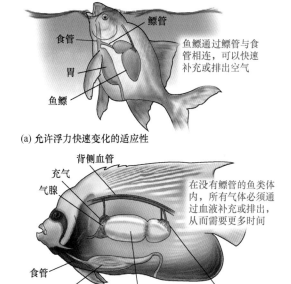

(a) 允许浮力快速变化的适应性

(b) 仅允许浮力缓慢变化的适应性

图 14.2　鱼鳔。许多硬骨鱼都用鱼鳔来调节其在水柱中的浮力及相应位置。有些鱼适应浮力快速变化(a)，有些鱼适应浮力缓慢变化(b)

鱼鳔随着水深变化而膨胀（或收缩），为了维持体积恒定不变，鱼类必须及时将鱼鳔中的气体排出（或补充）。在某些鱼类体内，鱼鳔通过鳔管与食管相连，使其能够通过导管迅速补充或排出气体（见图 14.2a）。在没有鳔管的其他鱼类体内，必须要通过血液交换来缓慢补充（或排出）鱼鳔中的气体，因此难以承受水深的快速变化（见图 14.2b）。

在浅水鱼类的鱼鳔中，气体成分与大气成分相似。在表层海水中，鱼鳔中的氧气浓度约为 20%，与大气中的氧气浓度相同。但是，随着水深逐渐加深，氧气浓度可能会增加至 90%（或更多）。这是因为在海洋深处时，鱼类体内会发生化学反应，造成氧气离开血液并扩散至鱼鳔中。人们曾经在 7000 米水深位置捕获了有鳔鱼类，鳔内气压高达 700 千克/平方厘米（700 个大气压），完全可将气体密度压缩至 0.7 克/立方厘米。为便于对比，注意水的密度为 1.0 克/立方厘米。这与脂肪的密度大致相同，因此许多深水鱼类具有极为特殊的浮力器官，充满了脂肪而非压缩气体。

14.1.2　漂浮能力

漂浮海洋动物的体型大小不一，小如微小的类虾状生物，大到常见的水母等相对较大物种。这些漂浮的海洋生物统称浮游动物（Zooplankton），生物量在海洋中位居次席，仅次于浮游植物及其他光合微生物。微型浮游动物通常具有非常坚硬的外壳，称为甲壳/介壳（Test）。许多大型浮游动物具有柔软的胶状身体，几乎不存在硬组织，使其密度降低从而能够营浮游生活。

在海洋中，微型浮游动物的丰度极高，由于摄食微型浮游植物（初级生产者），故为初级消费者。因此，许多浮游动物是草食动物。还有一些浮游动物是杂食动物，除了摄食浮游植物，还会摄食其他浮游动物。对各种微型浮游动物来说，大多具有增大身体（或外壳）表面积的各种适应性，这样就可以驻留在靠近食物来源的光照浅层海水中。要了解关于"表面积增大如何影响生物

的漂浮能力"的更多信息，请参阅第 12 章。

此外，为了实现漂浮目标，某些生物会产生低密度脂肪（或油脂）。例如，许多浮游动物能够生成微小的油滴，以帮助维持中性（或近中性）浮力。鲨鱼拥有非常大且富含油脂的肝脏，可以更加有效地降低密度，从而能够更容易地漂浮在海水中。

简要回顾

为了能够驻留在光照表层海水中，海洋生物利用了各种各样的适应性，如硬质气室、鱼鳔和脊椎等，以期增加身体的表面积、柔软度和游泳能力。

14.1.3 游泳能力

许多大型水层动物（如鱼类和海洋哺乳动物）既能够通过游泳而保持在水柱中的位置，又可轻松地逆流游泳，这些生物称为游泳生物/自游生物（Nekton）。由于具有游泳能力，部分游泳生物能够长途跋涉。

14.1.4 浮游动物的多样性

海洋浮游动物种类繁多，源自对食物的竞争与躲避捕食者之间的动态平衡，最终结果是各种类型的浮游动物均在海洋中觅得一席之地。

14.1.4.1 微型浮游动物

微型浮游动物主要包括 3 种类型，分别是放射虫、有孔虫和桡足类（前两种动物见第 4 章）。

放射虫（Radiolarians）是一种单细胞微型原生动物（Protozoans），能够构筑硅质外壳——甲壳，如图 14.3 所示。甲壳具有非常复杂的纹饰，包括长长的尖刺状突起，这似乎是应对捕食者的一种防御机制，但确实增大了甲壳的表面积，从而确保生物不会在水柱中下沉。

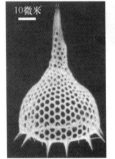
(a) 蛇花篮虫

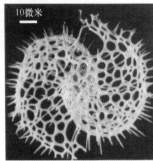
(b) 四角旋篮虫

(c) 秀小水母虫

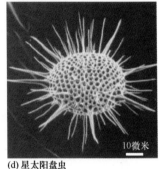
(d) 星太阳盘虫

图 14.3　放射虫。各种放射虫甲壳的扫描电镜照片

有孔虫（Foraminifers）是体型大小不一（从微型到近大型）的单细胞原生动物。丰度较高的有孔虫类群大多营浮游生活，多样性较丰富（就物种数量来说）的有孔虫类群则大多营底栖生活。有孔虫具有碳酸钙质的坚硬甲壳，可划分为多个节或室，一端具有突出的开口，如图 14.4 所示。放射虫和有孔虫的甲壳是深海沉积物的常见成分。

桡足类（Copepods）是微型类虾状动物，与虾、螃蟹和龙虾同属于甲壳动物亚门。与其他甲壳类动物一样，桡足类动物具有坚硬的外骨骼及带有附肢的分节身体，如图 14.5 所示。大多数桡足类具有分叉的尾部及独特而精致的触角。

图 14.4　有孔虫。各种有孔虫甲壳的显微照片，采集于地中海中的多个水层

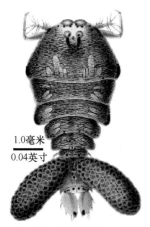

1.0毫米
0.04英寸

(a) 雌性叶水蚤成体携带着一对叶状卵囊（蓝色）

1.0毫米
0.04英寸

(c) 孔雀丽哲水蚤具有暖水物种所特有的精致羽状附肢

1.0毫米
0.04英寸

(b) 一对角突隆剑水蚤在交尾

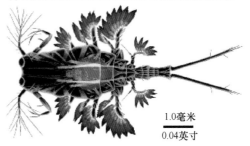

1.0毫米
0.04英寸

(d) 晶桨剑水蚤利用附肢，附着在水柱中的大型颗粒
或者更大浮游动物身上

图 14.5 桡足类。各种桡足类示意图，引自威廉·吉斯布雷希特 1892 年出版的《那不勒斯湾动植物志》

桡足类的现存物种超过 7500 种，大多具有非常独特的适应性，能够滤食海水中的微小漂浮食物颗粒。有些桡足类是草食动物，以藻类为食；有些桡足类是肉食动物，以其他浮游动物为食；还有些桡足类属于寄生类型。

所有桡足类都会产卵，卵囊有时附着在腹部，但卵通常被简单地释放到海水中，大约一天时间就能孵化出来。在条件有利（如藻类等食物丰富）的情况下，卵的繁殖速度非常快，桡足类随之大量出现。

虽然桡足类的体型很小（仅少数物种大于 1 毫米），但其在海洋中的数量特别巨大。实际上，桡足类是地球上数量最多的多细胞生物优势物种之一，因此成为海洋浮游动物生物量的主要组成部分。在许多海洋食物网中，桡足类是浮游植物（生产者）与大型物种（如摄食浮游生物的鱼类）之间的重要关联性环节。

14.1.4.2 大型浮游动物

许多类型的浮游动物体型较大，不借助于显微镜就能看到，但是游泳能力欠佳。大型浮游动物的两个最重要类群是磷虾和刺胞动物（多类型）。

磷虾（Krill）实际上属于甲壳动物亚门（磷虾属），看起来像小虾或大型桡足类，如图 14.6 所示。磷虾的种类超过 1500 种，体长大多不足 5 厘米。磷虾在南极洲附近大量富集，成为当地食物网中的关键环节，为许多生物（从海鸟到全球最大的鲸）提供食物。

刺胞动物（Cnidarians）以前称为腔肠动物（Coelenterates），身体柔软，含水量超过 95%，触手上具有能够蜇人的刺细胞（Nematocysts）。作为大型浮游动物，刺胞动物可以划分为两个基本类群：水螅纲和钵水母纲。

在所有海洋中，水螅纲（Hydrozoan）刺胞动物的典型代表均为葡萄牙战舰（僧帽水母属）和顺风水手（帆水母属）。它们的气室称为浮囊/气囊（Pneumatophores），可以充当漂浮板和帆，随

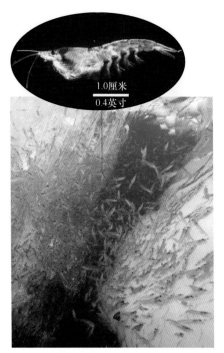

图 14.6 磷虾。南极洲附近表层海水中的虾状磷虾，以及北方磷虾的放大图（插图）

风飘过海面（见图 14.7a，右）。有时，海风会将这些生物大量吹向海滩，导致它们被冲上岸并死亡。在活体生物的"漂浮板"内部和下方，其他整群小型生物将水螅纲作为栖息地。僧帽水母的触手可能长达数米，身上长有能够蜇人的刺细胞，接触人类皮肤后会触发疼痛感，甚至还会造成神经毒素中毒。

钵水母纲（Scyphozoan）刺胞动物的身体呈钟形，边缘存在一圈触手。在钟形漂浮板下方，悬挂着类似钟锤的突起物，突起物的末端是口（见图 14.7a 左和图 14.7b）。水母的体型变化较大，有些仅勉强可见于显微镜下，有些直径长达 2 米，大多数直径低于 0.5 米，最大水母的触手长达 60 米。

通过钟形物的肌肉收缩，水母能够缓慢运动。当海水进入钟形物下方的空腔后，若钟形物周围的肌肉发生收缩，就会将海水挤出，使水母朝随机方向缓慢脉动前行。如第 12 章所述，由于无法控制自己的运动位置，因此水母是浮游生物（漂浮者）而非游泳生物（游泳者）。更重要的是，这种运动会将含有微小漂浮食物颗粒的海水冲向其触手。为了使动物的身体方向保持向上，钟形物的外缘周围存在对光照或重力敏感的器官。这种定向能力非常重要，因为水母的摄食方式是首先游到海面，然后缓慢下沉，在富含营养物质的表层海水中觅食。像水螅动物一样，水母在开阔大洋中的地位非常重要，可为各种其他生物（幼鱼、蠕虫和螃蟹）提供栖息地。

葡萄牙战舰（僧帽水母属）

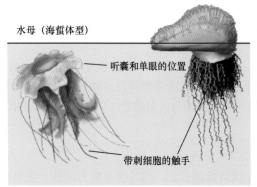

(a) 典型海蜇水母（左）和僧帽水母（右）的线条画

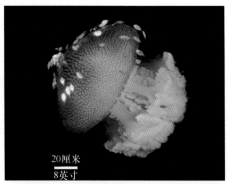

(b) 澳大利亚白点蓝色海蜇水母在其钟状物上，为称为平线若鲹的幼鱼提供栖息地

图 14.7 浮游刺胞动物。各种浮游刺胞动物：(a)线条画；(b)照片

大型浮游动物还包括多种其他类型，例如被囊类和海樽（营群居生活的圆筒形动物）、栉水母（梳水母或侧腕水母）和毛颚目动物（箭虫）。

14.1.4.3 游泳生物

游泳生物包括乌贼（无脊椎动物）、鱼类、海龟和海洋哺乳动物等。

游泳的乌贼包括普通乌贼（枪乌贼属）、飞乌贼（柔鱼）和巨乌贼（大王鱿），它们都是鱼类的主动捕食者。乌贼大多身材细长，双鳍加身，必须始终活动才能漂浮，如图 14.8 所示。但是，在少数物种（如乌贼属和旋壳乌贼属，见图 14.1）体内，具有中空的气室来帮助保持漂浮状态，因此活跃程度可能会降低。

乌贼的游泳速度不逊于相同大小的任何鱼类，它首先将海水吸入体腔，然后通过虹吸管将海水排出体外，从而向后推动自己的身体。当捕捉猎物时，乌贼利用两条长口腕（末端带有吸盘），如图 14.8 所示。8 条短口腕（带吸盘）负责将猎物送到嘴里，然后利用口器（类似鹦鹉喙）将猎物压碎。

鱼类大多也是游泳好手，基本特征和鱼鳍如图 14.9 所示。在鱼类的侧线器官中，包含能够检测水压变化的传感器网络，鱼类可以用其监测水中的振动情况。

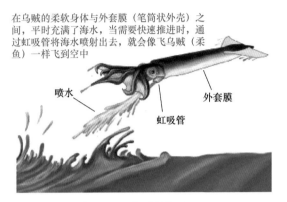

在乌贼的柔软身体与外套膜（笔筒状外壳）之间，平时充满了海水，当需要快速推进时，通过虹吸管将海水喷射出去，就会像飞乌贼（柔鱼）一样飞到空中

喷水　外套膜　虹吸管

图 14.8　乌贼的运动

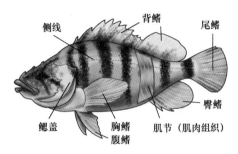

侧线　背鳍　尾鳍　臀鳍　肌节（肌肉组织）　胸鳍　腹鳍　鳃盖

图 14.9　鱼类的基本特征和鱼鳍

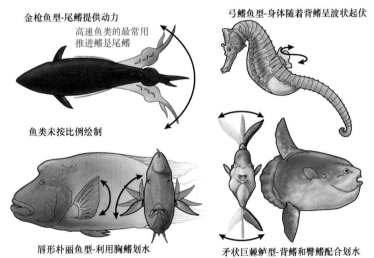

金枪鱼型-尾鳍提供动力
高速鱼类的最常用推进鳍是尾鳍

弓鳍鱼型-身体随着背鳍呈波状起伏

鱼类未按比例绘制

唇形朴丽鱼型-利用胸鳍划水

矛状巨棘鲈型-背鳍和臀鳍配合划水

图 14.10　鱼类的动力。大多数高速鱼类沿身体方向发送弯曲体波，然后利用尾鳍推动自身在水中前行。但是，在鱼类的动力中，各种鱼鳍都会发挥作用

鱼类利用各种各样的鱼鳍来游泳，如图 14.10 所示。在最常见的情况下，鱼类在运动时，交替收缩和放松肌节（位于身体两侧），产生沿体长方向延伸的弯曲，最终由尾鳍收尾并形成推力。这种类型的游泳运动称为金枪鱼型（摆尾式）。在某些情况下，鱼类可能会为了更加灵活机动而牺牲速度，例如在拥挤的礁石环境中，或者只是单纯为了伪装，仅移动部分透明小鳍。因此，如图 14.10 所示，在其他类型的游泳运动中，鱼类需要用到各种类型的鳍，如金枪鱼型（Thunniform）、弓鳍鱼型（Amiiform）、唇形朴丽鱼型（Labriform）和矛状巨棘鲈型（Ostraciform）。

14.1.4.4　鱼鳍的类型和用途

对主动游泳的鱼类来说，为了实现身体的转向、减速和平衡，大多需要利用成对的鱼鳍（腹鳍和胸鳍），如图 14.9 所示。当闲置不用时，这些鳍能够折叠并贴合在身体上。背鳍和臀鳍是垂直鳍，主要发挥稳定器作用。

尾鳍的形状及描述	示例
圆形尾鳍：蓝面天使鱼（刺盖鱼属）的圆形尾鳍非常灵活，适合低速运动时的加速和灵活移动	
截短状尾鳍：灰神仙鱼（弓纹刺盖鱼）的截短状尾鳍具有适度的灵活性，既能快速推进，又能灵活机动	
分叉状尾鳍：黄色医生鱼（刺尾鱼属）的尾鳍呈分叉状，游动速度更快，灵活性适中，推进力与机动性较协调	
新月状尾鳍：速度极快的条纹四鳍旗鱼（红肉旗鱼属）的尾鳍呈新月状，质地非常坚硬，对灵活机动性用处不大，但对推进速度非常高效	
歪尾状尾鳍：灰礁鲨（黑尾真鲨）的尾鳍呈歪尾状，质地非常坚硬，可产生巨大推升力，但是灵活机动性较差，通常只能在较大范围内游动	

图 14.11 尾鳍的形状。不同鱼类具有不同形状的尾鳍，包括圆形、截短状、分叉状、新月状和歪尾状。为了获得不同程度的机动性和推进力，尾鳍的形状不断优化

在高速鱼类向前推进时，最常用到的鱼鳍是尾鳍。尾鳍能够垂直张开，增大划水时的可用表面积，类似于人类为提升游泳效率而穿上脚蹼。尺寸越大，尾鳍提供的推力就越大。但是，表面积越大，摩擦力也越大。在比较各种鱼类的尾鳍时，人们发现尾鳍的效率与其大小和形状有关。例如，鲨鱼的尾鳍不对称，大部分表面积质量位于上半叶，能够提供非常明显的推升力。这是因为鲨鱼体内不存在鱼鳔，停止运动时容易下沉。实际上，为了弥补浮力的缺失，鲨鱼的基本体形具有许多适应性。例如，胸鳍大而平，所在位置刚好可以抬升身体的前半部分（类似于飞机机翼），且能够平衡尾鳍对身体后半部分的抬升。从胸鳍的这种适应性中，鲨鱼获得了巨大的抬升力，但却损失了灵活机动性。因此，鲨鱼在游泳时不会急转弯，只能在较大范围内兜圈子（就像盘旋的飞机一样）。

如图 14.11 所示，尾鳍形状可划分为 5 种基本类型：（1）圆形；（2）截短状；（3）分叉状；（4）新月状；（5）歪尾状。

简要回顾

在鱼鳍的协助下，鱼类可在水柱内游泳及漂浮。尾鳍提供的推升力最大，基于鱼类的生活方式，尾鳍存在各种各样的形状。

小测验 14.1　比较海洋生物在水柱中避免下沉的各种方法

❶ 为什么头足类动物的硬质气室限制其最大下潜深度？为什么具有鱼鳔的鱼类没有这种限制？

❷ 人们为什么将水螅纲和钵水母纲归类为大型浮游动物（而非游泳生物）？

❸ 凭记忆说出不同类型鱼鳍的名称，并分别描述相关用途。尾鳍的 5 种基本形状及用途是什么？

14.2　水层生物具有哪些觅食适应性？

水层生物具有多种适应性，可以增强其觅食（寻找并捕获食物）的能力，包括机动性（突袭和巡游）、游泳速度、体温及独特循环系统。此外，为了帮助自己在黑暗世界里成功捕获猎物，深水游泳生物还具有某些非常独特的适应性。

14.2.1　机动性：突袭者和巡游者

有些鱼类会耐心地等待猎物出现，然后瞬间发力猛扑向猎物；还有些鱼类则不停地在水中游弋，坚持不懈地寻找猎物。由于采用这两种不同的觅食方式，鱼类的肌肉组织出现了明显差异。

例如，突袭者（Lungers，如图 14.12a 所示的石斑鱼）静候猎物靠近，为了获得较高的速度和机动性而截短尾鳍，几乎所有肌肉组织均呈白色。

(a) 像这条老虎斑（虎喙鲈）一样的突袭者，平时耐心在水底静候，发现猎物后瞬间出动并捕捉

(b) 像这些黄鳍金枪鱼一样的巡游者，为寻找猎物而不断地游来游去，发现猎物后突然提速并捕捉

图 14.12　突袭者和巡游者的摄食方式。(a)突袭者；(b)巡游者

另一方面，巡游者（Cruisers，如图 14.12b 所示的金枪鱼）主动搜寻猎物，肌肉组织少数为白色，大部分为红色。

肌肉组织呈红色（或白色）说明了什么呢？红色肌肉组织所含肌纤维的直径为 25～50 微米；白色肌肉组织所含肌纤维的直径为 135 微米，且所含肌红蛋白（Myoglobin，与氧气关系非常密切的一种红色色素）的浓度更低。与白色肌肉组织相比，红色肌肉组织含有较多肌红蛋白，因此能够提供更多数量的氧气，并且支持更高的新陈代谢率。巡游者拥有大量红色肌肉组织的原因是，为其"主动"生活方式提供足够多的能量。

另一方面，由于不经常运动，突袭者不需要太多红色肌肉组织，而是需要衰竭速度更快的白色肌肉组织，但是能够以快速爆发速度去捕捉猎物。因为需要在攻击猎物时瞬间加速，巡游者同样也需要用到白色肌肉组织。

常见问题 14.1　鲨鱼会得癌症吗？

据说鲨鱼不会得癌症，而且能够治疗癌症，使得鲨鱼软骨在非正规医疗市场上很受欢迎。但是，据动物肿瘤研究人员最近报告，鲨鱼及其近亲（溜冰鲨和鳐鱼）能够且确实会得癌症。

14.2.2　游泳速度

虽然快速游泳需要消耗大量能量，但可以帮助海洋生物捕捉猎物。鱼类通常巡游时速度较慢，捕捉猎物时速度较快，逃避捕食者时速度最快。

一般来说，当对比形状类似的鱼类时，体型越大，游泳速度越快。对于金枪鱼来说，为了适应持续巡游和瞬时高速爆发，巡游速度平均约为 3 倍体长/秒，最高速度约为 10 倍体长/秒（但只能维持 1 秒）。注意，人们曾经记录到黄鳍金枪鱼的最高巡游速度竟然高达 74.6 千米/小时，此速度超过 20 倍体长/秒，只维持了不到 1 秒。理论上讲，一条 4 米长的蓝鳍金枪鱼的最高巡游速度可达 144 千米/小时。

像鱼类一样，许多齿鲸的游泳速度也非常快。例如，点斑原海豚（原海豚属）曾被记录到的游泳速度为 40 千米/小时，虎鲸（逆戟鲸）的瞬时爆发速度可能超过 55 千米/小时。

14.2.2.1　冷血鱼类和温血鱼类的游泳速度

相对于环境的温度也会影响鱼类的游泳速度。例如，大多数海鱼为冷血（Cold-blooded）或变温（Poikilothermic）鱼类，体温与其所处的环境温度几乎一致，游泳速度一般不太快。另一方面，鲭鱼（鲭属）、黄尾鱼（鰤属）和鲣鱼（狐鲣属）的游泳速度非常快，体温分别比周围海水高 1.3℃、1.4℃和 1.8℃。鲭鲨（鼠鲨属和鲭鲨属）、金枪鱼（金枪鱼属）和月鱼（月鱼属）的体温远高于周围环境，例如，无论海水温度如何，蓝鳍金枪鱼的体温始终保持在 30℃～32℃，这是温血（Warm-blooded）或恒温（Homeothermic）鱼类的特征。在腰腹部分沿线，主动游泳肌肉周围存在一种热交换系统，温血鱼类用其保持恒温状态。在 7℃ 的海水中，人们曾经测得蓝鳍金枪鱼（游泳中）的体温为 30℃。月鱼利用鳃中的复杂热交换系统，帮助保持血液和心脏的核心体温，通常比周围水温高出 3℃～6℃。

为什么这些鱼类要消耗这么多能量来维持高体温呢？这是海洋中很难维持的代价非常昂贵的一种适应性，其他鱼类的体温较低不也活得非常滋润吗？科学研究表明，鱼类的高体温与较高代谢率有关，可以增加肌肉组织的能量输出，使其能够更加有效地搜寻和捕捉猎物。此外，高体温能够加速鱼类体内的生理过程，使得肌肉收缩更快、神经传导更快、游泳速度更快、视觉更佳及反应时间增强，这些因素对海洋环境中的捕食者均极为有利。

常见问题 14.2　海洋动物如何在冷水中生存？

答案就三个字：适应性。记住，大多数海洋动物（如几乎所有鱼类）都是冷血动物，因此其内部温度与周围海水相差不多。虽然某些内部化学过程变缓，但这些生物在冷水中生活得很好，通常寿命能够更长。此外，与暖水相比，冷水往往含有更多溶解氧和营养盐，因此"生活在冷水中"确实具有一定优势。

另一方面，为了能够在冷水中生存，温血动物（如海洋哺乳动物）具有不同的适应性，包括稠密的隔热皮毛或者厚层脂肪。在这两种适应性的保驾护航之下，即使位于世界上最寒冷的水域中，温血动物也能保暖。温血动物为什么甘心生活在冷水中呢？答案就五个字：丰盛的食物。

深入学习 14.1　关于鲨鱼的传说和事实

目前已经知悉，鲨鱼对人类的每次攻击几乎都是意外，误以为人类是其正常猎物而已。

——彼得·本奇利，《大白鲨》的作者，2000 年

如图 14A 所示，鲨鱼是人类最惧怕的鱼类，其力量生猛，体型庞大，牙尖齿利，神出鬼没，足以吓止某些人终生远离海洋。当鲨鱼偶尔袭击人类时，经过众多媒体的各种炒作，最终形成了关于鲨鱼的大量传说，现列举如下。

图 14A　大白鲨（噬人鲨）

- 传说 1：所有鲨鱼都非常危险。在全球约 400 种鲨鱼中，80%无法伤害人类，或者极少接触人类。在袭击人类的相关事件中，仅涉及少数几个鲨鱼物种，如大白鲨（噬人鲨）、虎鲨（鼬鲨）和牛鲨（公牛真鲨）。全球最大的鲨鱼是鲸鲨，身体最长可达 15 米，但其为滤食性动物，仅摄食小型浮游生物，不具任何危险性。

- 传说 2：鲨鱼是必须不停进食的贪婪吃货。其实，像其他大型动物一样，鲨鱼只需要阶段性进食，具体取决于新陈代谢和食物供给状况。人类并非鲨鱼的主要食物来源，许多大型鲨鱼更喜欢富含脂肪的海豹和海狮。

- 传说 3：大多数受到鲨鱼袭击的人都会丧命。实际上，在受到鲨鱼袭击的人类中，幸存者比例为 85%。通常，许多大型鲨鱼在试图吃掉猎物前，首先撕咬猎物而使其丧失运动能力。在撕咬期间，许多潜在猎物可能会获得逃生机会。在鲨鱼的袭击目标中，最常见的人类包括冲浪者（49%）、游泳者/涉水者（29%）、潜水者（15%）和皮划艇运动员（6%）。在鲨鱼与人类的接触事件中，大多似乎只是"偶遇并试探"，并不属于捕食行为。

- 传说4：每年都有很多人因遭到鲨鱼袭击而丧生。人类遭到鲨鱼袭击而致死的概率极低，如表14A所示。在最近数十年中，全球平均每年只有5～15人因遭到鲨鱼袭击而丧生。相反，人类每年都要杀死1亿多条鲨鱼，大部分是渔业活动的副渔获物。与许多其他鱼类相比，鲨鱼的繁殖率低，生长缓慢，不久后可能会成为濒危物种。
- 传说5：大白鲨是多数海滩附近的常见物种，而且数量众多。大白鲨是喜欢低温的相对不常见的捕食者，极少出现在大多数海滩附近。
- 传说6：淡水中没有鲨鱼。由于存在特殊的渗透压调节系统，某些物种（如牛鲨）能够适应盐度的剧烈变化（从高盐海水到低盐淡水）。例如，在密西西比河上游（伊利诺伊州）和密歇根湖中，均可见到牛鲨的身影。

表 14A　美国的伤亡事故

美国人员伤亡类型	年平均数量
交通事故死亡	42000
因滑倒、绊倒或跌倒而死亡	565
被闪电击中	352
被闪电击中并死亡	50
在纽约被松鼠咬伤	88
被狗咬死	26
被蛇咬死	12
被鲨鱼咬伤	10
被鲨鱼咬伤并死亡	0.4

- 传说7：所有鲨鱼都需要不停歇地游动。有些鲨鱼可以在海底长时间停留休息，不断张开及闭合鱼嘴，通过鱼鳃过滤海水而获得足量氧气。通常情况下，鲨鱼的巡游速度比较慢（低于9千米/小时），但瞬间爆发速度高达37千米/小时。
- 传说8：鲨鱼视力不佳。鲨鱼眼球的晶状体要比人类强大7倍，甚至能够分辨颜色。
- 传说9：吃鲨鱼肉的人更具攻击性。目前尚无迹象表明吃鲨鱼肉会改变人的脾气秉性。鲨鱼肉质地实脆，肉质白嫩，脂肪含量低，味道鲜美，受到许多国家人们的喜爱。
- 传说10：没有人愿意进入充满鲨鱼的水域。长期以来，人们对鲨鱼一直持恐惧和怀疑的态度，但是这种观念最近发生了改变，逐渐将鲨鱼视为技术娴熟且高度进化的捕食者，对海洋生态系统的健康至关重要。目前，人类甚至开发了"与鲨鱼亲密接触"的潜水观光项目，而且越来越受到欢迎。

你学到了什么？

哪些淡水区域发现过鲨鱼？

14.2.3　深水游泳生物的适应性

深水游泳生物（大多为各种鱼类）生活在表层海水之下，但是仍然位于海底之上，对深海环境（非常寂静，完全黑暗）具有特殊适应性。深水游泳生物的食物来源主要是碎屑（Detritus），即死亡或腐烂的有机质（包括从表层海水中缓慢下沉的废物），或者也可能彼此之间相互捕食。由于食物数量匮乏，一定程度上制约了生物的数量（总生物量）和体型大小，因此种群规模较小，大多数个体的体长不到30厘米。为了节约能量，许多种群的代谢率较低。

如图14.13和图14.14所示，为了有

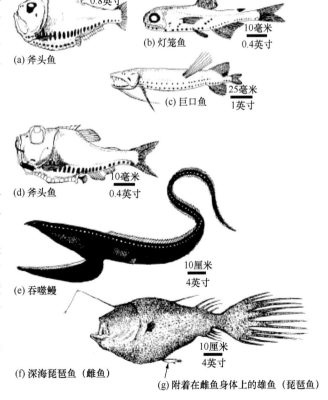

(a) 斧头鱼　20毫米 0.8英寸
(b) 灯笼鱼　10毫米 0.4英寸
(c) 巨口鱼　25毫米 1英寸
(d) 斧头鱼　10毫米 0.4英寸
(e) 吞噬鳗　10厘米 4英寸
(f) 深海琵琶鱼（雌鱼）　10厘米 4英寸
(g) 附着在雌鱼身体上的雄鱼（琵琶鱼）

图 14.13　深海鱼类的线条画

效地搜寻并收集食物，这些深海鱼类具有非常特殊的适应性。例如，它们的感觉器官（如长触角或灵敏侧线）非常强大，可以探测水柱内其他生物的运动。

许多海洋生物（如深水虾类和乌贼等）能够生物发光（Bioluminesce），意味着它们可以通过生物过程生成光线，并且能够照亮黑暗。在陆地生物中，只有极少数生物具有发光能力，萤火虫最著名，还包括千足虫、叩头甲、蕈蚊和南瓜灯蘑菇等。但是在海洋中，据科学家们估算，90%的深海海洋生物具有生物发光能力。绝大多数可生物发光的生物具有能够发光的器官，称为发光器（Photophores）。发光器既可能是比较简单的发光点，又可能是相当复杂的发光系统（配备有镜片、遮光器、滤色片和反光片）。

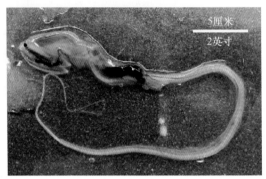

(a) 2017年，在圣地亚哥海岸附近的一次考察航行中，人们拍摄到一条吞噬鳗（拉文氏囊鳃鳗），身体中部的黑暗区域是胃，可以阻断所摄食任何猎物的生物发光

(b) 2001年，加利福尼亚州卡尔斯巴德，一条雌性深海琵琶鱼（鮟鱇鱼/鞭冠鱼）被冲上岸

图 14.14　深海鱼类的照片

常见问题 14.3　深海鱼类看起来好吓人，它们会出现在水面吗？与食人鱼是否相关？

深海鱼类是贪婪的捕食者，但是从不浮出水面，这对人类来说非常幸运。它们与食人鱼只具有远亲关系（属于同一类群的硬骨鱼），但是具有非常相似的适应性及大而尖利的牙齿，可能属于"趋同进化"的典型案例：在各自独立进化的不同生物体中，为了适应相同的问题（这里是食物供给不足），分别进化出殊途同归的类似特征。

"生物发出的光"源自猎物消化过程中的化合物和生物体内的特殊细胞，或者与生物体内培养及存活的共生细菌有关。当生物色素荧光素（Luciferin）的分子被激发时，若适当数量的氧气能够参与进来，即可发射光子而发光（类似于按下荧光棒时发生的化学反应）。发光过程非常高效，只需损失约 1% 的能量。某些海洋动物还能以独特方式来控制发光过程，例如科学研究表明，某些鲨鱼利用激素来控制自身的生物发光。

在黑暗的深海世界中，生物发光能力非常有用，主要包括：

● 在黑暗中搜索食物。
● 吸引猎物。例如，雌性深海琵琶鱼利用背鳍作为生物发光诱饵，如图 14.13f 和图 14.13g 所示。
● 在某个区域内不断巡游，宣示"领土主权"。
● 通过发送信号，交流信息或者寻找伴侣。
● 利用耀眼的闪光，令捕食者暂时性失明或者分散注意力，趁机迅速逃离。
● 利用生物发光的明亮信号来分散注意力，通过"防盗警报器"来躲避捕食者。
● 利用腹部照明灯，匹配来自上方的昏暗过滤阳光的色彩和强度，消除可暴露身形的阴影，从而有效地隐藏起来，称为逆光照明。

为了能够充分利用生物发光，许多深海鱼类都拥有大而敏感的眼睛，对光线的敏感度可能是人类眼睛的 100 倍，能够非常容易地发现潜在猎物。为了避免成为捕食者的猎物，大多数物种呈深色，以便能够融入周围的环境。还有一些物种没有视觉，只能依靠感觉（如嗅觉）来追踪猎物。

各种深海鱼类还具有其他适应性，如大而尖利的牙齿、可膨胀的身体（以容纳大型食物）、可大幅张开的铰链状下颚及与身体不成比例的大嘴，如图 14.15 所示。在这些适应性的帮助下，深海鱼类能够吞下比其体型更大的物种，并在捕获食物后能够有效地处理食物。

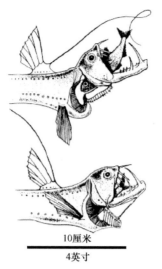

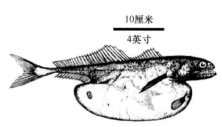

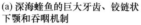

(a) 深海蝰鱼的巨大牙齿、铰链状下颚和吞咽机制

(b) 叉齿鱚的消化能力，蜷曲在胃中的鱼比自己的实际身体还长

图 14.15　深海鱼类的适应性。显示深海鱼类各种适应性的线条画

简要回顾

为了寻找食物，水层生物具有各种适应性，包括机动性、高游泳速度和高体温。深水游泳生物还具有一系列非同寻常的适应性，使其能够在深水中生存。

小测验 14.2　指出水层生物在寻找猎物方面的适应性

❶ 哪种鱼类（冷血鱼类和温血鱼类）的游泳速度最快？说明理由。

❷ 深水游泳生物的两种食物来源是什么？列出深水游泳生物能够在环境中生存的几种适应性。

❸ 描述深海生物的生物发光机制。在海洋环境中，生物发光的作用是什么？

14.3　水层生物具有哪些逃生适应性？

为了避免遭到捕食及增强生存能力，许多动物都具有非常独特的适应性，例如集群和共生。

14.3.1　集群

集群/结群（School）是指大量鱼类、乌贼或虾类形成的界限清晰的群居性群体。虽然大量浮游植物和浮游动物也可能高度集中在海洋中的某些区域，但通常不将其称为集群。

一个集群中的个体数量有多有少，大型肉食性鱼类（如蓝鳍金枪鱼）集群中的个体数量较少，小型滤食性摄食者（如凤尾鱼）集群中的个体数量则成千上万。在同一个集群中，所有个体都朝相同方向游动，而且空间分布非常均匀。保持间距可能需要通过视觉感知，但是鱼类需要利用侧线系统，感知相邻同伴游动时产生的振动，如图 14.9 所示。类似于一大群飞鸟，集群能够以极其壮观的方式突然转弯，甚至完全掉转游动方向（首尾互换），如图 14.16 所示。科学研究表明，当一条鱼决定朝哪个方向游动时，不基于最近同伴的行为（通常如此假设），而基于视域范围内所有鱼类游动方向的综合。

集群有什么优势呢？首先，在产卵期间，可以确保有雄性释放的精子向雌性释放的卵子（水中或沉积在海底）授精。其次，小型鱼类集群能够进入大型侵略性物种的领地，并在那里觅食，因为该领地的主人永远无法赶走整个集群。但是，对于小型鱼类来说，集群的最重要功能是保护成员们免受捕食者的侵害。

集群具有保护作用似乎不合逻辑。例如，集群建立更加紧密的生物群体后，冲入集群中的任何捕食者肯定不会空手而归，就好像陆地捕食者追逐一群草食动物，最后肯定会逮到并吃掉最弱的那只动物。那么，"小鱼形成大目标"不是令捕食者更容易得逞吗？研究鱼类行为的科学家们认为，集群确实有助于保护生物类群，基本策略是使其数量上安全。在海洋环境中的许多区域（如无处藏身的开阔大洋），集群具有如下若干优势：

图 14.16 集群。印度洋马尔代夫某礁石附近的一个蓝线笛鲷集群。集群可增加生存机会，半数以上已知鱼类物种曾经加入过集群（至少在生命的部分时间段内）

1. 当某个物种的成员形成集群时，可以降低巡游捕食者发现同类物种的机会。
2. 当捕食者遇到大型集群时，与遇到单一个体（或者甚至小型集群）相比，不太可能吃掉集群中的所有个体。
3. 对于捕食者来说，集群貌似庞大而危险的单一对手，可以吓退一些攻击行为。
4. 捕食者每次只能袭击一条鱼，集群中"持续改变的鱼类运动位置和方向"具有一定迷惑性，使得攻击行为变得特别困难。

此外，科学研究表明，半数以上的鱼类物种加入过集群（至少在生命中的部分时间段），说明集群能够增强各物种（特别是无任何其他防御手段的物种）的生存能力。与单一个体相比，集群也能帮助鱼类游得更远，因为每条鱼都能从前鱼游动产生的涡流中获得动力。

最近，一类新的"海洋捕食者"开发了一种新方法，这种方法充分利用了许多鱼类物种的集群行为。"人类渔民"开发出了非常大的渔网，足以围住整个鱼类集群。这些渔网的捕鱼效率非常高，造成许多鱼类的资源量明显下降。要了解与此相关的更多信息，请参阅第 13 章。

14.3.2 共生

为了生存需要，许多海洋生物寻求与其他生物建立联系，共生（Symbiosis）就是这样一种关系。共生发生在两种（或更多）生物之间，至少一种生物从中获益。共生关系主要包括 3 种类型：偏利共生、互利共生和寄生。

在偏利共生（Commensalism）中，体型较小（或不占主导地位）的参与者受益，且无害于为其提供食物或保护便利的宿主。例如，为了获取食物和迁徙，印鱼附着在鲨鱼或其他鱼类身上，但通常不会对宿主造成伤害（见图 14.17a）。

在互利共生（Mutualism）中，参与的双方均能从中受益。例如，海葵的刺丝触手可以保护小丑鱼（见图 14.17b），小丑鱼体型虽小但具有攻击性，能够赶走试图以海葵为食的任何鱼类。此外，小丑鱼可以帮助海葵做些清洁工作，甚至可能为其提供食物残渣。而且，小丑鱼不会被海葵蜇伤，因为小丑鱼身上的黏液中含有一种保护剂。

在寄生（Parasitism）中，一个参与者（寄生者）受益，另一个参与者（宿主）的利益受损。例如，等足类动物（寄生者）能够附着在许多鱼类（宿主）的身上，从鱼类的体液中获取营养，劫获宿主的部分能量供给（见图 14.17c）。通常，寄生者不会劫获大量能量而杀死宿主，因为如果宿主死掉，它们也无法存活。

 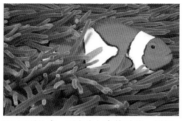 

(a) 偏利共生：生物受益而不伤害其宿主，例如附着在柠檬鲨身体上的这些印鱼

(b) 互利共生：两个参与者均受益，例如小丑鱼和海葵

(c) 寄生：一个参与者受益，另一个参与者的利益受损，例如附着在白鳍大眼鲷头上的等足类动物

图 14.17　共生的类型。共生的 3 种主要类型：(a)偏利共生；(b)互利共生；(c)寄生

最新科学研究发现，共生是推动生物进化的一种重要方式。例如，通过对一种硅藻进行基因组测序，人们发现其显然通过吞噬邻近微生物而获得了新基因。该项研究表明，在硅藻进化的早期，最重要的收获是提供了"具有光合作用机制的硅藻"的藻细胞。实际上，科学家们发现了浮游兼养微生物（Mixotrophs），当其吃掉动物等其他生物和藻类等光合作用物质后，通过窃取被吃掉生物的光合作用细胞器，拥有了一种进化优势，使其成为海洋中的最常见浮游生物类型之一（见生物特征 13.1）。

14.3.3　其他适应性

为了抵御捕食者，或者成为更成功的捕食者，海洋动物具有各种防御机制行为，如利用速度、分泌毒素及模仿其他有毒（或令人生厌）的物种。其他适应性还包括利用透明度、伪装或反荫蔽等，详见第 12 章。

常见问题 14.4　世界上什么鱼最大？什么鱼最小？

鲸鲨是世界上体型最大的鱼类，体长可达 15 米，体重可达 13.6 吨，鱼嘴宽约 1.5 米。鲸鲨行动缓慢，覆盖面宽，属于滤食性动物，几乎完全以浮游生物为食。微鲤（露比精灵灯，袖珍鱼）是世界上体型最小的鱼类，与鲤鱼和米诺鱼具有亲缘关系，成鱼体长只有 7.9 毫米，大致相当于铅笔粗细。这种鱼只生活在印度尼西亚的沼泽中，直到 2005 年才被人们发现。其实，雄性深海琵琶鱼（鮟鱇鱼）的体型更小，成鱼体长只有 6.2 毫米，不过由于其并非自我维持生物，所以通常不被认为是世界上最小的鱼。对这种鱼来说，寄生性雄鱼需要咬住体型较大的雌鱼，与之贴合在一起才能生存（见图 14.13g）。

简要回顾

为了躲避捕食者而增加生存机会，许多水层物种营集群生活，建立共生关系，或者具有其他适应性。

小测验 14.3　指出水层生物在逃生方面的适应性

❶ 集群有哪些优势？

❷ 共生的三种类型是什么？如何区分？

❸ 除了集群和共生，水层动物还有其他哪些逃生适应性？

14.4　海洋哺乳动物有什么特征？

海洋哺乳动物包括海洋中的一些体型最大、名气最大且魅力最大的动物，如海豹、海狮、海牛、海豚和鲸。

虽然所有海洋哺乳动物均为水生生物，但其祖先却是陆地动物。例如，在巴基斯坦、印度和埃及等地，人们发现了一系列异乎寻常的古代鲸化石，充分证明鲸是从5000万年前的陆地哺乳动物进化而来的。有些鲸类祖先具有毫无用处的小型后腿，表明当其陆地哺乳动物祖先进化出一种大型桨状结构后，即可满足尾巴在水中游动的需要，后腿已经完全没有存在的必要。从其他一些化石中，人们还发现了"为适应越来越多的水生生活"而出现的骨骼适应性的明显进步，如呼吸孔（鼻孔）向头顶移动、上脊椎骨日益融合、髋关节和踝关节发生结构性萎缩，以及为适应水下听觉出现了颚骨和耳部结构。后来，人们还发现了其他一些证据（包括现代鲸的DNA分析，以及陆地与海洋哺乳动物的大量解剖学相似性），进一步确认了鲸是由陆栖祖先（类似河马）进化而来。

地质记录显示，在数百万年以前，陆地生物由海洋生物进化而来。为什么陆地哺乳动物会向海洋回迁呢？有一种假说认为，由于海洋中的食物来源更多，这些陆地生物才返回海洋。另一种假说认为，在恐龙灭绝的同时，许多大型海洋捕食者也遭遇了灭顶之灾，陆地哺乳动物才得以扩展到新环境（海洋）中。最新研究表明，在末次冰期中，随着地球温度整体下降，硅藻作为主要海洋初级生产者而崛起，成为影响现代鲸类进化的关键因素。

常见问题14.5 为什么鲸游泳时尾巴上下摆动，鲨鱼前行时尾鳍左右摆动？

答案与"进化"有关。因为从5000万年前的陆地哺乳动物进化而来，所以鲸的尾巴上下摆动。当四足陆地哺乳动物奔跑时，脊椎会上下弯曲。鲸保留着这种非常灵活的脊椎，使其能够在水下纵横驰骋，这就是人们熟悉的"尾翼上下运动"。另一方面，由于鲨鱼属于鱼类，因此像所有鱼类一样，尾鳍能够左右来回摆动。即使当鱼类首次冒险上岸时，它们仍然保持着这种肌肉组织，并且以左右摆动方式滑行。实际上，许多现代爬行动物（如蜥蜴和蛇）仍然会左右摆动。但是，随着古代动物的不断进化，负责实现运动功能的骨骼和肌肉发生了改变，某些动物开始上下摆动。哪种推进方式更有效呢？显然，两者同样有效，否则随着时间的进化变化，终将导致某种推进方式更受青睐。

14.4.1 哺乳动物的特征

哺乳纲的所有生物（包括海洋哺乳动物）均具有以下特征：

- 属于温血动物。
- 呼吸空气。
- 至少在某个发育阶段有毛发（或皮毛）。
- 生殖方式为"胎生"。但是也存在极少数例外情况，例如澳大利亚的几种卵生哺乳动物，属于原兽亚纲，包括鸭嘴兽和针鼹。
- 每个物种的雌性个体都有乳腺，可以分泌乳汁来哺育幼崽。

海洋哺乳动物包括至少117个物种，划分为食肉目、海牛目和鲸目，主要类群如图14.18所示。

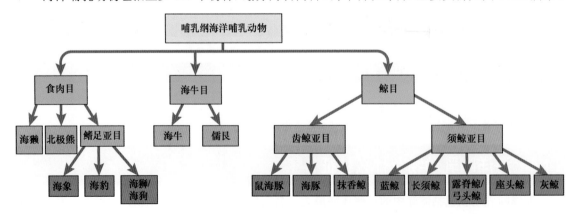

图14.18 海洋哺乳动物的主要类群。这个组织结构图中显示了海洋哺乳动物各个类群的分类关系，包括代表性动物

常见问题 14.6　海洋哺乳动物乳汁的脂肪含量是多少？

在动物界中，海洋哺乳动物乳汁的脂肪含量最高。例如，大多数海豚乳汁的脂肪含量约为 14%（相比之下，全脂牛奶为 4%，人类母乳为 4.5%），北极熊为 31%，须鲸为 35%～41%。鳍足类动物乳汁的脂肪含量甚至更高，如灰海豹为 53%，冠海豹为 61%（创造了动物界的世界纪录）！在乳汁中高含量脂肪的帮助下，海洋动物幼仔能够快速形成脂肪层，与冰冷的海水隔离开。

14.4.2　食肉目

食肉目（Carnivora）中的所有动物（如陆地上常见的猫科和犬科）都长有突出的犬齿。食肉目海洋生物的典型代表包括海獭、北极熊和鳍足亚目（Pinnipeds，如海象、海豹、海狮和海狗）。在鳍足亚目这个名称中，描述了这些生物的覆盖皮肤的突出鳍状肢，非常适合推动其在水中前行。

如图 14.19a 所示，海獭（Sea Otters）生活在北太平洋东部沿海水域（近海）的海藻床上，属于体型最小的海洋哺乳动物之一，成体的体长不超过 1.2 米。海獭缺乏脂肪隔离层，但拥有极为浓密的皮毛。众多时髦人士竞相追逐这种极其奢华的皮毛，致使海獭在 19 世纪末几乎到了灭种边缘。幸运的是，海獭目前的境况大为好转，重新出现在以前遭到猎杀的大部分区域。为了清洁皮毛并增加隔离空气层，海獭一般有不停"挠痒痒"的习惯，使其看上去特别有喜感。由于缺乏脂肪的隔热作用，海獭对热量的需求非常高，属于贪得无厌的十足吃货。

(a) 海獭　　　　　　　(b) 北极熊　　　　　　　(c) 海象

(d) 斑海豹　　　　　　(e) 加利福尼亚海狮

图 14.19　食肉目海洋哺乳动物。各类食肉目海洋哺乳动物的照片：(a)海獭；(b)北极熊；(c)海象；(d)斑海豹；(e)加利福尼亚海狮。后三种动物属于鳍足亚目

海獭可捕食 50 多种海洋生物，包括海胆、螃蟹、龙虾、海星、鲍鱼、扇贝、贻贝、章鱼和鱼类等。海獭是能够利用工具的为数不多的动物之一，当潜入水中搜寻猎物时，手臂下会夹带一种工具（通常为石块），然后用灵巧的手臂去抓取食物。返回至水面后，首先仰面漂浮，然后用该工具砸开食物的外壳。

如图 14.19b 所示，北极熊（Polar Bears）是游泳能力极强的一种海洋哺乳动物，拥有非常巨大的蹼足。北极熊的皮毛很厚，每根毛发均具有中空特征，隔温效果非常不错。这些毛发的功能类似于光缆，可将阳光引导至动物的深色/黑色皮肤，从而吸收阳光中的热量。北极熊还长有巨大的牙齿和锋利的爪子，主要用于撬动及杀死猎物。北极熊的猎物主要是海豹，当海豹从北极海冰

的冰洞中出来呼吸新鲜空气时，经常会被北极熊逮个正着。第 16 章中将介绍北极海冰的消退及其对北极熊种群的影响。

如图 14.19c 所示，海象（Walruses）是一个庞然大物，成体（无论雌雄）均长有约 1 米长的象牙，可用于争夺领地、攀爬冰山或者刺伤猎物。

海豹（Seals）也称无耳海豹（Earless Seals）或真海豹（True Seals），海狮（Sea Lions）和海狗（Fur Seals）也称有耳海豹（Eared Seals）。此二者之间的区别如下：

- 海豹缺少海狮和海狗特有的突出耳垂。请仔细观察并比较图 14.19d 和图 14.19e。
- 与海狮和海狗相比，海豹的前脚蹼（称为前鳍）较小且突出不明显。
- 海豹具有从前鳍中伸出的爪子，海狮和海狗则没有（见图 14.20）。

探索数据

描述海豹与海狮之间的骨骼及形态差异。

- 海豹的髋关节结构不同于海狮和海狗，无法将后鳍置于身体之下（见图 14.20）。
- 由于前鳍较小且髋关节结构不同，海豹在陆地上无法较好完成转圈运动，只能像毛毛虫那样滑行。海狮和海狗则拥有巨大的前鳍和后鳍（可在身体之下转动），不仅可以在陆地上轻松行走，而且能爬陡坡和楼梯，甚至完成某些高难度动作。
- 为了推动自己的身体在水中前行，海豹利用后鳍前后运动（类似于摇尾巴），海狮和海狗则拍打巨大的前鳍。

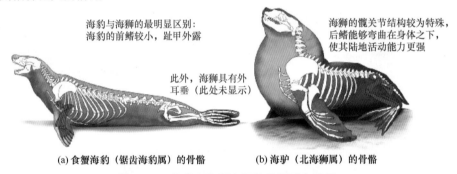

(a) 食蟹海豹（锯齿海豹属）的骨骼　　(b) 海驴（北海狮属）的骨骼

图 14.20　海豹与海狮之间的骨骼形态差异

14.4.3　海牛目

海牛目（Sirenia）动物包括海牛（Manatees）和儒艮（Dugongs），统称海牛（Sea Cows）。注意，这一类群还包括冷水无齿大海牛（由于遭到捕鲸者大肆捕杀，已于 1768 年灭绝，距发现仅 27 年）。海牛主要集中分布于热带大西洋沿海区域，儒艮生活在印度洋和西太平洋的热带地区。

如图 14.21 所示，海牛和儒艮都具有桨状尾部和浑圆前鳍，身体上均覆盖着稀疏的毛发（主要集中在口部周围）。它们都属于大型动物，体长最长可达 4.3 米，体重超过 1.36 吨。海牛目动物的陆地祖先与大象特别类似，实际上，海牛的前鳍具有突出的趾甲，与大象脚上趾甲的相似度极高。

海牛目动物只吃沿岸浅水海域的海草，因此是绝无仅有的草食海洋哺乳动物。由于一生中的大部分时间都在近海度过，而这些水域被人类大量用于商业、娱乐、开发及废物处理，因此海牛目动物面临的主要生存威胁是栖息地（生境）破坏。通过对海洋生物敏感的海草栖息地开展科学研究，人们发现海草栖息地正在遭到快速破坏，属于地球上受威胁程度最高的生态系统之一。实际上，海草的流失速率与其他濒危生态系统（如红树林、珊瑚礁和热带雨林）非常类似。

此外，由于移动速度非常缓慢，这些动物经常会撞上摩托艇等机动船只。例如，在 2017 年，佛罗里达鱼类和野生动物保护委员会发布了相关报告，认为在死亡的 538 头佛罗里达海牛中，20%

由船只碰撞造成，34%属于原因不确定。最近，科学家们开发了一种称为海牛搜索器（Manatee Finder）的前视声呐系统，可以帮助驾船者找到并避开这些动物。但是，由于种群数量持续下降，儒艮和海牛最后还是被列入濒危物种名录。

(a) 西印度海牛，尾鳍浑圆，前鳍有趾甲　　　(b) 印度洋儒艮，尾鳍类似鲸，前鳍无可见趾甲

图 14.21　海牛目海洋哺乳动物。典型海牛目海洋哺乳动物：(a)西印度海牛；(b)印度洋儒艮

14.4.4　鲸目

鲸目（Cetacea）动物包括鲸、海豚和鼠海豚（见图 14.22），体型多少有些像雪茄，外覆厚层状鲸脂隔热层。鲸目动物的前肢演化成了鳍状肢，只能在肩关节处移动；后肢发生了退化（未完全发育），没有附着于任何其他骨骼，一般从外面看不到。所有鲸目动物均具有如下特征：

- 头部（颅骨）拉长（伸缩）。
- 鼻孔（喷气孔）位于头部顶端。
- 毛发极少。
- 尾鳍呈水平扁平状，通过垂向运动为身体提供推力。

正是因为具有这些特征，鲸目动物的身体才极具流线型，成为非常优秀的"游泳健将"。

14.4.4.1　提升游泳速度的进化

与其他哺乳动物相比，鲸目动物的肌肉并没有强壮很多，所以其游泳速度之所以快得惊人，一定是因为摩擦阻力变小了。例如，对于小海豚来说，要在湍流中以 40 千米/小时的速度游泳，肌肉需要比平时强壮 5 倍。

除了流线型身体，鲸目动物还具有比较特殊的皮肤结构，可以改善身体周围的水流。它们的皮肤由内外两部分构成：外层皮肤比较柔软，含水量为 80%，具有充满海绵状物质的狭窄通道；内层皮肤比较坚硬，大部分为坚韧的结缔组织。柔软的外层皮肤能够降低皮肤－海水接触面的压力差，压力大时收缩，压力小时扩张，从而减缓湍流及降低摩擦力。

14.4.4.2　适应深潜的进化

人类自由潜水的极限深度为 130 米，在水下屏住呼吸的极限时间为 6 分钟。相比之下，抹香鲸的潜水深度超过 2800 米，北瓶鼻鲸可在水下最多停留 2 小时。这些非同寻常的本领需要独特的适应性，如能够有效利用氧气的特殊构造、肌肉的适应性及抗"氮麻醉"的能力。

生物特征 14.1　我是杂技演员！

座头鲸（Humpback Whale）是表演技巧高超的鲸类之一，最擅长跃身击浪（见第 1 章）。由于遭到人类的过度捕杀，座头鲸一度到了灭绝边缘。1966 年，人类就暂停捕鲸达成共识，但座头鲸的数量已经减少了约 90%。

图 14.22　鲸目海洋哺乳动物。齿鲸（齿鲸亚目）和须鲸（须鲸亚目）合成示意图，鲸和海豚均按相对比例绘制，注意右上角还有一位潜水者（人类）

1．氧气的利用

如图 14.23 所示，鲸目动物之所以能够在水下长时间停留，主要得益于非常独特的内部结构。吸入的空气通过气管进行输送，最后进入末端的微小气室"肺泡"。肺泡外衬有一薄层肺泡膜，与密集的毛细血管床直接接触。在吸入的空气和血液之间，气体交换（氧气进入，二氧化碳排出）穿越肺泡膜。对有些鲸目动物来说，肺泡周围密集分布着大量毛细血管，如图 14.23b 所示。这些毛细血管附带有肌肉，通过肌肉的反复收缩和扩张，推动空气穿越肺泡膜。

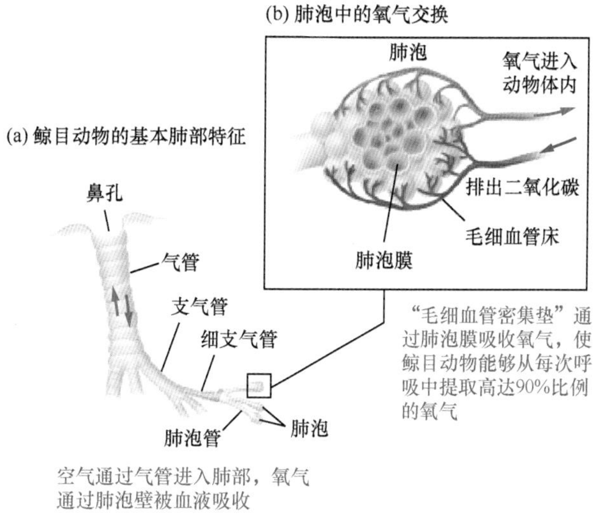

图 14.23　鲸目动物长时间潜水的内在适应性。鲸目动物具有内在适应性，使其能够在水下长时间停留，包括：(a)基本肺部特征；(b)肺泡中的氧气交换

在休息时，鲸目动物的呼吸频率为 1～3 次/分钟，人类则高达 15 次/分钟。由于鲸目动物屏住呼吸的时间更长，所以吸入的空气在体内停留的时间也更长；大量毛细血管与肺泡膜直接接触；肌肉活动引发空气循环，因此鲸目动物几乎能够吸收每次呼吸中 90%的氧气。相比之下，陆地哺乳动物只能吸收每次呼吸中 4%～20%的氧气。

为了能够在长时间潜水时有效地利用氧气，鲸目动物会对氧气进行存储并节约使用。之所以能够存储如此多的氧气，是因为对这些长时间潜水动物来说，单位体重的血液体积非常之大。

对某些鲸目动物来说，每单位血液体积中的红细胞数量是陆地动物的 2 倍，肌肉组织中的肌红蛋白是陆地动物的 9 倍。因此，在红细胞的血红蛋白（Hemoglobin）和肌肉组织的肌红蛋白中，大量氧气能够以化学方式存储。

2．肌肉的适应性

由于具有两种适应性，鲸目动物的肌肉非常适合深潜。一是它们的肌肉组织对高浓度二氧化碳相对不敏感，呼吸作用（尤其是深潜时）产生的二氧化碳在体内大量积聚；二是当氧气耗尽时，它们的肌肉能够通过无氧呼吸继续发挥作用。

科学研究表明，鲸目动物在潜水过程（即便缺氧）中，游泳肌肉仍然能够发挥作用。这表明这些肌肉及其他器官（如消化道和肾脏）可能与循环系统分离（通过收缩主动脉），从而令循环系统只服务于重要器官（如心脏和大脑）。由于循环系统的需求减少，心率可以降低 20%～50%。但是，其他某些研究表明，当真海豚、白鲸或宽吻海豚潜水时，心率并未出现此类下降。

常见问题 14.7　鲸如何交配？

鲸的交配场景令人难以置信——没有任何东西可以抓住配偶，海洋也不提供任何推力支撑！人们对大型鲸的交配研究不多，甚至目击次数也极其有限。实际上，人类从未观察到全球最大的鲸"蓝鲸"的交配。

从生活在近海的鲸类物种（如灰鲸）身上，我们知道除了人类和倭黑猩猩，鲸是能够"腹腹相对"交配的为数不多的动物之一。当交配开始时，雌鲸位于靠近水面的水平位置，然后转向从下方急速上冲的雄鲸。当二者在水中沿长轴方向缠绵盘旋时，雄鲸寻找时机进入雌鲸体内，从而成功合体。与其他许多哺乳动物一样，整个交配过程只需短短数秒。为了增强流线型特征，雄鲸的阴茎和睾丸均位于身体内部。但是，龟头为具有弹性的锥形纤维体，特别适合没有四肢的复杂交配行为，一旦为交配而被挤出体外，即可非常娴熟地插入雌鲸的生殖器裂口，最终射出精子。

3. 鲸目动物深潜时难受吗？

长时间深海潜水时，人类面临的困难之一是压缩气体被吸入血液。当人类携带压缩空气（包括氮气和氧气）潜水时，由于深水位置的水压较高，造成大量氮气溶解在潜水者体内，从而发生氮麻醉，也称深海眩晕。氮麻醉的症状与醉酒类似，当下潜深度超过 30 米或停留时间过长时，通常就会发生这种情况（见深入学习 12.1）。

人类还面临着另一种困难，就是当潜水者返回水面太快时，很可能会犯潜水病/减压病，也称弯曲症。在快速上升期间，肺不能足够快速地排出血液中的过剩气体，压力降低会导致血液和组织中形成小型氮气泡（类似于打开罐装碳酸饮料时形成的气泡）。这些气泡会干扰血液循环，致使骨骼损伤、剧烈疼痛、身体严重衰弱甚至死亡。

直到最近，人们仍然相信鲸目动物及其他海洋哺乳动物具有某些适应性，从而不会遭受深潜效应的痛苦影响。但是，对抹香鲸骨骼进行细致检查的研究表明，抹香鲸由于反复出现减压病而发生了累积性骨骼损伤。研究人员因而得出结论：在解剖学和生理学上，抹香鲸对深潜效应均不具有免疫力。

虽然如此，由于鲸目动物具有可伸缩的胸腔，可将深潜的虚弱效应降至最小。当下潜至 70 米水深时，水压约为 8 千克/平方厘米（8 个大气压），鲸目动物的胸腔会发生收缩，胸腔内的肺也会随之收缩，从而排出肺泡里的全部空气。继而，阻止血液透过肺泡膜吸收更多气体，最小化发生氮麻醉的概率。

此外，鲸目动物或许能够自然适应体内积聚的氮气。例如，在某项研究中，人们将大量氮气（足以造成人类发生严重潜水病）注入海豚体内，但海豚似乎并未出现发病症状，说明海豚（及其他海洋哺乳动物）可能已经进化得对过量氮气不敏感。

14.4.4.3 齿鲸亚目

鲸目动物可进一步划分两个亚目，即齿鲸亚目和须鲸亚目。齿鲸亚目（Odontoceti）动物包括海豚、鼠海豚、虎鲸（逆戟鲸）和抹香鲸。有趣的是，基因分析结果表明，相比较于齿鲸亚目，抹香鲸与须鲸亚目动物的亲缘关系更为密切，成为科学家因基因分析而重新思考进化关系的另一个案例。

1. 齿鲸的特征

所有齿鲸动物都具有非常突出的牙齿，可用于捕获及固定鱼类和乌贼，并在随后的吞咽过程中起关键作用。但是众所周知，虎鲸以各种大型动物（包括其他鲸）为食，形成了复杂而长期居住的社会化类群。齿鲸有 1 个外部呼吸孔（鼻孔），须鲸有 2 个。齿鲸和须鲸都能发出和接收声音，但是齿鲸的声音利用能力最强（特别是鲸类声音之王——抹香鲸）。

2. 海豚与鼠海豚的区别

海豚（Dolphins）和鼠海豚（Porpoises）都是齿鲸亚目的小型齿鲸，具有较为相似的外观、行为方式和分布范围，因此容易造成混淆。例如，海豚和鼠海豚（及海豹、海狮和海狗）都能表现出一种跃身击浪的行为，即在游泳时跃出水面。但是，海豚和鼠海豚存在几种形态学差异。

鼠海豚的体型稍小且体格健壮（笨重健壮），海豚则体型细长且呈流线型。一般来说，鼠海豚的吻部（口鼻）钝圆，海豚的吻部更长。鼠海豚的背鳍较小，呈明显的三角形；海豚的背鳍呈镰刀状（Falcate）或不规则状，在侧视图上表现为向后钩起和弯曲。

海豚和鼠海豚的牙齿形状也存在差异（虽然通常很难靠近观察），海豚的牙齿末端较尖，鼠海豚的牙齿末端较钝或扁平（铲状），类似于人类的门牙。虎鲸（逆戟鲸）的牙齿末端较尖，说明其确实为海豚家族的成员，如图 14.24 所示。

常见问题 14.8　听说军用声呐曾经造成鲸类搁浅，
声呐为什么会伤害鲸呢？

某些（但非全部）科学证据表明，鲸目动物（主要是突吻鲸，人类了解程度极低的一种深潜型鲸类群）的大量搁浅可能与军用声呐部署（主要目标是探测潜艇）有关。例如，研究人员发现，搁浅鲸目动物体内存在气泡损伤，这与通常与减压病相关的快速失压现象一致。据推测，形成这些气泡的罪魁祸首可能是中频声呐，由于受到惊吓，鲸目动物过快浮出水面，或者冒险向下深潜；或者可能是声呐本身对鲸类的氮饱和组织造成物理损伤。最新科学研究证实，当人们使用声呐时，突吻鲸会停止回声定位并逃离该区域，说明这些鲸可能比其他

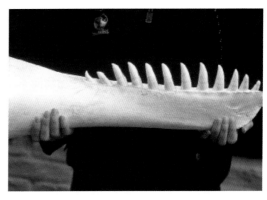

图 14.24　虎鲸的下颚骨。在虎鲸（逆戟鲸）的下颚骨上，具有末端尖锐的大型牙齿，因此属于海豚家族的成员

物种对声音更敏感。但是，在不使用军用声呐的区域，也出现了几次鲸类搁浅事件，而且搁浅动物体内出现了同样的气泡。因此，至少部分鲸类搁浅事件与军用声呐无关，可能只是一种非常不幸的巧合。显然，在这一重要领域，人类尚需开展更多的研究。

早在亚里士多德时代，就存在鲸类搁浅事件记录，意味着许多搁浅事件属于自然现象。例如，肺炎和暴风雨后的创伤是鲸类搁浅事件的两种常见原因；鲨鱼（甚至同类物种的其他成员）的袭击也是显而易见的原因；大规模搁浅事件与来自人类的污染物和自然毒素（如藻类的生物毒素）有关，详见第 13 章；寄生虫和病原生物（包括细菌和病毒感染）有时也是罪魁祸首。即便利用了人类医学中常见的高级诊断技术（如 CT 和 MRI 扫描及分子研究），许多鲸类搁浅事件仍然无法获得明确答案。例如，在美国 1991 年以来发生的 55 起鲸类搁浅事件中，科学家们将其中 29 起事件的原因归类为"未确定"。

3．齿鲸的回声定位和听力

所有海洋哺乳动物都有很好的视力，但海洋环境往往限制了其有效性。在沿海水域（近海），由于存在大量悬浮沉积物和高密度的浮游生物水华，导致海水变得浑浊；在深水海域，光线有限甚至完全无光。此时，与视力相比，听力的优势非常明显，可以在水中较好地传播。

虽然没有声带，齿鲸仍然能够发出各种声音，而且某些声音在人类的听力范围内。至于声音的用途，据推测主要是回声定位（Echolocation，即利用声音来确定目标物的方向及距离），还可能是一种高度发育的沟通语言。实际上，海洋生物学家对鲸类声音用途的了解仍然非常有限。

为了定位某个物体并确定距离远近，齿鲸发出可在水中传播的声音信号，其中部分信号会被物体反射回来，齿鲸对返回信号进行解释（见图 14.25）。因为声能能够穿透物体，所以回声定位可以形成"物体内部结构及密度"三维图像，这比光凭肉眼判断要准确得多。科学研究表明，某些齿鲸在接近猎物之前，也可能发出尖锐的声音来震晕猎物。

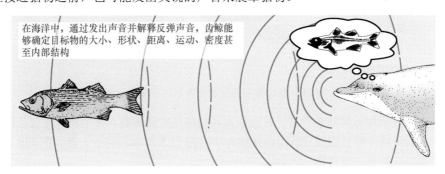

在海洋中，通过发出声音并解释反弹声音，齿鲸能够确定目标物的大小、形状、距离、运动、密度甚至内部结构

图 14.25　齿鲸如何利用回声定位

齿鲸的发声过程非常复杂，而且因不同物种而异。如图 14.26a 所示，当抹香鲸迫使空气通过右鼻道进入特殊结构——猴鼻（Museau Du Singe）时，就会发出声音。猴鼻类似于一对巨大的嘴唇，能够啪的一声合上，同时发出咔哒撞击声，并且通过鲸蜡器（Spermaceti Organ）传播至碗状颅骨（形状类似于大而弯曲的雷达抛物面天线反射镜）的顶端。注意，鲸蜡器（精子器）由白色的蜡状物质组成，早期捕鲸者发现其与人类精子比较相似，故此命名。其实，鲸蜡器与生殖完全无关，而是聚焦于回声定位。在那里，反射的声音通过称为脂肪垫（Junk）的另一个器官向前集中，然后进一步放大至外面的水世界。科学研究表明，抹香鲸可以控制鲸蜡器和脂肪垫的形状，使其能够汇聚声音，或许甚至决定咔哒声。

探索数据

描述抹香鲸与海豚的回声定位系统差异。

小型齿鲸（如海豚和鼠海豚）的声音由鼻孔（呼吸孔）附近的发音唇发出，如图 14.26b 所示。肌肉收缩会产生各种各样的复杂声音，如咔哒声、蜂鸣声和呼啸声等。当通过位于颅骨顶部的器官瓜鼓（Melon）时，这些声音会汇聚在一起。齿鲸可以控制这个器官并将其作为"声学透镜"，在声音离开身体之前汇聚。

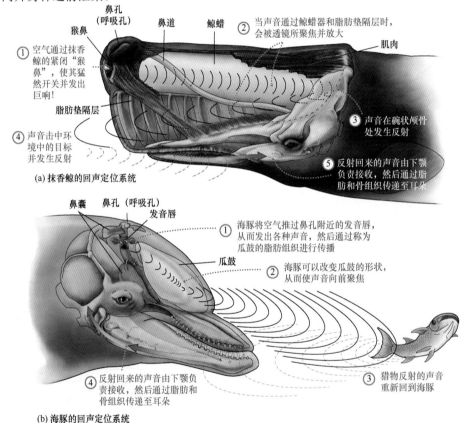

图 14.26　抹香鲸和海豚的回声定位系统之比较

通过在远距离利用低频咔哒声音，在近距离利用高频咔哒声音，宽吻海豚不仅能够探测到距离超过 100 米的鱼群，而且能够分辨出距离仅为 9 米的 13.5 厘米长的一条鱼。在 400 米直径范围内，抹香鲸都能探测到主要猎物——乌贼。

在水下，齿鲸如何听到声音呢？齿鲸的下颚发育有专门用途脂肪，可以有效地将海洋中的声波传递至耳朵。这些结构将内耳室与颅腔的其他部分隔开，使其能够分辨在水下听到的声音。对许多齿鲸来说，呈喇叭状张开的细长下颚骨能够收集声音，然后通过充满脂肪的身体通道传递至内耳。要模拟这一过程，可以尝试将振动的音叉末端顶在自己的下颚上，然后声音即可通过下颚直接传递至耳朵。最后，信号抵达大脑，在那里进行解译（见图 14.26）。

科学界越来越担心，海洋中的噪声污染正在影响鲸目动物。海洋中的噪声日益增多，主要是因为全球海洋中航行船舶的数量大为增多，而且单个船舶的吨位、航速和推力均呈上升趋势。例如，科学研究表明，在最近 60 年里，由于全球商业海运船队日益发展壮大，某些最繁忙海域的低频噪声每 10 年增长 1 倍。这种水下噪声日益增多，但对鲸目动物的听力、行为及交流的影响尚不清楚。

4. 齿鲸的智商有多高？

"鲸目动物的智商问题"始终是一个充满争议的话题，虽然可能并没有非常确切的答案，但下列事实说明齿鲸的智商至少已经达到了一定水平：

- 可以通过声音相互交流。
- 相对于自身体型，抹香鲸的大脑很大。实际上，抹香鲸的大脑质量高达 9 千克，堪称地球动物中的"大脑之王"，为普通人类大脑重量的 6 倍多。
- 大脑非常复杂，这是许多智力高度发达生物（如人类及其他灵长类动物）的共同特征。
- 据相关报道，某些野生海豚曾经救助了海洋中的人类溺水者。
- 经过训练后，某些海豚能够对人类手势做出回应，并按要求完成某些表演动作（如取回特定物体）。

虽然齿鲸具有令人侧目的非凡能力，但不一定意味着智商高。例如，鸽子不以智商高著称，但人们可以训练它们通过手势来传递物品。就连看似极不起眼儿的乌鸦，也具有解决问题的某种特殊能力，比如说通过制造工具来解锁。或许许多人会高估鲸和海豚的实际智商，因为人类很容易对这些魅力四射、永远微笑且呼吸夸张的生物产生好感。有趣的是，即使是动物智商领域的专家，也无法就如何精确评估人类智商达成一致，更无必要过多纠结于海洋哺乳动物的智商。实际上，研究海豚行为的专家认为，社会公众对海豚智慧的热情已经超越了海豚智商的证据。

如果齿鲸拥有的巨型大脑并不能证明其智商高，那为什么要长这么大呢？权威鲸类研究人员也不完全清楚其中的道理，或许为了处理从回声传递中接收到的海量信息，齿鲸必须要拥有巨型大脑。由于智商很难测量，或许最佳说法是"齿鲸亚目动物非常适应海洋环境"。

常见问题 14.9　若虎鲸与大白鲨开战，谁会胜出？

许多野生动物爱好者（尤其是痴迷于大型及强壮动物的人）经常猜测这两种动物谁更厉害，但是直到最近，人们才发现了些许微弱的佐证。1997 年，有人在加利福尼亚北部海域拍摄到了一段引人注目的视频，记录了一头幼年虎鲸（长约 6 米）和一头成年大白鲨（长约 3.6 米）之间的战斗。从视频中能够清晰地看出，虎鲸咬住并完全切断了鲨鱼的头部！如果这代表了这两种动物在自然界中的战斗实力，那么虎鲸就是海洋中的顶级肉食动物。人们确信，虎鲸之所以能够打败鲨鱼，超群的机动性和回声定位能力居功至伟。

14.4.4.4　须鲸亚目

须鲸亚目（Mysticeti）包括全球最大的鲸（蓝鲸、长须鲸和座头鲸）及灰鲸（海底捕食者）。

由于食物来源不同，须鲸通常要比齿鲸大得多。须鲸以食物网中的低营养级生物（包括磷虾及小型游泳生物等浮游动物）为食，这些生物在海洋环境中的丰度相对较高。全球最大的鲸怎么能靠摄食这么小的猎物而生存呢？

1. 鲸须的用途

为了集中小型猎物并将其从海水中滤出，须鲸的嘴里不长牙齿，而是平行排列着大量鲸须（Baleen）板，如图 14.27a 所示。这些鲸须板悬挂在须鲸的上颚，相当于鲸张嘴时的小胡子（长在嘴内侧除外），因此这些鲸有时被称为胡子鲸（见图 14.27c 和图 14.28）。鲸须的主要成分为柔韧的角蛋白（与人类的指甲和头发成分一样），最长可达 4.3 米，如图 14.27d 所示。在合成材料（主要是塑料）出现之前，人们常用鲸须制造马鞭、伞骨和胸衣撑条等物品。

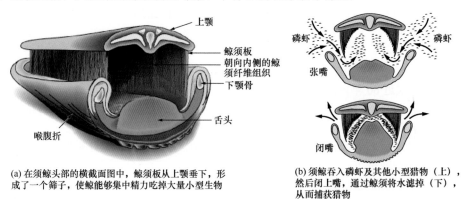

(a) 在须鲸头部的横截面图中，鲸须板从上颚垂下，形成了一个筛子，使鲸能够集中精力吃掉大量小型生物

(b) 须鲸吞入磷虾及其他小型猎物（上），然后闭上嘴，通过鲸须将水滤掉（下），从而捕获猎物

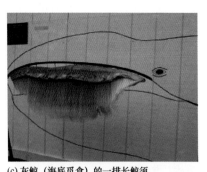

(c) 灰鲸（海底觅食）的一排长鲸须

(d) 北大西洋露脊鲸（表层游泳）的一根鲸须

图 14.27　鲸须。(a)典型须鲸的头部横截面图；(b)须鲸进食示意图；(c)灰鲸的鲸须照片；(d)露脊鲸的一根鲸须照片

探索数据

描述须鲸如何利用鲸须来进食。

摄食时，最大的须鲸嘴里装满与体重相当的海水和猎物（见图 14.27b），使其起褶的下颚膨胀成气球状（见图 14.28），然后将水从鲸须的纤维板之间排出，留下小鱼、磷虾及其他浮游生物。例如，当座头鲸在海面或附近觅食时，有时会成群结队地制造出一道圆形帘幕式气泡来集中猎物，然后协调一致地垂直猛冲向气泡罩内（见图 14.29）。灰鲸的鲸须板较短，主要从海底沉积物中滤食底栖生物（如端足类和贝类）。

图 14.28　须鲸的摄食过程。须鲸（墨西哥下加州附近的布莱德鲸）在摄食时，首先通过大嘴吞食一整片猎物，当嘴里充满了与体重相当的海水和猎物后，起褶的喉咙就会扩张，继而通过鲸须板排出海水并滤出猎物

2．须鲸和声音

须鲸也能发出声音，但频率要比齿鲸的低得多。例如，灰鲸既能发出脉冲信号（可能为了回声定位），又能发出呻吟声（可能为与其他灰鲸保持联系）。须鲸发出的呻吟声可持续 1 秒至数秒，这些声音的频率极低，可能用于远距离（50 千米）通信。蓝鲸的声音可以沿深海声道（SOFAR）穿越整个海洋盆地。座头鲸的歌声被认为是一种求偶形式，但目前尚不清楚是要排斥其他雄性还是吸引雌性。

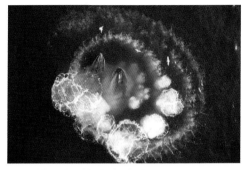

(a) 一群座头鲸冒泡摄食时的航拍图

(b) 一群座头鲸摄食时的垂直猛冲

图 14.29　座头鲸在阿拉斯加水域冒泡摄食。(a)在摄食时，座头鲸（驼背鲸）经常在水下游成一圈，然后释放出帘幕式气泡来围捕猎物；(b)猎物集中后，这群鲸就会张开大嘴，以垂直猛冲方式穿越猎物集中区。鲸须板可用于过滤海水中的猎物，在上颚位置平行排列，在口腔顶部分开（粉红色）

深入学习 14.2　人类仍在捕杀鲸类吗？

由于多种原因，人类至今仍在捕杀鲸类，但与 20 世纪相比，现在的捕鲸数量要少得多。2015 年发布的一份详细科研报告显示，在 1900 年后的一段时间里，全球捕鲸业总计捕杀了近 300 万头鲸，主要是长须鲸、抹香鲸和蓝鲸，以及数千头露脊鲸、鳕鲸、座头鲸和小须鲸。此外，在 19 世纪中叶，灰鲸由于遭到捕杀而濒临灭绝。灰鲸几乎一生都生活在沿海水域（近海），因此很容易成为早期捕鲸者的目标。在此期间，捕鲸者成功追踪到了灰鲸的出生及交配的潟湖（位于墨西哥），并在那里主要猎取"鲸油"。常见的策略是先用鱼叉叉住一头幼鲸，然后把警惕性较高的母鲸引诱到捕鲸者附近。在这段时间里，灰鲸被称为"魔鬼鱼"，因为成年鲸在帮助幼鲸时，常常会弄翻小型捕鲸船。到了 19 世纪末，灰鲸的数量急剧减少，甚至在每年的迁徙过程中也很难发现。幸运的是，正是由于数量非常稀少，捕鲸者也很难成功地捕杀它们。

20 世纪，捕杀灰鲸是促使鲸类保护措施出台的因素之一。1938 年，《国际捕鲸公约》禁止捕杀几乎快要灭绝的灰鲸，使其数量恢复性稳步增长，并成为首类解除濒危状态的海洋生物。灰鲸的重现生机令人印象极为深刻，成为保护濒危动物的典范。造化弄"鲸"，150 多年前，灰鲸因遭到捕杀而濒临灭绝；而目前在同一个潟湖中，人与鲸之间则亲密无间（见图 14B）。真的是"魔鬼鱼"！

1946 年，国际捕鲸委员会（IWC）成立，致力于管理大型鲸类的生存维护和商业捕猎。1986 年，72 个成员国一致通过了一项"禁止商业捕鲸"法令，目的是让鲸类从过度捕杀中恢复过来，并让研究人

图 14B　灰鲸的友好行为。在墨西哥下加州的斯卡蒙潟湖中，灰鲸靠近一艘船并与人类亲密接触

员有时间开发鲸类数量的评估方法。目前，捕鲸禁令仍在生效，但是自 1986 年禁捕以来，日本、挪威和冰岛等国仍然捕杀了 35000 头鲸。虽然人们对捕鲸做法感到担忧，但是某些国家还是提议终止捕鲸禁令，并建立年度捕鲸配额制度。在国际捕鲸委员会框架下，只有获得超过 3/4 成员国的多数票支持，捕鲸禁令才能被推翻。

国际捕鲸委员会规定，合法捕鲸目前有三种方式：

1. 异议捕鲸。只要反对国际捕鲸委员会的商业捕鲸禁令，各国即可继续合法捕鲸，代表性国家为挪威和冰岛。

2. 科研捕鲸。为了开展科学研究，各国可以自行决定捕鲸。按照国际捕鲸委员会的公约，以科研为目标而捕获的鲸肉能够进行商业销售，代表性国家为日本。实际上，日本每年被允许科研捕鲸的数量多达 1000 头，具体包括座头鲸、长须鲸和小须鲸。2014 年，国际法院裁定，日本的捕鲸计划并非出于科学目的，甚至发现日本市场上非法出售鲸肉，因此勒令日本停止实施科学捕鲸计划。即便如此，仅在 2018 年，日本还是从南极海域捕杀了 333 头小须鲸。

3. 原住民为生存而捕鲸。对于特定区域的原住民来说，若具有悠久的捕鲸文化传统，或者鲸肉是当地人们的主要食物，则允许其进行自给自足式捕鲸，代表性国家为格陵兰、俄罗斯和美国，以及加勒比海国家圣文森特和格林纳丁斯。

你学到了什么？

1. 为什么国际捕鲸委员会（IWC）提出商业捕鲸禁令？
2. 合法捕鲸有哪三种方式？代表性国家分别是哪些？

3．须鲸的三个科

须鲸可划分为如下三个科：

1. 灰鲸（Gray Whale）：鲸须短而粗糙，无背鳍，下颚只有 2～5 个喉腹折，营海底摄食生活。

2. 长须鲸（Rorqual Whales）：鲸须短，喉腹折众多，大嘴吞食含有小型食物的海水。注意，长须一词指的是下颚骨上的纵向凹槽，称为喉腹折（Rorqual Folds）。长须鲸划分为 2 个亚科：

   a. 须鲸亚科（Balaenopterinae）：身体细长苗条，背鳍呈小镰刀状，尾部边缘光滑，包括小须鲸、布氏鲸、鳕鲸、长须鲸和蓝鲸。

   b. 大翅鲸亚科（Megapterinae）：也称座头鲸或驼背鲸，身体更健壮，鳍肢较长，尾部边缘不均匀，背鳍较小，头部存在结节或瘤状突起（每个突起对应一根长发）。

3. 露脊鲸（Right Whales）：鲸须较长，尾鳍呈宽三角状，无背鳍，无喉腹折。由于富含鲸油、速度慢和价值高，早期捕鲸者认为其是可以捕杀的"正确的"鲸，故此命名。在 4 种露脊鲸中，北大西洋露脊鲸和北太平洋露脊鲸是全球最濒危的鲸类之一，南露脊鲸栖息在南大洋，弓头鲸生活在北极浮冰边缘。觅食时，露脊鲸张开嘴在水面移动，掠食小型表层猎物。

常见问题 14.10　灰鲸是濒危物种吗？

目前不是。1993 年，北太平洋灰鲸的数量超过了 20000 头，高于捕鲸前的估计丰度，因此被从濒危物种名录中移出。在自 1973 年以来列出的近 1400 种濒危物种中，灰鲸成为从濒危物种名录中剔除的 13 类物种之一。但是，其他灰鲸种群却没有这么幸运，例如曾经生活在北大西洋的灰鲸几个世纪前被猎杀灭绝，曾经生活在日本附近西太平洋中的灰鲸也濒临灭绝（数量不到 130 头，具备繁殖能力的雌鲸仅有约 30 头）。最新研究表明，在西太平洋灰鲸与东太平洋灰鲸的种群之间，存在着一些杂交情形，这可能最终有利于这两个物种的基因库。

探索数据

利用日历，结合生产力因素，解释灰鲸迁徙的季节性特征。

科学过程 14.1　灰鲸为什么迁徙？

背景知识

许多海洋生物（如鱼类、乌贼、海龟及海洋哺乳动物）都存在季节性迁徙行为。在所有海洋哺乳动物中，太平洋（加利福尼亚）灰鲸的研究程度最高，迁徙距离最远。灰鲸是体型中等、行动缓慢的近海鲸类，寿命最高可达60年，体长最长可达15米，体重最高可达36吨。在夏季期间，灰鲸生活在北冰洋和北太平洋最北端的大陆架海域，主要摄食高生产力冷水中的海底生物。在下加州西岸和墨西哥本土海岸沿线，灰鲸交配并分娩于热带暖水潟湖中，如图14C所示。产仔高峰期在1月中旬，虽然目的地看起来令人羡慕，但是在这种生活方式下，灰鲸每年需要往返22000千米。为什么灰鲸要进行如此漫长而艰辛的迁徙呢？

形成假设

为了解释灰鲸的迁徙行为，人们提出了如下几种假设：

1. 这些灰鲸必须北上觅食，因为北极夏季期间的生产力水平较高，若无法觅得这里的丰富食物，就难以维持自身的最低生存需求（交配和产仔）。

2. 由于幼鲸无法适应冷水摄食海域的自然环境，所以灰鲸需要长途迁徙至南方海域产仔。

3. 这种迁徙行为由末次冰期传承至今，当时的海平面较低，水深较浅，食物丰富（像现在一样）的高纬度觅食场所并不存在。由于无缘享用丰富的食物，灰鲸可能会产下体型较小的幼仔，难以适应冷水生存环境，因此需要向暖水海域迁徙。后来，虽然食物供给较为充足，但是迁徙已经成为一种习惯，所以一直延续至今。

4. 灰鲸之所以离开较冷的北极水域，主要是想避开数量较多的虎鲸（对幼鲸的威胁较大）。

图 14C　灰鲸的迁徙路线。灰鲸的每年迁徙距离长达22000千米，为哺乳动物之最。图中还显示了太平洋海岸摄食群的夏季活动区域，即从加拿大到加利福尼亚州之间的沿海水域（近海）

设计实验

为掌握灰鲸的迁徙时间线和行程细节，可以为其安装无线电发射装置。研究人员取得了如下认识：灰鲸通常在9月份开始迁徙，即高纬度海域的夏季生产力峰值后。在觅食场所（大陆架沿线）周围，当北极浮冰初见端倪时，灰鲸开始向南移动。

孕期雌鲸首先踏上南方之旅，整个行程周期为2个月。接下来，未孕成年雌鲸、未成年雌鲸、成年雄鲸和未成年雄鲸陆续出发，推进速度约为200千米/天。到了12月和次年1月初，大部分灰鲸将会抵达位于下加州的潟湖。

在这些暖水潟湖中，孕期雌鲸产下幼仔（长约4.6米，重约1吨）。在哺育幼仔的乳汁中，乳脂含量几乎占一半（与奶酪差不多），使得幼仔在出生后的 2 个月期间体重迅速增加。在幼仔哺乳期间，成年雄鲸与未产仔的成年雌鲸交配。雌鲸的孕期约为 1 年，但是由于所产幼仔的体型较大，且还要为其提供几个月的高脂肪含量乳汁，需要耗费大量的能量，因此雌鲸每 2～3 年产仔一次特别常见。

2 月末，灰鲸踏上返回北方之旅。无幼仔的雄鲸和雌鲸首先出发，孕期雌鲸和携带新生幼仔的哺乳期雌鲸最后离开（3 月末～4 月中旬）。在保护性潟湖中，少数母鲸会（带着幼仔）逗留到 5 月。到了 6 月底，大多数鲸都会回到高纬度觅食场所，在此时的浅海大陆架水域，海冰已经消融，夏季生产力水华开始出现。

这些数据与前面 4 种假设如何对应呢？

1. 虽然灰鲸在迁徙过程中很少进食，但是根据观察，只要机会出现，它们还是会短暂进食。
2. 通过研究刚出生灰鲸幼仔的生理学特征，人们发现其实际上能够在更冷的海水中生存。
3. 灰鲸的适应能力非常强，有时会在（去出生地的）路上产下幼仔。
4. 虽然只有入口较浅的墨西哥潟湖才可产仔，但人们在产仔潟湖附近看到过虎鲸，且观察到虎鲸曾在极浅的海水中觅食。实际上，虎鲸每年要吃掉大约 30% 的灰鲸幼仔。

解释结果

此时需要更多的数据！究竟哪些假设是灰鲸迁徙的主要原因？目前人们尚不清楚，可能全部假设都成立，也可能部分假设成立。只有不断地开展研究，才能解开这种哺乳动物大迁徙的奥秘。

下一步该怎么做？

在 4 种假设中，为了确定哪种假设能够解释灰鲸的迁徙原因，你能设计什么样的实验？

简要回顾

海洋哺乳动物包括食肉目、海牛目和鲸目。

小测验 14.4　基于身体特征来区分海洋哺乳动物的主要类群

❶ 哺乳动物纲的所有生物存在哪些共同特征？
❷ 描述食肉目海洋哺乳动物，包括对海洋环境的适应性。
❸ 如何区分无耳海豹（真海豹）与有耳海豹（海狮和海狗）？
❹ 描述海牛目海洋哺乳动物，包括其可区分特征。
❺ 如何区分海豚与鼠海豚？
❻ 描述齿鲸亚目与须鲸亚目之间的差异，一定要包含各个亚目的实例。
❼ 对比抹香鲸与海豚的回声定位系统，并评估二者之间的异同。
❽ 描述须鲸的摄食机制。

主要内容回顾

14.1　海洋生物为什么能驻留在海底之上？

- 水层动物构成了海洋生物量的主体，大部分生活在食物丰富的浅表层海域。某些动物并非浮游生物，为了能够留在富含食物的表层海水中，必须要依赖浮力或者游泳能力。
- 某些头足类动物具有硬质气室，某些鱼类具有可膨大鱼鳔，这些器官均有助于增大浮力。对缺乏硬质部分的其他海洋生物来说，为了将身体保持在接近表层海水的位置，还可能利用充气浮板或柔软身体。
- 游泳生物都是游泳健将，可依靠自身的游泳能力来躲避捕食者及获取食物。乌贼在游泳时，首先将海水吸入体腔，然后通过虹吸管排出体外。大多数鱼类在游动时，通过身体弯曲而形成波浪，由前向后进行传递，从而提供向前行进的推力。
- 尾鳍为鱼类提供主要推力，成对的腹鳍和胸鳍起辅助作用，背鳍和臀鳍主要用作稳定器。圆形尾鳍非常灵活，适合于低速时的灵活移动；新月状尾鳍质地坚硬，对灵活机动性用处不大，但能为快速游泳者提供高效推力。
- 解释鱼鳔的工作原理。

- 描述如下鱼鳔的适应性：（1）允许快速浮力变化的适应性；（2）允许慢速浮力变化的适应性。

14.2 水层生物具有哪些觅食适应性？

- 鱼类可划分为突袭者和巡游者。突袭者守株待兔，静待猎物在附近经过，肌肉组织大多为白色，比红色肌肉更容易疲劳；巡游者为寻找猎物而不停游动，肌肉组织大多为红色，富含肌红蛋白。
- 鱼类巡游时速度较慢，捕食猎物时快速出击，逃避捕食者时速度最快。大多数鱼类为"冷血"，但快速游动的金枪鱼为"恒温"，可将体温保持在较高水平（高于水温）。
- 深水游泳生物具有非常特殊的适应性，能够生活在静止和完全黑暗的环境中。在深海中，生物发光的用途极广。
- 当捕食猎物时，在快速游泳的巡游者与静止等待的突袭者之间，主要结构和生理学差异有哪些？
- 列出海鱼作为温血鱼类具备的各种优势。

14.3 水层生物具有哪些逃生适应性？

- 许多海洋生物表现出集群特性，或许是因为与单独游泳相比，这样能够增大遇到捕食者时的逃生机会，从而有助于延续物种。
- 在一大群灰色鱼类中，评估"一个亮黄色鱼类集群"的优缺点。
- 列出集群的各种优势。

14.4 海洋哺乳动物有什么特征？

- 良好的化石证据表明，海洋哺乳动物约 5000 万年前由陆地动物进化而来，属于温血动物，呼吸空气，长有毛发，生育幼仔，雌性有乳腺，可划分为食肉目、海牛目和鲸目。
- 食肉目海洋哺乳动物长有非常突出的犬齿，包括海獭、北极熊和鳍足亚目；海牛目海洋哺乳动物包括海牛和儒艮，长有趾甲和覆盖在身体上的稀疏毛发，属于草食动物。
- 鲸目动物是最适合在开阔大洋中生活的哺乳动物，包括鲸、海豚和鼠海豚。鲸目动物的身体呈高度流线型，游泳速度极快。鲸目动物还具有其他适应性，如能够吸收吸入的 90%氧气、可存储大量氧气、减少非关键器官利用氧气及肋骨和肺可折叠等，因此下潜深度特别深，而且可以最小化氮麻醉和减压病的影响。
- 鲸目动物进一步划分两个亚目，即齿鲸亚目和须鲸亚目。齿鲸亚目利用回声定位，寻找穿越海洋的路径并定位猎物。它们首先发出咔哒声，然后根据返回信号的特征及耗时，即可确定目标对象的大小、形状、内部结构和距离。
- 须鲸亚目包括世界上最大的鲸，利用鲸须板作为过滤器，将小型猎物从海水中分离出来，可划分为灰鲸、长须鲸和露脊鲸三个科。
- 列出某些鲸目动物具有如下能力的进化特征：(a)提高游泳速度；(b)潜入深海而不得减压病；(c)长时间潜水。
- 构建表格，必须包含代表性生物的名称：（1）区分无耳海豹（真海豹）和有耳海豹（海狮和海狗）的身体特征；（2）区分海豚和鼠海豚的身体特征。

第 15 章　底栖环境中的动物

海星固着在海面下的岩质基底。潮间带存在各种各样的环境挑战（如海浪冲击、含氧量变化、盐度值波动、捕食者觅食及干涸持续威胁等），但是固着点为生物提供了竞争和防卫的生存平台。在此照片展示的岩质潮间带中，许多类型的底栖海洋生物（包括这些海星）大量存在

主要学习内容

15.1　描述岩质海滨沿线的生物群落特征

15.2　描述沉积物覆盖海滨沿线的生物群落特征

15.3　描述外滨浅海海底的生物群落特征

15.4　描述深海海底的生物群落特征

深海仿佛就是人类尚未发现的一片"新大陆"。

——托马斯·达尔格伦，海洋生态学家，2006 年

生活在海洋环境中的已知物种约为 23 万种，其中超过 98%位于海底之内（或之上）。海底的生存环境极富多样性，从岩质、沙质和泥质的潮间带，到富含泥质沉积的最深海沟，栖息着大量具有各种特殊适应性的生物类群。

如图 15.1 所示，底栖生物量（Benthic Biomass，海底生物的质量）分布与表层海水中的叶绿素分布（插图，也见图 13.5）非常接近，因为叶绿素近似等于初级生产力，海底生命则取决于表层海水的生产力。因此，在初级生产力较高的海面之下，底栖生物的丰度也非常高。

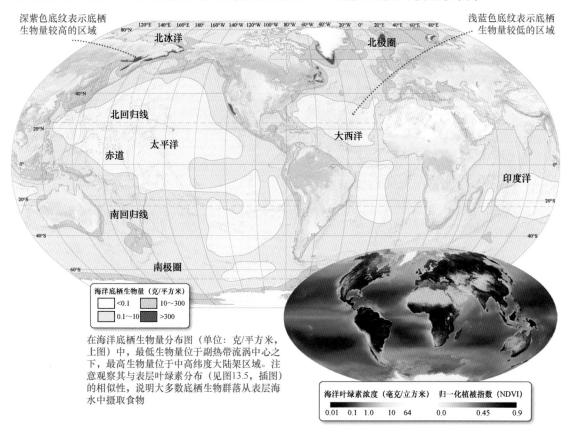

在海洋底栖生物量分布图（单位：克/平方米，上图）中，最低生物量位于副热带流涡中心之下，最高生物量位于中高纬度大陆架区域。注意观察其与表层叶绿素分布（见图13.5，插图）的相似性，说明大多数底栖生物群落从表层海水中摄取食物

图 15.1　海洋底栖生物量的全球分布反映了上方海域的初级生产力

绝大多数已知底栖海洋物种生活在大陆架上，那里的海水通常较浅，阳光能够穿透海水并直接照射到海底，从而支持光合作用。但是，通过对深海海底开展科学考察，人们发现那里生活着未经科学描述的大量底栖物种。

在同一海盆相反两侧的相似纬度区域，底栖物种的数量取决于海洋表层流如何影响沿岸水温（影响物种多样性的一种最重要因素），例如墨西哥湾流属于暖水表层流，向东跨越大西洋并流向欧洲，从而令欧洲海岸（从西班牙至挪威最北端）变暖，使得在这里生活的底栖物种数量非常多，甚至超过北美洲大西洋沿岸（相似高纬度区域）的 3 倍多。在北美洲大西洋沿岸，拉布拉多寒流造成海水温度下降，影响范围最南可达马萨诸塞州的科德角。

在海底与海水交界处（或附近）生活的海洋生物能否成功存活，不仅与其对生活环境的物理条件（海水和海底）的适应能力有关，而且与其应对周边其他生物的适应能力密切相关。本章将详细介绍各种底栖生物群落及其代表性动物，从浅海海底开始，逐渐深入到深海海底。

15.1 岩质海滨沿线存在哪些生物群落？

如果游览过世界各地的任何岩石质海滨线，就可能发现大量海洋生物生活在海底的表面之上。这些生物称为底上动物（Epifauna），或永久固着在海底（如藻类），或者沿海底爬行（如螃蟹）。表 15.1 中列出了这些生物具有的一些特殊适应性，使其能承受岩质海滨的艰辛生活。

表 15.1　岩质潮间带的不利条件和生物适应性

岩质潮间带的不利条件	生物适应性	生物示例
低潮时失水	• 具有寻找隐蔽处或缩回壳中的能力 • 具有较厚外表或外骨骼，可防止水分流失 • 外表面覆盖岩石或贝壳碎片，可防止水分流失 • 具有周期性失水的生理适应性	海蛞蝓，螺类，螃蟹，海葵，海藻
较强海浪活动	• 藻类：固着有力，防止被冲走 • 动物：寻找隐蔽处，或者利用牢固的附肢、生物粘附剂、肌肉发达的足部、多条腿或数百条管状足，牢牢地固着在底部 • 藻类和动物：有能够承受海浪能量的硬质结构；紧密簇拥在一起	海藻，螺类，海星，贻贝，海胆
在低潮/高潮期间，捕食者占据该区域	• 身体各部位紧密固着，包括硬壳 • 刺细胞 • 伪装 • 喷墨反应 • 再生能力：断开身体相关部位，之后可重新生长	贻贝，海葵，海蛞蝓，章鱼，海星
固着物种寻找配偶存在困难	• 在繁殖期间，向水柱中释放大量卵子/精子 • 具有够得着对方的超长器官，可进行有性生殖	鲍鱼，海胆，藤壶
温度、盐度、pH 值和含氧量的快速变化	• 缩进外壳中，尽量减少暴露于环境条件的快速变化 • 具有在不同温度、盐度、pH 值及低氧环境中长期生存的能力	螺类、帽贝、贻贝、藤壶
缺乏空间或固着位置	• 侵占另一生物的空间 • 附着于其他生物 • 浮游生物幼体栖息在新区域，避免直系亲属在同一空间竞争	苔藓动物，珊瑚，藤壶，帽贝

15.1.1 潮间带

大多数海滨线存在潮间带，这是由不同环境条件形成的相对于海平面生态系统的自然组织。如图 15.2a 所示，典型岩质海滨划分为浪花带（Spray Zone，位于大潮的高潮线之上，仅在风暴期间被海水淹没）和潮间带（Intertidal Zone，位于最高潮位与最低潮位之间）。在大多数海滨沿线，潮间带可以清晰地划分为如下几个亚带（见图 15.2a）：

- 高潮带（High Tide Zone）：相对干燥，仅在最高高潮时被海水淹没。
- 中潮带（Middle Tide Zone）：在高潮期间，交替被海水淹没；在低潮期间，交替露出水面。
- 低潮带（Low Tide Zone）：平时被海水淹没，最低低潮期间露出水面。

探索数据

对生活在各个岩质海滨潮间带中的海洋生物（各举一例），讨论该生物能够在特定区域生存的适应性。

生活在这些潮间带内的各种海洋生物必须适应各种不同的环境条件。例如，在高潮带内，物理压力（如失水）更重要；在低潮带内，波浪能及其他海洋生物捕食带来的压力更大；在中潮带内，各种生物对固着空间的竞争是最大压力。为了应对自己面临的环境条件，各潮间带生物均进化出了特殊适应性。因此，毫无疑问，基于各潮间带内底栖生物的特征种群，即可划定潮间带的各子带。

虽然岩质海滨沿线的海洋生物分带划定了海洋环境中的最精细生物分区，但不同区域的潮间带特征存在明显差异，例如某些物理特征仅在短短几厘米垂直距离内改变，包括波浪能的数量、暴露在大气中的程度及温度和盐度的变化等。总体来说，潮间带是一个很难生存的地方，生活在潮间带内的各种海洋生物必须具有非常特殊的适应性来应对生存挑战。接下来介绍这样的一些生物及其适应性。

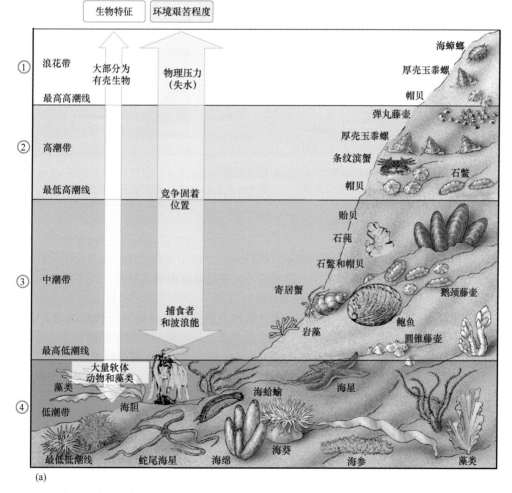

图 15.2　岩质海滨的潮间带及常见生物。(a)岩质海滨潮汐带示意图，包括代表性生物（未按比例绘制）、生物特征常规模式及环境艰苦程度；(b)～(m)岩质海滨潮间带的常见生物照片

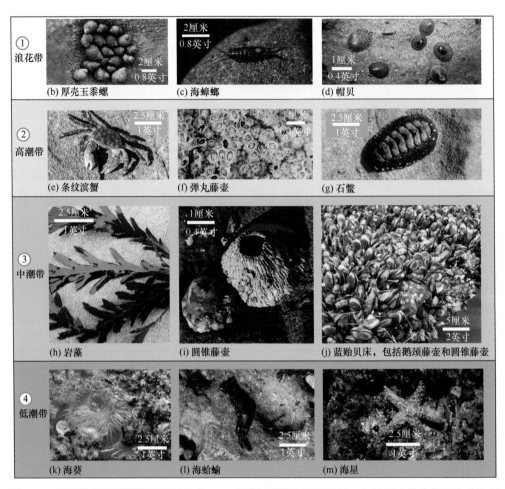

图 15.2 岩质海滨的潮间带及常见生物。(a)岩质海滨潮汐带示意图，包括代表性生物（未按比例绘制）、生物特征常规模式及环境艰苦程度；(b)~(m)岩质海滨潮间带的常见生物照片（续）

15.1.2 浪花带：生物及其适应性

浪花带（Spray Zone）也称潮上带（Supratidal Zone），位于最高高潮线之上，因此长期暴露在海平面以上。对生活在浪花带内的海洋生物来说，失水是面临的最大挑战，许多动物（如厚壳玉黍螺，见图 15.2b）都有外壳，藻类物种极为有限。

在高潮线以上的浪花带内，一种常见的生物称为岩虱或海蟑螂（海蟑螂属等足类动物，见图 15.2c），它主要生活在裸露的岩石上，或者覆盖在海蚀穴底部的常见鹅卵石和巨砾中。这些食腐动物体长可达 3 厘米，夜间四处游荡并摄食有机碎屑，白天大多藏在裂缝里。

如图 15.2d 所示，帽贝是厚壳玉黍螺的远亲（二者均以藻类为食），经常出现在浪花带内，具有扁平的锥形外壳及牢牢固着在岩石上的腹足。

15.1.3 高潮带：生物及其适应性

与浪花带内的动物类似，为了防止身体脱水，高潮带内的各种海洋动物大多具有保护层。例如，条纹滨蟹（见图 15.2e）和厚壳玉黍螺都具有保护壳，可以在浪花带与高潮带之间穿梭。弹丸藤壶（见图 15.2f）是具有保护壳的另一种甲壳动物，但是无法生活在高潮海滨线之上，因为它们附着在一起、以滤食海水为生且幼体为浮游生物。

在高潮带与中潮带之间，最常见的藻类是岩藻，其中墨角藻属（如图 15.2h 所示）主要位于寒带，鹿角菜属主要位于温带。为了减少低潮期间的水分流失，二者均具有较厚的细胞壁。

经过观察新形成的岩质海滨线及最近受到扰动的其他海岸区域，人们发现岩藻是最早在岩质海滨定居的生物之一。后来，固着（Sessile）动物形式（固着在底部，如藤壶和贻贝）开始建立根据地，与岩藻争夺固着位置。

15.1.4　中潮带：生物及其适应性

中潮带受到海水的不断冲刷，生活着更多种类的藻类和软体动物。由于总生物量远大于高潮带，所以固着生物之间对岩石空间的竞争更为激烈。

栖息在中潮带内的有壳生物包括：贻贝（青口，见图 15.2j）；鹅颈藤壶（见图 15.2j），通过强健的长柄固着在岩石上；圆锥藤壶（见图 15.2i）。在浮游阶段，贻贝固着在裸露的岩石、藻类或藤壶上，并通过强有力的足丝进行加固。

贻贝通常聚集在一起而形成非常独特的贻贝床/贻贝层（Mussel Bed），呈明显的带状或层状分布（见图 15.3a），这通常是岩质海滨沿线最容易识别的中潮带特征之一。贻贝床向底部逐渐增厚，直至到达某个突然消失的底部极限（物理条件限制贻贝生长）为止。在贻贝床上，通常最为突出的是许多鹅颈藤壶，不太显眼的物种包括圆锥藤壶、其他甲壳动物、海洋蠕虫、钻岩蛤、海星和藻类等。

肉食性螺类和海星以贻贝床中的贻贝为食。为了撬开贻贝的外壳，海星用数百只管状足向两侧拉扯。贻贝起初还在挣扎，但是最终变得疲惫不堪，难以闭合外壳。当贝壳略微打开时，海星就会翻出自己的胃，滑入蚌壳的裂缝，消化里面的可食用组织（见图 15.3b）。

(a) 在阿拉斯加州的冰川湾中，覆盖在岩石表面的独特黑色条带是贻贝床（层），这是岩质海滨沿线中潮带的一种共同特征。注意观察，该黑色条带如何延伸至左侧海滩

(b) 以贻贝为食的一种赭色海星，首先用管状足包住贻贝，然后撬开贻贝的外壳，最后用自己外翻的胃来消化贻贝的软组织

图 15.3　中潮带的贻贝床和海星

当中潮带内的岩石表面变平时，潮池（Tide Pools）会在退潮时存留海水。潮池支持包含多种生物的微生态系统，最引人注目的成员通常是海葵（见图 15.2k），其与水母具有亲缘关系。

海葵呈口袋状，有一个扁平的足盘，为固着在岩石表面提供吸力。口袋向上的开口端是口部，直接通向肠腔，周围环绕着一排触角（见图 15.4）。触角上覆盖着一种刺人的针状细胞，称为刺细胞（Nematocysts，见图 15.4 中的插图），可向受害者体内注射一种强效神经毒素。若有生物触碰到海葵的触角，刺细胞会自动释放神经毒素，但与海葵共生的特定生物（如小丑鱼）除外。

寄居蟹也栖息在潮池中，具有坚硬的一对螯肢和上半身，但是腹部柔软脆弱，主要通过栖息在废弃的海螺壳中来保护腹部（见图 15.5a）。寄居蟹经常在潮池中四处奔跑，或者与其他同伴争夺新螺壳。为了能够使自己适合海螺壳，腹部甚至进化出一种向右卷曲的形状。当进入海螺壳后，即可用其巨大鳌肢来关闭螺壳的开口，从而进一步保护自己。

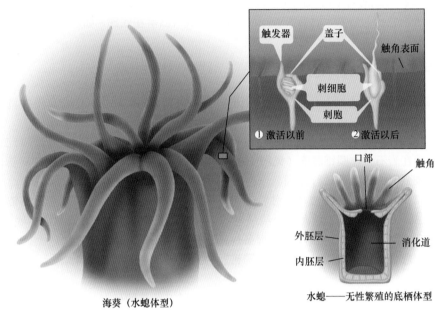

图 15.4 海葵的结构和刺细胞的运作过程。海葵的形态（左）、刺细胞（用于刺伤猎物）的细节（插图）和基本身体形态的内部视图（右）

(a) 寄居蟹占据并栖息在海螺壳中

(b) 在中潮带内，紫色海胆挖洞进入岩质潮池的底部

图 15.5 中潮带内的寄居蟹和海胆

在中潮带底部附近的潮池中，可以发现海胆在摄食藻类，如图 15.5b 所示。在坚硬球状外壳一侧的底部中心部位，海胆发育有包含 5 颗牙齿的口部。海胆外壳由熔接的带孔碳酸钙板构成，可令管状足和海水通过。海胆的外壳类似于针垫，长有数量非常多的刺，不仅能够起保护作用，而且可以在岩石上挖洞。

常见问题 15.1 我曾在某个潮池中看到并触摸了海葵，它会轻轻地包裹我的手指，为什么？

海葵试图用神经毒素杀死你，然后将你整个吃掉。海葵伪装成无害的花朵，实际上是邪恶的捕食者，利用带刺细胞的触角攻击毫无戒备的任何动物（甚至人类）。幸运的是，人类手掌的皮肤特别厚，足以抵御刺细胞及其神经毒素。但是，曾经有一些人的好奇心非常强，很想知道海葵是否会用触角抓住其他东西，所以将自己的舌头伸给了海葵。过了一会儿，他们的喉咙肿胀得几乎没有任何空隙，不得不紧急前往医院。他们最后活下来了，但这个故事告诫我们：永远不要把舌头伸给海葵！

15.1.5 低潮带：生物及其适应性

低潮带几乎总是被海水淹没，生活着大量藻类。

图 15.6 冲浪草。在加利福尼亚州的这个潮池中，绿色冲浪草和各种褐藻在某次极低潮期露出水面。当涨潮时，固着的冲浪草会漂浮起来，为许多低潮带生物提供保护性藏身之地

这里也生活着各种各样的动物群落，主要隐藏在各种藻类和冲浪草中，如图 15.6 所示。各种类型的包壳红藻（如石叶藻属和石枝藻属）也出现在中潮带的潮池中，但是在低潮带的潮池中变得更加丰富。在温带区域，中等大小的红藻和褐藻提供了下垂的遮篷，许多动物在低潮时躲在下方。

在整个潮间带范围内，各种滨蟹在潮池间隙爬来爬去（见图 15.2e 和图 15.7），帮助海滨保持清洁。在白天的大部分时间段内，这些滨蟹都躲在裂缝内，或者悬挂在突出物下方。在夜间，它们用大前爪（螯足）从岩石表面撕下藻类，然后以最快的速度吞食掉。螃蟹具有非常坚硬的外骨骼（外壳），可以防止身体水分快速流失，因此能够离开海水较长一段时间。

(a) 红石蟹。生活在热带地区，颜色鲜艳，速度较快

(b) 条纹滨蟹。这只雌蟹携带卵子（腹部下方的橙色肿块），即蟹黄

图 15.7 滨蟹

常见问题 15.2 最毒的海洋生物是什么？

许多种类的海洋生物都有毒性非常强的毒液，例如某些种类的水母、刺魟、石鱼、螺类和章鱼都有足以令人丧命的毒液。专家们一致认为，全球最毒的海洋生物是澳大利亚箱型水母（海黄蜂），其触角上覆盖着一种名为刺细胞的毒刺，可将毒素注入人体并致其快速死亡（数分钟内）。

毒性紧随其后的是鸡心螺，也称芋螺，这是一种小型热带螺类，物种数量超过 700 种，外壳装饰精美，主要栖息在珊瑚碎屑中。鸡心螺具有一种长有倒刺的改良"齿舌"，倒刺上布满了剧毒毒液，可以像鱼叉一样从嘴里射出，从而快速麻痹住猎物。毒液会令受害者肌肉麻痹和呼吸衰竭，并最终导致死亡。鸡心螺产生的是一种毒素混合物，目前还没有可用的抗毒血清。研究人员正在分析鸡心螺的复杂毒液，希望能够分离出可以治疗人类神经系统疾病（如糖尿病、帕金森症、老年痴呆症和酒精中毒等）的药物。

简要回顾

岩质海滨可划分为浪花带和潮间带，潮间带还可以进一步划分为高潮带、中潮带和低潮带。

❶ 岩质潮间带的不利条件有哪些？有些生物对这些不利条件的适应性是什么？

❷ 在岩质海滨沿线，中潮带的最明显特征之一是贻贝床（层）。描述贻贝的基本特征及其他相关生物。

❸ 在岩质海滨的哪个潮间带内通常会发现下列生物：海葵、海莴苣、岩虱、鲍鱼、蛇尾海星？

15.2　沉积物覆盖海滨沿线存在哪些生物群落？

沉积物覆盖海滨大多都具有类似于岩质海滨的潮间带，但是两种环境中生活的海洋生物却需要差异极大的适应性。例如，沉积物覆盖海滨由经常改变形状的松散物质组成，因此需要生物具有特殊的适应性。此外，沉积物覆盖海滨的物种多样性要少得多，但生物数量通常很大。例如，在某些海滩的低潮带和泥滩上，穴居蛤的栖息密度高达 5000～8000 只/平方米。

在沉积物覆盖海滨，由于可以钻入沉积物中，几乎所有大型栖息生物均被称为底内动物（Infauna）。沉积物覆盖海滨也含有大量微生物群落，特别是在静谧环境（如盐沼和泥滩）中，有机质往往越积越多。

15.2.1　沉积物的物理环境

沉积物覆盖海滨包括粗砾石滩、沙滩、盐沼和泥滩，这四种类型环境的能量依次降低，沉积物粒度逐渐变细。海滨的能量等级与海浪和沿岸流的强度有关，在能量等级较低的海滨沿线，沉积物的颗粒变小、坡度变缓且总体稳定性增大。因此，与高能沙滩中的沉积物相比，细粒泥滩中的沉积物更加稳定。

在延伸较长的高能沙滩上，大量海水伴随着破碎海浪而来，然后迅速沉入沙子中，为栖息在沙子中的动物带来可持续的营养盐和富氧海水供应。同时，这种氧气供应也能促进细菌对死亡组织的分解。另一方面，对盐沼和泥滩中的沉积物来说，含氧量并没有那么高，因此分解速度较慢，往往会产生一种特有的臭鸡蛋气味。

15.2.2　潮间带

在沉积物覆盖海滨内，潮间带由潮上带、高潮带、中潮带和低潮带组成，如图 15.8 所示。这些分带在陡坡粗沙海滩发育得最好，在缓坡细沙海滩不明显。但是在泥滩上，由于微小黏土级颗粒形成了基本无坡度的沉积，因此在这种受保护的低能环境中，分带较难实现。

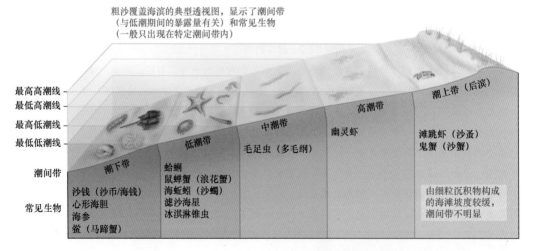

图 15.8　沉积物覆盖海滨的潮间带和常见生物

在潮间带的不同分带中，动物种类各不相同。但是与岩质海滨的潮间带一样，在沉积物覆盖海滨的潮间带中，低潮海滨线附近的物种数量和生物量均最多，并且朝高潮海滨线方向逐步减少。

15.2.3　沙滩：生物及其适应性

由于缺乏可以固着的稳固表面（就像岩质海滨那样），沙滩上的大多数动物都钻入沙子里，因此可见度不是很高（相比于其他环境）。通常，只要挖到沙子表面以下几厘米深处，即可遇到更加稳定的环境，既不会受到温度和盐度波动的影响，又不会面临失水的威胁。

15.2.3.1　双壳类软体动物

双壳类（Bivalve）是具有两个铰接壳的动物，如蛤蜊或贻贝（青口）。软体动物（Mollusk）是软体动物门动物的统称，身体柔软，具有坚硬的碳酸钙质外壳（内部或外部）。

双壳类软体动物特别适合生活在沉积物中，通常利用单足（斧足）掘入沉积物中，然后将整个身体拉入沙子里，如图15.9所示（蛤蜊）。至于双壳类能够把自己埋藏得多深，还要取决于虹吸管的长度。虹吸管必须要伸到沉积物表面之上，这样才能通过吸入海水来

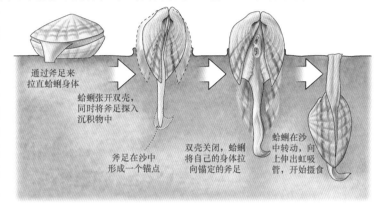

通过斧足来拉直蛤蜊身体

蛤蜊张开双壳，同时将斧足探入沉积物中

斧足在沙中形成一个锚点

双壳关闭，蛤蜊将自己的身体拉向锚定的斧足

蛤蜊在沙中转动，向上伸出虹吸管，开始摄食

图15.9　蛤蜊如何钻沙

获得食物（浮游生物）和氧气。对难以消化的物质，周期性地快速收缩肌肉，将其通过虹吸管排出体外。

蛤蜊的生物量在低潮带沙滩之下最大，在泥质沉积物区域降低。

15.2.3.2　环节动物

各种环节动物（Annelids，蠕虫）都能较好地适应在沉积物中生活。例如，海蚯蚓（沙蝎）会建造垂直的U形洞穴，并通过黏液对洞壁进行加固。在觅食时，将管状长嘴（口鼻）向上伸出洞穴，然后通过"快速且脉动"的运动方式来疏松沙子。随着沙子不断滑入洞穴并被蠕虫吞食，洞穴顶部表面会形成一个锥形凹陷。当沙子通过消化道时，蠕虫会消化掉沙子的生物膜（有机质覆盖层），然后将消化后的沙子沉积回洞穴表面。

1厘米
0.4英寸

图15.10　鼠蝉蟹（浪花蟹）。一只鼠蝉蟹从沙子里爬出。在低潮带内的沙滩表面之下，经常可以找到鼠蝉蟹

15.2.3.3　甲壳动物

甲壳动物（Crustaceans）以螃蟹、龙虾、虾和藤壶为代表，包括具有如下特征的水生动物：身体分节，外骨骼坚硬，四肢成对且存在关节。在多数沙滩上，人们经常见到称为滩跳虾（Beach Hoppers）的大量甲壳动物，以风暴海浪或涨潮带来的藻类为食。其中，跳钩虾属（Orchestoidea）较为常见，体长只有2~3厘米，但可以跳2米高。滩跳虾身体侧面扁平，通常整个白天都埋在沙子里，或藏在藻类中间；夜间则变得特别活跃，成群结队地跳跃。

如图15.10所示，鼠蝉蟹（浪花蟹）是许多沙滩

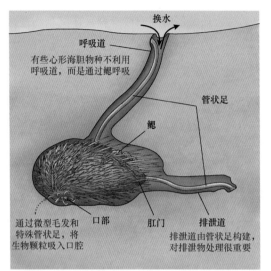

换水

呼吸道

有些心形海胆物种不利用
呼吸道，而是通过鳃呼吸

管状足

鳃

口部   肛门   排泄道

通过微型毛发和
特殊管状足，将
生物颗粒吸入口腔

排泄道由管状足构建，
对排泄物处理很重要

图 15.11 心形海胆。心形海胆的摄食和呼吸结构，
主要摄食沙粒上附着的有机生物膜

上附着的有机生物膜。

都很常见的一种甲壳动物，体长为 2.5～8 厘米，四处游走于海滨线附近的海滩。它们把身体埋藏在沙子里，长弯 V 形触角指向滩坡。这些小螃蟹滤食海水中的食物颗粒，并随冲激浪从滩面快速奔下。通过在低潮带中搜索 V 形模式，即可顺藤摸瓜地找到它们（详见生物特征 10.1）。

15.2.3.4 棘皮动物

生活在海滩沉积中的棘皮动物（Echinoderms）包括滤沙海星（槭海星属）和心形海胆。滤沙海星捕食钻入沙滩低潮带的无脊椎动物，身体结构非常适合在沉积物中穿行（背部光滑，长有 5 条带刺的锥形足）。

与岩质海滨的海胆相比，心形海胆更加扁平且细长，生活在低潮线附近的沙子中，如图 15.11 所示。它们把沙粒收集到嘴里，刮掉并摄入沙粒

15.2.3.5 小型底栖动物

小型底栖动物（Meiofauna）是生活在沉积物颗粒之间的小型海洋生物，体长一般只有 0.1～2 毫米，主要摄食附着在沉积物颗粒表面的细菌。小型底栖动物包括多毛类、软体动物、节肢动物和线虫，主要生活在从潮间带到深海海沟的沉积物中，如图 15.12 所示。

(a) 线虫的头部；左侧的凹陷和
众多突起是感觉器官

(b) 与虾和磷虾有亲缘关系的一种甲壳动物

(c) 多毛类蠕虫：管状长嘴向左伸出

图 15.12 小型底栖动物的扫描电镜照片。各种小型底栖动物是生活在沉积物颗粒之间的小型海洋生物

15.2.4 泥滩：生物及其适应性

在泥滩的低潮带及其邻近的浅海区域，广泛分布着鳗草（大叶藻属）和泰来草（泰来草属）。泥滩表面的孔洞众多，说明存在大量双壳类软体动物及其他无脊椎动物。

招潮蟹（Fiddler Crabs）在泥滩内挖洞居住，洞深可达 1 米（甚至更深）。作为滨蟹的近亲，宽度一般不超过 2 厘米。雄性招潮蟹的螯大小各一，大螯长达 4 厘米，如图 15.13 所示。雌性招潮蟹的两个螯为正常大小。雄性招潮蟹用大螯向雌性求爱，或者与雄性情敌战斗。

图 15.13 招潮蟹。雄性招潮蟹利用大螯来保护
和吸引配偶

简要回顾

沉积物覆盖海滨具有与岩质海滨相似的潮间带，但也包含大量生活在沉积物中的生物。

小测验 15.2　描述沉积物覆盖海滨沿线的生物群落特征

❶ 描述沙质海滨与泥质海滨的差异，包括能量级别、粒度大小、沉积物稳定性和含氧量。

❷ 与岩质海滨相比，沉积物覆盖海滨的物种多样性有何不同？请至少说出一种原因。

❸ 在陡坡粗沙海滩潮间带的哪个区域通常可发现以下生物：蛤蜊、滩跳虾、幽灵虾、鼠蝉蟹？

15.3　外滨浅海海底存在哪些生物群落？

外滨浅海海底从大潮的低潮海滨线开始，向外延伸至大陆架向海边缘，主要被沉积物覆盖，但海滨附近局部区域可能会裸露底部基岩。基岩裸露区的特点是存在许多类型的藻类，为了从浅海海底抵达阳光照射的表层海水附近，这些藻类具有多种适应性（如充气浮囊）。

在沉积物覆盖的大陆架区域，物种多样性为"中一低"。令人惊讶的是，在上升流区域之下，底栖生物的多样性最低。这是因为上升流海水富含营养盐，造成水层中的生产量较高，死亡有机物因而大量出现。当这种物质下沉至海底并分解时，显然会消耗氧气，造成局部区域氧气供应耗尽，从而限制底栖生物的种群数量。但是，与底部基岩相关的海藻床（Kelp Beds）属于非常特殊的浅水生物群落，具有较高的底栖生物多样性。

常见问题 15.3　什么是海胆荒地？

海胆荒地（Urchin Barren）是指当海胆种群不受抑制时，整片海域的巨型褐色囊海藻（巨藻属，海藻森林中的主要藻类之一）遭到灭绝性吞食。海胆会吃掉海藻的固着结构，使其四处漂浮。在加利福尼亚州，由于捕食海胆的动物（如狼鳗和海獭）数量严重减少，海洋食物网的自然平衡遭到破坏。结果，海胆数量激增，曾经繁茂的海藻床变成了海胆荒地。

15.3.1　岩质底部（潮下带）：生物及其适应性

在潮下带（Subtidal Zone）内的浅水岩质底部，通常覆盖着各种类型的海洋大型藻类。

15.3.1.1　海藻和海藻森林

在北美洲太平洋沿岸，巨型褐色囊海藻（巨藻属）利用根状固着器，将自己固着在 30 米深处的基岩底部（见图 15.14a）。固着器非常强壮，只有大型风暴海浪才能动摇其根基。海藻的叶柄和叶片由充满气体的气囊（Pneumatocysts）支撑，垂直向上生长并沿海面再延伸 30 米，充分地暴露在阳光下。在理想条件下，巨藻属每天可以生长 0.6 米，成为世界上生长最快的藻类。

在太平洋沿岸，巨型褐色囊海藻和海囊藻属（生长快速的另一种海藻）常形成海藻森林（Kelp Forests），如图 15.14b 所示；小型海藻物种的高度通常小于 0.6 米，称为灌木海藻（Shrub Kelp），如马尾藻和岩质藻类（墨角藻属，鹿角菜属）；更小的红藻和褐藻位于海底，或在海藻的叶片上丛生。

海藻森林是高生产力生态系统，可为多种海洋生物（生活在森林内或海藻上）提供庇护。对生活在海藻森林内（或附近）的许多动物（如软体动物、海星、鱼类、章鱼、龙虾及海洋哺乳动物）来说，这些生物是非常重要的食物来源。但是非常奇怪的是，只有极少数动物直接以"活海藻"为食，其中就包括海胆和称为"海兔"的大型海蛞蝓。图 15.14c 中显示了海藻森林的分布状况。

气囊是充满气体的中空囊状物，可令长带状海藻从海底升起，并漂浮在海面附近

(a) 巨型褐色囊海藻（巨藻属）是海藻森林中的常见物种

(b) 海藻森林的水下照片，可为大量海洋生物提供食物、庇护所、生活空间、产卵场和繁殖区域

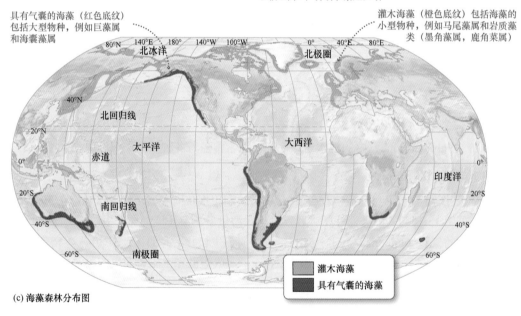

(c) 海藻森林分布图

图 15.14　海藻和海藻森林

15.3.1.2　龙虾

在岩质底部区域，大型甲壳动物较为常见，包括龙虾（Lobsters）和螃蟹（Crabs）。多刺龙虾因外壳多刺而得名，两条触角非常大且多刺，如图 15.15a 所示。在这些触角的根部附近，存在能够产生噪音的器官，具有一定的保护作用；杂色龙虾属的体长可达 50 厘米，这是一种美味食材，主要生活在欧洲海岸沿线 20 米以深的海水中；加勒比龙虾（美洲龙虾/眼斑龙虾）有时会表现出一种非常明显的迁徙行为：排成几千米长的队列，浩浩荡荡地穿越海底。

(a) 多刺龙虾：没有大螯，触角长而多刺，主要生活在加勒比海岩质底部和北美洲西海岸沿线

(b) 美洲龙虾（缅因龙虾/断沟龙虾）：长有大螯，可用于摄食和防御，主要生活在北美洲东海岸沿线（从加拿大的拉布拉多州，到美国的北卡罗来纳州）

图 15.15　多刺龙虾和美洲龙虾

断沟龙虾（加州刺龙虾）是生活在美国西海岸附近的多刺龙虾。各种多刺龙虾均可作为食物，真龙虾（螯龙虾属）的名气最大，包括美国（缅因）龙虾"美洲螯龙虾"，如图 15.15b 所示。虽然与多刺龙虾一样为食腐动物，但真龙虾还摄食活体动物，包括软体动物、甲壳动物及其他龙虾。

常见问题 15.4　已捕获的最大龙虾有多大？

美洲螯龙虾是有记录以来体型最大的美洲龙虾，从尾扇末端到大螯尖部，总长度为 1.1 米，总质量为 20.1 千克。1977 年，在加拿大新斯科舍省附近海域，有人捕获了这条美洲螯龙虾，随后将其卖给了纽约的一家餐馆。

15.3.1.3　牡蛎

牡蛎（Oysters）是具有厚壳的海洋生物，喜欢生活在稳定洁净的水流环境中（可提供充足的浮游生物和氧气）。

牡蛎是海星、鱼类、螃蟹和螺类的食物，这些动物能够钻透牡蛎的外壳，然后吸食壳内的软组织（见图 15.16）。实际上，这可能是牡蛎具有厚壳的主要原因。这是协同进化（Coevolution）的一个案例，即某个物种拥有的武器会对另一个物种产生进化压力，后者需要拥有新武器来抵御并击退敌人。随后，拥有更新武器的其他进化特征应运而生，形成了一种协同进化的"军备竞赛"。对全世界的人类来说，作为一种食物来源，牡蛎具有极大的商业价值。

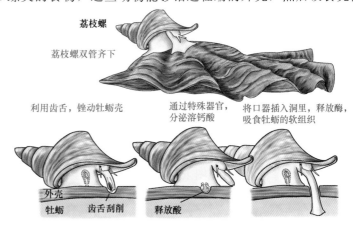

图 15.16　荔枝螺如何钻透牡蛎壳。通过交替使用称为"齿舌"的锉状口器和溶钙酸，荔枝螺能够钻透牡蛎壳并吸食其软体组织

牡蛎床（层）由多代牡蛎（死亡和活着）的空壳构成，这些空壳粘结在硬质基底上，或者彼此粘结在一起，活着的一代在最上方。每只雌牡蛎每年产卵数百万个，受精后变成浮游幼体。幼体浮游几周后，开始固着在海底。在固着基质方面，牡蛎幼体更喜欢活牡蛎壳、死牡蛎壳和岩石（按喜欢程度排序）。

15.3.2 珊瑚礁：生物及其适应性

珊瑚礁（Coral Reefs）是由珊瑚及其他生物形成的抗浪结构，珊瑚由大量水螅（Polyps）单体聚集在一起而构成。水螅是小型底栖海洋动物，利用刺状触角捕食，与水母具有亲缘关系。大多数珊瑚物种约有蚂蚁大小，营群居方式生活，建造坚硬的碳酸钙质保护结构。珊瑚物种遍布整个海洋（甚至冰冷的深海），但可发育成珊瑚礁的物种却仅限于较浅的暖水海域。

15.3.2.1 珊瑚礁发育的必要条件

珊瑚对温度非常敏感，必须生活在暖水环境中，全年月平均水温需要超过 18℃，如图 15.17 所示。但是，温度过高也会杀死珊瑚，当水温超过 30℃时，珊瑚无法长期生存。因此，水温超过海表温度（如严重厄尔尼诺现象或其他变暖事件期间）会给珊瑚带来压力，并与珊瑚白化及其他疾病的爆发有关，本节稍后将对此进行讨论。

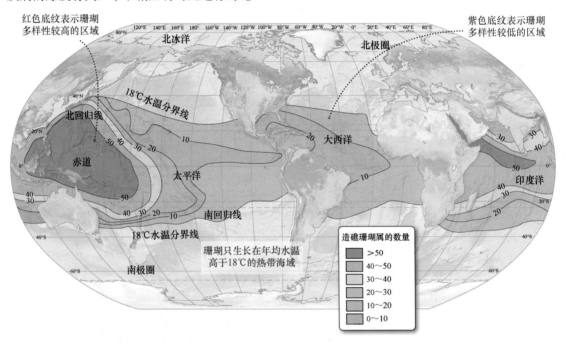

图 15.17 珊瑚礁的全球分布及其多样性。珊瑚礁仅分布在两条 18℃水温分界线之间的暖水热带海域。在每个海洋盆地的西侧，珊瑚礁分布带更宽，珊瑚种类更丰富，主要归因于海洋表层环流模式和众多热带岛屿的存在（非常有利于珊瑚物种的形成）

足以支持珊瑚生长的暖水主要位于热带，最远可达南北纬 35°的海洋盆地西部边缘，那里的暖流提升了平均海表温度（见图 15.17）。

如图 15.17 所示，在各大海洋盆地的西侧，造礁珊瑚的多样性更高。在西太平洋的广阔海域和西印度洋的狭长地带，50 多类珊瑚属动物茁壮生长。但是在大西洋中，仅有不到 30 类珊瑚属动物，其中加勒比海的多样性最高。这种格局与约 3000 万年前的大陆位置有关，当时的特提斯海（位于炎热赤道）将全球所有热带海洋连接在一起，为珊瑚物种及相关生物的全球性分布提供了一条"高速公路"。随着时间的不断推移，陆地位置的构造变化封闭了特提斯海，伴随着海流和气候的改变，部分海域（如大西洋）的珊瑚礁生物多样性逐渐降低。此外，由于西太平洋出现了众多热带岛屿，为珊瑚物种的形成提供了多种有利生境。

除了暖水，珊瑚生长还需要如下环境条件：

- 强烈的阳光。珊瑚是能够适应深水环境的动物，自身不需要阳光。但是，有一种微型甲藻与珊瑚共生（生活在珊瑚组织中），需要阳光来进行光合作用，称为虫黄藻（Zooxanthellae）。要了解与共生类型（包括互利共生）相关的更多信息，请参阅第 14 章。
- 强烈的海浪或海流。为珊瑚带来营养盐和氧气。
- 浑浊度较低。水中的悬浮颗粒物往往会吸收辐射能，影响珊瑚的滤食能力，甚至会掩埋珊瑚。因此，在主要河流的入海口附近，一般不会出现珊瑚的身影。
- 咸水。水体的盐度太低，珊瑚就会死亡，这是淡水河口附近不会形成珊瑚礁的另一种原因。
- 可固着的硬质基底。珊瑚不能固着在泥质底部，所以通常构建在先辈的硬质骨骼上，从而形成厚达数千米的珊瑚礁。

在具备生长条件的区域中，珊瑚一旦建立，就会一层接一层地持续向上生长，每代新珊瑚均依附在先辈的骨骼上。数百万年后，若条件依然有利，就可能会形成一系列巨厚珊瑚礁沉积。

常见问题 15.5　听说发现了深水珊瑚，其与浅水珊瑚有何差异？

虽然珊瑚礁通常与热带浅海有关，但是不久之前，当利用先进的声学设备和潜水器进行深海探测时，人们意外地发现在深海冷水中，珊瑚生态系统不仅分布广泛，而且种类繁多。这些深水珊瑚位于阳光照射的表层海水下，最深纪录为 6328 米，广泛分布于全球范围的大陆架、大陆坡、海山和洋中脊系统。由于深水珊瑚大多并不生活在特定的深水环境中，冷水珊瑚似乎是更恰如其分的称谓。它们缺少浅水近亲拥有的共生"虫黄藻"，但拥有非常鲜艳的颜色，并可用其带刺的触角来捕捉小型浮游生物或碎屑（随海流而集中）。它们像浅水珊瑚一样构建碳酸钙质骨骼，并形成大型礁状结构或珊瑚丘，为其他大量物种提供栖息地。深水珊瑚可能已经存在数千年，但始终未受到人们的关注。实际上，在人口稠密的南加州附近海域，人们最近发现了新的冷水珊瑚物种！

简要回顾

珊瑚是具有刺细胞的小型群栖动物，主要生活在热带浅水海域，需要强烈的阳光、海浪或海流作用、低浑浊度、正常盐度海水及可固着的硬质基底。

15.3.2.2　珊瑚与藻类共生

珊瑚礁不仅仅是珊瑚，礁石结构中还包括藻类、软体动物和有孔虫。造礁珊瑚为雌雄同体（Hermatypic），大多与生活在水螅组织中的微藻（虫黄藻）存在互利共生关系。注意，虫黄藻（Zooxanthellae）使珊瑚呈现出独特的明亮色彩（除黄色外，还包括许多其他颜色）。藻类不断为宿主珊瑚提供食物供给，珊瑚则为虫黄藻提供营养盐。虽然水螅可用带刺的触角捕食小型浮游生物，但是对大多数造礁珊瑚来说，90% 的营养物质来自与其共生的虫黄藻。通过采用此种方式，在营养盐贫乏的热带海洋中，珊瑚依然能够生生不息。"珊瑚与藻类之间的互利共生关系"对环境的细微变化非常敏感，如海洋的温度、盐度和光照度的升高。

其他礁石动物也与各种类型的海洋藻类存在共生关系，从藻类伙伴获得部分营养的动物称为混合营养生物/兼养生物（Mixotrophs），包括珊瑚、有孔虫、海绵及软体动物（见图 15.18）。藻类不仅能够滋养珊瑚，而且能提取珊瑚体液中的二氧化碳，从而促进珊瑚的钙化进程。

实际上，珊瑚礁包含的藻类生物量是动物生物量的 3 倍，例如虫黄藻占造礁珊瑚生物量的 75%，但是占礁石范围内藻类总生物量却不到 5%，与珊瑚礁密切相关的藻类主要是丝状绿藻。

简要回顾

通过与虫黄藻共生，珊瑚能够在缺乏营养盐的暖水中生存。虫黄藻生活在珊瑚的组织中，为珊瑚提供食物，并赋予珊瑚颜色。

(a) 水螅的近距离特写。水螅主要由内部虫黄藻滋养，还能利用触角从周围海水中捕食微型浮游生物

(b) 蓝灰色海绵（下）和褐色海绵（上），二者均为共生藻类（或细菌）的宿主

(c) 一种体型巨大的蛤蜊（库氏砗磲），依赖于生活在其外套膜组织中的共生藻类

图 15.18　依赖共生藻类生存的珊瑚礁生物

15.3.3　珊瑚礁的发育

既然珊瑚礁需要充足的阳光才能生长，那么为什么典型珊瑚礁沉积厚达数千米？奇怪的是，时代较老的珊瑚结构位于这些沉积的底部，但其形成时一定是位于表层海水中。如何解释这种矛盾的现象呢？当英国著名博物学家查尔斯·达尔文乘坐小猎犬号远航时，发现了珊瑚礁的不同发育阶段，提出了珊瑚礁形成于火山岛的沉降（下沉）假说（见图 15.19）。要了解与查尔斯·达尔文和小猎犬号相关的信息，请参阅第 1 章。1842 年，在《珊瑚礁的结构与分布》一文中，达尔文正式提出了这一假说，但是缺乏火山岛如何沉降的机制论述。多年后，板块构造理论和珊瑚礁结构深层取样技术的进步，为达尔文的假说提供了支持性证据。

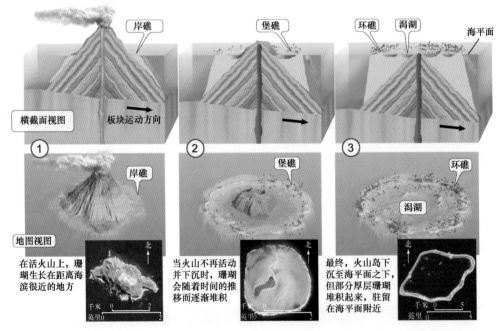

图 15.19　珊瑚礁的发育阶段。(a)岸礁；(b)堡礁；(c)环礁。横截面视图（上）；地图/航片视图（下）。若珊瑚的生长条件适合，生长期足够长，珊瑚礁即可先后经历三个发育阶段：岸礁、堡礁和环礁

除火山下沉外，海洋中还有什么过程导致"珊瑚礁厚度高达数千米，底部存在数百万年历史的珊瑚物质"？

珊瑚礁的三个发育阶段称为岸礁、堡礁和环礁。岸礁（Fringing Reefs，见图 15.19a）最初沿陆地（岛屿或大陆）边缘发育，海水的温度、盐度和浊度（浑浊性）需要适合造礁珊瑚。通常，岸礁与活火山密切相关，当熔岩流沿火山侧翼流下时，可将珊瑚杀死。因此，这些岸礁不是很厚，或者发育不良。由于陆地距离礁石较近，源自陆地的径流会带来大量沉积物，将礁石掩埋。在任何特定时间段内，岸礁中的"活珊瑚"数量均相对较少。在不受沉积物和盐度变化影响的区域中，活珊瑚的丰度最高。如果海平面不上升，或者陆地不沉降，这个过程就会止于岸礁阶段。

堡礁（Barrier Reef）阶段位于岸礁阶段后。堡礁是线性或圆形礁石，通过发育良好的潟湖与陆地分开，如图 15.19b 所示。随着陆地逐渐下沉，礁石不断向上生长，始终保持位置接近海平面。经过深入研究礁石的生长速率，人们发现在最近的地质历史时期中，多数礁石的生长速率为 3～5 米/千年。有证据显示，加勒比海某些礁石的生长速率较快，可以超过 10 米/千年。注意，陆地的"向下沉降"速度快于珊瑚的"向上生长"速度时，珊瑚礁会淹没在深水中，从而无法生存。

如图 15.19c 所示，环礁（Atoll）阶段位于堡礁阶段后。当火山周围的堡礁不断向下沉降时，珊瑚朝海面方向构建礁石。大约数百万年后，火山完全淹没在海水中，但是珊瑚礁仍然继续生长。如果堡礁的沉降速度足够慢，同时珊瑚的向上生长速度足够快，就会形成称为环礁的圆形礁石。环礁环绕着一个潟湖，水深通常不超过 30～50 米。环礁一般存在大量通道，允许海水在潟湖与开阔大洋之间往复。珊瑚碎片堆积经常会形成非常狭窄的岛屿，环绕在潟湖周边，面积大到足可令人类居住。

另外，为了解释珊瑚环礁的起源，有人提出了另一种新理论。在新理论框架下，"冰川旋回"导致海平面起伏不定，在全球海平面较低的冰期，珊瑚礁大量出露并解体；在全球海平面较高的间冰期，珊瑚礁淹没并持续沉积。与下沉火山岛上方的环状珊瑚的缓慢生长不同，这种交替式循环或许是珊瑚环礁的形成原因。要了解与海平面变化相关的更多信息，请参阅第 10 章和第 16 章。

珊瑚礁随着时间的推移而生长，先后经历三个发育阶段：岸礁、堡礁和环礁。

15.3.3.1 珊瑚礁的分带

在许多大型珊瑚礁上，由于受到不断变化的日照、波浪能、盐度、水深、水温及其他各种因素的影响，礁坡的垂直分带与水平分带十分发育，如图 15.20 所示。通过珊瑚的种类及礁石中（及附近）的其他生物组合，人们能够轻松分辨出这些分带。

如果海平面突然上升 20 米，珊瑚礁结构会如何变化？如果海平面下降 20 米呢？

由于珊瑚组织中的藻类需要阳光（进行光合作用），所以从礁坡沿线的最深水域开始，活珊瑚最深只能生长到 150 米水深左右。在海面之下 50～150 米深度的水域中，海水的运动性不强，因此相对纤弱的板珊瑚可以生活在礁石外坡，光照强度仅为海面的 4%（见图 15.20）。

在海面之下 50～20 米，在面向主体海流的礁石一侧，来自破碎波的海水运动增强。相应地，珊瑚的生长体量及其支撑结构强度（朝向这个分带的顶部）逐渐增大，光照强度为海面的 20%。

在珊瑚礁向海一侧的表面，礁顶包含了一个扶垛状凸起带，可以保护礁坪免遭入射海浪的影响（见图 15.20）。在低潮的时候，礁坪位置的水深可能只有几厘米至几米，因此光照强度至少为海面的 60%。在非常平静的浅水区，栖息着许多物种的彩色礁石鱼类，以及海参、蠕虫和软体动物。在礁石潟湖的保护性水域中，生活着柳珊瑚、海葵、甲壳动物、软体动物和棘皮动物，如图 15.21 所示。

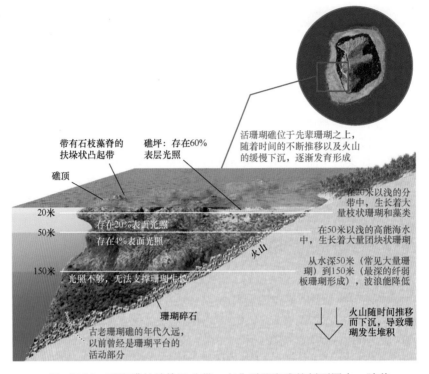

带有石枝藻脊的
扶垛状凸起带

礁坪：存在60%
表层光照

礁顶

活珊瑚礁位于先辈珊瑚之上，
随着时间的不断推移以及火山
的缓慢下沉，逐渐发育形成

20米 —— 存在20%表面光照

50米 —— 存在4%表面光照

在20米以浅的分
带中，生长着大
量枝状珊瑚和藻类

在50米以浅的高能海水
中，生长着大量团块状珊瑚

火山

150米 —— 光照不够，无法支撑珊瑚生长

从水深50米（常见大量珊
瑚）到150米（最深的纤弱
板珊瑚形成），波浪能降低

珊瑚碎石

古老珊瑚礁的年代久远，
以前曾经是珊瑚平台的
活动部分

火山随时间推移
而下沉，导致珊
瑚发生堆积

图 15.20 珊瑚礁的结构及分带。在典型珊瑚礁的剖面图中，随着
海水不断加深，波浪能和日照强度逐渐降低，因而呈现分带现象

(a) 珊瑚礁为许多鱼类提供食物、庇护所、生活空间、
产卵场和繁殖区域，包括这种白点叉鼻鲀

1厘米
0.4英寸

(b) 与造礁珊瑚不同，有些珊瑚不分泌坚硬的
碳酸钙结构，例如分支上存在摄食性水螅
（浅紫色）的这种软柳珊瑚

图 15.21 非造礁生物

15.3.3.2 珊瑚礁的重要性

珊瑚礁是地球生物建造的最大"建筑"，例如澳大利亚的大堡礁长度超过 2000 千米。虽然珊
瑚礁的分布区域低于海洋表面积的 0.5%，但却是 25%海洋物种（包括全球约 2 万种海洋鱼类的 1/3）

的栖息家园。珊瑚礁能够提供庇护所、食物和繁殖地，对许多其他物种具有一定吸引力，包括海葵、海星、螃蟹、海蛞蝓、蛤蜊、海绵、海龟、海洋哺乳动物和鲨鱼等。实际上，珊瑚礁环境的物种多样性甚至超过了热带雨林，使得珊瑚礁成为海洋环境中最具多样性的生物群落。

珊瑚礁为人类提供了许多好处。例如，全球超过 1 亿人从事热带珊瑚礁旅游业，这个价值几十亿美元的行业依赖于健康珊瑚礁。实际上，对拥有珊瑚礁的许多热带国家来说，珊瑚礁旅游业占其国民生产总值的 50%以上；与珊瑚礁相关的渔业供应了超过 1/6 的海洋鱼类；在珊瑚礁生物体内，药理学家和海洋化学家发现了大量新型药用化合物，可用于治疗恶性疾病（如癌症和传染病）；珊瑚礁有助于防止海滨线侵蚀，保护沿海社区免遭风暴海浪和海啸的侵袭；珊瑚的坚硬碳酸钙骨骼甚至被用于某些人体骨骼移植。

15.3.3.3　珊瑚礁和营养盐水平

在珊瑚礁附近，随着陆地人口数量不断增长，珊瑚礁会逐渐发生退化。破坏珊瑚礁的主要因素包括：捕鱼、踩踏、船只碰撞、沉积物增多（由于过度开发）及游客捕捉礁栖生物等。在不易察觉的各种影响中，污水排放和农用肥料会不可避免地提升珊瑚礁水域的营养盐水平。

随着珊瑚礁水域营养盐水平的升高，优势底栖生物群落会发生如下变化：

- 在低营养盐水平下，造礁珊瑚及其他与藻类共生的礁栖动物较为繁盛。
- 在中营养盐水平下，"多肉"底栖植物和藻类受到青睐。
- 在高营养盐水平下，浮游植物的生物量超过底栖藻类，与浮游植物食物网密切相关的底栖种群占据优势地位。例如，对悬浮物摄食者（如蛤蜊）来说，高营养盐水平非常有利。

随着浮游植物生物量的增大，海水的透明度明显下降，此时会影响珊瑚的滤食能力。在以浮游植物为基础的生态系统中，快速生长物种对礁石具有破坏作用，例如覆盖住缓慢生长的珊瑚，或者通过生物侵蚀（生物对礁石的侵蚀）来破坏礁石结构。对许多珊瑚礁来说，来自海胆和海绵的生物侵蚀特别严重。

15.3.3.4　棘冠海星现象

如图 15.22 所示，棘冠海星是一种海星，1962 年以来大量繁殖，毁掉了整个西太平洋中许多珊瑚礁上的活珊瑚，最近更多出现在印度洋和红海中。这种海星在各珊瑚礁之间穿越，大量吞食水螅，每只海星平均每年要吃光 13 平方米珊瑚。但是，在一般情况下，如果有足够的生长时间和保护性措施，珊瑚还可以重新生长。

图 15.22　棘冠海星。棘冠海星困扰着许多热带珊瑚礁，例如澳大利亚的大堡礁

虽然属于珊瑚礁生态系统的自然组成部分，但是棘冠海星可能造成大规模破坏，由于人类尚未完全知晓的某些原因，一小群海星可能会迅速繁衍为数百万个个体。例如，大量棘冠海星已经摧毁了许多珊瑚群落，大堡礁是最大受害者。最初，人们雇佣潜水员去砸烂棘冠海星，但其具有极其巨大的再生能力，能够轻而易举地从不同身体部位产生新个体，所以这样做只会使情况更糟。

有些研究者认为，棘冠海星的激增是由人类活动引发的一种现代现象。例如，在大型珊瑚礁鱼类（棘冠海星的大敌）因过度捕捞而灭绝时，棘冠海星的数量成倍疯长。此外，棘冠海星在产卵期间，数以百万计的幼体被释放入海洋中，在受污染的水域中更加繁盛。但是，其他研究表明，在过去的 8 万年，棘冠海星的丰度远高于当前。因此，棘冠海星很可能是该地区珊瑚礁生态的不可或缺组成部分，其数量增长或许只是长期自然循环的一部分，并不是人类活动引发的破坏性事件。

15.3.3.5　珊瑚白化及其他疾病

珊瑚白化（Coral Bleaching）是指珊瑚失去颜色而变成白色，就像将漂白剂倒在礁石上一样，如图 15.23 所示。珊瑚对温度非常敏感，珊瑚白化通常与水温升高有关，与珊瑚共生且色彩鲜艳的虫黄藻发生脱离。科学研究表明，当水温过高时，活性氧在珊瑚组织中积聚并变得有毒，造成珊瑚上的有益藻类发生脱落。例如，在加拉帕戈斯群岛周围，珊瑚礁在 27℃（或更低温度）的海水中非常繁盛，但是如果水温持续升高 1℃（或 2℃），珊瑚一般会发生白化现象。一旦出现白化，珊瑚就无法从藻类中获

(a) 正常珊瑚　　　　　　　　(b) 白化珊瑚

图 15.23　正常珊瑚和白化珊瑚。美属萨摩亚相同水下区域的像对：（a）正常珊瑚，2014 年 12 月；（b）白化珊瑚，2015 年 2 月，海表温度出现高异常，珊瑚大面积白化

得营养盐，若几周内共生藻类不能恢复，珊瑚就会死亡。白化现象通常发生在表层海水（2～3 米以浅）中，但是人们也在 30 米深处发现过这种现象，珊瑚甚至能够一夜之间变白。

如果水温恢复正常且水质保持良好，受损珊瑚还能再生，但是由于白化现象爆发的频率和强度较高，由珊瑚白化造成的珊瑚礁损失的百分比已经急剧升高。例如，自 20 世纪初以来，在佛罗里达州沿岸，珊瑚礁经历了至少 8 次大面积白化；在太平洋－中美洲沿岸，至少 70% 的珊瑚礁死亡于"1982—1983 年严重厄尔尼诺事件"造成的白化。在 1982—1983 年厄尔尼诺事件期间，海水变暖现象非常严重，且持续时间特别长，影响了太平洋东部的所有珊瑚礁，最终导致巴拿马的两个珊瑚物种灭绝。1987 年的白化事件影响了全球珊瑚礁，特别是佛罗里达州及整个加勒比海地区。自那时后，大面积白化事件的发生频率及强度都越来越高。例如，在 1997—1998 年厄尔尼诺事件期间，海水温度比正常情况要高出几度，成为有记录以来"地理分布最广"白化现象的罪魁祸首，波及范围包括赤道东太平洋、尤卡坦海岸、佛罗里达群岛和荷属安的列斯群岛。在 2001—2002 年的另一次厄尔尼诺事件期间，全球珊瑚礁均出现了非常严重的白化现象。21 世纪上半叶，在每个海洋盆地中，人们都观察到了越来越频繁和严重的白化现象。例如在 2010 年，东南亚的珊瑚礁白化达到了创纪录水平，夏威夷群岛的部分珊瑚礁出现了轻度白化，整个加勒比地区出现了"重度－极重度"白化现象。最近，在 2014—2017 年，珊瑚白化事件持续数年，由异常变暖的海表温度引发，影响了全球 70% 以上的珊瑚礁。在这次白化事件中，澳大利亚的大堡礁遭受了特别严重的打击：2/3 的珊瑚发生严重白化或死亡。

科学研究表明，除了异常升高的海表温度（如前述厄尔尼诺事件期间出现的表层海水变暖），其他多种因素也会引发珊瑚白化，包括紫外线辐射水平升高（特别是在接近地球保护性臭氧空洞的澳大利亚等地）、高层大气中的颗粒物（可阻挡阳光照射）减少、海洋污染、盐度改变、疾病入侵及多种因素的综合影响。无论怎样，对珊瑚白化与水温升高之间的极强关联性，海洋科学家们始终忧心忡忡，因为由于人类引发了气候变化，海表温度一直在变暖（见第 16 章）。例如，据海洋科学家们预测，随着"人类引发气候变化"产生的更多热量进入海洋，西太平洋暖池将进一步扩大和加深，每年都可能会出现大范围的珊瑚白化事件（通常仅与厄尔尼诺年有关）。研究珊瑚的科学家们一致认为，珊瑚礁特别容易受到"热量和光照"数量增长的影响，在全球范围内面临着非常严峻的挑战。

詹姆斯·波特是美国佐治亚大学的珊瑚礁生态学家，他和同事们致力于研究影响珊瑚的各种疾病。自 1995 年以来，他们一直在监测佛罗里达群岛的珊瑚健康状况，其间不仅监测到了"白色

瘟疫"的再现，而且发现了十几种新型疾病，如白带病、白斑病、黑带病、黄带（斑）病、斑片状坏死病及快速萎缩病等。

这些疾病的致病机理大多仍在研究中，人类目前尚不十分清楚这些新型疾病来自何方，或许来自微生物（细菌、病毒或真菌）的入侵，也或许与环境压力有关（就像珊瑚白化一样）。随着佛罗里达群岛沿岸人口数量的不断增加，珊瑚礁开始出现难以承受压力的某些迹象，使其更易受到一系列疾病的影响。这一问题的直接原因可能是群岛内水体的营养盐水平和浊度升高，间接原因可能与土壤径流和污水处理不当有关。

常见问题 15.6 珊瑚如何同步产卵？

虽然有些珊瑚在体内产卵，但大多数珊瑚物种采用撒播产卵方式，即同一集落的众多珊瑚将含有卵子和精子的液囊同步直接释放到海水中。这些珊瑚之所以能够做到同步产卵，似乎利用了如下三种信号：（1）满月；（2）日落（通过感光细胞）；（3）使其能够"互闻"产卵过程的一种化学物质。对有幸目睹珊瑚产卵过程的夜间潜水者来说，此生无憾！随着珊瑚集落越来越弱化、成员数量越来越少及各成员之间的距离越来越远，受精率会发生什么变化呢？科学家们正在开展相关研究。

15.3.3.6 珊瑚礁的退化

在全球范围内，通过开展与珊瑚礁健康相关的多项研究，科学家们发现由于各种人类因素和环境因素的影响，珊瑚礁目前正在快速退化。例如，最近开展的一项珊瑚礁生态系统调查显示，珊瑚礁的健康比例已经从 2000 年的 41% 降至当前的 30%。另一项研究成果预测，超过 1/3 的主要造礁珊瑚物种目前正面临着极高的灭绝风险，必将对整个珊瑚礁生态系统造成严重影响。在加勒比海地区的最近 30 年间，硬质活珊瑚的海底覆盖面积惊人地减少了 80%。就连人们普遍公认的全球最原始珊瑚礁之一"大堡礁"，最近 40 年间也损失了半数以上的珊瑚覆盖。此外，个别珊瑚物种正在消失，例如在 2014 年，根据《美国濒危物种法》，美国国家海洋和大气管理局将 20 种珊瑚物种新增为"受威胁物种"。

对珊瑚礁来说，最严重的威胁并不是自然灾害（如飓风、洪水和海啸等），而是来自人类活动。例如，由于遭到人类的过度捕捞，以藻类为食的大量鱼类种群已近枯竭，如果藻类不受控制地疯狂生长，就会阻止珊瑚在含氧海水中自由呼吸，从而令珊瑚礁整体发生退化。在径流中的泥沙和污染物的滋养下，藻类进一步疯狂生长，并且四处传播有害细菌。通过对亚太地区的 159 个珊瑚礁开展详细研究，科学家们发现珊瑚礁为大量塑料垃圾（约数十亿片）缠绕，由于光照不足、毒素积聚及缺氧窒息等原因，珊瑚目前面临着非常巨大的生存压力，挨饿和生病已经成为新常态。人类引发的"大气中二氧化碳含量的升高"对珊瑚礁的威胁更大，当海洋吸收过量二氧化碳后，海水的酸度会明显升高，导致珊瑚更难形成并维持碳酸钙骨骼。例如，在最近一项研究中，人们刻意提高了流经某个天然珊瑚礁群落（澳大利亚大堡礁附近）的海水酸度，结果发现珊瑚的钙化数量降低了约 1/3。要了解最近海洋酸度增大及其他气候变化问题的更多信息，请参阅第 16 章。此外，人类活动引发的全球变暖注定会提升海表温度，从而影响对温度敏感的全球珊瑚的生长速度，并且更容易生病及白化。由于全球变暖，海平面预计会上升，珊瑚会被更深的海水淹没，吸收的光照数量明显降低，从而可能严重影响生存。健康珊瑚礁的未来前景并不乐观，除非人类立即采取有力措施对其进行保护。

科学过程 15.1 珊瑚礁鱼类——是适应还是迁徙？

背景知识

许多珊瑚礁鱼类（以珊瑚礁为栖息地的鱼类）属于狭温性生物，即只能在较窄的温度范围内存活。目前，根据科学家对海洋变暖趋势的预测，海表温度 2100 年会上升 2.0℃～4.8℃。以往的研究表明，狭温性珊瑚礁鱼类可以适应更高的温度，但以牺牲新陈代谢及繁殖率为代价。科学家们还记录到了某些特殊现象：许多狭温性热带鱼类从暖水海域向极地方向迁徙。于是，问题就出现了：当狭温性鱼类的栖息地温度变暖时，究竟是适应（原地不动）还是向极地方向迁徙？

形成假设

为了回答这个问题，科学家们重点研究了一种狭温性珊瑚礁鱼类——蓝绿光鳃鱼（青魔雀鲷）。科学家们做出如下假设：随着水温逐渐升高，热带狭温性珊瑚礁鱼类（如蓝绿光鳃鱼）会向极地方向迁徙（在其最优温度范围内），而非适应更高的海水温度。至于迁徙的原因，他们推测在高温海水中，这些鱼类无法保持最优的新陈代谢及能量功能，从而影响生存能力。

设计实验

为了验证自己的假设，从大堡礁的北部海域，研究人员采集了 72 条大小大致相同的蓝绿光鳃鱼（成体），并对其进行称重和标记（见图 15A）。然后，将这些鱼类分别放置于两组受控水族箱内，其中一组的箱内水温刚好适合该鱼类生存，另一组的箱内水温则相当于 2100 年的预测海表温度（SST）。

在其中一项实验中，研究人员测试了这些鱼在几种不同水温下遭到人工追逐后的耗氧量，以此作为一种压力指标。研究人员还让这些鱼承受越来越高的温度，直到失去自我调节的能力为止。这些实验验证了研究人员的一个假设，即在没有相当大的压力的情况下，这种珊瑚礁鱼类也无法适应较高的水温。

在另一项实验中，这些鱼被分别放入同一水族箱的两个隔室，一个隔室水温较高，另一个隔室水温较低，这些鱼可以在两个隔室之间自由穿行。研究人员分别提高和降低两个隔室的水温，直到这些鱼全部移动到另一个隔室或达到最高水温（2100 年预测海表温度）为止。此项实验确认了如下假设：当面对比适宜温度更高的水温时，鱼类趋于向更理想的温度环境迁移。

解释结果

这项研究发现，鱼类无法适应水温更高的环境，第一项实验中表现出来的压力（耗氧量）增大就是明证。研究人员还发现，这些鱼更喜欢寻找一种最佳温度，而非停留在高于正常温度的海水中。对大量狭温性生物随着海洋温度升高而向极地方向迁徙的具体原因，这项研究给出的解释为：即便压力不是特别大，狭温性鱼类也无法适应这种变化。

图 15A　健康珊瑚礁环境中的蓝绿光鳃鱼

研究人员最终得出结论：若长期生活在温度较高的海水（如预测的未来气候变化）中，狭温性鱼类将面临较大的生存压力，物种的可持续性会受到影响，因此倾向于在最优温度范围内迁徙到温度较低的水域。

下一步该怎么做？

当海洋温度升高时，如果珊瑚礁（鱼类的栖息地）不能向极地方向移动，结果会怎样呢？假设珊瑚礁（珊瑚礁鱼类的栖息地）不能以鱼类迁徙的速度向极地方向同步移动，请提出对珊瑚礁鱼类影响的相关假设，然后设计实验来验证自己的假设。

简要回顾

珊瑚礁面临着许多环境威胁，全球分布数量正在减少。

小测验 15.3　描述外滨浅海海底的生物群落特征

❶ 讨论太平洋沿岸海藻森林中的海藻优势物种、底上动物和摄食海藻的动物。
❷ 描述珊瑚礁发育需要的环境条件。
❸ 绘制并描述珊瑚礁发育的三个阶段，说明其与板块构造如何相关？

❹ 描述礁坡的分带、代表性珊瑚类型及与其分带相关的物理因素。
❺ 什么是珊瑚白化？如何发生？影响珊瑚的其他疾病有哪些？

15.4 深海海底存在哪些生物群落？

绝大多数海底淹没在数千米深的海水之下。深海调查艰难而又昂贵，因此与任何近滨浅水环境相比，人们对深海中的生命知之甚少。例如，仅就深海海底采样一件事，就需要经过特别设计的潜水器，或者配备高强度长缆绳（至少 12 千米长）的调查船。以前，由于海洋深处不可接近，引发了人们对深海中是否存在生命的诸多争论。

即使今天人们利用潜水器（或生物采泥器）进行采样，整个过程依然费时费力。由于氧气供应有限，载人潜水器只能在水下停留约 12 小时，但是下降和上升过程可能需要消耗 8 小时。将采泥器从船上放入深海海底，采集样品后进行回收，总计耗时大约需要 24 小时。

目前，在机器人和远程操控运载工具的帮助下，深海观测和采样变得更加轻松（即便是在海洋最深处）。由于属于无人驾驶，远程操控运载工具的操作成本更低，必要时可在水下停留长达数月之久。正是在这些先进技术的助力之下，人类才有希望揭开地球上深海海底的神秘面纱。

15.4.1 物理环境

如第 12 章所述，深海海底包括半深海底带、深海底带和超深渊带，物理环境与海洋表层大不相同，总体表现相当稳定和均匀。阳光最多仅能微弱地照到 1000 米深处，该深度以下的阳光照射量为零。深海海底的水温极少超过 3℃，高纬度地区可低至-1.8℃。盐度保持在略低于 35‰（表层海水的平均盐度为 35‰）。含氧量恒定且相对较高。海岭上的压力超过 200 千克/平方厘米（200 个大气压），深海平原上的压力超过 300～500 千克/平方厘米（300～500 个大气压），最深海沟处的压力超过 1000 千克/平方厘米（1000 个大气压）。海面的压力为 1 个大气压（1 千克/平方厘米），水深每增加 10 米，压力增大 1 个大气压，因此 1000 个大气压的压力相当于海面压力的 1000 倍。底层海流通常流动缓慢，但是更加多变（超过人们原来的想象）。例如，表层海流的暖涡和冷涡形成的深海风暴会影响某些特定区域，持续时间长达数周，造成底部海流发生逆转（或加速）。

大部分深海海底覆盖着薄层沉积物。在深海平原和深海海沟中，沉积物由泥状深海黏土沉积构成；软泥堆积物（由通过水柱下沉的浮游生物尸体构成）出现在海岭和海隆的侧翼；在大陆隆上，可能存在来自附近陆地的部分粗粒沉积物；在大陆坡的陡峭区域，沉积物可能不存在；在洋中脊的峰部附近及海山和海洋岛屿的斜坡沿线，由于缺乏足够的时间在新形成的海底上积聚，这种物质也可能不存在。

简要回顾

深海海底是一种黑暗、寒冷和高压的稳定环境，但仍然支持生命的存活。对大多数深海生物来说，食物来自阳光照射下的表层海水。

15.4.2 食物来源和物种多样性

由于深海海底缺乏光照条件，光合初级生产量为零。除了热液喷口周围具有化能合成生产力，所有底栖生物都从上方的表层海水中获取食物。在透光带生成的食物中，只有 1%～3%能够下沉至深海海底。因此，在深海底栖生物量的制约因素中，从光照表层海水中下沉的食物是否短缺起决定性作用，低温和高压只是次要因素。但是，由于部分海面存在季节性浮游植物水华，导致食物供给会出现某些变化。图 15.24 中显示了深海生物的食物来源。

生活在深海中的许多生物具有非常特殊的适应性，可以利用化学线索来探测食物。找到食物后，即可有效地进行消耗，详情见深入学习 15.1。

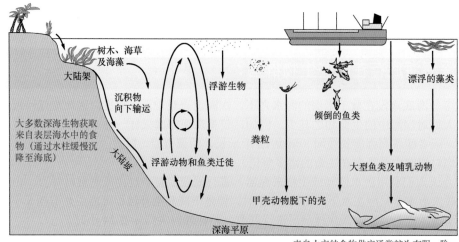

图 15.24　深海生物的食物来源

多年来，人们一直认为与浅水生物群落相比，深海海底的物种多样性相当低。但是，当科学家们研究北大西洋的生活在沉积物中的各种动物时，意外发现了相当高的物种多样性：在 21 平方米的较小区域内，共计存在 898 种植物，其中 460 种为首次发现的新物种。分析 200 个样本后，科学家们意识到"按照当前的新物种发现速度估算，深海物种的数量可能高达数百万种！"。

研究结果表明，深海物种（特别是小型底内沉积物摄食者）的多样性与热带雨林的物种多样性不相上下。但是，深海生物的分布似乎极不均匀，很大程度上要取决于某些微环境。

深入学习 15.1　生物遗体可以在海底存留多长时间？

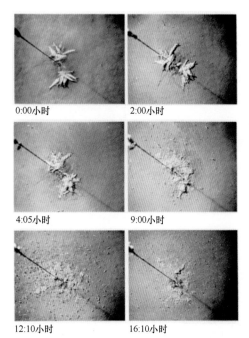

图 15B　深海海底鱼类遗骸的时序摄影

"海葬"的人们会经历什么？遗体可在海底存留多长时间？大型生物（如鲸）的遗体可在海底存留多长时间？为了帮助回答这些问题，研究深海生物群落的海洋学家们做了一些深海实验。

1975 年，某次实验在菲律宾海沟的 9600 米深海底进行。科学家们把完整的几条鱼放置在海底，正上方架设了一部水下摄影机，每隔几分钟拍摄一张照片，观察这些"鱼饵"可在那里存留多长时间（见图 15B）。几小时后，短脚双眼钩虾（一种食腐虾状底栖端足类动物）就发现了鱼饵；9 小时后，鱼饵体内布满了端足类动物；16 小时后，鱼肉被完全吃光！其他研究取得的结果与此类似，说明在深海海底，对像人类大小的生物体，只需要不到 1 天的时间，全身软组织就会被完全吞噬干净。

对深海生物来说，大型食物落下属于一种"天上掉馅饼"式的营养供应，深海中可瞬间沉积极其巨大的食物量，几乎相当于正常情况下约 2000 年的"碎屑雨"总和。通过利用特殊的化学感应器官，深海食腐动物（如端足类、八目鳗和睡鲨）能够识别并快速定位海底食物。此外，鲸的尸体可以支撑一个繁盛的底栖生物生态系统（包括通常与热液喷口相关的某些物种），这些生物以漂流幼体形式随深海海流来到此处。

为了测试鲸的尸体能够在海底存留多长时间，研究人员采用了2条幼年灰鲸尸体（分别于1996年和1997年被冲上南加州海滩）进行实验。取得美国国家海洋渔业局的许可后，研究人员对2头死鲸（每头重约5吨）加重重量并沉入圣地亚哥海槽。然后，研究人员乘坐深海潜水器，定期探访这2头鲸的尸体，发现灰鲸的肉在4个月内被完全吃光！其他研究表明，即使是体重为灰鲸25倍的蓝鲸，肉被吃光也仅需短短6个月。

你学到了什么？

在深海海底，整条鱼的肉被吃光需要多长时间？在深海海底，人体软组织被吞噬光需要多长时间？对这头故意沉没的灰鲸来说，鲸肉在深海海底被吃光花了多长时间？

15.4.3　深海热液喷口生物群落：生物及其适应性

在现代海洋学历史上，深海热液喷口（Hydrothermal Vents）及其生物群落的惊人发现极为重要，对研究地球上的生命起源及太阳系中其他地方可能存在的生命，热液喷口位置的生命具有极大的参考价值。

15.4.3.1　热液喷口生物群落的发现

1977年，阿尔文号潜水器在下潜期间，首次探访了位于海底的活动热液喷口。该区域位于东太平洋赤道附近，坐落在完全黑暗的2500米水深之下的加拉帕戈斯裂谷中（见图15.25和图15.26）。热液从海底裂缝和高耸烟囱中喷出，喷口附近的水温为8℃～12℃（此深度的正常水温约为2℃）。

这些喷口支撑着全球首个已知热液喷口生物群落（Hydrothermal Vent Biocommunities），该生物群落由科学上未知且体型巨大的各种生物构成，最重要物种包括巨型管虫（最长约为1.8米，见图15.27a）、蛤蜊（宽约25厘米）、大型贻贝、两种白色螃蟹及广泛分布的微生物垫。这些生物群落的生物量极高，为其他深海海底生物量的1000倍。在营养盐匮乏且生物种群稀少的区域，这些热液喷口才是真正的深海绿洲。

1979年，在位于下加州顶端以南的东太平洋海隆（北纬21°），人们发现了高大的水下烟囱，它向外喷出富含金属硫化物的热水（350℃），将海

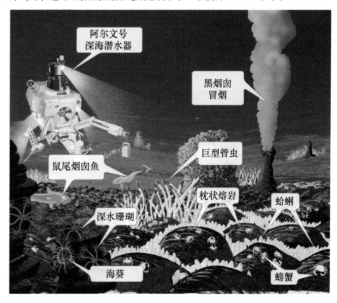

图15.25 "阿尔文号"潜水器接近热液喷口生物群落。在"阿尔文号"深海潜水器接近热液喷口区域示意图中，可以看到活动黑烟囱喷出的富含硫化物的热水（350℃）、水下火山喷发的枕状熔岩以及丰度极高的喷口生物

水染成了黑色。这些烟囱喷口主要由铜、锌和银的硫化物组成，因与工厂烟囱相似而被称为黑烟囱（Black Smokers）。

典型热液喷口可能释放出高温（最高甚至超过350℃）、酸性（pH值为3～4）和剧毒的流体，含有高浓度的溶解硫化氢和重金属（如镉、砷和铅）。但是，从黑烟囱排放的深色海水中，人们却发现了大量微生物。

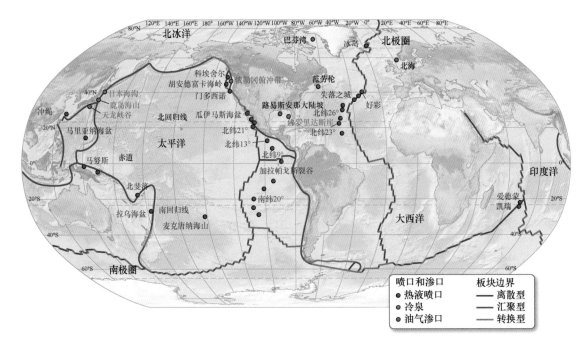

图 15.26　支持深海生物群落的已知喷口和渗口。主要热液喷口（红点）、冷泉（蓝点）和油气渗口（棕点）的位置图，彩色线条表示板块边界

(a) 在加拉帕戈斯裂谷及其他深海热液喷口处，人们发现了长达1米的巨型管虫

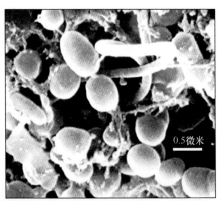

(b) 热液喷口处的共生硫氧化古菌，生活在巨型管虫、蛤蜊和贻贝的组织中

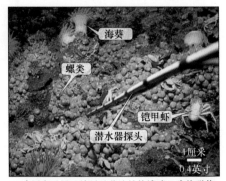

(c) 生活在马里亚纳弧后盆地的热液喷口生物群落，包括海葵（1个新属和1个新种）、腹足类（已知首个含有化能合成细菌的螺类）和铠甲虾

图 15.27　化能合成生命

15.4.3.2 化能合成作用

如图 15.27b 所示，热液喷口生物群落的最重要成员是微型古菌（Archaea），这是类似于细菌的一种原始单细胞生物，但化学成分与多细胞生物相似。古菌通常摄食海底的化学物质（特别是硫化氢），然后进行化能合成作用，利用水、二氧化碳和溶解氧来合成碳水化合物（糖），同时生成硫酸（作为副产品），如图 15.28 所示。通过化能合成作用，古菌奠定了喷口生态系统食物网的基础。虽然有些动物直接摄食古菌及较大猎物，但大多主要依靠与古菌的共生关系而存活，例如巨型管虫和巨型蛤蜊的存活完全依赖于硫氧化古菌（在其组织内共生）。巨型管虫为体内共生的古菌提供栖息地，使其浸润在硫化氢环境中，并将硫化氢通过化能合成作用合成为糖。反过来，巨型管虫能够获得稳定的食物供应，从而迅速生长，有时一年能长 80 厘米。

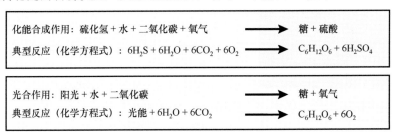

化能合成作用：硫化氢 + 水 + 二氧化碳 + 氧气 ⟶ 糖 + 硫酸

典型反应（化学方程式）：$6H_2S + 6H_2O + 6CO_2 + 6O_2 \longrightarrow C_6H_{12}O_6 + 6H_2SO_4$

光合作用：阳光 + 水 + 二氧化碳 ⟶ 糖 + 氧气

典型反应（化学方程式）：光能 $+ 6H_2O + 6CO_2 \longrightarrow C_6H_{12}O_6 + 6O_2$

图 15.28　化能合成作用（上）和光合作用（下）。化能合成作用由古菌在没有阳光的情况下完成（上部化学方程式），光合作用由植物和藻类在阳光下完成（下部化学方程式）

探索数据

查阅这张插图，描述光合作用与化能合成作用之间的化学差异和相似性。

通过对共生古菌（生活在巨型管虫体内）的基因组进行分析，人们发现这些微生物的适应性相当强。例如，为了适应快速变化的环境条件，古菌能够采取两种不同的方式来代谢二氧化碳，并在这两种方式之间来回切换。在深海热液喷口生境中，炽热流体的波动性较大，因此这种代谢灵活性价值极大。

生物特征 15.1　我是世界上最大的蠕虫！

深海巨型管虫（Tubeworm）生活在深海中的黑烟囱附近，体长最长可达 2.5 米，直径最宽可达 10 厘米，血红色源自血红蛋白，没有消化道。共生细菌（重量可达巨型管虫体重的一半）进行化能合成作用，将硫化氢及其他化学物质转化为有机分子，作为食物提供给巨型管虫（宿主）。

15.4.3.3 其他热液喷口区域的发现

1981 年，人类乘坐潜水器，首次造访了俄勒冈州近海的胡安德富卡海岭生物群落。与加拉帕戈斯裂谷和东太平洋海隆相比，这里的喷口动物群并不丰富，但喷口形成的金属硫化物沉积却引起了人们的极大兴趣，因为这是美国海域中唯一活跃的热液喷口沉积。

1982 年，在加利福尼亚湾瓜伊马斯海盆的一次潜水中，人们首次发现了位于巨厚沉积物下的热液喷口。在这一区域中，由于扩张中心比较活跃，沉积物覆盖的海底向两侧裂开。在采自该区域的沉积物样品中，硫化物含量较高，烃类（碳氢化合物）处于饱和状态，它们可能是通过细菌进入食物链。这里发现的生命丰度和多样性都极为可观，可能会超过加拉帕戈斯裂谷和东太平洋海隆沿线。

像瓜伊马斯海盆一样，在位于西太平洋的马里亚纳海盆中，充满沉积物的海盆下方存在一个小型扩张中心。1987 年，在乘坐潜水器进行水下研究期间，人们发现了热液喷口生物的许多新物种（见图 15.27c）。随后，在太平洋其他地区，人们还发现了大量热液喷口生物群落及其他新物种（见图 15.26）。2017 年的一项研究表明，区域地质背景和喷口流体的化学性质决定了特定喷口生物群落的构成。到目前为止，全球喷口地点发现的新物种超过了 400 种。

1985 年，在大西洋中脊轴线附近（北纬 23°~26°）的水下 3600 米深处，人们发现了与大西洋生物群落相关的首个活动热液喷口。这些喷口的优势动物群是没有晶状体的一种虾类，但是能够探测到黑烟囱发出的不同级别光线（人眼不可见），如图 15.29 所示。

1993 年，在一座 1525 米净高的海底平顶火山（远高于大西洋中脊沿线的裂谷崖壁）上，人们发现了一个热液喷口生物群落。这个喷口地点称为好彩（Lucky Strike），比大多数其他地点浅 1000 米左右，它既是大西洋中脊中唯一发现贻贝（常见于许多其他喷口地点）的喷口地点，又是唯一发现粉红色海胆新物种的地点。

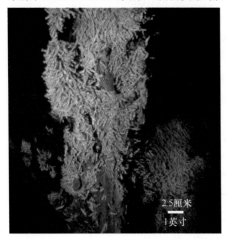

图 15.29 大西洋热液喷口生物。以颗粒为食的虾群，大西洋中脊（北纬 26°）附近热液喷口的优势动物

2000 年，日本调查人员发现了印度洋中的首个热液喷口生物群落，与喷出 365℃ 高温热液的黑烟囱有关。这些喷口附近布满了与大西洋类似的虾类，海葵分布在热液环境温度外边界附近，中间是与其他热液喷口相似的动物群。

同样是 2000 年，在大西洋中脊以西约 15 千米处，研究人员发现了失落之城（Lost City）热液喷口。该喷口喷出的热液温度要低得多（约 90℃），pH 值为 9~11（比大多数黑烟囱偏碱性），高烟囱由碳酸钙（而非金属硫化物）构成，向周围海水中释放甲烷和氢气（而非硫化氢或熔融金属——火山黑烟囱的主要释放物）。与黑烟囱的活动（受浅层岩浆过度加热的海水驱动）不同，失落之城热液喷口的活动由蛇纹石化（Serpentinization）驱动。蛇纹石化是地下热液系统形成的一种海水循环过程，可以改变下伏地幔岩石的地球化学特征，生成蛇纹石族特征矿物。2003 年，科学家们再次来到这里采集样品，证实失落之城热液喷口的生命形式与黑烟囱截然不同，包括生活在喷口内部、表面及周围的各种微生物。科学家们认为，与失落之城热液喷口发现的生命类似，地球上的生命可能起源于温暖的碱性环境。

各个喷口的化学特征和地质特征存在较大差异，但是即便具有相似的物理特征，各个喷口也能容纳明显不同的生物群落。例如，巨型管虫只出现在太平洋喷口，虾类和贻贝是北大西洋喷口的优势物种，大量雪蟹出现在南极洲附近的深海海底（见图 12.8）。为了解释这一现象，科学家们正在研究热液喷口的分布模式，确定各喷口位置之间的生物地理关系。

目前，在研究深海热液喷口时，科学家们继续利用潜水器。直接证据表明，全球总计约有 300 个热液喷口，预计还存在约 700 个未发现喷口。每次造访喷口地点（即便是重复探索）时，人类都会发现大量新信息，如喷口的运行机制及具有独特适应性的微生物及其他海洋生物。实际上，在某些喷口地点，研究工作推进得非常密集，为确保不会改变喷口生态系统，科学家们最近还通过了一项自我约束行为准则。

15.4.3.4 热液喷口的寿命

由于"海底热液喷涌"受控于零星的火山活动（与洋中脊扩张中心相关），因此喷口活动或许只能维持较为有限的时间（数年或数十年）。例如，在华盛顿近海的胡安德富卡海岭沿线，曾经存在一个称为科埃舍尔（Coaxial Site）的活动热液喷口，若干年后再次考察时它已不再活动。当判定这种非活动喷口时，可以查看是否存在大量热液喷口生物的尸体。当喷口不再活动时，硫化氢（生物群落的能量来源）也会消失，生物群落中的各类生物会大量死亡（若无法迁居别处）。

如果发现了新的热液喷口，说明火山活动增多。例如，在东太平洋海隆沿线的称为"北纬9°"的喷口地点，大量巨型管虫被流入其间的熔岩烫熟，堪称"巨型管虫烧烤野餐"。在扩张中心沿线，若发现处于形成初期的古老喷口区域，说明这些热液喷口可能突然出现（或消亡）。此外，各个喷口的活动区域可能相距数十（甚至数百）千米。

对于热液喷口的临时性质，热液喷口生物适应得非常好。例如，这些生物的新陈代谢率大多较高，具有快速发育成熟的能力，因此可以在喷口仍然活动时完成繁衍活动。

通过研究几个热液喷口地点，人们发现这里的物种多样性较低。但是，在距离较远的众多喷口区域中，仍然存在大量共同物种。虽然热液喷口动物一般会将浮游幼体释放至海水中，但人们目前尚不清楚这些幼体（最多能够存活几个月）如何在距离遥远的多个热液喷口之间自由穿梭。

有一种观点称为"死鲸"假说，认为大型动物死亡后可能沉入深海海底并分解，以"踏脚石"方式为热液喷口生物的幼体提供能量来源。在大型动物尸体出现的深海海底区域，这些生物定居、生长及繁殖，部分幼体会迁徙至下一个热液喷口区域。其他科学研究表明，浮游幼体会横跨洋中脊的"裂谷通道"，然后栖息在新的喷口区域。还有一些科学研究利用了化学示踪剂，发现深海海流的能量非常强大，足以将浮游幼体输运至新的喷口地点。无论以何种方式迁移，新喷口形成后不久，这些幼体就会定居下来。例如2006年，在东太平洋海隆沿线，由于海底火山喷发，一个研究程度较高的热液喷口生物群落被摧毁。2007年和2008年，当研究人员再次探访该区域时，发现巨型管虫及其他生命形式已经重新回归。

常见问题15.7　热液喷口发现的贻贝可以食用吗？

不适合人类食用。构成食物网基础的微生物利用硫化氢气体（具有典型的臭鸡蛋气味）作为能源，对大多数生物来说，硫化氢是一种致命的有毒物质（即使含量很低），非常容易在组织中积聚。虽然热液喷口生物群落内的生物能够摄入硫化氢，且具有清除硫化氢的各种机制，但是热液喷口生物仍然会对人类身体产生毒害。退一万步讲，即便可以食用，由于生活在极深海底的热液喷口附近，这些贻贝的捕捞成本肯定非常昂贵。

15.4.3.5　热液喷口与生命起源

科学界普遍认为，生命起源于海洋，在地球的早期发展历史中，一定存在类似于热液喷口的环境。由于热液喷口具有条件均质性及丰富的能量，因此有些科学家提出：热液喷口应当已经为生命起源提供了一种理想生境。实际上，因为热液活动地点"火山和海水兼具"，所以热液喷口可能是一种最古老的生命维系环境。各喷口地点出现了类似细菌的古菌（具有古老的基因构成），对这一观点是一种有力的佐证。

科学研究发现，深海微生物与人体内的微生物具有某些相同基因，进一步证实了深海生物的古老地位。从日本附近海域的热液喷口中，研究人员分离出两种未知细菌，然后将其基因组与两种常见肠道病原体（分别导致溃疡和腹泻）的基因组进行比较。研究结果表明，虽然经历了亿万年的进化改变，深海物种与人类肠道病原体仍然拥有共同基因，均可"寄居于"动物宿主体内。根据研究人员的说法，这些基因不仅可以帮助深海细菌与其他喷口生物维持共生关系，而且能够帮助肠道病原体逃避宿主的免疫系统。研究人员认为，对人类有害的微生物由深海祖先进化而来，并且随着生命向陆地迁移，后来在与动物的共生过程中获得了更多毒力因子。

虽然"生命可能起源于热液喷口"观点具有足够的证据支持，但是这些喷口往往不稳定且寿命短暂，因此有些科学家质疑其是否能够充分孕育生命。对地球上的生命是否起源于深海这个问题，蛇纹石化过程可能包含了部分答案。蛇纹石化是海水深层环流对地幔岩石的化学蚀变，可以释放热量、氢气、甲烷及矿物成分，这些物质对"化能合成生命"至关重要。实际上，有些科学家曾经提出，在某些热液喷口地点（如失落之城）或者海沟，蛇纹石化可能更容易为地球首批生命提供能量，因为蛇纹石化的发生区域要大得多，而且能够持续更长的地质时期，从而为早期"化能合成生命"的发育提供合适生境。

15.4.4 低温渗口生物群落：生物及其适应性

科学研究发现，另外三种海底渗口（Seep，细小水流从海底缓慢渗出）环境同样能够进行化能合成作用，支撑着与热液喷口类似的生物群落。由于水温要低得多，因此统称为冷泉（Cold Seeps）。

15.4.4.1 高盐渗口

1984 年，在墨西哥湾中佛罗里达断崖的基部位置（水深为 3000 米），人们发现了一个高盐渗口，如图 15.30a 所示。从该渗口中流出的海水盐度高达 46.2‰，但温度与周围海水基本相同。研究人员还发现了一个高盐渗口生物群落，许多特征类似于热液喷口生物群落。渗口水流似乎从石灰岩质断崖基部的裂隙中流出，然后流向深海平原的黏土沉积区域（深度约为 3200 米），如图 15.30b 所示。

(a) 佛罗里达断崖的高盐渗口位置

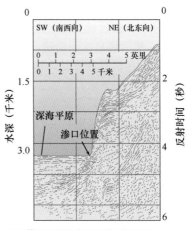

(b) 佛罗里达断崖的地震反射剖面，
显示了位于基部的高盐渗口位置

(c) 佛罗里达断崖渗口生物群落——密集的贻贝床（层），白点是贻贝壳上的
小型腹足类，巨型管虫（右下）被水螅和铠甲虾所覆盖

图 15.30 佛罗里达断崖基部的高盐渗口生物群落

这些高盐渗口水流富含硫化氢，支撑着大量白色微生物的生长。这些微生物称为菌垫/菌席（Mats），以类似于热液喷口古菌的方式进行化能合成作用，并与其他化能合成微生物一起，为多

种动物群落（如海星、虾类、螺类、帽贝、蛇尾海星、海葵、巨型管虫、螃蟹、蛤蜊、贻贝及部分鱼类）提供大部分食物，如图 15.30c 所示。

15.4.4.2　油气渗口

1984 年，在墨西哥湾大陆坡上，人们还观察到了与油气渗口相关的密集生物群落，如图 15.31 所示。通过在 600～700 米水深位置进行拖网捕捞，人们捕捞到与墨西哥湾热液喷口和高盐渗口类似的动物群。后续调查发现，大陆坡上的近 100 处渗口可能存在化能合成生物群落，人们下潜至其中 10 处渗口位置（水深达 2775 米），发现了化能合成细菌及其他许多生物。

(a) 墨西哥湾中包含生物群落的已知油气渗口位置图

(b) 海王星花园（阿拉米诺斯峡谷）渗口存在大量贻贝和巨型管虫

(c) 布什山渗口的化能合成贻贝和巨型管虫的近景照片

图 15.31　墨西哥湾大陆坡上的油气渗口

碳同位素分析表明，这些油气渗口生物群落基于化能合成作用，从硫化氢和/或甲烷中获取能量。在这里及其他油气渗口区域，存在微生物发生甲烷氧化产生的碳酸钙层（见图 15.26）。

15.4.4.3　俯冲带渗口

1984 年，为研究某个俯冲带位置的海底褶皱，阿尔文号潜水器再次下潜，其间意外发现了一个俯冲带渗口生物群落。该渗口位于胡安德富卡板块的卡斯卡迪亚俯冲带附近，俄勒冈州近海的大陆坡基部，如图 15.32a 所示。海沟内充满了大量沉积物，在大陆坡的向海边缘位置，这些沉积物折叠成海岭。海水从海岭顶部的褶皱状沉积岩（形成于约 200 万年前）中缓慢流出，然后流入海底的薄层松软沉积物，最终通过海底渗口释放出来。

(日本海洋研究开发机构，JAMSTEC)

(a) 俄勒冈州近海的海底特征及喷口生物群落位置。这些生物群落与卡斯卡迪亚俯冲带有关，充满海沟的沉积物折叠成海岭，顶部存在多个喷口

(b) 在日本海沟附近的相模湾中，巨型白蛤半埋在富含甲烷的泥浆（深约1100米）中，这些蛤蜗体内含有硫化物氧化微生物（为宿主提供食物）

图 15.32　俯冲带渗口生物群落

在 2036 米深处，渗口流出的水仅比周围海水的温度高约 0.3℃，含有可能来自沉积岩中的有机物分解产生的甲烷。微生物使甲烷氧化，通过化能合成作用来生产食物，满足自己及其他群落成员的需求，包括栖息在其他喷口和渗口附近的许多同"属"生物（见图 15.32b）。

随着俯冲带渗口的不断发现，人们在其他俯冲带找到了类似的生物群落，包括日本海沟和"秘鲁－智利"海沟。所有这些俯冲带渗口均位于海沟向陆一侧，深度从 1300 米到 5640 米不等。

15.4.5　深海生物圈：新前沿

由于在热液喷口区域发现了丰富的微生物群落，人类开始探索海底自身的生存环境，即深海生物圈（Deep Biosphere）。直到最近，科学家们才意识到地球深处可能存在微生物，并于 2002 年首次考察并研究了这种环境中的生命。在秘鲁附近海域（水深为 150～5300 米），利用钻机钻入海底最深达 420 米。在不同深度区域中，发现了多样且活跃的大量微生物群落，生活在循环水流贯穿的多孔海底。其他后续研究证实，在深海的海底岩石及相关沉积物中，微生物的丰度和多样性极为可观，足以媲美陆地土壤中的微生物生态系统。

这些研究表明，在地球的全部细菌生物量中，约 2/3 可能存在于深海生物圈中。通过利用各种矿物中存储的化学能，深海生物圈中的微生物能够完成自身新陈代谢。此外，对深海海底在地球生命进化中发挥的作用，这一发现提出了新的疑问。有趣的是，太阳系中的其他天体也存在类似的地下条件，所以可能同样"躲藏着"微生物。因此，地球的深海生物圈会成为持续活跃的研究领域。

简要回顾

热液喷口生物群落出现在黑烟囱附近，依赖化能合成古菌作为食物。在高盐渗口、油气渗口和俯冲带渗口周围，生活着依赖化能合成作用的其他深海冷泉生物群落。

小测验 15.4　描述深海海底的生物群落特征

❶ 对生活在深海海底的生物来说，食物从何而来？对底栖生物的生物量有何影响？

❷ 描述热液喷口的特征。何种证据能够说明热液喷口的寿命很短？

❸ 为了解释热液喷口生物群落中的各种生物如何迁徙至新喷口地点，人们提出了哪些其他观点？

❹ 在环境条件和生物群落方面，热液喷口与冷泉存在哪些主要异同？

❺ 从海滨线至深海海底，物理环境会发生哪些改变？

主要内容回顾

15.1 岩质海滨沿线存在哪些生物群落？

- 在约 23 万种已知海洋生物物种中，超过 98%生活在各种底上或底内环境中。这些底栖生物的物种多样性取决于其适应环境条件的能力，特别是温度。除了少数例外情形，底栖生物的生物量与表层海水中的光合生产力非常接近。
- 岩质海滨潮间带存在众多不利条件，但是各种生物具有适应性，因此能够在这些环境中大量存活。在潮汐的影响下，岩质海滨可划分为高潮带、中潮带和低潮带。潮上带位于潮间带之上，仅在风暴海浪期间被淹没；潮下带位于潮间带之下，由低潮海滨线向下延伸。
- 潮间各带均存在特定类型海洋生物，如潮上带生活着厚壳玉黍螺、岩虱和帽贝；高潮带生活着固着生物，如弹丸藤壶；中潮带藻类丰富，动植物的多样性和丰度朝低潮带逐渐增大，常见物种如圆锥藤壶、鹅颈藤壶、贻贝、海星、海葵、鱼类、寄居蟹和海胆等；在温带地区的低潮带，生活着中等大小的红藻和褐藻。
- 凭记忆绘制图表，显示岩质海滨潮间各带，标识每个带的名称及常见典型生物。
- 对如下岩质海滨沿线的 4 种主要潮间带：（1）浪花带，（2）高潮带，（3）中潮带，（4）低潮带，写出每种生物在潮间带生存的适应性。

15.2 沉积物覆盖海滨沿线存在哪些生物群落？

- 在沉积物覆盖的海滨沿线，常见许多种的穴居底内动物。与岩质海滨相比，沉积物覆盖海滨的物种多样性较低。与岩质海滨一样，沉积物覆盖海滨的物种多样性和生命丰度朝低潮海滨线增大。
- 在受保护程度较高的海滨地段，海浪的能量较低，泥沙沉积非常发育。与泥质沉积相比，沙质沉积通常含氧量更高。与岩质海滨类似，沉积物覆盖海滨的潮间带也可划分为高潮带、中潮带和低潮带。沙质海滩的典型生物包括双壳类软体动物、海蚯蚓（沙蠋）、滩跳虾（沙蚤）、鼠蝉蟹（浪花蟹）、滤沙海星和心形海胆，泥滩的典型生物包括鳗草、龟草、双壳类软体动物和招潮蟹。
- 凭记忆绘制图表，显示沙子覆盖的潮间各带，标出每个带的名称及常见典型生物。
- 对如下沉积物覆盖海滨沿线的 5 种主要潮间带：（1）潮上带（后滨带），（2）高潮带，（3）中潮带，（4）低潮带，（5）潮下带，写出潮间带生存的适应性。

15.3 外滨浅海海底存在哪些生物群落？

- 在海滨线外的岩质潮下带底部，分布着大量藻类，经常形成海藻森林。海藻森林是大量海洋生物的家园，包括各种藻类、软体动物、海星、鱼类、章鱼、龙虾、海洋哺乳动物、海兔和海胆等。
- 多刺龙虾常见于加勒比海岩质底部和北美洲西海岸沿线，美洲（缅因）龙虾分布在加拿大拉布拉多州至美国北卡罗来纳州的哈特拉斯角一线。牡蛎床（层）分布于河口环境中，由多代牡蛎的空壳构成，这些空壳粘结在硬质基底上，或彼此粘结在一起。
- 珊瑚礁由水螅及其他许多物种组成，需要温暖的海水和强烈的阳光才能存活。珊瑚礁通常出现在营养盐贫乏的热带水域。造礁珊瑚及其他混合营养生物是雌雄同体，组织中含有共生藻类（虫黄藻）。珊瑚礁先后经历三个发育阶段：岸礁、堡礁和环礁。各种脆弱珊瑚分布在 150 米水深的位置，在波浪能更高的海面附近数量增多。珊瑚礁的潜在致命"白化"由共生藻类的去除（或排出）引发，可能原因来自海面温度升高带来的压力。
- 讨论珊瑚与藻类之间的关系，解释珊瑚如何从内部藻类中获益。
- 珊瑚环境存在何种特别因素，使得珊瑚与藻类之间的共生关系对二者来说均不可或缺？

15.4 深海海底存在哪些生物群落？

- 与浅海水域相比，深海海底的物理条件大不相同，没有光照，水温较低且均匀，主要食物来自表层海水。但是，深海的物种多样性极高，远远超出人们之前的想象。
- 在黑烟囱附近的热液喷口生物群落中，初级生产量来自化能合成作用。某些证据表明，虽然热液喷口个体的寿命较短，但仍然可能是地球上最早出现生命的区域。在高盐渗口、油气渗口及俯冲带渗口附近的低温渗口生物群落中，人们也发现了化能合成作用。在海底之下的深海生物圈中，科学家们发现了大量微生物。
- 利用图 15.28，从化学视角出发，讨论化能合成作用与光合作用之间的主要差异。
- 编制表格，比较下列热液喷口类型的流体温度、典型特征及示例位置：（1）黑烟囱；（2）大西洋中的"失落之城"等区域。

第 16 章　海洋和气候变化

在加拿大纽芬兰的费雷兰镇近岸海域，高高耸立着一座巨大的冰山。每当春天来临之际，格陵兰岛的大块冰原就会断裂，然后闯入拉布拉多和纽芬兰附近的航道。全球变暖加速了格陵兰岛的冰盖融化，这些布满冰块的"冰山巷"航道越来越危及航行安全

主要学习内容

16.1 描述地球气候系统的组成及碳循环的作用

16.2 列举地球近期气候变化由人类活动（而非自然周期）所引发的证据

16.3 描述大气温室效应的运行机制

16.4 具体说明全球变暖引发的海洋变化

16.5 评估温室气体减排的具体措施

    人类引发的气候变化真实存在，不仅发生在遥远的极地区域和热带小岛，而且遍布美国各地及每个家庭的后院。正在发生，正在发生，正在发生！重要的事情说三遍。这不仅是人类未来将要面临的严峻挑战，而且正在影响当代人的日常生活。对于正在发生的这些变化，每个人都应当承担起相应的责任，并付诸实际行动，从而最大限度地改变未来气候变化的影响范围和严重程度。

——简·卢布琴科，海洋生态学家和美国国家海洋和大气管理局（NOAA）局长，2009 年

    在每天的新闻报道中，几乎都会出现与气候变化和全球变暖相关的各种话题，包括海平面上升、恶劣天气、高温热浪及干旱引发野火等。气候变化究竟是自然现象还是人类活动所引发？未来趋势如何？人们对此问题的观点各异，且经常会进行激烈的辩论。这些话题也成为众多国际会议的主题，各路记者、决策者和科学家们各执己见，讨论过程漫长而又复杂。到目前为止，"人类活动引发气候变化"依然是气候科学研究领域的热点前沿之一。

    地球在极其漫长的历史演化过程中，不仅经历了全球气候变暖，而且经历了全球气候变冷（与当前气候相比）。实际上，基于化石、海底沉积物和陆地岩石等证据，人们发现在地质历史时期中，地球上的许多区域都曾出现过剧烈的气候波动。例如，在高纬度严寒地带，曾经发现珊瑚和煤炭等沉积化石（高温标志物）；在低纬度温暖地带，曾经发现冰川沉积物（低温标志物）。即便剔除长周期范围内的构造板块运动因素的影响，历史气候变化的证据依然存在。

    气候科学研究发现，历史气候变化由自然因素引发，近期气候变化由人类活动引发。科学家们之所以确信现代气候变化受控于人类影响（而非自然变化），主要是观察到气候变化范围非常大，同时变化速度非常快，超过了任何自然因素影响地球气候的边界，并且这些变化可能至少会持续1000年。当气候发生改变（特别是像某些科学家预测的"快速发生"）时，不仅会对人类产生重大影响，而且可能对许多其他生命形式造成破坏。例如，人为排放量正在改变海洋的基本化学成分，对许多海洋生态系统的健康发展造成了影响，这已是无可辩驳的事实。

    本章介绍地球的气候系统、碳循环的作用、地球近期气候剧烈变化的科学解释、温室效应的运行机制、海洋目前受到的影响以及如何解决这个紧迫问题等。

16.1 地球气候系统由哪些部分组成？

    气候（Climate）是指地球大气的物理特性（包括气温、降水和风）在特定地区的长期平均状态。

    要全面了解地球的气候，远非研究大气这样简单。地球的气候是非常复杂的交互式系统，主要包括如下 5 大圈层：大气圈、水圈、岩石圈、生物圈和冰冻圈（存在于地球表面的冰雪）。地球的气候系统（Climate System）包括 5 大圈层之间的能量和水分交换，这些交换将大气圈与其他圈层联系在一起，使得整个系统作为单一相互作用单元一体化运行。气候系统的各种变化并不是孤立发生的，而是在某部分发生改变时，其他相关的部分也会联动反应。地球气候系统的主要组成部分如图 16.1 所示，海洋是其中最庞大的部分。

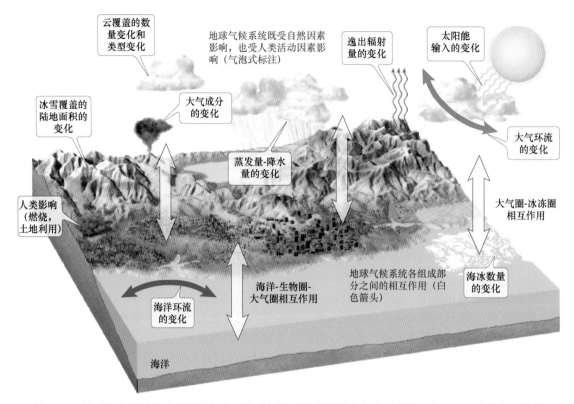

图 16.1　地球气候系统的主要组成部分。地球气候系统主要组成部分示意图，包括各部分的相互作用

常见问题 16.1　天气与气候有何不同？

　　天气（Weather）描述特定地点及时间的大气状态，气候（Climate）则是天气的长期平均值。例如，通过了解某一天的天气预报，你可以决定当天是穿短裤还是穿保暖内衣，而抽屉中短裤与保暖内衣的比例则反映了该地区的气候。或者，正如马克·吐温所言："气候是你期待的东西，天气是你得到的东西。"

　　地球气候系统的变化规模大而复杂，并且涉及许多反馈回路（Feedback Loops），这些回路是初始变化的调整过程。例如，如图 16.2（左）所示，随着海面温度的升高，海水蒸发率相应增大，继而增加大气中的水蒸气。像二氧化碳一样，水蒸气也是一种温室气体，它同样会吸收地球表面的辐射热量。因此，空气中的水蒸气越多，逃逸并消散在太空中的热量就越少，地球就会变得更加温暖。由于这种反馈回路具有加强初始变化的放大效应，因此称为正反馈回路（Positive-Feedback Loop）或强化回路（Reinforcing Loop）。也就是说，A 产生 B，B 接着产生更多的 A，A 产生更多的 B，以此类推。

　　有些反馈回路具有抵消（或弱化）初始变化的递减效应，称为负反馈回路（Negative-Feedback Loop）或平衡回路（Balancing Loop），典型示例如云的形成（见图 16.2，右）。随着全球气温升高，大气层中的含水量增多，云量亦随之增多。大多数云层是入射太阳能的良好反射体，因此会降低可用于加热地球表面及温暖大气层的太阳能总量。如此一来，云层就会导致整体气温下降。在这种情况下，A 产生 B，B 接着产生少量的 A。

　　这两个大气层中的水蒸气增多的示例表明，正反馈回路和负反馈回路可以兼具，如图 16.2 所示。如果同时存在的话，哪种效应更强呢？科学研究表明，具有较高反射率的负反馈效应占优势，所以云层具有整体降温效应。因此，大气湿度增大的结果应是气温下降。但是，这种负反馈回路形成的反馈强度有限，低于地球气候系统其他部分之间其他各个正反馈回路形成的反馈强度。因此，虽然大气湿度增大和云量增多可能会部分抵消全球气温升高，但气候模型显示，总体影响仍然是气温升高。实际上，相关气候模型（由地球气候观测数据支持）显示，人为排放量上升会导致地球变暖，届时将具有不同于当前的气候模式分布。

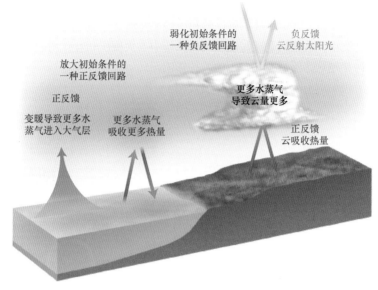

图 16.2　气候反馈回路示例。放大初始变化的正反馈回路（左）和缩小初始变化的负反馈回路（右）。云既可以是正反馈回路的组成部分，又可以是负反馈回路的组成部分

其他反馈回路可能会对未来气候产生更大影响。例如，气温上升已经导致北冰洋的海冰融化，具有高反射性的冰盖变少，意味着北冰洋中的海水将吸收更多太阳辐射。这将形成一种正反馈回路，使得海洋升温，引发海冰进一步融化。

16.1.1　碳循环

在与气候相关的任何讨论中，碳在地球气候系统中的作用都是焦点。碳循环（Carbon Cycle）描述了大气圈、水圈、岩石圈、生物圈和冰冻圈之间的碳流动，影响着地球气候的方方面面：从大气层中的温室气体，到海底的碳酸盐沉积物。

下面首先介绍广泛存在于所有地球圈层中的二氧化碳。二氧化碳（Carbon Dioxide）是化石燃料（Fossil Fuels，包括石油、天然气和煤炭）燃烧后的产物，它不仅是大气中丰度最高的温室气体，而且是生物呼吸作用的产物及光合作用（生物圈）过程中的固碳形式。在海洋（水圈）中，二氧化碳参与各种碳酸盐缓冲反应，因此有助于维持海水的 pH 值，即通过形成海洋生物的甲壳，以碳酸钙矿物的形式从海水中消除。当这些生物死亡后，坚硬的甲壳沉入海底并形成碳酸盐沉积物，最终成为岩石而进入岩石圈。在板块俯冲过程中，海底岩石在海沟位置被回收并熔融，所含二氧化碳随火山喷发返回并注入大气层。

常见问题 16.2　人类呼出二氧化碳、植物吸收二氧化碳并释放氧气的说法是否仍然成立？

上小学时，老师曾说"人类呼出二氧化碳，但是植物吸收二氧化碳并向空气中释放氧气（保持碳纤维）"。这种说法是否仍然有效？如果有效，为什么植物没有把大气中的高浓度二氧化碳转化为氧气呢？

由于大气中二氧化碳的数量增多（植物仅吸收了约 1/4 的人为排放的温室气体），各类植物的生长确实更加旺盛，但还不足以抵消由于化石燃料燃烧所形成的二氧化碳增量。这种情形之所以与"小学期间所学知识"存在一定程度的差异，主要是因为人类燃烧化石燃料产生了碳（曾经封存在地下数百万年），在极短时间内引

入的数量极其巨大，轻而易举地超越了生物圈的吸收能力。相比之下，人类的呼吸微不足道，虽然地球上人口众多，但是对大气中温室气体浓度的影响可以忽略不计。

另一方面，有机碳（Organic Carbon）是活体生物（生物圈）的食物和主要成分。当这些生物死亡后，软质残骸会腐烂并向大气中释放二氧化碳和甲烷（天然气），或被长期掩埋而形成煤炭、石油和天然气（岩石圈）沉积。这些只是碳与地球气候系统中 5 大圈层相互作用的部分方式，图 16.3 中详细地展示了碳如何穿越这些圈层及其产生的各种影响。

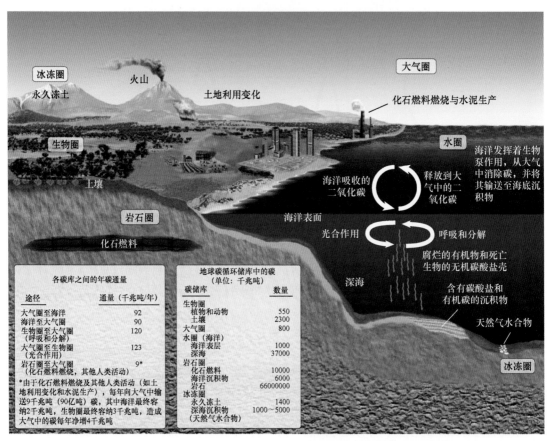

图 16.3　碳循环。地球生物圈、大气圈、水圈、岩石圈和冰冻圈中的碳迁移

探索数据

考虑各碳储库之间的年碳通量。如果海洋吸收的二氧化碳只有目前的一半，那么每年会有多少碳进入大气？假设其他一切均保持不变。

16.1.1.1　海洋生物泵

考虑碳在地球气候系统中的作用时，海洋的生物泵（Biological Pump）概念非常重要。这个概念具有何种含义呢？当二氧化碳进入海洋时，大部分通过光合作用和碳酸盐壳层并入生物体。此外，在大气圈-海洋这条途径中，二氧化碳循环非常高效。实际上，在地质历史时期由于火山活动而喷发至大气圈的二氧化碳中，99%以上已被海洋吸纳并沉积在海洋沉积物中（作为生物碳酸钙和化石燃料）。因此，海洋是二氧化碳的储库，浸泡并吸收二氧化碳，然后将其从环境中清除并储存到海底沉积物中。将物质从透光带转移至海底的方式称为生物泵，从上层海洋"泵"出二氧化碳和营养盐，然后将其"浓缩"至深海水域及海底沉积物中（见图 16.3）。但是，随着海洋变暖及更加酸化，这种生物泵的二氧化碳清除能力会下降，详见下文。

总之，全球气候系统包含许多反馈回路，如不同高度的云层效应、称为气溶胶（Aerosols）的大气微粒的存在、空气污染的遮蔽效应、海洋升温造成的大气圈中水蒸气的增多、冰的反射率以及海洋的热吸收等。注意，气溶胶既源于人类活动（如燃煤发电厂和生物量燃烧），又源于自然界（如海浪、灰尘和火山）。许多反馈回路会影响其他反馈。此外，像互锁齿轮一样，碳循环参与地球气候系统的所有层面。即便利用全球最为强大的某些计算机，"成功建模地球的气候、反馈回路及碳的重要作用"也是一种最大的科学挑战。

简要回顾

地球气候系统由 5 大圈层之间的能量、水分及碳的交换组成。全球气候系统包含许多复杂的反馈回路。

小测验 16.1　具体描述地球气候系统的组成以及碳的作用

❶ 列举地球气候系统的 5 个组成部分。

❷ 气候反馈回路的两种类型是什么？分别举例说明。

❸ 在一个反馈回路示例中，融雪暴露更多深色的土地，继而吸收更多热量，最终导致出现更多的融雪。这是正反馈回路还是负反馈回路？解释理由。

❹ 描述碳如何进入及离开地球气候系统的 5 大圈层，绘制示意图，列举各个圈层的碳输入和碳输出。

❺ 甲烷是一种温室气体，在海洋深处接近凝固点的温度下，以固态形式存在于冰冻的甲烷水合物（天然气水合物）中。如果全球变暖导致深层海水升温，最终造成甲烷水合物融化并释放甲烷气体，这些气体会冒泡并释放至大气中，那么产生的是正反馈回路还是负反馈回路？解释理由。

16.2　地球近期气候变化：是自然事件还是人类活动影响？

气候变化的历史记录显示，纵观整个地球历史，自然事件始终影响着气候。对当前全球气候变化持怀疑态度者指出，由于历史上的地球气候始终在波动，因此近期观测到的气候变化应属于自然事件。科学家们如何判定这一说法是否属实？科学过程的一个重要部分是"考虑并检验替代性解释"，换句话说，科学家们不仅要收集支持其观点的证据，而且要积极寻找"歪曲"其假设的证据。这意味着为了证明人类活动近期正在导致全球气候变化，科学家们必须证明这些数据不具有多解性。

科学过程 16.1　当前可见的气候变化是否属于自然过程？

形成假设

如果人类活动是当今气候变化的根源，那么科学家们就必须排除自然原因，首先了解历史上的气候如何变化。

代用资料和古气候学　仪器记录最多只能追溯到几个世纪以前，年代越久远，资料的完整性及可靠性就越打折扣。为了克服过去缺乏的"直接测量"问题，科学家们必须利用间接证据来破译并重建地球以前的气候。这种代用资料来自气候变化的自然记录载体，如海底沉积物（见第 4 章）、树木生长轮（见图 16.4）、冰川年层中的受困气泡（见图 16.5）、花粉化石、珊瑚礁、洞穴沉积甚至历史文献等。为了确保准确性，需要采用各种方法对数据进行交叉检查，并与最近的仪器测量（存在重叠）相匹配。"为重建历史气候而分析代用资料"的科学家们的研究领域称为古气候学（Paleoclimatology），其主要目标是了解地球的历史气候，以便深入洞察地球当前及未来的气候。气候学家们已经确认了地球最近的若干次暖期和冰期，如中世纪暖期（Medieval Warm Period，约 950—1250）和小冰期（Little Ice Age，约 1400—1850）。通过利用代用资料，气候学家们构建了详细的地球气候历史，可以上溯至数十万年前，下文中将进一步介绍。如果今天见到的气候变化与历史上的气候变化（当时与人类活动肯定无关）相一致，那么"人类活动引发气候变化"这种假设将不正确。是这样吗？

放大图显示了1片冰芯，里面夹杂着气泡

在这个南极冰芯中，冰川中堆积的"冰雪年层"保留了数千年前的气温和大气状况记录

图 16.4　树木生长轮作为气候的代用资料。条件利于生长时，生长轮较宽；条件不利于生长时，生长轮较窄。通过研究多种树木的生长轮，结合其他气候代用记录，科学家们就能估算出以前数百至数千年间的区域气候和全球气候

图 16.5　研究人员从钻管中提取冰芯

设计实验

影响地球气候的自然因素包括太阳能的变化、地球轨道的变化、火山喷发甚至地球构造板块的运动。为了理解这些因素如何影响全球气候，确定其是否能单独解释当前的所有变化，气候学家们开展了以下工作：（1）查看地质证据及其他地球历史气候记录，了解这些因素如何改变当时的气候；（2）构建计算机模型，理解地球气候系统的工作原理；（3）利用一系列仪器（包括气象气球、地面站测温仪、深海测温仪、地球轨道卫星及其他地球天气与气候监测系统），密切监测地球当前的生命体征。通过认真细致的测量和计算，研究人员能够确定任何因素对于当前气候变化的影响（若有的话）。

太阳能的变化　对于气候变化的众多假设而言，最持久的假设持这样一种观点：太阳能输出随时间推移而发生改变，输出增加导致全球变暖，输出减少导致全球变冷。这种想法很有吸引力，因为众所周知，太阳活动会影响地球的温度，太阳能变化可用于解释任何时长（或强度）的气候变化。但是，太阳能输出增加并不能解释地球近期的变暖现象。自20世纪80年代以来，地球轨道卫星一直在精确测量太阳能输出，虽然太阳的发光度略有增加（0.04%），但观测到的变化还不足以解释同期记录的气候变暖。即便是以往1000年间的太阳亮度代用资料，也未显示出与气候变化的相关性。

常见问题 16.3　如何用通俗语言解释代用的含义？

代用是对其他事物的替代或近似，典型示例如"化身（阿凡达）"，即电子游戏中玩家的网络代表。学校里甚至也存在"代用"，如果你有事无法去学校，可以派其他人去代你上课，那个人就是你的"代用"。代课老师同样是"代用"，当正式老师不在的时候，代课老师会临时替课。

研究人员还检测了与太阳黑子（Sunspots）相关的太阳变化，太阳黑子是周期性出现在太阳表面的低温

暗色区域，如图 16.6a 所示。光斑（Faculae）是太阳上的亮斑，太阳黑子越活跃，光斑就越多。太阳黑子和光斑都与巨型磁暴相关，磁暴从太阳内部向表面延伸，导致太阳喷射出粒子（见图 16.6b）。与太阳发出的可见光和紫外线不同，这些粒子不会温暖地球表面，相反，它们会干扰卫星通信，产生极光（Aurora）。极光是由带电太阳粒子引发的一种现象，这些粒子与地球磁场相互作用，最终生成天空中的绚烂光线。北半球的极光称为北极光（Aurora Borealis），南半球的对应极光称为南极光（Aurora Australis）。

(a) 日震及磁场成像仪（HMI）获取的太阳可见光波长图像，显示了太阳黑子

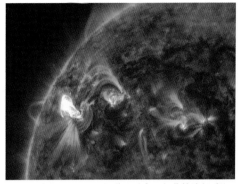

(b) 大气成像组件（AIA）获取的太阳超紫外波长对比图像，显示了太阳粒子喷射

图 16.6　太阳黑子。2012 年 3 月 5 日拍摄的太阳对比图像：(a)太阳黑子；(b)粒子喷射

太阳活动增多（约每隔 11 年）时，太阳黑子和光斑都会变多。但是，在单一周期的高峰期，"光斑照亮太阳"要超过"黑子变暗太阳"。因此，太阳黑子和光斑的数量会影响太阳总辐照度，太阳总辐照度是照射地球的太阳光数量的衡量指标（见图 16.7，蓝色曲线）。

探索数据

1880—2020 年，太阳总辐照度平均值与地球平均温度之间的关系是什么？

图 16.7 中的曲线还表明，太阳活动（蓝色曲线）与 1880 年以来的地球平均温度（红色曲线）之间缺乏相关性。实际上，自 1980 年以来，平均太阳活动一直呈下降趋势。此外，大量研究表明，在如此短的时间尺度上，太阳活动与气候之间并不具有明显的相关性。

地球轨道的变化　气候变化的另一种自然机制与地球轨道的变化有关，

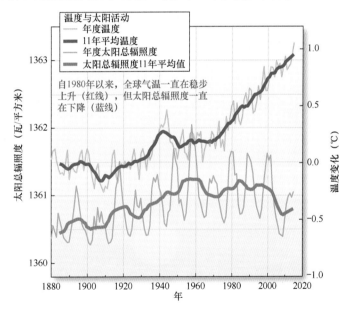

图 16.7　1880 年以来的地球温度与太阳活动。地球平均温度（红色曲线）和太阳总辐照度（蓝色曲线），后者是照射地球的太阳光数量的衡量指标。红色及蓝色曲线显示了基于 11 年平均值的平滑数据。可以看到，太阳总辐照度存在 11 年的循环周期（绿色曲线），该数据受到了太阳黑子的影响。太阳总辐照度的单位是瓦/平方米

包括：（1）轨道形状的变化（偏心率）；（2）地轴与轨道平面夹角的变化（斜率）；（3）地球自转轴的摆动（岁差），这些变化会导致"抵达地球的太阳辐射"随季节和纬度分布而波动（见图 16.8）。这些变化的周期分别约为 10 万年、4.1 万年和 2.3 万年，相互叠加时会彼此增强，引发地球上的气候变化。由于包含更多的陆地，北半球表现得更加明显，因此对大陆冰期发育具有较大影响。例如，综合各种因素考虑，下列轨道条件可能

会引发冰期：（1）在北半球的冬季，地球轨道略呈椭圆形，距离太阳更远（偏心率）；（2）造成北半球距离太阳更远的最大倾角（斜率）；（3）地轴的摆动导致北半球的夏季与近日点重合，使得夏季温暖、冬季寒冷（岁差）。要了解关于地球轨道周期和近日点（地球最接近太阳）的更多信息，请参阅第9章。当这些因素协同共振时，北半球接收的太阳辐射下降，北方大陆存在产生持续数万年（或更长时间）的主要冰川的可能。米卢廷·米兰科维奇（塞尔维亚天文学家和地球物理学家）首先提出了这个观点，故称此为米兰科维奇旋回（Milankovitch Cycle，米兰科维奇周期）。目前已经证实，在最近数百万年间，这些变化促成了冰期与间冰期的交替发生（大多数最近冰期的特征），如图16.9所示。

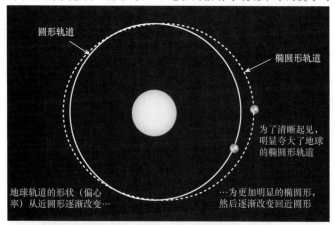

(a) 偏心率周期：10万年

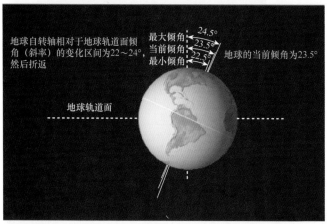

(b) 斜率周期：4.1万年

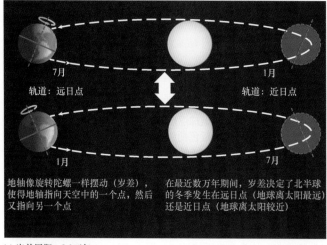

(c) 岁差周期：2.3万年

图16.8 地球轨道的变化。在最近几万至几十万年间，3种因素导致地球轨道发生了变化

火山喷发 爆炸性火山喷发会向大气中释放大量气体及细粒碎屑，如图16.10所示。大型火山喷发的威力极大，足以将这些物质喷入大气，随后向全球各地扩散，高空停留时间长达数月（甚至数年）。历史上，火山喷发曾多次将火山物质喷入大气，遮天蔽日地过滤了部分入射太阳辐射，从而导致地球温度下降，包括印度尼西亚坦博拉火山喷发（1815年）、印度尼西亚喀拉喀托火山喷发（1883年）、墨西哥埃尔琼斯火山喷发（1982年）和菲律宾皮纳图博火山喷发（1991年）等。例如，印度尼西亚坦博拉火山于1815年大规模喷发后，对北美洲和欧洲的天气影响极大，次年被称为"无夏之年"。但是，对于火山喷发时所释放的各种气体而言，后续会与气候系统的其他组成部分发生反应，火山物质终将尘埃落定。因此，单次火山喷发的降温效应无论多大，相对而言都是小规模且持续时间较短的。

在火山喷发与人类活动之间，哪种释放二氧化碳（温室气体）更多呢？通过分析最近数十年间的全球人类活动及火山物质，科学家们发现与火山喷发相比，人类活动向大气中释放的二氧化碳至少要高出130倍，如图16.11所示。二氧化碳排放是人类对地球大气变暖的最大推手，后文中将继续讨论相关的话题。

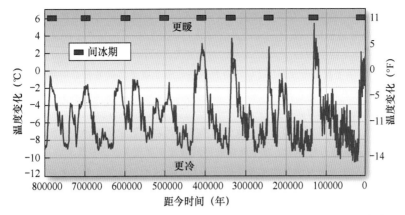

图 16.9　更新世冰期。在最近 200 万年中，由于地球轨道参数发生周期性变化，地球最近冰期的特征是"冰期与间冰期交替出现"，称为米兰科维奇旋回（米兰科维奇周期）

图 16.10　火山喷发将火山碎屑及各种气体喷入大气层。这是 1991 年喷发的菲律宾皮纳图博火山，说明火山能够向大气中喷入大量火山尘埃及各种气体。这些尘埃和气体遮天蔽日，阻挡入射太阳辐射，导致地球降温

图 16.11　人类活动和火山喷发的二氧化碳排放量比较。在最近数十年间，人类活动的二氧化碳排放量至少为火山喷发的 130 倍，成为地球大气变暖的主因

　　火山活动若要具有长期且明显的影响，就需要在短期内多次大量喷发。出现这种情况时，上层大气中不仅会充斥大量的各种气体（改变大气成分），而且会充斥大量火山灰（严重降低到达地表的太阳辐射量）。由于最近数百年间尚未发生过这样的爆炸性火山活动，因此火山活动不太可能影响最近的气候变化。但是，在遥远的过去，大而持久的火山喷发可能对地球气候变化影响深远。例如，德干暗色岩（Deccan Traps）形成于约 6600 万年前的大规模火山活动，巨量熔岩流覆盖了印度近 50 万平方千米土地，随后发生的全球气候变化很可能导致了恐龙灭绝。

　　地球板块运动　如第 2 章所述，地球各构造板块已经移动了非常远的距离。在地质历史时期中，由于各大陆彼此之间发生漂移，并运动至不同的纬度位置，因此许多明显气候变化可归因于板块运动。陆地运动改变了海洋环流，影响了热量和水分的输运，所以会对气候产生影响。例如，在约 4100 万年前，板块运动打开了南美洲与南极洲之间的德雷克海峡，致使南半球各海流发生根本性重组，彻底孤立了南极洲，使其变得更加寒冷并形成了永久性冰盖。但是，板块运动的速度非常缓慢（几厘米/年），因此只有在时间跨度足够长的地质历史时期中，各个大陆的位置才会发生明显变化。因此，板块运动引发气候变化是极其缓慢的过程，通常需要以百万年为单位进行计量。

解释结果

　　除了长期气候变化（时间跨度长达数百万年），有证据表明，地球近期气候也出现过暖期和冰期（如更

新世冰期、中世纪暖期和小冰期），这些温度波动并未受到人类活动引发的气候变化的影响。与如今观测到的变化相比，这些示例有何不同？值得注意的是，在最近数百万年间，地球上的最大温度波动发生在"冰期—间冰期"的过渡期（见图16.9）。冰期结束后，地球需要5000年左右才能升温4℃～7℃。相比之下，仅在20世纪，地球的平均温度就上升了约0.7℃，约为以往任何变暖速度的8倍。实际上，科学研究表明，与地球以往的最快自然变暖事件相比，人类改变地球气候的速度要高出5000倍。简而言之，当前发生的全球变暖事件绝对不同寻常，且前所未有。

总之，在20世纪，全球科学家们一直在收集影响气候的自然因素数据，如太阳亮度的变化、地球轨道的变化、主要火山喷发及其他各种因素。对于地球近期的快速变暖现象，这些观测并未显示出任何长期影响。科学家们一致认为，近几十年来观测到的变暖更快且更强，无法利用任何自然因素进行解释。从本质上讲，对于有记录及可观测的近期气候变化（包括地表平均温度上升）而言，唯一讲得通的解释是"人为排放物的释放"。

下一步该怎么做？

假设想要预测20年之后的地球平均温度，且手中掌握最近200年的年平均温度数据，判断下列哪种数据对于趋势预测最有帮助：第1个100年、第2个100年或最近50年？解释理由。

16.2.1　科学界是否就人类活动引发气候变化达成共识

目前，人们普遍认可如下科学共识：人类活动引发的温室气体排放是可观测地球变暖的主因。实际上，如果不考虑人为排放因素，就无法解释1950年以来观测到的全球变暖趋势。

"人类活动引发气候变化"获得了美国主要科学机构的广泛支持，包括美国国家科学院（NAS）、美国国家研究委员会（NRC）、美国国家科学基金会（NSF）、美国气象学会（AMS）、美国国家大气研究中心（NCAR）、美国科学促进会（AAAS）、美国国家海洋和大气管理局（NOAA）和美国国家航空航天局（NASA）等。实际上，全球超过200家科研机构支持这种观点。

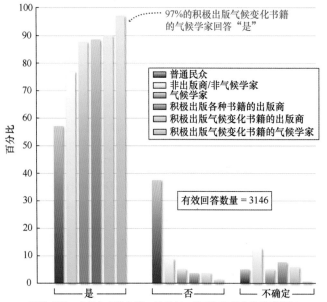

图16.12　人类活动引发气候变化的科学共识。对于"你认为人类活动是改变全球平均气温的主要因素吗？"这一问题，不同人群的回答以柱状图显示。可以看到，积极出版气候变化书籍的气候学家做出肯定回答的比例最高

"人类活动引发气候变化"科学共识已经确立超过25年，部分人甚至认为这一观点最早出现在20世纪50年代，而且自那时起从未改变。但是，最近一项民意调查显示，虽然这一观点获得了绝大多数科学家（特别是气候学家）的认可，但是美国公众的社会接受程度仍然远远落后（见图16.12）。图16.12还表明，最训练有素的气候科学专家们（积极出版气候变化书籍）最相信人类活动引发了地球近期气候变化。

图 16.12 表想要表达的主要信息是什么？

"人类活动引发气候变化"的各种同行评议科学出版物呼应了这一共识。例如，在最近开展的一项研究中，专家们查阅了 2013—2014 年与气候变化相关的所有科学出版物，最终获得如下结论：在关于全球变暖的同行评议文章的 69406 位作者中，只有 4 人（0.0058%，即 1/17352）反对这种观点。因此，已发表文章的科学家们对这一观点的共识率超过 99.99%，几乎接近达成一致。实际上，在经过同行评议的科学文献中，也未出现令人信服的反对证据。

这项研究成果很有意思，说明科学家们对人类活动引发气候变化的正确性存在分歧，但是绝大多数科学家支持这一观点。实际上，当前的科学分歧主要集中于这些气候变化对未来的具体影响及后果。

16.2.2 联合国政府间气候变化专门委员会：记录人类引发的气候变化

1988 年，联合国环境规划署和世界气象组织共同发起成立了联合国政府间气候变化专门委员会（Intergovernmental Panel on Climate Change，IPCC），由来自全球的大气和气候科学家组成，开始研究人类对气候变化和全球变暖的影响。IPCC 采用同行评议的文献来分析气候变化的各个方面，包括科学性、影响程度、适应性和减缓趋势，提供关于气候变化的独立科学建议。自 1990 年以来，该组织发布了一系列评估报告（见图 16.13），受到科学家和决策者的高度重视，并引发了与气候变化相关的国际运动。

16.2.2.1 IPCC 的评估报告

1990 年，IPCC 发布了第一份评估报告，为《联合国气候变化框架公约》奠定了基础。该公约是一项国际条约，签署国同意降低大气中的温室气体浓度。1995 年，IPCC 发布了第二份评估报告，指出"综合证据表明，人类对全球气候的影响较为明显"，以及全球变暖"不太可能完全由自然原因造成"。

2001—2018 年，在数百名科学家的指导下，IPCC 又发布了 4 份报告，越来越确信气候变化由人类活动导致。例如，IPCC 在 2014 年发布的第五份评估报告中，来自气象学、物理学、海洋学、工程学和生态学等科学领域的 831 名专家，总结了最新发布的 9200 份经

图 16.13 IPCC 的第六份评估报告。在本书出版之际，IPCC 发布了 2018 年度报告，指出地球上由人类引发的这些气候变化要比想象的速度更快，且产生了更加可怕的后果

同行评议的气候变化科研成果，确定大气及海洋系统的变暖"确信无疑"。报告中描述了许多相关影响，例如自 1950 年以来，海平面上升和全球气温升高的速度史无前例。该报告还认为人类对气候存在明显影响，自 1950 年以来，人类活动极有可能是可观测气候变暖的主要原因，确定性高达 95%～100%。此外，该报告还指出，人类实施温室气体减排的时间推迟得越久，应对气候变化需要付出的成本就越高。

IPCC 评估报告提供了地球上人类活动引发气候变化的强大记录，这些变化对各大洲的社会和生态系统构成了重大威胁。由于这一重大发现，IPCC 与美国前副总统戈尔（投资并参与拍摄了纪

录片《难以忽视的真相》）共同获得 2007 年诺贝尔和平奖，如图 16.14 所示。在授予该奖项时，诺贝尔评奖委员会指出：通过最近 20 年发布的科学报告，对于人类活动与全球变暖之间的关联性，IPCC 取得了越来越广泛的共识。

总而言之，IPCC 的六份详细报告前后历时 20 多年，记录了全球主要气候专家的广泛科学共识，肯定了人类活动引发气候变化不再是一种预测，而是实际观测所得。每份后续评估报告均包含了新数据，使得下列信息的确定性变得越来越强：人类活动正在改变地球的气候，我们需要采取切实的行动来减少人为排放。

图 16.14　IPCC 和戈尔共同获得 2007 年诺贝尔和平奖。挪威诺贝尔委员会将 2007 年诺贝尔和平奖授予联合国政府间气候变化专门委员会（IPCC）和戈尔，表彰他们致力于研究及传播关于人类活动引发气候变化的更多知识，并提出为应对这种变化所需采取的措施

常见问题 16.4　地球平均气温上升出现停顿是否与全球气候变暖矛盾？

新闻报道说"地球平均气温上升"在 21 世纪初出现停顿，这与全球气候变暖相矛盾。该报道是否正确？

不正确。实际上，通过重新审视相关数据，人们发现"地球表面平均温度上升的假定停顿（或假停顿）"从未出现，最近数十年中的全球变暖停顿（Global Warming Hiatus）属于测量偏差。之所以出现这种明显的偏差，主要是在最近数十年中，测量海洋表面温度的浮标数量有所增加。据美国国家海洋和大气管理局的专家解释，与船舶发动机进水口中的传感器读数相比，海面浮标的读数往往要低一些。在未经校正的情况下，这些差异说明"自 1998 年以来，长期观测到的地球表面平均温度上升出现了停顿，全球变暖趋势明显放缓"。

目前，在测量偏差得到校正后，气候变化研究人员更加确信"2000 年至今的全球变暖自 20 世纪后半叶以来最强，而且变暖速度正在加快"。这当然不是什么好消息，但却是科学过程的另一个典型案例：提出问题、重新验证及寻找其他数据解释。

16.2.2.2　其他科学报告证实了 IPCC 的发现

后续系列报告进一步证实了 IPCC 的调查结果。例如，2009 年，美国全球变化研究计划（U.S. Global Change Research Program）发布了一份 190 页的跨机构报告，题为《全球气候变化对美国的影响》。该报告指出，全球变暖毫无疑问主要由人类引发，自 1900 年以来，全球平均气温上升了约 0.8℃，2100 年预计会再上升 1.1℃～6.4℃。如果全球吸热气体排放量大幅减少，全球平均气温的增加值可能位于此范围的下限；如果排放量持续攀升或者接近当前的速度，全球平均气温的增加值更可能位于此范围的上限。该报告警告称，气候变化将对诸多领域产生较大影响，如水资源、生态系统、农业、沿海产业、人类健康及其他相关领域。

2011 年，美国国家研究委员会发布了名为《美国的气候选择》的最终报告，这是关于气候变化的 5 卷系列报告。这些报告应美国国会的要求而发布，再次确认了科学证据的优势，指出人类活动（特别是向大气中释放二氧化碳及其他温室气体）是最近数十年来发生的绝大多数全球变暖的最可能原因。这些报告再次重申，人类亟需采取实质性行动来限制气候变化的幅度，做好适应其重要影响的各种准备。这些报告指出，目前采取的行动可以降低对人类及自然系统造成重大破坏的风险；不采取行动可能会增大这些风险，特别是气候变化的速率（或幅度）特别大时。

2017 年，应美国国会的要求，《气候科学特别报告：第四次国家气候评估》正式发布，旨在评估与气候变化及其物理影响相关的科学状况，如图 16.15 所示。该报告每 4 年发布一次，由负责全球气候变化研究的 13 个联邦部门及相关机构的多个科学家团队合作编写，并且广泛接受社会公众和科学家们的监督检查。该报告肯定了以往报告的结论，指出评估结论基于大量证据取得，对于自 20 世纪中期以来观测到的气候变暖，人类活动（特别是温室气体排放）极有可能是主因。对于 20 世纪以来的气候变暖，不存在令人信服（为可观测证据所支持）的任何替代性解释。该报告还指出，气候变化已经影响到美国人，预计在 21 世纪甚至今后更长的一段时间里，气候变化将在全国范围内变得越来越具有破坏性。

下两节介绍气候科学，探讨全球变暖引发的海洋变化。

图 16.15 《气候科学特别报告：第四次美国国家气候评估》（2017）。这份报告由美国气候科学专家团队负责编写，对美国气候变化的物理影响进行评估。该报告每 4 年发布一次，认为气候变化已对美国人产生了深远影响

简要回顾

以前，由于自然因素（如太阳输出的变化、地球轨道的变化、火山活动及构造板块运动），地球的气候发生了改变；现在，地球正在经历着快速的气候变化，大量证据表明，主要原因是人类活动向大气中释放了吸热气体。

小测验 16.2　描述地球近期气候变化由人类活动（而非自然周期）所引发的证据

❶ 什么是代用资料？举例说明。为什么这些资料对古气候学研究很重要？

❷ 列举自然因素导致气候变化的几个示例，说明自然机制是否能解释地球近期的气候变化。

❸ 人类活动引发气候变化是否存在科学共识？解释理由。

❹ IPCC 是什么？在记录人类活动引发的气候变化方面，IPCC 发挥了什么作用？

❺ 最近发布的支持"人类活动引发气候变化"的其他报告还有哪些？

16.3　大气温室效应由哪些因素引发？

大量科学研究表明，人为排放应当对地球近期的明显气候变化负责，包括全球平均气温的升高，即所谓的全球变暖（Global Warming）。虽然温室效应（Greenhouse Effect）是一种自然过程（影响地球表面和大气的温度），但其目前正被人类排放物所改变，这一现象通常称为人为温室负荷（Anthropogenic Greenhouse Load）或增强的温室效应（Enhanced Greenhouse Effect）。

之所以称其为温室效应，是因为这种地球（地表及低层大气）保暖方式与温室类似，即无论外界条件如何，温室内部的植物照样能够生长在理想的温暖环境下，如图 16.16 所示。太阳辐射的能量覆盖了整个电磁波谱，但最终抵达地球表面的大部分能量均为短波，位于波谱的可见光部分内部（及其附近）。在温室中，波长较短的阳光穿过玻璃或塑料覆膜，直射植物、地板及其他室内物体，然后重新辐射为波长较长的红外辐射（热量）。一部分热量从温室中逃逸，另一部分热量则被玻璃（或塑料覆膜）暂时捕获，使得温室整体保持温暖舒适，这与地球大气层具有异曲同工之

大气中的气体（如水、二氧化碳和甲烷）发挥着类似于温室玻璃的作用，允许阳光通过，但能吸收向外排出的热量

① 入射阳光穿过透明的温室玻璃

③ 无法从温室中逃逸的热量在内部积聚，温暖着整个温室内部

② 阳光直射温室内的物体，失去能量，转化为热量

图 16.16　温室的运行机制

处。注意，最新研究表明，温室保暖的另一种因素是"覆膜能够防止室内热空气与室外冷空气相混合"。虽然温室与地球大气的运行机制不同，但是人们仍然习惯使用温室效应一词来描述地球大气的变暖过程。

16.3.1　地球的热量收支和波长变化

图 16.17 中显示了地球热量收支（Heat Budget）的各个组成部分，描述了地球热量增减的所有方式。虽然地球大气层阻挡了某些形式的太阳辐射，但对大部分可见光波长通通放行，使其能够畅通无阻地穿越大气层（就像阳光穿过温室玻璃那样）。但是，只有约 47% 的太阳辐射最终抵达地球表面，被海洋和陆地所吸收。在约 53% 的其余太阳辐射中，23% 被大气、尘埃及云层中的分子吸收，30% 被大气后向散射、云层及地表反射区域反射回太空。

如图 16.18 所示，从太阳照射至地球的能量中，大部分位于电磁波谱的可见光部分，波长峰值为 0.48 微米。当这些辐射被地球表面的水体和岩石吸收时，地表物质吸收部分能量并升温，然后以波长较长的红外（热量）辐射形式，从地球表面向太空发射辐射，波长峰值为 10 微米。大气层中的各种气体（如水蒸气、二氧化碳及其他气体）吸收这些波长较长的辐射，有效拦截企图从地球逃逸的热量辐射，从而对大气层产生升温效应。这种热辐射捕获和大气层加热就称为温室效应。

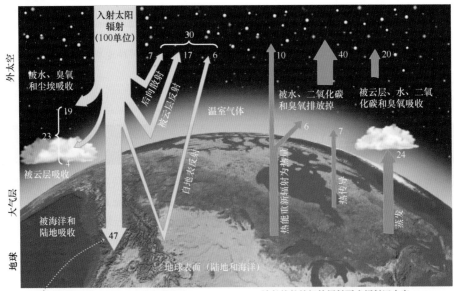

图 16.17　地球的热量收支。在本例中，100 单位太阳辐射（大部分为短波可见光）被地球—大气系统的各个组成部分反射、散射和吸收，吸收的能量以长波红外辐射（热量）形式从地球重新辐射回太空。当这种红外辐射不离开地球时，就发生全球变暖现象

总之，在没有反射回太空的太阳辐射中，大部分穿过大气层而被地球表面吸收。继而，地球表面再次发射波长较长的红外辐射（热量），部分热量被大气层中的某些吸热气体吸收，最终产生温室效应。因此，要理解温室效应的运行机制，关键是要厘清地球表面的可见光－红外线的波长变化。

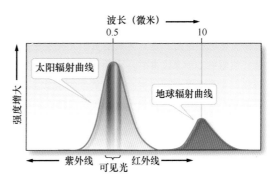

图 16.18　太阳和地球辐射的能量。太阳辐射能量强度在 0.48 微米波长处达到峰值（位于电磁波谱中的可见光部分），部分能量被吸收、反射及地球再辐射（位于以 10 微米波长为中心的热红外范围内）

16.3.2　引发温室效应的气体有哪些

地球的温室效应由大气层中的一系列气体引发，许多气体既存在自然来源，也存在人为来源。例如，水蒸气（水汽）是最重要的单一热量吸收者，对温室效应的贡献（36%～66%）大于任何其他气体。若再加上云层，总贡献率约为 75%。

水蒸气主要通过蒸发及其他自然过程进入大气层。虽然大气层中的水蒸气（简称大气水汽）含量存在区域性波动，但科学研究表明，人类活动对水蒸气含量的影响并不明显，除非在局部尺度（如在灌溉田附近）。即便如此，水蒸气也不会在大气层中驻留较长的时间，而是进入快速变化的水循环（凝结和降水）。从本质上讲，人类活动并不直接影响全球尺度的大气水汽含量，但可能存在间接影响，因为较暖的空气能够容纳更多的水分。实际上，通过对大气水汽进行卫星测量，人们发现自 1970 年以来，全球海平面的比湿度（Specific Humidity）增长了 4%，研究人员认为这与人类活动引发的气候变化有关。

虽然如此，在全球变暖过程中，大气水汽仍然发挥着重要作用。例如，最新的研究表明，由于 1980—2000 年的自然过程，平流层中的水汽含量增多，可能使这一时期的变暖速率加快了 30%。相反，自 2000 年以来，平流层中的水汽含量减少了 10%，在人为排放量持续攀升的情况下，全球温度总体趋于平稳，因此全球变暖速率或许已经减缓。

表 16.1 中显示了由于人类活动而增大的温室气体（Greenhouse Gases）浓度。注意，这些气体在大气中的含量非常低，但是具有非常重要的"加热"效应。水蒸气在大气中的驻留时间较短，但温室气体会在大气中驻留较长的时间，并且持续地吸收热量。某些温室气体同时存在自然来源和人为来源，但是另一些温室气体不存在自然来源，因此显然是人类活动的产物。

表 16.1　人类产生的温室气体及其对温室效应增强的贡献

大气气体名称	人为来源气体	工业化前（约 1750 年）浓度（ppbv[a]）	当前浓度（ppbv[a]）	当前增长率或下降率（%/年）	对温室效应增强的相对贡献（%）	每个分子吸收的红外辐射（高于二氧化碳的倍数）
二氧化碳（CO_2）	化石燃料燃烧	280000	411000	+0.5	58	1
甲烷（CH_4）	泄漏，家畜，稻作农耕	722	1834	+1.0	15	28
氧化亚氮（N_2O）	化石燃料燃烧，工业过程	270	328	+0.2	5.9	265
对流层臭氧（O_3）	燃烧副产物	237	338	+0.5	12	2000
氯氟烃（CFCs）	制冷剂，工业用途	0	0.82	-1.0	7	12000～15000
含氢氯氟烃（HCFCs）	制冷剂，工业用途	0	0.28	+0.5	1.7	800～2000
氢氟烃（HFCs）	制冷剂，工业用途	0	0.08	+8～20	0.4	最高可达 14800
合计					100	

[a]ppbv = 1/10 亿（按体积）。

常见问题 16.5 二氧化碳是形成臭氧层空洞的罪魁祸首吗？

简而言之：绝对不是！臭氧层位于大气层中的平流层，由臭氧分子（O_3）组成，可吸收来自太阳的大部分紫外线辐射。如果没有它，大量紫外线辐射（影响人体健康）将直射地球表面，致使地球基本上不适合人类居住。主要臭氧空洞（实际为臭氧层的季节性变薄）出现在南极上空，次要臭氧空洞出现在北极上空。这两个臭氧空洞均形成于"天然化合物与人造化合物（特别是已禁用的氯氟烃，即 CFCs）发生化学反应"，而与二氧化碳并无关系。氯氟烃是较强的温室气体，具有制冷效果。遗憾的是，作为氯氟烃的替代化合物，氢氟烃同样属于较强的温室气体（见表 16.1），这意味着保护地球臭氧层的努力产生了难以预料的后果，进一步加剧了地球的温室气体负担。但是，人们目前正在采用"气候友好型"替代品来取代氢氟烃，随着这些新化学物质的引入，加上对氯氟烃禁令的严格执行，科学家们乐观地预测，地球保护性臭氧层将在 21 世纪中叶恢复正常厚度。但是，大气化学异常复杂！如表 16.1 所示，作为一种燃烧副产物，对流层（低层大气）臭氧是较强的温室气体；作为另一种燃烧副产物，人类产生的氧化亚氮（笑气）同样属于温室气体，现在是消耗臭氧层最多的单一物质。

16.3.2.1 二氧化碳

在人类产生的所有气体中，二氧化碳对温室效应增强的相对贡献最大（见表 16.1）。二氧化碳作为碳化合物与氧气的燃烧产物进入大气，属于一种无色无味的气体，与人类肺部呼出的气体相同。通过汽车、工厂及发电厂等途径，人类将化石燃料（石油、天然气和煤炭）转化为能源，占据了二氧化碳年排放量的主体，其中工业化国家的贡献最大。在最近 250 年间，由于受到人类活动的影响，大气二氧化碳浓度增长了 40% 以上（见图 16.19）。1958 年，查尔斯·大卫·基林开始直接测量大气二氧化碳浓度；现在，他的儿子拉尔夫·基林子承父业。

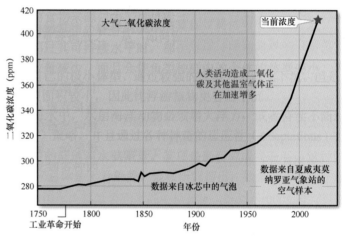

图 16.19 1750 年以来的大气二氧化碳浓度。由曲线可以看出，自 17 世纪末工业革命开始以来，全球大气二氧化碳浓度的平均值明显增大。1958 年至今的数值来自夏威夷的莫纳罗亚气象站，为空气样本中二氧化碳的实验室测量值；1958 年以前的数值来自极地区域，为冰芯气泡空气中的二氧化碳测量值

这条标志性曲线显示了大气二氧化碳的稳定增长，目前以父子俩的名字进行命名，详情请参阅深入学习 16.1。

科学家们忧心忡忡，在最近 250 年（特别是近 50 年），人类活动造成大气中的温室气体浓度不断上升。截至 2019 年，大气二氧化碳的年平均浓度为 411ppm，并且每年递增约 2ppm，这一增长率是 50 年前的 2 倍。目前，仅就数量而言，人类每年向大气中排放约 400 亿吨二氧化碳；若以全球人口计算，地球上每个人的二氧化碳年排放量超过 5.2 吨。此外，对于生活在工业化国家（如美国）的人们来说，这个数字是发展中国家（如印度）的数倍。二氧化碳浓度上一次达到当前水平时，还要追溯至约 1500 万年前的中新世暖期，当时的气温至少比今天高 3℃～5℃。

常见问题 16.6 大气二氧化碳浓度极低，怎么可能对全球变暖负责呢？

有时候，即使某种物质含量极微，也可能产生非常惊人的效果。例如，大多数人都知道，即使人类血液中的胆固醇含量略有升高，也可能诱发严重的健康问题。大气亦如此，貌似含量极低的吸热气体数量一旦上升，就很可能导致全球气温升高。大气中的吸热气体确实非常强大！

温室效应由各种气体引发，这些气体允许阳光穿过大气层，但是在其被辐射回太空前吸收热能。在人类活动（增强大气吸收热量的能力）产生的一系列气体中，二氧化碳最为重要。

深入学习 16.1　大气二氧化碳的基林曲线及创建其的父子团队

20 世纪上半叶，人们怀疑由于化石燃料的燃烧，大气二氧化碳浓度可能会上升。但是，对于这种非常重要的温室气体，实际测量却相对较少，而且测量结果差异较大。1958 年，为了测定大气中的二氧化碳浓度，查尔斯·大卫·基林开始测量夏威夷莫纳罗亚火山顶的大气二氧化碳，研究人员在那里可以获得非常纯净的高海拔空气。这些测量一直持续到今天，形成了全球持续监测时间最长的大气二氧化碳数据集。大气二氧化碳的图形表达是支持"人类活动引发全球变暖"的最具标志性的曲线之一，为纪念基林做出的贡献，该曲线以其名字命名（见图 16A）。

1958 年 3 月，在美国气象局（现隶属于 NOAA）和斯克里普斯海洋学研究所的指导下，大卫·基林在夏威夷莫纳罗亚气象站安装了一台气体分析仪。在首日运行期间，记录到的大气二氧化碳浓度为 313ppm。1958 年 4 月，基林感到惊讶，莫纳罗亚的二氧化碳浓度上升了 1ppm。5 月的测量值甚至更高，之后开始下降，10 月达到最低值。在接下来的几个月，二氧化碳浓度再次上升，并且重复相同的季节模式。这是基林曲线的一种独特组成部分，可以解释为北半球植物的一种自然周期，即北半球植物夏季通过光合作用吸收空气中的二氧化碳（供植物生长），并在随后的每个冬季将其分解并释放回大气，基林将其描述为全球尺度的季节性"呼吸周期"。

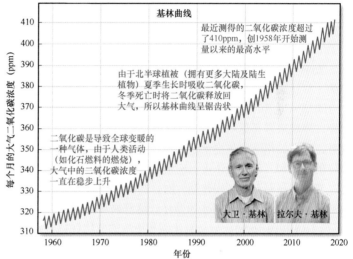

图 16A　基林曲线。基林曲线代表了大气二氧化碳测量的最长连续记录，始于 1958 年的夏威夷莫纳罗亚火山顶。这些测量数据由大卫·基林和拉尔夫·基林父子团队（插图）采集

基林的测量是大气二氧化碳浓度快速升高的首个重要证据，许多科学家认为基林曲线首次让整个世界关注到大气二氧化碳浓度升高。此外，研究人员还记录了大气二氧化碳浓度的持续升高是人类排放的结果。

在斯克里普斯的实验室中，基林持续指导着莫纳罗亚的大气二氧化碳测量工作，直到 2005 年去世。他的儿子拉尔夫·基林是斯克里普斯的地球化学教授，接管了测量项目的管理工作。对大气二氧化碳的这项长期测量工作由大卫·基林发起，然后由他的儿子拉尔夫·基林接手，至今仍在持续不断地采集数据，可谓是一项非常重要的气候数据，清楚地显示了人类如何对气候变化做出贡献。为了纪念基林父子所做的工作，并对该曲线的重要性表示敬意，美国化学学会 2015 年将基林曲线命名为美国国家化学史里程碑。

目前，全球约有 100 个监测站在监测大气二氧化碳，但任何监测站的连续记录均无法比肩基林的莫纳罗亚监测站。最为重要的是，该监测站的数据表明，当前数值（超过 400 ppm）是自 1958 年开始长期监测以来测量到的大气二氧化碳浓度最高值。

你学到了什么？

在基林曲线中，为什么大气二氧化碳浓度几十年以来稳步上升，但却呈现出锯齿状的季节性模式，即大气二氧化碳浓度在前半年上升，然后在下半年下降？

16.3.2.2 甲烷

如表 16.1 所示，甲烷是丰度位居次席的人为温室气体，其主要生成途径为：在垃圾填埋场中，垃圾分解产生泄漏；家畜呼吸，喷出甲烷；农业（特别是水稻种植）。在大气中，虽然甲烷的浓度低于二氧化碳，但每个分子的变暖能力要大得多。自 1750 年工业革命开始以来，大气中的甲烷浓度已经从 700ppb（按体积）上升至 1825ppb（按体积），足足升高了 2.5 倍。虽然大气中的甲烷含量极低，但科学家们对这种急剧上升趋势感到担忧，因为若在 100 年时间尺度上按照平均磅数进行换算，甲烷对气候变化的影响是二氧化碳的 25 倍。

16.3.2.3 其他温室气体

在表 16.1 中，其他微量气体（如氧化亚氮、对流层臭氧和氯氟烃）的浓度远低于二氧化碳和甲烷，但是仍然非常重要，因为它们的每个分子吸收的红外辐射是二氧化碳（或甲烷）的数倍（见表 16.1 最后 1 列），因此对全球气候变暖的贡献非常大。不过，由于浓度太低，这些气体对温室效应增强的总体贡献较小。但是，考虑温室变暖的总量时，必须涵盖所有这些气体。

16.3.2.4 温室气体：历史与未来

2005 年，研究人员复原了从南极洲钻取的一条近 3.2 千米长的连续冰芯，其中包含了历史大气中的二氧化碳和甲烷（冰层积聚时捕获的 2 种重要温室气体）的浓度记录。冰芯分析可以回溯至 80 万年前（见图 16.20），二氧化碳平均浓度（红色曲线）的自然变化范围为 180~280ppm。在同一时期，甲烷浓度（见图 16.20，绿色曲线）的变化范围为 350~750ppb，与二氧化碳浓度保持同步。此外，冰芯的化学成分提供了地球历史平均温度的代用资料（见图 16.20，黑色曲线），表明其与大气中的甲烷和二氧化碳浓度具有高相关性：当地球低温寒冷（冰期）时，二氧化碳和甲烷的浓度较低；当地球高温温暖（间冰期）时，二氧化碳和甲烷的浓度较高。如曲线所示，大约每隔 10 万年，地球就经历一次冰期－间冰期循环。这些循环的时间周期很可能由米兰柯维奇旋回的轨道参数决定（见图 16.8 和图 16.9），与二氧化碳和甲烷的变化保持一致。这是地球自然气候循环的所有部分。

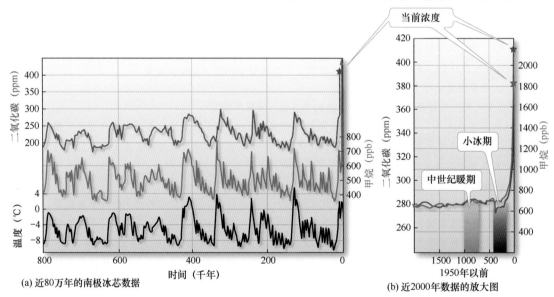

图 16.20　大气成分和全球温度的冰芯数据。(a)近 80 万年的南极冰芯数据显示了大气中的二氧化碳（红色曲线）、甲烷（绿色曲线）浓度和全球平均温度（黑色曲线）。当前的二氧化碳和甲烷浓度以红星和绿星标识，大气成分来自冰芯气泡中的空气分析，温度重建来自冰芯的化学成分；(b)近 2000 年数据的放大图，包含了中世纪暖期和小冰期

探索数据

说明(a)部分中 3 条曲线之间的关系。为什么(b)部分中的中世纪暖期和小冰期必须放大显示？

常见问题 16.7　如果没有自然温室效应，地球的温度会如何？

两个字：冰冻！地球和最低大气层（对流层）的全球平均温度约为 15℃。如果大气中不含温室气体或变暖云层，全球平均温度约为-5℃。在这样的温度下，地球很可能大部分表面完全冰冻。相反，若大气中存在自然产生的温室气体，则有助于建立并维持适宜居住的温和温度。

最重要的是，该图还标出了当前大气中二氧化碳和甲烷的浓度峰值（彩色星星）。实际上，相关地质证据表明，当前大气中的二氧化碳浓度（411ppm）和甲烷浓度（1825ppb）达到近 80 万年来的最高水平，或许也是数百万年以来的最高水平。

通过分析地球地质历史的代用资料，人们发现地球的平均地表温度曾经更高，最著名的事件之一是古新世－始新世极热事件（Paleocene-Eocene Thermal Maximum，PETM），它发生在约 5600 万年前，当时的地球气候比现在要温暖得多。化学指示剂表明，由于大量释放二氧化碳和甲烷，地球在数千年内至少变暖了 5℃。PETM 的标志性特征是"海洋温度升高，造成海洋生态系统发生巨大变化"，由于暖水无法容纳更多的氧气，因此表层海水中的溶解氧几乎耗竭。此外，大气中的大量二氧化碳溶解在海洋中，使得海水的酸性变强（这种情况目前仍然存在，本章稍后将讨论相关内容）。因此，这些古老的暖期（如 PETM）通常标志着许多海洋生物的灭绝。科学家们还确定，目前的二氧化碳排放速率是 PETM 爆发时的 10 倍。

二氧化碳浓度的未来前景如何？基于复杂的计算机模型，IPCC 根据各种情景，对 2100 年的前景做了预测（见图 16.21）。这些预测基于温室气体排放情景，考虑人口增长、经济发展、技术变革及文化与社会交往等因素的影响。例如，在情景 A2（见图 16.21，红色曲线）中，人口以当前增长率增长，能源使用和资源利用采取"一切照旧"的方法。在这种情景下，当二氧化碳浓度达到最高时，全球地表温度预计将上升 4℃。自末次冰期（1 万年前）结束以来，平均温度变化从未像该情景预测（100 年内发生）得这般强烈。

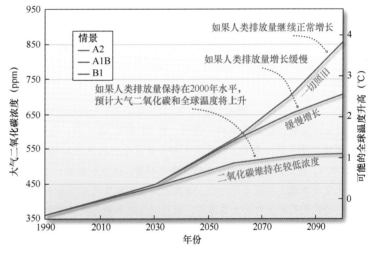

图 16.21　未来的大气二氧化碳浓度及相应的全球温度升高的情景。各种不同情景下的曲线显示了预测的大气二氧化碳浓度和可能的全球温度升高。二氧化碳及温度高值与 A2 情景（红色曲线）相关，假设人类排放量增多；二氧化碳及温度中等值与 A1B 情景（蓝色曲线）相关，假设温室气体排放量缓慢增长；二氧化碳及温度最低值与 B1 情景（绿色曲线）相关，假设温室气体保持在 2000 年的水平

常见问题 16.8　为什么预测的全球温度升高会产生这么大的影响？

升温几摄氏度有什么大不了的？我经常在一天内经历 5℃～10℃的温度变化，为什么预测的全球温度升高会产生这么大影响呢？一方面，人类是适应性极强的高级生物，能够承受较宽的温度范围。许多动植物（特

别是海洋生物）受温度的影响极大，即使只比正常温度范围高（或低）几摄氏度。此外，一定要记住，"预测的温度升高"建立在任何正常（或已升高）温度的基础之上。例如，假设存在一次"预测的危险热浪"，那么"几摄氏度的微小升温"会使热浪更加致命。在科学界预测的温度更高的未来世界，各种天气事件（如热浪、飓风、龙卷风、干旱及洪水）更为极端且周期更长。

另一方面，还需要考虑地质记录。在末次冰期，全球平均温差仅为 4℃～6℃（大规模冰原覆盖陆地时与类似当前的温暖间冰期之间）。在全球范围内，平均气温只要升高几摄氏度，就可能对冰原、海平面及气候的许多其他方面产生巨大影响。

在情景 A1B（见图 16.21，蓝色曲线）中，经济增长非常迅速，全球人口在 21 世纪中叶达到高峰，随后数量下降，快速引入更加高效的新技术（如燃料电池、太阳能电池板及风能），取代目前的大部分化石燃料燃烧。在这种温和的路线下，会产生中等数量的大气二氧化碳，相当于全球变暖约 2.5℃。

在情景 B1（见图 16.21，绿色曲线）中，全球人口数量与情景 A1B 的相同，但是经济结构向"服务经济与信息经济"快速转型，同时不断降低材料的强度，广泛采用清洁技术和资源节约型技术。在这种情景下，各个国家携手合作，同时利用技术与常规环境控制手段，最终目标是降低温室气体排放量。在这种最佳方案情形下，大气二氧化碳的浓度最低，全球变暖仅约为 1.0℃。

目前，即便温室气体浓度保持稳定且不再升高，由于地球气候系统需要数年时间才能完全适应温室气体的增多（包括各种反馈回路的稳定），地球仍将继续变暖约 0.6℃（直到下个世纪）。这种未来的气候变暖通常被称为地球"对气候变暖的承诺"。最重要的是，"人类现在所做的各种选择"显然将决定未来一段时间（21 世纪的剩余时间及以后）的大气二氧化碳浓度及相关的全球气候变暖。

常见问题 16.9　科学家们几十年前预测的冰期为何还未到来？

对全球变暖持怀疑态度的人指出，在 20 世纪 70 年代，气候科学家就警告说冰期即将到来。实际上，虽然媒体普及了这一观点（有时采用相当危言耸听的说法），但是这一观点缺乏科学共识。20 世纪 50 年代至 70 年代，人们的确观测到了全球变冷的趋势。由于存在这一事实，加上冰期的周期性特征及地球轨道变化为全球变冷蓄势长达数千年之久，导致人们猜测地球可能会回到冰期。但是，人们现在已经知道，最近的全球变冷可能是气溶胶粒子大量增加，使得大气对入射阳光的反射更强，同时掩盖了全球变暖的迹象。从全球温度的长期变化来看（自那时起），地球近期的变暖趋势非常清晰（见图 16.22）。

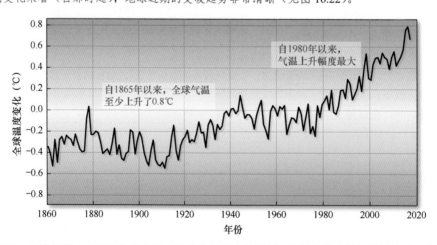

图 16.22　地表气温自 1865 年以来呈上升趋势的温度计记录。从温度计读数记录的全球平均地表气温中，可知自 1865 年以来，全球至少升温 0.8℃。波峰和波谷标识了气候的自然年际变化

通过分析包裹在远古冰层中的气泡，人们发现在近 80 万年间，今天的二氧化碳和甲烷的吸热水平最高。多情景分析表明，人为排放将会导致地球持续变暖，但目前所做的各种选择将决定未来的变暖程度。

16.3.3　其他因素：气溶胶

气溶胶（Aerosols）是大气中的悬浮颗粒物，由于它影响大气的反射率和吸热能力，因此对气候变化有一定的影响。人类产生的一种最重要的气溶胶是黑碳（Black Carbon），它由空气中的微小碳颗粒组成，通常简称为煤烟（Soot）。黑碳之所以能够进入大气，主要途径是有机物的不完全燃烧，如炉灶里的木柴、发电站里的煤炭、汽车（及卡车）里的柴油或野火烧焦的树木等。一旦进入大气层，黑碳即可漂浮数周，从而增强大气的吸热能力。据估算，与等量的二氧化碳相比，每克黑碳对气候变暖的贡献率要高 100～2000 倍。此外，黑碳既有助于云层的形成，有时也会抑制云层的形成，所以在预测黑碳对气候的影响方面，各种气候模型都不尽如人意。但是，对于落在陆地上的黑碳，存在一种可预测的效果：降低大多数地表物质的反照率（Albedo）。特别是当黑碳落在雪（或冰）上时，黑色的煤烟会增强气候变暖，促进冰雪进一步融化。

人类产生的黑碳大部分会进入海洋并最终下沉至海底，但是科学研究表明，它可以在海水中盘旋数千年之久。科学家们更关注通过人类活动释放至环境中的煤烟常量与增量。此外，对人体健康而言，"吸入煤烟"的危害极大。

常见问题 16.10　"人类活动引发气候变化"怀疑论者是否应称为否定论者？

我的一些朋友和家人对"人类活动引发气候变化"持怀疑态度。既然支持性证据如此有力，为何不应将他们称为"否定者"呢？术语问题。怀疑论者（Skeptic）是对"号称事实的事物"的有效性（或真实性）提出质疑的人，实际上是一件好事。例如，如果相信自己听到的每个快速致富机会，那么我们会被认为相当容易受骗。实际上，科学方法的各种原则以健康适度的怀疑论为基础。另一方面，否定论者（Denier）是拒绝接受不愉快（或痛苦）事情的真实性的人，例如身患绝症的病人可能否认其病情的严重性。对于人类活动引发气候变化，我们似乎应当接受无可辩驳的证据，耐心听取专家的意见（像其他很多情形那样），否则就会落入"否定公认科学事实"的范畴。

16.3.4　由于全球变暖而发生的气候变化记录有哪些

人为引发的温室效应存在某些迹象，如冰川与冰盖融化、冬季缩短、物种分布位置偏移及平均温度（全球与海洋表面）稳步上升等。基于陆地气象站、卫星数据及代用资料和船测数据（早期测量），人们获得了如下关于地球温度的观测结果：

- 近 30 年以来，地球表面平均温度上升了 0.6℃；自 1865 年以来，地球表面平均温度上升了 0.8℃，如图 16.22 所示。

探索数据

这条曲线呈现的趋势（或形态）是什么？

- 就升温速率而言，近 50 年是近 100 年（有观测记录以来）的 2 倍。
- 除 1998 年外，仪器记录的最热的 10 年（前溯至 1880 年）均发生在 2005 年以后。
- 迄今为止，2015—2017 年是有记录以来最热的年份，其中 2016 年更是"热上加热"。
- 2000—2010 年是有记录以来最热的 10 年。本书正式出版后，2011—2020 年将成为有记录以来最热的 10 年。
- 20 世纪，地球经历了 1300 年以来（至少）最高的地表升温幅度。
- 全球海洋表面温度上升（见下一节）。

- 全球出现了越来越多的热浪，如 2017 年澳大利亚热浪、2014 年印度热浪（造成 2300 多人死亡）、2012 年美国热浪（有记录以来的最热 7 月之一）及 2010 年东欧和俄罗斯热浪（500 年以来的最强热浪）。科学研究发现，这样的极端事件与人类活动引发气候变暖有关。例如，某项已发表的研究成果得出结论：1971—2008 年，热浪（定义为至少 3 天异常高温）明显延长，且更强烈、更频繁。此外，据多种模型预测，未来出现严重热浪的可能性更大。

常见问题 16.11　科学家们一直不情愿将特殊天气事件归因于气候变化，现在是否发生了改变？

是的。据多种气候模型预测，人类活动引发气候变化将导致出现更多的极端天气，但要将其与单一天气事件联系起来却很困难。曾有一段时间，当被问及这个问题时，气候研究人员给出的典型答案大致是"也许吧，但很难讲"。之所以有些不情愿面对现实，主要是因为若将特定风暴（或天气模式）归因于气候变化，科学家们将不得不"向北眺望北极圈"，然后考虑全球急流（Jet Stream）的作用。急流是一个新概念，与"热带控制着全球天气模式"的流行假说刚好相反。为了接受这样一种观点（即地球顶部区域可能会影响像全球急流一样巨大的物体），科学家们需要见到令人信服的确凿证据，目前他们已经完全掌握了相关证据。自 2012 年以来，已有数十项研究成果支持这一总体观点。注意，天气与气候之间的关系非常复杂（在不同地点的不同季节，运行机制存在着较大差异），但是二者之间的联系变得越来越清晰。现在，气候研究人员大多认为，如果没有温室气体排放造成的大气升温，某些极端天气事件将完全不可能发生。这是一个值得深入研究的领域，在气候变化的大背景下，预测这类事件将大有裨益。1980—2016 年，美国极端天气造成的经济损失超过了 1.1 万亿美元。

随着全球气温持续升高，研究人员利用复杂的气候模型预测地球将会发生哪些变化。由于气候系统及其反馈回路的复杂性，并不是所有的模型都支持这些变化的正确性（或严重性）。但是，这些模型一致支持如下观点：在北半球，高纬度地区升温强烈，中纬度地区升温中等，低纬度地区升温相对较弱。其他预测变化（均已发生）列举如下：

- 夏季更早来临，持续时间更长，温度更高（包括时间更长且强度更大的热浪）。
- 出现更极端的降水事件，如某些地区严重干旱，其他地区发生洪水的可能性增大。在美国东北部地区，降雨量预计将增多。
- 冰原和山地冰川全球性消退。
- 水污染问题造成更大规模的水传播疾病的爆发，或者蚊子传播传染病的爆发，如疟疾、黄热病、寨卡病毒和登革热等。
- 动植物群落分布改变，影响整个生态系统，可能造成某些物种灭绝。

但是，并非所有预测变化都会产生消极影响。例如，气候变暖加速有望为某些农作物提供更长的生长期，大气二氧化碳增多应当有助于提高植物的生物生产力（Productivity），无冰北极水域往往具有更高的海洋生产力。但是，大多数科学研究表明，气候变化的消极影响远大于积极影响。此外，在理解气候变化的区域影响方面，目前仍然存在一些不确定性，当气候系统的各个组成部分对这些变化做出反应时，方式可能会出乎意料或者令人惊讶。

常见问题 16.12　既然预测全球变暖，为什么这个冬天这么冷？

在有文献记载的全球变暖变化中，既包括极端气温的增多，又包括极端降水量的增多。这就意味着，当全球气候变暖时，不仅会出现更大的温度区间（包括极热与极寒），而且会出现更大的湿度区间（包括更湿润或更干燥）。从本质上讲，全球变暖增加了极端事件（如热浪、创纪录寒流、风暴、干旱、强降水、异常降雪量和缺乏降雪）发生的概率，难怪许多科学家更喜欢将全球变暖称为全球异常。

另外，气候是天气的长期平均值，虽然某个季节的天气可能比较寒冷，但总体气候仍然可能变暖。任何特定日期（或季节）的具体温度如何并不重要，一段时间（几年）内的发展趋势最重要。关于这一点，相关数据已经清晰表明地球正在经历长期的全球变暖。

小测验 16.3   描述对大气温室效应运行机制的理解

❶ 描述地球表面吸收的太阳辐射与导致地球大气升温的主要辐射之间的根本区别。

❷ 讨论温室气体在大气中的相对浓度及其对全球变暖的相对贡献。

❸ 150 多年来，为什么大气中的二氧化碳浓度一直在上升？

❹ 解释"对气候变暖的承诺"的具体含义，地球未来会经历什么样的变暖承诺？

❺ 随着二氧化碳浓度的持续增大，大气温度及其他因素如何变化？

16.4 全球变暖引发了哪些海洋变化？

海洋是全球气候系统的重要组成部分，目前正在发生非常明显的变化。下面介绍全球变暖对海洋的影响，既包括已经观测到的变化，又包括预测的未来变化。

16.4.1 海洋温度上升

科学研究表明，海洋吸收了大气中增加的大部分热量。实际上，虽然海洋只吸收了注入大气中二氧化碳的 25%，但是吸收了 93% 的热量。在不同深度的海洋中，科学家们测量了数百万次温度，发现海洋表面温度总体有所上升，如图 16.23 所示。这些测量结果表明，由于 1970 年以后发生全球变暖，全球海洋表面温度上升了约 0.6℃。但是，这种变暖在整个海洋中的分布并不均匀，北冰洋、南极半岛附近及热带海域的温度升幅最大。海洋深处也出现了变暖迹象，有据可查的最大变暖深度约为 2 千米。在更深的水域中，变暖速度超过了人们的预期。为了确定海洋经历的变暖程度，科学家们启动了一项计划：利用海洋的声音传输能力，监测海洋的温度变化。

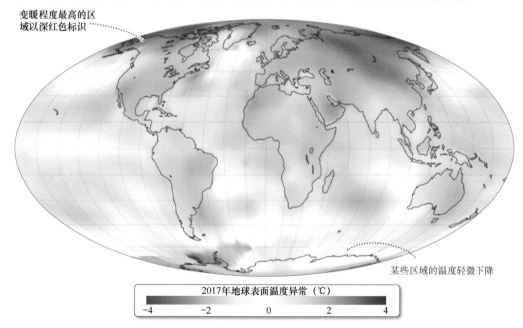

变暖程度最高的区域以深红色标识

某些区域的温度轻微下降

2017年地球表面温度异常（℃）

-4   -2   0   2   4

图 16.23 全球温度变化。2017 年陆地和海洋表面温度与基准期（1950—1980 年）的对比差异图。在温室效应的影响下，全球大部分地区异常变暖（红色区域），北冰洋、阿拉斯加、西伯利亚和西南极洲的气温升幅最大

在 2017 年发布的《气候科学特别报告：第四次国家气候评估》中，描述了 1960—2015 年间不同海洋深度的海洋热量变化（见图 16.15）。该报告指出，所有海洋深度均会出现升温，但是表层海水的热量增幅最高。

海洋变暖的影响极为深远，持续时间达数个世纪。例如，当海水温度升高时，对温度敏感的各种生物（如珊瑚）可能会受到较大影响。珊瑚礁的数量目前已在减少，而且如第 15 章所述，海洋表面温度上升与大面积珊瑚白化事件密切相关。海水升温还会改变（或破坏）珊瑚的产卵周期。此外，通过研究珊瑚的分布状况，科学家们发现随着更暖海水的扩散，某些珊瑚已经迁移至以前从未现身的区域。

但是，人们不仅需要关注海洋的渐进式变暖，还要面对来自海洋变暖的更多挑战。2018 年，某项研究成果表明，在全球变暖的影响下，海洋热浪（较长时间的海洋表面高温）预计会变得更加频繁、广泛和强烈。据科学家们报告，1982—2016 年间，海洋热浪的天数翻了一番。如果全球温度继续上升，这种频率预计还会增加。科学研究表明，海洋生物和生态系统特别容易受到这类极端事件的影响，因此海洋热浪对海洋生物形成的风险不断升级。

在其他相关研究中，人们还记录了海水变暖如何改变海洋的物理特性。例如，在全球海洋观测计划（Argo，见第 7 章）中，科学家们利用自由漂移的浮标进行研究，发现全球水循环正在加速，因为变暖加快了表层海水的蒸发速度，进而影响了海洋的盐度。如本章前面所述，"海冰的融化"形成正反馈回路，加速了高纬度地区的海洋变暖，因为"无冰海水"与"反光海冰"相比吸收了更多的太阳辐射。此外，"海水温度升高"可能会影响海洋的深水环流模式，增强暖水厄尔尼诺事件，减弱冷水拉尼娜事件，并且有助于飓风的发育。

16.4.1.1 海洋温度上升是否会使得飓风活动增多

许多科学家认为，海洋变暖肯定会造成暴风雨普遍增多，因为更多的热量会加速蒸发，从而为飓风的发育提供"燃料"。此外，飓风的最终强度很大程度上取决于深层海水的温度（也在升高），深层海水会在风暴从顶部经过时向上翻腾。但是，全球变暖与飓风活动之间的相互作用较为复杂，海洋温度上升、能量分布改变及大气动力学变化等均会产生一些影响。例如，随着大气温度的升高，大气的稳定性也随之上升，这种变化限制了对流输送，进而减少了热带飓风的形成。

近年来，基于飓风的爆发频率和严重程度（特别是大西洋飓风，见第 6 章），有人推测全球变暖加剧了飓风的形成。例如，由于最近登陆的几次大西洋飓风（如 2005 年飓风卡特里娜，2012 年飓风桑迪，2017 年飓风哈维、埃尔马、玛丽亚）的破坏性较大（见图 16.24），给人们留下了飓风增多的直观印象。科学文献对这个问题的看法则一直相互矛盾，在某些研究文章中，将飓风的强度、数量、风速和降水量的增长归因于"海洋表面温度上升"；在另外一些文章中，则将这种趋势归因于"数据采集方法和仪器的改变"；还有些文章认为，飓风明显增多位于正常的统计范围内。

至于全球范围内的热带风暴数量是否增多，科学家们目前还不能给出肯定性答案，但科学界的共识是全球变暖可能引发更强的飓风。通过全面研究最近发生的飓风，科学研究人员发现，自 1970 年以来，全球范围内热带风暴的强度和持续时间显著上

图 16.24　2017 年飓风"哈维"引发的得克萨斯州洪灾。飓风"哈维"属于 4 级飓风，在得克萨斯州的休斯顿及其周围地区，降水量高达 152 厘米，造成的洪灾损失总计超过 1250 亿美元，成为美国历史上仅次于飓风"卡特里娜"的第二大飓风

升，这些趋势与海洋表面温度上升的关系极大。在对大西洋历史上的众多飓风（近 1500 年）开展的另一项研究中，科学家们发现，飓风活动的高峰期与海洋表面温度上升有关，或者与类似拉尼娜气候形态的强化效应有关。其他科学研究成果明确显示，最为活跃的风暴级别（即 4 级和 5 级）

明显增多，特别是在北大西洋和北印度洋中。还有一些科学研究发现，在最近 30 年中，由于人类活动引发气候变化，在达到生命周期中最强峰值的平均纬度上，热带气旋出现了明显的向极迁移特征。此外，各种复杂的气候模型表明，西部热带大西洋中的风暴总数 21 世纪末将有所下降，但4 级和 5 级风暴的数量可能会翻一番。

常见问题 16.13　在网上的哪里能够找到关于气候变化的可靠信息？

在下列专业网站中，可以找到与气候变化相关的大量信息：

- RealClimate：由真实气候科学家建立。
- Skeptical Science：解释气候科学，驳斥关于全球变暖的错误信息。
- ClimateWatch：隶属于美国国家海洋和大气管理局，美国政府气候科学门户网站。
- CO2 Now：发布最新的大气二氧化碳浓度。
- Berkeley Earth Surface Temperature：致力于解决人们对温度记录的批评，减少人们理解气候科学的障碍。
- This Is Climate Change：利用可视化方法进行讲解，提高社会公众对气候变化的认识。
- The National Center for Science Education（美国国家科学教育中心）：进化论教学的坚定支持者，最近发起了一项新倡议，大力支持"气候变化进课堂"。

16.4.2　深水环流改变

基于来自深海沉积物和计算机模型的各种证据，人们发现当全球深水环流模式发生改变时，全球气候会受到明显而突然的影响。北大西洋环流是深层海水的重要来源，对这些变化特别敏感，如图 16.25 所示。深水环流的驱动力源自高纬度地区（特别是北大西洋），即温度低、盐度高且密度大的表层海水下沉。如果因为温度过高和/或被融冰稀释（密度减小），造成表层海水停止下沉，海洋吸收及重新分配太阳辐射热量的效率就会大大降低。在这种情况下，表层海水温度和陆地温度均可能比目前更高。

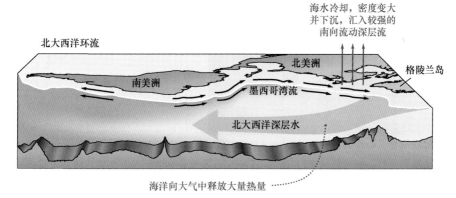

图 16.25　北大西洋环流。北大西洋环流透视图显示，墨西哥湾流向北输送大量热量，温暖了整个北大西洋地区。当这种海水冷却时，即可形成温度低、盐度高且密度大的巨量海水（称为北大西洋深层水），下沉进入深海盆地，然后向南流动。这种环流模式遭到破坏时，可能会对全球气候产生严重影响

探索数据

在南美洲附近，这幅插图显示了表层流的南北分流。利用你知道的海洋环流、海洋流涡及全球风形态的相关知识，解释为什么会出现这种情况。

大量科学研究表明，大气中的温室气体堆积将会改变海洋环流。例如，未来很可能出现一种现象，即格陵兰岛的冰川因气温升高而加速融化，在北大西洋形成一个低密度表层淡水池。这种

淡水可以抑制下沉流（可生成北大西洋深层水），重组全球环流模式，引发相应的气候变化。许多气候专家警告称，由于格陵兰岛的淡水大量外流，北大西洋海流系统可能会出现一个临界点，造成深水海流快速重组并发生气候变化。相关证据表明，大约在 8000 年前，北美洲的一个冰川堰塞湖大规模融化，巨量淡水融入北大西洋，最终造成全球气候快速改变。目前，由于降水增多和冰层融化，北大西洋可能会再次发生类似的事件。

16.4.3　极地海冰融化

据计算机模型综合预测，全球变暖将明显影响地球的极地区域。南北两极之间存在着根本差异：在北半球，极地区域（北极）受控于北冰洋及其海洋浮冰盖层，陆地环绕在海洋周围；在南半球，极地区域（南极）受控于南极洲大陆及其巨厚冰盖（包括延伸至海洋中的陆架冰），海洋环绕在陆地周围。

如图 16.23 所示，北极是受全球变暖影响最大的地区之一，未来可能会进一步经历相当剧烈的变化，这种现象称为北极放大（Arctic Amplification）。1978 年以来，科学家们应用卫星技术分析了北冰洋的海冰范围，发现北冰洋中的海冰正在加速变小和变薄，如图 16.26 所示。仅在刚刚过去的 10 年中，北极海冰就损失了 200 多万平方千米。实际上，2012 年的冰盖测量结果显示，自从研究人员开始采集卫星测量数据以来，冰盖规模已经缩小至最小尺寸，夏季北极海冰的面积仅为 30 年前的一半左右。此外，北极的巨厚"多年冰"正在消失，取而代之的是较薄的"一年冰"，后者在夏季（融化的季节）不太可能始终存在。因此，北极海冰现在变薄且分布广泛，造成夏季出现多片宽阔的"无冰"海洋（甚至在北极点附近）。最新代用资料研究表明，至少在最近 1450 年中，北极海冰的数量减少史无前例。

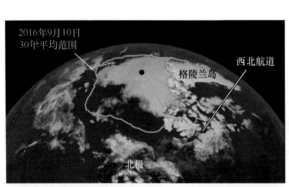

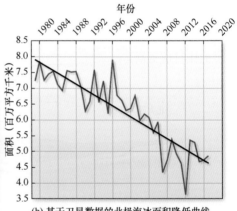

(a) 基于卫星数据的北极透视图，对比了2016年9月的北极海冰范围与30年平均海冰范围（黄线）。可以看到，一条新的"无冰"西北航道"破冰"开通

(b) 基于卫星数据的北极海冰面积降低曲线

图 16.26　北极海冰数量减少。由于北极的人为变暖，北冰洋海冰的面积及厚度大幅下降

各种气候模型普遍认为，温室效应变暖的最强烈的信号之一是"北极海冰消失"。实际上，在最近 15 年中，北极海冰的减少比模型预测的速度要快得多，北极的变暖速度为北半球平均水平的 2 倍多。自然变化周期对北极的海冰面积有一定的影响，但是仅通过自然变化因素，尚无法合理解释近 20 年间观测到的海冰面积下降现象。北极海冰的加速融化似乎与北半球的大气环流模式改变有关，这种变化造成该地区的气候加速变暖，北冰洋的海洋温度随之升高，海冰自下而上开始融化。海冰消失可能会加速该地区的未来气候变暖，因为随着海冰的数量减少，反射回太空的太阳辐射数量将会减少，从而形成正反馈回路，加剧形成热量吸收问题（融冰形成的新海域会吸收大量热量）。研究人员担心，北极最终将只存在季节性冰盖，目前可能处于根本性转变的边缘（或临

界点）。例如，某些模型做出预测，最早在 2030 年，北极的夏季海冰将会完全消失。

随着北极海冰的数量不断减少，北极的生态系统受到了较大影响。例如，北极熊虽然泳技高超，但是不在海水中捕食猎物，而是依靠漂浮的海冰平台来捕获猎物（主要是环海豹和髯海豹），如图 16.27 所示。随着北冰洋中的海冰数量越来越少，北极熊的海冰栖息地遭到极大压缩，以至于更难找到足够的食物和居所。结果，北极熊的繁殖率和存活率下降，甚至无法维持种群生存所需的数量。2008 年，由于北极熊的栖息地遭到严重破坏，《美国濒危物种法案》将其列入濒危物种清单。科学研究发现，在即将到来的 21 世纪中叶，由于可能失去近半数的夏季海冰栖息地，全球范围内的北极熊数量（目前约为 2.5 万只）将会减少 2/3。

图 16.27 "栖息地破坏"威胁着北极熊。北极熊利用漂浮的海冰作为觅食平台并建立巢穴。由于北极海冰消融而导致栖息地遭到破坏，北极熊在 2008 年被列为濒危物种

此外，对于在北极地区维持生计的人类居民而言，他们也正在受到海冰日益减少的影响。现在，由于各海洋物种栖息在距离海滨更远的海冰边缘，部分人类居民获得食物变得更加困难。北极居民们还认为天气正在发生改变，某项最新研究成果持相同的观点，发现在北极海冰最少的年份，北极风暴明显增强。但是，目前存在着一个新机遇，即在穿越北冰洋的大面积"无冰"区域，建立一条新的"西北航道"，将北太平洋与北大西洋连在一起（见图 16.26a）。

常见问题 16.14 听说南极海冰正在增多，是真的吗？

从学术角度讲，只有东南极洲（南极大陆东部）的海冰在增多，至于其是否能够抵消其他区域记录的海冰数量减少，科学家们始终无法精确判定。在 2018 年发布的一项研究成果中，研究人员分析了总计 25 年的海冰数据，最终得出的结论是"在该时间段内，南极海冰总量净减少"。该研究报告认为，南极冰原的融化是造成海平面上升的最大推手之一。自 2012 年以来，南极洲对海平面上升的影响力增大了 2 倍。

虽然前述变化均出现在北极，但是南极同样会发生不同但显著的变化，特别是在南极大陆西部（包括南极半岛）。如第 7 章所述，南极洲存在源自陆地冰川的大量冰山。近年来，南极洲产生冰山（特别是面积相当于美国较小州的大型冰山）的速度有所上升。例如，在最近 10 年中，南极半岛的拉森冰架缩小了 40% 以上，其中 A-68 号冰山于 2017 年 7 月崩解，面积为 5200 平方千米（相当于特拉华州），重量超过 1 万亿吨（见图 7.28d）。在最近 30 年中，稳定存在了约 400 年后，其他南极冰架也出现了类似的崩解，包括琼斯冰架、拉森 A 冰架、穆勒冰架和沃迪冰架的消失。科学家们将这种灾难性崩解归因于南极变暖，西南极洲（南极大陆西部）和南极半岛曾经历全球范围内规模最大的一些变暖（见图 16.23）。实际上，自 1957 年以来，南极洲以约 0.12℃/10 年的速度升温，平均升温幅度总计为 0.5℃（见图 16.28）。在西南极洲的部分地区，变暖速度要快几倍。例如，在西南极洲的伯德科考站，科学家们分析了 1958 年以来保存的全部温度记录，发现该地区变暖了 2.4℃，成为地球上变暖速度最快的地区之一。此外，科学家们发现，许多南极冰架正在变薄，而且流动速度更快，由于接触了从下方融化海冰的温暖海水，因此可能会快速崩解。

探索数据

对比东南极洲与西南极洲的陆地—海水相对比例，利用自己了解的"大陆对温度的影响"，解释西南极洲比东南极洲升温更快的原因。

西南极洲和南极半岛经历了最大规模的变暖

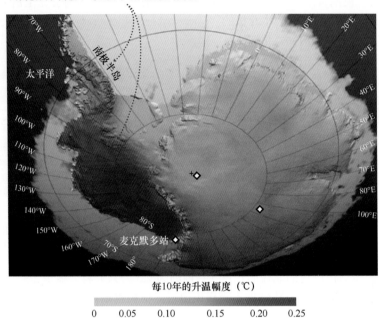

每10年的升温幅度（℃）

0   0.05   0.10   0.15   0.20   0.25

图 16.28   南极的变暖趋势。这幅卫星影像显示了南极洲自 1957 年以来的变暖程度。数据采集自多颗卫星，通过气象站的测量数据进行校准

16.4.4   海洋酸化

随着大气中二氧化碳的数量逐渐增多，海洋化学和海洋生命受到了严重影响。最新研究表明，在化石燃料燃烧释放的二氧化碳中，目前只有不到半数驻留在大气层中，约 1/4 最终进入海洋，并轻而易举地溶解在表层海水中。这种"下沉"减缓了全球变暖，但是以海洋酸化为代价的。

当大量二氧化碳进入海洋时，海洋的自然缓冲能力面临着严峻挑战。要了解关于海洋缓冲系统及 pH 值的更多信息，请参阅第 5 章。海水吸收的二氧化碳形成碳酸，这是一种弱酸（常见于碳酸饮料中）。但是当碳酸在海水中形成时，就会使得海洋的 pH 值降低，即在海洋酸化（Ocean Acidification）过程中增大酸度，改变碳酸盐和碳酸氢根离子的平衡。实际上，海洋目前吸收的二氧化碳已趋于饱和，相比于工业化时期之前，表层海水的 pH 值下降了 0.1。虽然 0.1 这个数字看起来不大，但是由于 pH 值的单位采用的是"对数尺度"（类似于记录地震烈度的矩震级/Mw），因此 pH 值下降 0.1 就代表氢离子浓度升高约 30%，pH 值每下降 1 个单位就相当于氢离子浓度升高10 倍。另一项研究成果证实，在最近 20 年间，北太平洋海水的 pH 值下降了 0.04。

此外，由于酸性逐渐增强及接踵而至的海洋化学变化，某些海洋生物更难利用易溶解的碳酸钙来建造和维护硬质壳体。从化学角度讲，酸性较强的海水含有可与碳酸盐相结合的更多氢离子，从而消耗海洋生物建造硬壳所需的更多碳酸盐。因此，pH 值下降会对各种钙化生物（长有碳酸钙质骨骼或甲壳的生物）造成威胁，如颗石藻、有孔虫、翼足类、钙藻、海胆、软体动物及珊瑚等，如图 16.29 所示。由于为其他大量物种提供必不可少的食物与栖息地，这些生物的死亡可能会影响整个海洋生态系统。例如，科学研究表明，预计未来的海洋酸度水平会阻止南极磷虾卵的正常孵化，继而影响整个南极食物网。其他研究表明，在最近 20 年中，海洋酸化造成澳大利亚大堡礁的珊瑚生长速度下降了约 15%；在大堡礁的天然珊瑚礁生物群落上方，由于人为因素形成的流动海水的酸度上升，造成珊瑚钙化的数量降低了约 1/3。科学家们开展了大量科学实验，将各种生物暴

露于模拟未来海洋酸度的各种条件下，发现海洋酸度对有壳海洋生物具有明显的负面影响（见生物特征 16.1）。

(a) 颗石藻：一种浮游植物

(b) 翼足螺：一种浮游动物，小型有壳游泳螺类

(c) 海胆：在海底爬行

(d) 珊瑚：生长在热带地区

图 16.29 "海洋酸度增大"影响的各种海洋生物示例。在酸性环境中，各种生物的碳酸钙质骨骼（或甲壳）易溶解。随着海洋酸度的增大，在构建和维持钙化硬质甲壳方面，这些生物及其他许多类型生物面临着严峻的生存危机

生物特征 16.1 海洋酸化正在溶解我的外壳！

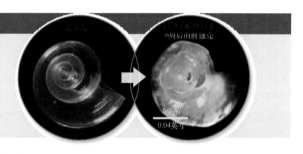

海蝴蝶，正式名称为翼足螺（Pteropods），属于被壳翼足科，是自由漂浮的微型腹足螺类，生活在表层海水中，具有碳酸钙质甲壳。

实验结果表明，对于生活在日益变酸海水中的翼足螺，海水酸化会腐蚀甲壳，只能利用较少的能量进行新陈代谢和繁殖活动。

科学研究发现，海洋酸化不仅会影响具有碳酸钙质硬壳的海洋生物，而且会干扰所有海洋动物（无论是否有壳）身体的基本机能。例如，当大西洋鳕鱼的幼体暴露在酸性海水中时，许多内脏器官组织会严重受损，死亡率大大飙升。以礁栖小丑鱼和雀鲷科为研究对象的报告称，当暴露在注入二氧化碳的海水中时，目标动物表现出学习问题和各种怪异行为（包括寻找捕食者气味的倾向）。其他研究成果表明，若暴露在酸性海水中，海洋生物的繁殖成功率会下降。海洋酸化破坏了海洋生物的基本过程（如生长、行为和繁殖等），威胁着海洋动物的健康（甚至物种存亡）。

如图 16.30 中的曲线所示，海洋中的二氧化碳浓度呈上升趋势，造成海洋 pH 值呈下降趋势（酸度上升）。从该曲线可以看出，如果当前的人为二氧化碳排放趋势持续发展下去，那么到 2100 年，海洋 pH 值将至少下降 0.3（其他研究甚至认为会下降 0.6）。即使 pH 值只下降 0.3，届时的氢离子

浓度也要比工业化前升高 100%。另一个问题同样令人担忧，深层流最终会将这种酸度增大传递至深海海底，进而影响深水海洋生物，因为稳定的深海环境使其缺乏适应变化的能力。

地质证据显示，类似的海洋 pH 值变化消灭了大量海洋生命物种，特别是底栖生物。科学研究表明，当前的海洋化学变化在地球历史上前所未有：通过分析最近 3 亿年的地球历史，科学家们尚未发现任何时期的海洋化学变化能够像现在这样快速发展。

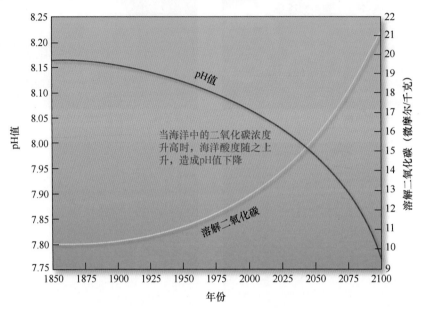

图 16.30　历史和预测的溶解二氧化碳浓度和海洋 pH 值

若干过程会影响海洋吸收的二氧化碳数量，以及大气中存留的二氧化碳数量。海洋和大气是二氧化碳的两个储库，但二氧化碳在二者之间并不是平均分配的。由于二氧化碳气体很容易被海洋吸收，所以海洋中包含的二氧化碳数量远高于大气。在二氧化碳的三个储库（大气、海洋和陆地生物圈）中，海洋收储约 93% 的二氧化碳，大气中的二氧化碳数量最少。"溶解在海洋中的大气二氧化碳数量"随海水的化学性质发生改变，但也受控于正反馈回路。例如，下面是几种比较常见的正反馈回路：当海洋中的二氧化碳接近饱和时，吸收的气体减少，更多气体驻留在大气中；当海洋变暖时，由于暖水无法容纳足够多的溶解气体，进入海洋中的二氧化碳数量进一步减少；深层海水与表层海水的混合速率越快，海水从大气中吸收的二氧化碳数量就越多，如果深水环流的流速变缓（如预测的那样），海水吸收大气二氧化碳的速度也会变缓；海洋酸化可抑制海洋生物构建碳酸钙质硬壳的能力，因此生物存储的二氧化碳（以碳酸钙形式）数量会减少，并且可以有效地从环境中消除。所有这些正反馈回路都会提升大气中的二氧化碳浓度，进而进一步加剧全球气候变暖。

16.4.5　海平面上升

通过分析全球范围内的潮汐记录，科学家们发现在最近 100 年中，全球海平面上升了 10～25 厘米。基于某些潮汐记录站追溯到的 19 世纪的数据，可知近 150 年的相对海平面上升了 40 厘米，如图 16.31 所示。1993 年以来的卫星测高数据表明，全球海平面的上升速率约为 3 毫米/年，如图 16.32 所示。科学研究表明，海平面上升的当前速率快于近 4000 年间的任何时期，而且在气候变暖的推动下，未来的上升速度预计会更快。

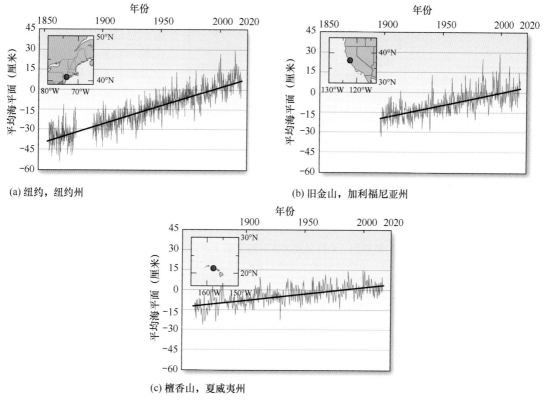

图 16.31　验潮仪测定的相对海平面上升。(a)纽约海平面数据；(b)旧金山海平面数据；(c)檀香山海平面数据。这些均显示海平面上升。虽然部分上升缘于局部作用（如地壳构造运动或均衡调整引发的地壳高程变化），但大多数上升由大陆冰盖和冰川的融化及温暖海水的热膨胀引发

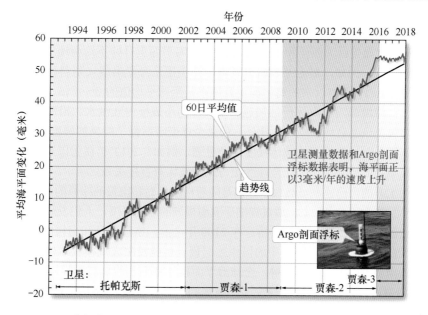

图 16.32　卫星测定的海平面上升。基于托帕克斯（TOPEX/Poseidon）、贾森 1（Jason-1）和贾森 2（Jason-2）卫星的雷达高度计数据，结合全球海洋观测计划的漂流浮标（Argo 剖面浮标，见插图及第 7 章），人们发现自 1993 年以来，海平面每年上升 3 毫米。究其原因，科学家们认为一半归因于海冰融化，另一半归因于海洋从大气中吸收多余热量时产生的热膨胀

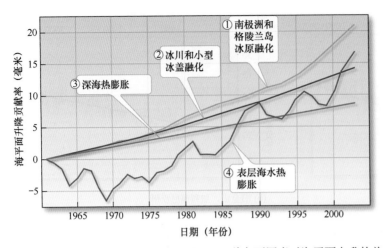

图 16.33　全球海平面上升的主要原因。4 种主要因素对海平面上升的总体贡献程度：（1）南极洲和格陵兰岛冰原融化（浅蓝色曲线）；（2）冰川和小型冰盖融化（深蓝色曲线）；（3）深海热膨胀（棕色曲线）；（4）表层海水热膨胀（红色曲线）。未显示陆地淡水储藏（水库）的增多，这会造成海平面上升的小幅下降

全球海平面上升的主要原因包括：（1）海水变暖时发生的热膨胀；（2）陆地冰融化引发的海水数量增多。注意，浮冰（如北冰洋浮冰）或浮冰架（如南极洲边缘的浮冰架）融化不会造成海平面上升，因为冰/水已经存在于海洋中。具体而言，按照对观测到的全球海平面上升的总体贡献排序（见图 16.33），主要贡献者包括：

1. 南极洲和格陵兰岛的冰原融化。
2. 表层海水的热膨胀。
3. 陆地冰川和小型冰盖的融化。
4. 深海海水的热膨胀。

影响全球海平面的另一个因素是水库中的陆地淡水储藏量。某项最新研究成果表明，这种陆地淡水储藏量时刻动态变化，但 1900 年以来总体呈上升趋势。该项研究指出，如果没有水库，海平面会上升得更多。

虽然当前的海平面上升速率看起来无关紧要，但是海平面即便略有上升，也会严重影响拥有缓坡海滨线的地区（如美国大西洋和墨西哥湾沿岸）。海平面上升并不均衡地出现在所有区域，或许这会令人感到惊讶。例如，最近某项研究发现，在美国东海岸沿线（从科德角到哈特拉斯角）的一个特殊区域，其 1950 年以来的海平面上升速率是全球平均值的 3～4 倍。大量灾害与海平面上升密切相关，如海滩淹没、海岸侵蚀加速、永久性的小规模内陆洪水、沿海生态系统改变、保护性滨海湿地丧失及风暴破坏加剧等。此外，如果全球变暖增强了飓风的强度（如前所述），洪水的规模会变得更大，对沿海地区的破坏程度也会更强。例如，2012 年在美国东海岸沿线，海平面上升增强了飓风桑迪的风暴潮，因此全球变暖与风暴破坏有直接关系。

全球海平面上升的当前速率虽然很小，但是随着格陵兰岛和南极洲冰原的进一步变暖，很可能进一步推动海平面的上升。实际上，通过详细研究南极洲的冰层厚度，人们发现自 20 世纪 90 年代以来，海岸附近冰层的变薄速率翻了一番。在 2100 年之前，格陵兰岛和南极的冰原不可能消失，但是由于全球变暖的影响，这些冰原中的巨厚冰层极有可能发生大规模灾难性崩解。最新研究成果表明，如果西南极洲的冰原全部崩解，全球海平面预计将上升约 3.2 米。

基于专业模型进行预测，随着全球变暖不断加剧，海平面的上升速率还将进一步加快。通过研究海平面上升的各种因素（包括热膨胀和冰原的贡献），预计 2100 年的全球海平面将上升 0.6～1.6 米，这对低洼沿海地区来说就是噩梦。此外，由于沿海地区的居住人口越来越多，发展速度越来越快，因此问题变得更加复杂。在未来的两个世纪，海平面预计会上升数米，并影响全球所有的沿海城市。

随着全球变暖加速，海洋将发生各种变化，如海洋温度升高、飓风活动加剧、深水环流改变、极地冰层融化、海洋酸化及海平面上升等。

16.4.6 预测和观测到的其他变化

据科学家预测，全球变暖还将引发海洋发生若干其他变化（部分已实际观测到）。

16.4.6.1 海水中的溶解氧

海水中的溶解氧数量将减少。如第 12 章所述，海洋动物大多可直接吸收海水中的溶解氧（必不可少的生存物质）。当海洋变暖后，海水容纳及携带溶解氧的能力下降，但化学反应速度加快，使得各种海洋生物的新陈代谢率相应提速（意味着需要更多的溶解氧）。此外，由于表层海水升温，"将氧气带入深水"的关键翻转过程会受到限制。科学研究预测，若二氧化碳以当前速度持续排放几千年，则表层海水和深层海水中均会出现严重缺氧区。对于海洋生态系统和本已存在缺氧死区（见第 13 章）的沿海水域（近海），含氧量降低可能会造成非常严重的后果。在沿海水域和开阔大洋环境中，人们已经实际记录到了海水中的溶解氧数量减少。

16.4.6.2 风速和波高

风速和波高始终受到气候变化的影响。最近，在分析了共 23 年的卫星测高数据后，科学家们发现全球规模的风一直在增多，其中强风数量增加得最多。虽然全球尺度的波高并未增加，但是高纬度地区的大浪高度略有上升。

16.4.6.3 红树林迁移

佛罗里达州的红树林位置发生了迁移。在对比研究 1984—2011 年间的大量卫星影像后，人们发现佛罗里达州的红树林（面积约为 12 平方千米）位置向北发生了迁移（沿美国东海岸）。红树林所需营养物质主要来自盐沼，盐沼在温度较低区域非常繁盛，但红树林并不喜欢低温环境。研究人员发现，红树林的当前足迹已经延伸至如下各地：冬季曾经太冷，红树林无法生存；冬季最低温度较高，足以支撑红树林的生长。

16.4.6.4 海洋生产力

海洋生产力改变是海洋变暖的另一种影响，它基本上会影响所有海洋生物的分布。随着表层海水变暖，海洋分层现象会更加明显，并且会发育较强的温度跃层（Thermocline，温跃层）。要了解与温度跃层相关的更多信息，请参阅第 5 章。这种分层会使营养盐更难到达表层海水，还会限制深层海水中的营养盐循环。由于上升流（Upwelling）减弱，上升流带到表层海水中的营养盐更少，生产力预计会下降。如第 13 章所述，浮游植物（Phytoplankton，包括海洋藻类如硅藻和颗石藻）构成了大多数海洋食物网的基础，供养了海洋中的其他大型生物（包括经济鱼类）。实际上，科学研究发现，全球浮游植物的生物量下降与海洋变暖有关。据研究人员估算，2100 年的生产力可能会比工业化前下降 20%。

16.4.6.5 对海洋生物的影响

暖水也会直接影响海洋生物，许多种类的浮游植物及其他生物对水温变化非常敏感。例如，在以北大西洋浮游植物为研究对象的某大型项目中，科学家们发现随着海洋逐渐变暖，冷水区域（以往）中的浮游植物丰度上升，暖水区域（以往）中的浮游植物丰度下降。其他多项研究表明，表层海水变暖后，某些类型浮游生物的年度春季水华要早于前几年。最近，在加利福尼亚州近岸水域，由于出现了穿透性的深层海水变暖（1400 年一遇），导致冷水生物的数量明显降低。近几十年以来，这些海洋生物栖息地的表层海水温度不断上升，喜好暖水的鱼类种群数量增加了 25 个。

为了应对不断上升的海洋温度，海洋生物开始向更深的水域及两极方向迁移。为了验证这一趋势是否存在，科学家们最近研究了北海（North Sea）中的多个鱼类物种，结果发现许多重要经济鱼类（如鳕鱼、牙鳕和鲹鲽鱼）已向北移动了 800 千米。该报告指出，如果这些气候发展趋势持续下去，某些鱼类可能会在 2050 年以前从北海彻底消失。另一份报告指出，高纬度地区将从海洋渔业的预期变化中受益，但暖水热带地区的渔获量可能会减少。另外，暖水物种正在迁往以前数百万年都无法进入的寒冷水域，如帝王蟹已侵入南极水域，并以那里的脆弱生物（如海参、海百合和蛇尾海星）为食，这些生物对捕食者几乎没有任何抵抗力，海洋生态系统的健康和海洋渔业的可持续发展面临着严峻挑战。

科学过程 16.2　海洋变暖有利于滋生更多的致命海洋细菌吗？

背景知识

从近岸海洋到海洋深处，各类弧菌（Vibrio）广泛存在于全球海洋中。在人类食用受污染海产品导致的各种疾病中，弧菌是一种极为常见的致病因素。当人们的伤口暴露于海水中时，就可能发生弧菌感染。在这种情况下，疾病症状的发展速度非常快，人们非常厌恶地将罪魁祸首创伤弧菌（Vibrio vulnificus）称为吸血鬼细菌。虽然每年只有 200 人被诊断出患有这种弧菌感染，但是美国疾病控制和预防中心报告说，8 万美国人每年因感染弧菌而患病，经历恶心、抽筋甚至死亡等折磨。像大多数细菌一样，弧菌在暖水中大量繁殖，弧菌感染多发生在夏季。

形成假设

医学科学家们意识到，近些年来，弧菌相关疾病的数量正在逐渐增多。2016 年，意大利热那亚大学的研究人员提出疑问：这种疾病的数量上升是否可能与"海洋表面温度升高造成海水中海洋病原体数量增多（20 世纪后半叶观测到的现象）"有关？如果疑问成真，那么这将是海洋变暖既影响海洋生态系统又影响人类的确凿证据。

设计实验

为了查明海洋表面温度与弧菌相关疾病之间的相关性，科学家们需要证明：

（1）研究区的海洋表面温度有所上升。

（2）该海域的弧菌微生物的丰度有所增大。

（3）在接近该研究区的人群中，弧菌相关疾病的发病率有所上升。

海洋表面温度数据和弧菌感染的健康统计数据都很容易找到，但研究人员如何将海洋中弧菌浓度的当前值与历史值进行比较呢？发现弧菌与海洋浮游生物具有相关性后，研究人员决定分析该地区数十年来采集并保存的古老海洋浮游生物样本。通过测量浮游生物样本中混入细菌的 DNA 数量，研究人员可以估算采集样本时的海水中的弧菌数量。

解释结果

图 16B 显示了 20 世纪上半叶和 21 世纪初测量的平均海洋表面温度变化，黑色矩形标识了弧菌分析样本的采样位置。在研究结论中，科学家们将海洋表面温度上升与弧菌丰度增大关联在一起，进而将其与弧菌相关疾病增多相关联。

下一步该怎么做？

科学家们已经证实：当海洋变暖时，弧菌浓度会上升。对人类而言，大多数弧菌感染发生在夏季。除了夏季是弧菌丰度最高的季节，还有哪种理由可以解释这一现象？（提示：假设大多数人在游览海滩时受到感染。）

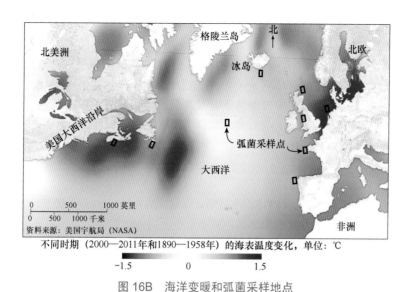

不同时期（2000—2011年和1890—1958年）的海表温度变化，单位：℃

−1.5　　　　　0　　　　　1.5

图 16B　海洋变暖和弧菌采样地点

简要回顾

　　显然，气候变化正从根本上改变海洋的物理特征，包括整个海洋生态系统。科学界也非常担心，人为引发的温室效应可能会带来令人不适的惊诧，如海洋系统发生突然及不可预测的变化。

小测验 16.4　具体说明由全球变暖引发的海洋变化

❶ 描述由全球变暖引发的几种海洋变化。

❷ 为什么北极是受全球变暖影响最明显的地区之一？为什么北极熊会受到全球变暖的威胁？

❸ 解释大气中的过量二氧化碳如何影响海水的 pH 值。

❹ 造成全球海平面上升的因素有哪些？基于潮汐测量数据，海平面在近 150 年间上升了多少？

16.5　如何减少温室气体数量？

　　对于大气中不断增多的人为碳排放，人们一直在无休止地争论应对策略，其中最简单的建议是从源头上进行控制，即尽可能缩减涌入大气中的人为碳排放。2015 年，白宫正式确定了 2025 年的美国温室气体减排目标，预计将比 2005 年的水平降低 26%～28%。2015 年，在法国巴黎举行的联合国气候变化大会上，全球几乎每个国家都同意了历史性的《巴黎气候协定》（*Paris Climate Agreement*）。

　　巴黎会议的首要目标是：建立温室气体减排制度，将全球气温上升幅度限制在比前工业化时期低 2℃的水平。在温室气体减排的其他尝试中，如《京都议定书》（*Kyoto Protocol*，1997 年在日本京都召开的国际会议上签署）、《哥本哈根协议》（*Copenhagen Accord*，2009 年在丹麦哥本哈根召开的联合国气候变化大会上签署）和《德班平台》（*Durban Platform*，2011 年在南非德班召开的国际代表会议的成果），均拟在成员国范围内强制实行碳排放总量限制，或使其具有法律约束力，但是基本上没有获得成功。《巴黎协定》不同于以往的任何国际减排努力，因为 197 个成员国（无论大小或穷富）都制定了各自的碳减排目标。该协定还呼吁，力争在 2050 年以后，温室气体污染与温室气体消除实现总量平衡；从 2023 年开始，每隔 5 年审查一次各国的相关计划和行动，并对这些行动进行动态监测；每年至少投入 1000 亿美元，援助受气候变化影响最严重的那些国家。

　　由于各种不同原因，减少人为排放一直难以实施并延续。2017 年，白宫政府认为美国人民承受了不公平的经济负担，于是美国退出了《巴黎协定》。作为全球第二大温室气体排放国，美国目前是全球唯一未加入《巴黎协定》的国家（译者注：2021 年 2 月 19 日，在新任总统拜登的推动下，美国重新加入《巴黎协定》）。虽然如此，美国部分城市、州、大学和公司仍然决心为实现气候协议目标而努力，并作为整体正式承诺"按照联合国的当前计划及要求，实现美国的温室气体排放目标"。

无论政策制定者的政治决心（或决定）如何，要减少温室气体排放，仍然需要减少全球对化石燃料的需求。虽然人们的注意力主要聚焦于开发新能源，但是仍然存在其他某些解决方案（有些方案非常惊艳）。就温室气体减排而言，个人选择（如品尝和浪费食物）可能比驾驶汽车更重要。在抑制全球变暖的各种努力中，有些技术和行为能够改变游戏规则。

16.5.1　方法 1：可再生清洁能源

本书主要介绍了与海洋相关的 4 种可再生能源，即风（第 6 章）、海流（第 7 章）、海浪（第 8 章）和潮能（第 9 章），太阳能、水力发电和地热也是非常重要的清洁能源。总体而言，在全球能源需求中，这些技术所占的份额越来越大。根据工业及政府部门的消息，2008—2017 年，美国可再生能源的消费量翻了一番，2017 年占美国能源消费总量的 17%。这种趋势很可能会继续下去，主要由市场（与环境同等重要）驱动：风能和太阳能的生产成本具有较强的竞争力，某些情况下要比传统类型能源便宜得多。2017 年，在新开工的美国电力建设项目中，风能和太阳能项目总计约占 62%。

研究人员、工程师、科技公司及投资者也在研究利用清洁能源的新方法，最振奋人心的构想之一是"固态海浪能量收割机"。目前，这项技术由振荡电力公司（Oscilla Power）在美国国家科学基金会的支持下开发，可以在设备本身不做任何动作的情况下获取"海洋的动能"。该设备的工作原理是：海浪不断压缩及放松金属棒，金属棒连接固态浮标（海面附近）与厚板（像锚一样拴在海底）。浮标内部是磁铁，金属棒周围环绕着金属线圈，可将金属棒中的机械应力转化为电能（见图 16.34）。无论这项技术是否能够代表海浪能量的未来，或者其他更先进技术可提供更好的解决方案，海洋仍然是地球上最大的未开发可再生清洁能源之一。

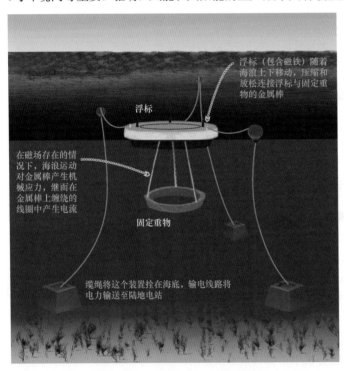

浮标（包含磁铁）随着海浪上下移动，压缩和放松连接浮标与固定重物的金属棒

浮标

在磁场存在的情况下，海浪运动对金属棒产生机械应力，继而在金属棒上缠绕的线圈中产生电流

固定重物

缆绳将这个装置拴在海底，输电线路将电力输送至陆地电站

图 16.34　固态海浪能量收割机的构想。通过海浪上下运动产生的金属棒机械压缩，这种清洁能源装置能够产生电能

简要回顾

虽然减少温室气体排放的政治解决方案始终无法取得实效，但是可再生能源提供了美国目前 17%的能源需求。随着清洁技术变得更加便宜，这一比例预计还会进一步上升。

16.5.2　方法 2：减少温室气体排放的解决方案——改变行为

在研究解决气候难题的科学方法时，除了开发替代能源，还要考虑如何利用能源，确定哪些行为对能源的需求最多。虽然汽车及其他交通工具是温室气体排放的主要来源，但这个问题的真正答案可能并不来自人们驾驶的汽车。令人感到意外的是，科学研究发现，在人类向大气排放的温室气体中，头号来源可能是人们摄入和扔掉的各种食物。例如，在美国，由于不符合购物预期、点菜太多或菜量太大，人们通常会扔掉 40% 的食物。在每个生产阶段（如种植、施肥、收割、冷藏、运输及备餐），各种食物均会产生温室气体，甚至在被填埋入土和腐烂后，仍然会继续产生温室气体。

"吃什么"是另一种重要因素。对于反刍动物（如奶牛）而言，消化饲料会产生大量甲烷，排粪会产生氧化亚氮（笑气）。据保守估算，畜牧业对温室气体排放的贡献率为 15%；其他估算同时考虑了直接排放和间接排放，得出的贡献率超过 50%。某份报告简明扼要地指出，如果地球上的所有"牛"组成一个国家，那么其将成为全球第三大温室气体排放国。基于植物的饮食（素食）不仅对个人的身体健康有益，而且对地球的整体健康也好处多多。

测量并建模这些影响因素的分析非常复杂，人类作为能量消费者，可能很难知晓个人选择如何影响自己的碳足迹（Carbon Footprint），即自身行为向大气中释放的碳量。目前，人们正在采用科学方法来量化这些影响因素，以下 13 种方法有助于减少温室气体的排放：

1. 减少食物浪费：提前做好膳食计划，只买想吃的东西。在食物变质前，将其冷冻起来。
2. 尽量少吃牛肉：与牛肉相比，鸡肉、鱼肉和鸡蛋的温室气体排放量要少得多。更好的选择是多吃水果和蔬菜，或者向素食过渡。
3. 主吃本地食物：食物运输会增加温室气体排放数量。
4. 聪明驾驶汽车：调整好自己的座驾，适度对轮胎充气。根据某些研究结论，这样做可将汽车里程增加约 7%，温室气体减排效果相当于"只吃本地食物一整年"。
5. 给自己支持的政客们写信：敦促他们提高车辆的燃油经济性标准，支持高效交通。
6. 绿色环保：支持所在地区采用清洁能源、可再生能源及非化石燃料能源。
7. 检查自己的房屋：绝缘条和密封条；要求公用事业公司进行免费能源审计。
8. 养成良好的用水习惯：关掉热水器，采用低流量水龙头。
9. 购买节能的电子产品和电器。
10. 学会安全处理高能耗的旧冰箱和旧空调，尽量购置应用天然制冷剂的新型产品。
11. 种植一棵树，保护一片森林：保护好吸收二氧化碳的植物群落。
12. 减少、再利用和回收：选择回收型产品，支持回收努力；减少购物数量。
13. 教育和投票：教育他人；支持鼓励节能的措施。

16.5.3 方法 3：减少温室气体排放的全球工程解决方案

最近，关于"人工影响地球气候系统"的讨论热烈，主要目标是抵消人类活动造成的全球变暖及不利影响。这些人工影响称为全球工程（Global Engineering）、地球工程（Geoengineering）或气候工程（Climate Engineering），不过目前尚存在巨大的争议。对于任何类型的全球工程，人们都存在某些担忧，包括在全球尺度上故意改变任何地球系统的正当理由、引发有害及不可预测负面效果的可能性、是否需要持续地影响及谁应该支付实施费用等。最重要的是，对全球工程持怀疑态度的人指出，它分散了人们对人类活动引发气候变化的最直接限制方法（即减少人类向大气释放的温室气体数量）的注意力。

大多数全球工程包含如下两类建议：（1）减少照射到地球的阳光数量；（2）消除大气中的人类活动产生的温室气体，并将其排放至其他区域。第一类建议包括：向大气中喷洒硫酸盐气溶胶，以便模拟大型火山喷发形成的冷却效果；在轨道上安装数千个反射式遮光板，以阻挡入射阳光。第二类建议包括：消除大气中的二氧化碳，将其置入地表之下（或深海之中）。即使总体上合理有效且有益，全球工程也不太可能减轻"温室气体排放增加"带来的全部严重影响，例如"减少照射到地球的阳光数量"并不能减缓海洋酸化导致的各种影响。

16.5.3.1 铁假说

实践已经证明，刺激海洋的生产力可以消除大气中的二氧化碳。通过光合作用，浮游植物（如硅藻）可将溶解在海洋中的二氧化碳转化为碳水化合物和氧气。通过吸收并消除海洋中的更多二氧化碳，然后吸收大气中更多吸热的二氧化碳，海洋最终能够帮助地球降温。

在海洋中生产力相对较低的区域（如热带），刺激生产力进而清除更多大气二氧化碳最为理想。1987 年，海洋学家约翰·马丁发现，由于缺乏必要的营养盐——铁元素，热带海洋的生产力受到了较大限制。大量细胞过程（如光合作用、呼吸作用和养分吸收）都需要铁元素，但是由于化学性质的限制，海水中的铁元素含量非常低。马丁提议向海洋中撒播铁肥来提高生产力，继而消除大气中的二氧化碳，最终减缓全球变暖进程。随后，这种观点被称为铁假说（Iron Hypothesis），如图 16.35 所示。关于该假说的有效性，马丁曾有一句非常著名的调侃："给我半船铁，还你下一个冰期"。遗憾的是，这种想法还未来得及在开阔大洋中验证，马丁就在 1993 年去世了。

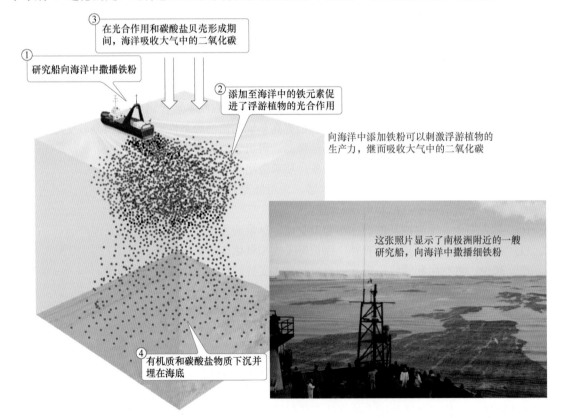

图 16.35　铁假说。通过撒播必要的营养盐——铁元素，可以刺激海洋的生产力，回收大气中的吸热二氧化碳，供浮游植物进行光合作用。部分二氧化碳以动植物组织、碳酸盐贝壳或粪粒等形式凝聚在一起后沉入海底，从而从环境中消除掉

常见问题 16.15　铁假说可能会导致海洋发生危险变化，为什么科学家仍然支持这一观点？

铁假说是一种颇具争议的观点，像极难实现且影响力未知的许多其他观点一样，部分科学家大力支持，另一部分科学家则强烈反对。例如，在 2007 年，《伦敦公约》（关于治理海洋倾废的国际条约）的各缔约方审议了铁肥问题，一致认为"鉴于科学知识方面的欠缺，这一做法不具合理性"。此外，在 2008 年，《联

合国生物多样性公约（CBD）》呼吁禁止在开阔大洋中开展施铁肥活动，造成德国一艘研究船2009年开展的"海洋施铁肥试验"停止运作（该项目最终得以推进，但支持机构同意不再开展进一步的海洋施肥研究）。2010年，CBD国际会议的与会者们一致同意，暂停采用全球工程方法，直到有充分科学依据证明"这类活动合理且适当考虑了相关风险"。但是，对于受控环境下进行的小型研究，该公约仍然网开一面。

尽管有人反对，许多科学家仍然认为探索全球工程提议非常必要，这样就能在全球变暖加速并造成灾难性后果的情况下，作为终极应对方案。2014年，IPCC发布了第五次评估报告，分析了经过同行评议的全方位全球工程提议相关科学文献，许多提议非常有建设性，例如搭建空间遮阳板，保护地球免受阳光照射；向大气中注入反射性气溶胶；提高地球表面的反照率；将大气二氧化碳泵入地下岩层或深海，吸收并处理大气中的二氧化碳。

1993年底，为了验证马丁的观点，在太平洋加拉帕戈斯群岛附近的一小片海域，马丁的同事们撒播了一种精细研磨的铁悬浮液。研究结果（加上1993年后全球其他十几次开阔大洋试验）证实，通过向海洋中添加铁，可使浮游植物的生产力提高30倍。值得注意的是，从地球轨道卫星影像中，人们甚至能够找到部分高生产力富铁图斑。更重要的是，大量开阔大洋试验表明，浮游植物水华清除了大气中的大量二氧化碳。当浮游生物死亡后，碳随生物组织从表层海水消除，沉积至海底水域和海底沉积中，理论上可封存数个世纪甚至更长时间。

这些小规模的开阔大洋试验结果证实，通过向海洋中添加铁，确实能够回收大气中的二氧化碳，但必须要克服某些困难，如铁粉需要研磨得非常细、撒播分布要均匀，在表层海水中要悬浮足够长的时间（以供生物利用）。但是，随着海洋中二氧化碳的数量增多及生物生产力的刺激，各种严重问题接踵而至，对全球环境必将产生长期影响。例如，大量藻类最终将走向死亡并分解，从而消耗大量溶解氧，造成施铁肥区域的海水严重缺氧。这种分解还会释放副产物，如二氧化碳和氧化亚氮这两种主要的温室气体。如前所述，当海洋中二氧化碳的数量增多时，海洋酸度相应上升，这是海洋生物和海洋生态系统面临的挑战。另一个忧虑是，可能会干扰大范围海洋区域的自然生态，并且产生其他相关影响，如微生物物种分布的改变、其他溶解营养盐的消除及海洋渔获量的减少等。此外，当改变包含大量反馈回路的复杂海洋生态系统时，可能会产生无法预料的后果。由于认识到对海洋施铁肥的可行性及后果的研究并不充分，美国国家科学院（NAS）及其他科研机构呼吁继续开展研究，提高对这项技术的总体效益及相关风险的认识。于是，各种开阔大洋大规模试验计划纷纷出炉，某些私营公司已经申请了海洋施铁肥的技术专利，拟将施铁肥拓展为工业规模。

16.5.3.2　海洋的朴门永续

在利用初级生产力减少大气二氧化碳方面，另一种方法是培育海藻森林。目前，人们在近滨位置兴建了海藻及贝类养殖场，海藻、牡蛎、扇贝及贻贝等在此和谐共生，贝类受益于海藻建立的健康生态系统，渔民们从贝类及具有商业价值的海藻中获得经济收益。即便在当前运行的小型养殖场中，也有相关证据表明，通过吸收海水中的溶解二氧化碳，海藻能够缓冲海水的酸度，进而令贝类生长受益。为了在一定程度上缓解全球变暖，有人建议在海面之下25～50米的位置，建造大型漂浮轻体水下格架，并放在目前是生产力"沙漠"的大片开阔大洋区域（如热带海域）。在这些海域中，海水缺乏营养盐，无法支撑高水平的初级生产力。海藻会附着在这些格架"建筑"上，营建蕴藏量丰富的大型食物网，包括各种鱼类及浮游生物。该设想还设计了连接至浮标的大量水泵，这些水泵由海浪进行驱动，可将营养盐丰富的深层冷水搬运至海面，进而模拟上升流。

16.5.3.3　在海洋中封存过量二氧化碳

人们成功开展了相关试验，包括捕获大气中的过量二氧化碳，压入海底玄武岩之下（或者深海之中），二氧化碳在该位置呈羽状柱形式下沉至海底。这个过程称为二氧化碳封存/固碳（Sequestering），即通过吸收大气中的二氧化碳，达到减缓全球变暖的目标。但是，如果将深海作为二氧化碳的处置场所，人们仍然担心会影响深海化学乃至海洋生态系统。毫无疑问，固碳会令深海的酸性变得更强。此外，由于存在多种深水环流模式及上升流过程（将深层水携带至表层），人们目前尚不清楚封存的二氧化碳能够在深海中驻留多长时间。但是，在全球为数不多的几个试验场中，人们已经开始尝试捕获二氧化碳排放物，然后封存在海底之下的碳库中。

16.5.4　像科学家一样思考：下一步该怎么做

此时此刻，在减少温室气体的实际排放量方面，减少人为排放的全球公约明显效果有限。但是，对于温室气体排放而言，解决方案不一定要来自各个政府或国家之间的协议，每个人的选择（及点滴行为）都可能产生较大的影响（特别是被大批信念坚定之人的意愿和广泛共识放大时）。本书的主题之一是科学过程，在学习海洋知识的过程中，读者会获得像科学家一样思考及分析问题的机会。希望读者能够认真思考本章介绍的知识，然后自行决定是否应该做些什么。

图 16.36　地球未来的决定权在每个人手中

最后，全球变暖将以多种方式影响地球上的生命，但是具体影响程度主要取决于人类自身，如图 16.36 所示。科学家们已经证实，人类排放的温室气体正在推动全球气温上升，许多气候特征正在对全球变暖做出反应（以科学家们预测的方式）。科学带来了希望，既然人类正在导致全球变暖，那么如果大家都能及时采取行动，人类同样能够减缓全球变暖。温室气体长期存在，因此地球必将继续变暖，变化仍将继续发生，直至遥远的未来。但是，全球变暖能在多大程度上改变地球上的生命，则要取决于人类自身现在做出的决定。

简要回顾

在减少温室气体的全球工程中，可能包括：向海洋中添加铁元素，刺激初级生产力和二氧化碳吸收；在大片海域中，建造海藻森林；在深海和海底，封存过量二氧化碳。

小测验 16.5　评估减少温室气体排放的各种选项

❶ 从《京都议定书》开始，列举各国为遏制温室气体排放而共同签署的国际协议及它们的签署年份。
❷ 美国当前最重要的可再生能源是什么？
❸ 据说与食用本地农场的牛肉相比，吃阿根廷的水果和蔬菜更有益于地球。考虑每个人的碳足迹，解释为什么会存在这种说法。
❹ 在最近 150 年间，人类产生的温室气体进入了大气层，这是地球"非故意"全球工程的一个案例。描述"故意"应用全球工程来抵消这些排放影响的各种方案，然后基于相对风险及收益，对本章中列出的所有方案进行排序。

主要内容回顾

16.1　地球气候系统由哪些部分组成？

- 地球气候系统包括大气圈、水圈、岩石圈、生物圈和冰冻圈，能量及水分在这 5 大圈层之间进行交换，由正反馈回路和负反馈回路进行调整。
- 碳循环与地球气候系统的所有圈层相互作用。海洋生物泵从大气中吸收二氧化碳，并以沉积物形式向海底输送。

- 为了增强对地球气候系统的理解，凭记忆构建并标注类似于图16.1的示意图。
- 确定正反馈回路和负反馈回路各一，涵盖地球的海洋和/或大气。不要使用书中介绍的任何示例。

16.2 地球近期气候变化：是自然事件还是人类活动影响？

- 古气候学利用代用资料来研究地球的历史气候。代用资料由历史气候的众多自然记录组成，包括海底沉积物、树木生长轮、花粉化石、珊瑚化石、洞穴沉积及历史文献信息等。
- 地球气候变化存在若干解释。目前，气候变化的自然因素假说包括：与太阳黑子相关的太阳输出变化、地球轨道的变化、火山活动和地球构造板块运动。虽然自然机制改变了历史气候，但是地球近期气候变化极其异常，无法通过任何自然因素进行解释。
- 在IPCC发布的评估报告中，明确指出地球上目前观测到的各种气候变化主要归因于人类活动：向大气中排放了大量吸热温室气体。
- 有些朋友告诉你，地球近期气候变化只是自然周期的一部分，你会做出何种解释？
- 就人类活动引发气候变化话题，讨论怀疑论者与反对论者的区别。对于人类活动引发气候变化的观点，你个人持什么样的态度？

16.3 大气温室效应由哪些因素引发？

- 全球平均温度升高称为全球变暖。地表和大气变暖属于自然过程，但人为排放物正在改变这一过程，这种现象一般称为增强的温室效应。
- 温室效应的成因是"入射太阳光的波长改变，对地球进行加热"。照射地球的太阳能主要位于电磁波谱的紫外线和可见光区域，从地球辐射回太空的能量主要位于红外线（热量）区域。水蒸气、二氧化碳、甲烷及其他微量气体可吸收红外辐射，进而加热大气。
- 大气中的各种吸热气体是造成气候变暖的主要原因，各种情景可用于预测未来世界的变暖程度。人类现在做出的各种选择非常重要，将会决定未来的大气二氧化碳浓度及相关的气候变暖程度。
- 在最近150年间，地球的平均表面温度已经升高，近30年表现最为明显。科学界一致认为，这种变暖现象与人类活动密切相关，主要是人为增加了某些吸热气体。据相关模型预测，北半球的高纬度地区会出现一次强烈升温，中纬度地区会出现一次中等升温，低纬度地区的升温幅度相对较小。全球变暖造成的其他预测变化正在逐步显现。
- 绘制示意图，说明地球温室效应的运行机制。
- 查阅互联网，编制金星与地球的大气特征对比表。当某颗行星存在失控的温室效应（如大气中含有过量二氧化碳）时，描述将会发生的现象。如果不存在温室效应，地球会是什么样子？

16.4 全球变暖引发了哪些海洋变化？

- 在全球变暖引发的海洋变化中，人们已经观测到海洋温度升高、飓风活动增强、深水环流改变、极地冰层融化、海洋酸化及海平面上升。海洋的这些变化将会持续数个世纪之久。
- 在全球气候变化造成的海洋变化中，哪些变化是海洋生态系统的最严重威胁？
- 查阅互联网，研究全球变暖是否会造成飓风活动增多。

16.5 如何减少温室气体数量？

- 《巴黎协定》允许各国制定自己的温室气体减排目标，目前已有197个国家签署。
- 替代性清洁能源越来越廉价，应用越来越广泛，但海洋的动能仍然是地球上最大规模的未开发清洁能源。
- 若能被社会公众广泛采纳，个人选择可在减少碳排放方面发挥作用。
- 在已经提出的全球工程解决方案中，拟利用海洋作为部分人为二氧化碳排放的储库，如通过添加细铁粉来刺激浮游植物的生产力（铁假说），或将过量二氧化碳直接泵入深海和海底进行封存（固碳）。但是，这些提议对海洋造成的影响还是未知数。此外，地学工程师们还建议在开阔大洋中建造海藻森林网络，回收大气中的二氧化碳，营建经济有用的海洋生物群落。
- 描述铁假说，讨论承担此类全球工程项目的优点及风险。
- 你愿意做出哪些个人选择来减少碳足迹？

后　记

最后，我们只想保护自己所热爱的，但只会爱上自己所了解的，也只能了解自己被传授的。

——巴巴·迪翁，塞内加尔环保主义者，1968 年

在即将阅读完毕本书时，我们似乎应审视一下人们对海洋的看法。人们采用了大量的词汇来形容海洋，如强大、令人敬畏、变化多端、宁静、富饶、波澜壮阔、浩瀚无垠、一望无际和无边无际等。这些词汇描绘得非常恰如其分，人类探索和研究海洋的历史悠久，需要以"世纪"为单位进行计量，但是海洋至今依然神秘莫测。在全球海洋的水世界中，特殊地貌特征、新物种和地质奇观层出不穷，为研究人员带来了源源不断的惊喜。实际上，人类所能接触的海洋尚不足其 5%，开展科学研究的更是少之又少。

海洋虽然体量极为庞大，但正在开始受到人类活动的影响。例如，每个大洋都有众多大型塑料漂浮区域，甚至偏远海滩上也垃圾丛生。对于栖息在海洋中的各种生物而言，同样会感受到人类利用海洋的影响。例如，在 19—20 世纪，捕鲸活动造成许多大型鲸类种群濒临灭绝。通过限制捕鲸和开发鲸替代产品，人们协助鲸类逃过了这一劫难，但其目前依然面临着较为困难的境地，主要是摄食地和繁殖地遭到破坏。"过度捕捞"已经导致海洋生态系统整体退化，"人为引发的气候变化"正在改变全球尺度的海洋化学，海洋正在接近发生不可逆转的灾难性变化，说明海洋并非绝对的浩瀚无垠、一望无际或无边无际（像大多数人认为的那样）。

人类已经成为地球变化的最重要的推波助澜者之一，主要影响因素是正在以指数级增长的人口数量，如图 A.1 所示。地球总人口数量目前超过了 76 亿，每天出生人数超过死亡人数 2.5 倍。以当前的人口增长速度（约为 1.1%，听起来很小，但实际人口数量非常惊人）计算，地球上每秒诞生 2 个以上的新生儿，或者说每小时新增 9000 人，每年新增 7700 万人（相当于全球六个最大城市孟买、上海、卡拉奇、德里、伊斯坦布尔和圣保罗的人口总和）。最新研究表明，全球人口将在 2100 年达到 96～123 亿（可能性高达 80%）。实际上，部分科学家已经提出建议，将当今时期称为人类世（Anthropocene，人类纪）或"第六次物种大灭绝"，认为人类

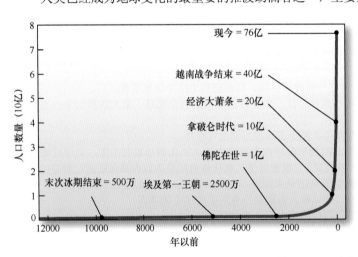

图 A.1　人口数量增长。图中的曲线显示了全球人口数量最近几十年间的快速增长。经过 400 万年，全球人口数量才达到 20 亿大关，但之后翻一番却只用了 50 年。目前，全球人口总量已超过 76 亿，并以每年 1% 以上的速度增长

活动正在导致重要地球系统发生退化，相关影响证据将会保留在地质记录中。很明显，在这些影响之中，人口数量的快速增长是最大的环境威胁。

人类引发的海洋环境变化影响广泛而深远，具体包括污染、海滨线开发、过度捕捞、非本土物种引入、生物多样性下降、生态系统退化及气候变化（或许影响最严重）等。2008 年，针对全球海洋生态系统所面临的"陆地－海洋"威胁，有人研究了 17 种最严重威胁产生的累积综合效应，发现人类活动已经影响到海洋的所有角落。该项研究表明，全球约 1/3 的海洋整体受到多重因素的强烈影响，大陆架、岩质礁石、珊瑚礁、海草床和深海海山是受影响最大的生态系统。此外，2012 年的一项研究报告表明，全球约 1/5 的无脊椎动物正面临灭绝危险，其中包括大量的造礁珊瑚（近 1/3）。

为了保护海洋环境，几个委员会提出了若干建议和解决方案。例如，2003 年，皮尤海洋委员会提出建议，联邦政府应加大力度改革美国海洋环境的管理方式。2004 年，美国海洋委员会提交了 212 条建议，致力于协调和全面深化美国国家海洋政策。2008 年，美国联合海洋委员会发布了一份工作总结报告（成绩单），评估了美国 2007 年海洋政策的整体进展（总体评级为 C，部分类别评级为 D）。2012 年，在一项关于全球海洋健康和益处的研究中，研究人员制定了一个指数，为健康的"人－海"耦合系统确立了 10 个不同的公共目标，包括对各种因素（如食物供应、碳存储、旅游价值和生物多样性）的综合评估。这项研究为全球海洋打了 60 分（满分为 100 分），发达国家的分数普遍高于发展中国家，美国的得分为 63 分。这些报告呼吁，为了保障海洋环境健康和资源可持续性，应当建立基于生态系统的综合研究和教育管理方法。这些结论表明，在决定海洋最终命运的时候，决策者和个人的教育同等重要，因为我们只能保护自己所了解的。

改变世界的"地图"。这是海水全部"清空"后的地球外观可视化效果图，1977年由地质学家布鲁斯·希岑和制图师玛丽·塔普制作，数据来自船载探空测深、和声呐测深。为清晰起见，夸大地貌特征，垂向夸大约20倍。这是人类历史上首次直观观察地球海底形状，包括形态各异的海底形状，清晰展示了海底地貌特征